肖吉昌　余东海　杜若冰　编著

金属萃取剂

Metal Extractant

化学工业出版社

·北京·

内容简介

这是一本全面系统地介绍金属萃取剂的书籍。全书分为12章，第1 ~ 2章简要介绍了金属冶炼中萃取剂的作用与分类，以及金属溶剂萃取中的化学反应；第3 ~ 7章详细阐述了萃取剂的性能测试与评价，以及萃取剂分子结构设计的基础与方法；第8 ~ 12章全面整理了各类萃取剂的合成原理和方法。

本书可为金属溶剂萃取及湿法冶金行业从事科研、生产、设计和管理等专业人员提供参考，也可作为高等院校萃取化学、湿法冶金等专业学生和教师的参考书。

图书在版编目（CIP）数据

金属萃取剂 / 肖吉昌，余东海，杜若冰编著. 北京 ：化学工业出版社，2024. 9. -- ISBN 978-7-122-46568-9

Ⅰ. TF804.2

中国国家版本馆CIP数据核字第2024D9D784号

责任编辑：高　宁
文字编辑：杨欣欣
责任校对：宋　玮
装帧设计：韩　飞

出版发行：化学工业出版社
（北京市东城区青年湖南街13号　邮政编码100011）
印　　装：北京建宏印刷有限公司
787mm×1092mm　1/16　印张32½　字数673千字
2025年10月北京第1版第1次印刷

购书咨询：010-64518888　　售后服务：010-64518899
网　　址：http://www.cip.com.cn
凡购买本书，如有缺损质量问题，本社销售中心负责调换。

定　　价：328.00元

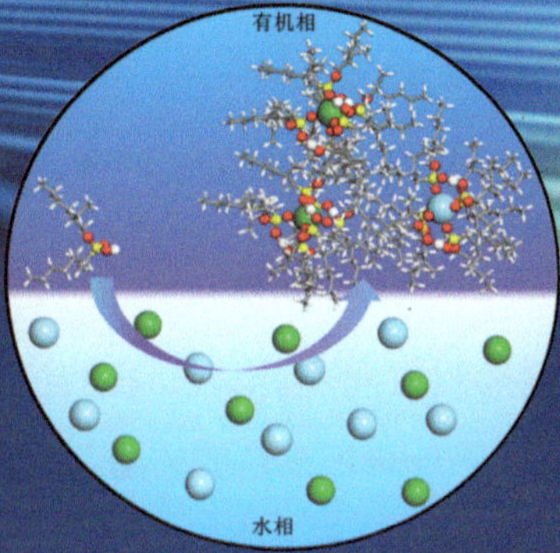

序

近代萃取冶金起源于20世纪40年代美国“曼哈顿计划”中核燃料的提取，当时由于使用萃取剂TBP（磷酸三丁酯）萃取分离，实现了武器级铀等核燃料的快速和高效制取。中国的金属萃取分离始于新中国成立后的第一批国防工业建设时期，当时同样是为了提取核燃料。经过数十年的发展，溶剂萃取法已广泛应用于各类金属元素分离与提纯，特别是稀有稀土金属，主要采用溶剂萃取法提取分离高纯稀土化合物。而实现金属高效萃取分离提纯的关键核心是金属萃取剂。中国科学院上海有机化学研究所自20世纪50年代起就开始金属萃取剂研究，特别是在萃取剂设计、合成、性能方面的工作，发展了类型全面、性能优异的多种萃取剂，如P507、P350、P113、N1923、N530等，为我国湿法冶金科技和产业发展做出了重大贡献。中国科学院上海有机化学研究所的肖吉昌研究员团队长期从事金属萃取剂的研究工作，在本书中总结了他们的研究思想、文献调研和研究成果，使本书成为湿法冶金领域专门介绍金属萃取剂的一本专著。

在湿法冶金中，金属萃取剂的作用是选择性地将金属离子在水相和有机相间转移交换，利用不同金属离子与萃取剂结合能力的差异，实现不同金属离子的分离。本书将萃取剂结构分为反应基团和非极性基团，然后分别从反应基团与非极性基团讲述萃取剂分子的设计与合成。反应基团在很大程度上决定了萃取剂与金属离子之间萃取反应的速率、平衡状态和选择性，而非极性基团则较大程度地决定了萃取剂、萃合物在两相间的分配、溶解、扩散等性能。北京大学徐光宪先生和中国科学院上海有机化学研究所袁承业先生所著的《稀土的溶剂萃取》中也介绍了一些金属萃取剂结构对萃取性能的影响以及萃取剂的合成方法。本书重点从萃取剂参与的化学过程、萃取剂分子各部分的作用来阐述萃取剂分子结构设计的理论基础、合成方法以及性能评价，系统地总结了学术界和工业界在金属萃取剂领域的最新研究成果。

随着金属矿物品位逐渐降低，二次资源、尾矿等逐渐成为众多有价金属的重要来源，但提取分离难度大，迫切需要开发适应新分离体系的萃取剂。然而从本书引用的参考文献来看，近年来国内外专门进行金属萃取剂研究的工作不够多，萃取剂的设计、合成、性能的研究工作大多是孤立开展，缺乏有效的结合。金属萃取剂研发涉及物理化学、有机化学、分析化学、无机化学、表面化学等多个学科，通过多学科交叉，能大大提高研究效率，推动金属提取分离水平的提升。衷心希望本书的出版能促进金属萃取剂这一多学科交叉领域的基础和应用研究。

本书对萃取剂研究进行了阶段性总结，可作为科技工作者开展萃取剂研发的学习和参考资料。期冀科研人员今后针对特定分离体系，基于实验、理论、计算相结合的方法，研发新型萃取剂，提高金属萃取分离能力和生产效率，推动金属提取分离领域的高质量发展。

中国工程院院士
黄小卫
2024 年 9 月

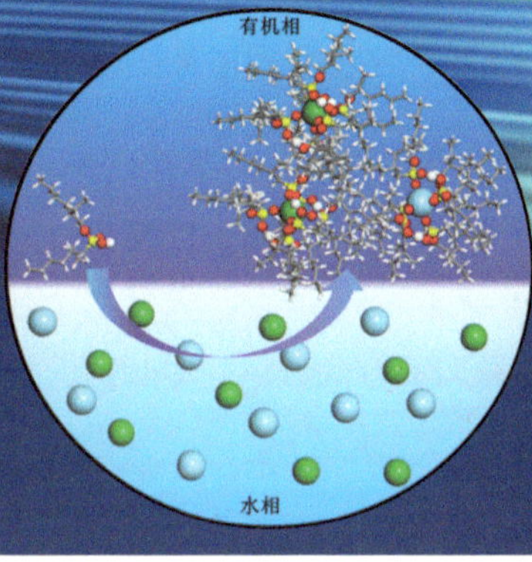

前言

分离广泛存在于日常生活的各个环节，如检票口的“凭票进站”、升学考试的录取线、公路上的交通标识线等，都是为了实现分离。分离的本质是利用对象的差异，实现将对象分布在时间上的不同阶段和空间上的不同区域。分离的关键在于利用对象的差异实现可操作的识别。例如，根据金属氢氧化物的溶解度差异，可实现沉淀法分离金属，因其氢氧化物的溶解度差异是可操作的识别。金属离子光谱性质也存在很明显的差异，但无法利用光谱实现金属离子分离，因为光谱差异不是可操作的识别。萃取剂就是一类使金属离子表现出可操作识别的物质，不同金属离子与萃取剂结合能力的差异，可在时间和空间的分布上表现出来。

金属离子的富集、分离、回收等，其本质都是要实现金属离子与相似程度不同的杂质分布在时间和空间上的不同位置，再进行相应的收集，以获得纯度更高的单一组分。金属分离的历史悠久，方法众多。如火试金法、萃取法、沉淀法、离子交换法、膜分离法等。在众多金属分离方法中，溶剂萃取法是一种既有悠久历史，又有鲜活生命力，且有广泛应用和巨大发展潜力的方法。在金属溶剂萃取中，萃取剂起到了至关重要的作用，萃取工艺中的所有条件都是为了发挥萃取剂的最大优势而确定的。提升萃取剂性能是从本质上提高萃取体系分离效率、降低萃取过程的经济和环境成本、增加行业核心竞争力最有效的方式。

自 20 世纪 40 年代在核燃料分离、纯化中发挥关键作用以来，溶剂萃取被逐渐用于稀土、稀散、稀有金属和贵金属等低含量金属冶炼，以及铜、钴、镍等低品位矿的处理。经过数十年的实践，常见有机化合物在各类分离体系中的应用都有尝试，在此过程中发现或发展了多种萃取剂及相应的生产工艺，但仍存在一些环境成本高、分离性能不够好的萃取体系。从溶剂萃取在整个湿法冶金中的作用来看，性能优异的萃取剂，是从根本上解决分离系数低、反萃酸度高、饱和容量低、易乳化等诸多问题的最有效措施。

本书是在许多从事金属萃取剂设计、合成及性能研究的工作人员期待下完成的，从构思到完成书稿共用了十多年时间。本书参阅了大量的国内外文献资料，结合作者课题组多年的研究积累，系统总结了金属萃取剂在金属溶剂萃取过程中参与的萃取反应、设计方法、合成路线等。全书共分为 12 章，第 1 ~ 2 章简要介绍了金属冶炼中萃取剂的作用与分类，以及金属溶剂萃取中的化学反应；第 3 ~ 7 章详细阐述了萃取剂的性能测试与评价，以及萃取剂分子结构设计的基础与方法；第 8 ~ 12 章全面整理了各类萃取剂的合成方法。另外，将湿法冶金行业使用的各种萃取剂都收集整理在了附录中，同时，还对溶剂萃取中一些易混淆的名词术语进行了解释和说明。

在书稿撰写和修改过程中，得到了上海稀固科技有限公司的陈亮博士，中国科学院上海有机化学研究所的安华英、向绍基博士，以及本课题组其他人员的大力支持。对于他们的辛勤努力和无私奉献，在此深表谢意。这里要特别感谢已故的袁承业先生，是先生当年引领着我及整个团队进入了萃取剂研究的大门，深切怀念先生！

本书的出版得到了上海莱雅仕化工有限公司和江西洁新科技有限公司的大力支持，谨此致谢。

由于笔者学识和水平所限，书中可能会有许多不足之处，恳请同行和广大读者朋友批评指正。

肖吉昌

2024 年 9 月

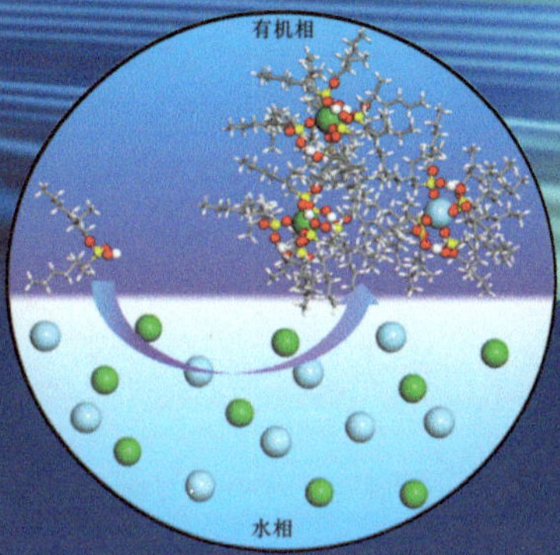

目录

第 8 章　含磷萃取剂合成

第 9 章　含氮萃取剂合成

第 12 章 其他萃取剂合成

附录

第1章 绪论

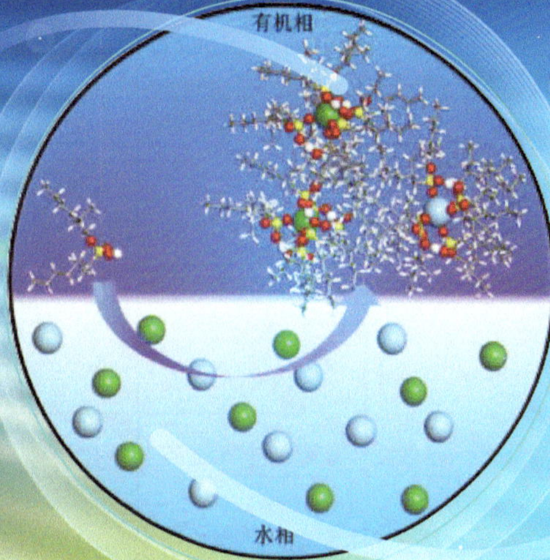

国际纯粹与应用化学联合会（IUPAC）公布的最新版的元素周期表中共包含118种元素，其中金属元素占94种[1]。从s区的ⅠA族碱金属和ⅡA族碱土金属，到d区、ds区稳定的金、铂等贵金属，再到p区的交界金属、f区的镧系和锕系元素，金属元素占据了元素周期表的大部分，如图1.1所示。

金属的使用和金属元素的发现是人类认识自然、改造自然过程中的重大事件。从三星堆黄金面具、商周时期的青铜鼎等礼器，到兵器、农具、炊具、交通工具、货币等，金属元素的应用几乎随处可见。金属冶炼与使用能力的每一次提升都伴随着人类文明的一次巨大飞跃，金属冶炼技术的每一次革新都带来了人类改造自然能力的重大提升。

1.1 金属冶炼

广义的冶金包括金属矿物的勘探、开采、选矿、冶炼，以及金属合金及其化合物的制备、加工。其中的勘探、开采、金属合金及化合物的制备和加工都已发展为独立的学科，与冶炼关系不大。狭义的冶金就是金属冶炼，即从矿石或精矿中提取、富集、纯化、分离金属单质。本书提到的冶金都是指狭义的冶金，即金属冶炼。冶金具有非常悠久的历史，冶金技术是人类改造自然的一种重要能力，冶金历史是整个人类历史不可分割的

元素周期表

IUPAC 2022

	95 Am 镅▲ $5f^77s^2$ 243.06138(2)✦（+2 +3 +4 +5 +6）
氧化态(单质的氧化态为0，未列入；常见的为红色)	+2 +3 +4 +5 +6
原子序数	95
元素符号(红色的为放射性元素)	Am
元素名称(注▲的为人造元素)	镅▲
价层电子构型	$5f^77s^2$
以 $^{12}C=12$ 为基准的原子量(注✦的是半衰期最长同位素的原子量)	243.06138(2)✦

s区元素　p区元素　d区元素　ds区元素　f区元素　稀有气体

族 / 周期	1 ⅠA	2 ⅡA	3 ⅢB	4 ⅣB	5 ⅤB	6 ⅥB	7 ⅦB	8 ⅧB(Ⅷ)	9 ⅧB(Ⅷ)	10 ⅧB(Ⅷ)	11 ⅠB	12 ⅡB	13 ⅢA	14 ⅣA	15 ⅤA	16 ⅥA	17 ⅦA	18 ⅧA(0)	电子层
1	−1 +1 1 H 氢 $1s^1$ 1.008																	2 He 氦 $1s^2$ 4.002602(2)	K
2	+1 3 Li 锂 $2s^1$ 6.94	+2 4 Be 铍 $2s^2$ 9.0121831(5)											+3 5 B 硼 $2s^22p^1$ 10.81	−4 +2 +4 6 C 碳 $2s^22p^2$ 12.011	−3 −2 −1 +1 +2 +3 +4 +5 7 N 氮 $2s^22p^3$ 14.007	−2 −1 8 O 氧 $2s^22p^4$ 15.999	−1 9 F 氟 $2s^22p^5$ 18.998403163(6)	10 Ne 氖 $2s^22p^6$ 20.1797(6)	L K
3	−1 +1 11 Na 钠 $3s^1$ 22.98976928(2)	+2 12 Mg 镁 $3s^2$ 24.305											+3 13 Al 铝 $3s^23p^1$ 26.9815385(7)	−4 +2 +4 14 Si 硅 $3s^23p^2$ 28.085	−3 −2 +1 +3 +5 15 P 磷 $3s^23p^3$ 30.973761998(5)	−2 +2 +4 +6 16 S 硫 $3s^23p^4$ 32.06	−1 +1 +3 +5 +7 17 Cl 氯 $3s^23p^5$ 35.45	18 Ar 氩 $3s^23p^6$ 39.948(1)	M L K
4	−1 +1 19 K 钾 $4s^1$ 39.0983(1)	+2 20 Ca 钙 $4s^2$ 40.078(4)	+3 21 Sc 钪 $3d^14s^2$ 44.955908(5)	−1 0 +2 +3 +4 22 Ti 钛 $3d^24s^2$ 47.867(1)	0 ±1 +2 +3 +4 +5 23 V 钒 $3d^34s^2$ 50.9415(1)	−3 0 ±1 ±2 +3 +4 +5 +6 24 Cr 铬 $3d^54s^1$ 51.9961(6)	−2 0 ±1 +2 ±3 +4 +5 +6 +7 25 Mn 锰 $3d^54s^2$ 54.938044(3)	−2 0 ±1 +2 +3 +4 +5 +6 26 Fe 铁 $3d^64s^2$ 55.845(2)	0 ±1 +2 +3 +4 +5 27 Co 钴 $3d^74s^2$ 58.933194(4)	0 ±1 +2 +3 +4 28 Ni 镍 $3d^84s^2$ 58.6934(4)	+1 +2 +3 +4 29 Cu 铜 $3d^{10}4s^1$ 63.546(3)	+1 +2 30 Zn 锌 $3d^{10}4s^2$ 65.38(2)	+1 +3 31 Ga 镓 $4s^24p^1$ 69.723(1)	+2 +4 32 Ge 锗 $4s^24p^2$ 72.630(8)	−3 +3 +5 33 As 砷 $4s^24p^3$ 74.921595(6)	−2 +2 +4 +6 34 Se 硒 $4s^24p^4$ 78.971(8)	−1 +1 +3 +5 +7 35 Br 溴 $4s^24p^5$ 79.904	+2 +4 36 Kr 氪 $4s^24p^6$ 83.798(2)	N M L K
5	−1 +1 37 Rb 铷 $5s^1$ 85.4678(3)	+2 38 Sr 锶 $5s^2$ 87.62(1)	+3 39 Y 钇 $4d^15s^2$ 88.90584(2)	+1 +2 +3 +4 40 Zr 锆 $4d^25s^2$ 91.224(2)	0 ±1 +2 +3 +4 +5 41 Nb 铌 $4d^45s^1$ 92.90637(2)	0 ±1 ±2 +3 +4 +5 +6 42 Mo 钼 $4d^55s^1$ 95.95(1)	0 ±1 +2 +3 +4 +5 +6 +7 43 Tc 锝▲ $4d^55s^2$ 97.90721(3)✦	0 +1 ±2 +3 +4 +5 +6 +7 +8 44 Ru 钌 $4d^75s^1$ 101.07(2)	0 ±1 +2 +3 +4 +5 +6 45 Rh 铑 $4d^85s^1$ 102.90550(2)	0 +1 +2 +3 +4 46 Pd 钯 $4d^{10}$ 106.42(1)	+1 +2 +3 47 Ag 银 $4d^{10}5s^1$ 107.8682(2)	+1 +2 48 Cd 镉 $4d^{10}5s^2$ 112.414(4)	+1 +3 49 In 铟 $5s^25p^1$ 114.818(1)	+2 +4 50 Sn 锡 $5s^25p^2$ 118.710(7)	−3 +3 +5 51 Sb 锑 $5s^25p^3$ 121.760(1)	−2 +2 +4 +6 52 Te 碲 $5s^25p^4$ 127.60(3)	−1 +1 +3 +5 +7 53 I 碘 $5s^25p^5$ 126.90447(3)	+2 +4 +6 +8 54 Xe 氙 $5s^25p^6$ 131.293(6)	O N M L K
6	−1 +1 55 Cs 铯 $6s^1$ 132.90545196(6)	+2 56 Ba 钡 $6s^2$ 137.327(7)	57~71 La~Lu 镧系	+1 +2 +3 +4 72 Hf 铪 $5d^26s^2$ 178.49(2)	0 ±1 +2 +3 +4 +5 73 Ta 钽 $5d^36s^2$ 180.94788(2)	0 ±1 ±2 +3 +4 +5 +6 74 W 钨 $5d^46s^2$ 183.84(1)	0 ±1 +2 +3 +4 +5 +6 +7 75 Re 铼 $5d^56s^2$ 186.207(1)	0 +1 +2 +3 +4 +5 +6 +7 +8 76 Os 锇 $5d^66s^2$ 190.23(3)	0 ±1 +2 +3 +4 +5 +6 77 Ir 铱 $5d^76s^2$ 192.217(3)	0 +2 +3 +4 +5 +6 78 Pt 铂 $5d^96s^1$ 195.084(9)	+1 +2 +3 +5 79 Au 金 $5d^{10}6s^1$ 196.966569(5)	+1 +2 +3 80 Hg 汞 $5d^{10}6s^2$ 200.592(3)	+1 +3 81 Tl 铊 $6s^26p^1$ 204.38	+2 +4 82 Pb 铅 $6s^26p^2$ 207.2(1)	−3 +3 +5 83 Bi 铋 $6s^26p^3$ 208.98040(1)	−2 +2 +3 +4 +6 84 Po 钋 $6s^26p^4$ 208.98243(2)✦	±1 +5 +7 85 At 砹 $6s^26p^5$ 209.98715(5)✦	+2 86 Rn 氡 $6s^26p^6$ 222.01758(2)✦	P O N M L K
7	+1 87 Fr 钫▲ $7s^1$ 223.01974(2)✦	+2 88 Ra 镭 $7s^2$ 226.02541(2)✦	89~103 Ac~Lr 锕系	104 Rf 𬬻▲ $6d^27s^2$ 267.122(4)✦	105 Db 𬭊▲ $6d^37s^2$ 270.131(4)✦	106 Sg 𬭳▲ $6d^47s^2$ 269.129(3)✦	107 Bh 𬭛▲ $6d^57s^2$ 270.133(2)✦	108 Hs 𬭶▲ $6d^67s^2$ 270.134(2)✦	109 Mt 鿏▲ $6d^77s^2$ 278.156(5)✦	110 Ds 𫟼▲ 281.165(4)✦	111 Rg 𬬭▲ 281.166(6)✦	112 Cn 鿔▲ 285.177(4)✦	113 Nh 鿭▲ 286.182(5)✦	114 Fl 𫓧▲ 289.190(4)✦	115 Mc 镆▲ 289.194(6)✦	116 Lv 𫟷▲ 293.204(4)✦	117 Ts 鿬▲ 293.208(6)✦	118 Og 鿫▲ 294.214(5)✦	Q P O N M L K

★ 镧系	+3 57 La★ 镧 $5d^16s^2$ 138.90547(7)	+2 +3 +4 58 Ce 铈 $4f^15d^16s^2$ 140.116(1)	+3 +4 59 Pr 镨 $4f^36s^2$ 140.90766(2)	+2 +3 +4 60 Nd 钕 $4f^46s^2$ 144.242(3)	+3 61 Pm 钷▲ $4f^56s^2$ 144.91276(2)✦	+2 +3 62 Sm 钐 $4f^66s^2$ 150.36(2)	+2 +3 63 Eu 铕 $4f^76s^2$ 151.964(1)	+3 64 Gd 钆 $4f^75d^16s^2$ 157.25(3)	+3 +4 65 Tb 铽 $4f^96s^2$ 158.92535(2)	+3 +4 66 Dy 镝 $4f^{10}6s^2$ 162.500(1)	+3 67 Ho 钬 $4f^{11}6s^2$ 164.93033(2)	+3 68 Er 铒 $4f^{12}6s^2$ 167.259(3)	+2 +3 69 Tm 铥 $4f^{13}6s^2$ 168.93422(2)	+2 +3 70 Yb 镱 $4f^{14}6s^2$ 173.045(10)	+3 71 Lu 镥 $4f^{14}5d^16s^2$ 174.9668(1)
★ 锕系	+3 89 Ac★ 锕 $6d^17s^2$ 227.02775(2)✦	+3 +4 90 Th 钍 $6d^27s^2$ 232.0377(4)	+3 +4 +5 91 Pa 镤 $5f^26d^17s^2$ 231.03588(2)	+2 +3 +4 +5 +6 92 U 铀 $5f^36d^17s^2$ 238.02891(3)	+3 +4 +5 +6 +7 93 Np 镎 $5f^46d^17s^2$ 237.04817(2)✦	+3 +4 +5 +6 +7 94 Pu 钚 $5f^67s^2$ 244.06421(4)✦	+2 +3 +4 +5 +6 95 Am 镅▲ $5f^77s^2$ 243.06138(2)✦	+3 +4 96 Cm 锔▲ $5f^76d^17s^2$ 247.07035(3)✦	+3 +4 97 Bk 锫▲ $5f^97s^2$ 247.07031(4)✦	+2 +3 +4 98 Cf 锎▲ $5f^{10}7s^2$ 251.07959(3)✦	+2 +3 99 Es 锿▲ $5f^{11}7s^2$ 252.0830(3)✦	+2 +3 100 Fm 镄▲ $5f^{12}7s^2$ 257.09511(5)✦	+2 +3 101 Md 钔▲ $5f^{13}7s^2$ 258.09843(3)✦	+2 +3 102 No 锘▲ $5f^{14}7s^2$ 259.1010(7)✦	+3 103 Lr 铹▲ $5f^{14}6d^17s^2$ 262.110(2)✦

图1.1　元素周期表

一部分。从石器时代到青铜时代，再到近代的钢铁冶炼以及各种特种合金的制造，冶金业的每次变革都为人类社会发展提供了强大动力[2]。

冶金，根据不同的标准有不同分类。根据金属元素的种类可分为铁冶金和非铁冶金。铁冶金包括基于铁及其合金的生产，非铁冶金包括基于除铁以外所有其他金属及其相关材料的生产。铁冶金占世界所有冶金的95%。根据微观过程可将其分为化学冶金和物理冶金：化学冶金即利用化学反应对金属进行富集、分离和纯化；物理冶金即依据金属-金属或金属-杂质的相图，通过非化学方法来改变其组成、性能和结构。各种冶金方法如图1.2所示。

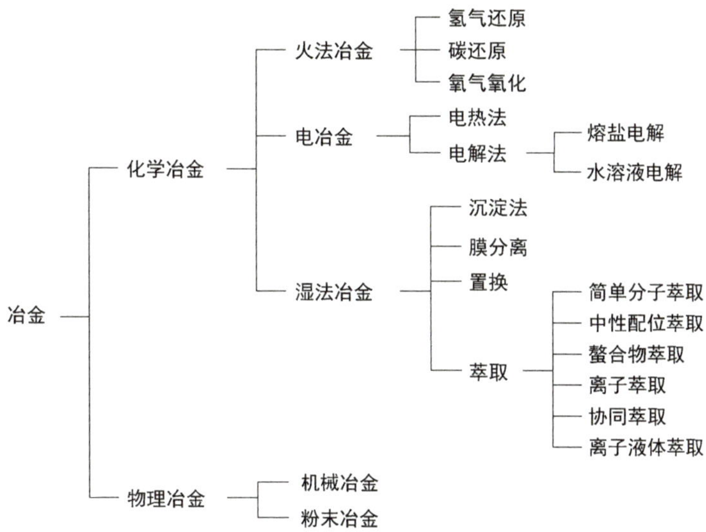

图1.2 冶金方法分类

物理冶金有更详细的分类方法，但不属于本书范畴。化学冶金根据其操作条件、所用试剂、冶金过程等可分成不同类型。本书关注的是湿法冶金中的萃取剂，因此对萃取冶金进行了进一步分类。

1.1.1 物理冶金

物理冶金过程是人类早期获取金属的方法。最开始只能用于铂、金等自然界中以单质形态存在的金属。这些金属的密度较大，经水流冲刷矿石，与泥沙一起被带到江河中，经人工反复淘洗去掉泥沙等杂质，即可得铂、金等单质金属。淘金在世界上具有悠久的历史，中国古代以《浪淘沙》为词牌名的诗词中就有大量对淘沙金的描写。例如，唐代文学家刘禹锡的《浪淘沙九首》中有："日照澄洲江雾开，淘金女伴满江隈。美人首饰侯王印，尽是沙中浪底来。"现代物理冶金方法发生了巨大变化，在现代冶金工业中发挥着重要作用。例如，区域熔炼可以将半导体材料锗和硅提纯到8N（即99.999999%）以上；利用退火技术可以改变金属的晶相结构来调节其锻造性能。现代物理冶金，研究内容包括金属及其合金的组成、组织结构和性能的内在联系以及各种条件下它们的变化规律等，已成为有效使用金属材料和为发展具有特定性能的金属材料而服务的一门应用学科，如常见的机械冶金和粉末冶金都属于物理冶金。航天技术出现后，被称为众多未来冶金技术之一的航天冶金也属于物理冶金，可制得通常条件下难以制得的合金：如铝和钨的合金：铝的沸点和钨的熔点分别为2327℃和3410℃，但在真空失重条件下，钨可溶解在铝液中，再浇铸得合金，整个过程都是物理过程。

（1）机械冶金

机械冶金，又称设备冶金，是指在金属冶炼过程中使用各种机械和设备进行冶炼、铸锭、轧制等。所谓的“百炼成钢”就是对块炼铁进行反复捶打，挤出其中的杂质，以提高其硬度和力学性能，就是最早的机械冶金。

（2）粉末冶金

粉末冶金，即由金属或金属化合物制成粉末，压制成型，经烧结而成制品的冶金过程。无需切削工艺，材料利用率高，产品质量高，适用于生产由高熔点金属材料、复合材料、特殊结构材料、工具材料等难加工材料所制成的零件。近年来，粉末冶金的研究取得了巨大进步，多种新技术、新工艺、新材料相继出现，例如，高熵材料[3]、纳米粉末、喷射沉积技术、金属粉末微注射成型、金属粉末3D打印等[4]。

1.1.2 化学冶金

化学冶金，即用化学方法从矿石或其他材料中获取金属及金属化合物。化学冶金是目前获取除惰性金属粗品外绝大多数金属的主要方法。化学冶金的基本原理包括金属离子的还原、氧化、置换、配位等。化学冶金的历史悠久。公元前4700年左右我国就已经出现了铜制品，公元前3000年左右出现了青铜器，至商代后期，我国先民就已经熟练掌握了青铜冶炼工艺，铸造出了复杂、精美的大型青铜器“后母戊鼎”。春秋时期我国已经出现了人工冶铁制品。

工业革命以来，化学冶金取得了长足进步，尤其是高炉的出现，更是奠定了现代工业结构材料的基础。今天，化学冶金已成为整个工业不可或缺的组成部分，在一些地区甚至成为当地的支柱产业。化学冶金根据其过程操作条件可以分为火法冶金、电冶金、湿法冶金。

（1）火法冶金

火法冶金，占据着冶金领域的绝大部分产能，广泛用于冶炼钢、铁、铜、铅、稀有金属及合金等，是在较高温度（$>$700K）下冶金的总称，例如，焙烧、熔炼、火法精炼、氯化、金属热还原等。冶炼过程所需热能由燃料燃烧或化学反应供给。例如，高炉炼钢用煤燃烧提供热量，同时也提供还原剂CO；铝热反应中，铝作为还原剂的同时，其氧化反应提供热量。火法冶金一般包括炉料准备、熔炼、吹炼、精炼四个过程，涉及气、液、固三相之间的反应和转化。

（2）电冶金

电冶金，即以电能作为动力的冶金，包括电热法和电解法。电热法需要在电炉中进行，常见的有电炉炼钢、电炉炼铜以及各种铁合金的冶炼。按照电能转变为热能的方法不同，可进一步分为电弧熔炼、电阻熔炼、感应熔炼、电子束熔炼和等离子冶金等。电热法具有烟量小、烟气温度低、热量损失小、难熔炉渣易处理、氧化氛围弱、耗电多、原料要求高等特点，适用于电力资源丰富、电价低、需处理难熔原料的地区。电解法通常在电解槽中进行，常见的有精炼铜、电积镍等。按照电能转变为化学能的环境体系，电解法可分为熔盐电解和水溶液电解，是利用直流电在电极上进行物质氧化还原的方法。电冶金在工业上有广泛应用，例如各种电镀、电抛光、阳极氧化等，铜、镍、锌、铅等的精炼都是在溶液中进行的电解法冶金，而金属锂、钠、钾、镁、铝、锆、铪等常用熔盐电解法生产。电解时常用石墨、金、铂等惰性材料作为电极。

电热法和熔盐电解法需要在高温下进行，而水溶液电解在低温下的溶液中进行。有时也将电热法和熔盐电解归为火法冶金，而将水溶液电解归为湿法冶金。随着技术的发展，电冶金也发展出了一些物理冶金技术，如区域熔炼、电炉中的真空蒸馏和脱气等。电热法和电解法都是在电力大规模应用之后才形成产业化的技术。

（3）湿法冶金

湿法冶金，也称水法冶金，同样拥有悠久的历史。西汉淮南王刘安的《淮南万毕术》就有“曾青得铁则化为铜”的记载，即用铁从胆矾溶液中置换出金属铜，这是古代的湿法冶铜，被称为胆铜法。19世纪之前，湿法冶金理论和技术发展缓慢，一直作为火法冶金的一个辅助手段。直到19世纪，分配定律的发现、多种金属离子的萃取被用于分析化学之后，湿法冶金才得以快速发展[5]。20世纪，湿法冶金逐渐成为冶金学科的一个独立分支，国内外许多工科高校和研究所都设立了该研究方向。湿法冶金的操作方法主要有：溶剂萃取、离子交换、膜分离、重结晶、沉淀等。

湿法冶金是在溶液中冶金的总称，具体流程包括浸出、固液分离、萃取、离子交换、净液、结晶、置换沉淀等。与火法冶金相比，湿法冶金具备以下几方面的优势：①适合处理多种元素混合的低品位物料，包括原生氧化矿、硫化矿、表外矿、废弃尾矿和部分矿渣等二次资源；②可以提高复杂矿石综合利用率，在复杂矿、伴生矿的处理中，提取主金属的同时，可以提取贵金属、稀散金属、稀有金属；③操作条件好，有利于改善冶金工人操作环境，降低肺硅沉着症等职业病的发病率，容易实现健康生产、清洁生产、安全生产；④容易吸收多种学科的新理论和新技术，与相关学科的发展相互促进，共同发展。湿法冶金以化学为理论基础，与众多学科交叉、渗透，涉及地球科学、矿物学、物理学及其他工程学科，如图1.3所示[6]。

湿法冶金在微观上表现出金属元素化学环境的变化，包含了多个化学过程，可用基本化学原理描述其中的反应、物质传递、物相变化等。因此，尽管湿法冶金中也可能涉及复杂的物理过程，但仍被称为化学冶金。

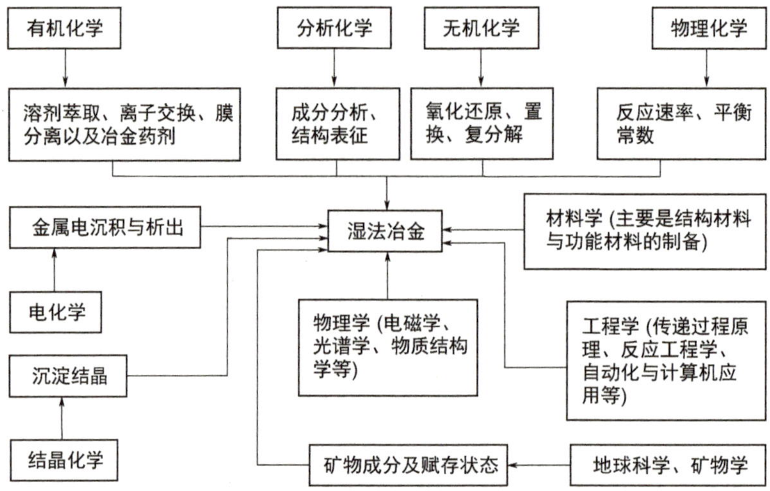

图1.3　湿法冶金与各相关学科的关联

1.2 湿法冶金中的金属溶剂萃取

萃取，是利用混合物中各组分在溶剂中溶解性的不同而实现分离的方法。例如，利用四氯化碳可以从碘水中萃取碘，其原理是碘在四氯化碳中的溶解度大约是其在水中溶解度的100倍（分别为2.9g和0.029g），该过程是物理过程。从数千年前殷商时期的药酒、香精的制备，人类即开始了对萃取技术的应用；1879年，Soxhlet发明索氏提取器，使得萃取技术得到了极大提高[7-8]；1891年，Nernst从大量液-液平衡实验结果中总结出分配定律[9]，奠定了萃取化学的理论基础。

在众多的湿法冶金技术中，溶剂萃取法具有生产率高、回收率高、产品成本低、操作简便、易于连续化生产等众多优点，逐渐成为湿法冶金中应用最广的技术之一，并形成了一个专门的方向——萃取冶金[10]。图1.4所示为湿法冶金主要工序流程以及溶剂萃取与前后工段的关系[11]。

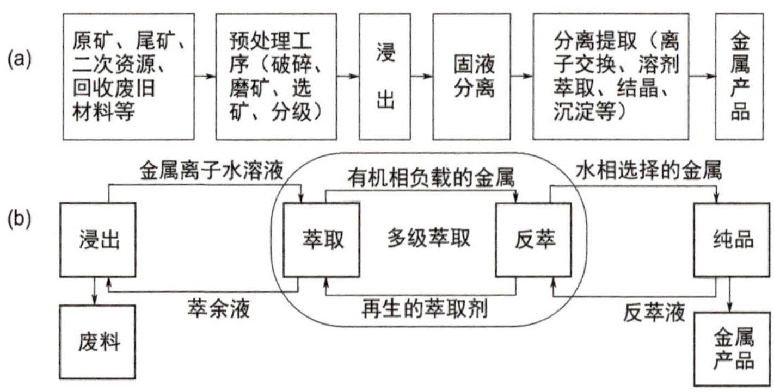

图1.4　湿法冶金主要工序流程（a）以及溶剂萃取与前后工段的关系（b）

从图1.4可以看出，湿法冶金主要包括预处理、浸出、固液分离、分离提取等工序。其中，分离提取工序是整个冶炼过程中的重要工序，金属溶剂萃取是分离提取工序的重要方法。溶剂萃取可以实现从含有多种金属离子混合物的浸出液中分离出单一金属元素。溶剂萃取主要包括萃取和反萃（取）两个操作单元。萃取段的进料为含有多种金属离子混合水溶液。经萃取分离后，对于两组分体系可在水相和有机相分别得到单一金属纯品；对于多组分体系可先分离易分离组分，再两两分离，最终得到单一金属。最后经电积、沉淀等处理得到所需产品。溶剂萃取技术除用于湿法冶金外，在中药提取、有机物分离等领域也有广泛应用。除特别说明外，本书中的溶剂萃取仅指金属溶剂萃取。

1.2.1 溶剂萃取的适用范围

溶剂萃取技术在黑色金属、有色金属、轻金属、稀有金属、稀散金属、贵金属、稀土及放射性元素的提取、分离、纯化、富集等方面都有应用[6, 12]。表1.1列出了溶剂萃取用于各种金属分离应用的实例。

表1.1 溶剂萃取法适用的金属元素

分离应用	金属元素	萃取举例
黑色金属	Fe、Mn、Cr	N235从Fe、Cu、Co、Ni混合液中选择性萃取除铁[13]
有色金属	Cu、Co、Ni、Zn、Pb、Sn、As、Sb、Cd、Bi等	肟萃取铜、酸性含磷萃取剂分离铜、钴、镍[14-17]
轻金属	Li、Rb、Cs、Be、Mg、Al	TBP-$FeCl_3$萃取分离锂、镁[18]
稀有金属	Nb、Ta、Zr、Hf、W、Mo等	酮萃取剂分离锆、铪[19]，胺类萃取剂分离钨、钼[20]
稀散金属	Ga、Ge、Se、Cd、In、Te、Re、Tl	LIX63萃取锗、Kelex100萃取镓[21]
贵金属	Ru、Rh、Pd、Os、Ir、Pt、Au、Ag	亚砜类萃取剂萃取分离钯/铂等贵金属[22-23]
稀土金属	Sc、Y、La、Ce、Pr、Nd、Sm、Eu、Gd、Tb、Dy、Ho、Er、Tm、Yb、Lu	酸性磷（膦）萃取剂、中性磷（膦）萃取剂、胺类萃取剂、羧酸萃取剂萃取分离稀土金属[24]
放射性元素	Th、U、Am、Cm等	中性磷（膦）萃取剂分离铀、钍[25]，螯合萃取剂分离镧系和锕系元素[26]

注：N235、TBP、LIX63、Kelex100均为萃取剂牌号或简称。

从原理上讲，只要有适当的萃取剂，在热力学或动力学上能区分共存金属离子，或能在时间或空间上区别金属离子，元素周期表中的所有金属元素都可被萃取分离。表1.1所列不同类型金属的溶剂萃取均已有应用，而溶剂萃取的应用远不止这些。

金属溶剂萃取主要作用是实现金属的提取、富集、分离、纯化，应用领域包括：①从矿石浸出液中提取和富集有价金属；②分离化学性质相近的金属离子；③净化工业溶液；④从冶金废渣、烟尘及一些二次资源中提取有价金属；⑤处理工业废水，提取其中的有价金属，并使其达到环保要求的排放标准[10]。

1.2.2 溶剂萃取的分类

广泛的应用需求导致金属溶剂萃取体系众多、规律各异，为了便于分析不同萃取体系的共同规律，增加研究人员对不同体系的认识，有必要把数量庞大的萃取体系归纳到有限的几个类型。根据不同分类标准，金属溶剂萃取可以分为不同类型[27-28]，如表1.2所列。

表 1.2　溶剂萃取的几种分类方法的原理及相应类别

分类原理	类别	实例
被萃取形式[29] 1954年苏联Кузнецов从金属离子被萃取形式角度提出	无机盐萃取	乙醚从盐酸溶液中萃取 Fe(Ⅲ)；三辛胺从硫酸溶液中萃取 U(Ⅵ)
	低亲水性萃取	8-羟基喹啉、*β*-二酮类萃取剂进行配位萃取（代替水分子配位）
	物理分配萃取	以有机溶剂为萃取剂直接萃取金属氧化物
配位方式[30] 1957年美国Morrison根据金属离子配位方式提出	离子缔合萃取	三辛胺从硫酸溶液中萃取 U(Ⅵ)；TBP 萃取剂从硝酸体系中萃取 $UO_2(NO_3)_2$
	螯合物萃取	*β*-二酮类萃取剂、酰胺荚醚类萃取剂（萃取剂为多齿配体）
金属离子与萃取剂相互作用类型[31] 1951年英国Irving根据萃取剂和萃合物相互作用提出	以共价化合物被萃取	I_2、有机分子从水相中的萃取
	以螯合物形式萃取	多齿配体萃取剂的萃取
	以盐形式萃取	萃取剂因质子化或发生电离或本身就是离子形式与金属结合，以盐形式被萃取
	大型阴离子或阳离子萃取	氯仿萃取 $[(C_6H_5)_4As]^+[ReO_4]^-$
萃取体系的复杂程度[32] 1960年美国Diamond根据金属离子从水相到有机相转移物的复杂程度提出	简单分子体系	CCl_4 从水溶液中萃取 OsO_4
	假分子体系	ReO_4^-/MoO_4^{2-} 分离、MnO_4^-/MnO_4^{2-} 分离[33-34]
	配位非溶剂化盐体系	ReO_4^-、MnO_4^-、ClO_4^-、IO_4^- 与 Ph_4As^+、Ph_4P^+、Ph_3MeAs^+、Bu_4N^+ 形成中性盐被萃取
	无机酸体系	乙醚、TBP 等萃取 HNO_3、HCl 等无机酸
	配位金属酸体系	高价金属的酸、乙醚萃取 $HAuCl_4$、$HFeCl_4$
	配位溶剂化盐体系	TBP 萃取硝酸铀酰、硝酸钚（萃合物分别为 $UO_2(NO_3)_2\cdot 2TBP$、$Pu(NO_3)_4\cdot 2TBP$）
	混杂萃取	Mo、As、P、W、V、S 等杂多酸元素的萃取
萃取工艺[6] 2007年马荣骏总结溶剂萃取工艺新进展提出的分类	反胶团溶剂萃取[35]	二壬基萘磺酸萃取镁[36]
	超临界流体萃取	多用于有机物萃取，如 CO_2、胺、水的超临界萃取
	微波萃取	微波加热丙酮萃取林丹（*γ*-六氯环己烷）
	电泳萃取	丁醇从水中萃取回收染料[37]
	超声萃取	加速 LIX65N 萃取 Ni(Ⅱ) 的速率
	预分散萃取	表面活性剂促进 P507 萃取 Cr^{3+}[38]
	磁场协助溶剂萃取	P204 萃取 Cu(Ⅱ) 时，增加磁场可提高 160 倍萃取率
	液膜萃取	P507 微乳液膜萃取分离钴、镍[39]
	内耦合萃取	调整溢流口来消除 La^{3+} 分离中的“返混”[40]
	非平衡溶剂萃取	P204 从硫酸体系中萃取分离 In(Ⅲ)/Fe(Ⅲ)
	双水相萃取	CO_2-可逆亲疏水离子液体-水分离痕量 Pb(Ⅱ) 和 Cd(Ⅱ)[41]

续表

分类原理	类别	实例
萃取机理或萃合物[27-28] 被普遍接受的一种分类方法，考虑萃取剂、被萃物、稀释剂、水相介质的性质，也考虑萃取剂与萃合物相互作用以及萃合物性质	简单分子萃取	CCl_4 从水溶液中萃取 OsO_4
	溶剂络合萃取（中性络合萃取）	酮、醚、醇、酯从硝酸体系中萃取金属盐
	螯合物萃取	*α*-氨基酸、*β*-二酮配位萃取金属离子
	离子萃取	铵盐、鏻盐萃取金属配阴离子
	协同萃取	HTTA 和 TBP 协同萃取 Pr(Ⅲ)、Nd(Ⅲ)
	高温液-液萃取	$MgCl_2$-KCl-NaCl 熔盐从熔融铀-铋合金中萃取裂变产物
	胶体化学萃取	$CHCl_3$ 和 CCl_4 萃取 Au、Ag 等金属单质
	离子液体萃取	咪唑、季铵盐等离子液体做稀释剂或萃取剂

注：TBP—磷酸三丁酯；LIX65N—2-羟基-5-壬基二苯甲酮肟；P204—磷酸二(2-乙基己基)酯；P507—2-乙基己基膦酸单2-乙基己基酯；HTTA—噻吩-2-基甲酰三氟丙酮。

表1.2所示的分类方法最初只是为了满足不同体系的表述方便而被相应的工作者提出，都有其独特之处，并非类别越多越合理、类别越少越粗糙。此外，还可以按有机相所用萃取剂、水相酸碱性、被萃取金属离子等进行分类。每种大类还可以进一步分为若干更具体的类型。由于分类标准不同，同一萃取体系可能被归属到不同的类型；同一类型下的不同萃取体系，在另一种分类标准下也可能被归属到不同的类型。如TBP从硝酸溶液萃取 $UO_2(NO_3)_2$ 的体系，按照被萃取形式和配位方式可归类到物理分配萃取和离子缔合萃取两种类型，还曾被Irving归类为螯合物萃取。

一种合理的分类方法应该能尽量全面地描述萃取本身，包括被萃取金属元素的特征、水相介质性质、金属离子在水相和有机相中的存在形式、萃取剂性质等。随着越来越多的萃取体系被报道，各种萃取体系的萃取机理被研究得越来越清楚，依据萃取机理或萃合物的分类方式被越来越多的研究者所采用，即将萃取体系分为简单分子萃取、溶剂络合萃取（中性络合萃取）、螯合物萃取、离子萃取、协同萃取、高温液-液萃取、胶体化学萃取、离子液体萃取等，每个大类还可进一步分为各种中类和小类[27-28]。

（1）简单分子萃取

简单分子萃取，即被萃取物以简单的共价分子分配在两相间。简单分子萃取的主要特征有：被萃物在水相和有机相中都以简单分子状态存在；不需要外加萃取剂，稀释剂起萃取剂作用（稀释剂和萃取剂有差异，见6.1.3）；萃取剂与被萃物之间不存在化学键作用。简单分子萃取可以进一步分为若干小类型，如表1.3所列。

表1.3 简单分子萃取的细分类型与应用举例

中类	小类	举例
单质萃取	惰性气体	$He/H_2O/CH_3NO_2$
	卤素	$I_2/H_2O/CS_2$，$I_2/H_2O/CCl_4$
	其他	$Hg/H_2O/C_6H_{14}$

续表

中类	小类	举例
难电离无机化合物的萃取（形成能稳定存在于两相间的分子）	卤化物（X 代表卤素原子）	$HgX_2/H_2O/CHCl_3$，$AsX_3/H_2O/CHCl_3$，$SbX_3/H_2O/CHCl_3$，$InX_3/H_2O/CHCl_3$，$GeX_4/H_2O/CHCl_3$，$SnX_4/H_2O/CHCl_3$
	硫氰化物	$M(SCN)_2/H_2O/R_2O$(M=Be、Cu) $M(SCN)_3/H_2O/R_2O$(M=Al、Co、Bi、Fe)
	氧化物	$OsO_4/H_2O/CCl_4$，$RuO_4/H_2O/CCl_4$，$H_2O_2/H_2O/R_2O$
	其他	$CrO_2Cl_2/H_2O/CCl_4$，$HCN/H_2O/R_2O$
有机化合物萃取（包括萃取剂自身在两相间的分配）	含氧有机物	RCOOH、RCHO、ROH、$R_2CO/H_2O/ROH$，萃取剂还可为酮、醚、氯仿、苯、煤油等
	含氮有机物	RNH_2、R_2NH、$R_3N/H_2O/$煤油
	含磷有机物	TBP、P204/H_2O/煤油
	其他	双硫腙/H_2O/CCl_4、甲基苯并三氮唑/H_2O/C_6H_6

从表1.3可以看出，以简单分子被萃取的各种体系，其被萃形式通常比较稳定。被萃物通常以物理作用分配在两相间，尤其是对于单质和有机化合物的萃取。但这并非不允许有任何化学反应。例如，对于$OsO_4/H_2O/CCl_4$体系，OsO_4在水相中可能发生水解形成H_2OsO_5，甚至进一步发生酸式电离形成$HOsO_5^-$，或发生碱式电离形成$HOsO_4^+$；而在有机相中可能发生聚合形成$(OsO_4)_4$。又如，在$HTTA/H_2O/C_6H_6$体系中，HTTA在水相可发生质子解离、烯醇式与酮式互变反应，再以不同形式被萃取到有机相。这些体系被归结为简单分子萃取的原因在于：无论是HTTA与C_6H_6，还是OsO_4与CCl_4，都不存在化学结合。

（2）溶剂络合萃取

溶剂络合萃取，即被萃物以电中性形式与萃取剂配位或缔合而被萃取，也被称为中性络合萃取。其与简单分子萃取的区别在于：被萃取物与萃取剂通常存在化学键合。溶剂络合萃取的特征是：被萃取物、萃取剂或溶剂、萃合物都是中性分子。如TBP从硝酸体系中萃取UO_2^{2+}，尽管U(Ⅵ)在水相中可以有UO_2^{2+}、$UO_2(NO_3)^+$、$UO_2(NO_3)_2$、$UO_2(NO_3)_3^-$等多种存在形式，但总是以中性$UO_2(NO_3)_2$按$UO_2(NO_3)_2 \cdot 2TBP$方式形成萃合物被萃取。若直接用乙醚萃取，则通过外层氢键结合形成中性萃合物$UO_2(NO_3)_2(H_2O)_4 \cdot 4Et_2O$，这被称为“二次溶剂化”或“外层缔合萃取”。溶剂络合萃取可进一步细分，如表1.4所列。

表 1.4　溶剂络合萃取的细分类型与应用举例

中类	小类	举例
中性含磷萃取剂	磷酸酯 $(RO)_3PO$、膦酸酯 $R(RO)_2PO$、次膦酸酯 $R_2(RO)PO$、膦氧化物 R_3PO	TBP、P350、Cyanex923、P113 等 $UO_2(NO_3)_2/H_2O\text{-}HNO_3/TBP\text{-}C_6H_6$ $CuCl/H_2O\text{-}KCl/10\%(C_6H_5O)_3P\text{-}CCl_4$
	焦磷酸酯 $R_4P_2O_7$ 及其类似物 $(RO)_2PO(CH_2)_nPO(RO)_2$	$UO_2(NO_3)_2/H_2O\text{-}HNO_3/R_4P_2O_7\text{-}C_6H_6$
	磷酰胺、硫代中性膦等	三(异丁基)硫化膦（Cyanex 471）[42] 萃取贵金属

续表

中类	小类	举例
酮、醚、醇、酯、酰胺（不包含𬭩离子萃取）	一次溶剂化（萃取剂与金属离子直接配位）	硝酸体系萃取U(Ⅵ)，可能形成$UO_2(NO_3)_2·4M$、$UO_2(NO_3)_2·H_2O·3M$、$UO_2(NO_3)_2·2H_2O·2M$、$UO_2(NO_3)_2·3H_2O·M$，其中M为酮、醚、醇、酯、酰胺等（如异丁醇、甲基异丁基酮）
	二次溶剂化（萃取剂通过外围氢键与被萃物结合）	醚类萃取剂从硝酸体系萃取U(Ⅵ)，形成$UO_2(NO_3)_2·4H_2O·nM(n \leqslant 4)$
中性含氮萃取剂	吡啶（Py）	吡啶萃取$Cu(SCN)_2$，形成萃合物形式为$Cu(SCN)_2(Py)_2$

注：P350—甲基膦酸二(1-甲基庚基)酯；Cyanex923—三烷基氧化膦（混合物，烷基为n-C_8H_{17}或n-C_6H_{13}，或二者都有）；P113—与Cyanex923同样为三烷基氧化膦混合物，但比例不同。

从表1.4可以看出，室温下呈液态且流动性较好的溶剂，若同时有一定的配位能力，如酮、醚、醇、吡啶等，可直接用于萃取。室温下黏度较大甚至呈固态的萃取剂，可与其他惰性稀释剂共用，但惰性稀释剂不参与配位作用。

（3）螯合物萃取

用于螯合物萃取的萃取剂都是螯合物（也称多齿配体），有多个配位点，但实际萃取过程中并不一定按多齿配体进行配位。如在含有多个萃取剂分子的萃合物中，其中的一个或几个萃取剂也以单配位形式与金属离子结合；又如羧酸萃取剂，可按单齿、双齿、桥连配体方式形成萃合物。螯合物萃取的基本特征是：萃取剂通常为多齿有机弱酸HA或H_2A，在两相间有一定的分配系数，但通常在有机相中溶解度较大，而水相溶解性取决于水相组成，尤其是H^+浓度；水相金属离子以M^{n+}、配位离子$ML_x^{(n-xb)+}$（L表示带电荷为b的水相平衡离子）、酰氧离子$MO_x^{(n-2x)+}$（如UO_2^{2+}、ZrO_2^{2+}）等阳离子形式存在；可形成不同类型的螯合萃合物MA_n、$MA_n(HA)_m$等，这些萃合物的外侧没有亲水基团，易被转移到有机相；弱酸螯合剂以质子交换反应萃取时，萃取率受pH值影响。根据萃取剂种类的不同，可以将螯合物萃取进一步分为四种类型；根据螯合物的带电性质，可以分为三种类型，如表1.5所列。

表 1.5 螯合物萃取的细分类型与应用举例

类型		举例
根据萃取剂种类分类	含氧螯合剂（只含C、H、O，不含N、S、P）	β-二酮、水杨醛、对醌二酚茜素等 $U(ClO_4)_4/H_2O$-$HClO_4$/HTTA-C_6H_6 对醌二酚-异戊醇萃取Al^{3+}、Fe^{3+}、Sc^{3+}、Ti^{4+}、Th^{4+}、Zr^{4+}等
	含磷螯合剂（只含C、H、O、P，不含N、S）	焦磷酸二烷基酯、磷酸二烷基酯（通常以二聚体参与萃取） UO_2SO_4/H_2O-H_2SO_4/P204-煤油
	含氮螯合剂（只含C、H、O、N，不含S、P）	8-羟基喹啉、偶氮化合物、二醛肟、铜铁试剂（N-亚硝基苯胲铵盐）、亚硝基苯酚等 $(UO_2)_2Fe(CN)_6/H_2O$-NaCN, pH = 8 ～ 9/8-羟基喹啉-$CHCl_3$
	含硫螯合剂（只含C、H、O、S，不含N、P）	双硫腙（HDz①）、苯二硫酚、8-巯基喹啉 Zn^{2+}/H_2O/HDz-$CHCl_3$

续表

类型		举例
根据螯合物带电性质分类	中性螯合物	螯合剂的负电荷总和与被萃物的正电荷相等 2-氨基己酸萃取 Cu(Ⅱ)
	阳离子螯合物	螯合剂的负电荷总和小于被萃物的正电荷 β-二酮萃取 Ti(Ⅳ)
	阴离子螯合物	螯合剂的负电荷总和大于被萃物的正电荷 EDTA 与二价金属离子形成的螯合物

① 双硫腙在理论上虽然有两个活泼氢，但实际上常只能电离出一个氢离子，故常以一元酸HDz的形式表示。

（4）离子萃取

离子萃取，即被萃物与萃取剂以阴阳离子的形式，形成离子对萃合物进入有机相。离子萃取的特点是：被萃物和萃取剂之间是静电相互作用，可用图1.5表示；可用静电能、静电力等经典物理原理描述萃取剂和金属离子的作用规律。根据离子半径、带电荷数及离子势，可近似估算被萃物与金属离子相互作用的强度以及萃取规律。但由于离子半径通常难以确定、将金属离子和萃取剂外形简化为球形不一定合理、金属离子与平衡离子的配位作用和水解作用导致电荷数也不一定是常数等因素，这种估算难以实现定量预测萃取性能。根据萃取中金属离子所在部分的电性，离子萃取可以分为阴离子萃取和阳离子萃取两类，这两类又各自可分为多种小类，如表1.6所列。其中，阴离子萃取即金属离子以阴离子形式被萃取到有机相；阳离子萃取即金属离子以阳离子形式被萃取到有机相。如Fe(Ⅲ)以带负电荷的$FeCl_4^-$形式被萃取时属于阴离子萃取，而Ru(Ⅰ)以带正电荷的Ru^+形式被萃取时则属于阳离子萃取。

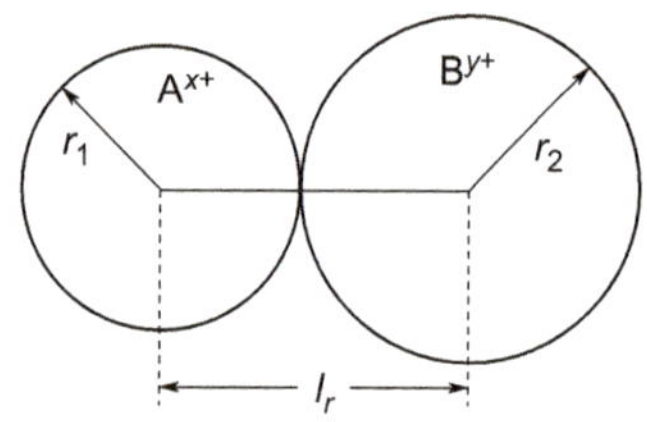

图1.5　离子萃取的萃合物示意图

表 1.6　离子萃取的细分类型与应用举例

类型		举例
阴离子萃取	鎓盐萃取	强酸溶液下酮、醚、醇、醛、酯等能形成鎓盐的体系萃取，如 $UO_2(NO_3)_2/H_2O\text{-}HNO_3/CH_3COCH_3$ 形成的萃合物为 $[CH_3COHCH_3][UO_2(NO_3)_3]$、$FeCl_3/H_2O\text{-}HCl/Et_2O$ 形成的萃合物为 $[Et_2OH][FeCl_4]$
	铵盐萃取	酸性条件下伯、仲、叔胺的萃取，如 $UO_2SO_4/H_2O\text{-}H_2SO_4/R_3N$- 煤油、$CoCl_4^{2-}/H_2O\text{-}HCl/R_3N$- 煤油；季铵盐的萃取，如 N263 萃取稀土元素（RE）的萃合物为 $[RE(NO_3)_4][R_3NCH_3]$
	鏻盐萃取	$ReO_4^-/H_2O\text{-}HCl/Ph_4P^+Cl^-\text{-}HCCl_3$
	钟盐萃取	$Ph_4As^+Cl^-$ 溶于水，而与 ReO_4^-、MnO_4^-、IO_4^-、BF_4^-、$HgCl_4^{2-}$、$SnCl_6^{2-}$、$CdCl_4^{2-}$、$ZnCl_4^{2-}$ 等大阴离子形成不溶于水的盐，可被氯仿萃取
	锑盐萃取	Ph_4SbF 可被氯仿萃取（锑作为被萃元素）
	锍盐萃取	硫醇在强酸介质中萃取金属离子
阳离子萃取	强配位中性萃取剂萃取	TBP 从硝酸体系萃取 La(Ⅲ)、联吡啶或邻二氮菲氯仿溶液从水相中萃取 $Fe(ClO_3)_3$、乙醚从硝酸体系萃取 U(Ⅵ)
	多聚卤化物萃取	$Na^+/H_2O\text{-}I_3^-$/ 戊醇
	四苯基硼萃取	$Ru^+/H_2O\text{-}NaBPh_4$/ 有机溶剂

注：N263—三烷基甲基氯化铵（烷基＝辛基或癸基）。

在表1.6中，形成离子萃取而不是直接配位的原因是：阴离子或阳离子的中心金属被异性离子包裹，而其暴露在外侧的部分与异性离子的配位能力较差。如四苯基鏻盐、钾盐，其正电中心被苯环包裹，只能与阴离子以静电引力相互作用形成缔合物，又如ReO_4^-、MnO_4^-等高价元素的正电中心被氧原子包围，只能与阳离子以氢键缔合。

（5）协同萃取

协同萃取，即采用两种或两种以上萃取剂一起对某一被萃物进行萃取，其分配比不等于各组分在相同浓度和条件下单独使用时各自的分配比之和，大于时称正协同、小于时称反协同。未特别说明时，协同萃取通常都指正协同。正协同与反协同表现出相反的结果，但机理上并没有差异。早在1954年Cunningham就发现，噻吩-2-基甲酰三氟丙酮（HTTA）和TBP的苯溶液萃取镨、钕时，比它们单独的萃取能力之和有所增加，只是当时未提出“协同萃取”这一名词[43]。1956年，美国橡树岭国家实验室（ORNL）采用P204从硫酸体系萃取铀时，添加了TBP作为相改良剂，发现能显著增加铀的分配比（相改良剂一般不影响平衡分配比），这是“协同萃取”概念的正式提出[28, 44]。

协同萃取的基本特征除萃取能力与各种组分之和有差异外，还表现为体系中可同时存在多种萃合物，既包括协同萃合物，也包括各种组分单独形成的萃合物。另外，在长期使用过程中，各种萃取剂组分的损失速率通常不同，因此协同萃取体系的稳定性通常不如单一萃取剂体系。协同萃取体系可以从参与协同的萃取剂数目进一步细分[28, 45]，如表1.7所列。

表1.7　协萃体系的细分类型与应用举例

中类	小类	举例
二元协萃体系	螯合与中性配位协萃	UO_2^{2+}/H_2O-HNO_3/HTTA、TBP-苯
	螯合与离子缔合协萃	$UO_2^{2+}/H_2O-H_2SO_4$/P204、TBP-煤油
	中性配位与离子缔合协萃	PuO_2^{2+}/H_2O-HNO_3/TBP、TBAN-煤油
二元同类协萃体系	螯合协萃	Ca^{2+}/H_2O-H^+/草酸，醌茜素-氯仿
	中性配位协萃	UO_2^{2+}/H_2O-HNO_3/二丁醚，二氯丁醚
	离子缔合协萃	Pa(Ⅴ)/H_2O-HCl/RCOR、ROH
三元协萃体系	酸性、中性与离子三元协萃	UO_2^{2+}/H_2O-HNO_3/P204、TBP、R_3N-煤油
	螯合、中性、中性三元协萃	$Eu^{3+}/H_2O-HClO_4$/吡唑啉酮-二戊基亚砜-三丁基氧化膦[46]
	螯合、螯合、中性三元协萃	UO_2^{2+}/H_2O-HNO_3/HPMBP-HTTA-TBP，$CHCl_3$
一元萃取剂体系中稀释剂的协萃效应	离子萃取体系	Np^{4+}/H_2O-HNO_3/TBAN-$CHCl_3$、C_6H_6
	简单分子萃取	HCOOH/H_2O/甲基异丁基酮-环已醇

注：TBAN—硝酸四丙基铵；HPMBP—1-苯基-3-甲基-4-苯甲酰基-2-吡唑啉-5-酮

（6）高温液-液萃取

高温液-液萃取，即高温下两相间物质的选择性转移。有的物质室温时呈固态或流动性差，而高温时表现出良好的流动性与传质性能，因此可在高温下进行萃取。与普通萃取相比，高温萃取的区别在于：通常在水的沸点以上，一般不含水相。根据两液相的种类，高温液-液萃取可以分为如表1.8所列类型[28]。

表1.8　高温液－液萃取的细分类型与应用举例

类型	举例
熔融盐萃取	铀裂变产物 / 熔融铋 /$MgCl_2$、KCl、NaCl 三元熔盐
熔融金属萃取	熔融金属镁从辐射过的熔融金属铀棒萃取钚，钚 / 熔融铀棒 / 熔融镁
高温有机溶剂萃取	铒、钕、镅、锔、镎的熔融硝酸盐 /$LiNO_3$-KNO_3 共熔物 /TBP- 多联苯

与常规两相萃取相比，高温萃取体系需要在较高的温度下操作，不存在水相，归属到湿法冶金的原因是可以用常规萃取的规律进行描述。对于某些体系，高温液-液萃取具有一定的优势，例如，表1.8中的TBP-多联苯在150℃下从硝酸熔盐中萃取金属离子，其分配比是TBP从水溶液中萃取时的100～1000倍。但高温液-液萃取的操作显然不如常规萃取方便，因此在实际应用中并不常见。近年来出现的离子液体萃取与高温液-液萃取原理相同，但并不需要在高温下进行。

（7）胶体化学萃取

胶体化学萃取，即被萃物以胶粒形式被转移到有机相。在胶体化学萃取中，水相中的被萃物以疏水性胶粒形式被转移到有机相，或进入有机相后形成疏水性缔合结构。与前面的萃取类型相比，胶体化学萃取是有机相与带有被萃物的胶粒之间在胶体尺度（1～100nm）的相互作用，而其他萃取是萃取剂与被萃物之间在分子尺度的相互作用。被萃物以悬浮颗粒形式进入有机相的体系通常也被归为胶体化学萃取。常见的胶体化学萃取体系如表1.9所列。

表1.9　部分常见胶体化学萃取体系

被萃物	萃取剂、溶剂	被萃物	萃取剂、溶剂
Au	$CHCl_3$ 和 CCl_4	Ag_2CrO_4	Et_2O 和 $CHCl_3$
Ag	Et_2O 和 $CHCl_3$	$PbCrO_4$	$CHCl_3$
CoS	$CHCl_3$	SiO_2	Et_2O 和 $CHCl_3$
Ag_2S	$CHCl_3$	$Co(OH)_2$	$CHCl_3$
AgCl	$CHCl_3$	$Co(AlO_2)_2$	$CHCl_3$
AgI	$CHCl_3$ 和 CCl_4	$Ag_2C_2O_4$	$CHCl_3$
$SrSO_4$	Et_2O 和 $CHCl_3$	Ag_2CO_3	$CHCl_3$
$BaSO_4$	Et_2O 和 $CHCl_3$		

按胶体化学萃取机理萃取的被萃物稳定性高，如惰性金属金、银，以及硫化物、卤化物等，通常有很高的晶格能而不溶解在水相和有机溶剂中；所用萃取剂溶剂都是挥发性有机物，这是由于胶体化学萃取通常不直接反萃，而是通过蒸发去除溶剂得到被萃物。胶体化学萃取与简单分子萃取的区别在于，被萃物以胶粒形式而不是以单分子形式被转

移，也不形成结构确定的萃合物分子。

（8）离子液体萃取

详见本书“1.3.4”的“（2）”部分内容。

需要指出的是，上述这些分类仅仅是从某一角度对萃取体系进行的简单归类，而实际萃取体系可能是多种类型萃取同时存在，且随着条件的改变而发生变化。如$PaCl_5$/H_2O-HCl/RCOR主要按离子萃取机理进行，形成$[R_2COH][PaCl_6]$形式的离子缔合萃合物；而PaI_5/H_2O-HI/RCOR却按简单分子萃取机理进行，直接以PaI_5形式转移到有机相。又如，$UO_2(NO_3)_2$/H_2O-HNO_3/RCOR'通常认为包含溶剂络合萃取和离子萃取两种机理，所对应的萃合物分别为$UO_2(NO_3)_2\cdot(RCOR')_x$和$[RR'COH][UO_2(NO_3)_3]$，与水相中$H^+$和$NO_3^-$浓度以及萃取剂的质子化能力有关。随着萃取技术的进一步发展，新的萃取分类方法和新的萃取类型可能会不断出现。总之，对萃取体系进行归类时，需要根据萃取机理具体分析，不能用上述的分类生搬硬套。对萃取体系分类是为了认识普遍性规律，不是为了把所有萃取体系都限定这些类别中。

1.3 溶剂萃取中的萃取剂

金属溶剂萃取是众多湿法冶金方法中应用非常广泛的一种，与普通液液萃取最主要的区别在于通常需要加入与被萃组分作用较强的萃取剂，而不仅仅依据相似相容原理。但最开始的萃取剂就是溶剂。如1842年，Péligot发现的乙醚从硝酸溶液中萃取$UO_2(NO_3)_2$的方法[47]；1863年，Brawn基于某些金属硫氰酸盐可溶于乙醚的特点，提出了用乙醚萃取分离镍、金、铂或铁和碱土金属；1892年，Rothe又发现乙醚可从盐酸溶液中萃取$FeCl_3$[48]。在20世纪以前，只是用乙醚做萃取剂研究了一些金属的萃取现象，直到1925年，在Heyrovský发现打萨宗（双硫腙的俗称）可定量萃取一些金属元素以后[49]，萃取技术才逐步被应用于分析化学。金属溶剂萃取的大规模应用开始于20世纪40年代第二次世界大战中的核燃料提取。武器中使用的核燃料需要很高的纯度，若采用当时传统的多次沉淀和分步结晶方法，需要消耗大量的化学试剂。如提取1kg纯铀，即使消耗数以吨计的化学试剂，也难以达到符合要求的纯度，且产生大量难以处理的放射性废液。此时，Péligot提出的用乙醚提取铀的方法才重新被重视，但乙醚易挥发着火，限制了这一方法的应用。直到1945年发现磷酸三丁酯（TBP）可作为比乙醚性能更优异的核燃料萃取剂，1950年发现噻吩-2-基甲酰三氟丙酮（HTTA）可分离超铀元素和处理热铀[50]，溶剂萃取在冶金中的应用才被肯定，并在20世纪50年代后成为提取铀的主要方法。另外，更多类型的萃取剂，如8-羟基喹啉、酮、羧酸、磷（膦）、胺等的萃取分离性能也被广泛研究[10]。同时，溶剂萃取也开始应用于锆/铪、铌/钽、钍/稀土等性质相近元素的分离。但在那时，溶剂萃取依然只是用于分析化学以及贵金属、稀散金属的提取，很少产生直接经济效益。溶剂萃取引起的冶金工业的革命性变化，是在20世纪60年代羟肟型萃取剂的出现并被用于铜萃取之后发生的。1965年，美国通用选矿公司（General Mill）合成了2-羟基-5-十二烷基二苯甲酮肟（LIX64），LIX64对Cu(Ⅱ)的选择性高，Cu(Ⅱ)、Fe(Ⅲ)分离系数可达100，能直接从堆浸液中分离铜，使得冶铜成本从当时铁粉置换法的35美分/lb（1lb＝0.4536kg）降低到25美分/lb。经中试后，该技术于1968年在亚利桑那州蓝岛矿山投产，年产7500t铜[14]。这一成功应用证明了溶剂萃取可用于贱金属（与核燃料、稀土、锆、铪等相比）的提取与分离，极大地促进了溶剂萃取研究。到目前为止，元素周期表中几乎所有金属元素的萃取都已被研究。

在金属溶剂萃取技术发展过程中，每一种性能优异萃取剂的出现并工业化应用，都会导致相关金属的提取环节，甚至整个供应链发生重大变革。萃取剂的发展对于萃取工艺的改进、生产效率的提高乃至金属元素的冶炼全过程都有重要影响。例如，在冶铜领域，对于低品位矿的堆浸液，最开始采用的是铁粉置换方法，LIX64的应用使得萃取冶铜成为处理低品位铜矿浸出液的主要方法，一直沿用至今。早期的铜萃取通常采用4级萃取、3级反萃；使用LIX64N（LIX63+LIX65N）萃取剂，3级萃取、2级反萃即可；而LIX622（5-壬基水杨醛肟＋十三醇）仅需2级萃取、1级反萃。而且早期的铜萃取厂，每平方米澄清槽年产4t铜，使用新萃取剂LIX622则可使生产效率提高到16t/m^2。这些生产工艺的改进、生产效率的提高，使得1984年投产的Burro Chief铜公司的铜生产成本降至当时市场价的一半[14]。

目前，溶剂萃取已发展成选择性好、操作条件温和、易于大规模连续化生产的冶金技术，在金属的提取、分离、纯化等领域得到了广泛应用。除既作萃取剂又作溶剂的少数萃取体系外，与四氯化碳从碘水中萃取碘的过程相比，金属溶剂萃取属化学过程。通常情况下，除有机溶剂外，还需加入萃取剂才能实现金属离子从水相到有机相的转移。如苯或正十二烷都无法直接从硝酸稀土、氯化稀土等溶液中萃取稀土金属，但加入TBP、P204等萃取剂之后就能够实现。在金属溶剂萃取中，萃取剂的作用是与水相中金属离子选择性结合并将其转移到有机相。萃取剂是决定操作条件、萃取效率、工艺成本等的关键。

1.3.1 萃取剂分类

在金属溶剂萃取领域，萃取剂种类繁多、性能各异。萃取剂按照目标金属离子可以分为核燃料萃取剂、贵金属萃取剂、稀土金属萃取剂、铜萃取剂、同位素分离萃取剂等。按照萃取剂结构可以分为含磷萃取剂、含氮萃取剂、羧酸萃取剂、酮萃取剂、醇萃取剂等。按照配位原子可以分为氧配位萃取剂、氮配位萃取剂、硫配位萃取剂等。按照配体配位方式可以分为单齿萃取剂、双齿萃取剂、多齿萃取剂等。按照应用领域，可以分为分析用萃取剂、冶金用萃取剂等。按照萃取剂的反应方式可以分为酸性萃取剂、中性萃取剂、碱性萃取剂、盐类萃取剂等。还可按照萃取反应进行分类[42]。表1.10列出了一些萃取剂的结构及基本信息，更多的萃取剂收集在本书附录1中。

表 1.10　一些常用的金属萃取剂

结构①	名称	简称	用途	常用归类
$O{=}P(O^{n}C_4H_9)_3$	磷酸三丁酯	TBP	萃取铀、钍，锆、铪分离，萃取 $FeCl_3$，萃取柠檬酸	磷酸酯；中性磷萃取剂；稀土萃取剂；核燃料萃取剂
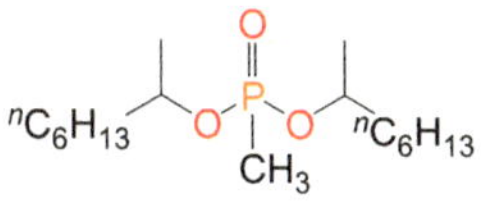	甲基膦酸二 (1-甲基庚基) 酯	P350；DMHMP；DSOMP	铀、钍、铁和稀土的分离，萃取铀、钍、钼	膦酸酯；中性膦萃取剂；稀土萃取剂；核燃料萃取剂
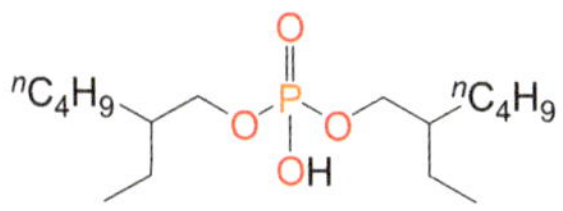	磷酸二 (2- 乙基己基) 酯	P204；DEHPA；D2EHPA；EHPA	钴、镍分离，萃取锌、铍、铜、铟、稀土	酸性磷萃取剂；稀土萃取剂；钴、镍萃取剂
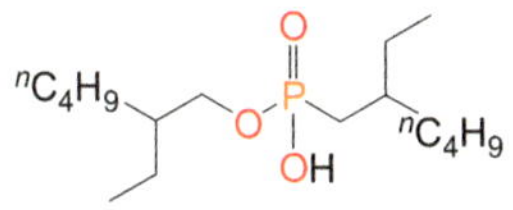	2- 乙基己基膦酸单 2- 乙基己基酯	P507；PC-88	稀土、钴 / 镍等多种金属萃取分离	酸性膦萃取剂；稀土萃取剂
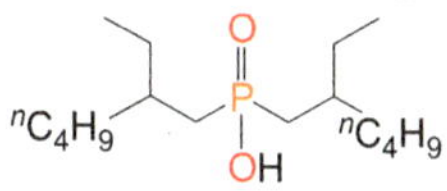	二 (2- 乙基己基) 次膦酸	P227；P229；PIA-8；HDEHP	全稀土分离、钴 / 镍分离、除铁	酸性膦萃取剂；稀土萃取剂
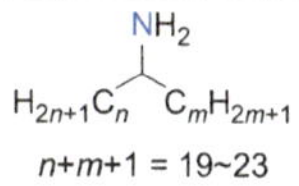	$C_{19}\sim C_{23}$ 仲碳伯胺	N1923	萃取钍、稀土、钒	碱性萃取剂、伯胺萃取剂
NR_3 $R = C_8$、C_{10}	三烷基胺 (烷基 = 辛基或癸基)	N235；Alamine336	萃取钨、钼，分离钴、镍	碱性萃取剂、叔胺萃取剂
$R_3N^+CH_3Cl^-$ $R = C_8$、C_{10}	三烷基 (甲基) 氯化铵（烷基 = 辛基或癸基）	N263；A336；Aliguat336	萃取钨、钼、钒、铀，萃取铀、钍稀土、铁、钨、钼	季铵盐萃取剂
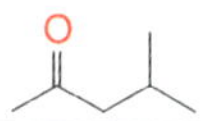	甲基异丁基酮	MIBK	锆、铪分离，钽、铌分离	中性萃取剂、酮萃取剂
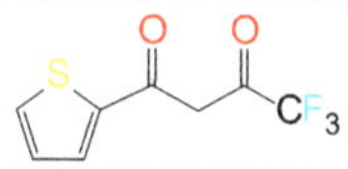	噻吩 -2- 基甲酰基三氟丙酮	HTTA②	铈、钍分离、稀土分离	螯合萃取剂、*β*- 二酮萃取剂
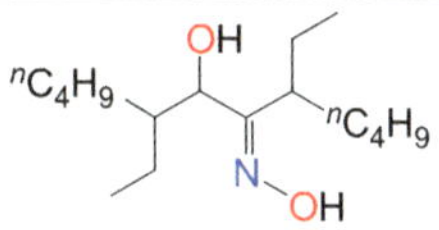	5, 8- 二乙基 -7- 羟基十二碳 -6- 肟	LIX63；N509	萃取铜、镍	螯合萃取剂、羟肟萃取剂、铜萃取剂
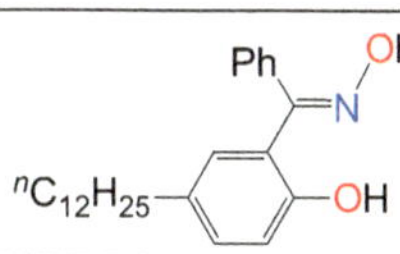	2- 羟基 -5- 十二烷基二苯甲酮肟	LIX64	萃取铜、镍	螯合萃取剂、羟肟萃取剂、铜萃取剂
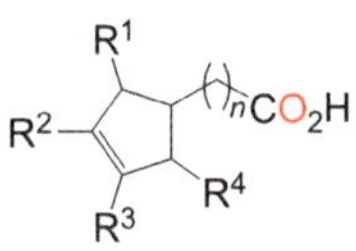	环烷酸	NA	分离铜、钴、镍、铁，混合稀土中分离钇	羧酸萃取剂、稀土萃取剂

① 结构式中上角标位置的“*n*”表示“正”，如“$^{n}C_4H_9$”表示“正丁基”。同样，下文中出现的结构中：上角标位置的“*s*”表示“仲”，如“$^{s}C_4H_9$”表示“仲丁基”；“*i*”表示“异”，如“$^{i}C_4H_9$”表示“异丁基”；“*t*”表示“叔”，如“$^{t}C_4H_9$”表示“叔丁基”。

② 噻吩-2-基甲酰基三氟丙酮（2-thenoyltrifluoroacetone）的两个羰基中间碳原子上的活泼氢易发生电离，形成H^+和负离子。行业内，为了简洁、准确地表达，在叙述反应原理时常把噻吩-2-基甲酰基三氟丙酮的简称写作“HTTA”，而以“TTA”表示其负离子。其他萃取剂的简称也有此类情况发生，如“HDEHP”“HPMBP”。

从表1.10可以看出，同一种萃取剂，根据不同的分类方法可以归结到不同的类型，即萃取剂的分类存在交叉，如以图1.6所示的P507为例。由于不同的分类标准，P507萃取剂至少可归为酸性萃取剂、含磷萃取剂、稀土萃取剂、单齿萃取剂等四种类型。若考虑更多性质，则可归为更多的类型。这些分类可直接反映出萃取剂的性质、用途、萃取特征等。类似的其他萃取剂也能被归为多种类型。这些归类对于萃取剂的总结、研究、应用等都是必不可少的，但这些归类方法缺乏对萃取剂本身结构的直观反映。

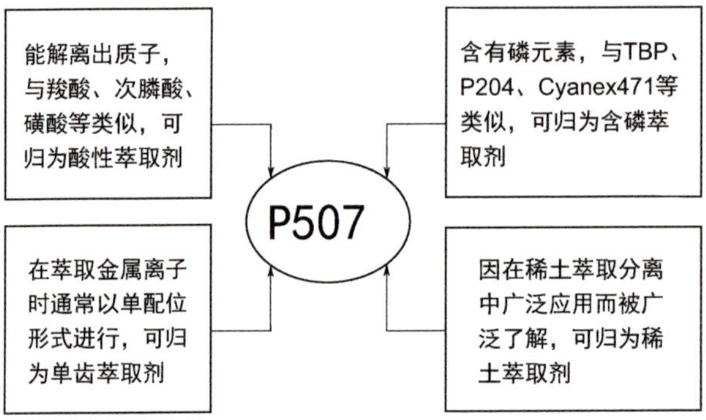

图1.6　萃取剂P507（2-乙基己基膦酸单2-乙基己基酯）的归类

除上述分类依据外，还可严格按照萃取剂反应基团所含元素进行分类，将分子仿照分子SMILES表达式排序，列出与反应基团相连的原子即可，如图1.7所示。

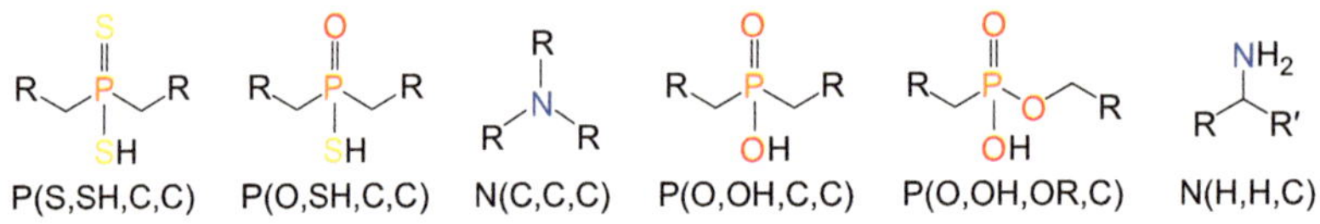

图1.7　按反应基团所含元素分类

图1.7所示分类方式的优势在于：可以做到对所有萃取剂不重、不漏，每种萃取剂只能被归到一类，便于找出它们共同的反应基团，有利于从分子水平设计新分子。不足之处在于，类型名称不能直接反映萃取剂的用途、性能。另外，这种分类方法对于反应基团中心元素的选择、括号里各种符号对应的结构、多反应基团萃取剂的表示等有待完善。

萃取剂是溶剂萃取研究和应用的基础，性能优异的萃取剂往往可以缩短工艺探索时间、简化萃取设备要求，使萃取过程安全、环保、高效地进行。萃取剂是萃取冶金的关键物质，对萃取效率、工艺参数有决定性影响。因此，发展新型高效萃取剂是提高萃取体系效率的重要途径和主要研究方向之一。

1.3.2　各类金属萃取剂的特征

同一种萃取剂可用于多种金属离子萃取，同一种金属离子也可被不同类型萃取剂萃取。元素周期表中各金属元素的亲和性、离子半径、电荷数、软硬度等呈现规律性变化，使得各类萃取剂也具有相应的特征。例如，由于软硬酸碱匹配关系，硫醇、硫醚等萃取剂多用于贵金属萃取；中性磷（膦）萃取剂多用于锕系元素萃取；酸性磷（膦）萃取剂在稀土分离、钴镍分离中常用；肟萃取剂用于铜萃取等。通常将适用性广泛的萃取剂称为广谱萃取剂，如TBP、P507、Cyanex272（二(2, 4, 4-三甲基戊基)次膦酸）、P227、β-二酮都属于广谱萃取剂。而硫醚、亚砜、肟都属于专一萃取剂。

（1）核燃料萃取剂

核燃料萃取剂是指用于核燃料提取、分离、纯化以及核废料处理的萃取剂。作为核燃料萃取剂，除了满足一般萃取剂的基本要求外，还需要具有良好的耐辐射性能。需要处理的元素主要包括铀、钚、次锕系元素（指乏燃料中除铀和钚以外的锕系元素，包括镎、镅、锔、锫、锎、锿和镄。比较重要的同位素有^{237}Np、^{241}Am与^{243}Am、^{242}Cm与^{248}Cm，以及^{249}Cf与^{252}Cf）、长寿命裂变产物（半衰期大于10年、产额高于0.01%的核素有^{79}Se、^{85}Kr、^{90}Sr、^{93}Zr、$^{93}Nb^{m}$、^{99}Tc、^{103}Pd、$^{113}Cd^{m}$、^{126}Sn、^{129}I、^{135}Cs、^{137}Cs、^{151}Sm等）[51-52]。核燃料萃取剂就是分离、纯化、富集、回收这些元素的一类化合物，表1.11列出了部分核燃料萃取剂[53-55]。

表1.11 常用核燃料萃取剂

类型		代表物质	应用举例
醇、醚、酮类[56]	醇	乙二醇一丁醚；2,4-二甲基戊-3-醇	以$Al(NO_3)_3$为盐析剂纯化铀
	醚	乙醚；二异丙醚；二正丁醚；二甘醇二丁醚；二氯代三甘醇；四甘醇二丁醚；乙二醇二丁醚；2-甲基四氢呋喃；2, 5-二甲基四氢呋喃；四氢吡喃	以$Ca(NO_3)_2$、$Mg(NO_3)_2$为盐析剂从富矿中分离铀及纯化铀；以硝酸或硝酸盐为盐析剂分离铀、钚
	酮	甲基异丁基酮；环己酮；甲基环己酮	以硝酸盐为盐析剂分离铀、钚、锆、铪、钽、铌；以硝酸盐为盐析剂分离铀、钚
中性磷（膦）[51]	磷酸三烷基酯	磷酸三丁酯；磷酸三庚酯；磷酸三(1-甲基庚基)酯；磷酸三(2-乙基己基)酯	适用于大多数裂变燃料的提取、分离、纯化
	烷基膦酸二烷基酯	正丁基膦酸二正丁酯；正戊基膦酸二正戊酯；正己基膦酸二正己酯；正庚基膦酸二正庚酯；甲基膦酸二戊酯；1-甲基庚基膦酸二(1-甲基庚基)酯；2-乙基己基膦酸二(2-乙基己基)酯；甲基膦酸二(1-甲基庚基)酯	用于核燃料分离，如在硝酸介质中分离U(Ⅵ)/Th(Ⅳ)
	二烷基次膦酸酯	二正丁基次膦酸正丁酯；二正庚基次膦酸正庚酯；二(2-乙基己基)次膦酸2-乙基己基酯	可用于硝酸体系萃取U(Ⅵ)[57]
	三烷基氧化膦	三正庚基氧化膦；三正辛基氧化膦；三(2-乙基己基)氧化膦；Cyanex 923；P113	Th(Ⅳ)和三价稀土元素的分离
其他类型[53]	硼盐	四苯基硼酸钠	^{137}Cs萃取剂
	酚	4-叔丁基-2-(α-甲基苄基)酚	^{137}Cs萃取剂
	酸性磷	磷酸二(2-乙基己基)酯	^{90}Sr萃取、^{147}Pm萃取
	有机胺	三月桂胺；三辛胺；二(2,4,6-三硝基苯基)胺	^{99}Tc萃取、^{137}Cs萃取剂
	离子液体	Alamine336-P204①	镅、锔与镧系元素分离

① 指由Alamine 336获得一个H后形成的铵阳离子，与P204失去羟基上H形成的酸根阴离子，构成的离子液体。

（2）贵金属萃取剂

贵金属是指钌、铑、钯、锇、铱、铂、银、金这八种元素，前面六个也被称为铂族金属。贵金属萃取剂的作用是实现贵金属与贱金属以及不同贵金属之间的分离。含贵金属元素的酸属于“软酸”，根据软硬酸碱理论中硬亲硬、软亲软的原则，含硫萃取剂［硫醇、硫醚、亚砜、硫代磷（膦）酸等］属于软碱，故常用于贵金属萃取。例如，二烷基硫醚、双硫代二烷基次膦酸（Cyanex301）都能有效萃取$AuCl_4^-$、$PdCl_4^-$、$AgNO_3$；烷基亚砜、石油亚砜能萃取$PdCl_4^{2-}$、$PtCl_6^{2-}$等。表1.12列出了一些常用贵金属萃取剂及其部分用途[58]，这里为了尽量避免重复，只列出贵金属中应用较多，而在其他金属中应用较少的含硫萃取剂。

表1.12　几种常用贵金属萃取剂

名称	代表物质	应用举例
硫醇	聚［2-((4-乙烯基苯基)甲硫基)-1, 3, 4-噻二唑-5-硫醇］（PVTT）；2-壬硫基-1,3,4-噻二唑-5-硫醇（TNSTH）；1, 3, 4-噻二唑-2, 5-二硫醇（TDT）	可从浓盐酸（5mol/L以上）体系中萃取分离贵金属，除铜以外的镍、钴、铁等贱金属几乎不萃取[59]
烷基硫醚	二正辛基硫醚（DOS）；二异戊基硫醚（S201）；正丁基正辛基硫醚；石油硫醚（PS）；丁基苯并噻唑硫醚；二(2-乙基己基)硫醚（DEHS）；硫代-2-乙基己基苯乙酮（IOTPEK）	DOS用于盐酸体系中分离Pd(Ⅱ)/Pt(Ⅳ)[60]；DEHS可用于萃取$HAuCl_4$[61]；IOTPEK能从铁、镍、铜、锌共存液中选择性萃取金、银[62]
亚砜	二(2-乙基己基)亚砜(DIOSO)；石油亚砜(PSO)；杂环取代亚砜；苄基(2-乙基己基)亚砜（BSO）；异戊基苯并噻唑亚砜(ABSO)；双(正辛基亚磺酰基)甲烷（BOSE）	二烷基亚砜对金、铂等贵金属都有萃取效果，还能分离铂、钯[63]。改变分子结构可调整对贵金属离子选择性[64]
硫代磷（膦）	双硫代磷酸二(2-乙基己基)酯；单硫代磷酸二(2-乙基己基)酯；三异丁基硫化膦（Cyanex 471）	硫代磷（膦）化合物对Au(Ⅲ)有很强的萃取能力[65-66]
其他类型	苯异硫脲基乙酸（PTHA）	萃取分离钯，几乎不萃取Al(Ⅲ)、Cu(Ⅱ)、Fe(Ⅲ)、Co(Ⅱ)等贱金属离子[67]

（3）稀土金属萃取剂

稀土元素是钪、钇和镧系元素的总称，处于元素周期表的ⅢB族位置，化学性质相近。尤其是镧系元素，核外电子的差异位于内层的4f、5d轨道上，导致镧系金属离子的化学性质非常相似。如在稀土元素发现过程中，“钇土”中包含的钇、镱、铒、铽等稀土元素曾被当作同一种元素。作为稀土萃取剂，除了满足作为萃取剂的一般要求外[68]，还需对稀土及伴生杂质或相邻稀土元素具有较高的选择性。表1.13列出了一些已成功应用或有应用潜力的稀土萃取剂。

表1.13　常用的稀土金属萃取剂

类型	代表物质	应用举例
中性磷（膦）	磷酸三丁酯；烷基膦酸二酯；三烷基氧化膦	核燃料处理；稀土分离[69-70]
酸性磷（膦）	磷酸二(2-乙基己基)酯（P204）；2-乙基己基膦酸单2-乙基己基酯（P507）；二(2-乙基己基)次膦酸（P227）；二(2, 4, 4-三甲基戊基)次膦酸（Cyanex272）	全稀土萃取分离，过渡金属萃取，钙镁萃取[71-75]

续表

类型	代表物质	应用举例
羧酸	叔碳酸（V911）；环烷酸（NA）；(邻仲辛基)苯氧基乙酸（CA-12）	分离钇和镧系金属[76-77]，钴、镍萃取[78]
有机胺	多支链 C_{16} 伯胺（N-116）；多支链 C_{19} 伯胺（Amine 21F81）；C_{19}～C_{23} 仲碳伯胺（N1923）；三正庚胺（N208）；三正辛胺（N204）；三烷基（辛基 / 癸基）胺（N235）；氯化甲基三烷基（辛基 / 癸基）铵（N263）	N1923 分离钇和镧系元素[79]
其他类型	多官能团萃取剂：如磷酰基羧酸；α- 氨基膦酸；α- 氨基磷酸酯；烷氧基磷酰胺	萃取分离钇[80]和镧系；分离镧系元素[81]

（4）铜萃取剂

铜萃取剂的出现及应用是整个湿法冶金史上的革命性事件[14]。铜通常以二价铜形式被萃取。Cu(Ⅱ)倾向于形成平面四边形或拉长八面体配合物，与通常伴生的Fe(Ⅲ)、Co(Ⅱ)、Ni(Ⅱ)、Ca(Ⅱ)、Mg(Ⅱ)等的配位形式差异较大。铜萃取剂就是能有效区分Cu(Ⅱ)与这些金属离子的一类化合物，以肟类化合物为代表的多种铜萃取剂已经被开发出来。表 1.14 列出了一些常用的Cu(Ⅱ)萃取剂。

表 1.14　几种常见铜萃取剂

类型	物质	应用举例
肟	德国汉高（Henkel Corporation）公司的 LIX 系列，英国壳牌国际化学公司的 SME 系列，英国百慕大阿科伽（Acorga）有限公司的 Acorga 系列[82]	5, 8- 二乙基 -7- 羟基十二碳 -6- 肟（LIX63）、2- 羟基 -5- 十二烷基二苯甲酮肟（LIX64）、2- 羟基 -3- 氯 -5- 壬基二苯甲酮肟（LIX70）都能实现 Cu(Ⅱ)/Fe(Ⅲ) 分离[83]
β- 二酮	在 β- 二酮上引入芳基、烷基等取代基可得油溶性较高的萃取剂，如 1- 苯基 -3-(1- 辛基)-1, 3- 丙二酮；1-(4- 十二烷基) 苯基 -1, 3- 丁二酮（LIX54）	通过烯醇互变作为酸性二齿配体萃取铜，LIX54 的饱和容量可达 100 g/L[84]
其他	7- 取代 -8- 羟基喹啉；三级胺；季铵盐	在 7 位碳上引入能增加油溶性取代基的 8- 羟基喹啉可在高酸高氯条件下萃取铜[85]；胺（铵）可以 $CuCl_3^-$、$CuCl_4^{2-}$ 形式萃取铜[86]

（5）同位素分离萃取剂

不同质量数的同位素成键时，力常数与结合能都存在差异，即同位素效应[87]，导致同位素离子与萃取剂的结合强度有所不同，这是萃取分离同位素的原理[88]。同位素之间质量数差异越大，越容易分离，因此对最轻金属锂的同位素 ^6Li、^7Li 的萃取分离研究与应用数量最多、范围最广[89]。此外，硼、碘、铀、钍等同位素的萃取分离也有少量报道[90-93]，但其他同位素萃取分离报道较少。相对于 ^6Li，^7Li 与萃取剂的结合能力更强，因此 ^7Li 处于有机相[89]。表 1.15 中列出了几种用于同位素分离的萃取剂。

表 1.15　几种同位素分离萃取剂

应用对象	萃取剂举例
^6Li、^7Li 分离	冠醚类（如 4- 硝基苯并 15- 冠 -5[94]、苯并 15- 冠 -5 及其衍生物和类似物[95-97]）、直链醚类、酚类[98]、含氟二芳基胺类[99]
^{235}U、^{238}U 分离	大环聚醚类[93]、三辛基氧化膦（TOPO）[100]
^{232}Th、^{234}Th 分离	三辛胺[91]

如表1.15所列萃取剂，除用于锂同位素分离的几种之外，其他多用于分析化学领域，这是由于重原子的同位素效应通常不明显，难以实现有效分离。表1.15中锂、铀同位素分离都用到了环醚，这类化合物能表现出较明显的同位素效应，除锂、铀外对钠（^{22}Na、^{24}Na）[101]、钙（^{40}Ca、^{44}Ca）[102]同位素也有分离效果。

（6）其他金属萃取剂

除上述各类以外，还存在许多其他金属萃取剂，这些萃取剂难以归类为某种特定金属离子的专属萃取剂，但它们在某些金属的分离提取中有重要应用。如表 1.16 所列的部分萃取剂及其应用[103-104]。

表 1.16　湿法冶金中几种典型的萃取体系及其相应的萃取剂

应用对象	萃取剂举例	特征
碱金属	冠醚根据碱金属离子尺寸选择性与某一种碱金属离子配位，多用于分析化学[105]；酚醇类化合物，4- 叔丁基 -2-(α- 甲基苄基) 酚（*t*-BAMBP）可从高钠、钾溶液中选择性萃取铷、铯[106]；$FeCl_3$-TBP 从盐湖中萃取锂[18]	除 Li(Ⅰ) 外，其他碱金属的被萃取能力都较弱
碱土金属	二辛基次膦酸对 Ca(Ⅱ)/Sr(Ⅱ) 的分离系数可达 91 ～ 147[107]；冠醚也能根据离子尺寸选择性地与碱土金属离子配位	碱土金属离子有一定被萃取能力，可根据其离子尺寸和配位能力选择萃取剂
锆 / 铪分离	HTTA、甲基异丁基酮；三 (2- 乙基己基) 胺[19]	选用恰当的酸度，分离系数可达几十到几百
钴 / 镍分离	叔胺（N235）；酸性磷、膦（P204、P507、Cyanex272、P227）；羧酸；肟[16, 108]	多种萃取剂都能用于钴 / 镍分离，但分离系数差异巨大
铌 / 钽分离	*N*, *N*- 二仲辛基乙酰胺（DOAA）；*N*- 仲辛基乙酰胺（MOAA）[109]；甲基异丁基酮[110]	以 H_2NbF_7、H_2TaF_7 形式被萃取
钼 / 钨分离	三烷基氧膦（TRPO）/TBP 协萃分离[111]；季铵盐 N263[112]	以杂多酸形式被萃取

从表1.11至表1.16所列出的萃取剂及其萃取特征可以看出，对于不同萃取剂、不同萃取体系，可以有不同的萃取效果。需要指出的是，溶剂萃取是湿法冶金中分离或富集的众多有效手段之一。除发展新萃取剂来解决金属的富集、分离、纯化等过程遇到的新问题外，还可通过改进萃取设备以及采取沉淀、树脂分离等方法来解决，但不在本书论述范围。

1.3.3　金属萃取剂发展趋势

19世纪40年代到20世纪40年代，金属溶剂萃取只在分析化学领域中应用，其目的是实现金属离子的富集、回收，所用的萃取剂主要是醚、胺等。20世纪40年代以后，由于溶剂萃取在原子能工业所需核燃料提炼中的重要应用，溶剂萃取所需萃取剂就得到了极大发展，出现了多种针对某种或某几种金属离子有很高选择性的萃取剂，例如TBP、P204、P507、环烷酸、肟等。概括起来，金属萃取剂的发展趋势主要表现为以下特征。

（1）从分析化学到冶金

湿法冶金用萃取剂除本身萃取性能外，还必须符合综合经济指标，但分析化学中用到的配位剂、掩蔽剂、萃取剂等也符合对金属离子具有选择性高、萃取能力强等特征，可以为发展新型冶金用萃取剂提供化学结构基础。如萃取历史上著名的双硫腙，也是先在分析化学中得到应用。另外，胺类萃取剂[113]、中性磷（膦）[69]等也在分析化学中有应用。除这些已经在萃取冶金中得到应用的萃取剂外，分析化学中还有大量的配位剂，其对一些金属离子近乎专一的选择性，为萃取冶金用萃取剂提供了很有意义的结构基础。通过改变合成路线、修饰水溶性、控制制备成本等，最终可能得到新的冶金用萃取剂。本书仅关注冶金用萃取剂。

（2）萃取剂结构越来越明确

尽管金属溶剂萃取已有较长历史，但很长一段时间，对萃取剂结构的认识并不深入。尤其在工厂中，至今仍然有人直接把整个有机相都称为萃取剂。随着整个化学学科的发展，化学成分分析方法和分子结构表征技术都有了很大进步，如今使用的萃取剂，包括环烷酸、石油亚砜等混合萃取剂的组成与结构已基本被确定。从分子水平设计新萃取剂，已成为解决新分离问题的可靠方法。

（3）萃取剂分子各个部分的作用越来越清晰

早期金属溶剂萃取中，金属离子在两相间转移的机理并不清楚。随着各种萃取机理研究方法的发展、新型萃合物结构分析技术的不断进步，对金属溶剂萃取微观过程的认识越来越深入，对萃取-反萃过程中萃取剂结构变化也有了充分的理解，对萃取剂分子中各官能团在萃取中的作用也越来越清晰。例如，链长、支链化程度与饱和容量、第三相形成、乳化等现象的关系，反应基团极性、酸碱性与萃取速率、平衡酸度、选择性的关系等。对萃取剂各结构片段作用的深入理解，将为实现某种萃取性能而进行的萃取剂分子结构设计奠定坚实基础。

（4）萃取剂越来越绿色

随着可持续发展成为全球共识，要求萃取剂越来越高效、趋于绿色化。早期萃取率低、选择性差、反萃酸度高、有毒有害的萃取剂逐步被改进或替代。如传统金冶炼通常都采用氰化体系[114]，近年来氰化炼金的替代方法已有报道，可避免有毒有害原料的使用与排放[115]。另外，萃取剂的制备、萃取过程也越来越趋于绿色化。

（5）根据需求设计更高效的萃取剂成为可能

随着理论与计算化学的发展，已经能实现定量描述、预测分子间相互作用和微观传质过程，在虚拟平台上进行萃取剂的筛选、评价变得越来越可行、可靠。一个显著的发展趋势是：针对特定的待分离体系、被萃金属离子等萃取目标，进行专属萃取剂的分子设计、合成和应用。例如典型的Co(Ⅱ)/Ni(Ⅱ)[116]、Zr(Ⅳ)/Hf(Ⅳ)[117]、Th(Ⅳ)/RE(Ⅲ)[70]、Pr(Ⅲ)/Nd(Ⅲ)[118]等性质相近的金属离子，都开发出了其相应的萃取剂。

1.3.4 新型萃取剂

随着对萃取体系认识的深入、新的分离任务的提出，为了实现更清洁、高效、经济的萃取分离，人们一直在发展新型萃取剂与新萃取体系。新型萃取剂主要体现在分子结构的新颖性，包括：萃取性能优异的新化合物；已知化合物，但以前没有发现对某些金属具有优异的萃取性能。以现有萃取剂为基础，通过新设备、新工艺改善两相间传质、分相、速率、容量等，设计出新型萃取体系，从而提高综合经济效益。

近年来出现的新型萃取剂主要有多官能团萃取剂、离子液体萃取剂。多官能团萃取剂是通过分子内不同官能团的协同，提高萃取分离性能；离子液体则通过改变正负离子的结构、水溶性，调节两相间传质、正负离子协同，以提高萃取分离性能。

（1）多官能团萃取剂

随着对萃取体系中微观化学过程认识的深入，尤其是对萃取剂反应基团与金属离子相互作用的认识，在各种官能团对不同金属离子的选择性、萃取能力以及在萃取中的作用等方面都积累了实验和理论数据，这为发展多官能团萃取剂提供了必要的基础。近年来报道了多种在某些方面有优异表现的多官能团萃取剂，如表1.17所列。

表 1.17 几种多官能团新型萃取剂及其应用

结构	应用
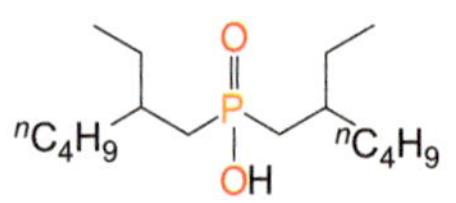	二烷基次膦酸类萃取剂，萃取稀土时有更低的反萃酸度，对重稀土①或钴镍比现有酸性磷（膦）有更强的分离能力
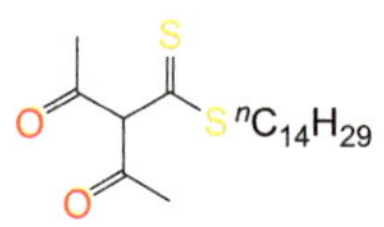	从氨性环境中快速、高效萃取锌[119]
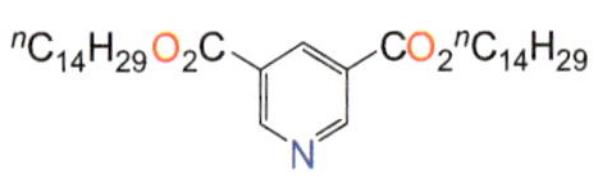	Mextral 系列铜萃取剂[120-122]，可从含有 Fe(Ⅲ)、Co(Ⅱ)、Ni(Ⅱ)等多种金属离子中选择性萃取 Cu(Ⅱ)
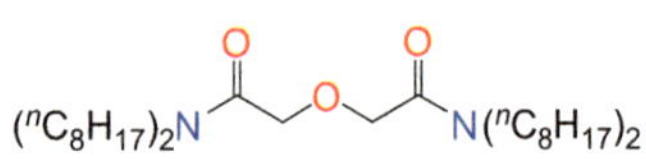	酰胺荚醚类萃取剂[123-124]，单独使用或添加相改良剂，可用于核燃料分离、镧系与锕系元素分离
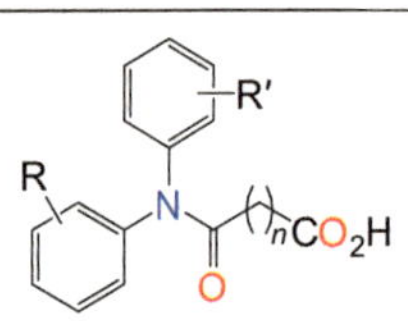	氨基氧代羧酸类萃取剂[125]，用于分离钇与镧系元素，分离系数高于环烷酸。可通过调节取代基、链长调节性能
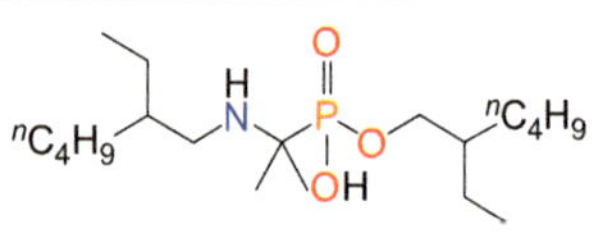	氨基膦酸单酯类萃取剂[81]，包括 α- 和 β- 氨基膦酸单酯，可用于重稀土分离，在反萃酸度方面有优势
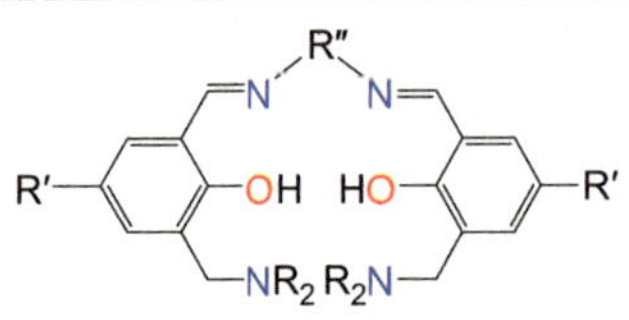	双端配体型[126-127]，分子中同时含有可解离出质子的酚羟基和可萃取无机酸的苯胺，将金属离子按中性盐萃取

① 本书中指铽、铒、铥、镱、镥、钇、钪。

多官能团萃取剂含有多个可与金属离子作用的位点，优势在于可分别针对配位或酸性强弱进行设计，以达到更好的分离性能。多官能团的不足之处在于，多官能团的引入会增加分子的水溶性，同时会增加合成上的难度。

（2）离子液体萃取剂

离子液体是一类常温下完全由阴阳离子组成的有机液体物质。根据其在萃取过程中的作用，可分为惰性和功能化离子液体两大类。功能化离子液体还可进一步分为单功能化和双功能化离子液体两小类。惰性离子液体在萃取中起稀释剂作用。功能化离子液体的阴阳离子在萃取中可与水相离子配位，若只有一种配位则为单功能化离子液体，若阴阳离子均参与则为双功能化离子液体。离子液体参与萃取反应的方式见2.2.6，在表1.18中收集了一些有代表性的离子液体类型。

表1.18　三种类型离子液体的代表与特征

类型	结构/组成	特征及应用描述
惰性离子液体	带有不同长度碳链的咪唑类阳离子（$[C_n mim]$，1-烷基-3-甲基咪唑鎓）和六氟磷酸根（$[PF_6]$）、失氢双（三氟甲磺酰）亚胺（$[NTf_2]$）、失氢双（全氟磺酰）亚胺（[BETI]）等阴离子组成的离子液体。如$[C_4mim][PF_6]$、$[C_8mim][PF_6]$、$[C_2mim][NTf_2]$、$[C_4mim][NTf_2]$、$[C_6mim][NTf_2]$[128]	用作稀释剂时，可改变萃取剂的萃取分离性能，如用$[C_4mim][PF_6]$替代正十二烷时，可提高萃取剂CMPO①对镧系元素的分离性能[129]。还可通过改变离子液体取代基，调整萃取能力，如用不同离子液体做稀释剂时，萃取剂TODGA②对Er(Ⅲ)的萃取能力表现为$[C_2mim][NTf_2]$ > $[C_4mim][NTf_2]$ > $[C_6mim][NTf_2]$[130]
单功能化离子液体	离子液体中的一种离子可作为萃取剂。如P507、Cyanex272等的咪唑鎓盐，无机酸根的季铵盐也可看作单官能团离子液体	用作萃取时，萃取剂负离子具有更大自由度，其萃取能力更强，如P507的咪唑鎓盐离子液体，其对重稀土的萃取能力高于传统的皂化体系。若阳离子不进入水相，还可作为非皂化体系用于萃取
双功能化离子液体	离子液体中的两种离子均可作为萃取剂。如酸性萃取剂CA-12、CA-100③、P204、P507、Cyanex272等的阴离子与长碳链季铵阳离子A336、$[N_{1888}]$④、$[N_{8888}]$、$[N_{6666}]$、$[N_{4444}]$等组成的离子液体[131-133]	选择恰当的阴阳离子，可形成协同作用，且通过改变季铵阳离子碳链和阴离子种类都可调整萃取能力[128]。如P204失去一个氢原子后形成的阴离子[P204]与$[N_{4444}]$组成的离子液体，阴阳离子具有显著的协同作用，从而提高对金属的分离性能

① CMPO—辛基(苯基)(*N*, *N*-二异丁基氨基甲酰基甲基)氧膦。
② TODGA—*N*, *N*, *N'*, *N'*-四辛基-3-氧杂戊二酰二胺。
③ CA-100—(邻仲壬基)苯氧基乙酸。
④ N下角的数字表示N原子上连接的四个烃基中的碳原子数。如N_{1888}表示N原子上连了一个甲基和三个辛基。
注：离子液体常用“[正离子][负离子]”的形式表示其组成。

目前离子液体萃取分离主要还处于实验室研究阶段，尤其是重点通过改变阴阳离子结构以改善有些萃取体系乳化、反萃等不足，以及克服离子液体纯化困难、避免自身损失、提高重复利用率等。

1.3.5 萃取冶金新技术

需要指出的是溶剂萃取的效率不仅取决于萃取剂，还依赖于具体的条件、设备、工艺等。表1.19列出了萃取冶金的几种新技术。

表 1.19　萃取冶金的几种新技术

编号	技术名称	应用描述
1	固相萃取技术	利用硅胶、树脂的吸附、接枝等特性，预先通过物理或化学方式结合官能团，再与金属离子结合，也可实现选择性萃取金属离子。也可通过官能团的取代基、非极性基团大小调节性能 [134]。常用的固相萃取材料有浸渍树脂、萃淋树脂、接枝树脂、硅胶、活性炭、磁性纳米材料等 [135-137]
2	选择性浸出技术	利用不同金属氧化还原电位、溶解性、配位特征、水合作用的差异，可选择性浸出有价金属离子，而硅、铁等杂质与低价组分不浸出或少量浸出，从而实现分离 [138]
3	双水相萃取技术	在表面活性剂作用下产生两个互不相容的水相，两个相之间的界面张力、密度、黏度等差异较小，有利于两相的混合、传质 [139-141]
4	微流体技术与微通道反应器	微流体技术通过两相在封闭的微通道内并行接触的方式进行高效传质，使液 - 液两相在微米尺度下进行充分分散、混合和传递，可实现萃取过程的绿色、高效、安全、低耗 [142-143]。例如，利用微流体技术可显著提高铟与杂质的分离性能，与常规分液漏斗相比，铟 / 铁分离系数从 276 提高到 18720、铟 / 铝分离系数从 4987 提高到 41955、铟 / 锌分离系数从 70118 提高到 266373、铟 / 镁分离系数从 2918 提高到 11809[144]
		与微通道反应器类似的管道混合萃取技术可瞬时完成精微混合和闪速萃，有效降低动力能耗和提高生产能力 [145]。微流体技术还可与 3D 打印结合，设计出效率更高的萃取反应器，如"Y"型反应器具有高精度、短流程、连续化等优势 [146]
5	非皂化技术	非皂化技术可从源头上解决稀土、钍等过程中氨氮废水、酸碱消耗等问题，实现清洁分离 [128, 147]
6	大相比油膜鼓泡技术	可将带有极小体积萃取剂的有机相传质表面积最大化，并在流动过程中使有机相均匀分散到水相，相比可达到数百以上 [148]。若与无皂化技术结合，还可实现几乎完全萃取，如 P507 无皂化萃取稀土，排水中稀土浓度小于 0.1mg/L、磷小于 0.3mg/L、COD 小于 50mg/L，N1923 无皂化的萃余液可返回浸矿 [149]
7	生物冶金技术	目前生物冶金技术主要用于浸出段，采用微生物或其代谢产物溶浸矿石中有用金属，具有装备简单、流程短、建设和操作成本低、对环境友好及可利用低品位复杂难处理矿石等优势 [150-151]
8	物理场强化技术	超声场、电磁场等物理场可改变分子排列方式、传质、传热等，可改善分离效率、萃取速率、处理能力、能耗等 [152]

除此之外，针对不同待分离对象和萃取体系也发展或改进了多种技术 [6, 153-158]，但这些不在本书论述范围。

参考文献

[1] IUPAC. Periodic table of the elements[EB/OL]. (2022-05-04)[2023-4-26]. https://iupac.org/what-we-do/periodic-table-of-elements/.

[2] 彭超群.《物理冶金学》——跨越半个世纪的材料科学经典著作[J]. 中国机械工程, 2018, 29(07): 879-881.

[3] 何春静, 刘雄军, 张盼, 等. 粉末冶金在高熵材料中的应用[J]. 工程科学学报, 2019, 41(12): 1501-1511.

[4] 刘俊伟. "粉末冶金技术"方向研究生的指导、培养方法的应用实践[J]. 智库时代, 2019, 3(49): 249-250.

[5] HABASHI F. A short history of hydrometallurgy[J]. Hydrometallurgy, 2005, 79(1): 15-22.

[6] 马荣骏. 湿法冶金新发展[J]. 湿法冶金, 2007, 26(01): 1-12.

[7] 关雅琼, 张曜武, 杨浩. 索氏提取器的起源与发展[J]. 天津化工, 2011, 25(03): 17-20.

[8] SOXHLET F R V. Die gewichtsanalytische bestimmung des milchfettes[J]. Dingler's Polytechnisches Journal, 1879, 232: 461-465.

[9] NERNST W. Verteilung eines Stoffes zwischen zwei Lösungsmitteln und zwischen Lösungsmittel und Dampfraum[J]. Zeitschrift fur Physikalische Chemie, 1891, 8U(1): 110-139.

[10] 马荣骏. 萃取冶金[M]. 北京: 冶金工业出版社, 2009.

[11] 唐瑞仁. 双(硫代磷酰基)亚胺的合成、结构与萃取性能研究[D]. 长沙: 中南大学, 2001.

[12] 翟明国, 吴福元, 胡瑞忠, 等. 战略性关键金属矿产资源:现状与问题[J]. 中国科学基金, 2019, 33(02): 106-111.

[13] 张魁芳, 刘志强, 曹洪杨, 等. 用N235从富铁高酸度硫酸浸出液中萃取除铁[J]. 中国有色金属学报, 2015, 25(05): 1370-1377.

[14] 朱屯. 国内外羟肟萃取剂与铜萃取工业进展[J]. 湿法冶金, 1986, 5(04): 15-20.

[15] 胡学军, 高亮. 萃取技术处理低品位铜矿的设计实践[J]. 有色金属设计, 2005, 32(04): 33-36.
[16] 诸爱士, 徐亮, 沈芬芳, 等. 钴与镍的分离技术研究综述[J]. 浙江科技学院学报, 2007, 19(03): 169-174.
[17] 王轩, 陈胜利. 镍钴湿法冶金中萃取剂的研究与应用[J]. 世界有色金属, 2021, 29(22): 23-25.
[18] 李慧芳. TBP萃取体系从盐湖卤水中分离提取锂的机制及关键因素研究[D]. 西宁: 中国科学院大学(中国科学院青海盐湖研究所), 2019.
[19] 车德华, 徐刚, 徐盛明. 溶剂萃取法分离锆铪技术进展[J]. 有色金属工程, 2014, 4(01): 75-80.
[20] 孙志敏, 王星磊. 钨钼分离技术的研究进展综述[J]. 四川冶金, 2019, 41(06): 5-7.
[21] 苏立峰, 林江顺, 李相良. 稀散金属镓锗提取新工艺研究[J]. 中国资源综合利用, 2013, 31(10): 7-9.
[22] 徐志广, 古国榜. 亚砜萃取钯铂的研究进展[J]. 贵金属, 2008, 29(01): 46-52.
[23] 白向林, 杨泉, 吴喜龙, 等. 溶剂萃取法从含微量贵金属废液中回收铂钯[J]. 有色金属(冶炼部分), 2023, 70(02): 82-85, 93.
[24] 李艳玲, 廖伍平. 稀土萃取剂研究进展[J]. 中国科学:化学, 2020, 50(11): 1473-1485.
[25] 李诗萌, 谈梦玲, 丁颂东, 等. 三种中性磷萃取剂萃取分离铀(Ⅵ)与钍(Ⅳ)的研究[J]. 化学研究与应用, 2016, 28(03): 307-315.
[26] VU T H, SIMONIN J-P, ROLLET A L, et al. Liquid/liquid extraction kinetics of Eu(Ⅲ) and Am(Ⅲ) by extractants designed for the industrial reprocessing of nuclear wastes[J]. Industrial & Engineering Chemistry Research, 2020, 59(30): 13477-13490.
[27] 徐光宪. 核燃料萃取化学研究的展望和关于萃取体系分类法的建议[J]. 原子能科学技术, 1962, 3(06): 412-424.
[28] 马荣骏. 溶剂萃取在湿法冶金中的应用[M]. 北京: 冶金工业出版社, 1979.
[29] КУЗНЕЦОВВИ. 元素萃取法的化学理论基础[J]. 化学译报, 1958, 4(1): 1-38.
[30] MORRISON G H, FREISER H. Solvent extraction in analytical chemistry[M]. New York: John Wiley & Sons, Inc, 1957.
[31] IRVING H M. Solvent extraction and its applications to inorganic analysis[J]. Quarterly Reviews, Chemical Society, 1951, 5(2): 200-226.
[32] DIAMOND R M, TUCK D G. Extraction of inorganic compounds into organic solvents[M]// COTTON F A. Progress in inorganic chemistry.New York: Interscience Publishers, Inc, 1960: 109-192.
[33] TRIBALAT S. Extraction et dosage de traces de rhénium, en particulier dans les molybdénites[J]. Analytica Chimica Acta, 1949, 3: 113-125.
[34] HORNIG H C, ZIMMERMAN G L, LIBBY W F. Electron exchange between manganate and permanganate ions by solvent extraction[J]. Journal of the American Chemical Society, 1950, 72(8): 3808-3809.
[35] 罗越, 冯汕城, 沈兴海. 反相胶束与微乳液萃取分离金属离子研究进展[J]. 核化学与放射化学, 2021, 43(01): 21-38.
[36] 蒋德敏, 刘代俊, 陈建钧, 等. 反胶团二壬基萘磺酸萃取镁的机理研究[J]. 离子交换与吸附, 2019, 35(06): 518-529.
[37] 骆广生, 吕阳成, 江伟斌, 等. 电泳萃取技术用于回收染料[J]. 环境保护, 1999, 27(01): 14-15.
[38] LUO J H, LI J, YANG Z P, et al. Removal of chromium(Ⅲ) from aqueous waste solution by predispersed solvent extraction[J]. Transactions of Nonferrous Metals Society of China, 2013, 23(02): 524-529.
[39] 李英, 张利华, 郭胜惠, 等. P507微乳液膜萃取分离钴镍研究[J]. 有色金属工程, 2016, 6(06): 40-44.
[40] 甘学英, 白书雨, 顾忠茂. 一种消除"返混"的内耦合萃取-反萃分离装置[J]. 膜科学与技术, 2000, 20(01): 50-52.
[41] 仓金顺, 李郁佳, 刘德驹, 等. 二氧化碳驱动离子液体双水相萃取分离印染废水中痕量Pb(Ⅱ)和Cd(Ⅱ)[J]. 印染, 2021, 47(11): 67-70.
[42] WILSON A M, BAILEY P J, TASKER P A, et al. Solvent extraction: the coordination chemistry behind extractive metallurgy[J]. Chemical Society Reviews, 2014, 43(1): 123-134.
[43] CUNNINGHAM J G, SCARGILL P, WILLIS H H. The solvent extraction of Praseodymium and Neodymium[Z]. AERE C/M. Harwell, UK, 1954: 215.
[44] BLAKE C A, CROUSE D J, COLEMAN C F, et al. Progress report further studies of the diaklylphosphoric acid extraction (DAPEX) process for uranium[R]. Oak Ridge National Laboratory, 1956.
[45] 徐光宪, 王文清, 吴瑾光, 等. 核燃料萃取的化学(Ⅰ)——螯合与中性络合协同萃取[J]. 原子能科学技术, 1963, 4(07): 487-508.
[46] 陈慧英. 用两相滴定法研究ABB′三元协萃剂对铕(Ⅲ)的协同萃取[J]. 首都师范大学学报(自然科学版), 1997, 18(02): 62-67.
[47] PÉLIGOT E-M. Recherches sur l' uranium[J]. Annales de Chimie et de Physique, 1842, 5(3): 5.
[48] ROTHE J W. The extraction of iron (Ⅲ) from hydrochloric acidution by ethylether[J]. Chemistry news, 1892, 66: 182.
[49] HEYROVSKý J. Researches with the dropping mercury cathode: I. The polarograph[J]. Recueil des Travaux Chimiques des Pays-Bas, 1925, 46(8): 488.
[50] DAY R A, JR., POWERS R M. Extraction of uranyl ion from some aqueous salt solutions with 2-thenoyltrifluoroacetone[J]. Journal of the American Chemical Society, 1954, 76(15): 3895-3897.
[51] 彭静, 袁立永, 翟茂林, 等. 核燃料循环中萃取剂的辐射化学研究进展[J]. 核化学与放射化学, 2009, 31(S1): 86-93.
[52] 张生栋. 长寿命裂变产物核素核数据测量进展[J]. 原子能科学技术, 2006, 40(02): 199-205.
[53] 陈与德, 王文基, 王志麟, 等. 核燃料化学[M]. 北京: 原子能出版社, 1985.

[54] 袁承业. 核燃料萃取剂的化学问题[J]. 原子能科学技术, 1962, 4(12): 908-932, 946.
[55] 谈存敏. 几种含氮配体对镅和铕离子的萃取分离研究[D]. 兰州: 兰州大学, 2018.
[56] 郑清远, 罗重庆. 仲辛醇-甲庚酮混合萃取剂自HF-H_2SO_4溶液中协同萃取钽(Ⅴ)、铌(Ⅴ)的研究[J]. 稀有金属, 1981, 5(01): 22-27.
[57] 袁承业, 许庆仁, 施莉兰, 等. 有机萃取剂的研究(Ⅻ)稀释剂的性质对中性磷化合物萃取硝酸铀酰的影响[J]. 原子能科学技术, 1964, 6(06): 693-699.
[58] 余建民. 贵金属萃取化学[M]. 第2版. 北京: 化学工业出版社, 2010.
[59] HUDSON M J, 范家骏. 用1,3,4-噻二唑-2-壬基巯基-5-硫醇萃取某些贱金属和贵金属[J]. 湿法冶金, 1986, 5(01): 20-28.
[60] 张维霖, 朱永萍, 宋焕云. 二正辛基硫醚萃取分离铂和钯[J]. 贵金属, 1981, 2(02): 1-9.
[61] 张培志, 龚钰秋. 二(2-乙基己基)硫醚对金(Ⅲ)的萃取[J]. 浙江工业大学学报, 1997, 25(02): 127-131.
[62] 汪炳瑞, 朱积寿, 郎书玲. 新型萃取剂IOTPEK的合成及其应用[J]. 稀有金属, 1995, 19(01): 6-9.
[63] 徐旭辉. 含亚砜基金属萃取剂的合成与性能研究[D]. 广州: 华南理工大学, 2017.
[64] 徐志广. 亚砜的分子设计、合成和回收钯铂的应用基础研究[D]. 广州: 华南理工大学, 2006.
[65] 宋魁元, 宋玉林, 杨永珍, 等. D_2EHDTPA萃取金的研究[J]. 稀有金属, 1989, 13(02): 116-120.
[66] MARTíNEZ S, NAVARRO P, SASTRE A M, et al. The solvent extraction system Au(Ⅲ) — HCl-Cyanex471X[J]. Hydrometallurgy, 1996, 43(1): 1-12.
[67] 栾天罡, 李焕然, 吴京洪, 等. 苯异硫脲基乙酸萃取钯的性能和机理的研究[J]. 中山大学学报(自然科学版), 2002, 41(02): 57-59, 63.
[68] 余东海，陆人杰，杜若冰, 等. “万里挑一”的稀土萃取剂[EB/OL]. (2016-04-28)[2023-4-26]http://www.cs-re.org.cn/popular/a1223.html
[69] 段太成, 李红飞, 康建珍, 等. 萃取剂Cyanex923在高纯铈及其氧化物非铈稀土杂质分析中的应用[Z]. 第十届全国稀土元素分析化学学术报告会. 南昌, 2003: 3
[70] ZHU Z, PRANOLO Y, CHENG C Y. Separation of uranium and thorium from rare earths for rare earth production – A review[J]. Minerals Engineering, 2015, 77: 185-196.
[71] PEPPARD D F, BLOOMQUIST C A A, HORWITZ E P, et al. Analogous actinide (Ⅲ) and lanthanide (Ⅲ) tetrad effects[J]. Journal of Inorganic and Nuclear Chemistry, 1970, 32(1): 339-343.
[72] 马恩新, 严小敏, 王国樑, 等. 2-乙基己基膦酸单(2-乙基己基)酯萃取镧系元素的四分组效应[J]. 科学通报, 1980, 31(20): 930-933.
[73] 张晓凤, 李德谦. 二(2,4,4-三甲基戊基)膦酸萃取稀土离子[J]. 应用化学, 1993, 10(04): 72-74.
[74] 肖吉昌, 杜若冰, 安华英, 等. 一种萃取剂、萃取体系及应用: CN105177322A[P]. 2015-12-23.
[75] 刘天池. 基于新型萃取剂P227的重稀土、钴镍及锂萃取分离的应用基础研究[D]. 合肥: 中国科学技术大学, 2022.
[76] WANG W, YANG H, LIU Y, et al. The application of biodiesel and sec-octylphenoxyacetic acid (CA-12) for the yttrium separation[J]. Hydrometallurgy, 2011, 109(1): 47-53.
[77] 张秀英, 薄其兵. 稀土元素的环烷酸萃取研究进展[J]. 稀土, 1999, 20(05): 3-5.
[78] 王艳芝, 韩树民, 李德谦. 仲辛基苯氧基乙酸萃取钴(Ⅱ)和镍(Ⅱ)的机理研究[J]. 分析化学, 2005, 33(11): 1590-1592.
[79] 李永绣, 倪兆艾. 伯胺N1923对氯化稀土的萃取机理[J]. 稀有金属, 1992, 16(05): 324-328.
[80] 廖伍平, 吴国龙, 张志峰, 等. 磷酰基羧酸或其盐用于分离钇的用途和方法: CN112458282A[P]. 2021-03-09.
[81] 邝圣庭. 不同位阻胺基膦萃取剂的合成及其对稀土的萃取[D]. 合肥: 中国科学技术大学, 2019.
[82] MAES C, MOORE T, TINKLER O, et al. Using modified strong copper extractants to treat sulfidic ores[J]. Jom-Journal of the Minerals Metals & Materials Society, 2003, 55(7): A31-A33.
[83] 杨佳棋, 李立清, 冯罗, 等. 铜离子萃取剂的研究进展[J]. 电镀与涂饰, 2020, 39(09): 577-585.
[84] 雷吟春. 工业铜萃取剂分子设计、合成及其萃取性能研究[D]. 赣州: 江西理工大学, 2009.
[85] 雷吟春, 刘云派, 朱传华. 工业用铜萃取剂研制的新进展[J]. 湖南有色金属, 2008, 24(02): 41-45, 77.
[86] 裴世红, 谢瑞丽, 金猛, 等. 湿法炼铜常用的铜萃取剂[J]. 当代化工, 2009, 38(01): 78-82.
[87] 王永梅, 王业柳, 田间. 同位素效应简介[J]. 大学化学, 2004, 19(03): 32-39.
[88] 肖江, 贾永忠, 姚颖, 等. 溶剂萃取法分离锂同位素研究进展[J]. 盐湖研究, 2016, 24(03): 62-72.
[89] 陈耀焕. 溶剂萃取分离锂同位素概况[J]. 稀有金属, 1983, 7(04): 79-87.
[90] 杨维凡, 李宗伟, 孙秀荣, 等. CCl_4萃取分离碘时放射性碘与载体碘的同位素交换[J]. 核化学与放射化学, 1994, 16(01): 59-64.
[91] 涂国荣, 张利兴. 花岗岩中痕量钍同位素的液-液萃取分离法[J]. 铀矿地质, 1992, 8(02): 123-127, 182.
[92] 贺茂勇, 金章东, 邓丽, 等. 固相萃取低硼环境样品硼同位素分离和测定[Z]. 中国矿物岩石地球化学学会第15届学术年会. 长春, 2015: 116
[93] 韩延德, 续双城, 钱建华, 等. 大环聚醚萃取铀(Ⅵ)同位素单级分离因子测定[J]. 核化学与放射化学, 1986, 8(03): 177-180.
[94] 王苏, 贾永忠, 王兴权, 等. 4-硝基苯并-15-冠醚-5液液萃取分离锂同位素[J]. 盐湖研究, 2019, 27(03): 62-67.
[95] 刘飞. 苯并-15-冠-5系列衍生物的合成及萃取分离锂同位素研究[D]. 北京: 中国石油大学, 2017.

[96] 胡金波, 张伟, 张丽君. 冠醚萃取分离锂同位素的工艺: CN108854534B[P]. 2020-03-06.
[97] 王苏. 不同侧链冠醚-离子液体萃取分离锂同位素的研究[D]. 西宁: 中国科学院青海盐湖研究所, 2018.
[98] 周文. 锂同位素萃取分离新体系的研究[D]. 无锡: 江南大学, 2014.
[99] 胡金波, 张伟, 郑卫琴, 等. 一种含氟萃取剂及其应用: CN104140379A[P]. 2014-11-12.
[100] 吉艳琴, 李金英, 罗上庚. TOPO萃取色层分离-ICP-MS法测定土壤中痕量铀的同位素丰度比[J]. 核化学与放射化学, 2004, 26(02): 88-94.
[101] KNOECHEL A, WILKEN R D. Isotopic shifts in chemical exchange systems. I. Large isotope effects in the complexation of sodium(1+) isotopes by macrocyclic polyethers[J]. Journal of the American Chemical Society, 1981, 103(19): 5707-5711.
[102] JEPSON B E, DEWITT R. Separation of calcium isotopes with macrocyclic polyether calcium complexes[J]. Journal of Inorganic and Nuclear Chemistry, 1976, 38(6): 1175-1177.
[103] 马田, 魏添昱. 重金属离子萃取剂的研究进展[J]. 江西化工, 2015, 22(05): 25-30.
[104] FLETT D S, 陈豫德. 湿法冶金中的溶剂萃取[J]. 湿法冶金, 1984, 3(04): 1-16, 23.
[105] 周德海, 王全基, 陈明生, 等. 冠醚溶剂萃取碱金属[J]. 核化学与放射化学, 1983, 5(02): 183-186.
[106] 汪金良, 季柏仁. 用*t*-BAMBP从锂云母沉锂废液中萃取碱金属[J]. 湿法冶金, 2020, 39(05): 385-389.
[107] ŠíSTKOVá N V, KOLAŘíK Z, BáRTA K, et al. Acidic organophosphorus extractants—Ⅵ: Extraction of calcium and strontium by dioctyl phosphoric acids in various diluents[J]. Journal of Inorganic and Nuclear Chemistry, 1968, 30(6): 1595-1603.
[108] 肖吉昌, 杜若冰, 崔振华, 等. 从含钴和镍硝酸盐体系中萃取或反萃取钴的方法: CN106319213A[P]. 2017-01-11.
[109] 李树森, 袁承业. *N*-取代酰胺萃取铌、钽的机理[J]. 化学学报, 1975, 33(01): 11-22.
[110] 谢钧能. HF-H_2SO_4系中MIBK萃取钽、铌的机理[J]. 有色金属(冶炼部分), 1988, 45(01): 39-40+46.
[111] 关文娟. 双氧水配合-TRPO/TBP混合萃取剂萃取分离钨钼的研究[D]. 长沙: 中南大学, 2013.
[112] 徐志昌, 张萍. 仲钨酸B-N263萃取法分离钨-钼的过程研究[J]. 中国钼业, 2016, 40(04): 28-35.
[113] 马惠昌, 倪哲明. 胺类萃取剂在分析化学上的应用[J]. 化学通报, 1964, 15(12): 1-11+42.
[114] 李一凡. 溶剂萃取法处理氰化提金废水的研究[D]. 西安: 西安建筑科技大学, 2022.
[115] 姜标, 李继香. 一种电子垃圾中金元素的提取方法: CN108085497A[P]. 2018-05-29.
[116] ICHLAS Z T, IBANA D C. Process development for the direct solvent extraction of nickel and cobalt from nitrate solution: aluminum, cobalt, and nickel separation using Cyanex 272[J]. International Journal of Minerals, Metallurgy, and Materials, 2017, 24(1): 37-46.
[117] WANG L Y, LEE M S. A review on the aqueous chemistry of Zr(Ⅳ) and Hf(Ⅳ) and their separation by solvent extraction[J]. Journal of Industrial and Engineering Chemistry, 2016, 39: 1-9.
[118] SUN P, HUANG K, LIU H. Separation of adjacent rare earth elements enhanced by "external push-pull" extraction system: An example for the separation of Pr and Nd[J]. Hydrometallurgy, 2019, 189: 105136.
[119] 何静, 黄玲, 陈永明, 等. 新型萃取剂YORS萃取Zn(Ⅱ)-NH_3配合物体系中的锌[J]. 中国有色金属学报, 2011, 21(03): 687-693.
[120] 徐志刚, 邹潜, 汤启明. 金属萃取剂Mextral 84H萃取铜的性能研究[J]. 湿法冶金, 2012, 31(04): 224-226.
[121] 李建, 徐志刚, 邹潜, 等. 金属萃取剂Mextral®973H萃取铜的试验研究[J]. 湿法冶金, 2013, 32(06): 360-362.
[122] 汤启明, 徐志刚, 李建, 等. 金属萃取剂Mextral®CLX-50的合成和萃取铜的性能研究[J]. 湿法冶金, 2013, 32(03): 181-183.
[123] 刘栎锟, 吕洪彬, 张虎, 等. 酰胺荚醚类萃取剂用于高放废液分离研究进展[J]. 原子能科学技术, 2020, 54(S1): 96-105.
[124] 牛雁宁, 张奕颖, 张贡钰, 等. 酰胺类萃取剂萃取分离锕的研究进展[J]. 广州化学, 2021, 46(04): 1-9.
[125] 王艳良, 吴玉远, 肖文涛, 等. 一种二苯氨基氧代羧酸萃取剂、其制备方法及应用: CN112760481A[P]. 2021-05-07.
[126] COXALL R A, LINDOY L F, MILLER H A, et al. Solvent extraction of metal sulfates by zwitterionic forms of ditopic ligands[J]. Dalton Transactions, 2003, 32(1): 55-64.
[127] 袁继文, 高巍. 湿法冶金中的溶剂萃取剂[J]. 广州化工, 2010, 38(12): 69-71.
[128] 宋强, 谢贤, 张文杰, 等. 非皂化萃取工艺分离稀土研究进展[J]. 金属矿山, 2022, 57(12): 139-146.
[129] NAKASHIMA K, KUBOTA F, MARUYAMA T, et al. Ionic liquids as a novel solvent for lanthanide extraction[J]. Analytical Sciences, 2003, 19(8): 1097-1098.
[130] SHIMOJO K, KURAHASHI K, NAGANAWA H. Extraction behavior of lanthanides using a diglycolamide derivative TODGA in ionic liquids[J]. Dalton Transactions, 2008, 37(37): 5083-5088.
[131] SUN X, JI Y, HU F, et al. The inner synergistic effect of bifunctional ionic liquid extractant for solvent extraction[J]. Talanta, 2010, 81(4): 1877-1883.
[132] DONG Y, SUN X, WANG Y, et al. The development of an extraction strategy based on EHEHP-type functional ionic liquid for heavy rare earth element separation[J]. Hydrometallurgy, 2015, 157: 256-260.
[133] SUN X, WATERS K E. Development of industrial extractants into functional ionic liquids for environmentally friendly rare earth separation[J]. ACS Sustainable Chemistry & Engineering, 2014, 2(7): 1910-1917.
[134] 胡秋芬. 固相萃取技术在金提取和分析中的应用研究[D]. 昆明: 昆明理工大学, 2008.

[135] 郑汝伟. P204-TBP双萃取剂浸渍树脂的制备及钒吸附性能研究[D]. 武汉: 武汉理工大学, 2018.
[136] 吕程. 含氮离子液体参与构筑的两相体系对金铂的萃取研究[D]. 济南: 山东大学, 2019.
[137] 张冠举. 含硫、氮类萃取剂从盐酸介质中分离贵金属的研究[D]. 济南: 山东大学, 2021.
[138] 陈永海. 低品位氧化锌矿直接提锌工艺研究[D]. 长沙: 中南大学, 2005.
[139] 张永强. 钒钼钨在非离子表面活性剂双水相体系中的分配性能研究[D]. 北京: 北京科技大学, 2019.
[140] 孙晓. 双水相体系萃取分离钨钼的研究[D]. 秦皇岛: 燕山大学, 2021.
[141] 刘志斌. 贵金属铑、铱的分离与富集[D]. 昆明: 昆明理工大学, 2006.
[142] 简坚. 微流体在低浓度含锌溶液中萃取锌的应用研究[D]. 昆明: 昆明理工大学, 2014.
[143] 黎署阳, 刘杰, 李金成, 等. 采用Y型微通道反应器强化萃取水相中的铒[J]. 有色金属工程, 2020, 10(07): 53-60.
[144] 肖毕权. 杂质离子对微流体萃取铜和萃取铟的影响[D]. 昆明: 昆明理工大学, 2017.
[145] 刘淑媛, 蔺国盛. 微混闪萃管道混合萃取技术及生产应用[J]. 中国有色冶金, 2020, 49(06): 9-14.
[146] 周澳. 3D打印微流体萃取放大装置及其萃取性能研究[D]. 昆明: 昆明理工大学, 2019.
[147] 黄小卫, 李建宁, 彭新林, 等. 一种非皂化磷类混合萃取剂萃取分离稀土元素的工艺: CN100404706C[P]. 2008-07-23.
[148] 肖传绪. 低浓度稀土溶液大相比萃取富集的应用基础研究[D]. 北京: 中国科学院过程工程研究所, 2018.
[149] 黄焜, 刘会洲, 吴怀之, 等. 低浓度稀土溶液大相比鼓泡油膜萃取技术及装置[M]. 北京: 中国科学院过程工程研究所, 2016.
[150] 申丽, 赵红波, 邱冠周. 低碳生物冶金技术进展[J]. 中国矿业大学学报, 2022, 51(03): 419-433.
[151] 李海军. 低品位钴矿石生物浸出液的铜-铁-钴分离机理和新工艺研究[D]. 沈阳: 东北大学, 2016.
[152] 杜朝军, 杨幼明. 物理场强化萃取技术及应用[J]. 江西有色金属, 2003, 17(03): 34-36, 46.
[153] 秦晶. 试论有色冶金中萃取新技术的相关应用[J]. 中国金属通报, 2020, 25(01): 10+12.
[154] 卢友中. 萃取新技术在有色冶金中的应用[J]. 上海有色金属, 2007, 28(03): 137-140.
[155] 程福祥, 吴声, 廖春生, 等. 稀土联动萃取分离流程设计理论及其应用[Z]. 中国稀土学会2017学术年会. 北京, 2017: 920-935
[156] 张晔. SiC中空泡沫萃取在钴镍分离中的应用研究[D]. 沈阳: 东北大学, 2016.
[157] 赖洁. 中空纤维膜器中乳化液膜提取分离钪和铟及其工艺优化[D]. 南宁: 广西大学, 2012.
[158] 刘力恒. 微乳液-中空纤维膜萃取稀土钕的研究[D]. 南宁: 广西大学, 2005.

第 2 章 溶剂萃取中的化学反应

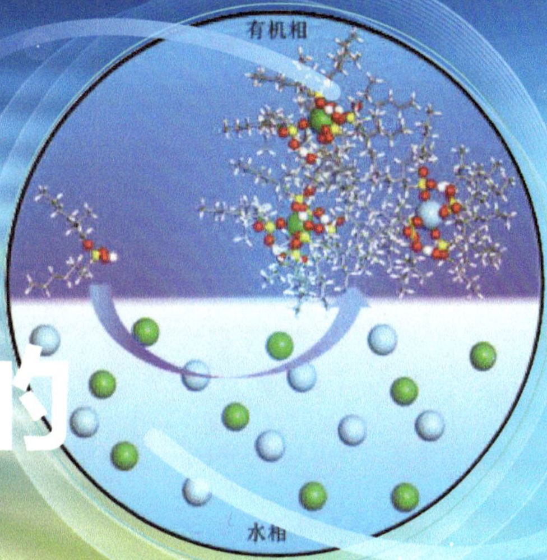

溶剂萃取的微观过程是有机相中萃取剂与水相中金属离子（或其配合物）在两相界面处发生的反应。其机理包括配体交换、氢键、离子缔合等，其结果是水相中金属离子选择性地转移到有机相。配体交换是指萃取剂分子替换金属离子周围其他配体（包括水分子或水相中其他离子），形成萃合物；氢键等弱相互作用机理是指，萃取剂分子不直接与金属离子配位，而是通过氢键等弱相互作用，形成萃取剂在外围、其他配体在内层、金属离子在中心的萃合物；离子缔合机理则多见于离子液体、季铵盐等与金属离子部分以大阴阳离子缔合形式形成离子型萃合物被转移到有机相。无论哪种机理形成的萃合物，其外围都是更加亲油的有机基团，更容易溶解在有机相中，以实现将金属离子转移到有机相中的目的。除萃取反应外，体系中可能存在的反应还包括有机相和水相各组分在萃取前发生的反应，这些反应决定了这些组分参与萃取的初始形式。萃取反应后，还存在反萃取反应、萃取剂再生反应等。

2.1 萃取体系

在溶剂萃取中，为了实现金属离子在两相间的高效转移、降低萃取剂损失、抑制副反应等，除萃取剂和被萃金属离子外，根据实际情况还需要加入稀释剂、相改良剂、盐析剂、酸碱调节剂、反萃剂等。有机相与水相的所有物质组成了萃取体系。根据不同的需求，添加相应的组分。有些体系中可能同时存在几种起相同作用的组分。

2.1.1 溶剂萃取的微观过程

萃取中金属离子从水相转移到有机相的微观过程，可以用图2.1表示。

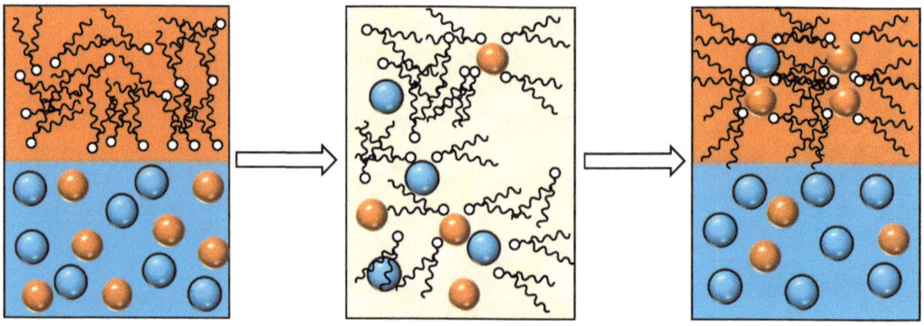

图2.1 萃取过程中金属离子在两相间转移的微观过程（以两种金属离子分离为例）

如图2.1所示：萃取前，水相中含有浓度相同的两种金属离子，萃取剂存在于有机相中，且萃取剂的极性基团朝向水相；萃取中，在振荡、离心、搅拌等作用下，两相充分混合，宏观尺度可能具有均一性，但微观尺度不是一相，萃取剂与易萃离子可形成稳定配合物，而与不易萃离子形成的配合物稳定性差或不结合；萃取后，萃取剂与金属离子形成的萃合物是亲油的，相分离完成后，易萃离子大部分被转移到有机相，而不易萃离子大部分仍留在水相，从而实现两种金属离子的分离。

反萃是将金属离子从有机相转移到水相，金属离子与萃取剂解离，实现萃取剂再生、金属离子的富集等。反萃是萃取冶金的必要部分，高效彻底的反萃也是溶剂萃取研究的重要内容。

2.1.2 有机相组成

有机相组成决定萃取反应前萃取剂的存在形式和存在环境，也决定萃取反应后生成的萃合物的存在环境。除萃取剂外，有机相还可能包含协萃剂、稀释剂、相改良剂、皂化剂、萃合物等，也有可能夹带水。

① 萃取剂。萃取剂是指与被萃取物结合而将其转移到有机相的或形成的萃合物能溶于有机相的试剂，是选择性将金属离子从水相转移到有机相过程中起主要作用的物质，决定体系的大部分性能，在1.3.2已详细介绍各类金属常用萃取剂的特征。如在P204-磺化煤油萃取稀土体系中，P204就是萃取剂；LIX65N萃取铜体系中，LIX65N就是萃取剂。在萃取过程中，萃取剂与金属离子可直接或间接发生作用形成萃合物，如P204、LIX系列萃取剂、8-羟基喹啉等萃取时形成配位萃合物，N1923、N235等胺类萃取剂萃取时形成离子对萃合物。

② 协萃剂。在金属萃取过程中，若起萃取作用的物质不止一种，往往把单独萃取时

分配比最高的一种称为萃取剂，把其他的称为协萃剂。如在pH = 3条件下，P507单独萃取钕的分配比为0.24，N235几乎不萃取，但按1∶1混合后分配比可达到1.4。而实验证明萃合物组成为$NdA_3·(R_3N·HA)·3R_3NHCl$，其中HA为P507、A为P507失去羟基上H后形成的酸根离子、R_3N为N235。研究者认为在萃取过程中P507直接与钕形成配合物，而N235与钕间接缔合[1]。因此在这个体系中P507是萃取剂，N235是协萃剂。

在萃取过程中，加入协萃剂可以改变萃取率和分离系数。提高分离系数在本质上是对其中某一种金属离子分配比的提高比另一种金属离子效果显著。协萃剂起作用的机理有两种：即直接配位到金属离子上形成萃合物，以及通过氢键与金属离子间接结合，通过改变萃合物稳定性和油溶性影响萃取性能[2]。除此之外，还有动力学协萃剂，即只改变萃取速率[3]，而对萃取平衡时的分配比影响很小，因此，也被称为萃取催化剂。

③ 稀释剂。一些萃取剂在室温下可能黏度较大，甚至为固体。为了改善萃取过程中有机相的流动性、水溶性等性质，需要加入甲苯、磺化煤油等惰性溶剂，这些溶剂就被称为稀释剂。通常情况下稀释剂与被萃金属离子不存在强化学作用，但能影响萃取体系的效率。关于稀释剂的选择可参见6.1.3。并不是所有萃取剂都需要稀释剂，如TBP在室温下是液体，可以直接从硝酸稀土溶液中萃取稀土。此时TBP既是萃取剂也是稀释剂，被称为萃取剂溶剂。稀释剂的选择需要考虑萃取剂、协萃剂、萃合物等在其中的溶解性，若溶解性太小会导致萃取容量较低。还需考虑稀释剂的密度、水溶性、熔沸点、毒性、相对介电常数等。例如，水溶性影响稀释剂溶解损失和废水有机物含量；相对介电常数直接影响分配比，一般规律是分配比随着相对介电常数的降低而增加[4]。如对于萃取体系Ce(Ⅲ)/H_2O-NH_4SCN/二戊基亚砜，用相对介电常数分别为4.61和2.216的氯仿和四氯化碳作为稀释剂时，分配比分别为0.0007和0.4991[5]。

④ 相改良剂。由于萃取剂、协萃剂都具有表面活性，导致在萃取过程中可能出现乳化、第三相等不利现象，这将影响萃取生产的连续性。为了改善分相效果，有时候需要加入另外的表面活性剂，作为相改良剂。如正辛醇就常被用作相改良剂。相改良剂通常不直接参与萃取反应，但能影响相转移、乳化、第三相的形成等。相改良剂也占据有机相体积，加入相改良剂相当于对萃取剂进行稀释，因此相改良剂加入过多会导致萃取率或饱和容量降低[6]。

⑤ 皂化剂。通常酸性萃取剂的酸性都较弱，其萃取机理多为阳离子交换机理。为了提高其萃取能力，可以预先在有机相中加入浓碱（氢氧化钠、氧化钙、氨等），形成强碱弱酸盐，再按阳离子交换机理萃取水相金属离子。如，非皂化萃取是H^+交换过程：

$$n\mathrm{HA}_{(o)} + \mathrm{M}^{n+}{}_{(aq)} \longrightarrow \mathrm{MA}_{n(o)} + n\mathrm{H}^+{}_{(aq)}$$

皂化萃取是Na^+交换过程，包括皂化：

$$\mathrm{NaOH} + \mathrm{HA} \longrightarrow \mathrm{NaA} + \mathrm{H_2O}$$

和萃取：

$$nNaA_{(o)} + M^{n+}_{(aq)} \longrightarrow MA_{n(o)} + nNa^{+}_{(aq)}$$

皂化萃取总反应：

$$nNaOH_{(aq)} + nHA_{(o)} + M^{n+}_{(aq)} \longrightarrow MA_{n(o)} + nNa^{+}_{(aq)} + nH_2O_{(aq)}$$

式中，下标（o）表示有机相；下标（aq）表示水相。

若把所有的阳离子都看作Lewis酸，酸性强弱顺序为$H^+ > M^{n+} > Na^+$, HA > H_2O, HA > MA_n, NaOH > H_2O, NaOH > NaA。则非皂化萃取是弱酸（M^{n+}）制强酸（H^+）过程；皂化反应是强碱（NaOH）制弱碱（NaA）过程；皂化后萃取是强酸（M^{n+}）制弱酸（Na^+）过程。因此皂化能提高酸性萃取剂的萃取能力。从化学反应角度来看，与非皂化萃取相比，皂化萃取多了NaOH与萃取剂的反应，生成额外的水分子，能量上更为有利。

⑥ 萃合物。金属离子在有机相中的存在形式被称为萃合物。在不同萃取体系中，萃合物有不同的组成和结构。除金属离子和萃取剂外，萃合物还可能包含协萃剂、无机酸根离子、平衡离子、配位水分子等。这些组分通过配位键、氢键等相互作用结合在一起，共同组成金属离子在有机相中的萃合物。实验表明，萃取反应是分步进行的，即萃合物的形成也是分多步产生的。在不同步骤中，有些步骤决定了萃取剂对金属离子的选择性，有些步骤决定了萃取体系的饱和容量。对于不同研究目的，可以选择性地关注不同步骤。如研究二烷基次膦酸对镍、钴、锰、钙、镁等萃取分离性能时，可以只考虑第一个萃取剂分子替代水分子的能量变化来定性衡量分离性能[7]；而研究P507与有机胺协同萃取金属离子的容量时则需要考虑胺的氢键缔合作用。萃合物是研究萃取机理、分析萃取规律、认识萃取过程、设计萃取剂等的关键。

2.1.3 水相组成

水相组成决定金属离子被萃取形式、竞争组分的含量，甚至决定是发生萃取还是发生反萃取。除被萃取金属离子外，水相还含有配位剂、平衡离子、盐析剂、调节pH的酸碱等。

① 被萃金属离子。即通过萃取从水相被转移到有机相的金属离子。有时候H^+或盐析剂的平衡阳离子如NH_4^+、Na^+等也可能被转移到有机相，但由于通常这些不是萃取的目标，因此不被称作“被萃取金属离子”。

② 配位剂。是在水相中为了改善金属离子水溶性、调节金属离子之间的分离性能而加入的能与金属离子配位的物质。根据在萃取反应中的作用，配位剂可以分为助萃配位剂和抑萃配位剂。助萃配位剂是指其与金属离子形成的配合物有利于金属离子被转移到有机相，而抑萃配位剂形成的配合物则相反。如在TBP体系中，NO_3^-与稀土的配合物有利于稀土离子被萃取，因此NO_3^-是助萃配位剂。而EDTA与金属离子形成的配合物不利于金属离子被萃取到有机相，且EDTA与金属离子的配合物稳定常数有差异，因此EDTA通常被用作抑萃配位剂，通过“推拉效应”提高萃取体系对金属离子的分离性能。

③ 平衡离子。在萃取体系的水相溶液中，存在与金属离子进行电荷平衡的离子。在水相中不形成含氧酸根负离子的金属离子，如VO_3^+、UO_2^{2+}、Fe^{3+}、Cu^{2+}、Ni^{2+}、Co^{2+}、稀土离子等，其平衡离子通常是Cl^-、NO_3^-、SO_4^{2-}等无机酸根，或醋酸根、水相配位剂等小分子有机酸根。在水相中与氧形成含氧酸根负离子的金属离子，如WO_4^{2-}、MoO_4^{2-}，其平衡离子为碱金属离子或NH_4^+等。另外，铌、钽等萃取分离中常加入F^-，且以$HNbF_6$、$HTaF_6$等形式被萃取，因此其平衡离子可以认为是H^+。类似的，在TBP-$FeCl_3$萃取Li^+的体系中，Li^+是目标被萃金属离子，形成的萃合物是$LiFeCl_4·2TBP$，Li^+与$FeCl_4^-$被共同萃取[8]。

④ 盐析剂。溶剂萃取过程是将金属离子从水相转移到有机相，水相中含量最高的是水分子，若水分子对被萃金属离子束缚作用太强，则萃取反应难以发生。加入盐析剂增加了水相中带电离子浓度，离子强度增大，从微观上来看相当于增加各种阴阳离子对水分子的束缚作用，可以有效减少水分子对被萃金属离子的束缚能力，从而提高金属离子被转移能力。盐析剂的另一个作用是增加水相密度，促进体系相分离。稀溶液萃取实验时，离子强度对萃取结果影响显著，通常都需要加入由平衡离子构成的强酸强碱盐作为盐析剂，如Na_2SO_4、NaCl、NH_4NO_3等都是常用的盐析剂[9]。但高浓度萃取时，离子强度本身已经足够高，盐析剂的加入可能会导致析出沉淀等问题，这种情况下不一定需要加入盐析剂。

由于盐析剂是强电解质，在水相中都以阴阳离子形式存在，因此可以单独的阳离子或阴离子参与萃取反应。如在萃取体系“$RE(NO_3)_3/HNO_3$, NH_4NO_3/N263-磺化煤油”（RE表示稀土元素）中，形成的萃合物为$(R_3NCH_3)_3·RE(NO_3)_6$，即盐析剂中的NO_3^-也可参与萃取反应，在一定范围内，还能观察到分配比对数值$\lg D$与盐析剂浓度呈斜率为3的线性关系[10]。实质上是NH_4NO_3电离出的NO_3^-参与萃取反应，可与N263的阴离子进行交换，而不是整个盐析剂参与。

盐析剂的作用并不都是促进萃取。如盐析剂对自由胺（不是铵盐）的萃取就表现出明显的抑制作用，且随着被萃金属离子电荷密度的增加，盐析剂的抑制作用增强[11]。总之，由于盐析剂电离后是小的带电离子，与萃取体系中各组分可能存在强的相互作用，导致其作用规律复杂，通常只用定性规律进行概括。即盐析剂离子的电荷数越高，盐析效应越强；电荷数相同时，离子半径越小，盐析效应越强；对于电荷数相同的过渡金属，d^0结构离子的盐析效应最弱。

⑤ 调节pH的酸碱。在萃取过程中，为了抑制金属离子水解、维持适当的待萃取形式、达到最佳分离效果等，需要一定的pH环境，因此需要加入适量酸或碱。如萃取Fe^{3+}时为了抑制其水解，需要调节pH在2.5以下；而氨性体系中萃取Ni^{2+}时，为了抑制NH_3质子化，需要维持pH在8.5以上。

另外，在具体的萃取体系中，为了回收萃取剂、沉淀金属离子、提高萃取速率等，还可能加入其他成分，如反萃剂、沉淀剂等。在萃取体系中加入的各种组分的目的都是为了提高萃取分离效率，增加工艺的经济效益。但从化学角度来看，每种组分在金属离子的萃取过程中所扮演的角色却是不同的。在溶剂萃取中，萃取剂起主要作用，其他组分的加入只是为了更好地发挥萃取剂的作用，或弥补萃取剂在某一方面的不足。萃取过程的所有问题都可以归结到萃取剂上。

2.1.4 萃取体系的表示方式

实际萃取体系多种多样，为了便于表示和描述，并实现直接从表达式中获得萃取体系的浓度、组分等信息，在本书中将萃取体系表示为[12]：

$$\text{被萃物(起始浓度)} / \text{水相组成} / \text{有机相组成}$$

如用70%的P350煤油容易从硝酸体系中萃取La(Ⅲ)可以表示为：

$$\frac{La(NO_3)_3}{100 \sim 200\ g/L(\text{按}La_2O_3\text{计})} \Big/ \frac{HNO_3,\ 0.5\ mol/L;}{NH_4NO_3,\ 8\ mol/L} \Big/ \frac{P350(70\%)\text{-煤油}}{La(NO_3)_3 \cdot 3P350}$$

即被萃物为$La(NO_3)_3$，按La_2O_3计的浓度为100～200g/L；水相组成为0.5mol/L的HNO_3和8mol/L的NH_4NO_3，分别用于控制体系酸度和作为盐析剂；有机相组成为70%的P350溶液，煤油作为稀释剂；生成的萃合物为$La(NO_3)_3 \cdot 3P350$。

又如N263-TBP-磺化煤油在硝酸体系中萃取分离Pr(Ⅲ)、Nd(Ⅲ)可以表示为：

$$\begin{matrix} Pr(NO_3)_3,\ 0.15\ mol/L; \\ \\ Nd(NO_3)_3,\ 0.15\ mol/L \end{matrix} \Big/ \begin{matrix} DTPA, 0.22mol/L; \\ NH_4NO_3, 6mol/L; \\ pH = 3 \sim 4 \end{matrix} \Big/ \begin{matrix} N263, 0.7mol/L;\ TBP, 18\%\text{-磺化煤油} \\ (R_3NCH_3)_3 \cdot RE(NO_3)_6 \\ \text{或}RE(NO_3)_3 \cdot 3(R_3NCH_3NO_3) \end{matrix}$$

即被萃物为浓度均为0.15 mol/L的$Pr(NO_3)_3$和$Nd(NO_3)_3$，含有两种及以上被萃物表明可能是为了实现两者的分离；水相组成为0.22 mol/L的DTPA（二亚乙基三胺五乙酸）和6mol/L的NH_4NO_3，分别作为助萃配位剂和盐析剂，水相平衡pH值为3～4；有机相组成为0.7mol/L的N263和18%的TBP，表明这是协萃体系或加有相改良剂，稀释剂为磺化煤油；生成的萃合物为$(R_3NCH_3)_3 \cdot RE(NO_3)_6$或$RE(NO_3)_3 \cdot 3(R_3NCH_3NO_3)$。

2.2 萃取反应

在简单分子萃取中，如四氯化碳从水中萃取碘，只有物理变化，没有化学变化。碘从水相转移到四氯化碳的动力是相似相容原理，即碘在四氯化碳中的溶解度高于其在水中的溶解度。除按相似相容机理萃取的体系外，金属溶剂萃取过程通常是伴随萃取剂参与的多步化学反应。其中萃取剂参与的反应主要有：皂化反应、萃取反应、反萃取反应等。其中，皂化是指用无机碱与弱酸性的有机萃取剂反应，生成弱酸强碱盐，提高萃取能力；萃取反应是金属离子从水相转移到有机相的过程；反萃取反应则是金属离子从有机相转移到水相的过程。萃取过程的化学反应是金属溶剂萃取过程的核心，是对金属离子产生选择性的关键，也是研究金属溶剂萃取过程萃取剂性能、萃取工艺等的基础。

2.2.1 萃取反应的类型

根据不同的分类方法，萃取反应也可以分为不同类型。对萃取反应的合理分类，有利于从事溶剂萃取研究和应用的科技人员认识、理解萃取反应的本质，掌握其规律，进而运用萃取方法和工艺，以及发展新萃取剂、工艺和流程。按照萃取反应中金属离子与萃取剂的相互作用方式，可将金属萃取反应分为六种类型[13]。

① 形成单齿配合物。在萃取反应中，以金属离子为中心金属，萃取剂作为单齿配体与金属离子配位形成萃合物。

② 形成螯合物。即萃取剂为多齿配体，或因团聚（如酸性含磷萃取剂的二聚）形成多齿配体，再与金属离子形成螯合物形式的萃合物。

③ 形成金属配阴离子。如W(Ⅵ)、Mo(Ⅵ)等高价金属离子在水溶液中是以WO_4^{2-}、MoO_4^{2-}形式存在，在含有高浓度Cl^-的溶液中Au(Ⅲ)、Fe(Ⅲ)等以$AuCl_4^-$、$FeCl_4^-$等形式存在。在金属离子已形成稳定配阴离子的体系中，参与萃取反应的是金属配阴离子。

④ 中性萃取剂萃取金属盐。当水相中有较强配位作用的平衡离子，萃取剂为中性时，被萃取到有机相的是金属离子与平衡离子形成的金属盐。如TBP、Cyanex923等从硝酸体系萃取U(Ⅵ)和RE(Ⅲ)。

⑤ 质子化中性萃取剂。胺类萃取剂在酸性体系中首先与氢离子结合，形成铵萃取剂，再以离子对机理进行萃取反应。

⑥ 金属元素以惰性分子化合物被萃取。这属于物理萃取。

对于一个实际萃取过程，可能同时包含多种反应。如萃取过程中，萃取剂可能同时以单齿配体、多齿配体、外层氢键缔合等形式参与萃取。又如，部分水解萃取、无机酸根平衡离子参与的萃取等可能存在同一体系中。金属离子还可能被包含在反胶束中转移到有机相。

萃取反应完成了金属离子从水相到有机相的转移，是萃取过程的核心和实现萃取目的的关键。在微观角度上，是配位数变化、配体变化、金属离子所处化学环境的变化。在不同体系、不同条件下，萃取反应有很大差异，尤其是不同类型的萃取剂。

2.2.2 酸性萃取剂的萃取反应

酸性萃取剂是常用的金属萃取剂之一，其结构类型众多，可发生不同类型的萃取反应。如常见的羧酸类、膦（磷）酸（酯）类、磺酸类等。在形成萃合物时，酸性萃取剂的配位方式多种多样。以羧酸萃取剂萃取金属离子（以M表示）为例，如图2.2所示，羧酸根可按单齿、二齿、桥连配体等三种配位形式参与金属离子萃取，这些不同类型的配位形式可通过红外光谱进行观察[14]。

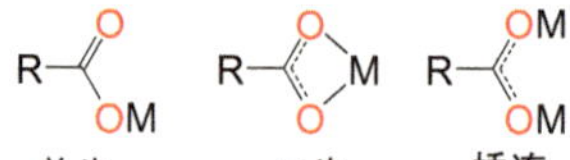

图2.2 羧酸根与金属离子的三种常见结合方式

由于金属离子M比H的质量大得多，导致单齿配位的羧基的伸缩振动频率明显低于其对应的羧酸；二齿和桥连配位中的C═O峰消失，而出现O—C—O在1650～1550cm^{-1}处强的不对称振动峰和1440～1360cm^{-1}处弱的对称振动峰。具体峰位置取决于金属离子质量、羧酸种类、相互作用强度等。对于相同的金属离子和羧酸种类，由于具有更高的电子云密度，二齿配体比桥连配体出现在更高的波数位置。

在金属萃取过程中，酸性萃取剂可按阳离子交换形式将金属离子萃取到有机相，这种情况下，萃取剂的酸根直接与金属离子配位或在外层通过氢键与金属配阳离子的配位水分子结合进入有机相；也可作为中性分子与金属离子结合进入有机相；酸性萃取剂还可以先二聚或多聚形成低聚物，并部分电离，以低聚物酸根与金属离子结合进入有机相。

（1）以缔合体形式参与萃取反应

酸性萃取剂在非极性溶剂中容易发生缔合，如常见的P204、P507、Cyanex272、环烷酸、CA-12等，它们以二聚体形式（H_2A_2表示二聚体，HA_2表示萃取剂二聚体解离出一个H^+后形成的酸根）参与萃取反应是在非极性环境中的主要萃取形式[15-16]。如它们对二价金属Co(Ⅱ)、Ni(Ⅱ)的萃取反应为：

$$M^{2+}_{(aq)} + nH_2A_{2(o)} \longrightarrow M(HA_2)_2 \cdot (n-2)H_2A_{2(o)} + 2H^+_{(aq)}$$

对于Co(Ⅱ)，通常$n=2$；对于Ni(Ⅱ)，n随体系浓度变化而有所不同，在2～4之间变化。若皂化后进行，则被交换下来的不是H^+而是相应的皂化剂的阳离子。这里的$(n-2)H_2A_{2(o)}$表示萃合物结合的“额外”的萃取剂，它们不与金属离子直接结合。由于萃取前后萃取剂缔合体的差异，导致萃取机理得出的化学计量比，并不一定都能反映萃合物的组成。酸性萃取剂二聚体更普遍的萃取反应可以表示为：

$$M^{n+}{}_{(aq)} + \frac{m}{2}(H_2A_2)_{(o)} \longrightarrow MA_n(HA)_{(m-n)(o)} + nH^+{}_{(aq)}$$

（2）阳离子交换萃取

酸性萃取剂单体的阳离子交换萃取可以表示为：

$$nN^+A^-_{(o)} + M^{n+}_{(aq)} \longrightarrow MA_{n(o)} + nN^+_{(aq)}$$

式中，N^+通常为H^+、Na^+、$NH_4{}^+$等；M^{n+}为被萃取的金属离子；A^-为酸根离子[17]。N^+为H^+时相当于萃取剂本身对金属离子的萃取，但萃取剂酸性弱，萃取剂的酸根离子与H^+结合较强，通常萃取能力较弱；N^+为Na^+、NH_4^+等阳离子时，即皂化萃取，具有更强的萃取能力（见2.1.2中“皂化剂”部分）。皂化通常采用高浓度碱液进行，没有宏观分相，认为都发生在有机相。与非皂化萃取相比，皂化的萃取反应生成了H_2O，在热力学上非常有利于降低总反应Gibbs自由能，因此皂化能提高萃取能力。

阳离子交换的本质是金属离子M^{n+}与酸根A^-的结合能力比N^+与酸根A^-的结合能力更强。从酸碱反应角度来看，可以看作是M^{n+}比N^+的酸性更强，萃取过程是强酸制弱酸的过程。虽然大多数文献都认为酸性萃取剂是以缔合体形式参与萃取反应，但对于多官能团萃取剂，也可按单分子的形式参与阳离子交换的萃取反应。酰胺荚醚类酸性萃取剂（HL）萃取稀土离子时，直接以单分子形式进行阳离子交换萃取[18]：

$$M^{3+}_{(aq)} + 3HL_{(o)} \longrightarrow ML_{3(o)} + 3H^+_{(aq)}$$

$$M^{3+}_{(aq)} + 2HL_{(o)} + Cl^-_{(aq)} \longrightarrow ML_2Cl_{(o)} + 2H^+_{(aq)}$$

L=R_2 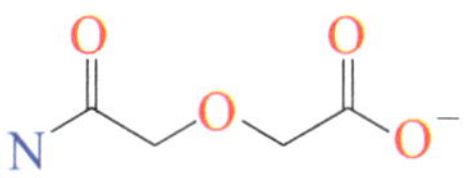 ；R = 正丁基，正辛基；$M^{3+}=La^{3+}, Eu^{3+}, Er^{3+}$

上式所示萃取剂，由于同时含有酰胺、醚基团，难以像普通单官能团酸性萃取剂一样先形成缔合体再参与萃取反应，而是直接以单分子参与。多个配位点的配位作用，不利于更多配体配位，因此可能有体积更小的Cl^-参与萃合物形成，得到$ML_2Cl_{(o)}$形式的萃合物。另外，当无机酸根离子与金属离子有较强亲和性时，也可参与萃合物形成，如氯化体系中P204（H_2A_2）单独萃取Y^{3+}或与P507（H_2B_2）协同萃取Y^{3+}的反应分别为[19]：

$$Y^{3+}_{(aq)} + (H_2A_2)_{(o)} + 2Cl^-_{(aq)} \longrightarrow Y(HA_2)Cl_{2(o)} + H^+_{(aq)}$$

$$Y^{3+}_{(aq)} + (H_2A_2)_{(o)} + (H_2B_2)_{(o)} + Cl^-_{(aq)} \longrightarrow Y(HA_2)(HB_2)Cl_{(o)} + 2H^+_{(aq)}$$

β-二酮类化合物，在通常条件下难以直接解离出H^+，但在萃取过程中，由于解离后能以共轭二齿配体的形式与金属离子配位形成能量上有利的六元环，促进解离平衡向正方向移动而使反应可以正常进行。这是其参与金属萃取的常见方式，因此也属于酸性萃取剂，其萃取反应为[20]：

$$Zn^{2+}_{(aq)} + 2HR_{(o)} \longrightarrow ZnR_{2(o)} + 2H^+_{(aq)}$$

水杨醛肟衍生物类萃取剂常用于选择性萃取铜，如N510（2-羟基-5-辛基二苯甲酮肟）和N530（2-羟基-4-(1-甲基庚基氧基)二苯甲酮肟），在萃取过程中它们的酚羟基失去质子，也是按酸性萃取剂发生萃取反应[21]：

$$Cu^{2+}_{(aq)} + 2HL_{(o)} \longrightarrow CuL_{2(o)} + 2H^+_{(aq)}$$

式中，L为水杨醛肟衍生物失去酚羟基上氢形成的阴离子。

（3）酸性萃取剂作为中性分子的萃取

不发生电离，酸性萃取剂也可作为中性分子参与金属离子的萃取。酸性萃取剂作为中性分子参与萃取的主要原因有：在水相pH值较低的情况下H^+浓度较高或萃取剂酸性较弱，在萃取条件下没有发生质子解离；萃取剂浓度大于萃取金属所需的化学计量比，有部分萃取剂以中性形式参与萃合物形成。另外，当两种酸性萃取剂协同萃取时，酸性弱的一种萃取剂常常作为中性分子参与萃取。如P204与P507协同萃取稀土元素时，可以认为P204提供质子，而P507没有解离[22]，但也可认为这两种萃取剂都发生了解离[23]。事实上，萃合物中质子处于P204或P507上的能量相差并不大，在萃取条件下两个位点的质子转移也容易进行，且萃合物中活性质子的数量还随pH值变化而变化。因此酸性萃取剂作为中性分子萃取是由于需要保持萃合物电中性、金属离子配位饱和等特定条件下的结果。

2.2.3 中性萃取剂的萃取反应

中性萃取剂，不能像酸性萃取剂那样电离出质子，再以负离子参与萃取。中性萃取剂配位基团是Lewis碱，但不包括胺类萃取剂，胺类萃取剂被称为碱性萃取剂。如TBP、P350为中性磷、膦萃取剂，而N1923就被归到碱性萃取剂。与酸性萃取剂相比，中性萃取剂最显著的萃取特征是在其萃合物中常包含有无机酸根作为平衡离子，以确保萃合物的电中性。对于部分水解萃取，OH^-作为平衡离子进入有机相，则不需要或需要更少的无机酸根。

对于金属含氧酸根负离子，胺类萃取剂可按中性萃取剂的反应萃取[24, 25]：

$$m\mathrm{N_{(o)}} + n\mathrm{H^+_{(aq)}} + \mathrm{MO}^{n-}_{i(\mathrm{aq})} \longrightarrow \mathrm{(N)}_m\cdot(\mathrm{H}_n\mathrm{MO}_i)_{(\mathrm{o})}$$

式中，N为胺类萃取剂；MO_i^{n-}为金属M的含氧酸根负离子。通常由萃取剂的氮原子与H_nMO_i中的H以氢键相连而形成萃合物，在不同体系中H^+可能更偏向氮原子或更偏向MO_i^{n-}。

与酸性萃取剂类似，在不同的萃取体系中，同一种萃取剂可能有不同的萃取反应。TBP是一类常用的中性磷萃取剂，对于不同的金属离子有不同的萃取反应。如从氯化体系萃取Cr(Ⅵ)时，其可能的萃合物是质子化TBP-H^+与含氧酸根的离子对，萃取反应为[26]：

$$2\mathrm{TBP_{(o)}} + \mathrm{H^+_{(aq)}} + \mathrm{CrO_3Cl^-_{(aq)}} \longrightarrow \mathrm{HCrO_3Cl\cdot 2TBP_{(o)}}$$

$$3\mathrm{TBP_{(o)}} + \mathrm{H^+_{(aq)}} + \mathrm{CrO_3Cl^-_{(aq)}} \longrightarrow \mathrm{HCrO_3Cl\cdot 3TBP_{(o)}}$$

在金属离子与平衡离子配位能力强的萃取体系中，常将平衡离子同时萃取到有机相。如硝酸体系中萃取U(Ⅵ)与Th(Ⅳ)，其萃取反应为[27]：

$$\mathrm{UO^{2+}_{2(aq)}} + 2\mathrm{NO^-_{3(aq)}} + 2\mathrm{TBP_{(o)}} \longrightarrow \mathrm{UO_2(NO_3)_2\cdot 2TBP_{(o)}}$$

$$\mathrm{Th^{4+}_{(aq)}} + 4\mathrm{NO^-_{3(aq)}} + 3\mathrm{TBP_{(o)}} \longrightarrow \mathrm{Th(NO_3)_4\cdot 3TBP_{(o)}}$$

N503（*N*, *N*-二(1-甲基庚基)乙酰胺，即DOAA）在盐酸体系中萃取镓过程中，Ga(Ⅲ)以$HGaCl_4$的形式被萃取，其萃取反应为[28]：

$$2\mathrm{N503_{(o)}} + \mathrm{HGaCl_{4(aq)}} \longrightarrow \mathrm{HGaCl_4\cdot 2N503_{(o)}}$$

中性含硫萃取剂硫醚、硫脲、亚砜等常用于钌、铑、钯、锇、铱、铂、金、银等贵金属的萃取。贵金属萃取中常加入CN^-、Cl^-、NO_3^-、$S_2O_3^{2-}$等能与金属离子形成稳定配合物的阴离子，金属离子再以配合物形式被萃取到有机相。如三烷基氧化膦（TRPO）从高 Cl^- 体系中萃取Au(Ⅲ)的机理可以表示为：

$$H^+_{(aq)} + AuCl^-_{4(aq)} + xH_2O_{(aq)} + 3TRPO_{(o)} \longrightarrow HAuCl_4 \cdot 3TRPO \cdot xH_2O_{(o)}$$

这里的 H^+ 也可以是其他金属离子，即将两种金属离子同时萃取到有机相。

中性磷萃取剂也可同时萃取两种金属离子，如TBP-$FeCl_3$ 体系从盐湖卤水中萃取Li(Ⅰ)的反应可以表示为[8]：

$$Li^+_{(aq)} + FeCl^-_{4(aq)} + 2TBP_{(o)} \longrightarrow LiFeCl_4 \cdot 2TBP_{(o)}$$

当水相 H^+ 浓度较高时，Fe(Ⅲ)以 $HFeCl_4$ 的形式被萃取：

$$H^+_{(aq)} + FeCl^-_{4(aq)} + 3TBP_{(o)} \longrightarrow HFeCl_4 \cdot 3TBP_{(o)}$$

这也相当于萃取 Fe^{3+} 时带有平衡离子 H^+。

若萃取剂与金属离子配位能力足够强，也可发生不带 H^+ 的萃取反应，如二(2-乙基己基)硫醚（DEHS）萃取Au(Ⅲ)的反应为：

$$AuCl^-_{4(aq)} + 2DEHS_{(o)} \longrightarrow AuCl_3 \cdot 2DEHS_{(o)} + Cl^-_{(aq)}$$

通过紫外光谱分析可看出，萃合物中不存在 $AuCl_4^-$ 结构。类似的还有二异戊基硫醚（S201）从盐酸介质中萃取Pd(Ⅱ)的反应为：

$$PdCl^{2-}_{4(aq)} + 2S201_{(o)} \longrightarrow PdCl_2 \cdot 2S201_{(o)} + 2Cl^-_{(aq)}$$

若考虑水相 H^+ 的影响，可将这类萃取反应表示为[29]：

$$H_2PdCl_{4(aq)} + 2DOS_{(o)} \longrightarrow PdCl_2 \cdot 2DOS_{(o)} + 2HCl_{(aq)}$$（DOS 为二正辛基硫醚）

其他中性萃取剂醚、醇、酯等由于与金属离子直接配位能力弱，一般是通过氢键等相互作用以外层缔合的形式萃取。这导致难以确定或不存在确定的化学计量比，是多个萃取反应共存的结果，实验只能测量其平均值。

2.2.4　盐类萃取剂的萃取反应

盐类萃取剂由阴阳离子组成。若其中一种离子是水溶性离子，则萃取反应通常是两相间的离子交换；若两种离子都是油溶性离子，则与离子液体相同，通常是有机相的阴、阳离子分别将水相中的阳、阴离子萃取到有机相，即萃取包括两个独立的离子反应。具体萃取反应如以下各实例所示。

季铵盐类萃取剂的萃取反应，如N263萃取钒的萃取反应可以表示为[30]：

$$4R_3NCH_3Cl_{(o)} + V_4O^{4-}_{12(aq)} \longrightarrow (R_3NCH_3)_4 \cdot V_4O_{12(o)} + 4Cl^-_{(aq)}$$

季铵碳酸盐是水溶性的盐类萃取剂，其萃取 WO_4^{2-} 的反应可以表示为[31]：

$$(R_4N)_2CO_{3(o)} + Na_2WO_{4(aq)} \longrightarrow (R_4N)_2WO_{4(o)} + Na_2CO_{3(aq)}$$

有机胺在酸性条件下一般是先与酸形成盐，再参与萃取反应，与季铵盐类似。其对金属离子M的萃取过程可以表示为[24, 25]：

$$n\text{胺}\cdot HA_{(o)} + MA_{i(aq)}^{(m-i)+} \longrightarrow (\text{胺}\cdot H)_n\cdot MA_{(n+m)(o)} + (i-m)A_{(aq)}^{-}$$

这里的酸HA可以是与水相酸根离子相同的无机酸，也可以是有机酸。这相当于有机胺与酸性萃取剂的协同萃取。如二(2-乙基己基)单硫代膦酸或二(2-乙基己基)双硫代膦酸（以HA表示）与伯胺N1923（以B表示）协同萃取分离锌/镉的反应可以表示为[32]：

$$M_{(aq)}^{2+} + 2B\cdot HA_{(o)} + \frac{2}{n}SO_{4(aq)}^{2-} \longrightarrow MA_{2(o)} + \frac{2}{n}B_n\cdot H_2SO_{4(o)} + 2(1-\frac{2}{n})H_{(aq)}^{+}$$

随着萃取剂浓度、金属离子浓度、平衡pH值等的变化，n值可在3～5之间变化，这表明实际萃取中同时包含了多个萃取反应。

类似的，P507-N235协同萃取Nd^{3+}的萃取反应方程式为[1]：

$$Nd_{(aq)}^{3+} + 3Cl_{(aq)}^{-} + 4R_3N\cdot HA_{(o)} \longrightarrow NdA_3\cdot(R_3N\cdot HA)\cdot 3R_3NHCl_{(o)}$$

式中，R_3N表示N235；HA表示P507。在此体系中，当P507与N235混合时可以观察到明显的放热现象，且循环使用多次后体系仍然稳定。这表明在体系中P507与N235形成了较稳定的结构，这种稳定结构在萃合物中也得到部分保持。但对于能形成负离子的萃取体系，如钨、钼的含氧酸根离子被萃取，金属含氧酸根与共存的磷、砷等形成杂多酸，并以杂多酸根的形式被胺类萃取剂萃取，萃取反应为[33, 34]：

$$R_3N_{(o)} + HCl_{(aq)} + [MoO_2Cl_n]^{(n-2)-}{}_{(aq)} \longrightarrow (R_3NH)MoO_2Cl_{3(o)} + (n-2)Cl_{(aq)}^{-}$$

$$3R_3N_{(o)} + 3HCl_{(aq)} + [(MoO_3)_{12}\cdot PO_4]^{3-}{}_{(aq)} \longrightarrow (R_3NH)_3\cdot(MoO_3)_{12}\cdot PO_{4(o)} + 3Cl_{(aq)}^{-}$$

$$(R_3NH)_2\cdot SO_{4(o)} + [(MoO_2)_2(SO_4)_3]_{(aq)}^{2-} \longrightarrow (R_3NH)_2\cdot[(MoO_2)_2(SO_4)_3]_{(o)} + SO_{4(aq)}^{2-}$$

由此可以看出，在酸性条件下有机胺的萃取机理与季铵盐相同，在碱性条件下金属离子以含氧酸根离子形式被萃取。有机胺萃取剂的性能与其中氮原子的碱性关系密切：酸性条件下，胺类萃取剂直接以$(R_xNH_{4-x})^+$形式进入有机相，N的碱性决定胺与H^+的结合能力。伯、仲、叔胺的碱性逐渐增强，导致其萃取能力也相应增加。但另一方面，胺的空间位阻也相应增加，$(R_xNH_{4-x})^+$与阴离子部分的结合能力降低，使其萃取能力减弱，对萃合物组成和形式也有重要影响。如氯化体系中叔胺、季铵盐萃取Rh(Ⅲ)的反应为[35]：

叔胺萃取铑：$3R_3NHCl_{(o)} + RhCl_{6(aq)}^{3-} \longrightarrow (R_3NH)_3RhCl_{6(o)} + 3Cl_{(aq)}^{-}$

季铵盐萃取铑：$3R_4NCl_{(o)} + 2[RhCl_5(H_2O)]_{(aq)}^{2-} \longrightarrow (R_4N)_3(Rh_2Cl_9)_{(o)} + 4Cl_{(aq)}^{-} + 2H_2O_{(aq)}$

季铵盐萃取时形成了双金属核的萃合物，增加了萃合物的稳定性，导致反萃困难。

酰胺类萃取剂，可以中性分子形式参与萃取反应，也可被强酸酸化后以盐类形式进行萃取反应[36]。如N503（*N*, *N*-二(1-甲基庚基)乙酰胺，R_2NCOCH_3，R＝1-甲基庚基）从盐酸体系中萃取钯时的反应为[37]：

$$2R_2NCOCH_{3(o)} + 2HCl_{(aq)} + Na_2PdCl_{4(aq)} \longrightarrow (HR_2NCOCH_3)_2 \cdot PdCl_{4(o)} + 2NaCl_{(aq)}$$

季𬭸盐、季铵盐的阴离子可以为Cl^-、Br^-、ClO_4^-、NO_3^-、SO_4^{2-}等易进入水相的无机酸根离子，也可以是羧酸根、膦（磷）酸根等倾向于保留在有机相中的有机酸根离子。这导致其在萃取时可以有不同类型的反应[38, 39]。如季𬭸盐Cyphos IL 101（十四烷基三己基氯化𬭸，在反应式中以$R_3R'PCl$表示）的阴离子是水溶性的Cl^-，其在盐酸体系中萃取Co(Ⅱ)的反应是：

$$H^+_{(aq)} + CoCl^{2-}_{4(aq)} + R_3R'PCl_{(o)} \longrightarrow (R_3R'P)HCoCl_{4(o)} + Cl^-_{(aq)}$$

和

$$H^+_{(aq)} + CoCl^-_{3(aq)} + R_3R'PCl_{(o)} \longrightarrow (R_3R'P)HCoCl_{4(o)}$$

而季𬭸盐Cyphos IL 104（十四烷基三己基𬭸双(2,4,4-三甲基戊基)次膦酸盐，在反应式中以$R_3R'PA$表示）的阴离子是油溶性的Cyanex272，萃取时不进入水相，萃取反应是[39]：

pH = 4.7 时

$$CoCl_{2(aq)} + 2R_3R'PA_{(o)} \longrightarrow 2(R_3R'P)Cl_{(o)} + CoA_{2(o)}$$

5mol/L 盐酸中

$$2H^+_{(aq)} + CoCl^{2-}_{4(aq)} + R_3R'PA_{(o)} \longrightarrow (R_3R'P)HCoCl_{4(o)} + HA_{(o)}$$

$$H^+_{(aq)} + CoCl^-_{3(aq)} + R_3R'PA_{(o)} \longrightarrow (R_3R'P)CoCl_{3(o)} + HA_{(o)}$$

由此可以看出，在季𬭸盐、季铵盐类萃取剂的萃合物中，金属可以配阴离子形式与有机阳离子形成离子对；若阴离子本身是萃取剂，也可以形成该萃取剂对应的萃合物。实际的主要萃取反应受萃取条件影响。

2.2.5　协同萃取反应

协同作用广泛存在于多种化学过程中。协同萃取是指由两种或两种以上物质共同完成金属离子从水相转移到有机相的过程。协萃剂包括正协萃剂和负协萃剂，正协萃剂有利于金属离子从水相到有机相的转移，而负协萃剂则相反。通常情况下，协萃剂是指正协萃剂，即有利于将金属离子转移到有机相中的化合物。

协同萃取可以只存在有机相的协同，也可以水相协同和有机相协同同时存在（见2.5.5）。但由于水相协同剂不与萃取剂一起进入有机相，因此，在这里只考虑有机相协萃剂体系的协同萃取反应。以酸性和中性萃取剂萃取镧系元素（Ln）离子为例，萃取和协萃反应可以表示为：

酸性萃取剂（HL）萃取：

$$Ln^{3+}_{(aq)} + 3HL_{(o)} \longrightarrow LnL_{3(o)} + 3H^+_{(aq)}$$

中性萃取剂（S）萃取：

$$Ln^{3+}_{(aq)} + nS_{(o)} + 3Cl^-_{(aq)} \longrightarrow LnCl_3 \cdot nS_{(o)}$$

协同萃取：

$$Ln^{3+}_{(aq)} + 3HL_{(o)} + nS_{(o)} \longrightarrow LnL_3 \cdot nS_{(o)} + 3H^+_{(aq)}$$

在协萃体系中，哪种物质被称为萃取剂，哪种物质被称为协萃剂，需要根据具体体系来判断。若单独萃取时HL萃取率高于S，则协同萃取时HL被称为萃取剂，S被称为协萃剂；反之亦然。如由Versatic10（2-甲基-2-乙基庚酸）和LIX63组成的体系：萃取Co(Ⅱ)时Versatic10是萃取剂、LIX63是协萃剂；而萃取Ni(Ⅱ)时LIX63是萃取剂、Versatic10是协萃剂。这就是根据它们各自对金属离子萃取能力确定的[40]。在湿法冶金中，还存在多种类型的混合体系，具体哪一种组分是萃取剂或协萃剂需要根据具体的目标金属离子确定。

在表2.1列出了一些协萃体系，以及文献作者对萃取剂与协萃剂的划分。

表 2.1　几种协萃体系的萃取剂和协萃剂及其协萃效果

水相	萃取剂 / 协萃剂	协萃效果
Ni(Ⅱ)、Fe(Ⅲ)等	H_2DNNDS/4PC	H_2DNNDS（二壬基萘二磺酸）与4PC（吡啶-4-基甲酸甲酯）摩尔比为1∶2时对Ni(Ⅱ)与其他金属有最大分离效果[41]。
Ce(Ⅳ)，H_2SO_4	N1923/Cyanex923	Cyanex923摩尔分数为0.6时有最大协萃系数（2.93），当体系中存在F^-时协萃系数可进一步增加到4.39[42]。
Ho(Ⅲ)、Er(Ⅲ)、Tm(Ⅲ)、Yb(Ⅲ)、Lu(Ⅲ)	P507/Cyanex272	当Cyanex272摩尔分数为0.4～0.6时都有较高协萃系数，为0.5时达到最大；随着原子序数增加，协萃系数逐渐增加，对于Lu(Ⅲ)最高达到3.39[43]。
Th(Ⅳ)，H_2SO_4	Cyanex572/ODP	Cyanex572（P507与Cyanex272的混合物）与ODP（正辛基(二苯基)氧化膦）比例为1∶2时对Th(Ⅳ)有最大协萃系数12.4[44]。

在协萃反应中，萃取剂和协萃剂都通过直接结合和外层间接缔合与金属离子作用。同时萃取剂和协萃剂之间也可能存在相互作用，若两者之间存在有利于体系能量降低的氢键、偶极等作用，则可增加萃合物稳定性，提高萃取率。

根据协萃体系中萃取剂和协萃剂的性质，可以将协萃体系分为：两种酸性萃取剂的协萃体系、酸性萃取剂与中性萃取剂的协萃体系、两种中性萃取剂的协萃体系等。与单一萃取剂相比，由于参与两相间物质转移的组成更多，导致萃取反应更复杂。通常是萃取剂单独萃取、协萃剂单独萃取与几种不同比例协同萃取同时存在，因此，研究协同萃取机理时经常得到非整比反应系数的平均结果。需要指出的是，协同萃取体系中，改变萃取剂和协萃剂的比例或结构都能调节萃取效率。也正因为如此，若萃取剂和协萃剂不按比例流失，将导致萃取体系不稳定。

（1）两种酸性萃取剂的协萃体系

通常是一种酸性强的萃取剂与一种酸性弱的萃取剂组成混合体系进行萃取。在萃取过程中，一般认为酸性强的萃取剂发生质子解离，而酸性弱的萃取剂不发生质子解离，只提供配位作用。也有人在书写萃取反应时不进行区分。Cyanex272和Cyanex302（二(2,4,4-三甲基戊基)单硫代次膦酸）与P204等比例组成的协萃体系，在25℃时可将Ni-Co半萃取pH的差异从P204的0.26分别提高到0.64和0.88，对分离效果增加的程度明显[45]。

其协萃反应表示为：

$$Co^{2+}_{(aq)} + 4H(R/R')_{(o)} \longrightarrow (R/R')_2Co((R/R')H)_{2(o)} + 2H^+_{(aq)}$$

$$Ni^{2+}_{(aq)} + 5H(R/R')_{(o)} \longrightarrow (R/R')_2Ni((R/R')H)_{3(o)} + 2H^+_{(aq)}$$

式中，RH和R′H指萃取剂和协萃剂。在协萃反应中萃取剂RH或协萃剂R′H有4或5个H^+可供解离，但实际上只解离2个H^+进入水相以达到电荷平衡，仍然有2或3个可解离的H^+存在于萃合物中。尽管通常认为酸性强的组分提供氢离子，但在实际萃合物中还与酸根离子与金属离子的亲和性有关，而且H^+在不同酸根间的转移所需能垒非常低，或处于多个酸根共用的位置。图2.3所示为酸性含磷萃取剂萃合物结构，其中的R和R′可能为烷基或烷氧基，两个膦酸分子间共用的H^+可以在两分子间迅速转移[46]。表2.2中收集了一些两种酸性萃取剂组成的协萃体系。

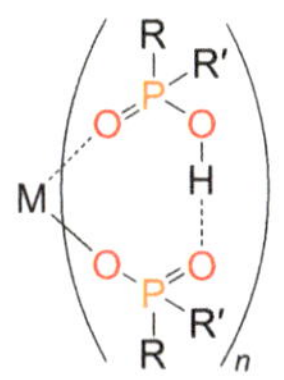

图2.3　酸性含磷萃取剂萃合物结构

表 2.2　两种酸性萃取剂组成的协萃体系及其萃取反应

编号	萃取反应
1	$RE^{3+}_{(aq)} + H_2A_{2(o)} + 2HPMBP_{(o)} \longrightarrow RE(HA_2)(PMBP)_{2(o)} + 3H^+_{(aq)}$ H_2A_2 是 P507；HPMBP 是 3- 甲基 -1- 苯基 -4- 苯甲酰基 -2- 吡唑啉 -5- 酮 [47]；PMBP 表示 HPMBP 失去一个氢离子后形成的阴离子
2	$Ln^{3+}_{(aq)} + H_2A_{2(o)} + 0.5H_2B_{2(o)} + 2Cl^-_{(aq)} \longrightarrow LnH_2Cl_2A_2B_{(o)} + H^+_{(aq)}$ H_2A_2 是 P204；H_2B_2 是 Cyanex272[43]
3	$VO^{2+}_{(aq)} + H_2A_{2(o)} + H_2B_{2(o)} \longrightarrow VO(HA_2)(HB_2)_{(o)} + 2H^+_{(aq)}$ $VO^{2+}_{(aq)} + H_2B_{2(o)} + H_2AB_{(o)} \longrightarrow VO(HB_2)(HAB)_{(o)} + 2H^+_{(aq)}$ H_2A_2 是 P204；H_2B_2 是 P507[48]
4	$Zn^{2+}_{(aq)} + HA_{(o)} + HR_{(o)} \longrightarrow ZnAR_{(o)} + 2H^+_{(aq)}$ HA 是 β-二酮 Mextral54-100（1- 苯基癸 -1,3- 二酮），HR 是 2- 羟基 -5- 壬基苯乙酮肟 [49]

（2）酸性萃取剂与中性萃取剂的协萃体系

酸性萃取剂与中性萃取剂组成的协萃体系是湿法冶金领域中一类非常有代表性的协萃组合，其萃取反应可以表示为[50]：

$$M^{x+}_{(o)} + xHA_{(o)} + yB_{(o)} \longrightarrow MA_{x'}(HA)_{(x-x')}(B)_{y(o)} + x'H^+_{(aq)}$$

式中的HA是酸性萃取剂，但并不一定完全以质子解离形式参与萃取反应，可以仍然有一部分以中性分子的形式存在萃合物中，这时未发生质子解离的HA也可被看作是协萃剂；B是中性协萃剂，其作用是直接与金属离子配位。萃合物在有萃取剂解离出的阴离子A^-满足电中性情况下，中性HA的配位能降低配位水分子数目，有利于金属离子被萃取到有机相。表2.3列出了几种酸性萃取剂与中性萃取剂的协同萃取反应。

表 2.3　酸性萃取剂与中性萃取剂的协同萃取反应

编号	萃取反应
1	$RE^{3+}_{(aq)} + 4HPMBP_{(o)} + 2TOA_{(o)} \longrightarrow (TOA\text{-}H)(RE(PMBP)_4)_{(o)} + 3H^+_{(aq)}$ TOA 为三辛胺；TOA-H 表示 TOA 接受一个氢离子后形成的阳离子
2	$M^{n+}_{(aq)} + nHPMBP_{(o)} + mTOPO_{(o)} \longrightarrow M(PMBP)_n \cdot mTOPO_{(o)} + nH^+_{(aq)}$ $M^{n+} = Y^{3+}$、Nd^{3+}、UO_2^{2+}、Th^{4+}[51]
3	$RE^{3+}_{(aq)} + xHTTA_{(o)} + yTBPO_{(o)} \longrightarrow RE(TTA)_3(HTTA)_{(x-3)}TBPO_{y(o)} + 3H^+_{(aq)}$ TBPO 为三正丁基氧化膦[52]
4	$RE^{3+}_{(aq)} + 3Cl^-_{(aq)} + 2H_2A_{2(o)} + 2R_3N_{(o)} + TBP_{(o)} \longrightarrow RECl(HA_2)_2(TBP)_{(o)} + 2R_3NHCl_{(o)}$ H_2A_2 为 Cyanex272；R_3N 为叔胺 Alamine 336[53]
5	$Zn^{2+}_{(aq)} + 1.5H_2A_{2(o)} + TBP_{(o)} \longrightarrow ZnA_2(HA)(TBP)_{(o)} + 2H^+_{(aq)}$ H_2A_2 为 P204，Cyanex272 或二者混合物[54]
6	$M^{2+}_{(aq)} + 2HA_{(o)} + mH_2O_{(aq)} + nL_{(o)} \longrightarrow MA_2L_n \cdot mH_2O_{(o)} + 2H^+_{(aq)}$ HA 为有机酸；L 为含氮杂环化合物[41]
7	$Sc^{3+}_{(aq)} + H_2A_{2(o)} + B_{(o)} + SO^{2-}_{4(aq)} \longrightarrow Sc(HA_2)BSO_{4(o)} + H^+_{(aq)}$ H_2A_2 为 Cyanex272；B 为 Cyanex923[55]

萃取剂或协萃剂并非一定要与金属离子直接配位才能促进金属离子的萃取，也可以平衡离子的形式作为萃合物的一部分而进入有机相。如表2.3所列HPMBP和TOA协萃稀土离子的反应[47]，协萃剂TOA并不直接与被萃金属离子配位，而是结合萃取剂HPMBP解离出的质子，以平衡铵离子TOA-H的形式进入有机相。由于PMBP的氧原子比TOA的氮原子更能满足稀土离子配位亲和性，TOA-H比H^+更易进入有机相，因此产生协萃效应。类似的，在有机酸-含氮杂环化合物的协萃体系中，含氮杂环化合物与Co^{2+}、Ni^{2+}的配位能力较强，可有效提高体系对二价金属离子与Fe^{3+}、Al^{3+}的分离。对于金属元素以阳离子形式被转移到有机相的体系，协萃中的酸性组分具有较高萃取率，通常是萃取剂，而中性组分是协萃剂。

（3）两种中性萃取剂的协萃体系

TBP和N235（在反应式中以R_3N表示）都是常用的中性萃取剂，研究发现它们的组合对Zn(Ⅱ)、Cd(Ⅱ)、Re(Ⅶ)、U(Ⅵ)有明显协同作用[56-58]，其萃取反应为：

$$ZnCl_{2(aq)} + 1.5R_3N_{(o)} + TBP_{(o)} \longrightarrow (R_3N)_{1.5} \cdot ZnCl_2 \cdot TBP_{(o)}$$

$$2R_3NHCl_{(o)} + TBP_{(o)} + H^+ + ReO^-_{4(aq)} \longrightarrow (R_3NHCl)_2 \cdot HReO_4 \cdot TBP_{(o)}$$

（4）其他

协萃的潜在优势是扬长避短，即发挥各种组分的优势，抑制各组分的不足。除两组分协萃外，文献中还报道了多组分协萃，如三组分、四组分等。如表2.3所列的Cyanex272-Alamine336-TBP体系。又如P507（反应式中以H_2A_2表示）、HPMBP、TOA可以按如下反应萃取稀土离子Eu^{3+}、Tb^{3+}[47]：

$$RE^{3+}_{(aq)} + 3HPMBP_{(o)} + H_2A_{2(o)} + TOA_{(o)} \longrightarrow (TOA\text{-}H)(RE(HA_2)(PMBP)_3)_{(o)} + 3H^+_{(aq)}$$

此体系对Eu^{3+}和Tb^{3+}的表观萃取平衡常数（$\lg K_{ex}$）分别为4.62和5.08，大于P507的−1.46和−0.597，大于P507 + HPMBP的−1.28和−0.941，也大于HPMBP + TOA的3.64和3.79。从萃取平衡常数可以看出，该三组分协萃体系对Eu^{3+}和Tb^{3+}的萃取能力明显高于单一组分萃取或其中的任意两组分，三组分协萃效应明显。

值得注意的是，协萃效应是从萃取能力角度定义的，协萃提高萃取能力（分配比），却不一定提高分离能力（分离系数）。另外，协萃效应对萃取分离的效果并不是固定的，即使同一种协萃组合，可能对一些金属离子萃取分离效果优于单一萃取，而对另一些金属元素比单一萃取效果差。如表2.4所示[59]。

表 2.4 P507 + Cyanex272 体系对不同稀土离子的分离系数

萃取剂	Ho/Dy	Y/Ho	Er/Y	Tm/Er	Yb/Tm	Lu/Yb
P507 + Cyanex272	1.32	1.12	1.82	2.65	3.05	1.60
P507	1.77	1.65	1.53	1.33	2.50	1.17
Cyanex272	2.23	1.61	1.20	2.66	2.40	1.32

从表2.4可以看出，P507 + Cyanex272对Ho/Dy、Y/Ho的分离不如P507和Cyanex272单独使用，但对于Yb/Tm、Lu/Yb的分离明显优于单一组分。因此，多组分体系的协萃效应不仅与各组成本身相关，其协萃效应也受被萃金属离子影响。

酸性萃取剂与中性萃取剂的协同作用，还可用于无皂化萃取，如P507（反应式中以HA表示）与N235（在反应式中以R_3N表示）协同萃取分离稀土的无皂化体系，对稀土元素的分离性能却略低于单一P507。如它们协同萃取Nd^{3+}的反应为[60-61]：

$$NdCl_{3(aq)} + 4R_3N_{(o)} + 4HA_{(o)} \longrightarrow NdA_3\cdot(R_3N\cdot HA)\cdot(R_3N\cdot HCl)_{3(o)}$$

相当于萃取时生成的H^+被R_3N吸收。

除有机相不同组分组成的协萃体系外，还有水相协萃剂参与的协萃体系。水相协萃剂通过改变金属离子被萃取形式，或引入与萃取反应相竞争的反应，从而改变金属离子间的分离，将在2.5.4叙述。

2.2.6 离子液体的萃取反应

离子液体的本质是低熔点盐，由于其挥发性低、稳定性高、液程宽、极性强等特点，而被用作溶剂萃取中的稀释剂或萃取剂。

离子液体可以只起稀释剂作用，需要额外加入萃取剂，才能对金属离子有萃取作用。这种情况下，离子液体中的萃取反应只与加入的萃取剂有关[62]。如在离子液体1-丁基-3-甲基咪唑鎓六氟磷酸盐中，萃取剂CMPO（正辛基(苯基)(*N*, *N*-二异丁氨基甲酰甲基)氧化膦）对水相中稀土金属离子（Ce^{3+}、Eu^{3+}、Y^{3+}）的萃取容量远高于相同条件下在正十二烷中的萃取容量，非常适用于从稀溶液中对稀土金属离子浓缩富集，但需要用EDTA、DTPA等螯合剂才能实现反萃[63]。在此过程中，离子液体更有利于萃合物的溶解而达到高饱和容量，但离子液体本身并不参与金属离子的萃取，仍然只是起到稀释剂的作用。

离子液体也可以既起稀释剂作用，也起萃取剂作用。这类离子液体，可以直接通过离子液体本身阴、阳离子交换实现萃取；也可以在构成离子液体的阴离子或阳离子上引入能与金属离子配位的官能团，如吡啶、吡唑、硫醇、硫醚等，实现萃取。引入官能团的离子液体也被称为功能化离子液体[62]。

离子液体$[C_6mim][PF_6]$可以直接从氯化体系中萃取Zn^{2+}和Cu^{2+}，且萃取率随着Cl^-浓度增加而增加，可认为先形成$ZnCl_4^{2-}$、$CuCl_4^{2-}$等配阴离子，然后以阴离子交换过程进行萃取[64]。萃取反应为：

$$2[C_6mim][PF_6]_{(o)} + ZnCl_{4(aq)}^{2-} \longrightarrow [C_6mim]_2ZnCl_{4(o)} + 2PF_{6(aq)}^-$$

类似的，离子液体$[C_nmim][NfO]$可以从ⅠB、ⅡB、ⅢB三族离子中选择性地萃取ⅢB金属离子，如对Li^+、Na^+、Cs^+、Ca^{2+}、Sr^{2+}、La^{3+}混合物中的La^{3+}具有较高的选择性。萃取后$[C_nmim]$（3-甲基-1-烷基咪唑鎓阳离子）进入水相，以阳离子交换机理实现萃取[64]。萃取反应为：

$$3[C_nmim][NfO]_{(o)} + La_{(aq)}^{3+} \longrightarrow La[NfO]_{3(o)} + 3[C_nmim]_{(aq)}^+$$

这种直接通过离子液体的阳离子或阴离子进行交换的萃取过程，萃取率往往较低。如$[C_6mim][PF_6]$对Zn^{2+}和Cu^{2+}萃取率只有3.5%和0.5%。

功能化离子液体则不同。如咪唑酰肼类功能化离子液体，在咪唑基团中引入了能与金属离子具有较强配位作用的酰肼基团，可以通过配位作用萃取金属离子[65]。萃取反应（以[MimAH]表示2-(3-甲基咪唑-1-基)乙酰肼阳离子）为：

$$2[MimAH]Cl_{(o)} + Cu_{(aq)}^{2+} + 2Cl_{(aq)}^- \longrightarrow [MimAH]_2CuCl_2 \cdot 2Cl_{(o)}$$

吡啶（Py）中的氮原子可以被烷基化，也可被有机强酸质子化，形成吡啶鎓离子液体，萃取反应中阴离子也保留在有机相中。在萃取金属离子过程中，吡啶鎓上质子与水相金属离子交换形成金属吡啶配合物而被萃取[66]。如$[3\text{-}BuPyH][NTf_2]$萃取Cu^{2+}的萃取反应为：

$$2[3\text{-}BuPyH][NTf_2]_{(o)} + Cu_{(aq)}^{2+} \longrightarrow Cu([3\text{-}BuPy][NTf_2])_{2(o)} + 2H_{(aq)}^+$$

一些酸性萃取剂，如CA-12、CA-100等，其本身对于萃取稀土有明显优势，引入大阳离子——长碳链季铵盐或季鏻盐，可以与萃取剂阴离子形成离子液体，阴离子部分原有的萃取优势可以得到保持，同时还具有离子液体的特征[67]。其萃取反应［以“[萃取剂]”表示萃取剂解离失去简单阳离子（如H^+）或简单阴离子（如Cl^-）后形成的阴离子或阳离子，下文同］为：

$$Ln^{3+}_{(aq)} + 4[N_{1888}][CA\text{-}100]_{(o)} + 3Cl^-_{(aq)} \longrightarrow LnCl_3 \cdot 4[N_{1888}][CA\text{-}100]_{(o)}$$

$$Y^{3+}_{(aq)} + 2.5[N_{1888}][CA\text{-}12]_{(o)} + 3Cl^-_{(aq)} \longrightarrow [N_{1888}]_{2.5}Y[CA\text{-}12]_{2.5}Cl_{3(o)}$$

表2.5列出了几种典型离子液体萃取金属的反应以及机理类型。

表 2.5　几种离子液体的萃取反应

编号	萃取反应	机理类型
1	$Eu^{3+}_{(aq)} + 3[A336][P204]_{(o)} + 3NO^-_{3(aq)} \longrightarrow Eu(NO_3)_3 \cdot 3[A336][P204]_{(o)}$[68]	中性配位
2	$M^{2+}_{(aq)} + [A336][HSal]_{(o)} + HSO^-_{4(aq)} \longrightarrow MSal_{(o)} + [A336][HSO_4]^-_{(o)} + H^+_{(aq)}$ M = Ni(Ⅱ)、Cu(Ⅱ)、Co(Ⅱ)等；HSal = 邻巯基苯甲酸根；Sal = 失氢邻巯基苯甲酸根[68]	离子交换
3	$VO^-_{2(aq)} + [A336][Cl]_{(o)} + SO^{2-}_{4(aq)} \longrightarrow [A336][VO_2SO_4]_{(o)} + Cl^-_{(aq)}$[69-70]	阴离子交换
4	$Cr(OH)^-_{4(aq)} + [A336][Cl]_{(o)} \longrightarrow [A336][Cr(OH)_4]_{(o)} + Cl^-_{(o)}$[69-70]	阴离子交换
5	$M^{3+}_{(aq)} + 3[(CH_2)_5COOHmim]$①$[NTf_2]_{(o)} \longrightarrow M[((CH_2)_5COO^-mim^+)_3][NTf_2]_{3(o)} + 3H^+_{(aq)}$ M = Fe(Ⅲ)、Nd(Ⅲ)、Sm(Ⅲ)等[62, 71]	阳离子交换

① $[(CH_2)_5COOHmim]$为3-甲基-1-(5-羧基戊基)咪唑鎓阳离子。

从表2.5可以看出，离子液体的萃取反应与其本身阴阳离子、被萃金属离子、水相平衡离子的水溶性、金属离子配位特征等有关。

2.2.7　氨性体系的萃取反应

由于NH_3的碱性比H_2O强，当水相中存在大量NH_3时，NH_3将与金属离子形成氨合物，即改变金属离子在水相中存在形式，从而影响金属离子被萃取能力。金属离子氨合物具有亲水性，不能直接进入有机相。如用β-二酮在氨性体系中萃取Zn(Ⅱ)时，在pH超过8之后，随着pH增加，萃取率迅速下降。这与大部分酸性萃取剂在酸性条件下pH值越高萃取率越高的规律不同，可从萃取反应进行解释[20]：

普通萃取：$$Zn^{2+}_{(aq)} + 2HA_{(o)} \longrightarrow ZnA_{2(o)} + 2H^+_{(aq)}$$

氨性溶液萃取：$$Zn(NH_3)^{2+}_{m(aq)} + 2HA_{(o)} \longrightarrow ZnA_{2(o)} + (m-2)NH_{3(aq)} + 2NH^+_{4(aq)}$$

高pH时，氨主要以NH_3形式存在，由于$Zn(NH_3)^{2+}_m$在水相中比较稳定，其配位的NH_3难以被A^-替代，导致萃取反应难以发生，萃取率降低。但通过调节pH值、萃取剂浓度、相比等操作条件，可控制此反应的进行程度。Cu(Ⅱ)、Co(Ⅱ)、Ni(Ⅱ)等其他对NH_3有较高亲和性的金属离子的氨性溶液萃取反应也与此相似。

2.2.8　部分水解的萃取反应

部分水解萃取是指金属离子以与OH^-、O^{2-}等配位的形式被萃取到有机相。高价金属离子如U(Ⅵ)、W(Ⅵ)、Re(Ⅶ)等通常是以含氧阴、阳离子形式存在，在萃取体系酸度范围内，其被萃取前后形式并不发生变化，通常不认为是部分水解萃取，而是将UO_2^{2+}、WO_4^{2-}、ReO_4^-等当作一个整体看待。但有的稀土金属离子，在高pH值条件萃取时会以

$Y(OH)^{2+}$、$Y(OH)_2^+$等形式被萃取，这才被称为部分水解形式萃取。如二(2,4,4-三甲基戊基)单硫代次膦酸（Cyanex302）（在反应式中以HL表示，$(HL)_2$表示其二聚体，HL_2表示$(HL)_2$失去一个H^+后形成的离子）在低酸度条件下萃取稀土离子的反应为：

$$Sc(OH)^{2+}_{(aq)} + 2(HL)_{2(o)} \longrightarrow Sc(OH)L_2 \cdot 2HL_{(o)} + 2H^+_{(aq)}$$

$$La(OH)^+_{2(aq)} + 3(HL)_{2(o)} \longrightarrow La(OH)_2L \cdot 5HL_{(o)} + H^+_{(aq)}$$

$$Gd(OH)^{2+}_{(aq)} + 3(HL)_{2(o)} \longrightarrow Gd(OH)L_2 \cdot 4HL_{(o)} + 2H^+_{(aq)}$$

$$Y^{3+}_{(aq)} + 3(HL)_{2(o)} \longrightarrow Y(HL_2)_{3(o)} + 3H^+_{(aq)}$$

这些参与萃取反应各组分的计量系数都可通过斜率法获得。从这些萃取反应可以看出，Sc(Ⅲ)、La(Ⅲ)、Gd(Ⅲ)都以部分水解形式参与萃取反应，而Y(Ⅲ)则以非水解形式参与萃取反应[72]。金属离子水解pH值越低，越容易发生部分水解萃取。如Ti(Ⅳ)比Fe(Ⅲ)更易水解，三烷基氧膦（TRPO）在高Cl^-浓度下萃取它们的反应分别为[73]：

$$TiO^{2+}_{(aq)} + 2Cl^-_{(aq)} + 2TRPO_{(o)} \longrightarrow TiOCl_2 \cdot 2TRPO_{(o)}$$

$$Fe^{3+}_{(aq)} + 4Cl^-_{(aq)} + H^+_{(aq)} + 2TRPO_{(o)} \longrightarrow HFeCl_4 \cdot 2TRPO_{(o)}$$

Ti(Ⅳ)以部分水解的TiO^{2+}形式被萃取，而Fe(Ⅲ)以Cl^-配位的$FeCl_4^-$形式被萃取。

2.3 反萃取反应

反萃取是将金属离子从有机相转移到水相的过程，其本质是分解萃合物，不同的反萃手段取决于萃合物的稳定性。实现这一过程的方法主要有：水反萃、水溶性配位剂反萃、沉淀剂反萃、酸反萃、碱反萃、电反萃、阳离子交换反萃等。由于各种金属离子的被反萃性质不同，选择性反萃也可以实现金属离子的分离。需要指出的是，从宏观上来讲反萃是将金属离子从有机相转移到水相，但从微观反应上来讲反萃并不一定是萃取的逆反应，其反应条件、共存组分都有不同。

2.3.1 水反萃

金属配阴离子可被胺、含氧、含硫萃取剂萃取，且在水相和有机相中金属都以配阴离子形式存在。若金属配阴离子与萃取剂形成的萃合物稳定性较低，或萃取时需要携带无机酸根，则可直接用水实现反萃。如TBP、N503、P350从盐酸体系中萃取Fe(Ⅲ)、Sn(Ⅱ)、In(Ⅲ)、Zn(Ⅱ)时，形成的萃合物为$HInCl_4 \cdot n$TBP等[74-75]，这导致当水相H^+和Cl^-浓度增加时，对金属的萃取率会增加，如图2.4所示。

从图2.4（a）可以看出，随着酸度逐渐降低，对金属离子的萃取能力也逐渐降低。如图2.4（b）所示，随着反萃液H_2SO_4浓度增加，反萃率逐渐降低。因此这类体系通常都直接用纯水反萃，这类体系的反萃也能实现金属离子的分离，如2.3.7所述。用水反萃的本质是稀释萃取反应的反应物，使萃取平衡向左移动。

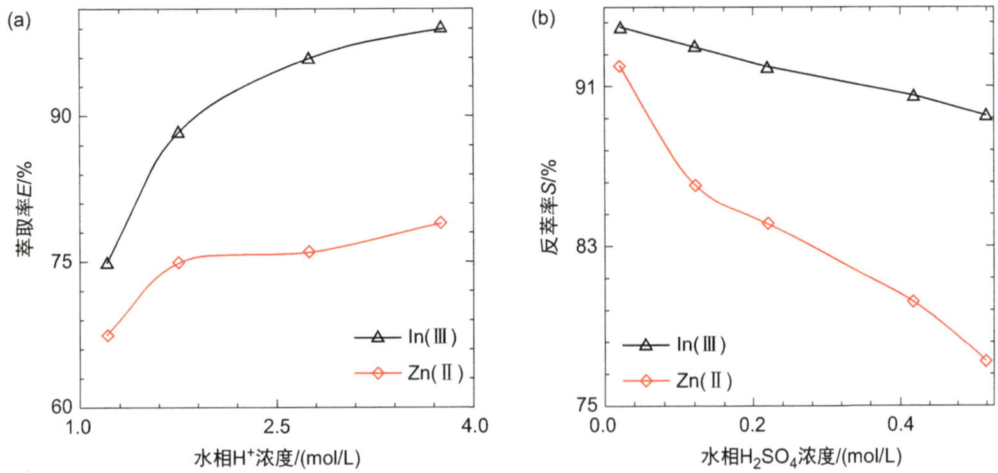

图2.4　不同酸度下In(Ⅲ)、Zn(Ⅱ)的萃取和反萃

水反萃是多种因素共同作用的结果：如水相中无H^+、Cl^-，萃取所需的$HInCl_4$等配阴离子酸无法形成；In(Ⅲ)、Fe(Ⅲ)等对水的配位作用，促使本就不稳定的萃合物解离；反萃时所用纯水的活度比萃取时水相中水分子高，相当于增加自由水分子浓度，有利于In(Ⅲ)、Fe(Ⅲ)形成水合物，实现反萃。水反萃不是水分子以计量比形式进行的反萃取反应，因此通常难以写出水参与的反萃取反应方程式，只能表示出萃合物分解。类似的水反萃还有双功能离子液体$[N_{1888}][CA\text{-}12]$萃取稀土后的反萃反应[76]、*N*-正丁基异辛酰胺（B*i*OA）从氯化体系萃取Pt(Ⅳ)的反萃反应[77]等。

$$[N_{1888}]Cl\cdot RE[CA\text{-}12]Cl_{2(o)} \xrightarrow{\text{水}} RE^{3+}_{(aq)} + 3Cl^-_{(aq)} + [N_{1888}][CA\text{-}12]_{(o)}$$

$$(B\mathit{i}OA\text{-}H)_2PtCl_{6(o)} \xrightarrow{\text{水}} 2B\mathit{i}OA_{(o)} + 2H^+_{(aq)} + PtCl^{2-}_{6(aq)}$$

2.3.2　酸反萃

酸反萃广泛用于将金属离子从有机相转移到水相。从Lewis酸碱理论来看，H^+和金属离子都是Lewis酸，酸反萃就是水相强酸（HCl、H_2SO_4、HNO_3、$HClO_4$等）制备有机相弱酸（酸性萃取剂）的过程。在酸性萃取剂的体系中，萃取与反萃互为逆反应，理论上酸性强于萃取剂的酸，都可用于反萃。高pH条件下，水相H^+浓度低，而金属离子浓度高，因此金属离子被萃取到有机相，即萃取反应；低pH条件下，水相H^+浓度高，因此H^+被萃取到有机相，即反萃反应，可以表示为：

$$nH^+_{(aq)} + MA_{n(o)} \longrightarrow M^{n+}_{(aq)} + nHA_{(o)}$$

P204、P507、Cyanex272等酸性含磷萃取剂的萃取体系中，用HCl、H_2SO_4、HNO_3、$HClO_4$等反萃稀土、钴/镍、铁、铜等金属离子时都按此反应进行。

酸反萃的普遍规律是酸浓度越高，反萃越完全。金属离子完全反萃所需酸浓度是萃取剂重要综合性能之一。一个普遍规律是：相同条件下，萃取剂pK_a值越低、与被萃金属离子结合越紧密，完全反萃就越困难。如图2.5所示盐酸对P227和P507萃取稀土的反萃。

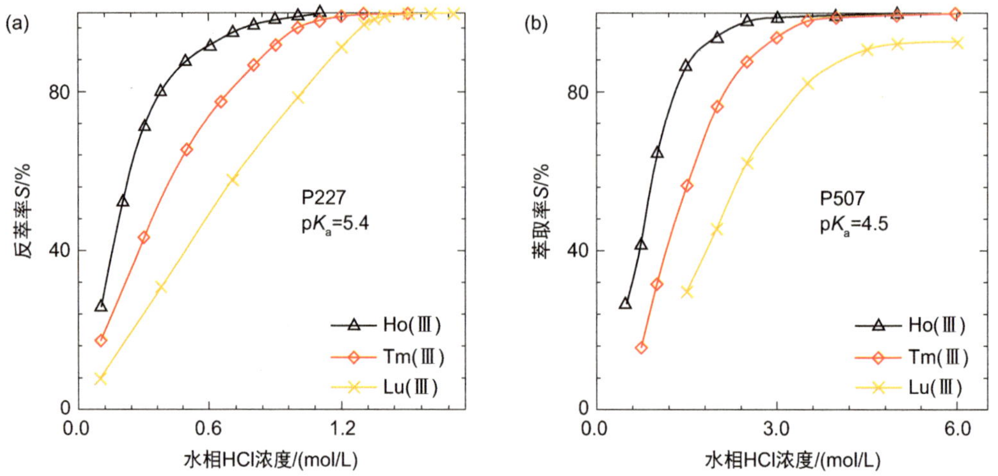

图2.5　P227、P507萃取重稀土后的反萃

随着稀土离子原子序数增加，与P227、P507等酸性膦萃取剂的结合越发紧密。从图2.5中的反萃曲线可以看出从Ho(Ⅲ)到Lu(Ⅲ)，所需反萃酸度逐渐增加。从萃取剂角度来看，P227和P507的pK_a值分别为5.4和4.5，P507的反萃酸度也远高于P227。尤其是对Lu(Ⅲ)，甚至用6 mol/L盐酸也无法完全反萃。这种规律是普遍的，可在众多酸性萃取剂的萃取和用酸反萃的过程中观察到。

除Brønsted酸反萃外，也可以用Lewis酸进行反萃，即用一种阳离子与另一种阳离子进行交换来实现反萃。在实际应用中：一方面，被反萃金属离子与萃取剂结合太强，即使用浓酸也难以反萃完全；另一方面，为了降低酸耗量，常将廉价金属离子与Brønsted酸溶液混合使用进行反萃。P204-Cyanex923协同体系从含铁溶液中萃取铟就是这样[78]：用不同浓度盐酸反萃时，反萃率最高仅为42.38%；若用3 mol/L盐酸与1 mol/L氯化锌混合液，反萃率可高达90%。其中不仅包含H^+的反萃反应，还包含以下离子交换反应：

$$3Zn^{2+}_{(aq)} + 2InA_{3(o)} \longrightarrow 2In^{3+}_{(aq)} + 3ZnA_{2(o)}$$

反萃取过程，Zn^{2+}进入到有机相，而In^{3+}进入到水相。若把Zn^{2+}看作被萃金属离子，则In^{3+}相当于皂化剂中的阳离子，此反应就成了萃取Zn^{2+}的反应。

从酸反萃的反应可以看出，形式上是酸性萃取剂阳离子交换萃取的逆过程，但并不是所有阳离子交换反应都适用酸反萃。如取代水杨醛肟等弱酸性螯合萃取剂萃取Cu^{2+}时，其萃取反应也是质子交换，但氮与铜亲和性较强，形成稳定性很高的螯合萃合物，在实际生产中很难用酸实现有效反萃。

2.3.3　碱反萃

许多金属离子能与OH^-形成不溶于水的氢氧化物沉淀，或氢氧化物进一步聚集形成氧化物和氢氧化物的混合沉淀，和金属离子的水解相似，过程复杂，且不可逆；也可形成氢氧根配合物，则是可逆过程。在多级萃取中的中间级不采用这种方法反萃，这里只讨论不形成沉淀的碱反萃。碱反萃的共同特征是金属离子氢氧化物能溶于水，或能与OH^-形成可溶于水的新物种。

Cr(Ⅲ)与P204、P507等萃取剂形成的萃合物非常稳定，即使用浓酸也难以反萃完全，此时可采用碱反萃，反萃反应可以表示为[79]：

$$Cr(OH)R_{2(o)} + 2NaOH_{(aq)} \longrightarrow Cr(OH)_{3(s)} + 2NaR_{(o)}$$

$$Cr(OH)_{3(s)} + OH^-_{(aq)} \longrightarrow Cr(OH)^-_{4(aq)}$$

首先生成沉淀$Cr(OH)_3$，$Cr(OH)_3$再与OH^-反应形成$Cr(OH)_4^-$。因此，若用稀碱反萃，可能导致无法形成可溶性$Cr(OH)_4^-$，而出现乳化、沉淀现象。

金属含氧酸根是负离子形式，在碱液中不易沉淀，可用碱反萃。如NaOH和Na_2CO_3可反萃TBP萃取Cr(Ⅵ)的有机相，反萃反应表示为[80]：

$$4OH^-_{(aq)} + H_2Cr_2O_7\cdot n\text{TBP}_{(o)} \longrightarrow 2CrO^{2-}_{4(aq)} + 3H_2O_{(aq)} + n\text{TBP}_{(o)}$$

氨水也可作为碱从有机相反萃金属含氧酸根负离子。如Cyanex923负载Re(Ⅶ)的反萃反应为[81]：

$$HReO_4\cdot(\text{Cyanex923})_{2(o)} + NH_3\cdot H_2O_{(aq)} \longrightarrow NH_4ReO_{4(aq)} + 2\text{Cyanex923}_{(o)} + H_2O_{(aq)}$$

从N235萃取钼的有机相中反萃钼的反应为[82]：

$$(R_3NH)_2MoO_2(SO_4)_{2(o)} + 6NH_3\cdot H_2O_{(aq)} \longrightarrow (NH_4)_2MoO_{4(aq)} + 2R_3N_{(o)} + 2(NH_4)_2SO_{4(aq)} + 4H_2O_{(aq)}$$

该体系中常常含有砷（或磷）与钼以杂多酸的形式被共同萃取，氨水也能将砷同时反萃到水相：

$$(R_3NH)_3As(Mo_3O_{10})_{4(o)} + 27NH_3\cdot H_2O_{(aq)} \longrightarrow 12(NH_4)_2MoO_{4(aq)} + 3R_3N_{(o)} + (NH_4)_3AsO_{4(aq)} + 15H_2O_{(aq)}$$

用$NH_3\cdot H_2O$反萃胺萃取体系相当于无机氨和有机胺的交换。该体系也可直接用强碱NaOH反萃，反萃反应为[33]：

$$(R_3NH)MoO_2Cl_{3(o)} + 5NaOH_{(aq)} \longrightarrow R_3N_{(o)} + Na_2MoO_{4(aq)} + 3NaCl_{(aq)} + 3H_2O_{(aq)}$$

钨与钼性质类似，也常以含氧酸根或杂多酸形式被萃取到有机相，其被反萃的反应也与钼相似。如季铵盐（如N263）把钨以$(R_4N)_2WO_4$形式萃取到有机相，可以用NH_4HCO_3反萃，再用NaOH再生萃取剂。

$$(R_4N)_2WO_{4(o)} + 2NH_4HCO_{3(aq)} \longrightarrow 2R_4NHCO_{3(o)} + (NH_4)_2WO_{4(aq)}$$

$$2R_4NHCO_{3(o)} + 2NaOH_{(aq)} \longrightarrow (R_4N)_2CO_{3(o)} + Na_2CO_{3(aq)} + 2H_2O_{(aq)}$$

通常情况下，用碱反萃的同时也实现了萃取剂的再生；但弱碱（如NH_4HCO_3）不足以再生萃取剂，因此需要额外加入NaOH，可以认为是反萃反应分两步完成[31]。

以三辛胺萃取分离选择性催化还原（SCR）脱硝催化剂中钨、钒时，形成杂多酸阴离子与质子化萃取剂阳离子缔合的萃合物，用NaOH反萃的反应可以表示为[83]：

$$(R_3NH)_6 \cdot V_{10}O_{28(o)} + 10NaOH_{(aq)} \longrightarrow 6R_3N_{(o)} + 10NaVO_{3(aq)} + 8H_2O_{(aq)}$$

$$(R_3NH)_4 \cdot W_8O_{26(o)} + 16NaOH_{(aq)} \longrightarrow 4R_3N_{(o)} + 8Na_2WO_{4(aq)} + 10H_2O_{(aq)}$$

多种无机碱用作碱性反萃剂的研究都有报道[84]，它们的萃取剂再生反应有差异，反萃取反应相似。

从宏观的化学平衡角度来讲，对于萃取过程中将酸（如H^+）转移到有机相的萃取过程，用碱反萃通常能取得较好的效果。如N235与三正辛基氧膦（TOPO）-煤油从碱性氰化浸出液中萃取Au(Ⅰ)的萃取反应[85]：

$$R_3N_{(o)} + TOPO_{(o)} + Au(CN)^-_{2(aq)} + H^+_{(aq)} \longrightarrow R_3NH \cdot Au(CN)_2 \cdot TOPO_{(o)}$$

即形成的萃合物中TOPO用于与金属离子配位，$[R_3NH]^+$用于平衡金属配阴离子的电荷。当采用NaOH反萃时，即使使用0.05～0.1mol/L稀溶液也能实现91.47%的反萃率。反萃反应为：

$$R_3NH \cdot Au(CN)_2 \cdot TOPO_{(o)} + OH^-_{(aq)} \longrightarrow R_3N_{(o)} + TOPO_{(o)} + Au(CN)^-_{2(aq)} + H_2O_{(aq)}$$

相当于OH^-中和了水相中的H^+，使得萃取平衡向左移动。

2.3.4 水溶性配位剂反萃

在萃取过程中，可以加入对不同金属离子配位能力不同的水相配位剂，通过“推拉效应”提高萃取的分离效果。这些水相配位剂，也可用于反萃那些难以反萃的金属离子。如用N1923可从钛白废酸中萃取回收钛，但Ti(Ⅳ)反萃困难。Ti(Ⅳ)的氧化性不强，Na_2SO_3等常用还原剂还原效果差，且沉淀反萃容易形成极细的固体颗粒聚集在相界面。可考虑用H_2O_2-H_2SO_4混合液进行配位反萃[86]，如图2.6所示。

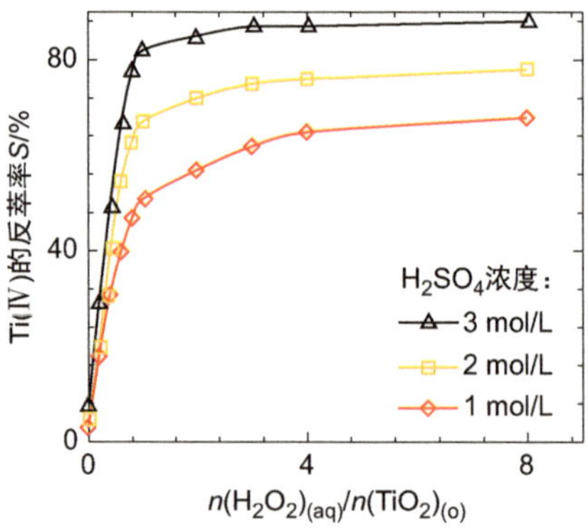

图2.6 Ti(Ⅳ)反萃率与H_2O_2用量的关系曲线

$n(H_2O_2)_{(aq)}/n(TiO_2)_{(o)}$—水相$H_2O_2$与有机相$TiO_2$的摩尔比

从图2.6可以看出：随着H_2O_2的加入，反萃率迅速升高，但当H_2O_2与TiO_2摩尔比大于3后，反萃率曲线基本趋于平缓，所以反萃所用H_2O_2的物质的量为Ti(Ⅳ)的3倍即可。其反萃反应方程式可能为：

$$TiO(RNH_3)_2(SO_4)_{2(o)} + 3H_2O_{2(aq)} \longrightarrow TiO(H_2O_2)_3SO_{4(aq)} + (RNH_3)_2SO_{4(o)}$$

水相配位反萃的优势在于，对于特定的金属离子可设计有针对性的反萃剂，使其反萃变得容易。如在稀土萃取中，重稀土比轻稀土（指镧、铈、镨、钕、钷）难反萃，但用DTPA、EDTA、乳酸等水溶性剂配位剂反萃时，对Y(Ⅲ)、Gd(Ⅲ)比La(Ⅲ)更容易反萃[87]。NH_3也可作为水相配位剂反萃与其配位能力强的金属离子。如Co^{2+}与SCN^-可形成稳定的配阴离子，而被季铵盐萃取剂萃取，形成的离子对萃合物稳定性强，反萃困难。采用NH_3可实现反萃，反萃取反应为[13]：

$$(R_4N)_2Co(SCN)_{4(o)} + 6NH_{3(aq)} + (R_4N)_2SO_{4(o)} \longrightarrow Co(NH_3)_6SO_{4(aq)} + 4R_4NSCN_{(o)}$$

酸反萃是高浓度的H^+与金属离子竞争萃取剂；水相配位剂反萃是配位能力更强的配位剂与萃取剂竞争金属离子。对于特别难反萃的体系，也可考虑两种方式同时进行。

2.3.5　沉淀反萃

草酸等也能通过配位作用将金属离子从有机相转移到水相，但其与金属离子的配合物多为沉淀，因此被称为沉淀反萃。表2.6列出了两种用于反萃的沉淀剂。

表 2.6　两种沉淀反萃体系以及相应的沉淀剂

沉淀剂	应用描述及反应原理
$H_2C_2O_4$	P507（以H_2A_2表示）从Co(Ⅱ)、Ni(Ⅱ)、Li(Ⅰ)混合液中选择性萃取Co(Ⅱ)。用草酸（$H_2C_2O_4$）反萃，可直接得到草酸钴产品[88] $M(HA_2)_{2(o)} + H_2C_2O_{4(aq)} \longrightarrow MC_2O_{4(s)} + 2H_2A_{2(o)}$
NH_4HCO_3	P507萃取Eu(Ⅲ)后，可用锌粉还原至Eu(Ⅱ)。加入NH_4Cl和NH_4HCO_3，Zn(Ⅱ)以氨合离子形式存在于溶液中，Eu(Ⅱ)以碳酸盐形式沉淀[89] $2Eu(HA_2)_{3(o)} + Zn_{(s)} + 2NH^+_{4(aq)} + 2HCO^-_{3(aq)} + 2H^+_{(aq)} \longrightarrow Zn(NH_3)^{2+}_{2(aq)} + 2EuCO_{3(s)} + 6H_2A_{2(o)}$

在金属萃取领域应用最多的反萃沉淀剂是草酸和草酸盐，其次是碳酸盐、碳酸氢盐等，如表2.6所列分别用草酸和碳酸氢铵反萃取Co(Ⅱ)和Eu(Ⅱ)。在多级萃取中，沉淀反萃常用于最后一步的反萃，直接从有机相获得金属化合物沉淀，并用于后端工序。省去反萃，可节约生产成本。同时，沉淀反萃的反萃率通常都较高，金属的收率高。但采用沉淀反萃可能夹带其他金属离子，造成其他金属离子的损失，同时影响产品纯度。

沉淀反萃并不一定需要加入沉淀剂，如叔碳酸（以HA表示）萃取Fe(Ⅲ)时，可以将负载有Fe(Ⅲ)的料液与水接触，并加热到150～200℃，可直接沉淀出Fe_2O_3[90]，其反应为：

$$2FeA_{3(o)} + 3H_2O \xrightarrow{150\sim200^\circ C} Fe_2O_{3(s)} + 6HA_{(o)}$$

加热条件下Fe(Ⅲ)直接从有机相水解形成沉淀，因此，这也被称为水解反萃。除用于反萃外，沉淀反萃还可用于制备超细粉体、纳米材料等。如P204-CCl_4萃取Ti(Ⅳ)后用氨水-乙醇反萃，可制备出粒度可控、分散均匀、光催化活性高的TiO_2粉体材料[91]。

2.3.6 还原反萃

对于同一金属元素，通常情况下，价态越高，越容易被萃取到有机相，反萃越难。对于一些高价金属离子，如Np(Ⅵ)，即使用高浓度酸，也很难完全反萃。若加入适当的还原剂，如肼，则可非常容易地实现反萃。类似的方法还有用铁粉还原Fe(Ⅲ)的还原反萃，更多类型见表2.7。

表 2.7 几种还原反萃体系

编号	萃取体系及其反萃反应
1	TBP 从电镀废液中萃取 Cr(Ⅵ)，实现 Cr(Ⅵ) 回收或废水处理，NaOH、Na_2CO_3 的反萃率都低于 20%。采用弱碱性的 Na_2SO_3 进行还原反萃，反萃率可达到 99% 以上[80] $2H_2O_{(aq)}+3Na_2SO_{3(aq)}+H_2Cr_2O_7 \cdot nTBP_{(o)} \longrightarrow Cr_2(SO_4)_{3(aq)}+6NaOH_{(aq)}+nTBP_{(o)}$
2	TBP-煤油萃取Np(Ⅵ)、Pu(Ⅳ)后，用硝酸肼将Np(Ⅵ)还原成Np(Ⅴ)，而Pu(Ⅳ)不易被还原，可实现两者的分离[92] $4NpO_2(NO_3)_2 \cdot 2TBP_{(o)}+N_2H_4 \cdot HNO_{3(aq)}+3HNO_{3(aq)} \longrightarrow 4NpO(NO_3)_{3(aq)}+N_{2(g)}+8TBP_{(o)}+4H_2O_{(aq)}$
3	酸性含磷萃取剂（以 HR 表示）萃取除 Fe(Ⅲ) 时，即使采用 6mol/L 盐酸或高浓度硫酸也难以反萃，但用锌粉还原为 Fe(Ⅱ) 后，采用稀酸即可实现反萃[93] $2R_3Fe_{(o)}+Zn_{(s)} \longrightarrow 2R_2Fe_{(o)}+R_2Zn_{(o)}$ $R_2Fe_{(o)}+2H^+_{(aq)} \longrightarrow 2HR_{(o)}+Fe^{2+}_{(aq)}$
4	*N*, *N*-二仲辛基氨基乙酸在盐酸体系中萃取 Au(Ⅲ) 时形成的萃合物为 $R_2NCH_2COOH \cdot HAuCl_4$，可用 Na_2SO_3 将 Au(Ⅲ) 还原到 Au(Ⅰ) 进行反萃[94] $R_2NCH_2COOH \cdot HAuCl_{4(o)}+SO^{2-}_{3(aq)}+H_2O_{(aq)} \longrightarrow R_2NCH_2COOH_{(o)}+Au^+_{(aq)}+SO^{2-}_{4(aq)}+3H^+_{(aq)}+4Cl^-_{(aq)}$
5	TBP-煤油萃取 Pu(Ⅳ)，用氨基羟基脲、羟胺-肼、*N*, *N*-二甲基羟胺-单甲基肼等还原后，再用酸反萃[95]

除了加还原剂实现还原反萃，还可用电还原的方法实现还原反萃。如在N263对V(Ⅴ)/Mo(Ⅵ)的萃取分离中，用化学方法难以实现反萃，若将V(Ⅴ)用电还原法还原成V(Ⅳ)，则反萃率明显提高[96]。文献中还报道了用光实现将V(Ⅴ)还原成V(Ⅳ)的光还原反萃过程[97]、用氢直接还原有机相中金属离子[98]等还原被萃金属离子的方法。另外，通过改变萃取剂氧化还原性质也可实现反萃[99]。

2.3.7 利用反萃实现金属分离

金属离子与萃取剂的结合形式、强度、速率不同，导致萃取时存在选择性，可以用于金属离子的分离。金属离子被反萃的形式、程度、速率也不相同，因此，反萃也可以实现金属离子的分离。如P204可同时萃取铁、锌，但锌容易反萃，用硫酸反萃可实现锌、铁分离[100]。又如冠醚萃取Li^+、Na^+、K^+、Rb^+、Cs^+等碱金属离子后，再用反萃实现分离[101]。肼的衍生物可将Np(Ⅵ)快速还原成Np(Ⅴ)，而将Np(Ⅴ)还原成Np(Ⅳ)和将Pu(Ⅳ)还原成Pu(Ⅲ)的速率较慢。在TBP萃取镎和钚后，可加入肼衍生物，将Np(Ⅵ)还原成不易被萃取的Np(Ⅴ)，进行选择性反萃，实现镎、钚分离[92]。

用反萃实现分离，与水相协萃剂产生的“推拉效应”原理相同（见2.5.4）。在P204

负载有铟、锡的有机相中，用水做反萃剂，铟的反萃率达到85%，而锡的反萃率可小于6%，从而实现铟、锡分离，如图2.7所示[102]。

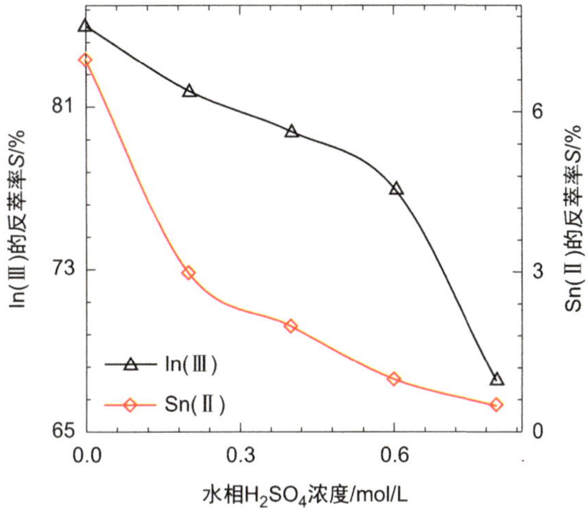

图2.7　硫酸反萃P204萃取In(Ⅲ)、Sn(Ⅱ)后的有机相

从图2.7可以看出，当硫酸浓度小于0.3mol/L时对In(Ⅲ)的反萃率可达到80%以上，但对于Sn(Ⅱ)的反萃率只有不到7%。即反萃后大部分In(Ⅲ)进入水相，而大部分Sn(Ⅱ)仍然留在有机相，即实现两者的分离。其他利用反萃分离的原理也与此类似，只是所用的方法各有差异，如还原反萃、水相配位剂反萃、沉淀剂反萃等。

对于实际料液，由于成分复杂，有机相负载金属离子后，通常需要增加使用稀酸或稀碱的洗涤段，其本质是除去容易被反萃的金属杂质，然后再用反萃剂进行反萃，即分步反萃。这也是利用反萃实现分离的一种应用。在N235萃取钨、钼时，常有磷、铁、钙等杂质同时被萃取，用稀酸将磷、铁、钙等杂质洗去，再用NaOH反萃，可得到纯的钨、钼。

在具体应用中，有时候单一反萃方法不足以达到反萃目的，需要多种反萃方法联合使用。如核燃料后处理中，可用萃取-反萃（还原-配位反萃）的方法实现铀、镎分离。具体过程是首先用TBP-煤油将U(Ⅵ)、Np(Ⅴ)都萃取到有机相，再用$NaNO_2$将Np(Ⅴ)还原成Np(Ⅳ)，最后用DTPA将Np(Ⅳ)反萃到水相，实现铀、镎分离[103]。

2.4 萃取剂的其他反应

在发生萃取反应之前，由于自身化学性质或皂化等操作，萃取剂可能与自身、溶剂、皂化剂等发生化学反应。这些化学反应决定了萃取剂参与萃取的初始形态，影响萃取剂使用寿命、萃取体系的稳定性、生产连续性等。不同性质的萃取剂萃取前的反应有很大不同，例如酸性萃取剂的二聚反应及其皂化过程中的中和反应，中性萃取剂与溶剂分子的缔合过程等。

2.4.1 萃取前有机相的反应

2.4.1.1 酸性萃取剂的反应

常用的酸性萃取剂包括：酸性磷（膦）萃取剂、羧酸萃取剂、磺酸萃取剂等。酸性萃取剂发生的主要反应包括酸式质子解离、自身以氢键二聚或多聚缔合、与碱性皂化剂的反应（见2.1.2）、与其他氢键受体或供体的缔合反应等。它们可以表示为：

酸式质子解离： $A—H_{(o)} \longrightarrow A^-_{(o)} + H^+_{(o)}$

自身氢键缔合： $2A—H_{(o)} \longrightarrow A—H\cdots A—H_{(o)}$

与其他氢键受体的反应： $A—H_{(o)} + B_{(o)} \longrightarrow A—H\cdots B_{(o)}$

与其他氢键供体的反应： $A—H_{(o)} + H—B_{(o)} \longrightarrow H—A\cdots H—B_{(o)}$

（1）质子解离

酸性萃取剂的酸式质子解离是其呈酸性的原因。在水相或乙醇等极性溶剂中，酸式质子解离反应的进行程度可以通过其pK_a值来衡量，其定义为：

$$pK_a = -\lg K_a = -\lg \frac{[H^+][A^-]}{[HA]}$$

从定义式可以看出，pK_a值越小对应的解离程度越大，该物质的酸性越强。pK_a是酸性萃取剂的一个重要参数，可以用于衡量其对金属离子的萃取能力和反萃难易程度。与大多数酸性物质相似，萃取剂的质子解离程度也受其所在的环境影响，如表2.8所列的四种化合物在普通水与重水中的pK_a值[104]。

表 2.8 吡唑和咪唑衍生物在 D_2O 和 H_2O 中的 pK_a 值

结构	名称	$pK_a(H_2O)$	$pK_a(D_2O)$
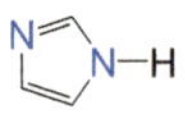	咪唑	6.98	7.47
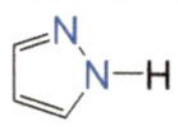	吡唑	2.65	4.00
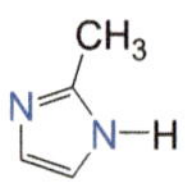	2- 甲基咪唑	7.86	8.02
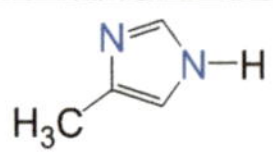	4- 甲基咪唑	7.52	7.62

从表2.8可以看出，当溶液环境从H_2O换成D_2O后，N—H解离能力明显减小。萃取剂发生质子解离的反应程度与溶液中质子受体的性质有关，越容易接受质子，则越能促进萃取剂的质子解离。在苯、煤油、烷烃等非极性稀释剂中，即使强酸性萃取剂也难以发生质子解离。但若稀释剂为氯仿、丙酮、醚、醇等具有质子受体性质的物质，则有利于萃取剂电离。除此之外，pK_a的测量值还受物质纯度、测量介质等因素影响[12]。如表2.9

所列单烷基次膦酸单烷基酯在50%和75%乙醇中测试的结果[105]。

表 2.9 几种单烷基次膦酸单酯在 50% 和 75% 乙醇中的 pK_a 值（25℃）

结构	50%	75%	结构	50%	75%
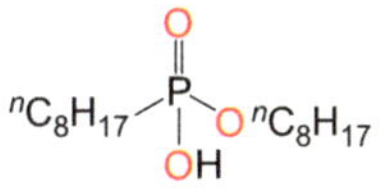	3.66	4.21	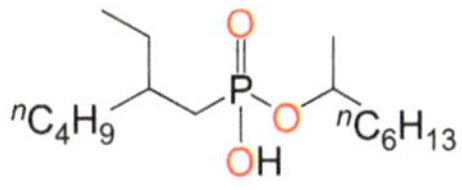	3.64	4.26
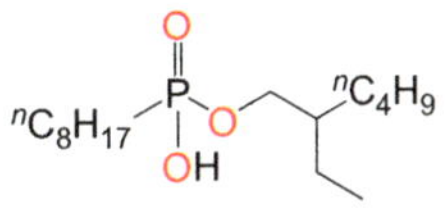	3.75	4.31	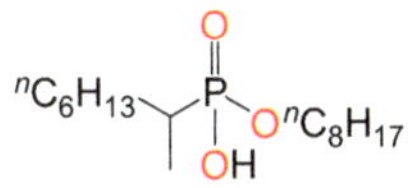	3.94	4.52
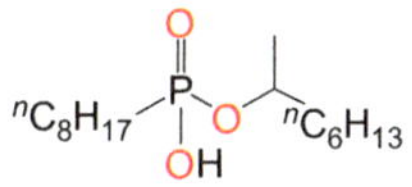	3.92	4.54	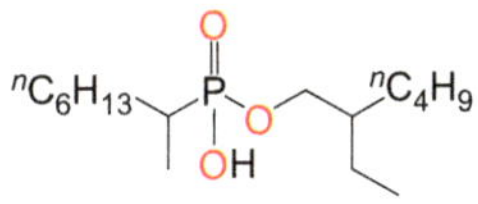	3.75	4.32
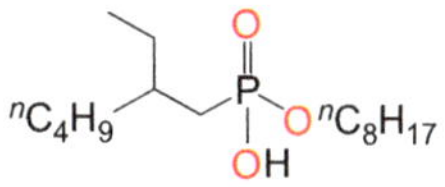	3.73	4.33	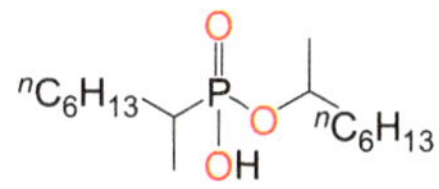	4.28	4.85

（2）萃取剂的自身缔合

形成分子间氢键是弱酸性物质常见的现象，尤其是在非极性溶剂中。如图 2.8 所示酸性磷（膦）化合物和羧酸萃取剂在非极性的煤油等稀释剂中形成的二聚体缔合结构。

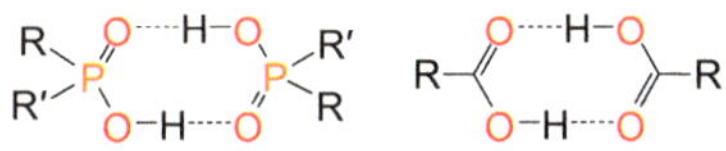

(a) (b)

图2.8 酸性磷（膦）化合物（a）和羧酸（b）二聚结构

pK_a值越低，质子供体对质子的束缚作用越弱，氢键越强，二聚体越稳定。若具有多个可形成氢键的位点，则可能形成多分子缔合。计算表明，酸性磷（膦）化合物、羧酸、磺酸等酸性化合物在苯、煤油等常用稀释剂中的二聚能在30kJ/mol以上，有足够的稳定性，可通过测定分子量的方法来确定这些分子的缔合度。如表2.10所列在苯中通过测量分子量确定的酸性磷（膦）化合物的缔合度（指参与缔合的分子个数）[106]。

表 2.10 不同浓度酸性磷（膦）化合物在苯中的缔合特征

名称	结构	pK_a	理论分子量	浓度/(mol/L)	实验分子量	缔合度
磷酸二(2-乙基己基)酯	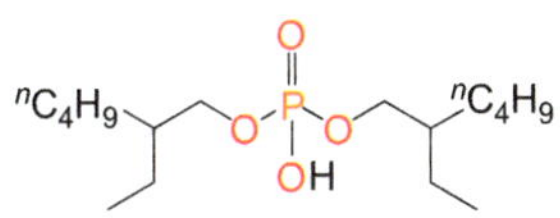	3.24	322.4	0.0502	672.8	2.09
				0.0307	662.3	2.05
				0.0153	656.2	2.04
磷酸二(1-甲基庚基)酯	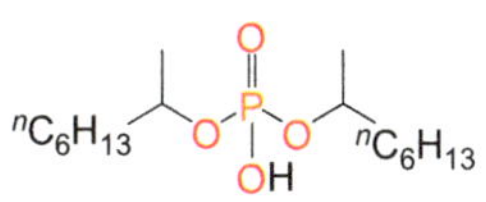	3.19	322.4	0.0551	683.2	2.12
				0.0278	680.2	2.11
				0.0140	668.3	2.07

续表

名称	结构	pK_a	理论分子量	浓度/(mol/L)	实验分子量	缔合度
2-乙基己基膦酸单2-乙基己酯	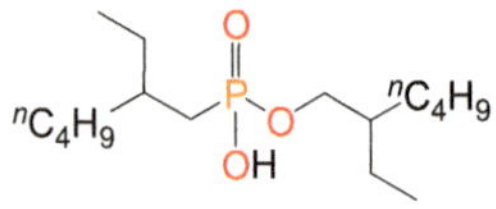	4.09	306.4	0.0474	630.0	2.06
				0.0233	616.3	2.01
				0.0115	626.5	2.04
苯基膦酸单2-乙基己酯	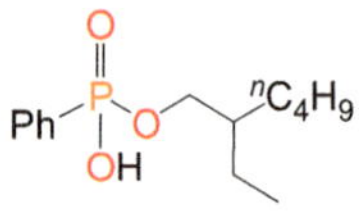	2.99	270.3	0.0475	603.1	2.23
				0.0239	597.2	2.21
				0.0120	573.0	2.12
环己基膦酸单2-乙基己酯	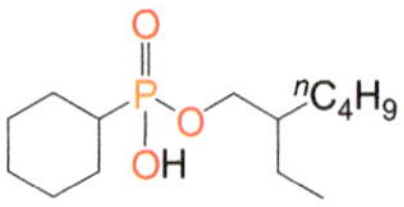	3.87	276.3	0.0540	601.8	2.18
				0.0272	595.8	2.16
				0.0136	608.7	2.20
二(2-乙基己基)次膦酸	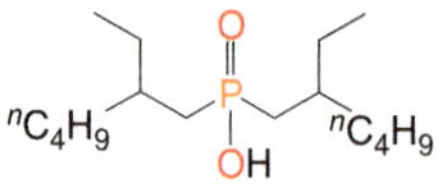	5.45	290.4	0.0571	557.8	1.92
				0.0299	595.8	2.05
				0.0139	561.1	1.93
二正辛基次膦酸	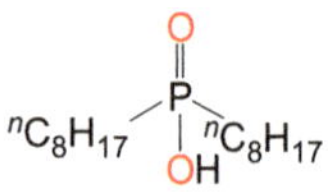	5.71	290.4	0.0524	603.6	2.08
				0.0261	589.5	2.03
				0.0129	583.1	2.10
磷酸单2-乙基己酯	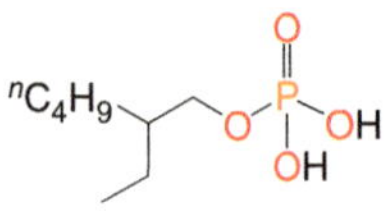	3.60 9.10	210.2	0.1590	1807	8.60
				0.0869	1619	7.71
				0.0355	1248	5.94
磷酸单2-庚基十一烷基酯	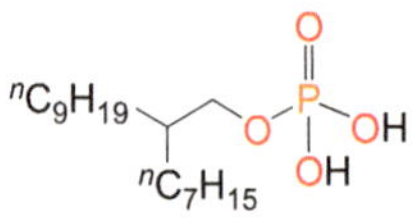	3.59 9.07	350.5	0.0500	2095	5.98
				0.0250	1945	5.55
				0.0125	1890	5.39
2-乙基己基膦酸	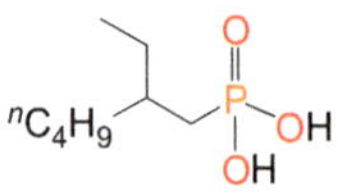	4.72 10.41	194.2	0.0500	1132	5.83
				0.0250	1047	5.39
				0.0125	961.4	4.95
2-庚基十一烷基膦酸	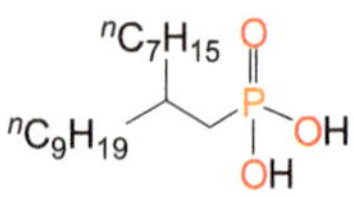	3.88 9.37	334.5	0.1450	1965	5.87
				0.0728	1897	5.67
				0.0365	1880	5.62

从表2.10所列缔合度可以看出，所有一元酸的缔合度都约等于2，即都以二聚体形式存在，且受浓度和pK_a值影响较小。二元酸的缔合程度明显高于一元酸，受浓度影响也更明显。准确测量酸性化合物的二聚常数是困难的，但若直接假设完全二聚也与实际情况不符合。对于酸性磷型萃取剂的二聚常数的测定，可以采用两相pH滴定法[107]。除实验测量二聚常数外，也可以用量子化学的方法计算二聚能，用来衡量酸性化合物二聚程度。

此外，由于酸性萃取剂具有表面活性的特征，在溶解性较差的溶剂中，其亲-疏水基团可以各自团聚成胶束；而在溶解性较好或能混溶的溶剂中酸性萃取剂往往只是数个分子通过氢键聚集[108]。如表面活性剂在水相中，由于具有双亲的表面活性，往往形成胶束。

（3）与其他氢键供受体的缔合

其他氢键供体、受体主要是指在萃取反应中加入的相改良剂、协萃剂、水等。相改良剂主要是具有表面活性性质的一类物质。相改良剂的加入，能改善萃取过程中第三相、乳化、萃取速率等萃取过程。常见的相改良剂主要包含脂肪醇、脂肪胺，但也有用TBP作为相改良剂的报道[109-112]。相改良剂与萃取剂形成氢键能力的强弱可以衡量相改良剂向相界面两边转移萃取剂和萃合物能力的大小。相改良剂的作用是改变两相间界面的性质，使其更有利于萃取剂和金属离子反应、更有利于分相、降低乳化等。相改良剂通常也是氢键供体和受体，也能与酸性萃取剂形成氢键缔合体。

萃取反应之前酸性萃取剂发生的这些反应都与其酸性强弱有关，这些反应都具有可逆性，且按热力学有利的方向进行，形成的产物是萃取剂参与萃取反应的实际形式。一些热力学上有利的反应可形成稳定性较高的产物，但产物需要解离后才能参与萃取反应，因此与后续的萃取反应形成竞争关系，其进行的彻底程度将直接影响萃取反应的进行。除此之外，在长期使用过程中，酸性萃取剂还能发生酯化、氧化以及其他非萃取基团的反应，这些反应速率慢，但长期累积之后可能导致萃取剂失效。

2.4.1.2 中性萃取剂的反应

中性萃取剂是一类在萃取反应中不电离出氢离子也不吸收氢离子的Lewis碱，但并不称作碱性萃取剂，以便与有机胺为代表的碱性萃取剂区分。常见的中性金属萃取剂有中性磷和膦（包括三烷基氧膦、二烷基次膦酸酯、烷基膦酸二酯、磷酸三酯等）、酰胺、酯、醚、硫醚、醇、硫醇、酮等。与酸性萃取剂相比，中性萃取剂在有机相中发生的主要反应是形成胶束，对萃取剂在稀释剂中的溶解有一定的影响。通常是萃取剂与稀释剂极性相差越大，越易自身团聚形成胶束，越不利于萃取剂的溶解，对分相和饱和容量都有影响。但形成胶束的热力学优势并不明显，因此，对萃取反应最终的选择性和萃取率影响较小。

但在长期使用过程中，硫醚、硫醇、亚砜等可能发生氧化、还原；酯、磷（膦）酯、醚等可能发生水解；醇可能发生酯化等反应。这些反应都是不可逆的，长时间的累积通常导致萃取剂失效或效率下降。

2.4.1.3 盐类萃取剂的反应

季𬭸盐、季铵盐、离子液体等萃取剂为盐类萃取剂。与酸性萃取剂、中性萃取剂最明显的不同是：盐类萃取剂在萃取前以阴阳离子的盐形式存在，其最重要的反应是与其他成分之间发生离子交换。如N263可以通过阴离子交换将原来的Cl^-替换成CO_3^{2-}、SO_4^{2-}、NO_3^-、ClO_4^-、SCN^-、I^-等。伯胺、仲胺、叔胺等碱性萃取剂，在萃取时常先被质子化，然后以盐类萃取剂的机理进行萃取，故不再单独介绍其萃取反应。

由于盐类萃取剂常以离子交换形式萃取，因此不同平衡离子对萃取分离性能可产生显著影响。图2.9展示了两种阳离子不同的离子液体的萃取性能[113-114]。

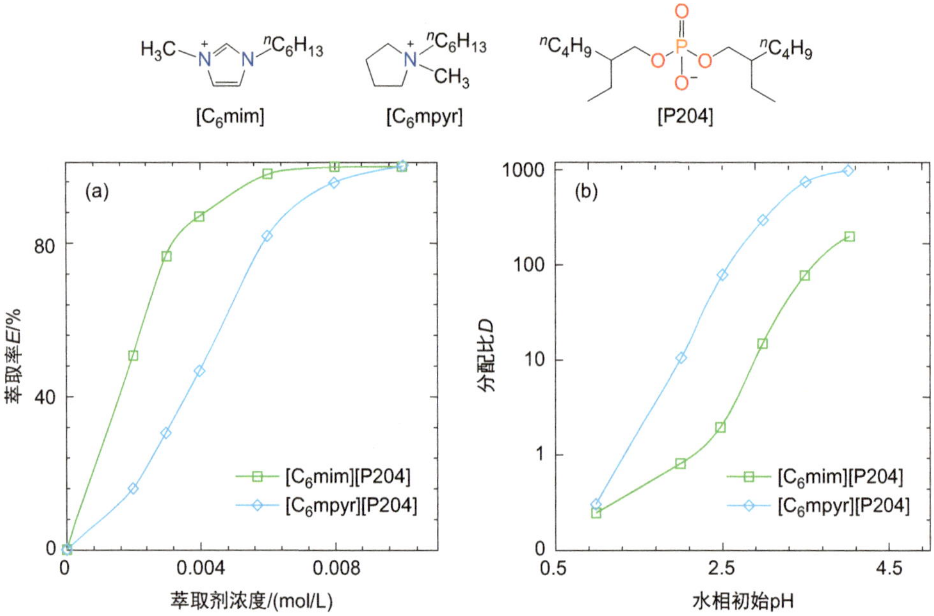

图2.9　不同阳离子对萃取性能的影响

（a）萃取条件：有机相为浓度不同的萃取剂，稀释剂为离子液体，水相Nd(Ⅲ)浓度为0.00076mol/L，水相pH = 2，平衡时间为1小时，温度为300K，相比为1；

（b）萃取条件：有机相为0.01mol/L的萃取剂，稀释剂为离子液体，水相Nd(Ⅲ)浓度为0.00076 mol/L，平衡时间为1小时，温度为300K，相比为1

在图2.9中$[C_6mim]$和$[C_6mpyr]$分别为1-己基-3-甲基咪唑鎓离子和1-甲基-1-己基四氢吡咯鎓离子，[P204]为磷酸二(2-乙基己基)酯阴离子。在相同浓度下，两种体系的萃取率的不同只能来源于阳离子。类似的，阴离子的不同也能导致萃取剂的性能发生变化。因此可以通过对盐类萃取剂进行相应的预处理，调节其对某些金属离子的萃取分离性能。

除离子交换反应外，盐类萃取剂也能发生缔合反应。如通过斜率法可测得，在磺化煤油中N263的缔合度为3[10]，但缔合机理及形成的缔合体结构难以确定。

除萃取剂自身反应外，萃取前有机相的相改良剂、协萃剂等之间也能发生氢键缔合等相互作用。这些相互作用通常强度弱，可逆性强，对萃取性能影响小，可以忽略。

2.4.2　萃取前水相的反应

与有机相中各种成分存在多种化学反应类似，在萃取反应发生之前，水相中金属离子也会和与之共存的成分发生多种可能的反应。在这里只关注与金属离子相关的反应，这些反应决定了金属离子参与萃取反应的初始状态。反应类型主要包括：

水解：
$$M^{n+}_{(aq)} + mH_2O_{(aq)} \longrightarrow M(OH)_m{}^{(n-m)+}{}_{(aq)} + mH^+{}_{(aq)}$$

氧化还原：
$$M^{n+}_{(aq)} \mp me^- \longrightarrow M^{(n\pm m)+}{}_{(aq)}$$

与平衡离子配位反应：
$$M^{n+}_{(aq)} + mB^-_{(aq)} \longrightarrow M(B)_m{}^{(n-m)+}{}_{(aq)}$$

与水相协萃剂配位反应：$M^{n+}_{(aq)} + mC_{(aq)} \longrightarrow M(C)^{n+}_{m(aq)}$

（1）金属离子的水解反应

以八水合金属离子的水解过程为例，如图2.10所示。金属离子进入水相后，水分子的氧原子与金属离子发生配位作用，形成水合金属离子$[M(H_2O)_8]^{n+}$。水分子向金属离子转移电子，这使氧原子对与之相连的氢原子的吸电子能力增强，导致其发生酸式电离的趋势增加，甚至完全电离，形成质子和多种氢氧化金属离子$[M(H_2O)_7(OH)]^{(n-1)+}$、$[M(H_2O)_6(OH)_2]^{(n-2)+}$、$[M(H_2O)_5(OH)_3]^{(n-3)+}$等，这就是金属离子的水解。新形成的金属氧化物和氢氧化物都是不稳定的，很容易团聚，最终生成氧化物和氢氧化物的混合沉淀。沉淀的形成可以看成是金属离子水解完成。沉淀的形成导致后续萃取反应难以发生，甚至不能发生，是萃取过程需要避免的。金属离子沉淀pH值可以用于衡量金属离子水解难易程度，但沉淀pH值肯定高于水解pH值，即在沉淀之前，水解反应已经发生。抑制水解的方法是控制水相酸度、加入水相协萃剂和控制金属离子浓度等。但三种方法的原理是不同的，控制水相酸度相当于增加逆反应（主要在图2.10中第①步到第③步起作用），加入水相协萃剂是引入竞争反应（主要是抑制图2.10中第①步到第③步的水解），控制金属离子浓度是降低金属离子氢氧化物或氧化物接触机会（主要在图2.10中第④步到第⑤步起作用）。

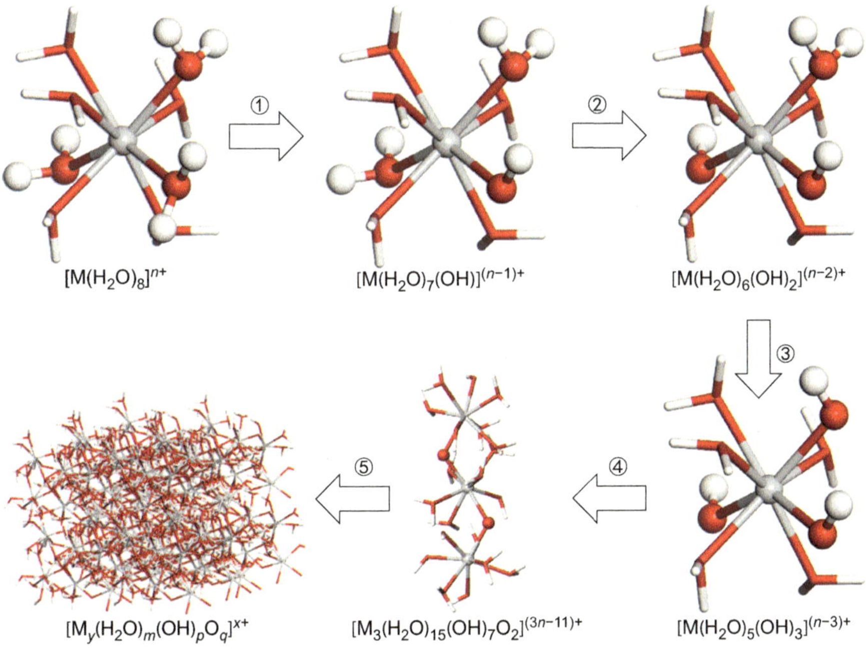

图2.10　金属离子水解过程示意图

如图2.10所示，金属离子的水解过程都可以表示为：水合金属离子→氢氧化金属离子→氧化物→团聚、沉淀。随着金属离子价态、浓度、平衡离子、温度等变化，水解速率、进行的程度、现象等都有很大差异。金属离子水解可用其氢氧化物的溶度积进行表观衡量。表2.11列出了一些金属离子氢氧化物的溶度积的负常用对数值pK_{sp}，pK_{sp}越大，越易形成沉淀[115]。

表2.11　一些金属离子氢氧化物的溶度积（18 ~ 25℃测量）

分子式	pK_{sp}	分子式	pK_{sp}	分子式	pK_{sp}	分子式	pK_{sp}
$Ac(OH)_3$	15.00	$Dy(OH)_3$	21.85	$Hg(OH)_2$	25.52	$Tb(OH)_3$	21.70
$Al(OH)_3$	32.89	$Er(OH)_3$	23.39	$Nd(OH)_3$	21.49	$Te(OH)_4$	53.52
$Am(OH)_3$	19.57	$Eu(OH)_3$	23.03	$NpO_2(OH)_2$	21.60	$Tl(OH)_3$	43.77
$Am(OH)_4$	56.00	$Gd(OH)_3$	22.74	$Ni(OH)_2$（新制）	15.26	$Th(OH)_4$	44.40
$Ba(OH)_2·8H_2O$	3.59	$Ga(OH)_3$	35.14	$Pd(OH)_2$	31.00	$Tm(OH)_3$	23.48
$Be(OH)_2$	21.16	$Au(OH)_3$	45.26	$Pd(OH)_4$	70.20	$Sn(OH)_2$	27.26
$Bi(OH)_3$	30.40	$Hf(OH)_3$	25.40	$Pt(OH)_2$	35.00	$Sn(OH)_4$	56.00
$BiO(OH)$	9.40	$Ho(OH)_3$	22.30	$Pu(OH)_3$	19.70	$Ti(OH)_3$	40.00
$Ca(OH)_2$	5.26	$In(OH)_3$	33.20	$Pu(OH)_4$	55.00	$TiO(OH)_2$	29.00
$Cd(OH)_2$（新制）	14.14	$Fe(OH)_2$	16.31	$PuO_2(OH)$	9.30	$UO_2(OH)_2$	21.95
$Ce(OH)_3$	19.80	$Fe(OH)_3$	38.55	$PuO_2(OH)_2$	24.70	$VO(OH)_2$	22.13
$Ce(OH)_4$	47.70	$La(OH)_3$	18.70	$Pr(OH)_3$	23.45	$Yb(OH)_3$	23.60
$Cr(OH)_2$	15.70	$Pb(OH)_2$	14.84	$Pm(OH)_3$	21.00	$Y(OH)_3$	22.00
$Cr(OH)_3$	30.20	$Pb(OH)_4$	65.50	$Rh(OH)_3$	23.00	$Zn(OH)_2$	16.50
$Co(OH)_2$（新制）	14.23	$Lu(OH)_3$	23.72	$Ru(OH)_3$	36.00	$ZrO(OH)_2$	48.20
$Co(OH)_3$	43.80	$Mg(OH)_2$	11.25	$Sm(OH)_3$	22.08		
$Cu(OH)_2$	19.66	$Hg_2(OH)_2$	23.70	$Sc(OH)_3$	30.65		

从表2.11所列金属离子氢氧化物溶度积可以看出，对于同一种金属元素，高价离子的氢氧化物pK_{sp}远高于低价离子同类型氢氧化物，如$Am(OH)_3$与$Am(OH)_4$、$Ce(OH)_3$与$Ce(OH)_4$等。高价态离子容易形成酰氧离子，高价酰氧离子氢氧化物的pK_{sp}可以低于低价态离子氢氧化物，如$Ti(OH)_3$与$TiO(OH)_2$。另外，由于金属离子水解是需要一定时间才能完成的化学过程，陈化时间越长，聚集缩合进行得越彻底。因此不同陈化时间，金属离子的水解程度也不同。

本质上，金属离子水解即从与水（H_2O）的配合物变成与氧（OH^-或O^{2-}）的配合物。从软硬酸碱理论来看OH^-或O^{2-}比H_2O更软，因此可以认为越软的金属离子越容易水解。更准确地讲，是与OH^-或O^{2-}的匹配程度比H^+高的金属更容易水解。金属离子浓度、电荷、离子半径等都影响溶度积。金属离子的水解是一个非常复杂的过程，且受多种因素影响，通常是多种结构共存，具体共存条件可用反应相图表示。

从图2.10可以看出金属离子水合物水解与酸性解离的结果相同，都是解离出质子，这可以从金属离子水溶液呈现酸性得到验证。根据金属离子水溶液pH值可以推测水解程度的强弱，也可以用热力学循环等模型来计算，预测金属离子水解能力[116]。金属离子的水解相当于改变了水合金属离子所带电荷，对于萃取反应有重要意义。例如，在一般情况下，Cyanex272和P507等按摩尔比3:1萃取Sc(Ⅲ)或Y(Ⅲ)，但按2:1或1:1半水解形式萃取Sc(Ⅲ)或Y(Ⅲ)也有报道[117]。半水解萃取方法，不仅可以改变萃取剂比例，影响饱和容量，还能利用OH^-配位改变对金属离子的选择性（详见2.2.8节的部分水解萃取反应）。

（2）金属离子氧化还原反应

金属元素，尤其是过渡金属元素往往存在多种稳定性相差不大的化合价。在萃取操作中，金属离子价态也可能发生变化，即发生氧化还原反应。氧化还原反应可以有效改善金属离子的配位、水解性质，对萃取性能有重要影响。如以P507作为萃取剂用锌粉还原萃取方法实现了一步提取荧光级铕[118]。其原理是：Sm(Ⅲ)、Eu(Ⅲ)、Gd(Ⅲ)的被萃取性能非常接近，但Eu(Ⅲ)是唯一能被锌粉还原为Eu(Ⅱ)的金属离子，而Eu(Ⅱ)的被萃取性能与Sm(Ⅲ)和Gd(Ⅲ)的被萃取性能相差很大，因此可以实现一步分离。该过程发生的还原反应是：

$$2Eu^{3+}_{(aq)} + Zn_{(粉末)} \longrightarrow 2Eu^{2+}_{(aq)} + Zn^{2+}_{(aq)}$$

类似的，也可以用锌粒、汞齐、电化学等还原方法提纯铕、镱、镨等[119]。金属溶剂萃取中的金属离子通常都是稳定的，其氧化还原反应通常都是与专门加入的氧化还原剂反应。如为了提高镎的萃取率，可以在水相中加入过量硝酸，保证镎以Np(Ⅵ)形式存在。图2.11为不同水相硝酸浓度下镎的萃取率随时间的变化规律[120]。

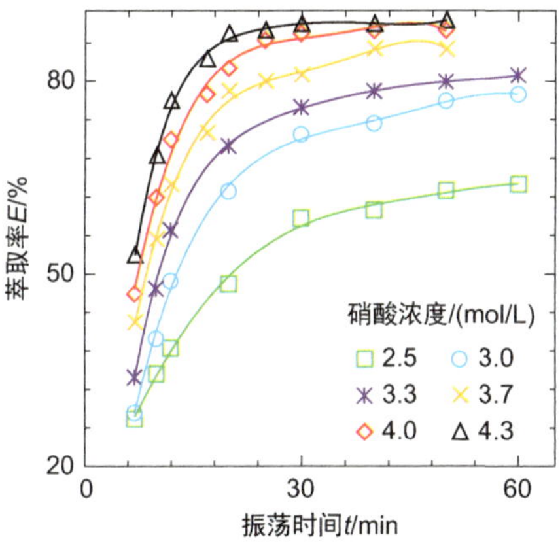

图2.11　不同硝酸浓度下镎的萃取率随时间的变化

萃取条件为：水相中镎浓度为50mg/L，有机相为30% TBP的煤油溶液，相比为1:1，温度为37℃

从图2.11可以看出，随着硝酸浓度的增加，平衡萃取率和萃取速率都逐步增加。这是由于水相中的Np(Ⅴ)和Np(Ⅵ)存在如下平衡：

$$2NpO_2{}^{+}{}_{(aq)} + NO_3{}^{-}{}_{(aq)} + 3H^{+}_{(aq)} \longrightarrow 2NpO_2{}^{2+}{}_{(aq)} + HNO_{2(aq)} + H_2O_{(aq)}$$

较高的硝酸浓度使更多的镎以Np(Ⅵ)形式存在。类似的，在核燃料后处理过程中，可以用氧化法将U(Ⅳ)氧化到U(Ⅵ)、Pu(Ⅲ)氧化到Pu(Ⅳ)等，以提高萃取效率[121]。在铈的萃取分离中，也可通过将Ce(Ⅲ)氧化成Ce(Ⅳ)，提高与其他稀土元素的分离能力[122]。

（3）与平衡离子配位反应

尽管金属离子水溶液总是以整体电中性形式存在，但不同金属离子、不同平衡离子在水相中的配位状态差异很大。如NaCl、KCl等强酸强碱盐的水溶液，可以认为其中的金属离子与平衡离子分别以各自的水合形式存在。而过渡金属离子的盐溶液中，金属离子与平衡离子的配位反应差异很大：可能仍然更倾向于以中性分子（即金属离子与平衡离子形成的配合物）形式存在；也可能解离部分平衡离子，即以电荷值小于金属离子化合价的带电配合物形式存在；还可能以配阴离子形式存在，如NbF_6^{2-}、$AuCl_4^-$等。在萃取过程中，金属离子与平衡离子配位反应直接导致平衡离子与金属离子同时被萃取到有机相。如$FeCl_3$体系中以$LiFeCl_4$形式萃取Li(Ⅰ)，$FeCl_4^-$以平衡离子的形式同时被萃取到有机相中；在硝酸体系中用TBP、N235等萃取稀土，也往往将NO_3^-同时萃取到有机相中；另外，在贵金属萃取中，平衡离子CN^-、Cl^-、SCN^-、F^-等往往同时被萃取到有机相中。金属离子与平衡离子的配位反应与浓度、离子性质等因素有关，可用反应相图表示金属离子与平衡离子形成的各种配位中间体。

（4）与水相协萃剂配位

在2.1.3节中提到平衡离子与金属离子配位会影响金属离子被萃取性能。有时候为了改变萃取剂对多种金属离子混合物的分离性能，在水相中加入对金属离子配位性能有差异的物质，这些物质都可称为水相协萃剂。与有机相协萃剂类似，水相中也存在正协萃剂与负协萃剂。最重要的水相协萃剂是NH_3。氨性溶液的金属萃取已经成为湿法冶金中一个分支[123]。在氨性溶液萃取中，NH_3通常都会替代水分子直接与金属离子配位，形成金属氨合物，如$Cu(NH_3)_4(NO_3)_2$、$[Ni(NH_3)_6]^{2+}$、$[Zn(NH_3)_4]^{2+}$等，利用NH_3对金属离子配位能力的差异，可以调节萃取体系对这些金属的分离能力。

金属离子与水相协萃剂之间的配位作用，不仅可以用于改变金属离子的被萃取性能，也能用于调节金属离子的被反萃性能。如H_2O_2可以有效改善Ti^{4+}的萃取配位性能，从而调节其萃取或分离。如在反萃液中加入H_2O_2，利用H_2O_2与Ti^{4+}的配位作用，可以一次实现对有机相中钛的反萃[124]；还可根据反萃性质实现从钪富集物中除去钛[125]。图2.12展示了金属溶剂萃取中几种常用的水相配位剂[25, 126]。

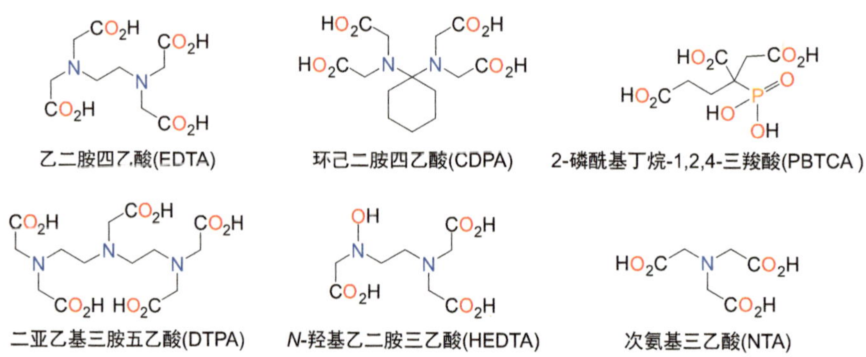

图2.12　金属溶剂萃取中常用的水相配位剂

图2.12展示的EDTA、CDTA、PBTCA、DTPA、HEDTA、NTA等配位剂存在多种配位可能，尤其这些配体在不同pH条件有不同形式，可以与金属离子形成种类丰富且稳定性差异较大的配合物，常被用作协萃剂，通过“推拉效应”提高金属离子的分离效率。如在N263-TBP/磺化煤油体系中，若加入适量的NTA，可以将Nd(Ⅲ)/Pr(Ⅲ)分离系数从1.5提高到3.1[10]，显著提高分离效率。水相协萃剂在萃取过程中的作用在2.5.4还将进一步讲述。还有一些组分如草酸、水相平衡离子等，在萃取中也可能起到水相配位的作用，只是通常不称作水相配位剂。

2.5 萃取剂对金属离子选择性的原理

溶剂萃取能用于金属离子的萃取分离，其依据是萃取剂能选择性地从混合金属离子中与某一种或几种金属离子结合形成萃合物并将其转移到有机相，且在适当条件下形成的配合物能发生解离，金属离子可以被反萃到水相，同时萃取剂再生。在此过程中，各种金属离子能够相互分离都依赖于萃取剂的选择性，而选择性可以看作是萃取剂与不同金属离子相互作用的差异的体现。关于对金属离子选择性的原理，不同体系中有不同的理论假说，常见的有金属离子与配位原子软硬匹配（见5.1.1）、离子尺寸匹配、配体的空间匹配、协同作用等[127]，这些都导致萃取剂表现出对共存离子的差异性识别[128]。

2.5.1 离子尺寸的差异

对于同一种配体，金属离子尺寸是影响两者结合的重要因素。如酸性含磷萃取剂对镧系金属的萃取分离表现出明显的“四分组”效应，即在分离曲线上可以将镧系金属离子明显分为四组：La(Ⅲ)、Ce(Ⅲ)、Pr(Ⅲ)、Nd(Ⅲ)；Nd(Ⅲ)、Sm(Ⅲ)、Eu(Ⅲ)、Gd(Ⅲ)；Gd(Ⅲ)、Tb(Ⅲ)、Dy(Ⅲ)、Ho(Ⅲ)；Er(Ⅲ)、Tm(Ⅲ)、Yb(Ⅲ)、Lu(Ⅲ)。位于分界点的Nd(Ⅲ)和Gd(Ⅲ)既可归于前一组，也可归于后一组。各组内前两种离子之间的分离系数高，后两种离子之间的分离系数低[129]。对于不同的萃取剂，Y(Ⅲ)在萃取曲线上的位置可能略有不同。这一现象在稀土分离中被广泛观察到，如图2.13所示的P204、P507、P227萃取平衡常数曲线。三价稀土金属离子的有效离子半径也展示在图中以分析其与萃取平衡常数之间的关系。

从图2.13可以看出萃取平衡常数$\lg K_{ex}$按P204、P507、P227的顺序逐渐减小，这符合酸性含磷萃取剂在相同实验条件、相同萃取机理时，萃取剂酸性越弱，其萃取能力越弱的普遍规律。对于同一种萃取剂，从La(Ⅲ)到Lu(Ⅲ)的$\lg K_{ex}$单调递增，即被萃取能力逐渐增加。从La(Ⅲ)到Lu(Ⅲ)，离子半径从103.2pm逐渐减小到86.1pm，即单调递减。随着原子序数的变化，萃取平衡常数$\lg K_{ex}$与有效离子半径r的涨落几乎是同步的，它们之间线性拟合的相关系数平方都在0.97以上[130]。这表明，在酸性含磷萃取剂对三价稀土离子的萃取中，离子尺寸是影响萃取分离的关键因素，可以认为是离子尺寸导致的萃取性能差异。除此之外，在进行图2.13所示的线性拟合时，换成4f轨道电子数、原子序数等也能获得$R^2>0.95$的结果，即这些变量之间的相关性都极好。也可看作是同一物理量在不同性质上的体现，而这些性质彼此之间的关系是确定的。如原子序数为57的镧，其离子半径、4f轨道电子数、氯化物密度、离子水合能等都是确定的。

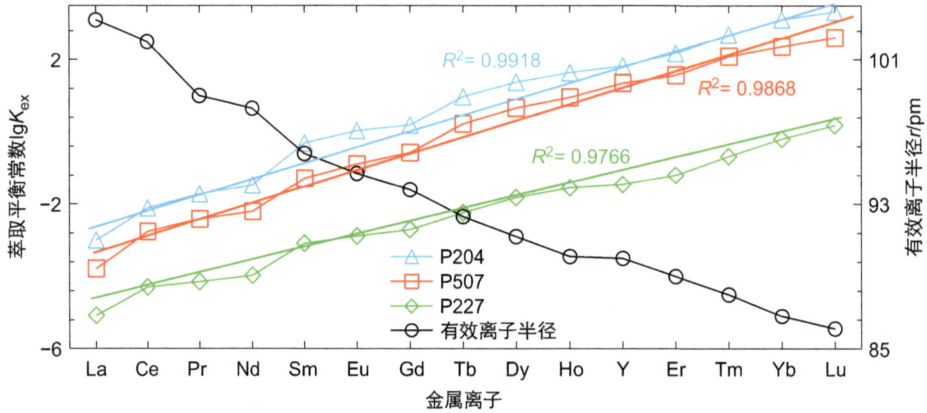

图2.13　P204、P507、P227对稀土离子的萃取平衡常数及其与有效离子半径的关系

P204的实验条件为：水相金属离子浓度为0.05mol/L的盐酸体系、有机相萃取剂浓度为0.3mol/L；P507、P227的实验条件为：水相金属离子浓度为0.01mol/L、有机相萃取剂浓度为0.2mol/L、正十二烷为稀释剂、(Na,H)Cl保持水相离子强度为1mol/L

离子尺寸可以决定萃取选择性，在三价稀土离子的萃取中得到了很好的证实，这一规律在同系列金属离子、相同萃取机理的体系中比较有效。如冠醚、穴醚等对碱金属、碱土金属离子的高选择性提取，在分析检测、金属回收等方面已有广泛应用。但这一规律也存在较多的局限性。如4,6-二烷氧基-1,3-苯二磺酸二(4-烯丙基-2-甲氧基苯基)酯的结构式为：

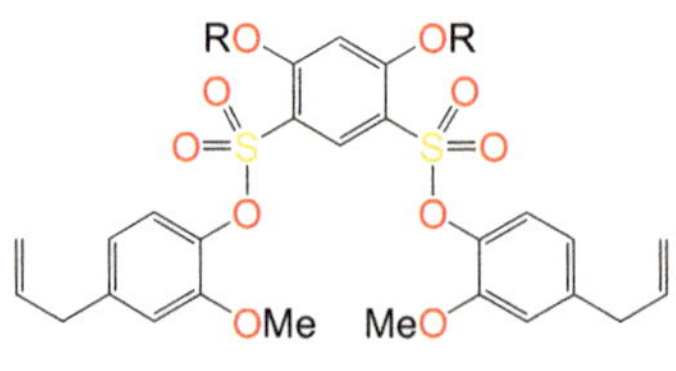

R=$^{n}C_3H_7$, $^{n}C_4H_9$, $^{n}C_5H_{11}$, $^{i}C_5H_{11}$

其对Zn^{2+}、Ca^{2+}、Pb^{2+}、Cu^{2+}、Fe^{3+}、Cd^{2+}、Mn^{2+}、Co^{2+}、Ni^{2+}、Cr^{3+}等离子的萃取，金属离子半径与萃取率之间就不存在线性关系。该萃取剂只是表现出对Ca^{2+}的高选择性，而对其他离子萃取率都不高[131]。

2.5.2　离子电荷数

在溶剂萃取中，金属离子与配体的配位作用通常以离子键为主，对于同一种萃取剂或配体，金属离子所带电荷数目越高，其与配体的配位作用越强，稳定常数也就越大。

表2.12所列为几种金属离子与乙二胺四乙酸(EDTA)配合物的一级稳定常数[115]。

表 2.12　几种金属离子与 EDTA 配合物的一级稳定常数

离子	lg*K*	离子	lg*K*	离子	lg*K*	离子	lg*K*
Li(Ⅰ)	2.79	Ca(Ⅱ)	11.00	Cr(Ⅱ)	13.60	Sr(Ⅱ)	8.80
Be(Ⅱ)	9.30	Sc(Ⅲ)	23.10	Cr(Ⅲ)	23.00	Y(Ⅲ)	18.32
Na(Ⅰ)	1.66	Ti(Ⅳ)O	17.30	Fe(Ⅱ)	14.33	Zr(Ⅳ)	19.40
Mg(Ⅱ)	8.64	Ti(Ⅲ)	21.30	Fe(Ⅲ)	24.23	Ba(Ⅱ)	7.78
Al(Ⅲ)	16.11	V(Ⅱ)	12.70	Co(Ⅱ)	16.31	La(Ⅲ)	16.34
K(Ⅰ)	−0.20	V(Ⅲ)	25.90	Co(Ⅲ)	36.00		

从表2.12所列稳定常数可以看出，随着电荷数的增加，金属离子与EDTA的一级稳定常数lg*K*也逐渐增加，如Li(Ⅰ)、Be(Ⅱ)的lg*K*分别为2.79、9.30，Na(Ⅰ)、Mg(Ⅱ)、Al(Ⅲ)的lg*K*分别为1.66、8.64、16.11，类似的规律在长周期元素之间、同种金属离子不同价态之间都能观察到。离子电荷数对配合物稳定常数的影响在尺寸相近的离子间体现得非常明显。如Li(Ⅰ)、Mg(Ⅱ)形成六配位配合物时的有效离子半径分别为76pm和72pm，而Mg(Ⅱ)电荷数高，有更强的配位能力，这导致绝大多数萃取剂都优先萃取Mg(Ⅱ)。这也使得直接从Li(Ⅰ)、Mg(Ⅱ)混合料液优先萃取Li(Ⅰ)（盐湖提锂）成为湿法冶金中的重要研究内容。如，Mg(Ⅱ)的电荷数高，导致Mg(Ⅱ)的水合半径大于Li(Ⅰ)，根据这一原理发展出了选择性截留Mg(Ⅱ)的膜分离方法。

2.5.3　Irving-William序列与晶体场稳定化能

1953年Irving和Williams发现第4周期金属离子与某些氮、氧配体形成高自旋配合物的稳定性都存在Mn(Ⅱ)＜Fe(Ⅱ)＜Co(Ⅱ)＜Ni(Ⅱ)＜Cu(Ⅱ)＞Zn(Ⅱ)这一规律。除此之外，这些金属离子的第二电离势、水合热等也遵循这一规律，这个顺序被称为Irving-William序列[132]。图2.14为这六种金属离子与一些配体形成的配合物的一级稳定常数和累积二级稳定常数。

从图2.14可以看出，一级稳定常数和累积稳定常数都符合Irving-William序列：随着离子原子序数的增加，稳定常数逐渐增加，在Cu(Ⅱ)配合物达到最大。这一规律在高自旋配合物中符合得较好，对于低自旋配合物的稳定性通常难以适用。Irving-William序列可以用于解释部分溶剂萃取中的选择性，如肟类萃取剂N902（带取代基的水杨醛肟，具体结构未知）对Cu(Ⅱ)的萃取率明显高于相同pH条件下的Co(Ⅱ)、Ni(Ⅱ)[133]。但这种萃取顺序与萃取剂、萃取条件相关，用不同结构的萃取剂，可能观察到截然相反的萃取顺序，如二烷基次膦酸对Mn(Ⅱ)的萃取能力明显比Co(Ⅱ)、Ni(Ⅱ)强[7]，是水相Irving-William序列与萃取剂Irving-William序列竞争的结果。因此用Irving-William序列解释或预测萃取选择性时需要结合实际情况。

Irving-William序列产生的原因是金属离子d轨道电子数目不同引起它们的晶体场稳

定化能（CFSE）贡献值不同。当配体与金属离子形成高自旋配合物时，金属离子在t_{2g}、e_g轨道上的d电子数分别为$n_1(t_{2g})$、$n_2(e_g)$，配合物的分裂能为Δc，形成配合物的反应物的分裂能为Δh（通常为水合离子的分裂能），则形成高自旋配合物的CFSE贡献值可以表示为：

$$\mathrm{CFSE} = [0.4n_1(t_{2g}) - 0.6n_2(e_g)](\Delta c - \Delta h)$$

当Δh很小或选用的参照物相同时，CFSE计算式可以简化为：

$$\mathrm{CFSE} = [0.4n_1(t_{2g}) - 0.6n_2(e_g)]\Delta c$$

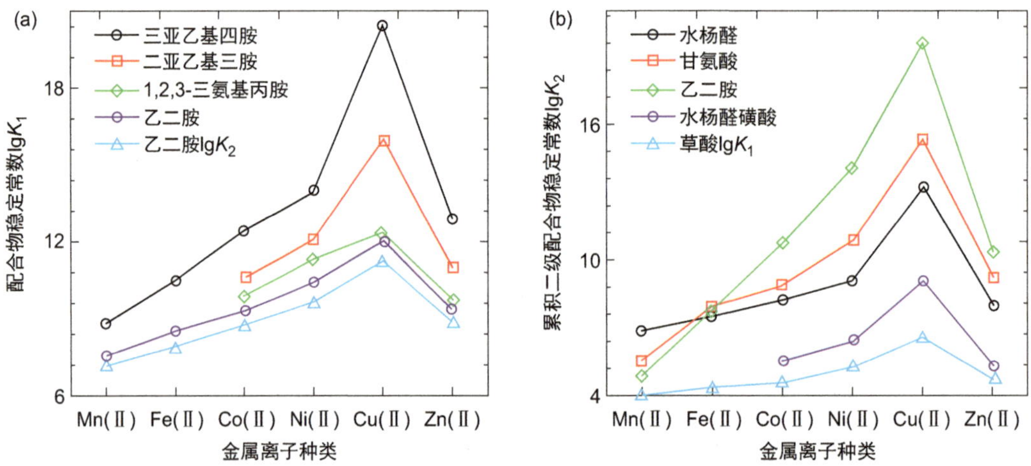

图2.14　几种金属离子与不同配体形成的配合物的一级稳定常数（a）和几种金属离子与不同配体形成的配合物的累积稳定常数（b）

d^5(Mn(Ⅱ))、d^{10}(Zn(Ⅱ))的CFSE贡献值为0，因此在图2.14中的稳定常数值最小。Ni(Ⅱ)为d^8结构，本应具有最大的CFSE贡献值；但由于Jahn-Teller效应导致Cu(Ⅱ)八面体配合物发生畸变，增加了其CFSE贡献值，使得Cu(Ⅱ)配合物具有最高的稳定常数[134]。

2.5.4　“推拉效应”

“推拉效应”可以分为平衡推拉效应和动力学推拉效应。前者是指在水相中加入对不易萃组分有更强结合能力的水溶性配位剂，使不易萃组分更不易萃，从而增加选择性；后者是指进一步减缓萃取速率慢的组分的萃取速率，进一步提升动力学分离能力。

（1）平衡推拉效应

如Versatic10与吡啶酯/烷基吡啶类化合物组成的协同萃取体系比单独使用Versatic10对镍、钴与钙、镁的分离效果好。其原因就是吡啶对Co(Ⅱ)、Ni(Ⅱ)的配位作用比对Ca(Ⅱ)、Mg(Ⅱ)强，协萃体系对Co(Ⅱ)、Ni(Ⅱ)萃取曲线向低pH方向移动，而对Ca(Ⅱ)、Mg(Ⅱ)的萃取曲线几乎不移动，从而提高分离效率[133]。又如单独的水杨醛肟（邻羟基苯甲醛肟）萃取Cu(Ⅱ)时，存在反萃困难。若在体系中加入壬基酚，壬基酚能与羟肟形成较强的氢键，削弱Cu(Ⅱ)萃合物的稳定性，使反萃酸度降低。这种情况相当于协同反萃，只是“推拉”作用的位点变成了萃取剂，而不是金属离子，也是协萃作用的体现[136]。在稀土分离中，也可通过加入EDTA、乳酸、柠檬酸等水相配位剂，提高金属相邻稀土的分离效率[137]。且实验表明水相配位剂一般不进入有机相，而是在水相中与稀土离子形成配合物[138]。构造平衡推拉效应的本质是在有机相萃取剂为“正序”时，在水相中加入“倒序”配位剂。这时两种金属离子的分离能力取决于两类配合物之间的差异，而不是一种配合物与水合离子间的差异。

（2）动力学推拉效应

除平衡推拉效应外，金属离子萃取速率的差异也是产生选择性的重要原因。若混合离子中的某种或某几种金属离子可以较快达到高的萃取速率，就可以在其他金属离子未达平衡时进行分相，实现金属离子的分离，即动力学分离方法。如水相配位剂DTPA的动力学推拉效应用于分离Pr(Ⅲ)/Nd(Ⅲ)[139]。

Pr(Ⅲ)/Nd(Ⅲ)分离是稀土分离中的难点之一。常规的P204、P507、Cyanex272对这两种金属离子的萃取，达到平衡时的分离系数不超过2.0。为了实现这两种离子的有效分离，有人尝试了动力学分离。测量萃取剂[A336][NO_3]对Pr(Ⅲ)、Nd(Ⅲ)的萃取速率发现，其对Pr(Ⅲ)的萃取速率常数是Nd(Ⅲ)的2.04倍，因此可以用[A336][NO_3]实现对Pr(Ⅲ)/Nd(Ⅲ)的动力学分离。但若仅用[A336][NO_3]进行萃取分离，其分离系数仍然不够理想。实验发现，水相配位剂DTPA对Nd(Ⅲ)的配位速率比Pr(Ⅲ)快，与[A336][NO_3]恰好相反。因此可以在水相中加入DTPA，通过动力学推拉效应，增加Pr(Ⅲ)/Nd(Ⅲ)之间的分离系数。图2.15所示为不同pH条件下或DTPA浓度时分离系数随时间的变化。

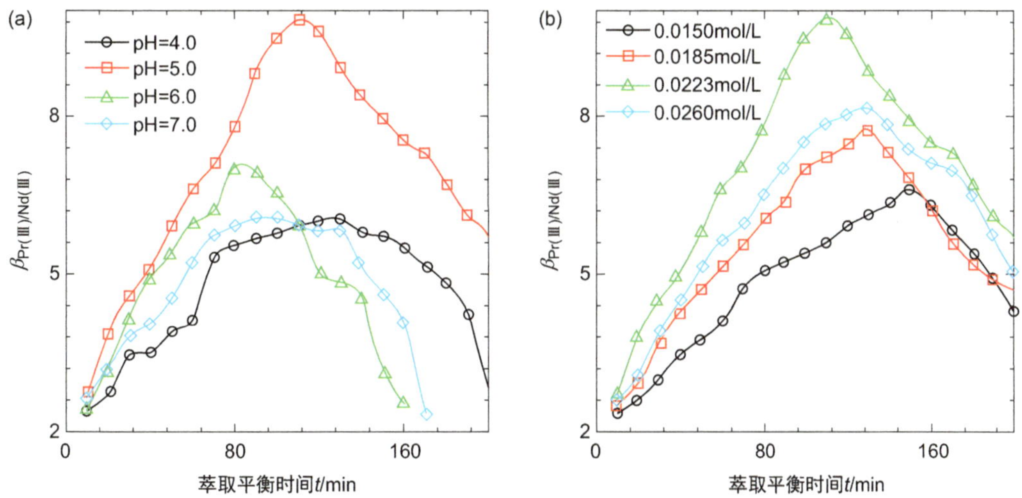

图2.15 不同平衡pH条件下（a）及不同DTPA浓度时（b）分离系数$\beta_{Pr(Ⅲ)/Nd(Ⅲ)}$随时间的变化

（a）实验条件为：水相Pr(Ⅲ)、Nd(Ⅲ)起始浓度分别为0.009mol/L和0.027mol/L，萃取剂浓度为0.5mol/L，加入体积分数为6%的2-辛醇作为相改良剂，DTPA浓度为0.0223mol/L，加入4.0mol/L $LiNO_3$保持水相离子强度；（b）实验条件为：水相Pr(Ⅲ)、Nd(Ⅲ)起始浓度分别为0.009mol/L和0.027mol/L，萃取剂浓度为0.5mol/L，加入体积分数为6%的2-辛醇作为相改良剂，pH值为5.0，加入4.0mol/L $LiNO_3$保持水相离子强度从图 2.15 可以看出在不同pH或水相配位剂浓度时，Pr(Ⅲ)/Nd(Ⅲ)之间的分离系数$\beta_{Pr(Ⅲ)/Nd(Ⅲ)}$都表现出随着时间的增加先升高后降低的规律，即只有选择恰当的时间进行分相操作才能达到最佳的分离效果。从图2.15还可以看出pH值、DTPA浓度对能达到的最大分离系数都有影响，处于中间位置的pH = 5和DTPA浓度0.0223mol/L时的$\beta_{Pr(Ⅲ)/Nd(Ⅲ)}$可达到10，远高于平衡时的分离系数。关于动力学推拉效应在后续章节将进行进一步讲述（见2.5.6节）。这里的水相配位剂DTPA起到了水相协萃剂的作用。

加入水相配位剂实现的“推拉效应”相当于额外增加一些金属离子的水合能，但不易萃组分增加得更多，使其留在水相的倾向性更大。事实上，金属离子水合能本身也是影响其被萃取顺序的重要因素之一。如ⅡA族的二价金属离子Be^{2+}、Mg^{2+}、Ca^{2+}、Sr^{2+}、Ba^{2+}在非水体系中形成配合物的稳定性顺序依次降低，但在水溶液中Be^{2+}、Mg^{2+}配合物的稳定性却低于其他三种金属离子。P507、Cyanex272对这些金属离子的萃取顺序分别是$Ca^{2+} > Sr^{2+} > Mg^{2+} > Ba^{2+}$、$Ca^{2+} > Mg^{2+} > Sr^{2+} > Ba^{2+}$，$Mg^{2+}$都不是最易萃取离子，其主要原因就是这些离子的水合能差异巨大，Mg^{2+}、Ca^{2+}、Sr^{2+}、Ba^{2+}的水合能分别为−1921、−1577、−1443、−1303kJ/mol。萃取顺序由水合物与萃合物能量差决定，因此有前面的萃取顺序[13]。加入水相配位剂，相当于降低水合物能量，也就增加了金属离子在水相中的稳定性，使其不易被萃取。

2.5.5 协同作用

与单一萃取剂的萃取体系相比，协萃体系的成分更复杂，可供调节的参数增加，为高选择性地提取金属离子提供了更多的可能。协同作用是改变对金属离子萃取分离性能的重要因素。如羧酸-吡啶协同萃取分离Co(Ⅱ)、Ni(Ⅱ)[140]。

钴、镍处于元素周期表的相邻位置，性质相近，在矿石中多有伴生，如硫镍钴矿、锂镍钴矿等。有时也混合使用，如镍-钴-锰三元锂电池、钴镍合金等。因此，无论是从原矿提取，还是从废旧材料回收，钴、镍分离都是冶金中无法回避的问题而被广泛研究。羧酸类化合物在钴、镍分离中作为萃取剂被广泛应用，但其本身的分离效果通常并不理想。若加入吡啶类化合物作为协萃剂，则其对钴、镍的分离效果可以得到明显提高，如图2.16所示。

从图2.16可以看出，单独以3, 5-二叔丁基水杨酸为萃取剂萃取时，Co(Ⅱ)、Ni(Ⅱ)的*E*-pH曲线都处于高pH位置，且两条曲线位置非常接近，在同一pH条件下，Ni(Ⅱ)只是略占优势，分离效果差。若加入协萃剂吡啶-3-基甲酸正辛酯，则Co(Ⅱ)、Ni(Ⅱ)的*E*-pH曲线就能离得很远，这表明两者之间具有较大的分离系数，如pH = 4左右时，Co(Ⅱ)的萃取率低于10%，Ni(Ⅱ)的萃取率却高于80%，分离系数可达到25，能实现两种金属的高效分离。在羧酸萃取体系中加入氮配体有利于Co(Ⅱ)、Ni(Ⅱ)分离，属于分子间的协萃。若同一分子中同时存在氮原子和氧原子，且都能参与金属离子配位，相当于分子内的协同作用。如图2.16中的肟类萃取剂，可以实现与吡啶、羧酸协同相似的分离效果，且分离效果更好，在Ni(Ⅱ)萃取率达到80%时两种金属离子的分离系数可达到43。

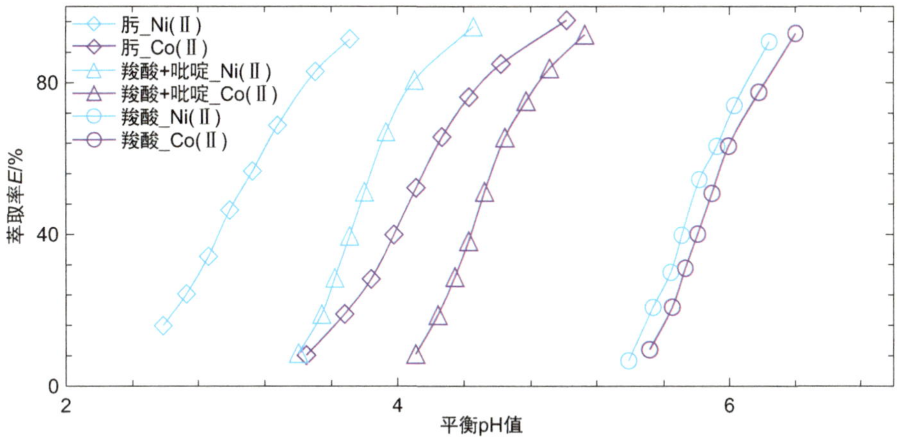

图2.16 不同萃取剂组合对Co(Ⅱ)、Ni(Ⅱ)的萃取分离效果

其中的羧酸是3, 5-二叔丁基水杨酸，吡啶是吡啶-3-基甲酸正辛酯，肟是正辛基醛肟。萃取条件：水相为金属离子浓度均为0.02mol/L且含0.4mol/L $NaNO_3$作为盐析剂的硝酸溶液，有机相为萃取剂总浓度为0.25mol/L的甲苯溶液

协同作用的大小，可通过协萃系数进行衡量。A、B两种萃取剂协同萃取的协萃系数R的计算公式为：

$$R = \frac{D_{协同}}{D_A + D_B}$$

式中，$D_{协同}$为协同萃取时的分配比；D_A和D_B分别为两种萃取剂在相应浓度下单独萃取时的分配比。$R>1$、$R=1$、$R<1$分别表示正协同、无协同、负协同。

（1）协萃产生的原因

从萃取反应的整体过程来看，协同作用产生的原因主要有五个方面[50, 56]：

① 配位数饱和原理。在萃取过程中，萃取剂、协萃剂与金属离子形成的萃合物都是配合物。在形成稳定配合物时，金属离子需要达到配位数饱和。如常见的Zn^{2+}、Cd^{2+}、Hg^{2+}与强场配体配位是共价成分多，倾向于4配位；而与弱场配体配位时离子成分多，倾向于6配位。稀土离子可以形成8配位或9配位。若协萃剂与金属离子有强的配位能力，则在形成萃合物时能替代配位水分子使金属离子形成配位数饱和的亲油性萃合物。事实上，单一萃取剂萃取时，也可能有部分萃取剂分子起着饱和配位数的作用，如P507、Cyanex272萃取Co(Ⅱ)、Ni(Ⅱ)的萃合物以$CoA_2·3HA$、$NiA_2·2HA$等形式存在，其中未解离的萃取剂就起到饱和配位数的作用[141]。

② 电中性原理。从整个萃取过程来看，金属离子总是以电中性的配合物或离子对形式进入有机相。若形成配合物，萃取剂阴离子（如弱酸萃取剂HA的A^-）、无机酸根离子（如Cl^-、NO_3^-等）、或OH^-（部分水解萃取）等提供平衡离子；若形成离子对，则相应的有机阴离子或阳离子进入有机相与金属离子一起保持被转移部分整体的电中性。

③ 丧失亲水性原理。通常情况下，水相中的金属离子都是处于水合状态，即金属离子都是以$[M(H_2O)_n]^{x+}$形式存在的。这种形式亲水性很强，难以被直接萃取。形成协萃萃合物$[MA_a]B_b$后，与单一萃取剂的萃合物$[MA_a(H_2O)_b]$相比，金属离子亲水性进一步降低。亲水性丧失得越多，越利于金属离子被萃取。

④ 配位取代作用。在配位萃取中，水相、有机相各种配体相互竞争，最终配位能力强的取代配位能力弱的。若水相配体配位能力强，则达到平衡后，金属离子倾向存在于水中。如用于皂化的钠离子，水对Na^+的配位作用比大多数萃取剂都强，因此平衡后Na^+几乎全部存在于水相中。反之若有机相配体配位作用强，则平衡后金属离子倾向存在于有机相中。值得注意的是，配体的配位作用与金属离子类型紧密相关，见5.1.1讨论的软硬酸碱理论。

⑤ 空间位阻作用。在配位萃取中，金属离子周围的空间是有限的。一方面萃取剂或协萃剂的空间位阻能排斥金属离子水合作用，尤其是远程水合作用，这有利于萃取；但它们的空间位阻也会减弱其他萃取剂或协萃剂的配位，这不利于萃取。

除上面的主要因素外，协萃产生的原因还有其他理论，如熵效应[142]。TBP-N235/正庚烷体系在萃取Zn(Ⅱ)时能产生明显的协同作用。图2.17所示为有机相TBP与N235（以R_3N表示）比例不同时萃取Zn(Ⅱ)的分配比D-组成曲线，其协同萃取反应及热力学函数如下[143]：

$$ZnCl_{2(aq)} + 1.5R_3N_{(o)} + TBP_{(o)} \longrightarrow (R_3N)_{1.5} \cdot ZnCl_2 \cdot TBP_{(o)}$$

$$\Delta H = -36.09\text{kJ/mol};\ \Delta G = -8.85\text{kJ / mol};\ \Delta S = -94.91\text{J / (mol·K)}$$

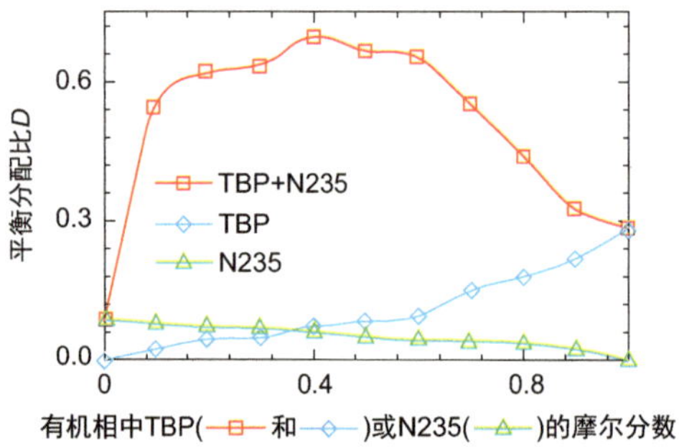

图2.17　TBP-N235协同萃取Zn(Ⅱ)分配比-组成曲线

（TBP与N235总浓度为0.6mol/L）

从图2.17可以看出单独使用TBP或N235萃取Zn(Ⅱ)的分配比低于混合使用，即两者在萃取Zn(Ⅱ)时有协同作用。测量协萃反应的热力学函数发现$\Delta S < 0$，即萃取反应使得体系向有序方向进行，即该协萃过程由熵控制。

理解协萃原因、设计并利用协萃组合更高效地达到萃取目的，最有效的方法是研究萃取机理。具体来讲，就是先获得准确的萃取机理和萃取剂与金属离子的相互作用；再分析协萃剂在萃取过程中的作用，如饱和金属离子配位数、促进萃合物转移、增加萃合物油溶性等；最后有针对性地选用更有效的分子结构作为协萃剂。

（2）水相协萃剂的协同萃取

选择恰当的水相配位剂，在平衡萃取中也能提高金属离子的选择性。尤其是水相配位剂对金属离子的配位选择性与有机相萃取剂相反时，水相配位剂与有机相萃取剂可形成两相间的“推拉效应”，能显著提高金属离子的选择性。例如，水相配位剂DTPA对Pr(Ⅲ)、Nd(Ⅲ)结合速率大小恰好与萃取剂[A336][NO_3]相反，因此可在水相中加入DTPA，提高Pr(Ⅲ)、Nd(Ⅲ)之间的动力学分离系数。又如水相配位剂EDTA可提高P507对Ho(Ⅲ)、Y(Ⅲ)、Er(Ⅲ)的分离性能[144]。

图2.13表明稀土离子Y(Ⅲ)被酸性含磷萃取剂萃取时处于镧系金属离子Ho(Ⅲ)与Er(Ⅲ)之间。这三种金属离子通常共存于伴生矿中，它们的分离是稀土分离的重要任务。这三种离子的被萃取性能接近，导致直接萃取分离时的分离系数较低，分离困难，若在水相中加入具有与萃取剂相反配位能力的配位剂，则可形成推拉效应，提高这三种离子的分离性能。图2.18所示为不同pH条件下及水相添加不同浓度EDTA时P507对Ho(Ⅲ)、Y(Ⅲ)、Er(Ⅲ)三种离子的萃取分离曲线。

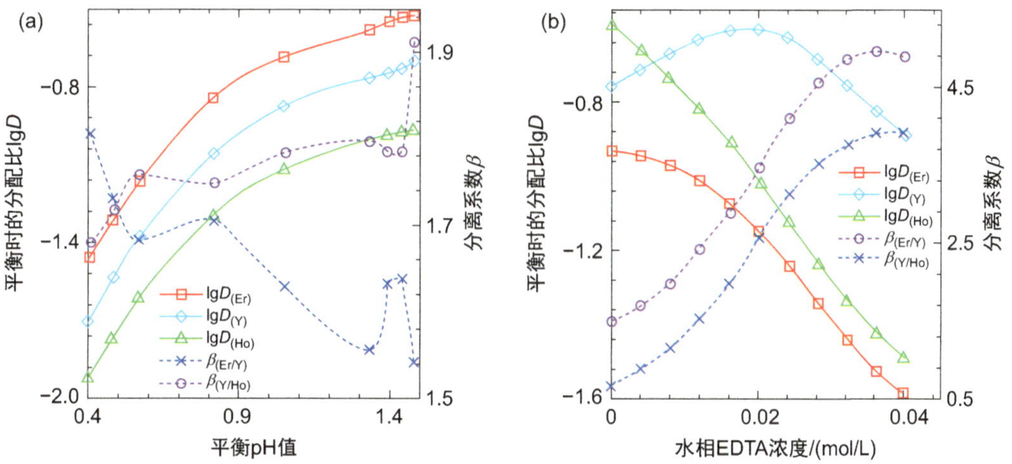

图2.18　不同pH值下（a）及水相添加不同浓度EDTA时（b）P507对Ho(Ⅲ)、Y(Ⅲ)、Er(Ⅲ)三种离子的萃取分离曲线

（a）操作条件：萃取剂P507（H_2A_2）浓度为0.05mol/L，金属离子RE^{3+}浓度为0.03mol/L；（b）操作条件：萃取剂P507（H_2A_2）浓度为0.02 mol/L，金属离子RE^{3+}浓度为0.01 mol/L，平衡pH值为1.5

当萃取剂过量时，有机相中有足够的萃取剂使得金属离子能达到较高的萃取率，这会导致分离系数较低，因此在图2.18所示实验中采用金属离子过量方案。从图2.18（a）可以看出P507萃取三种金属离子的分配比顺序为$D_{(Er)}>D_{(Y)}>D_{(Ho)}$，随着pH增加，三种离子的分配比几乎同步增加，导致分离系数$\beta_{(Er/Y)}$、$\beta_{(Y/Ho)}$随pH变化时只是在一定范围内涨落，变化幅度较小，确保了不同pH条件下的P507具有稳定的分离性能，但分离系数都小于2，体系的分离能力较弱。若在水相中加入一定浓度EDTA，其萃取曲线如图2.18（b）所示。在此条件下EDTA与Ho(Ⅲ)、Y(Ⅲ)、Er(Ⅲ)的配合物稳定常数分别为$10^{18.60}$、$10^{18.08}$、$10^{18.83}$，即对Ho(Ⅲ)、Er(Ⅲ)的配位能力比Y(Ⅲ)强，导致Ho(Ⅲ)、Er(Ⅲ)被EDTA

留在水相中，而Y(Ⅲ)仍被萃取到有机相，从而提高分离效率。从图2.18（b）可以看出，加入水相配位剂EDTA后，Y(Ⅲ)/Ho(Ⅲ)、Y(Ⅲ)/Er(Ⅲ)的分离系数都可达到4以上，明显高于图2.18（a）中未添加EDTA时的分离系数。

水相协萃剂并不都是将金属离子留在水相而促进分离，也可通过参与萃合物形成而提高萃取效率。如三辛胺（TOA，反应式中以R_3N表示）与酒石酸（$C_4H_4O_6H_2$，$C_4H_4O_6$表示酒石酸根）萃取Ge(Ⅳ)的反应可以表示为[145]：

$$2R_3N\cdot H_2SO_{4(o)} + H_2Ge(C_4H_4O_6)_3 \longrightarrow (R_3NH)_2\cdot[Ge(C_4H_4O_6)_3]_{(o)} + 2H_2SO_{4(aq)}$$

酒石酸根与Ge(Ⅳ)形成的$[Ge(C_4H_4O_6)_3]^{2-}$比H_2GeO_3、$HGeO_3^-$等半径更大、电荷密度更低、水化程度更低，更容易与有机相TOA阳离子形成萃合物被萃取。类似的，萃取Rh(Ⅲ)时加入$SnCl_3^-$、SCN^-、I^-、Br^-等形成容易被萃取的$[Rh(SnCl_3)_5]^{2-}$、$[RhBr_6]^{3-}$等离子，可以促进萃取，称为活化萃取技术[146]。

（3）部分水解萃取

水相配位剂可以通过动力学和热力学的推拉效应提高金属离子之间的分离效率，但在水相中加入配位剂会引起分离成本增加、废水中有机物含量增加、金属离子回收率降低等，在实际生产中的应用非常受限。除H_2O外，水相中最普遍存在的配位剂是OH^-，利用OH^-与金属离子配位能力的差异，也可以产生类似的推拉效应，提高分离效率，即部分水解萃取。大多数金属离子与OH^-都有较强的结合能力，因此在pH值升高的情况下，金属离子的水解程度会随之增加。当萃取操作pH值较高时，金属离子可能以部分水解的形式存在于水相中。此时，可能发生部分水解萃取，即金属离子以$M(OH)_x^{(n-x)+}$的形式与萃取剂结合，形成的萃合物中也包含$M(OH)_x^{(n-x)+}$的结构单元（见2.2.8）。部分水解的萃取反应可以表示为：

$$M(OH)_x{}^{(n-x)+}{}_{(aq)} + (n-x)HA_{(o)} \longrightarrow M(OH)_xA_{(n-x)(o)} + (n-x)H^+{}_{(aq)}$$

金属离子以$M(OH)_x^{(n-x)+}$的部分水解形式被萃取，需要更少的萃取剂分子数目即可使萃合物达到电中性，有利于萃取。但另一方面，携带有$M(OH)_x^{(n-x)+}$单元的萃合物亲水性较大，且水解后电荷数下降，与萃取剂的配位作用减弱，不利于萃取。从形式上看，若部分水解的结果促进萃取，其中的OH^-相当于水相协萃剂。HPMBP和DEHEHP（分别是3-甲基-1-苯基-4-苯甲酰基-2-吡唑啉-5-酮和2-乙基己基膦酸二(2-乙基己基)酯）在协同萃取稀土时，部分水解能促进萃取，萃取反应为[147]：

$$RE(OH)^{2+}_{(aq)} + 2HA_{(o)} + B_{(o)} \longrightarrow RE(OH)A_2B_{(o)} + 2H^+_{(aq)}$$

式中，HA、B分别表示HPMBP、DEHEHP。很显然，若萃取体系的pH进一步升高，将导致体系形成金属氢氧化物沉淀，使萃取率降低。文献中报道的部分水解萃取反应还包括Cyanex272和CA-12协同萃取稀土[148-149]、Cyanex302萃取稀土[72]等，这些部分水解萃取都受pH值控制。

2.5.6　非平衡萃取分离

在平衡萃取中，两相间的物质有足够长时间达到平衡。萃取剂对各种金属离子的萃取能力不同，导致金属离子在两相间的分配差异不同，从而实现金属离子的分离。若金属离子在两相间分配差异的最大值不是在平衡后，而是在达到平衡过程中出现，即被萃取速率不同。有的金属离子能迅速达到较高的萃取率，而其他金属离子被萃取速率较慢，则可通过萃取速率实现金属离子的分离，即非平衡萃取分离。两者的区别在于，平衡萃取分离实现金属离子在空间上分布不同的原理是结合能的差异，非平衡萃取分离实现金属离子是结合速率的差异。

实现非平衡萃取的关键在于利用好金属离子被萃取速率的差异，要求控制两相的接触时间，萃取快速率金属离子后尽快分相，以避免慢速率金属被萃取。在实际操作中可以采用离心萃取设备、相改良剂等手段实现迅速分相。可以采用增加两种金属离子的被萃取速率差的方式使平衡萃取转变为非平衡萃取。

2.5.6.1　直接利用萃取速率的差异实现分离

若萃取过程中不同种金属离子萃取速率差异较大，则可利用萃取速率的差异实现金属离子的分离。图2.19所示为$Am(NO_3)_3$, $Cm(NO_3)_3/HNO_3$/CyMe$_4$-BTPhen, 正辛醇-甲苯萃取体系在不同酸浓度和相接触时间下的分配比和两种金属离子的分离系数[150]。

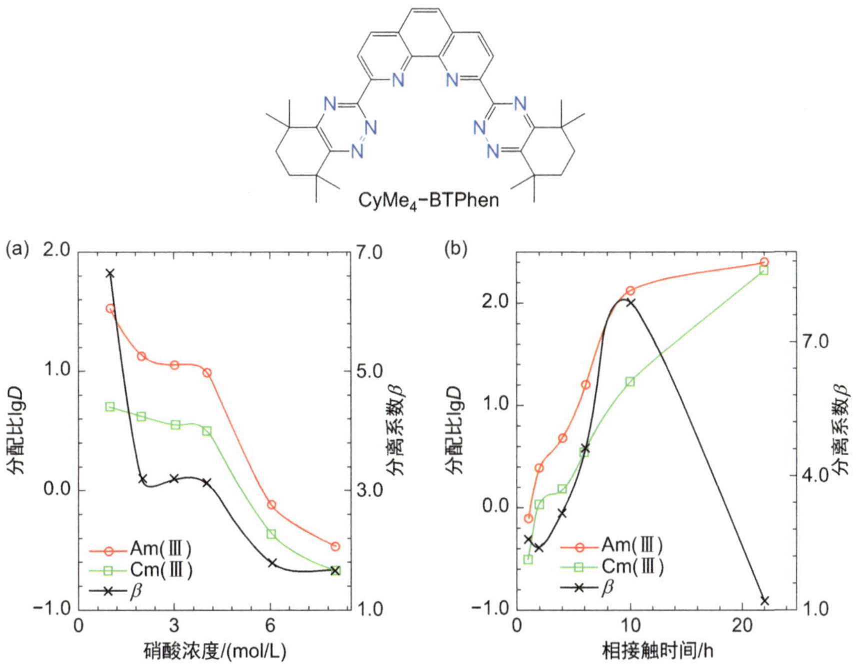

图2.19　不同条件下萃取剂CyMe$_4$-BTPhen对Am(Ⅲ)/Cm(Ⅲ)的萃取分离性能

（a）不同硝酸浓度下CyMe$_4$-BTPhen萃取Am(Ⅲ)、Cm(Ⅲ)的分配比以及相应的分离系数，稀释剂为体积比为40∶60的正辛醇-甲苯，萃取剂浓度为0.01mol/L，两相接触时间6h；（b）不同相接触时间下CyMe$_4$-BTPhen萃取Am(Ⅲ)、Cm(Ⅲ)的分配比以及相应的分离系数，稀释剂为体积比为40∶60的正辛醇-甲苯，萃取剂浓度为0.005mol/L，硝酸浓度为2.4mol/L

根据图2.19（a）所示结果，当硝酸浓度较低时萃取Am(Ⅲ)/Cm(Ⅲ)的分配比和分离系数都较高。当硝酸浓度为1mol/L时，lg$D$＞1，β≈6.5。但若将硝酸浓度提高到图2.19（b）的2.4mol/L，相接触时间延长到10h左右，则对Am(Ⅲ)的lg$D$可达到2.0以上，β≈8。萃取、分离性能得到显著提高。图 2.19（b）体现了Am(Ⅲ)、Cm(Ⅲ)由于被萃取速率不同，采用不同相接触时间可获得不一样的分离结果。其他直接利用萃取速率差异实现的分离体系其原理都与这里的Am(Ⅲ)、Cm(Ⅲ)萃取分离相似。

2.5.6.2 利用萃取设备实现非平衡萃取

非平衡萃取的关键在于控制两相的接触时间，即在最有效的相接触时间完成相分离，过早或过晚都不利于达到最经济的萃取分离。有的动力学分离体系，其最大分离系数出现位置并不像图2.19（b）所示在若干小时之后，而是可能在若干秒内达到。传统的混合澄清槽很难在如此短时间内完成相分离。相分离受多种因素影响，通过调节稀释剂、皂化度、浓度等来改变相分离，可能减弱体系的萃取分离优势。除调节流动相组成来实现动力学分离外，还可通过恰当的设备来实现非平衡萃取，如离心萃取器和微流反应器。

（1）离心萃取器

与完全依靠重力完成分相的混合澄清槽、萃取柱相比，离心萃取器利用高速旋转引起的巨大向心加速度可以加速两相的分离，更容易控制两相的接触时间，是非平衡萃取中的常用设备。如离心萃取实现用P204对In(Ⅲ)、Fe(Ⅲ)的非平衡分离[151]。

P204萃取剂对铟的萃取能力强于铁，且能迅速达到平衡，轻微混合也能在较短时间达到萃取平衡。若料液中两种金属离子含量相当，则可进行有效分离。但实际料液中，铁的含量是铟的数十倍，甚至上百倍。因此，总体结果是萃取铟的同时对铁也大量萃取。但研究发现，对铟的萃取比铁快，若能在铁萃取达到平衡前实现分相，则可极大提高两者的分离效率。结果如图2.20所示。

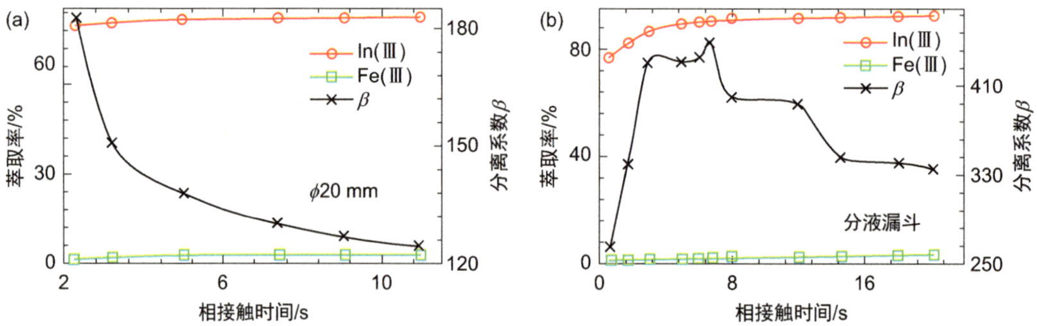

图2.20 两相接触时间对In(Ⅲ)/Fe(Ⅲ)萃取分离的影响

水相组成为0.126g/L In(Ⅲ)、20.5g/L Fe(Ⅲ)、20.0g/L H_2SO_4；
有机相为体积分数30%的P204煤油溶液；相比O/A = 1/10
（a）直径20mm离心萃取器结果；（b）手摇分液漏斗结果

从图2.20可以看出：在萃取条件下P204对In(Ⅲ)的萃取速率高于Fe(Ⅲ)，且由于水相中In(Ⅲ)浓度低，在数秒内萃取率可达到80%以上；而对Fe(Ⅲ)的萃取率随着相接触时间增加一直在增加，这显然不利于两者的分离。无论是离心萃取器上的结果还是手摇分液漏斗结果都表明，当相接触时间超过10s时，In(Ⅲ)的萃取率几乎不再增加，而分离系数却因Fe(Ⅲ)萃取率增加而下降。因此，要实现In(Ⅲ)、Fe(Ⅲ)分离，应该在短时间内分相，离心萃取是一种可行的途径。

离心萃取通过控制两相的接触时间来调节分离效率，对设备和操作条件依赖性强。相比、转速、流速等操作条件对分离效果都有影响[152]，在实际生产过程中，这些操作条件也是关键工艺参数。

（2）微流反应器

微流反应器应用了微流技术，注重过程强化和微型化。微流反应器的主要特征是：反应器通道的特征尺寸通常在毫米级甚至微米级，单通道容积仅为传统反应器的百分之一甚至千分之一；反应停留时间短，流速快；反应器内部传质和传热依赖于静态扩散或湍流扩散，而不是传统的搅拌。微流反应器中可以包含多个通道，相同外观尺度下，通常比一般反应器具有更高的产量[153]。

当液-液萃取发生在微流反应器中时，由于通道直径小，即使在较高流速下，仍能保持层流状态，两相间的物质传递主要依赖于静态扩散，降低了萃取速率，拉大了金属离子的速率差异，提高了金属离子分离效率。微反应器中两相液体微元的接触时间分布窄，同一相内部均一性强。利用微流反应器可以提高萃取速率快、分相迅速的离子液体的分离能力。

2.5.6.3　增大金属的被萃取速率差异

在平衡萃取中，可以利用协萃、推拉效应等手段改变金属离子的相分布，提高萃取效率；在非平衡萃取中，同样也可以通过一些手段增加金属离子被萃取速率的差异来提高萃取效率。

（1）改变金属离子价态

不同价态金属离子的配位能力存在很大差异，若待分离体系中的两种离子的氧化还原性质有差异，则可通过改变离子价态来实现金属离子的萃取分离特性。如利用P204对Co(Ⅱ)/Ni(Ⅱ)、Co(Ⅲ)/Ni(Ⅱ)萃取分离效果的差异可提高钴、镍分离效果[154-155]。

钴、镍两种金属通常处于伴生矿中，直接浸出液中的钴、镍通常分别以Co(Ⅱ)、Ni(Ⅱ)形式存在。二价钴、镍具有非常相似的被萃取性能，这使得这两种离子的分离存在困难。但这两种离子的氧化还原性质却有较大差异：酸性条件下标准电极电势为$\varphi^{\ominus}_{Co^{3+}/Co^{2+}}=1.83V$、$\varphi^{\ominus}_{NiO_2/Ni^{2+}}=1.678V$，即Co(Ⅱ)、Ni(Ⅱ)在酸性条件下都不容易氧化；而在氨性、碱性条件下$\varphi^{\ominus}_{Co(OH)_3/Co(OH)_2}=0.17V$、$\varphi^{\ominus}_{Co(NH_3)_6^{3+}/Co(NH_3)_6^{2+}}=0.108V$、$\varphi^{\ominus}_{Ni(OH)_3/Ni(OH)_2}=0.490V$，即在氨性、碱性条件下Co(Ⅱ)容易被氧化成Co(Ⅲ)，而Ni(Ⅱ)难以氧化成Ni(Ⅲ)。因此可在氨性、碱性条件下，将Co(Ⅱ)氧化成Co(Ⅲ)，而Ni(Ⅱ)仍然以Ni(Ⅱ)存在，可以实现钴、镍的高效分离。图2.21所示为$NiSO_4$,$CoSO_4$/H_2SO_4/P204-磺化煤油和$NiSO_4$,$Co_2(SO_4)_3$/$(NH_4)_2SO_4$/P204-磺化煤油在不同条件下对钴、镍的萃取分离性能。

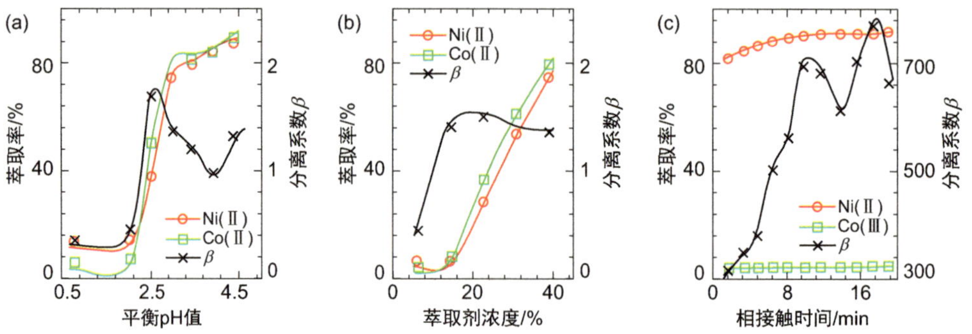

图2.21 不同条件下P204对钴、镍的萃取分离性能

（a）萃取率与平衡pH的关系；（b）萃取率与萃取剂浓度的关系；（c）不同相接触时间Ni(Ⅱ)与Co(Ⅲ)的萃取分离

从图2.21（a）、（b）可以看出，直接用P204萃取Ni(Ⅱ)、Co(Ⅱ)时，采用调节平衡pH、改变萃取剂浓度等方式，Ni(Ⅱ)、Co(Ⅱ)的萃取曲线非常接近，分离系数不超过2，难以被分离。在图2.21（c）中，由于氨性体系中Co(Ⅱ)容易被氧化成Co(Ⅲ)，而Co(Ⅲ)与NH_3的配位能力强，Co(Ⅲ)氨合物难以被萃取，其被萃取速率远低于Ni(Ⅱ)，Ni(Ⅱ)、Co(Ⅲ)之间的分离系数可达到数百，可以很容易实现两种金属离子的分离。事实上，不仅在图2.21（c）所示的若干分钟内的非平衡分离系数很大，即使达到萃取平衡（需要10小时以上才能达到Co(Ⅲ)的萃取平衡），Co(Ⅲ)的萃取率也在8%以下。

比较图2.21的（a）、（b）与（c）可以发现，改变金属钴、镍中钴的价态，可增加两种金属离子之间的差异，使分离系数增加，从而提高两种金属离子的分离效率。从这里也可以看出，Co(Ⅱ)被氧化成Co(Ⅲ)后，被萃取能力下降。其原因是存在水相配体NH_3，从Co(Ⅱ)到Co(Ⅲ)，NH_3对其亲和性增加程度大于萃取剂。由此可知：升高金属离子价态并不一定总能提高被萃取能力，还得结合具体萃取环境。

（2）阻萃剂

有的萃取剂组合能明显降低某些金属离子在两相间的转移速率，即动力学阻萃效应，从而拉大金属间的差异，实现动力学分离。如在P204或P507萃取分离U(Ⅵ)、Fe(Ⅲ)时，可通过加入磷酸三丁酯（TBP）或三烷基氧化膦，使对U(Ⅵ)的萃取可在1～2min达到平衡，而对Fe(Ⅲ)的萃取速率减慢，需要几小时甚至十几小时才能达到平衡，从而实现U(Ⅵ)、Fe(Ⅲ)的动力学分离[156]。

（3）水相配位剂

液-液金属萃取过程是萃取剂与金属离子水溶性配体（包括内层配体和外层配体）的交换过程，若在水相中加入与其中一种金属离子形成被交换速率慢的配体，即水相配位剂，则有可能实现调节金属离子的萃取速率。如P204对Pr(Ⅲ)、Nd(Ⅲ)具有非常相近的萃取速率和萃取率，直接萃取情况下，两种金属离子的分离系数较低，这也使得Pr(Ⅲ)、Nd(Ⅲ)成为难分离的相邻稀土元素之一。但若在水相中加入DTPA，则可与金属离子形成水溶性配离子，拉大两种金属离子萃取速率的差异，如图2.22所示[157]。

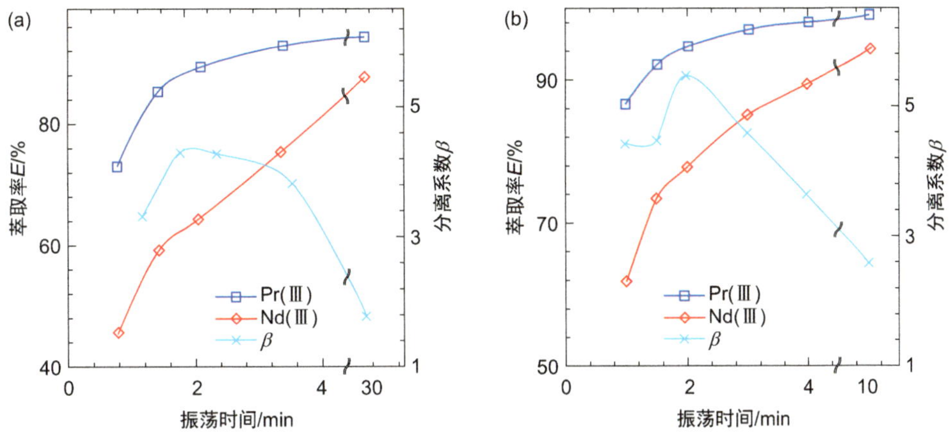

图2.22　添加DTPA后P204对Pr(Ⅲ)、Nd(Ⅲ)的萃取曲线（萃取平衡pH值都为2.98）

（a）P204浓度为1.0mol/L，DTPA添加量为金属离子2倍；（b）P204为1.5mol/L，DTPA添加量与金属离子相等

如图2.22所示，萃取体系分相迅速。振荡时间可以看作两相的接触时间。单独萃取时，P204对Nd(Ⅲ)的萃取能力高于Pr(Ⅲ)，但DTPA存在时，达到平衡后对Pr(Ⅲ)的萃取率高于Nd(Ⅲ)。从图2.22还可以看出，两种金属离子的被萃取速率不同，导致它们的分离系数也随时间变化而变化，若采用非平衡萃取，分离系数最高可达到5以上，高于同pH条件下的平衡分离系数。对于其他萃取剂也有相似的报道，如在[A336][NO_3]萃取分离Pr(Ⅲ)、Nd(Ⅲ)的体系中，若加入DTPA，甚至可以使分离系数达到11.9[139]。这与图2.15中所观察到的结果相似，类似的方法也可用于Y(Ⅲ)与镧系金属离子的分离[158]。

2.6 萃取反应的热力学基础

金属溶剂萃取过程是带有一系列物理、化学变化的两相过程，两相间物质转移平衡可用萃取体系的热力学函数焓、熵、吉布斯自由能等进行描述。这些热力学函数的变化规律是理解萃取平衡的主要途径之一和萃取剂设计时的重要评价指标[159]。

2.6.1 两相间物质配分与分布平衡的热力学表示

溶解有金属离子或金属化合物的水溶液和溶解有油溶性配体（萃取剂）的有机相是两种不互溶的液体。把两种液体相互接触，萃取剂与金属离子形成油溶性萃合物。在形成萃合物过程中，水相中金属离子转移到有机相，直到达到动力学平衡。达到平衡时，两相中各组分的吉布斯自由能相同，用化学势可以表示为[160]：

$$\mu_{S,aq} = \mu_{S,org}$$

用标准状态和活度可以表示为：

$$\mu_{S,aq}^{\ominus} + RT\ln a_{S,aq} = \mu_{S,org}^{\ominus} + RT\ln a_{S,org}$$

式中，$\mu_{S,aq}^{\ominus}$ 和 $\mu_{S,org}^{\ominus}$ 是溶质在标准状态下水相和有机相的标准化学势；下标aq表示水相；下标org表示有机相；R是摩尔气体常数；T是热力学温度；$a_{S,aq}$ 和 $a_{S,org}$ 是溶质S在两相中的活度。活度与浓度c_S的换算关系为 $a_S=\gamma_S c_S$，γ_S为活度系数。之所以使用活度而不是浓度，主要有两方面的考虑。一方面，选用的标准状态是具有无限稀释溶液性质的假想态（例如1mol/L）时，活度系数γ_S可以衡量实际溶液中由于浓度不为零引起的溶质的非理想行为。另一方面，可以将溶质与溶剂相互作用的能量反应在两相中溶质的化学势中。需要注意的是，标准态通常是根据假想溶液来定义的，假想溶液是指在任何温度和压强下都为理想溶液（$\gamma_S=1$）。对于实际溶液，$c_S\to 0$ 时 $\gamma_S\to 1$，并将此时的两相浓度比定义为溶质的分配系数（P_S）。

$$\lim_{c_S\to 0}\frac{c_{S,org}}{c_{S,aq}}=e^{\frac{\mu_{S,aq}^{\ominus}-\mu_{S,org}^{\ominus}}{RT}}=P_S$$

P_S的数值是通过低浓度实验确定的，是溶质S与两相溶剂相互作用能之差的量度。对于确定组成的两相体系，P_S只与温度有关。在溶剂萃取过程中，当两相中金属离子都有非常确定的化学形式时，也称为液-液分配。但金属溶剂萃取中，金属离子在水相和有机相中有相同的化学组成的情况是很少的，更普遍的情况是在平衡的两相体系中金属离子以多种不同的化学形式M_j共存，尤其是水相，因此以金属离子的分配比（D_M）表示萃取效率：

$$D_M=\frac{\sum_j[M_{j(org)}]}{\sum_j[M_{j(aq)}]}$$

式中，$[M_{j(org)}]$ 和 $[M_{j(aq)}]$ 分别表示有机相和水相中的第j种金属离子形式的浓度。分配比被定义为：两相接触时，金属离子M在有机相中总浓度与其在水相中浓度之比。对于负离子配体L^-，金属离子的存在形式也可以表示为 M^{n+} 和 $ML_j^{(n-j)+}$。这里的L^-，可以是水相中酸性萃取剂负离子，也可以是水相中无机酸根。当酸性萃取剂按离子交换机理萃取时，若金属离子在水相和有机相中都分别只有一种存在形式，即 M^{n+} 和 ML_n，则金属离子的萃取过程可以表示为常见的萃取反应方程：

$$M_{(aq)}^{n+}+nHL_{(org)}\xrightarrow{K_{ex,M}}ML_{n(org)}+nH_{(aq)}^{+}$$

式中，$K_{ex,M}$是反应平衡常数，计算式为：

$$K_{ex,M}=\frac{[ML_{n(org)}][H_{(aq)}^{+}]^n}{[M_{(aq)}^{n+}][HL_{(org)}]^n}$$

达到萃取平衡时，金属离子的分配比D_M可以表示为：

$$D_M=P_{ML}f(\beta_{j,M}[L^-])$$

式中，P_{ML} 表示金属离子与萃取剂配合物 ML_n 的配分常数；$f(\beta_{j,M}[L^-])$ 表示金属离子各种存在形式 $ML_j^{(n-j)+}$ 的稳定常数 $\beta_{j,M}$ 和负离子 L^- 浓度 $[L^-]$ 的函数。即金属离子的分

配比 D_M 是有机相各种存在形式的配分常数 P_{ML}、两相中金属离子各种形式的稳定常数 $\beta_{j,M}$、以及各种配体（包括水相和有机相）浓度 $[L^-]$ 的函数。$\beta_{j,M}$ 可以定义为：

$$\beta_{j,M}=\frac{[ML_j^{(n-j)+}]}{[M^{n+}][L^-]^j}$$

依据这些关系式，当研究分配比 D_M 与萃取剂浓度（$[HL_{(org)}]$）和水相pH值（$[H^+_{(aq)}]$）关系时，可以通过实验确定这些不同存在形式的多少和相应的稳定常数。也可以根据给定的物质浓度和相应的稳定常数预测金属离子的分配比 D_M。

用萃取反应中反应物与生成物的能量作差，可得萃取反应的焓变（ΔH）、熵变（ΔS）、吉布斯自由能变（ΔG）：

$$\Delta H=(H_{ML_{n(org)}}+nH_{H^+_{(aq)}})-(H_{M^{n+}_{(aq)}}+nH_{HL_{(org)}})$$

$$\Delta S=(S_{ML_{n(org)}}+nS_{H^+_{(aq)}})-(S_{M^{n+}_{(aq)}}+nS_{HL_{(org)}})$$

$$\Delta G=(G_{ML_{n(org)}}+nG_{H^+_{(aq)}})-(G_{M^{n+}_{(aq)}}+nG_{HL_{(org)}})$$

利用焓、熵、吉布斯自由能之间的关系 $G=H-TS$，可得热力学函数的变化量也存在 $\Delta G=\Delta H-T\Delta S$ 的关系。其中，吉布斯自由能变 ΔG 为恒温恒压条件下体系的本征函数，最接近实验条件，在溶剂萃取中应用较多。利用与平衡常数的关系 $\Delta G=-RT\ln K_{ex}$，可实现体系热力学函数与萃取平衡常数、分离系数、分配比之间的换算。

2.6.2 萃取平衡常数与分离系数

萃取平衡常数与分离系数是评价萃取体系的两个重要指标，萃取平衡常数用于衡量萃取体系与金属离子的结合能力，分离系数用于衡量对金属离子的选择性。

酸性萃取剂 HL 的质子解离可以表示为：

$$HL\xrightarrow{K_a}L^-+H^+$$

则该萃取剂的解离常数 K_a 可以定义为：

$$K_a=\frac{[H^+][L^-]}{[HL]}$$

以 P_{HL} 表示萃取剂的分配系数、以 P_{ML} 表示金属离子配合物的分配系数，则萃取反应的反应平衡常数 $K_{ex,M}$ 可以表示为：

$$K_{ex,M}=\beta_{n,M}P_{ML}K_a^nP_{HL}^{-n}$$

$K_{ex,M}$ 表示达平衡时萃取反应进行的程度。从其表达式可以看出在酸性萃取剂中，金属离子各种配合物的稳定常数 $\beta_{n,M}$、分配系数以及萃取剂的解离常数和分配系数决定了萃取反应能进行的最大程度，也可通过改变这些参数来调节 $K_{ex,M}$。

在金属离子实际萃取分离中，利用分配比 D_M，即金属离子在有机相和水相总浓度之比，来衡量两相中金属离子的含量，这取决于金属离子种类和两相的性质。对于两种不

同的金属离子 A^{n+} 和 B^{m+}，实现它们分离的选择性，通常用它们的分离系数 $\beta_{A/B}$ 来衡量。分离系数通常定义为两种金属离子各自分配比的比：

$$\beta_{A/B}=\frac{D_A}{D_B}=\frac{\beta_{n,A}P_{AL}(1+\sum_j\beta_{j,B}[L^-]^j)}{\beta_{m,B}P_{BL}(1+\sum_j\beta_{j,A}[L^-]^j)}$$

式中，P_{AL} 和 P_{BL} 表示中性萃合物 AL_n 和 BL_m 的分配系数；$\beta_{n,A}$ 和 $\beta_{j,A}$ 表示配体 L^- 与金属离子 A^{n+} 的 n 和 j 阶累积稳定常数；$\beta_{m,B}$ 和 $\beta_{j,A}$ 表示配体 L^- 与金属离子 B^{m+} 的 m 和 j 阶累积稳定常数；$[L^-]$ 表示水相中阴离子 L^- 的平衡浓度。为了简便，没有标注不饱和配位形式 AL_j 和 BL_i 的电荷。

当水相中所有金属离子配合物 ML_j^{n-j} 的浓度总和远小于 $M_{(aq)}^{n+}$ 的平衡浓度 $[M_{(aq)}^{n+}]$ 时，在水相通常只有水合离子 $M(H_2O)_x^{n+}$，而只有中性配合物 ML_n 被转移到有机相。如弱酸萃取剂，在低pH值时就符合这种情况。则分离系数的表达式可以简化为：

$$\beta_{A/B}=\frac{K_{ex,A}}{K_{ex,B}}=\frac{\beta_{n,A}P_{AL}}{\beta_{m,B}P_{BL}}$$

对于中性萃取剂带平衡离子的萃取、外层缔合萃取、协同萃取等，其萃取平衡常数 $K_{ex,M}$ 和分离系数 $\beta_{A/B}$ 的表达式相同，但微观结合方式不同。从 $K_{ex,M}$ 和 $\beta_{A/B}$ 两者的表达式可以看出，对于酸性萃取剂，影响其萃取能力和对不同金属离子选择的参数有：萃合物的稳定常数、萃合物的分配系数、萃取剂的酸性解离常数和萃取剂的分配系数。萃合物的稳定常数和萃取剂的解离常数都与萃取剂的反应基团的性质相关，而萃合物与萃取剂的分配系数，与萃取剂的非极性基团（通常是烷基或芳基）相关。对于特定的目标金属，设计其萃取剂的关键在于：所设计的萃取剂与目标金属离子形成的萃合物稳定常数适中、分配系数大；而与其他金属离子形成的萃合物的稳定常数小、分配系数小。

参考文献

[1] 杨幼明, 蓝桥发, 邓声华, 等. P507与N235混合溶剂的稳定性及对$NdCl_3$的协萃效应[J]. 中国稀土学报, 2013, 31(04): 385-392.
[2] 袁群. 锂的溶剂萃取[J]. 有机化学, 1979, 5(01): 90-118.
[3] 第二研究室203组. N-530萃取铜的动力学协萃研究[J]. 有机化学, 1979, 5(01): 1-13.
[4] 李德谦, 王星堂. 亚砜——一种很有前途的稀土萃取剂[J]. 新疆大学学报(自然科学版), 1984, 10(02): 62-70.
[5] REDDY A S, REDDY L K. Solvent extraction of cerium(Ⅲ) from ammonium thiocyanate solutions by sulphoxides and their solutions[J]. Journal of Inorganic and Nuclear Chemistry, 1977, 39(9): 1683-1687.
[6] 曾颜亮, 廖春发, 邓攀, 等. 从含低浓度铟的亚砷酸还原终液中萃取铟[J]. 有色金属工程, 2015, 5(06): 28-31.
[7] XIANG Y Q, YAO X, LIN J H, et al. Extraction behavior of acidic phosphorus-containing compounds to some metal ions: a combination research of experimental and theoretical investigations[J]. The Journal of Physical Chemistry A, 2020, 124(24): 5033-5041.
[8] 李慧芳. TBP萃取体系从盐湖卤水中分离提取锂的机制及关键因素研究[D]. 西宁: 中国科学院大学(中国科学院青海盐湖研究所), 2019.
[9] 杜若冰, 张燕辉, 陆人杰, 等. 盐析剂——氯化钠存在下稀土含量的准确测定[J]. 中国稀土学报, 2014, 32(03): 370-376.
[10] 张永昇, 马吉海. N263-TBP-磺化煤油萃取稀土机理的研究[J]. 兰州大学学报, 1984, 20(S2): 51-57.
[11] 于淑秋, 陈家镛. 胺类萃取过渡金属时盐析效应与萃取机理的关系[J]. 金属学报, 1984, 20(06): 448-457.
[12] 徐光宪, 袁承业. 稀土的溶剂萃取[M]. 北京: 科学出版社, 2010.
[13] 陈家镛. 湿法冶金手册[M]. 第2版 北京: 化学工业出版社, 2005.

[14] DOYLE F M, POUILLON D, VILLEGAS E A. Solvent extraction of metals with carboxylic acids- Coextraction of base metals with Fe(Ⅲ) and characterization of selected carboxylate complexes[J]. Hydrometallurgy, 1988, 19(3): 289-308.

[15] PRESTON J S. Solvent extraction of metals by carboxylic acids[J]. Hydrometallurgy, 1985, 14(2): 171-188.

[16] 许庆仁. 酸性磷型萃取剂的结构与其萃取钴(Ⅱ)和镍(Ⅱ)性能的关系[J]. 中国有色金属学报, 1999, 9(1): 139-144.

[17] 肖吉昌, 杜若冰, 张燕辉, 等. 一种萃取体系、萃取方法及反萃取方法: CN103725880A[P]. 2014-04-16.

[18] SAFARBALI R, YAFTIAN M R, ZAMANI A. Solvent extraction-separation of La(Ⅲ), Eu(Ⅲ) and Er(Ⅲ) ions from aqueous chloride medium using carbamoyl-carboxylic acid extractants[J]. Journal Of Rare Earths, 2016, 34(1): 91-98.

[19] 吉万顺. 盘北粉煤灰浸出液中多金属离子下稀土元素的选择性萃取[D]. 徐州: 中国矿业大学, 2020.

[20] ALGUACIL F J, ALONSO M. The effect of ammonium sulphate and ammonia on the liquid–liquid extraction of zinc using LIX54[J]. Hydrometallurgy, 1999, 53(2): 203-209.

[21] 陈星, 许庆仁, 袁承业. 2-羟基-4(5)-取代二苯甲酮肟萃取铜的机理[J]. 化学学报, 1984, 42(03): 271-276.

[22] 李建宁, 黄小卫, 朱兆武, 等. P204-P507-H_2SO_4体系萃取稀土元素的研究[J]. 中国稀土学报, 2007, 25(01): 55-58.

[23] 邓海霞. 赤泥盐酸浸出液中钪的萃取试验研究[D]. 太原: 太原理工大学, 2011.

[24] 李嘉豪, 曹佐英, 李嘉, 等. 高级脂肪胺类萃取剂在稀有金属溶剂萃取中的应用[J]. 稀有金属与硬质合金, 2018, 46(06): 10-18.

[25] 刘长畿. 胺类萃取剂[J]. 有机化学, 1979, 5(01): 70-89.

[26] 谭雄文. 溶剂萃取法回收高浓度电镀废水中的铬[D]. 湘潭: 湘潭大学, 2004.

[27] 李诗萌, 谈梦玲, 丁颂东, 等. 三种中性磷萃取剂萃取分离铀(Ⅵ)与钍(Ⅳ)的研究[J]. 化学研究与应用, 2016, 28(03): 307-315.

[28] 包昌年, 张德成, 钮少冲, 等. N503萃取镓及其机理的研究[J]. 高等学校化学学报, 1981, 2(02): 251-256.

[29] 殷喜平, 訾金鑫, 何学峰, 等. 铂族金属萃取分离技术研究进展[J]. 有色金属(冶炼部分), 2023, 70(09): 30-42.

[30] 陈子杨, 叶国华, 左琪, 等. 有机胺类萃取剂构效关系及其萃钒的研究进展[J]. 钢铁钒钛, 2020, 41(03): 8-15.

[31] 于亮, 吴绍祖, 程红光. 季铵盐GW05和N263对Na_2WO_4溶液的萃钨性能对比研究[J]. 稀有金属, 2015, 39(03): 193-200.

[32] 张大力, 柯家骏, 卢立柱. 硫代磷酸/伯胺N1923协同萃取锌和镉的机理[J]. 过程工程学报, 2003, 3(04): 313-316.

[33] 李青刚, 廖宇龙, 张启修, 等. 白钨矿酸性化学选矿浸出液的钨钼萃取研究[J]. 稀有金属与硬质合金, 2011, 39(03): 1-5, 43.

[34] 曹占芳. 辉钼矿湿法冶金新工艺及其机理研究[D]. 长沙: 中南大学, 2010.

[35] 余建民, 贺小塘. 溶剂萃取分离铑的研究进展[J]. 矿冶, 1997, 6(04): 58-61+86.

[36] 李树森, 袁承业. *N*-取代酰胺萃取铌、钽的机理[J]. 化学学报, 1975, 33(01): 11-22.

[37] 董彦杰, 杨子超, 王秀山, 等. *N*, *N*-二甲庚基乙酰胺萃钯机理研究[J]. 应用化学, 1990, 7(01): 33-37.

[38] YAMASHOJI Y, MATSUSHITA T, KAWAGUCHI T, et al. Liquid-liquid extraction of metal ions with tris (2,6-dimethoxyphenyl) phosphine and its quaternary phosphonium salts[J]. Analytica Chimica Acta, 1990, 231: 107-113.

[39] RYBKA P, REGEL-ROSOCKA M. Nickel(Ⅱ) and cobalt(Ⅱ) extraction from chloride solutions with quaternary phosphonium salts[J]. Separation Science and Technology, 2012, 47(9): 1296-1302.

[40] CHENG C Y. Solvent extraction of nickel and cobalt with synergistic systems consisting of carboxylic acid and aliphatic hydroxyoxime[J]. Hydrometallurgy, 2006, 84(1): 109-117.

[41] HU F, HU H, LUO Y, et al. The separation of Ni(Ⅱ) over base metal ions in acidic polymetallic medium: synergistic extraction and structural evidence[J]. Hydrometallurgy, 2018, 181: 240-247.

[42] YAN Y, CHEN J, LI K, et al. A novel neutral-base coupling synergistic extraction system of Cyanex923 and primary amine N1923 for the recovery of cerium(Ⅳ) and fluorine from sulfuric acid medium[J]. Separation and Purification Technology, 2021, 258: 118026.

[43] WEI H, LI Y, ZHANG Z, et al. Synergistic solvent extraction of heavy rare earths from chloride media using mixture of HEHHAP and Cyanex272[J]. Hydrometallurgy, 2020, 191: 105240.

[44] ZHOU H, DONG Y, WANG Y, et al. Recovery of Th(Ⅳ) from leaching solutions of rare earth residues using a synergistic solvent extraction system consisting of Cyanex 572 and *n*-octyl diphenyl phosphate (ODP)[J]. Hydrometallurgy, 2019, 183: 186-192.

[45] DARVISHI D, HAGHSHENAS D F, ALAMDARI E K, et al. Synergistic effect of Cyanex272 and Cyanex302 on separation of cobalt and nickel by D2EHPA[J]. Hydrometallurgy, 2005, 77(3): 227-238.

[46] 陈玉莉, 郭公毅. 金属-酸性有机磷萃合物的结构[J]. 有色金属(冶炼部分), 1981, 28(02): 12-16.

[47] 伊敏, 王文清, 刘念红, 等. 镧系元素三元协萃规律研究——AAC类(P507-PMBP-TOA)协萃Eu^{3+}和Tb^{3+}机理[J]. 中国稀土学报, 1987, 5(02): 1-8.

[48] ZHANG Y, ZHANG T A, LV G, et al. Synergistic extraction of vanadium(Ⅳ) in sulfuric acid media using a mixture of D2EHPA and EHEHPA[J]. Hydrometallurgy, 2016, 166: 87-93.

[49] 唐福利. 从氨-硫酸铵溶液中协同萃取分离锌的应用基础研究[D]. 昆明: 昆明理工大学, 2016.

[50] 徐光宪, 王文清, 吴瑾光, 等. 核燃料萃取的化学(Ⅰ)——螯合与中性络合协同萃取[J]. 原子能科学技术, 1963, 4(07): 487-508.

[51] 王文清, 丁郁文, 伊敏, 等. U,Th,Nd,Y-PMBP-TOPO体系协萃机理——量热法、萃取法、Karl Fischer法与锥角模型对协萃规律的探讨[J]. 核化学与放射化学, 1986, 8(01): 1-7.

[52] 李声崇, 戴冈夫, 邹忠杰, 等. 两相滴定法研究RE(Ⅲ)-HTTA-TBPO协萃体系[J]. 应用化学, 1985, 2(04): 71-75.

[53] LIU Y, JEON H S, LEE M S. Solvent extraction of Pr and Nd from chloride solutions using ternary extractant system of Cyanex272, Alamine336 and TBP[J]. Journal of Industrial and Engineering Chemistry, 2015, 31: 74-79.
[54] AZIZITORGHABEH A, RASHCHI F, BABAKHANI A. Stoichiometry and structural studies of Fe(Ⅲ) and Zn(Ⅱ) solvent extraction using D2EHPA/TBP[J]. Separation and Purification Technology, 2016, 171: 197-205.
[55] 胡家仕. Cyanex923对轻重稀土绿色分离工艺研究[D]. 呼和浩特: 内蒙古大学, 2019.
[56] 孙启, 杨丽梅, 黄松涛, 等. 协同萃取机制的研究现状及展望[J]. 稀有金属, 2016, 40(11): 1177-1187.
[57] 张鹏, 王月娇, 张莹莹, 等. 三烷基胺和磷酸三丁酯于盐酸介质中协同萃取铼(Ⅶ)研究（英文）[J]. 大连理工大学学报, 2019, 59(04): 331-335.
[58] 李琳, 杨延钊. 磷酸三丁酯和三烷基胺萃取铀(Ⅵ)的研究[J]. 临沂师范学院学报, 2004, 26(06): 48-51.
[59] QI D. Chapter 2 - Extractants used in solvent extraction-separation of rare earths: extraction mechanism, properties, and features [M]// QI D. Hydrometallurgy of Rare Earths:Extraction and Separation. Amsterdam: Elsevier, 2018: 187-389.
[60] 蓝桥发. P507-N235萃取分离稀土工艺研究[D]. 赣州: 江西理工大学, 2014.
[61] 毛振强. N235萃淋树脂吸附稀土无皂化萃取过程中稀盐酸试验研究[D]. 赣州: 江西理工大学, 2017.
[62] 刘青山, 赵丽薇. 离子液体萃取金属离子的研究进展[J]. 沈阳农业大学学报, 2018, 49(04): 498-512.
[63] NAKASHIMA K, KUBOTA F, MARUYAMA T, et al. Ionic liquids as a novel solvent for lanthanide extraction[J]. Analytical Sciences, 2003, 19(8): 1097-1098.
[64] 刘梦莹, 车佳宁, 吴蔚闳, 等. 功能性离子液体萃取水溶液中Cu^{2+}:实验与理论[J]. 化学学报, 2015, 73(02): 116-125.
[65] 吕瑞, 江雪梅, 杨家成, 等. 功能化离子液体分散液-液微萃取分离水中Cu(Ⅱ)[J]. 分析科学学报, 2019, 35(03): 389-392.
[66] REYNA-GONZáLEZ J M, GALICIA-PéREZ R, REYES-LóPEZ J C, et al. Extraction of copper(Ⅱ) from aqueous solutions with the ionic liquid 3-butylpyridinium bis(trifluoromethanesulfonyl)imide[J]. Separation and Purification Technology, 2012, 89: 320-328.
[67] GUO X-G, YANG R-O, GONG Y, et al. Insights into the Coordination and Extraction of Yttrium(Ⅲ) Ions with a Phenoxyacetic Acid Ionic-Liquid Extractant[J]. European Journal of Inorganic Chemistry, 2017, 2017(17): 2332-2339.
[68] 王威, 陈继, 刘红召, 等. 功能性离子液体在金属萃取分离中的研究进展[J]. 应用化学, 2015, 32(07): 733-742.
[69] 曹飞, 王威, 魏德洲. 季铵盐类离子液体在金属萃取分离中的研究进展[J]. 矿产保护与利用, 2020, 40(05): 90-95.
[70] NAYL A A, ALY H F. Solvent extraction of V(Ⅴ) and Cr(Ⅲ) from acidic leach liquors of ilmenite using Aliquat 336[J]. Transactions of Nonferrous Metals Society of China, 2015, 25(12): 4183-4191.
[71] CHEN Y, WANG H, PEI Y, et al. pH-Controlled selective separation of neodymium (Ⅲ) and samarium (Ⅲ) from transition metals with carboxyl-functionalized ionic liquids[J]. ACS Sustainable Chemistry & Engineering, 2015, 3(12): 3167-3174.
[72] WU D, NIU C, LI D, et al. Solvent extraction of scandium(Ⅲ), yttrium(Ⅲ), lanthanum(Ⅲ) and gadolinium(Ⅲ) using Cyanex302 in heptane from hydrochloric acid solutions[J]. Journal Of Alloys and Compounds, 2004, 374(1): 442-446.
[73] NARAYANAN REMYA P, LAKSHMIPATHY REDDY M. Solvent extraction separation of titanium(Ⅳ), vanadium(Ⅴ) and iron(Ⅲ) from simulated waste chloride liquors of titanium minerals processing industry by the trialkylphosphine oxide Cyanex923[J]. Journal of Chemical Technology & Biotechnology, 2004, 79(7): 734-741.
[74] 郭小东. 溶剂萃取法从湿法炼锌含铟溶液中分离回收铟的工艺研究[D]. 昆明: 昆明理工大学, 2017.
[75] 陈永明. 盐酸体系炼锌渣提铟及铁资源有效利用的工艺与理论研究[D]. 长沙: 中南大学, 2009.
[76] 黄超. 从钇的富集液中萃取分离钇的研究[D]. 赣州: 江西理工大学, 2016.
[77] 罗凤兰, 吴保安, 唐会毅, 等. *N*-正丁基异辛酰胺对铂的萃取性能研究[J]. 工业计量, 2016, 26(05): 11-14.
[78] 孙进贺, 贾永忠, 景燕, 等. P204-Cyanex 923磺化煤油用于铟的萃取和反萃研究[J]. 有色金属(冶炼部分), 2011, 58(01): 26-28, 33.
[79] 范进军. 铬(Ⅲ)的萃取及其碱反萃试验研究[D]. 赣州: 江西理工大学, 2010.
[80] 陈景文, 曹淑红, 钱晓荣. 含铬电镀废水中Cr(Ⅵ)的萃取分离研究[J]. 化工环保, 2001, 21(06): 311-316.
[81] SRIVASTAVA R R, KIM M-S, LEE J-C, et al. Liquid–liquid extraction of rhenium(Ⅶ) from an acidic chloride solution using Cyanex923[J]. Hydrometallurgy, 2015, 157: 33-38.
[82] 曾颜亮, 廖春发, 邓攀, 等. 低浓度铝的亚砷酸还原终液萃取铝负载N235的反萃[J]. 有色金属工程, 2016, 6(02): 44-47.
[83] 李智虎, 丁万丽, 李小海, 等. 废选择性催化还原脱硝催化剂中金属钨和钒的萃取分离及回收[J]. 硅酸盐学报, 2018, 46(11): 1639-1644.
[84] 龙亮, 郑楠, 刘书衡, 等. 从高磷酸含铀废液中回收铀的试验研究[J]. 铀矿冶, 2018, 37(04): 304-308.
[85] 谢羽飞, 李明玉, 林潮平, 等. N235协同萃取碱性氰化浸金溶液中的金(I)[J]. 暨南大学学报(自然科学版), 2007, 28(01): 96-99, 104.
[86] 张贵清, 张启修, 周康根. N1923萃取回收钛白水解废酸中的钛——反萃取参数的研究[J]. 矿冶工程, 2003, 23(02): 66-68.
[87] 马晨. 分离富集复杂稀土浸出液中重稀土离子的研究[D]. 武汉: 武汉工程大学, 2019.
[88] 张阳, 满瑞林, 王辉, 等. 用P507萃取分离钴及草酸反萃制备草酸钴[J]. 中南大学学报(自然科学版), 2011, 42(02): 317-322.
[89] 李慧琴, 魏迪, 刘全, 等. NH_4HCO_3沉淀分离还原反萃余液中的稀土与锌工艺研究[J]. 中国稀土学报, 2018, 36(05): 602-607.
[90] SUN J, O'KEEFE T J. An evaluation of steel scrap as a reducing agent in the galvanic stripping of iron from D2EHPA[J]. Minerals Engineering, 2002, 15(3): 177-185.

[91] 张凌云, 管航敏, 黎汉生, 等. 反萃沉淀法制备纳米二氧化钛及其光催化氧化特性研究[J]. 钢铁钒钛, 2008, 29(04): 7-13.
[92] 杨贺, 张虎, 李丽, 等. 硝酸肼还原反萃取分离镎/钚的研究[J]. 核技术, 2016, 39(09): 37-44.
[93] LUPI C, PILONE D. Reductive stripping in vacuum of Fe(Ⅲ) from D2EHPA[J]. Hydrometallurgy, 2000, 57(3): 201-207.
[94] 章健民, 章爱铀, 何振宇, 等. *N*, *N*-二仲辛基氨基乙酸萃取金(Ⅲ)[J]. 有色金属(冶炼部分), 1984, 31(06): 26-30.
[95] 沈振芳, 王玲钰, 肖松涛, 等. 氨基羟基脲还原反萃高浓度Pu(Ⅳ)[J]. 核化学与放射化学, 2020, 42(01): 30-36.
[96] HIRAI T, KOMASAWA I. Electro-reductive stripping of vanadium in solvent extraction process for separation of vanadium and molybdenum using tri-*n*-octylmethylammonium chloride[J]. Hydrometallurgy, 1993, 33(1): 73-82.
[97] HIRAI T, MANABE T, KOMASAWA I. Photoreductive stripping of vanadium using 2-propanol as radical scavenger in liquid-liquid extraction process of vanadium and molybdenum[J]. Journal of Chemical Engineering of Japan, 1997, 30(2): 268-273.
[98] 余建民. 贵金属萃取化学[M]. 第2版. 北京: 化学工业出版社, 2010.
[99] CLARK J F, CHAMBERLIN R M, ABNEY K D, et al. Design and use of redox-recyclable organometallic extractants for the cationic radionuclides $^{137}Cs^{+}$ and $^{90}Sr^{2+}$ from waste solutions[J]. Environmental Science and Technology, 1999, 33(14): 2489-2491.
[100] 唐双华. 低品位氧化锌矿浸出萃取工艺基础研究[D]. 长沙: 中南大学, 2008.
[101] BARTSCH R A, WALKOWIAK W, ROBISON T W. Selectivity in stripping of alkali-metal cations from crown ether carboxylate complexes[J]. Separation Science and Technology, 1992, 27(7): 989-993.
[102] 丁希楼, 杨鸿举, 杨漫, 等. 用溶剂萃取法从ITO膜蚀刻废液中回收金属铟的实验研究[J]. 广东化工, 2012, 39(15): 81-82+36.
[103] 吴秋林, 陈树铭, 李光鸿. 络合反萃分离铀、镎的串级实验研究[J]. 核科学与工程, 1999, 19(04): 374-378.
[104] 刘汉明, 袁承业. 重水在咪唑*N*-烷基化相转移催化反应中的影响[J]. 化学学报, 1987, 45(08): 791-793.
[105] YUAN C, LONG H, MA E, et al. Studies on the synthesis of octyl phosphonic acid monooctyl esters and their structure-reactivity relationship in lanthanide extraction[J]. Journal of the Chinese Society of Rare Earths, 1985, 3(03): 13-19.
[106] 袁承业, 叶伟贞, 马恒励, 等. 酸性磷(膦)酸酯的合成及其化学结构与萃取钕、钐、镱和钇的性能研究[J]. 中国科学(B辑 化学 生物学 农学 医学 地学), 1982, 12(03): 193-203.
[107] 王文清, 徐光宪. 测量酸性磷萃取剂的二聚常数和两相电离常数的新方法[J]. 核化学与放射化学, 1980, 2(04): 248-253.
[108] 袁承业, 叶伟贞, 王勤禄. 有机磷化合物的研究(Ⅵ).对位取代苯基及苯甲基膦酸单酯[J]. 化学学报, 1981, 39(S1): 230-240.
[109] L.W.BECKSTEAD, 黄伦光. 从钨酸盐水溶液中溶剂萃取钨[J]. 湿法冶金, 1984, 3(04): 62-66.
[110] 赵凤岐, 舒祖骏, 鲍家斌, 等. 硫酸铀酰体系中混合萃取剂的研究[J]. 中国核科技报告, 2006, 21(01): 101-132.
[111] 曹美璇. 新型磷酰胺萃取剂的合成及其对稀土、钴、镍等离子的萃取分离[D]. 秦皇岛: 燕山大学, 2016.
[112] 曹智, 何喜红, 张虎, 等. Me-TODGA与TODGA萃取锶性能对比[J]. 原子能科学技术, 2019, 53(06): 970-975.
[113] ROUT A, KOTLARSKA J, DEHAEN W, et al. Liquid–liquid extraction of neodymium(iii) by dialkylphosphate ionic liquids from acidic medium: the importance of the ionic liquid cation[J]. Physical Chemistry Chemical Physics, 2013, 15(39): 16533-16541.
[114] 曹斌, 黄建辉, 杨亮, 等. 离子液体萃取金属离子研究进展[J]. 江西化工, 2017, 24(06): 11-15.
[115] DEAN J A. Langes handbook of chemistry: fifteenth edition[M]. New York: McGRAW-HILL, 1999.
[116] YU D H, DU R B, XIAO J C, et al. Theoretical study of pK_a values for trivalent rare-earth metal cations in aqueous solution[J]. The Journal of Physical Chemistry A, 2018, 122(2): 700-707.
[117] LI D. A review on yttrium solvent extraction chemistry and separation process[J]. Journal Of Rare Earths, 2017, 35(2): 107-119.
[118] 李存婵. P507还原萃取一步提取荧光级氧化铕[J]. 山西化工, 2001, 21(02): 12-14.
[119] 内蒙古大学化学系无机化学教研室, 包钢有色三厂. 还原反萃取法制取氧化铕[J]. 内蒙古大学学报(自然科学版), 1977, 7(01): 35-41.
[120] 刘占元, 张虎, 刘方, 等. 30%TBP/煤油-硝酸溶液体系中镎的化学行为[J]. 核化学与放射化学, 2016, 38(06): 337-341.
[121] 吴秋林, 陈树铭, 李光鸿. DTPA与铀、镎、钚的配位作用(Ⅲ). TBP-DTPA-铀、镎、钚体系中的氧化还原反应[J]. 核化学与放射化学, 1997, 19(04): 24-28.
[122] JUN L, ZHENGGUI W, DEQIAN L, et al. Recovery of Ce(Ⅳ) and Th(Ⅳ) from rare earths(Ⅲ) with Cyanex923[J]. Hydrometallurgy, 1998, 50(1): 77-87.
[123] 胡久刚. 氨性溶液中铜、镍、锌金属离子的萃取行为及微观机理研究[D]. 长沙: 中南大学, 2012.
[124] 毛雪华, 刘代俊. D2EHPA对高浓度盐酸介质中钛的萃取[J]. 现代化工, 2012, 32(08): 48-51.
[125] 刘卫, 尹志芳, 李国高, 等. 钛白废酸提钪工艺中除钛的研究[J]. 稀土, 2016, 37(06): 86-89.
[126] 高阳. 稀土料液选择性络合除铝技术研究[D]. 赣州: 江西理工大学, 2021.
[127] BESSEN N P, JACKSON J A, JENSEN M P, et al. Sulfur donating extractants for the separation of trivalent actinides and lanthanides[J]. Coordination Chemistry Reviews, 2020, 421: 213446.
[128] BUSSCHAERT N, CALTAGIRONE C, VAN ROSSOM W, et al. Applications of Supramolecular Anion Recognition[J]. Chemical Reviews, 2015, 115(15): 8038-8155.
[129] PEPPARD D F, MASON G W, LEWEY S. A tetrad effect in the liquid-liquid extraction ordering of lanthanides(Ⅲ)[J]. Journal of Inorganic and Nuclear Chemistry, 1969, 31(7): 2271-2272.

[130] 陈继, 陈厉, 李德谦. 基于配位平衡效应的重稀土分离新体系的研究与应用 [Z]. 中国化学会第九届全国无机化学学术会议. 南昌, 2015: 2.
[131] 王文革, 张德春, 曾利群, 等. 4,6-二烷氧基-1,3-二(4-烯丙基-2-甲氧基)苯磺酸酯的合成和对金属离子萃取性能[J]. 应用化工, 2013, 42(07): 1227-1229, 1233.
[132] IRVING H, WILLIAMS R J P. 637. The stability of transition-metal complexes[J]. Journal of the Chemical Society (Resumed), 1953, 30: 3192-3210.
[133] 陈炎, 程洁红. 醛肟萃取剂萃取分离废锂离子电池中的铜[J]. 过程工程学报, 2017, 17(06): 1170-1175.
[134] 罗勤慧. 配位化学[M]. 北京: 科学出版社, 2012.
[135] 刘文森, 雷泽, 朱兆武, 等. 含氮杂环化合物与有机酸协同体系在镍、钴萃取分离中的应用[J]. 过程工程学报, 2020, 20(04): 382-389.
[136] 朱屯. 国内外羟肟萃取剂与铜萃取工业进展[J]. 湿法冶金, 1986, 5(04): 15-20.
[137] 张文杰, 童雄, 谢贤, 等. 稀土分离纯化技术研究现状[J]. 中国稀土学报, 2022, 40(01): 24-37.
[138] CHEN K, HE Y, SRINIVASAKANNAN C, et al. Characterization of the interaction of rare earth elements with P507 in a microfluidic extraction system using spectroscopic analysis[J]. Chemical Engineering Journal, 2019, 356: 453-460.
[139] 王晓琴. 动力学推拉体系分离镨/钕新方法及机理研究[D]. 北京： 中国科学院大学(中国科学院过程工程研究所), 2019.
[140] PRESTON J S, DU PREEZ A C. Synergistic effects in solvent-extraction system based on alkylsalicylic acids. part 2. extraction of nickel, cobalt, cadmium and zinc in the presence of some neutral N-, O- and S-donor compounds[J]. Solvent Extraction and Ion Exchange, 1996, 14(2): 179-201.
[141] 时美玲. 红土矿常压盐酸浸出液中镍钴萃取分离研究[D]. 秦皇岛: 燕山大学, 2014.
[142] ŠPADINA M, BOHINC K, ZEMB T, et al. Synergistic solvent extraction is driven by entropy[J]. ACS Nano, 2019, 13(12): 13745-13758.
[143] 贾琼, 吴杰, 李婷婷, 等. 磷酸三丁酯与三烷基胺类萃取剂对锌离子的协同萃取[J]. 分析化学, 2008, 36(05): 619-622.
[144] NISHIHAMA S, HIRAI T, KOMASAWA I. Selective extraction of Y from a Ho/Y/Er mixture by liquid-liquid extraction in the presence of a water-soluble complexing agent[J]. Industrial & Engineering Chemistry Research, 2000, 39(10): 3907-3911.
[145] 梁杰. 从含锗烟尘浸出与萃取锗研究[D]. 昆明: 昆明理工大学, 2009.
[146] 李耀威, 古国榜. 活化-溶剂萃取技术分离铑的研究进展[J]. 稀有金属, 2004, 28(05): 912-916.
[147] ZHAO J, MENG S, LI D. Synergistic extraction of rare earths(Ⅲ) from chloride medium with mixtures of 1-phenyl-3-methyl-4-benzoyl-pyrazalone-5 and di-(2-ethylhexyl)-2-ethylhexylphosphonate[J]. Journal of Chemical Technology & Biotechnology, 2006, 81(8): 1384-1390.
[148] SUN X, ZHAO J, MENG S, et al. Synergistic extraction and separation of yttrium from heavy rare earths using mixture of *sec*-octylphenoxy acetic acid and bis(2,4,4-trimethylpentyl)phosphinic acid[J]. Analytica Chimica Acta, 2005, 533(1): 83-88.
[149] SUN X, WANG J, LI D, et al. Synergistic extraction of rare earths by mixture of bis(2,4,4-trimethylpentyl)phosphinic acid and sec-nonylphenoxy acetic acid[J]. Separation and Purification Technology, 2006, 50(1): 30-34.
[150] LEWIS F W, HARWOOD L M, HUDSON M J, et al. Separation of the minor actinides americium(Ⅲ) and curium(Ⅲ) by hydrophobic and hydrophilic BTPhen ligands: exploiting differences in their rates of extraction and effective separations at equilibrium[J]. Solvent Extraction and Ion Exchange, 2018, 36(2): 115-135.
[151] 张成群, 周嘉贞, 周秀珠, 等. 非平衡萃取分离铟和铁的研究[J]. 有色金属, 1995, 47(01): 78-82.
[152] DUAN W, SUN T, WANG J. Separation of Nd^{3+} and Fe^{3+} by non-equilibrium solvent extraction using an annular centrifugal contactor[J]. Separation and Purification Technology, 2015, 146: 108-113.
[153] 张利华. 微反应器中溶剂萃取分离钴镍的研究[D]. 昆明: 昆明理工大学, 2018.
[154] RAO M, ZHANG T, LI G, et al. Solvent extraction of Ni and Co from the phosphoric acid leaching solution of laterite ore by P204 and P507[J]. Metals, 2020, 10(4): 545.
[155] 牛聪伟, 王开毅, 舒万艮. 用非平衡溶剂萃取法分离钴镍的研究[J]. 有色金属(冶炼部分), 2000, 39(04): 6-8.
[156] 於静芬, 吉晨. 阻萃体系的动力学和界面特性以及用动力学方法萃取分离金属的研究[J]. 铀矿冶, 1997, 16(04): 259-263.
[157] MINAGAWA Y. Selective extraction of praseodymium ions from neodymium solution using a non-equilibrium extraction method[J]. Journal of Alloys and Compounds, 1993, 192: 126-128.
[158] MINAGAWA Y, YAJIMA F. Selective separation of yttrium ions from other rare earth ions using nonequilibrium extraction[J]. Bulletin of the Chemical Society of Japan, 1992, 65(1): 29-33.
[159] 李以圭. 金属溶剂萃取热力学[M]. 北京: 清华大学出版社, 1988.
[160] NARBUTT J. Chapter 4 - Fundamentals of Solvent Extraction of Metal Ions [M]// POOLE C F. Liquid-Phase Extraction. Amsterdam: Elsevier, 2020: 121-155.

第3章 萃取性能及其测量与评价

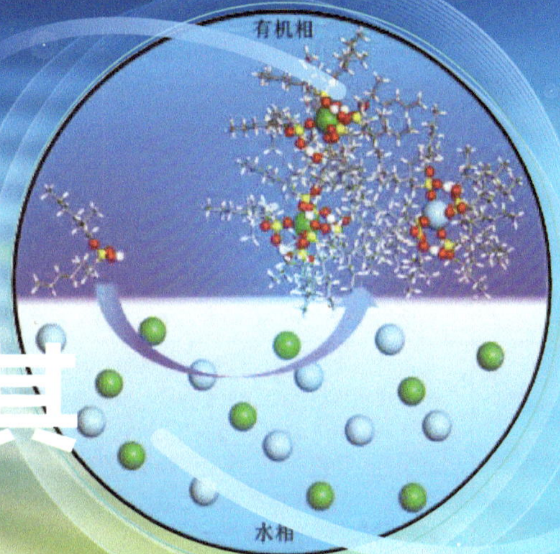

萃取体系的性能包括选择性、速率、饱和容量、反萃等。萃取需要借助设备，并在一定条件下完成，所以，萃取性能都是针对整个萃取体系而言。比较某一因素对萃取性能的影响，也需要在其他条件相同的情况下才有意义。

保持其他条件及设备相同，用不同萃取剂进行萃取实验，可以比较各种萃取剂在分离、速率、分相等方面的差异，进而评价萃取剂在相应体系中的优劣。任何一种物质都包含多种基本性质，如沸点、熔点、水溶性、分解点、pK_a等，萃取剂也不例外。同一种萃取剂的萃取性能可能同时受多种基本性质影响，导致用一种或几种基本性质难以全面评价萃取剂，因此通常直接用萃取性能判断一种化合物能否被用作金属萃取剂。在不同历史背景、不同应用对象、不同研究领域，人们提出了多种不同的评价标准，如表3.1所列。

表 3.1　设计萃取剂需要考虑的性能

编号	需要考虑的性能	评价方法的说明
1	选择性、结合强度、速率、稳定性、合成难易、溶解度、分离、安全、无毒等	一种理想的萃取剂需要容量大、选择性好、平衡速率快、化学性质稳定、溶解损失小、便宜[1]
2	对特定元素具有选择性；既有较高的萃取常数，又有良好的反萃性能；较高的萃取和反萃速率；水溶性极小；萃取剂自身及其生成的萃合物油溶性好；稳定性高，抗氧化；无毒性，无异味；蒸气压低，不易燃；性价比高	这是工业萃取剂特点。由于大多数工业萃取剂都是在分析萃取剂的基础上发展起来的，可以在此上进行有利于改进目标性质的修饰来发展工业萃取剂。如接上长碳链或增加支链化程度来提高油溶性，同时降低水溶性[2]

续表

编号	需要考虑的性能	评价方法的说明
3	选择性好，溶解性高、易回收、具有化学稳定性和热稳定性、来源丰富	设计萃取溶剂需要考虑的因素[3-4]
4	高容量；高选择性；易回收；传质速率快；理化性能好；低水溶性；不乳化或低乳化；安全、环境友好；价廉、易得、容易实现工业化	容量高、传质迅速的萃取剂可以在相同萃取设备中达到高的产能。高选择性有利于减少萃取、洗涤、反萃所需级数。易回收、低水溶性、不乳化有利于萃取剂的循环使用[5]
5	具有适当的结合强度和选择性；萃取和反萃过程中有利于金属离子在两液相间的快速转移、分相迅速；在萃取操作条件下具有高的化学稳定性	设计内层配位萃取剂的要求。第一条是为了确保生产效率；第二条是为了降低补加萃取剂的成本、减少萃取循环所需其他部分花费和环境处理成本[6]
6	萃取可以在恰当的pH条件下进行；具有适当的时间尺度（相接触时间小于5分钟）；对钴、镍的选择性高于锌、镁、锰、铁[Fe(Ⅱ)和Fe(Ⅲ)]；在酸性料液中对钴、镍具有较高的回收率；能溶于碳氢化合物溶剂；在萃取条件下是稳定的；生产便宜；使用安全；环境友好	用溶剂萃取处理Anglo矿浸出液所需萃取剂的要求。用于从高铁料液中萃取钴、镍，等有价金属，其原理也适用于其他分离体系，尤其是红土矿的处理。符合这些条件的萃取剂能从大量高价金属离子[Mg(Ⅱ)、Fe(Ⅲ)]中选择少量低价金属离子[Co(Ⅱ)、Ni(Ⅱ)]，具有很强的实用性和普适性[7]
7	生产萃取剂的来源充足；萃取剂的价格便宜；萃取剂在水相中的溶解度较小；萃取剂的化学稳定性好，在萃取过程中不发生降解；与体系中的其他组分不形成乳化、沉淀；与稀释剂、相改良剂、协萃剂等具有较好的相容性；有大的萃取容量；对金属离子有好的选择性；反萃、再生性能好；良好的萃取动力学性能；不易燃、不易爆、无毒或低毒、不腐蚀，使用安全	从贵金属回收、贵金属与贱金属分离、贵金属之间分离的角度提出的要求。对于其他金属萃取剂的发展和选取具有参考意义[8]
8	较好的选择性、稳定性、速率、性价比、安全性、反萃等，以及较好的物理性质	萃取剂对被萃取物有好的选择性；萃取剂的流动性、黏度、挥发性等有利于萃取的连续化；在萃取过程中不发生分解、聚合、腐蚀设备；萃取剂应无毒、无刺激性、闪点高、不易燃[9]
9	结构、萃取性能、制备、动力学、来源、使用、工艺	至少包含一个反应活性基团以确保与金属离子形成萃合物；具有相当数量的碳原子数以确保油溶性；较大萃取容量；选择性好；易反萃；分相迅速、不易乳化、不形成第三相、表面张力大；沸点高、挥发性小、闪点高；水溶性小、稳定性高、毒性小、耐酸碱、耐还原剂和氧化剂；腐蚀性小、热稳定性高、抗辐射；容易制备、来源丰富、价格便宜[10]
10	选择性；速率；反萃；稳定性；饱和容量；溶解性；安全性；合成；来源	最初由袁承业先生提出，包含了判断一种化合物被用作萃取剂的基本要求。后来有人提出，还需考虑对矿中常见的高丰度杂质离子[Ca(Ⅱ)、Mg(Ⅱ)等]的适应性[11]

表3.1中所列，有从生产工艺出发的、有从实验室研究出发的、还有从经济价值角度出发的。总地来讲，一种优良的萃取剂就是要满足好用和有经济价值两点，表3.1列出的需要考虑的性能是对这两点的具体化。

3.1 萃取剂的“9S原则”

不同时代、不同研究者针对不同分离体系，对选择分子的哪些性能作为综合萃取性能的评价的认识有所不同。袁承业先生提出了九种性能，即：选择性（separation factor）、速率（speed）、反萃（stripping）、稳定性（stability）、饱和容量（saturation capacity）、溶解性（solubility）、安全性（safety）、合成（synthesis）、来源（source）。这9种性能可准确测量，各种性能之间交叉较少，可以兼顾萃取剂制备使用以及对环境的影响，包括了萃取剂本身和萃取体系，具有较全面的概括性，可以用于衡量一种化合物萃取性能。另外，这九种性能的英文单词都以s开头，因此被合称为“9S原则”[11-12]，如图3.1所示。本节结合具体实例介绍这些性能的概念，在下节将结合实际例子，介绍这些性能的测试方法。

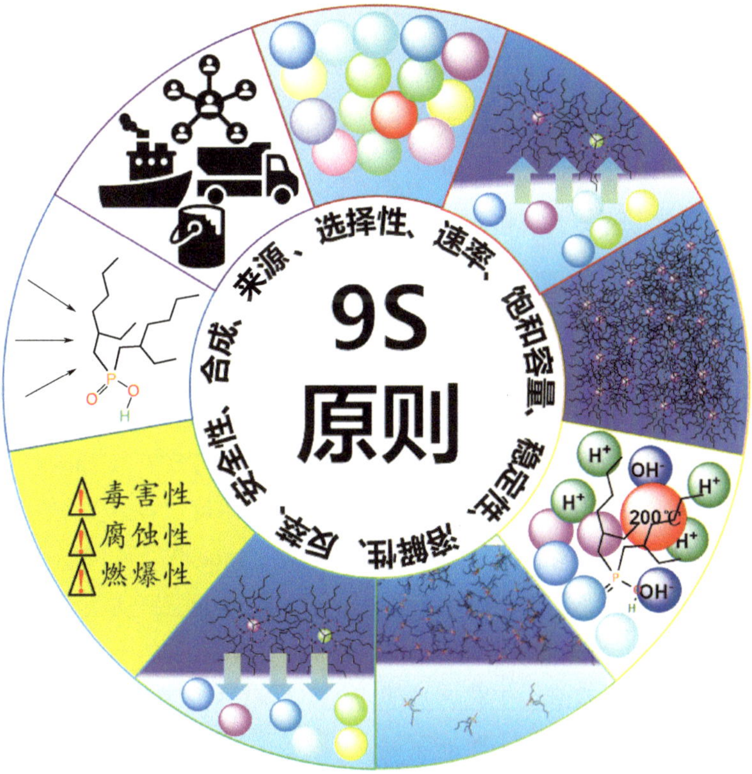

图3.1　萃取剂的“9S原则”

3.1.1　选择性

在湿法冶金领域，选择性指萃取体系、萃取剂、配位原子等对待分离组分的分离能力。萃取体系的选择性是萃取剂及其他成分与不同金属离子相互作用强弱差异的综合体现。需要指出的是，配位原子的选择性、萃取剂的选择性、萃取体系的选择性是不同的概念。例如NH_3与Co^{2+}和Ni^{2+}形成六配位配合物的平衡常数分别为5.11和8.74，这表明NH_3对Ni^{2+}的键合能力是Co^{2+}的1000倍以上。但单一使用NH_3无法实现将Co^{2+}和Ni^{2+}分离，因为它们的氨合物与水合物共存于水相。若在油溶性分子中引入N作为配位原子（如作为协萃剂的芳香氮杂环化合物中的N），其与Co^{2+}、Ni^{2+}的配合物倾向于溶解在有机相，能与水合离子在空间上分开，因此可用于辅助这两种离子的分离。设计萃取剂分子时，通常先根据配位原子的选择性（如N倾向于软金属离子，O倾向于硬金属离子），为目标金属离子搭配恰当的配位原子；再构造恰当的萃取剂结构，使配位原子的选择性在萃取剂分子中仍然能发挥作用；最后结合萃取工艺优化整个萃取体系的选择性。

萃取剂对金属离子的选择性，是萃取剂与金属离子形成的萃合物的稳定性差异导致的，可以通过测量或计算配合物稳定常数进行衡量。但萃取反应至少涉及两相，当萃取剂与金属离子形成萃合物后，需要从水相或相界面转移到有机相才算萃取完成。即研究萃取剂选择性时，可以分别研究萃取剂与金属离子的配位能力的差异和相应的萃合物的相转移能力。

3.1.2 速率

速率，即萃取过程中金属离子在水相与有机相之间转移的快慢，包括萃取速率和反萃速率，可决定物料在萃取工序的停留时间。主要影响因素包括有机相与水相混合程度、萃取反应速率、萃合物转移到有机相的速率、分相速率。两相混合越迅速、萃取反应速率越快、萃合物转移速率越快、分相速率越快，整个萃取速率就越快。萃取速率越快，工厂生产中就能更快地处理料液，减少物料停留、提高生产效率。另外，利用金属离子萃取速率的差异，也可以实现金属离子的分离，即动力学分离方法（见2.5.6）。

萃取剂可通过其本身的性能以及其与金属离子的化学反应，影响萃合物在两相间转移速率、分相快慢等，从而影响整个萃取速率。如P204、P507、Cyanex272三种萃取剂pK_a值不同，P204最易电离，两相界面上萃取剂负离子浓度最高，其平衡时间比另外两种萃取剂更短，尤其是比Cyanex272的短。另外，如Cyanex272与P227两者pK_a值相近，但烷基结构不同，导致两者需要的澄清分相时间不同，从而影响整个分相时间。萃取剂结构和萃取环境引起的萃取速率不同是湿法冶金中的普遍现象[13]，已成为各领域共识。但除此之外，萃取设备、温度、工艺、其他添加剂对萃取速率都能产生影响，在不同操作条件下，起主要作用的影响因素可能不同。例如，混合澄清槽采用静置方式分相，分相时间受萃取剂结构影响明显；而离心萃取设备中，高速离心能加速分相，分相时间受萃取剂结构影响就小得多。

从整个萃取过程来看，当扩散过程和化学反应决定萃取速率时分别称为扩散控制和反应控制。与所有多步骤物理、化学过程相同，决定萃取速率的也是萃取过程中最慢的一步。扩散属于物理现象。对于不同的萃取体系，扩散速率变化范围通常不超过一个数量级。化学反应快慢取决于金属离子和萃取剂的化学性质，其速率变化范围远大于扩散速率。当搅拌强度较低或静止时，扩散距离长，通常是扩散控制；若剧烈搅拌情况下萃取速率仍然很慢，则通常是反应控制。但这种判断方式比较粗糙，扩散和反应都能影响萃取速率，无论搅拌速率如何都无法准确地完全将扩散因素排除，另外对于反应和扩散同时控制的萃取也无法区别。需要通过相应的动力学实验才能确定萃取速率的控制步骤。也有人根据反应活化能大小来区分萃取速率是扩散控制或反应控制，一般规律是：当活化能小于20 kJ/mol时，属于扩散控制；当活化能大于42 kJ/mol时，属于反应控制；当活化能介于20 ～ 42 kJ/mol之间时，属于两者共同控制[2, 14]。

3.1.3 反萃

萃取过程中的反萃环节是指用酸、碱、水相配位剂、还原剂等手段将有机相中被萃组分转移到水相的过程。由于有机相需要重复使用、纯化任务需要多级才能完成、被萃组分需要富集等原因，通常情况下反萃过程都是必需的。一种性质优良的萃取剂，要求其萃取的金属离子能被容易、快速、完全地反萃。例如，能以极低浓度酸、碱溶液反萃取，能在极短时间内完成反萃取，能单级完成反萃取等，都是希望萃取剂具备的性能。具有优良反萃性能的萃取剂在实际生产中可以很大程度上降低酸碱消耗、减少废液量，同时还能增加萃取剂的使用寿命，节约生产成本。

反萃是萃取的逆过程，但不一定互为逆反应，如2.3所述，反萃可有多种方式，甚至可以与萃取反应没有关系。当萃取和反萃取互为逆化学反应时，通过改变萃取反应方程式中某种组分含量，即可实现萃取或反萃取，且通常萃取速率越快，相应的反萃取速率也越快。如P204、P227、环烷酸等酸性萃取剂都是在低酸度时萃取，在高酸度时反萃取。萃取即萃取剂与金属离子结合形成萃合物，反萃取即萃合物分解成萃取剂和金属离子。与萃取过程相似，影响萃取剂反萃性质的主要因素有：反萃反应速率、萃合物稳定常数、萃取剂的分相速率。反萃也是两相之间的过程，反萃反应速率和萃取剂分相速率与萃取速率的影响因素相同。萃合物稳定常数是衡量萃取剂与金属离子结合紧密程度的参数，可通过软硬酸碱理论、离子-配体键合能进行解释。

3.1.4 稳定性

萃取剂的稳定性，是指萃取剂结构在皂化、萃取、洗涤、反萃等操作过程中其分子结构和性能保持稳定的能力。在萃取过程中，萃取剂不可避免地会接触水、强酸、强碱、强还原剂、金属离子放射性物质，承受温度变化、机械搅拌等。一种优良的萃取剂，要求其分子结构在萃取过程中保持不变，或经过这些历程后能恢复初始结构和性能。通常需要考虑的萃取剂稳定性包括自身稳定性、与酸碱和金属离子接触的稳定性。自身稳定是指自身不被氧化或还原、在萃取过程中不分解、在使用温度下能稳定存在。萃取剂与酸、碱和金属离子接触稳定，要求酸、碱、金属离子不会引起萃取剂非反应基团部分结构解离，不发生不可逆的化学反应，并不是指萃取剂不与它们发生化学反应。例如酸性萃取剂，要求其可以被碱皂化、可以被酸再生、可以与金属离子通过质子交换反应可逆地形成配合物，这些都不属于稳定性范畴。而酯、肟等萃取剂可以被酸、碱、金属离子催化分解，酚类萃取剂在使用过程中容易被氧化，酸性萃取剂易与相改良剂醇发生酯化反应等，这些都是萃取剂稳定性不佳的表现。在萃取剂分子设计或选择时这些都需要考虑。

值得注意的是，这里的稳定性是指萃取剂的稳定性，与萃取体系的稳定性不同。萃取体系的稳定性还包括各组分浓度的变化，沉淀或乳化等现象，是指整个萃取体系的变化。萃取体系发生变化时萃取剂的结构并不一定有变化，但萃取剂的稳定性会对萃取体系的稳定性造成影响。优良的稳定性是萃取剂循环利用的前提，是整个萃取体系稳定的基础。

3.1.5 饱和容量

饱和容量，即单位体积或质量的有机相负载金属离子的能力。饱和容量越大意味着相同有机相可以处理更多水相料液或负载更大的金属总量，即具有更大的产能，对于设备小型化、减少流程动力消耗、降低废液排放都有重要意义。因此，一种优良的萃取剂，应该有高的饱和容量。饱和容量的大小主要取决于有机相中萃取剂有效物质的量浓度c、萃取反应平衡常数K_{ex}和萃取剂与萃合物溶解度。萃取剂有效浓度是指能参与萃取反应这部分的浓度，有的萃取剂常温下就是液体，可以不加稀释剂直接用于萃取，但并不是所有萃取剂分子都能参与萃取反应，因此其有效部分的占比并不是100%。萃取反应平衡常数K_{ex}用于衡量萃取反应最大进行程度，K_{ex}越大说明萃取反应越能更彻底地进行。萃合物溶解度，萃取剂与金属离子形成萃合物之后，还需要萃合物转移到有机相。若萃合物在有机相中溶解度太小，将使萃合物存留于水中，相当于萃取剂被溶解在水中，导致萃取剂水溶性损失；或萃合物单独成一相，使萃取体系发生乳化、沉淀等现象。

饱和容量不同于饱和度。饱和度是指实际饱和容量与理论饱和容量的比值。理论饱和容量是指根据化学计量比计算得到或从萃取平衡曲线求得的容量。实际饱和容量即在相应萃取条件下能负载的极限容量。饱和度越大，萃取剂的利用越充分。另外，饱和度越大带入有机相的杂质就越少，分离效果越好[10]。

3.1.6 溶解性

萃取剂溶解性包含萃取剂在稀释剂和水中的溶解性。在稀释剂中的溶解性决定有机相中萃取剂的有效浓度，是影响萃取饱和容量的关键因素；在水相中的溶解性决定萃取剂的水溶性损失、废水中有机物含量等。协萃体系中各组分水溶性的差异，还影响萃取体系的稳定性。这里要求萃取剂在水相中的溶解性低，并不是要求亲水性低。萃取反应是发生在两相间的化学反应，萃取剂需要有足够的表面活性以利于与水相中金属离子接触发生萃取反应，或与反萃剂接触发生反萃反应。

一种优良的金属萃取剂，要求其在常用稀释剂中有好的溶解性，最好是能完全互溶；而在水相中溶解性差，最好是不溶。常见的金属萃取剂都带有较大的疏水基团，在常用稀释剂中都有较好的溶解性，或能与之互溶。

3.1.7 安全性

萃取剂的安全性是指被用作萃取剂的物质必须是安全的，即在萃取剂生产、储存、运输、使用过程中不会对人或自然造成伤害。具体来讲就是萃取剂应是无毒的，不易燃烧，不易挥发，不易爆炸，对设备没有腐蚀，排放废液中的微量萃取剂不会造成生态破坏。专门针对萃取剂毒性、燃点、闪点、挥发性的报道较少，但对于医药、农药、常用溶剂等关于安全性的研究方法也适用于萃取剂研究，可以参考使用。

3.1.8 合成

除少数几种可直接从石油或天然产物中提取的萃取剂外，目前广泛使用的金属萃取剂都需要通过有机合成的方法获得，因此将萃取剂的制备方法统称“合成”。一种优良的萃取剂，要求其经过简单步骤就可大量获得，即合成过程简单、副产物少、污染小、能耗低、产率高等。在第8到12章专门阐述了一些常用萃取剂的合成方法。

3.1.9 来源

萃取剂来源是指制备萃取剂所需原料。一种优良的金属萃取剂，要求其原料价格低廉、来源丰富、容易获得、供应稳定，通常要求以现有大宗化工产品作为主要原料。低廉的萃取剂来源对降低成本、保证供应、推广应用都有重要意义。羧酸萃取剂可以通过烯烃与一氧化碳、水在催化条件下氧化制备。如含有9～11个碳的叔碳羧酸（Versatic911）原料为C_9～C_{11}的烯烃，环烷酸NA的原料为直馏石油，它们因来源充分、价格低廉而被广泛用于钴/镍、稀土等的分离。但另一些与其具有相似生产工艺和萃取分离性能的羧酸，由于其原料问题导致价格昂贵，未能被广泛应用[15]。值得注意的是，萃取剂的来源与合成既有区别，又有联系。萃取剂的合成强调其制备过程，而萃取剂的来源强调生产原料。

“9S原则”所包含的九种性能并不是完全独立的，彼此之间有相关性，但在萃取中每种性能都对应独立的参数，因此有必要单独列出。从分子结构角度来讲，这些性能相互交叉的根本原因是分子结构对各个方面的性能都有影响。且这些性质的数值的计算方式也多有相关。例如萃取剂对两种金属的分离系数就可以通过它们的萃取平衡常数进行换算，而萃取平衡常数又与饱和容量密切相关；又如，萃取剂在有机相的溶解性影响饱和容量，在水相的溶解性影响萃取速率。除“9S原则”外，近年来有人提出还需考虑杂质金属离子的影响，如矿物中常见的Ca^{2+}、Fe^{3+}、Al^{+3}、Si^{4+}、Mg^{2+}、Na^{+}等地表高丰度背景金属离子[16-19]。总之，与萃取剂获取、使用过程中相关的所有性能，在萃取剂设计过程中都需要考虑。萃取性能，也不应该被理解为单一的选择性、容量等，而是多种性能的综合。

3.2 萃取性能的测量与评价

有的萃取性能，如选择性、速率、反萃、稳定性、饱和容量、溶解性等，可通过实验操作、结果记录、数据处理等步骤获得直接的实验结果，再根据实验结果给出萃取剂性能优劣的评价或决定是否符合要求等。但有些性能难以直接测量或计算，如安全性、合成、来源等难以获得直接实验数据，需要结合相关政策法规、经济指标等给出评价。

3.2.1 选择性的测量

可测量萃取剂的萃取能力（萃取率、分配比），再通过比较萃取能力的相对差异衡量萃取剂的选择性。在不同文献、不同场景通常有不同的表达方式。

（1）选择性的表示方式

分离能力可用于衡量萃取体系对某种或某几种金属离子对其他金属离子或杂质的区别能力。由于湿法冶金中的非萃取杂质成分在前段的选矿、浸出、过滤等工序已经去除，在萃取段不需要考虑非萃取杂质离子，因此，分离能力都是指对金属离子之间的区别能力。很显然，分离能力与萃取能力是相关的，若一个萃取体系对离子A的萃取能力强，而对离子B的萃取能力弱，则对A/B的分离能力就强。

① 分离系数　萃取体系对两种金属离子A与B的分离能力通常用同一条件下两者之间的分离系数$\beta_{A/B}$表示，

$$\beta_{A/B}=\frac{D_A}{D_B}$$

$$\beta_{A/B}=\frac{\dfrac{E_A V_{(aq)}}{V_{(o)}-E_A V_{(o)}}}{\dfrac{E_B V_{(aq)}}{V_{(o)}-E_B V_{(o)}}}=\frac{E_A(1-E_B)}{E_B(1-E_A)}=\frac{E_A}{E_B}\times\frac{(1-E_B)}{(1-E_A)}$$

式中，D_A和D_B是金属离子A、B的分配比；$V_{(o)}$和$V_{(aq)}$为有机相和水相体积；E_A和E_B为金属离子A、B的萃取率。通常将较大的分配比作为分子，这样得到的$\beta_{A/B}$值大于1。$\beta_{A/B}$越大，表示两种金属离子越易分离。从$\beta_{A/B}$的表达式可以清楚地看到，体系的分离效果可以看作是由两种组分被转移到有机相中的部分E_A、E_B和留于水相的部分$(1-E_B)$、$(1-E_A)$共同决定的。

对于萃取机理相同的萃取反应，分离系数还可通过萃取反应能差或萃取平衡常数的比值进行计算。如酸性含磷化合物萃取分离Co(Ⅱ)、Ni(Ⅱ)的分离系数可以表示为[20]：

$$\beta_{Co(II)/Ni(II)}=e^{\frac{-(\Delta G_{Ni(II)}-\Delta G_{Co(II)})}{RT}}=\frac{K_{ex,Co(II)}}{K_{ex,Ni(II)}}$$

式中，$\Delta G_{Ni(II)}$、$\Delta G_{Co(II)}$分别是萃取Ni(Ⅱ)、Co(Ⅱ)的萃取反应吉布斯自由能。

② 半萃取pH值　酸性萃取剂通常按质子交换机理萃取金属阳离子，且pH值对萃取率（E）有直接影响，不同金属离子对应着不同的E-pH曲线。根据E-pH曲线上的点可以算出不同pH条件下的分离系数。为了更方便地描述体系对两种金属离子的分离能力，可采用不同金属离子在相同条件下E = 50%时的pH值（即半萃取pH值，以pH_{50}表示）之

差表示，差值越大，分离能力越强。对于萃取机理相同的同价态两种金属离子M_1和M_2，它们的分离系数β与pH_{50}存在如下关系：

$$\lg\beta_{M_1/M_2} = n(pH_{50}^{M_2} - pH_{50}^{M_1})$$

式中，n为金属离子的价态。

除用分离系数、半萃取pH值等具体数值外，分离能力还可用萃取率、分配比等对时间、pH值、浓度等作图，进行直观表示。

（2）选择性的测量过程

为了便于阐述选择性的测量，在这里以酸性含磷萃取剂萃取稀土金属离子为例[21]，详述其萃取、分析以及数据处理过程。

① 萃取实验　将纯化至99%以上纯度的P118（二(1-甲基庚基)次膦酸）、P127（二(1-乙基己基)次膦酸）、P1c6（二环己基次膦酸）、P218（二(2-甲基庚基)次膦酸）、P227（二(2-乙基己基)次膦酸）等萃取剂溶解在正十二烷中，配成0.2mol/L溶液，作为有机相。P1c6不溶于正十二烷，用甲苯替代正十二烷作为溶剂。将99.9%的La(Ⅲ)、Pr(Ⅲ)、Nd(Ⅲ)、Dy(Ⅲ)、Ho(Ⅲ)、Yb(Ⅲ)、Lu(Ⅲ)氧化物分别溶解在浓盐酸中，再用去离子水稀释至0.005mol/L，作为水相。预先将NaCl溶解在水相中，使水相中NaCl浓度为1mol/L，以保持离子强度。将等体积有机相和预先溶有NaCl的水相移入分液漏斗，放置在恒温振荡器上，在25℃下振荡30min，再静置分相。

② 分析实验　分相后，取萃余水相加入偶氮胂-Ⅲ显色剂，再用EDTA滴定水相金属离子浓度c_{aq}。当水相浓度低于0.0001mol/L时则改用ICP-AES（电感耦合等离子体-原子发射光谱仪），采用标准曲线法测量。用pH计测量萃取平衡pH值，换算得到萃余水相H^+活度a_{H^+}。

③ 数据处理　用测量的萃余水相浓度和初始浓度作差，算得萃取有机相的浓度c_o。由公式$D=c_{(o)}/c_{(aq)}$，计算得分配比D；根据萃取反应式$RE^{3+}_{(aq)} + 3H_2L_{2(o)} \longrightarrow RE(HL_2)_{3(o)} + 3H^+_{(aq)}$，可算得萃取平衡常数$K_{ex}=[RE(HL_2)_{3(o)}][H^+_{(aq)}]^3/([RE^{3+}_{(aq)}][H_2L_{2(o)}]^3)$（[ ]表示平衡浓度）。实验各种萃取剂萃取不同金属离子的K_{ex}在数值上差异较大，为便于比较，取其常用对数。将K_{ex}对不同金属离子作图，结果如图3.2（a）所示。

从图3.2（a）可以看出P127萃取La(Ⅲ)和Lu(Ⅲ)的K_{ex}差异最小，这表明P127对镧系元素的平均选择性最差；P227萃取La(Ⅲ)和Lu(Ⅲ)的K_{ex}差异较大，这表明P227对镧系元素的平均选择性较高。从图3.2（a）还可以看出各种萃取剂最适合分离的金属种类有明显差异，这可用于针对不同的分离体系选择最合适的萃取剂。

④ 计算法　除通过实验方法衡量萃取剂选择性外，还可通过计算化学的方法。图3.2（b）所示为计算所得萃取剂和金属离子的一级配合物稳定常数$\lg K_1$，在趋势上与实验符合得较好。还可观察到两者之间还存在明显的线性关系，如图3.2（c）所示。

在数据处理上，也可直接采用萃取率或分配比作图，以衡量选择性。从各种金属离子E-pH曲线间的距离可以直观地看出相应萃取剂对它们的选择性差异。若将横轴的自变量改为萃取剂浓度、协萃剂比例、相接触时间，则可得出相应条件下的选择性。

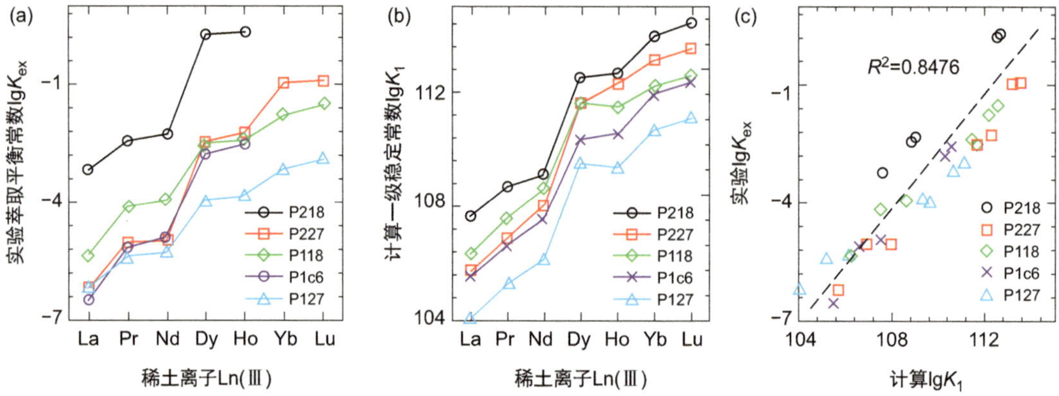

图3.2 不同酸性含磷萃取剂萃取稀土金属离子的$\lg K_{ex}$（a）、计算的金属离子与萃取剂的一级配合物稳定常数$\lg K_1$（b）以及实验与计算结果的拟合（c）

3.2.2 速率的测量

萃取速率是萃取体系的重要性能。人们发展了多种方法和相应的装置来测量萃取速率，并分析了影响萃取速率的因素。

3.2.2.1 萃取速率的测量方法

萃取速率的测量方法，属于萃取动力学的研究内容，不仅包含测量宏观的萃取速率，还包括探索萃取的微观过程、控制因素、操作条件的影响等。萃取动力学的研究方法与具体的研究装置密不可分，这里把研究方法与研究装置结合在一起进行简要介绍。常用的研究方法包括恒界面池法、充分混合法、液滴法等[22-24]。

（1）恒界面池法

恒界面池是1954年Lewis研究溶质通过液-液界面时设计的，因此，又常常称为Lewis池[24-25]。恒界面池的主要特征是用独立的搅拌桨分别对两相进行搅拌，环形界面的面积可通过挡板进行调节，可测试不同搅拌强度、不同界面面积时的传质速率。以此确定两相反应过程中反应的发生区域、速率控制区域等。

恒界面池法自问世以来，就受到广泛关注。为了满足不同的测试实验，人们对Lewis设计的装置进行了不同的改进，这些改进都围绕界面面积恒定这个核心思想。例如1982年Danesi将Lewis的两相同轴搅拌改为上下分别搅拌，可以分别控制搅拌强度，同时，增加两相出料口，可实现实时浓度检测[26]。1988年朱屯等在此基础上设计了能改善相界面滞留层的装置，并建立了相应的连续、自动化测量系统[27]。但此法的界面池在同一相内部都是通过湍流传质，无法测量体相内部运动程度与两相间传质速率的关系，因此出现了层流恒界面池。层流界面池的搅拌被限定在有限区域内以保持两相接触处有稳定的层流[24, 28-29]。层流恒界面池为方形，两端的搅拌对中间位置的两相间传递的扰动小。即使在强烈搅拌时，位于中间的两相界面仍然保持稳定，可通过界面附近的平均线性流速来衡量传质速率，且平均线性流速与传质速率的关系可被重复观察到。除此之外，还有其他关于恒界面法装置的改进[23]，在此不一一列举。

（2）充分混合法

充分混合法的基本思想是将两相充分混合，并测量不同混合时间两相的金属浓度，以此来计算两相间金属离子的传递速率，即萃取速率或反萃取速率。此法可不依赖于专门的实验装置，直接测量不同的振荡或搅拌时间的萃取率即可，或平行混合多个萃取容器，在不同时间逐个测量萃取率即可。此法准确测量萃取速率的关键在于混合时能迅速达到充分混合，理想状态是一相以微滴状分散于另一相，且能迅速分相。这也导致此法更适合研究速率较慢的萃取过程。后来Carter等实现了此法的连续化测试[23, 30-31]。此装置的优势在于可一次性加料，多次取样测量。不足之处在于：充分搅拌的情况下，两相的相界面面积大小难以准确衡量，在萃取动力学机理研究中，其应用受到限制；取样时无法做到对两相进行等比例取样，对相比有一定影响，相当于萃取的操作条件发生了变化。

通常情况下难以测量强烈搅拌下的相界面面积，但若相界面上萃取剂吸光性质与体相中有明显不同，则可测量无搅拌与搅拌情况下的吸光度值的差，通过吸光度值的差异来间接衡量搅拌时的相界面面积[31]。而为了衡量取样引起的两相体积的变化，可以在取样口增加相分离装置[23, 32]、控制系统、光学测量装置等进行改进[23]。

（3）液滴法

液滴法模型的提出来源于溶剂萃取中发生的分散相和连续相之间的质量传递。此法的核心思想是利用两相的密度差异，让其中一相的液滴通过另一相，测量在通过过程中两相间传质特征，以此来区分是化学反应控制还是扩散控制。根据液滴通过连续相的方向，可以分为上升液滴法和下降液滴法。液滴上升或下降通过连续相的时间即为两相接触时间，通常都在几秒之内完成。对于两相反应来说，通常可以认为这样测得的传质速率即为初始速率。液滴在连续相中形成和凝结过程中，也会发生两相间的传质，这种无法避免只能估计的现象被称液滴法的端效应。端效应的研究可采用生长液滴法，即观察液滴从0时刻生长到某一时刻过程中，体积变化、表面积变化、传质数量等。上升液滴法、下降液滴法、生长液滴法的测量装置多种多样。也有人把上升液滴法和下降液滴法称为单液滴法或液滴法，而生长液滴法单独列为一类，但由于它们都是研究液滴与连续相之间的传质动力学的方法，因此在这里都将它们归为液滴法[33]。

端效应无法避免，但其大小和对初始速率的影响是可以估计的。通常可以采用两种方式来估计端效应的大小[34]。其一，保持液滴移动速率不变，改变运行时间（调节不同长度的萃取柱），并绘制浓度-时间曲线，该曲线有近似线性关系，拟合线与纵轴的截距即为端效应值。此截距的意义为0时刻的传质量，即液滴生成过程中的传质量，也就是液滴形成过程的端效应。其二，保持萃取柱长度不变，调节流量，绘制浓度-流量倒数曲线，该曲线通常也呈线性关系，测量浓度与拟合线在纵轴的截距的差即为该流量下的端基效应。此截距的意义为：流量无穷大时，液滴产生所需时间无穷短，此时端效应无限小，测量浓度与无端效应时测量值之差即为该流量下的端效应。但也有人认为，流量较大时产生湍流传质，从而导致不正确的结果，即此法适用于研究不产生湍流时的端效应。

由于在计时开始前，传质已经开始，这相当于降低了反应浓度，因此端效应将导致初始速率测量值比实际值偏小。估计端效应对初始速率测量值影响的方法为：首先，根据拟合图的截距，估计端效应的大小；然后，根据萃取反应计算出端效应引起的反应物浓度变化；接着，绘制初始速率-萃取剂浓度关系图；最后，根据此关系图，比较不考虑端效应时的差异[34]。另外，需要指出的是，尽管液滴法的端效应无法消除，但其引起的速率减小比例很小，通常都可以忽略。

除端效应外，液滴的大小与形状也能影响上升液滴法和下降液滴法测量的准确性。为简化数据处理，通常都是将液滴当作刚性球体。而实际上，由于重力作用，液滴在连续相中是纺锤形。液滴的大小受毛细管口径、温度、连续相性质、金属离子浓度以及萃取体系其他成分的影响。实验时，应尽可能保持液滴大小、形状一致，以减小因液滴形状、大小导致相界面面积改变而引起传质速率的变化，这属于偶然误差，难以估计与重复。

（4）其他方法

除上述几种方法外，动力学研究法还有中空纤维膜法[35]、支撑液膜法、离心分配色谱法等。

① 中空纤维膜法　中空纤维膜法的实验装置的核心部件是由两组疏水性中空纤维膜管束相互交错平行排列，并固定在同一壳体中[24]。实验时，预先在腔体内部充满萃取剂，然后让料液和反萃液分别从两组中空管逆流通过，在同一装置中实现萃取和反萃[36]。需要指出的是，此法不仅可以用于萃取动力学研究，还是一种可行的分离方法——根据金属离子在纤维膜上的传质性质不同实现分离。如Ce(Ⅳ)在纤维膜的传质系数是其他三价稀土离子的10倍以上，其传质速率受水相滞留层的扩散速率控制，其他三价稀土离子传质受膜内扩散控制，因此可用此法实现Ce(Ⅳ)与其他RE(Ⅲ)的分离[35]。

② 支撑液膜法　支撑液膜法源于1977年R. W. Baker等人采用的支撑液膜分离和浓缩铜离子方法[37]，后来逐渐发展成为一种研究萃取动力学的方法[23, 38-39]。支撑液膜制备方法为，将固体微孔高聚物薄膜浸泡在萃取剂的有机溶液中，由于毛细现象，萃取剂进入并充满膜微孔中，即得到支撑液膜。实验时，液膜中的萃取剂在膜的两个界面来回穿梭，起到金属离子载体作用，测量膜两侧金属离子的浓度随时间的变化，即可获得萃取速率，及其液膜厚度、搅拌速率等的影响[39-40]。由于支撑液膜的存在，两相间的搅拌几乎不相互干扰，故此法特别适合研究两相搅拌强度不同时的萃取动力学。支撑液膜法不仅是动力学研究方法，也是浓缩、富集、分离金属离子的方法[23]。

③ 离心分配色谱法　离心分配色谱法，即利用离心作用替代重力实现两相的分散与

分离。这种方法的优势在于离心作用可以产生更大加速度，对于密度相近的两相的分散与分离有更好的效果。

④ 旋转池法　旋转池法是利用旋转盘表面拖动溶液产生层流，平行于盘表面的新鲜溶液可对反应液进行补充。盘的表面积是已知的，液体的流体动力学方程可准确求解。研究溶剂萃取动力学时，可以选用浸透其中一相的疏水或亲水薄膜（也可用凝胶替代），固定圆盘中的相到另一相的传质速率，即可根据溶液相浓度变化而求得，还可根据Levich方程算出扩散层的厚度[41]。

⑤ 微乳液法、短时间相接触法　微乳液法和短时间相接触法出现的时间都比较晚。微乳液法将两相间的传质控制在微流段，两相的接触面积比恒界面池法大几个数量级，所需液体体积也大幅度减小。测量时两相的接触时间在毫秒级，可消除扩散对传质速率的影响[41-42]。短时间相接触法时两相快速混合，可测量半衰期≥0.4μs的反应[24]。

3.2.2.2 萃取速率的影响因素

影响萃取速率的因素有很多，总体来讲可以分为内在因素和外在因素。内在因素主要是萃取反应类型、反应物性质和浓度、萃取反应各物种的扩散速率、介质的性质等；外在因素主要是搅拌强度和温度，搅拌强度决定不互溶相的接触面积，温度影响化学反应速率、扩散速率、介质性质等。

（1）内在因素

① 萃取剂结构

a. 反应基团　以酸性萃取剂为例，单独的酸性萃取剂萃取金属离子的反应主要有两种：

$$M(H_2O)_m^{n+} + xA^- \longrightarrow MA_x(H_2O)_{(m-x)}^{(n-x)+} + xH_2O$$

$$M(H_2O)_m^{n+} + xHA \longrightarrow MA_x(H_2O)_{(m-x)}^{(n-x)+} + xH^+ + xH_2O$$

可以推测，阴离子 A^- 与金属离子 $M(H_2O)_m^{n+}$ 发生有效碰撞的概率远高于中性分子HA，反应具有更高的速率。因此，萃取体系中 A^- 越多，萃取速率越快。酸性较强的萃取剂电离程度大，其体系中 A^- 浓度较大，萃取速率较快。如P204、P507、Cyanex272的 pK_a 值分别为3.02、4.45、5.76，它们的酸性依次减弱，相同条件下它们对Co(Ⅱ)、Ni(Ⅱ)的萃取速率也逐渐降低，如表3.2所示[43]。

表 3.2　酸性含磷萃取剂萃取 Co^{2+}、Ni^{2+} 的速率（N）

金属离子	萃取剂	离子浓度 /（mol/L）	萃取剂浓度 /（mol/L）	平衡 pH	N/[×10^{-4}mol/(m^2·s)]
Co^{2+}	P204	0.0550	0.1089	5.5	4.26
	P507	0.0491	0.1120	5.5	2.37
	Cyanex272	0.0550	0.1090	5.5	1.28
Ni^{2+}	P204	0.0508	0.0493	5.5	1.06
	P507	0.0508	0.0502	5.5	0.173
	Cyanex272	0.0506	0.0493	5.5	0.0452

从表3.2可以看出，对于三种酸性含磷萃取剂，随着它们pK_a值的增加萃取速率依次减小。提高水相pH值，能减少A^-与H^+接触的概率，也能提高萃取速率，结果如图3.3所示[43]。

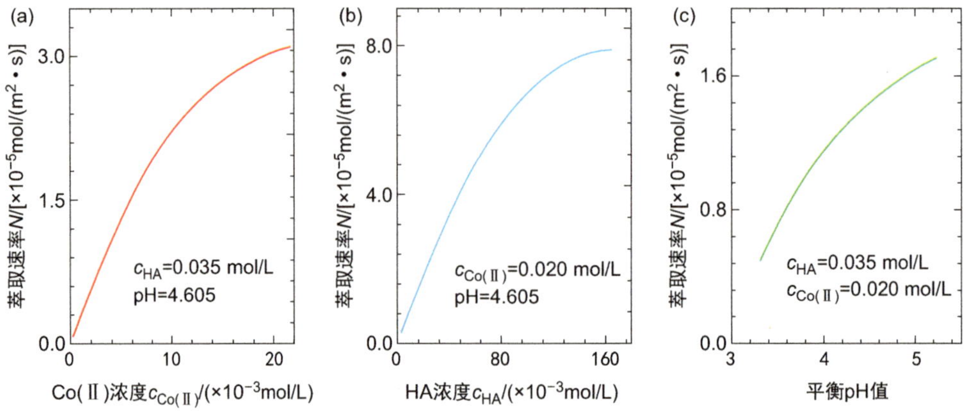

图3.3 萃取速率与Co^{2+}（a）、P507浓度（b）、pH值（c）的关系

从图3.3可以看出，随着水相pH值增加，萃取速率也随着增大。对有机相进行皂化，即在萃取前把HA转化为NaA或NH_4A等，可使更多的萃取剂以阴离子A^-的形式存在，萃取反应变为：

$$M(H_2O)_m^{n+} + x\text{NaA} \longrightarrow \text{MA}_x(H_2O)_{(m-x)}^{(n-x)+} + x\text{Na}^+ + xH_2O$$

Na^+具有极强的表面活性和水溶性，能引起相界面不稳定（通常称为界面扰动），导致相界面的传质速率显著提高。另外，与非皂化的中性分子相比，皂化形成的萃取剂盐在水相中的溶解性显著增加，且在水相中电离出的A^-直接与水相中金属离子形成萃合物，再转移到有机相。由于这两种原因，导致皂化能显著提高萃取速率[43]。

b. 非极性基团　萃取剂反应基团对萃取速率的影响是其化学性质的体现，萃取剂的非极性基团对其萃取性能也有重要影响。对于萃取剂这类双亲分子，非极性基团会影响其整体的表面活性、在水相中的溶解性，而这都直接影响萃取剂从有机相向水相的传质速率。以重要的铜工业萃取剂羟肟类为例[44]。以2-羟基-5-烷基苯甲醛肟为母体，改变其中烷基R结构可以衍生出多种具有不同萃取速率的羟肟萃取剂，如图3.4所示[44]。

从图 3.4可以看出，取代基R的碳原子数目为1或2时的萃取速率远高于其他类似物，这是由于碳链较短时在水相中的溶解性较大，有利于萃取反应在水相中进行，从而加快了整体萃取速率。随着R的碳原子数逐渐增加，萃取速率逐渐降低，但降低的幅度越来越小，类似的规律在其他系列萃取剂中也能观察到。比较$^tC_8H_{17}$与$^nC_8H_{17}$，前者的萃取速率明显高于后者；而di-$^tC_4H_9$的速率却远低于具有相同碳原子数目的$^nC_8H_{17}$。这可以定性解释为：当碳链较长时，分子倾向于整齐竖直排列在相界面；与金属离子发生萃取反应时，端基支链化程度较高的$^tC_8H_{17}$的体积较大，在有机相中的传质速率较快，导致其有较高的萃取速率；但di-$^tC_4H_9$吸附在相界面时，将占据较大界面面积，阻碍了其他分子在相界面发生的萃取反应，导致其有较低的萃取速率。综合考虑，工业上常用的铜萃取剂一般取$R = C_9 \sim C_{12}$，其萃取过程主要为界面反应。

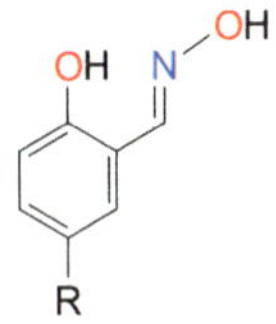

2-羟基-5-烷基苯甲醛肟

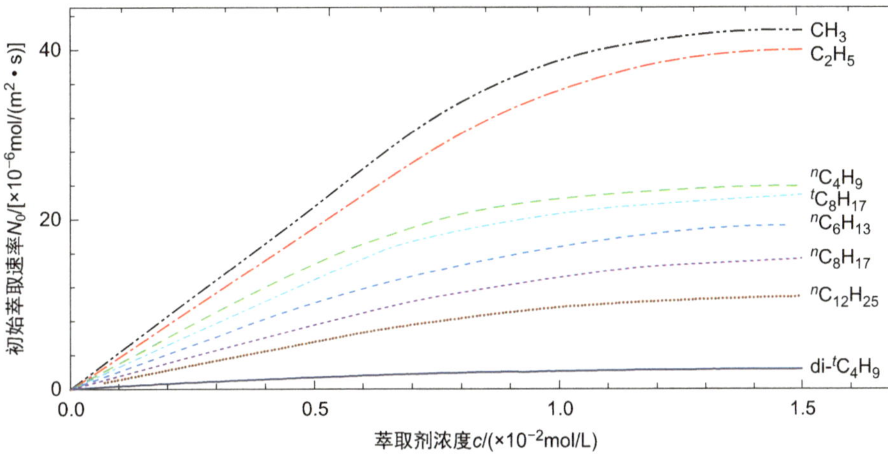

图3.4 烷基结构对2-羟基-5-烷基苯甲醛肟萃取Cu(Ⅱ)速率的影响

$^tC_8H_7$为2, 4,4-三甲基戊基；di-$^tC_4H_9$表示苯环上带有两个叔丁基

② 添加剂 添加剂对萃取体系的影响是多方面的，能改变萃取速率的添加剂被称为动力学协萃剂。与2.5.5所述的协萃剂不同，动力学协萃剂是改变萃取速率，而不改变萃取的分配比。

恰当的添加剂，对于萃取速率的改善具有重要意义。如最早开发的LIX65N（2-羟基-5-壬基二苯甲酮肟）萃取速率很慢，无法直接使用，后来添加了LIX63，显著提高了萃取速率。因优于当时正在被使用的铜萃取剂，LIX65N与LIX63的混合产品被标以新的牌号——LIX64N，迅速在工业生产中推广使用。能作为动力学添加剂的物质较多，如磺酸、有机磷酸、羧酸、酚、有机酸的钠盐、胺等。

改变界面的表面张力是动力学添加剂发挥作用的重要方式之一。如图3.5所示，在羟肟萃取剂2-羟基-5-十二烷基二苯甲酮肟（03045）对Cu(Ⅱ)萃取时加入盐类相改良剂琥珀酸二辛酯磺酸钠（OT），能显著地改变萃取速率[45]。

从图3.5（a）可以看出添加少量（0.1%）OT后，有机相与水相界面张力明显高于未添加体系。由图3.5（b）可见，加入0.025% OT后萃取体系的萃取速率也明显高于无添加时的情况。即添加OT能增加界面张力和萃取速率，用相同浓度下表面张力与平均萃取速率做线性拟合得到的$R^2 > 0.95$，由此可以推测出增加表面活性是动力学添加剂发挥作用的一种方式。添加OT增加萃取速率的机理可以认为是：OT比03045更易分布在两相界面上，萃取过程中，OT先与界面上的Cu(Ⅱ)反应，再传递给03045，交换反应增加了界面扰动，提高传质效率，从而增加萃取速率。

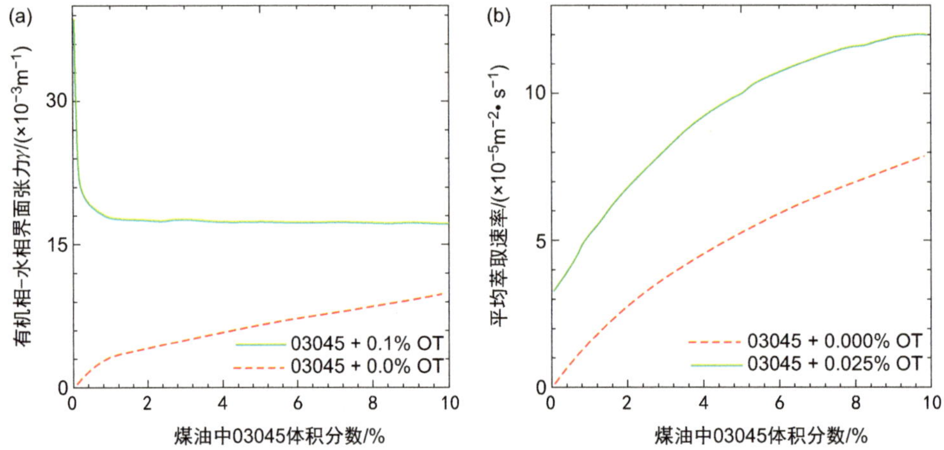

图3.5　添加OT前后有机相（煤油为稀释剂）-水相界面张力随03045浓度的变化（a）以及添加OT对Cu(Ⅱ)萃取速率的影响（b）

需要指出的是，动力学添加剂改变萃取速率有多种可能的原因，并不一定都是因为其表面活性。

③ 金属离子性质　在表3.2中还可以发现[43]，三种萃取剂P204、P507、Cyanex272对Co(Ⅱ)的萃取速率都高于Ni(Ⅱ)。两种金属离子的被萃取反应完全相同，都可用皂化的萃取反应进行表示。两种金属离子的电荷、半径、水合形式都相似，即其扩散性质是相似的，因此，其差异应该主要来源于化学反应，这也可以推测出该萃取体系的化学反应参与控制萃取速率。根据Eigen-Willkins规则，金属离子形成配合物的速率由其配位水的交换速率决定，Co(Ⅱ)、Ni(Ⅱ)的配位水交换速率分别为$10^{6.1}$～$10^{6.4}$ s^{-1}和$10^{4.4}$～$10^{4.6}$ s^{-1}，Co(Ⅱ)大约为Ni(Ⅱ)的50倍。表3.2中，沿P204、P507、Cyanex272的顺序，随着萃取剂酸性减弱，Co(Ⅱ)、Ni(Ⅱ)萃取速率的差异逐渐增加，表明这三种酸性含磷萃取剂萃取Co(Ⅱ)、Ni(Ⅱ)的萃取速率是由扩散和反应共同控制，且随着萃取剂酸性减弱，萃取速率受反应控制的程度逐渐增加。Co(Ⅱ)的反应速率快，受扩散控制程度大；Ni(Ⅱ)的反应速率慢，受扩散控制程度低。

④ 金属离子上的配体交换　水相中金属离子都是以配位形式存在的，配体包括水分子、平衡离子等，萃取反应的实质就是油溶性配体分子替换水溶性配体的过程，包括内层水分子或外层水分子。因此，金属离子上油溶性配体与水溶性配体交换对于萃取速率具有影响，总的趋势是交换所需能垒越低，交换越迅速，萃取速率越快[46]。

⑤ 浓度　除萃取体系中各组分的性质外，各组分的浓度对萃取速率也有影响。总体而言，与绝大多数化学反应都相同：反应物浓度越大，萃取速率越快；生成物浓度越大，萃取速率越慢。如在图3.4中[44]就可以明显看出，无论何种碳链结构，其对Cu(Ⅱ)的萃取速率都随着萃取剂浓度增加而增加。无论金属离子还是萃取剂，浓度变化时都将导致

萃取速率的变化。图3.6所示为P507-Cyanex272协同萃取体系中Co(Ⅱ)、Ni(Ⅱ)的萃取速率随金属离子或萃取剂浓度改变的变化[29]。

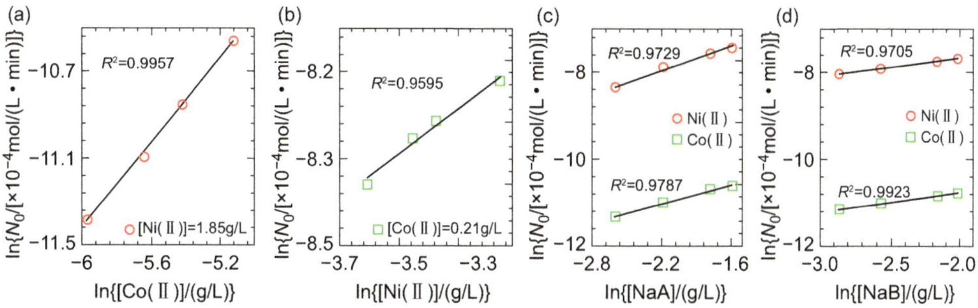

图3.6　P507-Cyanex272协同萃取体系中Co(Ⅱ)、Ni(Ⅱ)萃取速率随金属离子或萃取剂浓度改变的变化

（a）、（b）分别是Ni(Ⅱ)浓度、Co(Ⅱ)浓度为定值时Co(Ⅱ)、Ni(Ⅱ)浓度对初始萃取速率的影响；
（c）、（d）分别是Co(Ⅱ)浓度为0.21g/L和Ni(Ⅱ)浓度为1.85g/L时P507钠盐（NaA）浓度和Cyanex272钠盐（NaB）浓度变化对初始萃取速率的影响
测量时的操作条件：界面面积119.34cm^2，初始pH = 1.78，恒温在24℃。
（c）中保持Cyanex272浓度为0.111mol/L，（d）中P507浓度为0.076mol/L

从图3.6可以看出，无论是金属离子Co(Ⅱ)、Ni(Ⅱ)还是萃取剂P507、Cyanex272，当浓度增加时，都导致初始萃取速率增加。且用浓度对初始速率做拟合时都得到R^2 > 0.95的线性关系，如$\ln N_0 = 0.98\ln[\text{Co(Ⅱ)}]-5.50$、$\ln N_0 = 0.48\ln[\text{Ni(Ⅱ)}]-6.67$等。这些拟合方程的斜率表示相应组分在速率方程中的反应级数，从拟合曲线可以看出，萃取速率对Co(Ⅱ)、Ni(Ⅱ)浓度的表观反应级数分别为1和0.5。

（2）外在因素

除上节讲述的萃取体系中各组分及其浓度等内在因素外，萃取操作条件温度、混合强度、两相界面面积等外在因素对萃取速率也能产生重要影响。图3.7所示为操作条件对萃取速率的影响[29]。

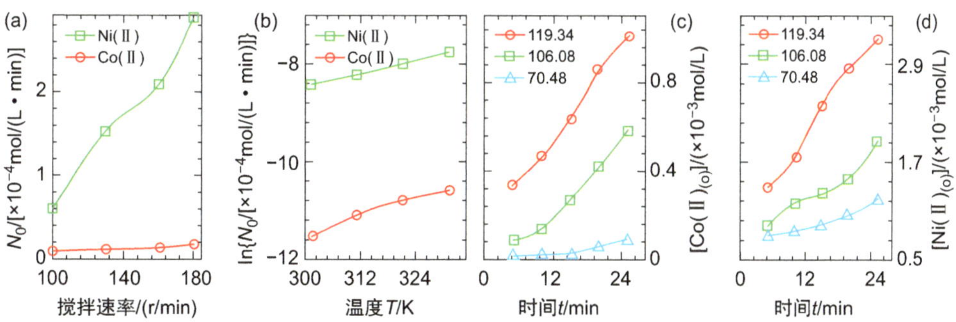

图3.7　操作条件对萃取速率的影响

（a）搅拌速率对初始萃取速率的影响；（b）萃取温度对初始萃取速率的影响；（c）不同界面面积（单位为cm²）时有机相Co(Ⅱ)浓度随时间的变化；（d）不同界面面积（单位为cm²）时有机相Ni(Ⅱ)浓度随时间的变化
除图中所示变量外，其他条件保持不变，分别是：界面面积119.34cm² [（a）、（b）中]、温度为28℃、搅拌速率为160r/min、$[\text{Co(Ⅱ)}_{(aq)}] = 0.21$g/L、$[\text{Ni(Ⅱ)}_{(aq)}] = 1.85$g/L、P507与Cyanex272的体积比为3∶2、两种萃取剂总体积分数为10%、稀释剂为磺化煤油、用10mol/L NaOH进行60%皂化

① 混合强度　搅拌强度直接影响萃取过程的传质速率，从而影响整个萃取速率。如在图3.7（a）所示，P507-Cyanex272萃取Co(Ⅱ)、Ni(Ⅱ)时的初始萃取速率都随搅拌速率增加而增加。同时在其他条件保持不变情况下，Ni(Ⅱ)的增加速率远超过Co(Ⅱ)，这表明Ni(Ⅱ)的反应速率快，其萃取速率主要是扩散控制；而Co(Ⅱ)的反应速率慢，萃取速率是反应控制，增加搅拌强度对其萃取速率的增大作用不明显。即通过萃取速率与搅拌强度的关系，可以判断反应的控制类型[39]。

② 操作温度　如图3.7（b）所示，Co(Ⅱ)、Ni(Ⅱ)的萃取速率都随温度增加而增加，但两者的斜率不同。若用温度倒数$1/T$与萃取速率对数$\ln N_0$做拟合，可得到此操作条件下Co(Ⅱ)、Ni(Ⅱ)在阿伦尼乌斯公式$k=A\mathrm{e}^{-E_a/RT}$中的表观活化能分别为23.76kJ/mol和16.63kJ/mol。据此可推测出此条件下Co(Ⅱ)的萃取为反应-扩散混合控制，而Ni(Ⅱ)为扩散控制。

③ 相界面面积　萃取反应都是发生在两相界面或界面附近的，因此相界面面积对于萃取速率有重要影响。如图3.7（c）、（d）所示，相界面面积越大，有机相金属离子增加得越迅速，即萃取速率越大。需要指出的是，实际萃取过程都是强烈混合过程，相界面面积大小不是确定值，因此无法通过控制相界面面积大小来调节萃取速率。

3.2.2.3　控制两相混合时间来评价萃取速率

如前所述，萃取速率的测量通常需要使用专门的仪器设备，有时为了简化评价方法，可用控制两相混合时间来评价萃取速率。如图2.19（b）、图2.20、图2.22等都观察到了相接触时间或振荡时间对萃取分离的影响。通过这些实验，即使不测量萃取速率、速率控制区域等动力学物理量，也可衡量萃取速率的快慢。而且，相接触时间、振荡时间等也是实际生产过程中最容易操作的变量。

3.2.3　反萃的测量

评价一种萃取剂是否容易反萃，可以从两方面进行：其一是实现反萃所需要的条件，另一个是反萃所能达到的程度。例如，为比较P227、Cyanex272、P507反萃性能的差异，分别测试了它们萃取Ho^{3+}、Er^{3+}、Tm^{3+}、Yb^{3+}、Lu^{3+}等五种较难反萃重稀土元素的反萃酸度和反萃程度。首先，在萃取剂浓度为1.0mol/L的条件下，控制其他萃取条件，获得都负载有0.086 mol/L稀土离子的有机相（此负载量受限于Cyanex272的饱和容量）。然后，再用不同浓度盐酸进行反萃。实验结果如图3.8所示，实验条件为：有机相与水相体积比为5mL∶5mL，25℃，振荡30min。

从图3.8可以看出：对于不同金属离子，从Ho^{3+}到Lu^{3+}，三种萃取剂完全反萃所需酸浓度逐渐升高，这符合酸性萃取剂反萃的普遍规律[47]；对于不同萃取剂，反萃时P227所需酸浓度与Cyanex272相近，都明显低于P507。例如Lu^{3+}的反萃，对于P227和Cyanex272萃取体系，分别只需1.5mol/L和1.3mol/L的盐酸浓度即可实现完全反萃；而对于P507萃取体系，即使采用6 mol/L盐酸，反萃率也仅93%，接近文献报道的5.0 mol/L盐酸反萃80%[48]，反萃不完全。这表明P227和Cyanex272不存在现有P507萃取体系的重稀土反萃难、酸耗高的问题，即反萃性能优于P507。

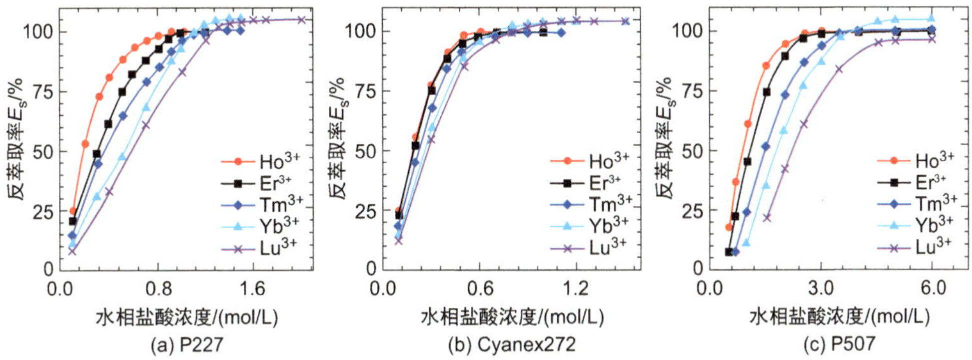

图3.8　不同浓度盐酸对相同稀土负载量(0.086mol/L)有机相的反萃

（a）、（b）、（c）分别为P227、Cyanex272、P507的反萃曲线

用类似的方法也可获得其他条件对反萃性能的影响。

3.2.4　稳定性的测量

萃取体系的稳定性是指在长时间运行过程中，体系各级浓度、体积、分相等各项性能指标都保持稳定，从而保证出口位置金属纯度和产量。萃取体系的稳定性，可以采用循环实验进行评价。

例如通过多次饱和萃取、反萃循环可测量((2-乙基己基)氨基)乙基膦酸二(2-乙基己基)酯萃取La(Ⅲ)的稳定性[49]，如图3.9所示。有机相为体积分数为30%的正庚烷溶液，水相为0.1mol/L $LaCl_3$溶液，初始pH=1。萃取时将新鲜的La(Ⅲ)料液与有机相接触，反萃时用2mol/L HCl反萃三次。循环10次，饱和容量都在10.48g/L左右，即此体系有较好的稳定性。

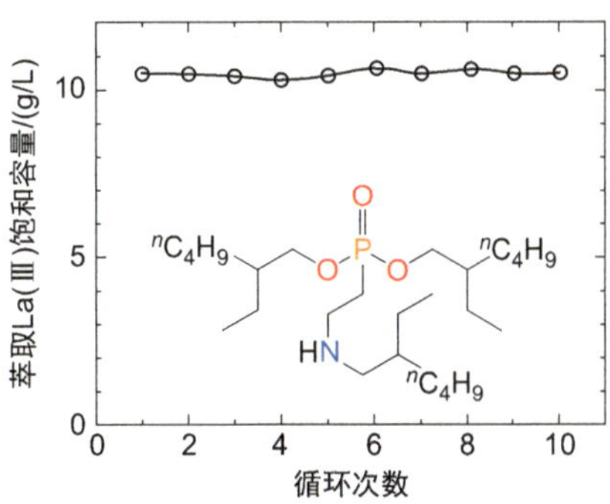

图3.9　萃取La(Ⅲ)的循环稳定性

为了更全面地评价萃取稳定性，还可记录萃取率、反萃取率、体积流失率等性能随循环次数的变化，如表3.3所列P227的循环实验。

表 3.3 P227 萃取 Lu^{3+} 的 30 次循环实验①

次数	E/%	E_s/%	V_o/mL	次数	E/%	E_s/%	V_o/mL
1	99.1	98.3	50.0	16	98.9	100.0	49.3
2	98.1	100.0	50.0	17	98.5	100.0	49.3
3	98.9	100.0	50.0	18	98.7	100.0	49.3
4	98.9	100.0	50.0	19	98.8	100.0	49.1
5	98.9	100.0	50.0	20	98.8	100.0	49.0
6	98.9	100.0	49.9	21	98.9	100.0	49.0
7	98.9	100.0	49.9	22	98.9	100.0	48.8
8	98.9	100.0	49.9	23	98.9	100.0	48.8
9	98.8	100.0	49.9	24	98.9	100.0	48.4
10	98.8	100.0	49.9	25	98.9	100.0	48.4
11	98.8	100.0	49.9	26	98.9	100.0	48.4
12	98.9	100.0	49.8	27	98.8	100.0	48.2
13	98.9	100.0	49.8	28	98.9	100.0	48.2
14	98.9	100.0	49.6	29	98.8	100.0	48.2
15	98.9	100.0	49.6	30	98.9	100.0	48.2

① E、E_s、V_o分别表示萃取率、反萃取率、有机相体积。实验条件：有机相为0.5mol/L P227的正十二烷溶液；水相为0.01mol/L $LuCl_3$，用NaCl保持离子强度为1.0mol/L；初始相比为50mL∶50mL，后续萃取和反萃的水相体积都为50mL；均用2.0mol/L盐酸进行反萃；25℃下振荡30min。

从表3.3可以看出，在萃取和反萃过程中，P227的萃取率和反萃率均在98%以上，用2.0mol/L盐酸即可实现完全反萃。30次循环后损失的有机相共计1.8mL，每次损失率仅为0.12%，主要为仪器黏附引起的损失。这些数据说明，P227在多次循环实验中的萃取性能保持稳定。

3.2.5 饱和容量的测量

有机相对金属离子的饱和容量是衡量萃取体系生产效率的重要指标，通常定义为单位质量或体积有机相达到饱和萃取、乳化或沉淀之前能负载金属离子的最大量。根据不同的计量方式，饱和容量的单位可以是g/L、mol/L、g/g、mg/L、mg/g等。饱和容量与萃取剂、萃合物在有机相中的溶解度、萃取平衡常数等有关。饱和容量最常用、也最方便操作的测试方法是：将有机相多次与新鲜水相接触，测量最终有机相负载金属离子的最大值。如为衡量体积分数为30%的HEHHAMP（一种酸性含磷萃取剂，*N*-正庚基氨基甲基膦酸单2-乙基己基酯）溶液对Yb(Ⅲ)、Lu(Ⅲ)的饱和负载量，可将有机相多次与新鲜水相接触，直到水相中金属离子浓度不再变化，说明有机相已达到饱和。通过测量每次接触后水相的萃余浓度，即可算得有机相总的金属离子浓度[41]。结果如图 3.10 所示。

从图3.10可以看出，随着接触次数的增加，有机相负载量增加量逐渐减少，当接触8次之后，增加量几乎可以忽略，此时对Yb(Ⅲ)和Lu(Ⅲ)的饱和容量分别为12.76g/L和15.43g/L。

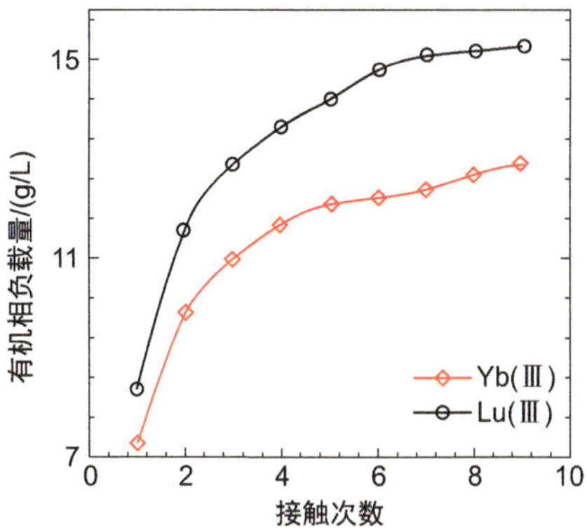

图3.10　30%HEHHAMP负载量随接触次数的变化

3.2.6　溶解性的测量

萃取体系溶解性的测量主要包括萃取剂与稀释剂互溶性、萃合物溶解性以及萃取剂水溶性三方面。

(1) 萃取剂与稀释剂的互溶性

通常是直接将萃取剂与稀释剂混合，通过观察混合后是否澄清均匀来判断。表3.4所列为三种亚砜醚萃取剂与几种常见稀释剂的互溶性[50]。

表 3.4　三种亚砜醚萃取剂与不同稀释剂的互溶性

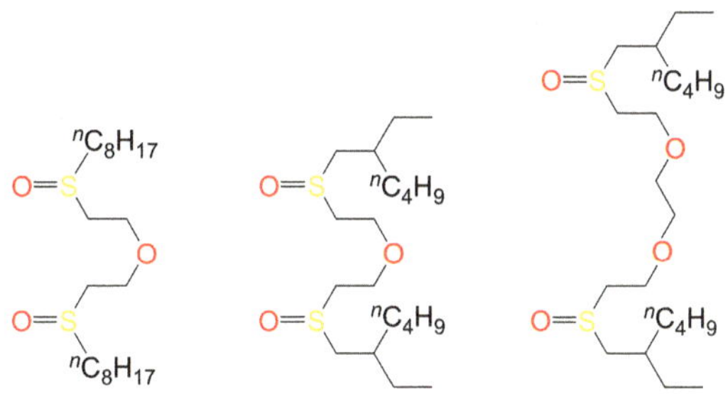

稀释剂	L1	L2	L3
氯仿	部分溶解	互溶	互溶
二氯甲烷	部分溶解	互溶	互溶
苯	微溶	互溶	互溶
甲苯	微溶	互溶	互溶
环己烷	微溶	互溶	互溶
磺化煤油	微溶	互溶	互溶

由表3.4可见，L2和L3可与所有常见稀释剂互溶，而L1只在极性的氯仿和二氯甲烷中有部分溶解，在非极性的芳香类、烷基类稀释剂都只是微溶，这表明L2和L3在稀释剂中的溶解性优于L1。此方法还可用于选择稀释剂。

(2) 萃合物的溶解性

萃合物溶解性可通过观察负载金属离子有机相的澄清、三相、乳化等现象进行衡量。

如为比较P227、Cyanex272萃取剂萃取稀土的萃合物的溶解性，可观察相同萃取剂浓度下各金属离子萃取体系的分相情况[51]，结果如图3.11所示。

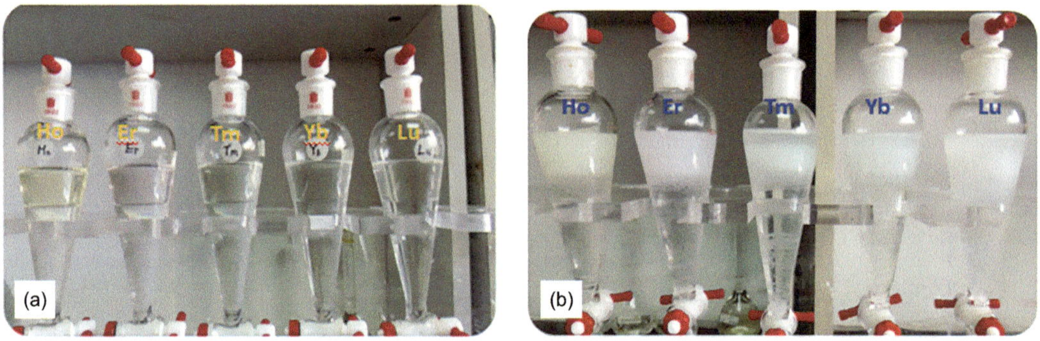

图3.11　P 227、Cyanex272饱和萃取重稀土的分相情况

从左到右依次为Ho^{3+}、Er^{3+}、Tm^{3+}、Yb^{3+}、Lu^{3+}（a）P227负载0.150mol/L稀土；（b）C272负载0.088 mol/L稀土

图3.11所示萃取体系中，有机相为P227和Cyanex272浓度均为1.0mol/L的正十二烷溶液。根据萃取机理，P227、Cyanex272这类萃取剂萃取稀土时金属离子与萃取剂的化学计量比为1∶6[52]，如果忽略萃取时的体积变化，则1.0mol/L萃取剂最多萃取0.167mol/L。P227负载0.150mol/L时，即达到90%萃取饱和度，萃合物仍然能完全溶解在有机相，两相均澄清透明；Cyanex272负载0.088mol/L时（有文献报道饱和容量为0.08mol/L[53]），已经出现明显乳化，分相也不彻底，萃合物在有机相中溶解困难。

除通过乳化现象衡量萃合物溶解性外，还可通过第三相来衡量萃合物在有机相中溶解性。第三相形成的原因是多方面的，包括稀释剂和萃取剂极性、温度、浓度、杂质离子等，萃合物在水相和有机相的溶解性也是形成第三相的原因之一。

（3）萃取剂在水相中的溶解性

通常萃取剂对水是稳定的，且在水中溶解度较低，但由于需要多次循环使用，其在水相中的准确溶解度仍然是维持其工艺稳定性的重要参数，涉及补充周期、补充量、废水有机物含量以及相应的处理方案等。根据国家标准《工业用化学品　具有高溶解性的固体和液体水溶性测定　烧瓶法》（GB/T 27841—2011）和《工业用化学品　具有低溶解性的固体和液体水溶性测定　圆柱层析法》（GB/T 22227—2008），烧瓶法和柱色谱（即标准中所说的“圆柱层析”）法分别适用于有机物在水中溶解度小于和大于0.01g/L时溶解性的测量[54-56]。

① 预试验　为了确认应该选用用烧瓶法还是柱色谱法进行测量，可采用预试验方法确定萃取剂的近似溶解度。操作过程是：室温下（20±0.5）℃下，将约0.1g萃取剂装入10mL具有玻璃塞的量筒，逐渐增加水的体积。每次加水后，搅拌10min，并观察是否完全溶解。当超过10mL水仍然无法完全溶解时，则换用100mL量筒继续实验。若溶解速率较慢，每次搅拌时间可适当延长，或用多个量筒加不同体积的水同时实验。根据溶解0.1g萃取剂所需水体积，可得其近似溶解度，如表3.5所列。

表 3.5　预试验加水体积与近似溶解度

所需水体积 /mL	近似溶解度 /（g/L）	所需水体积 /mL	近似溶解度 /（g/L）
0.1	>1000	10 ～ 100	10 ～ 1
0.1 ～ 0.5	1000 ～ 200	100 ～ 1000	1 ～ 0.1
0.5 ～ 1	200 ～ 100	1000 ～ 10000	0.1 ～ 0.01
1 ～ 2	100 ～ 50	10000	<0.01
2 ～ 10	50 ～ 10		

根据表3.5所列的预试验结果，确定测量溶解度该用烧瓶法还是柱色谱法。

② 烧瓶法　烧瓶法适用于测量在水中稳定且溶解度大于10^{-2} g/L的纯净物。其原理是：在略高于测定温度条件下，将待测物溶解在水中达到饱和状态，通过搅拌使其饱和状态的质量浓度恒定，取饱和溶液测量产品在水中的质量浓度，换算可得溶解度。

③ 柱色谱法　柱色谱法适用于测量在水中稳定且溶解度小于10^{-2} g/L的纯净物。其原理是：在一微型柱内填充预先负载了过量被测物的载体，再用水淋洗足够长的时间，使待测物在洗提液中能够形成稳定的结晶，测量待测物在水中的质量浓度，换算可得溶解度。

3.2.7　安全性的评价

萃取剂的安全性指其在生产、储存、运输、使用过程中不能对人或自然环境造成损害。可将萃取剂的安全性分为物理化学安全性和生物安全性，并分别进行相应指标的测试和评价。这里以P227为例，阐述萃取剂安全性评价过程与相应的标准。

3.2.7.1　物理化学安全性

物理化学安全性，即根据化合物的物理、化学性质，衡量其燃爆性、腐蚀性等。将P227的基本信息收集在表3.6中。

表 3.6　P227 的基本信息

项目	内容或数据	项目	内容或数据
结构	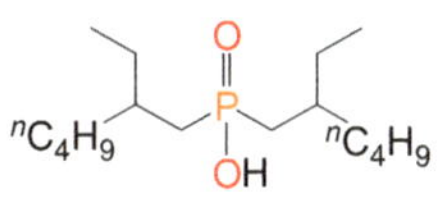	pK_a	5.45（75 % 乙醇，25℃）
牌号	P227	水溶性	13.9 mg/L（25℃）
中文名	二 (2- 乙基己基) 次膦酸	燃点	278℃
英文名	di(2-ethylhexyl)phosphinic acid	沸点	＞ 300℃
分子式	$C_{16}H_{35}O_2P$	闪点	174℃
分子量	290.42	密度	0.921（25℃）
CAS 号	13525-99-0		

从表3.6中所列沸点、闪点、pK_a值可以看出该化合物闪点和沸点高、酸性弱。由此可以确定该化合物不易燃、不易爆、化学腐蚀性低。另外，在实际使用过程中，在塑料

容器、玻璃容器、金属容器中都可长期存放，表明其物理化学安全性符合要求。

3.2.7.2 生物安全性

生物安全性主要包括毒性和刺激性，可通过生物试验进行衡量。按照相应国家标准需要进行小鼠急性经口毒性试验、家兔皮肤刺激性试验、家兔眼刺激性试验、污染物致突变性试验、哺乳动物微核试验等。在这里收集了P227的测试结果。

（1）小鼠急性经口毒性试验

依据国家化学品急性经口毒性试验方法的标准（GB/T 21757—2008）[57]，研究了P227一次经口给予动物引起不良反应和死亡情况的最大耐受剂量，结果如表3.7所列。

表3.7 小鼠的P227急性经口毒性试验结果

动物性别	剂量/（mg/kg）	动物数/只	死亡动物数/只	死亡率/%
雌性小鼠	21500	5	5	100
	10000	5	5	100
	4640	5	0	0
	2150	5	0	0
雄性小鼠	21500	5	5	100
	10000	5	5	100
	4640	5	0	0
	2150	5	0	0

根据表3.7所列动物死亡情况，查霍恩氏法LD_{50}表，经计算可知：对于雌性和雄性小鼠，P227急性经口的LD_{50}都是6810mg/kg，为“实际无毒级”。Cyanex272的大鼠经口LD_{50}值为3500mg/kg[58]，P507的家兔经口LD_{50}值为1070mg/kg[59]。

（2）家兔皮肤刺激性试验

依据《化学品　急性皮肤刺激性/腐蚀性试验方法》（GB/T 21604—2022）[60]，进行了P227家兔皮肤刺激试验，结果如表3.8所示。

表3.8 P227对家兔皮肤刺激性反应评分

项目	食用植物油对照	P227样品
24h	0	0
48h	0	0
72h	0	0
总分	0	0
均值	0	0
结论	无刺激性	无刺激性

P227样品贴敷24h、48h、72h后，均未见红斑及水肿，试验期间家兔活动正常，毛色光泽度好，未见任何中毒症状和死亡。P227对白色家兔的皮肤刺激强度为“无刺激性”。

（3）眼刺激性试验

依据《化学品　急性眼刺激性/腐蚀性试验方法》（GB/T 21609—2008）[61]，进行了P227对家兔眼刺激性试验，测试结果如表3.9所示。

表 3.9　P227 对家兔眼刺激性反应加权积分

项目	食用植物油对照	P227 样品
1h	0	4
24h	0	0
48h	0	0
72h	0	0
第 4 天	0	0

实验发现：刺激1h后，可见结膜充血，结膜具有超过正常的少量分泌物，如表3.9所示加权积分为4；24h后角膜、结膜、虹膜均未见明显刺激，已恢复正常。按眼刺激性分级及其评价标准，为“无刺激性”。与同类产品Cyanex272相比，优于Cyanex272——从CYTEC公司的产品手册可知，Cyanex272对家兔眼睛和皮肤产生“轻微刺激”[58]。

（4）污染物致突变性试验

依据《食品安全国家标准　细菌回复突变试验》（GB/T 15193.4—2014）[62]，采用平板渗入法测量了P227对微生物（试验菌株为TA98）的基因突变作用，即Ames试验，以预测其遗传毒性和潜在的致癌作用，结果如表3.10所列。实验时采用TA98-S9和TA98+S9两个体系，以分别测量直接移码型致突变性、间接移码型致突变性。MR=诱发回变菌落数/自发回变菌落数。

表 3.10　P227 对 TA98 菌株回复突变试验

组别	TA98-S9		TA98+S9	
	菌落数	MR	菌落数	MR
5mg/皿	10.3	1.20	7.3	0.85
2.5mg/皿	8.6	1.00	11.0	1.28
1.25mg/皿	9.3	1.08	10.0	1.16
0.625mg/皿	7.6	0.88	9.6	1.12
食用油对照	8.6	1.00	7.3	0.85
阳性对照	88.3	10.27		

从表3.10的试验结果可以看出，与溶剂对照组相比，阳性对照组MR为10.27，大大高于2，说明有强诱变性；各P227剂量组的MR值均小于2，与溶剂对照组相近，说明P227对微生物“无直接或间接致突变性”。

（5）哺乳动物微核试验

依据《化学品　体内哺乳动物红细胞微核试验方法》（GB/T 21773—2008）[63]，测试P227对哺乳动物的基因突变作用，预测其遗传毒性和潜在的致癌作用（试验动物为昆明种小鼠）。结果如表3.11所示。

表3.11 P227对小鼠红细胞微核试验

组别	动物数	剂量/(mg/kg)	200个PCE中NCE数	1000个PCE中微核数
食用油对照	10	0	164.4	0.6
环磷酰胺	10	40	213.3	24.8
P227	10	2000	172.8	0.8

从表3.11可以看出，与溶剂对照组相比，环磷酰胺可使小鼠骨髓的微核率明显升高，而P227对小鼠骨髓微核率没有显著影响。

从表3.7～表3.11所示数据可以看出，P227对哺乳动物和微生物的影响都很小，可以认为P227对生物是安全的。

综上所述，P227萃取剂具有不易燃、不易爆、无腐蚀性，对微生物、哺乳动物的毒性和致突变性都符合相应的国家标准，由此可以判断P227符合安全性。通过类似的方法和实验也可评价其他萃取剂的安全性。

除考虑上述性能外，实际萃取剂还需要考虑合成、来源、受干扰能力以及在中试设备和实际设备中的运行情况。合成和来源将在第8～12章分类型介绍，其他性能的评价可参阅相关资料。

3.3 萃取剂的结构-性能关系

与其他分子一样，萃取剂的性能也是由其分子结构决定的，分子结构与性能的相互关系是化学领域中人们常常关心的问题之一。早在1868年Crum-Brown和Fraser就提出，分子活性可以表示为化学结构的函数，但直到1964年Free-Wilson方法和Hansch方法（用多元回归方法拟合一系列化合物物理化学取代基或全局参数表示的疏水、电子、立体以及其他性质与生物活性的定量关系）发表后，结构-性质关系的研究才逐步用于解决实际问题[64-65]，实现了用分子的物理、化学等无生命的性质描述有生命的生物活性。但Free-Wilson和Hansch最开始用作自变量的性质都是属于分子整体的性质，不涉及具体分子结构，即并不能直接把结构和性质联系起来。直到1988年Cramer发表了“比较分子力场分析法”以及后来的“比较分子相似性法”之后[66-67]，才明确地将分子结构和性质联系起来。

根据IUPAC的定义，结构-性能相关性（structure-property correlations，SPC）是指用统计回归或模式识别技术将分子所有性质（包括物理学属性、化学属性、生物学属性等）与其他性质相关联的统计属性方法[68-69]。在不同的领域或针对不同研究对象，SPC有不同的称谓。如结构-活性关系（structure–activity relationship，SAR）、定量结构-反应性关系（quantitative structure–activity relationship，QSAR）、定量结构-选择性关系（quantitative structure–selectivity relationship，QSSR）、定量结构-代谢关系（quantitative structure–metabolism relationship，QSMR）、定量结构-性质关系（quantitative structure–property relationship，QSPR）、定量结构-反应性关系（quantitative structure–reactivity relationship，QSRR）、三维定量结构-活性关系（three-dimensional quantitative structure–activity relationship，3D-QSAR）等。本书关注金属萃取剂结构-与其各种性能之间的关系，为了简化叙述，凡是涉及金属萃取剂结构-性能关系的内容，统称QSPR。

结构-性能关系的核心思想是将分子性能（P）当作结构（S）的函数，即：

$$P=f(S)$$

QSPR研究的主要任务就是建立性能P与结构S之间的显函数表达式，并通过该表达式预测分子结构发生变化时相应的性能变化；同时根据目标性能，设计相应的分子结构，即结构-性能关系的反函数：

$$S=f^{-1}(P)$$

值得注意的是，这里的分子结构是电子层次的，包含了分子中原子的连接方式、原子种类以及电荷分布。QSPR研究成败关键在于能否将结构S用可以进行数学运算的数值描述符表示（即实现分子结构的参数化），以及将数值描述符转化为具体分子结构（即参数的结构化）。QSPR建立起目标性能与分子中可测量或计算描述符之间的定量关系式，能为分子设计指明定量方向。

如利用QSPR方程指导驱油用表面活性剂设计[70]。在注水采油时，向水相中加入表面活性剂可降低注入水与地层残余油之间的界面张力，有利于将残余油驱替出来，提高采油效率。随着第三次采油技术的发展，对驱油用表面活性剂提出了更高的要求。研究发现，表面活性剂的亲水亲油平衡值HLB（定义式见6.1.1），对于水/原油界面张力具有直接影响。调节表面活性剂的HLB值，可降低水/原油表面张力，甚至可以达到10^{-3} mN/m数量级，符合驱油要求，因此，可以采用HLB作为目标函数。若选用的描述符能准确描述HLB，则可认为这些描述符能描述表面活性剂对水/原油界面张力的降低性能，即驱油性。选用包含直链和支链的酯、醇、磺酸、亚磺酸、苯磺酸、羧酸以及这些羧酸的钠盐作为训练集，采用多元线性拟合的方法可以建立HLB与多个描述符之间的线性关系：

$$\begin{aligned}\text{HLB} =& -(13.7269 \pm 4.8185) + (16.5477 \pm 1.4466)\text{MVC} + (19.1974 \pm 8.0797)\text{MPCO} + \\ &(4.5620 \pm 4.7690)\text{PP} - (0.5206 \pm 1.0317)(\text{I}-\text{NC}) - (1.3008 \pm 0.8739)(\text{I}-\text{KSI3})\end{aligned}$$

式中，MVC是碳原子的最低化合价；MPCO是氧原子的最大局部电荷；PP是分子的极化参数；(I-NC)是疏水部分碳原子数目；(I-KSI3)是疏水部分的3级拓扑形状指数。上式的相关系数平方$R^2=0.9865$，显著性检验值$F=991.37$，方差$S^2=2.4991$。无论是R^2、F、S^2等统计参数，还是拟合值与实验值的相关性曲线（图3.12），都表明上式对实验HLB有极好的拟合，可作为设计驱油性能优异表面活性剂的参考数据。规律如下：a. 磺酸根、羧酸根负离子的可极化性差，氧原子数目少，可作为亲水头；b. 推荐采用碳原子数目在18～22的烷烃链作为亲油端；c. 烷烃链上引入苯环提高表面活性的效果显著；d. 烷烃链应有一定的支链化程度，且支链位置应远离亲水头，同时甲基数目多的异构体具有较高的疏水性。

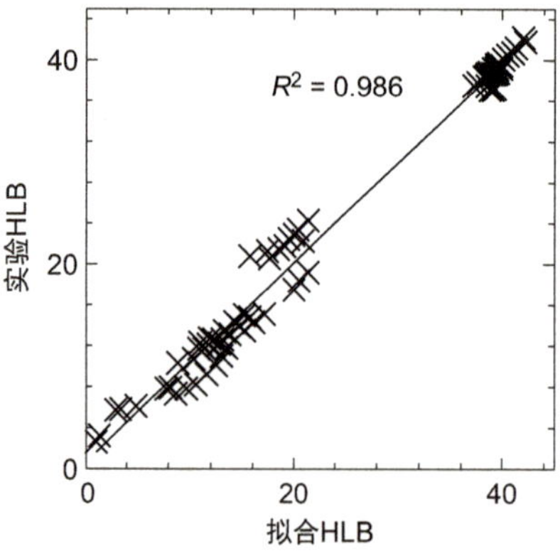

图3.12　HLB拟合值与实验值的相关性曲线

3.3.1　QSPR的研究

现代化学认为分子是保持物质化学性质的最小微粒，而且人们对分子结构已经有非常可靠的鉴定方法，众多以分子为主体表现出的性质都通过分子结构得到了解释。从分子拓扑学角度来讲，分子是由若干原子通过化学键相连接组成的电中性实体。分子中的原子类型及其空间排列共同决定了分子的结构和性质（分子结构也是一种性质），并对分子的宏观物理、化学、生物学等性能都有很大影响[71]。

QSPR研究已经在化学、药学、环境科学等领域得到了有效的应用[72]。QSPR的研究方法可以归纳为：

第一，将分子的结构通过适当的方式转化为可以进行数学运算的数值描述符；

第二，假定分子结构和性能之间存在可显性表达的函数关系式；

第三，通过已知分子（训练集）求解显性函数表达式，并用于新分子（测试集）的性能预测。

化学学科发展到今天，已经形成理论、计算、实验相结合的研究方式。建立QSPR模型也可用这三种研究方式单独或联合进行。在理论上，通过分子轨道分析、价键理论分析等，以经验键长、键角、核电荷数、价层电子数等作为结构参数，可以获得在趋势上具有一定判断能力的QSPR模型。在计算上，根据以量子力学为基础发展起来的从头算方法、杂化方法、耦合簇方法、密度泛函理论方法等准确计算出的分子结构局部性质作为结构参数，可以实现直接建立分子反应中心各种能量的、电子的、力的数值与分子性质的关系。在实验上，由于基团对分子性质的影响具有可迁移性（Hammett方程正是基于此原理），可以先测量分子的一些基本性质，如特征光谱位置、化学位移、熔点、沸点等，作为分子的结构参数，再通过这些结构参数建立与目标性能的关系。

随着理论、计算、实验的各自发展，QSPR模型的构建方式也趋于联合。即，通过实验测量关心的目标性能；通过理论、计算、实验分别获取结构参数，扩大了 $P=f(S)$ 的定义域；强大的计算能力使得拟合结果可以迅速得到反馈，可以筛选更多类型的函数关系式。最近，人工智能也被用于QSPR研究。利用人工智能，可处理更多函数模型、更多类型自变量，挖掘出更准确的分子结构与其性能之间的关系[73]。

3.3.2　建立QSPR模型的过程

（1）基本步骤

QSPR模型的类型众多，参数求解方式也多种多样。但建立QSPR模型的基本过程可用图3.13表示。

图3.13所示过程可分为五个步骤[72]：

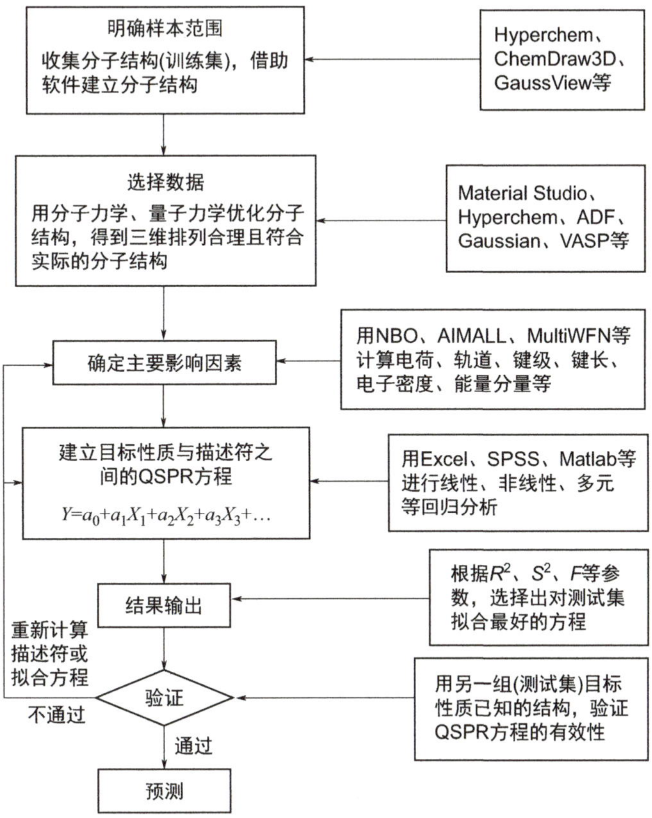

图3.13　理论计算建立QSPR方程的基本步骤

第一步，明确样本范围。尽管QSPR假定分子结构和性能之间存在可显性表达的函数关系式，但任何结构描述符都难以完全地反映分子实际结构。这导致现有QSPR模型并不能实现对任何结构进行结构-性能的研究。因此，在建立QSPR模型时，也需要界定哪些类型的结构可以被纳入到研究范围。无论是训练集还是测试集，所采用的样本容量越大，模型的可靠性越强。

第二步，选择数据。在建立QSPR模型时，数据的可靠程度直接关系到建模的成败，实验方法、测量精度都影响数据的可靠性。在实际操作中，对于实验数据，需要选择方法普适性广、重复性好的数据，尤其是对于实验条件敏感的数据，应尽量选用同一来源的数据；对于电子密度、能量、轨道能等对计算方法敏感的数据，选用时应设法扣除计算方法的影响，或选用同一条件下的计算结果。

第三步，确定主要影响因素。从实验和计算可以获得多种可以表示分子结构的描述符，但并不是所有结构参数都对目标性能有非常明显的影响。建立QSPR模型前，应该对获得的结构参数进行取舍，只选用对目标性能可能有较大影响的结构参数。

第四步，建立回归方程。将目标性能看作值域，选用的结构参数看作定义域，用适当的函数将两种联系起来。通常用有待定参数的初等函数或由初等函数经四则运算组成的复合函数表达式，如一元线性方程、多元线性方程、多元高次方程、指数函数、对数函数等。建模过程可以借助众多的数学软件工具，手动或自动完成。得到结构参数与目标性能之间的显性函数表达式，这就是QSPR模型，也称为QSPR方程。

第五步，验证模型。用待定参数法得到的QSPR方程与根据定义式进行严格推导的定律不同。QSPR方程的预测能力，需要用一组（即测试集）通过相同条件获得的数据进行验证。在测试集，QSPR方程对目标性能的预测值与实验值的相关系数平方越接近1，说明QSPR准确性越可靠。

（2）应用实例

以多元线性回归建立酸性含磷萃取剂pK_a值QSPR的建立与检验为例，可以看到具体操作步骤[74]。酸性含磷萃取剂对众多金属离子具有优异的萃取分离性能，在湿法冶金中占有重要的地位。在钴/镍、稀土、镓/锗等众多分离体系中都有应用，如典型的P204、P507、Cyanex272、P227等都属于酸性含磷萃取剂[75]。酸性萃取剂的pK_a值对于其萃取、分离性能有重要影响。如P204、P507、Cyanex272的酸性pK_a值逐渐升高，分别为3.05、4.54、5.52，它们用于稀土萃取时的反萃酸度也相应地逐步降低、萃取速率减慢。因此，酸性含磷萃取剂的酸性被广泛关注，建立可靠的pK_a值预测模型不仅有助于设计新型高效酸性含磷萃取剂，还有利于从分子结构的角度对化合物酸性有更深刻的理解。

按照图3.13所示步骤，酸性含磷萃取剂pK_a值的QSPR方程建立的过程为：

第一步，收集分子结构。收集有代表性的多种酸性含磷化合物（一种分子能否被用作萃取剂需要考虑多种因素，在这里称为“化合物”更恰当）的分子结构（其通式见图3.14）和pK_a值。将这些结构随机分为两组，一组作为训练集，用于拟合QSPR方程；另一组作为测试集，用于验证拟合方程的有效性。共收集96个结构，其中训练集51个，测试集45个。对所有结构，用GaussView绘制分子三维结构，并保存相应的原子坐标作为结构优化的输入文件。

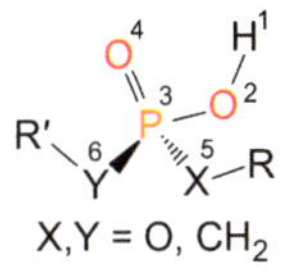

图3.14　酸性含磷化合物分子结构通式

第二步，获取分子结构。用上步保存的输入文件作为初始结构，在Gaussian软件中用密度泛函理论方法结合恰当的基组（M062X/CC-PVTZ）进行结构优化，得到更合理的分子结构。

第三步，计算描述符。基于优化后的分子结构，利用NBO软件进行1～6号原子上的原子电荷（包括ESP、Mulliken、NPA）、分子轨道能（HOMO、LUMO）的计算，并统计关键部位的键长（如H_1—O_2、O_2—P_3、P_3—O_4、P_3—X_5、P_3—Y_6等）。这些都是可用作描述符的量。

第四步，利用训练集建立回归方程（Excel或SPSS等软件）。

a. 单变量拟合。分析计算的所有描述符与pK_a值的关系，结果发现，拟合效果最好的是O_4的NPA电荷、O_2的Mulliken电荷、P_3—O_4键长、O_2—P_3键长，它们与pK_a值之间的相关系数平方R^2分别为0.8616、0.6474、0.6470、0.6000。即单变量拟合时最好的结果其R^2也达不到0.9，这样的结果表明不能用单变量实现对pK_a值的准确拟合。

b. 多变量拟合。考虑最简单的多元线性拟合，在SPSS软件中，以pK_a值作为因变量，所有的描述符作为自变量，采用逐个删除法，自动获取多种拟合结果。也可以在Excel中根据自变量之间的相关性，手动选择不同的组合进行多元线性拟合。在获得的多个拟合方程中，选择自变量数量不超过4个，且R^2值最大的拟合结果为：

$$\begin{aligned} pK_a = &(-20.2272 \pm 9.6952) + (5.7303 \pm 0.7723)Q_{E,4} + (9.0450 \pm 0.8786)L \\ &+ (-83.6396 \pm 11.0230)Q_{N,1} + (-62.3397 \pm 4.3680)Q_{N,4} \\ R^2 = &\ 0.9742 \end{aligned}$$

式中，$Q_{E,4}$、$Q_{N,1}$、$Q_{N,4}$分别表示4号原子的ESP电荷、1号原子的NPA电荷、4号原子的NPA电荷；L表示分子的LUMO能量。

选用不同的自变量组合可以获得不同的拟合方程，且R^2都在0.95以上，即多元线性拟合具有多解性。此方程就是利用训练集获得的QSPR方程。建立此方程，也就确定了能用于描述pK_a值的描述符以及相应的系数（图3.13中的$a_0,a_1,a_2\cdots$）。QSPR的拟合质量可以通过上式在训练集中的拟合值与实验值的关系获得，结果如图3.15（a）所示，两者的$R^2=0.9742$。这样的拟合结果明显高于单变量拟合，可被认为是有效的。

第五步，用测试集验证QSPR方程的有效性，即用QSPR根据测试集的分子描述符预测其pK_a值，并与已有实验值进行比较。将测试集的分子描述符代入上式可得到对测试集的预测值。若预测值与实验值符合得很好，则证明QSPR方程是有效的，可以用于酸性含磷化合物pK_a值的预测。结果如图3.15（b）所示，$R^2=0.9662$，证明是有效的预测，即上式可以作为酸性含磷化合物pK_a值的QSPR方程。

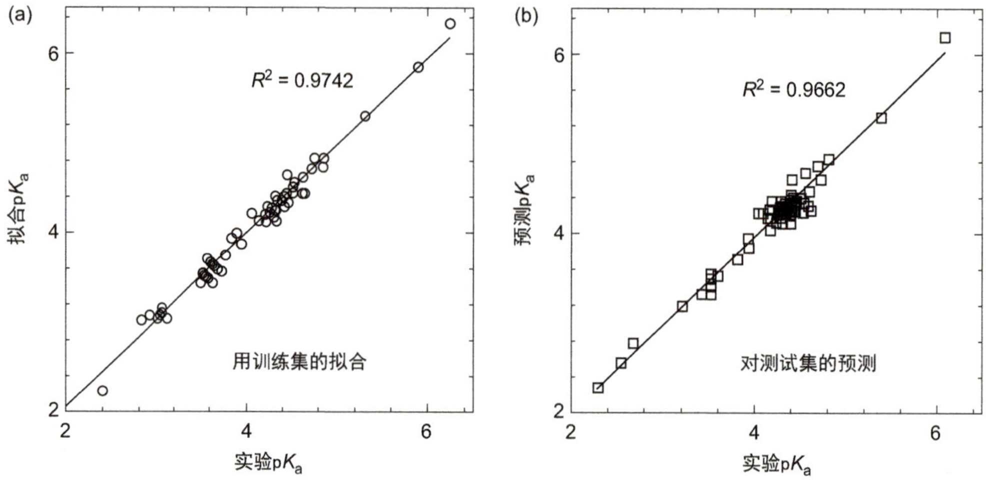

图3.15　训练集拟合值与实验值的关系（a）以及测试集预测值与实验值的关系（b）

需要指出的是，QSPR方程的质量与样本是否具有代表性、描述符的准确性与选择、拟合手段等多方面因素有关。这样拟合出的QSPR只是目标性能与描述符之间数值上的相关关系，而不反映这些量之间的因果关系和明确的物理含义。QSPR方程都有一定的适用范围，对类似结果预测效果好，而对差异较大的结果预测效果差。

3.3.3　分子结构参数化方法

任何可以直接或间接表示分子结构特征的数值描述符都可被称作分子的结构参数。如对各种性质有特殊贡献的官能团类型、位置、数目，原子的空间位阻和种类，电子密度大小，化学键类型等分子局部性质；分子脂水分配系数，偶极矩，电子亲合势，电离势，轨道能、分子体积等分子整体性质。结构参数的作用是将分子的结构转化为可以进行四则运算的量，在QSPR研究中实现分子结构参数化。结构参数的来源主要有以下几种：

第一，拓扑参数。如化学图连接矩阵，以及以此为基础产生的能进行数值运算的结构表达式。其中分子连接性指数是一种常用的平面拓扑参数[71]。分子拓扑参数可以进行逆运算映射回分子结构，是分子结构连接方式的完整表达，也是最能体现分子中原子空间排布信息的结构参数。

第二，结构碎片。对于分子的某些性质，尤其是局部性质，往往主要由分子中某些官能团或某部分决定，这时可以用表示化学结构碎片的符号表示结构参数，如取代基位置编号。

第三，立体结构。众多分子都带有手性中心、手性轴、手性面等立体异构现象。分子的立体构型对分子性质有重要影响。在研究与手性相关性质的QSPR时通常需要把分子的立体结构也作为结构参数。

第四，取代基常数。与结构碎片不同，取代基常数的依据是假设取代基对结构的影响具有可迁移性和加和性。如从芳香化合物拟合而得的Hammett常数和从脂肪族化合物拟合而得的Taft常数。

第五，其他理化性质。分子结构决定分子性质，所以任何分子性质都是分子结构的表达形式。若把一种分子性质看作目标性质，则其他性质都可以被当作结构参数。

第六，计算化学描述符。用计算化学方法通过计算获得原子电荷、轨道能、电子密度分布、静电势、分子偶极矩等实验难以测量的分子性质。

从结构参数所代表的结构意义，可以把这些结构参数分为局部结构参数和全局结构参数。如手性中心的立体构型、计算的原子电荷、取代基位置编号等就属于局部结构参数；而计算的分子偶极矩、实验测量的整个分子性质、取代基常数等就属于整个分子的结构参数。局部结构参数常用于预测分子活性位点、质子亲和势、pK_a值等局部性质；整个分子结构参数常用于预测分子溶解度、脂水分配系数等整个分子的性质。近年来，为了更合理地描述分子结构，分子结构的参数化方式得到了极大的发展。如用分子电子数、轨道能等带有原子间相互作用信息的计算值定义分子连接性指数，赋予了拓扑参数化学信息，使得QSPR研究不再局限于统计学角度的解释和预测。

需要注意的是，分子结构决定物质化学性质，但是金属溶剂萃取过程中不仅有化学变化，还包含物理变化，如分相、传质、传热等。这些萃取过程中的宏观性质，是由分子结构及其形态共同决定的，单纯的QSPR研究很难对这些宏观性质给出完全准确的预测。这属于分子聚集态以及体系组成的问题。

3.3.4　萃取的QSPR方程举例

由于通过结构可理解和预测萃取性能，许多研究者对其进行了大量研究。在这里收集了一些从不同角度研究萃取剂QSPR的例子，以作为类似研究参考。

（1）酸性萃取剂pK_a值的QSPR

酸性萃取剂pK_a值用于衡量一种萃取剂萃取能力和反萃难易程度。如萃取剂反萃性能的QSPR研究，通常以衡量配位基团结合能力作为目标性质进行间接衡量，如酸性萃取剂的pK_a、中性萃取剂配位基团的电荷数或电子密度等。酸性萃取剂在非皂化时可以按质子交换机理对金属离子进行萃取，用酸反萃的反应是萃取反应的逆反应，反萃难易程度与萃取剂的质子解离常数的负对数值pK_a密切相关。如P204、P507、P227，pK_a值依次升高，反萃时所需酸浓度也逐渐降低，其原因是pK_a值越高，萃取剂酸根离子越容易与H^+结合，交换反应就越容易进行。因此，pK_a值可以用于衡量萃取剂的反萃性质。pK_a除用于衡量反萃性质外，还是衡量分子其他特性的重要参数，关于pK_a的QSPR研究非常多[76]。

图3.16所示为用结构描述符拟合的一些萃取剂纯物质和混合溶液的pK_a值。在图3.16（a）中，用键连接指数和脂水分配系数作为结构参数可以对不同类型的萃取剂纯物质pK_a实现定量拟合，包括磷酸酯、膦酸酯、次膦酸、硫代次膦酸、羧酸、叔胺、伯胺、仲胺

等。在图3.16（b）中，用多元线性拟合的方法，以多个计算化学描述符，实现了对混合溶液在溶剂中pK_a值精确拟合和预测，误差小于0.1个对数单位。关于酸性萃取剂pK_a的QSPR研究收集在表3.12中。

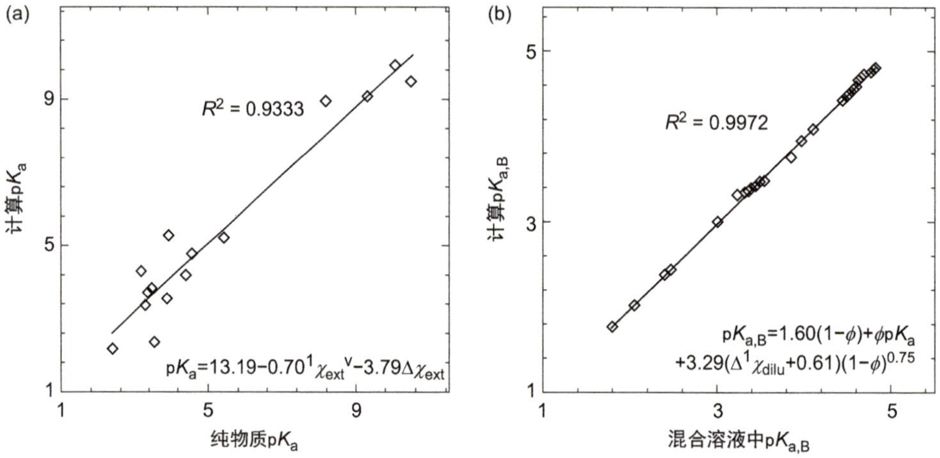

图3.16　用结构描述符拟合的一些萃取剂纯物质pK_a值（a）和混合溶液的pK_a值（b）

其中，${}^1\chi_{ext}^v$、$\Delta\chi_{ext}$分别表示萃取剂一阶分子连接性指数、萃取剂的包含了原子非σ电子信息的一阶分子连接性指数的差异；ϕ、$\Delta^1\chi_{dilu}$分别表示萃取剂的体积分数、稀释剂的一阶分子连接性指数差异

表 3.12　几个预测化合物 pK_a 值的 QSPR 模型

编号	QSPR 方程与模型描述
1	$pK_a = (-20.2272 \pm 9.6952) + (5.7303 \pm 0.7723)Q_{E,P=O} + (9.0450 \pm 0.8786)LUMO + (-83.6396 \pm 11.0230)Q_{N,P-OH} + (-62.3397 \pm 4.3680)Q_{N,P=O}$ 以 51 个酸性含磷化合物 pK_a 值为目标函数建立的 QSPR 方程，其中，$Q_{E,P=O}$、LUMO、$Q_{N,P-OH}$、$Q_{N,P=O}$ 分别是磷酰氧上的 ESP 电荷、分子 LUMO 能、活泼氢的 NPA 电荷、磷酰氧的 NPA 电荷。对训练集 51 个分子的拟合和测试集 45 个分子预测值的 R^2 分别为 0.9742 和 0.9662[74]
2	$pK_a = 13.19-0.70{}^1\chi_{ext}^v-3.79\Delta^1\chi_{ext}$ 用一阶分子连接性路径价指数 ${}^1\chi_{ext}^v$ 及其差值 $\Delta^1\chi_{ext}$ 对 15 个常用萃取剂分子纯态 pK_a 值的拟合结果，$R^2 = 0.9333$[76]
3	$pK_a =-1.4111\sigma^*-0.1644{}^1\chi_p + 4.3372$ 用一阶分子连接性路径价指数${}^1\chi_p^v$和Taft常数σ^*对羧酸化合物pK_a的拟合，包含34种分子的48个pK_a值，$R^2=0.9317$[77]
4	$pK_a^{exp} = 0.670pK_a^{pred} + 1.188$ 用 7 个参数拟合 38 个羧酸类化合物 pK_a 值的方程可对 11 个另外的羧酸分子 pK_a 值进行预测，预测的 $R = 0.901$[78]
5	$pK_a^{exp} = 0.9533pK_a^{pred} + 0.3559$ 用机器学习的方法预测药物分子中不同位置 N—H 酸性，$R = 0.9004$[79]
6	$pK_a^{exp} = 1.1337pK_a^{calc}-0.3059$ 对 15 个羧酸化合物计算 pK_a 值与实验 pK_a 值的拟合，计算时以水为容易考虑溶剂化效应，$R^2 = 0.8683$[80]

从表3.12可以看出，对pK_a的拟合方程，若采用多元线性回归拟合时，大部分R^2都可达到0.9以上。采用的样本量容量越大、描述符越有物理含义，拟合的结果与实验符合得越好。

（2）分配比$\lg D$和选择性的结构-性能关系研究

中性磷（膦）P═O红外特征频率与萃取金属分配比的QSPR。中性磷（膦）萃取剂是铀、钍分离中常用的萃取剂，其结构主要有四类，即$R_3P{=}O$、$R_2(RO)P{=}O$、$R(RO)_2P{=}O$、$(RO)_3P{=}O$[81]。R基团结构对这类化合物对铀、钍的分离性能有非常明显影响。研究发现，可以用P═O键伸缩振动红外吸收波数、R基团电负性总和、氧原子电荷数等作为结构参数，与铀、钍的分离系数建立线性QSPR方程，如图3.17所示。

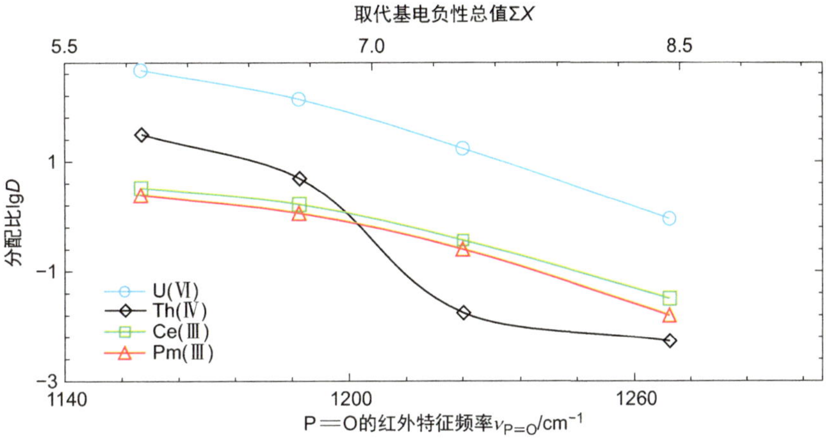

图3.17　用P═O的红外特征频率$\nu_{P=O}$和P上取代基电负性总值ΣX对各金属离子分配比lgD的拟合

图3.17中取代基电负性总值ΣX和P=O红外特征频率$\nu_{P=O}$都和磷酰氧与金属离子的配位能力有明显的物理相关性。若考虑单个金属离子时，得到的R^2值，Th(Ⅳ)为0.91，其他三种金属都在0.96以上；但若同时考虑四种金属离子，用$\nu_{P=O}$和ΣX对$\lg D$做二元线性拟合，得到的R^2值仅为0.67。由此可推断仅用P═O红外特征和基团电负性都可衡量萃取剂的萃取能力，但不足以描述对不同金属离子的分离能力。事实上，在形成萃合物时，烷基结构的空间位阻效应也有影响，因此需要在线性方程中增加一项空间位阻。结果表明增加基团总空间效应后，做三元线性拟合的R^2值可达到0.9。并可将拟合方程进一步代入分离金属间分离系数表达式，预测相应的分离系数。类似的，其他类型萃取剂选择性的QSPR研究也有报道，结果列入表3.13中。

表 3.13　关于萃取选择性的几个 QSPR 模型

萃取体系	QSPR 模型
多联吡啶从硝酸体系中萃取分离 Am(Ⅲ)/Eu(Ⅲ)，1,1,2,2- 四氯乙烷做稀释剂	用 CODESSA-PRO 软件计算基于结构的分子片段作为描述符，以 Am(Ⅲ)/Eu(Ⅲ) 分离系数作为目标函数，采用多元线性拟合。对测试集的 36 个结构拟合的 R^2 = 0.906，对测试集 10 个结构预测的 R^2 = 0.893。适用范围是 $\beta_{Am(Ⅲ)/Eu(Ⅲ)}$ = 10 ～ 30。通过此模型可预测出多个可能具有高分离系数的配体结构 [82]
水相中有机配体与 Ni(Ⅱ)、Co(Ⅱ)、Cu(Ⅱ)一级稳定常数 $\lg K_1$ 和累积二级稳定常数 $\lg\beta_2$ 的预测	以实验测得的数百个 $\lg K_1$ 和 $\lg\beta_2$ 为目标函数，用 EdChemS 和 EdiSDF 软件获取分子描述符，用 ISIDA/QSPR 程序包进行自动多元线性拟合建立 QSPR 模型。该模型可以实现通过 $\lg K_1$ 预测 $\lg\beta_2$，进而预测金属离子间的分离性能 [83]
水相中有机配体与 Mn^{2+}、Fe^{2+}、Y^{3+}、La^{3+}、Pb^{2+}、UO_2^{2+} 一级稳定常数 $\lg K_1$ 的拟合与预测	以这些金属离子与一些有机配体的 $\lg K_1$ 实验值为目标函数，用基于分子片段的结构性描述符做自变量，在 ISIDA/QSPR 程序中用多元线性回归方法建立一致性 QSPR 模型，并用于预测更多配体的 $\lg K_1$，对于 60% 以上的预测绝对误差小于 1 个对数单位。所有结果参数都基于分子拓扑学，可实现快速对大量配体进行筛选 [84]
水相中 Mg^{2+}/Ca^{2+} 识别传感器	以金属离子与有机配体配合物稳定常数的比值作为目标函数，用基于分子拓扑学的结构参数作为描述符，在 ISIDA/QSPR 用多元线性拟合的方法实现 $\lg K_{(Mg(Ⅱ)/Ca(Ⅱ))}$ 在 −1.7 ～ 2.3 之间的配体的拟合与预测 [85]

从表3.13例子可以看出，在这些文献中对分配常数、分离系数等都采用了多变量拟合，这表明它们确实与多种因素有关，这也表明萃取能力、分离性能都与多种基本性质相关，需要同时考虑多方面因素才能有可靠的描述。这对目标性能变化范围较大、候选结构差异也较大的体系更是如此。

（3）萃取速率与萃取剂结构的关系

如3.1.2所述，萃取过程的速率与多种因素有关。萃取剂结构是关键影响因素之一，可通过影响两相间的传质、表面活性、反应机理等，影响宏观萃取速率。图3.18所示为在不同条件下用含磷萃取剂按不同机理萃取In(Ⅲ)时萃取率随平衡时间的变化曲线[86]。

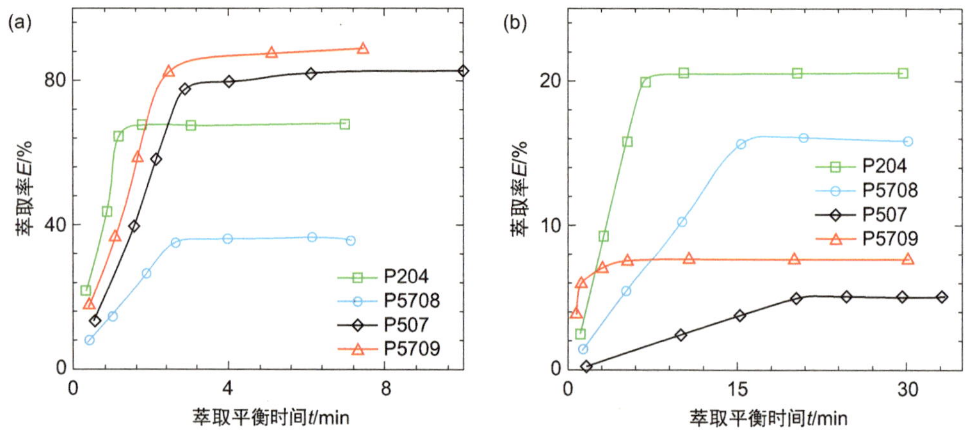

图3.18　几种含磷萃取剂按不同机理萃取In(Ⅲ)时萃取率随萃取时间的变化

其中四种萃取剂P204、P5708、P507、P5709分别是磷酸二(2-乙基己基)酯、烷基膦酸2-乙基己基酯、2-乙基己基膦酸2-乙基己酯、异烷基膦酸1-甲基庚酯

（a）酸性条件下按阳离子交换机理$In^{3+}_{(aq)} + 3H_2A_{2(o)} \longrightarrow In(HA_2)_{3(o)} + 3H^{+}_{(aq)}$进行萃取；

（b）在硫酸体系中按离子对机理$In(SO_4)_2{}^{-}{}_{(aq)} + H_2A_{2(o)} \longrightarrow In(SO_4)\cdot(HA_2)_{(o)} + SO_4{}^{2-}{}_{(aq)} + H^{+}_{(aq)}$进行萃取

从图3.18可以看出，无论是图3.18（a）中的阳离子交换机理，还是图3.18（b）中的离子对机理，萃取剂分子结构对萃取速率的影响都是显著的。在图3.18（a）中P204最先达到平衡，但P5709具有最高的平衡萃取率；而在图3.18（b）中P5709最先达到萃取平衡，但P204具有最高的平衡萃取率。同时图3.18（a）中所示阳离子交换机理达到平衡所需时间都比图3.18（b）中的离子对机理短，这是由于$In(SO_4)_2{}^{-}$需要解离部分$SO_4{}^{2-}$后才能与萃取剂发生作用而被萃取到有机相。

萃取过程中各个环节的速率对整体萃取速率都有影响，结果受测试方法和仪器影响较大，且实验测量时难以把各个环节的贡献区别开来。同时总结多种萃取剂的分子结构与萃取速率影响的相关报道较少，因此难以形成萃取速率的QSPR方程，只能得到定性的顺序关系。但可以肯定的是，萃取速率与萃取剂性质是密切相关的。

（4）萃取平衡的QSPR研究

萃取平衡是一定条件下萃取反应能达到的最大程度，常用萃取平衡常数K_{ex}衡量。通过研究萃取平衡的QSPR，可衡量体系的饱和容量或饱和度。对于金属离子与萃取剂直接配位的萃取体系，影响配位原子配位性质的结构对萃取平衡影响显著，基于此可用于拟合萃取平衡的QSPR方程。如芳香羟肟对Cu(Ⅱ)萃合常数的QSPR方程[87]。羟肟类化合物（在反应式中用HL表示）常被用作铜萃取剂，萃取反应属于质子交换萃取机理，通常可以表示为：

$$Cu^{2+}_{(aq)} + 2HL_{(o)} \longrightarrow CuL_{2(o)} + 2H^{+}_{(aq)}$$

按照普遍的认识，萃取平衡常数与HL的pK_a应具有很好的线性关系，但实验结果表明羟肟类萃取剂的萃取平衡常数和pK_a之间的R^2仅为0.53。这可能是由于在大多数质子交换萃取机理中形成的萃合物的配位基团只有酸根离子部分或以酸根部分为主要相互作用位点，而芳香醛肟萃取Cu(Ⅱ)形成的萃合物结构一般认为是O、N处于同等配位地位，这导致单独的pK_a值不足以描述羟肟的萃取性能。而同时用O、N上的电荷性质则可获得较好的拟合，如图3.19所示以O、N上电荷密度与HL的脂水分配系数拟合的lgK_{ex}与实验lgK_{ex}的关系。

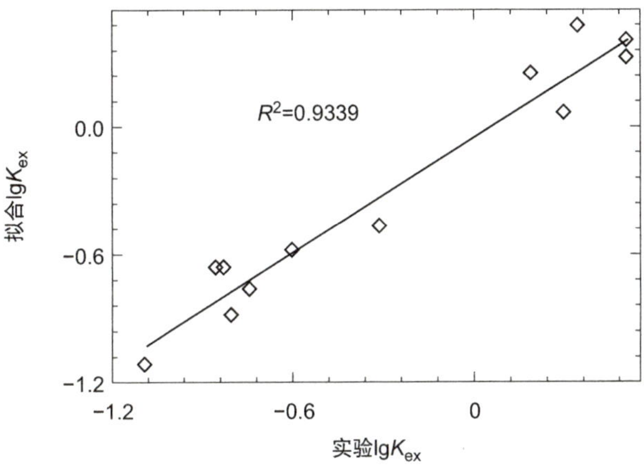

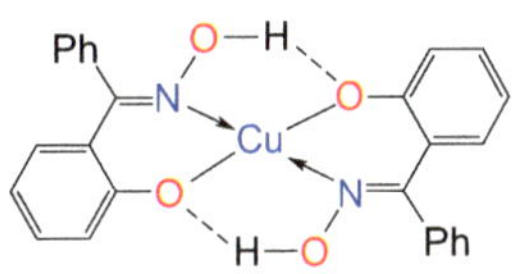

图3.19 芳香羟肟萃取Cu(Ⅱ)时实验lgK_{ex}与拟合lgK_{ex}的相关性

图3.19的QSPR拟合方程为：

$$\lg K_{ex} = 468.3 - 249.4q_O + 10.09q_N + 0.088\lg K_{P,HL}$$

式中，q_O、q_N分别是配位O、N上的电荷密度；$K_{P,HL}$是化合物的脂水分配系数。拟合的lgK_{ex}与实验值可获得R^2 = 0.93的定量关系。由拟合方程中各变量系数可知：N上电荷密度越大、O上电荷密度越小，越有利于萃取；q_O、q_N对lgK_{ex}的影响大，而lg$K_{P,HL}$对K_{ex}影响较小。因此，若只用前两项做拟合，也能获得R^2 = 0.9的结果。

无论是实验研究，还是实际生产，达到饱和容量萃取通常伴随沉淀、乳化、第三相、高黏度、长平衡时间等问题。因此，直接以饱和容量为目标函数的QSPR研究不多见，而常见的是以萃取平衡常数、分配比、萃取率等做的QSPR研究。表3.14所示为与萃取平衡相关量的QSPR方程。

表 3.14　与萃取平衡相关量的几个 QSPR 方程

编号	QSPR 方程与模型描述
1	$D = 1.67X_1 + 115.50X_2 - 66.96$ 酸性含磷萃取剂从硫酸体系中萃取 U(Ⅵ)时分配比的 QSPR 方程，$R^2 = 0.98$。其中，X_1 是 3 级 Kier 形状指数（一种基于分子图形的结构参数）；X_2 = $HASA_2$/TMSA；TMSA 是整个分子表面积；$HASA_2$ 是氢键受体原子的表面积权重，计算公式为 $HASA_2 = \sum_A \frac{q_A\sqrt{S_A}}{\sqrt{S_{tot}}}$；$q_A$ 是氢键受体原子上的偏电荷；S_A 是氢键受体原子的溶剂可及表面积；S_{tot} 是整个分子溶剂可及表面积 [88]
2	$\lg K_{ex,Co(Ⅱ)} = 0.33\Sigma\sigma_\Phi - 0.65\Sigma v - 3.98$；$\lg K_{ex,Ni(Ⅱ)} = 1.49\Sigma\sigma_\Phi - 1.60\Sigma v - 1.88$ 酸性含磷化合物萃取分离 Co(Ⅱ)、Ni(Ⅱ)萃取平衡常数的 QSPR 方程 R^2 分别为 0.75 和 0.89。其中，$\Sigma\sigma_\Phi$、Σv 为磷原子上所有基团取代基常数、空间参数的总和。若采用单变量拟合时 R^2 都在 0.5 以下 [20]
3	$\lg K_{pred,Y(Ⅲ)} = 1.05 + 0.80\lg K_{exp}$；$\lg K_{pred,Pd(Ⅱ)} = 0.17 + 0.97\lg K_{exp}$ 用结构化的分子片段作为描述符拟合的 QSPR 方程，可对 Mn(Ⅱ)、Fe(Ⅱ)、Y(Ⅲ)、La(Ⅲ)、Pb(Ⅱ)、UO_2^{2+} 与多种有机配体的一级稳定常数进行预测，R^2 在 0.82 ～ 0.93 之间 [83, 84]
4	拟合镧系金属离子与配体的一级稳定常数 考虑了包括 Pm(Ⅲ)在内的整个镧系元素在 8 种常用溶剂中与 698 个配体的配合物稳定常数（直接从 SC-database 下载）的拟合 [89]

从表3.14可以看出，萃取平衡常数或分配比的拟合方程，不仅与萃取剂有关，还可以把金属离子的结构参数包含在内。这是由于萃取本身就是萃取剂和金属离子两者的相互作用，软硬酸碱理论（HSAB）原理也说明了这一点。这些影响萃取平衡常数、分配比的因素，同样也影响饱和容量。

（5）溶解性的QSPR研究

萃取剂分子都是具有两相亲和性的表面活性剂分子，仅从亲水、疏水基团的大小只能获得定性的趋势，需要使用更具体的分子描述符才能对溶解性有更准确的描述。如包含了苯硫基、苯磺酰基在内的羧酸酯类化合物，其在水中的溶解度可以用以下方程进行拟合：

$$\lg S_W = 6.4876 - 0.0254S_A + 1.5643Q_{OC} - 36.3664E_B$$

式中，S_A、Q_{OC} 分别是整个分子的表面积和羰基上的电荷值；E_B 定义为溶质HOMO能与水LUMO能之差再除以100。对71个结构的拟合可达到 $R^2 = 0.9253$ 的结果[90]。用类似的方法可获得其他化合物溶解性或脂水分配系数的QSPR方程，如表3.15所列。

表 3.15　几个与溶解性或两相分配相关的 QSPR 模型

编号	QSPR 方程与模型描述
1	$\lg S = 1.790 - 0.934\,{}^1X^v - 1.010\Phi$ 用 38 个含氯化合物水溶性拟合的 QSPR 方程，$R^2 = 0.915$。其中 ${}^1X^v$、Φ 分别是溶质的连接指数、调整的可极化性描述符 [91]
2	$\lg S = 0.795 - 1.192\,{}^3X_c^v + 1.325\,{}^3X_c - 1.934\Phi$ 用 19 个含氯烷烃和烯烃水溶性拟合的 QSPR 方程，$R^2 = 0.923$。其中 ${}^3X_c^v$、${}^3X_c$ 都是溶质的连接指数，Φ 是调整的极化率 [91]
3	$\lg S = 4.52 - 4.52\,{}^1X + 2.905\,{}^1X^v + 0.185\,{}^3X_p^v$ 用 50 个醇类化合物水溶性拟合的 QSPR 方程，$R^2 = 0.959$，其中 ${}^1X$、${}^1X^v$、${}^3X_p^v$ 都是溶质分子的连接指数 [91]
4	$-\lg S = -9.2163 - 0.1194\,{}^3D - 0.0574\,{}^5D + 0.0457\,{}^1E + 7.8788\,{}^0V_w$ 用 29 个多氯联苯化合物为训练集拟合其水溶性的 QSPR 方程，$R^2 = 0.9444$。其中 ${}^3D$、${}^5D$ 表示分子的分支程度，${}^1E$ 表示以原子电负性的平方根表征的分子电子结构，${}^0V_w$ 表示以原子范德华体积平方根表征的分子立体结构 [92]

续表

编号	QSPR 方程与模型描述
5	$\lg K_{OW}=-3.541-0.09340\alpha-71.60qH^{+}+0.2156E_{HOMO}-49.59q^{-}-0.22200E_{total}$ 用 85 个一元醇指数分配平衡常数的 QSPR 方程，$R^2=0.9787$。其中，α、qH^{+}、E_{HOMO}、q^{-}、E_{total} 分别是分子平均极化率、最正氢原子电荷、HOMO 轨道能、最负原子电荷、含零点校正能的分子总能[93]

从表3.15所列几个示例（尤其是R^2值）可以看出，分子拓扑结构、计算化学描述符等都可用于建立分子溶解性相关的QSPR方程，对于萃取剂可用相似的方法进行拟合。

3.3.5　QSPR方法设计新萃取剂

以QSPR方法用于设计UO_2^{2+}的膦酰萃取剂[94]为例进行介绍。

中性磷（膦）类化合物对UO_2^{2+}有非常好的萃取性能，是常用的铀萃取剂之一。长期以来都在追求饱和容量更高、选择性更好，水溶性更小、速率更快等综合性能更优异的中性磷（膦）萃取剂。利用QSPR方法可获得萃取性能与结构描述符之间的关系（QSPR方程），再以此预测未知结构的萃取性能。

在此例中，以UO_2^{2+}在1,2-二氯乙烷与水之间的分配比$\lg D$作为目标函数，用经典结构参数、理化性质和分子片段描述符等作为结构参数，研究了这类结构的QSPR，并以此为基础设计出新的中性磷（膦）萃取剂。操作步骤为：首先，以UO_2^{2+}在水和1,2-二氯乙烷中分配比作为目标函数，通过拓扑结构描述符、用程序模拟的理化性质描述符和分子片段法获得的片段描述符作为结构参数，筛选出在测试集中对目标性能有最佳拟合程度的QSPR模型；然后，用结构生成软件（CombiLib）通过官能团组合得到2024个潜在的结构，并用所得的QSPR方程预测这些结构的目标性能，即分配比；最后，选择QSPR方程预测结果进行实验合成，在合成的8个结构中有7个结构都与QSPR结果相符。即通过QSPR方法实现了对中性磷（膦）类分子的设计。

第一步，QSPR研究。以32个含膦酰基团化合物为训练集，以在$UO_2^{2+}/HNO_3/HL$，1,2-二氯乙烷体系中萃取UO_2^{2+}的分配比$\lg D$为目标函数，以在CODESSA PRO程序中计算的基于分子结构的C-P-C片段数目（X_1）、碳原子最高价态（X_2）、最高σ-σ键级（X_3）、相对正电荷（X_4）、一个分子轨道对反键的最大贡献（X_5）、磷原子上所连芳香碳片段的数目P-Car-Car（X_6）、磷原子平均键级（X_7）、氢原子最大键级（X_8）、氧原子最小原子态能量（X_9）、氢原子最低价态（X_{10}）、氧原子最低键级（X_{11}）等作为描述符，可建立QSPR方程：

$$\lg D=(-34.73\pm14.48)+(0.52\pm0.05)X_1+(1.17\pm0.13)X_2+(60.99\pm11.01)X_3+(10.16\pm1.67)X_4+(17.45\pm4.43)X_5+(-0.08\pm0.02)X_6,\ R^2=0.908;$$

$$\lg D=(-203.65\pm40.10)+(0.24\pm0.03)X_1+(0.74\pm0.20)X_2+(12.90\pm3.06)X_7+(52.64\pm8.63)X_8+(0.4655\pm0.1111)X_9+(-7.76\pm2.30)X_{10},\ R^2=0.890;$$

$$\lg D=(-51.98\pm11.59)+(0.19\pm0.02)X_1+(1.18\pm0.13)X_2+(55.41\pm6.83)X_8+(21.71\pm2.97)X_7+(5.76\pm0.96)X_{11}+(14.73\pm4.34)X_9,\ R^2=0.783。$$

利用多元线性拟合的方法，还能建立更多的QSPR方程，但结果都与上面三个方程相似，且彼此间相关性强，因此不一一列出。

第二步，构建分子结构。以烷基、烷氧基、芳基、磷酸酯、膦酰基等为分子片段，在CombiLib程序中，利用虚拟组合的方法构建虚拟的分子结构。利用各种原子的价态限制、连接顺序、取代基数目限制等条件，共计组合出2024个含膦酰基团的分子。若引入其他分子片段、减少限制则可获得更多分子结构。但如3.1所述，一种分子能否被用作萃取剂需要受到多方面限制，因此，在这里只生成了更可能成为萃取剂的2024种结构。

第三步，预测与验证设计结构。利用CODESSA PRO程序计算这些分子的各种描述符，并代入QSPR方程预测这些结构萃取UO_2^{2+}的lg$D$。挑选出具有能被合成、且萃取性能有明显差异的结构，并实验合成这些结构、分析其对UO_2^{2+}的实际萃取性能。部分结果如图3.20所示。

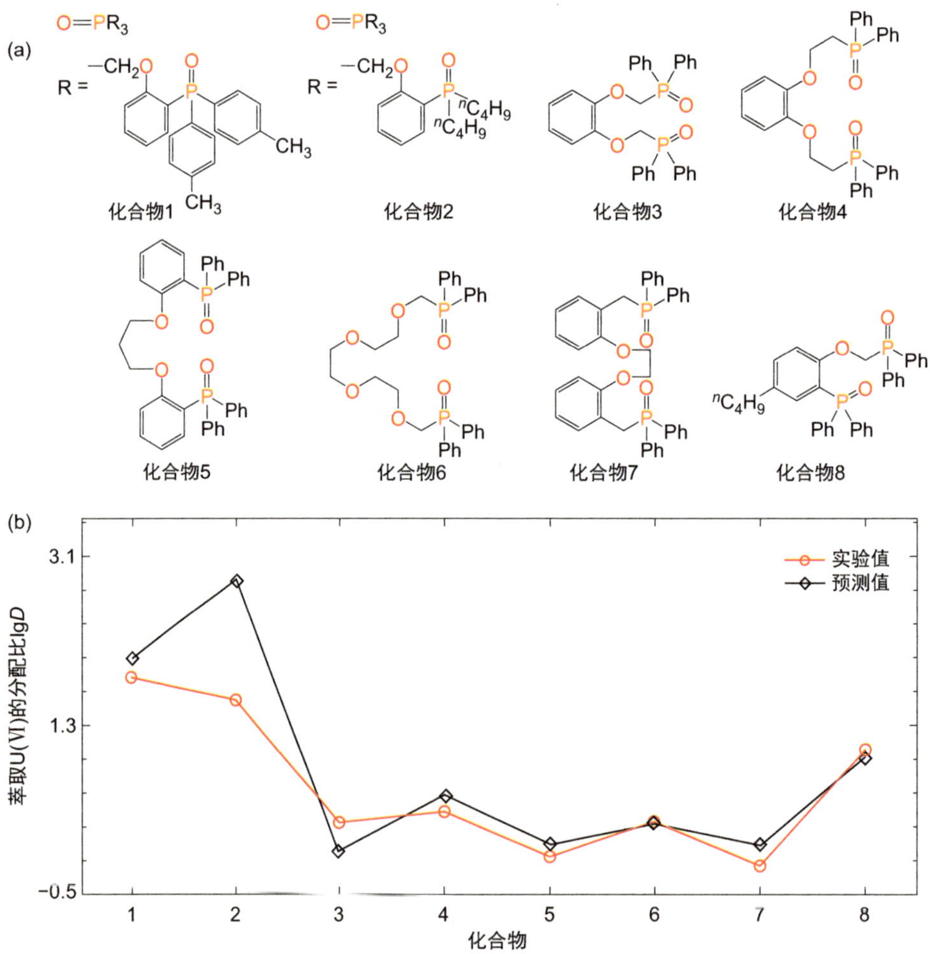

图3.20 QSPR筛选出用于验证的分子结构（a）以及QSPR方程预测结果与实验测量值的比较（b）

如图3.20（a）所示，选择用于验证的共有8个包含膦酰基团的结构，其中三膦酰基两个，双膦酰基6个，这些结构类型差异较大。若以这些结构为基础，通过经验法适当外推，还能获得更多相似的结构，且对UO_2^{2+}具有相似萃取性能的结构。从图3.20（b）所示的实验值与预测值可以发现，在所选择的8个结构中除化合物2对映的结构实验值和预测值差异较大外，其他7个结构的实验值和预测值都符合得很好。8个结构同时拟合时实验值和预测值的线性$R^2 = 0.85$，若去掉化合物2，则可达到0.93。即通过QSPR能有效设计出对UO_2^{2+}有效的萃取剂分子。

QSPR方法的优势在于：通过结构参数可以非常明确地知道分子结构对目标性能影响的大小，改变结构后对目标性能的改变可以准确预测；QSPR是多个样本平均化结果，偶然因素的影响被减小，外推范围较宽，且结果可靠。不足在于：在多变量QSPR方程中，可能出现相互矛盾的参数组合；QSPR是依赖于结构参数的统计结果，参数化过程中对分子结构信息有取舍；结构参数难以完全代表分子实际结构，数值化的结构参数也难以反推回具体的结构。

从这些实际QSPR方程可以看出，即使采用多元线性拟合等数学工具，也不一定能获得非常高的R^2值，这表明单独的结构不能完全解释萃取性能。除分子结构参数化不能完全反映结构信息这一QSPR方程本身因素外，实际萃取性能不仅与萃取剂结构有关，还与萃取体系组成有关。因此，考虑萃取体系的结构-性能关系时还需考虑体系的其他因素，如浓度、温度、共存组成等。

“9S原则”所包含的部分性能，如选择性、速率、反萃、稳定性、饱和容量、溶解性等目标性能容易通过实验测量，可获得明确的数值指标，但安全性、合成、来源等目标性能难以通过实验形成明确的数值指标，这增加了萃取剂QSPR研究的困难。处理方法通常是将这些性能分解，安全性可分解为燃烧、毒性、爆炸性（闪点、燃点等衡量）；或构建分子中某些基团与现有化工原料的成本、产量、运输等关系，如P507、P204中的2-乙基己基与2-乙基己醇、2-乙基己烯的关系等。需要指出的是，萃取剂的结构只是决定萃取剂的性能。在实际萃取体系中，萃取体系的具体性能还与萃取体系组成、工艺条件、设备等有关。

3.4 萃取机理及其确定方法

（1）金属溶剂萃取中的萃取机理

某一化学反应的反应机理，是指该反应经历的若干基元反应所代表的反应途径，反映了化学变化过程中原子间的成键、断键以及分子分解、形成过程。在萃取领域，萃取机理包括金属离子与萃取剂相互作用、萃取体系各物种在两相间的转移，还包括萃合物形式、参与萃取反应各物种的化学计量系数，通常表示为配平的萃取反应方程式。此方程式反映了萃取前后各物种结合对象、数量及空间位置上的变化。确定萃取机理就是确定萃取反应及萃取体系中各组分相互作用方式。

（2）萃取机理确定方法

在金属溶剂萃取的研究和生产中，认识萃取机理是开展其他工作的前提，是理解萃取过程最有效的途径。在工业上，萃取机理是添加各种组成比例的主要依据；在实验研究中，萃取机理也是设计萃取工艺、改进萃取条件、提高萃取效率的基础。因此，研究一个新萃取体系时应优先确定其萃取机理。

萃取机理的确定其本质是确定萃取反应中参与萃取反应的组分及其化学计量系数。确定萃取机理的方法通常有：价态-经验法、单变量斜率法、等摩尔系列法、两相滴定法、萃合物结构确定法、饱和容量法、分子量确定法等[95-96]。其中，价态-经验法是指根据金属离子价态、各组分配位情况、各平衡离子电荷，再结合已有的类似萃取反应，推导萃取机理的方法。这种方法可以快速推测出几种可能性较大的萃取机理，为实验验证提供方向，也可以直观评价其他方法获得的机理的可靠性。因此，这种方法通常作为其他研究方法的辅助手段。单变量斜率法、等摩尔系列法、两相滴定法都是确定萃取各组分影响因素的方法。萃合物结构确定法是从萃合物的结构出发，反推各萃取组成的影响。第2章讲到了各种萃取反应，其中参与萃取反应的各组分的系数就是根据萃取机理得出的。萃取机理的确定既包括对化学计量系数的确定，也包括萃合物组成和结构的确定。萃合物的结构确定主要用配位化学的方法，本节主要讲确定各组分化学计量系数和萃合物组成的方法。各组分的计量系数和萃合物的表观组成往往是紧密相关的。

3.4.1 萃取机理分类

研究萃取机理，首先需要对萃取机理进行合理的分类[97]。与1.2.2讲述的萃取体系类型相似，使用不同的分类方法，萃取机理也可以分为不同类型。应用较多的分类方法主要有：根据萃合物的结构特征来分类、根据被萃金属离子进入有机相的方式来分类等。

根据萃合物的结构特征，即被萃金属离子与萃取剂相互作用，可以分为内层配位和外层缔合两种类型。内层配位即萃取剂与金属离子直接以配位键形成稳定的配位萃合物。这种情况下的萃合物有稳定的结构，甚至可制备出单晶。大阴离子和大阳离子的产生，多发生在金属离子与萃取剂配位性差而与水分子等其他配体配位能力强时。此时萃取剂不直接与金属离子作用，而是在外层通过与配位水分子或其他配体的氢键、静电等作用形成缔合萃合物。外层缔合形成的萃合物稳定性较差，且受稀释剂、相改良剂等影响显著[98]。外层缔合与内层配位受离子电荷、离子半径、配体空间结构、稀释剂等多种因素影响，在同一萃取体系中，这两种作用方式是可同时存在的[6]，但外层缔合萃取更易反萃。

根据萃取过程中被萃金属离子进入有机相的方式（即两相间物质转移的类型）来分类，可以将萃取机理分为：阳离子交换机理、阴离子交换机理、溶剂化萃取机理等。阳/阴离子交换机理即萃取反应中，有机相和水相通过正、负离子交换完成。按溶剂化萃取机理进行萃取反应，萃取剂和金属离子不按化学计量比进行，也难以写出萃取反应方程式。

另外，还可基于萃取剂类型、金属离子价态等将萃取机理分为不同类型。随着金属溶剂萃取的发展，新的萃取体系不断丰富着已有机理类型的内容，并检验分类的合理性。如离子液体萃取时，既可以是阳离子交换机理，也可以是阴离子交换机理还可以是两者同时存在[99]。在这里以两相间物质转移的类型作为分类方法进行叙述，并结合相应的萃取实例，给出不同机理的表示方式。

3.4.1.1 阳离子交换机理

阳离子交换机理，即在萃取过程中萃取反应是通过有机相和水相之间带正电荷的离子交换实现的，这是酸性萃取剂萃取体系一种常见的机理。根据在萃取反应中从有机相被交换到水相的金属离子，阳离子交换主要包括质子、钠离子、铵根离子交换，分别对应萃取剂无皂化萃取、钠皂萃取、氨皂萃取。

（1）质子交换机理

质子交换萃取，即在萃取过程中伴随着有机相和水相间的质子交换。如P204、P507、Cyanex272、P227、CA-12等酸性萃取剂，在无皂化萃取金属离子时，都是质子交换机理：

$$M^{n+}_{(aq)} + nHA_{(o)} \longrightarrow MA_{n(o)} + nH^{+}_{(aq)}$$

即萃取过程中，有机相萃取剂HA上的质子与水相中金属离子M^{n+}交换。如硫代磷酸二(2-乙基己基)酯萃取Zn(Ⅱ)：

$$Zn^{2+}_{(aq)} + 2HA_{(o)} \longrightarrow ZnA_{2(o)} + 2H^{+}_{(aq)}$$

在萃取过程中，有机相中H^+进入水相，水相中Zn^{2+}进入有机相[100]。

需要注意的是，萃取过程中，质子也可能从水相转移到有机相。如中性萃取剂TBP、Cyanex923等从盐酸体系中萃取Au(Ⅲ)、Pt(Ⅳ)、Fe(Ⅲ)等，

$$nTBP_{(o)} + AuCl_4{}^-{}_{(aq)} + H^+_{(aq)} \longrightarrow HAuCl_4 \cdot nTBP_{(o)}$$

由于Au(Ⅲ)以带负电荷的$AuCl_4^-$形式被萃取，为了电荷平衡，同时携带了水相中的质子进入有机相，但没有阳离子进入水相进行“交换”，这不属于阳离子交换机理。

（2）钠离子交换机理

钠皂化后的酸性萃取剂以NaA形式参与萃取反应，

$$nNaA_{(o)} + M^{n+}_{(aq)} \longrightarrow MA_{n(o)} + nNa^+{}_{(aq)}$$

萃取反应中有机相中的Na^+进入水相，水相中的M^{n+}进入有机相。

（3）铵根交换机理

氨皂化后的酸性萃取剂以NH_4A形式参与萃取反应，

$$nNH_4A_{(o)} + M^{n+}_{(aq)} \longrightarrow MA_{n(o)} + nNH_4{}^+{}_{(aq)}$$

萃取反应中有机相中的$NH_4{}^+$进入水相，水相中的M^{n+}进入有机相。除NH_3外，长碳链有机胺也可以与酸性萃取剂形成氢键缔合物，再参与萃取反应。如硫代磷酸（以HA表示）-有机胺（以B表示）协同萃取Zn(Ⅱ)、Cd(Ⅱ)：

$$HA_{(o)} + B_{(o)} \longrightarrow BHA_{(o)}$$

$$M^{2+}_{(aq)} + 2BHA_{(o)} \longrightarrow MA_{2(o)} + 2B_{(o)} + 2H^{+}_{(aq)}$$

式中，M^{2+}为Zn^{2+}、Cd^{2+}；B为三辛胺等有机胺。在萃取过程中，有机相中H^+进入水相，水相中M^{2+}进入有机相，可以认为是质子交换。但萃取前BH^+与A^-结合，萃取后M^{2+}与A^-结合，因此也可以看作是BH^+与M^{2+}之间的交换，只是交换后的BH^+解离出H^+进入水相，而B留在有机相[100]。若水相中无机酸容易被萃取，也可将金属无机酸转移到有机相。如硫代膦酸Cyanex301/Cyanex302(HA)与伯胺N1923(B)从硫酸体系萃取Zn(Ⅱ)、Cd(Ⅱ)(M^{2+})的萃取反应为：

$$M^{2+}_{(aq)} + 2BHA_{(o)} + \frac{2}{n}SO^{2-}_{4(aq)} \longrightarrow MA_{2(o)} + \frac{2}{n}B_n \cdot H_2SO_{4(o)} + 2(1-\frac{2}{n})H^+_{(aq)}$$

H_2SO_4进入有机相与B结合，有利于BHA解离出与金属离子结合的A^-，促进萃取反应[101]。这种采用有机胺与酸性萃取剂形成的萃取体系，萃取时有机胺吸收H^+，而不需要预先加无机碱，即形成无皂化萃取体系[102]。除钠皂、氨皂外，还存在钙皂、稀土皂、其他金属离子皂化等，其相应的萃取反应与钠、氨相似。

（4）离子液体阳离子交换机理

当离子液体阳离子可进入水相，或可解离出能进入水相的质子时，可都归为阳离子交换机理，但微观过程是不同的。

如[3-Bupy-H][NTf_2]萃取Cu(Ⅱ)的萃取反应为[103]：

$$2[3\text{-Bupy-H}][NTf_2]_{(o)} + Cu^{2+}_{(aq)} \longrightarrow Cu([3\text{-Bupy}][NTf_2])_{2(o)} + 2H^+_{(aq)}$$

可以看作是离子液体的阳离子[3-Bupy-H]（3-正丁基吡啶的N上连接一个H^+）的一部分（H^+）在萃取过程中与水相中的金属离子发生了两相间的离子交换。

当离子液体阳离子部分是水溶性较大的离子时，也可以是离子液体阳离子部分直接与水相中的金属离子进行两相间的阳离子交换。如正辛基(苯基)(*N*,*N*-二异丁基氨基甲酰基甲基)氧膦（CMPO）在离子液体[Bmim][PF_6]中萃取三价镧系金属离子：

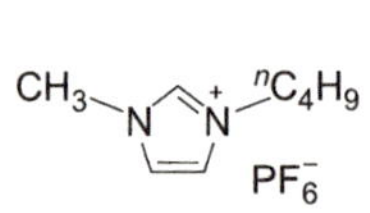

离子液体[Bmim][PF_6]

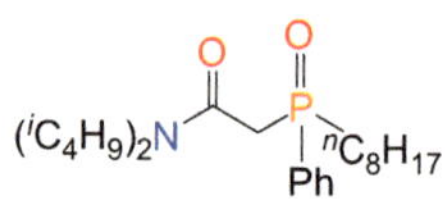

萃取剂OΦD(*i*B)CMPO

$$Ln^{3+}_{(aq)} + 3CMPO_{(o)} + 3Bmim^+_{(o)} \longrightarrow Ln^{3+}\cdot(CMPO)_{3(o)} + 3Bmim^+_{(aq)}$$

萃取后离子液体的阳离子部分$Bmin^+$按计量比进入到水相，并且可通过调节其在水相中的浓度来调节体系的萃取性能[104-105]。

离子液体阳离子的水溶性可通过改变其结构进行调节，如三联磷酰类萃取剂双((二苯基膦基)甲基)十二烷基氧化膦（TPO）在离子液体*N*-乙基-*N*-丁基哌啶鎓双(三氟甲基磺酰)亚胺盐[Ebpip][NTf_2]中萃取三价镧系金属离子Ln(Ⅲ)[106]：

$$Ln^{3+}_{(aq)} + nTPO_{(o)} + 2Ebpip^+_{(o)} + H^+_{(o)} \longrightarrow Ln(TPO)^{3+}_{n(o)} + 2Ebpip^+_{(aq)} + H^+_{(aq)}$$

如上述萃取反应发生在*N*-乙基-*N*-辛基哌啶鎓双(三氟甲基磺酰)亚胺盐[Eopip]

$[NTf_2]$中，则$Eopip^+$并不进入水相[106]。

3.4.1.2　阴离子交换机理

阴离子交换机理，即萃取过程中水相与有机相发生了带负电离子的交换。被交换的阴离子通常包含有无机酸根离子、金属配阴离子等。

（1）杂多酸根的交换

季铵盐等盐类萃取剂的无机酸根，在萃取时可以与水相的阴离子进行交换。如N263萃取前后，水相中的W(Ⅵ)以杂多酸根负离子形式与有机相N263的Cl^-进行交换[107]：

$$Na_6(W_7O_{24})_{(aq)} + 6(C_8H_{17})_3NCH_3Cl_{(o)} \longrightarrow 6NaCl_{(aq)} + [(C_8H_{17})_3NCH_3]_6(W_7O_{24})_{(o)}$$

$$Na_7(HW_{12}O_{40})_{(aq)} + 7(C_8H_{17})_3NCH_3Cl_{(o)} \longrightarrow 7NaCl_{(aq)} + [(C_8H_{17})_3NCH_3]_7(HW_{12}O_{40})_{(o)}$$

$$Na_{10}(H_2W_{12}O_{42})_{(aq)} + 10(C_8H_{17})_3NCH_3Cl_{(o)} \longrightarrow 10NaCl_{(aq)} + [(C_8H_{17})_3NCH_3]_{10}(H_2W_{12}O_{42})_{(o)}$$

（2）含金属阴离子的交换

高价金属离子、贵金属离子等与氧、无机酸根有较强的亲和性，通常以金属的含氧酸根、配阴离子等形式参与萃取反应。为了两相整体上的各自呈电中性，因此需要有阴离子进入水相与之交换。

与无机酸根的交换相似，胺类萃取剂萃取金属含氧酸根也是阴离子交换。胺类萃取剂在酸性条件下，先与水相无机酸形成盐，或直接以铵盐形式按阴离子交换机理萃取。如N263（以R_3NCH_3Cl表示）萃取V(Ⅴ)：

$$4R_3NCH_3Cl_{(o)} + V_4O^{4-}_{12(aq)} \longrightarrow (R_3NCH_3)_4V_4O_{12(o)} + 4Cl^-_{(aq)}$$

萃取过程中有机相的季铵盐平衡离子Cl^-进入水相，水相中金属配阴离子$V_4O^{4-}_{12}$进入有机相[108]。

类似的，还有钨的萃取：

$$(R_4N)_2CO_{3(o)} + Na_2WO_{4(aq)} \longrightarrow (R_4N)_2WO_{4(o)} + Na_2CO_{3(aq)}$$

萃取过程中有机相的CO_3^{2-}与水相的WO_4^{2-}发生交换[109]。

除金属含氧酸根外，当金属以配阴离子形式被萃取时，也是两相间的阴离子交换。如三级胺从盐酸体系中萃取Au(Ⅲ)、Pt(Ⅳ)、Fe(Ⅲ)、Cu(Ⅱ)：

$$yR_3NHCl_{(o)} + MCl^{y-}_{x\,(aq)} \longrightarrow (R_3NH)_y \cdot MCl^{y-}_{x\,(o)} + yCl^-_{(aq)}$$

萃取过程中，有机相中的Cl^-进入水相，水相中的金属配阴离子MCl_x^{y-}进入有机相。

（3）离子液体的阴离子

与离子液体阳离子交换机理相反相似，当离子液体的组成中阴离子部分为水溶性，则其萃取过程中，阴离子部分就可能进入水相，以阴离子交换机理萃取金属离子。相应的，为了整体的电荷平衡，金属离子需要以配阴离子形式进入有机相。如*N*-辛基吡啶[OPy]类离子液体萃取V(Ⅴ)，离子液体的平衡阴离子X^-可以是Cl^-、BF_4^-，而V(Ⅴ)以HVO_4^{2-}形式被萃取：

$$2[OPy]X_{(o)} + HVO_4{}^{2-}{}_{(aq)} \longrightarrow [OPy]_2[HVO_4]_{(o)} + 2X^-_{(aq)}$$

在萃取过程中，离子液体的阴离子X^-（Cl^-、$BF_4{}^-$等）进入水相，金属配阴离子$HVO_4{}^{2-}$进入有机相，即阴离子交换[110]。

离子液体萃取无机酸根离子是最简单的阴离子交换萃取，如[Ebpip][NTf_2]和[Eopip][NTf_2]萃取HNO_3[106]：

$$[Ebpip][NTf_2]_{(o)} + HNO_{3(aq)} \longrightarrow [Ebpip][NO_3]_{(o)} + H[NTf_2]_{(aq)}$$

$$[Eopip][NTf_2]_{(o)} + HNO_{3(aq)} \longrightarrow [Eopip][NO_3]_{(o)} + H[NTf_2]_{(aq)}$$

季鏻盐、季铵盐具有丰富的可修饰位点，为制备出具有不同性能的离子液体提供了结构基础，因此大多数离子液体也都以这两种结构为阳离子部分。当其阴离子为水溶性酸根离子时，萃取机理与其他体系的阴离子交换机理相同，即离子液体萃取与其他体系并无本质差异。这也是离子液体萃取的主要机理，其被报道频率远高于阳离子交换机理，如表2.5列出的离子液体的萃取反应。

3.4.2 萃取机理确定方法

3.4.2.1 单变量斜率法确定萃取机理

单变量斜率法是萃取机理分析中应用非常广泛的一种方法，其核心思想是固定其他变量，只改变其中一种萃取条件，测量萃取率、分配比等，以此来探索该变量影响萃取性能的规律。此法除用于研究萃取机理外，还可用于研究萃取过程的热力学函数。单变量斜率法，在研究水相pH值、萃取剂浓度、金属离子浓度以及其他组分对萃取的影响中有广泛的应用。无论是单一萃取剂对单一金属离子体系，还是协萃体系对多种金属离子等复杂体系，单变量斜率法都能适用。

（1）单一萃取体系

① 酸性萃取剂

a. 酸性萃取剂单独萃取的萃取机理的确定。酸性萃取剂仅萃取金属阳离子且无平衡离子参与时的萃取反应可以表示为：

$$M^{n+}_{(aq)} + (x+y)HA_{(o)} \longrightarrow MA_x(HA)^{(n-x)+}_{y(o)} + xH^+_{(aq)}$$

对于特定的金属离子M^{n+}，确定萃取机理，就是确定x、y等待定计量系数。反应的萃取平衡常数K^{HA}_{ex}可用参与萃取反应各组分浓度商（[ ]表示平衡浓度）表示为：

$$K^{HA}_{ex} = \frac{[H^+_{(aq)}]^x[MA_x(HA)^{(n-x)+}_{y(o)}]}{[HA_{(o)}]^{x+y}[M^{n+}_{(aq)}]} \tag{3.1}$$

金属离子M^{n+}的分配比D^A可以表示为：

$$D^{HA} = \frac{[MA_x(HA)^{(n-x)+}_{y(o)}]}{[M^{n+}_{(aq)}]} = \frac{K^{HA}_{ex}[HA_{(o)}]^{x+y}}{[H^+_{(aq)}]^x} \tag{3.2}$$

对上式两端同时取常用对数，可得：

$$\begin{aligned}\lg D^{HA} &= \lg K_{ex}^{HA} + (x+y)\lg[HA_{(o)}] - x\lg[H^+_{(aq)}] \\ &= \lg K_{ex}^{HA} + (x+y)\lg[HA_{(o)}] + x\mathrm{pH}\end{aligned} \tag{3.3}$$

为了简化数据处理，实验时通常取 $[HA_{(o)}] >> [M^{n+}_{(aq)}]$，萃取前后，$[HA_{(o)}]$ 的变化很小，可以当作常数处理。由于在一定温度下，$\lg K_{ex}^{HA}$ 是常数。因此，当 pH 固定时，$\lg D^{HA}$ 与 $[HA_{(o)}]$ 存在斜率为 $(x+y)$ 的线性关系；当 $[HA_{(o)}]$ 固定时，$\lg D^{HA}$ 与 pH 存在斜率为 x 的线性关系。由此，可以确定萃取反应的化学计量系数以及萃合物组成。在实际过程中，无论 HA 大大过量，还是按比例增加或保持恒定都容易实现，但 pH 的控制比较困难。从式（3.3）可以看出，若用 $\lg D^{HA}$ 对 $\lg[HA_{(o)}]$ 和 pH 做二元线性拟合，也可一次性求出 $(x+y)$ 和 x。需要指出的是，根据萃合物须为电中性的原理，可直接认为 $x=n$。

【例 3.1】P204-煤油从酸性体系中单独萃取 V(Ⅴ) 的萃取机理[111]。酸性条件下 V(Ⅴ) 以酰氧离子 VO_2^+ 形式存在，而非极性有机相中 P204 以二聚体 H_2A_2 形式存在。假定萃取时按 H^+ 交换机理进行，则萃取反应可以表示为：

$$VO^+_{2(aq)} + (x+y)H_2A_{2(o)} \longrightarrow VO_2A_x(HA)_{2y+x(o)} + xH^+_{(aq)}$$

确定反应机理，就是要确定反应式中的两个待定系数 x 和 y。根据经验法，方程式两端需要满足电荷平衡，可以推测水相 $H^+_{(aq)}$ 的计量系数 x 值为 1。但这里忽略了水相酸根离子的参与，即经验法也可能是不准确的。为了严格获取萃取机理，仍然用待定系数进行表示。反应式的萃取平衡常数表示为：

$$K_{ex} = \frac{[H^+_{(aq)}]^x[VO_2A_x(HA)_{2y+x(o)}]}{[H_2A_{2(o)}]^{x+y}[VO^+_{2(aq)}]}$$

分配比表示为：

$$D = \frac{[VO_2A_x(HA)_{2y+x(o)}]}{[VO^+_{2(aq)}]} = \frac{K_{ex}[H_2A_{2(o)}]^{x+y}}{[H^+_{(aq)}]^x}$$

上式两端同取常用对数可得：

$$\lg D = \lg K_{ex} + (x+y)\lg[H_2A_{2(o)}] - x\lg[H^+_{(aq)}] = \lg K_{ex} + (x+y)\lg[H_2A_{2(o)}] + x\mathrm{pH}$$

（a）确定 x 值。固定水相中 V(Ⅴ) 初始浓度 $c^0_{V(Ⅴ)} = 0.001\ \mathrm{mol/L}$，有机相 P204 初始浓度 $c^0_{HA} = 0.1\mathrm{mol/L}$，相比 O/A = 1：1，测量不同 pH 条件下的分配比。因为 $c^0_{V(Ⅴ)} << c^0_{HA}$，所以萃取引起的有机相萃取剂浓度 $[H_2A_{2(o)}]$ 的改变可以忽略，即上式中的 $\lg K_{ex} + (x+y)\lg[H_2A_{2(o)}]$ 可以当作常数处理，因此 $\lg D$ 与 pH 的关系的斜率即为 x 的值。实验结果如图 3.21（a）所示。

（b）确定 y 值。类似的，固定 $c^0_{V(Ⅴ)}$ =0.001mol/L，水相 pH = 1.3。采用 $c^0_{V(Ⅴ)} << c^0_{HA}$ 条件，萃取引起的萃取剂浓度改变可以忽略，则 $[H_2A_{2(o)}] \approx 0.5c^0_{HA}$。测量不同 c^0_{HA} 浓度下的分配比 D，用 $\lg D$ 对 $\lg[H_2A_{2(o)}]$ 作图，斜率即为 $x+y$。实验结果如图 3.21（b）所示。

从图 3.21（a）看出，当有机相萃取剂浓度保持不变时，$\lg D$ 与水相 pH 存在明显的线性关系，斜率为0.9595，约等于1，即 $x=1$ ，与经验法推测的结果一致。当 $\mathrm{pH}>1.5$ 时， $\lg D$ 与水相pH不再具有线性关系，这表明萃取机理发生了变化。从图3.21（b）可得 $x+y=2.0248\approx2$，即 $y=1$。由此可确定P204单独萃取V(Ⅴ)的机理为：

$$\mathrm{VO_{2(aq)}^{+}+2H_2A_{2(o)}\longrightarrow VO_2A(HA)_{3(o)}+H_{(aq)}^{+}}$$

用类似的方法可以确定其他相似萃取过程的反应机理。

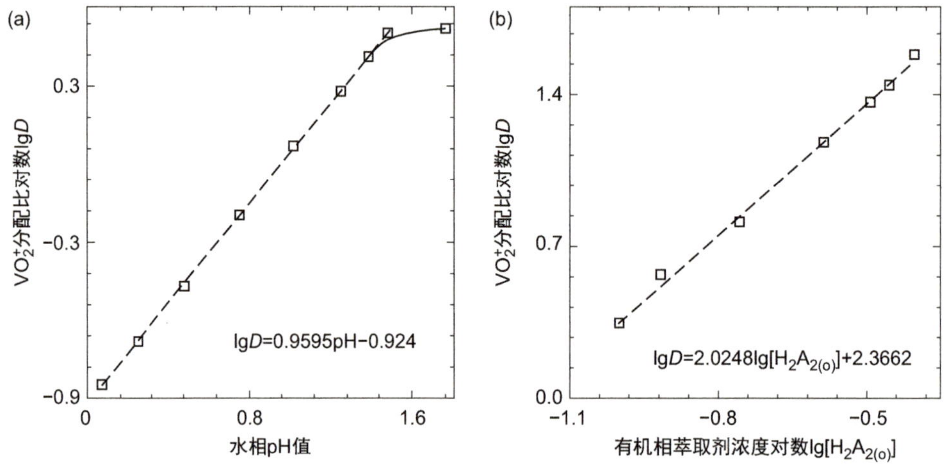

图3.21 P204萃取V(Ⅴ)时分配比随pH值和萃取剂浓度的变化规律

b. 有其他平衡离子参与的萃取机理的确定。有的金属离子，酸性萃取剂分子或其酸根离子不能同时满足金属离子的电荷平衡和配位数饱和。因此萃取时通常会将其他平衡离子 Z^- 同时萃取到有机相，其萃取反应可以表示为：

$$\mathrm{M_{(aq)}^{n+}+(x+y)HA_{(o)}+zZ_{(aq)}^{-}\longrightarrow MA_xZ_z(HA)_{y(o)}^{(n-x-z)+}+xH_{(aq)}^{+}}$$

萃取平衡常数 $K_{\mathrm{ex}}^{\mathrm{HA,Z^-}}$ 可以表示为：

$$K_{\mathrm{ex}}^{\mathrm{HA,Z^-}}=\frac{[\mathrm{H_{(aq)}^{+}}]^x[\mathrm{MA}_x\mathrm{Z}_z(\mathrm{HA})_{y(\mathrm{o})}^{(n-x-z)+}]}{[\mathrm{HA_{(o)}}]^{x+y}[\mathrm{M_{(aq)}^{n+}}][\mathrm{Z_{(aq)}^{-}}]^z} \tag{3.4}$$

分配比 $D^{\mathrm{HA,Z^-}}$ 可以表示为：

$$D^{\mathrm{HA,Z^-}}=\frac{[\mathrm{MA}_x\mathrm{Z}_z(\mathrm{HA})_{y(\mathrm{o})}^{(n-x-z)+}]}{[\mathrm{M_{(aq)}^{n+}}]}=\frac{K_{\mathrm{ex}}^{\mathrm{HA,Z^-}}[\mathrm{HA_{(o)}}]^{x+y}[\mathrm{Z_{(aq)}^{-}}]^z}{[\mathrm{H_{(aq)}^{+}}]^x} \tag{3.5}$$

同取常用对数得：

$$\lg D^{\mathrm{HA,Z^-}}=\lg K_{\mathrm{ex}}^{\mathrm{HA,Z^-}}+(x+y)\lg[\mathrm{HA_{(o)}}]+z\lg[\mathrm{Z_{(aq)}^{-}}]+x\mathrm{pH} \tag{3.6}$$

固定 $\lg[\mathrm{HA_{(o)}}]$、$\lg[\mathrm{Z_{(aq)}^{-}}]$、pH三个变量中的两个，可以得到 $\lg D^{\mathrm{HA}}$ 与另一个变量的线性关系，以此确定相应的计量系数。

【例3.2】P204-磺化煤油从含氟酸性体系中萃取Ce(Ⅳ)[112]。氟碳铈矿的浸出液中含有氟离子和Ce(Ⅳ)，单独萃取Ce(Ⅳ)后高浓度的氟仍留在水相中，既造成环境污染，也造成氟资源浪费，更不符合当今废水排放标准。萃取Ce(Ⅳ)的同时萃取氟被认为是解决这一问题的一种方式。由于F^-与Ce(Ⅳ)结合强度较高，因此将氟与稀土同时萃取是可能的。P204同时萃取F^-、Ce(Ⅳ)的反应可表示为：

$$Ce^{4+}_{(aq)} + (x+y)H_2A_{2(o)} + zF^-_{(aq)} \longrightarrow CeF_zA_x(HA)_{2y+x(o)} + xH^+_{(aq)}$$

萃取平衡常数表示为：

$$K_{ex} = \frac{[H^+_{(aq)}]^x[CeF_zA_x(HA)_{2y+x(o)}]}{[H_2A_{2(o)}]^{x+y}[Ce^{4+}_{(aq)}][F^-_{(aq)}]^z}$$

分配比表示为：

$$D = \frac{[CeF_zA_x(HA)_{2y+x(o)}]}{[Ce^{4+}_{(aq)}]} = \frac{K_{ex}[H_2A_{2(o)}]^{x+y}[F^-_{(aq)}]^z}{[H^+_{(aq)}]^x}$$

上式两端同取常用对数可得：

$$\lg D = \lg K_{ex} + (x+y)\lg[H_2A_{2(o)}] + z\lg[F^-_{(aq)}] - x\lg[H^+_{(aq)}]$$

确定萃取机理即确定x、y、z三个待定系数。固定$\lg[H_2A_{2(o)}]$、$\lg[F^-_{(aq)}]$、$\lg[H^+_{(aq)}]$中的两个，改变另一个量，可用斜率确定其相应的计量系数。实验结果如图3.22所示。

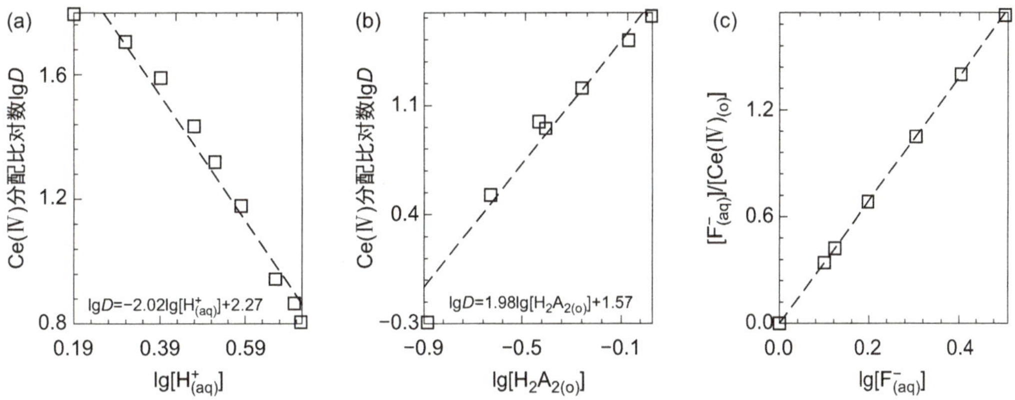

图3.22 斜率法确定P204从含氟硫酸体系中萃取Ce(Ⅳ)的实验结果

萃取条件：(a) $c_{Ce^{4+}}$ = 0.2246 mol/L，c_{F^-} = 0.3921 mol/L，c_{HA} = 1.0 mol/L；(b) $c_{Ce^{4+}}$ = 0.2271 mol/L，c_{F^-} = 0.4032 mol/L，c_{H^+} = 4.0 mol/L；(c) $c_{Ce^{4+}}$ = 0.2785 mol/L，c_{H^+} = 1.44 mol/L，c_{HA} = 1.0 mol/L

从图3.22（a）和（b）很容易确定x=2和y=0。根据萃合物的电荷平衡可以推测萃合物中F^-数目应为2，但实验中没有得到$\lg D$和$\lg[F^-_{(aq)}]$的线性关系。而观察到随着水相中F^-浓度增加，萃合物中F^-数目也逐渐增加（$[F^-_{(aq)}]/[Ce(Ⅳ)_{(o)}]$数值增加），如图3.22（c）所示，这表明萃取机理随F^-浓度变化而变化。在$[F^-_{(aq)}]$较低时，为了保持萃合物的电中性，其他酸根离子，如SO_4^{2-}参与了萃取反应。因此，萃取反应可以表示为：

$$Ce^{4+}_{(aq)} + 2H_2A_{2(o)} + z_1F^-_{(aq)} + z_2SO^{2-}_{4(aq)} \longrightarrow CeF_{z_1}(SO_4^{2-})_{z_2}(HA_2)_{2(o)} + 2H^+_{(aq)}$$

式中，$z_1 + 2z_2 = 2$，表示反应中F^-和SO_4^{2-}共同提供2个负电荷，但两者的计量系数随它们的浓度变化而变化。

② 中性萃取剂　中性萃取剂单独萃取金属离子时，为了确保萃合物整体呈电中性，会同时将水相平衡离子萃取到有机相。萃取金属含氧酸根负离子时，会萃取带正电的平衡离子；萃取金属正离子时，会萃取带负电的平衡离子。萃取反应可以表示为：

$$MO_{m(aq)}^{n\pm} + xL_{(o)} + pP_{(aq)}^{\mp} \longrightarrow MO_mL_xP_{p(o)}^{(n-p)\pm}$$

其萃取平衡常数 $K_{ex}^{L,P^{\mp}}$ 表示为：

$$K_{ex}^{L,P^{\mp}} = \frac{[MO_mL_xP_{p(o)}^{(n-p)\pm}]}{[L_{(o)}]^x[P_{(aq)}^{\mp}]^p[MO_{m(aq)}^{n\pm}]} \tag{3.7}$$

分配比 $D^{L,P^{\mp}}$ 表示为：

$$D^{L,P^{\mp}} = \frac{[MO_mL_xP_{p(o)}^{(n-p)\pm}]}{[MO_{m(aq)}^{n-}]} = K_{ex}^{L,P^{+}}[L_{(o)}]^x[P_{(aq)}^{\mp}]^p \tag{3.8}$$

取对数可得：

$$\lg D^{L,P^{+}} = \lg K_{ex}^{L,P^{\mp}} + x\lg[L_{(o)}] + p\lg[P_{(aq)}^{+}] \tag{3.9}$$

与式（3.5）的处理方式相似，固定 $\lg[L_{(o)}]$ 和 $\lg[P_{(aq)}^{\mp}]$ 其中一个，用 $\lg D^{L,P^{\mp}}$ 对另一个做线性回归可以确定相应的计量系数和萃合物组成。

【例 3.3】TBP-二甲苯（TBP 体积分数 80%）从盐酸体系萃取 Cr(Ⅵ)[113-114]。

Cr(Ⅵ)的萃取是解决电镀废水中铬污染的有效措施，受到电子、环保、湿法冶金等领域广泛关注。Cr(Ⅵ)在水中以含氧酸根形式存在，随着溶液酸度、平衡离子的变化，可能以 H_2CrO_4、$HCrO_4^-$、$HCr_2O_7^-$、CrO_4^{2-}、$H_2Cr_2O_7$、CrO_3Cl^-、CrO_2Cl_2 等形式存在。酸性条件下可能参与萃取的组分有 Cr(Ⅵ)（以 CrO_m^{n-} 表示）、H^+、Cl^-、TBP，萃取反应可以表示为：

$$CrO_{m\,(aq)}^{n-} + xTBP_{(o)} + aH_{(aq)}^{+} + bCl_{(aq)}^{-} \longrightarrow H_aCrO_m(TBP)_xCl_{b(o)}^{(n-a+b)-}$$

其萃取平衡常数 K_{ex} 表示为：

$$K_{ex} = \frac{[H_aCrO_m(TBP)_xCl_{b(o)}^{(n-a+b)-}]}{[TBP_{(o)}]^x[H_{(aq)}^{+}]^a[Cl_{(aq)}^{-}]^b[CrO_{m(aq)}^{n-}]}$$

分配比 D 表示为：

$$D = \frac{[H_aCrO_m(TBP)_xCl_{b(o)}^{(n-a+b)-}]}{[CrO_{m(aq)}^{n-}]} = K_{ex}[TBP_{(o)}]^x[H_{(aq)}^{+}]^a[Cl_{(aq)}^{-}]^b$$

取对数可得：

$$\lg D = \lg K_{ex} + x\lg[TBP_{(o)}] + a\lg[H_{(aq)}^{+}] + b\lg[Cl_{(aq)}^{-}]$$

保持其他条件不变，测量不同盐酸浓度下的分配比，用 $\lg D$ 对 $\lg[HCl_{(aq)}]$ 作图；再保持其他条件不变，测量不同 TBP 浓度下的分配比，用 $\lg D$ 对 $\lg[TBP_{(o)}]$ 作图。结果分别如图3.23（a）和（b）所示。

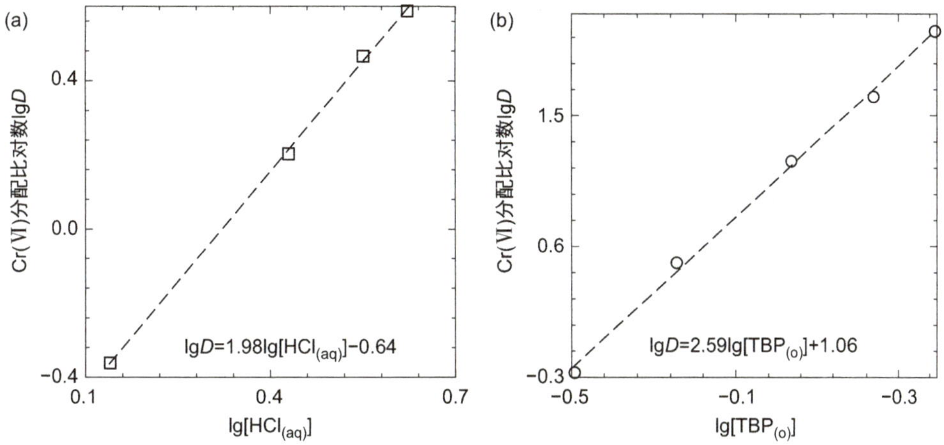

图3.23　TBP从盐酸体系中萃取Cr(Ⅵ)的机理

通过实验可以发现，$[H^+_{(aq)}]$和$[Cl^-_{(aq)}]$引起的分配比变化规律是相同的，即上式中的$a=b$。在图3.23（a）中，$\lg D$对$\lg[HCl_{(aq)}]$作图的斜率为$1.98\approx 2$，即$a=b=1$；从图3.23（b）可以看出，每个Cr(Ⅵ)结合2.59个TBP，即同时存在结合2个和3个TBP的物质。这样的实验显然无法得出反应式中的m值。文献中结合紫外-可见光谱确定$m=3$，且Cr(Ⅵ)以CrO_3Cl^-形式存在[115]。因此，TBP从盐酸体系中萃取Cr(Ⅵ)的机理表示为[113]：

$$\begin{cases} CrO_3Cl^-_{(aq)}+2TBP_{(o)}+H^+_{(aq)}\longrightarrow HCrO_3Cl(TBP)_{2(o)} \\ CrO_3Cl^-_{(aq)}+3TBP_{(o)}+H^+_{(aq)}\longrightarrow HCrO_3Cl(TBP)_{3(o)} \end{cases}$$

即两种萃取机理都存在。需要指出的是，在图3.23（a）中的拟合并没有用到所有测量数据（实心数据点）。这是由于$\lg[HCl_{(aq)}]$大于0.6时，$\lg D$与$\lg[HCl_{(aq)}]$不再是线性关系，即萃取机理发生了变化。

对于被萃形式确定的金属离子，由于萃合物是电中性结构，通常可直接认为萃合物中含有相应的平衡离子数目。只需根据斜率法确定萃取反应中萃取剂分子数目即可。

【例3.4】P350-煤油从硝酸体系中萃取U(Ⅵ)和Th(Ⅳ)[116]。

P350（甲基膦酸二(1-甲基庚基)酯）萃取U(Ⅵ)和Th(Ⅳ)时，水相中U(Ⅵ)和Th(Ⅳ)以UO_2^{2+}和Th^{4+}形式存在，可以根据电荷平衡确定萃取机理中的NO_3^-计量系数分别为2和4。其萃取反应可以表示为：

$$UO^{2+}_{2(aq)}+xP350_{(o)}+2NO^-_{3(aq)}\longrightarrow UO_2(NO_3)_2(P350)_{x(o)}$$

$$Th^{4+}_{(aq)}+xP350_{(o)}+4NO^-_{3(aq)}\longrightarrow Th(NO_3)_4(P350)_{x(o)}$$

固定水相中HNO_3浓度，改变有机相中P350浓度，再用$\lg D$对$\lg[P350_{(o)}]$作图，结果如图3.24所示[116]。

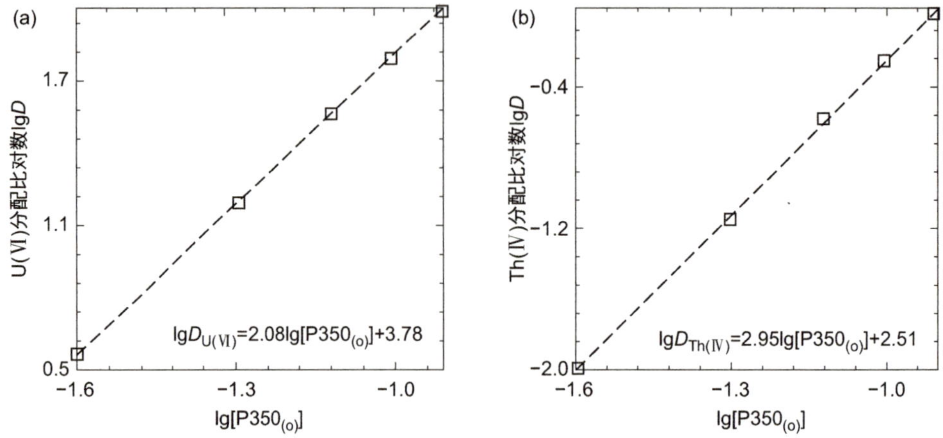

图3.24　P350萃取U(Ⅵ)、Th(Ⅳ)时萃取剂分子数目确定

从图3.24可以看出萃取U(Ⅵ)和Th(Ⅳ)的拟合直线的斜率分别为2和3，即P350的萃取计量系数分别为2和3。萃取反应可以表示为：

$$UO^{2+}_{2(aq)}+2P350_{(o)}+2NO^{-}_{3(aq)}\longrightarrow UO_2(NO_3)_2(P350)_{2(o)}$$

$$Th^{4+}_{(aq)}+3P350_{(o)}+4NO^{-}_{3(aq)}\longrightarrow Th(NO_3)_4(P350)_{3(o)}$$

类似的，TBP、T*i*AP（磷酸三异戊酯）等中性萃取剂的萃取性能也与P350类似，可以用相同的方法进行研究。

需要指出的是，根据电荷平衡得到的平衡离子计量系数，只能代表发生萃取反应时各组分的计量比，并不能代表水相中金属离子与酸根离子的配位性质，也无法反映萃合物结构。UO_2^{2+}、Th^{4+}都能与NO_3^-形成多种配合物。UO_2^{2+}可以与NO_3^-形成$UO_2(NO_3)_3^-$、$UO_2(NO_3)_2$、$UO_2(NO_3)^+$等，稳定常数分别为0.5、1.0、0.9[117]；Th^{4+}可以与NO_3^-形成$Th(NO_3)^{3+}$和$Th(NO_3)_2^{2+}$，稳定常数分别为2.83和1.91[118]。

【例3.5】中性萃取剂对酸萃取[116]。

在萃取体系中H^+和金属离子都属于Lewis酸，因此都可以被中性萃取剂萃取。以TBP萃取硝酸为例，萃取反应可以表示为：

$$x\text{TBP}_{(o)}+H^+_{(aq)}+NO^-_{3(aq)}\longrightarrow HNO_3(\text{TBP})_{x(o)}$$

萃取平衡常数表示为：

$$K_{ex}^{\text{TBP},HNO_3}=\frac{[HNO_3(\text{TBP})_{x(o)}]}{[\text{TBP}_{(o)}]^x[H^+_{(aq)}][NO^-_{3(aq)}]}$$

取对数得：

$$\lg K_{ex}^{\text{TBP},HNO_3}=\lg[HNO_3(\text{TBP})_{x(o)}]-x\lg[\text{TBP}_{(o)}]-\lg[H^+_{(aq)}]-\lg[NO^-_{3(aq)}]$$

当水相中只有HNO_3，有机相只有TBP时，可以认为H^+与NO_3^-是按1∶1倍萃取，水相中H^+与NO_3^-浓度相同，则上式可以改写为：

$$\lg[HNO_3(TBP)_{x(o)}]-2\lg[H^+_{(aq)}]=\lg K_{ex}^{TBP,HNO_3}+x\lg[TBP_{(o)}]$$

固定水相中HNO_3浓度，改变TBP浓度，用$\lg[HNO_3(TBP)_{x(o)}]-2\lg[H^+_{(aq)}]$对$\lg[TBP_{(o)}]$做线性拟合，如图3.25所示。

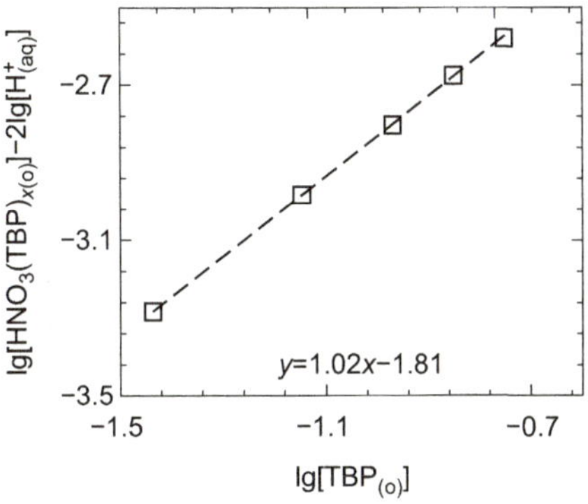

图3.25　TBP萃取硝酸的机理确定

从图3.25的拟合结果可以看出，$\lg[HNO_3(TBP)_{x(o)}]-2\lg[H^+_{(aq)}]$与$\lg[TBP_{(o)}]$存在明显的线性关系，其斜率约等于1，即萃酸反应中TBP的计量系数为1。TBP萃取HNO_3时，按1∶1形成萃合物，萃取反应可以表示为：

$$TBP_{(o)}+H^+_{(aq)}+NO^-_{3(aq)}\longrightarrow HNO_3\cdot TBP_{(o)}$$

在此例中，为了便于作图，纵坐标没有直接用分配比，而是用$\lg[HNO_3(TBP)_{x(o)}]-2\lg[H^+_{(aq)}]$，用类似的数据处理方法还可测得其他中性萃取剂萃取酸的计量比。

③ 螯合萃取剂　螯合萃取剂具有比单齿配体更丰富的配位方式，既可以一齿与单个金属离子配位，也可以多齿与单个金属离子配位，还能以桥连配体与不同金属离子配位，这导致萃取反应变得复杂。但在研究萃取反应化学计量比时，不需要关心金属离子与萃取剂的实际配位结构，也可以按照前面的方法确定萃取机理。

【例3.6】酰胺荚醚-辛醇/煤油从硝酸体系萃取Am(Ⅲ)、Eu(Ⅲ)的机理[119]。

酰胺荚醚具有较强的萃取性能，且合成比冠醚、穴醚简单，不含磷，可彻底焚烧。其结构中有多个可供修饰的位点，可根据目标金属进行相应的调节，因此受到广泛关注。这类螯合萃取剂的萃取机理也可用单变量斜率法进行测定，以如图3.26所示的三种酰胺荚醚在硝酸中萃取Am(Ⅲ)、Eu(Ⅲ)为例。

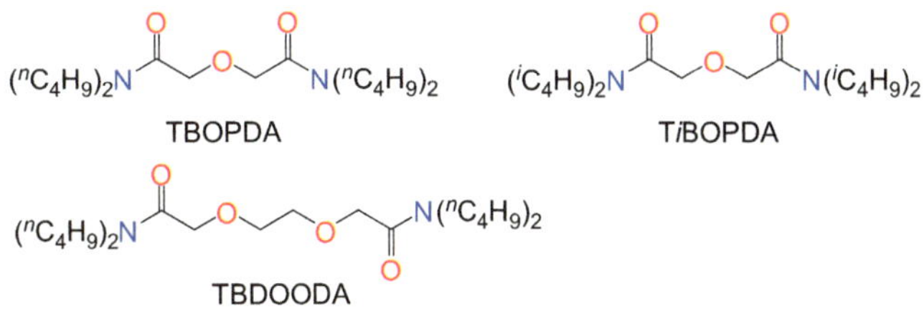

图3.26　三种酰胺荚醚结构

图3.26所示的三种酰胺荚醚都是中性萃取剂，萃取Am(Ⅲ)、Eu(Ⅲ)时为了保证萃合物的电荷平衡，萃取金属离子时都会携带相应数目的平衡离子。体系水相中带负电的平衡离子只有NO_3^-，因此可将萃取反应表示为（以S表示萃取剂）：

$$xS_{(o)} + M^{3+}_{(aq)} + 3NO^-_{3(aq)} \longrightarrow M(NO_3)_3S_{x(o)}$$

萃取平衡常数表示为：

$$K_{ex} = \frac{[M(NO_3)_3S_{x(o)}]}{[S_{(o)}]^x[M^{3+}_{(aq)}][NO^-_{3(aq)}]^3}$$

分配比D表示为：

$$D = \frac{[M(NO_3)_3S_{x(o)}]}{[M^{3+}_{(aq)}]} = K_{ex}[S_{(o)}]^x[NO^-_{3(aq)}]^3$$

取对数得：

$$\lg D = \lg K_{ex} - x\lg[S_{(o)}] - 3\lg[NO^-_{3(aq)}]$$

测量不同$[S_{(o)}]$下的分配比D，并用$\lg D$对$\lg[S_{(o)}]$作图，若存在线性关系，斜率即为x的值。实验结果如图3.27所示。

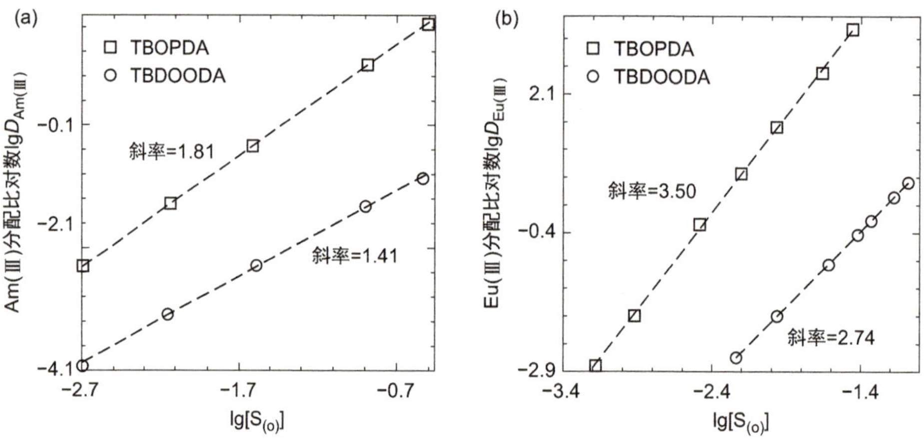

图3.27　两种酰胺荚醚萃取Am(Ⅲ)、Eu(Ⅲ)的萃取剂分子数目的确定

萃取条件：（a）金属离子浓度为0.001mol/L，硝酸浓度为0.5mol/L；（b）金属离子浓度为0.001mol/L，硝酸浓度为1.0mol/L

T*i*BOPDA与TBOPDA的线非常接近，未展示在图中以避免重叠

从图3.27看出，TBOPDA萃取Am(Ⅲ)和Eu(Ⅲ)的平均计量系数分别为1.81和3.50，TBDOODA萃取时分别为1.41和2.74，非整比计量系数表明是多种机理共存，至少存在两种不同的配位形式。

④ 盐类萃取剂、离子液体　盐类萃取剂、离子液体萃取金属离子时通常都带有平衡离子或发生离子交换，如2.2.6节所述。用类似的方法也能得到相应的萃取机理和萃合物组成。

（2）协萃体系

协同萃取机理是探索协同效应产生的原因、利用协同体系的优势、避免协同体系不足、进一步改进协同体系萃取分离效率的基础[96]。与单一萃取剂体系相似，单变量斜率法同样可用于研究协萃体系的萃取反应机理。

① 理论依据　从单一萃取剂的不同萃取反应看出，无论何种萃取反应，其处理步骤都包含以下步骤：首先，根据已知条件拟定带有待定系数的萃取反应；然后，写出萃取平衡常数和分配比的浓度表达式；最后，将萃取平衡常数代入分配比的表达式，再取对数，得到分配比对数值与各组分浓度对数值的关系。固定其他所有变量，只改变一个变量，拟合分配比对数值与该变量浓度对数值之间的线性关系，其斜率即为该变量在萃取反应中的计量系数。

类似的，对于协萃体系，一种萃取剂 A 和一种协萃剂 B 组成的萃取体系，萃取反应可以表示为：

$$M^{n\pm}_{(aq)} + aA_{(o)} + bB_{(o)} + zZ^{\pm}_{(aq)} \longrightarrow MA_aB_bZ^{(n+z-c)\pm}_{z-c(o)} + cC^{\pm}_{(aq)}$$

式中，$Z^{\pm}$ 和 $C^{\pm}$ 分别表示参与和生成的水相离子，包括氢离子、共萃离子、酸根离子、氢氧根离子等。萃取平衡常数 $K_{ex}^{A,B}$ 可以表示为：

$$K_{ex}^{A,B} = \frac{[C^{\pm}_{(aq)}]^c[MA_aB_bZ^{(n+z-c)\pm}_{z-c(o)}]}{[A_{(o)}]^a[B_{(o)}]^b[Z^{\pm}_{(aq)}]^z[M^{n+}_{(aq)}]} \tag{3.10}$$

分配比 $D^{A,B}$ 表示为：

$$D^{A,B} = \frac{[MA_aB_bZ^{(n+z-c)\pm}_{z(o)}]}{[M^{n+}_{(aq)}]} = \frac{K_{ex}^{A,B}[A_{(o)}]^a[B_{(o)}]^b[Z^{\pm}_{(aq)}]^z}{[C^{\pm}_{(aq)}]^c} \tag{3.11}$$

两端同取对数可得：

$$\lg D^{A,B} = \lg K_{ex}^{A,B} + a\lg[A_{(o)}] + b\lg[B_{(o)}] + z\lg[Z^{\pm}_{(aq)}] - c\lg[C_{(aq)}] \tag{3.12}$$

固定 $[A_{(o)}]$、$[B_{(o)}]$、$[Z^{\pm}_{(aq)}]$、$[C_{(aq)}]$ 中的三个，即可得到与另一个组分的关系式，进而确定萃取反应计量系数和萃合物组成。若用多元线性回归的方法，则无需固定变量，只需确定达到萃取平衡时各组分的浓度，即可得到相应的反应系数。

值得注意的是，书写假设的萃取反应方程式时，不需要关注各成分在左还是在右。拟合出的系数为负时，将对应的组分在方程式左右互换即可；拟合出的系数为零时表明该萃取条件下该组分对萃取没有影响；非整比时，则表明实际萃取反应包含了多种萃取反应，测量值只是这些萃取反应的平均结果。有时，萃取剂不仅能萃取金属离子，还能萃取 H^+、平衡离子等其他组分，导致拟合结果并非直线。这时可先研究对这些组分的萃取机理，再在研究萃取金属离子的机理时进行相应的扣除。

【例 3.7】8-羟基喹啉与 Cyanex301 从硝酸体系中协同萃取 Y(Ⅲ)[120]。

用单一萃取剂的机理研究方法可以证明在萃取条件下，NO_3^- 并不进入有机相。同时，为了保持电荷平衡，每萃取一个Y^{3+}到有机相，就有3个H^+进入水相。因此8-羟基喹啉（HQ）和Cyanex301（H_2A_2）协同萃取Y(Ⅲ)的反应方程式可以表示为：

$$Y^{3+}_{(aq)} + xHQ_{(o)} + yH_2A_{2(o)} \longrightarrow YQ_xA_{2y(o)} + 3H^+_{(aq)}$$

萃取平衡常数K_{ex}：

$$K_{ex} = \frac{[YQ_xA_{2y(o)}][H^+_{(aq)}]^3}{[HQ_{(o)}]^x[Y^{3+}_{(aq)}][H_2A_{2(o)}]^y}$$

分配比D：

$$D = \frac{[YQ_xA_{2y(o)}]}{[Y^{3+}_{(aq)}]} = \frac{K_{ex}[HQ_{(o)}]^x[H_2A_{2(o)}]^y}{[H^+_{(aq)}]^3}$$

取对数得：

$$\lg D = \lg K_{ex} - x\lg[HQ_{(o)}] - y\lg[H_2A_{2(o)}] + 3\lg[H^+_{(aq)}]$$

保持$[HQ_{(o)}]$为一定值，测量不同$[H_2A_{2(o)}]$下的D，用$\lg D - 3\lg[H^+_{(aq)}]$对$\lg[H_2A_{2(o)}]$作图，拟合直线的斜率即为y的数值；同理保持$[H_2A_{2(o)}]$为一定值，测量$[HQ_{(o)}]$不同时的D，用$\lg D - 3\lg[H^+_{(aq)}]$对$\lg[HQ_{(o)}]$作图，拟合直线的斜率即为x的数值。实验结果如图3.28所示。

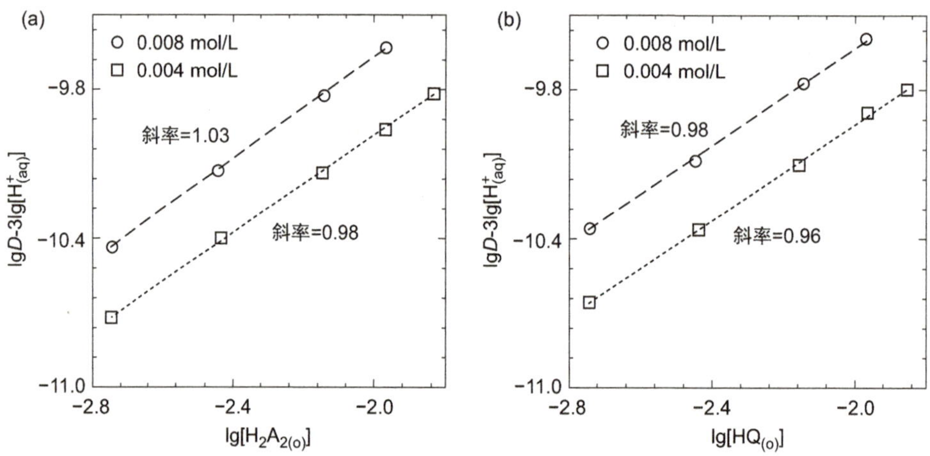

图3.28　8-羟基喹啉与Cyanex301协同萃取Y(Ⅲ)中萃取剂和协萃剂分子数目的确定。测量两种浓度，是为了衡量不同浓度下萃取机理的变化

从图3.28可以看出，HQ和HA的斜率都接近1，且另一种组分浓度变化时斜率并不发生变化。因此此协萃反应可以表示为：

$$Y^{3+}_{(aq)} + HQ_{(o)} + H_2A_{2(o)} \longrightarrow YQA_{2(o)} + 3H^+_{(aq)}$$

在此例中使用了其他手段证明的NO_3^-不参与萃取反应的结论，同时根据电荷平衡的经验规则确定Y^{3+}与H^+是1∶3的关系，简化了假设的萃取反应，实验过程也得到了简化。

② 多元线性拟合（多变量斜率法）　单变量斜率法，本质上是只改变影响萃取的众

多因素中的一个，然后用该变量对分配比作图，从而确定该变量在萃取反应中的化学计量系数。由于需要固定未知反应中物质的浓度，在实验上，这种操作有时非常麻烦，或者需要采用一些近似处理。事实上，可以采用多变量斜率法，一次性拟合出不同组分的参与萃取反应的计量系数。

【例 3.8】8-羟基喹啉与 Cyanex301 从硝酸体系中协同萃取 Y(Ⅲ)。

在例 3.7 中操作时需要控制一种组分浓度大大过量，在另一组分浓度变化时，该组分因萃取反应的浓度变化可以忽略，因此被当做常数处理。但对于协萃反应，当两种组分浓度相差较大时测得的反应机理不一定能准确反映两种组分浓度相近时的协萃机理。在这里直接测量 8-羟基喹啉与 Cyanex301 在不同浓度硝酸体系下对 Y(Ⅲ) 的萃取性能，并用相同的数据处理方式，结果如图 3.29 所示。

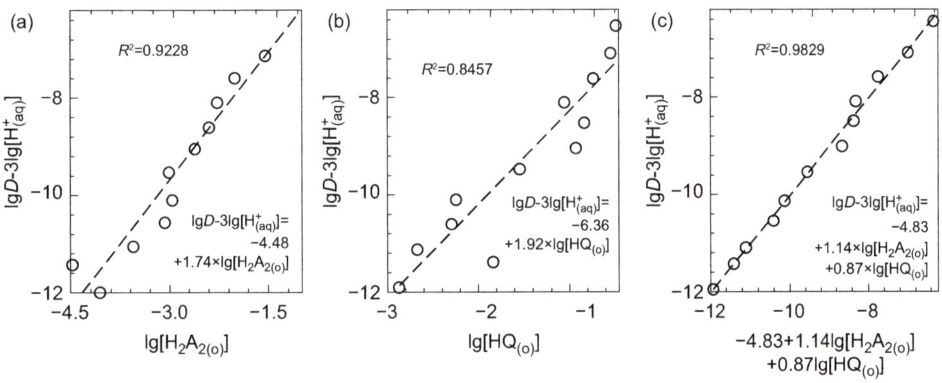

图3.29　（a）单独对Cyanex 301的拟合；（b）单独对8-羟基喹啉的拟合；（c）同时以两种组分的浓度作为自变量的二元线性拟合

从图 3.29 可以看出，单独使用一种组分进行拟合时的 R^2 明显低于同时使用两种组分拟合结果。这是由于在萃取过程中两种组分的浓度接近，只用一种组分的浓度进行拟合而忽略另一组分对分配比的影响是不合理的。另外，只考虑一种组分的拟合得到的斜率值也与例 3.7 所得结果差异很大。但若用二元线性拟合，得到的 Cyanex301 和 8-羟基喹啉的浓度对数的拟合系数分别为 1.14 和 0.87，与例 3.7 所得的接近 1 的结果相近。即通过二元线性拟合，可通过一个系列的实验同时得到两种组分参与萃取反应的计量系数，即反应机理。若用三元线性拟合，以 lg$D$ 作为目标函数，以 pH、$\lg[H_2A_2]_{(o)}$、$\lg[HQ]_{(o)}$ 作为自变量，还可一次性拟合出三个变量的计量系数。根据统计学规律，对于相同的 R^2 值，拟合时变量越多，可靠性越低，因此要达到更可靠的拟合结果，需要更大的样本容量，即需要更多的实验数据。不过多元线性拟合时，不需要控制各组分浓度，实验更易操作，也不需要做某组分浓度近似常数的近似处理。

（3）改变温度确定热力学函数

如2.6所述，体系热力学函数与萃取平衡之间存在紧密联系。恒定温度下，用变量斜率法拟合的直线的截距带有萃取平衡常数K_{ex}，如式（3.3）、（3.6）、（3.9）、（3.12）等。可通过拟合方程的截距数值得到萃取平衡常数，再换算得到萃取反应的吉布斯自由能。若在一系列不同温度下进行萃取实验，则可获得萃取反应的焓变、熵变、自由能变等多个热力学函数。

将萃取反应表示为：

$$M^{n\pm}_{(aq)} + aA_{(o)} + bB_{(o)} + zZ^{\mp}_{(aq)} \longrightarrow MA_aB_bZ^{(n-z-c)\pm}_{z-c(o)} + cC^{\pm}_{(aq)}$$

平衡常数为：

$$K_{ex} = \frac{[C^{\pm}_{(aq)}]^c[MA_aB_bZ^{(n-z-c)\pm}_{z-c(o)}]}{[A_{(o)}]^a[B_{(o)}]^b[Z^{\mp}_{(aq)}]^z[M^{n+}_{(aq)}]} = e^{\frac{-\Delta G}{RT}} = e^{\frac{-(\Delta H - T\Delta S)}{RT}} \tag{3.13}$$

分配比D表示为：

$$D = \frac{[MA_aB_bZ^{(n-z-c)\pm}_{z-c(o)}]}{[M^{n+}_{(aq)}]} = \frac{[A_{(o)}]^a[B_{(o)}]^b[Z^{\mp}_{(aq)}]^z}{[C^{\pm}_{(aq)}]^c}K_{ex} \tag{3.14}$$

将式（3.13）代入式（3.14）可得：

$$\begin{aligned} D &= \frac{[A_{(o)}]^a[B_{(o)}]^b[Z^{\mp}_{(aq)}]^z}{[C^{\pm}_{(aq)}]^c}K_{ex} = \frac{[A_{(o)}]^a[B_{(o)}]^b[Z^{\mp}_{(aq)}]^z}{[C^{\pm}_{aq}]^c}e^{\frac{-\Delta G}{RT}} \\ &= \frac{[A_{(o)}]^a[B_{(o)}]^b[Z^{\mp}_{(aq)}]^z}{[C^{\pm}_{(aq)}]^c}e^{\frac{-(\Delta H - T\Delta S)}{RT}} \end{aligned} \tag{3.15}$$

对上式两端同取自然对数，可得：

$$\ln D = \ln\frac{[A_{(o)}]^a[B_{(o)}]^b[Z^{\mp}_{(aq)}]^z}{[C^{\pm}_{(aq)}]^c} - \frac{\Delta G}{RT} = \ln\frac{[A_{(o)}]^a[B_{(o)}]^b[Z^{\mp}_{(aq)}]^z}{[C^{\pm}_{(aq)}]^c} - \frac{\Delta H - T\Delta S}{RT} \tag{3.16}$$

保持萃取过程中$A_{(o)}$、$B_{(o)}$、$Z^{\mp}_{(aq)}$、$C^{\pm}_{(aq)}$等各组分不变，则可将$\ln\frac{[A_{(o)}]^a[B_{(o)}]^b[Z^{\mp}_{(aq)}]^z}{[C^{\pm}_{(aq)}]^c}$作为常数处理，上式简化为：

$$\ln D = C - \frac{\Delta G}{RT} = \left(C + \frac{\Delta S}{R}\right) - \frac{\Delta H}{RT} \tag{3.17}$$

改变萃取操作温度，并测量相应的萃取率，用$\ln D$对$1/T$作线性拟合，可得到ΔG、ΔH、ΔS等萃取热力学函数。热力学函数的数值大小和正负可用于衡量温度对萃取反应的影响。

【例3.9】CA-12与N1923协同萃取Zn^{2+}的热力学函数[121]。

利用单变量斜率法，用只改变其中一种组分的浓度，测量分配比的变化。实验结果如图3.30（a）和（b）所示，由此可确定协同萃取反应机理为：

$$Zn^{2+}_{(aq)} + H_2A_{2(o)} + 2B_{(o)} \longrightarrow NiA_2B_{2(o)} + 2H^{+}_{(aq)}$$

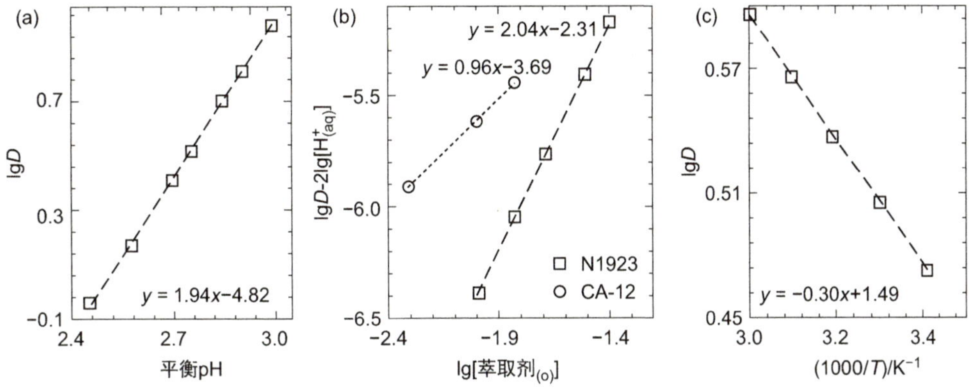

图3.30　CA−12与N1923协同萃取Zn^{2+}的机理与热力学函数的确定

实验条件：（a）$[Zn^{2+}_{(aq)}] = 0.001$ mol/L，$[CA\text{-}12_{(o)}] = 0.005$ mol/L，$[N1923_{(o)}] = 0.045$ mol/L；（b）pH = 3.0，$[Zn^{2+}_{(aq)}] = 0.001$ mol/L；（c）$[Zn^{2+}_{(aq)}] = 0.001$ mol/L，pH = 3.0，$[CA\text{-}12_{(o)}] = 0.005$ mol/L，$[N1923_{(o)}] = 0.045$ mol/L

根据此萃取机理，可求得298K时平衡常数$K_{ex} = -6.03$，由此可得萃取吉布斯自由能$\Delta G = 3.95$kJ/mol。再结合式（3.17）和图3.30（c）所示结果，可得$\Delta H = 5.60$kJ/mol，$\Delta S = 7.3$J/(mol·K)。即该萃取反应是吸热过程，且萃取反应是熵增加的过程。事实上，根据式（3.17），从$\lg D$与$1/T$的斜率为负即可得出萃取反应为吸热反应的结论。从ΔG来看，萃取反应不是自发的，在实际萃取中，常用预先皂化的方式改变热力学优势。从反应的热效应可以看出，升高温度，可促进萃取反应[114]。

3.4.2.2　等摩尔系列法确定反应机理

等摩尔系列法也称连续变化法、浓比递变法，是分析化学中用吸光光度法测量配合物组成比的经典方法，由Job在1928年提出[122]。这种方法的核心是保持发生配位作用的两种组分的总物质的量不变，而改变两种组分的比例，得到配合物的物质的量随比例的变化，以此来确定配合物中两种组分的比例。当配合物物质的量达到最大时的两组分比例可以认为是两组分形成配合物时的计量比。对于三种组分的配合物，保持其中两种等比例变化，并将这两种看作同一种组分，三种以上组分的配合物处理方法相似。

（1）理论依据

对于某萃取反应：

$$M^{x\pm}_{(aq)} + yA_{(o)} \longrightarrow MA^{x\pm}_{y(o)}$$

萃取前物质的量：　$n_{M^{x\pm}}$　　n_A　　0

平衡时物质的量：　$n_{M^{x\pm}} - a$　　$n_A - ya$　　a

萃取平衡常数可以表示为：

$$K_{ex} = \frac{\left[MA^{x\pm}_{y(o)}\right]}{\left[A_{(o)}\right]^y \left[M^{x\pm}_{(aq)}\right]} = \frac{\dfrac{n_{MA^{x\pm}_{y(o)}}}{V_{(o)}}}{\left(\dfrac{n_{A_{(o)}}}{V_{(o)}}\right)^y \times \dfrac{n_{M^{x\pm}_{(aq)}}}{V_{(aq)}}} = \frac{\dfrac{a}{V_{(o)}}}{\left(\dfrac{n_A - ya}{V_{(o)}}\right)^y \times \dfrac{n_{M^{x\pm}} - a}{V_{(aq)}}} \tag{3.18}$$

设相比 $V_{(o)}/V_{(aq)}$ 为一常数 υ。两种组分总物质的量为一定值 C，比例为 β，即：

$$\begin{cases} n_{M^{x\pm}} + n_A = C \\ \dfrac{n_{M^{x\pm}}}{n_A} = \beta \end{cases} \tag{3.19}$$

求解可得：

$$\begin{cases} n_{M^{x\pm}} = \dfrac{\beta C}{1+\beta} \\ n_A = \dfrac{C}{1+\beta} \end{cases} \tag{3.20}$$

将式（3.20）和 $V_{(aq)} = V_{(o)}/\upsilon$ 代入式（3.18）可得：

$$(C - ya - ya\beta)^y[\beta(C-a)-a] = \frac{a}{(V_{(o)})^{-y}} \times \frac{(1+\beta)^{y+1}}{\upsilon K_{ex}} \tag{3.21}$$

把 $\dfrac{a}{V_{(o)}}$ 看作 β 的函数，两端取对数后，同时对 β 求导，可得当 $\dfrac{a}{V_{(o)}}$ 取极大值时，$\dfrac{\mathrm{d}\left(\dfrac{a}{V_{(o)}}\right)}{\mathrm{d}\beta} = 0$，由此可得 $\beta y = 1$。因此，可用有机相萃合物浓度对两种组分比例作图，根据有机相萃合物浓度极大值处两组分的比例求得两组分参与萃取反应的计量系数之比，即萃合物中组成比。

（2）等摩尔系列法应用

① 金属萃合物组成

【例 3.10】P204 从酸性体系中萃取 V(Ⅴ) 的萃合物组成[111]。

在例 3.1 中用单变量斜率法测量了 P204 在盐酸体系中对 V(Ⅴ) 的萃合物组成。通过等摩尔系列法，同样可以方便地获得 P204 的萃取机理。保持萃取体系中金属离子与萃取剂总物质的量不变，依次改变金属离子与萃取剂的摩尔比，测量有机相中 V(Ⅴ) 的浓度。实验结果如图 3.31 所示。

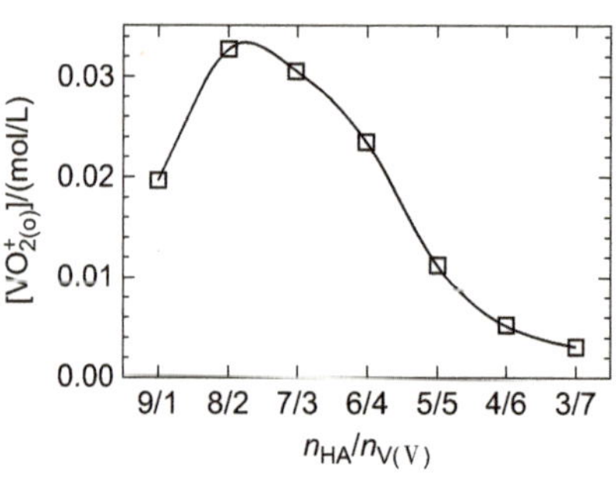

图3.31　有机相 V(Ⅴ) 浓度与萃取 $n_{HA}/n_{V(V)}$ 的关系

从图 3.31 可以看出 $n_{(HA)}$ 与 $n_{V(V)}$ 比例为 8/2 附近，即 4/1 时，有机相 V(Ⅴ) 浓度达到最

大。考虑到有机相中HA都是以二聚体H_2A_2形式存在，且萃合物应为电中性，因此萃取反应可以表示为：

$$VO^+_{2(aq)} + 2H_2A_{2(o)} \longrightarrow VO_2A(HA)_{3(o)} + H^+_{(aq)}$$

与例3.1中根据斜率法获得的结果是一致的。这里配合物含量达极大值时，萃取剂HA和金属离子V(Ⅴ)的比例接近8∶2。若要确定两组分的准确比例，需要做更精确的比例实验，如7.9/2.1、7.8/2.2、7.7/2.3、7.6/2.4等。

等摩尔系列法的优势在于不需要严格控制平衡水相的pH值，操作简单、方便。等摩尔系列法只能获得近似的结果，如图3.31中的最大值并不恰好在8/2处，而是介于8/2与7/3之间，若要获得准确的结果则需要做精度更高的比例实验，这又使得实验变得复杂，失去了等摩尔系列法简单这一优势。

② 萃酸配合物组成

【例3.11】三正辛基氧化膦（TOPO）从水相中萃取HCl[123]。

三烷基氧膦等中性萃取剂的酰氧原子能与活泼氢形成较强的氢键，或被强酸质子化，即能从水相中萃取酸。在等体积萃取中，保持TOPO和HCl总浓度为0.226mol/L，改变TOPO与HCl的浓度比，同时测量有机相中HCl浓度$[HCl_{(o)}]$，结果如图3.32所示。

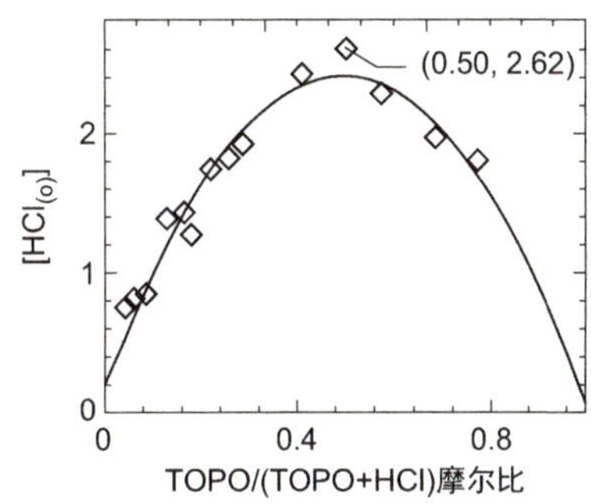

图3.32　HCl/HCl-H_2O/TOPO-正十二烷体系的等摩尔系列曲线

从图3.32可以看出TOPO/(TOPO+HCl)摩尔比为0.50时有机相HCl浓度达到最大，即TOPO与HCl按1∶1组合形成萃合物，机理可以表示为：

$$HCl_{(aq)} + TOPO_{(o)} \longrightarrow HCl{\cdot}TOPO_{(o)}$$

（3）吸光光谱法

等摩尔系列法的核心是确定被萃物浓度随组分比例的变化规律。在萃取中，通常是分别测量起始水相和萃余水相中金属离子浓度，以此来确定萃取量的多少，再计算得到萃取平衡常数、萃取率、分配比等。若配合物的吸光性质与体系中其他组分有明显差异，则可直接用光谱法测量配位离子的浓度和总量。

3.4.2.3　两相滴定法确定反应机理

两相滴定法广泛用于分析表面活性物质在两相间的性质，是被国际上公认的标准方法之一[124-125]。最开始主要采用pH滴定法，电位滴定法推广后也常采用电位滴定法。pH滴定法，即在滴定过程中测量pH值的方法。最早是1952年Dyrssen提出可用pH滴定法测量弱酸在水相中的质子解离常数以及在水相与有机相的分配常数。两相滴定法用于测量配合物稳定常数是1959年Jensen引入的。1981年黎乐民和徐光宪对两相滴定法测量配合物稳定常数进行了严格的数学证明并推广到二元协萃体系[126-127]。1997年陈慧英等实现了利用两相滴定法测定三元协萃体系萃取平衡常数[128]，将两相滴定法应用到更复杂的萃取体系中。

（1）理论依据

不同的两相滴定体系，其数据处理公式的总体思路相同，只是因存在的组成各有不同导致公式的各项略有差异。尽管两相滴定法的操作简便，但其数据处理公式的推导颇为复杂，涉及多个假设。对于不同的萃取体系，可参照相应的文献。如单一萃取剂、二元协萃、三元协萃等都有相应的报道[126-128]。这些公式推导的核心思想是物料守恒、电荷守恒，再结合具体的电离常数、两相分配比等的大小进行适当的近似处理。

（2）应用举例

两相滴定法不需要测定金属离子在两相间的分配比，也不需要多次调节萃取体系各组分的含量比，是研究萃取反应机理的简单有效的方法。但与其他滴定反应一样，也要求萃取反应的速率快，能迅速达到平衡。另外，对于pH值或电导率变化小的萃取反应，测量可能产生较大误差。这些限制了这一方法的适用体系，但仍然是一种常用的方法，不仅可用于单一萃取剂的萃取体系，还能用于协萃体系。

【例3.12】用NaOH滴定P507-正辛烷从HNO_3体系中萃取三价稀土离子的萃取机理[129]。

滴定过程：准确移取6.00 mL金属离子硝酸盐溶液、27.00mL HNO_3、35.00mL P507-正辛烷溶液至恒温滴定杯中，用已知浓度NaOH溶液进行滴定。每加入一定体积NaOH溶液后，搅拌5min（实验证明5min足够萃取体系达到平衡），静止分层后，测定水相pH值。

P507对稀土的萃取机理是典型的质子交换，可以表示为：

$$RE^{x+}_{(aq)}+\frac{x+y}{2}H_2A_{2(o)}\rightleftharpoons REA_x(HA)_{y(o)}+xH^+_{(aq)}$$

在这里为了方便表示，将三价稀土离子表示为RE^{x+}，采用了经验规则，认为质子交换萃取中，交换的H^+数目与RE^{x+}的电荷数相同，都为x。确定萃取机理，只需要确定y值。

萃取平衡常数K_{ex}：

$$K_{ex}=\frac{[H^+_{(aq)}]^x[REA_x(HA)_{y(o)}]}{[H_2A_{2(o)}]^{\frac{x+y}{2}}[RE^{x+}_{(aq)}]} \qquad (1)$$

在萃取条件下，水相金属离子浓度低，可以用浓度替代活度，并忽略金属离子的水解、聚集、Na^+的萃取等，并假设有机相中只有$REA_x(HA)_y$一种萃合物。

根据物料平衡有（n 为各物种的物质的量，mol）：

$$n_{A^-} = n_{A^-_{(aq)}} + n_{HA_{(aq)}} + n_{HA_{(o)}} + 2n_{H_2A_{2(o)}} + (x+y)n_{REA_x(HA)_{y(o)}} \tag{2}$$

$$n_{H^+} = n_{H^+_{(aq)}} + n_{HA_{(aq)}} + n_{HA_{(o)}} + 2n_{H_2A_{2(o)}} + yn_{REA_x(HA)_{y(o)}} \tag{3}$$

$$n_{RE^{x+}} = n_{RE^{x+}_{(aq)}} + n_{REA_x(HA)_{y(o)}} \tag{4}$$

根据水相电荷平衡有：

$$n_{H^+_{(aq)}} + n_{Na^+_{(aq)}} + xn_{RE^{x+}_{(aq)}} = n_{A^-_{(aq)}} + n_{OH^-_{(aq)}} + n_{NO^-_{3(aq)}} \tag{5}$$

其中：

$$n_{Na^+_{(aq)}} = V_{NaOH}c_{NaOH} \tag{6}$$

$$n_{NO^-_{3(aq)}} = V_{HNO_3}c_{HNO_3} + xn_{RE^{x+}_{(aq)}} \tag{7}$$

将式（2）、（4）～（7）代入式（3）得：

$$\begin{aligned} n_{H^+} &= n_{A^-} - n_{Na^+_{(aq)}} + n_{OH^-_{(aq)}} - xn_{RE^{x+}_{(aq)}} + n_{NO^-_{3(aq)}} \\ &= n_{A^-} - V_{NaOH}c_{NaOH} + n_{OH^-_{(aq)}} + V_{HNO_3}c_{HNO_3} \end{aligned} \tag{8}$$

则总氢离子浓度为：

$$c_{H^+} = \frac{V_{(o)}c_{HA} - V_{NaOH}c_{NaOH} + V_{HNO_3}c_{HNO_3}}{V} + [OH^-_{(aq)}] \tag{9}$$

由式（2）、（3）可得：

$$\frac{x}{y} = \frac{n_{A^-} - n_{H^+} - n_{A^-_{(aq)}} + n_{H^+_{(aq)}}}{n_{H^+} - n_{H^+_{(aq)}} - n_{HA_{(aq)}} - n_{HA_{(o)}} - 2n_{H_2A_{2(o)}}} \tag{10}$$

转换为浓度可得：

$$\frac{x}{y} = \frac{c_{A^-} - c_{H^+} - [A^-_{(aq)}] + [H^+_{(aq)}]}{c_{H^+} - [H^+_{(aq)}] - [HA_{(aq)}] - [HA_{(o)}] - 2[H_2A_{2(o)}]} \tag{11}$$

P507-正辛烷与水的两相体系中存在水相电离、两相分配、有机相二聚等三个平衡：

水相电离平解：　$HA_{(aq)} \rightleftharpoons H^+_{(aq)} + A^-_{(aq)}$　　$$K_a = \frac{[H^+_{(aq)}][A^-_{(aq)}]}{[HA_{(aq)}]} \tag{12}$$

两相分配平衡：　$HA_{(aq)} \rightleftharpoons HA_{(o)}$　　$$K_d = \frac{[HA_{(o)}]}{[HA_{(aq)}]} \tag{13}$$

有机相二聚平衡：　$2HA_{(o)} \rightleftharpoons H_2A_{2(o)}$　　$$K_2 = \frac{[H_2A_{2(o)}]}{[HA_{(o)}]^2} \tag{14}$$

式中，K_a 为P507在水相中的质子解离常数；K_d 为P507在水-正辛烷两相间的分配系数；K_2 为P507在正辛烷中的二聚常数。通过实验可以测量它们的数值分别为 $K_a = 5.01\times10^{-4}$、$K_d = 4.78\times10^{2}$、$K_2 = 6.69\times10^{4}$ [130]。

由式（12）可得：

$$[\mathrm{HA}_{(\mathrm{aq})}]=\frac{[\mathrm{H}^{+}_{(\mathrm{aq})}][\mathrm{A}^{-}_{(\mathrm{aq})}]}{K_{\mathrm{a}}} \tag{15}$$

由式（13）、（15）可得：

$$[\mathrm{HA}_{(\mathrm{o})}]=K_{\mathrm{d}}[\mathrm{HA}_{(\mathrm{aq})}]=\frac{K_{\mathrm{d}}[\mathrm{H}^{+}_{(\mathrm{aq})}][\mathrm{A}^{-}_{(\mathrm{aq})}]}{K_{\mathrm{a}}} \tag{16}$$

由式（14）、（16）可得：

$$[\mathrm{H}_2\mathrm{A}_{2(\mathrm{o})}]=K_2[\mathrm{HA}_{(\mathrm{o})}]^2=\frac{K_2K_{\mathrm{d}}^2[\mathrm{H}^{+}_{(\mathrm{aq})}]^2[\mathrm{A}^{-}_{(\mathrm{aq})}]^2}{K_{\mathrm{a}}^2} \tag{17}$$

将式（15）~（17）代入式（11），并化简可得：

$$d[\mathrm{A}^{-}_{(\mathrm{aq})}]^2+e[\mathrm{A}^{-}_{(\mathrm{aq})}]+f=0 \tag{18}$$

其中：

$$d=2\frac{x}{y}\times\frac{K_2K_{\mathrm{d}}^2[\mathrm{H}^{+}_{(\mathrm{aq})}]^2}{K_{\mathrm{a}}^2}$$

$$e=\frac{x}{y}(1+K_{\mathrm{d}})\frac{[\mathrm{H}^{+}_{(\mathrm{aq})}]}{K_{\mathrm{a}}}-1$$

$$f=\left(\frac{x}{y}+1\right)\left([\mathrm{H}^{+}_{(\mathrm{aq})}-c_{\mathrm{H}^{+}}]\right)+c_{\mathrm{A}^{-}}$$

由式（18）解得：

$$[\mathrm{A}^{-}_{(\mathrm{aq})}]=\frac{\sqrt{e^2-4df}-e}{2d} \tag{19}$$

对于特定的萃取反应，y为一定值。根据初始条件和滴定时测量的pH值（$-\lg[\mathrm{H}^{+}_{(\mathrm{aq})}]$），可根据式（19）算得$[\mathrm{A}^{-}_{(\mathrm{aq})}]$，然后根据式（15）、（16）、（17），可分别求得$[\mathrm{HA}_{(\mathrm{aq})}]$、$[\mathrm{HA}_{(\mathrm{o})}]$、$[\mathrm{H}_2\mathrm{A}_{2(\mathrm{o})}]$。再根据式（2）、（4）和体系体积算得$[\mathrm{REA}_x(\mathrm{HA})_{y(\mathrm{o})}]$、$[\mathrm{RE}^{x+}_{(\mathrm{aq})}]$。将这些数值代入式（1），可得到某一pH值下的萃取平衡常数K_{ex}。以La(Ⅲ)为例，测量结果与计算结果列入表3.16中。

表3.16 不同P507浓度（c_{HA}）萃取La(Ⅲ)的滴定数据

c_{HA}/（mol/L）	pH		$\mathrm{p}K_{\mathrm{ex,La(Ⅲ)}}$					
			y=2.0		y=2.7		y=3.0	
	$V_{\mathrm{NaOH,1}}$	$V_{\mathrm{NaOH,2}}$	$V_{\mathrm{NaOH,1}}$	$V_{\mathrm{NaOH,2}}$	$V_{\mathrm{NaOH,1}}$	$V_{\mathrm{NaOH,2}}$	$V_{\mathrm{NaOH,1}}$	$V_{\mathrm{NaOH,2}}$
0.20	2.239	2.155	3.33	3.31	2.80	2.83	2.58	2.62
0.60	2.261	2.172	3.35	3.31	2.82	2.83	2.59	2.62
1.00	2.283	2.191	3.37	3.32	2.84	2.84	2.61	2.63
1.40	2.303	2.209	3.38	3.33	2.84	2.84	2.62	2.64
1.80	2.324	2.228	3.39	3.34	2.85	2.85	2.62	2.65
2.20	2.343	2.246	3.39	3.34	2.85	2.86	2.62	2.65

续表

c_{HA}/（mol/L）	pH		$pK_{ex,La(Ⅲ)}$					
			y=2.0		y=2.7		y=3.0	
	$V_{NaOH,1}$	$V_{NaOH,2}$	$V_{NaOH,1}$	$V_{NaOH,2}$	$V_{NaOH,1}$	$V_{NaOH,2}$	$V_{NaOH,1}$	$V_{NaOH,2}$
2.60	2.363	2.264	3.39	3.35	2.85	2.86	2.62	2.65
3.00	2.383	2.284	3.40	3.36	2.86	2.87	2.63	2.66
3.40	2.404	2.303	3.41	3.37	2.87	2.88	2.63	2.67
3.80	2.426	2.323	3.42	3.38	2.88	2.89	2.64	2.68
$pK_{La(Ⅲ)}$方差			0.00073	0.00059	0.00054	0.00043	0.00034	0.00040

注：$V_{NaOH,1}$= 0.0748mL；$V_{NaOH,2}$= 0.1020mL；c_{NaOH} = 0.04959mol/L。

在表3.16中列出了不同y值和P507初始浓度对La(Ⅲ)萃取平衡常数的方差，以衡量y值的准确性。当y值为真实值时，$pK_{ex,La(Ⅲ)}$方差达到极小值。假定不同y值，分别计算相应的$pK_{ex,La(Ⅲ)}$及其方差，用$pK_{ex,La(Ⅲ)}$方差对y作图，结果如图3.33所示。

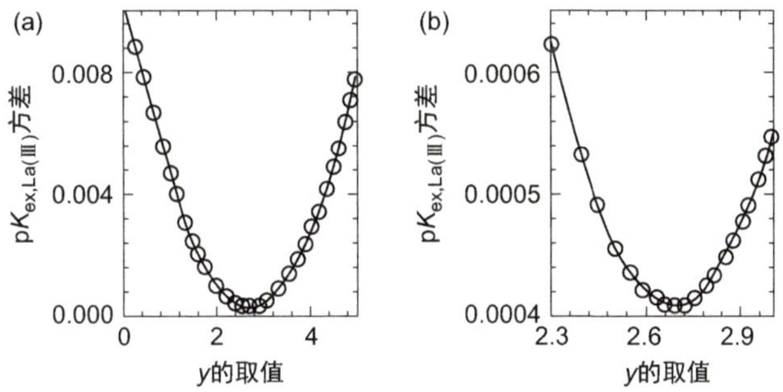

图3.33 不同y值对$pK_{ex,La(Ⅲ)}$方差大小的影响

（b）是（a）在横轴值在2.3～3.0的局部放大

从图3.33（a）可以看出，当y取值为2和3之间某一数值时，有$pK_{ex,La(Ⅲ)}$方差最小值。为了进一步确定y的准确数值，取更多小数位数的y值重新作图，如图3.33（b）。从图3.33（b）可直接读出$y = 2.7$时$pK_{ex,La(Ⅲ)}$方差最小，且$pK_{ex,La(Ⅲ)} = 2.85$。用类似的方法可以获得P507萃取其他金属离子的y值和相应的萃取平衡常数，即通过滴定法可以确定P507萃取稀土离子的反应机理和萃取平衡常数。

两相滴定法除用于测量酸性萃取剂萃取稀土的机理外，还能用于过渡金属[131-132]、碱金属[133]等其他萃取体系，其测量方法和数据处理方法与例3.12相似。两相滴定法的数据处理比较复杂，对于单一酸性萃取剂的萃取体系，后来发展了数据处理更方便的半pH法[134-135]。两相滴定法还能用于协萃体系的机理研究，但数据处理更加复杂[126]。除用于研究两相间萃取机理外，两相滴定法还能用于测量萃取剂在水相中的溶解度、在水相的电离常数、在有机相中的二聚常数、不同溶剂间的分配系数等[136-137]。目前，滴定过程和数据处理可分别在滴定仪和计算机上完成，以实现快速大量测量。

需要注意的是，在实际萃取过程中，往往存在多个可能的萃取反应，而实验测量的只是多个萃取反应的平均结果，因此导致常常出现非整数的物种计量系数[86]。在不同酸度、温度、物种浓度条件下，各个萃取反应对整个萃取反应的权重会相应地变化。一个典型的例子就是在易水解金属离子萃取时，高pH条件下部分水解萃取为主（见2.2.8），而低pH条件下非水解萃取为主。另外，还存在聚集、吸附等其他反应。萃取时体系内的各种反应共同导致萃取率与单变量因素的变化呈现曲线形式（如*E*-pH曲线）。而机理实验测量的各种线性关系只在一定范围内反映萃取反应的化学计量比。

3.4.2.4 萃取机理的其他研究方法

除上述单变量斜率法、等摩尔系列法、两相滴定法外，饱和法、核磁共振法、标准曲线拟合法等也可用于研究萃取反应机理[138]。

（1）饱和法

饱和法是测量萃合物组成的常用方法。其操作方法是，将同一有机相多次与含有金属离子的水相接触，根据达到饱和时有机相的组成确定萃合物中金属离子与萃取剂的比例。这种方法得到的是萃取剂完全反应（即饱和度达到100%）时的萃合物组成，由于金属离子与萃取剂经常可以形成多种不同组成的萃合物，因此，此法所得结果与单变量斜率法中萃取剂大大过量时得到的组成，以及等摩尔系列法得到的分配比最高的组成，都可能不同。若萃取时使用沸点较低的稀释剂，可去除稀释剂后得到萃合物固体，甚至晶体，可用相应的固体分析方法分析萃合物组成及光谱性质[95, 139]。

（2）核磁共振法

核磁共振通过原子核化学位移反映出原子的化学环境，即原子间结合方式。如在TBP萃取Zn(Ⅱ)时，由于磷酰氧与Zn(Ⅱ)的配位作用，导致TBP烷氧基α-碳原子上的氢原子化学位移从3.86增加到4.24，α-碳原子的化学位移从65.7增加至68.4[140]。测量不同浓度下化学位移，用化学位移的变化量对有机相金属离子与TBP浓度的比值作图，可以观察到当比值为1:2时化学位移的变化量变化趋势出现拐点。由此可确定Zn(Ⅱ)和TBP按1:2计量比进行萃取反应。

（3）标准曲线拟合法

标准曲线拟合法通过图解法求解待定常数，可用于求解萃取反应中的计量比[10]。先从实验数据点拟合出曲线，再选一与实验曲线形状相同的标准函数曲线进行拟合。找出实验曲线两条渐近线的交叉点坐标值，并以此求出待定尝试。此法的关键在于选择与实验曲线有较好拟合程度的标准函数，以及选择实验曲线的渐近线。

3.5 萃合物及其研究方法

通过萃合物研究萃取机理的关键在于准确的萃合物组成和结构，因此使用这种方法的前提是准确可靠地表征萃合物结构。常见的结构确定方法有紫外-可见光分光光度法、红外光谱法、核磁共振光谱法、X射线吸收光谱法、X射线衍射法等。萃合物结构确定是在上述萃取机理研究方法基础上对萃取反应的进一步认识，是在化学键层次上对金属离子与萃取剂相互作用的理解。

3.5.1 紫外-可见光分光光度法（UV-Vis）

紫外-可见光分光光度法，也称为电子光谱法，可直接反映电子在不同能级间激发或跃迁引起的吸收或发射性质，进而推测出中心金属的配位状态，以此了解萃合物结构[96]。

【例3.13】紫外-可见光分光光度法确定P204-石油亚砜（PSO）-白煤油从盐酸体系中协同萃取V(Ⅴ)形成的协同萃合物中，PSO是否直接与V(Ⅴ)配位[111]。

在P204-石油亚砜（PSO）协同萃取V(Ⅴ)的体系中，通过斜率法可以分析出萃合物组成为$VO_2A(HA)_3·PSO$，但无法确定PSO是否直接与金属离子配位。测量不同萃取组成的紫外-可见吸收光谱，如图3.34所示。

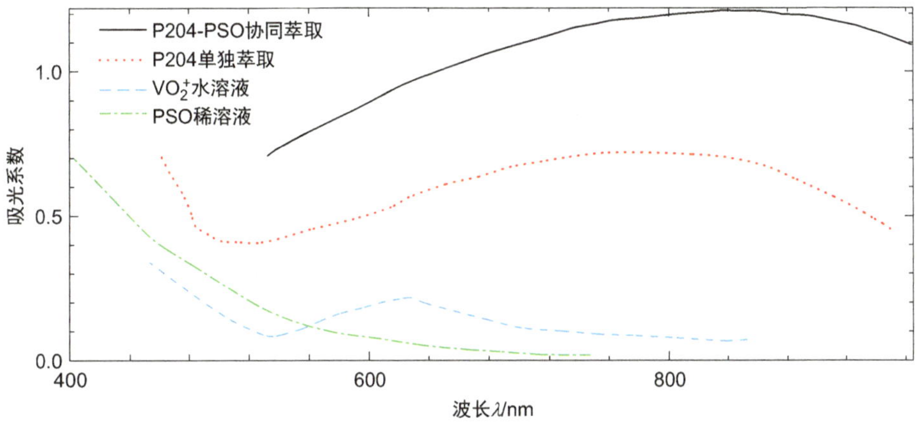

图3.34 P204与PSO协同萃取中不同溶液的紫外-可见吸收光谱

从图3.34可以看出：PSO自身的最大吸收波长小于400nm，VO_2^+自身在700nm以后无强吸收；而从P204单独萃取到P204-PSO协同萃取，最大吸收峰位置发生了明显的移动，这表明PSO与VO_2^+发生了配位作用。但由于紫外-可见光分光光度含有的官能团信息较少，并不能推论出PSO参与配位的方式。可通过红外光谱进一步确定官能团之间的相互作用。

3.5.2 红外光谱法（IR）

红外光谱是分子的振动、转动能级变化引起的。在萃取中，萃取剂与金属离子的配位作用导致官能团的振动、转动性质发生变化，其红外光谱也发生相应的变化。因此通过测量萃取过程中萃取剂红外光谱的变化，可以间接推测出金属离子与萃取剂的配位特征，以此理解萃取机理[96]。

（1）确定配位原子

有的萃取剂中含有多个可配位原子，但不同配位原子的配位并不影响萃合物组成，直接从萃取机理得出的化学计量比无法提供萃合物结构信息。配位后，直接与配位原子相连的键的红外光谱会发生明显变化，可以此来推断萃合物中萃取剂与金属离子的结合方式。

【例3.14】红外光谱确定不对称亚砜（BSO）萃取Pd(Ⅱ)萃合物中的配位方式[141]。

亚砜$R_2S{=}O$中的硫、氧原子都带有孤对电子，都能与金属离子形成配位键。由于氧吸电子能力比硫强，硫氧双键中π电子偏向氧原子一侧。当金属离子与氧原子配位时，π电子进一步偏向O一侧，S=O被削弱，导致$\nu_{S=O}$伸缩振动移向低频；当金属离子与硫原子配位时π电子返回S一侧，S=O键增强，$\nu_{S=O}$伸缩振动移向高频；若观察到既有移向低频，也有移向高频，则是硫、氧混合配位[142]。由此可判断亚砜萃取金属时的配位方式。图3.35所示为BSO萃取Pd(Ⅱ)的红外吸收光谱，可以看出不同条件下BSO与Pd(Ⅱ)的配位方式。

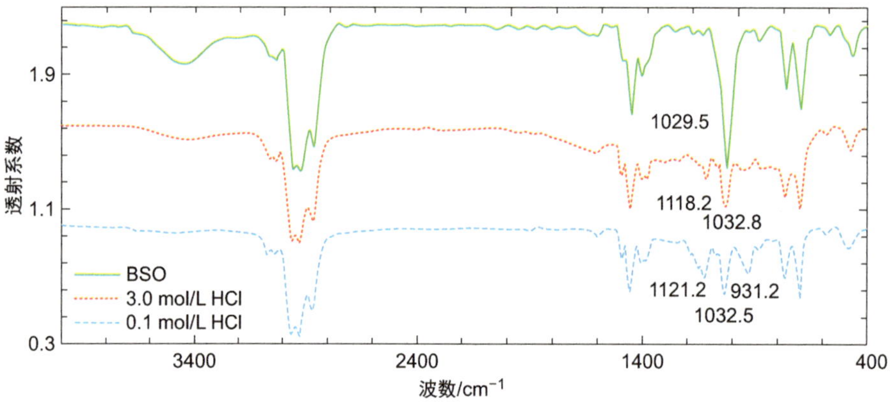

图3.35 萃取剂BSO及其与Pd(Ⅱ)萃合物的红外光谱图

从图3.35的实线可知，萃取前BSO中$\nu_{S=O}$在1029.5cm^{-1}处。0.1mol/L HCl低酸度萃合物的短线虚线显示：S=O伸缩振动略向高频方向移至1032.5cm^{-1}处，且强度明显下降；在1121.2cm^{-1}和931.2cm^{-1}出现两个峰，即同时出现了向高频和低频方向移动，即Pd(Ⅱ)同时与硫、氧配位；未出现3400cm^{-1}附近的宽峰，表明萃合物中应该不含有结合水。3.0mol/L HCl高酸度萃合物的点虚线曲线上：没有931.2cm^{-1}处的低频峰，只有1032.8cm^{-1}处的高频峰，说明高酸度时Pd(Ⅱ)不与氧配位、只与硫配位，这是由于高酸度时H^+与O的结合比Pd(Ⅱ)与O的结合更占优势；在3400cm^{-1}的宽峰说明萃合物中含有结合水。类似的规律还能用于其他存在多个配位位点的萃取剂配位方式，如利用红外光谱可确定苯并噻唑亚砜萃取Pd(Ⅱ)时是以噻唑氮原子配位[143]。

（2）萃取剂与协萃剂相互作用

配位基团的特征红外光谱在萃取前后的变化情况可以反映出萃合物中萃取剂与金属离子的相互作用。在协萃体系中，红外光谱还能反应萃取剂与协萃剂之间的相互作用。

【例3.15】红外光谱确定P204与石油亚砜（PSO）-白煤油在盐酸体系中萃取V(Ⅴ)萃合物结构[111]。

在实验条件下分别测量萃取剂P204、协萃剂PSO、萃取剂与协萃剂混合物的红外光谱，如图3.36（a）所示；用KBr涂片法测量饱和萃取法的萃合物的红外光谱，如图3.36（b）所示。

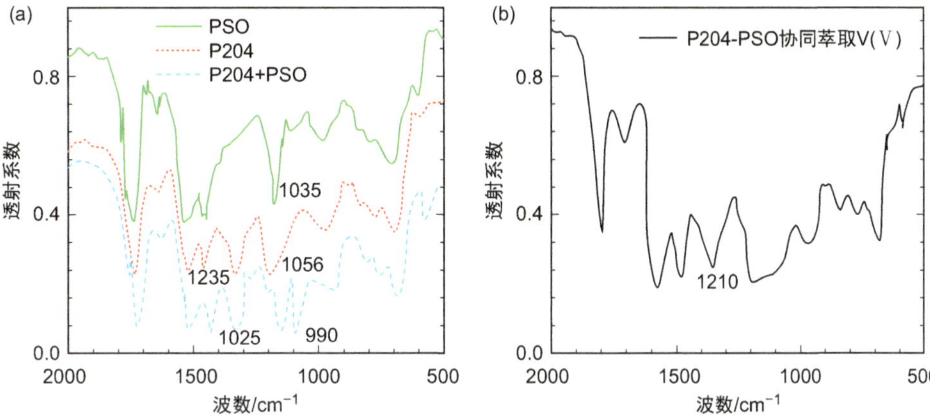

图3.36 P204-PSO协同萃取V(Ⅴ)的红外光谱

（a）萃取前有机相萃取剂与协萃剂的红外光谱；（b）协同萃取萃合物的红外光谱

从图3.36（a）可以看出，与单独的PSO的实线和P204的点虚线相比，P204与PSO混合后有明显的缔合作用，缔合后实线中的S=O伸缩振动的1035cm^{-1}和点虚线中的P—OC、P—OH振动的1056cm^{-1}都消失，取而代之的是在短线虚线中出现1025cm^{-1}和990cm^{-1}的峰。这表明两者的缔合结构可能是P—O—H…O═S。对比图3.36的（a）和（b）可见，（a）中P204的点虚线中P═O的1235cm^{-1}特征峰移向了低频的1210cm^{-1}，表明P=O参与了配位，而PSO的特征峰仍然存在，表明PSO中的硫和氧都没有发生配位作用。

红外光谱法通过萃取前后分子振动光谱的变化来推测配位基团在形成萃合物中的作用。同样用于反映官能团结构信息的拉曼光谱法也能通过类似的方法分析萃合物结构，其方法与红外光谱相同，在此不单独举例讲述。

3.5.3 核磁共振光谱法（NMR）

核磁共振技术是基于自旋核在外磁场作用下发生自旋跃迁引起的吸收谱，吸收峰位置、强度、峰形能反映出自旋核的化学环境，以此来推论自旋核所在分子的结构信息。在萃取过程中，萃取剂与金属离子相互作用形成萃合物，此过程必然导致各组分反应中心原子化学环境的改变，因此可以用能反映化学环境变化的核磁共振光谱法探索萃合物组成、结构等信息。萃取剂中的氢、碳、氮、磷等的自旋核^{1}H、^{13}C、^{15}N、^{31}P等的核磁信号都可用于反映萃取剂和萃合物的结构信息[96]。

【例3.16】从^{1}H-NMR和^{13}C-NMR解析长链烷基酰胺萃取结构变化[144]。

所有的金属萃取剂都含有碳、氢原子，它们的核磁信号也是反映萃取剂化学环境变化最常用的手段。如图3.37所示的五种酰胺萃取剂，在硝酸体系中都能与UO_2^{2+}形成组成为$UO_2(NO_3)_2 \cdot 2B$（B表示酰胺萃取剂）的萃合物。测量萃合物形成前后萃取剂反应中心碳、氢原子化学位移的变化，可以反映出配位方式，如表3.17所列。

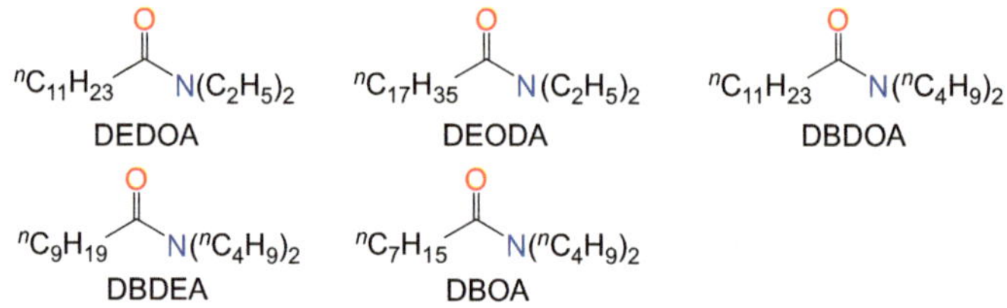

图3.37 例3.16的五种酰胺结构

萃取剂烷基链尾端的甲基远离配位中心，氢谱和碳谱在萃取前后都没有变化，在表3.17中没有列出。从表3.17所列的氢原子化学位移可以看出，羰基α-位和N原子α-位碳上的氢原子化学位移向低场移动0.4 ~ 0.5；中间位置CH_2化学位移向高场移动约0.1。烷基链长度对萃取前后化学位移的移动方向没有影响。

表3.17 几种酰胺萃取剂及其萃合物$UO_2(NO_3)_2 \cdot 2B$的^1H-NMR和^{13}C-NMR的变化

萃取剂	氢原子	氢原子化学位移 δ		氢原子 $\Delta\delta$	碳原子	碳原子化学位移 δ		碳原子 $\Delta\delta$
		萃取剂	萃合物			萃取剂	萃合物	
DEDOA	NCH_2	3.331	3.734	0.403	CO	172.081	178.892	6.811
	$COCH_2$	2.294	2.760	0.466	$NCH_2$①	40.978	43.259	2.282
	CH_2CH_2	1.261	1.166	−0.095	$COCH_2$	33.064	33.659	0.595
DEODA	NCH_2	3.219	3.525	0.306	CO	172.403	179.503	7.100
	$COCH_2$	2.282	2.759	0.477	NCH_2	46.914	49.171	2.257
	CH_2CH_2	1.269	1.182	−0.087	$COCH_2$	33.098	33.932	0.834
DBDOA	NCH_2	3.228	3.578	0.350	CO	172.597	179.440	6.843
	$COCH_2$	2.256	2.602	0.346	NCH_2	46.766	48.975	2.209
	CH_2CH_2	1.262	1.165	−0.097	$COCH_2$	33.203	33.943	0.740
DBDEA	NCH_2	3.226	3.672	0.446	CO	172.632	179.472	6.840
	$COCH_2$	2.288	2.831	0.543	NCH_2	46.758	48.966	2.208
	CH_2CH_2	1.272	1.158	−0.114	$COCH_2$	33.205	33.881	0.676
DBOA	NCH_2	3.228	3.675	0.447	CO	172.585	179.431	6.846
	$COCH_2$	2.347	2.820	0.473	NCH_2	46.720	49.046	2.326
	CH_2CH_2	1.296	1.154	−0.142	$COCH_2$	33.140	33.986	0.846

① 与N相连的碳原子磁不等价，表中列出的是两个碳原子的平均值。

与氢谱相比，表3.17中所列的碳谱在萃取前后化学位移值的变化幅度较大，且都移向低场。其中，羰基碳原子的移动幅度最大，约为6.8；直接与N相连的碳原子次之，约为2.2。其原因可能是：羰基氧直接与U(Ⅵ)配位，降低了羰基碳原子的电子密度，起到了去屏蔽作用；再通过CO—N的p-π共轭、N—CH_2的诱导效应，传递到与氮相连的碳原子上的影响减弱。另外，从NCH_2与$COCH_2$中碳的化学位移值的变化可以看出，前者在萃取前后的变化幅度大于后者，由此可以推测氨基端烷基结构对萃取性能的影响比羰基端大。

3.5.4 X射线吸收光谱法（XAS）

X射线吸收光谱产生过程比较复杂，在不同能量段有不同的机理和不同的用途，包含了近边结构、广延结构等不同类型。X射线吸收光谱无需长程有序的晶体结构，由吸收原子的近程结构决定，能反映吸收原子小范围内原子簇电子结构和几何结构。可以气体、液体、固体等形态单相进样，也可以是多相混合进样[145]，非常适合于研究萃取条件下的萃合物结构。

【例3.17】根据X射线吸收光谱推测β-二酮萃取Cu(Ⅱ)的萃合物结构[146]。

长碳链β-二酮类化合物可用作Cu(Ⅱ)、Co(Ⅱ)、Ni(Ⅱ)等软金属萃取剂，与主流的LIX系列相比，氨浸体系中对氨的萃取率更低，受到广泛关注。以萃取Cu(Ⅱ)为例，在不同pH条件下测量萃取金属离子后有机相（包含萃合物）的X射线吸收近边缘结构（XANES），结果如图3.38（a）所示。

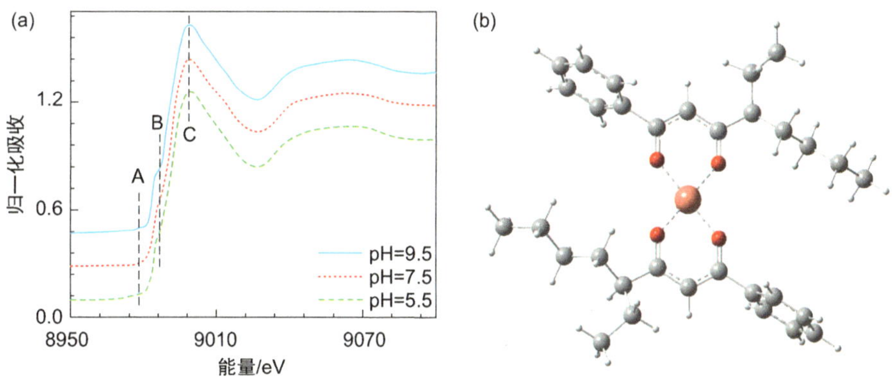

图3.38 β-二酮与Cu(Ⅱ)萃合物的X射线吸收光谱（a）以及可能的萃合物结构（b）

在图3.38（a）中吸收强度较高的C峰大约在8998eV处，是来源于萃合物的1s → 4 $p_{x^2-y^2}$；弱的吸收峰A大约在8978eV处，来源于1s → 3d，由于铜配合物偶极禁阻，导致吸收信号弱。另外8985eV处的肩峰B表明在有机相中Cu(Ⅱ)的配合物呈现平面四边形构型，这是由于只有处于平面结构s轨道的电子才能转移到空的z轴方向的p轨道（1s → 4 p_{z^2}）。据此可推测出有机相中萃合物结构如图3.38（b）所示。

3.5.5 X射线衍射法（XRD）

紫外-可见、红外、核磁、X射线吸收等无法直接观察到分子结构，而是通过萃取前后的光谱信号差异来反映萃合物中金属离子与萃取剂的相互作用。X射线衍射则不同，可以直接获得分子中重原子在空间的相对位置，再以此为依据在适当的位置添加相应的氢原子，最终获得完整的分子结构。

X射线衍射法是根据晶体结构对X射线的衍射结果，分析晶体中原子在空间分布。XRD的原理是当光程差等于波长整数倍时，出现衍射加强现象，表现为在检测光栅上出现明暗相间条纹，即布拉格方程（Bragg's Law）：

$$\sin\theta = \frac{n\lambda}{2d}$$

式中，θ为入射角；n为反射级数；λ为波长；d为晶格间距。X射线通过晶体样品时，不同间距的原子对光子的相关散射将会发生光的干涉作用，使散射光的强度增强或减弱，检测这些光信号即可确定原子间的距离，即分子结构。测定衍射角位置（峰位置）可以对样品进行定性分析；测量衍射谱线的强度（峰强度），可以对样品进行定量分析[96]。

【例3.18】羧酸与羟肟协同萃取Ni(Ⅱ)的萃合物结构[147]。

羧酸与羟肟都是常用的金属萃取剂，两者之间的协同萃取也多有报道，但两者协萃产生的原因却众说纷纭。长碳链的羧酸和羟肟萃取金属时，难以获得萃合物的晶体。若采用结构相似、碳链更短的羧酸和羟肟，则容易获得与实际萃合物结构相似的配合物晶体，以便分析其配位方式。图3.39所示为Ni(Ⅱ)与苯甲酸、含8个碳原子的LIX63类似物在萃取条件下获得的配合物的单晶结构。

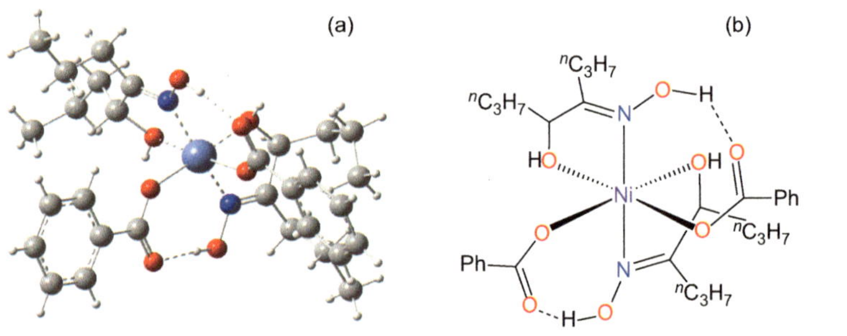

图3.39 Ni(Ⅱ)与羧酸和羟肟在萃取条件下获得的配合物的晶体球棍模型（a）及结构式（b）

如图3.39（a）所示Ni(Ⅱ)与两分子羧酸根和两分子羟肟形成六配位结构，羧酸根的一个O与Ni(Ⅱ)配位，另一个O与羟肟氮原子上羟基的氢形成强的氢键（NO—H···OOC，键长约为1.7Å）；羟肟作为二齿配体以醇羟基氧和亚胺氮同时与Ni(Ⅱ)配位。由此可推测，羧酸和羟肟的协同作用产生的原因是两者共同与金属离子配位，羧酸根平衡金属离子的电荷、羟肟饱和金属离子的配位数、羟肟氮原子羟基与羧酸根形成的强氢键能增加萃合物的稳定性，实际萃取过程的萃合物结构如图3.39（b）所示。

需要指出的是，X射线衍射法通过表征萃合物结构，可以分析萃取机理，但X射线衍射只能处理晶态固体样品。而实验中发现大多数情况下，萃合物难以直接形成晶体，结晶过程中萃合物的组成和结构也可能发生变化，衍射获得的晶体结构并不一定能准确代表实际萃取过程中的萃合物结构。

在实际研究过程中，通常是多种研究萃取剂、萃合物结构的方法联合使用，相互印证，以尽可能迅速地得到准确的萃取机理、金属离子与其他组分的相互作用方式[148-151]。

参考文献

[1] 唐瑞仁. 双(硫代磷酰基)亚胺的合成、结构与萃取性能研究[D]. 长沙: 中南大学, 2001.

[2] 陈家镛. 湿法冶金手册[M]. 第2版. 北京: 化学工业出版社, 2005.

[3] PRETEL E J, LóPEZ P A, BOTTINI S B, et al. Computer-aided molecular design of solvents for separation processes[J]. AIChE Journal, 1994, 40(8): 1349-1360.

[4] 王巧焕, 李玉安, 史贤林, 等. 萃取精馏过程溶剂筛选的分子设计方法研究[J]. 安徽化工, 2011, 37(04): 39-40, 46.

[5] 李洲, 秦炜. 液-液萃取[M]. 北京: 化学工业出版社, 2013.

[6] WILSON A M, BAILEY P J, TASKER P A, et al. Solvent extraction: the coordination chemistry behind extractive metallurgy[J]. Chemical Society Reviews, 2014, 43(1): 123-134.

[7] ROEBUCK J W. Reagents for selective extraction of nickel(Ⅱ), cobalt(Ⅱ) and copper(Ⅱ) from highly acidic sulfate feeds containing iron[D]. Edinburgh: The University of Edinburgh, 2015.

[8] 余建民. 贵金属萃取化学[M]. 第2版. 北京: 化学工业出版社, 2010.

[9] 敢梦成真. 萃取剂[EB/OL]. (2020-06-02)[2024-5-30].https://www.yiqi.com/citiao/detail_1092.html.

[10] 马荣骏. 萃取冶金[M]. 北京: 冶金工业出版社, 2009.

[11] 余东海, 陆人杰, 杜若冰, 等. “万里挑一”的稀土萃取剂[EB/OL]. (2016-04-28)[2024-5-30].http://www.cs-re.org.cn/popular/a1223.html.

[12] 余东海. 理论与计算化学辅助金属萃取剂设计[R]. 上海: 中国科学院上海有机化学研究所, 2021.

[13] YOSHIDA W, BABA Y, KUBOTA F, et al. Selective transport of scandium(Ⅲ) across polymer inclusion membranes with improved stability which contain an amic acid carrier[J]. Journal of Membrane Science, 2019, 572: 291-299.

[14] 於静芬, 吉晨. 有机磷酸混合萃取体系的界面化学及动力学控制机制研究[J]. 高等学校化学学报, 1992, 13(02): 224-226.

[15] MILLER F. Carboxylic acids as metal extractants[J]. Talanta, 1974, 21(7): 685-703.

[16] 李艳玲, 廖伍平. 稀土萃取剂研究进展[J]. 中国科学:化学, 2020, 50(11): 1473-1485.

[17] 张晓峰. 铁、铝、硅对P227萃取稀土过程的影响[D]. 贵阳: 贵州大学, 2017.

[18] 张丰云. 硅、铁对皂化P507萃取稀土过程的影响[D]. 沈阳: 东北大学, 2011.

[19] 潜美丽. 铝对P507体系萃取稀土元素的影响[D]. 沈阳: 东北大学, 2010.

[20] 许庆仁, 蒋亚东. 酸性磷型萃取剂的结构与萃取钴、镍性能关系的研究[J]. 应用化学, 1989, 6(04): 1-7.

[21] DU R, YU D, AN H, et al. α, β-Substituent effect of dialkylphosphinic acids on lanthanide extraction[J]. RSC Advances, 2016, 6(61): 56004-56008.

[22] 黄东方. 盐湖卤水中铷的溶剂萃取分离及其动力学研究[D]. 西宁: 中国科学院大学(中国科学院青海盐湖研究所), 2019.

[23] 乐善堂, 李德谦. 稀土溶剂萃取动力学及研究方法[J]. 稀土, 1992, 13(01): 28-38, 52.

[24] 乐善堂, 马根祥, 李德谦, 等. 稀土萃取动力学研究进展[J]. 稀土, 2000, 21(02): 52-60.

[25] LEWIS J B. The mechanism of mass transfer of solutes across liquid-liquid interfaces: part Ⅰ: the determination of individual transfer coefficients for binary systems[J]. Chemical Engineering Science, 1954, 3(6): 248-259.

[26] DANESI P R, CIANETTI C, HORWITZ E P, et al. Armollex: An Apparatus for Solvent Extraction Kinetic Measurements[J]. Separation Science and Technology, 1982, 17(7): 961-968.

[27] 朱屯, 陈长庆. 新型恒定界面池系统及其应用[J]. 化学通报, 1988, 51(02): 32-33, 18.

[28] 郑重, 李德谦. 层流型恒界面池: CN2197119[P]. 1995-05-17.

[29] 刘纪红, 周桂英, 温建康. P507-Cyanex272钠皂萃取钴、镍动力学研究[J]. 稀有金属, 2013, 37(06): 939-945.

[30] CARTER S P, FREISER H. Apparatus for following extraction kinetics[J]. Analytical Chemistry, 1979, 51(7): 1100-1101.

[31] 孙思修, 刘桂华, 杨永会, 等. 溶剂萃取动力学研究方法——高速搅拌法[J]. 化学通报, 1994, 45(11): 46-49.

[32] WATARAI H, CUNNINGHAM L, FREISER H. Automated system for solvent extraction kinetic studies[J]. Analytical Chemistry, 1982, 54(13): 2390-2392.

[33] 严磊. 含氟硫酸体系铈(Ⅳ)、钍萃取动力学机理研究[D]. 北京: 北京有色金属研究总院, 2012.

[34] 孙思修, 高自立, 盖会法, 等. 溶剂萃取动力学研究方法——液滴法[J]. 化学通报, 1986, 49(01): 40-43, 31.

[35] 王玉洁, 张淑敏, 李德谦. Extraction of Ce^{4+} from tervalent lanthanide with immobilized interface in a microporous hollow fiber[J]. 分子科学学报, 1998, 14(02): 55-59.

[36] COONEY D O, JIN C L. Solvent extraction of phenol from aqueous solution in a hollow fiber device[J]. Chemical Engineering Communications, 1985, 37(1-6): 173-191.

[37] BAKER R W, TUTTLE M E, KELLY D J, et al. Coupled transport membranes: I. copper separations[J]. Journal of Membrane Science, 1977, 2: 213-233.

[38] 葛道才, 德里奥利 E. 支撑液膜分离和浓缩金属的研究——铜、锌及其混合物的分离[J]. 膜科学与技术, 1983, 3(01): 1-9.

[39] 高自立, 孙思修, 沈静兰. 萃取速率与两相搅拌转速关系在判定萃取动力学模式中的应用[J]. 化学通报, 1985, 48(06): 45-48.

[40] DANESI P R, HORWITZ E P, VANDEGRIFT G F, et al. Mass transfer rate through liquid membranes: interfacial chemical reactions and diffusion as simultaneous permeability controlling factors[J]. Separation Science and Technology, 1981, 16(2): 201-211.

[41] 魏海琴. DEHHAMP及其衍生物的合成与在稀土和钍萃取分离中的应用研究[D]. 合肥: 中国科学技术大学, 2019.

[42] 朱志全. 微乳液提取铝酸钠溶液中钒的工艺研究[D]. 赣州: 江西理工大学, 2010.

[43] 朱屯. 有机磷(膦)酸萃取钴和镍的动力学行为比较[J]. 化工学报, 1993, 44(03): 343-349.

[44] SZYMANOWSKI J, STEPNIAK-BINIAKIEWICZ D, PROCHASKA K, et al. The hydrophile-lipophile balance of hydroximes, their adsorption and the rate of sopper extraction [Z]. International Solvent Extraction Committee. München Germany, 1986: 35.

[45] 曾添贤, 黄锦汪, 计亮年. 羟肟类萃取剂——渗透剂T萃铜动力学研究[J]. 中山大学学报(自然科学版), 1982, 21(03): 60-65.

[46] PáLINKáS Z, ROCA-SABIO A, MATO-IGLESIAS M, et al. Stability, water exchange, and anion binding studies on lanthanide(Ⅲ) complexes with a macrocyclic ligand based on 1,7-diaza-12-crown-4: extremely fast water exchange on the Gd^{3+} complex[J]. Inorganic Chemistry, 2009, 48(18): 8878-8889.

[47] 汪家鼎, 费维扬. 溶剂萃取的最新进展[J]. 化学进展, 1995, 7(03): 219-224.

[48] WANG X, LI W, LI D. Extraction and stripping of rare earths using mixtures of acidic phosphorus-based reagents[J]. Journal of Rare Earths, 2011, 29(5): 413-415.

[49] 邝圣庭. 不同位阻胺基膦萃取剂的合成及其对稀土的萃取[D]. 合肥: 中国科学技术大学, 2019.

[50] 陈莉莉. 新型萃取剂的合成、表征及其对重金属萃取性能研究[D]. 南昌: 南昌大学, 2011.

[51] 余东海, 安华英, 杜若冰, 等. 高效的重稀土分离萃取剂——P227[J]. 中国稀土学报, 2022, 40(06): 976-987.

[52] 张晓凤, 李德谦. 二(2,4,4-三甲基戊基)膦酸萃取稀土离子[J]. 应用化学, 1993, 10(04): 72-74.

[53] WANG Z, LI J, YU C. Performance of extractant C272 and C274 for separating rare earths[J]. Chinese Rare Earths, 1999, 20(01): 19-22.

[54] 中化化工标准化研究所, 安徽出入境检验检疫局, 江苏出入境检验检疫局. 工业用化学品　具有低溶解性的固体和液体水溶性测定　圆柱层析法: GB/T 22227—2008 [S]. 北京: 中国标准出版社, 2009.

[55] 中国检验检疫科学研究院, 中国化工经济技术发展中心, 江苏煤化工程设计研究院有限公司, 等. 工业用化学品　具有高溶解性的固体和液体水溶性测定　烧瓶法: GB/T 27841—2011 [S]. 北京: 中国标准出版社, 2012.

[56] 王新程. 化学品测试方法. 理化特性和物理危险性卷[M]. 2版. 北京: 中国环境出版社, 2013.

[57] 广东出入境检验检疫局, 上海出入境检验检疫局. 化学品　急性经口毒性试验　急性毒性分类法: GB/T 21757—2008 [S]. 北京: 中国标准出版社, 2008.

[58] 氰特工业公司. CYANEX 272 萃取剂 [Z]. 上海: Cytec Industries Inc. 2009.

[59] 洛阳市三诺化工有限公司. 2-乙基己基磷酸2-乙基己基酯[Z]. 洛阳, 2021.

[60] 天津海关工业产品安全技术中心, 天津工业大学, 中检科健（天津）检验检测有限责任公司, 等. 化学品　急性皮肤刺激性/腐蚀性试验方法: GB/T 21604—2022 [S]. 北京: 中国标准出版社, 2022.

[61] 天津市检验检疫科学技术研究院, 中化化工标准化研究所, 江南大学, 等. 化学品　急性眼刺激性/腐蚀性试验方法: GB/T 21609—2008 [S]. 北京: 中国标准出版社, 2008.

[62] 中华人民共和国国家卫生和计划生育委员会. 食品安全国家标准　细菌回复突变试验: GB 15193.4—2014 [S]. 北京: 中国标准出版社, 2015.

[63] 中国疾病预防控制中心职业卫生与中毒控制所, 天津市疾病预防控制中心, 天津市检验检疫科学技术研究院. 化学品　体内哺乳动物红细胞微核试验方法: GB/T 21773—2008 [S]. 北京: 中国标准出版社, 2008.

[64] FREE S M, WILSON J W. A mathematical contribution to structure-activity studies[J]. Journal of Medicinal Chemistry, 1964, 7(4): 395-399.

[65] HANSCH C, FUJITA T. p-σ-π analysis. A method for the correlation of biological activity and chemical structure[J]. Journal of the American Chemical Society, 1964, 86(8): 1616-1626.

[66] CRAMER R D, PATTERSON D E, BUNCE J D. Comparative molecular field analysis (CoMFA): 1. effect of shape on binding of steroids to carrier proteins[J]. Journal of the American Chemical Society, 1988, 110(18): 5959-5967.

[67] KLEBE G, ABRAHAM U, MIETZNER T. Molecular similarity indices in a comparative analysis (CoMSIA) of drug molecules to correlate and predict their biological activity[J]. Journal of Medicinal Chemistry, 1994, 37(24): 4130-4146.

[68] VAN DE WATERBEEMD H, CARTER R E, GRASSY G, et al. Glossary of terms used in computational drug design (IUPAC Recommendations 1997)[J]. Pure and Applied Chemistry, 1997, 69(5): 1137-1152.

[69] 陈敏伯. 计算化学——从理论化学到分子模拟[M]. 北京: 科学出版社, 2009.
[70] 张群, 宋新民, 朱友益, 等. 结构-性质定量关系方法用于驱油用表面活性剂分子设计中亲水亲油平衡值的研究[J]. 日用化学工业, 2011, 41(03): 161-167.
[71] 戴猷元, 秦炜, 张瑾. 溶剂萃取体系定量结构-性质关系[M]. 北京: 化学工业出版社, 2015.
[72] KATRITZKY A R, KUANAR M, SLAVOV S, et al. Quantitative correlation of physical and chemical properties with chemical structure: utility for prediction[J]. Chemical Reviews, 2010, 110(10): 5714-5789.
[73] WU J, WANG S, ZHOU L, et al. Deep-learning architecture in QSPR modeling for the prediction of energy conversion efficiency of solar cells[J]. Industrial & Engineering Chemistry Research, 2020, 59(42): 18991-19000.
[74] YU D H, DU R B, XIAO J C. pK_a prediction for acidic phosphorus-containing compounds using multiple linear regression with computational descriptors[J]. Journal of Computational Chemistry, 2016, 37(18): 1668-1671.
[75] LI D. Development course of separating rare earths with acid phosphorus extractants: a critical review[J]. Journal of Rare Earths, 2019, 37(5): 468-486.
[76] SHAN X, QIN W, ZHOU Z, et al. Prediction of pK_a Values of Extractant Using Novel Quantitative Structure–Property Relationship Models[J]. Journal of Chemical & Engineering Data, 2008, 53(2): 331-334.
[77] 汪敏, 秦炜, 戴猷元. 有机羧酸pK_a和亲油性的定量结构-性质关系[J]. 高校化学工程学报, 2003, 24(06): 607-611.
[78] 杨伟华, 冯长君. 羧酸类化合物pK_a的定量构效关系研究[J]. 科技通报, 2007, 23(05): 621-625.
[79] YANG Q, LI Y, YANG J D, et al. Holistic prediction of the pK_a in diverse solvents based on a machine-learning approach[J]. Angewandte Chemie International Edition, 2020, 59(43): 19282-19291.
[80] ZEVATSKⅡ Y E, SAMOILOV D V, PANINA N S. Calculations of dissociation constants of carboxylic acids by empirical and quantum-chemical DFT methods[J]. Russian Journal of General Chemistry, 2009, 79(5): 772-780.
[81] 袁承业. 有机磷配位体的结构与性能[J]. 有机化学, 1979, 5(01): 43-54.
[82] VARNEK A, FOURCHES D, SIEFFERT N, et al. QSPR modeling of the Am^{Ⅲ}/Eu^{Ⅲ} separation factor: how far can we predict?[J]. Solvent Extraction and Ion Exchange, 2007, 25(1): 1-26.
[83] SOLOV'EV V, VARNEK A, TSIVADZE A. QSPR ensemble modelling of the 1 : 1 and 1 : 2 complexation of Co^{2+}, Ni^{2+}, and Cu^{2+} with organic ligands: relationships between stability constants[J]. Journal of Computer-Aided Molecular Design, 2014, 28(5): 549-564.
[84] SOLOV'EV V, MARCOU G, TSIVADZE A, et al. Complexation of Mn^{2+}, Fe^{2+}, Y^{3+}, La^{3+}, Pb^{2+}, and UO_2^{2+} with Organic Ligands: QSPR Ensemble Modeling of Stability Constants[J]. Industrial & Engineering Chemistry Research, 2012, 51(41): 13482-13489.
[85] MARTYNKO E, SOLOV'EV V, VARNEK A, et al. QSPR modeling of potentiometric Mg^{2+}/Ca^{2+} selectivity for PVC-plasticized sensor membranes[J]. Electroanalysis, 2020, 32(4): 792-798.
[86] 刘祥萱, 杨文斌, 杨绪杰, 等. 酸性含磷萃取剂萃铟机理及性能规律研究[J]. 有色金属(冶炼部分), 1998, 45(04): 33-36.
[87] 袁承业, 向才立, 李树森, 等. 芳香族羟肟的合成及其萃取铜的结构-性能研究[J]. 化学学报, 1989, 47(10): 990-995.
[88] BELTRAMI D, CHAGNES A, HADDAD M, et al. Recovery of uranium (Ⅵ) from concentrated phosphoric acid by mixtures of new bis(1,3- dialkyloxypropan-2-yl) phosphoric acids and tri-*n*-octylphosphine oxide[J]. Hydrometallurgy, 2013, 140: 28-33.
[89] CHAUBE S, GOVERAPET SRINIVASAN S, RAI B. Applied machine learning for predicting the lanthanide-ligand binding affinities[J]. Scientific Reports, 2020, 10(1): 14322.
[90] YIN C, LIU X, GUO W, et al. Prediction and application in QSPR of aqueous solubility of sulfur-containing aromatic esters using GA-based MLR with quantum descriptors[J]. Water Research, 2002, 36(12): 2975-2982.
[91] NIRMALAKHANDAN N N, SPEECE R E. Prediction of aqueous solubility of organic chemicals based on molecular structure[J]. Environmental Science and Technology, 1988, 22(3): 328-338.
[92] 郭明, 刘文杰, 罗峰, 等. 有机化合物水溶解性的QSPR研究[J]. 计算机与应用化学, 2000, 17(Z1): 57-58.
[93] 龙建君, 张铭钦, 张欣. 一元醇亲脂性基于理论线性溶解能相关的QSPR研究[J]. 计算机与应用化学, 2005, 22(10): 59-66.
[94] VARNEK A, FOURCHES D, SOLOV'EV V P, et al. "In Silico" design of new uranyl extractants based on phosphoryl-containing podands: QSPR studies, generation and screening of virtual combinatorial library, and experimental tests[J]. Journal of Chemical Information and Computer Sciences, 2004, 44(4): 1365-1382.
[95] 陈星, 许庆仁, 袁承业. 2-羟基-4(5)-取代二苯甲酮肟萃取铜的机理[J]. 化学学报, 1984, 42(03): 271-276.
[96] 孙启, 杨丽梅, 黄松涛, 等. 协同萃取机制的研究现状及展望[J]. 稀有金属, 2016, 40(11): 1177-1187.
[97] 袁承业. 核燃料萃取剂的化学问题[J]. 原子能科学技术, 1962, 4(12): 908-932, 946.
[98] TURKINGTON J R, BAILEY P J, LOVE J B, et al. Exploiting outer-sphere interactions to enhance metal recovery by solvent extraction[J]. Chemical Communications, 2013, 49(19): 1891-1899.
[99] 刘梦莹, 车佳宁, 吴蔚闳, 等. 功能性离子液体萃取水溶液中Cu^{2+}:实验与理论[J]. 化学学报, 2015, 73(02): 116-125.
[100] 张大力, 柯家骏, 卢立柱. 有机硫代磷酸与三辛胺作用及萃取锌的反应[J]. 物理化学学报, 2001, 17(02): 189-192.
[101] 张大力, 柯家骏, 卢立柱. 硫代磷酸/伯胺N1923协同萃取锌和镉的机理[J]. 过程工程学报, 2003, 3(04): 313-316.
[102] 宋强, 谢贤, 张文杰, 等. 非皂化萃取工艺分离稀土研究进展[J]. 金属矿山, 2022, 57(12): 139-146.

[103] REYNA-GONZáLEZ J M, GALICIA-PéREZ R, REYES-LóPEZ J C, et al. Extraction of copper(Ⅱ) from aqueous solutions with the ionic liquid 3-butylpyridinium bis(trifluoromethanesulfonyl)imide[J]. Separation and Purification Technology, 2012, 89: 320-328.

[104] NAKASHIMA K, KUBOTA F, MARUYAMA T, et al. Feasibility of Ionic Liquids as Alternative Separation Media for Industrial Solvent Extraction Processes[J]. Industrial & Engineering Chemistry Research, 2005, 44(12): 4368-4372.

[105] 王道广, 王均凤, 张香平, 等. 离子液体在稀土萃取分离中的应用[J]. 化工学报, 2020, 71(10): 4379-4394.

[106] TURGIS R, ARRACHART G, DUBOIS V, et al. Performances and mechanistic investigations of a triphosphine trioxide/ionic liquid system for rare earth extraction[J]. Dalton Transactions, 2016, 45(3): 1259-1268.

[107] 徐志昌, 张萍. 仲钨酸B-N-263萃取法分离钨-钼的过程研究[J]. 中国钼业, 2016, 40(04): 28-35.

[108] 陈子杨, 叶国华, 左琪, 等. 有机胺类萃取剂构效关系及其萃钒的研究进展[J]. 钢铁钒钛, 2020, 41(03): 8-15.

[109] 于亮, 吴绍祖, 程红光. 季铵盐GW05和N263对Na_2WO_4溶液的萃钨性能对比研究[J]. 稀有金属, 2015, 39(03): 193-200.

[110] 周超, 李勇, 薛向欣. *N*-辛基吡啶类离子液体对钒渣水浸液中钒的萃取机理[J]. 中国有色金属学报, 2020, 30(01): 172-179.

[111] 古国榜, 程飞, 杨新荣, 等. P204-PSO协同萃取钒(Ⅴ)的机理[J]. 华南理工大学学报(自然科学版), 1997, 25(02): 88-94.

[112] 龙志奇, 黄小卫, 黄文梅, 等. 二(2-乙基己基)磷酸从含氟稀土硫酸溶液中萃取铈的机制[J]. 中国稀土学报, 2000, 18(01): 18-20.

[113] 谭雄文. 溶剂萃取法回收高浓度电镀废水中的铬[D]. 湘潭: 湘潭大学, 2004.

[114] 谭雄文, 杨运泉, 段正康, 等. 盐酸介质中磷酸三丁酯萃取分离铬(Ⅵ)[J]. 化工进展, 2003, 22(12): 1323-1326.

[115] AREND K-H, SPECKER H. Extrahierte verbindungen von chrom, molybdän, wolfram und vanadium in verteilungssystemen[J]. Zeitschrift fur Anorganische und Allgemeine Chemie, 1964, 333(1 - 3): 18-24.

[116] 李诗萌, 谈梦玲, 丁颂东, 等. 三种中性磷萃取剂萃取分离铀(Ⅵ)与钍(Ⅳ)的研究[J]. 化学研究与应用, 2016, 28(03): 307-315.

[117] DE HOUWER S, GöRLLER-WALRAND C. Influence of complex formation on the electronic structure of uranyl[J]. Journal of Alloys and Compounds, 2001, 323-324: 683-687.

[118] ZEBROSKI E L, ALTER H W, HEUMANN F K. Thorium complexes with chloride, fluoride, nitrate, phosphate and sulfate1[J]. Journal of the American Chemical Society, 1951, 73(12): 5646-5650.

[119] 叶国安, 何建玉, 姜永青. 酰胺荚醚对Am(Ⅲ)和Eu(Ⅲ)的萃取行为研究（Ⅰ). 萃取机理研究[J]. 核化学与放射化学, 2000, 23(02): 65-72.

[120] TIAN M, JIA Q, LIAO W. Studies on synergistic solvent extraction of rare earth elements from nitrate medium by mixtures of 8-hydroxyquinoline with Cyanex 301 or Cyanex 302[J]. Journal of Rare Earths, 2013, 31(6): 604-608.

[121] MA H, LEI Y, JIA Q, et al. An extraction study of gallium, indium, and zinc with mixtures of *sec*-octylphenoxyacetic acid and primary amine N1923[J]. Separation and Purification Technology, 2011, 80(2): 351-355.

[122] 彭秩锡. 等摩尔系列法测定络合物组成的又一理论证明[J]. 分析科学学报, 2003, 19(06): 592-593.

[123] WANG H, QIN W, LI Y-G, et al. Distributions of hydrochloric acid between water and organic solutions of tri-*n*-octylphosphine oxide: thermodynamic modeling[J]. Industrial & Engineering Chemistry Research, 2014, 53(30): 12111-12121.

[124] 中国日用化学研究院有限公司, 赞宇科技集团股份有限公司, 西安开米股份有限公司, 等. 表面活性剂　洗涤剂　阴离子活性物含量的测定　直接两相滴定法: GB/T 5173—2018 [S]. 北京: 中国标准出版社, 2019.

[125] 法国标准化协会. Agents de surface - Alcanesulfonates techniques - Détermination de la teneur en alcanemonosulfonates par titrage direct dans deux phases: ISO 6121-1988 [S]. 国际标准化组织, 1988: 7.

[126] 黎乐民, 徐光宪. 研究螯合萃取和协同萃取机理的两相滴定法[J]. 高等学校化学学报, 1981, 2(01): 12-24.

[127] 黎乐民, 徐光宪. 研究螯合萃取和协同萃取机理的两相滴定法[J]. 自然杂志, 1979, 2(10): 600.

[128] 陈慧英. 用两相滴定法研究ABB′三元协萃剂对铕(Ⅲ)的协同萃取[J]. 首都师范大学学报(自然科学版), 1997, 18(02): 62-67.

[129] 李俊然, 李标国, 黄春辉, 等. 两相滴定法研究P507萃取La^{3+}、Ce^{3+}、Pr^{3+}、Nd^{3+}、Sm^{3+}的机理[J]. 北京大学学报(自然科学版), 1989, 25(02): 194-198.

[130] 李标国, 李俊然, 崔莉凤, 等. 2-乙基己基膦酸单(2-乙基己基)酯的某些基本常数的测定[J]. 化学试剂, 1984, 6(03): 129-132.

[131] 李俊然, 李标国, 甄伟. P507萃取二价金属离子机理的研究[J]. 有色金属(冶炼部分), 1986, 33(05): 20-23, 10.

[132] 乐善堂, 孙都成, 郑静, 等. 两相滴定法对HEH/EHP萃取镉(Ⅱ)的机理研究[J]. 湖北师范学院学报(自然科学版), 1997, 17(06): 1-5.

[133] 乐善堂, 孙都成, 马根祥, 等. 两相滴定法对HEH/EHP萃取锶(Ⅱ)的机理研究[J]. 应用化学, 1998, 15(01): 89-91.

[134] 张有娟, 陈静, 高现听, 等. pH电位法测定Cu(Ⅱ)水杨酸配合物的逐级稳定常数[J]. 安阳师范学院学报, 2007, 9(02): 78-79.

[135] 高兰玲, 甘黎明, 姜璋. pH电位法测Cu^{2+}-en配合物的稳定常数[J]. 兰州石化职业技术学院学报, 2008, 8(01): 70-72.

[136] 耿培武, 王祥云. HDEHP的基本常数及其萃取三价轻稀土离子平衡常数的测定[J]. 北京大学学报(自然科学版), 1982, 18(05): 59-69.

[137] 牛金平, 韩向丽. 关于两相滴定法的理论探讨与应用[J]. 中国洗涤用品工业, 2001, 1(02): 36-40.

[138] 李以圭. 金属溶剂萃取热力学[M]. 北京: 清华大学出版社, 1988.

[139] 段群章. 三正辛胺(T*n*OA)萃取Cr(Ⅵ)的机理研究[J]. 湿法冶金, 2001, 20(03): 141-148, 155.

[140] 俞斌, 陈智, 滕藤, 等. Zn^{2+}离子水合数及水在TBP-$ZnCl_2$萃取体系中行为的核磁共振研究[J]. 金属学报, 1985, 21(02): 81-87.

[141] 陈柱慧, 古国榜, 刘琳, 等. 不对称亚砜BSO萃取钯的性能及机理研究[J]. 稀有金属材料与工程, 2012, 41(08): 1367-1370.

[142] PRICE J H, WILLIAMSON A N, SCHRAMM R F, et al. Palladium(Ⅱ) and platinum(Ⅱ) alkyl sulfoxide complexes: examples of sulfur-bonded, mixed sulfur- and oxygen-bonded, and totally oxygen-bonded complexes[J]. Inorganic Chemistry, 1972, 11(6): 1280-1284.

[143] 李耀威, 古国榜. 盐酸介质中异戊基苯并噻唑亚砜萃取Pd(Ⅱ)的机理[J]. 中国有色金属学报, 2007, 17(06): 1014-1018.

[144] 姜润田, 崔玉, 张振伟, 等. 双取代长链烷基酰胺的结构与萃取性能的研究[J]. 山东化工, 2002, 31(01): 1-3.

[145] 马礼敦. X射线吸收光谱及发展[J]. 上海计量测试, 2007, 34(06): 2-11.

[146] HU J, CHEN Q, HU H, et al. Microscopic insights into extraction mechanism of copper(Ⅱ) in ammoniacal solutions studied by X-ray absorption spectroscopy and density functional theory calculation[J]. The Journal of Physical Chemistry A, 2013, 117(47): 12280–12287.

[147] BARNARD K R, NEALON G L, OGDEN M I, et al. Crystallographic determination of three Ni-*α*-hydroxyoxime-carboxylic acid synergist complexes[J]. Solvent Extraction and Ion Exchange, 2010, 28(6): 778-792.

[148] 胡久刚. 氨性溶液中铜、镍、锌金属离子的萃取行为及微观机理研究[D]. 长沙: 中南大学, 2012.

[149] HU J, CHEN Q, HU H, et al. Extraction enhancement of zinc(Ⅱ) in ammoniacal media through solvent and synergistic effects: a structural and mechanistic investigation[J]. Chemical Engineering Journal, 2013, 215-216: 7-14.

[150] SZABó Z, VALLET V, GRENTHE I. Structure and dynamics of binary and ternary lanthanide(Ⅲ) and actinide(Ⅲ) tris[4,4,4-trifluoro-1-(2-thienyl)-1,3-butanedione] (TTA) complexes: part 2, the structure and dynamics of binary and ternary complexes in the Y(Ⅲ)/Eu(Ⅲ) –TTA – tributylphosphate (TBP) system in chloroform as studied by NMR spectroscopy[J]. Dalton Transactions, 2010, 39(45): 10944-10952.

[151] VALLET V, FISCHER A, SZABó Z, et al. The structure and bonding of Y, Eu, U, Am and Cm complexes as studied by quantum chemical methods and X-ray crystallography[J]. Dalton Transactions, 2010, 39(33): 7666-7672.

第 4 章 萃取剂分子设计的基本方法

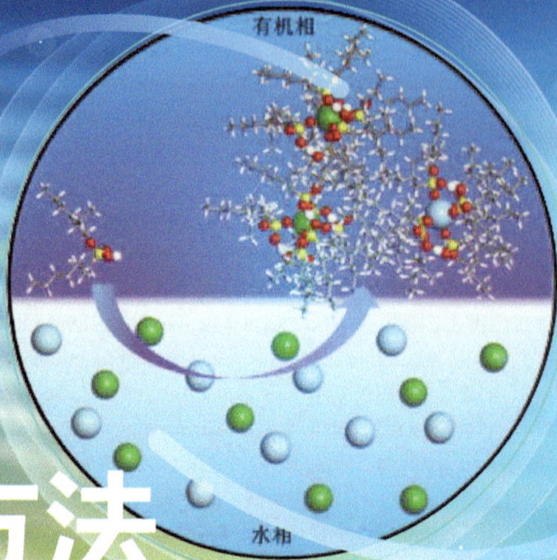

分子设计即依据已有条件创造新的符合特定目标的分子结构。IUPAC将分子设计定义为：采用各种技术去发现具有潜在应用所需的特点性质的新化学实体[1]。从分子结构来看，设计金属萃取剂只需要确定其反应基团和非极性基团即可，根据萃取剂的目标性质，例如酸性、碱性、溶解性等，就可以构造出相应的分子结构。但在萃取过程中，萃取剂所起的作用是选择性地与金属离子结合，并将金属离子转移到有机相，因此在设计金属萃取剂时应该将其与金属离子的相互作用考虑在内。分子设计的基本原理都可用于萃取剂设计，只是具体的目标性质、结构类型、相互作用对象等有区别。

4.1 萃取剂分子结构特征

从分子结构上来看，绝大多数萃取剂分子都是同时包含有助于溶解在有机相的基团和能与金属离子发生相互作用的基团的双亲分子，与表面活性剂类似。图4.1所示为中性磷（膦）、酸性磷（膦）、肟、羧酸、胺类萃取剂的几种代表性分子。

在图4.1所展示的萃取剂分子中，直接与金属离子相互作用的部分被称为反应基团。反应基团部分直接与金属离子配位或形成离子对，一般具有较强的极性，因此业界常将萃取剂中的极性基团等同于反应基团。非极性基团通常是烷基或芳基等疏水基团，对于整个萃取剂分子在有机相中的溶解、萃合物的转移都有重要意义。从外形上看，不同类型、不同分子极性基团和非极性基团的形状和大小都有所不同，这导致溶剂化空腔体积、界面性质、与其他分子的相互作用也会发生变化。需要说明的是，基团类别的划分并不是绝对的。萃取剂结构中的某些原子或原子团，有时会因其是否参与反应而被归为不同的基团类别。如醚氧，大多数情况下都不与金属离子直接相互作用，应该被划归到非极性基团，但对于碱金属萃取时（冠醚、穴醚等）醚氧却应该被划为反应基团。

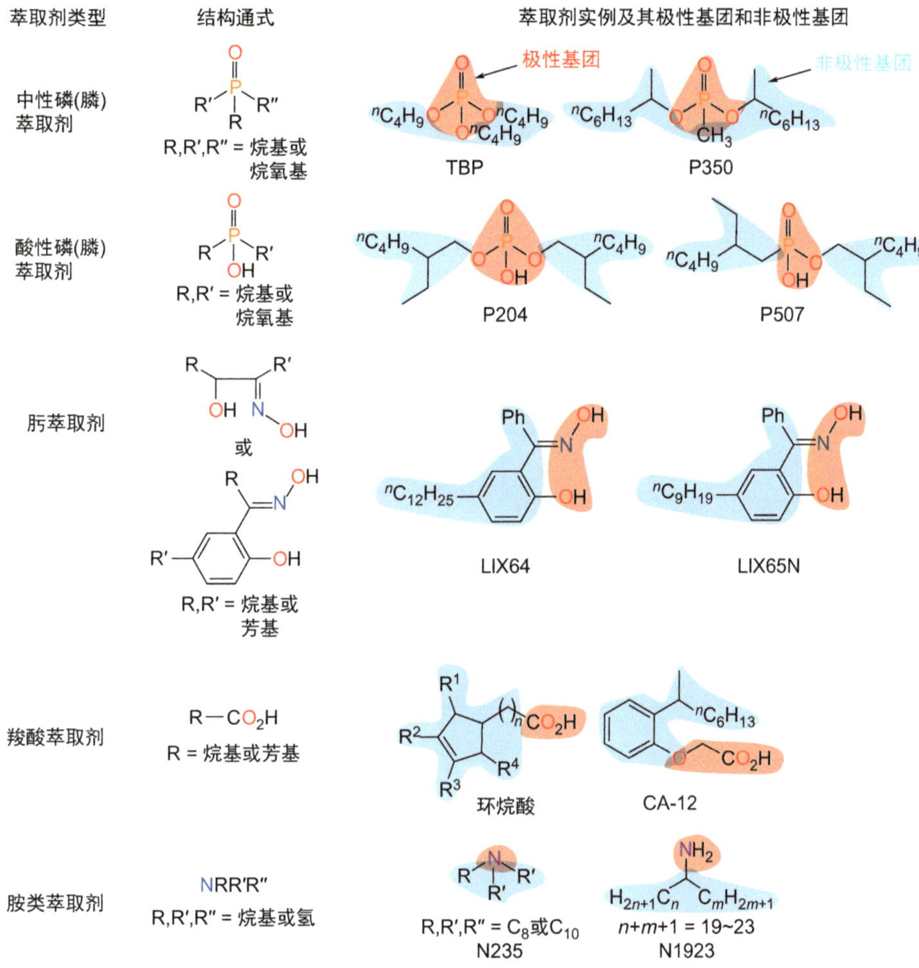

图4.1　分子结构中的极性基团与非极性基团的划分

将萃取剂分子分为两部分是大部分研究者的共识[2]，只是各自的名称略有差异。如由于非极性基团通常是烷基构成，有时也被称为烷基链；由于具有疏水性，有时也被称为疏水部分（在表面活性剂分子中常用）等。而极性基团，由于参与萃取反应，而被称为反应基团。但无论名称如何所表达的含义都是相同的，即在萃取过程中，极性基团部分直接或间接与金属离子相互作用，非极性基团使得萃取剂和萃合物能溶解在有机相中。

4.1.1　萃取剂的反应基团

萃取剂的反应基团是指在萃取中直接与金属离子部分相作用的片段，在配位萃取中是羧基、氨基、酰基等，在胶束萃取中是指向水一端的片段。萃取剂类型多种多样，数量庞大，但反应基团种类却是有限的。表4.1列出了一些萃取剂的反应基团。

表4.1　一些常用萃取剂类型的反应基团

类型		结构通式	萃取剂实例
中性磷（膦）[3]	磷酸三酯	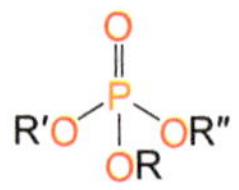	$O{=}P(O^nC_4H_9)_3$ TBP　$O{=}P(O^nC_8H_{17})_3$ TOP
	膦酸二酯	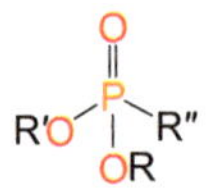	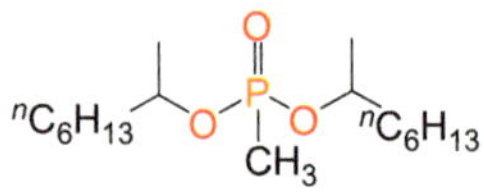 P350　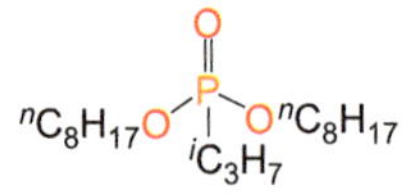 DNOPP
	次膦酸酯	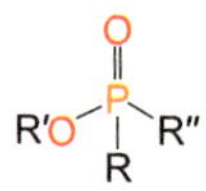	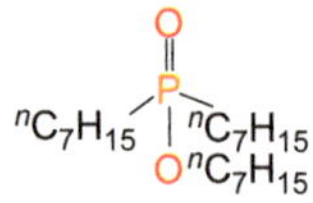 HDHP
	三烷基氧膦	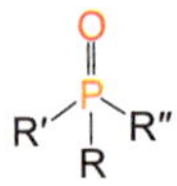	$O{=}P(^nC_8H_{17})_3$ TOPO
酸性磷（膦）[4]	磷酸二酯	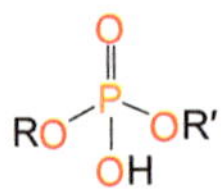	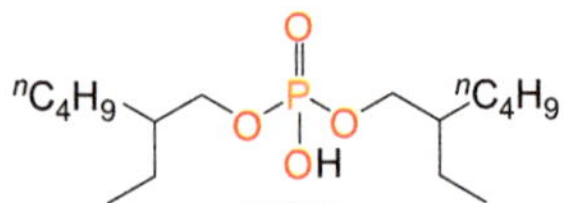 P204
	膦酸单酯	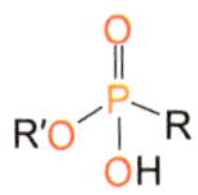	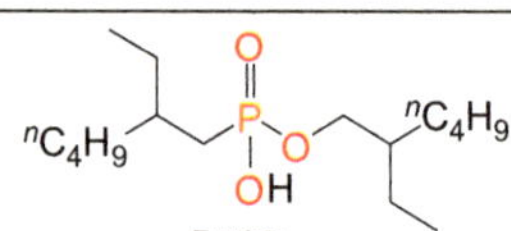 P507
	次膦酸	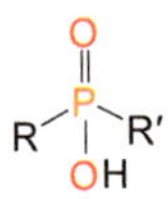	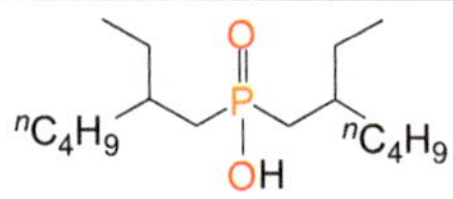 P227　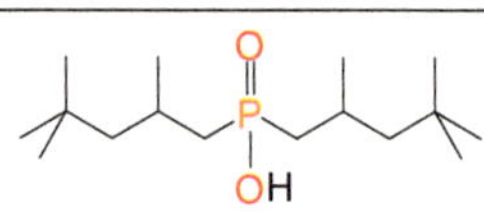 Cyanex272
	单硫代次膦酸	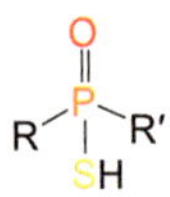	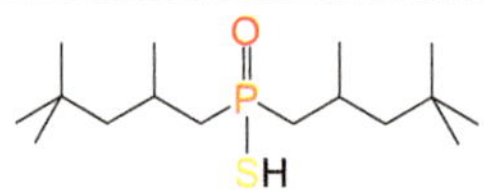 Cyanex302
	双硫代次膦酸	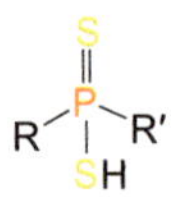	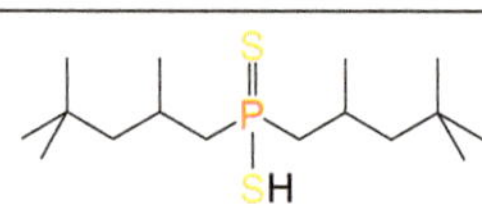 Cyanex301
羧酸[5]		R—CO_2H	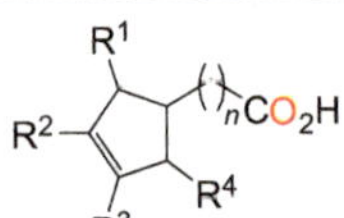 NA　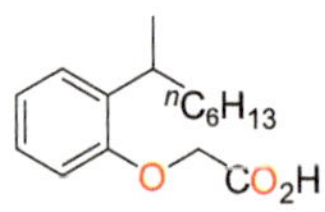 CA-12　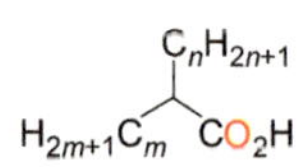 $10 \leqslant n+m \leqslant 22$ 196
羧酸衍生物[6]	酯	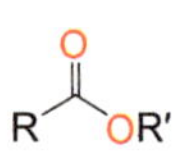	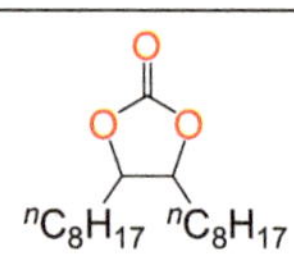

续表

类型		结构通式	萃取剂实例
羧酸衍生物[6]	酰胺	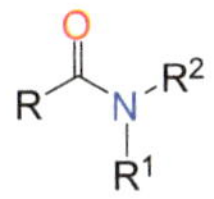	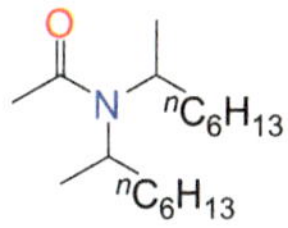 N503
	酰胺荚醚	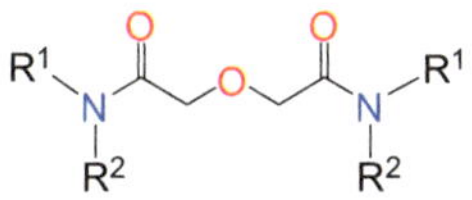	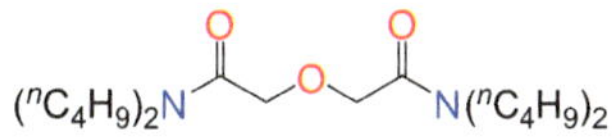 TBOPDA
胺(铵)[7-8]	伯胺	R—NH_2	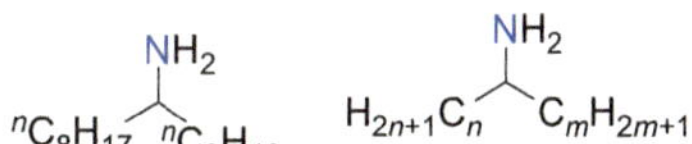 $n+m+1$ = 19~23 N8918　N1923
	仲胺	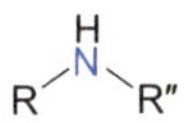	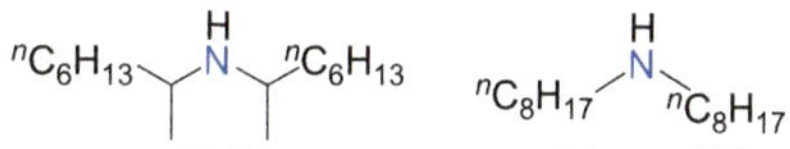 DHA　Adogen283
	叔胺	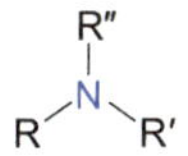	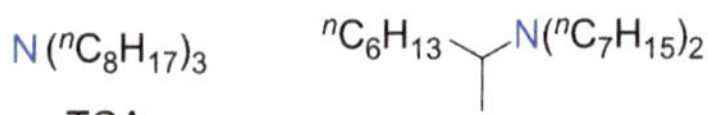 TOA　THA
	季铵盐	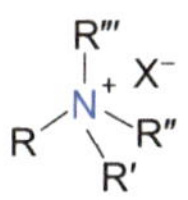	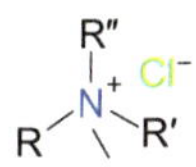 R, R′, R″ = C_8或C_{10} N263

注：R、R′、R″、R‴ =烃基，R^1、R^2、R^3、R^4=H或烃基。

从表4.1可以看出，所有萃取剂的反应基团都是亲水的，且官能团之间的相互作用强。因此多官能团萃取剂通常具有较高的水溶性，且熔沸点较高。

4.1.2　萃取剂的非极性基团

非极性基团是整个萃取剂分子的必要组成部分，对萃取剂的性质有着重要影响。从原理上看，非极性基团可以有无穷多种，但受限于合成方法和原料来源，大规模应用的萃取剂的非极性基团种类是有限的。表4.2中列出了几种常见的非极性基团。

表 4.2　一些常见萃取剂共有的非极性基团

非极性基团	萃取剂类型	萃取剂实例
直链烷基	中性磷（膦）、三级胺、硫醚	三辛胺、Cyanex923、TBP、异丙基膦酸单月桂酯、二正辛基硫醚、石油硫醚
2- 乙基己基	酸性磷（膦）、硫醚	P204、P507、P227、二 (2- 乙基己基) 硫醚、
1- 甲基庚基	中性磷（膦）、羧酸、	P350、CA-12、N503
苄基	硫醚	二苄基硫醚
芳基	磺酸、酚、肟	二壬基萘磺酸、2-(1- 苯基乙基) 苯酚、水杨醛肟及其衍生物

从表4.2可以看出，多种非极性基团都广泛存在于不同萃取剂中，这是由于它们有相同的原料来源。如2-乙基己基，其来源主要是2-乙基己醇，其被引入萃取剂的方法有直接亲核取代、卤化后亲核取代、消除后烯烃加成等。以大宗化学品为原料引入的非极性基团，通常比较便宜，但其性质不能按需调控。近年来出现了根据目标性质设计的非极性基团，这类基团结构丰富，数量众多。

4.2 分子设计的常用方法及步骤

这里讲的分子设计是指根据已有条件和信息，按照一定步骤和方法获得符合特定目标性能的新分子的方法，不包含因偶然因素获得分子的情况。根据不同的分类方法，分子设计有多种类别。例如根据设计手段可以分为经验型类比分子设计和计算机筛选分子设计；基于设计途径可以分为基于数据、基于逻辑、基于原理[9]；还可以根据分子设计过程的依据，将设计方法分为经验法、QSPR法、官能团组合法、主客体匹配法。在实际分子设计过程中，可以同时应用多种方法，以获得更接近目标性能的分子结构。

4.2.1 经验法

经验法设计分子可以看作是“定性结构-性能关系”的运用。先获取已有分子的目标性能随某些基团电子效应、空间位阻效应、脂溶性、水溶性等变化规律，再通过改变这些基团调整相应的性能，以获取目标性能更佳的新分子。一个典型的例子是，除了P—OH键以外，P204中有2个P—O键和0个P—C键，P507中有1个P—O键和1个P—C键，萃取稀土离子时P507的反萃酸度较P204显著性降低，凭此经验规律可预测除P—OH键外含0个P—O键和2个P—C键的分子可能具有比P507更低的反萃酸度。这种推论已从二烷基次膦酸系列萃取剂P227、Cyanex272得到了验证。又如，中性磷萃取剂按$(C_4H_9O)_3P{=}O$、$(C_4H_9O)_2(C_4H_9)_1P{=}O$、$(C_4H_9O)_1(C_4H_9)_2P{=}O$的顺序对铀的萃取率逐渐增加，可以推论出$(C_4H_9)_3P{=}O$对铀有更高的萃取率，实验结果也证明了这一点[10]。

经验法是在大量已有结果基础上进行有限范围的外推，广泛应用于底物拓展、反应机理解释、相似分子探索等。如从大共轭分子荧光特征发现分子中存在π桥和双受体时，根据光谱的移动特征，可设计出具有相似荧光特征的结构[11]。在萃取剂设计中也可用类似的方法，如图4.2所示[12]展示了基于经验外推法获得的几种Am(Ⅲ)萃取剂。

在图4.2中，根据已有的结构2,6-二(二苯基次膦酰基)吡啶对Am(Ⅲ)具有较好的萃取性能，保持反应基团的结构（吡啶氮和酰氧对金属离子具有较强的配位性能，是反应基团）不变，改变磷原子上取代基，通过在芳环上引入取代基、用直链烷基取代芳基、用支链烷基取代芳基、用烷基氨酰基取代一个二烷基次膦酰基等方式获得不同的结构。

根据经验可以推测在芳环上引入取代基并不会改变反应基团的电子特征，同时由于芳环上取代基的取向朝外，也不会因为立体效应影响配位，因此在芳环上引入取代基也能得到对Am(Ⅲ)具有较好萃取性能的结构。但在磷原子上引入支链烷基，不仅能改变反应基团上的电子密度；同时支链结构，如环己基、叔丁基等对配位基团的立体效应影响显著，导致引入后会不利于对Am(Ⅲ)的萃取。利用类似的分析可以得出直烷基链、氨酰基取代结构对Am(Ⅲ)萃取性能的影响。通过溶剂校正的预重组能（包含了溶剂化效应的配位能）的预测可以发现：根据经验外推获得的结构在趋势上是一致的。用相似的方法还能获得更多以2,6-二(二苯基次膦酰基)吡啶为母体的类似衍生物，它们的萃取性能可以根据经验做出定性判断，再进一步通过计算、理论或实验方法进行验证。

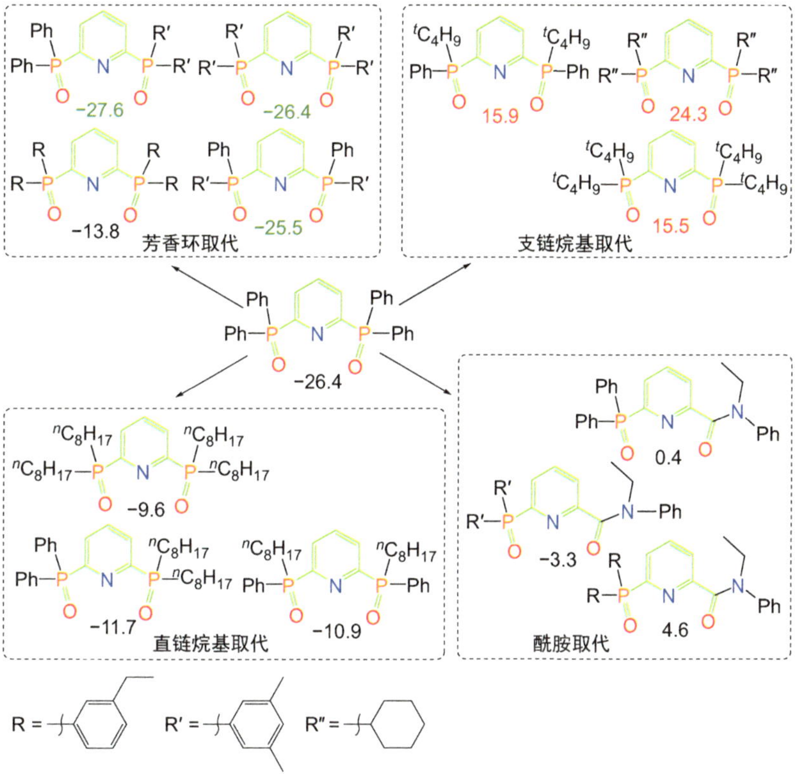

图4.2 利用经验法从2,6-二(二苯基次膦酰基)吡啶外推获得的Am(Ⅲ)萃取剂的分子结构

其中的数值表示溶剂校正的预重组能（kJ/mol），其值越负，萃取Am(Ⅲ)的分配比越大

经验法设计分子结构，外推时考虑的影响因素较少，大多数情况下都是定性的，外推的可靠性需要根据实际情况进行验证。经验法的好处在于：方法简单，不需要经过复杂的推论或计算即可使用；外推范围越小，其外推结果可靠性越高。经验法最大的优势在于，可以迅速定性地把选择目标限定在较小范围，如为了提高水溶性增加羟基、氨基，为了提高油溶性增加烷基链等。不足之处在于：只考虑单方面的性能，难以兼顾其他方面的性能；外推范围小，意味着对目标性能的改进程度有限；受设计者主观经验影响很大。

4.2.2 基团组合–筛选法

基团组合法，即将目标性能所需的基团进行组合，形成多种可能的结构，再从中筛选出符合条件的结构。其步骤是：首先，列出与目标性能相关的各种基团；然后，根据各种基团的键合方式形成组合结构，并根据适当的排除手段去除明显不合理的组合；最后，通过性能评价方法筛选出相应的结构。

基团组合法的两个关键因素：第一是选择合适的基团范围。对于特定目标任务，如对不同的分离体系，需要满足一定表面活性的分子、需要适当溶解性的分子等。针对这些需求，需要选择相应的特征基团，如芳基、直链或支链烷基、羧基、羟基等。第二是如何避免组合爆炸。选择的基团越多、可连接方式越丰富，其组合结果的数目也越多，甚至可能多至超过计算机的处理能力。尤其是考虑同一种基团可重复使用时，其组合出的分子数目更是爆炸式增加。

针对第一个关键因素，通常的方法是，尽可能齐全地列出与目标性能相关的基团。如为了设计酸性分子，需要考虑包含C—H、N—H、O—H、S—H、P—H等在内的烷基、氨基、醇羟基/酚羟基、巯基、膦-氢、羧基、磺酸基、亚磺酸基、磷（膦）酸基等，都列出作为待组合的候选基团。基团贡献法就是基于针对特定基团对相应的性能有贡献，然后选择，如UNIFAC（unified functional activity coefficient）模型[13]。针对第二个关键因素，预防组合爆炸的方法是对数学上的随机组合方式进行合理限制。如基于已有知识对基团进行预选、分类、设定组合规则，根据少量基团的非线性规划寻找最优解，引入遗传算法等，通过定性规则或预选方式减少组合维度、去除明显不合理的组合方式，从而避免组合爆炸[14]。

【例4.1】分子片段组合法设计萃取溶剂[14]。

甲醇与丙酮都是常规的溶剂，它们的沸点分别为65℃和57℃，且能形成低沸点共沸物，因此常规蒸馏无法分离。选用适当的萃取剂，可以通过溶剂萃取的方法从混合液中选择性地萃取甲醇，将两者有效分离。为避免基团选择的盲目性和组合爆炸，以萃取选择性作为判断依据对基团进行预选，再利用遗传算法避免组合爆炸。具体步骤如下：

第一步，基团的预选。设组分甲醇（A）、丙酮（B）与溶剂C的相互作用能分别为ΔG_A、ΔG_B，其中A是易萃组分，则分离系数可以表示为：

$$\beta_{A,B} = e^{\frac{-(\Delta G_A - \Delta G_B)}{RT}}$$

利用此式可直接衡量溶剂对两种组分的选择性。若将此式中的A、B两种组分和溶剂C都换成基团，根据修正的UNIFAC法[13]，基团i与j之间的相互作用可以表示为：

$$\psi_{i,j} = e^{\frac{-(a_{i,j} + b_{i,j}T + c_{i,j}T^2)}{T}}$$

式中，$a_{i,j}$、$b_{i,j}$、$c_{i,j}$都是常数，可通过基团在不同结构中的$\psi_{i,j}$值拟合而得。$\psi_{i,j}$为

负时，两种基团具有相互选择性，越负选择性越强。若基团k对基团i的选择性比对j的选择性强，需满足

$$\psi_{i,k} < \psi_{j,k}$$

假设结构A中有n_A个基团，其中p_i个基团i；结构B中有n_B个基团，其中p_j个基团j。则基团对组分A具有更高选择性的条件为：

$$\sum_{i=1}^{n_A} p_i \psi_{i,k} < \sum_{j=1}^{n_B} p_j \psi_{j,k}$$

根据此式可预选出对组分A具有选择性的基团k。同时排除对设备具有腐蚀性的卤素原子、羧基/磺酸基等基团，去掉不稳定的烯基、炔基、醛、酮等基团，再去掉有毒的芳香基团，最终确定的基团，如表4.3所列。

表 4.3 预选的部分基团以及组合的部分子结构

（文献[14]中共考虑了56个候选基团在这里只列出了部分作为代表）

候选基团	设计的分子
CH_3、CH_2、CH、C、CH_3OH、H_2O、CH_3CO、CH_2CO、CH_3COO、CH_2COO、CH_3O、CH_2O、CHO、CH_3NH、CH_2NH、CHNH、CH_3N、CH_2N、$CON(CH_2)$、$CH_3CON(CH_2)_2$、$CONHCH_3$、CONHCH	H_2O、$N(CH_3)_2CHO$、$HO(CH_2)_4OH$、$CH_3(CH_2)_3OH$、$HO(CH_2)_2OH$、$(CH_3)_2NHCH_2(CH_2)_3((CH_2)_3(CH)_2)(NHCH_3)_2$、$((CH_2)CH)(NHCH_3)$、$CH_3(CH_2)_4OH$

从表4.3所列可以看出，尽管有大量的候选基团，如果只是随机组合，可获得的分子数量是惊人的，但其中很多都无化学意义。结合适当的限制条件和算法，可极大避免盲目性。

第二步，基团组合成分子。利用选择出的基团组合成分子，使用遗传算法，以避免组合爆炸。

遗传算法是1975年Holland基于自然选择和进化理论提出的一种全局寻优算法，其基本思路是利用交叉算子和编译算子对前一代对象进行操作，得到适应度较大的下一代，这样重复进行直到适应度达到最大或计算代数超过一定数值为止。遗传算法的优点在于它适合于非线性很强的优化问题，具有全局寻优能力和较好的稳健性。

遗传算法的流程为：

a. 建立候选基团集合（也称矢量）$\boldsymbol{M}_k$，其中包含的元素是符合UNIFAC定义且符合预选条件的基团。b. 建立与$\boldsymbol{M}_k$相对应的自由价键矢量$\boldsymbol{v}_k$（即其中每个元素所允许的连接键的数目）。c. 根据候选基团，手动组合成简单分子确定第一代分子矢量$\boldsymbol{A}_k$。d. 利用修正的UNIFAC法计算分子的相对挥发度及其与甲醇、丙酮的相互作用力，并换算成分离系数；同时，利用下式判断组成的分子是否有意义：

$$\sum_j (2-\boldsymbol{v}_{kj})\boldsymbol{A}_{kj} = 2m$$

满足此式的分子为有意义的分子。式中，$m=1$时为直链，$m=0$时为单环，$m=-1$时为

双环分子。e. 利用 Joback 法计算沸点、熔点，选出符合分离条件（包括选择性、相对挥发度、沸点、熔点等）的分子加入集合 Q_k。f. 对于不符合分离条件的结构，以相对挥发度为适应性函数，选择适应度最好的10%结构作为第二代，随机选择基团重新组成分子，随后重新计算挥发度，依次循环，获得足够数量符合分离条件的结构。

从收集的56个候选基团中选出31个用于组合成分子，并最终确对甲醇具有选择性的萃取剂。这些设计出的分子中有两个恰好是已经工业化应用的水和乙二醇，这表明这种设计方式是有效的。

基团组合法是分子设计的常用方法之一，在溶剂萃取（不仅是金属溶剂萃取）中有广泛应用。如溶剂萃取法常用于炼焦废水的脱酚处理，脱酚萃取剂需要实现从废水中萃取苯酚。利用基团组合-筛选法可以设计出多种比现有商用萃取剂具有更高分配比、更高选择性的萃取剂结构[15]。其过程为：首先，收集现有萃取剂化学结构及其相应的目标性能，并列出其中的基团；然后，利用基团重组生成多种新分子结构；最后，分析新结构的各种目标性能，或直接测量其在萃取中的表现，并确定综合萃取性能优良的结构。利用此方法，采用酮、酯、醚、醇、醛、苯等六类结构的组合，生成了594个备选化合物，最终筛选出26个比现有商用萃取剂对苯酚具有更高脂水分配系数、更高选择性的新萃取剂结构。又如，基团贡献法设计萃取剂的方法已经被程序化，可以通过计算机程序针对特定的分离体系实现萃取剂结构快速设计。如基于Matlab编写的程序，利用基团对选择性和分配系数的贡献，可以迅速筛选出多种与传统筛选方法结果一致的萃取剂结构[16]。

基团组合-筛选法的优势在于直接利用与目标性能相关联的基团，操作简单。对于基团贡献明确、单一的结构，可以迅速获得命中率较高多种分子结构。采用此法设计分子的关键在于建立结构描述符与基团贡献的数值关系式。基团组合-筛选法的不足在于很难排除哪些基团一定与目标性能不相关，若用穷举法则导致大量影响很小的基团被选择，若用经验法选择则可能导致漏选。另外，还存在“组合爆炸”现象，即组合的可能性太多，难以实现准确筛选。近年来，基团组合-筛选法也有很大的发展，各种基团确定方法、限制性组合算法、快速组合筛选、计算机辅助手段等都可以有效提高该方法的实用性。基团组合法需要辅以高效准确的筛选方法来迅速判断组合出的分子是否符合目标性能，但这一点并不容易实现，这也限制了基团组合法的应用。

4.2.3 主客体匹配法

设计一个分子所关注的性能，通常是为了获得该分子在与其他分子相互作用中有更突出的特征，设计的结果通常都需要进行实验评价。由于计算模拟技术的发展，可以在虚拟模拟平台完成对分子间相互作用的评价，因此，借助模拟技术可以直接从分子间相互作用出发对分子进行设计。这种设计方法与药物设计中的主客体相互作用类似，因此称为主客体匹配法。例如根据蛋白质靶点设计药物分子、根据目标分子设计荧光探针、分子对接等都可以归为主客体匹配法。

基于蛋白质靶点设计药物分子是最具代表意义的主客体匹配法[17]。总体步骤包括：确定靶点位置和类型、搜索与靶点匹配的分子结构、评价获得的分子结构。首先，通过MD-NMR、X射线晶体结构或其他手段获得受体结构，以此基础，通常借助模拟手段分析受体分子的形状、以及特征区域（疏水、氢键、极性、电负性等），确定结合靶点。然后，按照靶点特征，包括空间形状、氢键供受体、亲疏水基团、π堆积等，在满足化学互补或立体互补的前提下搜索与靶点匹配的分子结构。最后，以客体分子-靶点相互作用能、非键相互作用等作为判断指标，判断设计出的客体分子与靶点的匹配程度，并以此作为实验验证的参考。这种方法的可靠性依赖于靶点位置和结构的准确性、搜索客体分子的范围、评价标准的合理性。

主客体匹配法是基于分子间相互作用的设计方法，优势在于设计结果可靠性高，可直接进入实验验证阶段，借助模拟平台，可缩短分子设计周期。但必须有清楚的分子间相互作用机理，无法像QSPR法那样直接依赖于统计结果筛选出分子，也无法通过基团组合-筛选法找出潜在分子结构。另外，很多情况下主客体相互作用机理难以分析清楚，这也限制了该方法的适用范围。

在实际分子设计中，通常将这些分子设计方法联合使用。例如根据多方面性能的QSPR模型选择出各自有效的多种基团，再用基团组合-筛选法，选择出综合性能最好的结构。基于靶点的设计就属于这种方法，基于萃合物的设计萃取剂也是借用了这种思想。高效准确地获取客体分子是主客体匹配法设计分子的关键步骤。生物分子的靶点有较稳定的结构和多个明确的相互作用位点，如容易形成氢键、存在偶极-偶极相互作用等，以靶点上的这些位点为参考，可以找出与这些靶点相匹配的分子结构。但萃取剂要面对的“靶点”只有金属离子本身，只是空间中一个孤立的点，难以通过位点匹配的方法来设计萃取剂。

4.3 萃取剂分子设计原理

上节所述的分子设计方法，也适用于萃取剂分子设计。与各种分子设计方法被广泛应用的药物化学领域相比，萃取剂附加值低，需要考虑多方面因素（见3.1）。一方面，需要考虑对金属离子的反应性能，包括对金属离子的识别能力，这决定萃取剂的选择性。因此，针对特定的金属离子或待分离任务设计萃取剂时，需要考虑用何种反应基团。另一方面，萃取剂是两相传质的关键物质，是将金属离子从水相转移到有机相的主要载体，其表面活性、溶解性、黏度等性质也需要考虑。需要考虑多方面因素，导致设计萃取剂的理论还不完善，目前仍然是经验导向型为主。依靠理论方法设计的萃取剂中，符合“9S原则”中所有性能的萃取剂分子未见报道，更多的是关注于某一方面的性能，如选择性、合成等。

在这里把萃取剂分子设计定义为：通过分子设计的方法有针对性地确定萃取剂的反应基团和非极性基团。从萃取剂的分子结构（图4.1）可以看出，设计萃取剂分子，就是确定萃取剂的反应基团和非极性基团[2]。另外，在金属萃取过程中，萃取剂与金属离子形成的萃合物对金属离子转移到有机相的速率和多少都有重要影响，直接从萃合物出发也是设计萃取剂的方式。金属溶剂萃取是两相间的反应过程，因此最可靠的方式是基于萃取过程的分子设计。从基于萃取剂的反应基团和非极性基团，到基于萃合物，再到基于萃取过程，需要考虑的因素逐渐增加，但设计的结果也逐渐接近实际过程。

萃取剂设计的目标是对目标金属离子或分离对象寻找满足“9S原则”的分子。但“9S原则”包含的一些性能难以与分子结构直接关联，且受工艺条件影响巨大。如来源与合成这两种性能，都属于概括性性能，是多方面因素的综合结果，难以获得数值指标，优先从它们出发设计萃取剂的研究未见报道。而选择性、速率、溶解性、饱和容量等性能容易与结构直接关联，文献中也较多。因此，设计萃取剂时可以优先考虑有明确数值指标，且容易与结构关联的性能。

萃取剂设计需要考虑的因素众多，同时考虑所有因素是不可行的，常用的方法是先从某一方面性能出发设计出符合该性能的结构，再利用其他性能进行筛选。如从萃取剂角度，可以将与萃取性能直接相关的酸碱性、溶解性、表面活性等作为目标性质设计出相应的结构；从金属离子角度，需要设计出符合离子配位亲和性、离子尺寸的结构；从金属离子与萃取剂相互作用的角度，需要设计出反应速率快、反应热力学能有利的结构；从萃取工艺角度，需要设计出熔沸点、蒸气压、黏度等符合操作工艺的结构。这里从萃取剂角度、从金属离子角度、基于相互作用（萃合物）、基于萃取工艺等四个方面讲述萃取剂反应基团和非极性基团的设计原理。

4.3.1 从萃取剂角度

从萃取剂角度出发设计，即在设计时仅以萃取剂的性质作为目标性能来获得新结构。这种方法可以获得某一方面符合萃取剂要求的结构，例如酸碱性、溶解性等，而不考虑其实际萃取性能。常用方法有电子等排原理、结构-性能关系、以萃取剂单一性质为基础等。

（1）电子等排原理

1919年Langmuir对比N_2和CO、N_2O和CO_2、N_3^-和NCO^-等的性质时发现电子排列相同的原子、原子团、自由基、分子的多种物理化学性质都相似，由此提出了电子等排原理，这些具有相同电子排列结构的物质也称为电子等排体或同电异素体[18]。后来多位科学家对此概念做了进一步发展，并用于设计具有相似生理活性的分子或基团[19-20]。用电子等排原理设计分子的核心依据是电子等排体具有相似的物理化学性质，因此用一种电子等排体替换已知分子中的电子等排体时，可以得到多种性质相似的结构。

根据电子等排体的化合价，通常将其分为五类：

1价，—X、—OH、—SH、—NH_2、—CH_3等；

2价，—O—、—S—、—Se—、—Te—、—NH—、—CH_2—等；

3价，—N═、—P═、—As═、—Sb═、—CH═等；

4价，═C═、═N^+═、═P^+═、═As^+═、═Sb^+═等；

环等排体，—CH═CH—、—CH═N—、—S—、—O—、—N═、—CH═等。

其他电子等排体可以通过这五种基本类型组合而得。

电子等排原理用于设计萃取剂，即从已知萃取剂出发，用同价等排体替换的方法，得到新结构。如从醚到硫醚、从酸性磷（膦）到单硫代或双硫代酸性磷（膦），硫取代萃取剂分子中的氧原子，得到的萃取剂萃取分离性能相似。图4.3中列出了利用电子等排体互换获得的几种结构[21]。

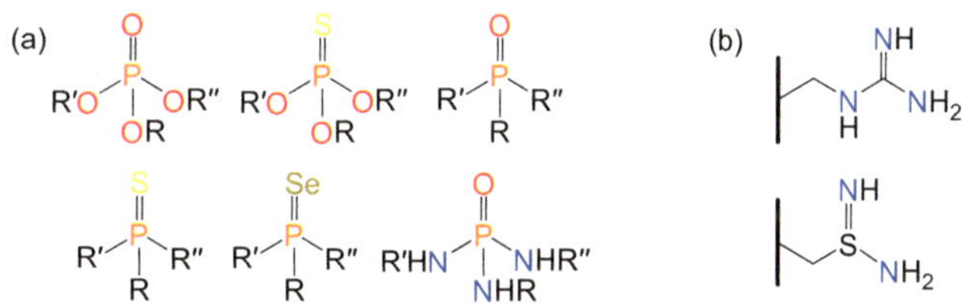

图4.3　利用电子等排体互换获得的几种结构

（a）根据电子等排体设计出的金萃取剂；（b）胍基树脂及其电子等排体的硫脲树脂

从图4.3可以看出—CH_2—、—NH—对—O—的替换，═S、═Se对═O的替换，都属于电子等排体的互换，得到的这些结构对金属离子的萃取性能也是相似的。电子等排体互换的方法，不仅可以用于设计新的萃取剂，还能用于设计离子交换树脂上反应基团的改进。如胍基树脂可以对Au^+有较好的吸附性，但在碱性条件下容易水解。若用电子等排体替换的方法，制备出硫脲树脂，则其对Au^+的吸附性能得到保持，而稳定性得到提高[21]。

电子等排体互换不改变电子排布，但电子的性质（是否容易给出、电子云是否容易变形等）会发生变化。如Cyanex301为Cyanex272的硫代氧电子等排体，但P、S的电负性差为0.4，而P、O的电负性差为1.4，P═O和P═S的离子型分别为80%和8%，且P═S之间更接近单键，π键成分非常弱，且S比O更“软”，因此Cyanex301比Cyanex272对过渡金属有更强的萃取能力。尤其是被取代部分是萃取剂的反应基团时，其萃取性能的变化通常是比较大的，这时还需要考虑软硬酸碱理论、原子尺寸等影响因素。例如，由于冠醚氧属于硬碱，对碱金属、碱土金属、稀土金属等具有更强的亲和性，若用硫取代氧得到硫代冠醚，则更易与后过渡金属、贵金属等结合[21-22]。

与电子等排体相关联的萃取剂还可以列出很多，但并不是所有符合电子等排体互换的萃取剂都是由此获得。此外，电子等排原理可用于定性地理解萃取剂的性能变化规律和解释其在萃取中的表现。电子等排原理能有效用于分子结构设计的原因是：分子的所有性能都由其电子密度决定，当原子核变化而形式上电子排列不变时，电子密度具有相似性，因此电子等排体互换得到的结构与原结构也具有相似的性能，这类似于元素周期表中同族元素呈现出相似的递变性能。电子等排原理作为基础化学的内容而被众多化学工作者掌握与使用，尤其是在用经验法设计新结构时，通常都运用了电子等排体原理。

（2）萃取剂的结构-性能关系

萃取剂的一些理化性质与它们在萃取中的表现关系密切，如在两相中的溶解度关系到萃取动力学、分相、乳化、饱和容量、夹带损失等，酸性萃取剂的pK_a值关系到萃取速率、反萃酸度、萃取E-pH曲线等。因此直接关注这些结构与萃取性能的关系也是设计萃取剂的一种途径。如图4.4（a）所示磷酰氧、氮酰氧、亚砜等萃取金属离子时，都以双键氧作为配位原子与金属离子直接或间接配位，实验发现萃取Au(Ⅲ)的分配比lg$D$与双键氧伸缩振动的吸收波数$\nu_{X=O}$存在明显的线性关系：红外吸收波数越小，萃取分配比越高。即若要寻找分配比高的萃取剂，测量其红外吸收即可进行预测[23]。由于分子结构差异较大，在去掉两种亚砜结构（DOSO、OPSO）后才能获得有效的拟合结果。

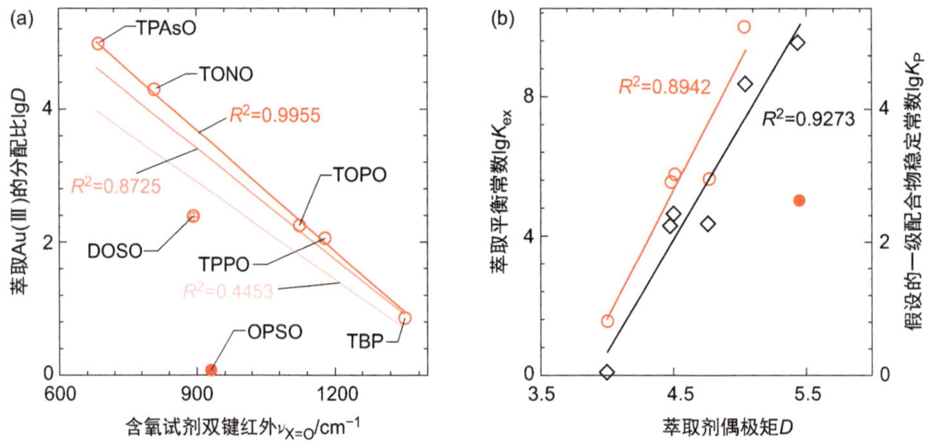

图4.4 几种中性萃取剂结构与萃取性能的关系

（a）酰氧双键红外特征光谱与萃取Au(Ⅲ)分配比的关系，TPAsO、TONO、DOSO、OPSO、TOPO、TPPO、TBP结构分别为三正丙基氧砷、氧化三正辛基胺、二正辛基亚砜、正辛基-正丙基亚砜、三正辛基氧膦、三苯基氧膦、磷酸三丁酯，三条拟合曲线分别是排除DOSO和OPSO(R^2=0.9955)、排除OPSO(R^2=0.8725)、考虑所有点(R^2=0.4453)；（b）假设的一级配合物稳定常数与实际萃取平衡常数lgK_{ex}（圆形，拟合时去除了实心点）、分配比lg$D$（菱形）的关系

在图4.4（b）中，用化合物的偶极矩作为结构参数，可以对测量的萃取平衡常数，以及假设的按1:1结合的配合物稳定常数实现较好的线性拟合，R^2值分别为0.8942和0.9273[23]。分子偶极矩与萃取平衡常数存在明显的线性关系，这表明分子偶极也是影响其萃取性能的指标，尤其是对于偶极主要贡献基团是反应基团时。图4.4涉及的几种萃取剂中，双键氧是与金属离子相互作用的原子，也是分子偶极的负电中心。

对于酸性萃取剂，其酸性解离常数与反萃酸度、萃取pH值关系密切，一般的规律是：酸性越强，反萃酸度越高，萃取pH值越低。据此可以推测，若要获得一定范围反萃酸度和萃取pH值的萃取剂，设计时确定相应酸性强弱即可。因此，可以酸性解离常数作为目标函数，根据萃取剂的结构-性能关系，设计出酸性强度符合要求的萃取剂。如用量子力学计算的结构参数预测出酸性磷（膦）的酸性[24]，由此推测出其萃取pH值和反萃酸度的变化规律。

用结构-性能关系方法从萃取剂角度设计萃取剂的关键是找到与萃取行为相关的萃取剂性能，并以这些性能作为目标函数，寻找满足目标函数数值的结构。根据上面介绍的两种方法可以看出，从萃取剂角度设计萃取剂就是把萃取剂当作一种普通的有机化合物。因此，可用分子设计中的所有方法来构造构建新的萃取剂结构。但这种设计方法仅从萃取剂某一方面性能得到目标结构，其结果在实际萃取中的真实表现还需要进一步验证。

（3）以萃取剂单一性质为基础

一种萃取体系在生产中的表现如何，受工艺条件、料液组成等多方面因素影响。大多数操作条件都具有可调节性，尤其是操作工艺条件等外部因素。但料液组成、萃取剂这类条件很难通过外部条件来改变。如料液组成，受前端浸出工艺、矿成分等影响，若要在萃取段调节料液组成，需要增加额外的前处理工序，会导致成本增加。料液组成决定待分离对象，萃取剂性能决定操作工艺条件[25]。萃取剂分子性能是多方面的，对萃取影响的性质主要有亲油性、空间结构、酸/碱性。

① 亲油性。为了保证金属萃取过程中萃取剂能将金属离子从水相转移到有机相，金属萃取剂都必须是亲油的，水溶性太大的分子不能作为金属萃取剂。萃取剂的反应基团通常是具有亲水性的羧基、磺酸基、氨基、酰氧等，对整个分子亲油性贡献为负，因此，通常都是通过非极性基团来调节萃取剂亲油性。如对于胺类萃取剂，碳原子数一般都在17以上，常见的N1923（碳原子数为19～23的仲碳伯胺萃取剂）、N235（碳链长度为C_8或C_{10}的叔胺萃取剂）、三辛胺等；酸性含磷（膦）萃取剂、羧酸萃取剂以及其他类型萃取剂等都有各自的碳链长度范围。碳链太长导致的问题是萃取剂常温下为固体或黏度很大的液体，或在常用烷烃类稀释剂中的溶解性差，或无法达到较高浓度及负载量。因此，选择恰当大小的非极性基团对于确保萃取剂和萃合物有较高的亲油性、在稀释剂中有高的溶解性、有机相有较好的流动性，以及萃取剂有低的溶损率、废水中有机物含量低等都是必需的。

② 空间结构。无论是直接配位萃取还是外层缔合萃取，萃取剂的空间结构都是影响其萃取性能的重要因素。一方面，萃取剂需要有一定的空间位阻，来排斥金属离子部分与游离水分子相互作用（包括金属离子直接与水分子配位和金属离子配合物团簇与水分子以氢键相互作用），以确保形成的萃合物具有亲油性。另一方面，萃取剂的空间位阻也排斥其他萃取剂分子与金属离子相互作用，这导致过大的空间位阻也不利于萃取。如在二烷基次膦酸萃取三价稀土离子时可以发现，在β位引入取代基是调节萃取、分离性能最有效的方式[26-27]。

萃取剂的空间位阻主要通过非极性基团的结构进行调节。普遍的定性规律是：支链越靠近反应基团，空间位阻越大；支链化程度越大，空间位阻越大；取代基体积越大，空间位阻越大。这种定性规律在二(正辛基)次膦酸（P208）、二(1-甲基庚基)次膦酸（P118）、二(1-乙基己基)次膦酸（P127）、二(2-甲基庚基)次膦酸（P218）、二(2-乙基己基)次膦酸（P227）、二(2-正丙基戊基)次膦酸（P236）、二(2-异丙基戊基)次膦酸（P2361）、二(3,3-二甲基-2-乙基丁基)次膦酸（P247）等一系列二烷基次膦酸对三价稀土离子的萃取中体现得非常明显[26-27]。类似的，具有不同空间位阻的羧酸，如叔碳羧酸、环烷酸、CA-12，在分离钇和镧系金属时空间位阻的影响也非常显著。

描述萃取剂空间位阻的研究有很多，如上面提到的基于支链位置、大小、支链化程度等的定性方式，也包括立体能、各种键角/键长等定量结构性描述符。如对于酸性含磷萃取剂RR′P(═O)OH（R、R′为烷基或烷氧基），就有人提出用键角∠RPR′来描述这类结构的空间位阻[28]，也有人提出以磷中心取代基空间效应描述萃取剂的空间位阻[29]。这些都在各自的体系中得到了验证。

在不同的萃取机理中，萃取剂空间位阻在萃取不同金属离子时的体现程度是不同的。如酸性含磷萃取剂RR′P(═O)OH，在形成萃合物之前，R、R′与两个氧原子处于磷原子四面体中两个相互垂直的平面中。若形成八面体结构萃合物，总有四个取代基通过磷原子处于同一平面，此时∠RPR′越大，配体间的排斥越大，即空间效应体现得越明显，而较大的R、R′不利于形成八面体萃合物；若形成四面体萃合物，两分子萃取剂的取代基分布在不同平面内，一般不产生配体间的空间位阻效应。

利用萃取剂在不同金属上空间效应的不同，可以实现通过空间位阻来调节萃取剂对金属离子的选择性。如用酸性含磷萃取剂分离Co(Ⅱ)、Ni(Ⅱ)时：对于Co(Ⅱ)可形成八面体和四面体萃合物，不考虑空间位阻时，前者比后者略占优势；对于Ni(Ⅱ)通常只形成八面体萃合物。若增加萃取剂烷基链上的空间位阻，则可促进Co(Ⅱ)形成四面体萃合物。很显然四面体Co(Ⅱ)与八面体Ni(Ⅱ)之间的分离系数高于八面体Co(Ⅱ)与八面体Ni(Ⅱ)。这一点已经由烷基链结构相同的P204、P507、P227对Co(Ⅱ)/Ni(Ⅱ)分离性能的差异证明了[30]。

③ 酸碱性影响。根据Lewis酸碱理论，从广义上讲，所有的化学反应都可看作是酸碱反应，其中当然也包含萃取反应。萃取金属阳离子时，酸性萃取剂的酸性（或其负离子碱性）是影响其萃取性能的关键因素；萃取金属配阴离子时，中性萃取剂碱性（或其正离子酸性）是影响其萃取性能的关键因素。

对于酸性萃取剂，以阳离子（如H^+）交换萃取时，萃取剂的pK_a值可在很大程度上直接决定其对金属离子的萃取能力。如P204比环烷酸、CA-12等常见羧酸的pK_a值低1～2个对数单位，其在相同条件下对同一金属离子萃取的半萃取pH值也相应地低1～2个对数单位。常见酸性萃取剂在相同条件下对同一金属离子萃取的半萃取pH顺序通常是：磺酸＜硫代磷（膦）酸＜磷酸酯＜膦酸（酯）＜次膦酸＜羧酸。这也是通常提到的萃取能力顺序。但需要指出的是此萃取能力顺序只在相同机理条件下才成立。在分子中引入电子效应强或能参与配位的基团，也可能改变上述顺序，这需要在具体结构中得到体现。总之，对于特定的萃取任务，若选择酸性萃取剂，其酸性是一个可供参考的选择指标。

中性萃取剂包含了一大类结构，通常通过O、S原子与金属离子部分相互作用，如三烷基氧膦（Cyanex923）、磷（膦）酸酯（TBP、P350）、亚砜、酰胺、酯、酮等；或直接与金属离子以离子对形式形成萃合物，如胺类、醇、硫醇、醚、硫醚等（多以质子化或形成阳离子中心，与金属离子阴离子缔合）。若通过质子化等方式形成阳离子中心，这相当于以萃取剂共轭酸参与萃取，萃取剂的碱性直接影响其共轭酸的稳定性，从而影响离子对萃合物稳定性；若以Lewis碱直接或间接与金属离子相互作用，则萃取剂的碱性直接影响萃合物稳定性。因此，无论何种情况，中性萃取剂的碱性都能影响其萃取性能。萃取剂的酸碱性不仅影响萃取平衡，也能影响萃取速率。

4.3.2 从金属离子角度

设计萃取剂的目的是选择性地提取金属离子，而从金属离子角度来讲，也需要特定类型的萃取剂结构才能高效地使之转移到有机相。经过多年的发展，萃取冶金已形成大量数据基础和实践经验。因此，根据金属离子的亲和性、配位倾向、价态、半径等特征，可利用现有分离体系作为参考直接提出相应的萃取剂应满足的条件。图4.5展示了一些常见萃取剂和分离体系的对应关系。

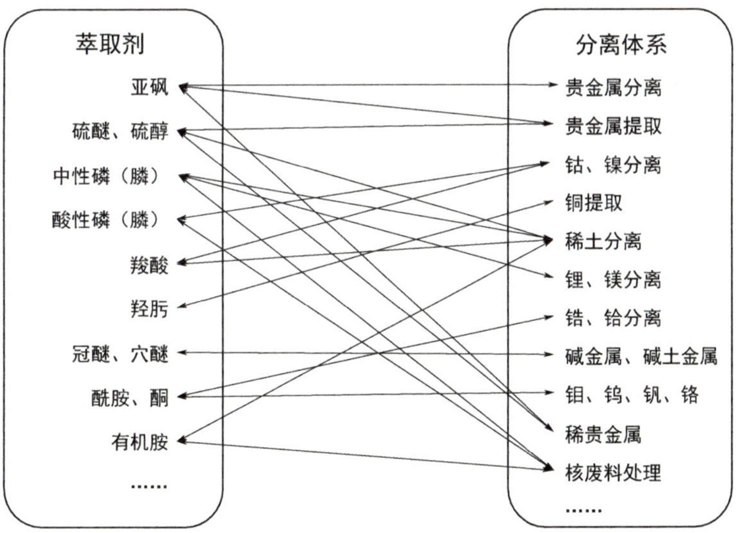

图4.5 几种分离体系及其常用的相应萃取剂类型的对应关系

从图4.5可以看出，虽然金属离子与萃取剂两个集合之间是多对多的对应关系，但不同金属离子对萃取剂的特殊要求是很明显的。例如，若要萃取贵金属离子，则倾向于选择砜、亚砜、硫醚等，若要萃取稀土金属离子，可以选用中性磷（膦）、酸性萃取剂等。金属离子和萃取剂的分类越合理越准确，两者之间的对应关系就越准确。这种对应关系建立在大量已知萃取知识基础之上，通常用于归纳总结萃取剂或金属离子的种类，对于确定新萃取剂结构类型、反应基团等重要信息都要重要意义，可在设计具体萃取剂结构前对目标分子的类型进行预判。金属离子与萃取剂的对应关系是经验规则，属于经验法设计萃取剂的一种，在使用过程中应以此为基础，而不应以此为限制。

4.3.3 基于萃合物

萃合物是萃取反应最重要的生成物，是被萃金属离子存在于有机相的形式。基于萃合物设计萃取剂，也是基于萃取反应设计萃取剂[31]。每种金属离子都可形成多种类型配合物，但只有配合物具有足够亲油性和稳定性才能将金属离子转移到有机相，也只有配位反应具有可逆性才能顺利反萃。图4.6展示了内层配位时形成的四边形、八面体、四面体等三种萃合物的配位模型，以及相应的衍生配合物结构。

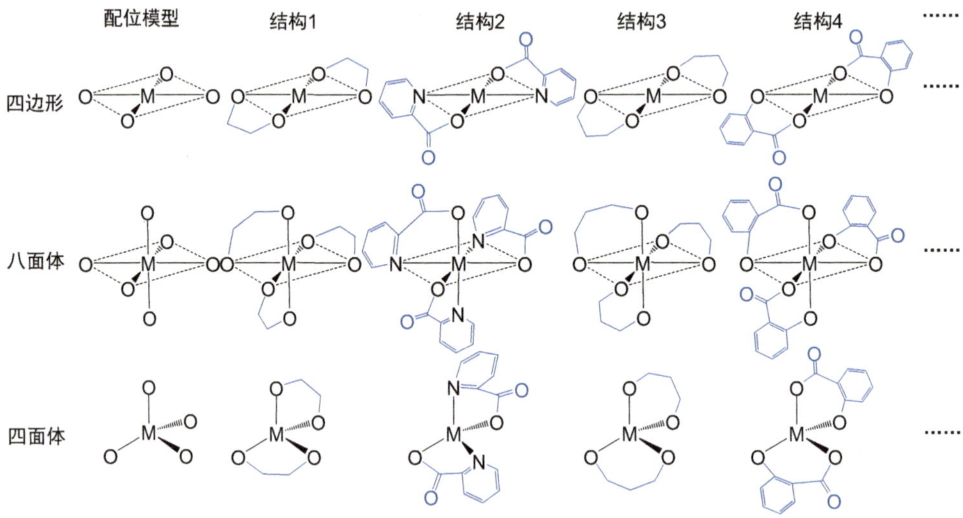

图4.6 内层配位萃取中三种常见的配位方式，以及配位模型可衍生的几种配合物结构

萃取中需要考虑的配位原子主要有O、N、S三种，固定这些配位原子，再用适当的结构连接它们，即可得到新分子

从图4.6可以看出，萃合物对萃取体系的性能具有重要影响。不同构型萃合物对配体有着不一样的适应性要求，这直接影响萃合物稳定性。根据设定的配位构型，在配位原子上做适当衍生，即可得到各种不同的配体。图4.6中展示的四种结构都将中心原子与多齿配体中所有能配位的原子进行了连接，因此得到的是螯合物；中心原子也可以只与一种配位原子相连接，得到相应的配合物。这种设计方式对内层配位萃取有较好的应用，对于非内层配位萃取则效果较差。有的萃取剂，通常不形成内层配位萃合物。如伯胺萃取剂N1923可与金属离子形成直接配位的萃合物，也可与配位水分子通过氢键形成外层缔合萃合物。但前者的萃取速率慢、反萃难，流程中的反萃不完全多与此有关；而后者的萃取率低、速率快，反萃容易，萃取时观察到的快速平衡通常是源于此。另外如Cyanex272与P227的酸性、溶解性、表面活性等都非常相似，但在萃取稀土时表现出的饱和容量、乳化

等性质差异明显。计算模拟的研究表明，其原因也是两者形成的萃合物的亲油性不同。

萃合物是萃取剂和金属离子相互作用的结果。在高效萃取分离中，对萃合物的电性、溶解性、稳定性等有相应的要求。对于特定的多金属离子分离体系，改变萃取剂是提高分离效率的有效方式。如为了实现从高铁低镍红土矿浸出液（Fe(Ⅲ)、Ni(Ⅱ)）中选择性地提取Ni(Ⅱ)，可以设计一种萃取剂，使其与Ni(Ⅱ)形成的萃合物比其与Fe(Ⅲ)形成的萃合物更容易转移到有机相，即可有效萃取。两种金属离子具有相似的配位性能，但Fe(Ⅲ)比Ni(Ⅱ)价态高，通常具有更强的配位能力。用图4.6所示方法可衍生出各种适合与Fe(Ⅲ)、Ni(Ⅱ)形成配合物的配体结构。图4.7所示为一种用计算化学优化后的配合物结构。

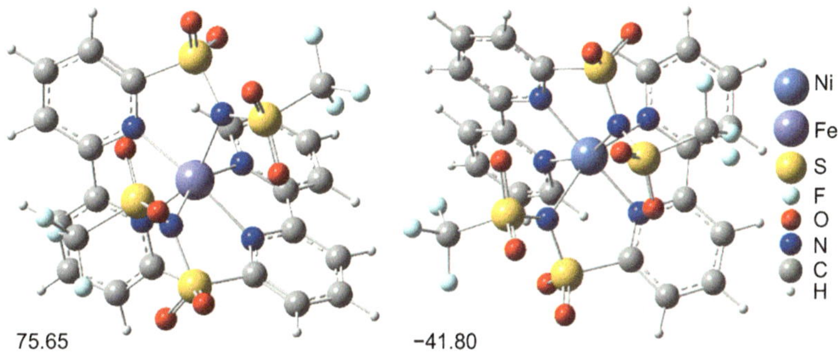

图4.7 *N*−[(2,2′−联吡啶−6−基)磺酰基]三氟甲磺酰胺与Fe(Ⅲ)、Ni(Ⅱ)形成的能量最占优势的配合物结构

图中数值为相对于各自水合离子的相对能量（kJ/mol），此能量用Gaussian 09 D01程序，在B3PW91/SMD理论水平下，并用水/正十二烷考虑溶剂化效应优化结构后计算得到

图4.7中所示配合物的配体为*N*-[(2,2′-联吡啶-6-基)磺酰基]三氟甲磺酰胺，其结构式见图4.8。这种配体即为衍生配体，其与Fe(Ⅲ)、Ni(Ⅱ)存在多种可能的配位形式，但热力学能计算表明图4.7所示的两种配位方式在热力学上是最有利的。相对各自的水合离子形式（即设$[Fe(H_2O)_6]^{3+}$、$[Ni(H_2O)_6]^{2+}$为能量零点），$[FeL_2]^+$、$[NiL_2]$（以L表示配体失去N上H形成的阴离子）的能量分别为75.65kJ/mol、−41.80kJ/mol，即这种配体对Ni(Ⅱ)的选择优势为117.45kJ/mol。这种能量差异数值，理论上的分离系数可达10^{20}以上，足以满足从高铁低镍体系中选择性提取Ni(Ⅱ)。这个配体对Ni(Ⅱ)存在高选择性的一个可能的原因是Ni(Ⅱ)比Fe(Ⅲ)“软”，配体中的吡啶氮、胺氮都是比水分子氧原子更软的碱，与Ni(Ⅱ)有更高的亲和性。另一个原因是两分子配体参与配位时，恰好与Ni(Ⅱ)形成电中性配合物（容易转移到有机相），而与Fe(Ⅲ)形成带电配合物（倾向于留在水相）。

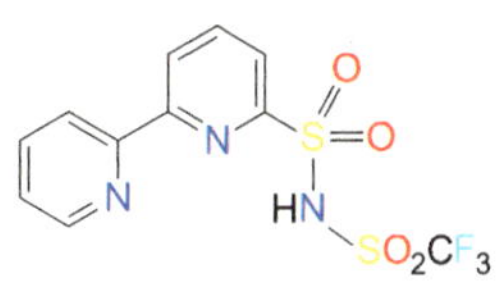

图4.8 *N*−[(2,2′−联吡啶−6−基)磺酰基]三氟甲磺酰胺

总之，从萃合物结构出发，衍生出配体结构，再优化配体的各种异构配位形式，最终可确定配体与金属离子形成的配合物结构及其相应的能量，以此衡量配体对金属离子的选择性。这样获得的配体结构显然还无法作为可用的萃取剂，但根据经验，可以在适当的位置加上非极性取代基以调整其他性质，尤其是在两相间的溶解性。

4.3.4 基于萃取工艺

除萃取反应本身外，在实际萃取生产中，还需要考虑萃取剂的工艺性能，如稳定性、黏度、挥发性等。萃取剂的性能应该有利于操作，如低温下仍有较低的黏度，高温下仍有较低挥发性，长期使用仍然保持稳定，与杂质反应形成的产物不导致乳化等。萃取剂的工艺性能不足时，在一定程度上可通过调整工艺进行匹配，以达到最佳萃取效果。但若萃取剂本身的工艺性能较佳，则可有较宽泛的工艺操作条件，对操作者的要求低，容错率高，能有效节约生产成本。

从萃取剂角度设计萃取剂，是以与萃取相关的性质作为目标性能，寻找与之相符合的结构；从金属离子角度设计萃取剂，是从特定的金属离子或分离体系出发，对某种或某几种金属离子有高识别能力的配体提出要求；基于萃合物设计萃取剂，是以金属离子被转移到有机相的形式为基础，探索所需的萃取剂结构；基于萃取工艺设计萃取剂，是从保证流程顺利进行角度对萃取剂提出的要求。

萃取剂的实际应用条件复杂多变，对其性能的要求是多方面的，既有前面提到的“9S原则”，也有生产过程中的具体要求。单纯地从萃取剂、金属离子、萃合物、萃取工艺等角度设计出的萃取剂都各有不足。但设计一个萃取剂分子，其本质还是构造其反应基团和非极性基团部分，只是从不同角度设计时考虑的主要因素有所差异。

参考文献

[1] MCNAUGHT A D, WILKINSON A. Compendium of chemical terminology: IUPAC recommendations (“Gold Book”), Web 2.0 Version; 2019[M/OL]. Oxford: Blackwell Scientific Publications. 2019[2021-07-16]. https://goldbook.iupac.org.

[2] 唐瑞仁. 双-(硫代磷酰基)亚胺的合成、结构与萃取性能研究[D]. 长沙: 中南大学, 2001.

[3] 陆熙炎. 磷型萃取剂的合成[J]. 原子能科学技术, 1964, 5(06): 627-636.

[4] XU Q, WU J, CHANG Y, et al. Extraction of Am(Ⅲ) and lanthanides(Ⅲ) with organo dithiophosphinic acids[J]. Radiochimica Acta, 2008, 96(12): 771-779.

[5] PREEZ A C D, S PRESTON J. The solvent extraction of rare-earth metals by carboxylic acids[J]. Solvent Extraction and Ion Exchange, 1992, 10(2): 207-230.

[6] 曹石巍. 酰胺类配体萃取分离镅和锔离子的实验及理论研究[D]. 兰州: 中国科学院大学(中国科学院近代物理研究所), 2017.

[7] 徐元耀. 胺型萃取剂的合成[J]. 原子能科学技术, 1964, 5(06): 637-644.

[8] 刘长禨. 胺类萃取剂[J]. 有机化学, 1979, 5(01): 70-89.

[9] 姚建华, 李佳, 徐雯丽, 等. 第七讲 计算机辅助分子设计方法[J]. 上海化工, 2020, 45(01): 8-11.

[10] 袁承业, 施莉兰, 陆熙炎, 等. 有机萃取剂的研究(Ⅳ) 某些中性磷型萃取剂的化学结构及其对铀氧离子萃取性能的关系[J]. 原子能科学技术, 1963, 5(01): 27-39.

[11] 刘小君, 林涛, 高少伟, 等. 用含时密度泛函方法研究和设计推拉结构的荧光分子(英文)[J]. 物理化学学报, 2012, 28(06): 1337-1346.

[12] MITROFANOV A, ANDREADI N, MATVEEV P, et al. An(Ⅲ)/Ln(Ⅲ) solvent extraction: theoretical and experimental investigation of the role of ligand conformational mobility[J]. Journal Of Molecular Liquids, 2021, 325: 115098.

[13] LARSEN B L, RASMUSSEN P, FREDENSLUND A. A modified UNIFAC group-contribution model for prediction of phase equilibria and heats of mixing[J]. Industrial & Engineering Chemistry Research, 1987, 26(11): 2274-2286.

[14] 宋海华, 李霞. 一种简化的萃取溶剂分子设计方法[J]. 化学工业与工程, 2006, 23(06): 536-538.

[15] XU R, ZHAO Y, HAN Q, et al. On the database-based strategy of candidate extractant generation for de-phenol process in coking wastewater treatment[J]. Chinese Journal of Chemical Engineering, 2018, 26(07): 1570-1580.

[16] GUO Y, ZENG H, SONG H, et al. A new computational method for molecular design of a liquid–liquid extractant and related phase equilibrium based on group contribution[J]. Molecular Systems Design & Engineering, 2020, 5(9): 1524-1537.

[17] 李利华, 赵蔡斌, 闵锁田, 等. 基于配体-受体理论的计算机辅助药物分子设计方法及应用[J]. 西北药学杂志, 2007, 22(05): 282-285.

[18] LANGMUIR I. Isomorphism, isosterism and covalence[J]. Journal of the American Chemical Society, 1919, 41(10): 1543-1559.

[19] PATANI G A, LAVOIE E J. Bioisosterism: a rational approach in drug design[J]. Chemical Reviews, 1996, 96(8): 3147-3176.

[20] 欧春艳. 生物电子等排及其在新药设计中的应用综述[J]. 湛江海洋大学学报, 2004, 24(04): 82-86.

[21] 赵中伟, 李洪桂, 霍广生, 等. 电子等排原理及利用其设计分离试剂的可行性[J]. 中南工业大学学报(自然科学版), 2002, 33(06): 584-587.

[22] 吴梓新. 新型金属盐萃取剂的开发以及与卤化钯络合性质的初步研究[J]. 上海化工, 2007, 32(11): 14-17.

[23] 龚钰秋, 夏世华. 一个选择金(Ⅲ)萃取剂的参考方程[J]. 黄金, 1989, 10(10): 45-47.

[24] YU D H, DU R B, XIAO J C. pKa prediction for acidic phosphorus-containing compounds using multiple linear regression with computational descriptors[J]. Journal of Computational Chemistry, 2016, 37(18): 1668-1671.

[25] 陈家镛. 湿法冶金手册[M]. 第2版. 北京: 化学工业出版社, 2005.

[26] DU R-B, AN H, ZHANG S, et al. Microwave-assisted synthesis of dialkylphosphinic acids and a structure-reactivity study in rare earth metal extraction[J]. RSC Advances, 2015, 5(126): 104258-104262.

[27] DU R, YU D, AN H, et al. α,β-Substituent effect of dialkylphosphinic acids on lanthanide extraction[J]. RSC Advances, 2016, 6(61): 56004-56008.

[28] 朱屯. 有机磷酸萃取剂的结构及其立体效应[J]. 无机化学学报, 2000, 16(02): 305-309.

[29] 李树森, 袁承业. 酸性磷化合物萃取金属反应中取代基空间效应的分子力学研究[J]. 物理化学学报, 1989, 5(01): 58-63.

[30] FLETT D S. Solvent extraction in hydrometallurgy: the role of organophosphorus extractants[J]. Journal of Organometallic Chemistry, 2005, 690(10): 2426-2438.

[31] 余东海. 理论与计算化学辅助金属萃取剂设计 [R]. 上海: 中国科学院上海有机化学研究所, 2021.

第5章 萃取剂分子反应基团的设计

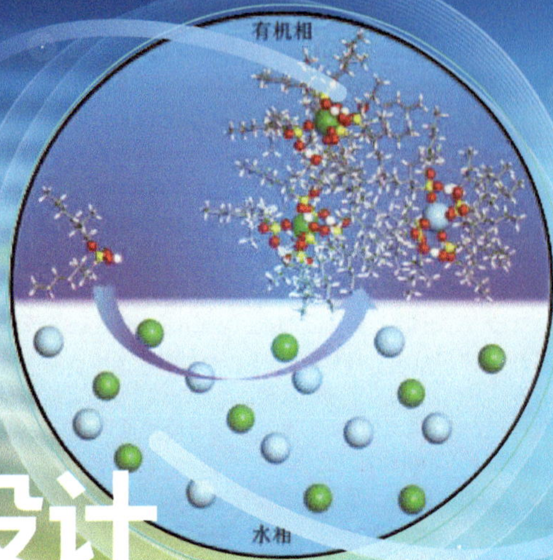

根据萃取剂是否与金属离子直接配位，金属萃取剂的反应基团主要可以分为两类：第一类是直接与金属离子形成配位键，既有离子键成分也有共价键成分，例如TBP、TRPO、P507等在萃取过程中通常直接与金属离子形成配位键；第二类是不直接与金属离子形成配位键，常常以紧密离子对的形式萃取金属离子，如季铵盐、季鏻盐等。第一类的萃取性能主要取决于配位原子与金属离子的匹配，常用的金属萃取剂的配位原子只有O、N、S，对于这类萃取剂的反应基团的设计就是改变这三种原子的连接方式，即化学环境，从而调整其与金属配位性质的差异。第二类的萃取性能主要取决于其形成离子对的性质，通常是调节季鏻盐、季铵盐上的取代基，以调整其与金属离子形成盐的性质。总之，金属萃取剂反应基团设计是通过调整萃取剂与金属离子间的相互作用，以实现目标萃取性能。例如，同为O配位，羧酸、磷（膦）、酯、醇、酮等在萃取时的差异却非常明显，且适用于不同分离体系。即使分子整体相似，但O化学环境不同，萃取剂的萃取性能也可能差异较大。图5.1所示为P204、P507、P227三种酸性含磷萃取剂对Co(Ⅱ)、Ni(Ⅱ)等金属离子萃取分离性能的差异[1-3]。

从图5.1（d）可以看出三种萃取剂的非极性基团都是2-乙基己基，但反应基团不同，P204、P507、P227中与磷原子相连的氧原子数依次递减，引起三种萃取剂的萃取能力和分离能力发生相应变化。P204、P507、P227在相同条件下对金属离子的半萃取pH值逐渐升高，即萃取能力逐渐下降。但三者对Co(Ⅱ)/Ni(Ⅱ)的分离能力却逐渐增加，P204的分离系数不超过10，P507的分离系数可达到数百，P227的分离系数却可高达上千。从图

5.1（e）还可以看出，由于反应基团不同，三者对金属离子的萃取顺序也不一样，尤其是其中Ca(Ⅱ)、Mg(Ⅱ)的位置。无论是原矿还是二次矿，Ca(Ⅱ)、Mg(Ⅱ)都是大量存在的，常常干扰其他有价金属的提取，因此Ca(Ⅱ)、Mg(Ⅱ)在金属萃取顺序中的位置是衡量萃取剂综合性能的一个指标。总之，通过比较三种非极性基团完全相同但反应基团不同的萃取剂的萃取、分离性能可以看出：反应基团是萃取剂性能的决定性因素之一，因此，反应基团的选择是设计萃取剂的重要环节。

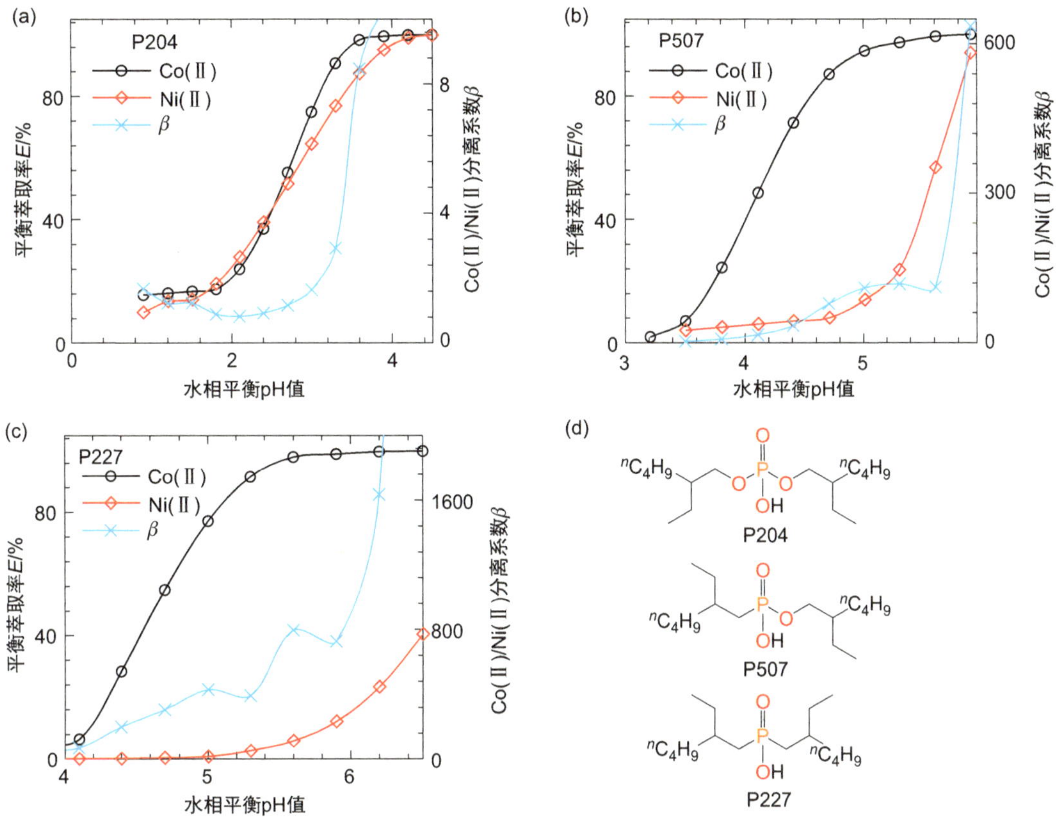

(e) P204: $Fe^{3+} > Zn^{2+} > Ca^{2+} > Cu^{2+} > Mg^{2+} > Co^{2+} > Ni^{2+}$

P507: $Fe^{3+} > Zn^{2+} > Cu^{2+} > Ca^{2+} > Co^{2+} > Mg^{2+} > Ni^{2+}$

P227: $Fe^{3+} > Zn^{2+} > Cu^{2+} > Co^{2+} > Mg^{2+} > Ca^{2+} > Ni^{2+}$

图5.1　P204、P507、P227对Co(II)/Ni(II)的萃取分离性能（a～c），三种萃取剂的分子结构（d），以及相同条件下它们对不同金属离子混合物的萃取顺序（e）

（a）、（b）、（c）的萃取条件是金属离子浓度为0.002mol/L硫酸溶液，萃取剂浓度为0.1mol/L；（a）稀释剂为液体石蜡，（b）、（c）稀释剂为正十二烷

对于直接与金属离子配位的萃取剂，反应基团包括配位原子和对配位原子配位作用有重要影响的部分；对于不直接与金属离子配位的萃取剂，反应基团是指与金属离子密切接触（通常是形成离子对）的部分，如图4.1。根据配位原子的选择调节配位原子连接方式、改变反应基团的空间位阻，可以实现从反应基团部分调节萃取剂的萃取性能。

5.1 萃取剂中配位原子的选择

对于金属离子直接与萃取剂配位形成萃合物的情况，配位原子对萃取剂萃取性能有决定性影响。针对特定的金属离子，选择恰当的配位原子，是整个萃取剂分子设计的重要步骤。能作为萃取剂配位原子直接与金属离子配位的通常只有N、O、S三种原子，它们连接在不同基团上可以呈现出不同的配位性质。如醇、醚、酯、水、中性磷（膦）中的配位原子都是O，硫醚、硫醇、亚砜、硫代磷（膦）的配位原子都有S，胺、氮杂环的配位原子都有N，但是不同分子中的O、S、N对金属离子的配位性质差异很大。因此，针对特定的金属离子，为萃取剂选择恰当形式的配位原子有利于提高萃取剂的选择性。

可根据金属离子的配位倾向及其与配位原子的亲和性来选择。在配位化学研究中观察到金属离子的配位数可在2～12之间，配位方式也多种多样。在萃取中，由于需要考虑反萃、萃取剂再生、水分子存在等因素，萃取剂与金属离子的配位通常选择比较“松散”的方式。除含有无机酸根参与金属配位的萃取外，萃合物常见的配位方式只有四边形、八面体、四面体等三种类型，如图4.6所示。这里的亲和性是指金属离子与配位原子的亲和性，而不是与整个萃取剂分子的亲和性，但配位原子总是存在于具体的配体中。如为了衡量N、O、S与金属离子的亲和性只能选择一种相应的配体分子，而不能选择N^{3-}、O^{2-}、S^{2-}，因为它们在萃取条件下的水相中很难存在。图5.2所示为以H_2S、H_2O、NH_3分别作为含有S、O、N的代表性物质，衡量其与第四周期离子间的亲和性。

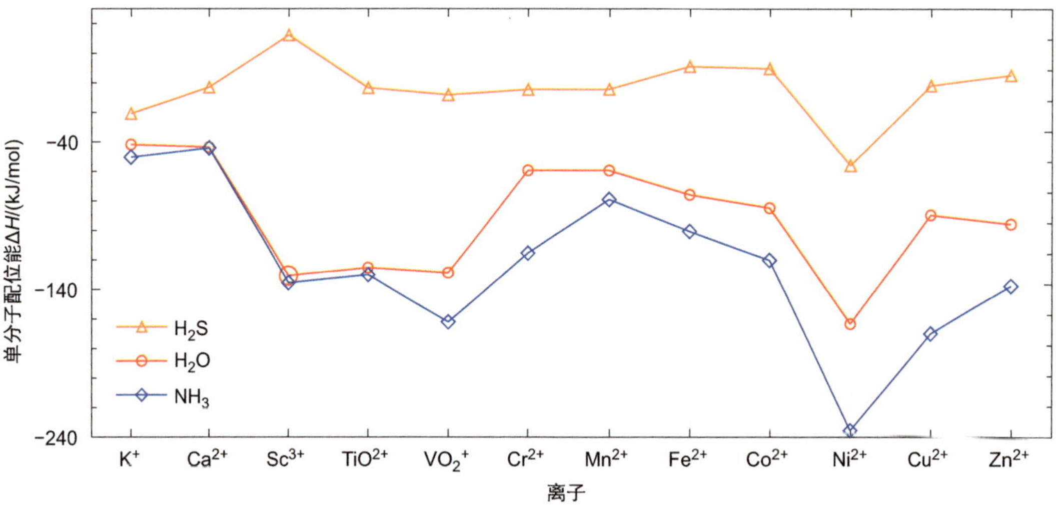

图5.2 第四周期金属离子与H_2S、H_2O、NH_3单分子配位能

这里以TiO^{2+}、VO_2^+表示Ti(Ⅳ)、V(Ⅴ)存在形式更符合实际萃取环境。在B3LYP/SDD理论水平下，结合SMD/水考虑溶剂化效应优化结构并计算能量

从图5.2可以看出，NH_3与大多数金属离子具有更强的亲和性，H_2S最差，H_2O居中。对于不同的金属离子，三者之间的差异不同。如对于K^+到TiO^{2+}，H_2O、NH_3的亲和性几乎是相同的；对于Mn^{2+}、Fe^{2+}、Co^{2+}，H_2O、NH_3有较小的差异；而对于Ni^{2+}、Cu^{2+}，H_2O、NH_3之间却存在较大差异。由此可以推测，若选择含N萃取剂，有可能实现从混合金属离子中选择性地提取Ni^{2+}、Cu^{2+}。这一点在图 4.7的计算结果对Fe^{3+}/Ni^{2+}选择性的预测中得到了体现，也从肟类萃取剂被成功用于选择性提取Cu^{2+}得到证实。类似的，H_2O与Cu^{2+}、Zn^{2+}的亲和性相当，但NH_3对Cu^{2+}的亲和性明显高于Zn^{2+}，若能实现从H_2O相到NH_3相的转移，即可实现Cu^{2+}和Zn^{2+}分离。但H_2O与NH_3是互溶的，若在N上引入亲油性取代基，形成氮杂环、芳香胺、肟等化合物，则可实现Cu^{2+}、Zn^{2+}的分离。

在萃取反应中，可以认为大多数离子是以离子水合物的形式参与反应。因此，可以用图 5.2中H_2O与离子亲和性作为参考。严格地讲，应该以能量最优水分子配位形式的配位能作为参考，但这里的单分子配位能，在趋势上是有参考意义的。如图3.2（c）所示计算配合物一级稳定常数与萃取平衡常数的关系，计算不同配位环境中N、O、S三种配位原子与相应金属离子的亲和能，以此作为配位原子选择的参考。另外，金属离子与配位原子亲和性的差异也可以看作是软硬酸碱理论的具体体现。通常，就配位原子而言，配位原子越“软”，与金属离子配位的弹性越大，越有利于拉大共存离子的差异，也就越有利于金属的分离。

5.1.1 软硬酸碱理论

R.G. Pearson提出的软硬酸碱理论（HSAB）以Lewis酸碱理论为基础，规定可提供空轨道的物质为酸，可提供电子对的物质为碱。根据反应过程中电子云变形难易程度分为软硬酸碱，再根据“软亲软，硬亲硬；软和硬，不稳定”的规则，实现对配合物稳定性的定性判断。这里的“软”和“硬”都是指金属离子和直接与之配位的原子。

硬酸在反应过程中提供空轨道，接受电子对，且本身电子云变形小。电荷高、半径小的正离子一般属于硬酸。如ⅠA、ⅡA族的Na^+、Mg^{2+}，ⅢA、ⅣA族的B^{3+}、Al^{3+}、Si^{4+}，ⅢB、ⅣB族的La^{3+}、Ce^{4+}、Ti^{4+}，第4周期的Cr^{3+}、Mn^{2+}、Fe^{3+}等。软酸是在反应过程中电子云容易变形的酸，电荷低、半径大的正离子一般属于软酸，如Cu^+、Ag^+、Cd^{2+}、Hg^+、Tl^+、Pt^{2+}等。硬碱在反应过程中提供电子对，电子云不易变形，如F^-、Cl^-、H_2O、OH^-、SO_4^{2-}、NO_3^-、ClO_4^-、CH_3COO^-、NH_3等。软碱在反应过程中提供电子对，电子云易变形，如I^-、S^{2-}、CN^-、SCN^-、CO、C_6H_6等。除硬酸、软酸、硬碱、软碱外，还有交界酸，如Cr^{2+}、Fe^{2+}、Co^{2+}、Ni^{2+}、Cu^{2+}、Zn^{2+}、Sn^{2+}、Pb^{2+}、Sb^{3+}、Bi^{3+}等，和交界碱，如Br^-、SO_3^{2-}、N_2、NO_2^-等。交界酸、碱的变形程度介于软、硬之间。为了更直观地表示酸碱的软硬程度，可以有不同的度量方法。表5.1中列出了可比较离子相对软硬度的参数：有效核电荷数与离子半径比值$|Z|/r$、电负性X[4-6]。

表 5.1 用有效核电荷数与离子半径的比值 $|Z|/r$ 和电负性 X 表示的离子软硬度

离子	$\|Z\|/r$	X	离子	$\|Z\|/r$	X	离子	$\|Z\|/r$	X	离子	$\|Z\|/r$	X
Ag^{+}	0.79	1.80	Sr^{2+}	1.77	1.00	Sm^{3+}	2.80	1.10	Sb^{5+}	8.07	2.10
Au^{+}	0.73	2.30	U^{2+}	2.91	1.40	Tb^{3+}	2.97	1.20	Ta^{5+}	7.04	1.70
Cs^{+}	0.59	0.70	Zn^{2+}	2.70	1.50	Ti^{3+}	4.69	1.60	V^{5+}	8.48	1.90
Cu^{+}	1.04	1.80	Al^{3+}	6.00	1.50	Tl^{3+}	3.16	1.90	Cr^{6+}	11.50	2.20
Hg^{+}	0.79	1.80	Am^{3+}	3.03	1.30	Tu^{3+}	3.13	1.10	Mo^{6+}	9.68	2.10
In^{+}	0.71	1.50	As^{3+}	4.35	2.00	V^{3+}	4.62	1.40	Se^{6+}	14.30	2.40
K^{+}	0.75	0.80	Au^{3+}	3.53	2.30	Y^{3+}	3.23	1.20	Te^{6+}	10.70	2.10
Li^{+}	1.67	1.00	B^{3+}	15.00	2.00	Yb^{3+}	3.16	1.10	U^{6+}	7.23	1.90
Na^{+}	1.05	0.90	Bi^{3+}	2.78	1.80	C^{4+}	26.70	2.50	W^{6+}	8.70	2.00
Rb^{+}	0.68	0.80	Ce^{3+}	2.63	1.10	Ce^{4+}	3.96	1.10	Cl^{7+}	26.90	3.00
Tl^{+}	0.63	1.50	Co^{3+}	4.62	1.70	Ge^{4+}	7.55	1.80	I^{7+}	14.00	2.50
Ba^{2+}	1.48	0.90	Cr^{3+}	4.55	1.60	Hf^{4+}	4.94	1.40	Mn^{7+}	15.20	1.50
Be^{2+}	6.45	1.50	Dy^{3+}	3.00	1.20	Ir^{4+}	5.89	2.10	Re^{7+}	12.30	2.20
Ca^{2+}	2.02	1.00	Er^{3+}	3.06	1.20	Os^{4+}	5.80	2.00	Br^{-}	0.51	2.80
Cd^{2+}	2.06	1.50	Eu^{3+}	2.86	1.20	Pb^{4+}	4.77	1.80	Cl^{-}	0.55	3.00
Co^{2+}	2.70	1.70	Fe^{3+}	4.68	1.80	Pd^{4+}	5.41	2.00	ClO_4^{-}	0.43	3.95
Cr^{2+}	2.56	1.40	Ga^{3+}	4.84	1.50	Pt^{4+}	6.15	2.10	F^{-}	0.74	4.00
Cu^{2+}	2.78	2.00	Gd^{3+}	2.91	1.20	Rh^{4+}	6.16	2.10	H^{-}	0.48	2.10
Fe^{2+}	2.63	1.70	Ho^{3+}	3.03	1.20	Ru^{4+}	5.96	2.00	I^{-}	0.46	2.50
Hg^{2+}	1.82	1.80	In^{3+}	3.70	1.50	Si^{4+}	9.77	1.80	NO_3^{-}	0.53	3.91
Ir^{2+}	2.20	2.10	La^{3+}	2.61	1.10	Sn^{4+}	5.64	1.80	OH^{-}	0.71	3.51
Mg^{2+}	3.08	1.20	Lu^{3+}	3.23	1.20	Te^{4+}	4.49	2.10	CO_3^{2-}	2.16	3.22
Mn^{2+}	2.56	1.40	Mn^{3+}	4.55	1.50	Th^{4+}	4.04	1.40	O^{2-}	1.43	3.50
Ni^{2+}	2.74	1.80	Nd^{3+}	2.73	1.20	Ti^{4+}	5.90	1.60	S^{2-}	1.09	2.50
Os^{2+}	2.28	2.00	Np^{3+}	2.97	1.10	U^{4+}	4.30	1.40	Se^{2-}	1.10	2.40
Pb^{2+}	1.57	1.60	Pm^{3+}	2.78	1.20	Zr^{4+}	5.50	1.50	SO_4^{2-}	1.74	3.83
Pd^{2+}	2.50	2.00	Pr^{3+}	2.68	1.10	As^{5+}	10.60	2.00	Te^{2-}	0.91	2.10
Pt^{2+}	2.50	2.10	Pu^{3+}	3.00	1.30	Bi^{5+}	6.76	1.80	As^{3-}	1.35	2.00
Rb^{2+}	1.33	0.90	Rh^{3+}	4.17	2.10	I^{5+}	5.32	2.50	N^{3-}	1.75	3.00
Ru^{2+}	2.47	2.00	Sb^{3+}	3.26	1.80	Nb^{5+}	7.14	1.70	P^{3-}	1.42	2.10
Sn^{2+}	1.82	1.70	Sc^{3+}	3.70	1.30	Pa^{5+}	4.55	1.70	Sb^{3-}	1.23	1.80

比较离子相对软硬度时，以$|Z|/r$为纵轴、以X为横轴，用表5.1中数据作图，如图5.3所示。对于正离子，左上角的离子是最硬的酸，右下角是最软的酸；对于负离子，则是相应的硬碱和软碱；中间位置可归为交界酸碱。软、硬都是相对概念，在同一系列中比较结合的相对强弱更有意义。在萃取中，针对特定的多种金属离子混合物，选用与之匹配的软、硬碱有可能实现金属离子的选择性结合，从而实现选择性萃取。从表5.1可以看出设计萃取剂的方向，例如，若要实现选择性地从Ni^{2+}、Fe^{3+}混合液中萃取Ni^{2+}，可以选择更软的碱作为配位原子；若要实现选择性地萃取Fe^{3+}，则可选择硬碱配位原子。但

要给出准确的软硬量度是比较困难的，尤其是对于化合物分子，几乎找不到成体系的软硬度标度。例如对于硬碱，其通常具有的特征是极化性低、电负性高、难氧化、对外层电子控制得紧，软酸则与之相反。但这些都是描述性的规律，如何进行定量计算一直都众说纷纭[5]。Pearson根据经验规则提出的HSAB，一直以来被当作定性规则使用。到20世纪70年代末80年代初，Parr提出概念密度泛函理论（CDFT）[7]，利用能量对电子密度的二阶微分，给出了软度和硬度的概念，使软和硬可以被严格地定量计算。首先把体系总能量看作是电子密度和原子位置的函数，则体系能量可以表示为：

$$E = E[N, v(\boldsymbol{r})]$$

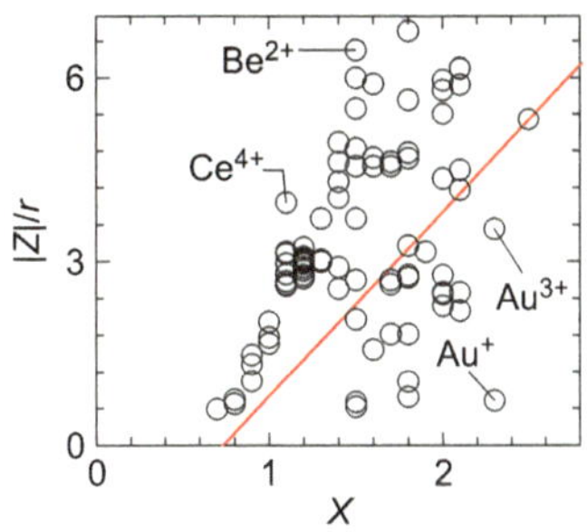

图5.3 以表5.1中数据作图

总能量的一阶偏微分可以定义电子密度 $\rho(\boldsymbol{r})$ 和电子化学势 μ（其相反数被定义为电负性 X）

$$\left(\frac{\partial E}{\partial N}\right)_{v(\boldsymbol{r})} = \mu = -X$$

$$\left(\frac{\delta E}{\delta v(\boldsymbol{r})}\right)_N = \rho(\boldsymbol{r})$$

二阶微分即可定义双变量线性相应函数 $X(\boldsymbol{r},\boldsymbol{r}')$、电子Fukui函数 $f(\boldsymbol{r})$ 以及化学硬度 η。

$$\left(\frac{\delta^2 E}{\delta v(\boldsymbol{r})\delta v(\boldsymbol{r}')}\right)_N = \left(\frac{\delta\rho(\boldsymbol{r})}{\delta v(\boldsymbol{r}')}\right)_N = X(\boldsymbol{r},\boldsymbol{r}')$$

$$\left(\frac{\partial^2 E}{\partial N\delta v(\boldsymbol{r})}\right) = \left(\frac{\delta\mu}{\delta v(\boldsymbol{r})}\right)_N = \left(\frac{\partial\rho(\boldsymbol{r})}{\partial N}\right)_{v(\boldsymbol{r})} = f(\boldsymbol{r})$$

$$\left(\frac{\partial^2 E}{\partial^2 N}\right)_{v(\boldsymbol{r})} = \left(\frac{\partial X}{\partial N}\right)_{v(\boldsymbol{r})} = \eta$$

式中，N表示体系电子数目，与电子密度 $\rho(\boldsymbol{r})$ 存在 $\int\rho(\boldsymbol{r}) = N$ 的关系；$v(\boldsymbol{r})$ 表示原子位置。根据这些关系式可以直接利用电子密度计算出分子中反应位点的化学硬度（硬度的倒数即为软度），根据计算的软硬度数值可以预测出金属离子与萃取剂的匹配程度。

后来，继提出CDFT之后，Parr等又提出了最大硬度原理[8]，可以根据化学反应前后硬度的增加或减少来预测反应的进行方向。这也表明原子的软硬是随化学环境的变化而变化，O、N结合质子、金属离子等正离子后，硬度增加；而电离出质子或与金属离子解离后，软度增加。例如，$(CF_3SO_2)_2NH$的N解离出H^+后，成为软度较大的碱，很容易与Ni^{2+}配位。

5.1.2 离子–配体亲和性

电子亲和性是最早关于亲和性的概念，被定义为从带单个负电荷离子分离一个电子(即 $X^- \longrightarrow X+e^-$)所需要的能量。电子亲和性被用于衡量原子或分子与电子的亲和程度。后来发展了多种类似的亲和性概念，如反应亲和性、光亲和性、质子亲和性等[9]。离子-配体键合亲和性是反应亲和性的一种，定义为离子-配体结合反应的吉布斯自由能(ΔG)。这个概念可用于从热力学角度衡量核苷酸、氨基酸等小分子形成核酸、蛋白质等大分子的难易程度[10]。在配位化学中，可用于金属离子与配体间的相互作用。虽然是对整个配体定义，但直接与离子结合的却是配位原子，且对金属离子和配体相互作用影响巨大。因此讨论离子-配位原子的亲和性，其本质是不同金属离子与不同化学环境下O、N、S原子的亲和性。

（1）实验测量金属离子–配体亲和性

通过HSAB可以解释、预测离子-配位原子的亲和性，但实际情况下，配位原子总是存在于配体中，因此实验测量总是针对某些配体的测量。测量金属离子-配体亲和性实质上就是测量配合物稳定性。文献中研究最多的是水相中金属离子与氨基酸、肽、蛋白质、核酸、核苷酸等生物分子亲和性的测试。离子与配体的亲和性可以直接用于衡量两者之间的选择性。图5.4所示为根据阈值碰撞诱导解离法（TCID）测量的不同化合物对Li^+、Na^+、K^+三种离子的亲和能，可以看出，不同分子对这三种离子的选择性[11]。

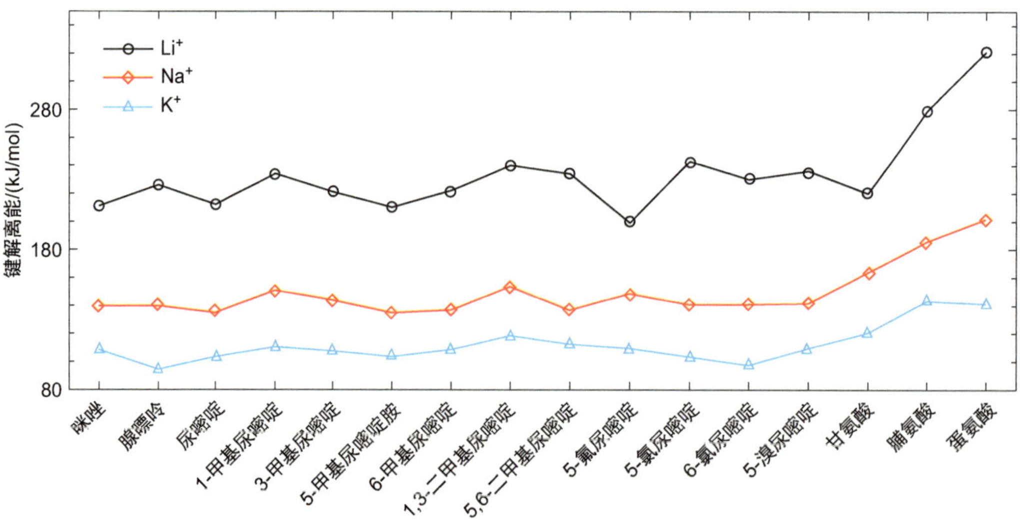

图5.4 阈值碰撞诱导解离法（TCID）测量金属离子在0K时的键解离能

其键解离反应可以表示为 $M^+(L)_x \longrightarrow M^+(L)_{x-1} + L$。式中，L为配体；$M^+$为一价金属离子。键解离能的负值即为金属离子与单个配体的亲和性

图5.4所示的键解离能的相反数，可衡量该分子对金属离子的亲和性。总体上来讲，Li^+具有最大的亲和性，而K^+最小，即所有结构都能优先与Li^+配位。但每种化合物对金属离子的选择性（即同一配体数据点之间的距离）存在差异，如5,6-二甲基尿嘧啶区别Na^+、K^+两种离子的能力小于蛋氨酸。

（2）计算化学方法衡量离子－配体亲和性

利用计算化学方法，可以采用不同模型计算离子-配体相互作用能，从而更系统地比较离子-配体亲和性。包括利用实验数据的统计分析，如根据原子-原子间距离来预测氢键强度；利用基于键长、键角、二面角为变量的分子力学来衡量原子间的吸引或排斥；利用量子力学方法直接计算成键、断键能等来衡量金属离子-配体相互作用强度、电荷转移等性质。

计算化学方法可以更方便地在电子、原子层次调节分子结构，可以获得实验不方便测量的数据，如绝对配位能、逐级配位能等。图5.5所示为NH_3逐个替代水合金属离子周围水分子过程的配合物结构及能量变化[12]。通常的实验条件下可能是几种配合物及其各自的构型异构体共存，因此通过实验方法测量这些逐级亲和性是很困难的。但用计算化学的方法可以很方便地实现。

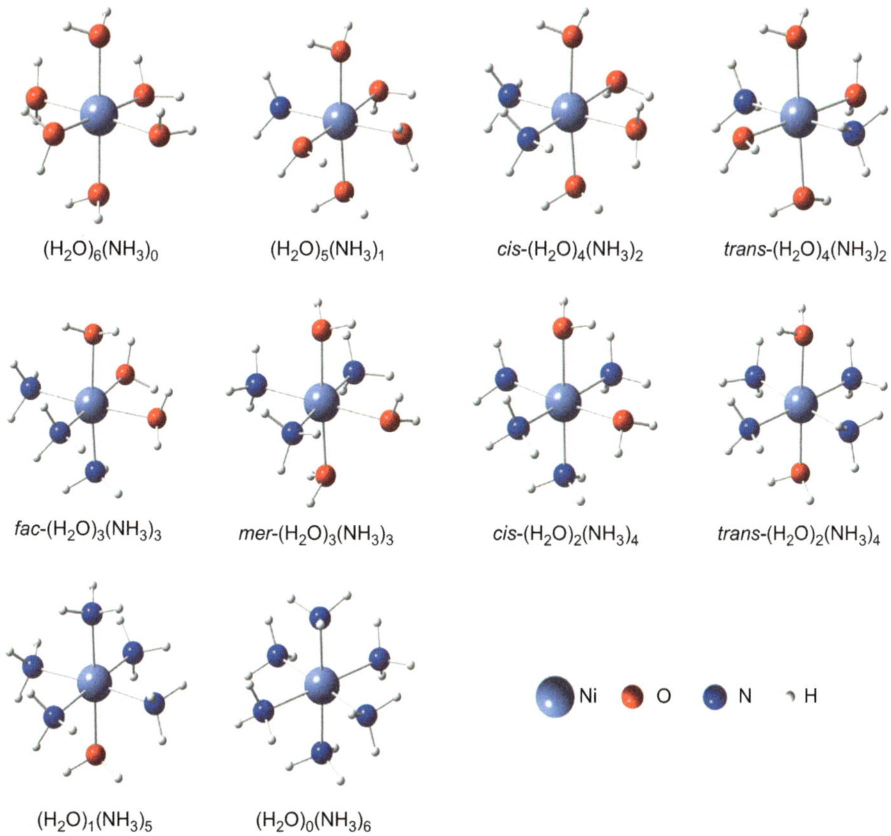

(a)

图5.5

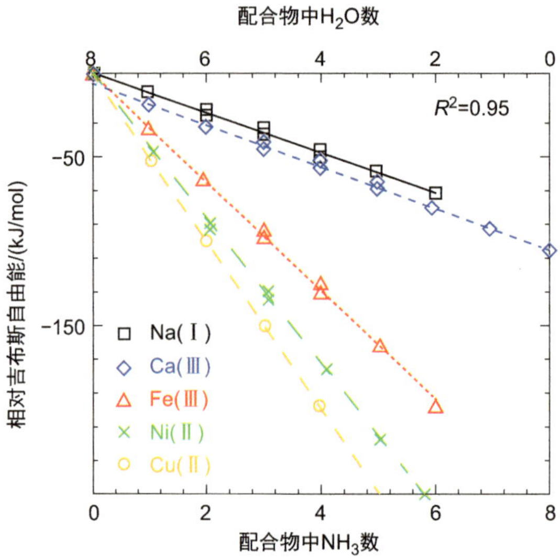

(b)

图5.5　NH_3逐个取代H_2O过程的配合物结构及能量变化

（a）NH_3逐个取代H_2O过程配合物结构，以Ni(Ⅱ)为例；（b）相对吉布斯自由能随配合物中NH_3、H_2O数目的变化，以Na(Ⅰ)、Ca(Ⅱ)、Fe(Ⅲ)、Ni(Ⅱ)、Cu(Ⅱ)为例。配体取代反应可以表示为$[M(H_2O)_x(NH_3)_y]^{n+} + NH_3 \longrightarrow [M(H_2O)_{x-1}(NH_3)_{y+1}]^{n+} + H_2O$，$x$、$y$=0, 1, 2, ···, 8。结构优化和能量计算都在M06//LANL2DZ/6-311+G(d)理论水平下，结合SMD/水/考虑溶剂化效应完成

如图5.5所示用配体交换的相对吉布斯自由能来衡量金属离子与NH_3、H_2O亲和性的差异，根据各种金属离子拟合线的斜率可以看出：与NH_3亲和性从大到小的顺序是Cu^{2+} > Ni^{2+} > Fe^{3+} > Ca^{2+} > Na^+。由此可以通过设计分子结构，实现氮原子与金属离子配位（如肟、吡啶、吲哚等），从而实现对Cu^{2+}、Ni^{2+}的高选择性萃取。

若要准确描述并正确理解金属离子与配体亲和性，应该将实验测量和计算结果联系起来。实验可测量各种复杂条件（包括温度、浓度、共存离子、溶剂条件等）下，金属离子与配体的亲和性；而计算化学方法可以直观地反映金属离子与配体的微观作用方式，尤其是作用位点、空间取向等。因此，现在通常的做法都是将实验测量和精确计算结合起来，以便能准确衡量离子-配体亲和性，也对两者相互作用机制有了合理的认识，有助于根据具体需求调整配体结构，以实现检测、分离等目的[10]。

5.1.3　根据软硬酸碱理论选择配位原子

根据配位原子和金属离子的软硬度，可以为萃取剂设计提供参考。例如，Pd(Ⅱ)、Pt(Ⅱ)、Au(Ⅰ)等属于软酸，可选用带有软碱S原子的萃取剂进行萃取；Fe(Ⅲ)、Al(Ⅲ)、RE(Ⅲ)等属于硬酸，通常用以O原子配位的萃取剂；Ni(Ⅱ)、Co(Ⅱ)的硬度比Fe(Ⅲ)、Al(Ⅲ)、RE(Ⅲ)等低，比Pd(Ⅱ)、Pt(Ⅱ)等高，用以N原子配位的萃取剂对Ni(Ⅱ)有较好的选择性。几乎不存在某种萃取剂只选择性萃取某一种金属离子，大多数萃取剂都有常用的适用范围。表5.2列出了一些常用萃取剂及其在金属萃取中的应用[13]。

表 5.2 一些常用萃取剂及其在金属萃取中的应用

类别	萃取剂	说明	应用
磷酸二酯	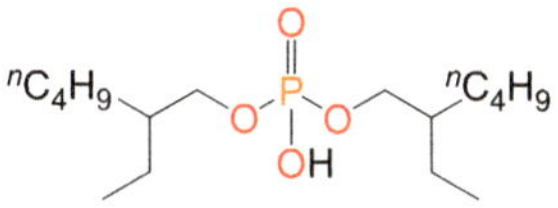	P204。位阻比 P215（磷酸二 (1- 甲基庚基) 酯）小，萃取能力更强	广谱
烷基膦酸单酯	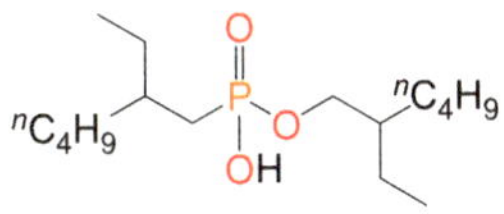	P507。其广泛应用促进了这类化合物的大量研究，但其他萃取剂的综合性能都没有超过 P507	稀土、镍钴
二烷基次膦酸	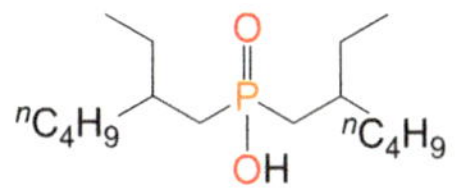	P227。类似物有 Cyanex272、P236	稀土、镍钴
单硫代磷酸二烷基酯	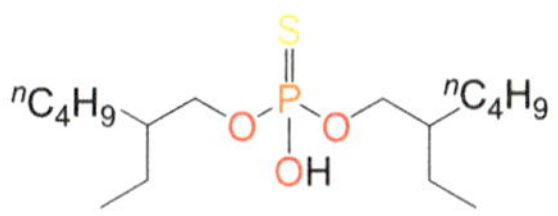	类似物有 Cyanex301、Cyanex302	镉
中性磷（膦）	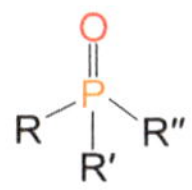 R、R′、R″ 为烷基或烷氧基	包括磷酸三酯、烷基膦酸二酯、二烷基次膦酸酯、三烷基氧膦等，如 TBP、P350、Cyanex923、P113 等	稀土、广谱
硫醚	$S(^{n}C_8H_{17})_2$	对称或不对称硫醚、烷基或芳基硫醚	贵金属
亚砜	$O{=}S(^{n}C_8H_{17})_2$	对称或不对称亚砜、烷基或芳基亚砜	贵金属
硫代三烷基氧化膦	$S{=}P(^{i}C_4H_9)_3$		银
2- 羟基二苯甲酮肟	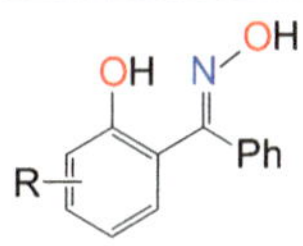	如 LIX65N（5- 壬基）、OMT（4- 烷基）、N530(4-(1- 甲基庚基氧基))、LIX70(3- 氯 -5- 壬基）	铜
N-(喹啉 -8- 基)-2- 烷基苯磺酰胺	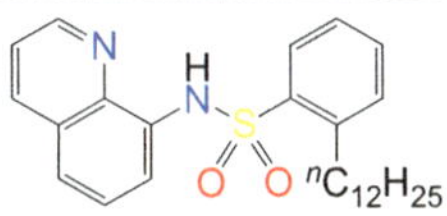		铜

从表 5.2 所列萃取剂及其相应的应用可以看出：并不严格按照软硬酸碱理论所预测的规律萃取金属离子。有的萃取剂具有广谱性，如 TBP、P204、三烷基氧膦等可适用于多种软硬度不同的金属离子萃取、分离；有些萃取剂只能用于萃取软硬相匹配的某几种金属离子，如硫代三烷基氧化膦萃取银、肟萃取铜、硫醚或亚砜萃取贵金属等。造成这种现象的原因是萃取机理不同，只有当金属离子与萃取剂以配位键直接结合，才能根据软硬酸碱理论来预测萃取规律。而萃取中经常还存在电荷平衡的贡献，如酸性含磷萃取剂、羧酸萃取剂，这时软硬酸碱理论预测的规律就不足以描述萃取规律。

总地来说，软硬酸碱理论可以解释很多萃取中金属离子与萃取剂的匹配规律：如萃取稀土金属离子、锆、铪等的硬酸都是以 O（硬）为配位原子的萃取剂；硫醚、亚砜等以 S（软）为配位原子，对软的 Pd(Ⅱ)、Pt(Ⅱ) 等有选择性；以 N（中等）为配位原子的萃取剂对中等硬度的Ni(Ⅱ)、Co(Ⅱ)、Cu(Ⅱ)等有选择性。但使用时必须了解具体的萃取机理。

软硬酸碱理论最初是从大量实验规律总结而得，经过多年的发展，已经出现了多种方法来量化软硬度，甚至可以直接从电子密度出发给出严格定义、提出了最大硬度原理等用于解释和预测化学反应。总之，分子、原子的软硬度已经可以得到非常可靠的描述，因此软硬酸碱理论可以解释金属萃取。无论经验规则，还是从一些常用的量化软硬度指标，或者直接根据定义式进行计算，都非常一致地表明：Mn^{2+}、Sn^{2+}、Fe^{3+}，Cd^{2+}、Hg^{2+}、Cu^{2+}、Zn^{2+}，Ni^{2+}、Pb^{2+}，可以分别归为硬酸、软酸、交界酸。

根据软硬酸碱理论，软硬匹配的结合才是稳定的，即硬酸优先和硬碱结合，软酸优先与软碱结合。这种规律在金属离子与萃取剂直接配位的萃取中符合得较好。如二(硫代磷酰基)胺中的配位原子为硫（软碱），可以对Hg^{2+}、Cu^{2+}、Zn^{2+}、Cd^{2+}等软酸有高的萃取选择性，而对Mn^{2+}、Sn^{2+}、Fe^{3+}等的萃取能力较弱，尤其是对于Fe^{3+}基本上不萃取[14]。类似的例子可以在众多的直接配位萃取体系中观察到。

需要指出的是，从配位化学角度来看，软硬酸碱理论可以解释大多数金属离子与配体的相互作用。但除直接配位萃取外，还广泛存在外层缔合萃取、离子对萃取、胶束萃取等，金属离子与萃取剂之间不直接以配位键形式相互作用，难以用软硬酸碱理论进行解释或预测。

5.2 直接配位的反应基团

虽然软硬酸碱理论和金属-配体亲和性可以为选择配位原子提供参考方向，但配位原子的软硬度随其所处化学环境的改变而变化，且单独的配位原子是无法将金属离子萃取到有机相的。萃取剂中的配位原子都是作为反应基团的一部分而存在于整个萃取剂分子中，因此设计恰当的反应基团使配位原子发挥作用是萃取剂分子设计的重要环节。

5.2.1 含氧酸及其酸性调节

含氧酸萃取剂可以表示为X—O—H，O—H键上的质子解离导致其显酸性。图5.6所示为几种金属溶剂萃取中常用的含氧酸萃取剂。

质子解离常数是酸性萃取剂萃取能力的重要指标，从图5.6所示的pK_a值可看出这些萃取剂的酸性强弱顺序是：酚＜次磷酸、烷基羧酸＜磷酸二酯、芳基羧酸＜膦酸单酯＜磷酸单酯＜磺酸。这也是这些萃取剂大致萃取能力的顺序。通过改变这类化合物的pK_a值，可以调整其对金属离子的萃取、分离性能。质子解离难易程度对于这类化合物的萃取分离性能具有重要影响，在一些体系中甚至能观察到pK_a值与萃取率、萃取平衡常数、分配比等存在明显的线性关系。如羧酸类萃取剂的pK_a值对其萃取金属离子的pH_{50}可以得到明显的线性关系[15]：

$$pH_{50}^{Ni(\text{II})}=0.91+1.03pK_a \qquad (r=0.948)$$

$$pH_{50}^{Co(\text{II})}=1.10+1.01pK_a \qquad (r=0.925)$$

$$pH_{50}^{Cd(\text{II})}=0.49+1.01pK_a \qquad (r=0.977)$$

$$pH_{50}^{Zn(\text{II})}=1.27+0.87pK_a \qquad (r=0.972)$$

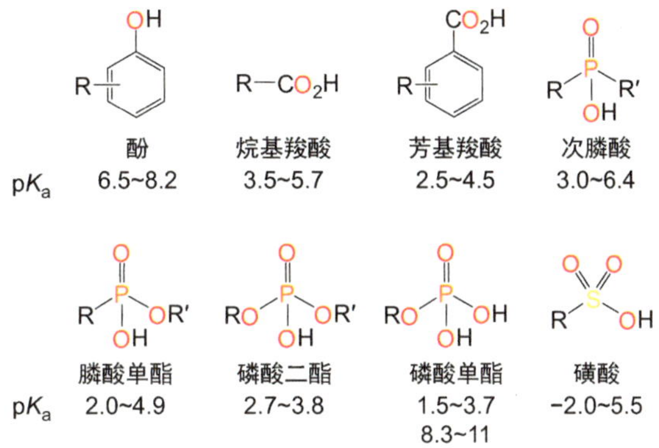

图5.6　湿法冶金中几种常用的含氧酸萃取剂

不仅在羧酸萃取体系中能观察到这种现象，在酸性含磷萃取剂中也能观察到类似的现象。如P204、P507、P5708（烷基膦酸单2-乙基己酯）从硫酸体系萃取分离Co(Ⅱ)、Ni(Ⅱ)时发现若分两组拟合时可以得到[16-17]：

$$\lg K_{ex,a}=-0.8589pK_a+7.8675 \qquad (r=0.999)$$

$$\lg K_{ex,b}=-0.5687pK_a+2.7636 \qquad (r=0.997)$$

$$\lg \beta_a=2.1592pK_a+7.7877 \qquad (r=0.999)$$

$$\lg \beta_b=0.4313pK_a+5.2736 \qquad (r=0.995)$$

可见，酸性萃取剂的pK_a确实对其萃取分离性能有直接影响。对于不同的结构，调节其酸性的方式有所不同，在这里以几种常见的酸性萃取剂为例进行介绍。

（1）酚类化合物

酚属于有机弱酸，随着芳环上取代基变化，酚羟基pK_a值可以在很大范围内变化。如2,4,6-三硝基苯酚的$pK_a=0.25$，酸性与三氟乙酸相当；而对甲基苯酚的$pK_a=10.26$，通常情况下难以电离。实际使用的苯酚类萃取剂的酸性较弱，只能在水相H^+浓度较低的碱性条件下萃取金属离子。如以磺化煤油为稀释剂、以*t*-BAMBP（4-叔丁基-2-(*α*-甲基苄基)苯酚）为萃取剂的体系，和以四氯化碳为稀释剂、以BAMBP（4-仲丁基-2-(*α*-甲基苄基)苯酚）为萃取剂的体系，均可从碱性水相中萃取碱金属离子[18-19]。尽管两种结构只有酚羟基对位取代基略有差异，但两种萃取剂对金属离子的萃取分离性能差异较大，如图5.7所示。

从图5.7可以看出，当酚羟基对位上基团从仲丁基（BAMBP）换成叔丁基（*t*-BAMBP）时，对三种离子的萃取率顺序从（b）中的Cs(Ⅰ) > Rb(Ⅰ) > K(Ⅰ)变成了

（a）中的Rb(Ⅰ)>Cs(Ⅰ)>K(Ⅰ)，这表明对位取代基对萃取顺序有明显影响。对位取代基为叔丁基的*t*-BAMBP可以对Rb(Ⅰ)、Cs(Ⅰ)表现出更强的萃取能力，在水相中OH^-浓度较低时即可达到较高的萃取率，而对K(Ⅰ)萃取能力始终很低，所以*t*-BAMBP对Cs(Ⅰ)、Rb(Ⅰ)、K(Ⅰ)具有更好的分离性能。

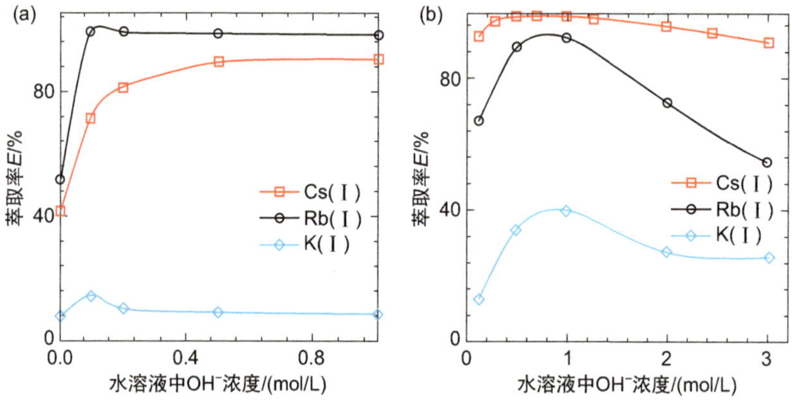

图5.7 *t*-BAMBP萃取体系和BAMBP萃取体系对Cs(Ⅰ)、Rb(Ⅰ)、K(Ⅰ)的萃取性能

（a）*t*-BAMBP萃取Cs(Ⅰ)、Rb(Ⅰ)、K(Ⅰ)的*E*-[OH^-]曲线；

（b）BAMBP萃取Cs(Ⅰ)、Rb(Ⅰ)、K(Ⅰ)的*E*-[OH^-]曲线

酚类化合物具有一定的毒性，这限制了其在金属萃取中的应用。在设计酚类萃取剂时，需要引入恰当的非极性基团来降低其在水相中的溶解性。或仿照污水处理中的方法，在废水排放前添加相应的酚类化合物萃取工序，如采用三烷基氧化膦Cyanex923萃取去除酚类化合物。

（2）烷基羧酸

烷基羧酸是金属溶剂萃取中常用的酸性萃取剂之一，已经大规模应用的有CA-12、CA-100、环烷酸、Versatic10等[20]。这些用作萃取剂的羧酸类物质的酸性与其他羧酸相差不大，但带有适当长度的烷基链，能符合其作为萃取剂的其他条件，尤其是溶解性。

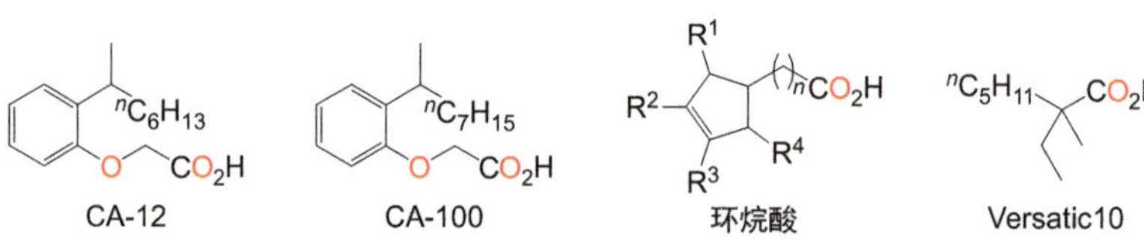

改变分子结构是改变羧酸类化合物pK_a值的有效方法。这一点在QSPR方程中可以得到非常明显的体现。以pK_a作为目标函数，以各种结构参数作为描述符，可获得羧酸类化合物分子结构与其pK_a值之间的关系。再根据pK_a需求，调节分子结构即可。图5.8所示为用Taft常数σ^*和一阶分子连接性路径价指数${}^1\chi_p^v$对一些羧酸pK_a值的拟合[21]。

由图5.8拟合的结果可以看出，用σ^*和${}^1\chi_p^v$对实验pK_a值可以实现有效拟合，$R^2 = 0.9317$。由拟合方程可以看出，减小结构的σ^*或${}^1\chi_p^v$值都可增加分子的pK_a值。从拟合系数的绝对值大小可以看出σ^*对pK_a值的影响比${}^1\chi_p^v$更大。

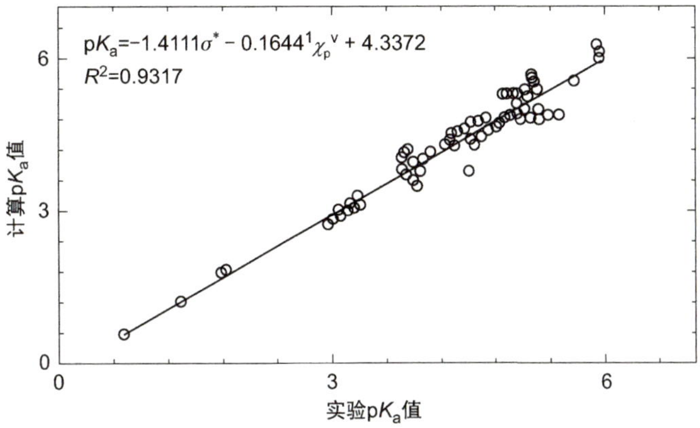

图5.8 用Taft常数σ*和一阶分子连接性路径价指数$^1\chi_p^v$对34个羧酸分子48个pK_a值的二元线性拟合

在烷基羧酸中，烷基与羧基之间由σ键连接，烷基结构对羧酸pK_a的影响很小，但实验中却观察到这些萃取剂对金属离子的萃取能力存在明显差异。这是由于烷基结构影响配位时的相互作用，即空间效应及非极性效应（见第6章）。

（3）芳基羧酸

与烷基相比，芳基具有吸电子效应，导致芳基羧酸的酸性更强，通常比烷基羧酸有更强的萃取能力。另外，芳香体系是共轭大π体系，芳基上其他位置取代基可以通过共轭大π键对芳基羧酸的酸性产生明显影响，从而影响其萃取、分离性能。在有机化学中，吸电子基团导致芳环缺电子性增加，使芳基羧酸的酸性增强；反之，给电子基团导致芳基羧酸酸性减弱。如苯甲酸的pK_a值为4.20，4-硝基苯甲酸的pK_a值为3.42，而4-甲基苯甲酸的pK_a值为4.38。由此可以推测出，在芳基上引入吸电子基团和给电子基团，可以分别提高和降低芳基羧酸的萃取能力。图5.9所示为三种带有不同取代基的水杨酸对Ni(Ⅱ)、Co(Ⅱ)的E-pH曲线[22]。

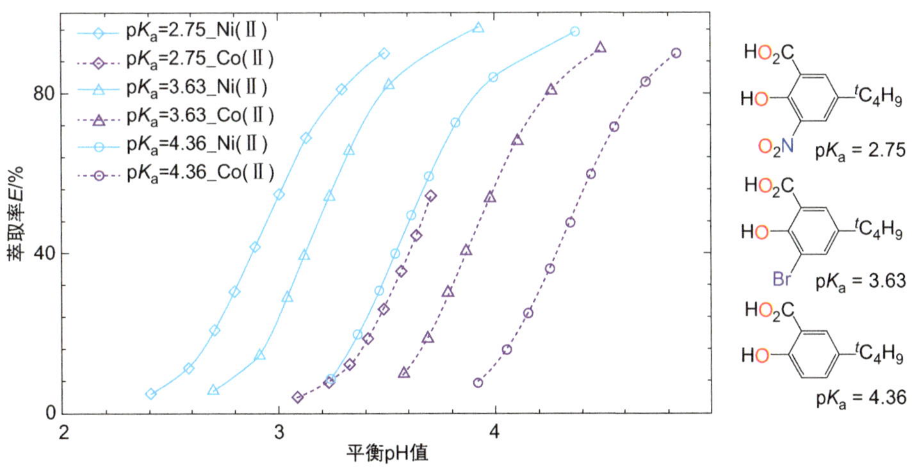

图5.9 带有不同取代基的水杨酸对Ni(Ⅱ)、Co(Ⅱ)萃取率与水相平衡pH值的关系

萃取条件为0.02mol/L被萃金属离子和0.4mol/L硝酸钠的硝酸溶液；有机相组成为0.25mol/L萃取剂与0.25mol/L吡啶-3-基甲酸正辛酯的甲苯溶液

从图5.9可以看出，三种结构对Co(Ⅱ)、Ni(Ⅱ)的萃取曲线按NO_2、Br、H顺序逐渐移向高pH区域，即沿着此顺序萃取能力逐渐减弱，这也恰好是它们pK_a值逐渐增加的顺序。也就是说，调整芳环上取代基，可以调节芳基羧酸的酸性，其萃取性能也发生了相应的变化。因此，可用pK_a作为分子结构的响应函数，再以pK_a预测萃取性能。

与烷基羧酸相比，芳基羧酸具有更多的修饰位点，而且可在一些远离反应中心的位点引入取代基，这样可以只从反应活性中心角度调节反应萃取能力，而排除复杂的空间效应。另外，由于多种取代基常数都是基于苯环上取代效应而定义[23]，有丰富的文献资料可查阅，这为发展芳香羧酸类萃取剂提供了大量的实验数据。

（4）酸性含磷化合物

酸性含磷化合物的结构通式为：

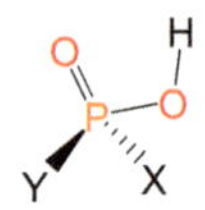

X,Y = 烷基，烷氧基，芳基

除P═O和P—OH键外，中心磷原子还有两个可供其他基团X和Y连接的位置，通过调整X和Y可获得多种对金属离子具有不同萃取性能的萃取剂，这是此类化合物可被设计出用于多种金属离子萃取的结构基础。X和Y都可以是烷基(R)、烷氧基(RO)、芳基(Ar)，由此可以组合成(R,R′)、(R,R′O)、(RO,R′O)、(R,Ar)、(Ar,Ar′)、(Ar,RO)等六类不同结构，通过对这六类结构中取代基的改变，可以获得数目非常多的结构。

碳、磷、氧原子的电负性顺序是碳＜磷＜氧，因此，与磷原子相连时，烷基具有给电子效应，导致P—OH的酸性减弱；烷氧基具有吸电子效应，导致P—OH的酸性增加。芳基与P(O)(OH)连接时，大π共轭体系能增加PO_2^-负离子的稳定性，比RO诱导效应对P—OH酸性的增强作用更大。因此，酸性含磷化合物的酸性由弱到强的顺序一般为(R,R′) < (R,R′O) < (RO,R′O) < (R,Ar) < (Ar,Ar′) < (Ar,RO)[24]，这也是酸性含磷化合物萃取能力的顺序。需要指出的是：当R或R'其中一个为OH时，构成二元酸，其$pK_{a,1}$值通常较低，且有较强的萃取能力，但其表面活性强，影响其在萃取中的应用；芳基上的取代基可在较大程度上改变芳基对P(O)(OH)部分的推拉电子能力，从而改变其萃取能力。

对于(R,R′)、(R,R′O)、(RO,R′O)等三类结构，由于R和RO的推拉电子效应差异明显，这类化合物的酸性强弱主要由R和RO数目决定，而烷基本身结构的影响较小。这三类化合物的酸性差异较大，导致其萃取能力差异非常明显。这三类结构的代表性物质分别是P227、P507、P204，其中P507、P204都在工业上广泛用于各种金属离子的萃取分离，P227正处于推广阶段。它们的pK_a值分别是5.41、4.50、3.24，它们对过渡金属和稀土金属离子的萃取能力差异非常明显，如图2.13、图5.1所示。

在酸性含磷化合物中，随着R逐渐被RO取代，对金属离子的萃取曲线逐渐向低pH值移动，即萃取能力增强。根据这一原理，多种酸性含磷化合物都有报道，以达到更高效的金属萃取。例如，(R,R′)、(R,R′O)、(RO,R′O)等三类化合物对重稀土离子都有足够的萃取能力，且(R,R′O)、(RO,R′O)的萃取能力太强，导致在反萃过程中需要消耗大量的酸。为了降低酸耗，人们设计了多种反萃酸度更低的(R,R′)类化合物，包括已经在工业上得到部分应用的Cyanex272。

与芳基羧酸类似，芳基的引入扩展了可修饰的位点，可以在更大空间中和更宽泛pK_a范围内改变P(O)OH基团的酸性及其对金属离子的萃取能力[25]。图5.10所示为苯基膦酸单酯和苄基膦酸单酯pK_a值及其它们在不同条件下萃取UO_2^{2+}的分配比。从pK_a值可以看出，苯环上取代基相同时，苯基膦酸单酯的pK_a值比相应的苄基膦酸单酯低，即酸性更强。另外，从NO_2到CH_3和从NO_2到OCH_3，苯基膦酸单酯的pK_a值分别增加了0.76、0.82，而苄基膦酸单酯的pK_a值分别增加0.66、0.60。即亚甲基的存在阻碍了取代基对P(O)OH质子解离的影响。苄基可以看作带有吸电子取代基的烷基（与烷基相连时，苯基属于吸电子基团，苯环上取代基不同时，其吸电子能力不同），取代基的电子效应间接作用在P上；而带有不同取代基的芳基相当于电子效应不同的基团直接连接在P上。图5.10证实了芳基膦酸上确实可以实现更大范围内的pK_a调节。

X =	H	CH_3	CH_3O	NO_2	Cl
pK_a	2.53	2.64	2.70	1.88	2.28
D^1	47.43	27.94	57.96	73.47	99.99
D^2	13.68	9.88	22.23	7.08	14.07
D^3	21.26	13.73	22.95	30.09	47.48

(a)

X =	H	CH_3	CH_3O	NO_2
pK_a	2.87	3.05	2.99	2.39
D^1	30.90	25.48	35.32	99.99
D^2	7.49	6.22	9.28	4.75
D^3	14.91	12.13	16.44	24.90

(b)

图5.10　苯基膦酸单酯（a）和苄基膦酸单酯（b）的pK_a值，以及其萃取UO_2^{2+}的分配比

水相为1g/L铀浓度；有机相为0.05mol/L萃取剂的苯溶液

D^1、D^2、D^3分别为在0.5 mol/L硝酸、6mol/L硝酸、硫酸体系中的分配比

由于在低酸度下按质子交换机理萃取：

$$UO_2{}^{2+}{}_{(aq)} + 2H_2L_{2(o)} \longrightarrow UO_2(HL_2)_{2(o)} + 2H^+{}_{(aq)}$$

在高酸度下按配位机理萃取：

$$UO_2{}^{2+}{}_{(aq)} + 2HL_{(o)} + 2NO_3{}^-{}_{(aq)} \longrightarrow UO_2(NO_3)_2 \cdot 2HL_{(o)}$$

再加上高浓度酸导致盐析效应的变化，导致图5.10中的pK_a值与D值并不是总存在较好的线性关系。但仍然可以看出，在整体趋势上pK_a越低D值越高的规律，尤其是低酸度段。如低酸度条件下4-取代苯基膦酸单丁酯按质子交换机理萃取UO_2^{2+}，CH_3、OCH_3等给电子基团取代结构的萃取能力低于Cl、NO_2等吸电子基团取代结构。对于苄基膦酸单酯，虽然形式上看属于烷基膦酸单酯，但由图5.10可以看出，通过改变芳基上取代基的推拉电子能力，也可以调节这类分子的萃取能力。这是设计这类结构的一种重要依据。

如在苯基膦酸单烷基酯中苯环上引入给电子基团甲基，将导致其酸性减弱，对金属离子的萃取能力降低，如表5.3所列[26]。

表5.3 取代苯基膦酸单烷基酯对几种稀土的萃取分离能力

（为了便于比较，同时还列出了P507的数值。β_{av}表示结构对镧系金属的平均分离系数）

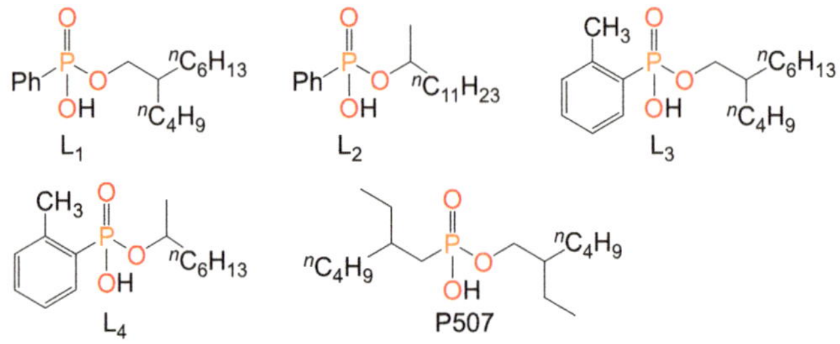

项目	L_1	L_2	L_3	L_4	P507
pK_a	3.55	3.74	3.82	4.06	4.45
K_{ex}_La^{3+}	5.58×10^{-2}	1.68×10^{-2}	7.62×10^{-3}	1.89×10^{-3}	3.44×10^{-3}
K_{ex}_Pr^{3+}	0.613	0.547	0.189	2.61×10^{-2}	1.26×10^{-4}
K_{ex}_Nd^{3+}	1.09	0.826	0.381	4.43×10^{-2}	1.37×10^{-4}
K_{ex}_Lu^{3+}	2.29×10^{4}	1.33×10^{4}	780	171	1.36
$\beta_{Nd/Pr}$	1.78	1.51	2.02	1.70	1.84
β_{av}	2.52	2.64	2.28	2.26	2.98

从表5.3所列数据可以看出，CH_3取代H后，对La^{3+}、Pr^{3+}、Nd^{3+}、Lu^{3+}的萃取平衡常数明显降低。萃取平衡常数的变化可以从pK_a值得到非常好的解释，pK_a值越高萃取能力越弱。pK_a值与Pr^{3+}、Nd^{3+}、Lu^{3+}的K_{ex}对数值之间存在明显的线性关系，R^2分别为0.9419、0.9373、0.9631，如图5.12（a）所示，典型的酸性越强萃取能力越强。酸性含磷萃取剂在金属萃取中有多方面应用，已报道的化合物也非常多，其酸性也有大量研究[27]，根据这些化合物的酸性，在一定范围内，可对其萃取性能进行推测。取代基变化还对分离性能有影响：CH_3取代H后，对Pr^{3+}/Nd^{3+}的分离系数增加，甚至可超过P507；但对镧系金属的平均分离系数降低，且所有结构的平均分离系数都比P507低。

(R,Ar)和(Ar,Ar′)由于合成方法受限[28]，现有研究较少。但可以推测调节这两类结构芳环上取代基的推拉电子性质，同样可以实现对它们萃取、分离性能的调节，且调节规律与(Ar,RO)相似。关于（ArO,ArO）、（Ar,ArO）的萃取研究也有报道，由于芳环提供了更多可供调控的位置，可以在更大范围内实现对萃取分离性能的调节。如在这些芳环上引入推拉电子性质不同的取代基，可以实现在更大程度上改变这类萃取剂的萃取性能[29-32]。

单烷基膦酸、磷酸单酯是二元酸，pK_{a1}较低，pK_{a2}较高，但在金属萃取条件下，通常只有一个质子发生解离，也可以看作是一元酸参与萃取[33]。这类萃取剂萃取性能的变化规律与一元酸类似，当烷基变为烷氧基时，pK_a变大，萃取能力也变大。调整不同烷基结构时，pK_a变化范围小，相应的萃取能力变化范围也小。

在酸性萃取剂中，烷基羧酸RCOOH，可供修饰的只有R，但改变R难以大幅度的改变酸性，只能通过非极性基团的影响改变其萃取、分离能力；二烷基膦酸、单烷基膦酸单酯、磷酸二烷基酯，有两个烷基共同影响，故其可调节范围比烷基羧酸大；芳基羧酸、芳基膦酸单酯、芳基磺酸，通过对芳环的修饰，可以实现在较大范围内调节其萃取、分离性能。

（5）萃取剂酸性的调节

与分子的其他性质一样，萃取剂的pK_a值也由其分子结构和所处的环境共同决定。在同一条件下，可以通过建立QSPR方程，利用一个或多个结构参数对分子的pK_a值进行合理预测。

如取代基结构对一元烷基膦酸和一元磷（膦）酸酯的解离常数与取代基常数之间就存在非常明显的线性关系。

一元烷基磷（膦）酸：

$$\mathrm{p}K_\mathrm{a}=1.37-1.74\sum\sigma_\phi \qquad r=0.9701, n=9$$

一元烷基磷（膦）酸酯：

$$\mathrm{p}K_\mathrm{a}=1.32-1.76\sum\sigma^\mathrm{p} \qquad r=0.9897, n=38$$

式中，σ_ϕ是Kabachnik提出的用于衡量磷化合物上取代基效应的取代基常数；σ^p与σ_ϕ相似，只是计算时采用的测量条件不同。用类似的取代基常数与pK_a值构成的经验方程还有很多，但在实际测量中无法排除空间因素和链扭曲的影响。因此σ^p与σ_ϕ都只能看作包含空间效应、诱导效应等多种取代基效应在内的经验式结构参数，无法给出明确的结构变化趋势，难以直接用于分子设计[34]。

除用实验测量取代基常数的方法外，还可用计算化学的方法计算结构参数用于拟合和预测pK_a值。如用原子电荷、轨道能等描述符，建立了预测酸性磷型化合物pK_a值的方程，并用于类似物pK_a值的预测[24]，见3.3.2内容。

在实验室，通常用电位滴定法可以快速测量萃取剂的pK_a值，其测量原理是滴定终点溶液pH变化导致电极电位有明显变化。表5.4列出了一些金属酸性萃取剂的pK_a值。

表 5.4　一些常见酸性金属萃取剂的 pK_a 值

结构	商品代号和名称	pK_a	结构	商品代号和名称	pK_a
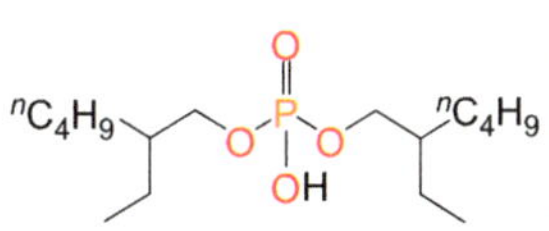	P204，DEHPA，D2EHPA，Baysolvex DEDP，磷酸二(2-乙基己基)酯	3.30	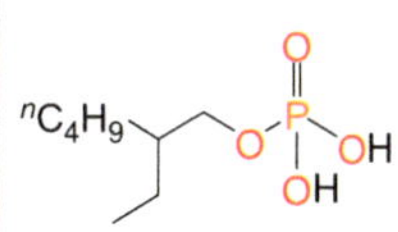	磷酸单(2-乙基己基)酯	3.60 9.10
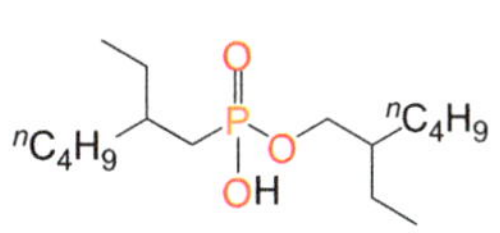	P507，EHEHPA，PC-88，Ionquest 801，2-乙基己基膦酸单2-乙基己基酯	4.45	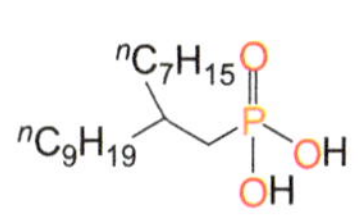	2-庚基十一烷基膦酸	3.88 9.37

续表

结构	商品代号和名称	pK_a	结构	商品代号和名称	pK_a
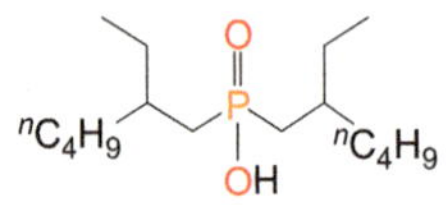	P227，P229，PIA-8，HDEHP，二(2-乙基己基)次膦酸	5.61	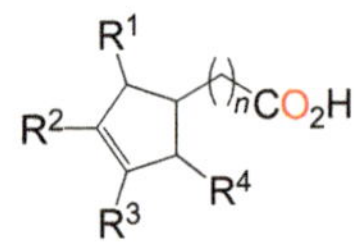	NA，环烷酸	≈ 6.5
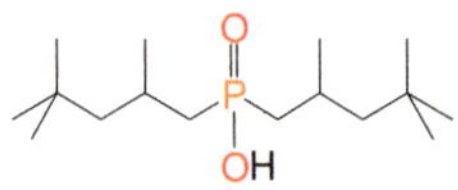	Cyanex272，HYY-1，二(2,4,4-三甲基戊基)次膦酸	5.58	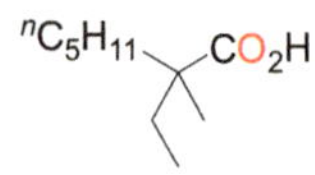	V10，Versatic10，2-甲基-2-乙基庚酸	6.68
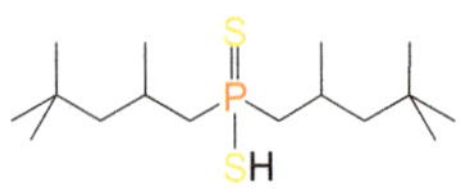	Cyanex301，双硫代二(2,4,4-三甲基戊基)次膦酸	2.61	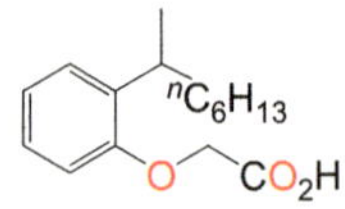	CA-12，(邻仲辛基)苯氧基乙酸	3.52
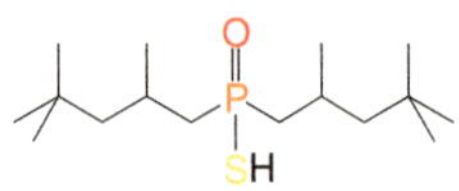	Cyanex302，单硫代二(2,4,4-三甲基戊基)次膦酸	4.82	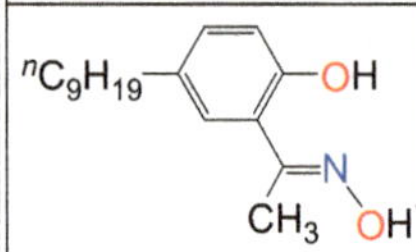	LIX84，2-羟基-5-壬基苯乙酮肟	9.35
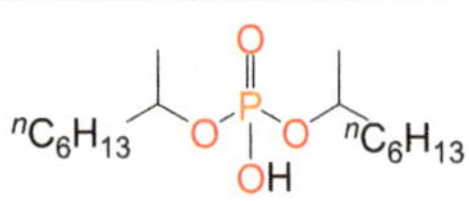	P215，磷酸二(1-甲基庚基)酯	5.42	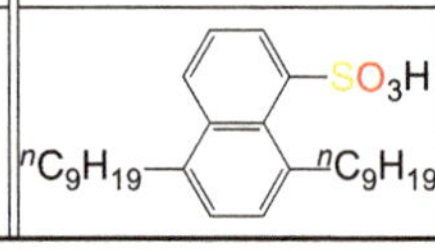	SYNEX 1051，5,8-二壬基萘-1-磺酸	0.27

从表5.4可以看出，大多数酸性萃取剂的pK_a值都在2以上，即它们都属于弱酸。其中，酸性强弱的大致顺序是磺酸＞磷酸＞膦酸＞次膦酸＞羧酸＞酚。不同类型萃取剂的pK_a变化明显高于同一类型不同结构的pK_a变化幅度。因此若要设计恰当酸性强度的萃取剂，应先根据具体应用环境，尤其是料液酸度高低，确定所需萃取剂酸性强弱，再选择相应的反应基团类型。

除实验测量、描述符拟合外，从计算化学角度，物质的pK_a值可以通过计算其解离反应的热力学能进行严格计算，其依据是吉布斯自由能变化与平衡常数的关系（$\Delta G = -RT\ln K_a = RTpK_a/\lg(e)$，e为自然常数）。最常见的计算方法是热力学循环法，如图5.11所示[35]。

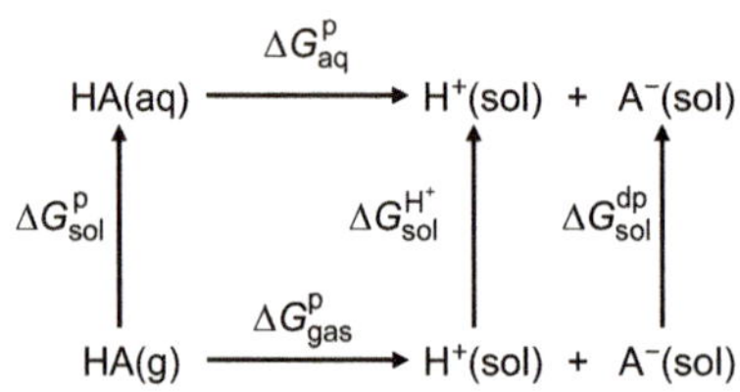

图5.11　热力学循环计算pK_a值

热力学循环方法计算pK_a的准确性依赖于对其过程中每步能量计算的准确性，ΔG每1kJ/mol的误差将导致0.1753个单位的pK_a值的误差。采用隐性溶剂化模型，能直接计算溶剂条件下各种结构的能量，即直接计算出在溶剂条件下物质发生酸性解离的ΔG，但目前的计算精度为±1个pK_a单位。

除热力学循环法外，还可用片段加和法、基团贡献法等QSPR方法预测物质的pK_a。

在计算化学成为化学学科日常科研工具之后，片段加和法与基团贡献法由于精度较差、不涉及准确的分子结构而日渐少用。基于计算化学的描述符方法成为确定结构-性质关系的重要方法，在萃取剂 pK_a 研究中也是如此。

（6）pK_a 值与 K_{ex}

需要指出的是，尽管酸性萃取剂的 pK_a 值与其萃取平衡常数 K_{ex} 有紧密的关系，甚至在某些体系中存在极好的线性关系，但这是两个不同的概念，两者的关系取决于具体的萃取体系。图 5.12 所示为两种体系中 pK_a 与 K_{ex} 相关性的差异[36]。另外，从表 5.4 的数据可以看出，P227 和 NA 两种结构具有较大差异，实际萃取性能也差异巨大，但 pK_a 差异也不足 1 个单位。

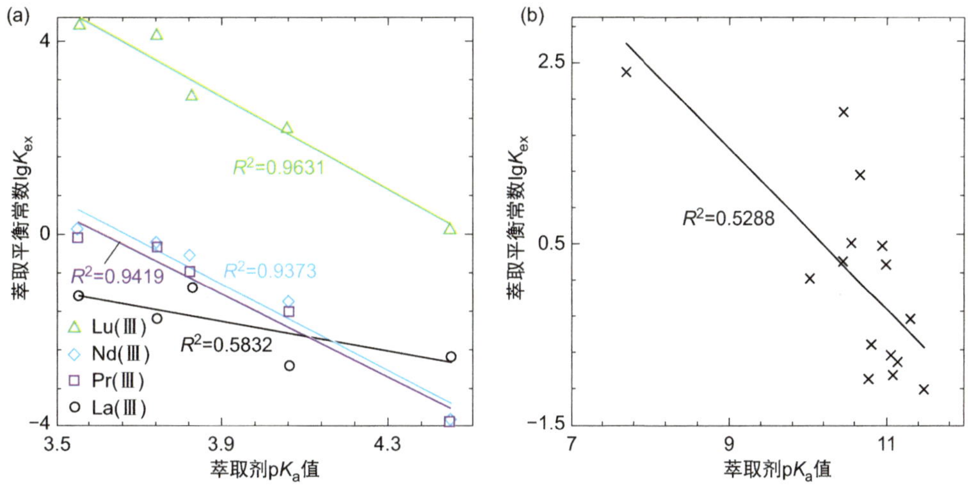

图5.12　两种不同萃取体系中pK_a与K_{ex}相关性的差异

（a）用表 5.3 所列数据作图；（b）一系列肟萃取 Cu(Ⅱ) 的数据作图

在图 5.12（a）中可以观察到：pK_a 值与萃取 Lu(Ⅲ)、Nd(Ⅲ)、Pr(Ⅲ) 的 lgK_{ex} 之间有明显的线性关系。而对于图 5.12（a）中的 La(Ⅲ) 和图 5.12（b）中的 Cu(Ⅱ)，尽管 pK_a 值越低，lgK_{ex} 值越高，即酸性越强萃取能力越强的整体趋势仍然存在，但两者之间不存在强的线性关系，R^2 最大也没超过 0.6，即使去除个别离群点，也没有获得 R^2 值较高的拟合结果。这是由于萃取中不仅仅是酸根离子与金属离子间的相互作用，还存在肟上氮原子的配位作用，需要用其他方式拟合，如多元回归方法。

磺酸的酸性已经足够强，但磺酸根自身存在较强的水合作用，与金属离子结合前需先从水合状态解离，这使得磺酸对金属离子的萃取能力并不强。尽管改变磺酸中取代基也能改变其酸性，但在萃取中的应用较少，只有 DNNSA(5,8-二壬基萘-2-磺酸) 等芳香磺酸常用。

5.2.2　酰氧基团

在元素周表中，氧的电负性比除氟外的所有元素都大，因此与其他原子成键时，氧原子上通常表现出负电性。当氧原子与其他原子成双键时，由于诱导吸电子效应与共轭吸电子效应的叠加，导致双键氧上带有较强的负电性，对众多金属离子表现出强的配位作用。这是酰氧基团能以配位形式对金属离子进行萃取的结构基础。以酰氧基团为反应基团的萃取剂结构包含磷（膦）酰氧、碳酰氧、硫酰氧，如表5.5所列的具体萃取剂实例。

表5.5　几种常见的酰氧萃取剂类型，及其代表性结构

萃取剂类型	代表物质
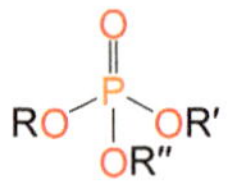	磷酸三正丁酯（TBP）、磷酸三正庚酯（THP）、磷酸三(2-乙基己基)酯、磷酸三(1-甲基庚基)酯[37]
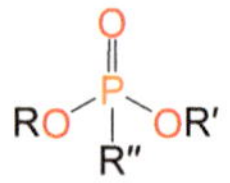	甲基膦酸二(1-甲基庚基)酯(P350)、甲基膦酸二异戊酯、正丁基膦酸二正丁酯(DBBP)、正戊基膦酸二正戊酯、正己基膦酸二正己酯、正庚基膦酸二正庚酯（DHHP）、2-乙基己基膦酸二(2-乙基己基)酯、1-甲基庚基膦酸二(1-甲基庚基)酯[38]
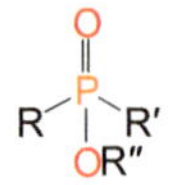	二正丁基次膦酸正丁酯（BDBP）、二正庚基次膦酸正庚酯（HDHP）、二正辛基次膦酸正辛酯、二(2-乙基己基)次膦酸2-乙基己酯
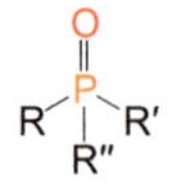	三正丁基氧化膦（TBPO）、三正庚基氧化膦（THPO）、三正辛基氧化膦（TOPO）、三(2-乙基己基)氧化膦、P113和Cyanex923（C_6、C_8三烷基氧化磷混合物）
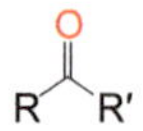	甲基异丁基酮（MIBK）、*β*-二酮[39-40]
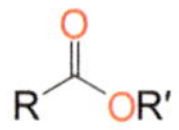	环状碳酸二酯[41]、碳酸丙烯酯
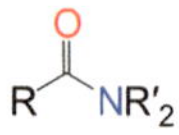	*N*,*N*-二(1-甲基庚基)乙酰胺（A101，N503，DOAA）、*N*,*N*,*N'*,*N'*-四烷基丙二酰二胺、*N*-仲辛基乙酰胺（MOAA）[42]
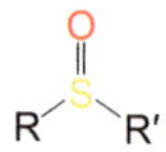	二辛基亚砜、二芳基亚砜、二戊基亚砜、二(2-乙基己基)亚砜、石油亚砜（PSO）[43]
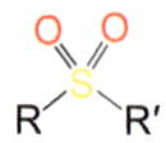	环丁砜[44]

如表5.5所列，根据双键氧的连接原子将酰氧类萃取剂分为三类，即磷（膦）酰、碳酰、硫酰。取代基结构相同时，除亚砜外，这三类酰氧对金属离子萃取顺序是磷（膦）酰＞碳酰＞硫酰，这与三种元素的电负性顺序硫＞磷＞碳不同。其原因是在碳酰氧中，碳原子以2s和2p轨道组成sp^2杂化轨道与氧原子成σ键，并以2p轨道与氧原子成π键；磷、硫都以3s和3p轨道组成的sp^3杂化轨道与氧成σ键，以3d轨道与氧原子成π键。3s、3p、3d轨道对电子的束缚能力比2s、2p轨道弱，导致磷（膦）酰氧具有比碳酰氧更强的萃取能力。由于硫的电负性更强，砜的萃取能力比碳酰氧更低。亚砜由于其中的S不是处于最高价态且参与配位，具有更强的萃取能力。设计酰氧类萃取剂萃取能力的关键是通过改变与中心原子相连接的基团，来改变酰氧原子的负电性，以满足这类结构对目标金属离子的萃取、分离性能。

除表5.5所列单一反应基团萃取剂外，有时候这些酰氧基团也与其他反应基团同时存在于萃取剂分子中，形成螯合萃取剂，如用于铀与其他锕系元素离子萃取分离的*N,N*-二乙基氨基甲酰甲基膦酸二己酯（$(C_6H_{13})_2POCH_2CON(C_2H_5)_2$）。这类化合物中哪个分子反应基团起作用，与具体萃取体系有关。

（1）磷（膦）酰氧

磷（膦）酰氧又被称为中性磷（膦）萃取剂，已被广泛应用于核燃料核废料、稀土金属、过渡金属以及酸性有机化合物的萃取、分离。为磷中心搭配恰当数目和类型的烷氧基和烷基是设计磷酰氧类萃取剂的主要途径，可获得多种中性磷（膦）化合物。已经被广泛应用的这类萃取剂有TBP、P350、Cyanex923（三烷基氧化膦混合物）等，这些萃取剂分子中存在不同数目和种类的烷氧基和烷基，以满足不同的萃取需求。图5.13所示为带有不同类型或带有不同烷基结构中性磷（膦）从硝酸体系中萃取UO_2^{2+}分配比的差异[37]。

从图5.13可以看出磷中心烷氧基和烷基数目是决定中性含磷化合物萃取性能的主要因素。如磷酸三正庚酯、正庚基膦酸二正庚酯、二正庚基次膦酸正庚酯、三正庚基氧化膦四种酰氧，随着烷氧基数目的减少、烷基数目的增加，对UO_2^{2+}的萃取能力逐渐增加，这可以从磷酰氧碱性逐渐增强得到解释。同样的磷酸三丁酯、丁基膦酸二丁酯、二丁基次膦酸丁酯、三丁基氧化膦在大部分稀释剂中都表现出萃取UO_2^{2+}的分配比逐渐增加[45]。这种规律还适用于针对目标萃取体系设计出相应的磷酰氧萃取剂。

对于同一类中性化合物，碳链长度较短［图5.13（a）中的磷酸三丁酯］、带有支链［图5.13（b）中的1-甲基庚基磷酸二(1-甲基庚基)酯、（c）中的二(2-乙基己基)次膦酸2-乙基己酯、（d）中的三(2-乙基己基)氧化膦］的分配比都低于同类化合物的其他结构。而带C_6～C_8直链的结构都在同类化合物中有较高的分配比，这正是商用萃取剂Cyanex923主要成分的烷基链。因此对于中性含磷类化合物，决定其萃取性能的三个因素分别是：磷中心烷氧基和烷基数目、烷基链长度、烷基支链化程度。可以通过这三个因素来调节中性含磷化合物的萃取性能。

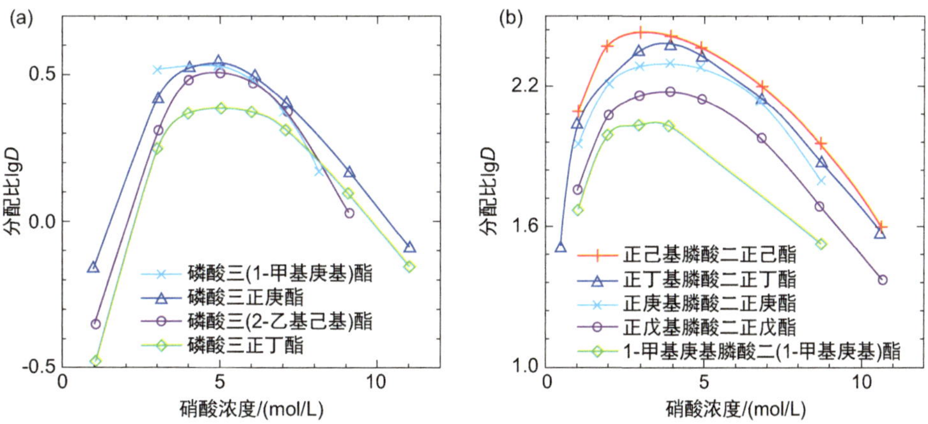

图5.13

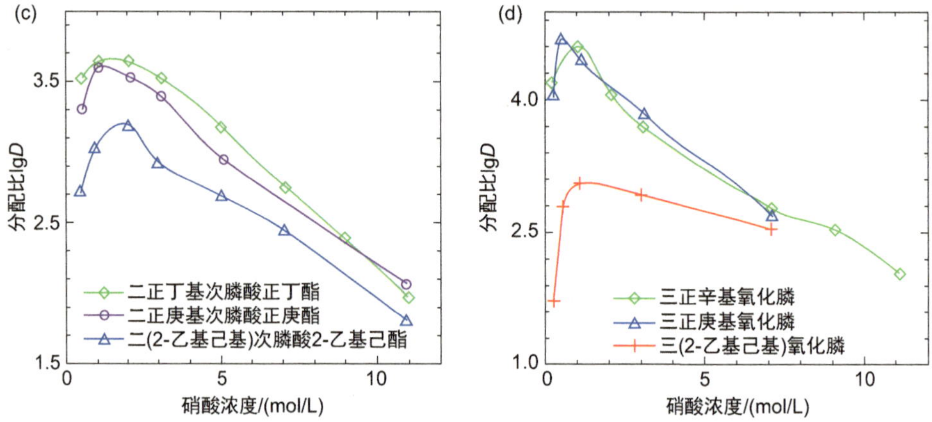

图5.13　几种中性磷（膦）化合物在不同硝酸浓度下萃取UO_2^{2+}的分配系数

（a）磷酸三烷基酯；（b）烷基膦酸二烷基酯；（c）二烷基次膦酸单烷基酯；（d）三烷基氧化膦

水相为铀浓度为5g/L，有机相为0.5mol/L萃取剂的苯溶液

与酸性磷化合物类似，在磷（膦）酰氧分子中，芳基和苄基上的取代基效应都能通过芳环的大π键传递到磷中心，可以实现在分子中引入类型更丰富、数量更多的修饰位点，从而在更大范围内调节萃取分离性能。表5.6所列为苯环上带有不同取代基的苯基膦酸二酯和苄基膦酸二酯从硝酸溶液中萃取UO_2^{2+}的分配比[46]。

表 5.6　带有不同取代基的苯基膦酸二烷基酯和苄基膦酸二烷基酯从不同浓度硝酸溶液中萃取 UO_2^{2+} 的分配比

苯基膦酸二烷基酯：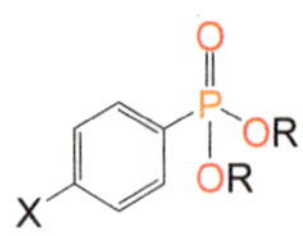；　苄基膦酸二烷基酯：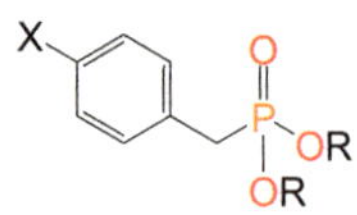

主体	取代基		分子量	不同硝酸浓度下的分配比						
	X	R		1 mol/L	3 mol/L	4 mol/L	5 mol/L	6 mol/L	7 mol/L	11 mol/L
苯基膦酸二烷基酯	H	C_2H_5	214.2	0.40	2.07	2.42	**2.54***	2.19	1.80	0.66
	CH_3	C_2H_5	228.2	0.50	2.10	**2.29***	2.21	2.03	1.69	0.59
	OCH_3	C_2H_5	244.2	1.07	4.00	**4.21***	4.04	3.33	2.77	0.86
	NO_2	C_2H_5	259.2	0.10	0.68	1.29	1.62	**1.75***	1.48	0.62
	H	$^nC_4H_9$	270.3	0.52	2.39	**2.84***	2.75	2.41	2.02	0.77
	CH_3	$^nC_4H_9$	284.3	0.48	1.96	2.41	**2.43***	2.02	1.69	0.62
	OCH_3	$^nC_4H_9$	300.3	1.28	4.41	**4.88***	4.38	3.78	3.18	1.06
	NO_2	$^nC_4H_9$	315.3	0.10	0.98	1.56	2.05	**2.23***	1.94	0.73
	H	$^nC_8H_{17}$	382.5	0.58	2.47	2.82	**2.91***	2.48	2.00	0.65
	CH_3	$^nC_8H_{17}$	396.6	0.79	**3.47***	3.30	3.05	2.55	2.31	0.80
	OCH_3	$^nC_8H_{17}$	412.6	1.28	4.15	**4.57***	4.35	3.63	2.93	0.91
	NO_2	$^nC_8H_{17}$	427.5	0.20	1.04	1.65	2.10	**2.16***	1.92	0.68
苄基膦酸二烷基酯	H	C_2H_5	228.2	1.60	5.14	**5.53***	5.24	4.46	3.67	1.13
	CH_3	C_2H_5	242.3	1.17	4.46	**5.22***	4.82	3.80	3.17	1.00
	OCH_3	C_2H_5	258.3	2.32	8.21	**8.26***	7.63	6.40	4.88	1.48

续表

主体	取代基		分子量	不同硝酸浓度下的分配比						
	X	R		1 mol/L	3 mol/L	4 mol/L	5 mol/L	6 mol/L	7 mol/L	11 mol/L
苄基膦酸二烷基酯	NO_2	C_2H_5	273.2	0.59	4.06	5.72	**6.40***	5.82	4.82	1.57
	H	$^nC_4H_9$	284.3	2.30	**8.69***	8.48	7.95	6.77	5.15	1.55
	CH_3	$^nC_4H_9$	298.4	1.42	5.85	**6.20***	5.73	4.80	3.88	1.19
	OCH_3	$^nC_4H_9$	314.4	3.17	9.22	**9.81***	8.80	7.36	5.90	1.59
	NO_2	$^nC_4H_9$	329.3	0.60	4.75	6.37	**6.96***	6.24	5.11	1.02
	H	$^nC_8H_{17}$	396.6	2.50	7.60	**7.65***	7.14	6.08	4.65	1.40
	CH_3	$^nC_8H_{17}$	410.6	4.31	**12.4***	12.2	11.6	9.46	7.25	2.16
	OCH_3	$^nC_8H_{17}$	426.6	3.91	**11.7***	10.7	10.0	7.86	6.51	1.95
	NO_2	$^nC_8H_{17}$	441.6	0.65	3.75	5.03	**5.62***	5.06	4.21	1.34
$(^nC_4H_9O)_3PO$			266.3	0.24	1.48	**1.91***	1.90	1.82	1.68	0.57
$(^nC_4H_9)(^nC_4H_9O)_2PO$			250.3	6.54	**18.5***	17.2	15.4		11.1	2.63

注：表中用“*”标记了该行中的最大分配比。水相金属离子浓度为1 g/L，有机相萃取剂浓度为0.5 mol/L，苯为稀释剂。为了便于比较还列出了磷酸三正丁酯、正丁基膦酸二正丁酯的数据。

从表5.6所列数据可以看出，苯环取代基和酯基结构都相同的情况下苯基膦酸二酯的分配比低于苄基膦酸二酯，这可以从磷酰氧的碱性得到解释。苯基膦酸二酯中，芳基sp^2杂化碳的电负性高于烷基sp^3碳，导致磷酰氧的碱性降低。这一点也可从所有苯基、苄基膦酸二酯的萃取能力都低于相同酸度下$C_4H_9P(O)(OC_4H_9)_2$得到体现。从表5.6还可以看出苯基上不同取代基对分配比的影响，无论酯基碳链长短、水相硝酸浓度如何，对于所有结构的分配比都表现为$H < CH_3 < OCH_3 > NO_2$。即给电子的CH_3、OCH_3导致磷酰氧碱性增加，总是增加萃取能力，而吸电子基团NO_2导致磷酰氧碱性降低，总是减弱萃取能力。这一点与酸性含磷化合物中观察到的规律是一致的（图5.10）[25]。

对于酯基的结构，分配比变化整体趋势是$C_2H_5 < {}^nC_4H_9 < {}^nC_8H_{17}$，即增加酯基碳链长度有利于提高萃取能力，但与苯基上取代基效应相比，这种提高效果并不明显。这是由于酯基结构远离反应基团，可以看作是非极性基团对萃取的影响（第6章）。除芳基或苄基直接与P相连外，磷酸芳基酯的萃取性能也有报道[47]。除P—O、P—C键构造的磷酰氧中性含磷萃取剂外，含P—N键的磷酰胺[48]结构中的磷酰氧也表现出不同的萃取性能。但报道的数据还不够全面，芳基酯中的芳基和磷酰胺中N上取代基是否仍然能被看作是非极性基团还不能确定。

总之，从表5.6所列分配比可以看出，在芳基和苄基膦酸酯的芳基上引入吸电子或给电子基团，可以调节酰氧萃取UO_2^{2+}的能力。从结构上可以推测出，磷（膦）酰氧的取代基中引入芳基、取代芳基或氨基也是调节这类结构萃取性能的一种途径，但相关研究多见于螯合结构中[49]。

（2）碳酰氧

如表5.5所列，金属萃取中常见的碳酰氧萃取剂包括酮、酯、酰胺。其中单酮的酰氧原子对金属离子的配位能力差，丙酮本身甚至可以作为稀释剂用于金属溶剂萃取。但对于配位能力强的金属离子，可以用酮类化合物既作为萃取剂又作为稀释剂，例如甲基异丁基酮[39]。另外，常用的酮类萃取剂还有β-二酮，属于螯合萃取剂，其设计方法参见5.4.2。

与金属配位时，酯基中烷氧基氧原子可通过p-π共轭为酰氧基团提供电子，导致酯对金属的萃取能力比酮强，但仍然不足以单独作为萃取剂，一般作为稀释剂使用。碳酸二酯有2个烷基氧，对酰氧供电子能力加强，可以提高其酯羰基的萃取能力，是被报道的酯类萃取剂之一。如环状碳酸二酯、碳酸丙烯酯[50]等就被证明可以从混合金属料液中高选择性地萃取Au(Ⅲ)、Pt(Ⅱ)等贵金属离子。图5.14展示了几种用作萃取剂的碳酸二酯结构[41]。

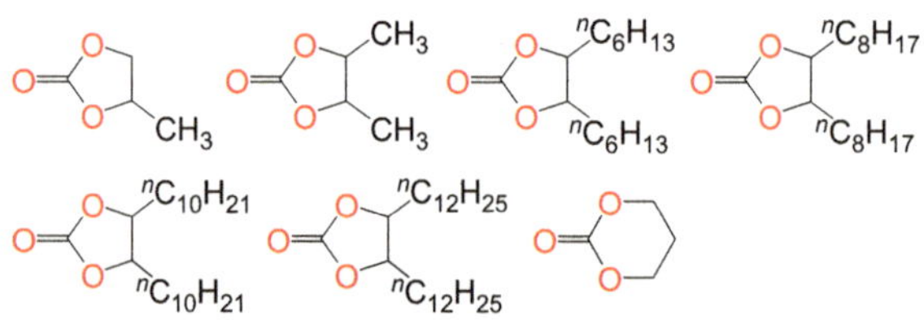

图5.14　对Au(Ⅲ)、Pt(Ⅱ)等贵金属离子具有高选择性的几种环状碳酸二酯结构

环状结构使环状碳酸二酯的酰氧基团暴露在外侧，易与金属离子结合，有利于萃取。图5.14所示结构都表现出对贵金属离子极好的选择性，可用于贵金属与贱金属的分离。但它们对贵金属的萃取能力都很强，导致难以从这些结构分析出萃取性能随萃取剂结构的变化规律。需要指出的是，也有人认为环状酯萃取时不直接与金属离子配位，而是与H^+结合形成鉾离子，再与$AuCl_4^-$等以离子对机理萃取。这里可以看作是酰氧与H^+配位，影响酰氧与金属离子结合的规律仍然适用于描述其与H^+的结合，进而影响鉾离子的稳定性。因此，可以用相似的方法调节这类结构的萃取能力。例如，五元环的环张力大于六元环，使得五元环酯中酰氧上负电荷密度高于六元环，由此可以推测五元环酯的鉾盐更稳定。实验中也确实观察到五元环酯对金属离子具有更高的萃取率。

N的电负性比O弱，酰胺中N—C═O的p-π共轭程度比酯中O—C═O的大得多，因此酰胺中酰氧对金属离子的萃取能力比酮和酯都更强，已有成功应用的例子，如N503萃取剂[42, 51]。通过改变氮或碳上取代基结构，可以实现对酰氧原子碱性或配位性质的影响，从而改变酰胺对金属离子的萃取能力[52]。碳原子上取代基直接与C═O相连，离反应基团近；氮原子上取代基离C═O远，可以看作是非极性基团（其影响规律和调节方法见6.2.2）。但两个位置引入取代基都能对萃取性能产生影响。在这里以酰胺化合物对U(Ⅵ)的萃取性能介绍酰基碳链长度对酰胺类化合物萃取性能的影响[53-54]，如图5.15所示。

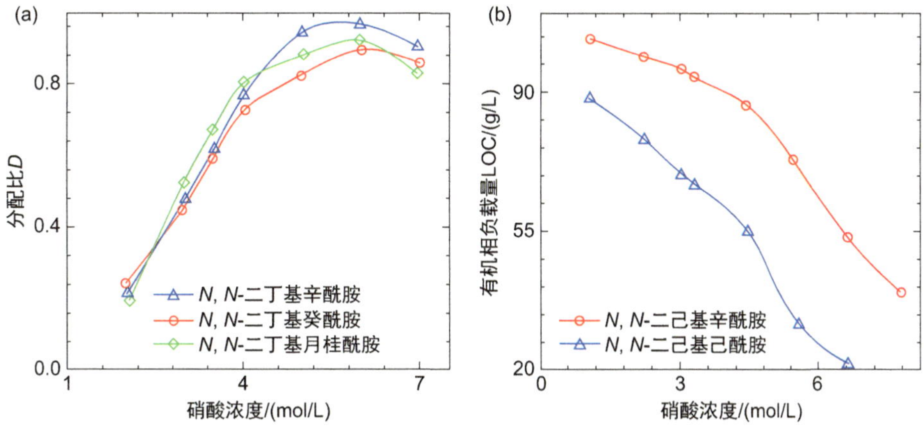

图5.15　酰基碳链长度对酰胺类化合物萃取U(Ⅵ)性能的影响

（a）萃取条件：水相UO_2^{2+}初始浓度为0.001mol/L，有机相萃取剂浓度为0.2mol/L，磺化煤油做稀释剂；
（b）萃取条件：水相UO_2^{2+}初始浓度为0.414mol/L，有机相萃取剂浓度为1.0mol/L，正十二烷做稀释剂

从图5.15（a）可以看出，*N*,*N*-二丁基辛酰胺、*N*,*N*-二丁基癸酰胺、*N*,*N*-二丁基月桂酰胺三种酰胺的酰基碳链长度逐渐增加，分配比除在硝酸浓度5～6mol/L处的极大值略有区别外，其他位置的分配比均无明显差异，且相互交叉。而图5.15（b）的有机相负载量实验表明，酰基碳链长度变化能对负载量产生明显影响：在不同酸度下，*N*,*N*-二己基辛酰胺都表现出比*N*,*N*-二己基己酰胺高出约20g/L的负载量。另外，尽管酰基碳链长度8个碳以上时，延长碳链对萃取UO_2^{2+}的分配比几乎无影响，但对于其他金属离子则可能不同。如萃取Th(Ⅳ)时，酰基碳链延长将导致分配比下降。

（3）硫酰氧

硫酰氧类萃取剂是带有S═O单元的一类化合物，主要结构有砜、亚砜、磺酸单酯、磺酸双酯。其中亚砜应用最为广泛，如石油亚砜（PSO）、二(2-乙基己基)亚砜、芳基亚砜等。设计这类萃取剂的关键也是选择恰当的与硫原子相连的基团，以实现对硫酰氧配位能力的影响。

砜中硫原子与两个酰氧原子相连，高价硫的电负性较高，硫原子上取代基将多余的电子云密度通过硫原子转移到两个氧原子上，使氧原子的碱性和配位作用都较弱。所以无论是直接配位还是形成离子对，砜类对大多数金属的萃取能力都不强，只对Au(Ⅲ)等贵金属有萃取作用。如环丁砜在氯仿做稀释剂时，可从盐酸介质中较好地萃取Au(Ⅲ)[44]；二正辛基砜也可从硝酸介质中萃取Au(Ⅲ)[55]。但若引入三氟甲基、芳基等推拉电子效应强烈的基团，则可在很大程度上降低砜的萃取性能，甚至导致其只能作为一种较好的稀释剂。如苯基三氟甲基砜，可用作冠醚、羰基二氯化钴膜萃取分离^{137}Cs中的载流剂（苯基三氟甲基砜的作用是辅助金属离子从膜转移到溶液相），其性能高于其他溶剂[56]。类似的，若在芳基上引入具有明显推拉电子效应的取代基，可以获得对金属离子萃取能力不同的砜类萃取剂。

亚砜中硫与两个碳以单键相连、与一个氧以双键相连，有孤对电子。亚砜中氧原子

具有比砜中氧原子更负的电子密度，其碱性和配位能力都更强。在萃取过程中，亚砜的O、S都可直接与金属离子配位，对金属的萃取能力比砜更强。被广泛用于金属萃取的亚砜类萃取剂有二烷基亚砜、石油亚砜、芳基亚砜，其中石油亚砜是多种不同烷基亚砜的混合物。图5.16所示为几种亚砜类萃取剂，以及它们在金属萃取中的表现[43, 57]。

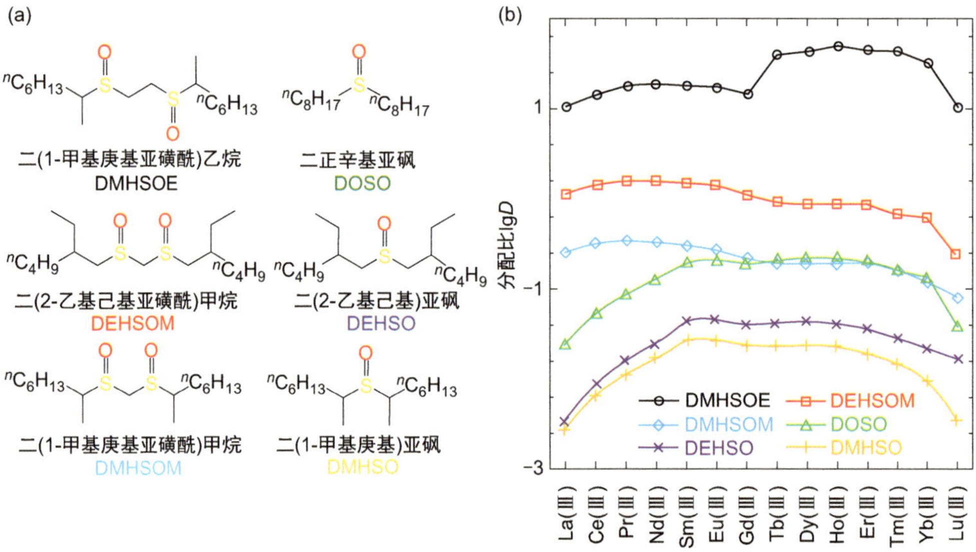

图5.16 几种结构不同的亚砜化合物（a）对镧系元素的萃取性能（b）

从图5.16可以看出，亚砜类化合物对金属离子的萃取能力可以通过改变亚砜基团数目或与硫相连的烷基结构进行调节。双亚砜基团萃取剂的萃取率总是高于单亚砜基团萃取剂，如图5.16（a）中分配比曲线按DMHSOE、DMHSOM、DMHSO的顺序逐渐降低。对于同一种结构，从电子效应来看，烷基的电子效应差异很小，但仍然表现出了有明显差异的分配比曲线。如DMHSOM＜DEHSOM，DMHSO＜DEHSO＜DOSO，即支链位置越接近亚砜基团，萃取能力越低，这体现了空间位阻的作用。

不同亚砜结构，除萃取能力表现出差异外，对镧系离子的分离能力也有所不同。如DMHSOE对Tb(Ⅲ)/Gd(Ⅲ)、Yb(Ⅲ)/Lu(Ⅲ)的分离系数分别为2.69、3.07，对其他镧系相邻元素的分离能力较差；而其他亚砜对Tb(Ⅲ)/Gd(Ⅲ)无明显分离效果。亚砜总体趋势是对中稀土（一般指钐、铕、钆、铽、镝五种元素）表现出较高的萃取能力，而对轻、重稀土的萃取能力都较低，这与常用的酸性磷（膦）、中性磷（膦）、羧酸等表现出的单调规律不同。因此，亚砜可能与其他萃取剂形成推拉效应以促进稀土的分离。即使单独使用，对某些相邻元素也能表现出比大多数萃取剂更高的分离系数。不同烷基结构还能通过非极性基团作用和空间位阻作用影响其萃取性能，将在第6章进行介绍。

芳基的电负性比烷基大，因此芳基亚砜的萃取能力不如烷基亚砜，更倾向于以锌盐与金属离子形成离子对的形式萃取[55, 58]，但反萃更容易。另外，芳环的引入增加了可供修饰的位点，使得可以通过在芳环上引入不同取代基实现对亚砜类萃取剂萃取性能的调节。

表5.7所列为用反相纸色谱法分离金属离子的比移值R_f[59-60]。色谱法是分离物质的有效方法，广泛应用于多种性质相近或结构类似物质的分离。其原理是待分离组分与流动相和固定相结合程度不同（这相当于萃取中，不同金属离子在有机相与水相间的分配比不同），导致在相同时间在固定相上移动的距离不同，据此可以实现待分离组分在空间上的分离。分离效果可通过比移值进行衡量，两种组分比移值差异越大则分离效果越好。比移值（R_f）的计算方式是：设在相同温度、相同时间下，纯流动相在固定相上移动的距离为r，组分A、B移动的距离分别为a、b，则组分A、B的比移值分别表示为$R_f(A) = a/r$、$R_f(B) = b/r$，A、B的分离系数表示为$\beta_{A/B} = R_f(B)/R_f(A) = b/a$。

表 5.7　几种芳基亚砜结构为固定相、不同浓度盐酸或硝酸为流动相，对金属离子的分离平衡 R_f 值

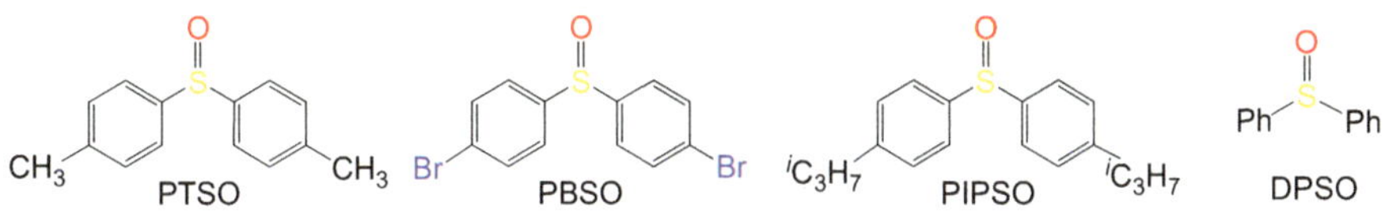

固定相	被分离体系	流动相	R_f 值
DPSO	Ru(Ⅲ)-Os(Ⅳ)	4mol/L HCl	0.77（Os(Ⅳ)）；0.92（Ru(Ⅲ)）
DPSO	Sn(Ⅱ)-Sn(Ⅳ)	6mol/L HCl	0.09（Sn(Ⅱ)）；0.87（Sn(Ⅳ)）
DPSO	Tl(Ⅲ)-In(Ⅲ)	6mol/L HCl	0.05（Tl(Ⅲ)）；0.94（In(Ⅲ)）
DPSO	Au(Ⅲ)-Pd(Ⅱ)-Pt(Ⅳ)	6mol/L HNO_3	0.16（Au(Ⅲ)）；0.50（Pd(Ⅱ)）；0.87（Pt(Ⅳ)）
DPSO	Au(Ⅲ)-Tl(Ⅲ)	2mol/L HNO_3	0.08（Au(Ⅲ)）；0.50（Tl(Ⅲ)）
DPSO	Bi(Ⅲ)-Sb(Ⅲ)	4mol/L HNO_3	0.32（Bi(Ⅲ)）；0.75（Sb(Ⅲ)）
PTSO	Au(Ⅲ)-Os(Ⅳ)-Pd(Ⅱ)-Ru(Ⅲ)	8mol/L HCl	0.17（Au(Ⅲ)）；0.54（Os(Ⅳ)）；0.70（Pd(Ⅱ)）；0.89（Ru(Ⅲ)）
PTSO	Au(Ⅲ)-Os(Ⅳ)-Rh(Ⅲ)	8mol/L HCl	0.17（Au(Ⅲ)）；0.55（Os(Ⅳ)）；0.95（Rh(Ⅲ)）
PTSO	Au(Ⅲ)-Pt(Ⅳ)-Rh(Ⅲ)	8mol/L HCl	0.17（Au(Ⅲ)）；0.70（Pt(Ⅳ)）；0.95（Rh(Ⅲ)）
PTSO	Ba(Ⅱ)-Ca(Ⅱ)	8mol/L HCl	0.63（Ba(Ⅱ)）；0.88（Ca(Ⅱ)）
PBSO	Os(Ⅳ)-Ru(Ⅲ)	8mol/L HCl	0.72（Os(Ⅳ)）；0.96（Ru(Ⅲ)）
PBSO	Ba(Ⅱ)-Ca(Ⅱ)	8mol/L HCl	0.68（Ba(Ⅱ)）；0.90（Ca(Ⅱ)）
PIPSO	Au(Ⅲ)-Pd(Ⅱ)	6mol/L HCl	0.00（Au(Ⅲ)）；0.75（Pd(Ⅱ)）
PIPSO	Au(Ⅲ)-Pt(Ⅳ)	6mol/L HCl	0.00（Au(Ⅲ)）；0.77（Pt(Ⅳ)）
PIPSO	Os(Ⅳ)-Ru(Ⅲ)	8mol/L HCl	0.60（Os(Ⅳ)）；0.85（Ru(Ⅲ)）
PIPSO	Os(Ⅳ)-Ir(Ⅳ)	8mol/L HCl	0.60（Os(Ⅳ)）；0.75（Ir(Ⅳ)）
PIPSO	Au(Ⅲ)-Ag(Ⅰ)	6mol/L HCl	0.00（Au(Ⅲ)）；0.82（Ag(Ⅰ)）
PIPSO	Mo(Ⅳ)-W(Ⅳ)	1mol/L HCl	0.65（Mo(Ⅳ)）；0.93（W(Ⅳ)）
PIPSO	Au(Ⅲ)-Pt(Ⅳ)	6mol/L HNO_3	0.31（Au(Ⅲ)）；0.90（Pt(Ⅳ)）
PIPSO	Au(Ⅲ)-Tl(Ⅲ)	8mol/L HNO_3	0.50（Au(Ⅲ)）；0.26（Tl(Ⅲ)）
PIPSO	Mo(Ⅵ)-W(Ⅵ)	6mol/L HNO_3	0.52（Mo(Ⅵ)）；0.97（W(Ⅵ)）
PIPSO	Zr(Ⅳ)-Hf(Ⅳ)	6mol/L HNO_3	0.41（Zr(Ⅳ)）；0.96（Hf(Ⅳ)）

从表5.7所列各种条件下的比移值R_f可以看出，这些亚砜结构对多种金属离子都表现出了明显的分离效果，如Au(Ⅱ)-Pd(Ⅱ)-Pt(Ⅳ)、Bi(Ⅲ)-Sb(Ⅲ)、Os(Ⅳ)-Ru(Ⅲ)等。如当苯环对位取代基从吸电子取代基Br变为给电子取代基CH_3和$^{i}C_3H_7$时，金属离子Os(Ⅳ)和Ru(Ⅲ)的R_f值都减少。以8mol/L HCl为流动相时，PBSO、PTSO、PIPSO对Os(Ⅳ)和Ru(Ⅲ)的R_f值分别是0.72和0.96、0.54和0.89、0.60和0.85，即带吸电子基团的亚砜为固定相时，金属离子走得更远，金属离子与固定相的结合强度发生了变化。

与烷基亚砜类似，在芳基亚砜上引入取代基不仅能改变结合强度（即萃取能力），还能影响分离能力。如苯环上引入异丙基时，以6mol/L HNO_3为流动相时DPSO、PIPSO对Au(Ⅲ)和Pt(Ⅳ)的R_f值分别为0.16和0.87、0.31和0.90，换算成分离系数分别为$\beta_{\text{Au(Ⅲ)/Pt(Ⅳ)}}^{\text{(DPSO)}}=0.87/0.16=5.44$、$\beta_{\text{Au(Ⅲ)/Pt(Ⅳ)}}^{\text{(PIPSO)}}=0.90/0.31=2.90$，两者差异显著。从表5.7中数据还可看出，流动相对亚砜的分离能力也有显著影响。如对于PIPSO，当流动相分别为6mol/L HCl、6mol/L HNO_3时，Au(Ⅲ)和Pt(Ⅳ)的R_f值分别为0.00和0.77、0.31和0.90，即以6mol/L HCl为流动相时Au(Ⅲ)不随流动相移动，显然更有利于分离。

研究表明，亚砜萃取金属离子时，可能有氧配位、硫配位、硫和氧同时配位三种或它们混合物等与金属离子相互作用方式。不同的作用方式，取代基结构对萃取、分离性能的影响不同，这也导致表5.7中不同金属离子间分离性能的趋势变得不明确。可以通过改变分子结构调节主要配位方式来实现金属离子的分离，详见7.3.1节设计萃取剂的实例。

烷基与硫原子相连的磺酸酯、磺酰胺用于金属萃取的较少，且烷基变化造成的影响难以体现到它们酰氧的碱性和与金属的亲和性。芳基磺酸酯、磺酰胺以及它们的螯合结构对金属离子的萃取研究较多[61-63]。改变芳环上取代基会在较大程度上改变酰氧的碱性和亲金属性，从而实现对这类结构萃取性能的调节。

5.2.3 氮配位基团设计

以N原子为反应中心的萃取剂是金属溶剂萃取领域最常用的萃取剂之一，在稀有轻金属、稀有高熔点金属、稀土金属、稀有分散性金属和稀有放射性金属的溶剂萃取方面都有应用[64]。含氮萃取剂通常有一级胺、二级胺、三级胺、季铵盐、肟、含氮芳香杂环等。一级胺、二级胺、三级胺具有较强的碱性，但受与N相连的烃基影响，通常难以与金属离子直接配位，在萃取过程中通常先与H^+反应形成铵盐，再以离子对机理萃取金属离子，属于外层缔合萃取。季铵盐可以离子对形式萃取金属离子，也可作为离子液体的正离子部分被交换到水相进行萃取。单独的肟用于萃取较少，通常都作为螯合萃取剂的官能团之一参与萃取。含氮芳香杂环的氮原子通常以直接配位的方式参与金属萃取。表5.8中列出了二酰亚胺和吡啶类氮配体的一些示例。除这些结构外，还有其他类型的二酰亚胺结构，如二芳基酰亚胺、二磺基酰亚胺等。吡啶类氮配体的类型丰富，已报道用于萃取的配体多为螯合物。

表 5.8　几种氮配体萃取剂类型及其示例

类型	示例	文献
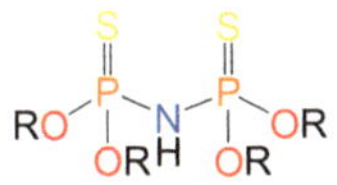 二(硫代磷酰)亚胺	R = $^{n}C_3H_7$; $^{n}C_4H_9$; $^{i}C_4H_9$; $^{t}C_4H_9$; $^{n}C_5H_{11}$; $^{s}C_5H_{11}$; $^{i}C_5H_{11}$; $^{n}C_6H_{13}$; $^{s}C_6H_{13}$; $^{n}C_7H_{15}$; $^{s}C_7H_{15}$; $^{n}C_8H_{17}$; $^{i}C_8H_{17}$; $^{n}C_9H_{19}$; PhCH$_2$; 4-MeC$_6$H$_4$; 4-MeOC$_6$H$_4$; 4-NO$_2$C$_6$H$_4$; 4-$^{t}C_4H_9C_6H_4$; C$_6$H$_5$; 4-BrC$_6$H$_5$; 3-MeC$_6$H$_4$; 2,3-Me$_2$C$_6$H$_3$; 2-MeC$_6$H$_4$; 4-ClC$_6$H$_4$	[14]
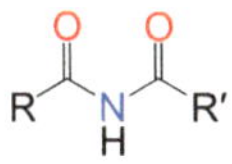 二酰亚胺	R, R′ = $^{n}C_4H_9$; R = $^{n}C_4H_9$, R′ = $^{i}C_4H_9$; R = $^{n}C_6H_{13}$, R′ = $^{i}C_4H_9$; R = $^{n}C_6H_{13}$, R′ = $^{i}C_5H_{11}$; R, R′ = $^{n}C_6H_{13}$; R, R′ = $^{n}C_8H_{17}$; R, R′ = $^{n}C_{12}H_{25}$	[65]
吡啶类氮配体	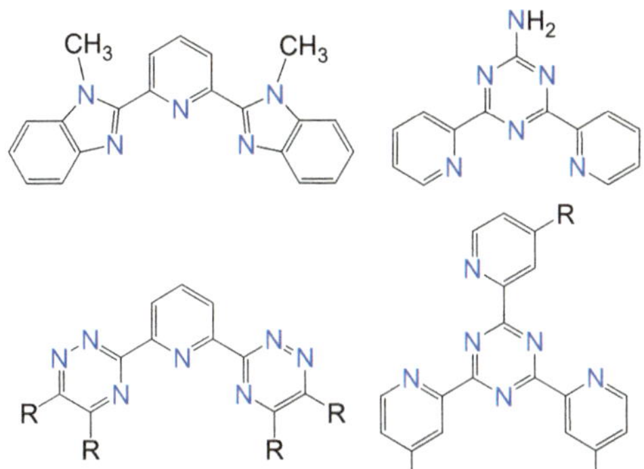 R = H, CH$_3$, C$_2$H$_5$, $^{n}C_3H_7$, $^{i}C_3H_7$, $^{n}C_4H_9$, $^{i}C_4H_9$　R = H, $^{t}C_4H_9$	[66]

注：取代基左上角的“*s*”表示“仲”。例如$^{s}C_6H_{13}$表示“仲己基”，即1-甲基戊基。下文同。

(1)氮酸萃取剂

与氧相比，氮更软，与众多过渡金属离子具有更强的配位能力，且氮通常可以连接三个其他原子，比氧具有更强的可调节性。以氮作为配位原子，也可设计出性能优异的萃取剂。但无论烷基胺还是芳香胺，由于碱性较强，在萃取中更容易体现碱的特征，通常优先与氢离子结合，再以离子对的机理进行萃取，难以体现氮与金属优良的配位作用决定的萃取性能。若在氮原子上引入吸电子基团，则会造成氮上孤对电子的碱性减小，同时引起N—H酸性增强。若引入的吸电子基团足够强，如磺酰基、三氟甲基、硝基等，则N—H甚至可以在金属萃取的酸度条件下电离出质子，这就是氮酸。与大多数酸性萃取剂类似，其pK_a值与萃取性能存在密切的相关性，可通过pK_a来预测其对金属离子的萃取分离性能。表 5.9中列出了一些氮酸酸式电离的pK_a值及其HNP值（半中和电势），从这些pK_a值可以推测出达到适当萃取性能所需结构的调整方式[14, 67-68]。

表 5.9　一些带有强吸电子基团的 N−H 酸式电离的 HNP 和 pK_a 值

序号	结构	HNP	pK_a	序号	结构	HNP	pK_a
1	**NH**$_2$SO$_2$CH$_3$	−377	10.8	4	**NH**$_2$SO$_2$CF$_3$	−68	6.33
2	C$_6$H$_5$**NH**SO$_2$CH$_3$	−245	8.85	5	C$_6$H$_5$**NH**SO$_2$CF$_3$	78	4.45
3	CH$_3$**NH**SO$_2$CF$_3$	−124	7.56	6	4-ClC$_6$H$_4$**NH**SO$_2$CF$_3$	125	3.90

续表

序号	结构	HNP	pK_a	序号	结构	HNP	pK_a
7	3-$CH_3COC_6H_4NHSO_2CF_3$	132	3.75	18	4-CH_3O-$C_6H_4NHSO_2CF_3$	49	4.90
8	3-$CF_3C_6H_4NHSO_2CF_3$	160	3.50	19	4-C_2H_5-$C_6H_4NHSO_2CF_3$	55	4.82
9	4-$CH_3SO_2C_6H_4NHSO_2CF_3$	190	2.84	20	2-CH_3-4-Cl-$C_6H_3NHSO_2CF_3$	122	3.90
10	$NH_2SO_2CFH_2$	−271	9.32	21	3-C_6H_5CO-$C_6H_4NHSO_2CF_3$	136	3.70
11	3-C_6H_5CO-$C_6H_4NHSO_2CH_3$	−189	8.19	22	2,4-di-F-$C_6H_3NHSO_2CF_3$	155	3.44
12	$NH_2SO_2CF_2H$	−180	8.06	23	4-CH_3CO-$C_6H_4NHSO_2CF_3$	166	3.29
13	$C_6H_5NHSO_2CFH_2$	−144	7.57	24	4-C_6H_5CO-$C_6H_4NHSO_2CF_3$	171	3.22
14	$C_6H_5CH_2NHSO_2CF_3$	−90	6.82	25	2,4-di-Cl-$C_6H_3NHSO_2CF_3$	190	2.96
15	3-C_6H_5CO-$C_6H_4NHSO_2CFH_2$	−86	6.77	26	2,4,6-tri-Cl-$C_6H_2NNHSO_2CF_3$	209	2.70
16	$C_6H_5NHSO_2CF_2H$	−44	6.19	27	2-CF_3-4-Cl$C_6H_3NHSO_2CF_3$	217	2.59
17	3-C_6H_5CO-$C_6H_4NHSO_2CF_2H$	10	5.44	28	$(CF_3SO_2)_2NH$		−12.0

注：HNP是在67% DMF水溶液中测量结果，1～9号结构的pK_a值是在水相中测量的结果，10～27号结构的pK_a值是根据HNP值预测结果。

在表5.9中1～9号结构的HNP与pK_a值表现出极好的线性关系：

$$pK_a = -0.01381 \times HNP + 5.5777,\quad R^2 = 0.9975$$

因此可以用HNP值预测其他结构的pK_a值。

从表5.9中数据可以看出，氮酸都连有一个或两个强的吸电子基团，且基团吸电子能力越强、基团数目越多，氮酸酸性越强，越容易解离出质子。如NH_3的酸性电离pK_a值为33.28；在N上引入一个SO_2CF_3基团的$NH_2SO_2CF_3$，pK_a值为6.33；而在N上继续引入一个SO_2CF_3基团，pK_a值能降到−12.0，比大多数有机酸都强。由于大多数吸电子基团都带有O、F、Cl、N等电负性强的基团，这些基团会增加氮酸分子的水溶性，难以直接用作金属萃取。但一些关于氮酸与金属离子的配位性能的研究表明，氮酸与金属离子的配位作用差异大，对过渡金属离子的识别能力很强。尤其是氮酸对Ni(Ⅱ)、Co(Ⅱ)、Cu(Ⅱ)等的亲和性大于对Fe(Ⅲ)、Mn(Ⅱ)等的亲和性，这对于Ni(Ⅱ)、Co(Ⅱ)、Cu(Ⅱ)等的选择性提取具有重要意义。尤其是红土矿等低品位料液和含有多种金属离子混合的废旧电池、电子废弃物等二次资源料液中有价金属的选择性提取。

在N上引入芳基，能增加N—H酸性的可调节位点。在芳环上引入不同的取代基，可以明显改变氮酸的酸性。以$NH_2SO_2CF_3$为参考，在N上引入苯环后，pK_a值从6.33变为4.45；而在苯环对位引入Cl、CH_3SO_2、CH_3CO、C_6H_5CO等吸电子基后，pK_a值分别变为3.90、2.84、3.29、3.22；在苯环对位引入CH_3O、C_2H_5等给电子基后，变为4.90、4.82。另外，增加苯环上取代基数目、改变取代基SO_2CF_3中F数目，也能使pK_a值随之改变。这些结果表明芳基的引入可进一步增加氮酸可供修饰的位点，为设计出符合预期萃取性能的萃取剂提供了结构基础。

总体而言，与普通羧酸相比，氮酸具有多个可供调节的位点，能在较宽的酸度范围内调节N—H的酸性。目前单独用于金属萃取的研究仍然较少，而解离出H^+后以离子液体阴离子形式被用于金属萃取的报道更常见。氮酸离子液体具有环保优势，若同时也选用以氮为正电中心的阳离子，可实现离子液体全由碳、氢、氧、氮元素组成，便于无害化处理[69]。氮酸的主要限制性因素是如何引入恰当的非极性基团，表5.9中所列结构大部分都在水相中有很好的溶解性，这样的结构无法用作萃取剂；另外，N上带有2个取代基时，尽管酸性较强，但这导致N—H处于位阻较大的基团中间，难以与金属离子直接结合，这也会对萃取性能造成影响。

表5.9所列氮酸pK_a值表明，N上吸电子基团越强，N—H的酸性越强。与O—H类酸性萃取剂相比，N—H电离后形成的负离子更软，对某些软酸金属离子可能具有萃取选择性。二酰亚胺分子参与萃取时，也可能是氧原子参与配位，此时N原子软度则难以被利用。为了充分利用软硬酸碱理论来提高金属离子与萃取剂之间的选择性，可用S取代二酰亚胺中的O，即形成硫代二酰亚胺。S、N都比O软，无论是S配位还是N配位，都对软酸金属离子有较好的选择性。图5.17展示了几种二(硫代磷酰)亚胺萃取一些常见过渡金属离子的分配比[14]。

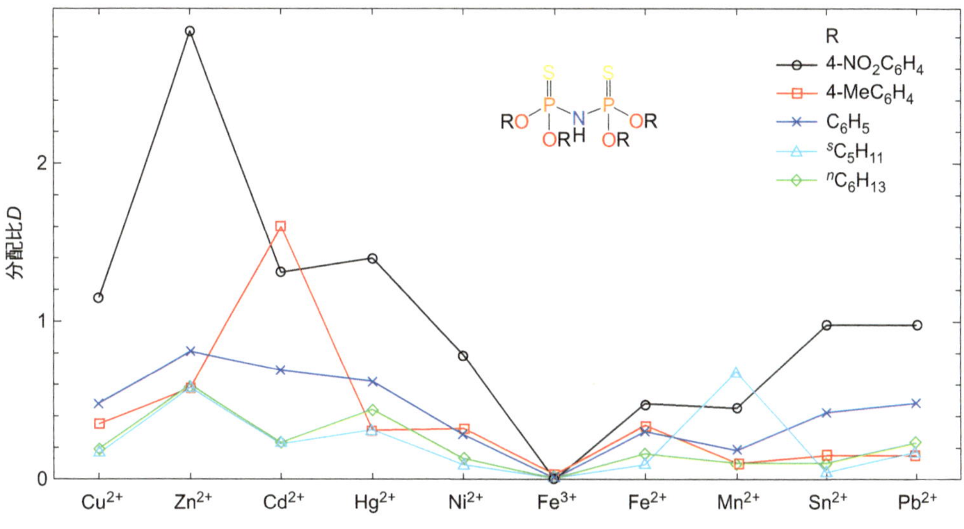

图5.17　几种二(硫代磷酰)亚胺萃取一些常见过渡金属离子的分配比

从图5.17可以看出：二(硫代磷酰)亚胺萃取这些金属离子时，硬度最高的Fe^{3+}分配比最低，接近0，即几乎不萃取。烷基作为取代基时，烷基结构的影响较小，无论是直链的正己基，还是支链靠近反应中心的仲戊基，萃取金属离子的分配比都非常接近。芳基上取代基推拉电子效应，也可从它们对N—H酸性强弱得到解释。当苯环上有吸电子基NO_2时，N—H酸性增加，分配比增加；而当带有给电子基Me时分配比降低。

从图 5.17中不同二(硫代磷酰)亚胺结构在不同金属离子间的分配比涨落曲线还能看出萃取剂对这些金属离子的分离性能，如R为4-MeC_6H_4时能从Zn^{2+}、Cd^{2+}、Hg^{2+}混合液中选择性提取Cd^{2+}，R为4-$NO_2C_6H_4$时却选择性提取Zn^{2+}。另外，这些结构萃取Ni^{2+}的分配比高于Fe^{3+}，尤其是R为芳基时，可以预测这些结构有可能实现从高铁低镍的料液中直接提取镍，从而解决红土矿等低品位镍矿资源的利用问题。

（2）芳香含氮化合物

指以吡啶和咪唑为代表的氮杂芳香化合物。尽管这类化合物对金属离子的配位能力很强，但更多地作为酸性萃取剂的协萃剂参与金属萃取[70-71]，见表5.16。通常只有在高酸度条件下，吡啶及其衍生物才能以吡啶𬭩盐的形式按离子对机理单独作为萃取剂萃取金属离子[70, 72-73]，此时，氮原子的碱性起关键作用。芳香杂环的大π键具有分子内远程传输取代基效应的作用，在芳环上引入取代基和选择不同的氮杂芳环结构都是改变氮原子碱性的有效方式，也是调整这类化合物萃取性能的途径。图5.18所示为咪唑和吡啶两种氮杂芳香化合物对Ni(Ⅱ)、Co(Ⅱ)的萃取分离性能[72-73]。

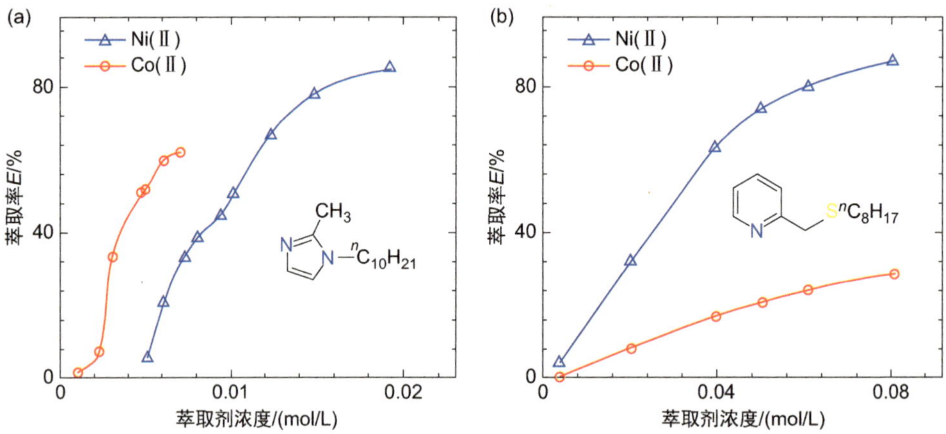

图5.18　不同浓度2-甲基-1-正癸基咪唑（a）和2-(正辛基硫甲基)吡啶（b）对Co(Ⅱ)、Ni(Ⅱ)的萃取率

比较图5.18（a）、（b）两种类型芳香氮的萃取性能，最显著的差异是（a）中咪唑氮对Co(Ⅱ)萃取优于Ni(Ⅱ)，而（b）中吡啶氮优先萃Ni(Ⅱ)。即调整氮原子所在芳环结构，可以调节化合物对金属离子的萃取顺序。

在金属离子与萃取剂浓度比相同且取代基相同时，由于咪唑氮的碱性比吡啶氮更强，咪唑具有更强的萃取能力。另外，在咪唑、吡啶等芳环上引入电子效应、空间效应不同的取代基也是调整这类结构萃取性能的一种方式。这种规律不仅可用于设计Ni(Ⅱ)、Co(Ⅱ)分离萃取剂，也能用于设计分离其他金属离子的萃取剂[74]。

尽管在图5.18中观察到了芳香氮对Ni(Ⅱ)、Co(Ⅱ)等性质相似的金属离子具有较好的选择性，但成为一种萃取剂还需要满足溶解、缔合、合成、反萃等其他条件，而在这些方面芳香性含氮化合物通常不如目前常用的带有多个烷基链的结构。芳香氮更多时候作为多齿配体应用于金属离子的萃取分离。图5.19所示为几种芳香含氮结构与三价镧系金属离子配合物的稳定常数[66, 75-76]。

从图5.19所示可以看出氮配体与镧系金属离子配位性质的差异，无论配位过程（逐级配合物稳定常数K_1、K_3）还是饱和配位结果（累积稳定常数β_3）都有体现，不同结构配体的配位性质差异较大。D*i*PTP倾向于与重稀土配位，与通常的酸性萃取体系萃取趋势相同；对整个镧系金属离子的平均分离系数为2.27，与常用的P204、P507等的分离能力相当；且在Ho^{3+}、Er^{3+}之间表现出对Ho^{3+}有高的选择性，两者的分离系数为50.12，远高于常用萃取剂。BMBIP表现出对轻、中稀土比重稀土略强的萃取，但差异较小。而ADPTZ的K_1随金属离子的变化只是有很小的改变。尽管三种配体参与配位的三个N相对位置是相同的，且它们都能与中心金属离子形成含有两个五元环的配合物结构，但它们对镧系离子的平均分离性能截然不同，按D*i*PTP、BMBIP、ADPTZ顺序逐渐降低。

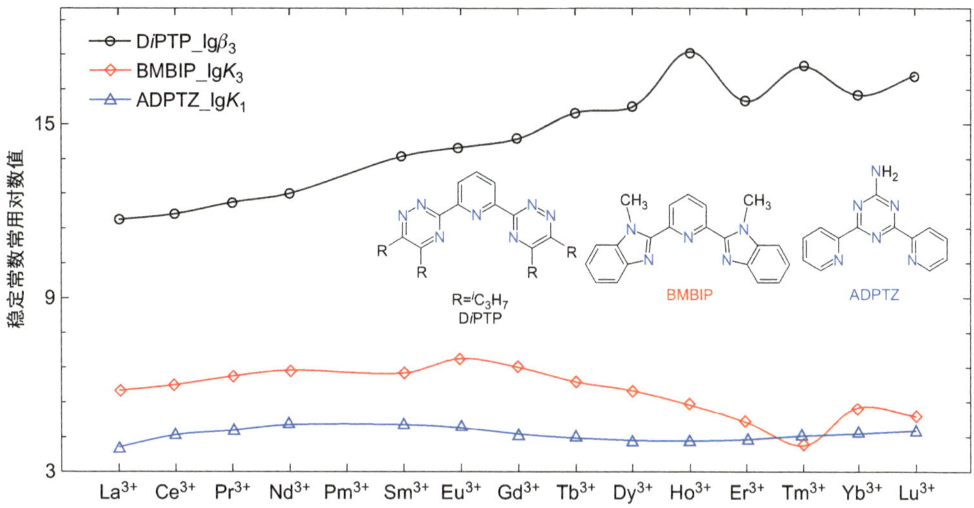

图5.19　三种芳香氮配体与三价镧系金属离子形成不同配合物的稳定常数

对于D*i*PTP采用累积三级稳定常数；对于BMBIP采用第三级稳定常数；对于ADPTZ则采用一级稳定常数

需要指出的是，在萃取过程中，这些氮也可以不直接与金属离子配位而是与氢离子结合，形成正离子，再以吡啶鎓盐形式与金属离子形成离子对进行萃取，这种外层缔合萃取剂的设计原理于5.3阐述。

5.2.4　硫配位基团设计

在周期表中，硫元素位于第3周期第Ⅵ族，与氧同族，与氮位置靠近。硫与氧和氮有相似的理化性质，但由于3s、3p轨道比2s、2p轨道离核更远，更容易被极化。因此，硫更软，在与金属配位过程中更具“弹性”，对相似金属离子具有更大的区别能力。由于硫与氧是同族元素，属于电子等排体，用硫原子替换结构中的氧原子，可以得到硫醚、硫醇、硫代二烷基次膦酸等。

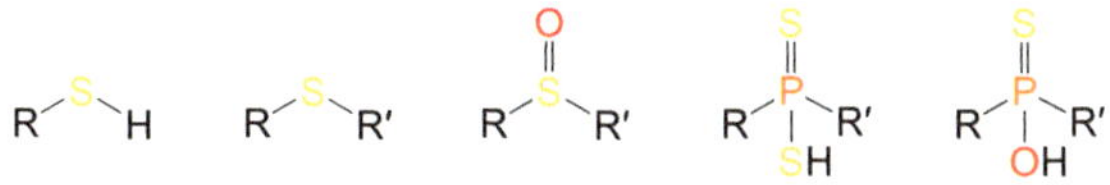

硫醚、硫醇、亚砜属于软Lewis碱，通常用作金、银、钯、铂、铑、钌等软Lewis酸贵金属离子萃取。单硫代次膦酸和双硫代次膦酸也是由于S比O更软，对软Lewis酸金

属离子的选择性高于次膦酸（见图 5.21 所示Cyanex272、Cyanex302和Cyanex301萃取Co(Ⅱ)、Ni(Ⅱ)的*E*-pH曲线[77]）

（1）硫醚

硫醚是常用的贵金属萃取剂，一般规律是：对铂、铱、铑等的氯配阴离子的结合强度很低，萃取能力弱；与锇、钌等直接配位形成稳定性高、难解离的配合物。适合用硫醚萃取的金属离子包括Au(Ⅲ)、Pd(Ⅱ)、Ag(Ⅰ)等。对于其他过渡金属，在高酸度下对铁部分萃取（离子对机理），对铜、镍等几乎不萃取。常用的硫醚萃取剂主要有：石油硫醚（PS501）、二烷基硫醚（二(2-乙基己基)硫醚、二正己基硫醚等）。

随着硫醚在贵金属萃取中的应用越来越受重视，一些新的硫醚也相继出现，如不对称硫醚、多硫醚、多官能团硫醚等[78-79]。与只含一个硫原子的硫醚相比，多硫醚相当于增加了能与金属离子发生萃取反应的位点，有利于提高萃取率，且多个位点可以产生分子内协同作用，有提高选择性的可能。

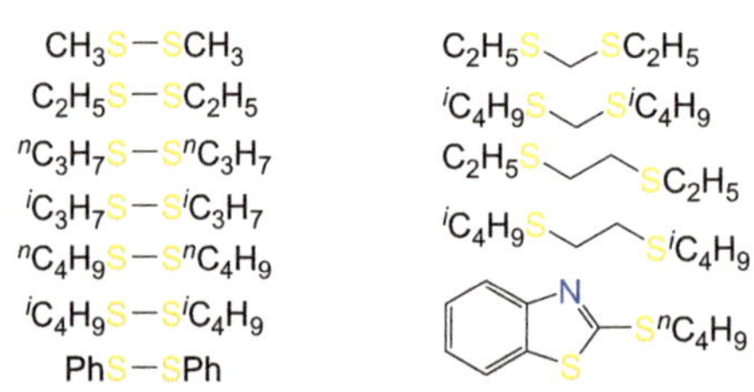

单一烷基硫醚，随着碳链延长，烷基链上的取代基对S的萃取特征影响几乎可以忽略，只能作为非极性基团影响萃取性能，但若在硫原子上引入芳基，则可增加硫醚分子中可供修饰的位点，芳环上取代基的电子效应可通过芳环影响S的萃取性能。硫醚中S具有还原性，能被氧化成亚砜或砜，多硫醚中即有多个位点可能被氧化，即从稳定性来讲，多硫醚不如单硫醚稳定。

在萃取中，不同结构的硫醚化合物，其萃取性能差异较大。不仅受S上取代基电子效应的影响，也受支链位置、支链大小、碳链长短等影响，且在萃取不同金属离子时，结构效应也不同。图5.20所示为几种具有不同烷基的硫醚萃取剂，以及它们的萃取性能[78, 80]。

由图5.20（a）可见：萃取Au(Ⅲ)时，萃取能力降低顺序为DNOS、DSAS、DSOS、PIAS、DPHS；水相酸度对分配比几乎没有影响。由图5.20（b）可见：萃取Pd(Ⅱ)时，萃取能力按DNOS、PIAS、DSAS、DSOS、DPHS的顺序逐渐降低；水相盐酸浓度低于2mol/L时，分配比随盐酸浓度增加而降低；水相盐酸浓度高于2mol/L时，除DNOS在高酸度时萃取率升高外，其他几种硫醚萃取的分配比与酸浓度无关。图5.20的（a）和（b）都显示：直链的DNOS的萃取能力最强，而带芳基的DPHS的萃取能力最弱，即芳基的引入不利于硫醚的萃取。当S上连有一个苯环（如PIAS）时，对Pd(Ⅱ)的萃取影响不大，而对Au(Ⅲ)的萃取能力下降到与双苯基结构相近，表现为图5.20（a）中PIAS和DPHS的曲线相近。

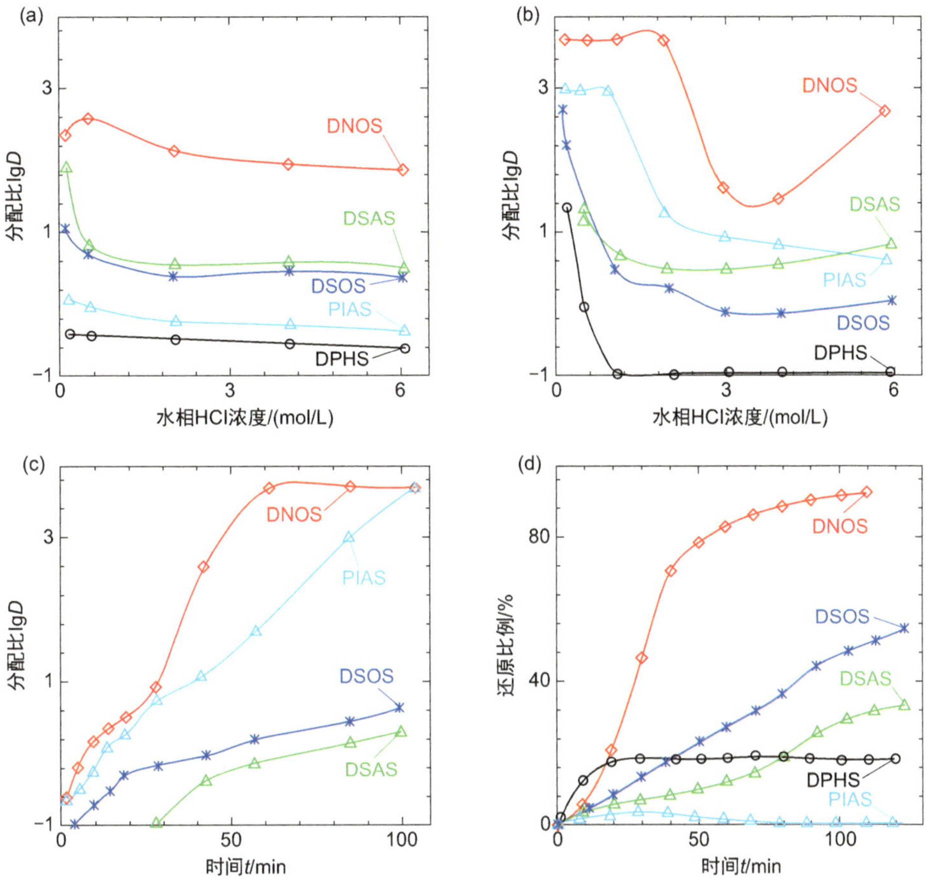

图5.20　带有不同烷基链硫醚的萃取性能

萃取条件为：水相金属离子浓度为0.005mol/L，正十二烷为稀释剂（苯基硫醚用甲苯做稀释剂）。(a)、(d)萃取剂浓度为0.1mol/L，萃取Au(Ⅲ)；(b)、(c)萃取剂浓度为0.2mol/L，萃取Pd(Ⅱ)。(c)、(d)在HCl浓度为1.0mol/L条件下测试。DNOS、DSAS、DSOS、PIAS、DPHS分别表示二正辛基硫醚、二(1-甲基丁基)硫醚、二(1-甲基庚基)硫醚、苯基(3-甲基丁基)硫醚、二苯基硫醚

除图5.20（a）、(b）所示的达到萃取平衡时不同结构硫醚的萃取能力不同外，这些硫醚的萃取动力学以及萃取过程中与金属离子的反应也不同。图5.20（c）所示为萃取Pd(Ⅱ)时分配比lg*D*随时间的变化曲线，图5.20（d）所示为萃取Au(Ⅲ)时硫醚对Au(Ⅲ)的还原曲线。在图5.20（c）、(d）中：直链的DNOS表现出能快速萃取、具有高萃取能力的特征，但能被Au(Ⅲ)氧化；而芳基-烷基混合的PIAS则只表现出能快速萃取、具有高萃取能力的特征，几乎不还原Au(Ⅲ)。从这方面来讲，PIAS是比DNOS更实用的萃取剂。

总之，根据图 5.20可以发现硫上连有不同取代基时，硫醚的萃取、分离、速率性质都有不同。芳基给电子能力不如烷基，因此在相同条件下芳基硫醚的萃取能力较差，但调整水相酸度也能使之达到较高萃取率。芳基的引入不仅可以保留硫醚的萃取性能，还为进一步修饰硫醚提供了更多位点。在这里只展示了单硫醚萃取Au(Ⅲ)、Pd(Ⅱ)特征，多硫醚、芳基上引入不同取代基的硫醚等在金属萃取中的研究虽有报道，但实际应用还不多。

（2）硫醇与硫酚

单独的只含有—SH基团的化合物在金属萃取中的应用较少，—SH通常是作为取代基与其他基团共存于萃取剂中，以S配位方式参与。如聚[2-((4-乙烯基苯基)甲硫基)-1,3,4-噻二唑-5-硫醇]（PVTT）、2-壬硫基-1,3,4-噻二唑-5-硫醇（TNSTH）、1,3,4-噻二唑-2,5-二硫醇（TDT）等都能用于铂族金属、金、银等贵金属萃取，而对钴、镍、铁等贱金属离子则几乎不萃取[81]。这类结构属于多官能团萃取剂，其萃取性能也受其他配位原子环境的影响。

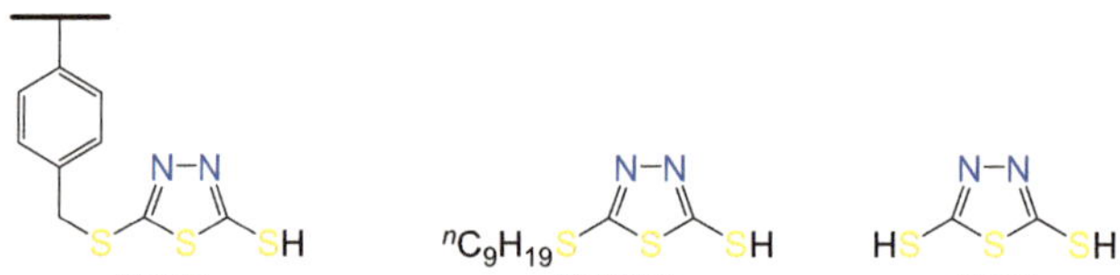

（3）硫代次膦酸

用硫原子取代二烷基次膦酸中的氧原子，就得到硫代次膦酸，如Cyanex272中一个氧和两个氧被硫取代分别得到一种新型萃取剂，即Cyanex302和Cyanex301[77]。如图5.21所示，Cyanex272、Cyanex302、Cyanex301中硫原子数目分别为0、1、2，对Co(Ⅱ)、Ni(Ⅱ)的萃取能力也逐渐增加，分离性能也各有不同。

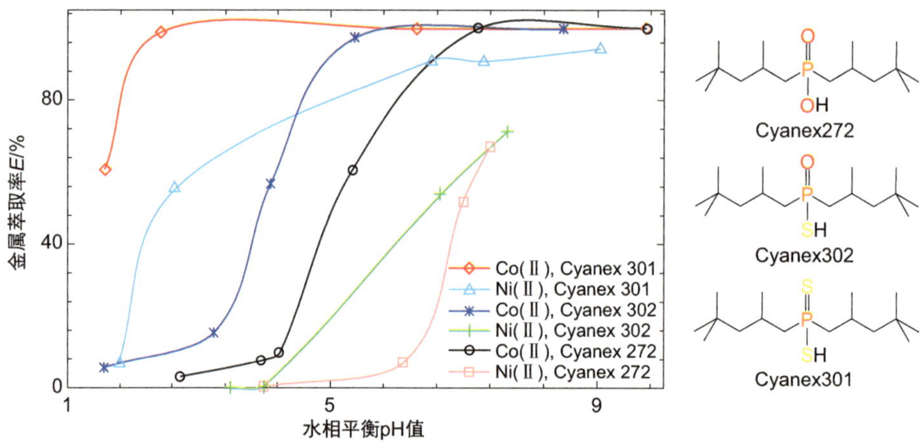

图5.21　三种结构相同但硫原子数目不同的次膦酸萃取剂萃取Co(Ⅱ)、Ni(Ⅱ)的*E*-pH曲线

从图5.21可以看出对于Co(Ⅱ)、Ni(Ⅱ)两种金属离子，三种结构的*E*-pH曲线随着分子中硫原子数目增加逐渐移向低pH区域，即按Cyanex272、Cyanex302、Cyanex301的顺序，萃取能力逐渐增强。这表明用更软的S替换O，有利于软Lewis酸离子的萃取。但萃取能力的增加并不表明分离能力也增加。图5.21中Cyanex301对Co(Ⅱ)、Ni(Ⅱ)的萃取能力都较强，导致两种金属离子的分离效果并不好，Co(Ⅱ)萃取率90%时，Ni(Ⅱ)的萃取率也达到55%左右。而Cyanex302和Cyanex272的分离效果明显更好，Co(Ⅱ)萃取率90%时，Ni(Ⅱ)的萃取率都低于30%。

二烷基次膦酸萃取剂设计的方法仍然适用于硫代次膦酸，即改变磷上取代基结构以调整以磷为中心的反应基团的萃取性能。需要指出的是用硫原子取代其中的氧原子，本身也是设计新萃取剂的方式。磷-硫之间以3d-3p轨道形成的π键，对磷上取代基结构更敏感，取代基对这类化合物萃取性能的影响也更显著[82]。除改变二烷基次膦酸中S、O数目来调节这类结构萃取、分离性能外，改变烷基结构也是一种方式。如以甲苯为稀释剂时，将Cyanex301中的烷基结构改为正辛基、1-甲基庚基、2-乙基己基对Am(Ⅲ)/Eu(Ⅲ)的分离系数可以从9800变为9700、10000、10000。改变烷基结构的影响可以看作是由萃取剂、萃合物溶剂化作用差异，即非极性基团影响导致的[83]。

除此之外，硫代二烷基次膦酸中的烷基也可用芳基替代，芳基取代导致P—S—H的酸性增加，萃取能力增加，分离性能也随之改变。如以二甲苯为稀释剂时，分别用一个和两个苯基替代双硫代二正辛基次膦酸中的正辛基，对Am(Ⅲ)/Eu(Ⅲ)的分离系数从1.4变为3.0和4.4。引入芳基除本身对萃取性能的改变外，还提供了更多可引入其他取代基的位置。在芳基上引入各种给电子或吸电子取代基，其萃取分离性能也会随之发生变化。如以二甲苯为稀释剂，在苯基对位引入CH_3、Cl时，对Am(Ⅲ)/Eu(Ⅲ)的分离系数从4.4变为1.3、21[83-84]。

5.3 外层缔合方式萃取剂设计

在金属溶剂萃取中，萃取剂反应基团除直接和金属离子配位外，还可以通过和金属与其他配体形成的团簇相互作用进行萃取，如金属-水团簇、金属-无机酸根团簇、金属-有机配体以及混合配体团簇。与直接配位的反应基团不同，外层缔合萃取时萃取剂的反应基团通过与金属配体的氢键、或通过与金属团簇的静电相互作用组成萃合物。图5.22展示了几种外层缔合方式的萃合物结构[85-88]。

从图 5.22可以看出，若金属离子易与水相中存在的Cl^-、NO_3^-等形成配阴离子，而萃取剂上又存在氨基等易被质子化而带正电的结构，则两者倾向于以外层相互作用方式形成萃合物。外层缔合形成的金属离子团簇可以是负电性、中性、正电性；萃取剂与金属团簇的连接方式，可以是氢键相互作用、阴离子-π相互作用、π-π相互作用[85]、静电相互作用、色散力等，这取决于具体的金属离子、平衡离子、萃取剂反应基团等。外层缔合形成的萃合物可以简单表示为M-X…E，M-X表示金属与其他配体形成的团簇，…表示萃取剂E与金属团簇之间的弱相互作用。外层缔合萃取剂的萃取能力和选择性取决于金属团簇的稳定性、金属团簇与萃取剂相互作用的强弱，以及萃合物M-X…E的稳定性。因此，设计外层缔合萃取剂的核心是通过调整萃取剂结构改变这三个层次的相互作用，实现对金属离子萃取性能的改变[89]。需要指出的是，一种萃取剂是直接与金属离子配位，还是通过外层缔合萃取，与具体萃取环境相关。当水相配体比萃取剂配位能力强时，容易以外层缔合形式进行萃取，反之则易以直接配位形式萃取[86]。常见按外层缔合形式萃取的萃取剂有季铵盐或质子化的有机胺、季鏻盐、磺酸萃取剂等。

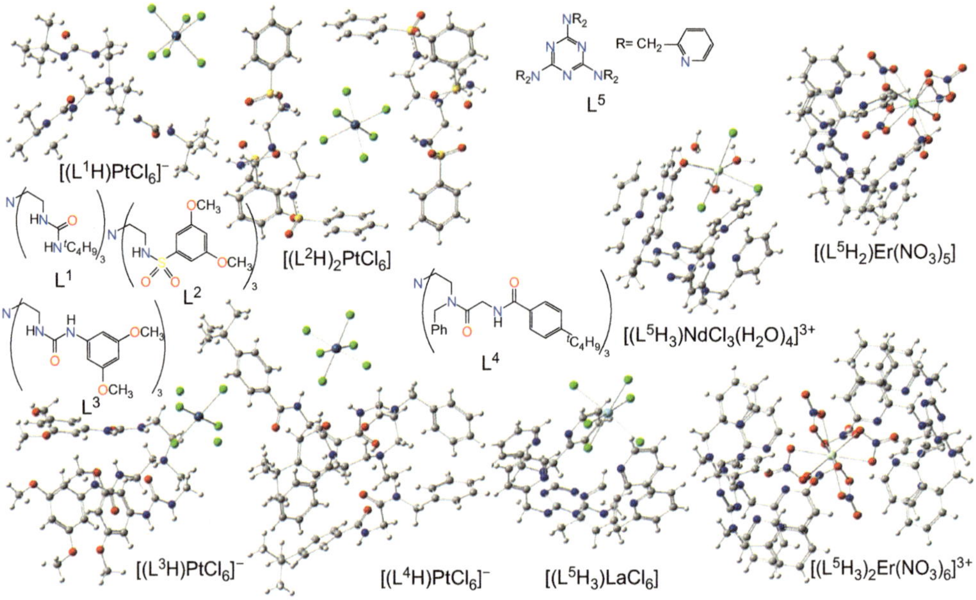

图5.22 几种配体结构及其与金属离子以外层作用形成的缔合物

5.3.1 形成离子对的反应基团

（1）一级胺、二级胺、三级胺

无论是质子化之后以离子对机理萃取，还是直接与金属离子配位萃取，胺类萃取剂的氮原子碱性都与其萃取性能密切相关，氮原子碱性决定其与质子或金属的结合强度[90-91]。因此，设计胺类萃取剂的关键在于选择恰当的取代基以改变氮原子碱性和配位性。改变与氮相连的取代基结构和数目都是调节氮原子碱性的有效途径。表5.10所列为不同烷基结构的短碳链有机胺共轭酸的pK_a值，pK_a值越低，共轭酸的酸性越强，有机胺的碱性越弱[91]。

表 5.10 不同短碳链有机胺及其共轭酸的 pK_a

有机胺	共轭酸 pK_a	有机胺	共轭酸 pK_a	有机胺	共轭酸 pK_a
NH_3	9.26	$(C_2H_5)_2NH$	10.98	$^iC_4H_9NH_2$	10.49
CH_3NH_2	10.64	$(C_2H_5)_3N$	10.75	$(^iC_4H_9)_2NH$	10.68
$(CH_3)_2NH$	10.72	$^nC_3H_7NH_2$	10.67	$^iC_5H_{11}NH_2$	10.71
$(CH_3)_3N$	9.73	$(^nC_3H_7)_2NH$	11.01	$(^iC_5H_{11})_2NH$	10.98
$C_2H_5NH_2$	10.53	$(^nC_3H_7)_3N$	10.74		

从表5.10可以看出，氮上连接的烷基结构和数目不同时，胺的碱性常数都有显著变化。一方面，烷基具有给电子效应，随着烷基数量的增加，氮的碱性应该逐渐增加，因此相同结构的仲胺比伯胺具有更强的碱性。另一方面，烷基数量越多位阻越大，H^+与氮

越难接触，导致叔胺的碱性降低；此外，烷基妨碍溶剂对铵盐正电荷的稳定作用，这也导致叔胺的碱性降低。因此相同结构的叔胺碱性比仲胺低。需要指出的是，表 5.10 列出的碱性常数变化规律只适用于实验测量的表观碱性，即在反应过程中 H^+ 的可接触碱性。烷基始终是正诱导效应，烷基数量的增加，总是增加氮上的负电性，这一点可以从它们的离子化电位看出。离子化电位总是伯胺＞仲胺＞叔胺，离子化电位越低，离子化越容易，电化学碱性越强。由于σ键电子效应的传递性差，丙基之后，烷基长度和支链化程度对氮上的碱性影响很小。

除碳链长度、N 上碳链数目外，与 N 相连的碳原子类型也对 N 的碱性有影响。另外，基于萃取剂及其形成的萃合物溶解性的需求，实际萃取剂的碳链都比表 5.10 所列结构的碳链长。由于长碳链化合物在水、乙醇的极性溶剂中倾向于形成胶束，其共轭酸的电离“机会”比短碳链少，因此通常表现出比同类短碳链化合物更低的 pK_a 值，即长碳链胺表现出更弱的碱性。如图 5.23 所示的几种不同类型长碳链胺及其共轭酸的 pK_a 值[91]。

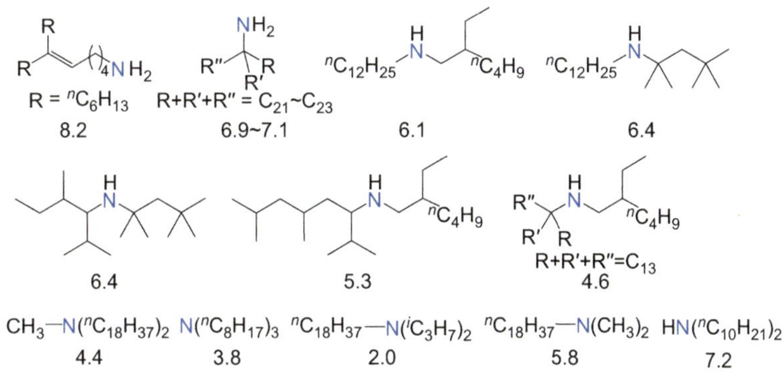

图5.23　一些长碳链有机胺结构及其共轭酸pK_a值

如图 5.23 所示，同为伯胺，直接与 N 相连的碳原子从一级碳变为三级碳时，pK_a 值从 8.2 变为 7.0 左右，即 N 上碳原子类型直接影响 N 与质子结合的程度。类似的现象在仲胺、叔胺上也有体现，如三正辛基胺共轭酸的 pK_a 值为 3.8，而正十八烷基二异丙基胺共轭酸的 pK_a 值为 2.0。有机胺的碱性可以在很大程度上解释它们对金属离子的萃取特征。如 N1923 和 N235 萃取镧系、锕系离子：在酸性条件下都按离子缔合机理萃取；而在中性介质中 N1923 还能按溶剂化机理萃取，N235 则几乎不萃取[92-93]。文献中还报道了更多结构各异的长碳链烷基胺，但烷基结构对 N 碱性影响复杂，烷基链之间的电子效应差异小，而实验测量又受溶解、温度、搅拌强度等因素影响，因此难以建立有效的结构-性能关系，也无法准确预测碱性和萃取性能。

与烷基胺不同，当氨基与芳香环相连时，氮原子 p 轨道孤对电子通过 p-π 共轭向芳环转移，因此芳香胺的碱性比烷基胺弱。改变芳环上的取代基，可以在较大范围内调节芳香胺氮的碱性，但通常难以达到与烷基胺相当的碱性。因此，尽管有关于芳香胺与金属形成离子对的报道[94]，但其在萃取方面的应用却很少。

（2）铵盐萃取剂

季铵盐或在萃取中形成铵盐的伯、仲、叔胺，在金属萃取过程中，通常按离子对机理参与金属萃取。季铵盐的氮原子连有4个N—C键，通常稳定性较强；但伯、仲、叔胺形成的铵盐，可随pH值变化而形成和解离。在这里为了方便叙述，统称铵盐萃取剂。铵盐萃取剂对金属的萃取机理有中性配位机理和阴离子交换机理。以叔胺从硫酸体系中萃取UO_2^{2+}为例[95]：

中性配位机理：$(R_3NH)_2SO_{4(o)} + UO_2SO_{4(aq)} \longrightarrow (R_3NH)_2UO_2(SO_4)_{2(o)}$

阴离子交换机理：$(R_3NH)_2SO_{4(o)} + [UO_2(SO_4)_2]^{2-}_{(aq)} \longrightarrow (R_3NH)_2UO_2(SO_4)_{2(o)} + SO_4{}^{2-}{}_{(aq)}$

存在这两种萃取机理的原因是在硫酸体系中UO_2^{2+}与SO_4^{2-}能形成两种不同的离子化合物结构——UO_2SO_4和$[UO_2(SO_4)_2]^{2-}$，且两种结构容易相互转化。

中心金属配合物团簇为阳离子时，萃取机理也可以表示为阴离子交换机理：

$$MA_{i(aq)}^{(m-i)+} + n(R_3NHA)_{(o)} \longrightarrow (R_3NH)_n(MA_{(n+m)})_{(o)} + (i-m)A^-{}_{(aq)}$$

伯胺N1923从硫酸体系中萃取Fe(Ⅲ)也是这种机理[91]，形成的萃合物是$(RNH_3)_2Fe(OH)(SO_4)_2$。

无论是萃取UO_2^{2+}形成的$(R_3NH)_2UO_2(SO_4)_2$，还是萃取Fe^{3+}形成的$(RNH_3)_2Fe(OH)(SO_4)_2$，都是铵盐正离子与金属配阴离子形成的离子对，因此也可以称为离子对机理。在萃合物中，铵正离子与$UO_2(SO_4)_2^{2-}$或$Fe(OH)(SO_4)_2^{2-}$存在氢键和静电相互作用，以外层缔合形式萃取。表5.11中列出了不同胺类萃取剂的分子量（M）及其对UO_2^{2+}的萃取率（E）[95]。

表5.11 不同胺类萃取剂在硫酸体系中萃取UO_2^{2+}的萃取率

结构	M	E/%	结构	M	E/%
$[^nC_7H_{15}]_2NH$	213	24.6	$[^nC_4H_9CH(C_2H_5)CH_2]_2NCH(CH_3)^nC_6H_{13}$	353	6.7
$[^nC_8H_{17}]_2NH$	241	17.6	$[^nC_4H_9CH(C_2H_5)CH_2]_2NCH_2C_6H_5$	331	14.2
$[^nC_6H_{13}CH(CH_3)]_2NH$	241	79.1	$^nC_4H_9CH(C_2H_5)CH_2N[CH(CH_3)^nC_6H_{13}]_2$	353	1.3
$[^nC_4H_9CH(C_2H_5)CH_2]_2NH$	241	93.5	$^nC_4H_9CH(C_2H_5)CH_2N[^nC_7H_{15}]_2$	326	77.6
$[^nC_7H_{15}]_3N$	311	96.0	$[C_6H_5CH_2, {}^nC_6H_{13}CH(CH_3)]NH$	219	88.0
$[^nC_8H_{17}]_3N$	353	97.0	$[C_6H_5CH_2, {}^nC_4H_9CH(C_2H_5)CH_2]NH$	219	91.0
$[^nC_4H_9CH(C_2H_5)CH_2]_3N$	353	13.0	$[^nC_4H_9CH(C_2H_5)CH_2]_2NCH_2C_6H_5$	331	1.7
$^nC_6H_{13}CH(CH_3)N[^nC_7H_{15}]_2$	326	58.9	$[^nC_4H_9CH(C_2H_5)CH_2]_2N^nC_7H_{15}$	339	18.4
$C_6H_5CH_2N[^nC_7H_{15}]_2$	303	84.2	$[^nC_7H_{15},4\text{-MeO-}C_6H_4CH_2]NH$	235	87.4
$[^nC_6H_{13}CH(CH_3)]_2N^nC_4H_9$	297	22.0	$[^nC_6H_{13}CH(CH_3),4\text{-MeO-}C_6H_4CH_2]NH$	249	84.5
$[^nC_6H_{13}CH(CH_3)]_2N^nC_7H_{15}$	339	25.6	$[^nC_4H_9CH(C_2H_5)CH_2,4\text{-MeO-}C_6H_4CH_2]NH$	249	86.9
$[C_6H_5CH_2, {}^nC_{12}H_{25}]NH$	275	96.9	$[^nC_7H_{15},2\text{-HO-}C_6H_4CH_2]NH$	221	15.9
$[C_6H_5CH_2, {}^nC_4H_9]NH$	163	16.0	$[^nC_6H_{13}CH(CH_3),2\text{-HO-}C_6H_4CH_2]NH$	235	4.6
$[C_6H_5CH_2, {}^nC_7H_{15}]NH$	205	75.1	$[^nC_4H_9CH(C_2H_5)CH_2,2\text{-HO-}C_6H_4CH_2]NH$	335	8.2
$[cyclo\text{-}C_6H_{11}, {}^nC_{12}H_{25}]NH$	267	98.4			

由表5.11可见：同为二级胺或三级胺，且与N相连碳原子级数相同，但对UO_2^{2+}的萃取率却差异较大，如$[^nC_8H_{17}]_2NH$、$[^nC_4H_9CH(C_2H_5)CH_2]_2NH$的萃取率分别为17.6%、93.5%，$[C_6H_5CH_2, ^nC_4H_9]NH$、$[C_6H_5CH_2, ^nC_7H_{15}]NH$、$[C_6H_5CH_2, ^nC_{12}H_{25}]NH$的萃取率分别为16.0%、75.1%、96.9%。可见，胺类化合物对UO_2^{2+}的萃取性能与氮原子上的电子密度无显著相关性。似乎碳链增长有利于萃取率增加，但分子量M与萃取率E的线性拟合的R^2小于0.1。从表5.11中数据只能看出，N上取代基会影响胺的萃取性能，但难以用定量结构-性质关系解释和预测。

大多数胺类萃取剂对常见金属离子的萃取性能都已被研究，发现胺上取代基数目比取代基结构对胺萃取性能的影响更大。不同类型有机胺萃取剂对同种金属的萃取可以差异很大，有的有高萃取能力，而有的几乎不萃取。表5.12所列常见胺类萃取剂萃取金属离子的分配比[91, 96]。

表 5.12　常见胺类萃取剂萃取一些金属离子的分配比

离子	伯胺		仲胺			叔胺		
	胺Ⅰ	胺Ⅱ	胺Ⅲ	胺Ⅳ	胺Ⅴ	胺Ⅵ	胺Ⅶ	胺Ⅷ
Mg(Ⅱ)、Ca(Ⅱ)、V(Ⅳ)、Cr(Ⅲ)、Mn(Ⅱ)、Co(Ⅱ)、Ni(Ⅱ)、Cu(Ⅱ)、Zn(Ⅱ)	< 0.1		< 0.01	< 0.01	< 0.01	< 0.01	< 0.01	
V(Ⅲ)		4②		0.1①②				
Fe(Ⅲ)	40		< 0.5	< 0.5	< 0.1		< 0.01	
RE(Ⅲ)	20			< 0.1	< 0.01		< 0.01	
Ce(Ⅳ)	> 50	15②	< 0.1		< 0.01		< 0.01	
Ti(Ⅳ)	10		5		0.2		< 0.1	
Zr(Ⅳ)	> 1000			350			200	< 1
Th(Ⅳ)①	> 5000	> 500②		> 500	2		< 0.1	
U(Ⅳ)	3000	> 5000②	200		50①②		< 1③	
V(Ⅴ)			< 1	< 1	< 1		< 1	
V(Ⅴ)(pH=2)③	≈ 20		≈ 20		≈ 20	≈ 20	≈ 20	
Mo(Ⅵ)③	150		200		400	400	150	3
Mo(Ⅵ)(pH=2)③	> 1000		> 1000		> 1000	> 1000	> 1000	
U(Ⅵ)	40	10	80	120	20	50	90	0.2

① 用0.5mol/L硫酸盐保持离子强度。
② 煤油为稀释剂。
③ 每升有机相负载约5g V(Ⅴ)或3g Mo(Ⅵ)的萃取。
萃取条件：水相金属离子浓度为1 g/L，pH = 1，1mol/L硫酸盐保持离子强度。
注：胺Ⅰ—5,11-二乙基十五碳-8-基胺（Amine 21F81）；胺Ⅱ—1,1,3,3,5,5,7,7,9,9-十甲基癸胺和1,1,3,3,5,5,7,7,9,9,11,11-十二甲基十二烷基胺（Primene JM-T）；胺Ⅲ—二(月桂基)胺；胺Ⅳ—二(十三烷基)胺；胺Ⅴ—二(3,5-二甲基-1-异丁基己基)胺（AmineS-24）；胺Ⅵ—甲基二(正癸基)胺；胺Ⅶ—三(异辛基)胺；胺Ⅷ—三(2-乙基己基)胺。

从表5.12所列可以看出，总体来看萃取能力从大到小的顺序为伯胺 > 仲胺 > 叔胺。除V(Ⅳ)、Cr(Ⅲ)外，伯胺对大多数三价及以上金属离子都有较高的萃取率；仲胺对

Fe(Ⅲ)、RE(Ⅲ)、Ce(Ⅳ)等的萃取远低于伯胺；叔胺则只对V(Ⅴ)、Mo(Ⅵ)、U(Ⅵ)等少数几种金属离子有较好的萃取能力。从金属离子角度来看，可以把金属离子分为四组：第一组，三种胺对其都有较高萃取能力，如Mo(Ⅵ)、U(Ⅵ)、V(Ⅴ)、Zr(Ⅳ)等；第二组，伯胺、仲胺有高的萃取率，几乎不被叔胺萃取，如U(Ⅳ)、Th(Ⅳ)、Ti(Ⅳ)等；第三组，只被伯胺萃取，仲胺难以萃取，叔胺完全不萃取，如V(Ⅲ)、Fe(Ⅲ)、RE(Ⅲ)等；第四组，不被所有胺萃取，如Ca(Ⅱ)、Mg(Ⅱ)等碱土金属、第四周期二价金属离子等。改变N上取代基数量或结构可设计出更多类型萃取剂，它们萃取金属离子的性质可以通过表5.12中同类结构进行估计。只是胺类萃取剂以外层缔合方式萃取，其分子结构与萃取性能的关系不如直接结合的明确，因此预测结果的可靠性差。

（3）鏻盐萃取剂

与叔胺化合物类似，三烷基膦或三芳基膦（R_3P，R为相同或不同的烷基或芳基）在萃取条件下也通常与H^+结合形成鏻盐R_3P^+H。和季鏻盐$R_4P^+A^-$在萃取中的表现相似，区别是在萃取中R_3P^+H的形成与解离可通过pH调节，而R_4P^+在萃取过程中是稳定的，在这里统称鏻盐萃取剂。鏻盐萃取剂通常以离子交换机理萃取，形成离子对萃合物。磷中心取代基结构和平衡离子对鏻盐萃取性能都有明显影响，如表5.13所列[97]。

表5.13　几种具有不同结构鏻盐对金属离子的萃取率（%）

化合物	Fe(Ⅲ)（4.4）	Mo(Ⅵ)（5.7）	Cd(Ⅱ)（11）	Au(Ⅲ)（12）	Pd(Ⅱ)（0.2）
$(2,6\text{-di-MeOPh})_3\mathbf{P}$	81.5	64.9	58.3	93.2	7.4
$[(2,6\text{-di-MeOPh})_3\mathbf{P}H]ClO_4$	72.2	0.0	5.5	97.8	0.9
$[(2,6\text{-di-MeOPh})_3\mathbf{P}C_{12}H_{25}]Br$	85.6	53.1	58.5	93.0	2.4
$[(2,6\text{-di-MeOPh})_3\mathbf{P}C_{18}H_{37}]Br$	84.7	67.9	36.7	93.5	2.5
$[(2,6\text{-di-MeOPh})_3\mathbf{P}CH_2C_6H_5]Br$	82.0	65.4	56.5	86.8	3.0
$\{[(2,6\text{-di-MeOPh})_3\mathbf{P}]_2(p\text{-xyl})\}_2Br_2$	89.9	69.4	97.7	98.9	44.7
$\{[2,6\text{-di-MeOPh})_3\mathbf{P}]_2(CH_2)_3\}Br_2$	81.3	50.0	96.2	94.1	48.6
$\{[(2,6\text{-di-MeOPh})_3\mathbf{P}]_2(CH_2)_{10}\}Br_2$	89.5	69.6	96.5	99.5	43.4

萃取条件：Fe(Ⅲ)、Au(Ⅲ)、Cd(Ⅱ)、Pd(Ⅱ)初始浓度为0.0001mol/L，氯仿做稀释剂，萃取剂浓度按磷中心计为0.0001mol/L；Mo(Ⅵ)初始浓度为0.0005 mol/L，1,2-二氯乙烷做稀释剂，萃取剂浓度按磷中心计为0.001mol/L。

注：括号里数值表示萃取时水相HCl浓度，单位为mol/L。*p*-xyl是指$p\text{-}CH_2C_6H_4CH_2$。

从表5.13结果可以看出，鏻盐的萃取规律与具体的被萃金属离子有关，例如，对于Pd(Ⅱ)，带有苄基的鏻盐的萃取能力明显高于只带有烷基的鏻盐；对于Au(Ⅲ)，烷基鏻盐比苄基鏻盐的萃取率高；对于Fe(Ⅲ)，则对鏻盐的结构不敏感。所有萃取都需要在高盐酸浓度条件下进行，这是由于按阴离子交换机理萃取，只有高Cl^-条件下有助于形成含Cl^-的金属配阴离子。

另外，对于某些金属离子、平衡离子也是影响萃取性能的重要因素。若平衡离子为油溶性则会导致萃取机理发生变化，萃取过程中鏻盐的平衡离子并不进入水相，而是将水相中的阳离子转移到有机相（一般是H^+），这时还与有机相平衡离子对水相中阳离子的萃取能力有关（见2.2.6）。如Cyphos IL 101（三正己基(正十四烷基)氯化鏻）和Cyphos IL 104（三正己基(正十四烷基)鏻二(2,4,4-三甲基戊基)次膦酸盐）阴离子分别为Cl^-和二(2,4,4-三甲基戊基)次膦酸根：

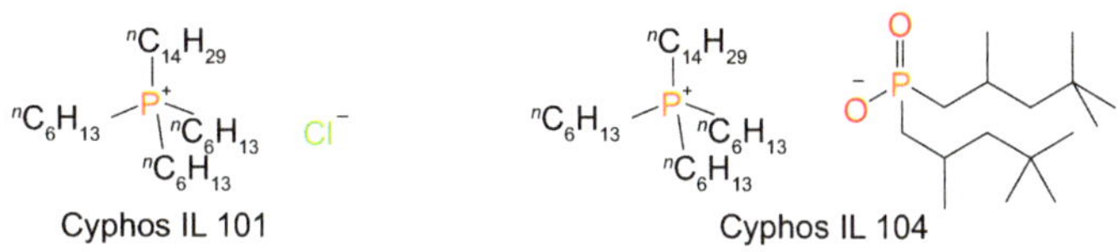

萃取过程中前者的阴离子可以进入水相，可以阴离子交换形式萃取；而后者只能将水相中相应的正负离子同时萃取到有机相，以保持整体的电中性。两者在Co(Ⅱ)、Ni(Ⅱ)萃取和反萃中的性质都截然不同，且可能对与Cl^-结合能力不同的金属离子表现出较好的分离能力[98]。

基于此，针对特定的被萃金属离子，可以从三个角度来设计相应的鏻盐萃取剂。首先，磷中心的取代基，包括烷基、苄基、芳基的选择以及相应的结构变化。其次，R_4P^+和R_3PH^+的选择：R_4P^+易被非极性基团将屏蔽磷正电中心，与金属配位团簇只能以静电作用结合；若存在氢键受体，R_3PH^+更容易与金属离子配位团簇形成作用更强的氢键。这两种鏻盐的差异在于：R_4P^+通常是预先制备，再用于萃取剂，P—R键可以稳定存在于萃取过程中；而R_3PH^+是直接使用R_3P进行萃取，R_3P与萃取体系中的H^+结合形成R_3PH^+，萃取过程中P—H键的形成与断裂都是可逆的，且R_3P可能被氧化导致其萃取性能发生变化。最后，平衡离子的选择：采用有利于把水相阳离子转移到有机相中的平衡离子，其组成的鏻盐通常具有较强的萃取能力。

（4）磺酸萃取剂

磺酸的酸性强，电离后的磺酸根有较强的水合作用，与金属离子直接配位时需要先解离其结合水。在金属溶剂萃取中，通常不直接与金属离子配位，而是作为平衡离子通过外层缔合作用进入有机相。另外，长碳链磺酸化合物具有较强的表面活性，可用作表面活性剂，如十二烷基磺酸钠可用于制备肥皂。长碳链磺酸用于萃取剂时，影响分相，且对不同金属离子的选择性差，很少单独作为萃取剂使用。通常是与其他化合物共同使用形成协萃体系，最常用于与吡啶的协萃。利用吡啶N属于软Lewis碱的特征，可从含Fe(Ⅲ)、Al(Ⅲ)、Ca(Ⅱ)、Mg(Ⅱ)等的料液中选择性萃取Ni(Ⅱ)、Cu(Ⅱ)等软Lewis酸离子[99]。一方面，磺酸类萃取剂通过外层氢键缔合，S上取代基离金属中心较远，难以通过空间排斥发挥取代基作用；另一方面，通常的磺酸已有足够强的酸性，S上取代基对磺酸根形成氢键强度影响也较小。这导致只要有足够高的脂水分配系数，取代基对磺酸萃取性能的影响不如在其他萃取剂上体现得明显。而磺酸体系的协萃剂直接与金属离子配位[70]，其结构的影响更明显，详见5.5。

（5）醚、醇

醚、醇作为金属萃取剂的应用可以追溯到金属溶剂萃取最开始的发展阶段。早在1842年Péligot就发现了用乙醚从硝酸溶液中萃取$UO_2(NO_3)_2$的方法[100]。相对于含氧酸中的氧负离子和酰氧中的双键氧，醚氧和醇氧的碱性和与金属的配位能力都要差很多。

在金属溶剂萃取中，醚和醇的萃取反应一般不是通过其与金属离子的直接配位来实现的（除冠醚、多羟基醇萃取碱金属、碱土金属等少数体系外，这些分析用萃取剂能高选择性萃取某些金属离子是多个基团共同作用的结果），而是通过鎓盐离子对机理萃取。另外，醇、醚还可作为取代基存在于萃取剂中，而不作为萃取过程的反应基团。

在醚、醇的金属萃取中，通过改变与氧相连的取代基，进而实现对氧碱性的调整，可以设计出具有不同应用的萃取剂。醚、醇用于其他金属萃取分离的报道较少，主要都用于锕系元素的分离。常见的有：用于铀提取或纯化的乙醚、2-正丁氧基乙醇、1-异丙基-2-甲基丙醇；用于铀与钚分离的二异丙基醚、二正丁醚、二甘醇二丁醚、二氯代三甘醇、四甘醇二丁醚、乙二醇二丁醚等[101-103]。

醚、醇单独作为萃取剂时对金属的萃取能力不强，更多时候是被用作溶剂或相改良剂，调节萃取速率、乳化、第三相形成等性质。图5.24所示为正辛醇作为三正辛胺（TOA）萃取分离U(Ⅵ)、Fe(Ⅲ)相改良剂时对萃取分离的影响[104]。

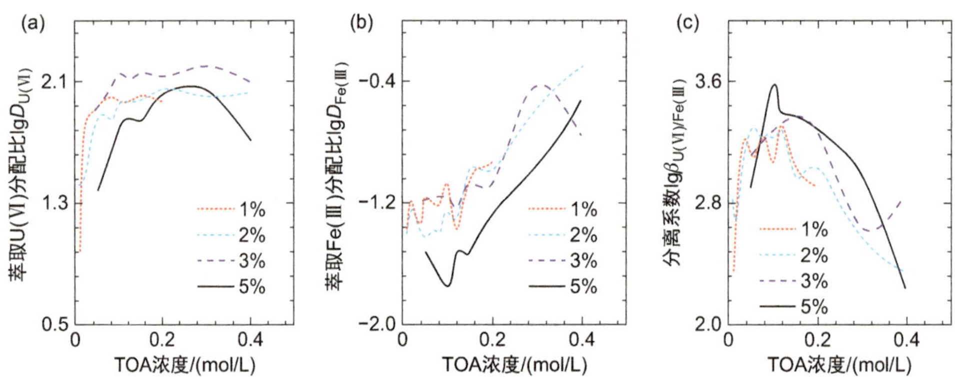

图5.24 添加不同含量正辛醇的三正辛胺（TOA）萃取U(Ⅵ)（a）、Fe(Ⅲ)（b）的分配比，及其两种离子间的分离系数（c）

从图5.24可以看出，尽管正辛醇在这里被称为相改良剂，但由于其本身具有一定萃取能力，也会影响金属的分配平衡和分离系数，因此也可以看作是协萃剂。在这里仍然称为相改良剂的原因是：添加的量较少，且对平衡分配比的影响也不大；最主要的是添加比例能明显改善三相现象。与大多数相改良剂相似，醇做相改良剂时可促进水在有机相中形成反胶束，从而增加有机相中水溶性物质的分配比，如H^+、H_2O、无机酸根等。

单一醚、醇官能团的化合物对金属离子的萃取能力弱、选择性也不高，但C—O、

O—H键稳定，在构建多官能团萃取剂中既不影响萃取剂的稳定性，还能调节萃取剂亲水、亲油性。

5.3.2 外层缔合萃取

外层缔合萃取，在萃取时萃取剂不直接与被萃金属离子相互作用，而是通过氢键、色散力、静电等相互作用与被包裹在内层的金属离子形成离子对萃合物。与直接配位形成的萃合物相似，外层缔合物能将金属离子转移到有机相的原因也是缔合物外侧具有亲油性。水分子与金属离子配位后，氢原子的酸性增强，甚至发生电离反应，因此其与N、O、S等形成的氢键较强，这使得外层缔合物也具有一定的稳定性。

发生外层缔合的原因是，金属离子与萃取剂反应基团的亲和性低于与其他水相配体的亲和性，包括水分子、无机酸平衡离子等水相小分子和离子。萃取剂的外层缔合与内层配位可以同时存在，两者是竞争关系[105]。尤其是在萃取剂非极性基团较大，而反应基团与金属离子的亲和性强时。非极性基团的空间位阻，不利于多个萃取剂分子配位，而水相小分子或离子可补齐金属离子所需的配位数。可以是同一个萃合物中，存在内层配位、外层缔合两种萃取剂配位方式，也可以是两种萃合物的混合物。如Cyanex301在萃取镧系金属时，对于前镧系金属离子，由于离子半径大、更软，倾向于形成内层配位萃合物，Ln(Cyanex301)$_3$；但对于后镧系金属离子，由于半径小、更硬，倾向于形成外层缔合物Ln(H$_2$O)$_9$(Cyanex301)$_3$；中间镧系金属离子则是两者的混合物[86]。而Cyanex301萃取Ag(Ⅰ)时，由于Ag(Ⅰ)与S有较高的亲和性，因此都形成内层配位萃合物[106]。在萃取和反萃过程中，内层配位萃取和外层缔合萃取可以互换。图5.25所示为胺类萃取剂从盐酸体系萃取二价金属离子的示意图[107]。

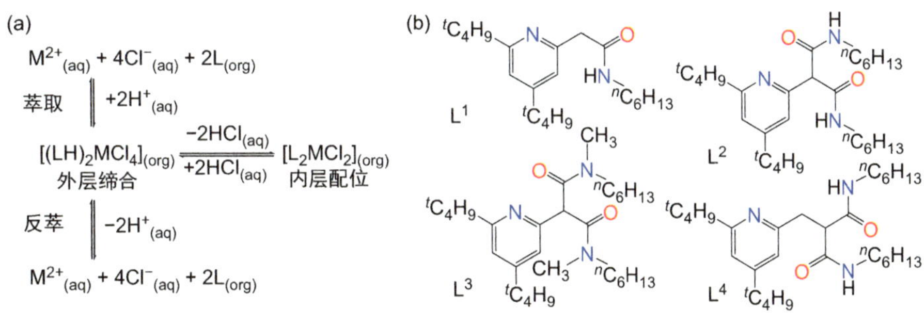

图5.25　中性胺类萃取剂L从盐酸体系萃取二价金属离子示意

(a) 中性萃取剂L对二价金属离子M^{2+}的萃取和反萃反应，以及外层缔合萃合物$(LH)_2\cdot[MCl_4]_{(org)}$与内层配位萃合物$[L_2MCl_2]_{(org)}$之间的转化；(b) 相应的萃取剂结构

在图5.25中萃取剂L^1 ～ L^{4}都有可能形成内层和外层两种形式的萃合物。配体与金属配位能力越弱、结合质子能力越强、无机酸根与金属离子配位能力越强，则越易形成$(LH)_2\cdot[MCl_4]_{(org)}$型外层缔合萃合物，反之则越易形成$[L_2MCl_2]_{(org)}$型内层配位萃合物。而更多情况下是两种萃合物共存。对于酸性萃取剂或可与质子结合的萃取剂，还可以通过

调节水相pH值来控制两种萃合物的组成比例[85, 108-109]。

（1）外层缔合萃取剂

与内层配位萃取不同，外层缔合萃取时，金属离子的直接配位形式或配位环境通常没有发生变化，仍然是水分子、无机酸根等与之配位。因此，决定萃取体系萃取率和选择性的其实是萃取剂对这些配体与金属离子形成的配合物的相互作用。外层缔合萃取剂设计的方法就是通过修饰其结构使之与这些配合物达到最优匹配。如由于氯化浸出液中存在大量Cl^-，Zn(Ⅱ)、Co(Ⅱ)等金属离子通常以$ZnCl_4^{2-}$、$CoCl_4^{2-}$等配阴离子形式存在，直接以图5.25(b)所示萃取剂萃取时可以形成图5.26所示多种外层缔合萃合物[107]，这些萃合物的稳定性和在有机相中的溶解性直接决定了萃取剂对金属离子的萃取率和选择性。

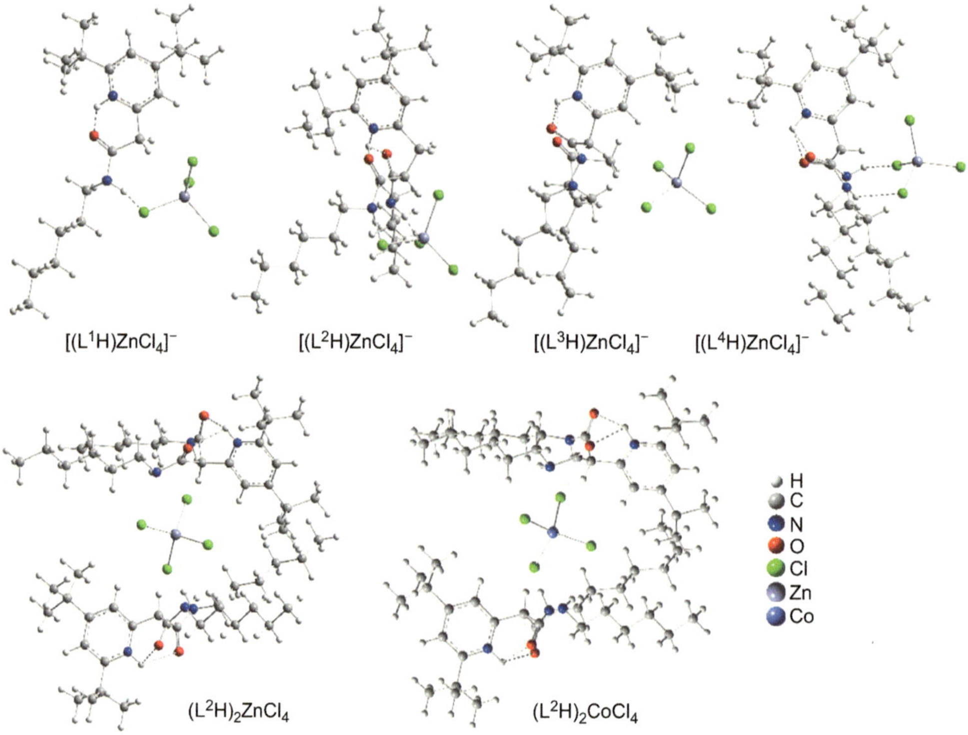

图5.26 几种配体以外层缔合萃取金属配阴离子的形式

配体结构如图5.25（b）所示。其中，$(L^2H)_2CoCl_4$来源于单晶结构，而其他结构都是在此基础上用计算化学方法得到的结构，计算条件为B3LYP//6-31+G*/Lanl2DZ

不同配体结构对配阴离子的最优结合方式不同，能形成的氢键数目越多、氢键越强、静电作用越强，外层缔合作用就越强，其对应的萃取率就越高。$ZnCl_4^{2-}$和$CoCl_4^{2-}$，两种金属配阴离子都是正四面体结构，但它们配位方式却不同，这导致配体与它们的结合强度存在差异，这是实现金属离子分离的基础。

配体以质子化形式与金属离子形成外层缔合物，因此，配体质子化位点、质子化产物（共轭酸）稳定性都是影响其与金属离子缔合的因素。参与质子化的位点形成氢键的能力远高于其他位置，若能与金属部分形成氢键则可使得形成的外层缔合物具有较强的稳定性，即萃取能力加强，但图5.26中的吡啶鎓N由于空间取向，形成分子内氢键，这不利于获得高的萃取率。分子中配位能力较强的吡啶N被质子化后不再能与金属离子配位，同时为了保证萃合物的电中性，金属离子以配阴离子形式被萃取。为了形成易被萃取的配阴离子，需要有足够浓度且配位能力足够强的无机酸根作为平衡离子。三强酸中Cl^-与多种金属离子都有较强的配位能力，因此通常选择Cl^-作为外层缔合的无机酸根阴离子，其浓度通常是目标金属离子的许多倍。

直接配位时，萃取剂与金属离子的配位性质决定萃取剂对金属离子的萃取、分离性能；在外层缔合萃取中配体与金属配阴离子的缔合作用决定了对金属离子的萃取、分离性能。图5.27所示为两种萃取剂通过外层缔合萃取Zn(Ⅱ)、Fe(Ⅲ)的萃取曲线[108]。

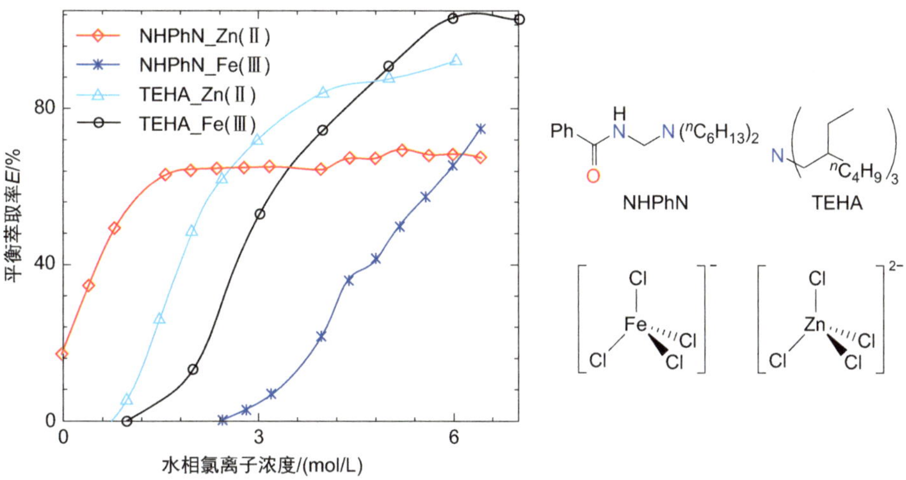

图5.27　两种外层缔合萃取剂在不同Cl^-浓度下对Zn(Ⅱ)、Fe(Ⅲ)的萃取曲线

在氯化体系中Zn(Ⅱ)、Fe(Ⅲ)形成相同的金属配阴离子，与同一萃取剂结合方式也相同，如图5.27中的NHPhN和TEHA。萃合物结构分析表明Zn(Ⅱ)、Fe(Ⅲ)都与萃取剂以相同的外层缔合方式结合。但两种离子的价态不同，$ZnCl_4^{2-}$电荷数绝对值比$FeCl_4^-$高，质子化后的萃取剂与$ZnCl_4^{2-}$具有更强的相互作用，因此对Zn(Ⅱ)具有更强的萃取能力。TEHA只有一个N位点可与金属配阴离子结合，这种差异并不明显，因此TEHA对Zn(Ⅱ)、Fe(Ⅲ)的分离效果不好。若在分子中引入酰胺基团（如NHPhN），可以在分子中形成两个能与金属配阴离子相互作用的位点，这种差异能体现得更明显，使NHPhN对Zn(Ⅱ)、Fe(Ⅲ)的分离效果较好。另外，TEHA只有一个质子化位点，能与$FeCl_4^-$形成电中性缔合物，有利于Fe(Ⅲ)萃取，不利于Zn(Ⅱ)，而NHPhN恰好相反。NHPhN具有两个可质子化位点，对H^+结合能力也更强，实验中用HCl调节水相Cl^-浓度，因此在高Cl^-区域NHPhN萃取率比TEHA低。

除氢键外，外层缔合萃合物还可通过阴离子-π、π-π、静电、色散等相互作用形成，如用1,3,5-三嗪衍生物与镧系金属离子形成的配合物中，配体与$Ln(H_2O)_4Cl_3$形式的内核配合物之间就存在多种作用[85]。

（2）外层缔合协萃剂

有时候萃取剂与金属离子形成配合物后，仍然有相当一部分具有较强的亲水性，导致其萃取率不高。这时，若能在配合物外侧亲水位点引入相应的协萃剂，形成外层缔合物，则可能提高萃取率。如用2,4-戊二酮萃取分离Ga(Ⅲ)、In(Ⅲ)的体系中：若加入3,5-二氯苯酚，可明显提高有机相在相同pH条件下的萃取率；若加入3,5-二(三氟甲基)苯酚，则能有效提高Al(Ⅲ)、Ga(Ⅲ)之间的分离。图5.28所示为添加或不添加二取代苯酚时萃取率或分配比随pH值的变化[110-111]。

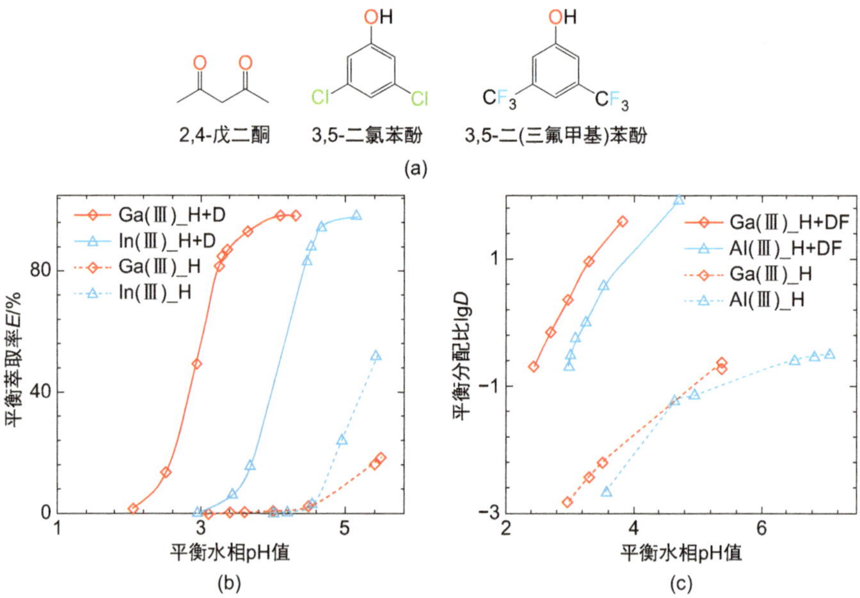

图5.28 2,4-戊二酮（H）与协萃剂3,5-二氯苯酚（D）、3,5-二(三氟甲基)苯酚（DF）萃取分离Al(Ⅲ)、Ga(Ⅲ)、In(Ⅲ)

（a）萃取剂与协萃剂的结构式；（b）以3,5-二氯苯酚为协萃剂；（c）以3,5-二(三氟甲基)苯酚为协萃剂

红外、核磁研究都表明，协萃剂D和DF都是通过氢键与金属配合物结合，而不是作为配体直接与金属离子形成配合物。从上面的实例可以看出，外层缔合协萃剂能有效促进萃取的关键在于能降低直接配位形成的配合物的亲水性。因此，通过分析金属配合物的亲水位点，并引入相应的氢键供体、受体进行屏蔽，是设计外层缔合萃取剂的有效方式[112]。

外层缔合萃取剂和协萃剂所起的作用，都是通过与第一配位层上的配体相互作用，增加金属离子的油溶性，促进金属离子被转移到有机相。设计的方法也相同，即寻找与第一配位层上配体结合位点相匹配的结构，以降低萃合物亲水性，提高亲油性，增加稳定性等，以调整萃取性能。

5.3.3 反胶束萃取的萃取剂

金属萃取剂都是表面活性剂，在萃取过程中，皂化后的萃取剂、萃取后形成的萃合物在有机相中并不一定都以单分子或低聚体真溶液形式存在，而是以一定数量分子聚集成微相的形式存在，微相尺度为胶体层次。

（1）胶束与反胶束

在胶体化学领域，把表面活性剂的极性头朝外、疏水尾部朝内形成的中间核为非极性的胶团，称为正胶束；而把表面活性剂极性基团朝里、疏水基团朝外形成的中间核为极性的胶团，称为反胶束。在萃取体系中，正胶束是萃取剂、萃合物在水相中形成的微相。在有机相中，水、萃合物、无机酸根离子、萃取剂分子、表面活性剂等可形成反胶束，当反胶束是金属离子在有机相主要存在形式时，这种萃取就被称为反胶束萃取。

（2）反胶束萃取

萃取中形成反胶束的机理可以分为两种：第一，皂化、离子化、质子化后作为表面活性剂，或直接添加表面活性剂在有机相中形成W/O胶束；第二，萃取剂作为助表面活性剂，增加已形成的W/O胶束在有机相中的分散性。第一种属于表面活性剂萃取机理，萃取剂表面活性较大时通常是这种机理；第二种与普通萃取剂萃取机理类似，主要是萃取剂与萃合物在有机相中的溶解性大于水相。在这里主要关注第一种机理的萃取剂。反胶束萃取形成的胶束如图5.29所示[113-114]。

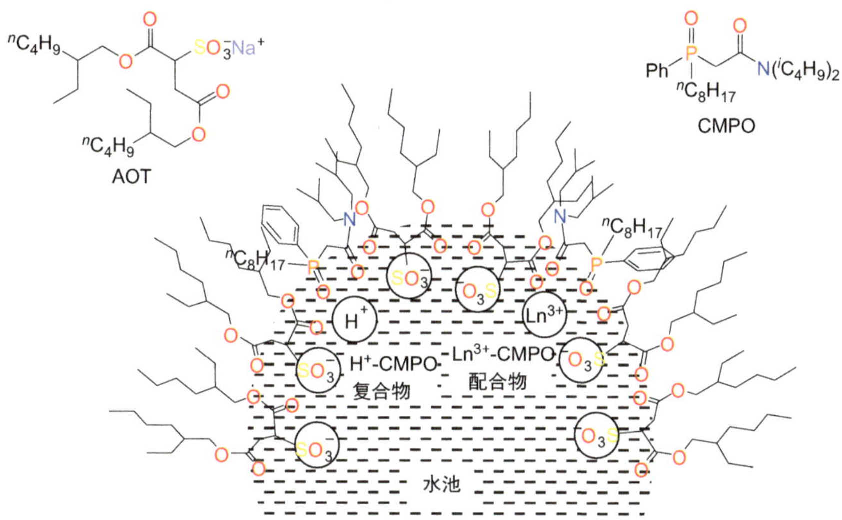

图5.29 表面活性剂AOT与萃取剂CMPO微乳液协同萃取形成W/O反胶团示意图

从图5.29可以看出，在CMPO从硝酸体系中萃取Ln^{3+}时，形成反胶束聚集体，中心的“水池”是极性的，表面活性剂AOT对W/O反胶束起稳定作用。类似的现象在P204与AOT协同萃取Th^{4+}体系中也能观察到。单独的AOT对Th^{4+}几乎不萃取；而单独的P204因无法形成稳定的反胶束，萃取率也较低。同时添加AOT和P204时，可有效提高体系的萃取能力[115]。

反胶束萃取的关键在于反胶束的稳定性，图5.29中所示反胶束的稳定性取决于AOT的表面活性与CMPO的萃取性能。因此设计这类萃取剂的关键仍然是选择恰当的反应基团和非极性基团。图5.30展示了几种典型的反胶束萃取剂及其相应的表面活性剂[113]。

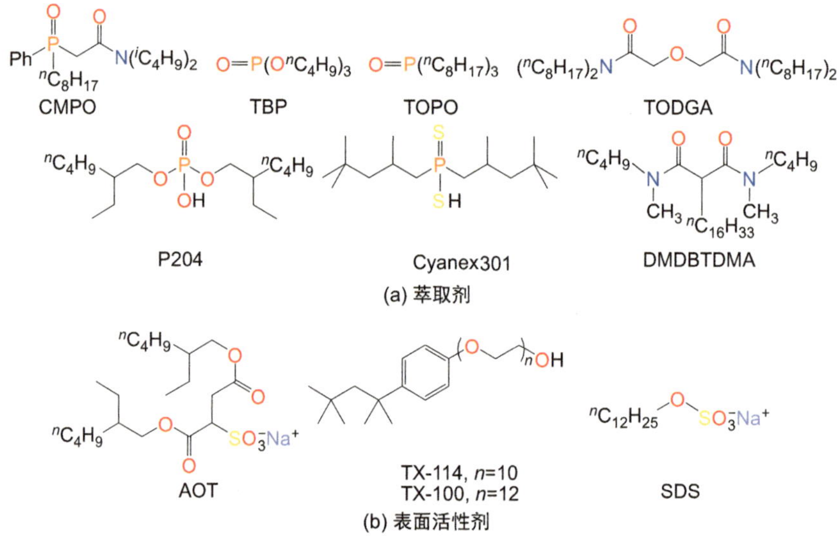

图5.30 形成反胶束萃取中的几种常用萃取剂和表面活性剂

从图5.30可以看出，这些萃取剂与常规萃取剂并无差异，CMPO、DMDBTDMA、TODGA等均为多官能团萃取剂，它们通常具有较高的亲水性，以便于在反胶束中能保持足够量的水，形成“水池”，即选用亲水性较高的萃取剂有利于形成反胶束。表面活性剂的作用也是其亲水基团具有比普通萃取剂的反应基团更强的亲水性，有利于维持“水池”相界面的稳定。萃取剂或表面活性剂的亲油性主要受非极性基团控制。

5.4 根据金属离子设计萃取剂

在金属溶剂萃取中，金属离子是萃取剂的作用对象，设计萃取剂的目的是更高效地实现金属离子提取或分离。设计萃取剂时需要考虑目标金属离子的性质，尤其是目标金属离子的空间配位倾向、离子尺寸、价态等。各类金属离子的萃取剂的主要特征如1.3.2所述。

镧系元素和锕系元素的价层轨道分别是4f轨道和5f轨道，4f轨道距原子核较近，5f轨道离原子核距离较远。从HSAB来看，同价态条件下，镧系金属离子比与之对应的锕系金属离子更硬。基于此，用N、S等更软的配位原子可以实现从混合溶液中选择性地提取锕系金属离子。如烷基结构完全相同的Cyanex272、Cyanex302、Cyanex301，其分子中S原子数目分别为0、1、2，萃取Sm(Ⅲ)/Cm(Ⅲ)的平衡常数分别为4.467×10^{-2}/8.318×10^{-3}、6.166×10^{-7}/1.230×10^{-6}、6.166×10^{-12}/8.318×10^{-9}，根据平衡常数计算的分离系数分别为0.1862、1.995、1349。即Cyanex272优先萃取Sm(Ⅲ)，随着分子中硬的O被S取代，对Cm(Ⅲ)的萃取逐渐占据优势，二硫代次膦酸Cyanex301对Cm(Ⅲ)的选择性远高于单硫代的Cyanex302[116]。类似的现象还可以在其他含有软Lewis碱配位原子的萃取剂对镧系、锕系金属离子的萃取分离中观察到[83, 117-118]。HSAB在萃取剂设计中的另一个潜在应用是解决红土矿分离问题。红土矿是全球储量最大的钴、镍矿，但红土矿中通常有高含量的铁。加压浸出后铁通常以Fe(Ⅲ)进入浸出液，而钴、镍分别以Co(Ⅱ)、Ni(Ⅱ)进入浸出液。根据HSAB，Fe(Ⅲ)的价层轨道是$3d^5$轨道，Co(Ⅱ)和Ni(Ⅱ)分别是$3d^7$和$3d^8$轨道，Fe(Ⅲ)的硬度高于Co(Ⅱ)和Ni(Ⅱ)，选用更软的配位原子，可能实现直接从浸出液中萃取Co(Ⅱ)和Ni(Ⅱ)。

5.4.1 金属离子配位特征

19世纪末Alfred Werner就提出在配合物中，配体是按照一定空间位置排布在中心金属周围，这导致配合物呈现出一定的空间构型[119]。配合物的空间结构由中心金属自身性质和配体性质共同决定，包括金属离子可配位数目、配位空间取向、配体大小等。尤其是对于过渡金属离子，由于d轨道受配体场的影响，与CO、CN^-等强场配体可以形成低自旋内轨型配合物，与H_2O、Cl^-等弱场配体可以形成高自旋外轨型配合物。

除贵金属萃取体系中用到CN^-、SCN^-等强场配体外，通常都使用弱场配体，与金属离子一般形成高自旋外轨型萃合物。与配位化学中多种配体形成1～16配位数配合物相比，在萃取过程中，由于水分子影响，除镧系元素等半径很大的离子外，萃合物结构主要是四边形、四面体、八面体等少数几种构形[120-121]。这决定了在设计萃取剂时可以根据金属离子配位的空间特征，有选择性地设计与之相匹配的萃取剂，尤其是螯合萃取剂。

5.4.2 根据金属离子配位倾向设计螯合萃取剂

配位化学中的螯合配体种类繁多，结构复杂，从配合物稳定常数来看，也可能与金属离子的配位存在很高的选择性。根据这些配体可以发展出相应的分析用金属萃取剂，但大部分难以用于湿法冶金中的金属萃取。湿法冶金中的螯合萃取剂主要有肟、β-二酮、酰胺荚醚等。

（1）肟类萃取剂——选择性萃取Cu(Ⅱ)

在金属萃取中，金属离子与配位原子间的相互作用，通常以离子键为主，在考虑金属离子与萃取剂结合或解离时，通常不需要考虑能垒问题。在萃取条件下，单齿配体萃取剂可以根据结合的热力学能自动调整到与金属离子空间配位倾向最匹配的配位方式。若配体-配体间相互排斥在萃取中作用较小，在设计单齿配体时不需要考虑与金属离子配位空间倾向的匹配。多齿配体萃取剂配位基团旋转受限或不能旋转，在设计这类萃取剂时需要考虑萃取剂配位基团与金属离子配位倾向的匹配，即需要考虑萃取剂配位原子的空间排列和距离。

同处于第四周期的过渡金属离子Fe(Ⅲ)、Fe(Ⅱ)、Co(Ⅱ)、Ni(Ⅱ)、Cu(Ⅱ)通常共存于浸出液中，但这些离子的空间配位倾向不同。Fe(Ⅲ)、Fe(Ⅱ)、Ni(Ⅱ)在弱场配体中都倾向于形成六配位八面体；Co(Ⅱ)可形成四面体或八面体；而Cu(Ⅱ)由于Jahn-Teller效应，倾向于形成拉长八面体或平面四边形。邻羟基二苯酮肟与金属离子形成平面四边形配合物时，肟羟基H与另一分子的酚羟基O形成氢键；当形成六配位八面体结构时，不能形成这种氢键相互作用，如图5.31所示[122]。

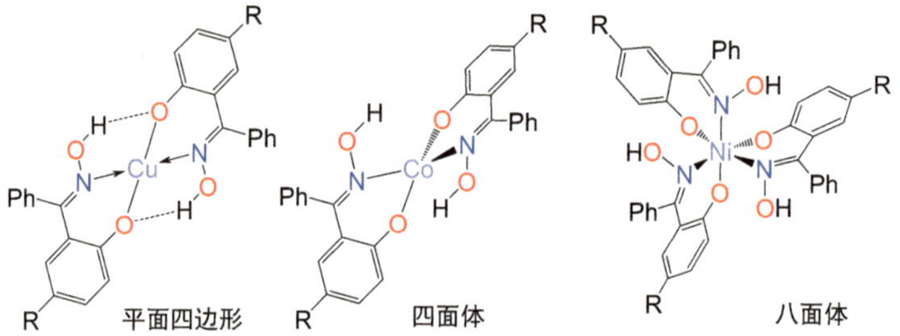

图5.31 邻羟基二苯酮肟与金属离子可能形成的三种配位结构

如图5.31所示的萃合物中，平面四边形和四面体的中心金属离子同时与2个O和2个N配位，六配位萃合物的中心金属离子与3个O和3个N配位。Fe(Ⅲ)、Fe(Ⅱ)、Co(Ⅱ)、Ni(Ⅱ)、Cu(Ⅱ)与NH_3结合的$\lg K_1$除Fe(Ⅲ)外分别为1.4、2.11、2.8、4.3，与OH^-结合的$\lg K_1$分别为11.87、5.56、＞2.11、4.97、7.0。由此可以看出，仅仅从亲和性角度来讲，Fe(Ⅱ)、Fe(Ⅲ)对O的亲和性优势足以抵消其对N亲和性的不足，但肟类萃取剂却优先萃取Cu(Ⅱ)。因此，肟类萃取剂对Cu(Ⅱ)的高效选择性主要是由于这类萃取剂与Cu(Ⅱ)配位空间倾向相匹配的贡献。基于此，人们设计了大量的羟基肟类萃取剂，可以实现在Fe(Ⅲ)、Fe(Ⅱ)、Co(Ⅱ)、Ni(Ⅱ)等共存条件下高选择性地提取Cu(Ⅱ)。除早期LIX63外，大多数肟都属于水杨醛肟衍生物，并据此发展了多种取代基结构不同的肟试剂。

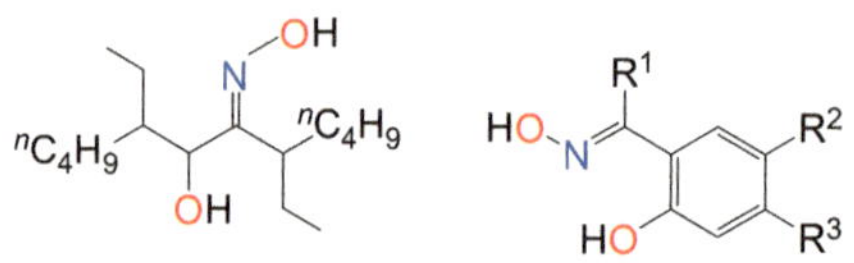

这些结构的混合使用，形成了更多类型的萃取剂商品牌号。这类萃取剂最早由美国通用选矿公司（General Mill）开发，其商品名称大多以LIX开头，因此也称LIX系列，如表5.14所列[123]。

表5.14 根据水杨醛衍生出的各种肟类萃取剂及其相应的商品名

R^1	R^2	R^3	主体商品	派生商品
C_6H_5	十二烷基	H	LIX64 03045	
C_6H_5	壬基	H	LIX65N	LIX64N/HSLIX64N：LIX65N+LIX63
C_6H_5	壬基	Cl	LIX70	LIX71：LIX70+LIX63 LIX73：LIX70+LIX65N LIX74：LIX70+LIX64N
C_6H_5	H	仲辛氧基	N530	

续表

R^1	R^2	R^3	主体商品	派生商品
C_6H_5	H	烷氧基	ABΦ	
$C_6H_5CH_2$	壬基	H	Acorga17	
H	壬基	H	AcorgaP1	AcorgaP5100：P1 ：壬基酚 = 1 ：1 AcorgaP5200：P1 ：壬基酚 = 1 ：2 AcorgaP5300：P1 ：壬基酚 = 1 ：3 AcorgaPT5050：P1 添加十三醇 LIX622：十三醇添加量比 PT5050 少 LIX6022：十三醇添加量比 PT5050 多
H	十二烷基	H	LIX860	LIX864：LIX860+LIX64N LIX865：LIX860+LIX65N
CH_3	壬基	H	LIX84/SME529	SME530：SME529+ 动力学协萃剂
			LIX984	LIX860+LIX84

改变肟碳上取代基结构（芳基、烷基、苄基）可以形成各种性能不同的萃取剂，最显著的差异是烷基肟与芳基肟的区别。除此之外，在肟碳的芳基上引入电子效应不同的取代基，对肟的萃取性能也能产生重要影响。图 5.32 所示为在水杨醛肟的苯环上引入不同取代基时萃取 Cu(Ⅱ) 的 E-pH 曲线[89]。

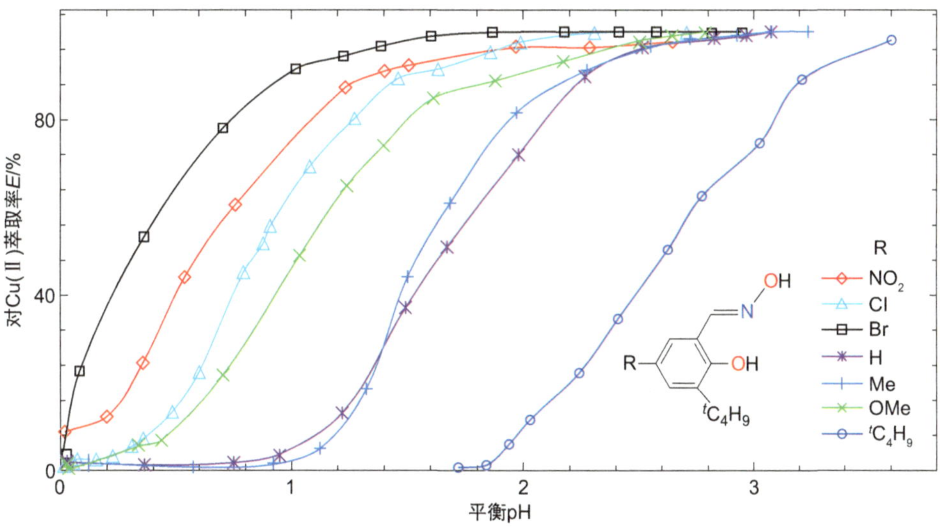

图5.32　水杨醛肟分子苯环上带有不同取代基时萃取Cu(Ⅱ)的E−pH曲线

从图 5.32 可以看出随着芳基上取代基的改变，对 Cu(Ⅱ) 的萃取能力也随之发生变化。取代基位置远离萃取剂的反应中心，这就排除了空间位阻对配位作用的影响，且由于已经带有油溶性较大的苯环和叔丁基，可以看作主要是电子效应对配位的影响。与 H 相比，吸电子基团 NO_2、Cl、Br 等使萃取剂具有更强的萃取能力，这可以从酚羟基酸性增强得到解释，但给电子基团 OMe 和 ${}^tC_4H_9$ 分别导致萃取剂萃取能力增强和减弱，其原因可能与支链化程度较大的叔丁基对萃合物在稀释剂中的团聚有关，属于非极性基团的影响。

类似的，若在分子中进一步引入其他参与配位的基团，也可相应改变萃取分离性能[124]。

（2）β-二酮类萃取剂

β-二酮类萃取剂的结构特征是亚甲基上连有两个具有吸电子能力的酰氧基团，导致在配位作用下CH_2可以发生酸式电离。负电荷在RCO-CH-COR′之间共轭，形成配合物之后，可以认为配体的负电荷分布在两个氧原子上，而CH则可看作是电中性。与酸性含磷萃取剂、羧酸萃取剂等典型酸性萃取剂相比，区别在于电离位点不是配位点，如图5.33所示。

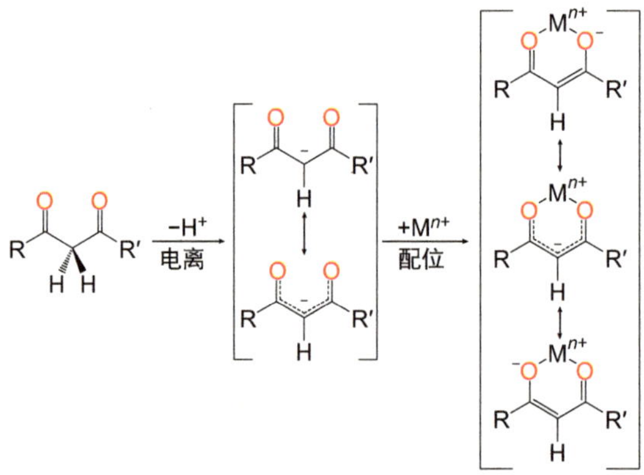

图5.33 β-二酮类化合物的电离及其与金属离子配位过程

图5.33所示的β-二酮类化合物的pK_a值较高，酸性很弱，通常条件下都难以电离，但与金属离子配位后，能促进电离，相当于Lewis酸之间的交换。改变分子中取代基R和R′可调整其电离能力、溶解性以及配位性质，从而使之更适合被用作金属萃取剂。β-二酮类萃取剂可与金属离子形成四边形、四面体、八面体等萃合物，还可与水分子、无机酸根等小分子同时配位金属离子形成萃合物。除碳酰氧外，磷酰氧、硫酰氧、酯基、酰胺等替代C═O时，CH_2上的H也具有类似的解离性能、酰氧的O也有相似的配位性能，也能看作是β-二酮类似物。碳酰氧C═O的O也可被其他原子，如S、NR等取代，利用S更软的特征，可能获得对软Lewis酸金属离子具有更高选择性的萃取剂。包含这些类型化合物的结构可以表示如下：

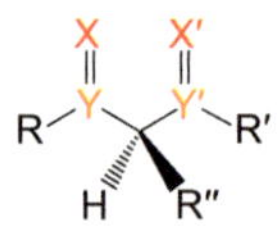

其中的R、R′、R″可为烷基或芳基取代基；Y、Y′可为C、P、S；X、X′可为O、S、NR（这里的R同样可以为烷基或芳基取代基）。由此可衍生出种类繁多、结构丰富的分子。图5.34为一些常见β-二酮及其类似物[40, 57, 124-131]。

改变β-二酮类型，或引入不同取代基都能改变其与金属离子的结合性能，即改变其对金属离子的萃取分离性能。与其他类型萃取剂相似，在酰基（包括C═O、P═O、S═O、

C═S、C═NR 等）引入芳基可以增加结构中可取代位点。除单一β-二酮单元外，包含多个β-二酮单元的萃取剂也有报道，如1,8-双(二苯膦酰基)-2,7-辛二酮[131]的结构中就包含了两个β-二酮单元，但是否同时参与同一个金属离子的萃取却难以确定。β-二酮是一个碳上连有两个酰基，也可以在同一个碳上引入第三个酰基，这样相当于引入了第三个可调节C—H酸性的基团，如二苯甲酰基丙酮[132]。由于电离出质子的C-H位点通常情况下并不与金属离子直接配位，因此在同一个碳上引入第三个酰基不会因为空间位阻而妨碍与金属离子的配位。

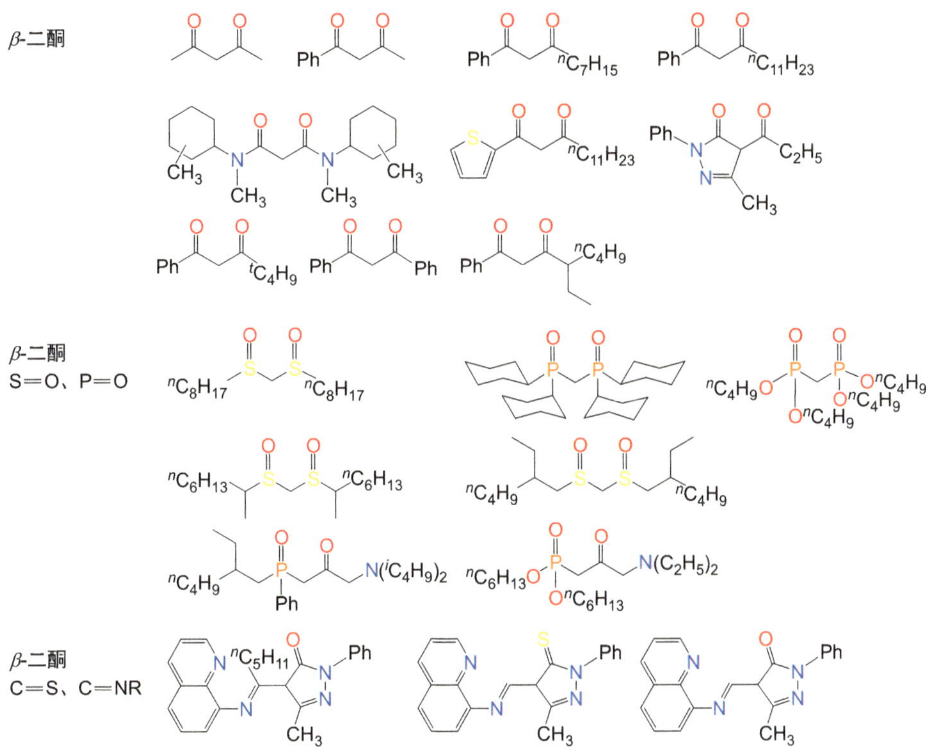

图5.34　一些常见的β-二酮类萃取剂及其代表结构

β-二酮类化合物的酸性强弱对其萃取性能有重要影响，可通过改变配位原子、引入取代基、改变分子骨架进行调节。图5.35所示为带有不同取代基的两种结构萃取Zn(Ⅱ)的E-pH曲线[133]。无论β-二酮基团位于环上，还是位于链状结构中，改变分子中烷基链长度、烷基支链化程度都能改变这类结构对Zn(Ⅱ)的萃取性能。当4-酰基吡唑-5-酮的R为正丁基时，对Zn(Ⅱ)的萃取能力始终较低；当R为正庚基及碳链更长取代基时，在pH = 6 ～ 9时都对Zn(Ⅱ)表现出较高的萃取能力。对于两个酰氧都处于链上的β-二酮类化合物，支链化程度对萃取性能的影响比链长更明显。

与大多数酸性萃取剂相似，酸性越强，萃取能力越强，改变β-二酮中C—H酸性即能改变其对金属离子的萃取能力。如1,3-戊二酮、1-苯基-1,3-丁二酮、1,3-二苯基-1,3-丙二酮三种结构，图5.36所示为它们萃取Al(Ⅲ)、Ga(Ⅲ)、In(Ⅲ)等的E-pH曲线[132]。

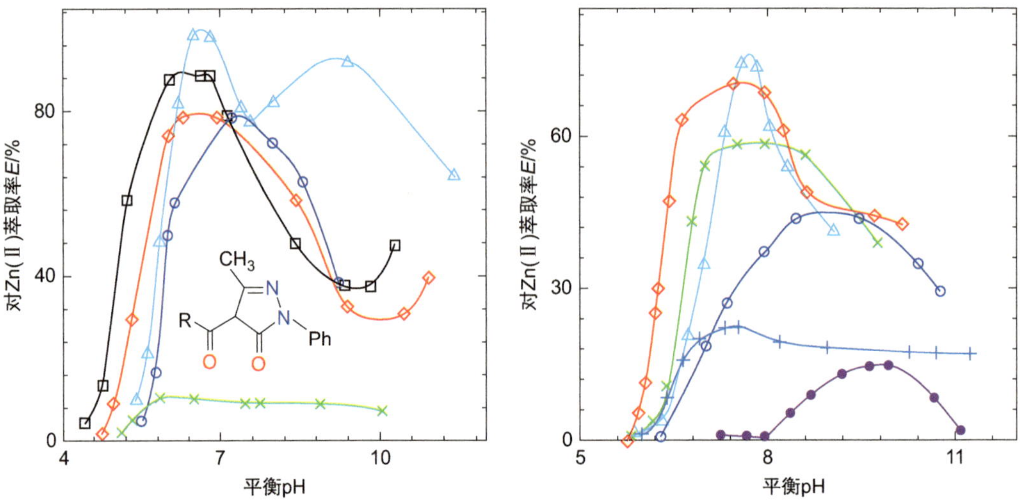

(a) 带有不同取代基的4-酰基吡唑-5-酮

R = △ 2-乙基己基；□ 正十七碳-9-烯-1-基；◇ 正十七烷基；× 正丁基；○ 正庚基

(b) 带有不同取代基的β-二酮

△ 1-环己基-1,3-壬二酮；◇ 1-(p-己基苯基)-1,3-丁二酮；× 十七碳-8,10-二酮；+ 1,7-二乙基-3,5-庚二酮；○ 1,7-二环戊基-3,5-庚二酮；● 1-苯基-2-己基-1,3-丁二酮

图5.35　不同β-二酮类化合物萃取Zn(Ⅱ)的E-pH曲线

萃取条件为：初始水相金属离子为0.01mmol/L，KNO_3保持离子强度为1mmol/L，有机相萃取剂浓度为1mmol/L，煤油为稀释剂

从图5.36可以看出，不同金属离子的被萃性质受β-二酮类化合物结构变化的影响是不同的。如比较（a）、（b）、（c）可以发现：当分子中引入的苯环数目逐渐增加时，对La(Ⅲ)、Zr(Ⅳ)、U(Ⅵ)的萃取能力逐渐增加；而对Sc(Ⅲ)、Th(Ⅳ)、Cr(Ⅲ)等的萃取能力几乎没有变化，都较强或较弱；而一个苯基、两个苯基的结构分别对Ti(Ⅳ)、Mo Ⅵ)有强的萃取能力。类似的规律在（d）、（e）、（f）的萃取中也有体现。从分子结构来看，1,3-戊二酮、1-苯基-1,3-丁二酮、1,3-二苯基-1,3-丙二酮等三种结构的差异只是在于分子中苯基数目的变化，三种结构的pK_a值分别为8.82、8.73、9.35，脂水分配系数分别为5.89、1380、223572。但pK_a和脂水分配系数的变化都不足以单独解释这类结构对金属离子的萃取能力的变化规律。

β-二酮类化合物不发生解离时也可通过酰氧的配位作用萃取金属离子，但无法提供电荷平衡的作用，因此萃取能力较弱，在高酸度环境下的萃取就属于这种情况。β-二酮类化合物不仅能用于金属离子萃取，还能用于有机物萃取，如在超临界CO_2条件下萃取水相中有机物用于水处理[40]，以及作为金属配体调节金属配合物的光、电、催化、生物活性等性质。

（3）酰胺荚醚

酰胺荚醚类萃取剂具有优良的萃取性能，尤其是在处理高放射性废液中长半衰期和高活性同位素方面的潜在应用，使得这类化合物受到了广泛关注，并发展了多种类型的分子结构。与β-二酮类萃取剂相似，改变酰胺上取代基、两酰胺基团之间的距离、连接两酰胺基团的分子骨架、用取代氨基—NR—替代醚键—O—等方法可以衍生出多种类型的酰胺荚醚。图 5.37 所示为一些常见酰胺荚醚及其类似物分子结构[134-139]。

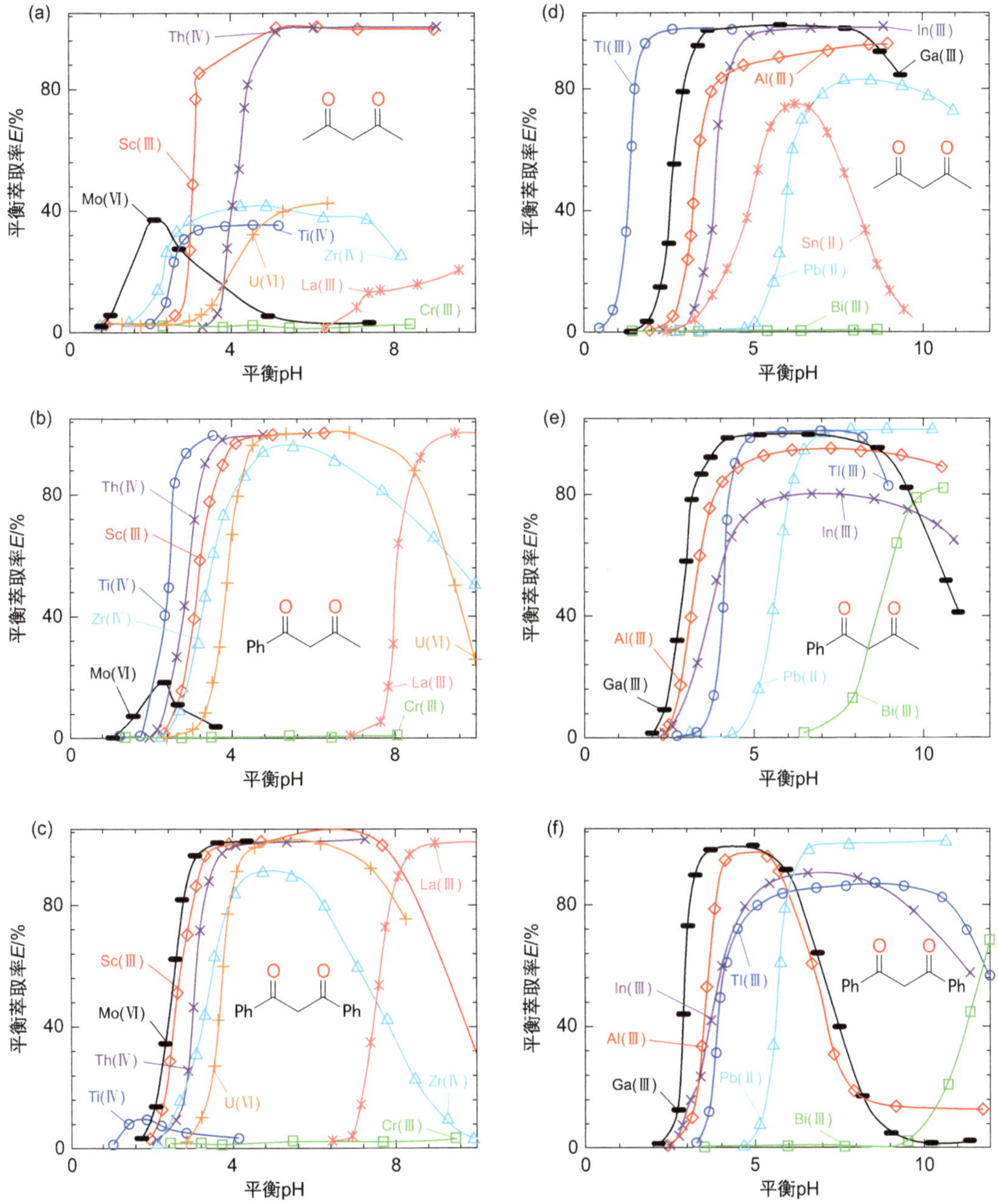

图5.36　带有不同芳基数目的β－二酮类化合物萃取两个系列金属离子的E－pH曲线

（a）、（b）、（c）分别是1,3-戊二酮、1-苯基-1,3-丁二酮、1,3-二苯基-1,3-丙二酮萃取Sc(Ⅲ)、La(Ⅲ)、Ti(Ⅳ)、Zr(Ⅳ)、Th(Ⅳ)、Cr(Ⅲ)、Mo(Ⅵ)、U(Ⅵ)；（d）、（e）、（f）分别是这三种结构萃取Al(Ⅲ)、Ga(Ⅲ)、In(Ⅲ)、Tl(Ⅲ)、Sn(Ⅱ)、Pb(Ⅱ)、Bi(Ⅲ)

萃取水相用$HClO_4$、$NaClO_4$、NaOH等保持离子强度为0.1mol/L并控制pH值，待萃取金属离子浓度为0.1～1.0mmol/L，有机相为0.1mol/L萃取剂的苯溶液

从图5.37可以看出，酰胺荚醚类分子中存在多个可供修饰的位点，调节这些结构即

可获得具有不同萃取性能的分子结构[140]。从酰胺荚醚及其类似物的分子结构可以看出，中间位置的O、NR、S等原子或基团具有一定的配位能力，可能参与金属离子的配位。但在实际萃取体系中，H_2O、H^+等也能与这些位点结合，且体积远小于已带有配体的金属离子，因此金属离子是否能与这些位点配位，还需要对具体萃合物结构进行研究才能确定。

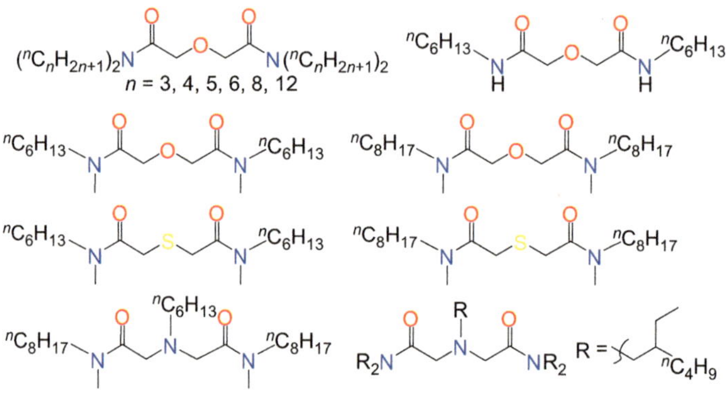

图5.37　几种含有酰胺荚醚及其类似物的萃取剂分子结构

与单酰胺基团的萃取剂相比，酰胺荚醚至少有两个能与金属离子配位的基团，因此具有更强的萃取性能。因此酰胺荚醚结构是否与金属离子的配位特征相匹配直接影响这类结构对金属离子的萃取性能。如镧系金属离子，离子半径大，倾向于形成8配位或9配位配合物。图5.38（a）所示为镧系9配位和8配位水合物空间结构。由于离子半径的差异，对于La(Ⅲ)，9配位的$[La(H_2O)_9]^{3+}$在热力学上更有利；对于Lu(Ⅲ)，8配位的$[Lu(H_2O)_8]^{3+}$在热力学上更有利。当用不同酰胺荚醚萃取这些金属离子时，有不同的表现[136]。

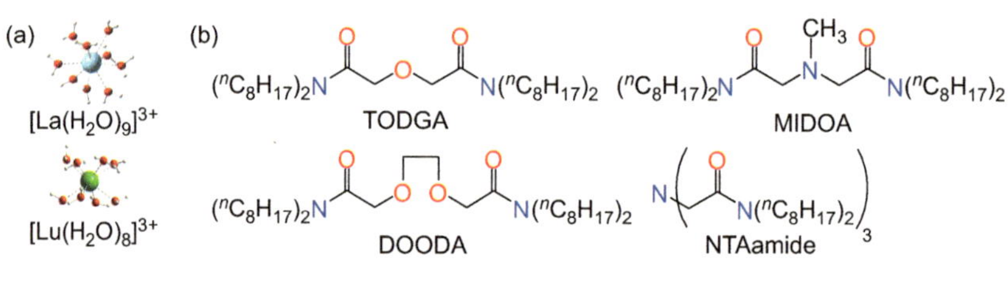

图5.38　镧系9配位和8配位水合物空间结构［（a），分别以La(Ⅲ)和Lu(Ⅲ)水合物结构为例］，以及四种螯合配体结构（b）

酰胺荚醚类萃取剂可用于从核废料中定量回收次锕系元素和镧系元素，图5.38（b）展示了四种这类萃取剂的分子结构[136, 141]。其中，TODGA的两个酰氧处于顺式位置，在不需要扭曲的情况下可以直接与金属离子形成配合物；DOODA扭曲后可以作为二齿配体参与配位；MIDOA由于氮上甲基排斥金属离子，难以以二齿配体形成萃合物；NTAamide分子中存在三个可与金属离子配位的酰氧位点，具有更强的配位能力，对金属离子的萃取能力最强，但倾向于形成面式六配位萃合物。这些因素导致四种结构的萃取能力顺序为NTAamide > MIDOA > TODGA > DOODA。另外，当酰胺荚醚分子结构能更好地满足金属离子配位需求时，对金属离子具有较强的萃取能力。如TODGA和DOODA在硝酸体系中对La(Ⅲ)和Lu(Ⅲ)形成的萃合物形式分别为$[La(NO_3)_3(TODGA)_3]$、$[Lu(NO_3)_3(TODGA)_4]$、$[La(NO_3)_3(DOODA)_2]$、$[Lu(NO_3)_3(DOODA)_2]$，平衡常数分别为5.90、11.7、2.64、1.09。即当这类萃取剂能满足镧系金属8、9配位时萃取率明显比只能满足6配位情况下高。

如图5.38（b）所示在较大程度上改变酰胺荚醚结构可以改变配位能力，从而影响其对金属离子的萃取分离性能。除此之外，改变N上取代基，或中间醚键数目，也可以调整这类结构对金属离子的萃取分离性能。图5.39所示为三种酰胺荚醚对金属离子的萃取性能[142-143]。

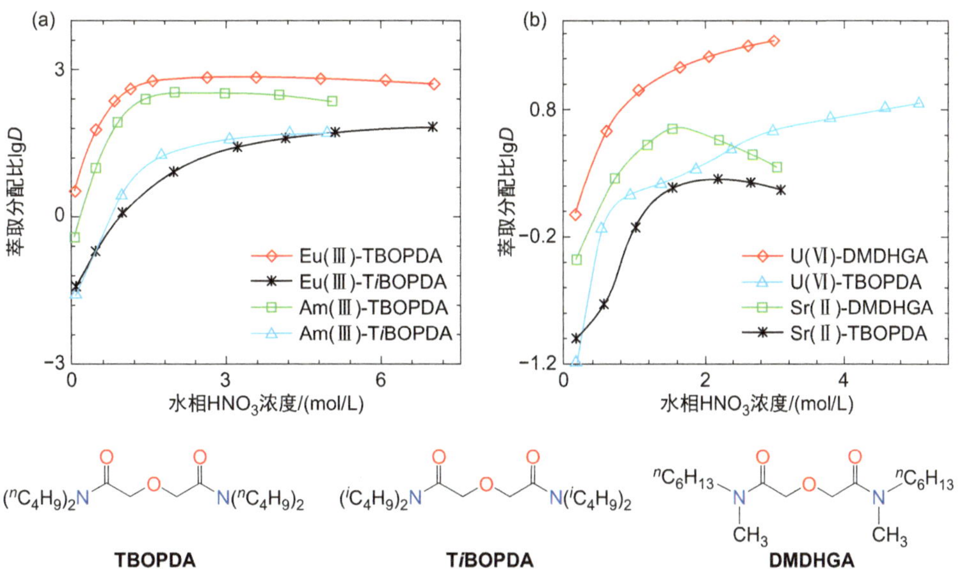

图5.39　三种取代基结构不同的酰胺荚醚在不同硝酸浓度中对Eu(Ⅲ)、Am(Ⅲ)、U(Ⅵ)、Sr(Ⅱ)的萃取分离性能

从图5.39（a）可以看出，对于Eu(Ⅲ)、Am(Ⅲ)，N上取代基从正丁基变为异丁基后，对两种金属离子的萃取能力都同步减弱，即增加N上支链化程度，会减弱萃取能力。从图5.39（b）可以看出带有一个长碳链、一个短碳链的DMDHGA对U(Ⅵ)、Sr(Ⅱ)的萃取能力比带有2个长碳链的TBOPDA更强，尽管前者总碳原子数比后者更少，这表明在N上引入不同的烷基链有可能提高其对金属离子的萃取能力，这其中有烷基链作为非极性基团的贡献。

（4）螯合萃取剂设计的基本原理

与单一配位基团的萃取剂相比，螯合萃取剂通常具有选择性高（甚至具有专一性）、萃取能力强等特征；但螯合萃取剂有结构复杂、合成不易、反萃困难等特点，因此多用于分析化学领域。选择性高，意味着螯合萃取剂只能适用于萃取一种或性质相近的几种金属离子。针对某一金属离子构建螯合萃取剂时，除满足一般萃取剂的基本条件外，至少还需要考虑两方面的因素——配位原子与金属离子亲和性相匹配、配位原子位置与金属离子空间上配位特征相匹配。前者可以通过软硬酸碱理论进行解释，软硬各自相亲可以保证形成的萃合物具有足够的稳定性；后者保证在形成配合物时，金属离子与配位原子的亲和性能发挥作用。

5.4.3 根据金属离子尺寸设计萃取剂

配位原子的选择和反应基团的设计都是为了更好地实现萃取剂与金属离子结合。根据2.5.1所述，离子尺寸是金属萃取剂对金属离子选择性起源之一。这在碱金属和碱土金属等配位能力差、相邻元素性质接近、直接结合的方式难以实现有效分离、半径差异大的离子的分离中早已得到应用，如分析化学用于富集这些离子的冠醚、穴醚等。根据这种“尺度匹配”原理可发展新的适合于湿法冶金的萃取剂。

铷、铯被人们称为“长眼睛的金属”，广泛应用于航天、通信、电子器件、原子钟、光电倍增管、摄像管、激光器等多种设备的关键部件。它们分别位于周期表ⅠA族的第五周期和第六周期，具有非常相近的理化性质。溶剂萃取是铷、铯分离的重要方法，常用的萃取剂包括酚、醇、冠醚、六硝基二苯胺衍生物、硝基化合物、金属团簇等[144-145]。当待萃取元素离子尺寸与冠醚或穴醚类萃取剂的孔径尺寸相匹配（如表5.15所列的碱金属离子半径[146]和其右侧冠醚的孔直径[147-149]）时，离子与冠醚或穴醚上所有氧原子距离适中，既不会因为距离太近而产生斥力，也不会因为距离太远而使配位作用太弱，此时冠醚或穴醚对相应的离子有最高的选择性，萃取率达到最大值。

表5.15　几种根据离子半径和匹配的冠醚的孔穴尺寸

离子	半径/Å	冠醚名称	孔直径/Å
Li(Ⅰ)	0.59～0.92	12-冠-4	1.2～1.5
Na(Ⅰ)	0.99～1.39	15-冠-5	1.7～2.2
K(Ⅰ)	1.37～1.64	18-冠-6	2.6～3.2
Rb(Ⅰ)	1.52～1.72	21-冠-7	3.4～4.3
Cs(Ⅰ)	1.67～1.88	24-冠-8	4.5～5.6

由于离子可以具有不同的配位数，而冠醚大环在不同取代基、溶剂、pH条件下可以具有不同的形变，因此表5.15中所列离子半径和孔直径都是一个范围。根据离子和冠醚孔的尺寸可以预测出12-冠-4、15-冠-5、18-冠-6、21-冠-7将分别对Li(Ⅰ)、Na(Ⅰ)、K(Ⅰ)、Rb(Ⅰ)具有很好的选择性（但Li(Ⅰ)的水合作用强，难以被直接萃取，需要采用其他方法），实际萃取结果也可以证明这一点。图5.40所示为三种不同尺寸冠醚分子在相同条件下萃取五种碱金属离子的分配比与离子尺度的关系[148, 150]。

从图5.40可以看出，当单独用磺酸HDDNS萃取时，从Li(Ⅰ)到Cs(Ⅰ)分配比逐渐增加，但数值上都很低，即单独的HDDNS对这五种离子的萃取能力都很弱。加入具有不同孔尺度的冠醚后，对尺寸相匹配的金属离子产生了明显的选择性，如C15C5、DC18C6

加入后几乎可以分别专一萃取Na(Ⅰ)、K(Ⅰ)。冠醚孔尺寸较大时，更容易变形以适应与金属离子的配位作用，且配位作用更松散。如DC21C7，对K(Ⅰ)、Rb(Ⅰ)有较低的萃取分配比，对Cs(Ⅰ)的更低，而对Li(Ⅰ)、Na(Ⅰ)几乎不萃取，可见其萃取能力和选择性都较小尺寸孔冠醚有所下降。

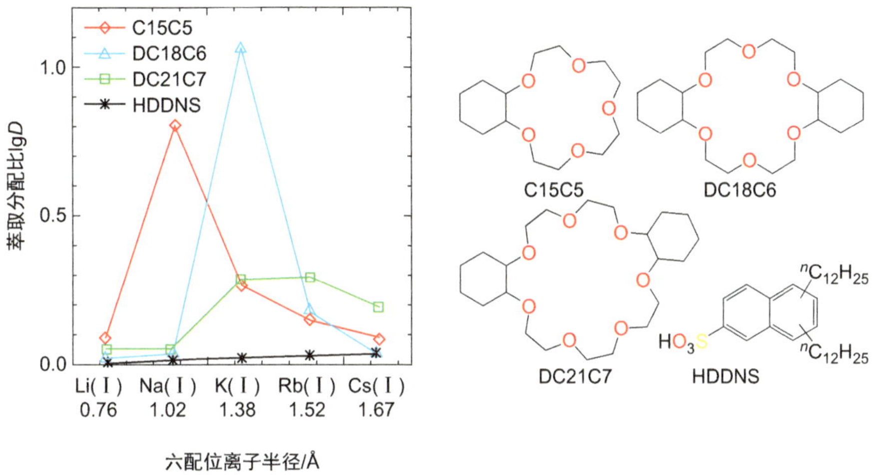

图5.40　取代萘磺酸与不同冠醚结构对五种碱金属离子的萃取性能

萃取条件为：有机相甲苯为稀释剂，HDDNS浓度为0.1mol/L，冠醚浓度为0.05mol/L；水相金属离子浓度为0.5mol/L硝酸盐

尺寸相匹配时具有最大配位作用，即“尺寸匹配”这一规律在冠醚及其类似物与碱金属、碱土金属等离子的配位作用中是普遍适用的。类似的，采用不同尺度、不同配位原子，可以设计出多种类型的冠醚、穴醚类似物，这些结构有的已经被用于选择性提取、富集、检测目标金属离子。图5.41所示为一些不同类型和结构的冠醚及其类似物[63, 149-154]。

图5.41展示的分子结构中，不同尺度、不同杂原子、不同取代基的结构都对不同金属离子具有相应的选择性。但这类萃取剂通常合成成本高、反萃难，且存在容量、毒性等问题，这限制了其在湿法冶金中的应用，多用于分析检测[155]。冠醚、穴醚对金属离子的选择性主要来源于其孔穴的尺寸与金属离子匹配程度，但若在冠醚上引入其他基团，也能相应地改变其萃取性能。如用二烷基二苯并21-冠-7萃取铯时，相同条件下长烷基链结构比短烷基链具有更高的分配比[147]。因此，取代基效应和尺度匹配效应都能在冠醚、穴醚类化合物中得到体现。图5.42所示为几种带有不同并环冠醚化合物萃取碱金属离子的性能[156]。

从图5.42可以看出，冠醚对金属离子的选择性，几乎只依赖于其环的尺度，如C18C6的三种结构都能选择性萃取K(Ⅰ)，而7种C21C7中的5种结构对Rb(Ⅰ)、Cs(Ⅰ)有高的选择性。在冠醚边上引入并环，降低冠醚的可变形程度，这不利于醚O原子从不同角度与金属离子配位，导致萃取率降低。如环己烷的刚性比苯环低，C18C6-a的萃取率比C18C6-b高、C21C7-a的萃取率比C21C7-b高、C24C8-a的萃取率比C24C8-b高。当并环数目增加时，冠醚刚性进一步增加，对金属离子的萃取能力也逐渐下降。如图5.42（b）中C21C7-d、C21C7-e/C21C7-f、C21C7-g并环数目增加时，对金属离子的萃取能力下降。

除冠醚、穴醚、杯芳烃外，若分子中存在与金属离子尺寸相匹配的结构也能获得较好的选择性。如在冠醚分子的环上引入芳基、调整环上醚键间隔、用杂原子或不饱和基团替代环上原子、甚至只用具有半环的结构等方式，可以构造出结构丰富的空穴结构，以实现对目标金属离子的专一识别性[63, 154]。冠醚的环可进一步扩大，甚至足够“装”下某些有机分子，这样的冠醚对相应的有机分子也有高的识别能力。如36-冠-12和十二硫杂36-冠-12的孔穴与C_{60}富勒烯的尺寸相近，这类化合物对C_{60}富勒烯表现出了极好的识别能力[157]。

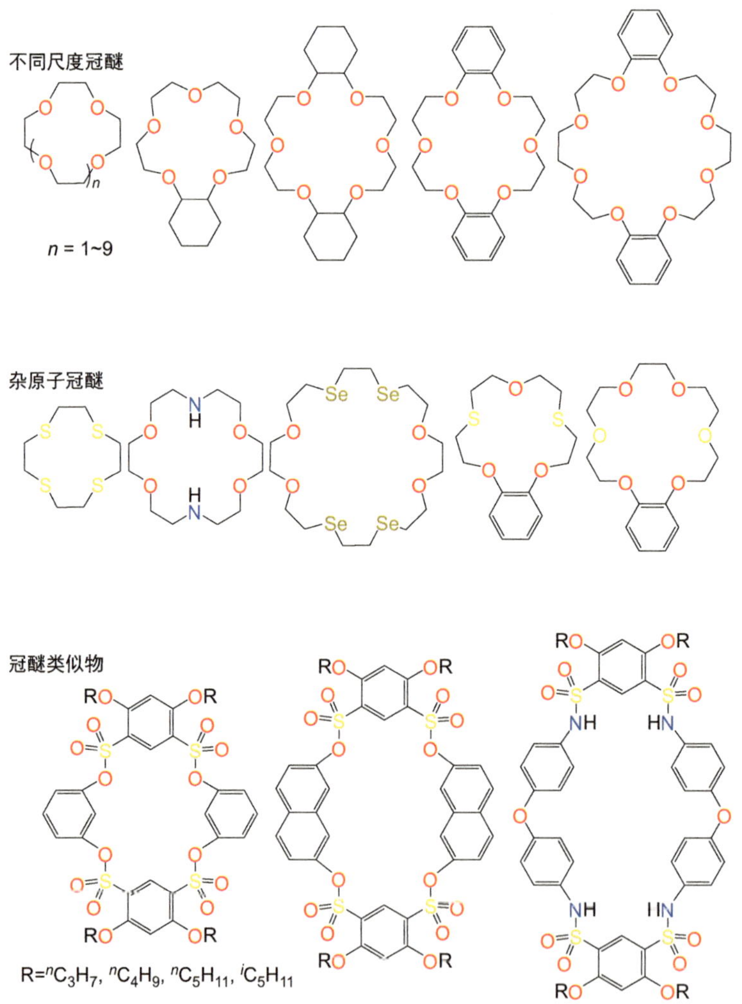

图5.41　一些常见的冠醚、杂原子冠醚及其冠醚类似物结构

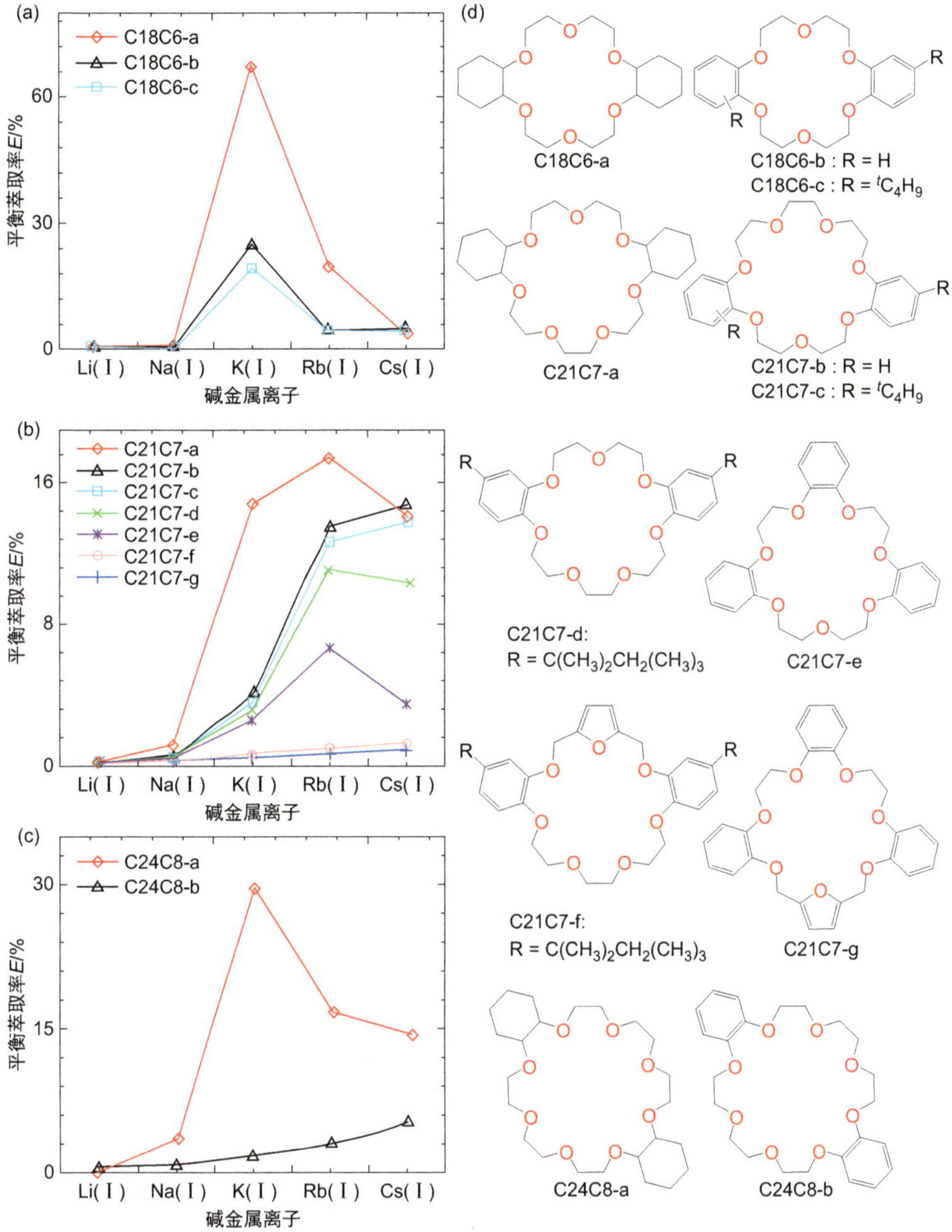

图5.42　三种冠醚带有不同并环时对碱金属的萃取性能（a～c）以及各冠醚结构（d）

水相为每种金属离子浓度均为0.4 mol/L的硝酸盐混合溶液，有机相为0.025 mol/L冠醚的二氯乙烷溶液

5.5 协萃剂设计

在2.5.4提到，在萃取体系中构造“推拉效应”是提高萃取体系对金属离子萃取分离性能的重要方式，协萃体系是实现“推拉效应”的重要方式。从协萃效果来分，可以分为正协

萃和反协萃；从协萃剂所在位置来分，可以分为有机相协萃剂和水相协萃剂。为了方便叙述，在本书中，无论正、反和有机相、水相，都称协萃。协萃剂是通过改变萃取剂与金属离子形成的萃合物在水溶性、油溶性、稳定性等方面的性质，实现对萃取、分离性能的调节。

5.5.1 有机相协萃剂

在金属萃取过程中，有机相协萃剂的作用主要有两方面——有利于稳定萃合物和有利于转移萃合物。有利于稳定萃合物是指直接与金属离子配位形成稳定性更强的配位萃合物；有利于转移萃合物是指与萃取剂-金属离子形成的萃合物相比，带有协萃剂的萃合物亲水位点更少，金属离子配位团簇油溶性更强，更易被转移到有机相[158]。

在种类繁多的有机相协萃剂中，氮杂芳环化合物是非常有潜力的一类化合物，这类化合物的一个重要特征是芳香环上—N═单元的配位原子为N，是比许多萃取剂配位原子O更软的Lewis碱，对Co(Ⅱ)、Ni(Ⅱ)等软金属离子有较好的配位能力，因此加入氮杂芳环化合物时通常都有利于这些金属离子的萃取，也有利于它们与Fe(Ⅲ)、Al(Ⅲ)、Ca(Ⅱ)、Mg(Ⅱ)等杂质金属离子的分离。另外，氮杂芳环具有丰富的可修饰位点，可根据目标金属离子的配位倾向和萃取剂是否直接与金属离子配位等特征，设计出相应的氮杂芳环化合物作为协萃剂。总之，氮杂芳环既有良好的协萃效果，也有多样化的可设计性，近年来受到广泛关注，多种结构和相应的应用都被报道[70]。

酸性萃取剂，有机磺酸、羧酸、膦酸等在萃取Co(Ⅱ)、Ni(Ⅱ)、Cu(Ⅱ)等金属离子时，单独的酸根离子通常难以同时满足金属离子所需的电荷平衡与饱和配位数，其萃合物的金属离子上通常还配有水分子[159]。而吡啶、咪唑等氮杂芳环的氮原子对Co(Ⅱ)、Ni(Ⅱ)、Cu(Ⅱ)等较软的过渡金属离子配位能力较强，能替代金属离子的配位水分子，增加萃合物的稳定性和油溶性，最终提高这些金属离子的被萃取率。这种体系对从红土矿等低品位矿和废旧电池等二次资源中选择性提取有价金属具有重要意义[160]。图5.43所示为1,5-

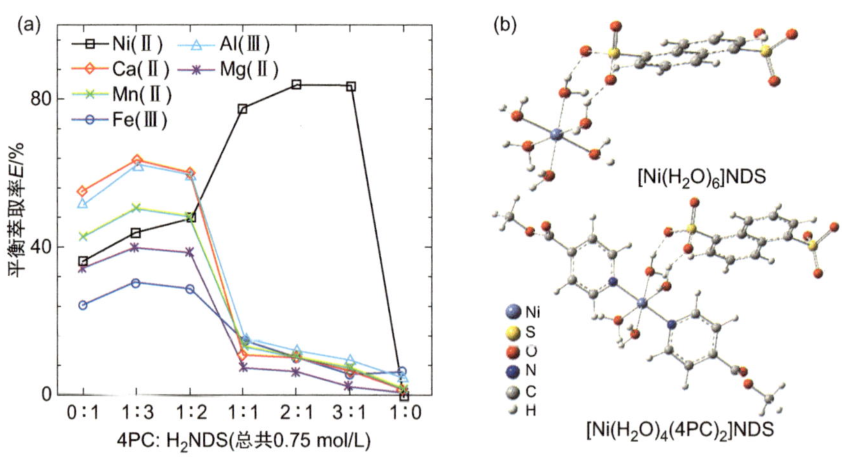

图5.43 磺酸-吡啶协同萃取几种金属离子的E-pH曲线（a）以及磺酸单独萃取和磺酸-吡啶协同萃取的萃合物结构（b）

萘二磺酸（H_2NDS）与吡啶-4-基甲酸甲酯（4PC）对Ni(Ⅱ)、Ca(Ⅱ)等金属离子的协同萃取*E*-pH曲线及其萃合物结构[99]。

从图5.43（a）可以看出：不添加4-吡啶甲酸甲酯（4PC）或比例较少时，1,5-萘二磺酸（H_2NDS）对Ni(Ⅱ)、Ca(Ⅱ)、Al(Ⅱ)等金属离子的萃取率在20%～60%之间，差异较小，对这些金属离子的分离能力较差；若有机相中只有4PC，则对所有金属离子都几乎不萃取；有机相中同时加入恰当比例的4PC和H_2NDS时，对Ni(Ⅱ)表现出极高的专一选择性。以Ni(Ⅱ)、Ca(Ⅱ)为例，测量绘制*E*-pH曲线可以发现，加入吡啶后Ni(Ⅱ)的*E*-pH曲线向低pH方向移动，Ca(Ⅱ)的*E*-pH曲线向高pH方向移动或几乎不变。协萃剂的加入明显促进了Ni(Ⅱ)的萃取，以及Ni(Ⅱ)、Ca(Ⅱ)的分离[160]。类似的现象也存在于其他酸性萃取剂的萃取体系中，如苯磺酸。

这种协萃规律可以从萃合物结构进行解释。如从图5.43（b）所示萃合物结构可以看出，单独使用磺酸萃取金属离子时，磺酸根并不直接与金属离子配位，而是通过外层缔合与金属离子水合物通过氢键结合。这导致形成的萃合物具有很高的水含量，这不利于萃合物在有机相中的溶解。因此单独使用磺酸萃取时，尽管其具有很强的酸性，但萃取率并不高。向萃取体系中加入4PC后，吡啶氮替代了金属离子的两个配位水分子，使得萃合物的稳定性和油溶性增加，有利于萃取。类似的现象在其他萃取体系中也能观察到[112, 160]。根据软硬酸碱理论吡啶N对Ni(Ⅱ)这类软Lewis酸具有更强的配位能力，对Fe(Ⅲ)、Ca(Ⅱ)等硬Lewis酸的配位能力弱，因此当4PC添加量较低时，对所有金属离子的萃取率都只是略有提高。但主萃取剂H_2NDS含量降低到一定程度时，Ni(Ⅱ)的萃取率继续升高，而其他金属离子的萃取率逐渐下降。因此选用萃取剂与协萃剂按一定比例组成的协萃体系可以实现从金属离子混合液中选择性提取Ni(Ⅱ)。类似的，采用其他氮杂环化合物也可促进Co(Ⅱ)、Ni(Ⅱ)、Cu(Ⅱ)等的选择性提取。表5.16所示为一些金属萃取中常见的氮杂环化合物及其在萃取中的特征[70]。

表 5.16　一些金属萃取中常用的氮杂环协萃剂，及其与磺酸协萃时的特征

结构	特征
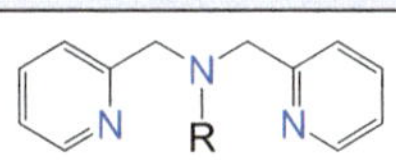 R= $^{n}C_{14}H_{29}$, $^{n}C_{18}H_{37}$	对 Cu(Ⅱ) 有强的萃取能力，可以在 pH < 2 时萃取 Ni(Ⅱ)、Co(Ⅱ)，在 pH < 2 对 Fe(Ⅲ)、Al(Ⅲ) 只有少量萃取。R 基团对相分离、水溶性、选择性都有重要影响。该化合物原料昂贵[161]
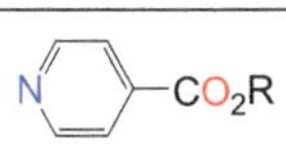 R = CH_3, $CH_2CH(C_2H_5)C_4H_9$	在 pH < 2 时对 Cu(Ⅱ)、Ni(Ⅱ) 有强的萃取能力，pH > 3 时才对 Co(Ⅱ) 有高的萃取率，对 Fe(Ⅲ)、Al(Ⅲ)、Mn(Ⅱ)、Ca(Ⅱ)、Mg(Ⅱ) 等几乎都不萃取。该化合物存在相分离问题，长期使用过程中酯基可能水解[99]
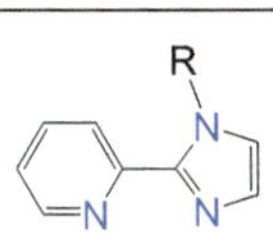 R=$^{n}C_7H_{15}$, $^{n}C_8H_{17}$, $^{n}C_{10}H_{21}$	在 pH = 1～2 时对 Ni(Ⅱ)、Cu(Ⅱ) 有高的萃取率，而 Fe(Ⅲ)、Zn(Ⅱ)、Mn(Ⅱ) 的萃取率低，pH > 3 时对大多数金属离子的萃取率都升高。该化合物对 Co(Ⅱ) 萃取率很低，受初始 pH 值影响大[162]

续表

结构	特征
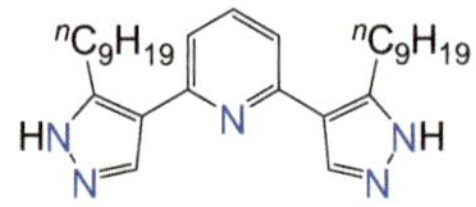	在pH＜0.5时对Ni(Ⅱ)、Co(Ⅱ)、Cu(Ⅱ)的萃取率远高于Fe(Ⅲ)、Al(Ⅲ)、Mg(Ⅱ)等，形成的萃合物稳定；对Ni(Ⅱ)、Co(Ⅱ)、Cu(Ⅱ)等的反萃困难[163]
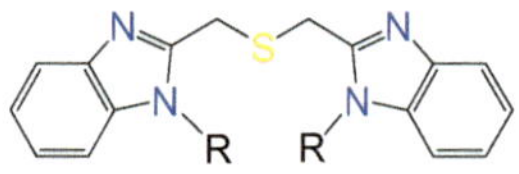 R= H, $^nC_8H_{17}$	从萃合物结构来看，硫醚键的S直接与金属离子配位，在pH＞2之后才开始对Ni(Ⅱ)、Co(Ⅱ)、Cu(Ⅱ)、Zn(Ⅱ)等有较高的萃取率，反萃容易，但对这些金属离子的分离系数低[164]
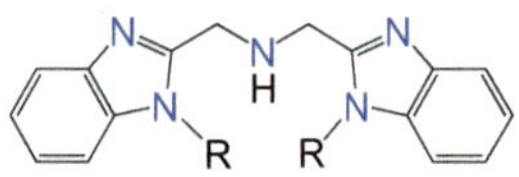 R= H, $^nC_8H_{17}$	萃合物中仲胺N直接与金属离子配位，从pH = 0.9到pH = 2，对Cu(Ⅱ)、Co(Ⅱ)、Ni(Ⅱ)、Fe(Ⅱ)、Mn(Ⅱ)、Zn(Ⅱ)的萃取率逐步达到接近100%。但对Fe(Ⅲ)的萃取能力差，pH＞2.5之后才开始萃取，最高也只达到大约10%的萃取率。在不同pH范围内有不同的协萃机理[165]
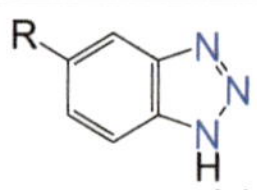 R= C_2~C_{20}直链或支链烷基	在pH = 1～2时对Cu(Ⅱ)、Co(Ⅱ)、Ni(Ⅱ)萃取率高，对Zn(Ⅱ)、Fe(Ⅲ)只有少量萃取，可以有效分离，但对Ni(Ⅱ)、Co(Ⅱ)等的反萃困难[166]

氮杂芳环的分子结构决定了其协萃能力和适用的协萃体系。氮杂芳环具有多个可供修饰的位点，在芳环上引入推拉电子效应不同的取代基，可以对氮杂芳环协萃性质进行调节，以改善这类协萃剂的萃取、水溶性、反萃、稳定性等性质。在实际使用过程中还存在多种有机相协萃剂，其协萃机理与氮杂芳环化合物类似，但配位方式、协萃剂结构、可修饰位点、协萃效率等存在差异。修饰氮杂芳环协萃剂的方法也可以用于其他协萃剂（也包括反协萃剂）的结构设计。

从经济价值角度来讲，软Lewis酸（Cu(Ⅱ)、Ni(Ⅱ)、Co(Ⅱ)等）比硬Lewis酸（Fe(Ⅲ)、Al(Ⅲ)、Mg(Ⅱ)等）具有更高的经济价值。但由于丰度优势，浸出料液中低价值离子含量却较高；又由于价态和硬度优势，常用的OH酸性萃取剂电离后的O^-属于硬Lewis碱，对低价值金属离子萃取率高。Fe(Ⅲ)、Al(Ⅲ)、Mg(Ⅱ)等离子的共存是直接提取高价值金属离子的主要干扰，增加了有价金属的提取难度。为了提高高价值金属离子的萃取率而加入的协萃剂，一般都含有能配位的N、S等软Lewis碱。类似的原理也可用于其他分离体系的协萃剂设计，如在Am(Ⅲ)/Eu(Ⅲ)分离中，加入具有带有S原子的配位剂，则分离系数可显著提高[167]。

5.5.2 水相协萃剂

从原理上讲水相协萃剂的设计方法与有机相协萃剂类似，差异在于与金属离子配位的配体有利于金属离子分布在水相，因此也可以称为水相配位剂。水相协萃剂，既可以是DTPA、EDTA等螯合配体（见图2.12），也可以是乳酸、丙二酸等短碳链有机酸，还可以是SCN^-、CN^-、Cl^-等配位能力强的无机酸根。

水相协萃剂的作用是让不易萃组分变得更不易萃取。但对于SCN^-、CN^-、Cl^-等阴离子，尽管它们也与金属离子形成水溶性配阴离子，若萃取剂为铵盐等阳离子萃取剂，萃取时却能促进萃取。如SCN^-与Co(Ⅱ)的配位作用比Ni(Ⅱ)强，一定浓度下能与Co(Ⅱ)形成四面体构型的$[Co(SCN)_4]^{2-}$，而Ni(Ⅱ)仍然以$[Ni(H_2O)_6]^{2+}$存在，用有机胺、铵盐、鳞盐等萃取时，通常都优先萃取Co(Ⅱ)。类似的，Cl^-浓度较高时，能与Cu(Ⅱ)、Fe(Ⅲ)、Zn(Ⅱ)形成配阴离子$[CuCl_4]^{2-}$、$[FeCl_4]^-$、$[ZnCl_4]^{2-}$，而相同条件下Ni(Ⅱ)仍然以$[Ni(H_2O)_6]^{2+}$存在，也可用季铵盐等阳离子萃取剂将这些金属离子分离[168]。但若以阴离子萃取剂萃取时则有截然不同的表现。即相同的水相协萃剂，对于不同的萃取剂可分别表现出促进或抑制金属离子萃取。

5.5.3　协同萃取的搭配原理

大多数有机相协萃剂，其本身也是萃取剂；大多数水相协萃剂，其本身是反萃剂或配位剂。2.5.5节讲述了协同萃取产生的原因，可以解释协萃现象。表5.17列出了几种协萃体系，以及协萃剂在体系中所起作用。从这些具体的协萃体系中，可以看出设计协萃剂和构建协萃体系的一些基本特征。

表 5.17　几种协萃体系及其协萃效果和协萃剂所起作用

萃取 / 分离对象	有机相组成	协萃效果及其作用
La(Ⅲ)、Bi(Ⅲ)、MoO_2^{2+}	HPMBP（3-甲基-1-苯基-4-苯甲酰基-2-吡唑啉-5-酮）、HOx（8-羟基喹啉）- 甲苯	对三种金属离子形成的萃合物组成分别为$La(PMBP)_3 \cdot 2HOx$、$Bi(Ox)_3 \cdot HPMBP$、$MoO_2(Ox)_2 \cdot HPMBP$，萃取Bi(Ⅲ)的协同作用高于萃取La(Ⅲ)和MoO_2^{2+}。产生协同萃取的原因是替代金属离子周围配位水分子，如HPMBP单独萃取La(Ⅲ)时萃合物中含有2个水分子，协同萃取时两分子HOx代替了这2个水分子[169] 注：Ox为HOx失去一个H^+后形成的阴离子
Zn(Ⅱ)、Cd(Ⅱ)	N235、TBP- 正庚烷	对Zn(Ⅱ)的协萃系数可达到12.34，萃Zn(Ⅱ)的协同作用高于Cd(Ⅱ)。调节萃取剂和协萃剂的比例，可使Zn(Ⅱ)、Cd(Ⅱ)分离系数在5.8～8.05之间变化。协萃产生的原因是体系的熵变小于0[170]
Cu(Ⅱ)、Ni(Ⅱ)、Co(Ⅱ)、Zn(Ⅱ)、Cd(Ⅱ)	有机酸、羟肟-DT100（烷烃稀释剂）	羟肟的加入，能显著提高对Cu(Ⅱ)、Ni(Ⅱ)、Co(Ⅱ)的萃取。产生协萃的原因是，羟肟对这三种离子的配位能力强，能形成更稳定的萃合物、调节配位数与电荷数之间的关系，确保所形成的萃合物为电中性[171]
Ni(Ⅱ)、Ca(Ⅱ)	Versatic10、4-(1-丁基戊基)吡啶-甲苯	单独使用Versatic10时，Ni(Ⅱ)、Ca(Ⅱ)的ΔpH_{50}为0.97，加入与Versatic10等量协萃剂后变为3.23，分离效果明显提高。产生协萃作用是由于协萃剂替代配位水分子，增加萃合物稳定性和油溶性[160]
ReO_4^-、MoO_4^{2-}	N235、TBP- 稀释剂	在盐酸体系中对Re(Ⅶ)、Mo(Ⅵ)协萃因子分别为4.71和2.16。产生协萃的原因是TBP酰氧与金属含氧酸形成氢键[172]
La(Ⅲ)、Ce(Ⅲ)，乳酸、柠檬酸	P507、P204- 磺化煤油	P507与P204摩尔比为4∶1时协萃效果达到最大，对La(Ⅲ)、Ce(Ⅲ)协萃因子分别为1.6、2.4，分离系数为8.88。产生协萃的原因：一方面是水相配位剂乳酸、柠檬酸的配位作用；另一方面是P507、P204在同一条件下对La(Ⅲ)、Ce(Ⅲ)的能力不同[173]

除表5.17所列几种协同萃取/分离体系外，在实际生产和文献报道中还存在多种其他类型的协萃体系。结合2.5.5节所述的协萃原因，在这里对协同萃取体系的搭配原理可进行三方面的归纳[158]：第一，加入协萃剂的目的是弥补单一萃取剂在某些方面的不足，如溶解、速率、容量、选择性等，因此，作为协萃剂的基本条件是能通过与金属离子直接配位、外层缔合等相互作用实现调节萃合物稳定性、油溶性、两相间的转移等；第二，

利用同类萃取剂的互补可能搭配出优异的萃取体系，如P204、P507、P227，pK_a值逐渐增加，对镧系金属离子的萃取能力逐渐增加，但它们对镧系金属离子的最佳分离pH值却不同，利用这一点，调节它们的比例可能获得比单一萃取剂更有效的有机相组成。在磺化煤油中P507、P204组成的协萃体系对Ce(Ⅲ)/La(Ⅲ)的分离系数可达到8.88；第三，萃取反应中萃取剂通常都是过量的，有的萃取剂价格昂贵，若能用价格便宜的萃取剂部分替代昂贵的萃取剂，能在不影响萃取/分离性能条件下降低成本。

协萃体系的有机相通常包含两种以上萃取剂，若不需要区分或难以区分哪一种是主萃取剂时也可以称为混合萃取体系。混合体系的协萃效果不仅与有机相萃取剂组成、比例有关，也与金属离子种类、萃取机理有关，改变有机相组成、金属离子存在形式等都可以改变协萃效果，甚至在协同和反协同之间变化。如P204与TBP、TOPO或TOA的混合液萃取Fe(Ⅲ)时则存在反协同作用，但TOA与P507萃取Fe(Ⅲ)却存在协同作用。又如以氯仿做稀释剂，叔胺与醇混合液可从酸性溶液中萃取钨，当钨浓度低时，按溶剂化机理萃取，存在协同作用，当钨浓度高时按配阴离子萃取钨，存在反协同作用[174]。因此，搭配协萃体系时，还需要考虑萃取机理、水相金属离子存在形式等。

5.6 萃取剂设计中的立体效应

从5.1到5.5讲述了与反应基团直接相连的取代基种类和数量对反应基团萃取性能的影响，包括直接配位和外层缔合两种萃取方式的萃取剂。除反应基团外，非极性基团也是影响萃取剂性能的重要因素，尽管与反应基团相连接的非极性基团不直接或间接与金属离子作用。萃取剂分子中非极性基团对萃取的影响可以分为三方面：诱导效应、非极性效应、立体效应。诱导效应是指非极性基团引起反应基团解离、配位等性质的改变；非极性效应是指非极性基团引起萃取剂或萃合物溶解性、表面活性的改变（见第6章）；立体效应主要体现在萃取剂形成萃合物时，萃取剂分子内部或不同萃取剂分子之间的相互作用，对萃合物稳定性的影响。非极性基团通常是烷基和芳基，烷基和芳基的立体效应直接影响萃合物中配体-配体相互作用。鉴于此，在设计萃取剂时，有必要把非极性基团的立体效应当作直接影响反应中心萃取性能的因素来考虑。需要指出的是，已报道的萃取剂立体效应研究中通常都伴随不同烷基链长度、支链化程度、取代基位置等，以体现立体效应的差异。这些结构的变化通常也伴随溶解性、表面活性等的变化引起的萃取性能变化。但严格把它们与立体效应对萃取性能变化的贡献区分出来是很困难的。

5.6.1 立体效应的定量描述

金属溶剂萃取过程中萃取剂的立体效应常有体现，但配位过程中，萃取剂的空间排列、单键的自由旋转等导致萃取过程的立体效应难以像普通有机分子那样在较大范围内定量描述。但同一系列结构相似或在较小范围内变化的萃取剂，其萃取反应中的立体效应，还是可以用描述普通有机分子立体效应的结构参数，如取代基常数、分子几何形状结构参数、电子密度等描述符进行定量描述。

（1）取代基常数

取代基常数，即3.3.3提到的Hammett参数，是1937年Hammett根据苯环上取代基对苯甲酸酯水解速率和平衡的影响提出的[175]。后来，Taft把同样的原理应用到立体效应，并形成了能够定量描述立体效应的取代基常数[23]。

在同一系列萃取剂中，利用取代基常数，也可以实现定量描述萃取剂的萃取能力。例如，可以通过取代基的对位诱导效应参数σ^{P}、立体效应参数v以及根据金属离子配合物计算的反应取代基结构空间效应的经验参数E_{PA}，预测$R^1R^2P(O)OH$化合物对Co(Ⅱ)、Ni(Ⅱ)的萃取、分离性能，如表5.18所列[176]。

表5.18 一些带有不同取代基的酸性含磷化合物（$R^1R^2P(O)OH$）的基本性质参数及其对Co(Ⅱ)、Ni(Ⅱ)分离性能

R^1	R^2	pK_a	$\Sigma\sigma^P$	Σv	$E_{PA}^{Co(Ⅱ)}$	$E_{PA}^{Ni(Ⅱ)}$	$\lg K_{ex}^{Co(Ⅱ)}$	$\lg K_{ex}^{Ni(Ⅱ)}$	$\beta_{4.5}$	β_{max}
${}^{n}C_8H_{17}O$	${}^{n}C_8H_{17}O$	3.05	−0.98	1.22	−0.76	−7.74	−4.33	−4.57		3.2
${}^{i}C_8H_{17}O$	${}^{i}C_8H_{17}O$	3.24	−1.10	1.52	−1.38	−9.16	−5.42	−6.13	3.0	4.8
${}^{s}C_8H_{17}O$	${}^{s}C_8H_{17}O$	3.78	−1.36	1.83	−1.58		−5.82			
${}^{n}C_8H_{17}$	${}^{n}C_8H_{17}O$	4.21	−1.60	1.29	−0.78	−7.31	−5.55	−6.35	5.4	6.1
${}^{n}C_8H_{17}$	${}^{i}C_8H_{17}O$	4.31	−1.66	1.44	−1.09	−8.02	−5.66	−7.13	21	31
${}^{n}C_8H_{17}$	${}^{s}C_8H_{17}O$	4.54	−1.79	1.60	−1.19	−8.20	−5.85	−7.63	38	57
${}^{i}C_8H_{17}$	${}^{n}C_8H_{17}O$	4.33	−1.70	1.42	−0.85	−7.53	−5.62	−6.98	14	18
${}^{i}C_8H_{17}$	${}^{i}C_8H_{17}O$	4.51	−1.76	1.81	−1.16	−8.24	−5.87	−8.16	41	100
${}^{i}C_8H_{17}$	${}^{s}C_8H_{17}O$	4.54	−1.89	1.99	−1.26	−8.42	−6.27	−8.91	180	180
${}^{s}C_8H_{17}$	${}^{n}C_8H_{17}O$	4.52	−1.77	1.50	−0.83	−7.93	−5.77	−7.34	31	42
${}^{s}C_8H_{17}$	${}^{i}C_8H_{17}O$	4.47	−1.83	1.93	−1.14	−8.64	−6.15	−8.61	120	120
${}^{s}C_8H_{17}$	${}^{s}C_8H_{17}O$	4.85	−1.96	1.82	−1.24	−8.82	−6.28	−7.20	240	290
cyc-C_6H_{11}	${}^{n}C_8H_{17}O$	4.38	−1.74	1.48	−0.73	−7.57	−5.66	−7.93	35	35
cyc-C_6H_{11}	${}^{i}C_8H_{17}O$	4.57	−1.80	1.63	−1.04	−8.28	−5.64	−8.06	49	67
cyc-C_6H_{11}	${}^{s}C_8H_{17}O$	4.68	−1.93	1.79	−1.14	−4.46	−5.81	−5.78	210	210
o-$CH_3C_6H_4$	${}^{i}C_8H_{17}O$	3.65	−1.35	1.30	−0.27	−7.59	−4.60	−5.78		25
${}^{i}C_3H_7$	${}^{n}C_{12}H_{25}O$	4.38	−1.63	1.17	−1.05	−7.87	−5.62	−6.91	20	20
${}^{i}C_3H_7$	${}^{i}C_{14}H_{29}O$	4.61	−1.74	1.20	−1.06	−7.36	−5.72	−6.73	46	110
CH_3	${}^{i}C_{14}H_{29}O$	3.81	−1.40	1.21	−0.82	−7.41	−5.19	−5.75	2.6	3.9
${}^{n}C_8H_{17}$	${}^{n}C_8H_{17}$	5.32	−2.22	1.36	−0.80		−5.80			
${}^{i}C_8H_{17}$	${}^{i}C_8H_{17}$	5.41	−2.42	1.20	−0.94	−7.32	−6.00	−8.08	150	150
${}^{s}C_8H_{17}$	${}^{s}C_8H_{17}$	5.88	−2.56	1.82	−0.90	−8.12	−5.92	−9.95	1000	1000

注：*cyc*-C_6H_{11}为环己基，${}^{i}C_8H_{17}$为2-乙基己基，${}^{s}C_8H_{17}$为1-甲基庚基，${}^{i}C_{14}H_{29}$为2-戊基壬基。$\beta_{4.5}$为pH=4.5时的分离系数。

从表5.18可以看出：磷中心取代基发生变化时，对Co(Ⅱ)、Ni(Ⅱ)的萃取、分离能力都有明显变化。除烷氧基和烷基数目变化导致OH酸性变化从而引起萃取平衡常数的变化

外，支链位置和长度也对萃取平衡常数$\lg K_{ex}$有影响。但单独地从烷基链长短和支链化程度的角度，都难以获得普遍性的规律。如同为C_8烷基链的萃取剂萃取Co(Ⅱ)：对于磷酸二烷基酯，$R^1=R^2={}^{s}C_8H_{17}O$时$\lg K_{ex}$最低；但对于二烷基次膦酸，$R^1=R^2={}^{i}C_8H_{17}$时$\lg K_{ex}$最低。当用单一立体参数拟合时可以观察到明显的变化规律，$\Sigma\sigma^P$越大、Σv越小、E_{PA}越大，则萃取平衡常数K_{ex}越大，即萃取能力越强。但单一拟合的相关系数平方R^2都小于0.5，这表明单一立体参数不足以解释萃取中的立体效应。若采用多元信息拟合，则可明显提高拟合R^2值。图5.44所示为用$\Sigma\sigma^P$和E_{PA}分别对Co(Ⅱ)、Ni(Ⅱ)萃取平衡常数的二元线性拟合。

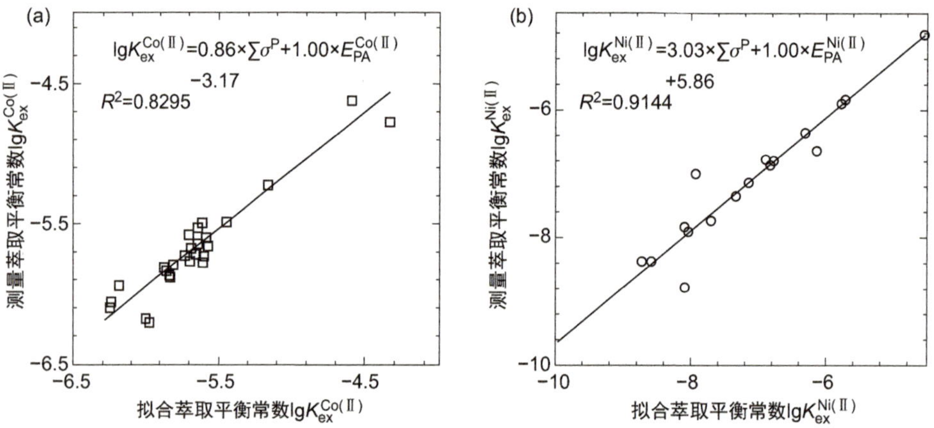

图5.44 用立体参数拟合酸性含磷化合物萃取Co(Ⅱ)、Ni(Ⅱ)萃取平衡常数

从图5.44可以看出，采用$\Sigma\sigma^P$和E_{PA}两个变量对Co(Ⅱ)、Ni(Ⅱ)的萃取平衡常数拟合的R^2分别为0.8295和0.9144（对Ni(Ⅱ)拟合时，R^1、R^2为${}^{s}C_8H_{17}$、${}^{s}C_8H_{17}O$和*cyc*-C_6H_{11}、${}^{s}C_8H_{17}O$时的两组数据明显偏离，因此没有纳入拟合方程）。这已经超过了单独用pK_a值对Co(Ⅱ)、Ni(Ⅱ)拟合所得的0.4842和0.6014。即这些化合物萃取Co(Ⅱ)、Ni(Ⅱ)时，立体效应对萃取平衡常数的影响与单独的酸性相当。

根据立体效应参数的定义方式可以回溯到分子中各种结构的立体效应，用不同的立体效应参数进行拟合可以获得不同角度描述的立体效应对萃取过程的影响。但立体效应参数的定义和含义不如pK_a值明确，适用范围也不如pK_a值广泛，通常对与定义式相似的结构有较好的预测效果，差异较大的结构则准确性较差。根据不同的分子结构类型、不同的定义方式，可以引入多种类型的立体参数，分别适用于各种体系。需要指出的是，立体效应参数与萃取性能数值上紧密相关性（R^2值较大）并不一定都反映萃取中的立体效应。如对位取代苯酰基苯羟胺萃取镧系金属时，用Taft定义的基团立体参数E_s可对各种金属离子的分配比、金属离子间的分离系数都有较好的拟合[177]。但取代基位置位于芳香环的对位，远离萃取的反应中心，且只采用三种丁基进行拟合，数据点太少，尽管其R^2值接近1，也不能说明E_s反映了萃取过程的立体效应，更大程度上是支链化程度不同导致的非极性效应的不同。

用类似的方法，通过取代基常数可以对有相应取代基的萃取剂的萃取性能进行解释或预测。但取代基常数的有效性是基于这样的假设：在不同分子结构中取代基对分子性质产生的影响是相同的。这一假设只适用于分子结构变化不大或萃取过程中取代基化学环境与其定义时相似的体系。但立体效应明显的萃取剂分子中，需要利用取代基空间效应调节对金属离子的选择性。萃取前后，取代基的化学环境会有明显变化，这导致根据某些已知物定义的取代基立体效应参数无法用于萃取剂萃取性能的准确描述。

（2）立体参数

立体效应是化学中的常见现象，在多种化学过程中被观察到。立体效应是分子内空间上位置相近但不直接由化学键相连基团相互作用产生的。为了更方便地描述立体效应，人们从各种角度提出了不同的参数，其中立体参数（E_s）是应用比较广泛的一种。对于羧酸类物质（RCOOH），其E_s的一种常用定义方式是比较其与乙酸酯化反应速率的差异。

$$E_s=\lg\left(\frac{k}{k_0}\right)$$

式中，k、k_0分别是该羧酸和乙酸酯化反应的速率常数。根据定义可知，R＝CH_3时的E_s值为0。E_s值越大，基团的立体效应越小[178]。测量带有不同取代基羧酸酯化反应的速率常数，即可得到相应取代基的E_s值。E_s小于0，表明基团的位阻大于甲基；大于0则位阻小于甲基。当醇为确定结构时，酯化反应速率取决于羧酸酸性和取代基立体效应，忽略不同烷基通过诱导效应对羧酸酸性的影响，则上式计算的E_s值可以认为都是由立体效应引起的，可用于衡量取代基在其他化学过程中的立体效应。这种定义方式忽略了不同烷基的诱导效应的差异，且假设不同烷基在各种化学环境中的立体效应是可迁移的，即在不同结构中，基团的立体效应是相同的。

金属萃取中，尤其在带有多个萃取剂配体的萃合物中，萃取剂基团的立体效应影响着萃合物上配体间相互作用，影响萃合物稳定性，即影响对金属离子的萃取性能。图5.45所示为不同取代基亚砜对三价稀土金属离子的萃取性能[179]。

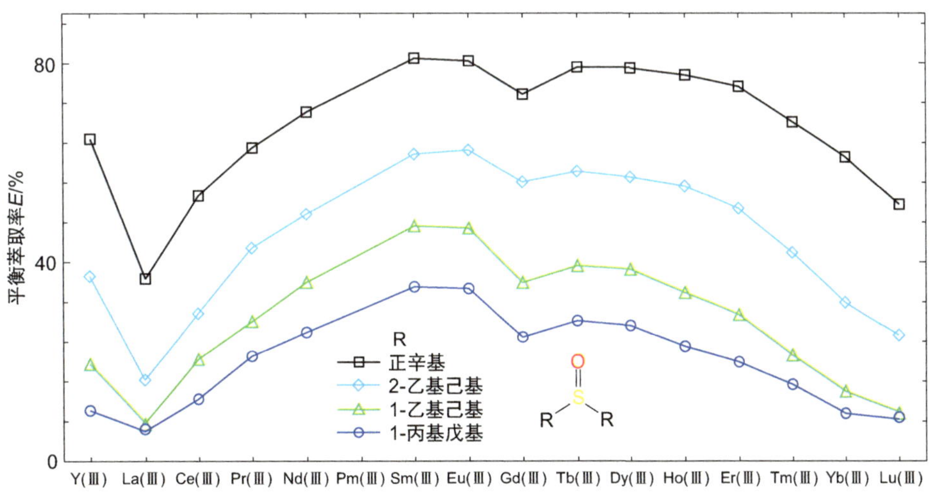

图5.45　四种带有不同烷基结构的亚砜对三价稀土离子的萃取性能

从图5.45可以看出亚砜类化合物对中稀土的萃取比轻、重稀土都高，这是亚砜类化合物萃取稀土的普遍规律，无论是单S═O化合物还是多S═O化合物都有类似规律[57]。在亚砜上引入结构不同的取代基，能影响亚砜的萃取性能，如四种取代亚砜对稀土萃取率的顺序是正辛基＞2-乙基己基＞1-乙基己基＞1-丙基戊基。即从这四个结构的萃取曲线可以看出：支链越靠近S═O、支链越大，萃取能力越弱。这也符合大多数取代基的影响规律，位阻越大萃取能力越低。若分析更多类型的结构，还能得到萃取性能与立体参数之间的线性关系。表5.19所列为一些亚砜基团的立体参数及其对四种稀土离子萃取率的拟合[179]。

表5.19 带有不同取代基亚砜RR′S=O的立体参数、对几种稀土离子的萃取率，以及立体参数对萃取率的线性拟合

R	R′	ΣE_s	萃取率/%			
			La(Ⅲ)	Gd(Ⅲ)	Lu(Ⅲ)	Y(Ⅲ)
乙基	正辛基	−0.38	68.2	88.8	74.3	84.9
正己基	正己基	−0.60	63.2	87.5	69.3	83.8
正辛基	正辛基	−0.60	62.9	86.6	70.2	82.7
2-乙基己基	2-乙基己基	−1.94	21.7	60.2	32.9	50.5
1-乙基己基	1-乙基己基	−2.12	10.0	38.1	12.6	26.8
1-丙基戊基	1-丙基戊基	−4.06	4.8	23.6	6.4	14.1
环戊基	正辛基	−0.71	48.5	82.6	58.5	75.5
环己基	正辛基	−0.99	54.3	84.6	63.3	78.9
环辛基	正辛基	−1.40	23.7	58.1	35.1	49.9

注：ΣE_s为取代基E_s值之和。

La(Ⅲ)：$E=32.76\times\Sigma E_s+79.85$，$R^2=0.9244$。对La(Ⅲ)拟合时发现二(1-丙基戊基)亚砜远离其他结构，因此排除这种结构再进行拟合。

Gd(Ⅲ)：$E=-26.92\times\Sigma E_s+102.72$，$R^2=0.8838$。

Lu(Ⅲ)：$E=32.76\times\Sigma E_s+87.82$，$R^2=0.9255$。

Y(Ⅲ)：$E=31.07\times\Sigma E_s+100.57$，$R^2=0.8986$。

表5.19所列与图5.45所示的规律相符，即取代基位置越靠近反应中心、取代基越大，萃取能力越差。但考虑多种结构时，立体参数E_s与各种金属离子的萃取率E都得到了较好的线性拟合结果，且拟合斜率为正，即E_s值越大越有利于萃取。除萃取率外，用分配比、半萃取pH值表示的萃取性能也能与立体参数获得较好的拟合。图5.46所示为羧酸萃取稀土时La(Ⅲ)/Lu(Ⅲ)、La(Ⅲ)/Y(Ⅲ)的半萃取pH之差ΔpH_{50}与立体参数的线性关系[178]。

在图5.46中以两种金属离子的ΔpH_{50}表示羧酸对两种金属离子的分离能力，La(Ⅲ)/Lu(Ⅲ)、La(Ⅲ)/Y(Ⅲ)两组的ΔpH_{50}都与立体参数E_s表现出了明显的线性关系：$-E_s$越大，即立体效应越明显，则ΔpH_{50}越大，分离效果越好。这表明增加取代基的空间位阻有利于提高羧酸对稀土的分离。在实际使用过程中，常用的羧酸类萃取剂也有大位阻基团，如叔碳羧酸（Versatic10）、环烷酸、CA-12、CA-100等的羧基附近都带有大位阻取代基，它们萃取稀土金属离子时也表现出较好选择性。

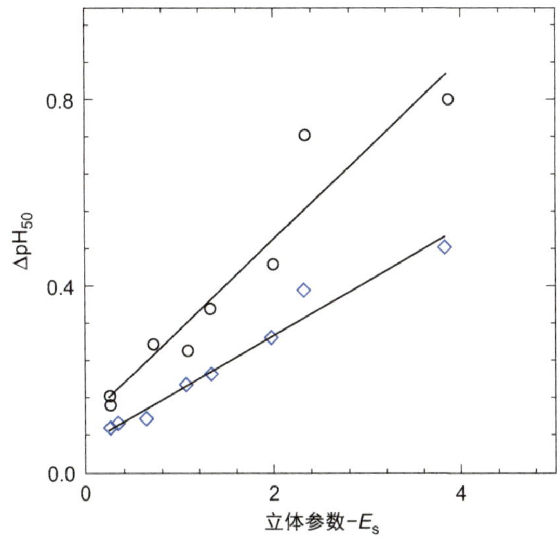

图5.46 羧酸萃取稀土金属离子的ΔpH_{50}与立体参数之间的关系

○La(Ⅲ)−Lu(Ⅲ)，$\Delta pH_{50}=0.1929\times(-E_s)+0.1175, R^2=0.9034$；

◇La(Ⅲ)−Y(Ⅲ)，$\Delta pH_{50}=0.1164\times(-E_s)+0.0648, R^2=0.9495$

除单一萃取体系外，立体参数也能描述协萃体系对金属离子的萃取性能，其规律与单一萃取体系相似，即大位阻基团表现出较低的萃取能力，却表现出更好的分离能力，因此通过调节基团大小可调节萃取剂的分离性能[180]。

（3）几何结构

所有的分子都以一定的几何结构而呈现出各种性质，萃取剂分子的立体效应，也可以通过其几何结构得到体现，尤其是靠近萃取剂反应中心的键角、立体角等。以P204、P507、Cyanex272为例，其通式如图5.47（a）所示。P204、P507、Cyanex272中的∠XPY分别为104.68°、115.65°、120.09°，这种结构上的差异对Co(Ⅱ)的萃取平衡常数的影响体现得不明显（三种萃取剂对Co(Ⅱ)的萃取平衡常数分别为5.50×10^{-6}、1.07×10^{-6}、1.66×10^{-7}），但对Ni(Ⅱ)的萃取平衡常数影响较大（分别为1.10×10^{-6}、1.51×10^{-8}、2.00×10^{-10}）。即立体效应在萃取两种金属离子时得到了不同的体现，这导致三种萃取剂对Co(Ⅱ)、Ni(Ⅱ)的分离系数分别为5、71、830，分离效果差异很大[181]。三种结构的pK_a差异较大，对Co(Ⅱ)、Ni(Ⅱ)两种金属离子的萃取都表现出pK_a值越低，萃取平衡常数越大的趋势。但无法确定大的∠XPY是促进了Co(Ⅱ)的萃取，还是抑制了Ni(Ⅱ)的萃取，或两种效果都有。另外，由于只有三个数据点，无法准确分析∠XPY与萃取、分离性能的关系，只能得出∠XPY越大分离系数越大的趋势。用类似的方法还能分析出萃取剂反应中心其他几何结构参数，如键长、二面角、原子电荷等与萃取性能的关系。在设计萃取剂时，利用这些几何参数可以方便地定性判断出萃取剂对萃取、分离性能的影响。

除酸性含磷萃取剂的∠XPY这样的平面角几何结构参数外，中性含磷萃取剂［图5.47（b）］中酰氧位置突出，其他三个基团确定的立体角φ也可用于量化磷原子上取代基的立体效应。如由不同烷基组成的磷酸三酯从硝酸体系萃取UO_2^{2+}的实验中发现，三个取代基所张的立体角φ与UO_2^{2+}在两相间的分配比有近似的线性关系[182]。

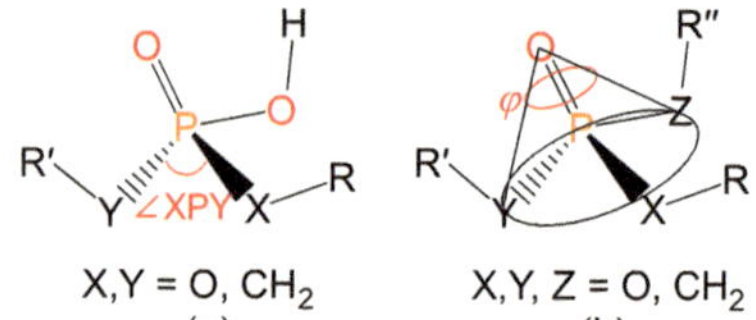

图5.47　酸性含磷萃取剂通式（a）和中性含磷萃取剂通式（b）

（4）密度泛函理论衡量立体效应

密度泛函理论提出直接从电子密度角度描述分子性质，立体效应也属于分子性质之一，因此也可以用密度泛函理论从电子密度角度实现对分子立体效应的描述。根据电子密度定义的立体能、立体力、立体电荷等物理量，直接计算出相应的数值，并用于衡量分子的立体效应[183]，但在萃取中的应用还未有报道，需要进一步探索。

5.6.2　萃取剂设计中的立体效应

金属溶剂萃取的立体效应，可以通过萃取剂与金属离子配位或萃取剂与萃取剂之间相互作用得到体现。随着萃取剂空间结构的变化，可能与金属离子形成不同比例、构型的萃合物，也可能导致萃合物的稳定性、亲水或亲油性发生变化，这些最终都能影响对金属离子的萃取性能。宏观上表现为萃取能力、选择性的变化，而微观上通常表现为对萃合物组成、结构的影响。

不同的萃取剂形成的萃合物结构当然是不同的，但若不影响萃合物、萃取剂反应中心的结构，则可以看作这些萃取剂形成了相同结构的萃合物。对于同类萃取剂，尽管结构不同，甚至差异较大，但它们形成的萃合物结构中金属离子与萃取剂结合部分是相似的。若结合部分不同，这相当于萃取机理发生了变化。除对萃合物结构的影响外，对组成的影响也是萃取剂立体效应更常见的现象。如二聚(1-苯基-3-甲基-4-酰基-2-吡唑啉-5-酮)是典型的β-二酮类二齿萃取剂，由于两分子β-二酮能与金属离子形成平面四边形配合物，而被广泛用于能形成平面四边形配位的金属离子的萃取，如Cu(Ⅱ)、Zn(Ⅱ)等。当这类结构用于Cu(Ⅱ)萃取时，随着中间亚甲基数目的变化可与Cu(Ⅱ)形成1∶2、2∶2、1∶1等组成和结构都明显不同的萃合物结构，如图5.48所示[184]。

二聚(1-苯基-3-甲基-4-酰基-2-吡唑啉-5-酮)有两个可与Cu(Ⅱ)配位的β-二酮单元。当中间亚甲基数目足够多时，如n = 10、20，且金属离子浓度和萃取剂浓度都较低，则倾向于形成1∶1萃合物；中间亚甲基数目为1～8时都能形成2∶2萃合物，这种萃合物结构含有多个闭合环结构，可以避免其他阴离子或阳离子配位的影响，因此对应的稳定常数较高；当n = 2或4时，形成2∶2萃合物需要克服两个较大基团处于同一侧的不利因素，因此1∶2萃合物也占有较高的比例，甚至n = 2时，以1∶2萃合物为主。不同亚甲基数目不仅导致萃合物组成和结构的变化，而且奇偶亚甲基数目对应2∶2萃合物稳定常数的变化。由于碳链取向的原因导致n为奇数的2∶2稳定常数都比相邻的偶数对应的大。实验测量结果为$n = 1 \sim 7$，对应的稳定常数对数值分别为2.18、0.30、2.70、1.10、1.62、0.18、1.78。

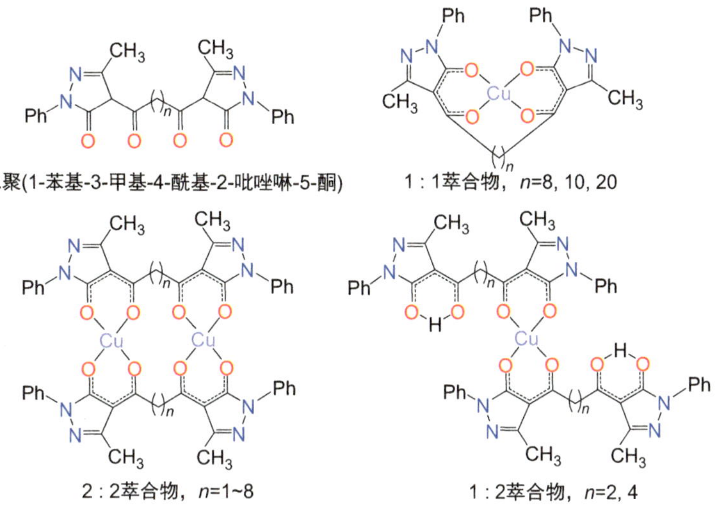

图5.48　不同链接亚甲基数目二聚(1-苯基-3-甲基-4-酰基-2-吡唑啉-5-酮)萃取Cu(Ⅱ)形成的不同组成和结构的萃合物

萃合物组成和结构的变化也伴随着相应的稳定性、溶解性、表面活性等的变化，在萃取中直接反映在萃取平衡常数的变化，即萃取能力的变化。实验也确实观察到随着双吡唑啉基团中间亚甲基数目的变化，对Cu(Ⅱ)的萃取能力也发生相应的变化。

对于1-苯基-3-甲基-4-(邻取代芳酰基)-2-吡唑啉-5-酮类结构，除改变连接其二聚体中碳链长度外，在其苯基邻位上引入不同取代基也能直接影响这类结构的一个配位氧的配位性能。表5.20所列为带有不同取代基时的pK_a、对Sc(Ⅲ)、La(Ⅲ)的萃取分离性能以及与两种金属离子形成的逐级配合物稳定常数[185]。

表5.20　4-(邻取代芳酰基)-2-吡唑啉-5-酮带不同取代基时的pK_a值，及其对Sc(Ⅲ)、La(Ⅲ)的萃取和配位性质

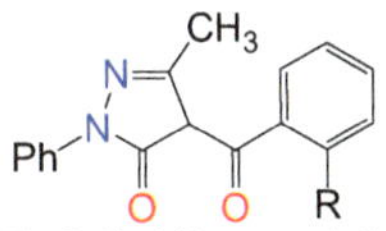

R	pK_a	Sc(Ⅲ)					La(Ⅲ)				
		pH$_{50}$	lgK_{ex}	lgK_1	lgK_2	lgβ_2	pH$_{50}$	lgK_{ex}	lgK_1	lgK_2	lgβ_2
H	3.92	2.54	3.48	2.81	3.66	6.47	4.43	−7.29	6.40	3.70	10.1
CH$_3$	3.58	2.26	4.32	2.84	3.19	6.03	4.16	−6.48	5.97	3.65	9.62
OCH$_3$	3.94	2.57	3.39	2.71	3.29	6.00	4.35	−7.05	5.52	3.73	9.25
CF$_3$	3.40	2.30	4.20	3.38	2.91	6.29					
F	3.59	2.49	3.63	3.90	3.04	6.94	4.11	−6.33	6.41	3.73	10.1
Cl	3.43	2.30	4.20	3.78	2.75	6.53	3.88	−5.64	5.68	3.82	9.50
Br	3.49	2.25	4.35	3.66	2.54	6.20	3.82	−5.46	5.67	3.68	9.35
2,6-二F	3.18	2.47	3.69	4.23	2.78	7.01	3.95	−5.85	6.07	3.82	9.89

从表5.20所列数据可以看出，与常见的引入吸电子基团导致芳环更缺电子，从而导致酸性增强的单调规律不同，在这里R基团为吸电子或给电子对分子pK_a的影响不存在单调规律。如给电子的CH_3和吸电子的F具有相近的pK_a值，而给电子的OCH_3对pK_a几乎没有影响。这可能与烯醇共振式能与取代基形成有利于中性分子稳定氢键有关。

对于这类结构萃取稀土金属时，由于立体效应的存在，单独的pK_a值不能解释萃取能力。如表5.20所列pK_a值与Sc(Ⅲ)和La(Ⅲ)的pH_{50}线性拟合的R^2值分别为0.2838和0.7276，又如R为CH_3和F的pK_a值相近，但萃取Sc(Ⅲ)的平衡常数差了0.69个对数单位，而萃取La(Ⅲ)的平衡常数差了0.15个对数单位。由于Sc(Ⅲ)和La(Ⅲ)六配位时半径分别为0.75 Å和1.03 Å，立体效应在萃取半径更小的Sc(Ⅲ)时体现得更明显。

不同取代基对应着不同的分离能力，R为CH_3、F时，萃取Sc(Ⅲ)和La(Ⅲ)的半萃取pH值（pH_{50}）差异分别为1.90、1.62，显然选用R为CH_3有利于两种金属离子的分离。表5.20中数据还表明，萃取剂与金属离子的配位能力和它的萃取能力是不同的。各种取代基对应的结构对La(Ⅲ)的配位能力都比Sc(Ⅲ)强，但对Sc(Ⅲ)的萃取能力更强。

协萃剂的立体效应同样能对体系的萃取、分离性能产生影响。从萃合物结构来看，萃取剂和协萃剂只是处于不同位置的配体，协萃剂立体效应的影响规律与萃取剂是相同的。如在β-二酮类化合物与冠醚类配体协同萃取分离镧系和锕系离子时可以发现：β-二酮边上取代基越大，体系的萃取能力越小，也可利用这种性能调节对镧系和锕系离子的分离能力[186]。

5.7 多官能团萃取剂设计

一方面，由于市场对金属萃取分离性能要求的提高，单一反应基团与恰当非极性基团的组合越来越不能满足需求；另一方面，官能团的电子效应比烷基更强，对其他官能团萃取性能的影响也更大。近年来合成化学取得的进展使人们可以在实验上获得更多官能团的分子结构，这为多官能团萃取剂的使用奠定了实验基础，文献中也报道了大量的多官能团萃取剂，如表1.17所列。

多官能团萃取剂是金属萃取剂的发展方向，近年来报道的新型萃取剂大多含有多个或多种官能团，利用官能团的分子内协同作用，提高萃取剂的萃取分离性能。计算机技术的发展、分子设计模型和方法准确性提升、新的合成路线被开发、出现新的原料等，都能有力地促进多官能团萃取剂发展。多官能团萃取剂的特征是：第一，合成困难，需要多步骤、苛刻条件、保护与去保护、昂贵原料等，导致成本较高，工业化应用困难；第二，多个官能团共同作用，机理复杂，难以探索；第三，多官能团萃取剂通常具有较高的亲水性，在常用稀释剂中溶解性差，或常温下呈固态，不利于萃取操作；第四，根据特定金属离子或待分离体系设计的多官能团萃取剂通常具有较高的选择性。

增加配位基团的数目，可以增加金属离子与萃取剂配位的能力，从而提高萃取率。一个典型的例子就是单醚对金属离子的萃取能力较差，但多醚却被广泛用于金属萃取。尽管大多数多官能团萃取剂主要是分析萃取剂，离湿法冶金具有较远距离，但多官能团萃取剂是新萃取剂的发展方向之一。而且已有个别多官能团萃取剂表现出良好的萃取分离性能。如β-磷酰基羧酸及其取代衍生物（图5.49），由于分子中含有具有配位能力较强的烷基磷酰氧基团，以及可提供电荷平衡的羧酸基团，这类分子在分离钇和镧系金属方面表现出良好的分离效果[187, 188]，其制备放大、多级萃取性能都已通过实验验证。这表明，多官能团萃取剂是一类值得探索的新型萃取剂。

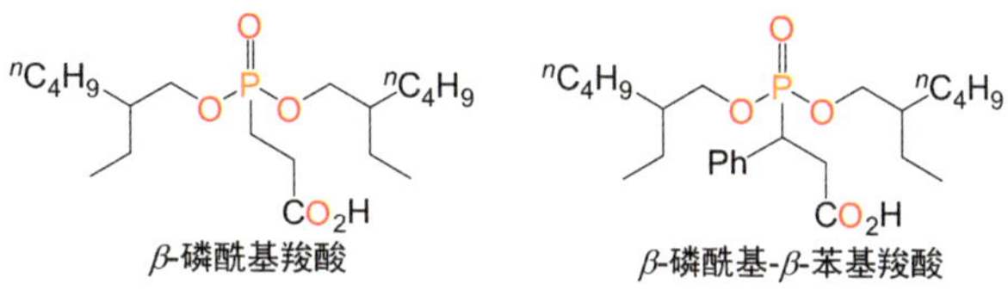

图5.49　β-磷酰基羧酸及衍生物

参考文献

[1] FLETT D S. Solvent extraction in hydrometallurgy: the role of organophosphorus extractants[J]. Journal of Organometallic Chemistry, 2005, 690(10): 2426-2438.

[2] 万建新, 任学昌, 蒋煜峰, 等. P204-熔融石蜡固液萃取废水中铜、钴、镍[J]. 环境化学, 2018, 37(12): 2688-2693.

[3] XIANG Y Q, YAO X, LIN J H, et al. Extraction behavior of acidic phosphorus-containing compounds to some metal ions: a combination research of experimental and theoretical investigations[J]. The Journal of Physical Chemistry A, 2020, 124(24): 5033-5041.

[4] 周红. 键参数标度软硬酸碱[J]. 武汉化工学院学报, 1999, 21(02): 4-8.

[5] 刘祁涛. 酸碱软硬度的键参数标度[J]. 化学通报, 1976, 39(06): 26-32.

[6] 王进贤, 刘占祥, 胡雨来. 酸碱软硬度的新标度研究[J]. 西北师范大学学报(自然科学版), 2001, 37(02): 95-99.

[7] PARR R G, YANG W. Density-functional theory of the electronic structure of molecules [J].Annual Review of Physical Chemistry, 1995, 46:701-728.

[8] PARR R G, CHATTARAJ P K. Principle of maximum hardness[J]. Journal of the American Chemical Society, 1991, 113(5): 1854-1855.

[9] MCNAUGHT A D, WILKINSON A. Compendium of chemical terminology: IUPAC recomnendations (“Gold Book”), Web 2.0 Version; 2019[M/OL]. Oxford: Blackwell Scientific Publications. 2019[2021-07-16]. https: //goldbook. iupac. org.

[10] RYDE U, SöDERHJELM P. Ligand-binding affinity estimates supported by quantum-mechanical methods[J]. Chemical Reviews, 2016, 116(9): 5520-5566.

[11] RODGERS M T, ARMENTROUT P B. A thermodynamic “vocabulary” for metal ion interactions in biological systems[J]. Accounts of Chemical Research, 2004, 37(12): 989-998.

[12] SHANG X Y, AN H Y, ZHANG T, et al. Evaluating and understanding the affinity of metal ions to water and ammonia using density functional theory calculation[J]. Chemical Physics Letters, 2021, 768: 138398.

[13] 陈家镛. 湿法冶金手册[M]. 第2版. 北京: 化学工业出版社, 2005.

[14] 唐瑞仁. 双-(硫代磷酰基)亚胺的合成、结构与萃取性能研究[D]. 长沙: 中南大学, 2001.

[15] PRESTON J S, DU PREEZ A C. Synergistic effects in solvent-extraction system based on alkylsalicylic acids. part 2. extraction of nickel, cobalt, cadmium and zinc in the presence of some neutral N-, O- and S-donor compounds[J]. Solvent Extraction and Ion Exchange, 1996, 14(2): 179-201.

[16] 许庆仁, 蒋亚东. 酸性磷型萃取剂的结构与萃取钴、镍性能关系的研究[J]. 应用化学, 1989, 6(04): 1-7.

[17] 刘祥萱, 杨文斌, 杨绪杰, 等. 酸性含磷萃取剂萃铟机理及性能规律研究[J]. 有色金属(冶炼部分), 1998, 45(04): 33-36.

[18] LIU S M, LIU H H, HUANG Y J, et al. Solvent extraction of rubidium and cesium from salt lake brine with *t*-BAMBP–kerosene solution[J]. Transactions of Nonferrous Metals Society of China, 2015, 25(1): 329-334.

[19] ROSS W J,WHITE J C.Determination of cesium and rubidium after extraction with 4-*sec*-butyl-2(α-methylbenzyl)phenol [J]. Analytical Chemistry, 1964, 36(10): 1998-2000.

[20] MILLER F. Carboxylic acids as metal extractants[J]. Talanta, 1974, 21(7): 685-703.

[21] 汪敏, 秦炜, 戴猷元. 有机羧酸pK_a和亲油性的定量结构-性质关系[J]. 高校化学工程学报, 2003, 24(06): 607-611.

[22] PRESTON J S, DU PREEZ A C. The solvent extraction of nickel from acidic solutions using synergistic mixtures containing pyridinecarboxylate esters. part 2: systems based on alkylsalicylic acids[J]. Journal of Chemical Technology & Biotechnology, 1996, 66(3): 293-299.

[23] HANSCH C, LEO A, TAFT R W. A survey of Hammett substituent constants and resonance and field parameters[J]. Chemical Reviews, 1991, 91(2): 165-195.

[24] YU D H, DU R B, XIAO J C. pK_a prediction for acidic phosphorus-containing compounds using multiple linear regression with computational descriptors[J]. Journal of Computational Chemistry, 2016, 37(18): 1668-1671.

[25] 袁承业, 盛志初, 叶伟贞. 有机萃取剂的研究(XⅥ): 对-取代苯基及苯甲基膦酸单丁酯的化学结构与萃取性能的关系[J]. 原子能科学技术, 1965, 6(10): 870-875.

[26] 沈定璋, 严金英, 袁承业. 苯基及邻位取代苯基膦酸单烷基酯的合成及其萃取稀土的性能[J]. 中国稀土学报, 1990, 8(04): 293-296.

[27] YUAN C, LI S, HU W, et al. Studies on organophosphorus compounds 61 substituent effects in organophosphorus esters[J]. Heteroatom Chemistry, 1993, 4(1): 23-31.

[28] WANG J, XU S, LI L, et al. Synthesis of organic phosphinic acids and studies on the relationship between their structure and extraction–separation performance of heavy rare earths from HNO_3 solutions[J]. Hydrometallurgy, 2013, 137(5): 108-114.

[29] KUMAR A, MOHAPATRA P K, PATHAK P N, et al. Extraction of Mo(Ⅵ) from nitric acid medium by di(octyl-phenyl) phosphoric acid[J]. Solvent Extraction and Ion Exchange, 2001, 19(3): 491-505.

[30] SELLA C, BECIS A, COTE G, et al. Diphasic acido-basic properties of di(octylphenyl)phosphoric acid (doppa)[J]. Solvent Extraction and Ion Exchange, 1995, 13(4): 715-729.

[31] SINGH H, MISHRA S L, VIJAYALAKSHMI R. Uranium recovery from phosphoric acid by solvent extraction using a synergistic mixture of di-nonyl phenyl phosphoric acid and tri-*n*-butyl phosphate[J]. Hydrometallurgy, 2004, 73(1): 63-70.

[32] SINGH S K, VENUGOPAL K, JADHAV S T, et al. Studies on the separation and recovery of plutonium from nitric acid medium using di-nonyl phenyl phosphoric acid (DNPPA) / *n*-dodecane as extractant system[J]. Separation Science and Technology, 2014, 49(9): 1335-1341.

[33] RAO G S, MASON G W, PEPPARD D F. Extraction of selected metallic cations by di-acidic phosphorus-based extractants, $XPO(OH)_2$, in a ketone diluent[J]. Journal of Inorganic and Nuclear Chemistry, 1966, 28(3): 887-897.

[34] 袁承业, 胡水生. 有机磷化合物的研究 (XⅥ): 磷化合物的长碳链烷基及烷氧基的σ～p常数与基团连通性[J]. 化学学报, 1986, 44(06): 590-596.

[35] LIU S B, SCHAUER C K, PEDERSEN L G. Molecular acidity: a quantitative conceptual density functional theory description[J]. The Journal of Chemical Physics, 2009, 131(16): 164107-164114.

[36] 袁承业, 向才立, 李树森, 等. 芳香族羟肟的合成及其萃取铜的结构-性能研究[J]. 化学学报, 1989, 47(10): 990-995.

[37] 袁承业, 施莉兰, 陆熙炎, 等. 有机萃取剂的研究(Ⅳ): 某些中性磷型萃取剂的化学结构及其对铀氧离子萃取性能的关系[J]. 原子能科学技术, 1963, 5(01): 27-39.

[38] 袁承业, 盛志初. 有机萃取剂的研究(Ⅹ): 某些中性磷化合物萃取铀的红外光谱研究[J]. 原子能科学技术, 1964, 6(06): 686-692.

[39] 丁华杰, 牛雁宁, 徐岩冰, 等. 甲基异丁基酮萃取Pa(Ⅴ)的研究[J]. 核化学与放射化学, 2006, 28(02): 122-124.

[40] CONSTABLE E C, PARKIN G, QUE JR LAWRENCE. Comprehensive coordination chemistry Ⅲ[M]. 3rd ed. Oxford:Elsevier, 2021.

[41] 栾和林, 武荣成, 姚文. 环酯类贵金属萃取剂的研究[J]. 有色金属, 1999, 51(02): 47-51.

[42] 李树森, 袁承业. *N*-取代酰胺萃取铌、钽的机理[J]. 化学学报, 1975, 33(01): 11-22.

[43] KUMAR J R, KIM J-S, LEE J-Y, et al. A brief review on solvent extraction of uranium from acidic solutions[J]. Separation & Purification Reviews, 2011, 40(2): 77-125.

[44] 马尚文, 时文中. 环丁砜-氯仿从盐酸介质中萃取金(Ⅲ)的研究[J]. 黄金, 1989, 10(01): 40-42, 62.

[45] 袁承业, 许庆仁, 施莉兰, 等. 有机萃取剂的研究(Ⅻ)稀释剂的性质对中性磷化合物萃取硝酸铀酰的影响[J]. 原子能科学技术, 1964, 6(06): 693-699.

[46] 袁承业, 施莉兰, 叶伟贞, 等. 有机萃取剂的研究(Ⅸ)对-取代苯基及苯甲基膦酸酯的化学结构与萃取性能的关系[J]. 原子能科学技术, 1964, 6(06): 668-676.

[47] ZHOU H, DONG Y, WANG Y, et al. Recovery of Th(IV) from leaching solutions of rare earth residues using a synergistic solvent extraction system consisting of Cyanex 572 and *n*-octyl diphenyl phosphate (ODP)[J]. Hydrometallurgy, 2019, 183: 186-192.

[48] DONG Y, LI S, SU X, et al. Separation of thorium from rare earths with high-performance diphenyl phosphate extractant[J].

Hydrometallurgy, 2017, 171: 387-393.

[49] LITVINA M N, CHMUTOVA M K, KULYAKO Y M, et al. Extraction of Am(Ⅲ), U(Ⅵ), and Pu(Ⅳ) from HCl solutions with diphenyl(dibutylcarbamoylmethyl)phosphine oxide[J]. Radiochemistry, 2004, 46(1): 41-43.

[50] 龚钰秋, 朱云飞, 方巍, 等. 碳酸丙烯酯-氯仿溶液萃取金(Ⅲ)及其机理的研究[J]. 杭州大学学报(自然科学版), 1983, 10(01): 92-96.

[51] 马恩新, 严小敏, 王三益, 等. *N*,*N*-二(1-甲基庚基)乙酰胺在盐酸介质中对铁(Ⅲ)的萃取平衡及其配合物的研究[J]. 应用化学, 1986, 3(06): 36-39.

[52] MCCANN K, DRADER J A, BRALEY J C. Comparing branched versus straight-chained monoamide extractants for actinide recovery[J]. Separation & Purification Reviews, 2018, 47(1): 49-65.

[53] 孙国新, 包伯荣, 崔玉. 双取代长链烷基酰胺的结构与萃取性能的研究Ⅱ: *N*, *N*-二丁基烷基酰胺萃取铀和钍[J]. 核化学与放射化学, 1999, 21(02): 119-123.

[54] MANCHANDA V K, PATHAK P N. Amides and diamides as promising extractants in the back end of the nuclear fuel cycle: an overview[J]. Separation and Purification Technology, 2004, 35(2): 85-103.

[55] 吴文伟, 陈超球. 亚砜萃取剂的萃金进展[J]. 黄金, 1993, 14(12): 50-53.

[56] MOHAPATRA P K, BHATTACHARYYA A, MANCHANDA V K. Selective separation of radio-cesium from acidic solutions using supported liquid membrane containing chlorinated cobalt dicarbollide (CCD) in phenyltrifluoromethyl sulphone (PTMS)[J]. Journal of Hazardous Materials, 2010, 181(1): 679-685.

[57] 袁承业, 龙海燕, 马恩新, 等. 亚砜类化合物的合成及其萃取稀土的结构-性能研究[J]. 中国科学(B辑 化学 生物学 农学 医学 地学), 1984, 14(03): 193-201.

[58] 李玲颖, 孙元明, 任洪吉, 等. PTSO萃取金(Ⅲ)的性能和机理的研究[J]. 高等学校化学学报, 1985, 6(12): 1097-1101.

[59] 许晓文, 李玲颖, 郝韵琴, 等. 几种二芳基亚砜萃取能力的研究[J]. 化学试剂, 1988, 10(03): 139-142.

[60] 许晓文, 李玲颖, 高冬君, 等. 二-对异丙基亚砜的合成及用纸色谱法研究其萃取和分离性能[J]. 高等学校化学学报, 1988, 9(03): 230-233.

[61] 徐永华, 汤惠民. 磺酰胺类萃取剂萃取性能的初步研究[J]. 同济大学学报(自然科学版), 1991, 19(02): 241-247.

[62] 汤惠民, 徐永华, 周宪民, 等. 几种磺酰胺类萃取剂的合成[J]. 化学试剂, 1992, 14(03): 181, 172.

[63] 王文革, 张德春, 曾利群, 等. 4,6-二烷氧基-1,3-二(4-烯丙基-2-甲氧基)苯磺酸酯的合成和对金属离子萃取性能[J]. 应用化工, 2013, 42(07): 1227-1229, 1233.

[64] 李嘉豪, 曹佐英, 李嘉, 等. 高级脂肪胺类萃取剂在稀有金属溶剂萃取中的应用[J]. 稀有金属与硬质合金, 2018, 46(06): 10-18.

[65] 刘峙嵘, 周利民, 李传茂, 等. 不同烷基酰亚胺的合成及对镥的萃取[J]. 稀有金属, 2006, 30(03): 353-357.

[66] KOLARIK Z. Complexation and separation of lanthanides(Ⅲ) and actinides(Ⅲ) by heterocyclic *N*-donors in solutions[J]. Chemical Reviews, 2008, 108(10): 4208-4252.

[67] ZHANG C P, WANG Z L, CHEN Q Y, et al. Determination of pK_a values of fluoroalkanesulfonamides and investigation of their nucleophilicity[J]. Journal of Fluorine Chemistry, 2010, 131(7): 761-766.

[68] TREPKA R D, BELISLE J W, HARRINGTON J K. Acidites and partition coefficients of fluoromethanesulfonamides[J]. The Journal of Organic Chemistry, 1974, 39(8): 1094-1098.

[69] AO Y, PENG J, YUAN L, et al. Identification of radiolytic products of [C_4mim][NTf_2] and their effects on the Sr^{2+} extraction[J]. Dalton Transactions, 2013, 42(12): 4299-4305.

[70] 刘文森, 雷泽, 朱兆武, 等. 含氮杂环化合物与有机酸协同体系在镍、钴萃取分离中的应用[J]. 过程工程学报, 2020, 20(04): 382-389.

[71] MORIZONO H, OSHIMA T, BABA Y. Liquid–liquid extraction of transition metal ions with an alkylhistidine extractant[J]. Separation and Purification Technology, 2011, 80(2): 390-395.

[72] DU PREEZ J G H, POSTMA J, RAVINDRAN S, et al. Nitrogen reagents in metal ion separation. part 6: 2-(r-octylthiomethyl) pyridine as extractant for later 3d transition metal ions[J]. Solvent Extraction and Ion Exchange, 1997, 15(1): 79-96.

[73] PREEZ J G H D, MATTHEüS C, SUMTER N, et al. Nitrogen reagents in metal ion separation. part Ⅸ. extraction of cobalt and nickel using imidazole derivatives[J]. Solvent Extraction and Ion Exchange, 1998, 16(4): 1033-1046.

[74] SZYMANOWSKI J, BOROWIAK-RESTERNA A, VOELKEL A. Structure–basicity relationships for pyridine extractants[J]. Journal of Chemical Technology & Biotechnology, 1995, 62(3): 233-240.

[75] MIGUIRDITCHIAN M, GUILLANEUX D, GUILLAUMONT D, et al. Thermodynamic study of the complexation of trivalent actinide and lanthanide cations by ADPTZ, a tridentate *N*-donor ligand[J]. Inorganic Chemistry, 2005, 44(5): 1404-1412.

[76] COLETTE S, AMEKRAZ B, MADIC C, et al. Trivalent lanthanide interactions with a terdentate bis(dialkyltriazinyl)pyridine ligand studied by electrospray ionization mass spectrometry[J]. Inorganic Chemistry, 2003, 42(7): 2215-2226.

[77] TAIT B K. Cobalt-nickel separation: the extraction of cobalt(Ⅱ) and nickel(Ⅱ) by Cyanex 301, Cyanex 302 and Cyanex 272[J]. Hydrometallurgy, 1993, 32(3): 365-372.

[78] 叶率官. 二烷基硫醚类萃取剂及其在贵金属元素分析中的应用[J]. 黄金, 1980, 1(01): 53-59.
[79] 余建民. 贵金属萃取化学[M]. 第2版. 北京: 化学工业出版社, 2010.
[80] 马恒励, 袁承业, 周莉影, 等. 二烃基硫醚的化学结构和对金钯的萃取[J]. 贵金属, 1989, 10(02): 1-8.
[81] HUDSON M J, 范家骏. 用1,3,4-噻二唑-2-壬基巯基-5-硫醇萃取某些贱金属和贵金属[J]. 湿法冶金, 1986, 5(01): 20-28.
[82] SOLE K C, FERGUSON T L, HISKEY J B. Solvent extraction of silver by Cyanex 272, Cyanex 302 and Cyanex 301[J]. Solvent Extraction and Ion Exchange, 1994, 12(5): 1033-1050.
[83] BESSEN N P, JACKSON J A, JENSEN M P, et al. Sulfur donating extractants for the separation of trivalent actinides and lanthanides[J]. Coordination Chemistry Reviews, 2020, 421( ): 213446.
[84] XU Q, WU J, CHANG Y, et al. Extraction of Am(Ⅲ) and lanthanides(Ⅲ) with organo dithiophosphinic acids[J]. Radiochimica Acta, 2008, 96(12): 771-779.
[85] DE BETTENCOURT-DIAS A, BEELER R M, ZIMMERMAN J R. Secondary-sphere chlorolanthanide(Ⅲ) complexes with a 1,3,5-triazine-based ligand supported by anion-π, π-π, and hydrogen-bonding interactions[J]. Inorganic Chemistry, 2020, 59(1): 151-160.
[86] SUN T, XU C, XIE X, et al. Quantum chemistry study on the extraction of trivalent lanthanide series by Cyanex301: insights from formation of inner- and outer-sphere complexes[J]. ACS Omega, 2018, 3(4): 4070-4080.
[87] WARR R J, WESTRA A N, BELL K J, et al. Selective extraction and transport of the $[PtCl_6]^{2-}$ anion through outer-sphere coordination chemistry[J]. Chemistry-A European Journal, 2009, 15(19): 4836-4850.
[88] DE BETTENCOURT-DIAS A, BEELER R M, ZIMMERMAN J R. Anion-π and H-bonding interactions supporting encapsulation of $[Ln(NO_3)_{6/5}]^{3-/2-}$ (Ln = Nd, Er) with a triazine-based ligand[J]. Journal of the American Chemical Society, 2019, 141(38): 15102-15110.
[89] TURKINGTON J R, BAILEY P J, LOVE J B, et al. Exploiting outer-sphere interactions to enhance metal recovery by solvent extraction[J]. Chemical Communications, 2013, 49(19): 1891-1899.
[90] ORVILLE-THOMAS W J. Valence bonding in nitrogen compounds[J]. Chemical Reviews, 1957, 57(6): 1179-1211.
[91] 刘长畿. 胺类萃取剂[J]. 有机化学, 1979, 5(01): 70-89.
[92] 倪兆艾, 李永绣. 伯胺N1923对高氯酸稀土的萃取机理[J]. 稀土, 1991, 12(01): 49-52.
[93] 袁承业, 盛志初, 常广训, 等. 有机萃取剂的研究(ⅩⅣ) N-235对硫酸铀酰的萃取性能[J]. 原子能科学技术, 1965, 6(02): 121-132.
[94] LIPTAY G, ZSAKó J, VáRHELYI C, et al. Kinetic analysis of thermogravimetric data[J]. Journal of Thermal Analysis, 1992, 38(10): 2301-2310.
[95] 袁承业, 徐元耀, 盛志初. 有机萃取剂的研究(Ⅲ): 某些胺型萃取剂的化学结构及其对铀氧离子萃取[J]. 原子能科学技术, 1962, 4(09): 651-656, 669.
[96] COLEMAN C F, BROWN K B, MOORE J G, et al. Solvent extraction with alkyl amines[J]. Industrial & Engineering Chemistry, 1958, 50(12): 1756-1762.
[97] YAMASHOJI Y, MATSUSHITA T, KAWAGUCHI T, et al. Liquid-liquid extraction of metal ions with tris (2,6-dimethoxyphenyl) phosphine and its quaternary phosphonium salts[J]. Analytica Chimica Acta, 1990, 231: 107-113.
[98] RYBKA P, REGEL-ROSOCKA M. Nickel(Ⅱ) and cobalt(Ⅱ) extraction from chloride solutions with quaternary phosphonium salts[J]. Separation Science and Technology, 2012, 47(9): 1296-1302.
[99] HU F, HU H, LUO Y, et al. The separation of Ni(Ⅱ) over base metal ions in acidic polymetallic medium: synergistic extraction and structural evidence[J]. Hydrometallurgy, 2018, 181: 240-247.
[100] PÉLIGOT E-M. Recherches sur l' uranium[J]. Annales de Chimie et de Physique, 1842, 5(3): 5.
[101] MALJKOVIC D, MALJKOVID D, PAULIN A. Extraction of gallium/Ⅲ/ from hydrochloric acid by diisopropyl ether and mixture diisopropyl ether-pentanol[J]. Solvent Extraction and Ion Exchange, 1990, 8(4-5): 659-668.
[102] MALJKOVIĆ D, MALJKOVIĆ D, PAULIN A. Extraction of gold(Ⅲ) with diisopropyl ether (IPE) - *iso*-pentyl alcohol (iPA) mixture[J]. Solvent Extraction and Ion Exchange, 1992, 10(3): 477-489.
[103] 袁承业. 核燃料萃取剂的化学问题[J]. 原子能科学技术, 1962, 4(12): 908-932, 946.
[104] LU Z, DOURDAIN S, PELLET-ROSTAING S. Understanding the effect of the phase modifier *n*-octanol on extraction, aggregation, and third-phase appearance in solvent extraction[J]. Langmuir, 2020, 36(41): 12121-12129.
[105] MCCANN K, SINKOV S I, LUMETTA G J, et al. Inner versus outer sphere metal-monoamide complexation: ramifications for tetravalent & hexavalent actinide selectivity[J]. New Journal of Chemistry, 2018, 42(7): 5415-5424.
[106] GRIGORIEVA N A, FLEITLIKH I Y, PAVLENKO N I, et al. Silver extraction from nitrate solutions with the disulfide of bis(2,4,4-trimethylpentyl)dithiophosphinic acid[J]. Hydrometallurgy, 2019, 189: 105108.
[107] ELLIS R J, CHARTRES J, HENDERSON D K, et al. Design and function of pre-organised outer-sphere amidopyridyl extractants for zinc(Ⅱ) and cobalt(Ⅱ) chlorometallates: the role of C—H hydrogen bonds[J]. Chemistry – A European Journal, 2012, 18(25): 7715-7728.

[108] TURKINGTON J R, COCALIA V, KENDALL K, et al. Outer-sphere coordination chemistry: amido-ammonium ligands as highly selective tetrachloridozinc(Ⅱ)ate extractants[J]. Inorganic Chemistry, 2012, 51(23): 12805-12819.

[109] GUO F, WANG X, GUAN H Y, et al. Tuning the inclusion properties and solid-state reactivity of second sphere adducts using conformationally flexible bidentate ligands[J]. Crystal Growth & Design, 2015, 15(6): 2842-2852.

[110] IMURA H, OSHIRO A, OHASHI K. Synergistic extraction of gallium(Ⅲ) and indium(Ⅲ) with 2,4-pentanedione and 3,5-dichlorophenol on the basis of outer-sphere complexation[J]. Analytical Sciences, 1998, 14(6): 1093-1098.

[111] IMURA H, NAMAI T, ISHIMORI K-I, et al. steric effect of 3,5-bis(trifluoromethyl)phenol as hydrogen-bond donor on outer-sphere complexation in the synergistic extraction of aluminium(Ⅲ) and gallium(Ⅲ) with 2,4-pentanedione[J]. Bulletin of the Chemical Society of Japan, 2005, 78(12): 2146-2151.

[112] HU F, HU H, YANG J, et al. Synergistic separation of copper(Ⅱ) in sulfate solutions through outer-sphere coordination of dinonylnaphthalene disulfonic acid[J]. Separation and Purification Technology, 2018, 204: 141-148.

[113] 罗越, 冯汕城, 沈兴海. 反相胶束与微乳液萃取分离金属离子研究进展[J]. 核化学与放射化学, 2021, 43(01): 21-38.

[114] NAGANAWA H, SUZUKI H, TACHIMORI S. Cooperative effect of carbamoylmethylene phosphine oxide on the extraction of lanthanides(Ⅲ) to water-in-oil microemulsion from concentrated nitric acid medium[J]. Physical Chemistry Chemical Physics, 2000, 2(14): 3247-3253.

[115] GAO S, SHEN X, CHEN Q, et al. Solvent extraction of thorium(IV) using W/O microemulsion[J]. Science China Chemistry, 2012, 55(9): 1712-1718.

[116] JENSEN M P, BOND A H. Influence of aggregation on the extraction of trivalent lanthanide and actinide cations by purified Cyanex 272, Cyanex 301, and Cyanex 302[J]. Radiochimica Acta, 2002, 90(4): 205-209.

[117] XU Q, WU J, ZHANG L, et al. Extraction of Am(Ⅲ) and Eu(Ⅲ) with dialkyldi (or mono) thiophosphinic (or phosphoric) acids[J]. Journal of Radioanalytical and Nuclear Chemistry, 2007, 273(1): 235-245.

[118] GUOXIN T, YONGJUN Z, JINGMING X. Extraction of Am(Ⅲ) and Ln(Ⅲ) by dialkyldithiophosphinic acid with different alkyl groups[J]. Solvent Extraction and Ion Exchange, 2001, 19(6): 993-1005.

[119] HANTZSCH A, WERNER A. Ueber räumliche anordnung der atome in stickstoffhaltigen molekülen[J]. Berichte der Deutschen Chemischen Gesellschaft, 1890, 23(1): 11-30.

[120] 袁承业. 稀土萃取分离中有机配位体的结构空间效应[J]. 中国稀土学报, 1983, 1(01): 13-24.

[121] 孙启, 杨丽梅, 黄松涛, 等. 钴镍萃取过程中萃合物配位结构的研究进展[J]. 稀有金属, 2017, 41(07): 816-825.

[122] 陈星, 许庆仁, 袁承业. 2-羟基-4(5)-取代二苯甲酮肟萃取铜的机理[J]. 化学学报, 1984, 42(03): 271-276.

[123] 朱屯. 国内外羟肟萃取剂与铜萃取工业进展[J]. 湿法冶金, 1986, 5(04): 15-20.

[124] ROEBUCK J W, TURKINGTON J R, ROGERS D M, et al. Preorganized tridentate analogues of mixed hydroxyoxime/carboxylate nickel extractants[J]. Dalton Transactions, 2016, 45(9): 3734-3742.

[125] DA SILVA J F, MARTINS W. Extraction of Fe(Ⅲ), Cu(Ⅱ), Co(Ⅱ), Ni(Ⅱ) and Pb(Ⅱ) with thenoyltrifluoroacetone using the ternary solvent system water/ethanol/methylisobutylketone[J]. Talanta, 1992, 39(10): 1307-1312.

[126] SIDDALL T H. Bidentate organophosphorus compounds as extractants—I: extraction of cerium, promethium, and americium nitrates[J]. Journal of Inorganic and Nuclear Chemistry, 1963, 25(7): 883-892.

[127] 林辉. β-二酮类萃取剂的合成及性能研究[J]. 铀矿冶, 2001, 20(02): 108-113.

[128] LI Z, BINNEMANS K. Selective removal of magnesium from lithium-rich brine for lithium purification by synergic solvent extraction using β-diketones and Cyanex 923[J]. AIChE Journal, 2020, 66(7): e16246.

[129] HU J, CHEN Q, HU H, et al. Extraction behavior of nickel(Ⅱ) in ammoniacal sulfate solution with sterically hindered β-diketone[J]. Separation and Purification Technology, 2012, 95: 136-143.

[130] HORWITZ E P, KALINA D G, KAPLAN L, et al. Selected alkyl(phenyl)-*N*,*N*-dialkylcarbamoylmethylphosphine oxides as extractants for Am(Ⅲ) from nitric acid media[J]. Separation Science and Technology, 1982, 17(10): 1261-1279.

[131] 马立群, 谭民裕, 甘新民. 四官能团含磷萃取剂1,8-双二苯膦酰基-2,7-辛二酮(DPPODO)的合成[J]. 兰州大学学报, 1997, 33(01): 135-136.

[132] STARý J, HLADKý E. Systematic study of the solvent extraction of metal β-diketonates[J]. Analytica Chimica Acta, 1963, 28: 227-235.

[133] MICKLER W, REICH A, UHLEMANN E. Extraction of zinc with long-chain β-diketones and 4-acyl-5-pyrazolones[J]. Separation Science and Technology, 1995, 30(12): 2585-2592.

[134] SASAKI Y, SUGO Y, SUZUKI S, et al. The novel extractants, diglycolamides, for the extraction of lanthanides and actinides in HNO_3-*n*-DODECANE system[J]. Solvent Extraction and Ion Exchange, 2001, 19(1): 91-103.

[135] SASAKI Y, RAPOLD P, ARISAKA M, et al. An Additional insight into the correlation between the distribution ratios and the aqueous acidity of the TODGA system[J]. Solvent Extraction and Ion Exchange, 2007, 25(2): 187-204.

[136] SASAKI Y, TSUBATA Y, KITATSUJI Y, et al. Extraction behavior of metal ions by TODGA, DOODA, MIDOA, and NTAamide extractants from HNO_3 to *n*-dodecane[J]. Solvent Extraction and Ion Exchange, 2013, 31(4): 401-415.

[137] SASAKI Y, CHOPPIN G R. Extraction behaviors of Eu, Th, U and Am with diamides+thenoyltrifluoroacetone[J]. Journal of Radioanalytical and Nuclear Chemistry, 1996, 207(2): 383-394.
[138] SASAKI Y, CHOPPIN R. Solvent extraction of Eu, Th, U, Np and Am with *N,N'*-dimethyl-*N,N'*-dihexyl-3-oxapentanediamide and its analogous compounds[J]. Analytical Sciences, 1996, 12(2): 225-230.
[139] NARITA H, MORISAKU K, TANAKA M. The first effective extractant for trivalent rhodium in hydrochloric acid solution[J]. Chemical Communications, 2008, 44(45): 5921-5923.
[140] 刘耀阳, 刘志斌, 赵闯, 等. 锕系元素分离研究:不对称双酰胺荚醚的萃取化学及应用[J]. 化学进展, 2020, 32(Z1): 219-229.
[141] 刘栎锟, 吕洪彬, 张虎, 等. 酰胺荚醚类萃取剂用于高放废液分离研究进展[J]. 原子能科学技术, 2020, 54(S1): 96-105.
[142] 叶国安, 何建玉, 姜永青. 酰胺荚醚对Am(Ⅲ)和Eu(Ⅲ)的萃取行为研究(Ⅰ). 萃取机理研究[J]. 核化学与放射化学, 2000, 23(02): 65-72.
[143] 丁颂东, 陈文浚, 肖成建, 等. 不对称荚醚萃取铀(Ⅵ)和稀土(Ⅲ)的研究[J]. 核化学与放射化学, 2003, 25(03): 188-192.
[144] CLARK J F, CHAMBERLIN R M, ABNEY K D, et al. Design and use of redox-recyclable organometallic extractants for the cationic radionuclides $^{137}Cs^{+}$ and $^{90}Sr^{2+}$ from waste solutions[J]. Environmental Science and Technology, 1999, 33(14): 2489-2491.
[145] 宝阿敏, 钱志强, 郑红, 等. 铷、铯的分离提取方法及其研究进展[J]. 应用化工, 2017, 46(07): 1377-1382.
[146] DEAN J A. Langes handbook of chemistry[M].5th ed. New York:McGRAW-HILL, 1999.
[147] 杜瑛, 陈兴明, 陈文浚, 等. 二烷基二苯并-21-冠-7萃取铯的研究[J]. 武汉理工大学学报, 2004, 26(07): 52-54.
[148] BOND A H, DIETZ M L, CHIARIZIA R. Incorporating size selectivity into synergistic solvent extraction: a review of crown ether-containing systems[J]. Industrial & Engineering Chemistry Research, 2000, 39(10): 3442-3464.
[149] 邵鲁安. 冠醚类试剂分离铷和铯[J]. 理化检验.化学分册, 1993, 29(02): 118-120, 122.
[150] MCDOWELL W J, CASE G N, ALDRUP D W. Investigations of ion-size-selective synergism in solvent extraction[J]. Separation Science and Technology, 1983, 18(14-15): 1483-1507.
[151] INOUE Y, LIU Y, TONG L H, et al. Complexation thermodynamics of crown ethers. part 3: 12-crown-4 to 36-crown-12: from rigid to flexible ligand[J]. Journal of the Chemical Society, Perkin Transactions 2, 1993, 22(10): 1947-1950.
[152] 程衔锟, 熊延杭, 侯雪, 等. 硫杂冠醚对Ag(Ⅰ)和Tl(Ⅰ)的萃取[J]. 过程工程学报, 2021, 21(02): 144-152.
[153] 刘育, 张衡益. 冠醚的分子设计及其识别性质研究进展[J]. 有机化学, 2002, 22(02): 91-100.
[154] 王文革, 张德春, 胡汉祥, 等. 磺酸酯类桥联杯芳烃对金属离子的萃取性能[J]. 化工新型材料, 2013, 41(08): 115-116.
[155] XU Z, FANG N, ZHAO Y. Calix[4]trap: a bioinspired host equipped with dual selection mechanisms[J]. Journal of the American Chemical Society, 2021, 143(8): 3162-3168.
[156] SACHLEBEN R A, DENG Y, BAILEY D R, et al. Ring-size and substtuent effects in the solvent extraction of alkali metal nitrates by crown ethers in 1,2-dichloroethane and 1-octanol[J]. Solvent Extraction and Ion Exchange, 1996, 14(6): 995-1015.
[157] 尹炳柱, 温全武, 陈铁, 等. 具有纳米尺寸的四聚四硫富瓦烯大环冠醚的合成[J]. 有机化学, 2005, 25(02): 188-192, 136.
[158] 张豪, 叶国华, 陈子杨, 等. 典型有机磷类萃取剂在溶剂萃取中协同萃取的研究进展[J]. 过程工程学报, 2021, 21(07): 741-751.
[159] 黄可龙, 欧阳晖, 李元高, 等. 2-乙基己基膦酸单2-乙基己基酯与钴、镍、铜、锌固体萃合物的研究[J]. 应用化学, 1989, 6(06): 64-66.
[160] PRESTON J S, DU PREEZ A C. Separation of nickel and calcium by solvent extraction using mixtures of carboxylic acids and alkylpyridines[J]. Hydrometallurgy, 2000, 58(3): 239-250.
[161] NAGIB S, INOUE K, KOGA Y. Recovery of nickel and cobalt from spent catalyst by means of solvent extraction with synergistic mixtures of picolylamine in combination with DNNSA[J]. Shigen-to-Sozai, 1997, 113(12): 1074-1077.
[162] OKEWOLE A I, MAGWA N P, TSHENTU Z R. The separation of nickel(Ⅱ) from base metal ions using 1-octyl-2-(2′ -pyridyl) imidazole as extractant in a highly acidic sulfate medium[J]. Hydrometallurgy, 2012, 121-124: 81-89.
[163] ZHOU T, PESIC B. A pyridine-based chelating solvent extraction system for selective extraction of nickel and cobalt[J]. Hydrometallurgy, 1997, 46(1): 37-53.
[164] MAGWA N P, HOSTEN E, WATKINS G M, et al. The coordination and extractive chemistry of the later 3d transition metals with bis((1*R*-benzimidazol-2-yl)methyl)sulfide[J]. Journal of Coordination Chemistry, 2013, 66(1): 114-125.
[165] MAGWA N P, HOSTEN E, WATKINS G M, et al. An exploratory study of tridentate amine extractants: solvent extraction and coordination chemistry of base metals with bis((1*R*-benzimidazol-2-yl)methyl)amine[J]. International Journal of Nonferrous Metallurgy, 2012, 01(03): 49-58.
[166] GALLACHER L V, RYDZIK R M. Solvent-extraction process for recovery and separation of metal values: US004255395A[P]. 1979-08-30.
[167] 陈靖, 焦荣洲. 锕与镧系元素分离研究的新进展[J]. 原子能科学技术, 1998, 32(05): 88-97.
[168] 肖超, 肖连生. 钴、镍萃取分离原理与方法[J]. 湿法冶金, 2010, 29(04): 225-228.
[169] 周全法, 孙建华. 结构测定在研究协同萃取机理中的应用[J]. 常州技术师范学院学报, 1996, 2(01): 21-25.

[170] 贾琼, 吴杰, 李婷婷, 等. 磷酸三丁酯与三烷基胺类萃取剂对锌离子的协同萃取[J]. 分析化学, 2008, 36(05): 619-622.

[171] 孙启. 有机酸/羟肟协同萃取复杂体系中铜镍钴锌镉及机理研究[D]. 北京: 北京有色金属研究总院, 2017.

[172] 张鹏, 王月娇, 张莹莹, 等. 三烷基胺和磷酸三丁酯于盐酸介质中协同萃取铼(Ⅶ)研究(英)[J]. 大连理工大学学报, 2019, 59(04): 331-335.

[173] ZHANG F, WU W, BIAN X, et al. Synergistic extraction and separation of lanthanum (Ⅲ) and cerium (Ⅲ) using a mixture of 2-ethylhexylphosphonic mono-2-ethylhexyl ester and di-2-ethylhexyl phosphoric acid in the presence of two complexing agents containing lactic acid and citric acid[J]. Hydrometallurgy, 2014, 149: 238-243.

[174] 于淑秋. 混合溶剂在金属萃取中“协同”与“反协同”效应的研究(Ⅰ)[J]. 稀有金属, 1989, 13(04): 289-296.

[175] HAMMETT L P. The effect of structure upon the reactions of organic compounds: Benzene Derivatives[J]. Journal of the American Chemical Society, 1937, 59(1): 96-103.

[176] 袁承业, 袁身刚, 胡水生. 一元烷基磷(膦)酸酯萃取钴、镍反应中取代基空间效应的经验参数[J]. 化学学报, 1987, 45(07): 625-630.

[177] INOUE S, ZHANG Q, UTO M. Steric effect of substituents on the extraction of lanthanoids(Ⅲ) with *N-p-(n-*, *iso-* and *tert-*) butylbenzoyl-*N*-phenylhydroxylamine[J]. Talanta, 1997, 44(8): 1455-1462.

[178] PREEZ A C D, S PRESTON J. The solvent extraction of rare-earth metals by carboxylic acids[J]. Solvent Extraction and Ion Exchange, 1992, 10(2): 207-230.

[179] PRESTON J S, DU PREEZ A C. Solvent extraction of trivalent lanthanides and yttrium from nitrate media by dialkyl sulphoxides[J]. Solvent Extraction and Ion Exchange, 2001, 19(4): 581-595.

[180] PRESTON J S, DU PREEZ A C. Synergistic effects in solvent-extraction systems based on alkylsalicylic acids. Ⅲ. extraction of the trivalent lanthanides and yttrium from chloride media in the presence of dialkyl and diaryl sulphoxides[J]. Solvent Extraction and Ion Exchange, 1996, 14(5): 755-772.

[181] 朱屯. 有机磷酸萃取剂的结构及其立体效应[J]. 无机化学学报, 2000, 16(02): 305-309.

[182] MADYAL R S, GAIKAR V G. Steric effects of trialkyl phosphates on the extraction of uranyl cation[J]. Desalination and Water Treatment, 2012, 38(1-3): 166-178.

[183] LIU S B, LIU L H, YU D H, et al. Steric charge[J]. Physical Chemistry Chemical Physics, 2018, 20(3): 1408-1420.

[184] MIYAZAKI S, MUKAI H, UMETANI S, et al. Steric effects of polymethylene chain length on the liquid-liquid extraction of copper(Ⅱ) with bis(4-acylpyrazol-5-one) derivatives[J]. Inorganic Chemistry, 1989, 28(15): 3014-3017.

[185] MUKAI H, UMETANI S, MATSUI M. Steric effect of ortho substituents of 1 - phenyl - 3 - methyl - 4 - aroylpyrazol - 5 - ones on the synergic extraction of scandium and lanthanum with tri - *n* - octylphosphine oxide[J]. Solvent Extraction and Ion Exchange, 2003, 21(1): 73-90.

[186] MEGURO Y, KITATSUJI Y, KIMURA T, et al. Steric effect of β-diketone in synergistic extraction of actinide(Ⅲ) and lanthanide(Ⅲ) with β-diketone +18-crown-6 ether/1,2-dichloroethane[J]. Journal of Alloys and Compounds, 1998, 271-273: 790-793.

[187] 廖伍平, 吴国龙, 张志峰, 等. 磷酰基羧酸或其盐用于分离钇的用途和方法: CN112458282A[P]. 2021-03-09.

[188] WU G, ZHANG Z, LI Y, et al. Extraction and separation of yttrium from other rare earths in chloride medium by phosphorylcarboxylic acids[J]. Journal of Rare Earths, 2022, 40(6): 958-964.

第6章 萃取剂分子非极性基团的设计

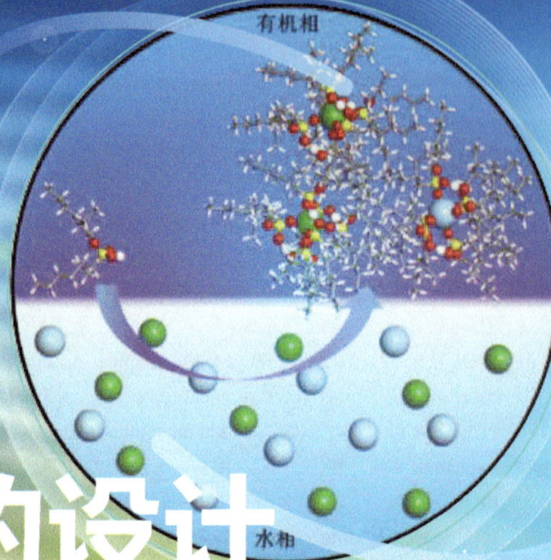

在图4.1中展示了几种萃取剂的反应基团和非极性基团。金属溶剂萃取是有机相与水相间的两相反应，单独的反应基团，如羧基、羰基、磺酸基、氨基等都具有很强的亲水性，只由反应基团构成的分子结构通常都能与水有很好的互溶性。因此，萃取剂分子中必须有一定长度的非极性基团，通常是烷基或芳基组成的碳氢链。近年来，氟碳相萃取剂也逐渐被用于有机物的溶剂萃取。氟碳相与常规有机相和水相均不互溶，可以呈现出第三相，因此氟碳链也可作为非极性基团设计的一个参考方向。另外，研究结果表明，非极性基团的空间结构对于分子的萃取性能有非常重要的影响，非极性基团各种异构体构成的分子，其萃取性能可能差异很大。如在5.6节讲到的立体效应、配体-配体相互作用，因此，萃取剂的非极性基团还必须有恰当的空间结构。设计萃取剂的非极性基团，就是确定非极性基团的结构和引入位置。

在分子中引入非极性基团能显著改变其性质，尤其是萃取剂和萃合物在两相间的溶解性。如α-氨基羧酸与众多金属离子都能在水相中形成配合物稳定常数有差异的配合物，如配位滴定中常用的EDTA。若在其中的氮原子上引入适当大小的烷基（$C_8 \sim C_{10}$），则可减少其水溶性，增加在常见稀释剂中的溶解性，甚至被用作萃取剂[1]。

非极性基团虽然不直接与金属离子相互作用，但却是萃取剂必不可少的一部分，是一个分子能否被用作萃取剂的关键因素之一。例如同为亚砜类化合物，二甲基亚砜（DMSO）就不能作为金属萃取剂，而长碳链或芳基亚砜则可用于多种金属离子的萃取、分离。类似的，由非极性基团决定某一同系物能否被用作萃取剂的例子还有很多。表6.1

所列为甲基膦酸二正烷基酯（$CH_3P(O)(OR)_2$）的一些物理性质及其在不同硝酸浓度中对U(Ⅵ)、Th(Ⅳ)的萃取分离性能[2]。

表 6.1　不同长度 R 基团的甲基膦酸二正烷基酯（$CH_3P(O)(OR)_2$）的分子量（M）、不同压强下的沸点（T_b）、20℃折射率（n_D^{20}）、20℃与 4℃水的相对密度（d_4^{20}），以及在不同硝酸浓度中萃取 U(Ⅵ)、Th(Ⅳ) 的分配比

R	M	物理性质			不同硝酸浓度分配比							
					1mol/L		4mol/L		7mol/L		11mol/L	
		T_b/℃（压强 /Pa）	n_D^{20}	d_4^{20}	U	Th	U	Th	U	Th	U	Th
C_2H_5	152.13	64 ～ 66(532)	1.4136	1.0548	0.38	0.005	5.38	0.118	6.17	0.290	1.93	0.085
$^nC_4H_9$	208.24	98 ～ 100(133)	1.4259	0.9638	6.46	0.259	16.5	0.502	9.99	0.304	2.83	0.129
$^nC_5H_{11}$	236.30	89 ～ 90(27)	1.4310	0.9529	7.44	0.279	19.8	0.505	12.1	0.330	3.10	0.125
$^nC_6H_{13}$	264.35	95 ～ 95.5(27)	1.4353	0.9401	7.81	0.292	20.6	0.554	13.9	0.261	3.26	0.123
$^nC_7H_{15}$	292.41	114.5 ～ 115(20)	1.4401	0.9303	7.73	0.242	20.0	0.593	11.6	0.274	3.41	0.131
$^nC_8H_{17}$	320.46	154 ～ 156(33)	1.4400	0.9257	7.49	0.223	23.4	0.545	12.9	0.293	3.40	0.144
$^nC_9H_{19}$	348.51	145 ～ 146(13)	1.4445	0.9164	8.66	0.357	22.4	0.657	13.5	0.264	3.70	0.185
$^nC_{10}H_{21}$	376.56	179 ～ 180(27)	1.4427	0.9093	8.01	0.273	19.8	0.599	13.1	0.287	3.74	0.161
$^nC_{11}H_{23}$	404.62	182 ～ 183(13)	1.4498	0.9077	8.67	0.476	21.9	0.867	13.8	0.521	3.61	0.170
$^nC_{12}H_{25}$	432.68	200 ～ 201(13)	1.4512	0.9012	7.96	0.370	19.4	0.638	12.7	0.351	3.26	0.128

表6.1中所列物理性质和萃取性能的变化都是由烷基链长度导致的，随着烷基链的增加，折射率、相对密度都逐渐倾向于接近直链烷烃，沸点也逐渐升高。从表 6.1 中数据可以看出尽管反应基团完全相同，正烷基链的空间位阻也是相同的，但当非极性基团的结构发生变化时，萃取性能还是发生了非常明显的变化。如在4种酸度条件下，R为乙基时的分配比就明显低于正丁基。碳链较短时，随着碳链增加，萃取两种金属离子的分配比都逐渐增加；当碳链长度达到正辛基后，碳链长度变化对分配比的影响程度减小；当碳链增长至C_8 ～ C_{11}烷基时，分配比达到最大值。

除直链烷基外，支链烷基也可以通过非极性效应影响萃取性能，尤其是支链位置远离萃取反应中心时，立体效应的差异可以忽略，烷基结构的影响只有非极性效应。除表6.1 中分配比及其相应的分离性能外，非极性基团对萃取剂的萃取率、饱和容量、萃取速率等基本性质都有影响，根据这些影响规律可以设计相应的非极性基团结构。如从表6.1中可以看出应该选择长度为C_8 ～ C_{11}的烷基链，除此之外还需要考虑支链化程度的影响，如已经被工业化应用的P350（甲基膦酸二(1-甲基庚基)酯）的非极性基团，就属于带有支链的C_8烷基链。

萃取剂的反应基团只能在酸性磷（膦）、中性磷（膦）、羧酸、酮、肟、胺、磺酸、醚、醇、硫醚等有限范围内变化，而萃取剂的非极性基团可以通过改变链长、支链化程度、支链位置、引入芳基等变化构造出几乎无穷多种可能。但这并不意味着萃取剂非极性基团的设计是随意的。萃取剂属于大宗化学试剂，其非极性基团并不能自由选择，通常受到成本的限制，应尽可能选择已有的工业原料。如常用的正庚基和甲基庚基的原料

正庚醇和甲庚醇，可以从蓖麻油制取尼龙9和尼龙11时的副产品获得，2-乙基己基的原料2-乙基己醇则可由2分子丁醇在催化剂存在下偶合而成[3]。

6.1 非极性基团对物理性质的影响

一种化合物能否被用作金属萃取剂，其熔点、沸点、水溶性、油溶性、表面活性等物理性质是重要因素。熔点、黏度等决定萃取剂在常温下的存在状态、流动性、与稀释剂的互溶性；沸点影响萃取剂挥发性损失、工厂工作环境等。

6.1.1 表面活性

萃取剂的表面活性，影响萃取过程的速率、胶束形成与稳定、乳化与分相等。萃取剂的表面活性是由其反应基团和非极性基团共同决定的，定性的趋势是憎水基团越大（摩尔质量），憎水性越强。对于中性两亲分子，可用亲水亲油平衡值HLB来定量表示亲水、亲油性：

$$\text{HLB} = \frac{\text{亲水基部分的摩尔质量}}{\text{表面活性剂的摩尔质量}} \times \frac{100}{5}$$

HLB及其各种修正式被广泛用于衡量各种双亲物质的表面活性。但对于种类繁多、结构各异、官能团数目有变化的双亲物质，用摩尔质量计算亲水亲油性并不一定都合理。从分子结构出发，以结构描述符建立结构-性质方程，能更准确地给出表面活性随结构的变化规律，从而为结构设计提供更有效的指导。如利用碳原子最低化合价（MVC）、氧原子最大局部电荷（MPCO）、分子极化参数（PP）、疏水部分碳原子数（l-NC）、疏水部分的3级拓扑形状指数（l-KSI3）等多个参数可以对图6.1所示的多种类型共计79个表面活性剂分子[4]的HLB数值获得有效拟合（$R^2 = 0.9865$）：

$$\begin{aligned}\text{HLB} = & -(13.7269 \pm 4.8185) + (16.5477 \pm 1.4466) \times \text{MVC} + (19.1974 \pm 8.0797) \times \text{MPCO} + \\ & (4.5620 \pm 4.7690) \times \text{PP} - (0.5206 \pm 1.0317) \times (\text{l-NC}) - (1.3008 \pm 0.8739) \times (\text{l-KSI3})\end{aligned}$$

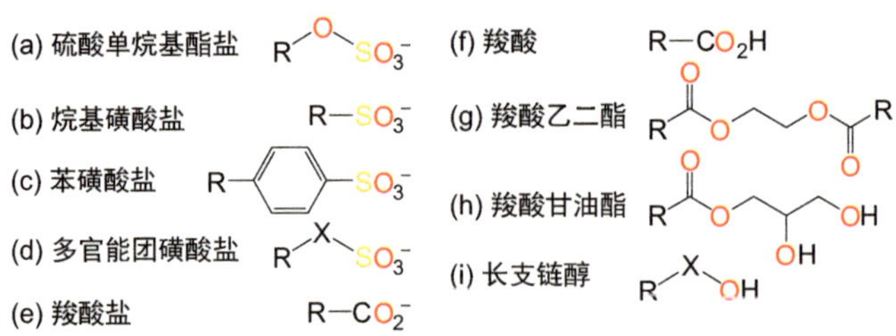

图6.1 用于拟合的表面活性剂类型（其中R、X为不同非极性基团）

在上式的拟合中包含了硫酸单烷基酯盐、羧酸盐等离子型表面活性剂，也包含了羧酸、醇等带有活泼氢的表面活性剂，以及酯等中性表面活性剂。尽管类型截然不同，结构差异较大，HLB实验值也在1～45之间的大范围内变化，但都能统一拟合。从此式可以看出为了提高HLB值，可以增加MVC、MPCO、PP，或减少l-NC、l-KSI3。这些结构描述符都与分子结构相对映，根据要满足一定HLB值所需的描述符数值调整相应的结构，即可实现对结构的定量设计。类似的，对其他表面活性的参数也可实现相应的拟合。如以临界胶束浓度（cmc）作为目标函数，用多个结构参数建立相应的多元线性方程，实现分子结构与表面活性的定量关联[5-6]：

$$\mathrm{lgcmc} = -(1.80 \pm 0.16) - (0.567 \pm 0.009) \times \text{c-KH0} + (1.054 \pm 0.048) \times \text{c-AIC2} + (7.5 \pm 1.0) \times \text{RNNO},\ R^2 = 0.9833,\ n = 77$$

上式可以实现对 77 个非离子的 cmc 进行拟合。在此式中 c-KHO 是拓扑描述符，表示疏水部分的尺寸，包括了所有碳原子对疏水部分的贡献；c-AIC2 是表示疏水部分复杂程度的描述符；RNNO 表示亲水基团中乙氧基的数量。通过这样的公式可以给出达到设定临界胶束浓度所需要的结构参数数值，从而给出对应的结构。金属萃取剂都属于表面活性剂类化合物，用类似的方法也可以建立萃取剂结构与表面活性之间的关系，并以此作为筛选符合金属萃取剂结构的条件。

6.1.2 脂水分配系数

金属溶剂萃取是发生在两相间的反应，萃取剂在水相和有机相中的分配比与萃取剂的溶损率、萃取剂和萃合物在有机相中的最大浓度、萃取速率、分相时间、乳化等都密切相关。水相和有机相组成、浓度、酸碱性、温度等对两相间的分配比都有影响。为了便于比较化合物在有机相与水相间的分配比，IUPAC 定义化合物在1-正辛醇/水之间的分配比（记为CLOGP或 $\lg P$）为脂水分配系数，用以衡量化合物在两相间的分配性能[7]。计算方法定义为：

$$\lg P = \lg \frac{c_{\mathrm{oct}}}{c_{\mathrm{w}}}$$

式中，c_{oct}、c_{w} 分别表示化合物 HA 在 1-正辛醇和水相中各种存在形式的浓度总和。如有机相中包含了不同配位数的萃合物，则

$$c_{\mathrm{oct}} = c_{\mathrm{HA}} + c_{\mathrm{A^-}} + \sum_{i=1}^{n} i[\mathrm{MA}_i]$$

式中，c_{HA}、$c_{\mathrm{A^-}}$、$[\mathrm{MA}_i]$ 分别表示游离的HA、电离后的 $\mathrm{A^-}$、各级萃合物 MA_i 在有机相的浓度。类似的，若水相中是多种形式共存也可进行相应的计算。在药物化学领域，$\lg P$ 与药物分子在体内传输、吸收、分布、代谢等性质相关，而被用作多种药物活性预测软件的标准参数。因此预测分子 $\lg P$ 的方法多来源于药物化学领域，如经典的片段加合法和基于描述符的方法[8]。这些方法也能用于其他化合物，当然也包括萃取剂。如图6.2所示，利用一阶分子连接性路径价指数 ${}^{1}\chi_{\mathrm{p}}^{\mathrm{v}}$ 作为描述符，可实现对不同结构的羧酸 $\lg P$ 的统一拟合[9]。

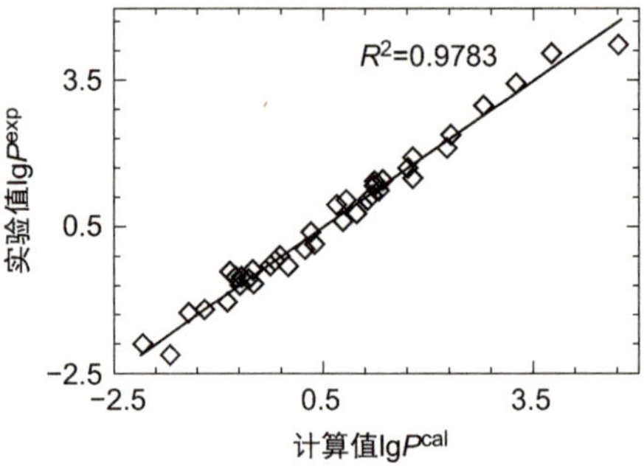

图6.2　多个羧酸分子脂水分配系数实验值$\lg P^{exp}$与计算值$\lg P^{cal}$的关系
（$\lg P^{cal} = -0.8476N_O + 0.9317\,{}^1\chi_p^v + 0.8176$）

从图6.2可以看出，以分子中氧原子数N_O为表征羧酸分子电性因素的参数、以一阶分子连接性路径价指数${}^1\chi_p^v$为表征羧酸分子体积因素的参数进行二元线性拟合，可获得脂水分配系数的QSPR方程。若只考虑单一类型的羧酸分子，如分别拟合一元羧酸、二元羧酸，只用体积因素参数也能获得较好的拟合结果。由QSPR方程可以看出增加分子中氧原子数目和体积可分别降低和增加脂水分配系数。

除依据描述符、分子片段等定量方法调节化合物$\lg P$外，经验法也常用于调节化合物的$\lg P$。如引入羟基、氨基、羧基等显然能增加水溶性，而增加烷基链长度、引入芳基等显然能增加油溶性。

6.1.3　稀释剂的选择

在湿法冶金或涉及金属萃取的其他工业萃取过程中，把与金属离子起反应的有机化合物称作“萃取剂”，把溶解、稀释萃取剂的溶剂称为“稀释剂”，而不是“溶剂”，把萃取剂的稀释剂溶液称为有机相。酮、醚、醇、酯等在石油、有机化工、化学分析中用作萃取剂，称为“溶剂”。金属萃取中，也可能用到这些物质，但通常不是用作“溶剂”，而是用于直接与金属配位，或改善体系分相性能等，属于“改性剂”，而不是“溶剂”[10]。常用金属萃取剂有些具有较大的黏度、较高的熔点，在水相中有一定溶解度，因此通常都不直接用纯萃取剂作为有机相进行萃取，而是将萃取剂溶解在稀释剂中。在金属萃取中，稀释剂的主要功能包括：

第一，改变有机相密度以加速相分离，降低黏度以有利于传质。由于O、N、P、S等原子存在，萃取剂密度可能与水相近，甚至高于水，这不利于利用密度差分相；常温下，萃取剂通常都是高黏度化合物，直接使用导致传质缓慢。萃取剂的稀释剂溶液密度低，黏度小，有利于快速分相和物质在两相间的交换。

第二，增加萃合物的溶解度。无论是单核的萃合物，还是多核聚集的反胶束，萃取后的有机相都是以金属离子为核心、烷基链处于外侧的分子或分子团簇，这样的结构显然更有利于溶解在非极性溶剂中。

第三，改善相界面性质。稀释剂能减少形成乳化、第三相等。

第四，减少萃取剂的溶损率。所有金属萃取剂在有机相的溶解性都高于水相，两相平衡时，不仅是金属离子从水相转移到有机相，也是利用稀释剂将萃取剂从水相萃取到有机相，因此能降低萃取剂的溶损率。如室温下TBP水相中的溶解度为420 mg/L，而其50%正己烷溶液在水相中的溶解度为175 mg/L[11]。

稀释剂通常是惰性有机溶剂，直接来源于石油，或由其他天然产物经简单处理而获得。专门设计稀释剂分子结构，在经济上并不划算，也不十分必要，因此一般选择已有化工产品作为稀释剂。通常可以选择芳烃或烷烃，或烷基链不同的稀释剂。表6.2所列为金属溶剂萃取中几种常用的稀释剂及其主要成分和相关性质。

表 6.2　几种金属溶剂萃取中常用稀释剂

名称	主要成分	性质
煤油（相关产品还有磺化煤油、氢化煤油、航空煤油）	C_{11} ～ C_{17} 直链烷烃	沸点在 175 ～ 325℃之间
200 号溶剂油	C_9 ～ C_{12} 烷烃，少量芳烃	140 ～ 200℃石油馏分；具有溶解能力强、挥发快的特点；无色、无臭，透明，稳定
260 号溶剂油；氢化煤油	混合烯烃，芳烃含量高于 200 号溶剂油	沸程为 195 ～ 197℃；无臭味、低芳烃、低硫、无毒；蒸发速度均匀而缓慢
液体石蜡	也称矿物油，直链或支链烷烃、芳烃	沸点高，具有一定的毒性
Solvesso150	C_9 ～ C_{10} 芳烃混合物	馏程在 180 ～ 209℃之间，芳烃含量 97% 以上
Isopar L	直链烷烃为 92.7%	沸程窄，挥发速度均匀
单一烷烃	C_6 ～ C_{12} 直链单一烷烃或混合烷烃	单一沸点，性质稳定
氯仿	氯仿	沸点 61 ～ 62℃；密度为 1.48 g/cm^3
四氯化碳	四氯化碳	沸点 76.8℃；密度为 1.595 g/cm^3
乙醚	乙醚	沸点 34.5℃
正辛醇	正辛醇	沸点 195℃
仲辛醇	仲辛醇	沸点 179℃

如表6.2所列，这些稀释剂都属于惰性溶剂，单独使用时对金属离子的萃取能力很弱或不萃取。除在实验室阶段的研究外，工业用稀释剂都是多种成分混合物。如通过向石油初分得到的煤油产品中加入过量浓硫酸，与其中的不饱和烃发生磺化反应，再依次用水、饱和碳酸氢钠除去过量的硫酸和残余酸，再用无水硫酸钠除水，即可得到磺化煤油。260号溶剂油是氢化煤油，即将原油初分得到的煤油产品进行氢化以去除其中的不饱和烃。氢化还可达到降低挥发度、增加稳定性、抑制第三相形成等目的，且避免了磺化过程中浓硫酸的使用，更加环保安全。

对稀释剂的要求与对萃取剂的要求具有很多相同之处，如稳定、低水溶性、无毒、价廉等。具体来讲包括：低挥发性、低黏度、不含固体；部分挥发后不会引起组成和性能的变化；闪点在70℃以上；有利于快速萃取、反萃、分相以及选择性；能保证萃合物的充分溶解；在萃取、反萃的工作条件下化学稳定性好；低水溶性、与水之间的界面张力大、不与水发生乳化作用；低毒性；价格适当[10, 12]。符合这些条件的化合物通常都直接来源于石油分离产品，主要是各种芳烃和烷烃。

（1）芳烃与烷烃的选择

芳烃和烷烃可直接从石油产品分离纯化获得，性能稳定、价格低廉，常常被用作溶剂。选择恰当的稀释剂是设计一个萃取体系的重要环节。大多数情况下，芳烃比烷烃更能避免第三相的形成。例如TBP和DHOA（*N,N*-二己基辛酰胺）从硝酸体系中萃取Th(Ⅳ)时：若选用正十二烷作为稀释剂，则DHOA表现出较高程度的聚集而形成第三相；若选用苯作为稀释剂，则可避免第三相的形成[13]。分析认为原理是芳香溶剂具有更高诱导偶极矩，与萃合物存在更强的相互作用，能增加萃合物在有机相中的溶解性。这种规律也是氯仿作稀释剂时不易出现第三相的原因。也有报道认为，芳香烃中有共轭大π体系，与萃合物或萃取剂之间的静电作用更强，导致对极性的萃取剂或萃合物有较好的溶解性[14]。但并不是稀释剂极性越大越有利于萃取，例如在以TOPO作为萃取剂、[$C_n$mim][NTf_2]离子液体作为稀释剂萃取UO_2^{2+}的体系中，就发现：[C_2mim][NTf_2]、[C_4mim][NTf_2]离子液体由于具有较大的极性，对萃合物的溶解性较差，出现了第三相；而使用[C_6mim][NTf_2]、[C_8mim][NTf_2]时两相都澄清透明，且分相迅速[15]。

（2）极性的选择

稀释剂的极性影响萃取剂和萃合物的分散、相界面的萃取反应、平衡离子在有机相中的溶解性等。对于不同的萃取机理、萃取反应，稀释剂极性、相对介电常数对萃取性能的影响是不同的，如图6.3所示[16-17]。

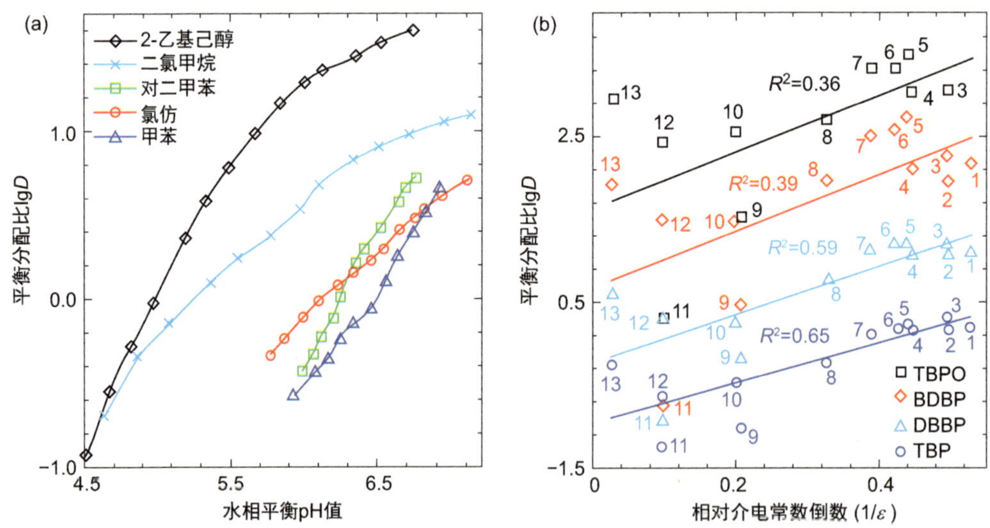

图6.3 1-己基-4-甲基咪唑在不同稀释剂中萃取Cu(Ⅱ)的性质（a），以及四种中性磷（膦）在具有不同相对介电常数稀释剂中萃取U(Ⅵ)的性质（b）

（b）包含的十三种稀释剂：1—正己烷；2—正十二烷；3—环己烷；4—四氯化碳；5—苯；6—甲苯；7—邻二甲苯；8—正丁醚；9—氯仿；10—乙酸丁酯；11—正辛醇；12—1,2-二氯乙烷；13—硝基苯从图6.3（a）中可以看出对于咪唑萃取Cu(Ⅱ)体系，2-乙基己醇作为稀释剂时的分配比远高于其他稀释剂。氢键受体、萃取剂极性都有利于增加萃取率。图6.3（b）所示为四种中性磷（膦）萃取剂——磷酸三丁酯（TBP）、丁基膦酸二丁酯（DBBP）、二丁基次膦酸丁酯（BDBP）、三丁基氧化膦（TBPO），分别以正己烷、正十二烷、环己烷、四氯化碳、苯、甲苯、邻二甲苯、正丁醚、氯仿、乙酸乙酯、正辛醇、1,2-二氯乙烷、硝基苯为稀释剂时，萃取U(Ⅵ)的lg$D$-1/ε曲线（ε为稀释剂的相对介电常数）。结果表明，整体上，稀释剂种类不能改变四种萃取剂对U(Ⅵ)萃取能力（TBP＜DBBP＜BDBP ＜TBPO）的顺序，但分配比的对数lg$D$与稀释剂相对介电常数倒数1/ε存在明显的正相关趋势，尽管其线性拟合的R^2值不大，却可以明显看出1/ε越大（即ε越小），体系的萃取能力越强。

（3）烷基链的选择

同为烷烃，其性能由烷基链长度和烷基支链化程度决定。对于烷基链长度，通常的规律为长碳链烷烃比短碳链烷烃更易形成第三相。其原因是，短碳链烷烃具有更强的扩散性，更容易进入到萃合物之间从而阻止萃合物之间的聚集。这一点可从Berthon等测量的相同浓度下萃取剂DMDBTDMA的正己烷、正十二烷、正十六烷溶液萃取NO_3^-的最大有机相浓度（LOC）分别为0.5、0.3、0.1的结果得到证实[18]。由于支链化程度难以准确量化，支链化程度对稀释剂性能的影响也难以量化。因此，只有定性规律，且能供选择的稀释剂种类非常有限，通过实验方法，总能在一些常用稀释剂中找到合适的。若常用稀释剂都无法使用，更合适的方法是改变萃取剂来实现萃取目标。总的来说，芳烃比烷烃、短碳链比长碳链能更有效地避免萃取过程中第三相的形成。如Cyanex923从盐酸体系中萃取Ir(Ⅳ)时，LOC的顺序为甲苯≈对二甲苯＞环己烷＞正辛烷＞壬烷＞煤油＞正十二烷，在甲苯和二甲苯中始终没有观察到第三相[19]。

除极性和烷基链长度外，根据物质内聚能定义的溶度参数（单位体积的内聚能为内聚能密度，内聚能密度的平方根即为溶度参数）也可用于衡量稀释剂性质对体系萃取性能的影响。如在HPMBP（3-甲基-1-苯基-4-苯甲酰-2-吡唑啉-5-酮）与TBP或TOPO协同萃取La^{3+}、Zn^{2+}、Co^{2+}，或PMDCP（3-甲基-1-苯基-4-二氯乙酰基-2-吡唑啉-5-酮）与phen（1,10-二氮杂菲）协同萃取La^{3+}时，都观察到了萃取平衡常数lgK_{ex}与稀释剂溶度参数W_{org}之间的线性关系[20]。

需要指出的是，稀释剂与萃合物、萃取剂、金属离子等萃取过程各物种的相互作用并不是按确定计量比进行的。对于稀释剂的选择依据难以有萃取剂那样明确的定量结构-性能关系，更多的是定性关系，或者只是在小范围内存在定量关系[21]。但稀释剂对体系的萃取分离性能有重要影响是确定的，无论是萃取能力、萃取pH曲线、还是分离系数、分相性能[22]。大多数情况下，金属溶剂萃取中，稀释剂都不直接与金属离子相互作用，稀释剂极性对萃取的影响与萃取剂极性基团的影响相似。

6.2 非极性基团对萃取平衡常数的影响

萃取平衡常数是衡量萃取剂对金属离子萃取能力的重要指标，非极性基团对萃取过程的综合影响通常都可以在萃取平衡常数上得到体现。但非极性基团难以有准确的定量描述符，在不同结构中的影响也不完全相同，即使大量实验也难以给出定性趋势或定量关系式。目前仅仅是根据芳基和烷基的差异、烷基数量的差异、直链和支链的差异等进行粗略分类。在这里以胺、酰胺、硫醚等研究较清楚的萃取剂类型为例介绍非极性基团对萃取的影响。

6.2.1 胺类萃取剂中的非极性基团结构

胺类萃取剂萃取金属离子的反应[23]，由于酸根离子和金属离子电荷数、价态的不同，可能为阴离子交换，也可能为中性配位机理。若仅从反应基团的角度来讲，胺类萃取剂的萃取能力取决于氮原子上孤对电子的碱性。但如表6.3所列，从硫酸介质中萃取U(Ⅵ)时，具有相近碱性的萃取剂，对U(Ⅵ)的萃取率相差较大，这体现了非极性基团的影响[3]。

表6.3 具有不同结构的胺类化合物的分子量（M_w）以及在硫酸体系中对U(Ⅵ)的萃取率（E）

名称	M_w	E/%	名称	M_w	E/%
二正庚胺	213	24.6	*N,N*-二(2-乙基己基)-1-甲基庚胺	353	6.7
二正辛胺	241	17.6	*N,N*-二(2-乙基己基)苄胺	331	14.2
二(1-甲基庚基)胺	241	79.1	*N*-(正丁基)苄胺	163	16.0
二(2-乙基己基)胺	241	93.5	*N*-(正庚基)苄胺	205	75.1
三正庚胺	311	96.0	*N*-(1-甲基庚基)苄胺	219	88.0
三正辛胺	353	97.0	*N*-(2-乙基己基)苄胺	219	91.0
三(2-乙基己基)胺	353	13.0	*N*-(正十二烷基)苄胺	275	96.9
N,N-二(正庚基)-1-甲基庚胺	326	58.9	*N*-(正十二烷基)环己胺	267	98.4
N,N-二(正庚基)-2-乙基己胺	326	77.6	*N*-(正庚基)对甲氧苄胺	235	87.4
N,N-二(正庚基)苄胺	303	84.2	*N*-(1-甲基庚基)对甲氧苄胺	249	84.5
N,N-二(1-甲基庚基)正丁胺	297	22.0	*N*-(2-乙基己基)对甲氧苄胺	249	86.9
N,N-二(1-甲基庚基)正庚胺	339	25.6	*N*-(正庚基)邻羟基苄胺	221	15.9
N,N-二(1-甲基庚基)-2-乙基己胺	353	1.3	*N*-(1-甲基庚基)邻羟基苄胺	235	4.6
N,N-二(1-甲基庚基)苄胺	331	1.7	*N*-(2-乙基己基)邻羟基苄胺	235	8.2
N,N-二(2-乙基己基)正庚胺	339	18.4			

在表6.3中，氮原子上带有不同取代基时，其N原子的碱性相差可能很小，如二正庚胺和二正辛胺的pK_b值分别为3.54和3.57，沸程接近，但它们对U(Ⅵ)的萃取率却表现出差异，分别为24.6%和17.6%。从三正庚胺到*N,N*-二正庚基-2-乙基己胺、*N,N*-二正庚基-1-甲基庚胺，萃取率从96.0%下降到77.6%、58.9%。类似的趋势还可以在*N,N*-二(正庚基)苄胺、

N,*N*-二(2-乙基己基)苄胺、*N*,*N*-二(1-甲基庚胺)苄胺等结构中观察到。从表6.3中还能看出一个明显的规律是仲胺萃取率低于叔胺，如二正庚胺、二正辛胺＜三正庚胺、三正辛胺。这表明在氮原子上引入数量数目不同的非极性基团，也可实现调节胺的萃取率。

需要指出的是，在这里由非极性基团引起的萃取率差异，无法从反应基团的碱性和空间位阻效应获得圆满的解释。一方面，N原子碱性相同时，萃取率也并不相同。另一方面，胺类萃取剂的萃合物多为离子对形式，氮原子不直接与金属离子配位，氮原子上非极性基团的空间位阻并不能影响其配位[3]。胺类萃取剂中非极性基团对萃取率的影响还需要进一步研究。

从反应基团活性来看，当烷基链长度超过两个碳原子时，通过诱导效应传递给反应基团的影响的差异已经可以忽略，尤其是当烷基链不直接与反应基团相连时。也就是说，若萃取反应发生在均相，则烷基链长度对萃取剂的影响几乎可以忽略。但实验发现，在实际萃取过程中，即使是正十二烷基与正十烷基，对金属的萃取性能也可能存在明显的差异。这表明烷基链长度是萃取剂非极性基团设计时必须考虑的因素。

以1-烷基-4-甲基咪唑为例，改变1位氮原子上取代基的烷基长度，可以改变咪唑与金属离子的配位能力和萃取性能，如图6.4所示[16, 22, 24-25]。

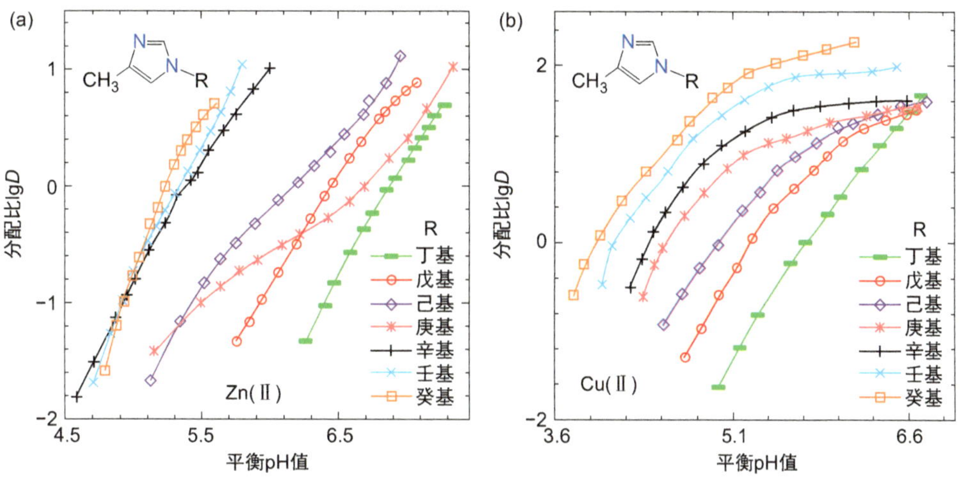

图6.4　带有不同长度直链烷基的1-烷基-4-甲基咪唑萃取Zn(Ⅱ)(a)、Cu(Ⅱ)(b)的分配比*D*-pH曲线

从图6.4可以看出：1-烷基-4-甲基咪唑对于不同金属离子都表现出随着烷基链长度的增加萃取能力增强的趋势。对于直链烷烃，在一定范围内，还能观察到萃取率、配合物稳定常数、分配比等与碳原子数目较好的线性关系，这表明烷基链长度对萃取能力有重要影响[16]。

6.2.2　酰胺中的非极性基团

对于酰胺类萃取剂，根据结构中酰胺单元数目和分子结构可以分为单酰胺、二酰亚胺、二酰二胺等类型。

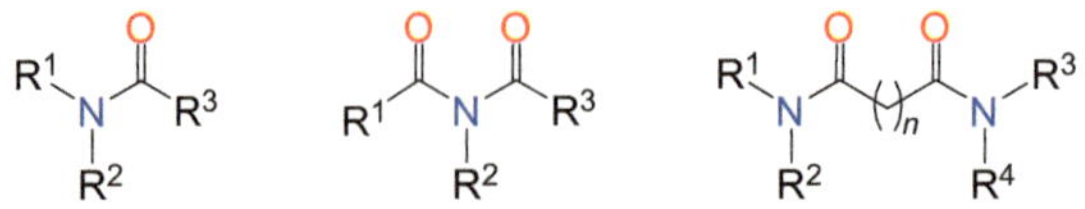

单酰胺　　二酰亚胺　　二酰二胺

其中，二酰亚胺和二酰二胺都属于螯合配体，可修饰的非极性基团位点众多，对萃性能的影响复杂，且缺乏系统的研究，实际应用也有限。但无论哪种结构，调整氮原子或碳原子上取代基结构都能有效改变其萃取性能。在这里以单酰胺为例讲述通过改变其非极性基团实现对其萃取性能的调节。在单酰胺结构中，有三个位点可引入不同取代基从而调整酰胺的萃取性能，如图5.15所示，在这里进一步证明这种影响主要是取代基的非极性效应造成的。

（1）碳原子上的非极性基团

酰胺中羰基所连的非极性基团通常为烷基，烷基可以通过诱导效应影响反应基团配位，从而改变萃取剂对金属离子的萃取性能。对于C_2以上的烷基链，其通过诱导效应对反应基团影响的差异可以忽略。因此，长烷基链之间的萃取性能的差异，完全由基团的非极性效应引起，与反应基团的活性无关。表6.4所列为N上取代基完全相同的两组酰胺结构在不同硝酸浓度下对U(Ⅵ)、Pu(Ⅳ)的萃取率[14, 26]。

表6.4　两组N上取代基相同的酰胺在不同条件下对U(Ⅵ)、Pu(Ⅳ)、HNO_3的萃取率

萃取剂	3.0mol/L HNO_3			6.0mol/L HNO_3		
	U(Ⅵ)	Pu(Ⅳ)	HNO_3	U(Ⅵ)	Pu(Ⅳ)	HNO_3
N,N-二丁基乙酰胺	9.9	21	0.138	6.4	38	0.102
N,N-二丁基丙酰胺	4.5	3.5	0.112	4.5	7.2	0.094
N,N-二丁基丁酰胺	2.4	0.08	0.103	3.3	0.21	0.083
N,N-二丁基异丁酰胺	0.6	0.0009	0.057	1.4	0.0048	0.060
N,N-二丁基戊酰胺	5.3	4.0	0.114	4.7	8.7	0.095
N,N-二环己基甲酰胺	9.4	9.9	0.150	4.8	11	0.100
N,N-二环己基乙酰胺	14	11	0.142	6.3	16	0.091
N,N-二环己基丁酰胺	7.9	7.7	0.148	5.1	5.9	0.103

从表6.4所列数据可以看出，当N上烷基保持不变，而改变羰基上取代基时，对金属和酸的萃取率都发生改变，但这种改变并不是单调的。如*N,N*-二环己基的酰胺，乙酰胺具有对两种金属离子的最高萃取率，碳链更短的甲酰胺和碳链更长的丁酰胺都更低。在碳端引入芳基，也可以增加这类结构可修饰的位点，实现在更大范围内调整其萃取分离性能。实验发现酰胺萃取金属离子时，通常是与H^+形成𬭩盐正离子，再以离子对机理萃取。调节酰氧对金属离子配位的规律也适用于改变𬭩盐稳定性，即可用相同的手段改变酰胺对金属的萃取性能。

（2）氮原子上的非极性基团

酰胺萃取剂中，氮原子上取代基通过氮原子间接影响反应基团酰基氧的反应性能。

与羰基的取代基类似，两个碳以上的烷基链诱导效应的差异已经很小，此时表现出的萃取性能差异，是由非极性效应引起的。如图6.5所示[27]。

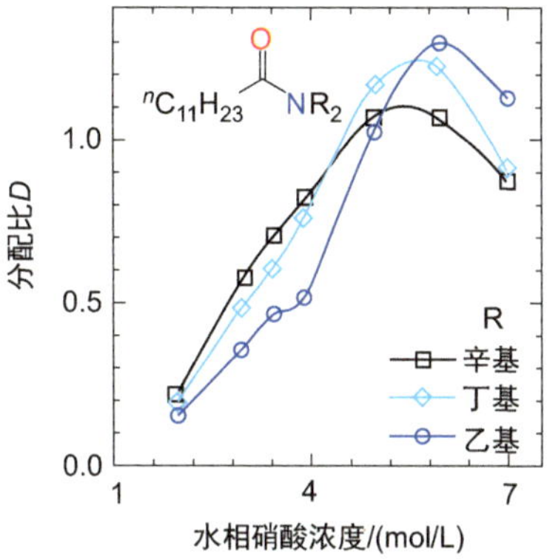

图6.5 N上带有不同长度烷基链的酰胺从不同硝酸浓度中萃取U(Ⅵ)的分配比

从图6.5可以看出，硝酸浓度低于6mol/L时三种化合物萃取U(Ⅵ)的分配比随着硝酸浓度的增加而增加，说明是以金属离子配阴离子的离子对萃取机理进行萃取。即萃合物中酰胺不直接与金属离子配位，烷基结构对萃取的影响不是由空间排斥导致的。从图6.5可以看出，在高酸度条件下采用N上带有短碳链的结构对U(Ⅵ)有高的分配比；在低酸度条件下连有长碳链的结构有较高的分配比。

需要指出的是，与图6.4所示的咪唑相比，酰胺N上烷基链从乙基到辛基，萃取性能的变化并不大。这是由于羰基端的取代基为正十一烷基，有足够的长度保证萃取剂、萃合物的油溶性。与反应基团相比，处于不同位置的非极性基团可以起到相同的作用。

文献中对酰胺类化合物萃取金属的结构-性能关系研究较多，包括取代基结构、类型、官能团数目等。酰胺中氮或羰基上取代基结构对萃取性能影响的研究方法也可用于硫酰胺、磺酰胺、亚磺酰胺、硫代酰胺、磷酰胺等，从而调节这些化合物的萃取性能[26, 28-29]。但由于酰胺类结构萃取金属时存在多种机理，导致结构-性能关系复杂，难以给出萃取剂与金属离子的直接变化趋势用于设计新的萃取剂。

（3）多取代酰胺

酰胺结构中的氮原子和羰基α位碳原子都可以引入非极性取代基，且都能对酰胺的萃取性能产生影响。总体而言，非极性基团对酰胺的萃取性能影响规律为：首先，为了保证酰胺在水相中低溶解而在有机相中能溶解，总碳原子数目应不少于14，链的长度不短于9个碳原子；其次，羰基和氮原子上直接或间接引入芳基都将导致萃取能力大大下降；最后，直链酰胺的萃取能力比支链酰胺强，但对于某些金属离子，支链能增加分离能力。

二酰亚胺的N—H能发生酸式电离，并作为酸性萃取剂参与萃取。但若都为烷基酰胺，烷基结构的差异对N—H的酸性影响很小，因此烷基结构对萃取的影响是其作为非极性基团产生的影响。图6.6所示为二酰亚胺对三价稀土金属离子的萃取[30-31]。

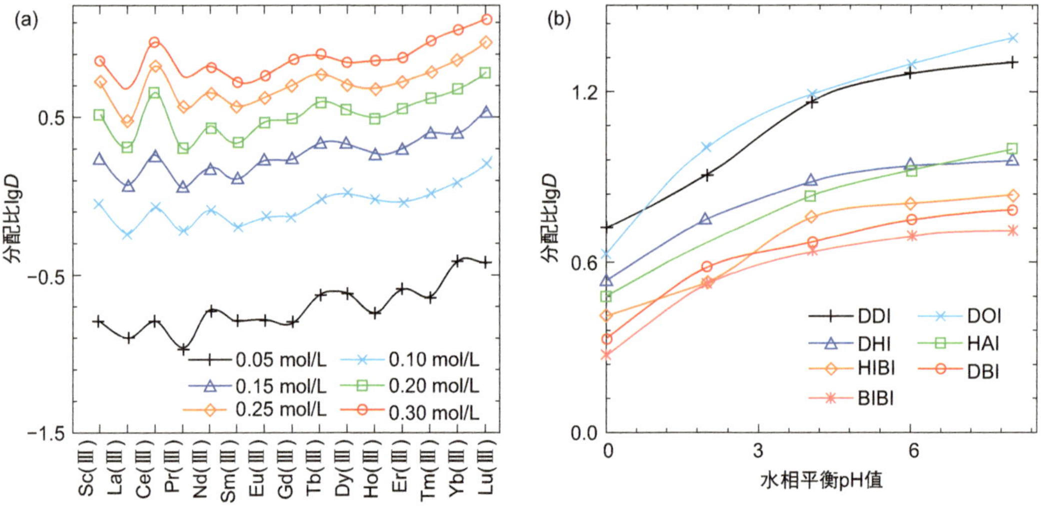

图6.6　二酰亚胺萃取稀土金属离子的分配比

（a）不同浓度下DHI萃取的分配比；（b）不同萃取剂不同pH条件下的分配比

其中DDI（二(十三酰)亚胺）、DOI（二壬酰亚胺）、DHI（二庚酰亚胺）、HAI（己酰(庚酰)亚胺）、

HIBI（异戊酰(庚酰)亚胺）、DBI（二戊酰亚胺）、BIBI（异戊酰(戊酰)亚胺）

萃取条件为：水相初始金属离子浓度为0.02g/L，有机相萃取剂浓度为0.2mol/L，氯仿做稀释剂

从图6.6(a) 可以看出二酰亚胺萃取稀土金属离子，既不同于P204、P507、Cyanex272、P227等酸性含磷萃取剂的“四分组”规律，也不同于亚砜对中稀土表现出高萃取能力现象。对于镧系金属，二酰亚胺化合物在轻稀土部分对Ce(Ⅲ)、Nd(Ⅲ)有较大的分配比，而对La(Ⅲ)、Pr(Ⅲ)较低，即对相邻元素有波动的萃取能力；在重稀土部分，随着原子序数增加萃取能力有缓慢单调增加的趋势。这使得二酰亚胺化合物对稀土的分离能力不如酸性含磷化合物与亚砜类化合物。但这种分配比在相邻元素间交替涨落的现象可用于在适当体系中形成“推拉效应”，有助于相邻元素的分离。如用水溶性二酰亚胺与酸性含磷化合物组成的萃取体系，能增加Pr(Ⅲ)、Nd(Ⅲ)的分离系数。

从图6.6（b）可以看出，相同pH条件下，DBI、DHI、DOI萃取Lu(Ⅲ)的分配比依次升高，即碳链延长时，对金属离子的萃取能力也增加。戊酰基、庚酰基、壬酰基三种酰基中氧的电子密度、N—H的酸性影响的差异都可忽略，因此这里的差异是由于碳链长度增加导致萃合物油溶性增加，提高萃合物在有机相中的溶解度。C_9以上的碳链，长度继续增加达到C_{13}（DDI），lg$D$却没有增加，甚至在高pH区域由于萃取过程容易形成乳化或第三相导致lg$D$略有下降。因此，对于直链二酰亚胺，碳链长度为8个碳比较合适。从BIBI、HIBI比DBI、HAI等只是表现出略低的lg$D$，这表明支链化程度对萃取能力的影响不如碳链长度大。

6.2.3　硫醚中的非极性基团

硫原子比氧、氮的原子半径更大、电负性更小，是更软的Lewis碱，更容易与软金属离子形成更强的配位作用，可用于金、钯、铂等贵金属萃取。硫醚的取代基结构决定其对金属离子的萃取性能。硫醚可直接从石油中分离得到，导致其成分复杂，商品牌号众多，除最常见的二烷基硫醚外，还有连二硫醚、多硫醚等。这里以最简单的二烷基硫醚（RSR′）为例说明硫醚中非极性基团对其萃取性能的影响。表6.5所列为各种硝酸浓度中带有不同烷基的硫醚对Au(Ⅲ)、Pd(Ⅱ)的萃取率[32]。

表 6.5　带有不同烷基的硫醚在不同硝酸浓度中对 Au(Ⅲ)、Pd(Ⅱ) 的萃取率

硫醚的两个取代基		对 Au(Ⅲ) 的萃取率 /%					对 Pd(Ⅱ) 的萃取率 /%				
		0.1mol/L	1mol/L	2mol/L	4mol/L	6mol/L	0.1mol/L	1mol/L	2mol/L	4mol/L	6mol/L
正己基	正己基	99.9	99.6	98.9	98.2	98.0	99.9	97.5	96.5	98.9	99.9
正丁基	正辛基	99.9	99.3	99.0	98.2	98.1	99.9	99.9	99.5	99.6	99.9
正丁基	正癸基	99.9	99.5	99.2	98.9	98.6	99.8	99.8	99.3	98.1	99.5
2- 甲基丙基	正十二烷基	99.5	94.4	93.7	84.6	88.8	99.9	66.5	53.0	57.3	76.3
正丁基	2- 乙基己基	99.8	99.5	99.3	99.0	98.7	99.9	99.9	99.3	98.8	99.9
2- 甲基丙基	正辛基	99.7	96.9	96.8	88.1	88.0	99.9	72.4	63.4	68.2	78.3
正辛基	正辛基	99.9	99.5	99.3	98.8	97.6	99.9	95.2	90.9	95.2	98.3
2- 甲基丙基	2- 乙基己基	99.7	95.6	95.5	88.3	85.3	99.8	69.7	62.1	67.4	75.4
正丁基	3,5,5- 三甲基己基	99.9	99.6	99.1	98.6	98.2	99.9	98.9	98.4	98.9	99.9
2- 甲基丙基	3,5,5- 三甲基己基	99.7	96.8	93.2	87.4	81.1	99.3	66.4	61.4	62.7	78.5

从表6.5所列数据可以看出，大部分结构，在酸度较低时对Au(Ⅲ)和Pd(Ⅱ)都表现出了极高的萃取率。但随着酸度的增加，对称性不同、碳链长度不同、支链化程度不同的硫醚对两种金属离子的萃取能力发生了显著性变化，且各种结构的变化趋势也不相同。如二正己基硫醚、二正辛基硫醚、正丁基正辛基硫醚、正丁基正癸基硫醚等直链烷基的硫醚在各种酸度下对Au(Ⅲ)、Pd(Ⅱ)都表现出较高的萃取率。当硫原子上直链被支链取代后，萃取率呈下降趋势，这是由立体效应和非极性效应共同影响的，同样可在图5.45中观察到烷基结构影响了亚砜类萃取剂对稀土金属离子的萃取性能[33]。

6.2.4　中性磷（膦）的非极性基团

中性磷（膦）萃取剂主要包括磷酸三酯、膦酸二酯、次膦酸酯、三烷基氧膦等四种类型，如表5.5所列。工业上广泛应用的有TBP（磷酸三丁酯）、P350（甲基膦酸二(1-甲基庚基)酯）、Cyanex923（C_6、C_8混合的三烷基氧膦）等。改变磷原子上烷基、烷氧基数目时可以看作是对反应基团的影响导致的萃取性能变化，如5.2.2节所述。但保持烷基、烷氧基数目不变而改变取代基结构时导致的变化，则主要是体现非极性基团结构的影响，尤其是变化位置远离磷酰氧位置时。

6.2.5 羧酸萃取剂中的非极性基团

实际使用的羧酸萃取剂有多种，如环烷酸、Versatic10（2-甲基-2-乙基庚酸）、新戊酸等。这些羧酸萃取剂的性能差异都是由其非极性基团的结构不同导致的。图6.7所示为几种具有不同结构的羧酸萃取剂对三价稀土金属离子萃取性能的差异[34]。

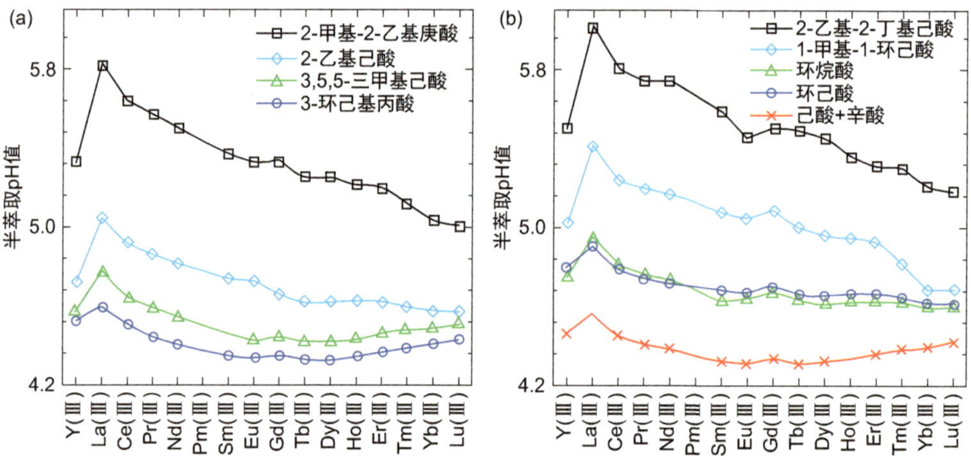

图6.7 带有不同烷基结构的羧酸萃取剂对稀土金属离子的萃取性能

萃取条件为：有机相萃取剂浓度为0.5mol/L，混合二甲苯为稀释剂；水相金属离子浓度为0.05mol/L，用HNO_3、$NaNO_3$保持水相离子强度为1.0 mol/L

在图6.7中，从La(Ⅲ)到Lu(Ⅲ)整体上半萃取pH值呈下降趋势，即对重稀土的萃取能力比轻稀土强，这与大多数酸性萃取剂对稀土的萃取相同。从图6.7可以看出，羧基上烷基的取代基越多、取代基体积越大、取代基位置越靠近，半萃取pH曲线越高，即萃取能力越差。烷基结构还影响离子半萃取pH值，即影响金属离子的分离能力。分离能力主要受烷基立体效应调节，如图5.45观察到的立体参数与半萃取pH值之差之间的近似线性关系，其中烷基链长度、碳原子数目对萃取的影响就是非极性基团的影响。

在其他酸性萃取中，如β-二酮类化合物，若改变结构中烷基链数目、位置也能改变其萃取性能，如图6.8所示四种结构对Cu(Ⅱ)的萃取性能[35]。

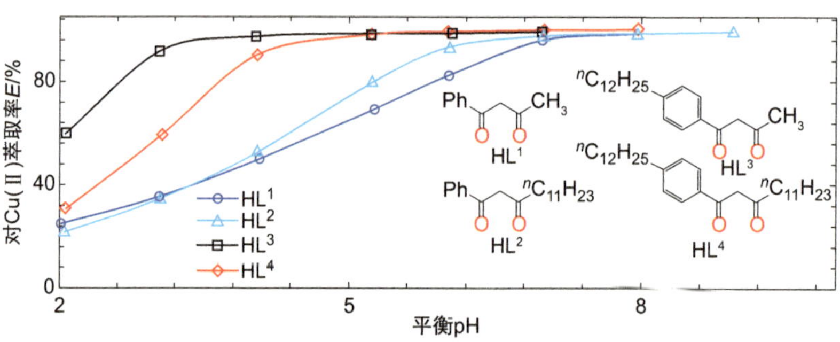

图6.8 不同位置带有长烷基链的β-二酮类化合物萃取Cu(Ⅱ)的E-pH曲线

萃取条件为：有机相萃取剂浓度为0.1mol/L，苯作稀释剂；水相金属离子浓度为0.009mol/L，$NH_3 \cdot H_2O$、H_2SO_4调节pH值从图6.8可以看出在1-苯基-1,3-丁二酮的结构中引入长烷基时，有利于提高化合物的萃取率：在距羰基较远位置（苯环上）引入长烷基链时，较强的非极性效应使HL^3、HL^4的萃取能力明显大于HL^1、HL^2；在羰基的α-位引入了第二个长烷基链的HL^4，其萃取能力反而小于HL^3，说明立体效应的影响抵消了一部分非极性效应的积极作用；只引入一个长烷基链时，HL^3的萃取能力明显大于HL^2，也说明了在羰基的α-位引入长烷基链时立体效应成为影响萃取能力的主要因素。可见，在距羰基较远的位置引入一个长烷基链已经足够，既有非极性效应的积极作用，又避免了立体效应的负面影响。非极性效应和立体效应两种因素导致四种结构的萃取能力顺序为：$HL^3 > HL^4 > HL^2 \approx HL^1$。

图6.8四种结构的萃取特征还表明了一种普遍现象，向分子中引入长链烷基，主要从立体效应和非极性效应两方面改变其对金属离子的萃取性能。只有烷基链靠近萃取剂反应基团时立体效应才能发挥作用，适当的立体效应可以调节萃取剂对性质相似金属离子的分离性能。当烷基链远离反应中心时，可以认为萃取性能只受非极性基团影响，只是改变萃取剂、萃合物在两相间的分配性质来影响其对金属离子的萃取。

6.3 非极性基团对动力学影响

从微观角度，萃取剂对动力学的影响体现在萃取反应速率和两相间的传质速率上。非极性基团对动力学的影响，一方面通过改变反应基团的活性，另一方面则是改变传质速率。除此之外，还表现在影响宏观的乳化、分相等。

6.3.1 非极性基团影响萃取反应速率

萃取反应速率主要由萃取剂反应基团与金属离子化学反应快慢控制。如对于萃取剂P204、P507、P227，它们的酸性逐渐减弱，它们萃取稀土的速率也逐渐变慢。但反应基团相同时，改变非极性基团结构，也能对萃取速率产生影响。图6.9所示为带有不同烷基的酸性含磷化合物萃取Fe(Ⅲ)的速率[36]。

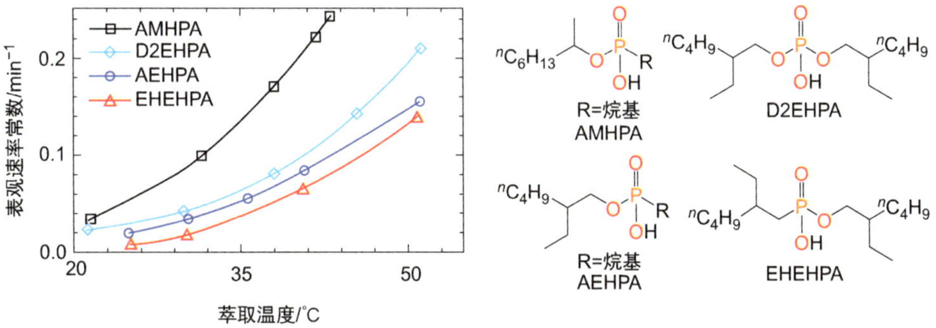

图6.9　带有不同非极性基团的酸性含磷化合物在各种温度下萃取Fe(Ⅲ)的速率常数

在图6.9中D2EHPA比EHEHPA的萃取速率快，主要原因是前者具有更强的酸性。但AMHPA、AEHPA、EHEHPA之间，尽管空间位阻效应是1-甲基庚基＞2-乙基己基，但AMHPA的萃取速率却高于AEHPA、EHEHPA，因此其萃取速率的差异则主要是非极性基团的不同导致的。

6.3.2 非极性基团影响分相

从定性的经验来看，分相、乳化、第三相形成等都与萃取剂的表面活性有关，萃取剂非极性基团越长、支链化程度越小，越不容易乳化、分相速率越快。

第三相的形成取决于萃取体系相界面性质，非极性基团影响萃取剂表面活性，从而影响第三相的形成。如酰胺萃取剂中羰基链和氮原子上非极性基团对第三相形成的一般规律为：羰基链和氮原子上都为直链时，最不易出现第三相；取代基为带支链的长烷基链时，较不易出现第三相；氮原子上为环己基时极易出现第三相；其他情况介于它们之间。即对于酰胺而言，在其他条件（包括萃取剂浓度、水相酸度、稀释剂种类、水相金属离子和盐析剂浓度、温度等）相同时，支链化程度越高越容易出现第三相。支链位置也与第三相形成有关，产生第三相的趋势按长直链 ＜＜N上支链≤羰基β位支链＜羰基α位支链递增。即羰基所连烷基的支链越接近羰基，越容易产生第三相；氮上支链对第三相形成的贡献比羰基支链小[14]。

对于同一类型萃取剂，根据烷基大小可以预测萃取剂的分相规律，但仅从烷基大小判断萃取剂的分相行为是不可靠的，尤其是对于不同类型的萃取剂。如在酰胺荚醚萃取U(Ⅵ)时就观察到了从烷基长度无法解释的现象。以正十二烷、异辛烷和煤油做稀释剂时都观察到，萃取U(Ⅵ)时，烷基链为正辛基的DMDOGA总是出现第三相；而有更短的正己基的DMDHGA、更长的正十二烷基的DMDLGA总是不出现第三相[37]。

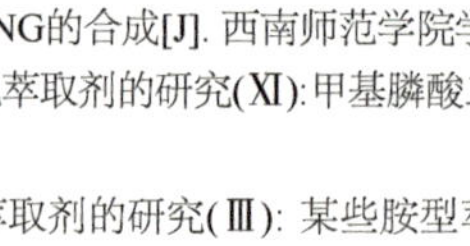

参考文献

[1] 曾国蓉, 吴朝元. 贵金属萃取剂DNG的合成[J]. 西南师范学院学报(自然科学版), 1983, 8(03): 66-69.

[2] 袁承业, 张荣余, 谢继发, 等. 有机萃取剂的研究(Ⅺ):甲基膦酸二烷基酯的化学结构与对铀、钍萃取性能的关系[J]. 原子能科学技术, 1964, 6(06): 677, 685.

[3] 袁承业, 徐元耀, 盛志初. 有机萃取剂的研究(Ⅲ): 某些胺型萃取剂的化学结构及其对铀氧离子萃取[J]. 原子能科学技术, 1962, 4(09). 651-656, 669.

[4] 张群, 宋新民, 朱友益, 等. 结构-性质定量关系方法用于驱油用表面活性剂分子设计中亲水亲油平衡值的研究[J]. 日用化学工业, 2011, 41(03): 161-167.

[5] HUIBERS P D T, LOBANOV V S, KATRITZKY A R, et al. Prediction of critical micelle concentration using a quantitative structure-property relationship approach. 1: nonionic surfactants[J]. Langmuir, 1996, 12(6): 1462-1470.

[6] KATRITZKY A R, PACUREANU L M, SLAVOV S H, et al. QSPR study of critical micelle concentrations of nonionic surfactants[J]. Industrial & Engineering Chemistry Research, 2008, 47(23): 9687-9695.

[7] MCNAUGHT A D,WILKINSON A. Compendium of chemical terminology: IUPAC recommendations ("Gold Book"), Web 2.0 Version;2019[M/OL]. Oxford:Blackwell Scientific Publications. 2019[2021-07-16]. https://goldbook .iupac.org.
[8] 王艳玲, 李婕, 王任小. 有机化合物脂水分配系数和溶解度的计算方法[J]. 物理化学学报, 2010, 26(7): 1742-1754.
[9] 汪敏, 秦炜, 戴猷元. 有机羧酸pK_a和亲油性的定量结构-性质关系[J]. 高校化学工程学报, 2003, 24(06): 607-611.
[10] 陈家镛. 湿法冶金手册[M]. 第2版. 北京: 化学工业出版社, 2005.
[11] 李洲, 秦炜. 液-液萃取[M]. 北京: 化学工业出版社, 2013.
[12] 马荣骏. 萃取冶金[M]. 北京: 冶金工业出版社, 2009.
[13] VERMA P K, PATHAK P N, MOHAPATRA P K, et al. An insight into third-phase formation during the extraction of thorium nitrate: evidence for aggregate formation from small-angle neutron scattering and validation by computational studies[J]. The Journal of Physical Chemistry B, 2013, 117(33): 9821-9828.
[14] 胡玉芬, 孙国新. 取代单酰胺结构对萃取性能的影响[J]. 济南大学学报(自然科学版), 2006, 20(01): 22-27.
[15] 刘海望, 沈兴海, 陈庆德. 三丁基氧化膦-离子液体体系萃取$UO_2(NO_3)_2$的机理和选择性[J]. 物理化学学报, 2015, 31(05): 843-851.
[16] RADZYMINSKA-LENARCIK E. The influence of steric effect, alkyl chain length, and donor number of solvents on the extraction of copper(Ⅱ) complexes with 1-alkyl-4-methylimidazoles[J]. Solvent Extraction and Ion Exchange, 2010, 28(5): 636-652.
[17] 袁承业, 许庆仁, 施莉兰, 等. 有机萃取剂的研究(Ⅻ): 稀释剂的性质对中性磷化合物萃取硝酸铀酰的影响[J]. 原子能科学技术, 1964, 6(06): 693-699.
[18] BERTHON L, MARTINET L, TESTARD F, et al. Solvent penetration and sterical stabilization of reverse aggregates based on the DIAMEX process extracting molecules: consequences for the third phase formation[J]. Solvent Extraction and Ion Exchange, 2007, 25(5): 545-576.
[19] KEDARI C S, COLL T, FORTUNY A, et al. Third phase formation in the solvent extraction system Ir(IV)—Cyanex 923[J]. Solvent Extraction and Ion Exchange, 2005, 23(4): 545-559.
[20] 张安运, 韩维和, 杨辉祥, 等. A及AB类萃取体系中稀释剂效应的研究[J]. 陕西师范大学学报(自然科学版), 1997, 25(04): 58-60, 68.
[21] 武雪. 高疏水氟取代中性萃取剂和稀释剂的分子设计与萃取性能评价[D]. 北京: 北京科技大学, 2018.
[22] LENARCIK B, KIERZKOWSKA A. The influence of alkyl chain length and steric effect on stability constants and extractability of Zn(Ⅱ) complexes with 1 - alkyl - 4(5) - methylimidazoles[J]. Separation Science and Technology, 2005, 39(15): 3485-3508.
[23] 刘长畿. 胺类萃取剂[J]. 有机化学, 1979, 5(01): 70-89.
[24] LENARCIK B, OJCZENASZ P, KOPKOWSKI A. The influence of the alkyl chain length and steric effect on stability constants and extractability of Co(Ⅱ) complexes with 1 - alkyl - 4(5) - methylimidazoles[J]. Separation Science and Technology, 2006, 41(8): 1697-1724.
[25] RADZYMINSKA-LENARCIK E, WITT K. The influence of alkyl chain length and steric effect on the stability constants and extractability of Co(Ⅱ) complexes with 1-alkyl-2-,ethylimidazoles[J]. Separation Science and Technology, 2015, 50(5): 676-682.
[26] SIDDALL T H. Effects of structure of *N,N*-disubstituted amides on their extraction of actinide and zirconium nitrates and of nitric acid1[J]. The Journal of Physical Chemistry, 1960, 64(12): 1863-1866.
[27] 孙国新, 李玉兰, 包伯荣, 等. 双取代长链烷基酰胺的结构与萃取性能的研究(Ⅰ): *N,N*-二烷基十二酰胺从硝酸介质中萃取铀[J]. 核化学与放射化学, 1998, 20(02): 40-45.
[28] VIDYALAKSHMI V, SUBRAMANIAN M S, SRINIVASAN T G, et al. Effect of extractant structure on third phase formation in the extraction of uranium and nitric acid by *N,N*-dialkyl amides[J]. Solvent Extraction and Ion Exchange, 2001, 19(1): 37-49.
[29] WANG J, XU W, LIU H, et al. Extractant structures and their performance for palladium extraction and separation from chloride media: a review[J]. Minerals Engineering, 2021, 163: 106798.
[30] 刘峙嵘, 周利民, 李传茂, 等. 烷基酰亚胺萃取稀土的研究[J]. 有色金属(冶炼部分), 2006, 53(05): 34-38.
[31] 刘峙嵘, 周利民, 李传茂, 等. 不同烷基酰亚胺的合成及对镥的萃取[J]. 稀有金属, 2006, 30(03): 353-357.
[32] 张邦劳. 不对称二烷基硫醚的合成及其对Au(Ⅲ),Pd(Ⅱ)的萃取性能研究[J]. 陕西师范大学学报(自然科学版), 1997, 25(01): 71-73, 76.
[33] PRESTON J S, DU PREEZ A C. Solvent extraction of trivalent lanthanides and yttrium from nitrate media by dialkyl sulphoxides[J]. Solvent Extraction and Ion Exchange, 2001, 19(4): 581-595.
[34] PREEZ A C D, S PRESTON J. The solvent extraction of rare-earth metals by carboxylic acids[J]. Solvent Extraction and Ion Exchange, 1992, 10(2): 207-230.
[35] 林辉. *β*-二酮类萃取剂的合成及性能研究[J]. 铀矿冶, 2001, 20(02): 108-113.
[36] 於静芬. 界面化学反应控制的萃取动力学及平衡研究: 有机磷酸化学结构的影响[J]. 铀矿冶, 1987, 6(01): 28-33.
[37] 丁颂东, 陈文浚, 肖成建, 等. 不对称荚醚萃取铀(Ⅵ)和稀土(Ⅲ)的研究[J]. 核化学与放射化学, 2003, 25(03): 188-192.

第7章 针对金属离子设计专一萃取剂

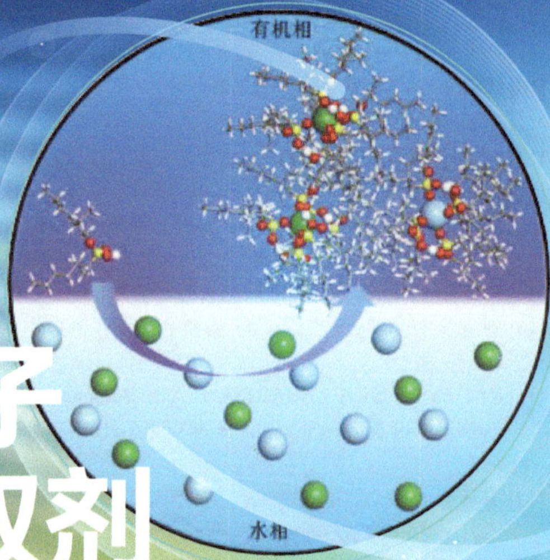

从前面几章的阐述可以看出，要实现从众多金属离子中选择性地提取某一种或几种金属离子需要同时考虑多方面的因素，尤其是反应基团和非极性基团的选择。本章讲述以具体金属离子为萃取目标，设计相应萃取剂的方法。结合实际例子，介绍设计萃取剂需要考虑的背景、设计原理的应用、结果验证方法等。

7.1 萃取剂与金属离子相匹配原理

没有任何一种萃取剂是万能的，可以萃取所有金属离子；也没有任何一种金属离子可以被所有萃取剂萃取。影响萃取剂对金属离子选择性的因素有很多，见2.5，但共同的特征是萃取剂与金属离子相匹配[1]。具体来讲，萃取剂与金属离子相匹配主要体现在：离子-配位原子亲和性匹配，通常符合软硬酸碱理论；配位原子的空间排列符合被萃金属离子的空间配位倾向；萃取剂非极性基团有利于萃取剂的相转移、溶解、分相等萃取过程，符合萃合物中配体-配体相互作用的热力学优势。

萃取剂与金属离子相匹配可以从酸性萃取剂清晰地看出。

酸性萃取剂的电离反应： $HA \longrightarrow H^+ + A^-$，$K_a$ ①

萃合物解离反应： $MA_n \longrightarrow M^{n+} + nA^-$，$K_e$ ②

萃取反应：　$n\mathrm{HA} + \mathrm{M}^{n+} \longrightarrow \mathrm{MA}_n + n\mathrm{H}^+$，$K_{ex}$　③

反应式之间的关系为③ $= n$①−②，平衡常数之间的关系为$K_{ex} = K_a^n/K_e$。K_a和K_e分别衡量萃取剂和萃合物解离出Lewis酸H^+和M^{n+}的难易程度，萃合物的酸性（K_e）和萃取剂的酸性（K_a）相匹配时，即有合适的萃取性能（K_{ex}）。

从萃取剂角度来讲，只能对某一些金属离子有专一的识别能力；从金属离子角度来讲，只有特定类型的萃取剂才能更有效地萃取。即萃取剂和金属离子也是“双向选择”。因此，一个高效的萃取过程，金属离子与萃取剂必须相互匹配。如结构和碱性极其相似的三正庚胺与三正辛胺从硝酸体系中萃取U(Ⅵ)时萃取率几乎相同，而萃取Pu(Ⅳ)时却有差异很大的分配比[2]。

萃取剂与金属离子相匹配的原理已在相关领域有实际应用，如传感器材料、痕量检测、离子选择性电极等，但用于萃取剂设计的研究还较少，还缺乏严格的理论和系统的方法。从原理上来讲，萃取剂与金属离子相匹配，本质上也是相互识别，其原理主要包括亲和性、尺寸、官能团种类与数目匹配。这些原理在第5章具体的萃取剂分子设计中已有应用，在这里从原理的角度进行总结。

7.1.1　尺寸匹配

离子尺寸匹配源于1967年Pedersen研究一系列冠醚类化合物与不同碱金属、碱土金属及个别非金属离子的配合物时发现，有的冠醚类结构能与金属离子形成稳定性明显较高的配合物[3]。从那以后，尺寸匹配效应就成为了配体设计、分子识别等的重要依据。如表5.15所列的金属离子与冠醚空腔尺度匹配时具有最高的选择性。类似的规律可以从冠醚与碱金属离子的配位作用得到体现。图7.1所示为18-冠-6与不同碱金属离子配位的计算和实验结果[4]。

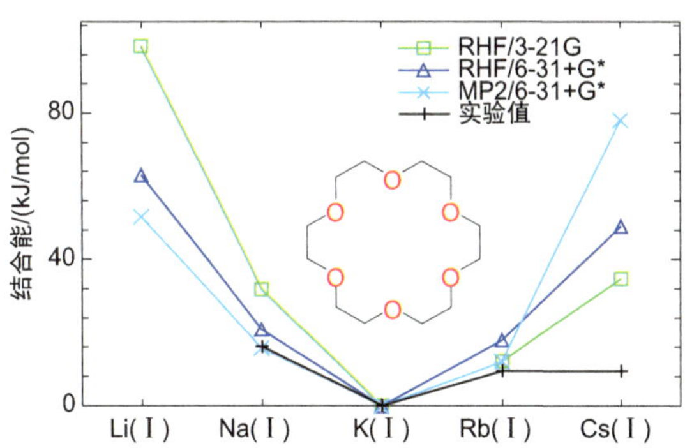

图7.1　18-冠-6与碱金属离子的结合能

（各曲线为软件中设定好的不同计算方法的结果）

从图7.1可以看出，各种计算条件获得的结合能、实验测量的反应焓都表明18-冠-6与K(Ⅰ)结合在热力学上具有最大优势，即18-冠-6对与之尺寸匹配最好的K^+具有最高的选择性。类似的原理对于穴醚、杯芳烃等的选择性仍然适用。除金属离子选择性外，近年来尺寸匹配原理还被广泛用于阴离子识别、分子识别、主客体相互作用、离子选择性电极、纳滤膜等。

7.1.2 亲和性匹配

除尺寸匹配外，反应基团与金属离子的亲和性匹配也是影响金属离子与配体配位能力的关键因素。如研究发现氮、磷、硫杂12-冠-4中，氮杂12-冠-4对Be(Ⅱ)具有最强结合能力，如表7.1[5]。

表7.1 用密度泛函理论计算取代12-冠-4与Be(Ⅱ)配位的反应热力学函数（计算方法：B3LYP/6-31+G**）

配体		ΔH/(kJ/mol)	ΔG/(kJ/mol)	ΔS/[J/(mol·K)]
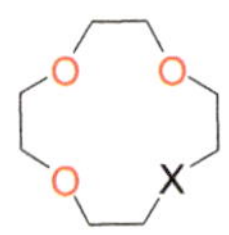	b1（X=NH）	−1737.9940	−1687.1360	−170.414
	b2（X=O）	−1689.5828	−1639.4436	−168.007
	b3（X=S）	−1676.1035	−1625.5258	−169.466
	b4（X=PH）	−1666.4862	−1615.8824	−169.558

从表7.1所列可以看出，焓、吉布斯自由能都表明NH取代冠醚中原有的O后，对Be(Ⅱ)的配位能力（ΔH或ΔG）增加了约48kJ/mol，而S或PH取代O后，对Be(Ⅱ)的配位能力约减弱了14kJ/mol或23kJ/mol。这表明NH与Be(Ⅱ)具有更强的亲和性，可以预见b1对Be(Ⅱ)有更强的萃取能力。

7.1.3 有效官能团位置和数目的匹配

对于多官能团萃取剂，与金属离子可能有多种官能团数目或种类不同的配位方式；对于不同的金属离子，需要配体中所具有的官能团数目和位置也有所不同。即为了达到最优配位作用，官能团位置和数目需要与金属离子相匹配。如冠醚中氧原子被氮原子取代后，氮原子具有不同的原子半径和电负性，还可通过氮原子上的取代基对氮原子上的电子密度进行调节，增加了这类结构的可修饰性，导致氮杂冠醚可以呈现出比冠醚母体更丰富的配位性能。以不同数目的氮杂冠醚与Li(Ⅰ)、Na(Ⅰ)、Be(Ⅱ)三种金属离子的配位为例，结果如图7.2所示[6]。

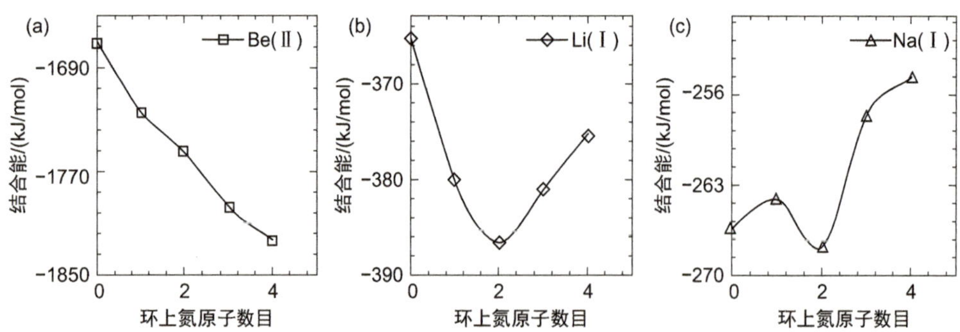

图7.2 环上带有不同N原子数目的12-冠-4与Be(Ⅱ)、Li(Ⅰ)、Na(Ⅰ)的结合能
（计算条件为B3LYP/6-31+G**）

从图7.2可以看出，氮杂12-冠-4与Li(Ⅰ)、Na(Ⅰ)、Be(Ⅱ)等形成最稳定的配合物所需氮原子数目各有差异。随着冠醚中氮原子数取代氧原子数目的增加，对Be(Ⅱ)的配位能越来越负，即配位能力总是单调增强；但对于Li(Ⅰ)则表现出二氮杂冠醚具有更强的配位能力；对于Na(Ⅰ)，氮原子数为1～2时氮杂对配位能力的改变不明显，氮原子数继续增加反而降低了冠醚的配位能力，最强的二氮杂冠醚与最弱的四氮杂冠醚相差近13kJ/mol。这里的计算方法不够精确，但给出的趋势还是值得参考的：即氮原子数目增加有利于Be(Ⅱ)的配位，采用二氮杂冠醚有利于Li(Ⅰ)的配位。另外，结构分析还可以发现，二氮杂12-冠-4的两种异构体1,4-二氮杂12-冠-4醚和1,7-二氮杂12-冠-4醚，与Li(Ⅰ)形成的最稳定配合物构型不同，而这两种异构体与Na(Ⅰ)、Be(Ⅱ)形成的最稳定配合物构型是相同的。前一种异构体配位Li(Ⅰ)具有更强的优势，而后一种异构体配位Be(Ⅱ)更具优势。

需要注意的是，前面将配体与金属离子相匹配分为了尺寸、亲和性、官能团数目等类型，但实际萃取性能不仅需要金属离子与萃取剂相匹配以具有较好的配位性能，还需要与萃取环境相匹配。尤其是对于多官能团萃取剂，并不是所有反应基团都参与萃取反应。如醇、胺、醚等萃取活性低的反应基团，常常扮演非极性基团的角色。通过设计这些基团，可以调节萃取剂与具体萃取反应的匹配程度。以氮杂、硫杂、磷杂冠醚类化合物为例，其与金属离子的匹配除与尺寸、杂原子类型、杂原子数目有关外，还与取代杂原子位置、杂原子上的支链、母体分子刚性等多种因素有关。而且各方面因素对金属离子与配体配位的影响并不一定是单调的。如图7.3所示的五种结构，从a1到a5分子刚性逐渐减小，但与Na^+的结合能力却是先减弱再增强[6]，这与分子参与配位的构象有关。

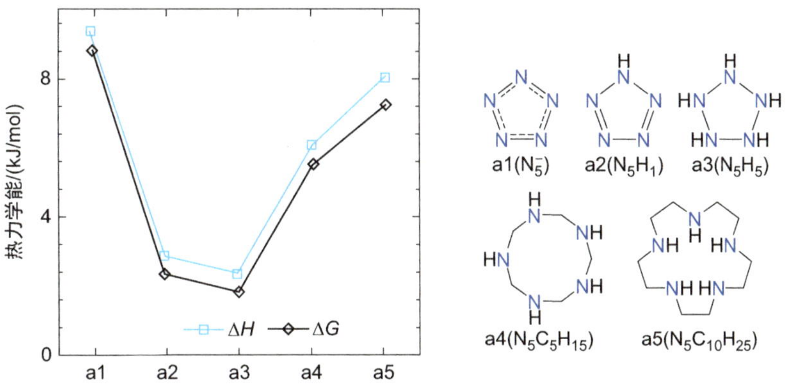

图7.3 含有5个氮原子但尺度不同的环与Na(Ⅰ)结合的热力学能

计算热力学能时考虑不同配体数目、不同空间取向。计算条件为B3LYP/6-31+G**

尽管可以从杂化类型、氮原子孤对电子取向、原子位置等角度对图7.3中曲线进行解释，但也从宏观角度反映了母体结构刚性对配位能的影响不是单调变化的。当配位基团位置在空间上与金属离子相匹配时，与金属离子的结合最有利。

环状多胺具有与冠醚相似的分子结构，且N有更强的配位能力，同时具有亲和性选择性和尺寸选择性。两者在金属离子萃取分离方面都具有显著的优越性，但两者也有区别。首先，环状多胺能与大多数金属离子，尤其是过渡金属离子形成稳定配合物；而冠醚是硬碱，多用于s、f区金属离子萃取。其次，环状多胺具有较强的碱性，质子化后，能以阳离子交换机理萃取金属离子，在碱性条件下容易再生。另外。环状多胺和冠醚通常都与金属离子按1∶1配位，热力学和动力学模型都简单，方便研究。再次，环状多胺的N能多引入一个取代基，能在更大范围内通过空间效应调节对金属离子的选择性。最后，环状多胺和冠醚通过物理吸附或化学结合都能负载到树脂、硅胶等载体上，可方便地用于金属离子的柱色谱分离[7]。

7.1.4 匹配原理用于金属离子识别

在尺寸、亲和性、配位原子数目等相匹配时，配体通常表现出对相应的金属离子有最强结合能、最高的配合物稳定常数、最强的荧光信号等。配体与金属离子相匹配是设计金属离子捕捉剂、荧光探针、印迹材料、离子选择性电极等离子识别材料的基础[8-11]。这些研究为萃取剂设计提供了前期探索，可作为设计高选择性萃取剂结构的参考。

7.2 根据萃取反应设计萃取剂

在萃取过程中，萃取反应金属离子的配位环境从亲水性变成亲油性，从而能被转移到有机相。除季铵盐、季鏻盐等外层配位萃取外，大部分金属的萃取反应都包含金属离子的配位环境变化，化合物在萃取反应中的表现也是设计萃取剂的基础。

7.2.1 配位形式不同的金属离子

Co(Ⅱ)、Ni(Ⅱ)分离是湿法冶金中著名的分离难点，但这两种金属离子的配位形式是有差异的。Co(Ⅱ)的八面体场与四面体配位形式的差异较小，而Ni(Ⅱ)的差异较大，因此Co(Ⅱ)比Ni(Ⅱ)更易转为四面体配位。利用这种特点，可以设计出高效的Co(Ⅱ)、Ni(Ⅱ)分离萃取剂或协萃剂，如4.3.2所述。

7.2.2 以萃合物为依据设计萃取剂

萃合物是萃取反应最重要的生成物，若先构造出能将金属离子选择性转移到有机相所需的萃合物结构，再反推出形成这样的萃合物所需萃取剂分子结构，可得具有高选择性的萃取剂。从配位化学角度来看，每种金属离子都有能与之形成专一稳定配合物的萃取剂。若能在萃取中形成专一稳定的萃合物，尤其是直接配位型萃合物，则其选择性通常足够高，可以实现对相应金属离子极高的选择性配位。但实际萃取体系中含有水分子、各种平衡离子、萃取剂等多种成分。大多数萃取体系中萃合物是多种配位形式共同存在的，而实验研究通常只测量其组成，缺乏准确的实验结构，导致从萃合物设计萃取剂的研究较少。对于配位形式不同的金属离子体系，通常是预先假设可能的配位形式，再以此为出发点，设计出高选择性的萃取剂，如4.3.3所述。

7.3 萃取剂设计举例

前面章节讲述了萃取剂的结构-性能关系、萃取剂设计原理、反应基团和非极性基团对萃取行为的影响等。这些相对零散的规律从单一方面给出分子结构变化时萃取性能的影响，可为调节萃取性能提供方向。在这里，以Pd(Ⅱ)、Pt(Ⅳ)分离用萃取剂和Cu(Ⅱ)提取萃取剂的设计为例，介绍设计原理、理论预测、结构合成、实验性能测试的具体应用等。

7.3.1 Pd(Ⅱ)、Pt(Ⅳ)分离萃取剂

第ⅧB族第四周期的铁、钴、镍被称为铁族元素；第五、六周期的钌、铑、钯、锇、铱、铂称为铂族元素。其中，钌、铑、钯的相对密度约为12，被称为轻铂族元素；锇、铱、铂的相对密度约为22，被称为重铂族元素。铂族金属地球丰度低、矿物分散、共生或伴生矿居多，常以副产物从其他金属冶炼过程中获得。铂族金属中，尤其是同列金属，其物理化学性质极其相似。无论是从原矿中提取，还是从二次资源中回收，一个不可避免的问题就是如何高效实现铂族元素之间的分离。本节以钯、铂为例讲述其萃取剂的设计[12]。

（1）设计思路

在盐酸、硫酸、硝酸这三种常用无机强酸中，盐酸中的Cl^-能与钯、铂形成稳定的配离子，有利于金属的浸出，所以通常以氯气或浓盐酸处理钯、铂精矿。这决定了钯、铂分离体系为氯离子体系。在高浓度Cl^-体系中，钯、铂都可以四价或二价离子与Cl^-形成配合物——$PdCl_4^{2-}$、$PdCl_6^{2-}$、$PtCl_4^{2-}$、$PtCl_6^{2-}$，其中$PdCl_4^{2-}$和$PtCl_6^{2-}$较常见，即初始水相中钯是二价、铂是四价。由于镧系收缩，四配位Pd(Ⅱ)和六配位Pt(Ⅳ)离子半径分别为64pm和62.5pm，由此可知Pd(Ⅱ)比Pt(Ⅳ)更软。若用软的配位原子，则可能实现选择性地萃取Pd(Ⅱ)。常见萃取剂的配位原子有硫、氮、氧，选用硫作为配位原子，最有可能获得选择性萃取Pd(Ⅱ)的萃取剂。以硫作为配位原子的萃取剂有硫醇、硫醚、亚砜、硫代化合物等。各种结构的硫醇、硫醚对Pd(Ⅱ)、Pt(Ⅳ)的萃取分离研究已经被大量报道，它们的萃取性能也经过实验验证。但这两种分子中可供修饰的位点单一，萃取性能变化范围小。即使设计新结构，也难以在已有萃取剂基础上较大提高分离性能。亚砜分子中的硫和氧都能作为配位原子参与金属萃取，若以硫配位时，有三个位点（两个烷基的结构可变，O可被质子化）可调节硫原子的配位能力，其萃取性能的变化范围高于硫醇和

硫醚。综上所述，亚砜类分子可作为潜在的Pd(Ⅱ)、Pt(Ⅳ)萃取剂。

（2）分子结构构建

已有研究表明，亚砜类分子（以L表示）萃取$PdCl_4^{2-}$和$PtCl_6^{2-}$的机理分别为：

$$2L_{(o)} + PdCl_4^{2-}{}_{(aq)} \longrightarrow PdL_2Cl_{2(o)} + 2Cl^-{}_{(aq)}$$

$$mL_{(o)} + mH^+{}_{(aq)} + PtCl_n^{m-}{}_{(aq)} \longrightarrow (LH)_mPtCl_n^{m-}{}_{(o)}$$

即萃取Pd(Ⅱ)时亚砜直接与Pd(Ⅱ)配位；而萃取Pt(Ⅳ)时亚砜以离子对机理进行萃取，并不直接与Pt(Ⅳ)配位。按离子对机理萃取Pt(Ⅳ)，与配位原子的软硬关系不大，调节结构可改变的萃取性能变化范围有限。只有在高酸度条件下，亚砜形成锍离子，按萃取Pt(Ⅳ)的机理萃取Pd(Ⅱ)，这种情况下的选择性无法按照上述原理推测。萃取Pd(Ⅱ)时，萃取剂与金属离子直接配位，萃取剂结构对萃取性能影响较大，因此，在这里主要介绍设计对Pd(Ⅱ)有高选择的结构。

红外光谱研究表明，低酸度条件下，亚砜萃取金属离子时既有硫配位，也有氧配位和混合配位。当硫上取代基位阻小时，常以硫配位，如二辛基亚砜、二己基亚砜、双(十二烷基亚磺酰)乙烷、二(2-乙基己基)亚砜等。这时形成的萃合物牢固，萃取容量大，反萃困难，需要氨水、亚硫酸钠等作为反萃剂。当硫上取代基具有较大位阻时，如α碳上带有支链、环状亚砜等，硫原子与金属离子配位的难度增加，转变为氧配位或离子对机理，通常导致萃取能力下降。但若取代基能增加反应基团的电子密度，如芳基取代，则氧的配位能力增加，整体的萃取能力并不一定下降，如二苯基亚砜萃取Ru(Ⅲ)时就是氧配位[13]。亚砜中氧原子远离取代基时，取代基位阻效应影响较小，而电子效应成为主要影响因素。当亚砜取代基位阻处于两者之间时，可以是硫配位与氧配位同时存在，如带支链的二烷基亚砜萃取Pd(Ⅱ)时就采用硫、氧混合配位[14]。

总体来说，若选用直链烷基亚砜，萃取能力较强，但反萃困难；若选用芳基，位阻小，则阻碍硫的配位，促进氧原子配位，可能导致萃取能力下降，却有利于反萃。综合这两种影响因素，可以考虑引入不对称亚砜结构。即在亚砜的一侧引入能增加反应基团电子密度的支链烷基，以保持其萃取能力；另一侧引入含苯环的基团，使其更易反萃。支链烷基的引入还能增加萃取剂与煤油等稀释剂的相容性；芳香环的引入可以抑制乳化。另外，结合原料来源、合成难易，最终确定以2-乙基己基苄基亚砜（BSO）作为目标结构。

（3）设计结构的性能验证

为了验证设计结构对Pd(Ⅱ)、Pt(Ⅳ)的分离效果，将2-乙基己基苄基亚砜与已被工业化应用的二(2-乙基己基)亚砜（DEHSO）的萃取性能进行比较。

① 理论计算衡量差异　理论计算表明BSO和DEHSO的质子化能、轨道分布、反应基团电子密度、偶极等都存在明显的差异。如BSO、DEHSO的偶极矩分别为4.5636D（德拜）和3.8779D，氧上NPA电荷分别为−1.032、−1.041，硫上NPA电荷分别为1.329、

1.324。两者质子化后，偶极矩变为5.8432和1.7591；氧上NPA电荷分布为−0.900、−0.889，硫上NPA电荷分别为1.242、1.311。从这些计算结果可以看出，与DEHSO相比，BSO的偶极矩更大，且质子化之后偶极矩增加有利于形成离子对，质子化后BSO的氧上电荷更负，硫上电荷更低，有利于质子化结构稳定。

② 实验验证萃取分离性能　按照不对称亚砜的合成方法（见11.3.3），合成BSO分子，并分析相同条件下与DEHSO的性能差异。结果如图7.4所示[12, 15]。

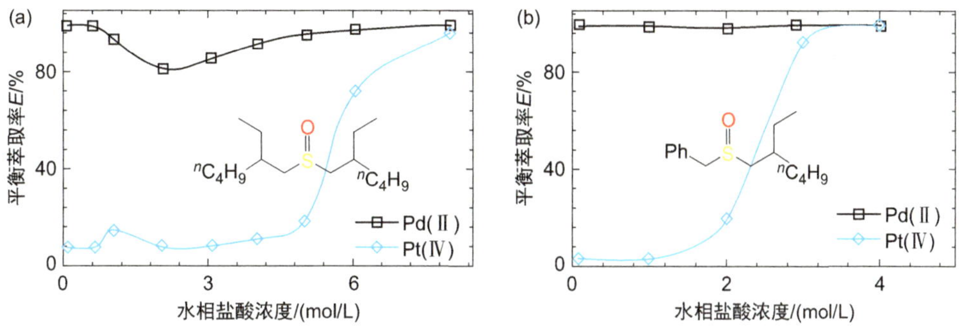

图7.4　已有的二(2-乙基己基)亚砜（a）与设计的2-乙基己基苄基亚砜（b）对Pd(Ⅱ)、Pt(Ⅳ)的萃取性能

从图7.4可以看出，BSO和DEHSO都能有效分离Pd(Ⅱ)、Pt(Ⅳ)。但BSO在低酸度条件下对Pt(Ⅳ)几乎不萃取，对Pd(Ⅱ)始终保持高萃取率；而DEHSO由于溶解性等原因，在低盐酸浓度时分离性能不稳定，这将导致实际生产过程中产品质量不稳定。另外，BSO在盐酸浓度低于2mol/L时对Pt(Ⅳ)的萃取率低于DEHSO，对Pd(Ⅱ)、Pt(Ⅳ)的分离性能更好。

从理论和计算预测、实验验证的结果来看，设计得到的亚砜萃取剂BSO与已有的DEHSO相比，至少在低盐酸浓度时具有更稳定的分离性能。另外，BSO的反萃性能明显优于DEHSO，DEHSO通常需要硫脲反萃，而BSO可以通过氨水反萃。

7.3.2　铜萃取剂设计

铜萃取剂的发展促进了整个湿法冶金的进步，是湿法冶金从核燃料、贵金属、稀有金属等高价值金属冶炼向贱金属应用的历史性转折。尽管肟类化合物表现出了对铜优良的选择性，但是：一方面，铜矿品位进一步下降，二次资源也逐渐成为重要的铜来源，需要能适应新体系的萃取剂；另一方面，肟类化合物在酸性条件下容易发生Bechmann重排得到萃取性能较差的酰胺。除此之外，性能更加优异、对环境更加友好的铜萃取剂也是冶金化学家不懈的追求。因此，新的铜萃取剂也不断地被设计、报道。

（1）保持配位原子不变

一种最简单的设计新分子方法，是在现有分子基础上进行修饰，以改善现有分子在某些方面的不足。如2-羟基-5-壬基苯乙酮肟（LIX84）对Cu(Ⅱ)具有很好的萃取性能。这类化合物通常通过两分子肟与Cu(Ⅱ)形成平面四边形配位萃合物。在LIX84中，N═C

的碳原子与苯环以可旋转的单键连接。若在制备时使肟基与苯环形成不能自由旋转的闭环结构，则有可能得到对Cu(Ⅱ)萃取性能更优异的萃取剂，如已被报道的5-甲基-8-羟基萘满酮肟分子[16]。

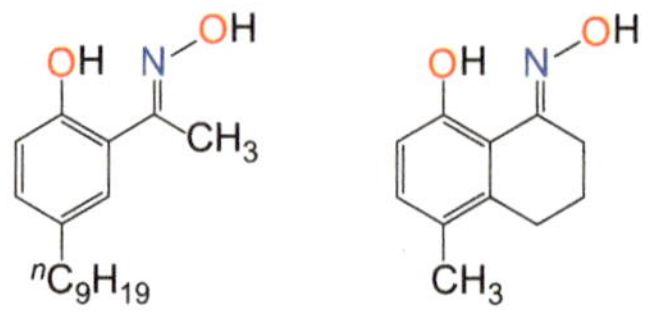

LIX84　　5-甲基-8-羟基萘满酮肟

（2）用配位能力更强的配位原子

邻羟基肟类化合物萃取Cu(Ⅱ)时以一个氧和一个氮参与配位。从软硬酸碱角度来看，氮原子更软，与Cu(Ⅱ)有更强的配位能力，若将羟基的O换成N，则可能得到对Cu(Ⅱ)萃取能力更强，对Cu(Ⅱ)、Fe(Ⅲ)分离效果更好的萃取剂。但羟基电离形成负离子配体可使萃合物呈电中性，这在液-液两相萃取中是很有利的，因此羟肟类化合物的羟基应该保留。但在羟基一侧引入吸电子基团，增加羟基电离能力，即增加萃取剂的酸性，在萃取过程中更易以配位能力更强的负离子参与配位，导致萃取能力增强。如在2-羟基-1,2-二(对取代苯基)乙酮肟（DPHEO）中，改变苯环上对位取代基R可调节这类化合物对Cu(Ⅱ)的萃取能力[17]。对位引入吸电子基团，可增加羟基电离能力，但降低氮原子配位能力，综合结果导致对Cu(Ⅱ)萃取顺序为$CH_3 > F > Cl$。

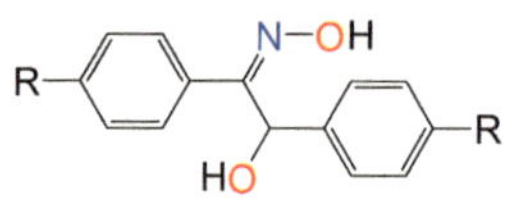

R = CH3, F, Cl

DPHEO

又如，对于NFATP、ATP、NTP三种结构，除相同的酚氧原子外，配位能力顺序为NFATP亚胺的N > ATP氨基的N > NTP硝基的O。这三个结构对Cu(Ⅱ)的萃取能力有显著差异，NFATP和ATP的半萃取pH值分别为1.79和2.28，而NTP几乎不萃取Cu(Ⅱ)[18]。除此之外，在选择性、饱和容量、萃取速率、反萃性能、分相时间等方面性能，配位原子的影响也很显著。

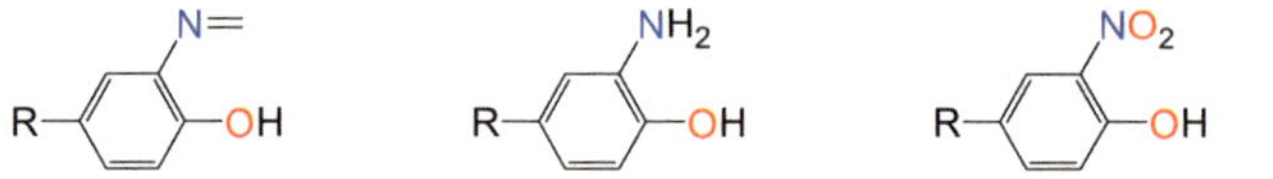

R = 1,1,3,3-四甲基丁基　R = 1,1,3,3-四甲基丁基　R = 1,1,3,3-四甲基丁基

NFATP　ATP　NTP

只用肟作为萃取剂时羟基是必要的，但若在协萃体系中有其他阴离子提供电荷平衡，原有肟的部分只作为配体，则可用与Cu(Ⅱ)具有更强亲和性的氮原子替代氧原子，以实现对Cu(Ⅱ)等软金属离子高的选择性。如咪唑-2-甲醛肟（IMOX），通过在饱和氮原子上引入长烷基链（如正辛基），可使这类化合物倾向于分布在有机相中，以磺酸为协萃

剂组成协萃体系，可实现从Cu(Ⅱ)、Ni(Ⅱ)、Co(Ⅱ)、Fe(Ⅱ)、Fe(Ⅲ)、Zn(Ⅱ)、Cd(Ⅱ)、Mn(Ⅱ)等混离子中选择性萃取Cu(Ⅱ)，*E*-pH曲线上Cu(Ⅱ)与其他金属离子的半萃取pH差异在1.05以上，换算成分离系数则在100以上[19]。

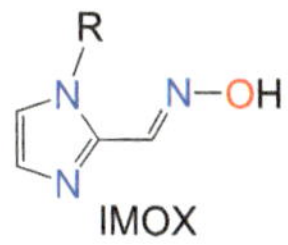

IMOX

参考文献

[1] SASAKI Y, TSUBATA Y, KITATSUJI Y, et al. Extraction behavior of metal ions by TODGA, DOODA, MIDOA, and NTAamide extractants from HNO_3 to *n*-dodecane [J]. Solvent Extraction and Ion Exchange, 2013, 31(4): 401-415.

[2] 袁承业, 徐元耀, 盛志初. 有机萃取剂的研究(Ⅲ): 某些胺型萃取剂的化学结构及其对铀氧离子萃取 [J]. 原子能科学技术, 1962, 4(09): 651-656, 669.

[3] PEDERSEN C J. Cyclic polyethers and their complexes with metal salts large [J]. Journal of the American Chemical Society, 1967, 89(26): 7017-7036.

[4] GLENDENING E D, FELLER D, THOMPSON M A. An ab initio investigation of the structure and alkali metal cation selectivity of 18-crown-6 [J]. Journal of the American Chemical Society, 1994, 116(23): 10657-10669.

[5] DIAO K S, WANG H J, QIU Z M. A DFT study on the metal binding selectivity of 12-crown-4 and its heterocyclic analogs [J]. Journal of Molecular Structure: Theochem, 2009, 901(1): 157-162.

[6] 刁开盛. 氮杂冠醚及其衍生物络合性能的理论研究 [D]. 无锡: 江南大学, 2009.

[7] 王世华, 侯欣平, 何仕仁. 大环多胺的选择性及在金属离子分离上的应用 [J]. 化学世界, 1993, 34(04): 8-11.

[8] 陈瑾. 两种稀土离子的新型印迹电化学传感器的研究与应用 [D]. 昆明: 云南大学, 2018.

[9] 赖伟强. 钯离子印迹材料的设计及吸附性能研究 [D]. 南昌: 南昌航空大学, 2019.

[10] POIROT R, LE GOFF X, DIAT O, et al. Metal recognition driven by weak interactions: a case study in solvent extraction [J]. Chemphyschem, 2016, 17(14): 2112-2117.

[11] HE Q, VARGAS-ZúñIGA G I, KIM S H, et al. Macrocycles as ion pair receptors [J]. Chemical Reviews, 2019, 119(17): 9753-9835.

[12] 徐志广. 亚砜的分子设计、合成和回收钯铂的应用基础研究 [D]. 广州: 华南理工大学, 2006.

[13] CALLIGARIS M, FALESCHINI P, TODONE F, et al. Steric properties of sulfoxide ligands: synthesis and crystal structure of mer-[$RuCl_3(Ph_2So)_3$] [J]. Journal of the Chemical Society, Dalton Transactions, 1995, (10): 1653-1661.

[14] 张可成，陈景. 亚砜KSO与Pd(Ⅱ)萃合物的组成及结构研究 [J]. 贵金属, 1994, 15(03): 8-16.

[15] 朱沁华, 王国平, 王汉章. 二(2-乙基己基)亚砜萃取分离钯铂 [J]. 苏州大学学报(自然科学版), 1986, 2(02): 176-181.

[16] 冯成. 萃取剂2-羟基-5-壬基苯乙酮肟的合成研究及其类似物的设计与合成 [D]. 天津: 河北工业大学, 2007.

[17] 于林华. 新型羟肟类萃取剂的分子设计合成与性能研究 [D]. 南宁: 广西大学, 2014.

[18] 雷吟春. 工业铜萃取剂分子设计、合成及其萃取性能研究 [D]. 赣州: 江西理工大学, 2009.

[19] OKEWOLE A I, WALMSLEY R S, VALTANCOLI B, et al. Separation of copper(Ⅱ) from base metals in an acidic synthetic sulfate leach solution using a novel 1-octylimidazole-2-aldoxime extractant [J]. Solvent Extraction and Ion Exchange, 2013, 31(1): 61-78.

第 8 章 含磷萃取剂合成

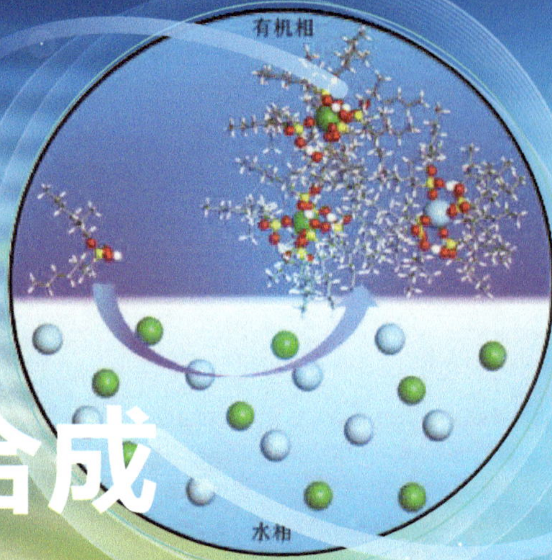

无论何种方法设计的萃取剂分子结构，其设计结果的有效性，都需要经过实验验证。实验验证的前提是合成相应的萃取剂分子结构。性能优异的萃取剂，最终被用于实际生产的前提也是能对其进行大量合成。

萃取剂合成所采用的方法都是已知的有机化学合成方法，但与普通有机合成相比，萃取剂合成有自身的独特之处。首先，实际生产过程中萃取剂的使用量很大，获取萃取剂的成本直接关系到分离工序的成本。因此，萃取剂的合成必须满足简单、高产率、高效率、原子经济、可放大等，还需符合各地政策法规要求。其次，合成所需原料必须要来源广泛、价格低廉，因此最好选用已经大规模生产的化工产品。最后，合成反应本身必须是环境友好的。正如3.1.8所述，合成是评价萃取剂综合性能的重要因素。文献中报道了大量的萃取性能非常好的化合物，但只有少数被最终应用到金属萃取中，往往就是受限于合成方法和原料来源。反之，有些萃取剂，其萃取性能并非尽善尽美，甚至还有许多不足，但由于其合成方法和原料来源经济，却被广泛用于金属萃取[1]。

从周期表中各种元素稳定的键合方式来看，磷原子具有明显的优势。如中性磷或膦萃取剂，可以通过三个取代基调节其性能，而同为中性萃取剂的酮、砜、亚砜却只有两个取代基可供调节；一元酸性磷（膦）萃取剂，可以通过两个取代基调节其性能，而同为一元酸的羧酸、磺酸却只有一个取代基可供调节。即磷原子上具有更大的调节性能，这是含磷化合物被用作萃取剂的结构基础。含磷萃取剂包含了许多品种，其发展过程是现代湿法冶金历史的重要组成部分。常见的中性萃取剂TBP、Cyanex923，酸性萃取剂P204、P507、P227、Cyanex272、Cyanex301、Cyanex302等都是含磷萃取剂。从含磷萃取剂的化学结构来看，磷中心主要与氧、氮、碳、硫相连。本章将以具体的萃取剂为例介绍含磷萃取剂合成过程中磷与这些原子之间化学键的构造方法。

磷元素化合价丰富，与其他元素成键方式多种多样。磷类化合物种类繁多、结构各异，广泛用于各种化学工业[2]。常用于合成含磷萃取剂的起始含磷化合物可以是无机磷也可以是有机磷。无机磷包括：单质磷（红磷、白磷）、PH_3、次磷酸钠（NaH_2PO_2）、三氯化磷、三氯氧磷、五氯化磷、五氧化二磷、磷酸、焦磷酸等。有机磷包括：磷酸单酯、磷酸二酯、磷酸三酯等。各类含磷化合物之间可相互转化，如图8.1所示。

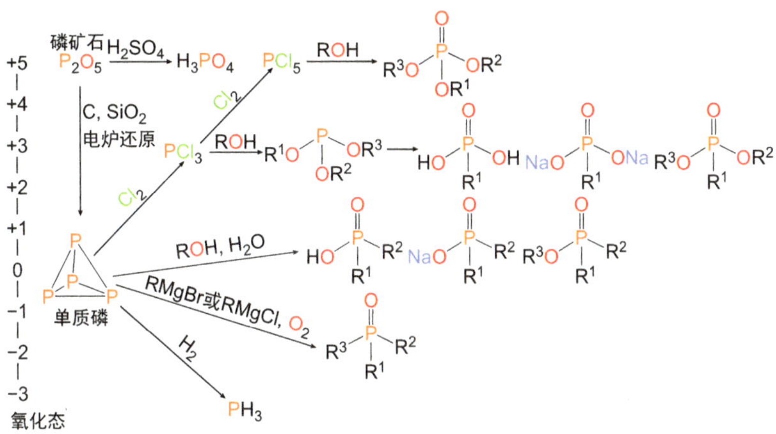

图8.1　磷元素的各种价态及其代表结构间的转化

如图8.1所示，磷矿石中磷以+5价态存在，可直接用硫酸酸化制备磷酸，也可还原成单质磷。单质磷更适合作为制备萃取剂的原料，如氢化制备PH_3，氯化制备PCl_3、PCl_5，醇解制备二烷基次膦酸等。利用这些反应可制备出种类繁多、性能各异的含磷萃取剂。

根据化合物中磷原子数目可以分为单磷化合物、多磷化合物，根据化合物中是否含有OH可以分为中性化合物、一元酸、二元酸。除此之外，还包括硫代、含氮等其他类型。含磷萃取剂可以分为中性、酸性、𬭸盐三大类，中性和酸性萃取剂根据各自的结构又可以分别分为若干小类，其中的非极性基团R、R′、R″、R‴可以是烷基或芳基，如图8.2所示。各种类型的含磷萃取剂在不同分离体系中发挥着重要的作用[3]，各种合成方法也被陆续报道。本章将分别介绍这些含磷萃取剂的合成方法。

8.1 中性含磷萃取剂的合成

焦磷酸酯等分子内包含多个中性膦（磷）基团的萃取剂也有报道，但这些化合物结构复杂，且存在稳定性差、溶解性差、合成困难等不足，在金属溶剂萃取中的应用还不广泛，故不在本节介绍。本节主要介绍三烷（芳）基氧膦、二烷基次膦酸酯、烷基膦酸二酯、磷酸三酯这四类含磷化合物，它们的合成方法很多，如图8.3所示。这些方法分别适用于不同的烷基结构。

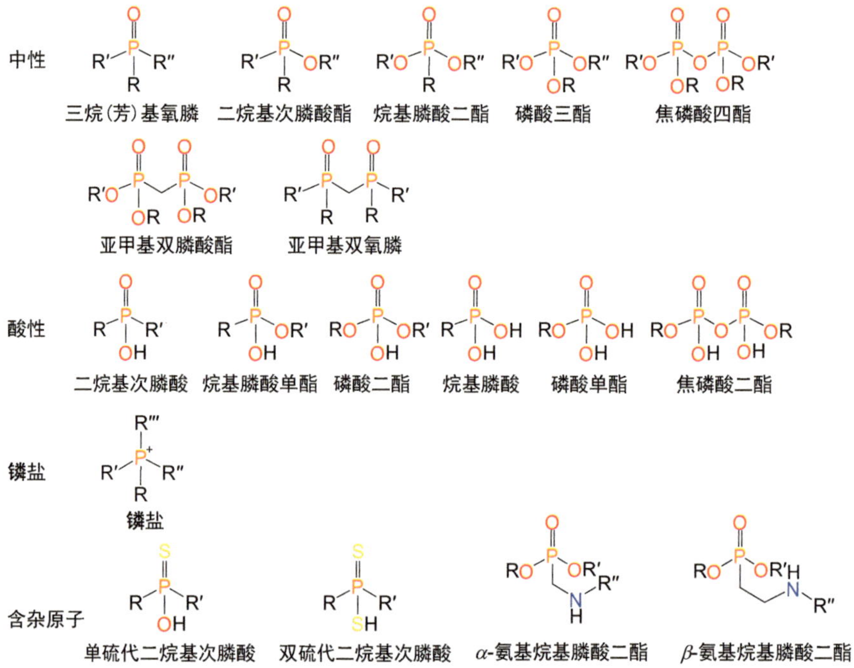

图8.2 各类含磷萃取剂及其名称

R、R′、R″、R‴代表烷（芳）基

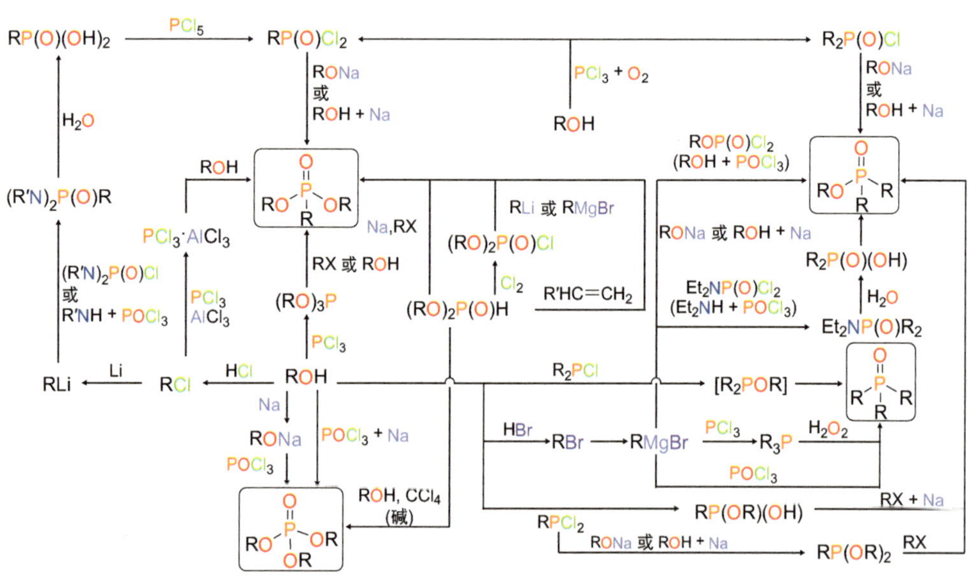

图8.3 三烷（芳）基氧膦、次膦酸酯、膦酸二酯、磷酸三酯的主要制备路线

制备中性含磷萃取剂时，通常以醇、卤代烃、格氏试剂等作为烷基来源，而以PCl_3、

PCl_5、$POCl_3$为磷源，可通过多种转化路径得到相应的产物。PH_3也可作为磷源，通过加成-氧化法得到膦化合物，再进行转换。各种转化路径的反应活性不同，适用于各种活性不同、带有不同位阻的底物。另外，有的目标化合物是反应中间体，控制反应的操作条件，也可得到不同的产物或中间体[4]。这些中性含磷化合物在一定条件下可相互转换。

8.1.1 三烷（芳）基氧化膦

根据分子中芳基和烷基数目可以分为三烷基、三芳基、二烷基单芳基、单烷基二芳基四种结构，后面两种也可称为烷基、芳基混合氧膦。

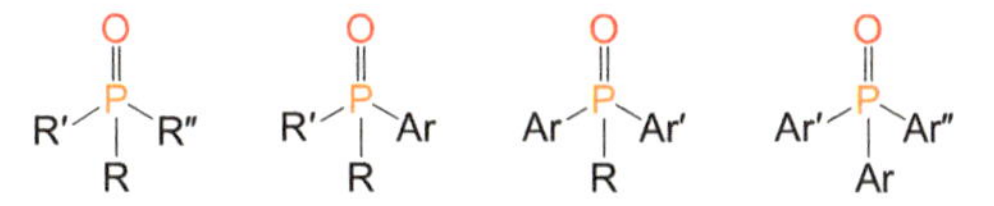

R、R′、R″代表烷基；Ar、Ar′、Ar″代表芳基

8.1.1.1 三烷基氧膦

常见的三烷基氧膦萃取剂Cyanex921（三正辛基氧化膦）、Cyanex925（$RR'_2P(O)$占85%的三烷基氧化磷混合物，R=正庚基，R′=2,4,4-三甲基戊基）、Cyanex923等[5]。混合物的熔点比单一组分低，流动性更好，因此常用带有C_6～C_8烷基链混合物作为萃取剂。在制备这类萃取剂时，可直接用工业上的C_6～C_8混合烯烃或醇为原料，而不需要制备纯品后再混合。其合成方法主要有磷化氢与烯烃加成、三氯氧磷与格氏试剂反应、烷基碘膦配合物水解法、单质磷或磷化氢逐步反应等。

（1）磷化氢与烯烃加成

磷化氢与烯烃加成，又称烯烃-膦法[6]，是加拿大Cytech公司生产Cyanex923的工业方法。在Cyanex923的生产过程中：第一步是磷化氢对60%的1-辛烯与40%的1-己烯的混合物加成反应制备三烷基膦；第二步是将三烷基膦氧化得到三烷基氧膦。如图8.4所示。

由图8.4可见：直链烯烃和结构较简单的烯烃，如1-正己烯、1-正辛烯、异丁烯等，都能形成R_3P结构，经H_2O_2氧化后可以得到相应的萃取剂如Cyanex921、Cyanex923，经硫氧化后得到Cyanex471X等。而结构较复杂的烯烃，由于空间位阻的关系，则通常只与PH_3加成形成R_2PH，该中间体可在新的引发剂作用下再与烯烃发生加成反应。由此途径可得到三个烷基不同的三烷基氧膦，如Cyanex925萃取剂；也可以直接用H_2O_2氧化得二烷基次膦酸萃取剂，如Cyanex272；也可以用硫氧化，则得到硫代二烷基次膦酸萃取剂，如Cyanex301。此方法的原子经济性好，但反应需要使用剧毒的PH_3，逐渐被各国禁用。还存在PH_3易燃、收率不高、H_2O_2导致的安全问题等。事实上，PH_3与烯烃加成是分步进行的，得到的产物通常都是单P—C键、双P—C键、三P—C键的混合物，随着烯烃活性、空间位阻、操作条件等变化，各组成的比例也随之变化。另外，烯烃的两个双键碳原子都可与磷形成P—C键，即存在异构产物。

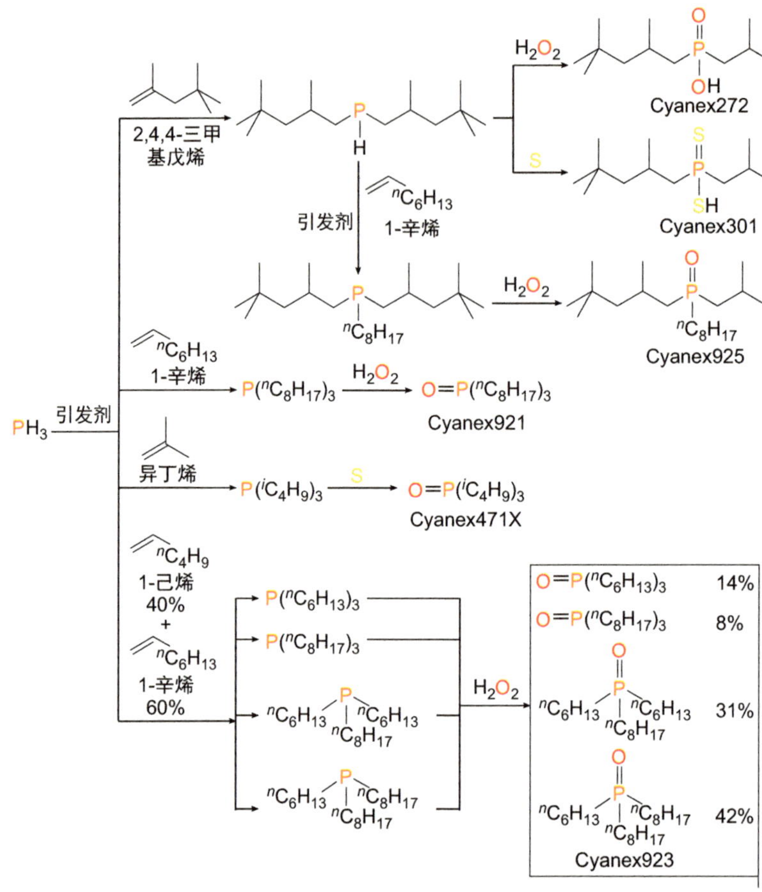

图8.4 PH_3与烯烃的加成产物，以及制备的相应萃取剂

（2）三氯氧磷与格氏试剂反应

格氏试剂能与多种有机物发生亲核加成和取代反应，是将烷基或芳基链引入到分子中的重要方法。三烷基氧膦类化合物，也可以由格氏试剂与三氯氧磷反应制得。由于格氏试剂活性高，难以储存和运输，因此通常现场制备、现场使用[5]。格氏试剂法制备三烷基氧膦反应分为两步：第一步是1-溴辛烷与金属镁反应，制备格氏试剂RMgBr；第二步是格氏试剂与三氯氧磷反应制备三烷基氧膦[7-8]。以三辛基氧膦为例，其制备过程如下：

$$^nC_8H_{17}Br \xrightarrow{Mg} {}^nC_8H_{17}MgBr \xrightarrow{O=PCl_3} O=P(^nC_8H_{17})_3$$

卤代烃与Mg反应可以得到烷基卤化镁，常用氯代烃和溴代烃进行反应。溴代烃的活性高于氯代烃，可根据烷基结构进行选择。格氏试剂的反应活性可调节，还可与$RPOCl_2$、R_2POCl等反应形成混合烷基或芳基氧膦。

（3）烷基碘膦配合物水解

烷基碘膦配合物水解法制备三烷基氧膦通常包含三个步骤，即碘代烷制备、烷基碘膦配合物的制备、水解[9]。

先用醇与碘单质反应制得碘代烷，再与单质磷（通常是红磷）反应制得碘膦配合物。

上述三种方法制备三烷基氧膦的优势在于操作简单，便于放大，是制备三烷基氧膦类萃取剂的主要方法。这三种方法相比，各自的优缺点如表8.1所列。

表 8.1　三种合成三烷基氧膦方法的比较

方法	PH_3 + 烯烃	$POCl_3$ + RMgBr	$R^1R^2R^3P^+I \cdot I^-$ + H_2O
优点	过程简单，原子经济性好，反应活性高，易实现连续化生产；适合制备直链三烷基氧化膦	合成过程简单，操作简单，反应活性高	毒性小，反应条件温和
缺点	产物选择性差，烯烃1位、2位产物都有，得到两分子烯烃加成中间体等混合物；反应过程用到剧毒物质PH_3；难以制备出高纯的三个烷基结构不同的三烷基氧化膦	溴代烷分子量高、原子经济性差、纯化过程消耗试剂多，产生镁盐废液	碘试剂昂贵，且分子量大，导致成本较高；合成过程复杂；产生含碘废液

除表8.1所列优缺点外，这三种方法适用的底物范围和生产规模也不同。

（4）单质磷或磷化氢的逐步反应

上述三种方法均可一次性构造三个P—C键而得到三烷基氧膦，操作简单，但难以控制三个烷基的选择性，通常得到混合物或同一P上带有不同碳链的结构。若采用逐步反应的方法，让三个P—C键逐个形成，则可根据需要引入相应的烷基链。在这里主要介绍通过控制反应条件和加料顺序，利用单质磷或PH_3逐步与烯烃、卤代烷反应获得一级膦、二级膦、三级膦的几种反应[10]。一般步骤是单质磷或PH_3先与活泼金属Li、Na等反应得到磷负离子，再用磷负离子作为亲核试剂与其他亲电中心反应。

① 一级膦的制备　在液氨环境中，单质磷可以被碱金属Li、Na还原成−3价，在*t*-BuOH、NH_4^+等质子供体存在时，可形成磷化盐$LiPH_2$、$NaPH_2$等；PH_3在液氨溶液中与碱金属发生置换反应，直接得到$LiPH_2$、$NaPH_2$等。这些磷化盐再与卤代烃RX反应，即可得到一级膦RPH_2。还可利用PH_3的弱酸性，在强碱（如KOH）作用下形成少量的KPH_2中间体，再与RX反应，也可得到RPH_2，如图8.5（a）～（d）所示。反应中使用的卤素X通常为Br或Cl，而R则可在很大范围内变化，包括烷基、芳基、带不饱和键或官能团的取代基。除此之外，磷负离子中间体还可与氧杂、硫杂等易开环的环状化合物

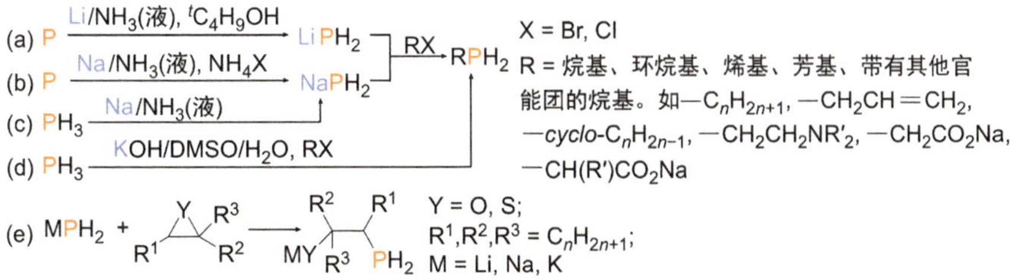

图8.5　直接利用单质磷、磷化氢制备一级膦

发生开环反应，得到β-位上带有羟基或巯基的一级膦，如图8.5（e）所示。不同的碱金属、操作温度和压强可以适用于不同的R基团，得到不同的产物。

② 二级膦的制备　单质磷与碱金属Li、Na在液氨环境中反应，或PH_3在强碱存在时与卤代烷发生亲核取代或与烯烃发生亲核加成，可得到二级膦，如图8.6所示。

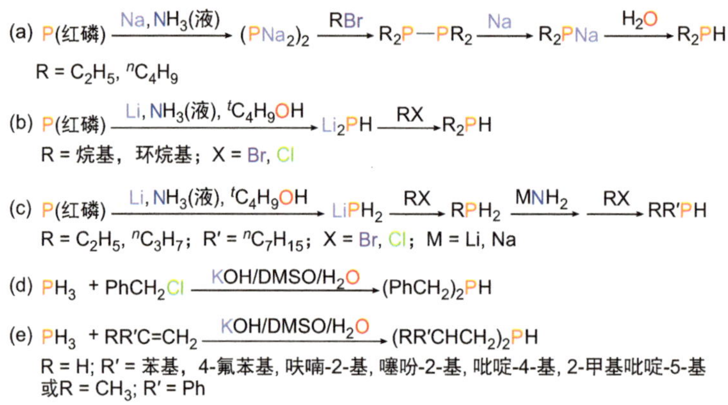

图8.6　红磷或PH_3制备二级膦的反应

从图8.6可以看出，由于碱金属反应活性不同，反应需在不同条件下进行，反应过程中形成的中间体也不同。无质子供体时，液氨中磷与钠反应形成含$Na_2P—PNa_2$中间体；存在质子供体时锂可形成Li_2PH、$LiPH_2$两种中间体，再与卤代烃反应，可分别得到两个取代基相同和不同的二级膦。在强碱KOH存在时，PH_3可直接与活泼卤代烃或烯烃反应得到二级膦。不同的制备方法，适用的反应物结构也不相同。

③ 三级膦的制备　用活泼金属（K比Li、Na更活泼）或单质磷（白磷比红磷更活泼）、更高温度或压强、更活泼的底物可直接得到三级膦，如图8.7所示。

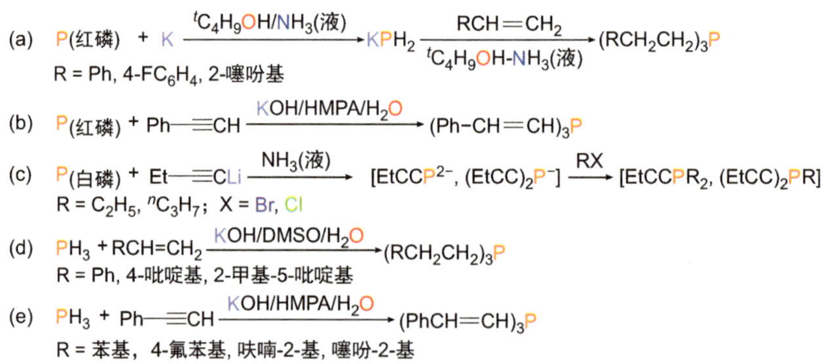

图8.7　磷单质或PH_3与不饱和烃反应制备三级膦

从图8.7可以看出，单质磷参与反应时，首先被碱金属还原成−3价，再以负离子形式与烯烃、炔烃等反应。端基炔与强碱形成的炔基负离子可直接与单质磷反应形成顺式的三烯基膦。其中的碱通常需要溶解在极性非质子溶剂中（如DMSO），反应完成后再进行水解。

④ 二级、三级氧膦　在碱性条件下，单质磷能发生歧化反应，再经水解后可直接得到二级和三级氧膦，如图8.8所示。

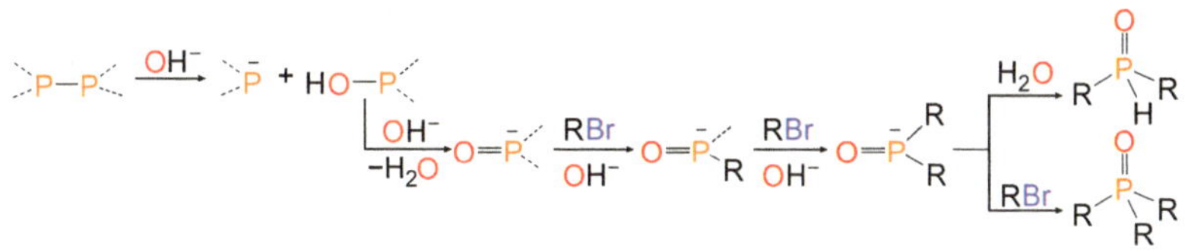

图8.8　磷单质歧化反应制备二级、三级氧膦

从图8.8可以看出，在碱性条件下单质磷发生歧化反应，磷原子上的一根P—P键断裂，其他方向上仍然与磷原子相连，形成−1价和+1价两种磷。−1价P可进行亲核反应形成P—C键，或与活泼氢反应形成P—H键，与前面的反应相同；+1价磷与OH结合，得到P—O—H，磷上羟基H可进一步与碱反应得到$P—O^-$，共轭得到$O═P^-$，再逐步与溴代烷反应即可得到二、三级氧膦。另外，图8.8所示的P^-中间体都可与卤代烷或烯烃发生亲核取代或亲核加成，形成P—C键，两者共存时，与卤代烷的反应活性高于烯烃。

采用不同的底物结构，可得相应的产物，如图8.9所示。从图8.9可以看出，磷单质与卤代烃、烯烃反应，可得二级或三级氧膦，磷原子上的取代基可以是烷基、苄基，也可带有其他杂环结构。

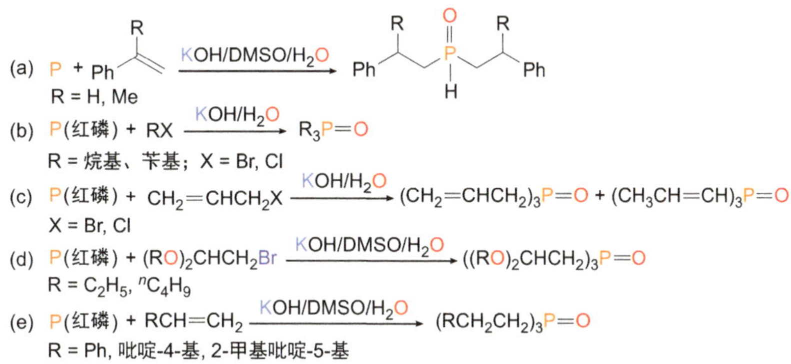

图8.9　磷单质与不同结构卤代烃、烯烃的反应

除上述四类方法外，文献中还报道了多种通过构造P—C键来合成三烷基氧膦类化合物的方法。其核心都是控制反应条件，让三个P—C键逐渐形成，或通过调节P═O与P—C键形成顺序来调节磷与碳反应的活性，或对于特殊结构选择恰当的条件。如三(γ-羰基)氧膦可通过如下方法直接用从单质磷与α,β-不饱和化合物、烯烃、卤代烃直接反应制得[11-12]：

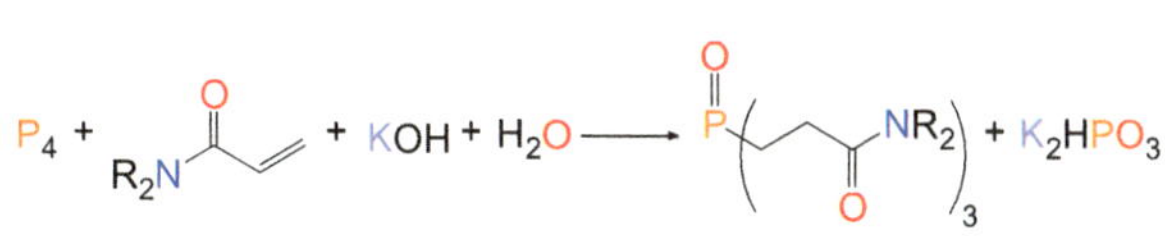

其中的R可以为烷基，也可为芳基。但这些方法都由于原料昂贵、路线太长、不适用于长碳链结构等不足而无法用于三烷基氧膦类萃取剂的合成。

8.1.1.2 三芳基氧膦

与三烷基氧膦类化合物相似，三芳基氧膦合成的关键也在于P—Ar键的构建。合成三烷基氧膦的方法，有的也可用于构建三芳基氧膦，区别在于芳基反应物与类似烷基反应物的活性不同，所需的反应条件不同。图8.10所示为P—H键转化为P—Ar键制备三芳基氧膦的反应。

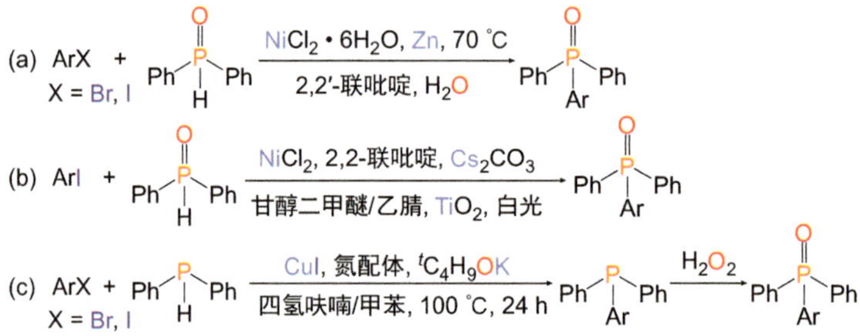

图8.10 P—H键转化为P—Ar键制备三芳基氧膦

用二苯基氧膦和卤代芳烃作为原料，可在Ni(Ⅱ)催化下，用Zn进行还原偶联[13]，得到三芳基氧膦，如图8.10(a)；对于反应物ArI也可以用光照替代Zn[14]，如图8.10(b)。二苯基膦与卤代芳烃反应更适合用Cu(Ⅰ)催化[15]，形成三芳基膦后，再经H_2O_2氧化可得三芳基氧膦，如图8.10（c）。

在金属烷基试剂存在时，卤化芳基膦与芳基卤化物反应，也可得到三芳基膦[16]，如图8.11所示。

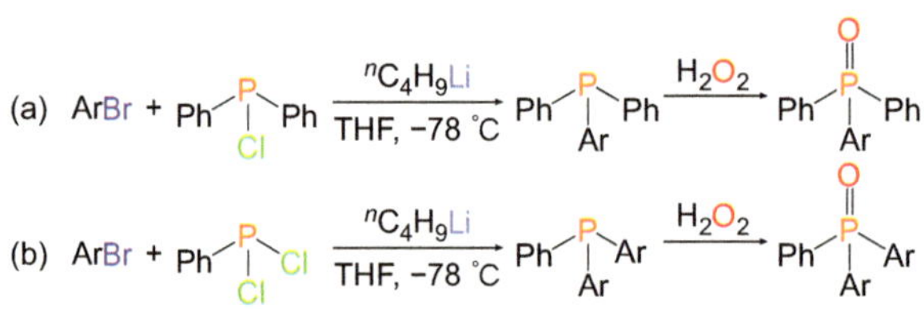

图8.11 P—Cl键转化为P—Ar键制备三芳基氧膦

8.1.1.3 烷基、芳基混合氧膦

三烷基氧膦具有较好的油溶性，与煤油等烷烃类常用稀释剂具有较好的相容性，但通过电子效应对P═O碱性和配位性质的影响都较小，只能通过烷基结构的立体效应或作为非极性基团的影响调节分子的萃取性能。三芳基氧膦，可以通过在远离反应中心的位置引入取代基，通过电子效应调节P═O的萃取性能，但存在溶解性、第三相等问题。烷基、芳基混合氧膦可以在保留溶解性良好的同时，也保持P═O萃取性能可调的优势，因此成为新萃取剂发展的重要方向。

从结构上看烷基、芳基混合氧膦包括二烷基单芳基氧膦与单烷基二芳基氧膦。合成这两种分子的关键在于根据实际结构构建磷原子上的P—烷基、P—Ar、P═O键的顺序。

二烷基单芳基氧膦　　单烷基二芳基氧膦

（1）亚磷（膦）酸酯重排

亚磷（膦）酸酯$R^1R^2POR^3$（其中R^1和R^2可以是烷基、芳基或烷氧基，R^3为烷基），在Lewis酸或Brønsted酸催化下都可发生O—C键断裂、P—C键形成、P—O单键变成P═O双键的重排反应：

当R^1、R^2均为芳基，R^3为烷基时可以在较短时间内获得较高收率，反应如图8.12所示，其中的$R^1R^2POR^3$可用相应的卤代磷（膦）与醇反应制得[17-18]。

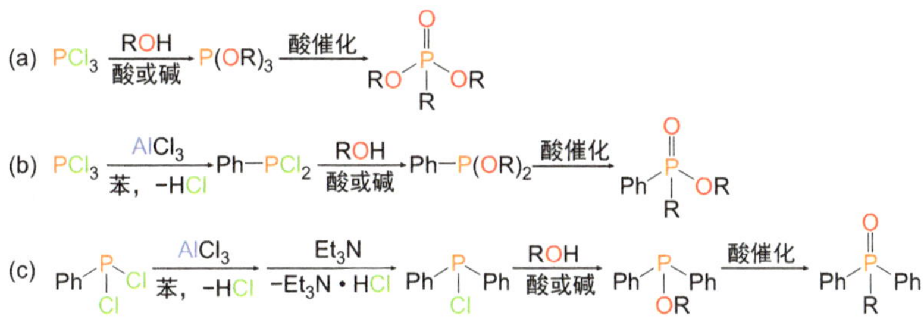

图8.12　卤代磷（膦）与醇反应制备亚磷（膦）酸酯及其重排制备烷基、芳基混合氧膦

以PCl_3为起始原料。在酸碱催化直接醇解可得亚磷酸三酯$P(OR)_3$，再催化重排可得膦酸二烷基酯；在$AlCl_3$催化下PCl_3与苯发生Friedel-Crafts反应可得$PhPCl_2$，$PhPCl_2$在Et_3N存在时进一步与苯反应可得Ph_2PCl，$PhPCl_2$和Ph_2PCl都可与醇反应，再经重排分别得到次膦酸单酯和芳基、烷基混合氧膦。Friedel-Crafts反应中的芳基、醇解中的R都可以换成其他基团，但重排所需条件和产率不同[18-20]。亚磷（膦）酸酯重排是按分子间反应机理进行，在重排过程中加入其他卤代烷，也可以引入相应的烷基，但产物多为混合物。

（2）鏻盐的重排也可得到氧膦化合物

各种三烷基、三芳基以及混合氧膦的合成方法，其关键都在于构造P—C键。不仅通过P—C键形成可以得到三烃基氧膦，通过P—C键断裂也可形成三烃基氧膦，如鏻盐氧化水解[21]。

三芳基膦与卤代烷反应可得到鏻盐，再在碱性条件下水解重排，可得到烷基、芳基氧膦[22-23]：

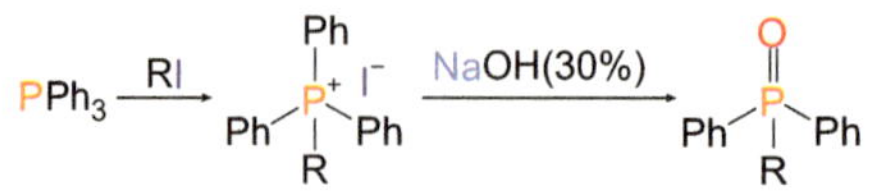

此法与其他方法在机理上的区别是减少分子中P—C键数目，而其他方法都是增加P—C键数目。

（3）P—H烷基化

控制反应条件，利用PH_3与芳香卤代物反应，可以将其中一个P—H转化为P—C键，但选择性差，通常都得到混合物[24]。用活性较高的底物一般得到三芳基膦，而用低活性底物可得到单芳基膦或多双芳基膦，转化率和产物比例取决于反应物结构和反应条件。如PH_3与PhF反应可得61%的PPh_3，而与PhBr反应只得到少量的$PhPH_2$和Ph_2PH。

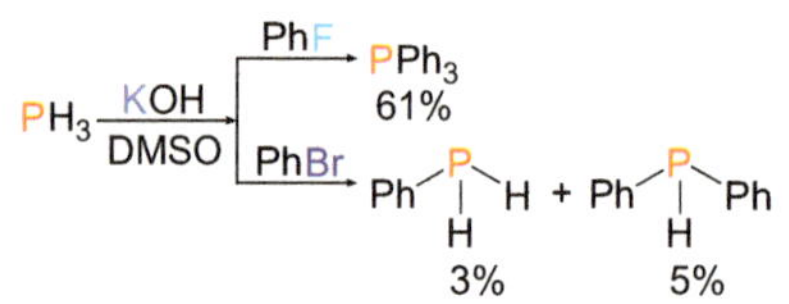

除此之外，$ArPH_2$结构还可通过$ArPCl_2$还原而得[25]。以$ArPH_2$为反应物，控制反应条件或选择恰当的卤代烃结构，可控制与其中的一个或两个P—H键反应，转化率和产物比例与烷基结构、卤代烃种类以及是否添加催化剂有关[26-27]。

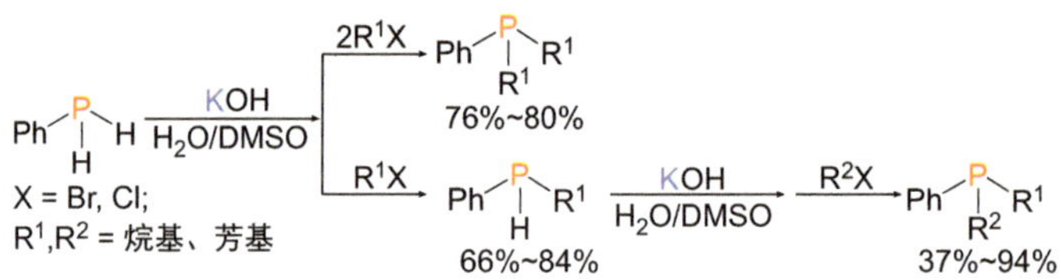

$PhPH_2$、$PhPR^1H$经KOH-H_2O/DMSO处理后可与卤代烷R^1-X、R^2-X等反应形成P—C键。P—H具有酸性，$ArPH_2$、Ar_2PH、ArRPH的pK_a值分别为22～24、22～24、27～28，在DMSO中可与强碱反应，反应机理为P—H与KOH反应形成的P^-作为亲核试剂与卤代烷发生亲核取代反应。反应得到的$PhPR^1_2$、$PhPR^1R^2$等经氧化后即可得芳基、烷基混合氧膦化合物。该反应具有较好的官能团兼容性，可在R^1、R^2中预先引入羟基、酯基等其他官能团，最终得到多官能团结构。

O═P—H也具有酸性，$Ar_2P(O)H$、$R_2P(O)H$的pK_a值分别为18～23、27～28。经强碱处理后也可与卤代物反应，将P—H键转化为P—C键，直接得到芳基、烷基混合氧膦，如图8.13所示。

图8.13中的反应具有较强的官能团兼容性，在卤代物上预先引入其他官能团，这样还可得到多官能团芳基、烷基混合氧膦。更换溶剂DMSO、采用其他碱，可适用于不同的底物，并获得相应的产率。在金属钯催化条件下，可使此反应在室温下得到高产率[27]。由于P—H键容易发生均裂，在自由基引发剂作用下，P—H可形成P·自由基，再与烯烃发生加成反应，也可以引入相应的烷基[28]，与8.2.4.2制备二烷基次膦酸的反应类似。

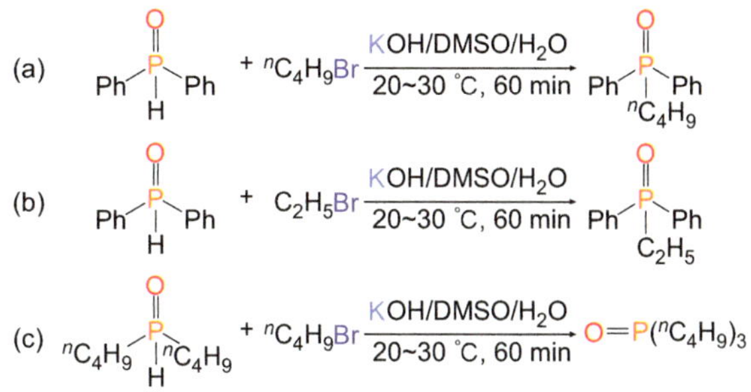

图8.13 二烷基氧膦的P—H与卤代烃反应形成三烷基氧膦

（4）三芳基膦、三芳基氧膦的烷基取代

三芳基膦、三芳基氧膦等化合物可与锂单质、烷基锂、格氏试剂等试剂发生取代反应，得到P上同时带有烷基和芳基的产物[29]，如图8.14所示。

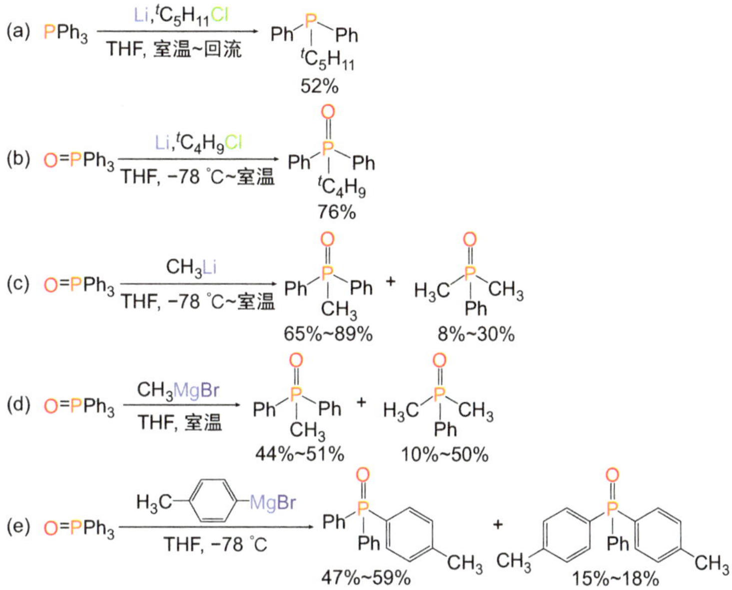

图8.14 三芳基膦、三芳基氧膦通过P—C键交换制备烷基芳基混合氧膦

三芳基氧膦与有机金属试剂可经亲核加成-消除机理发生P—C键交换反应，形成芳基、烷基混合氧膦或得到新的三芳基氧膦。通过控制实验条件、反应物结构、溶剂等可获得相应氧膦的不同产率和比例。

（5）单烷基二芳基膦氧化

通过各种方法获得的三取代膦$R^1R^2R^3P$，包括三芳基膦、三烷基膦、烷基和芳基混合膦，都很容易在H_2O_2等氧化剂存在下高产率地被氧化成相应的氧膦[30]。

（6）P—Cl与卤代烷反应

P—Cl键与卤代烷在还原剂SmI_2作用下可直接与卤化物反应形成P—C键[31]，如图8.15所示。

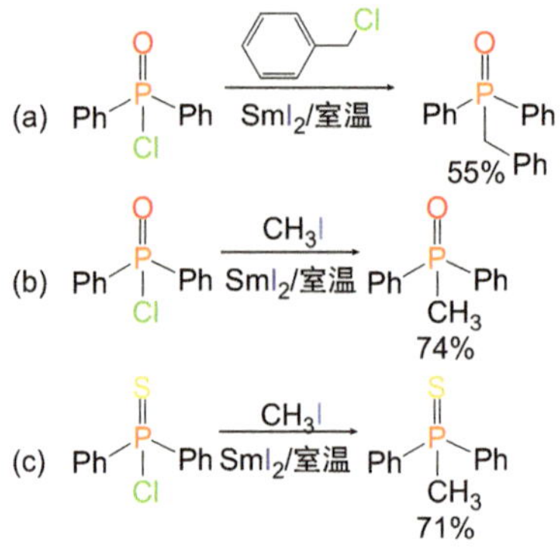

图8.15 P—Cl与卤代烷反应制备烷基芳基氧膦（或硫膦）

在水体系中，还原剂SmI_2可将P—Cl键还原为P—H，再与卤代烷反应。底物二芳基(硫代)磷酰氯、二烷氧基(硫代)磷酰氯、芳基烷氧基(硫代)磷酰氯等反应物中的P—Cl键都能被还原。但还原剂SmI_2价格昂贵，限制了该反应的适用范围。

8.1.2 磷酸三酯

从分子结构来看，磷酸三酯的结构有三烷基酯、三芳基酯、以及烷基和芳基混合结构：

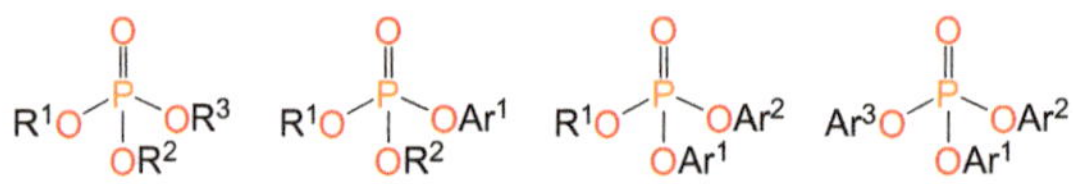

R^1~R^3代表烷基；Ar^1~Ar^3代表芳基

这些结构被广泛用作萃取剂、阻燃剂、塑料溶剂、增塑剂。针对不同的磷酸三酯人们发展了各种不同的合成方法。在萃取中应用较广泛的磷酸三酯主要有磷酸三丁酯（TBP）、磷酸三辛酯（TOP）、磷酸三(2-乙基己基)酯等。通常都是以常用的PCl_3、PCl_5、$POCl_3$等无机磷源出发经醇解、水解等步骤得到相应的磷酸三酯。只是底物结构、反应活性不同所需操作条件不同。

8.1.2.1 磷酸三芳基酯

磷酸三芳基酯常温下通常为固体，如磷酸三苯酯（TPP）熔点为48℃。芳香取代结构在常用稀释剂中溶解性较差，且具有较大的空间位阻，限制了其在溶剂萃取中的应用[32-33]。以磷酸三苯酯的合成为例，磷酸三芳基酯合成方法主要包括五氯化磷法、三氯化磷法、三氯氧磷法[34]。

（1）五氯化磷法

在二氯甲烷等溶剂中五氯化磷与酚反应得到三苯氧基二氯化磷，再经水解即可得到磷酸三苯酯：

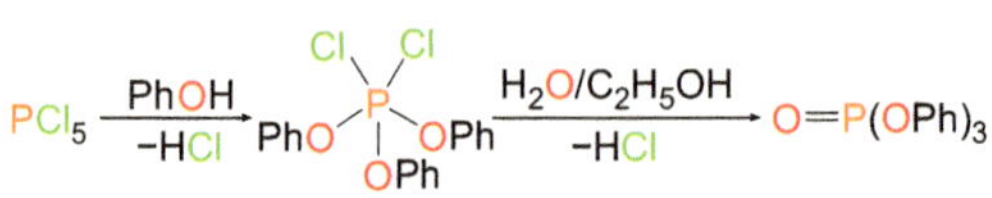

原料PCl_5和中间体$(PhO)_3PCl_2$与水发生剧烈反应，产生大量HCl气体，经水吸收后产生大量

废酸，这限制了此法的应用。为了避免水解太过剧烈，可以使用活性更低的醇与水混合物。

（2）三氯化磷法

PCl_3能与酚反应得到亚磷酸三芳基酯（如$P(OPh)_3$），经氧化生成三苯氧基二氯化磷，再经水解后可得磷酸三芳基酯：

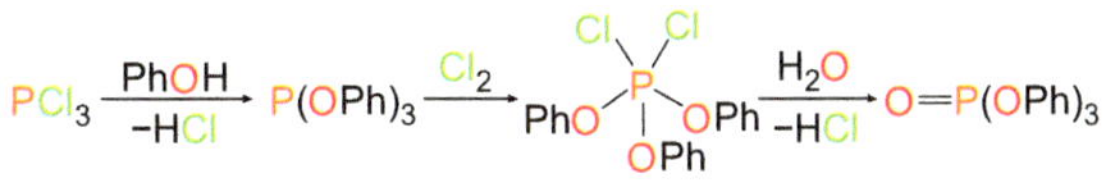

亚磷酸三酯的还原性不如三烷基膦或三芳基膦，需要用更强的氧化剂才能将+3价磷氧化为+5价，通常使用Cl_2作为氧化剂。Cl_2属于有毒有害气体，使用条件苛刻，这限制了该反应的应用。

使用其他氧化方法也能实现亚磷酸三芳基酯的氧化。如在光敏催化剂存在下，直接用氧气即可将亚磷酸三苯酯氧化为磷酸三苯酯；在乙腈溶液中用次氯酸可在5分钟内完成氧化。这些改进在实验室已取得较好的效果，但还没有用于工业化生产。

（3）三氯氧磷法

与PCl_3和PCl_5相比，$POCl_3$在Lewis酸催化下可直接得到磷酸三酯，而受到广泛关注：

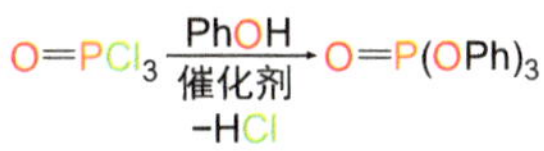

为了使该反应的转化率更高，速率更快，多种工艺条件都被尝试，如高温下进行、常温下进行、水相中进行、微波促进等。

$POCl_3$的高温醇解通常在$AlCl_3$、$TiCl_4$、固相杂多酸等Lewis酸催化下进行。反应时，将苯酚与催化剂加热至60℃，滴加$POCl_3$后升温至100～120℃。该反应可高效彻底地进行，但反应生成含有HCl的废气或废酸，长时间反应能耗较大，这些不足限制了此反应的应用。若预先做成酚的钠盐，则可实现反应在常温下进行。操作过程为：先在恰当溶剂中将酚钠制成悬浊液或胶体，再在常温下滴入$POCl_3$完成反应。常温反应操作方便、条件温和、反应迅速，但也存在反应需要防止$POCl_3$水解、制备酚钠需要消耗过量金属钠、溶剂回收需要耗能、产品洗涤产生废水等不足。

先用碱或活泼金属单质与苯酚反应可得酚钠，再与$POCl_3$反应也可制得磷酸三芳基酯（图8.16）。

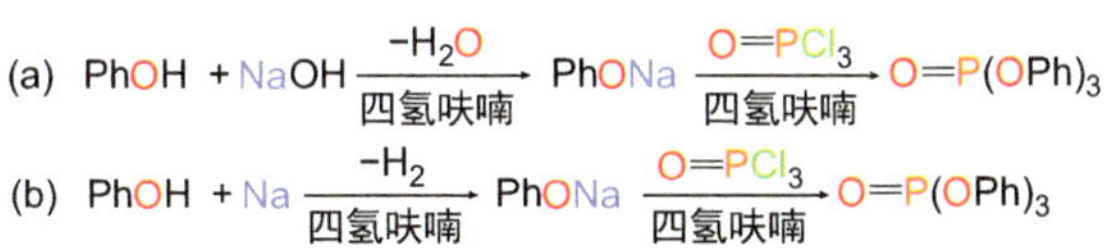

图8.16　先制备酚钠再制备磷酸三芳基酯的反应

8.1.2.2　磷酸三烷基酯

制备磷酸三芳基酯的方法同样适用于磷酸三烷基酯，只是因为底物醇的活性与酚有差异，导致反应所需条件不同。反应类型有五氧化二磷醇解、三氯氧磷醇解、三氯氧膦与醇钠反应、酯交换反应、亚磷酸三烷基酯氧化等[35-37]。

（1）五氧化二磷醇解

P_2O_5是磷酸酸酐，很容易与醇发生反应，反应副产物只有H_2O，属于清洁反应。但反应存在醇解不彻底、醇解与水解同时存在等问题，最终得到单酯、二酯、三酯的混合物，三酯的质量分数一般只有20%[36]。三酯与单酯、二酯的分离存在困难，因此工业上通常不采用此法制备磷酸三酯。

（2）三氯氧磷的醇解

三氯氧磷的醇解是制备磷酸三烷基酯最常用方法，如磷酸三丁酯（TBP）的工业化生产就是采用这种方法[38]。

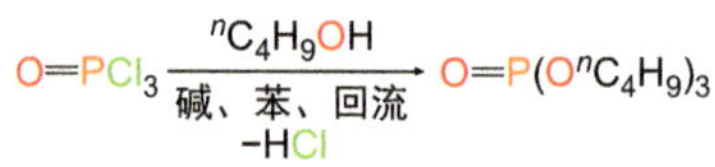

除三氯氧磷的醇解外，此反应还存在多种副反应。主要包括：生成的HCl与磷酸三丁酯反应产生磷酸二酯、磷酸单酯、磷酸；醇与HCl反应生成卤代烷；三氯氧磷的水解反应。HCl与磷酸三丁酯的反应导致产品中含有磷酸二酯、单酯等杂质，卤代烷的生成影响正丁醇的回收，$POCl_3$的水解降低反应产率。为了减少副反应，通常需要加入Na_2CO_3、K_2CO_3、吡啶、有机胺等碱来中和生成的HCl，也可用减压法抽出生成的HCl，还可以预先在反应液中加入甲酸钠或乙酸钠等用于吸收反应生成的HCl。这些工艺条件的改进可以有效减少副反应[35]。

（3）三氯氧膦与醇钠反应

为了避免三氯氧磷醇解过程中产生的HCl引起的各种副反应，或醇的活性较低时，可预先将醇制成醇钠，再与三氯氧磷反应[36, 39]。此反应的优点在于不产生引起副反应的HCl、适用于低活性醇、反应能彻底进行；不足之处在于制备醇钠时需要用到金属钠并产生氢气，产生的氯化钠固体不利于传质且高盐废水也会增加处理成本。

这三种方法还可用于制备多种磷酸三烷基酯，如磷酸三乙酯、三辛酯、三异丁酯、三异辛酯等[40-41]。除这三种方法外，酯交换反应、亚磷酸三烷基酯氧化也可用于制备磷酸三烷基酯，但在萃取剂合成中的应用不如这三种方法广泛，故在此处不作介绍。

8.1.2.3 磷酸烷基、芳基混合酯

前面介绍的磷酸三芳基酯、三烷基酯合成方法得到的都是磷原子上连有三个相同基团的结构。除此之外，磷酸烷基、芳基混合酯也能用作金属萃取剂，可以从P—H、P—Cl、P—O键等转化为P—O键得到磷酸混合酯[42]，如图8.17所示。

醇可与P中心发生取代反应，取代P上的Cl、CN、氨基等；也可在CCl_4作用下，将P—H氯化为P—Cl，再与醇反应（Atherton-Todd反应）[43]，将P—H键氧化；还能与P—

OH进行酯化反应、与P—OR发生酯交换反应，最终都得到磷酸混合酯。在萃取剂合成中，这些反应通常都包含在从更基本的原料出发的合成过程中。如$POCl_3$分步醇解、P—H转化、酯化（或酯交换）等。

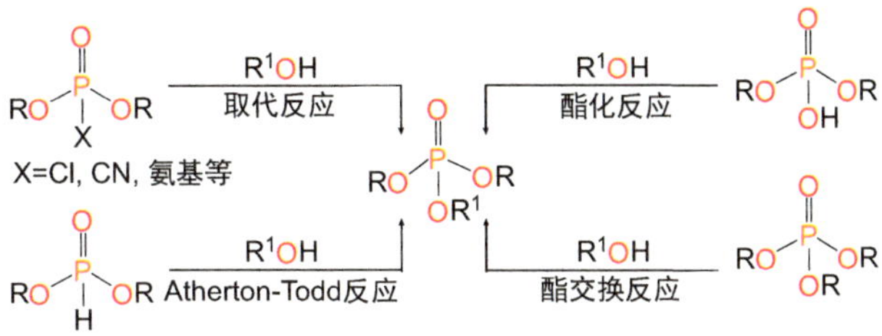

图8.17　P—H、P—Cl、P—O键转化为P—O键得到磷酸混合酯的反应

（1）$POCl_3$分步醇解

$POCl_3$的醇解是分步进行的，控制反应条件、加料顺序、底物组成等可得到单一或混合磷酸三酯[44]，如图 8.18 所示。

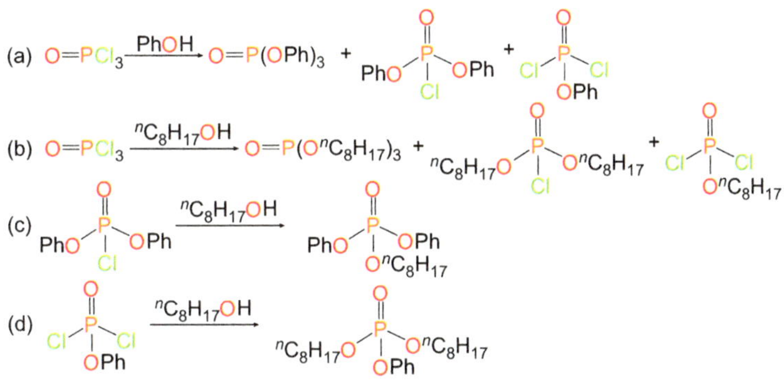

图8.18　$POCl_3$分步醇解制备磷酸三酯

三氯氧膦与醇或酚反应时通常得到磷酸三酯和中间体单氯二酯、二氯单酯的混合物。分离出单氯二酯和二氯单酯中间体再与其他醇或酚反应，即可得到磷酸混合酯。在Lewis酸催化下P—Cl可以高选择性地转化为P—OR，形成磷酸混合酯。如在$TiCl_4$催化下$(PhO)_2P(O)Cl$中的Cl可以转化为直链烷氧基、支链烷氧基、炔丙基烷氧基、苄基烷氧基、芳基烷氧基等，产率在87%～97%之间[45]。

（2）氧化条件下P—H键转化

在P—Cl键中P是正电中心，P的化合价与P—O键中相同；而在P—H键中P是负电中心，P的化合价比P—O键中低。因此P—H键需要在过氧化合物等氧化剂作用下才能转化为P—O键[46]，如图 8.19 所示。

亚磷酸二酯❶在氧化剂作用下可与酚或醇反应，得到芳基、烷基混合磷酸酯。可用三氯化磷控制醇解的方法获得亚磷酸二酯。

❶ 亚磷酸有两种结构：$P(OH)_3$，其酯化产物为亚磷酸三酯$P(OR)_3$等；$(HO)_2P(O)H$，其酯化产物为亚磷酸二酯$(RO)_2P(O)H$等。

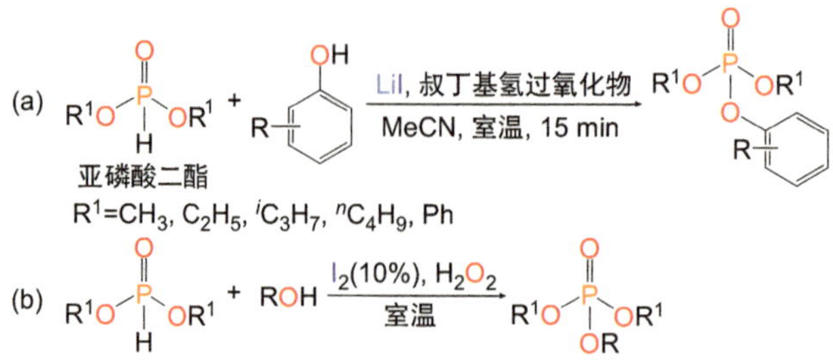

图8.19 氧化剂作用下P—H键转化为P—O键制备磷酸三酯

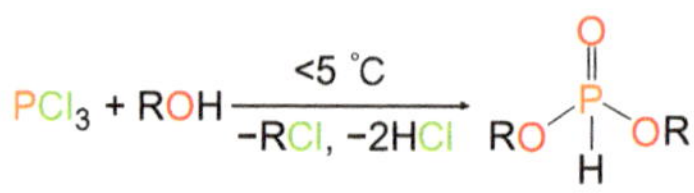

对于不同的醇、酚，选择不同的溶剂、温度等操作条件可获得不同的产率。R为乙基和异丙基时产率都能达到90%。P—H氧化为P—O的方法还能用于制备膦酸、次膦酸酯等[46]，如图8.20所示。图8.20中，R，X，Y均可为芳基、烷基、带有官能团的醇或酚，产率可达90%以上。不同之处在于二烷基（或芳基）次膦酸与醇的反应可以在非氧化条件下进行。如用Fe(Ⅱ)（$Fe(acac)_2$表示乙酰丙酮亚铁）催化生成H_2的同时形成P—O键，这表明次膦酸中的P—H还原性比磷酸二酯中的P—H还原性更强[47]。

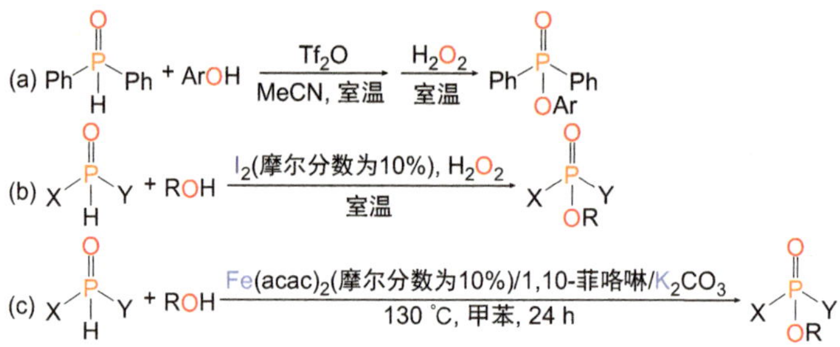

图8.20 氧化条件下P—H键转化为P—O键

（3）酯化反应

P(O)—O—H属于酸，能与醇、酚等发生酯化反应，形成相应的酯[48]。

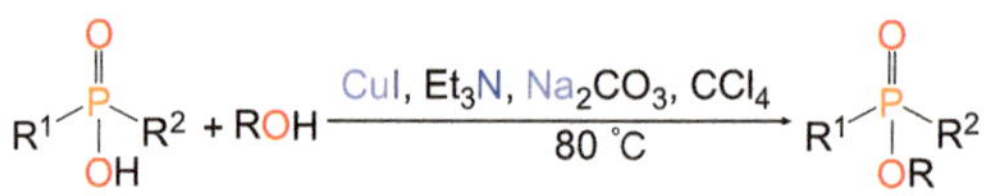

其中，R可为烷基、芳基，R^1、R^2可为芳基、烷基、芳氧基、烷氧基，产率最高可达94%。与大多数酯化反应相同，P(O)OR酯的形成也可通过磷酰氯P(O)Cl与醇反应、P(O)OH与卤代烷反应获得。

（4）酯交换方法

由于酯化反应的可逆性，磷（膦）酸酯的—OR基团能与体系中游离的其他醇、酚发生酯交换反应，如酚类化合物取代磷酸乙酯[42]。

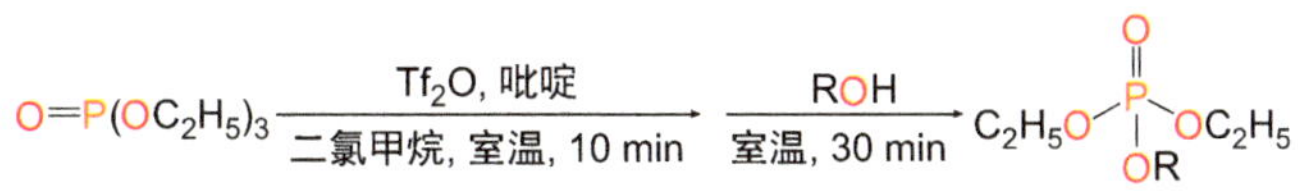

其中的ROH可以是酚、醇，产率可达90%。若改用胺、硫醇等其他亲核试剂代替ROH，也可得到相应的产物。用磷酸其他烷基酯、芳基酯作为反应物时也能发生相应的亲核试剂与烷氧基交换反应。酯交换反应可以获得磷酸混合酯，但通常得到几种结构的混合物，且难以分离。类似的方法还能用于改变烷基膦酸二酯、二烷基次膦酸酯中的酯基，如8.3节。

8.1.3　二烷基次膦酸酯、烷基膦酸二酯

二烷基次膦酸酯和烷基膦酸二酯都可作为中性膦萃取剂参与金属离子萃取。

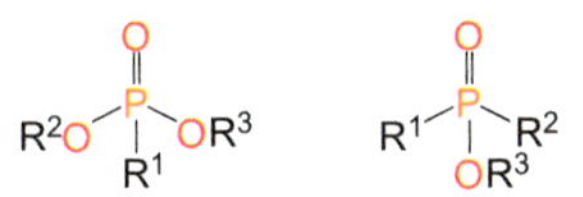

烷基膦酸二酯　　二烷基次膦酸酯

前面介绍了P(O)上有三个P—C键和三个P—O键的合成方法，在这里介绍P(O)上同时有P—C和P—O键的构建方法。

8.1.3.1　烷基膦酸二酯

烷基膦酸二酯的合成通常都以PCl_3为起始磷源，根据过程不同可以分为Michaelis-Arbuzov反应法、亚磷酸二酯法、复合物醇解法、酯交换或酯化反应方法等[49-50]。用这些方法得到的萃取剂主要有甲基膦酸二仲辛酯（P350）、异丙基膦酸二异辛酯（P277）、丁基膦酸二丁酯（DBBP）等。

（1）Michaelis-Arbuzov反应法

Michaelis-Arbuzov反应法是先使醇与三氯化磷反应生成亚磷酸三酯，然后再与卤代烷反应生成烷基膦酸二酯。预先在P上引入不同的烷氧基，即可得到相应的烷基膦酸二酯。如在1946年KaMaЙ利用此法制备甲基膦酸二异戊酯[50]：

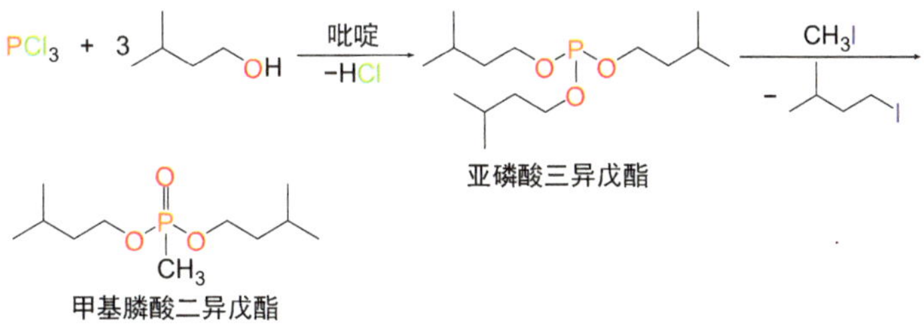

首先在吡啶作用下，三氯化磷与异戊醇反应，得到亚磷酸三异戊酯；然后P作为亲核位点与CH_3I反应，即可得到甲基膦酸二异戊酯，同时生成碘代异戊烷。

（2）亚磷酸二酯法

先用PCl_3与醇反应，得到亚磷酸二酯；再用Na置换P—H中的H，形成P^-，再与卤代烷反应，即可得到烷基膦酸二酯。甲基膦酸二异戊酯的制备过程如图8.21所示[50]。

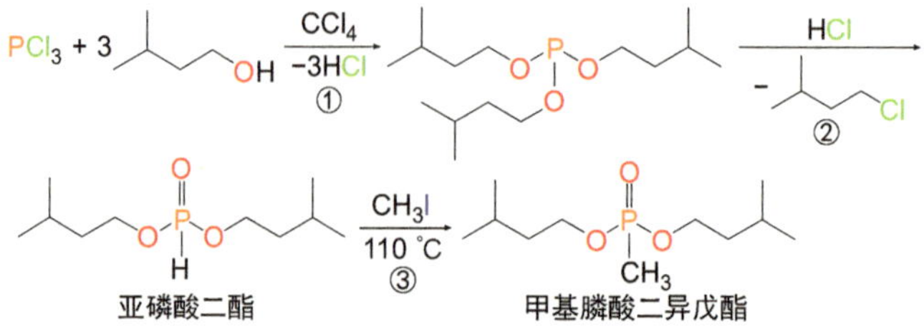

图8.21　醇与三氯化磷反应制备膦酸二酯

图 8.21 所示反应的第①步和第② 步通常在同一条件下完成，不进行分离。第③步可不分离亚磷酸二酯直接进行，也可以用亚磷酸二异戊酯与碘甲烷在惰性溶剂中反应，两种反应所需反应时间、产率均无明显区别。

图 8.21 所示反应可用于制备单烷基膦酸二酯，但此法对于低位阻底物可获较高产率，对高位阻烷基膦酸所得产率较低，即使延长反应时间，也难以提高产率，甚至无法得到目标产物。因此，可用Na取代亚磷酸二酯P上的H，以提高反应活性。图 8.22 所示为烷基膦酸二正己酯的合成[51]。

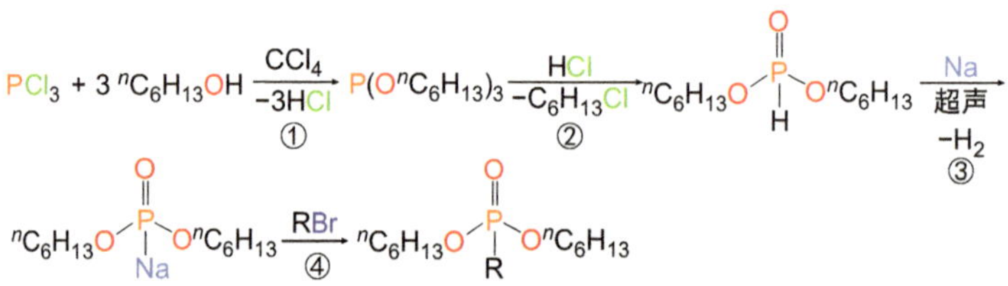

图8.22　用金属钠活化亚磷酸二酯制备烷基膦酸二酯

图 8.22 反应前面两步与图 8.21 相同——用正己醇与 PCl_3 反应得到亚磷酸二正己酯；然后在超声促进下用Na置换P—H中的H，形成活性更高的 P^- 负离子，P^- 与溴代烷RBr可以具有很高的反应活性。当R为直链烷基或者支链在远离Br位置的烷基时，可获得70% ～ 80%产率；但当R为叔丁基等大位阻烷基时，需要加入季铵盐、冠醚等相转移催化剂，反应才能进行。

（3）复合物醇解法

氯代烷、三氯化磷可与 $AlCl_3$ 形成复合物，经醇解后可直接得到烷基膦酸二烷基酯。如甲基膦酸二异戊酯的制备[50]：

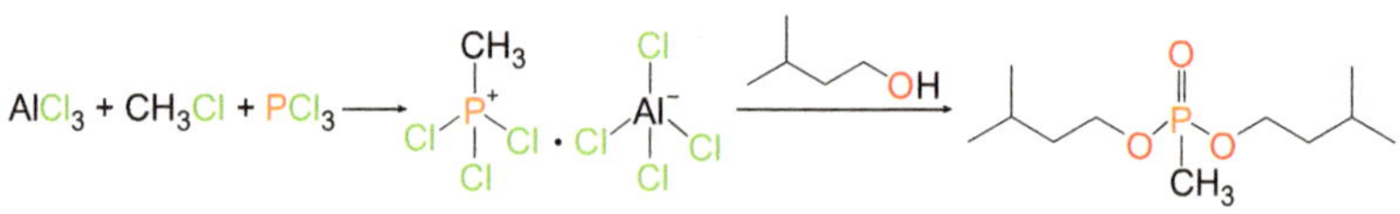

改变其中氯代烷和醇，可得到相应的烷基膦酸二烷基酯，如甲基膦酸二仲辛酯（P350）。

（4）酯交换或酯化反应

除上述三种方法外，还可以用酯化或酯交换反应制备烷基膦酸二酯，如图 8.23 所示P350 可通过烷基膦酰氯与醇钠反应或烷基膦酸醇解反应制备[49]。

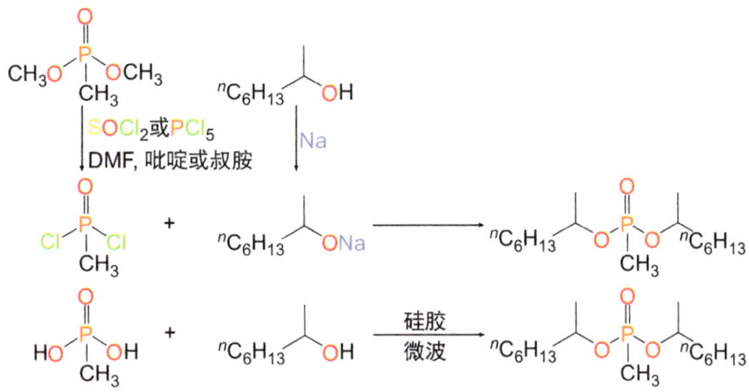

图8.23　膦酸或磷酰氯醇解制备膦酸二酯

膦酸酯中P(O)—OR存在p-π共轭效应，导致P(O)—OR键具有双键性质，因此直接与醇反应时难以发生酯交换反应。将膦酸酯和醇分别转化为膦酰氯和醇钠后，可得较高产率。在微波加热环境下，用硅胶催化烷基膦酸和醇反应，即可得到高产率的酯化产物。酯交换反应和酯化反应需要用到烷基膦酸酯和烷基膦酸，都属于价格较昂贵的反应物，这限制了此法的工业化应用。

事实上，无论磷上相连的取代基有哪些类型，磷原子上的酯交换反应都可以发生，包括磷酸三酯、烷基膦酸二酯和二烷基次膦酸酯[42]。图8.24所示为膦酸二酯和次膦酸酯的酯交换反应。

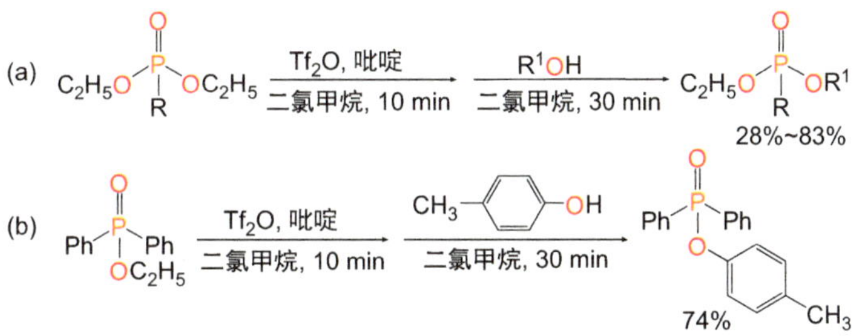

图8.24　膦酸二酯与次膦酸酯的酯交换反应

不同的醇（或酚）、催化剂、不同的操作条件可以得到不同产率的酯交换产物。

8.1.3.2　二烷基次膦酸酯

二烷基次膦酸酯的磷中心包含两个P—C和一个P—O键，其中的P—C通常由P—H、P—Cl键转化，而P—O键通常通过酯化反应构造。

（1）P—H键转化为P—C键、酯化

以常用的次膦酸或次膦酸盐出发，经酯化（EST）、金属催化交叉偶联（MCC）、金属催化P—H烷基化反应（MCH）可得到各种二烷基（或芳基）次膦酸酯[2]，如图8.25所示。

图8.25中的酯化过程可在甲苯等惰性溶剂中进行，加热回流条件下与醇反应即可，即Dean-Stark反应；也可用相应的硅酯提供烷氧基。金属催化交叉偶联反应，指在Pd(Ⅱ)等过渡金属催化作用下的芳基或烷基卤化物反应，可将P—H转化为P—C，同时

形成HCl。为了使反应进行得更彻底，通常还需要加入胺、吡啶等碱来中和生成的HCl。金属催化P—H烷基化，是指在Pd(0)催化下，P—H与烯烃发生加成反应，得到P—H烷基化产物。P—H键转化为P—C的过程也可按离子化反应进行，如与金属试剂反应、共轭加成等。次膦酸两个P—H转化为P—C键的过程是分步完成的，改变投料顺序、反应时长等操作条件可在P上引入不同的烷基或芳基。

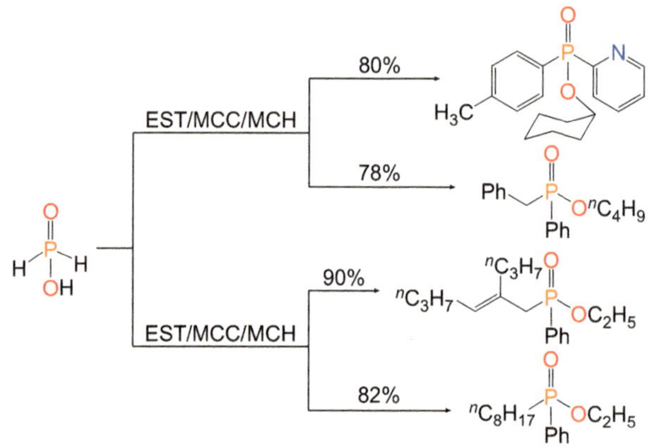

图8.25　从次膦酸制备二烷基次膦酸酯的方法

（2）四氯化碳碱化法

二烷基氧膦中的P—H活性与次膦酸中的P—H活性不同，在氧化条件下可以转化为P—OR。用醇对PCl_3醇解，可得亚磷酸二烷基酯，再与烷基溴化镁反应，即可得到二烷基氧膦。二烷基氧膦中P—H转化为P—OR主要有两种方法。方法1是：在无机碱存在下氧化二烷基氧膦得到二烷基次膦酸；再与酰氯化试剂（如PCl_5）反应，得到二烷基次膦酰氯；再与醇钠反应即得到二烷基次膦酸酯。此法也可用于制备芳基膦酸二酯，如Atherton等用此法合成了类似的结构[43, 52]。方法2是：在有机碱（醇钠或醇与胺混合物）作用下氧化二烷基氧膦，再与CCl_4反应直接得到二烷基次膦酸酯。需要指出的是，若用伯胺或仲胺替代路径中的醇钠，则可得到相应的二烷基次膦酰胺[43, 52]。

为了更详细地介绍此法，以二丁基次膦酸丁酯为例，其制备步骤如图8.26所示，具体的实验过程如下[53]：

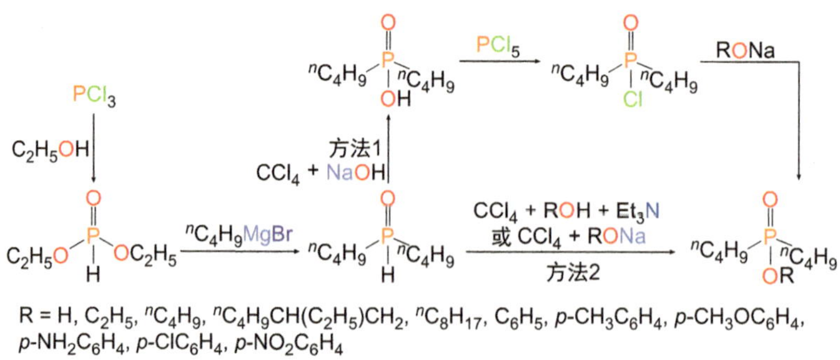

图8.26　四氯化碳碱化法制备二丁基次膦酸酯

先用乙醇对PCl_3醇解，得到亚磷酸二乙酯，再与丁基溴化镁反应得到二丁基氧膦。

① 方法1　主要由三步组成。

第一步，二丁基次膦酸的制备。将30.00g二丁基氧膦（0.185mol）溶解于300mL四氯化碳中，剧烈搅拌下滴加300mL 20%氢氧化钠溶液，加热回流1h，冷却后用6mol/L盐酸酸化，取有机相减压浓缩得白色固体二丁基次膦酸粗品。最后，将粗品用正庚烷重结晶得无色片状晶体21.01g（0.118mol，产率63.8%）。测定熔点66.0 ~ 66.5℃，且与其他方法获得的产物混合后熔点不下降，说明得到的是纯品。

第二步，二丁基次膦酰氯的制备。在干燥的苯中加入二丁基次膦酸，加入等物质的量的PCl_5，在沸点回流条件下搅拌过夜，减压蒸出二丁基次膦酰氯[54]。

第三步，二丁基次膦酰氯与醇钠反应制备二丁基次膦酸丁酯。首先，使用5.86g正丁醇（0.079mol）和1.60g金属钠（0.070mol）溶于40mL无水甲苯，制成醇钠溶液。然后，将13.77g二丁基次膦酰氯（0.070mol）滴加进去，加热回流12h。最后，加水淬灭反应，依次碱洗、酸洗，得到二丁基次膦酸丁酯10.5g（0.045mol，产率64.3%）。

② 方法2　有两种操作条件，差异在于所采用的有机碱。

第一种条件，二丁基氧膦与醇钠反应。首先，使用2.30g金属钠（0.100mol）和20mL正丁醇反应制得醇钠。然后，在剧烈搅拌下，保持反应温度在5℃左右，将16.93g二丁基次膦酸（0.095mol）的40mL四氯化碳溶液滴加至上述醇钠中，室温搅拌4h后放置过夜。最后，滤去沉淀，滤液用饱和碳酸氢钠溶液洗（2×20mL），再用水洗至中性，无水硫酸钠干燥，蒸除溶剂后减压蒸馏，得无色液体6.68g（0.029mol，产率30.5%）。

第二种条件，二丁基氧膦与四氯化碳、醇、三乙胺反应。首先，在反应瓶中加入8.70g二丁基氧膦（0.054mol）、20mL四氯化碳和10mL正丁醇。然后，搅拌下再加入6g三乙胺，搅拌2h后放置过夜。最后，滤去沉淀，用苯洗滤渣，滤液与洗液合并，用饱和碳酸氢钠溶液洗（2×20mL），再用水洗至中性，无水硫酸钠干燥，蒸除溶剂后减压蒸馏，得无色液体3.70g（0.016mol，产率29.6%）。

（3）与金属试剂反应

上面制备二丁基氧膦中间体时用到了丁基溴化镁金属试剂，将P—O键转化为P—C键。在金属试剂作用下，P—O、P—Cl等都能转化为P—C，当磷中心预先连有—OR，则可直接得到二烷基次膦酸酯。如二丁基次膦酸丁酯（BDBP）可用二氯代磷酸丁酯与丁基溴化镁反应制备[8, 55]：

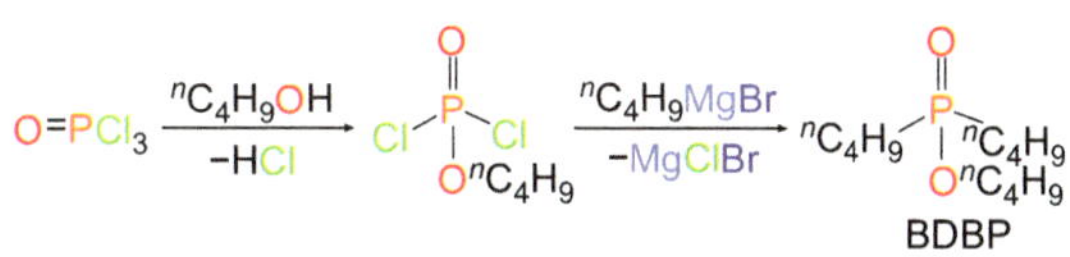

以$POCl_3$作为起始反应物，在控制条件下进行醇解，可得到二氯代磷酸丁酯中间体[56]，再与丁基溴化镁发生亲核取代反应，P—Cl比P—OR反应性更高，更容易被取代，

得到二丁基次膦酸丁酯。

8.1.4 几种其他中性磷（膦）萃取剂

除P—C、P—O键构成的中性含磷萃取剂外，用作金属萃取剂的中性磷化合物还有磷（膦）酰胺、带氨基的膦酸酯、硫代中性磷（膦）等。

8.1.4.1 磷（膦）酰胺萃取剂

磷（膦）酰胺类化合物可用于金属离子、有机物的萃取[57-58]，还能作为离子液体选择性萃取U(Ⅵ)、Th(Ⅳ)等放射性元素[59-60]。由于氮的电负性比氧低，P(O)—N的双键特征比P(O)—O更强，导致P═O的O具有更强的配位能力，因此在相同条件下，P—N比结构相似的P—O化合物可以具有更强的萃取能力。除此之外，磷（膦）酰胺还能用作杀虫剂、助燃剂等。文献报道的用作金属萃取剂的磷（膦）酰胺主要包括烷基（烷氧基）膦酰胺、二烷氧基磷酰胺、烷氧基磷酰二胺、磷酰三胺等：

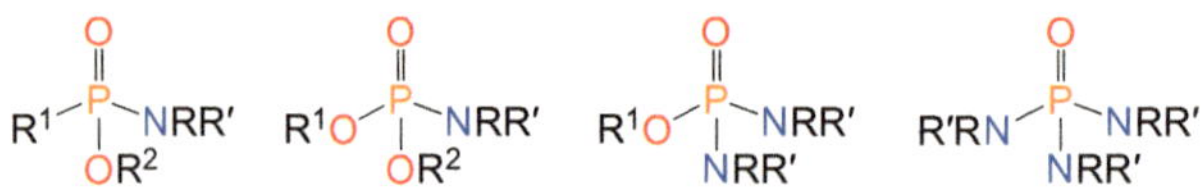

与酰胺分子相似，磷（膦）酰胺的P—N也可以通过P—H、P—Cl、P—O等转化而得。

（1）烷基（烷氧基）膦酰胺

在碱性条件下用CCl_4氧化单烷基次膦酸酯，再亲核取代，可制备出多种类型的烷基膦酸酯衍生物，包括膦酰胺[61]，如图8.27所示。

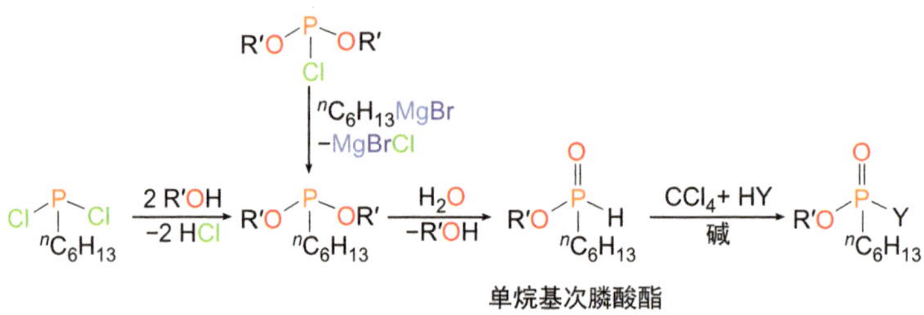

R′	Y	R′	Y
$^nC_6H_{13}$	$^nC_4H_9NH$	$^nC_6H_{13}$	C_6H_5S
$^nC_6H_{13}$	$^sC_4H_9NH$	$^nC_6H_{13}$	OH
$^nC_6H_{13}$	*cyc*-$C_6H_{11}NH$	C_2H_5	$^nC_4H_9NH$
$^nC_6H_{13}$	C_6H_5NH	C_2H_5	C_6H_5NH
$^nC_6H_{13}$	$(C_2H_5)_2N$	$^nC_6H_{13}$	C_6H_5O

图8.27 二氯代烷基膦制备烷基膦酸单酯单酰胺和烷基膦酸二酯

在控制反应条件下使二氯代烷基膦经醇解再水解，即可得到关键中间体单烷基次膦酸酯。此中间体还可由氯代亚磷酸二烷基酯与格氏试剂烷基化再水解制得，但容易生成难分离的亚磷酸二烷基酯杂质。单烷基次膦酸酯在碱性水相中容易发生水解生成单烷基次膦酸，在使用过程中容易被空气中的氧气氧化为烷基膦酸。这导致此反应在NaOH水溶液中进行时会得到预期产物与难分离的烷基膦酸。若用三乙胺替代NaOH水溶液则可获得更高产率或纯度；但2,6-二甲基吡啶作为碱时，反应速率变得很慢、产率低、产物带有较深颜色。图8.27所示反应的主要特征是：加入不同的反应物HY可分别得到烷基（烷氧基）膦酰胺和烷基膦酸二酯。

（2）二烷氧基磷酰胺

与烷基（烷氧基）膦酰胺相似，二烷氧基磷酰胺也可用相同的方法合成，仅需将反应物替换成亚磷酸二烷基酯。如早在1945年Atherton等即用亚磷酸二烷基酯在四氯化碳中，在碱作用下与有机胺反应，得到了二烷氧基磷酰胺[52, 61]。此过程分为如图8.28所示的两步。

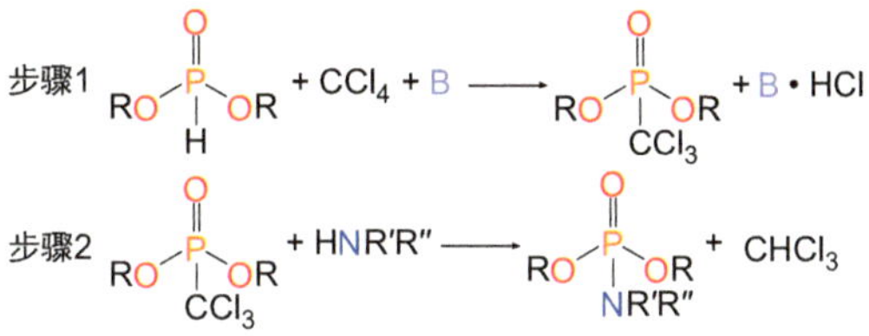

图8.28 亚磷酸二酯制备二烷氧基磷酰胺

（3）烷氧基磷酰二胺

烷氧基磷酰二胺，具有两个能与P═O形成p-π共轭的P—N键，能进一步增加P═O中O的电子密度，对金属离子具有更强的配位作用。烷氧基磷酰二胺的合成，可先用三氯氧磷的控制醇解，得到一个P—Cl被醇解的中间体，再与胺反应得到产物。以(2-乙基己氧基)-*N*,*N*′-二(2-乙基己基)磷酰二胺为例，反应分为两步：2-乙基己醇与$POCl_3$的控制醇解，得到中间体2-乙基己氧基磷酰二氯；再与2-乙基己基胺发生氨解反应，得到最终产物[62]：

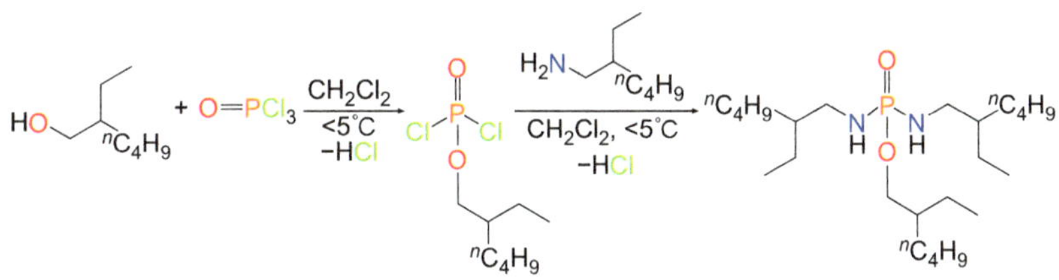

在冰水浴中保持5℃以下滴加2-乙基己醇到$POCl_3$的二氯甲烷溶液中，再在室温下反应，同时抽去产生的HCl，即可得到单P—Cl醇解的中间体。中间体氨解时，控制温度在5℃以下，将该中间体滴加到2-乙基己胺的二氯甲烷溶液中，再在室温下反应，即可得到(2-乙基己氧基)-*N*,*N*′-二(2-乙基己基)磷酰二胺。

若先用醇与两个P—Cl反应，再用胺与剩下的P—Cl反应，则可得到二烷氧基磷酰胺，如锂、铈萃取剂BONPN的合成[63]：

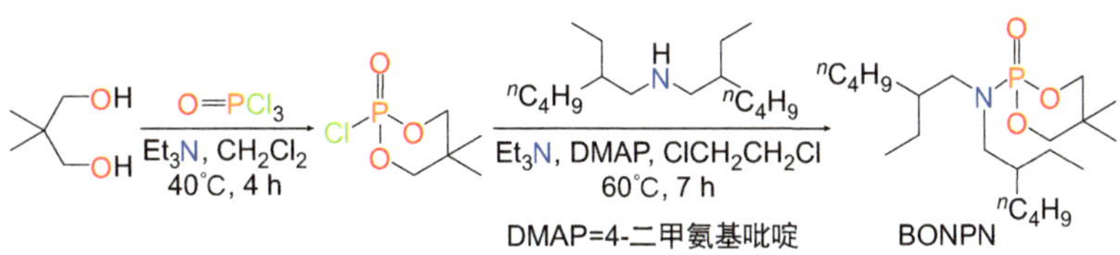

由于2,2-二甲基-1,3-丙二醇与两个P—Cl反应恰好形成较稳定的六元环中间体，因此可分离出中间体，再进行后续氨解反应，有利于以高产率得到最终产物。

（4）磷酰三胺

磷酰三胺分子中具有三个P—N，导致P═O具有更强的萃取能力，可以直接用$POCl_3$的氨解制备。如稀土萃取剂六异丁基磷酰三胺（P3N）可按如下步骤合成[62]：

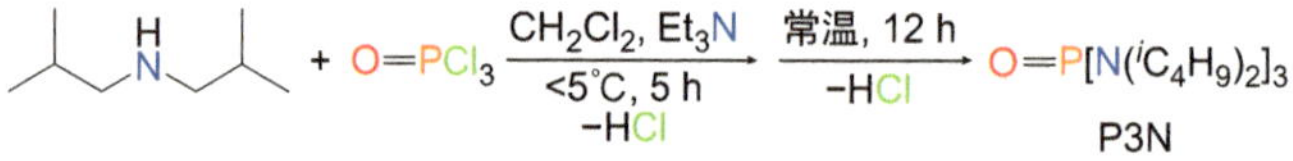

控制温度在5℃以下，将$POCl_3$滴加到二异丁胺的二氯甲烷溶液中，同时加入三乙胺吸收产生的HCl或抽去产生的气态HCl，滴加完成后再在常温下反应即可得到目标产物。从这里可以看出，当采用位阻较大的底物时，需要更长的反应时间。

8.1.4.2 带氨基的膦酸酯

实验结果表明，氨基不直接与磷相连的分子结构也对金属离子具有良好的萃取性能，是一类逐渐受到重视的萃取剂[62, 64-65]。已报道的众多结构中，α-氨基烷基膦酸酯和β-氨基烷基膦酸酯是研究较多的两种结构。这两种结构的氨基与P═O位置距离适中，一定pH条件下可参与金属离子的直接或间接配位，且可调节范围比前面的单一官能团中心含磷萃取剂更广泛。尤其是在Ce(Ⅳ)、Th(Ⅳ)分离中表现出优良的性能[66]。

（1）α-氨基烷基膦酸酯

α-氨基烷基膦酸酯类化合物，可用亚磷酸二酯、醛或酮、伯胺或仲胺反应获得（即Mannich反应）[65, 67]：

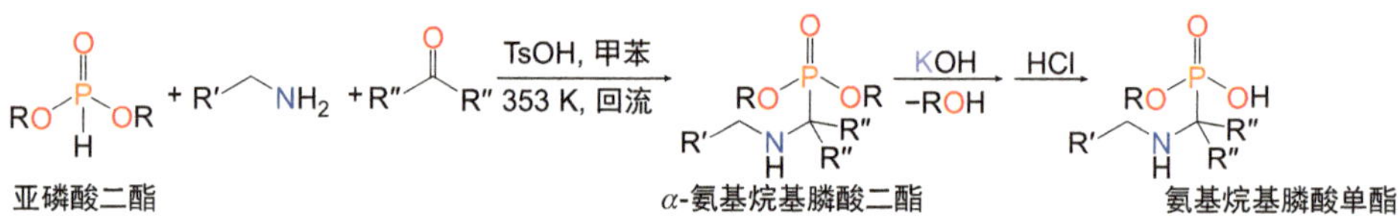

其中的R、R′、R″均可为烷基、芳基。

用PCl_3在控制条件下醇解、水解，可得起始反应物亚磷酸二烷基酯，再在酸催化下与胺、醛或酮反应即可得到α-氨基烷基膦酸二烷基酯。已报道的萃取剂Cextrant230就属于这类结构，其R、R′均为2-乙基己基，R″为H[66]。该反应还可以在杂多酸的催化条件下进行，利用杂多酸作为催化剂时，属于非均相反应，产物的后处理更简单[68]。控制反应条件，可使二酯中的一个P—OR水解为P—OH，得到酸性萃取剂α-氨基烷基膦酸单酯。除此之外，α-氨基烷基膦酸二酯还可通过还原胺化法和羟基膦酸酯法合成，如图8.29所示[69]。

图8.29所示的还原胺化法，先用亚磷酸三酯与酰氯反应制备出酰基膦酸酯，再与肼、羟胺或它们的衍生物反应形成腙或肟，还原后即可得到α-氨基烷基膦酸酯。用羟基膦酸酯合成，先用亚磷酸二酯和醛反应得到α-羟基烷基膦酸酯，再在Ph_3P和DEAD存在下与叠氮酸反应得到α-叠氮基烷基膦酸酯，还原水解后可得α-氨基烷基膦酸酯。与Mannich

反应相比，这两种方法都能得到更复杂α-氨基烷基膦酸酯，但反应步骤复杂，在萃取剂合成方面的应用不如Mannich反应。

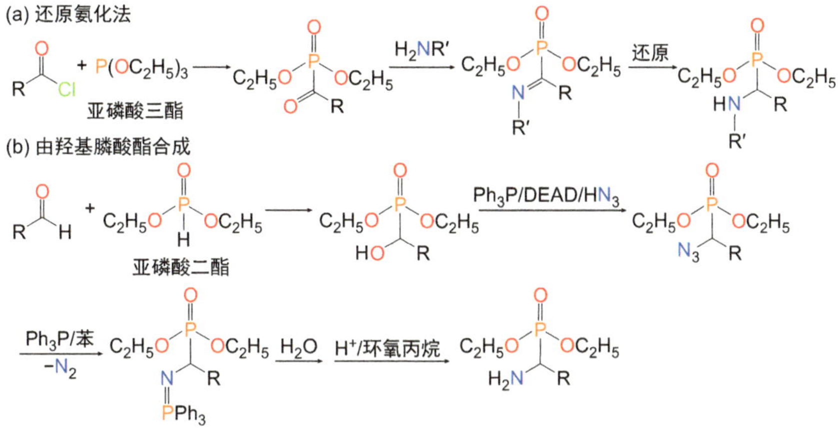

图8.29　还原胺化法（a）、羟基膦酸酯法（b）制备α-氨基烷基膦酸二酯

DEAD = $EtO_2C—N═N—CO_2Et$

（2）β-氨基烷基膦酸酯

β-氨基烷基膦酸酯的合成也可用亚磷酸二烷基酯为起始原料，先与炔烃加成得到烯基膦酸二烷基酯，再用伯胺或仲胺加成烯基得到β-氨基烷基膦酸酯。图8.30所示为亚磷酸二(2-乙基己基)酯与伯胺的反应[65, 70-71]。

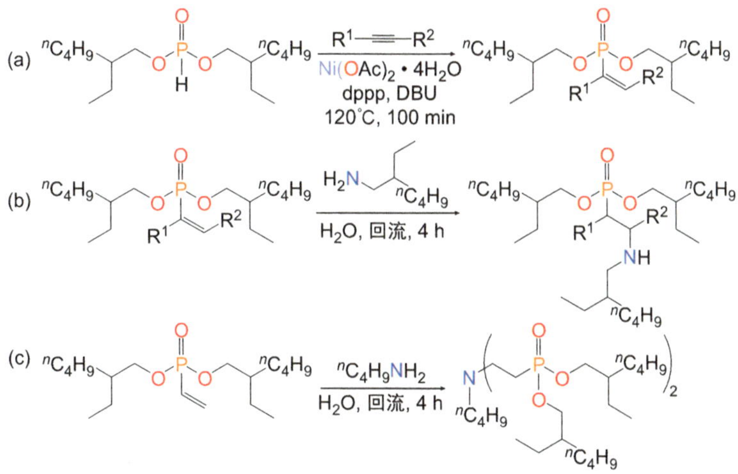

图8.30　β-氨基烷基膦酸酯的合成

dppp—1,3-双(二苯基膦)丙烷；

DBU—1,8-二氮杂双环[5.4.0]十一碳-7-烯

在图8.30中与P—H加成的炔可以是端基炔烃，也可以是两端均带有取代基的炔。为了提高Ni(Ⅱ)的催化性能，可以加入配体dppp，操作过程中用导管通入气态炔烃或用注射剂加入液态炔烃。烯基膦酸二烷基中间体与伯胺加成时，若烯基存在空间位阻，则以

1∶1比例反应，得到β-氨基烷基膦酸二酯；若上一步反应中采用的炔烃为乙炔，由于乙烯基的位阻较小，可被仲胺中间体反应，则可得到含有双磷中心产物。

8.1.4.3 硫代中性磷（膦）

萃取剂中P═O替换成P═S后，配位原子的软硬和与P上其他基团的距离都发生变化，对金属离子的萃取性能也发生相应的变化，能显著提高对更软的金属离子的萃取能力，因而受到越来越多的关注[72]。已报道的硫代中性磷（膦）萃取剂主要有双(硫代磷酰基)过硫醚、双(硫代膦酰基)过硫醚、三烷基硫化膦等。

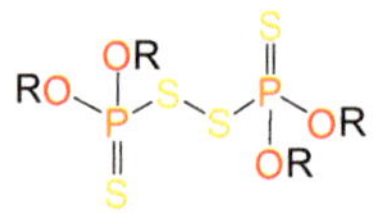

双(硫代磷酰基)过硫醚

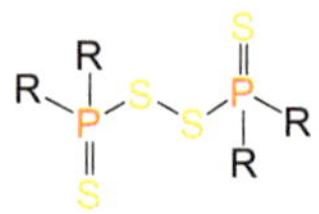

双(硫代膦酰基)过硫醚

（1）含过硫基的双磷分子

许多方法都可用于合成双(硫代磷酰基)过硫醚分子[73]，同时这类分子还可能在其他反应中作为副产物产生。这类化合物最常用的制备方法是氧化法，通常有化学氧化、电化学氧化[74]。

① 氧化剂氧化硫代磷酸酯金属盐　P—S—S—P中的S是−1价，P—S—M（M为H、Na、K等）中的S是−2价。用单质碘、硝酸、高价金属离子、次氯酸等做氧化剂，可将两分子硫代磷酸酯金属盐氧化偶联，得到双(硫代磷酰基)过硫醚产物。

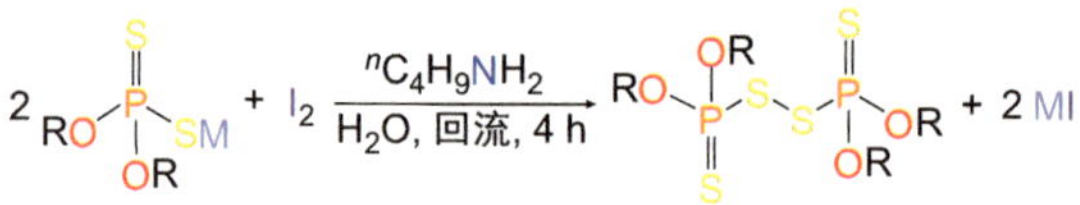

式中的R可以是甲基、乙基、正丙基、正丁基、正戊基、正辛基等直链烷基，也可以是异丙基、二级丁基、环己基等支链烷基，还可以是苯基、苄基、杂环基等。产率在61%～81%之间。该反应可以在碘的二氯甲烷溶液中进行。反应最好是在无水条件下进行，以避免中间体的水解。氧化得到的过硫醚，可以进一步被氧化成磷酸二烷基酯。采用高价金属氧化时，由于硫代磷酸酯对金属离子有很强的配位能力，通常每生成一分子过硫醚需要消耗三分子硫代磷酸酯，其中一分子硫代磷酸酯与金属离子形成配合物。

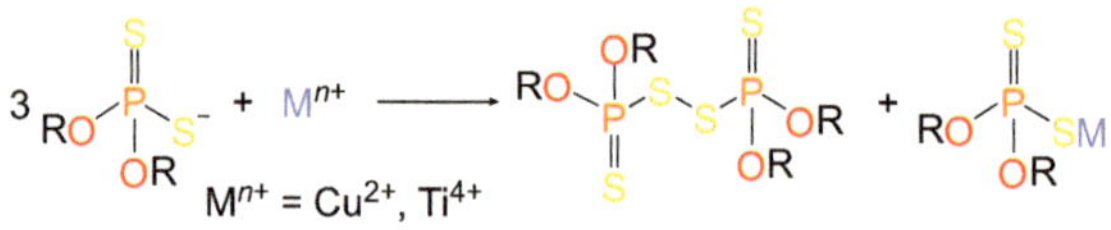

② 电化学氧化法　除采用氧化剂氧化外，还可直接用阳极电解的电化学方法氧化硫代磷酸酯，也可得到过硫醚产物。

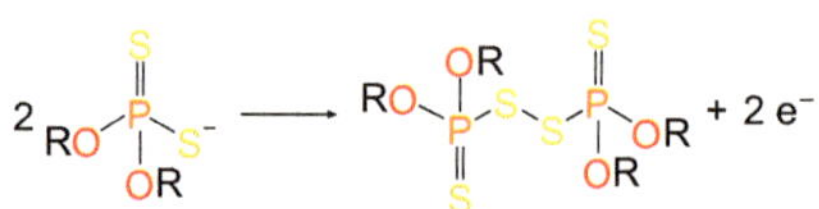

所需电极电势与取代基R有关，如$R=CH_3$时还原电位为−0.302V。以玻璃碳电极在恰当溶剂中进行，该反应几乎可以定量进行，产率在85% ～ 90%之间。

（2）含过硫基的双膦分子

与双(硫代磷酰基)二硫醚类似，双(硫代膦酰基)也可以通过硫代膦酸酯盐的氧化制备。氧化方法有碘氧化法、高价金属氧化法和电化学氧化法等，只是所需要电极电势、溶剂等操作条件略有不同[74]。

除此之外，文献中还报道了其他各种中性含磷萃取剂，如二苯基((ω,ω,ω-三(2-甲基-4,6-二烷基苯氧基)烷基)氨甲酰甲基)氧膦及其硫代物[75]、三烷基硫化膦[76]、焦磷酸酯[1]、含多个磷原子的化合物等[72]。但这些结构，原料来源受限、合成步骤复杂、性能不稳定等，短时间内难以被用作金属萃取剂。限于本书篇幅，在此不做详细介绍。

8.2 酸性磷（膦）萃取剂

酸性磷（膦）萃取剂包含了多种类型，例如P204、P507、P227、Cyanex272、Cyanex302、Cyanex301等。被广泛应用于湿法冶金中稀土、钴/镍等多种萃取分离体系。其合成方法，尤其是新结构的合成方法，一直是研究这类萃取剂的重要方向。

8.2.1 磷酸二烷基酯

以P204为代表的磷酸二酯类酸性化合物，被广泛用作湿法冶金中的萃取剂，这类结构的合成方法也多有报道。根据提供磷原子的原料，可以将这类化合物的合成方法分为，五氧化二磷醇解、三氯化磷醇解-重排、三氯氧磷控制水解、二烷氧基磷酰氯水解、亚磷酸二烷基酯氧化、磷酸三酯水解等[77-78]。其中，后面三种方法所需原料苛刻、操作难以控制、产物难以分离，在实际生产过程中应用较少。

8.2.1.1 五氧化二磷法

P_2O_5是磷酸酐，实际结构为P_4O_{10}，与醇反应可得酯，与水反应可得酸。在醇解过程中，与一个醇或多个醇发生反应，可以醇解为单磷或多磷结构，如磷酸二酯、磷酸单酯、磷酸、焦磷酸、多磷酸酯等[77, 79]。

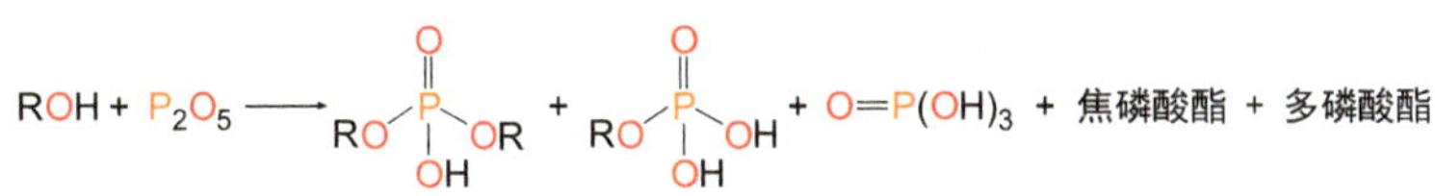

作为醇解产物之一，利用P_2O_5制备磷酸二烷基酯的关键在于反应条件的控制。醇中杂质对产品质量有影响，可对醇进行预处理。在这里以P204的制备为例介绍具体过程。

（1）醇的预处理

2-乙基己醇主要有两种合成方法：第一种是羰基合成法，用丙烯与合成气反应得到丁醛，两分子丁醛经羟醛缩合脱水得到2-乙基-2-己烯醛，氢化得到2-乙基己醇；第二种是乙醛缩合法，用乙醛缩合得丁醇醛，脱水得巴豆醛，选择性加氢得正丁醛，再经羟醛缩合、脱水、加氢即得2-乙基己醇。用这两种方法获得的2-乙基己醇都不可避免地带有各种副产物或未反应完全的原料和中间体，这些杂质也会与P_2O_5反应，从而影响产品质量，因此需要对2-乙基己醇进行预处理。具体操作包括干燥、溴化、氢化等。

干燥，向2-乙基己醇粗品（沸程在182 ～ 186℃）中加入生石灰，回流2小时，再蒸馏收集184 ～ 185℃的馏分。可除去水、短碳链醇等杂质。溴化，向置于分液漏斗的2-乙基己醇粗品中加入水，逐滴加入溴，并振荡，直至溴不退色，用1mol/L NaOH洗三次，用水洗三次。减压（2.26kPa）收集87 ～ 88℃馏分，并加入生石灰回流30分钟，用短分馏柱收集184 ～ 185℃的馏分。氢化，向2-乙基己醇粗品中加入雷尼镍（Raney Ni），在7atm（1atm=101325Pa）条件下氢化3小时，过滤，向滤液中加入生石灰并回流，再收集184 ～ 185℃的馏分。溴化和氢化的主要作用都是去除含有不饱和键的杂质，且都经过干燥处理，得到2-乙基己醇纯度更高。

（2）醇与P_2O_5的反应

P_2O_5的反应可以在石油醚等溶剂中进行。反应时，先将P_2O_5与溶剂置于反应器中，保持反应温度为40℃，一边搅拌一边滴入2-乙基己醇。滴加完成后在60℃条件下反应至完全，然后进行水洗，分相，产物在有机相中。减压抽去溶剂，并在133Pa压强下80℃加热2小时。反应也可以在无溶剂条件下进行，先将2-乙基己醇至于反应器中，保持体系温度为40℃，一边搅拌，一边加入干燥的P_2O_5（使用过程中也需防潮），加料完成后升温至60℃并反应完全。反应完成后，加入两倍体积的稀盐酸，并加热水解。

（3）产物纯化

P_2O_5与醇、水作用可以得到多种产物，如磷酸，磷酸单酯、二酯、三酯，焦磷酸酯、多磷酸酯等。这些杂质会对萃取性能产生影响，需要对产物进行纯化。常用的纯化方法主要有Peppard法、中和法、苯-乙二醇分配法[77, 79]，前面两种方法都是钠盐法。

① Peppard法　取水解产物1L，用300mL水洗涤，再用1mol/L NaOH中和至略过量，再加入4L乙醚，充分振荡后分出乙醚层。用0.5mol/L NaOH洗涤乙醚层数次，蒸出乙醚。将剩余物溶于1.5L水和1L苯中，分相后用1L苯洗涤水层以除去过量的醇。将水相酸化，并用苯提取，再依次水洗两次、乙二醇洗一次、水洗两次，蒸去苯即得纯化后的P204。

② 中和法　取水解产物15g，加入20mL水。此时会出现分层现象，因磷酸单酯含量的多少不同，产物可能位于上层，也可能位于下层。用1mol/L NaOH调节pH至6.6 ～ 7.0，在此过程中先出现皂状物，再澄清（产物以钠盐形式存在与水相）。再分别用20mL苯洗涤三次，以除去未反应的醇和其他杂质。用1mol/L NaOH调节水相pH至10以上，此时分为两相，上层为磷酸二烷基酯钠盐、下层为磷酸单烷基酯二钠盐。用0.5mol/

L NaOH洗涤三次上层液，每次20mL，用浓盐酸酸化，析出油状物即为产物。用苯提取三次，每次20mL，合并后用15mL水洗涤、用无水硫酸钠干燥，蒸去苯，在80℃ /133Pa条件下干燥即得纯化后产物（淡黄色液体）。

③ 苯-乙二醇分配法　取25g水解产物，用13mL水洗涤后，溶于250mL苯，每次用25mL乙二醇，洗涤10次，每次用1mL水洗涤苯层4次。用无水硫酸钠干燥后，蒸去苯，在80℃ /133Pa条件下干燥即得纯化后产物。

三种纯化方法中，中和法所得产品质量最高，苯-乙二醇法纯度最低，Peppard法收率最低。P_2O_5法制备P204的方法简单、原料易得。但磷的利用率低（约25%），且产物中有三酯、单酯等难以分离且影响后续萃取性能的杂质，纯化过程复杂，且产生较多酸碱废液。故此法尽管曾用于P204的工业生产，但现在使用较少。

8.2.1.2　三氯化磷法

用PCl_3制备磷酸二烷基酯的反应包括亚磷酸二烷基酯制备和磷酸二烷基酯制备两步[8]。

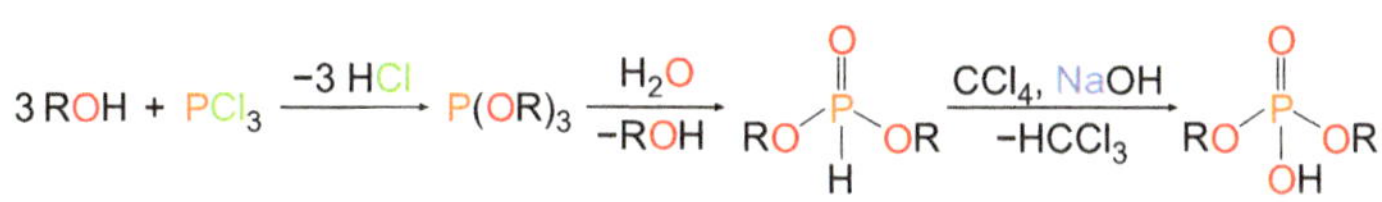

以制备P204为例，在30℃条件下向PCl_3中滴入3倍物质的量的2-乙基己醇后，保持稳定在35℃以下反应2～4小时。保持温度在5℃以下，用1小时时间滴加稍过量的H_2O，再升温至35℃反应约2小时。反应完成后，加入稍过量的CCl_4，并滴入20% NaOH溶液。滴加完成后，继续回流1小时，冷却后，用苯提取产物，去除水相，用3% NaOH洗涤有机相3次，用10%硫酸酸化，再用水洗涤至无硫酸根离子。将有机相用薄膜蒸发两次，减压薄膜蒸发一次，即可得到产品。

8.2.1.3　三氯氧磷法

三氯氧磷醇解是分步进行的，用三氯氧磷先醇解、再水解的方法，也可得到磷酸二烷基酯，此法是目前P204工业生产的主要方法。

以P204吨级合成为例，操作过程包括酯化、碱解、酸化、蒸馏等步骤。

酯化（醇解）。控制体系温度在25℃以下，真空度为0.05～0.06MPa，用2～3小时同时滴入700kg 2-乙基己醇、400kg $POCl_3$。滴加完成后在30℃条件下保温2小时，再升温至60～65℃并保温4小时。为了保证$POCl_3$反应完全，这一步卤代烷与醇是过量的。

碱解。用700kg上批次废碱液洗涤一次，搅拌、静止各15分钟，放出水相。将物料降温至40℃，再用大约50分钟滴加900kg碱液（2mol/L NaOH），然后升温至115℃保温回流8小时。降温至90℃停止搅拌，静置15分钟放出水相，留着下批次使用。再依次用120kg碱液（2mol/L NaOH）、1.5t稀碱液（3%碱浓度）洗涤，然后分别搅拌、静止15分钟，放出水相（产物在水相）。

酸化。向水相中加入上批次废酸400～500kg洗涤，分别搅拌、静止15分钟，放出水相。再加入约200kg 30%浓盐酸，酸化至乳化，搅拌15分钟，再加入200～300kg自来水，分别搅拌、静止15分钟，收集水相供下次使用。再用1.2t自来水，分别搅拌、静置15分钟，放出水相。

蒸馏。先在100℃进行粗蒸40分钟，然后在138～140℃/保持真空为−0.01MPa，收集产品。

除上述工艺外，$POCl_3$醇解合成磷酸二酯的方法不断被改进，包括洗涤、碱解、酸化中酸碱类型和用量等工艺条件的优化。对于活性低或位阻大的醇，可改用醇钠与$POCl_3$反应[35]。

8.2.1.4 其他方法

除上述三种方法外，磷酸二烷基酯还可以通过亚磷酸二烷基酯氧化、二烷氧基磷酰氯水解、磷酸三酯水解等方法制备[1]，如图8.31所示。

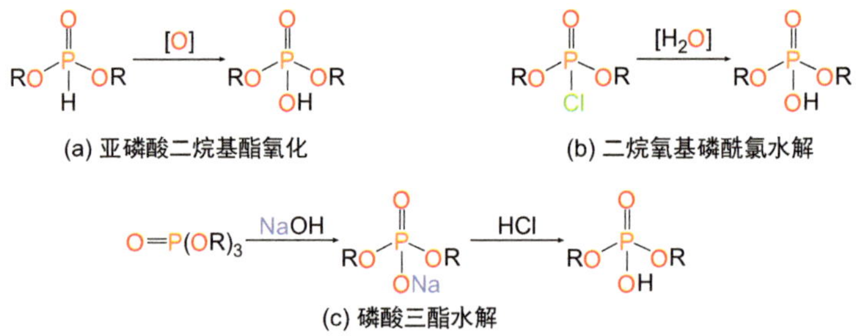

图8.31 氧化或水解制备磷酸二酯

由于亚磷酸二烷基酯可以蒸馏纯化，此法可制备出较高纯度的磷酸二烷基酯。对短碳链亚磷酸二烷基酯，利用PCl_3醇解-重排可方便获得。亚磷酸长碳链烷基酯的反应物种含有难以除去的HCl，且蒸馏所需温度较高，导致亚磷酸酯分解。可用长碳链醇与短碳链亚磷酸酯之间的酯交换反应制备。亚磷酸二酯是以P—O—H与P(═O)—H的四价互变异构体存在，不如三价易氧化。可用过氧酸、N_2O_4等作为氧化剂进行氧化；也可在紫外光照射下，用空气或氧气氧化；还可在NaOH作用下，用CCl_4氧化。

二烷氧基磷酰氯水解可直接得到磷酸二酯，但长碳链二烷氧基磷酰氯难以通过蒸馏方法纯化。可用Cl_2或SO_2Cl_2氯化亚磷酸二烷基酯获得。尤其是SO_2Cl_2氯化，可以定量进行，且副产物均为气体，容易去除。磷酰氯水解成酸这一步反应简单，但容易形成焦磷酸酯副产物，也可能在酸碱性条件下酯基水解，需要控制反应温度、物料配比、反应时间等[80]。

利用磷酸三酯水解法制备磷酸二烷基酯的优势在于：P_2O_5、PCl_3、PCl_5的醇解都不易控制，难以将反应控制在磷酸二酯这一步；但碱性水解时，可以使反应停留在二酯这一步，得到的产物纯度较高。但碳链增长后，碱性水解收率较差，限制了此法的应用。

除上述方法外，其他一些新方法也被用于制备磷酸二酯。如用附着在活性Al_2O_3上的钨磷酸作为催化剂，直接催化磷酸与醇反应[81]；脱水磷酰氯法，先用P_2O_5与二氯亚砜反应得到磷酰氯PO_2Cl，再用醇与PO_2Cl反应[82]。如图8.32所示。

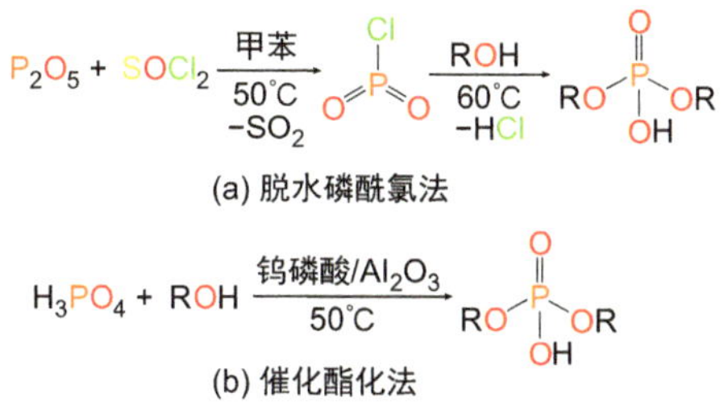

图8.32　磷酰氯法与催化酯化法制备磷酸二酯

这些新方法能合成出更多结构不同的磷酸二烷基酯，且在收率、纯度、后处理等方面优势明显。值得进一步探索其工业化生产工艺。

8.2.2　磷酸单烷基酯

与其他酸性含磷化合物相比，磷酸单烷基酯具有两个磷羟基，酸性更强，pK_{a1}通常在2以下；另外，两个羟基、一个烷氧基结构，具有典型的两亲分子特征，除用作萃取剂外，还用作表面活性剂、抗静电剂、乳化剂、浮选剂等[83]。被用作萃取剂的磷酸单烷基酯主要有磷酸单月桂酸酯（P501）、C_{12}～C_{18}混合烷基磷酸单酯（P538）[84-85]、磷酸单2-乙基己酯[86]、磷酸单环烷基酯（P536）[87]等。根据磷的来源，磷酸单烷基酯的合成方法主要有三氯氧磷法、五氧化二磷法、聚磷酸法等[83]。

8.2.2.1　三氯氧磷法

三氯氧磷制备磷酸单烷基酯分为三氯氧磷的控制醇解以及中间体的水解两步，如P538的合成[8]。

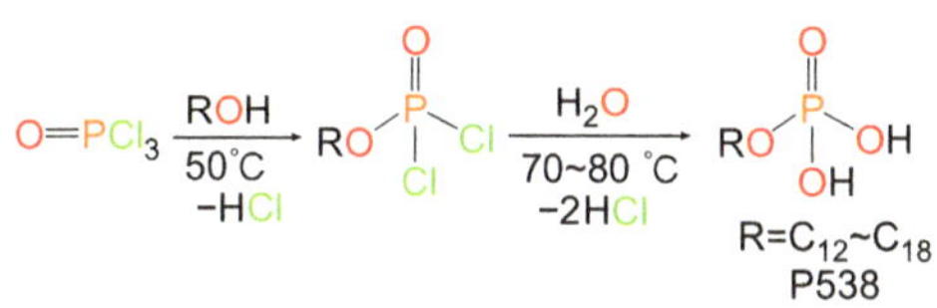

$POCl_3$醇解需在无水条件下进行，应在冷凝装置上端加干燥管。将混合醇（A-1416醇）滴加到预先装有$POCl_3$的反应器中，再在50℃下反应。然后加入水，在70～80℃下水解。分相去除水相，旋蒸至产品中检测不出水溶性磷酸根和氯离子为止。此法具有原料简单易得、操作方便、单酯转化率高、产品纯度高等优点。但产生HCl，需要额外的碱吸收，且难以完全吸收导致对设备腐蚀性大，HCl还能与醇生成有害的卤代烷。

8.2.2.2　五氧化二磷法

在不同条件下，P_2O_5能与一个、两个、三个醇发生醇解反应，得到单酯、二酯、三酯，因此控制反应条件和加料顺序，可以主要得到单酯。如制备磷酸单十六烷基酯时，按ROH、P_2O_5、H_2O为1.70∶1.00∶1.13比例，先在85℃下醇解10小时，再在85℃水解

2小时，可得到76%左右的单酯和8.5%左右的双酯[88]。

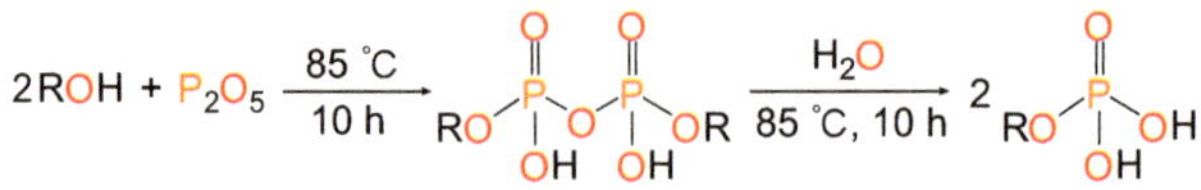

醇与P_2O_5的反应先生成焦磷酸酯，再与水发生水解反应。反应时，先将P_2O_5与溶剂（可用煤油）置于反应器中，再滴加相应的醇，待反应液从红色悬浊液退色澄清后，可认为P_2O_5醇解完成，再加入盐酸促进水解。由于P_2O_5可与不同数目醇反应得到带有不同P—OR键数目的产物，转化率和产物的纯度关键在于控制反应条件以及投料比例和顺序。为了提高反应产率和产物纯度，人们对P_2O_5与醇的反应工艺有多种改进。如先将部分或全部P_2O_5与水、磷酸、多磷酸等混合物制备成磷酰化剂，再将醇加入磷酰化剂中，可得单酯含量高、副产物含量低的产品。也可将P_2O_5预先分散在磷酸酯中，再向其中加入脂肪醇、醚进行酯化反应，可大大降低P_2O_5在酯化过程中的结块现象，反应缓和，产品颜色浅，且单酯质量分数高[83, 89]。

8.2.2.3 聚磷酸法

聚磷酸，又称多聚磷酸，是由磷酸（H_3PO_4）或磷酸与五氧化二磷混合物加热缩合，或五氧化二磷加入纯水再加热缩合而得到的产物。其结构复杂，也难以写出统一分子式，可以看作是溶有游离P_2O_5的磷酸。多聚磷酸的主成分含量有两种表示方式：以H_3PO_4为100%计，数值常超过100%，市售产品一般直接给出此值；以P_2O_5计，便于计算其平均分子量。如常见的115%多聚磷酸，以H_3PO_4为100%计其主成分含量为115%，以P_2O_5计含量为82% ～ 84%。P_2O_5分子量约为142，则115%多聚磷酸的平均分子量为142/84% ～ 142/82%，即169 ～ 173。

聚磷酸法合成磷酸单烷基酯，包括聚磷酸酯合成与聚磷酸醇化两步，如磷酸十六烷基酯的制备[90]：

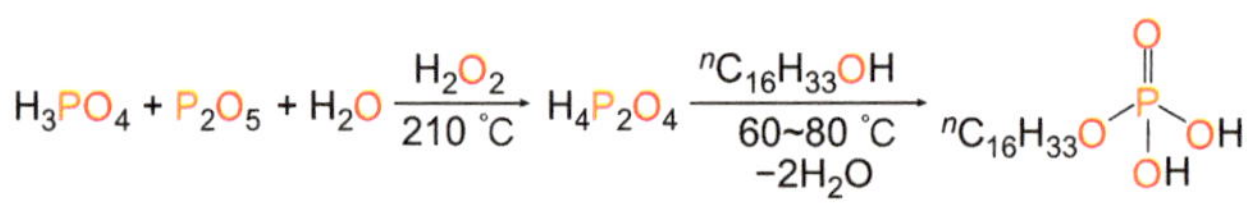

制备聚磷酸时，可将磷酸滴加到P_2O_5中，也可将P_2O_5分批加入磷酸中，两种加料方式的反应结果没有明显差异，在加热条件下均可获得较高的转化率。反应时P_2O_5溶解为透明一相后，加入H_2O_2可脱去溶液颜色。聚磷酸通常以多种具有不同聚合程度结构的混合物的形式存在，在这里以两分子磷酸聚合的焦磷酸$H_4P_2O_4$表示。与直接使用P_2O_5相比，聚磷酸法反应条件温和，易于操作，反应转化率高，且用等物质的量的醇反应时产品中磷酸单酯比例较高。但产物中含有过量的磷酸，需要消耗额外的碱，并产生大量的废水[83]。

除此之外，磷酸、焦磷酸直接酯化也能获得磷酸单烷基酯[91-92]。如在70 ～ 110℃下，按1∶1的比例，将磷酸滴加到月桂醇中，再反应1 ～ 9小时，单酯产率为65%左右。上面这些方法都只能得到磷酸单酯粗品，通常还需要经多次酸洗、碱洗、水洗等流程进一步纯化。

8.2.3 烷基膦酸单烷基酯

烷基膦酸单烷基酯的磷原子上有P—C、P—OR、P—OH三种单键，改变烷基或烷氧基结构都能调整这类化合物萃取性能，因此这类化合物被广泛研究，如2-乙基己基膦酸单2-乙基己酯（P507）等。烷基膦酸单烷基酯的合成[93-94]主要有双酯水解法、二元酸酯化法、单烷基次膦酸酯氧化法等；一些具有较大位阻基团的烷基磷酸单酯，还可采用其他方法制备。

8.2.3.1 双酯水解法

双酯水解法制备烷基膦酸单酯可从最基本的原料醇和PCl_3出发，用PCl_3与醇反应，可得亚磷酸二烷基酯，同时得到卤代烷；用醇钠处理亚磷酸二烷基酯得到磷负离子，再与上一步生成的卤代烷反应，可得到烷基膦酸二烷基酯；用碱（可以用不同碱实现水解，还可以在催化条件下进行）处理烷基膦酸二烷基酯，水解其中的一个P—OR，即得到烷基膦酸单烷基酯。以P507为例，其制备的反应如图8.33所示[95]。

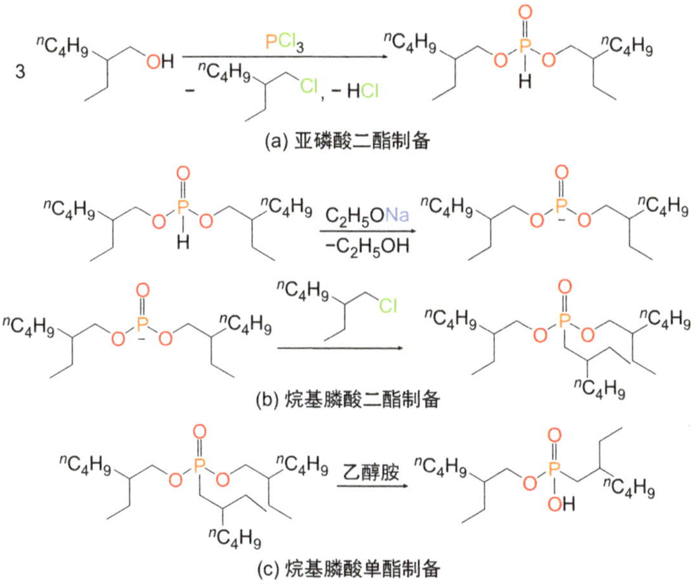

图8.33　以PCl_3和ROH为原料制备P507的反应

实际生产还包括产品的纯化等步骤。公斤级P507制备的操作过程包括[8]：

第一步，亚磷酸二(2-乙基己基)酯制备。向反应器中加入412.5g重蒸（收集175～178℃的馏分）PCl_3（约3.0mol），保持温度在20℃以下，滴加1170g重蒸（收集182～184℃馏分）的2-乙基己醇（约9.0mol）。滴加完成后，在室温下继续搅拌反应3小时。保持温度低于30℃，用8%～10% $NH_3 \cdot H_2O$中和pH至7～8，转移到分液漏斗中并分去水层，用水洗涤有机层两次（可用5% NaCl溶液洗涤，以有利于分相）。然后减压蒸馏除去低沸组分，同时回收氯代2-乙基己烷。最后可得90%～93%产率的无色或淡黄色透明液体（827～855g）。无需纯化即可用于下一步反应。

第二步，2-乙基己基膦酸二(2-乙基己基)酯制备。取306g亚磷酸二(2-乙基己基)酯（约1.0mol）与450mL工业乙醇钠的醇溶液（乙醇钠质量分数约为17%，水分＜1%）混合后加入反应瓶中，逐步加热、搅拌、充分反应后。在100℃以下，减压蒸馏，尽可能完全地去除乙醇，得深棕色黏稠液体。稍冷后，加入上一步回收的446g氯代2-乙基己烷，加热搅拌回流2小时。待冷却至室温，再加入500mL水，分去水层，用1mol/L NaOH洗涤油层2次，水洗至中性。减压蒸馏回收过量的氯代2-乙基己烷，再进一步减压蒸馏，收集160～165℃/16Pa的馏分约281g，产率大概为67%。

第三步，2-乙基己基膦酸单(2-乙基己基)酯制备。将多次制备得到的1250g 2-乙基己基膦酸二(2-乙基己基)酯与1250g乙醇胺（重蒸，收集168～172℃馏分）混合后加入反应器中，搅拌回流30小时至无中性酯为止，并减压蒸馏回收过量的乙醇胺。用石油醚溶解残余物，用3mol/L H_2SO_4或6mol/L HCl酸化2次，并用水洗涤至中性。减压蒸馏除去溶剂，在100℃/200Pa真空干燥2小时，得淡黄色粗品约850g，产率约为88%，纯度约为93%。

第四步，2-乙基己基膦酸单(2-乙基己基)酯纯化。用1mol/L NaOH调节淡黄色粗品pH至7.0～7.2，得透明溶液，用石油醚洗涤3次，以除去中性杂质。水层用20% NaOH碱化至pH＞14，用乙酸酸化，析出油层，加入乙醚、分去水相、干燥乙醚层、蒸去乙醚，得黄色黏稠液体（钠盐纯化）。用70%乙醇溶解，滴加饱和硫酸铜溶液至无蓝色沉淀析出为止，过滤干燥，得蓝色蜡状固体（P507铜盐）。用苯-丙酮（1∶10）混合溶剂重结晶两次，再用苯溶解，6mol/L HCl酸化两次，苯层用水洗涤至中性，无水Na_2SO_4干燥，蒸去苯，在100℃/266Pa真空干燥2小时，得无色透明液体，收率约为80%，纯度约为99%。

在第三步中利用乙醇胺水解是均相反应，专一性差，不可避免地有二元酸生成，且反应温度比使用NaOH更高。用NaOH水解时，加入冠醚、季铵盐、聚乙二醇、DMSO、碘化钠等，或置于超声波环境中，都能促进水解。其中，使用NaI时具有较好的催化效果，且容易被水洗去。

此法可制备大多数烷基膦酸单烷基酯，但对于位阻特别大的结构，如叔丁基等，产率很低，尤其是水解产率。

8.2.3.2 二元酸酯化法

将单烷基膦酸或酰氯部分酯化也能获得单烷基膦酸单烷基酯，其反应的关键在于控制反应条件只让其中一个P—OH或P—Cl酯化[96-97]。

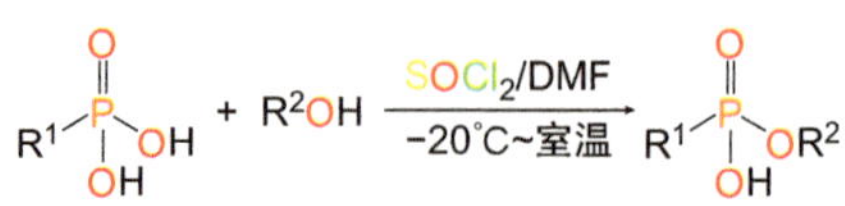

膦酸的R[1]可以是芳基、烷基、苄基、带有氨基等其他官能团的基团，醇的R[2]可以是支链和直链烷基、苄基等。用略过量的$SOCl_2$在DMF中反应可得70%～90%产率[96]。此反应中$SOCl_2$先将膦酸转化为酰氯，再与醇发生酯化反应。直接用酰氯与醇反应也可以完成酯化反应，如图8.34所示的异烷基膦酸1-甲基庚酯（P5709）萃取剂的制备（其中，异烷基为C_6和C_7混合烷基）[97]。

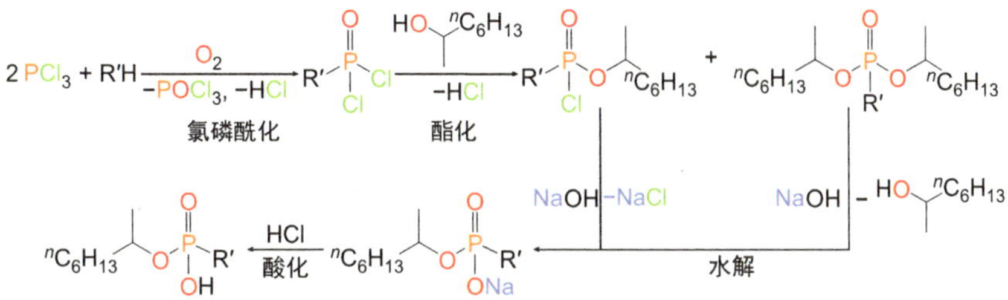

图8.34　异烷基膦酸1-甲基庚酯（P5709）萃取剂的制备

将PCl_3与烷烃混合，再通入O_2可实现对烷烃的氯磷酰化。这一部分反应是放热过程，通入O_2后可使溶液温度上升至50℃左右，再逐渐下降。当温度低于20℃时，反应慢；当温度高于55℃时，所得产物色泽深，且残渣较多。因此氯磷酰化反应温度以30～40℃为宜。反应后可用减压蒸馏收集120～130℃/2.66～3.33kPa馏分，即为异烷基膦酰二氯。异烷基膦酰二氯与醇反应可实现酰氯的酯化，可同时生成单酯和二酯。将异烷基膦酰二氯与1-甲基庚醇置于反应器中，依次在不同温度和真空度下进行，如依次在35℃/79.8kPa、45℃/93.1kPa、75℃/93.1kPa下进行，可得不同产率和产物比例。提高温度和增加真空度可抑制二元酸杂质产生，产率可达到70%左右。反应后减压蒸馏除去副产物和未反应的醇，加入NaOH溶液水解，并用1mol/L NaOH洗去二元酸，用混合烷烃提取中性酯，然后酸化、水洗、减压蒸馏得黄色透明液体。

8.2.3.3　单烷基次膦酸酯氧化法

向烷烃与三氯化磷混合物中通入氯气，分离出残余反应物和副产物后，可得到烷基二氯氧膦[98]，若用格氏试剂与烷基二氯氧膦反应，可得到三烷基氧膦。控制温度在−10℃左右，一边搅拌，一边向醇、三乙胺、无水乙醚的混合液中滴入烷基二氯氧膦的无水乙醚溶液。滴加完成后，室温下反应。滤去固体、用水洗涤至中性、无水Na_2SO_4干燥过夜，再减压除去溶液、收集氯代单烷基次膦酸酯。在碱性条件下，用CCl_4可将氯代单烷基次膦酸酯氧化成烷基膦酸单烷基酯[61]。

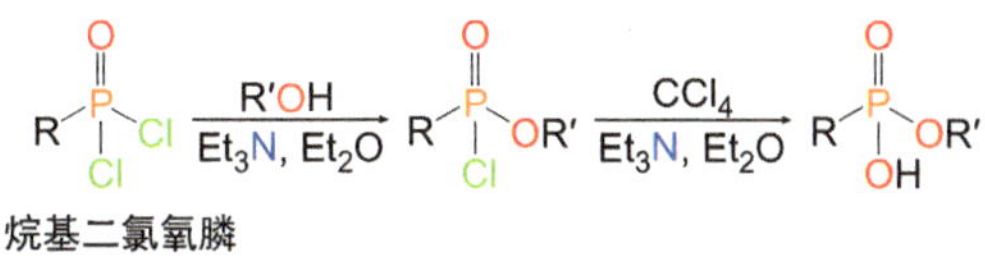

8.2.3.4　大位阻烷基膦酸单酯的制备

当叔丁基等位阻较大的基团直接与磷中心相连时，前述制备方法的产率可能会较低，需要采取其他方法制备。

（1）膦酰氯控制水解、醇解法[93,99]

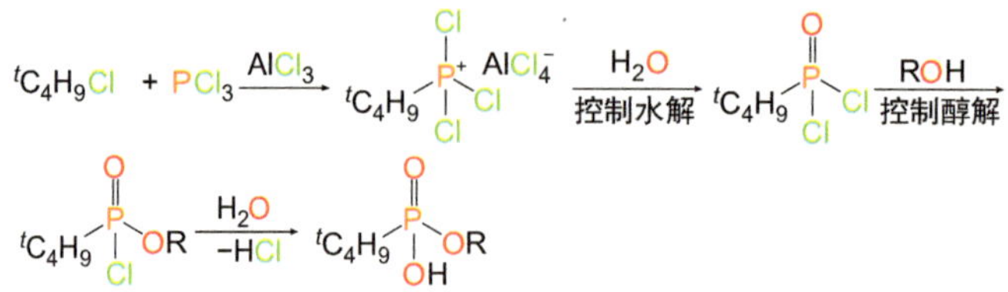

在最后一个P—Cl水解时，若加入季铵盐催化可显著提高产率。

（2）格氏试剂法

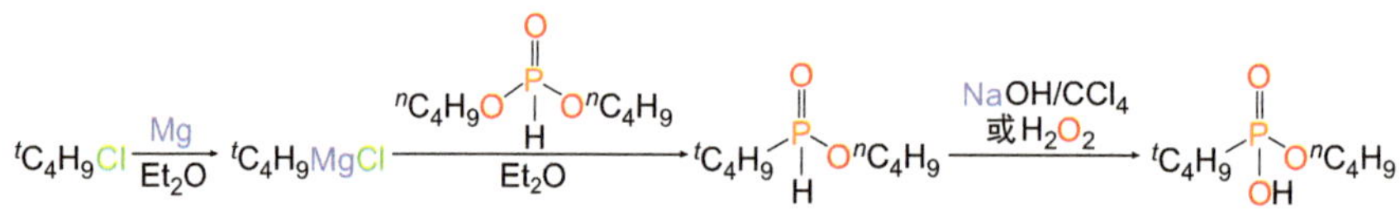

用低位阻烷基氯化镁与亚膦酸二酯反应时通常得到二烷基次膦酸，因此，此法只适用于高位阻烷基P—C构建。另外，由于容易发生消除反应，导致使用溴代烷的产率比氯代烷更低。亚磷酸二乙酯与格氏试剂反应时容易结块，反应效果不如亚磷酸二丁酯。

（3）膦酰氯-醇钠法

可以采用用较高活性的磷酰氯和醇钠反应制备相应的烷基膦酸单烷基酯[100, 101]。

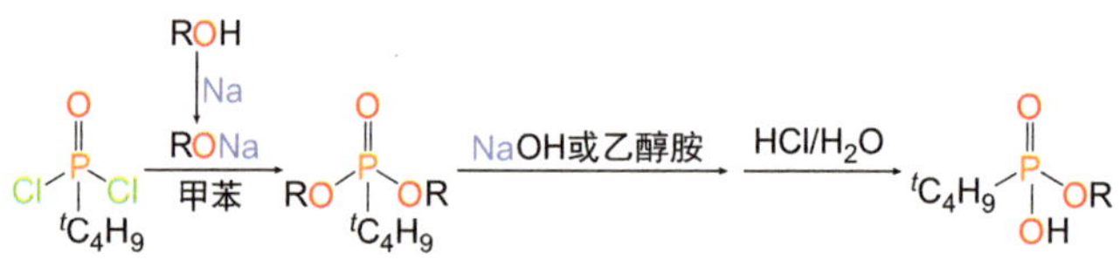

先用Clay反应制备大位阻烷基膦酰二氯[99]。另用醇与金属钠加热条件下制备醇钠溶液。冷却后控制温度在0～5℃，滴入烷基磷酰二氯。加热回流使反应完全，加入水使固体溶解。用饱和碳酸钠溶液洗涤有机相两次，再用水洗涤至中性，减压除去过量的醇，可得烷基膦酸二酯。用NaOH和乙醇胺等水解二酯，再经酸化、水解、抽去溶剂、干燥，即得烷基膦酸单酯。产物可用钠盐、铜盐等进一步纯化。

8.2.4 二烷基次膦酸

二烷基次膦酸$R_2P(O)OH$，具有比磷酸二酯、烷基膦酸单酯等更弱的酸性，萃取重稀土时需要的反萃酸度更低，能有效降低萃取工序的酸耗[102]。另外，次膦酸的两个烷基都直接与磷相连，烷基结构位阻对P═O、P(═O)OH的萃取性能有更明显的影响，导致通常有更强的分离性能。基于此，二烷基次膦酸受到了越来越多的关注，包括结构-性能关系、结构设计、合成工艺、萃取性能等的研究[69, 103-105]，如二(2-乙基己基)次膦酸

（P227）、二(2,4,4-三甲基戊基)次膦酸（Cyanex272）、二正辛基次膦酸。二烷基次膦酸的合成主要有格氏试剂法和自由基法[103, 106-107]。

8.2.4.1 格氏试剂法

格氏试剂制备二烷基次膦酸通常以亚磷酸二酯为原料（反应可用已有的亚磷酸二乙酯，也可用乙醇与PCl_3自制），再与用溴代烷制备的格氏试剂反应，再以此经PCl_5酰氯化、醇钠酯化、浓盐酸水解得产物[105]，如图 8.35 所示。

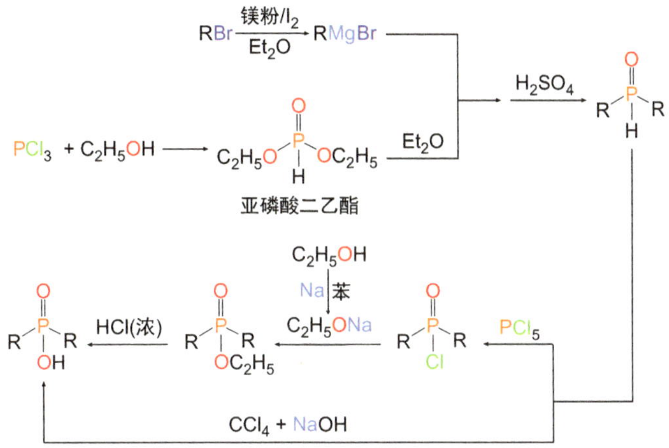

图8.35 格氏试剂法制备次膦酸

R＝2-乙基己基

图8.35 中用PCl_3作为起始反应物，二烷基次膦酸的制备可以分为如下步骤（以P227的格氏试剂法制备为例介绍操作过程）[8]。

第一步，二(2-乙基己基)氧化膦制备。将溴代2-乙基己基烷的乙醚溶液滴加到预先加有镁粉、无水乙醚和少量碘的反应器中，滴加完成后继续回流反应至完全。冷却到室温后滴加亚磷酸二乙酯的无水乙醚溶液，保持反应温度在30℃以下，然后继续反应。反应完全后滴加20% H_2SO_4至酸性，析出固体、溶液呈棕色，滤掉固体，分去水相。用5% Na_2CO_3洗涤、食盐水洗涤、水洗涤至中性，用无水Na_2SO_4干燥、减压蒸去溶剂和低沸组分即得二(2-乙基己基)氧化膦。

第二步，二(2-乙基己基)次膦酸乙酯制备。用重蒸苯溶解二(2-乙基己基)氧化膦，保持低温分批加入PCl_5，加热回流反应完全，再减压除去溶剂。分两次加入苯后减压抽去HCl，即得到二(2-乙基己基)膦酰氯。冷却后滴入乙醇钠溶液，然后回流反应。反应后加水溶解析出的白色固体，分去水相。用水洗涤有机相至中性、无水Na_2SO_4干燥、减压除去溶剂，收集143℃ /53Pa馏分即为二(2-乙基己基)次膦酸乙酯。

第三步，水解制备二(2-乙基己基)次膦酸。将浓盐酸与二(2-乙基己基)次膦酸乙酯混合，回流水解。反应后分去下层，在上层加入乙醚稀释后，用水洗涤至中性、无水Na_2SO_4干燥、减压除去溶剂和低沸组分，即得二(2-乙基己基)次膦酸。在这里使用浓酸水解直接得到酸性化合物，不需要额外酸化，也可用NaOH溶液水解后再酸化。

除图8.35中PCl_3作为磷源起始物外，也可用格氏试剂与$POCl_3$反应再经水解得到二烷基次膦酸：

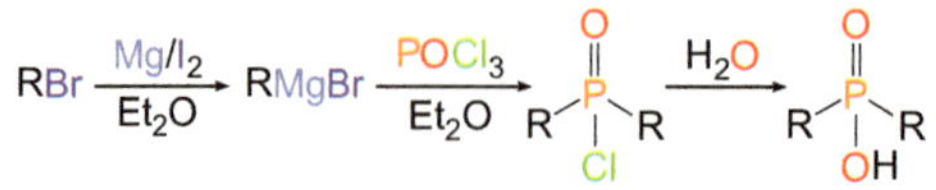

用格氏试剂与亚磷酸二酯反应时，对于大位阻烷基通常只能形成一个P—C，若要形成两个P—C，可用PCl_3代替亚磷酸二酯。氧化二(2-乙基己基)氧化膦时也可以用H_2O_2、Cl_2等其他氧化剂[108-109]。另外，由于高位阻烷基溴化镁可发生消除反应，直接反应效果较差，产品纯度和收率都较低，可用氯代烷替代[105]。

8.2.4.2 自由基加成法

PH_3与烯烃加成制备三烷基膦（见图8.4）就是基于自由基与烯烃的加成。PH_3是剧毒气体，不易操作，需要较多的设备投入，更常用的磷源是带有P—H的化合物，如次磷酸钠（NaH_2PO_2）[110]。在引发剂偶氮二异庚腈、偶氮二异戊腈、偶氮二异丁酸二甲酯、过硫酸铵、过氧化苯甲酰、二叔丁基过氧化物（DTBP）等引发下，磷自由基与烯烃加成。此反应可在高温或微波促进的高压下进行。

（1）高温高压条件下进行

磷自由基与烯烃加成反应所需温度和压强与具体的引发剂、烯烃、溶剂等有关。如用DTBP做引发剂、乙酸做溶剂，处理不同支链化程度的烯烃可得43%～98%产率[111]。

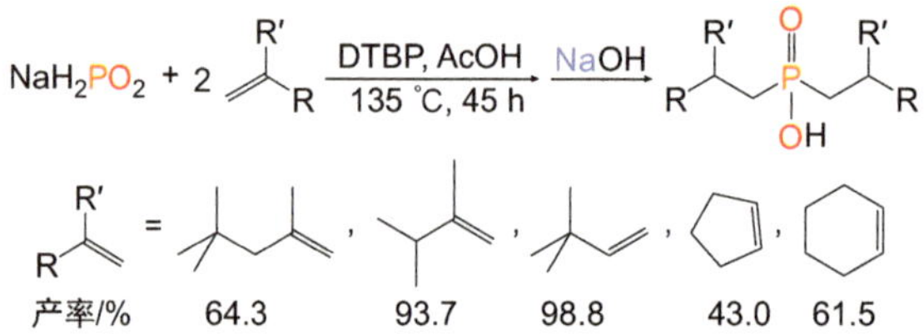

操作过程为：将NaH_2PO_2、乙酸、烯烃、DTBP等加入高压釜中，再升温反应，反应过程中可根据需要补加DTBP。反应后用乙醚稀释反应液，并用去离子水洗涤两次。用4% NaOH溶液处理有机相三次，并与水相合并。再用10% H_2SO_4调节pH小于1，析出白色沉淀后过滤，用水洗涤三次，真空干燥后即得二烷基次膦酸粗品。需要注意的是，后处理时，加入NaOH溶液后，短碳链次膦酸钠盐溶解在水相，而长碳链次膦酸钠盐大部分仍然在有机相。反应时支链化程度越大、碳链越长，所需温度和压强越高。如用乙烯反应，只需要130℃反应3小时即可获得较高产率[110]。

（2）微波高压条件下进行

磷自由基与烯烃加成需要在高温、高压下进行，对设备要求较高，且对大位阻烯烃难以获得较高的产率。研究表明若反应在微波（MW）环境中进行，在较低温度下即可获得较高的产率[112-113]。

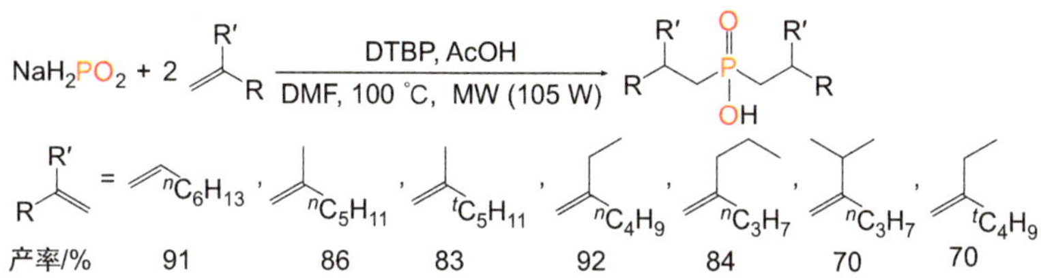

操作过程与高温高压的自由基过程相同。将NaH_2PO_2、烯烃、引发剂、添加剂、溶剂加入反应釜中，再放入微波炉中用微波加热反应。反应后减压蒸去溶剂，用水溶解残留物，用盐酸酸化后用乙醚萃取。用1mol/L NaOH溶液调整pH = 7，用乙醚萃取，减压蒸去溶剂，100℃真空干燥即得二烷基次膦酸。

用微波加热可以在较低温度下得到较高产率的原因，可能是微波能促进自由基反应，或有利于相的均一化，或微波操作时局部温度高于测试温度。自由基加成法合成二烷基次膦酸，工艺流程简洁、操作简单、产率高、原料易得，有利于工业化。但需要消耗引发剂；且不可避免地存在较多的单P—C产物，尤其是碳链较长时；单P—C产物也倾向于溶解在有机相，难以去除，影响产品纯度。

除格氏试剂法和自由基加成法外，还可通过金属配合物催化加成、白磷与卤代烷直接反应等制备[114]。金属配合物催化加成法中，金属催化剂与反应物配位并活化反应物，再发生加成反应。目前应用较多的金属包括铂、钯、镍等铂族金属。金属催化条件下，第一个P—C容易形成，需要回流较长时间才能获得较高的双P—C产物，因此多用于制备单P—C键化合物；且产率比自由基法低、工艺流程复杂、难以实现工业化。白磷与卤代烷反应可生成单P—C、双P—C、三P—C键化合物以及季鏻盐，反应通常得到混合物，需要经过复杂的分离工艺，得到的二烷基次膦酸比例可通过反应条件和烷基结构控制。

8.2.5 硫代酸性磷（膦）萃取剂

从HSAB原理来看，硫比氧更软，对后过渡金属或锕系元素有较好的萃取能力；从原子半径角度来看，P—S键比P—O更长，非极性基团的排斥作用更小。这两个原因导致硫代酸性磷萃取剂被广泛研究。现有的硫代酸性磷萃取剂主要包括：硫代次膦酸、硫代磷酸酯、双[硫代磷（膦）酰基]亚胺等。

8.2.5.1 硫代次膦酸

硫代次膦酸主要有双硫代二烷基（或芳基）次膦酸（如Cyanex301）、单硫代二烷基（或芳基）次膦酸（如Cyanex302）、二硫代芳基烷基混合次膦酸等。

（1）双硫代二烷基次膦酸

双硫代二烷基次膦酸的制备方法，除图 8.4 所示的用单质硫氧化PH_3与烯烃的加成产物（此法在实验室中不易操作）外，还有格氏试剂法等。

用小位阻烷基格氏试剂与亚膦酸二酯反应可以形成双P—C键，再经还原、硫化、水解等步骤可得双硫代二烷基次膦酸[115]。

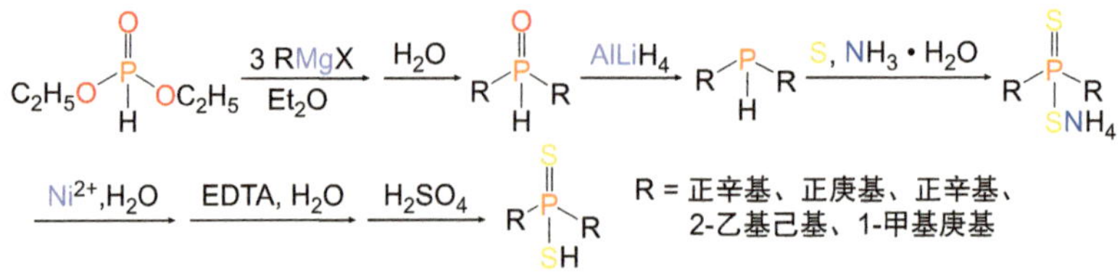

以常用的亚磷酸二乙酯为磷源，与相应的格氏试剂反应，产物经水解后可得二烷基氧膦，用$AlLiH_4$还原后可得二烷基膦。在氨水中用硫单质硫化二烷基膦，可得双硫代次膦酸铵。用硫氧化二烷基膦时加入氨水或通入氨气可产生固体硫代磷酸铵副产物。为了得到纯度更高的双硫代次膦酸，需要用镍盐纯化。具体操作是用镍盐处理双硫代次膦酸铵（相当于氨皂的有机相），得到含镍萃合物。双硫代次膦酸铵对镍萃取能力很强，即使使用4mol/L H_2SO_4也无法反萃完全，可用EDTA反萃后再用H_2SO_4酸化后得到纯化后的双硫代二烷基次膦酸。

也可用格氏试剂与三氯硫磷$PSCl_3$反应，可省去后续的还原再硫化步骤。过程中先得到四烷基二硫联膦中间体，再用硫氧化裂解，再经酸化后即可得到双硫代二烷基次膦酸[116]。

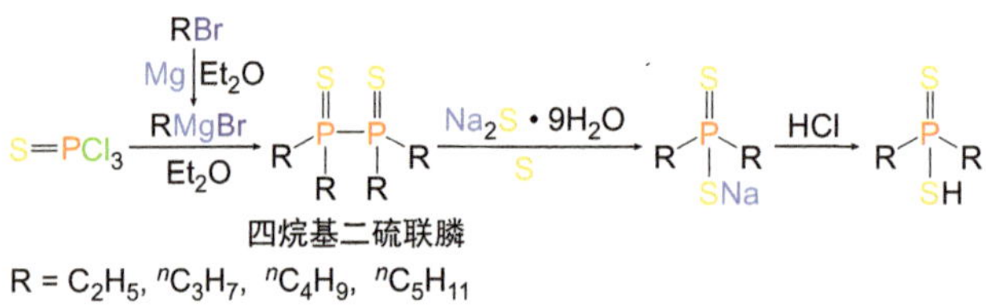

制备过程的中间体都能被分离出来。以二硫代二乙基次膦酸为例，各步骤的操作分别为：第一步，以无水乙醚为溶剂，将溴乙烷滴加到镁中，反应至无镁固体为止，即得格氏试剂乙基溴化镁的乙醚溶液；第二步，保持温度在10℃以下，向格氏试剂中滴加$PSCl_3$，滴加完成后在室温下反应18小时，用混有冰块的10%硫酸水解，分去水相，真空干燥后即得固体四乙基二硫联膦；第三步，在氮气保护下，将四乙基二硫联膦、$Na_2S \cdot 9H_2O$、单质硫等混合后，在130～140℃反应1.5小时后，分出水相，再加入1,4-二噁烷加热溶解，趁热过滤，滤液冷却后析出白色固体即为双硫代二乙基次膦酸钠，可用1,4-二噁烷重结晶纯化；第四步，用2mol/L盐酸酸化钠盐后，用乙醚萃取，用无水Na_2SO_4干燥，蒸去溶剂，即得双硫代二乙基次膦酸。

（2）双硫代二芳基次膦酸

在Lewis酸无水三氯化铝催化下，在加热条件下用五硫化二磷与芳烃发生Friedel-Crafts酰基化反应，再经酸化处理，即可以较高收率得到双硫代二芳基次膦酸，芳环上还可带有烷基、卤素原子等取代基。以双硫代二苯基次膦酸的制备[117]为例，反应式如下：

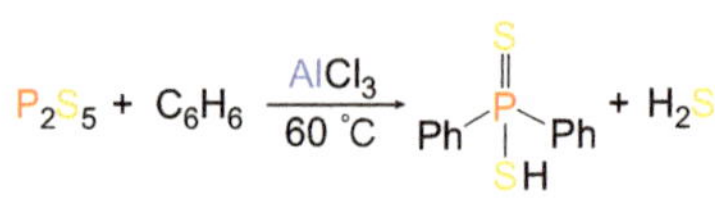

合成工艺过程为：首先，向390g苯（5.0mol）中加入111g五硫化二磷（0.5mol）制得悬浮液。然后，在2小时内分多次加入267g无水三氯化铝（2.0mol），并继续持续回流8小时。最后，冷却后，在剧烈搅拌下倒入碎冰中，再用苯萃取粗产品，水洗、减压蒸馏；再溶解在10%氢氧化钠溶液中、用苯洗涤、盐酸酸化；分液、真空干燥。

用相同的方法还可以合成双(甲基苯基)二硫代次膦酸、双(氯苯基)二硫代次膦酸和双(氟苯基)二硫代次膦酸等，产率约为50% ～ 70%。芳环上带有给电子基团有利于酰基化反应，产率可以提高到90%，如双(甲基苯基)二硫代膦酸。

（3）单硫代二烷基次膦酸

应用最广泛的单硫代二烷基次膦酸是Cyanex302（单硫代二(2,4,4-三甲基戊基)次膦酸），它与Cyanex272具有相同的分子骨架，只是其中的一个氧原子被硫取代。与双硫代二烷基次膦酸相比，最明显的区别是无法直接用硫单质充分硫化二烷基膦化合物获得，但仍然可以用二烷基氧膦硫化得到[118-119]。

单硫代二烷基次膦酸的制备也可用格氏试剂与亚膦酸二酯反应得到二烷基氧膦，再用硫粉直接氧化后，再酸化。单硫代二烷基次膦酸具有P(O)SH和P(S)OH两种不可分离的互变异构体。

以单硫代二(2-乙基己基)次膦酸为例，可在如下实验条件下制备[119]：

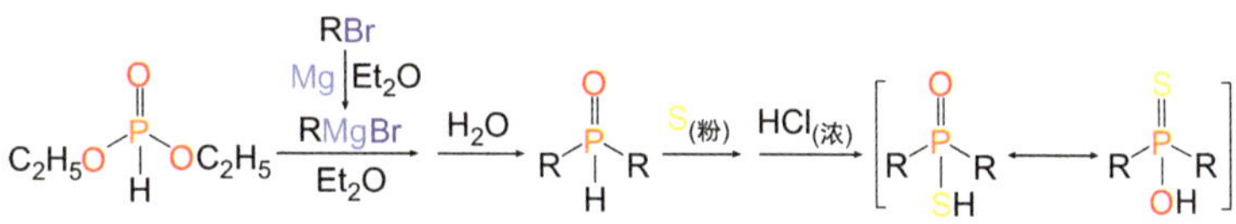

将亚磷酸二乙酯苯溶液滴加到预先制备的2-乙基己基溴化镁格氏试剂中，然后回流10小时，得到二(2-乙基己基)氧膦盐，水解后得到二烷基氧膦。再分批加入研细的硫粉，反应完成后，用浓盐酸酸化。分去水相，蒸出大部分溶剂，得到粗产物。正己烷溶解粗产物，用4mol/L NaOH碱化得到溶于水相的次膦酸钠盐，分去有机相，再用2mol/L H_2SO_4酸化水相，析出次膦酸的有机相。重复两次可除去大部分溶于水相或有机相杂质，再收集90℃ /533.3Pa馏分，纯化后的产品为有臭味的黏稠状液体。对于不同的烷基结构，可采用不同的温度、溶剂等。

（4）双硫代芳基烷基混合次膦酸

芳基格氏试剂的活性比烷基低，直接与亚磷酸二酯反应的产率较低，因此可用芳香亲电取代反应得到含P—Ar键的中间体，再构造P—C键[120]：

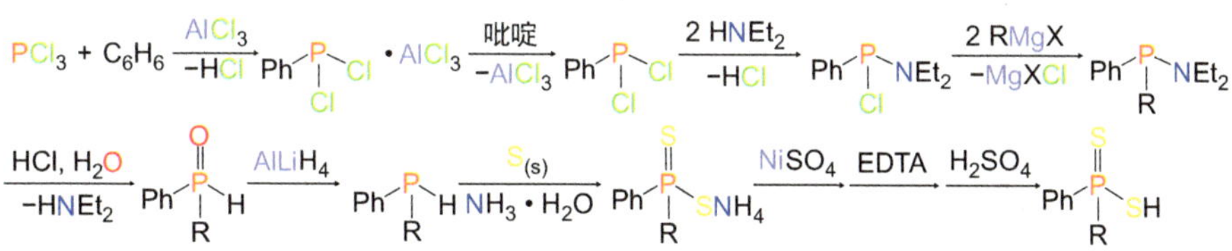

在氮气保护下，将无水$AlCl_3$、PCl_3、苯混合后，在回流条件下反应4小时。冷却至

50℃时加入吡啶反应1小时，减压蒸馏（92～94℃ /270Pa）除去溶剂得呈橙色液态苯基二氯化膦$PhPCl_2$。在−70℃下将苯基二氯化膦无水乙醚溶液逐渐加入二乙胺中，回流反应1小时得到呈黄色油状的*N*,*N*-二乙基氨基苯基氯化膦$(C_2H_5)_2NPClPh$。在氮气保护下，将$(C_2H_5)_2NPClPh$的无水乙醚溶液缓慢加入预先制备的格氏试剂中，在常温下搅拌反应2小时。反应后将反应混合物倒入冷的稀硫酸中，分去水相、蒸去溶剂，再用盐酸酸化，并回流12小时，用乙醚萃取3次、无水Na_2SO_4干燥萃取物，真空除去乙醚得芳基烷基氧化膦。后续还原、硫化、纯化、反萃、酸化步骤与双硫代二烷基次膦酸的制备相同，最终得到双硫代芳基烷基混合次膦酸。

（5）二芳基次膦酸与其硫代物的转换

在适当的条件下，可以实现二芳基次膦酸与其硫代物的相互转化，如图8.36所示[121]。

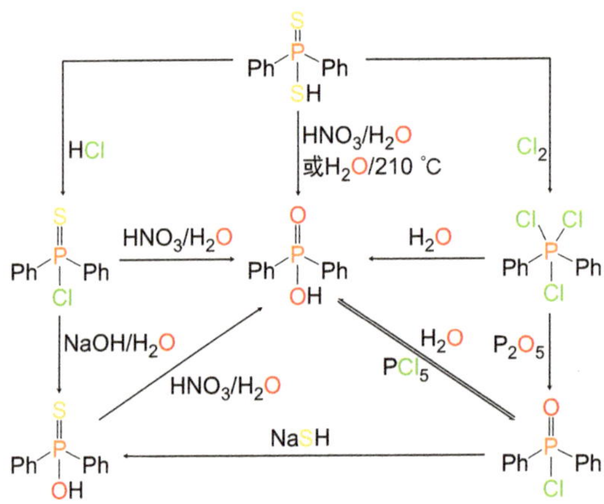

图8.36　二芳基次膦酸与其硫代物之间的转换

从图8.36可以看出，以HNO_3、P_2O_5、Cl_2、PCl_5作为氧化剂、氯化剂，经膦酰氯、硫代磷酰氯等中间体，可实现双硫代到单硫代、零硫代（即次膦酸）的转化，次膦酸可依次与PCl_5、NaSH反应形成单硫代次膦酸，而无法重新形成双硫代产物。

8.2.5.2　硫代磷酸酯

硫取代氧的磷酸酯被广泛用作捕收剂、起泡剂、萃取剂、抑制剂、浸出剂等湿法冶金各个环节的药剂[118, 122-123]。用作萃取剂的主要有双硫代磷酸二酯、单硫代磷酸二酯等酸性化合物，可以通过五硫化二磷醇解、烷氧基硫代磷酰氯水解、硫代磷酸三酯水解等方法制备[122, 124]。

（1）五硫化二磷醇解

与P_2O_5醇解相似，P_2S_5醇解也能得到二酯、三酯、硫代焦磷酸酯等多种结构。由于醇和P_2S_5的比例、加料顺序、反应温度不同，可同时得到单硫代、双硫代磷酸酯[125]，如图8.37所示。

如将P_2S_5缓慢加入异丁醇中，充分反应后即可得到二硫代磷酸二异丁酯[126]。

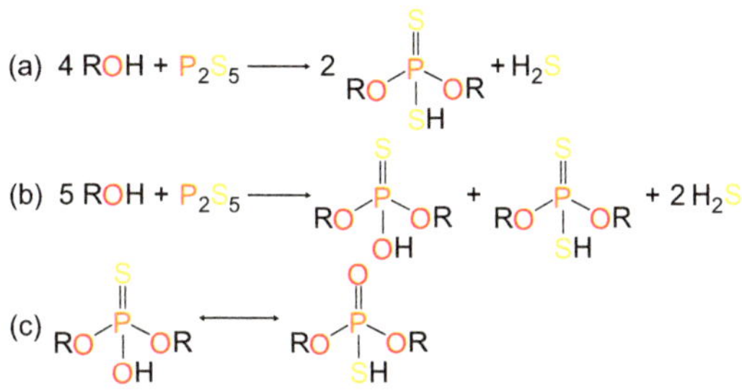

图8.37　不同加料比的五硫化二磷醇解和单硫代磷酸二酯的互变异构

（2）烷氧基硫代磷酰氯水解

三氯硫磷$PSCl_3$与醇反应时，可醇解其中不同数目的P—Cl，得到相应的烷氧基硫代磷酰氯。再在碱性条件下水解、经酸化即可得到硫代磷酸酯。烷基支链化程度越低，能醇解的P—Cl数目越多[127]。

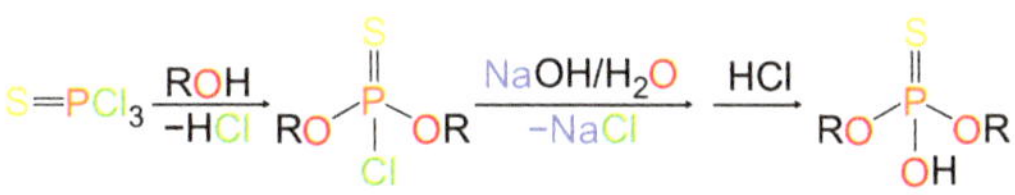

（3）硫代磷酸三酯水解

用三氯硫磷完全醇解，或用硫粉氧化亚磷酸三酯都可得到硫代磷酸三酯。在碱性条件下，控制硫代磷酸三酯水解程度，可得硫代磷酸单酯和二酯[122]。

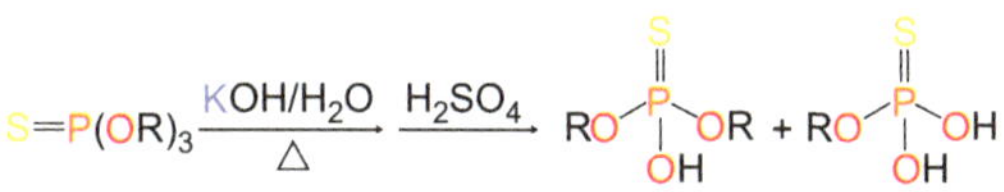

此反应的特征是容易水解过度，难控制，通常都得到难分离的混合物。与硫代磷酸三酯的水解类似，用硫代磷酸钠进行酯化也可得到硫代磷酸酯。如硫代磷酸三钠与卤代烷的酯化[122]。

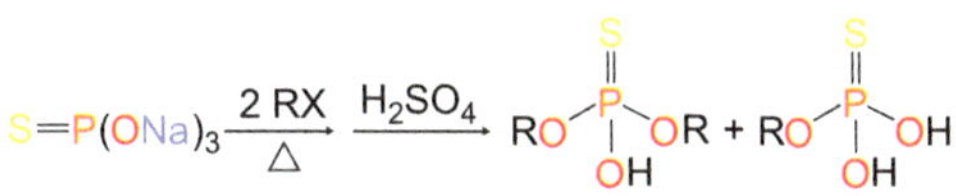

8.2.5.3　双(硫代磷（膦）酰基)亚胺

双(硫代磷（膦）酰基)亚胺的氮上连有两个强的吸电子基团，导致其上的H具有很强的解离能力，如$(PhO)_2P(S)NH(S)P(OPh)_2$的pK_a值为2.42[128]，其酸性比P204、P507更强。这类结构可归类到酸性磷萃取剂。这类结构合成过程复杂，难以用于湿法冶金萃取剂，但其具有萃取能力强、选择性高等优良特征，受到广泛关注。主要通过预先制成相应结构的磷（膦）酰氯，再进行胺（氨）解实现P的偶联。

（1）二烃基氯化膦氨解

预先制备二烃基氯化膦，再用二硅氮烷（如六甲基二硅氮烷$(CH_3)_3Si_2NH$）进行氨解，可使两分子二烃基氯化膦偶联，形成二膦基亚胺中间体，再经硫化，即可得到双(二烃基硫代膦酰)亚胺。

① 双(二芳基硫代膦酰)亚胺　预先制备二芳基氯化膦，再和二硅氮烷发生亲核取代反应，形成二膦亚胺中间体，用H_2O_2氧化可得P=O，用S_8氧化可得P=S[129]，如图8.38所示。

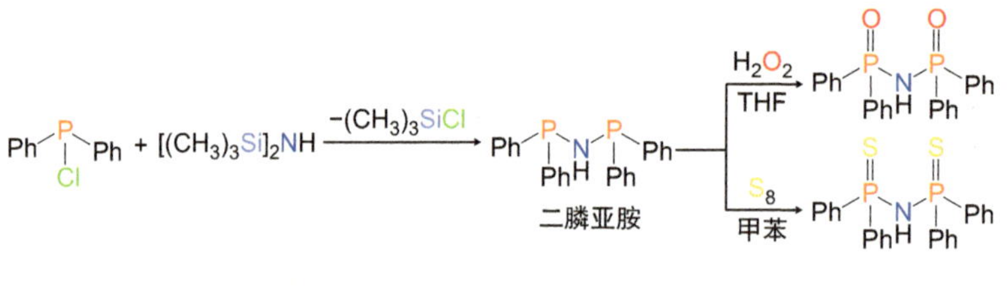

图8.38　双(二芳基硫代膦酰)亚胺的制备

② 双(二烷基硫代膦酰)亚胺　双(二烷基硫代膦酰)亚胺也可用图8.38所示方式得到四个烷基相同的结构。若要得到两个P中心连有不同烷基结构的，则可先单独制备带有不同烷基的二烷基氯化膦，再用混合物进行氨解偶联、硫化[128, 130]，如图8.39所示。

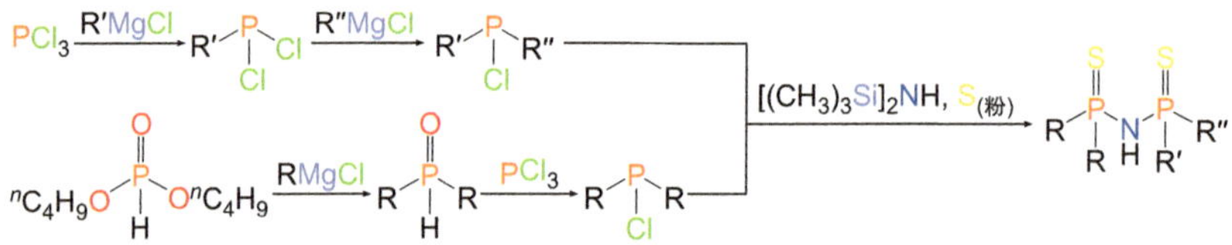

图8.39　双(二烷基硫代膦酰)亚胺的制备

位阻小的格氏试剂RMgCl与亚磷酸二酯反应时可形成二烷基氧膦，再用PCl_3还原、氯化可得二烷基氯化膦；位阻大的格氏试剂R′MgCl与PCl_3反应则可得到单烷基二氯化膦R′PCl_2，并进一步与其他结构R″MgCl反应生成R′R″PCl。R_2PCl与R′R″PCl用二硅氮烷氨解，再用硫单质硫化即可。

（2）硫代磷酰氯氨解

可以通过二烷氧基硫代磷酰氯的氨解反应得到双(二烷氧基硫代磷酰)亚胺[128]，如图8.40所示。

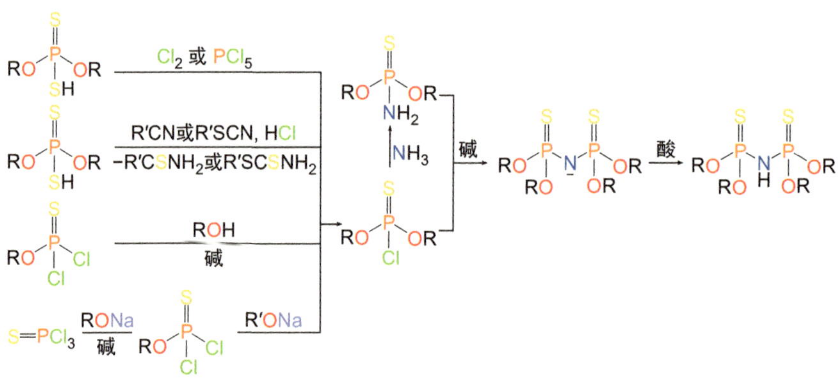

图8.40　硫代磷酰氯氨解制备双(二烷氧基硫代磷酰)亚胺

通过二硫代磷酸二酯一步或两步法氯化、烷氧基硫代磷酰二氯的醇解、硫代三氯氧磷与醇钠反应等，都可得到二烷氧基硫代磷酰氯，用NH_3处理，可得二烷氧基硫代磷酰胺；在强碱作用下，二烷氧基硫代磷酰胺与二烷氧基硫代磷酰氯发生氨解反应，酸化后即可得到双(二烷氧基硫代磷酰)亚胺。

8.2.6　其他几种含磷萃取剂的合成

近年来出现了多种不同类型的新型含磷萃取剂。尽管这些萃取剂结构复杂、合成步骤多，工业化应用还需要进一步探索，但因其通常具有较高的选择性，可为新萃取剂的发展提供方向，而受到广泛关注。这些新型萃取剂主要包括多磷原子萃取剂与含磷多官能团萃取剂[131]。

8.2.6.1　多磷原子萃取剂

前面的双(硫代磷（膦）酰)亚胺就属于双磷原子萃取剂。N不直接与P相连也能将两个磷原子连接成双磷结构，如*N*-正辛基亚氨基-*N*,*N*-二(亚甲基苯基次膦酸)（OADMPPA）[132]。这也属于*α*-氨基烷基含磷化合物，可用羰基化合物连接N和P来构建。如OADMPPA可用伯胺与两分子甲醛与苯基亚膦酸反应（即Mannich型合成法）。

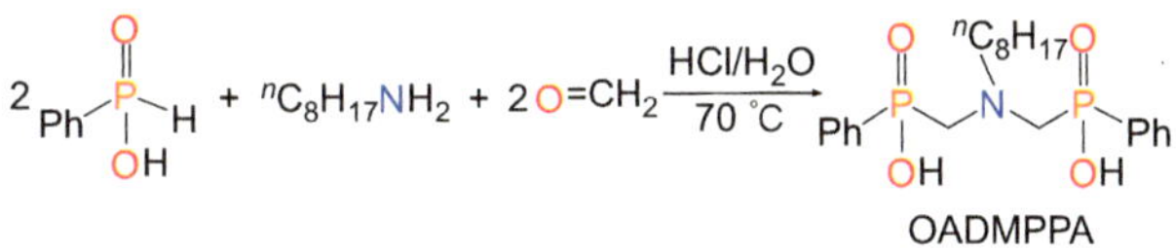

此反应可将单苯基次膦酸、正辛胺、浓盐酸、水加入反应器中，再加热搅拌至无色。再在回流搅拌下滴入甲醛水溶液，滴加完成后继续反应至完全。冷却后，下层出现黏稠状有机相，用稀盐酸洗涤数次后，再用柱色谱进一步纯化，最终得白色固体产品。类似的，文献中报道的多磷萃取剂还有很多，其合成方法与单磷萃取剂相似，但采用的是多官能团反应物。

8.2.6.2　含磷多官能团萃取剂

近年来，除磷中心作为萃取剂反应基团外，在其他位置引入能与金属离子结合的基团，也能改变分子结构对金属离子的萃取分离性能。这也是目前构造新型萃取剂的重要方向，如双官能团、三官能团、四官能团等多官能团萃取剂都有报道[131, 133-135]。这些萃取剂已有较多实验室研究，为实际应用提供了前期探索，在这里仅以少量例子说明这类化合物的合成基本方法。

（1）双官能团含磷萃取剂

这类分子中，包含一个P═O，因另一个基团的结构不同，其分子的构造方式差异很大。在含磷萃取剂分子中引入吡啶氮作为配位原子，能改变化合物对软金属离子的萃取能力，是被广泛关注的双官能团含磷萃取剂之一。可先用带有吡啶氮的碳负离子与P—Cl反应形成P—C键，再氧化P得到同时带有P═O与吡啶氮的化合物[131, 136]。如以2-甲基喹啉作为吡啶氮官能团，可制备出2-(二苯基次膦酰甲基)喹啉：

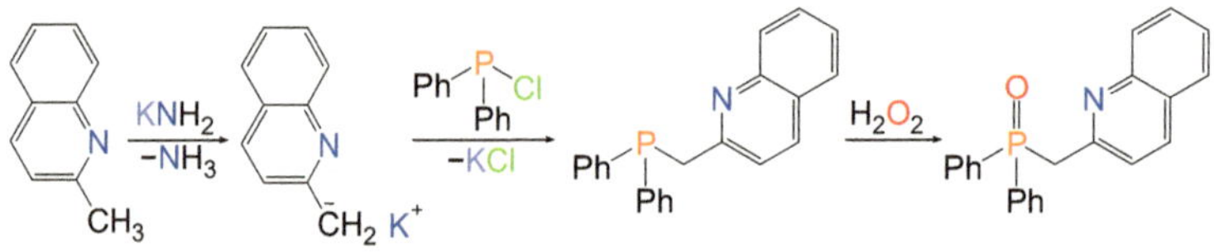

其合成工艺可按如下步骤进行：将2-甲基喹啉的无水THF溶液缓慢滴加到KNH_2液氨溶液中，然后加热反应完全，再缓慢滴入二苯基氯化膦，再搅拌回流反应。反应完成后，离心或过滤除去产生的KCl固体，再加入浓H_2O_2充分氧化，减压蒸馏除去溶剂。产物可以石油醚-丙酮为淋洗剂，用柱色谱法分离，再纯化。

（2）三官能团含磷萃取剂

在分子中引入酰氧，能有效增加分子对金属离子的萃取能力。如1,2-二苯甲酰基乙基(二苯基)氧化膦，可由苯甲酰基甲基(二苯基)氧化膦与溴代苯乙酮通过缩合反应合成。

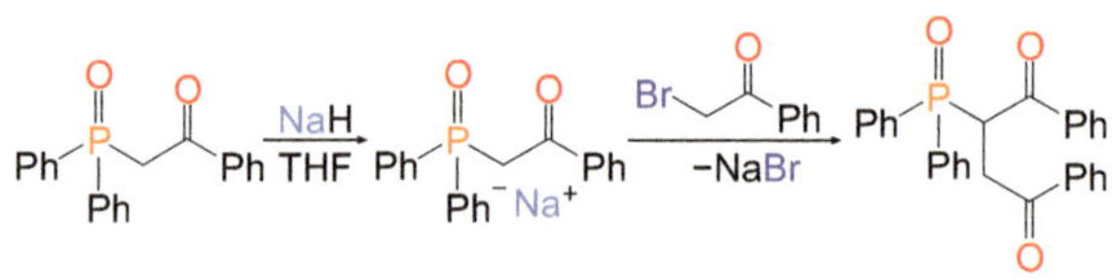

在氮气气氛下，用无水THF溶解苯甲酰基甲基(二苯基)氧化膦，用NaH处理得到碳负离子；缓慢滴入溴代苯乙酮的THF溶液，充分反应后产生NaBr白色沉淀；用NH_4Cl水溶液淬灭，减压蒸去THF、氯仿萃取、无水Na_2SO_4干燥、蒸去氯仿，用乙酸乙酯重结晶，即得白色针状产物。

（3）四官能团含磷萃取剂

在分子中引入更多能与金属离子配位的基团，可获得比单官能团萃取能力强2～3数量级的萃取剂，在湿法冶金行业和分析化学领域备受关注。如同时包含两个磷酰氧、两个碳酰氧配位基团的1,8-双(二苯基次膦酰基)辛-2,7-二酮（DPPODO）的合成：

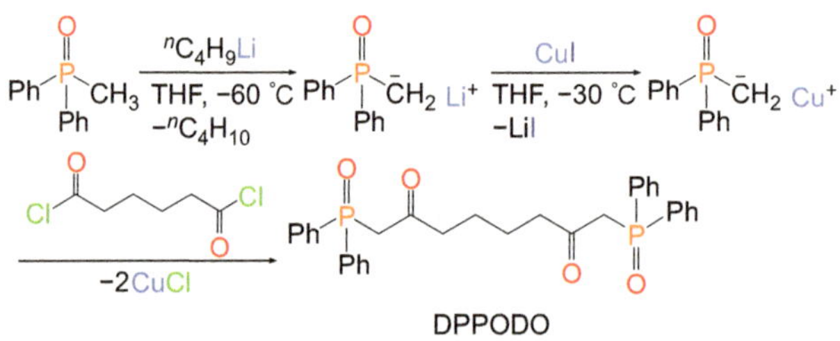

以预先制备出甲基(二苯基)氧化膦和己二酰氯为原料。用丁基锂处理甲基(二苯基)氧化膦得到$Ph_2P(O)CH_2Li$，然后与CuI反应制备出$Ph_2P(O)CH_2Cu$，再与己二酰氯反应即可制得DPPODO。由于锂试剂活性高，每个酰氯位点可能与两分子锂试剂反应形成带有更多P═O的副产物，因此这里用活性稍弱的铜试剂与酰氯反应。若与不同长度的二酰氯反应，则可获得长度不同的四官能团含磷萃取剂。如1,2-双(二苯基次磷酰基)十二-2,11-

二酮等[133]。

（4）带羧基酸性含磷萃取剂

含磷羧酸化合物分子中有两个位点，可单独或分子内协同参与金属离子的萃取，其对稀土金属离子Y(Ⅲ)的选择性萃取已被证实[137]。以2-羧基乙基苯基次膦酸为例，可用苯基二氯化膦与α,β-不饱和羧酸酯的β-加成制备[138]：

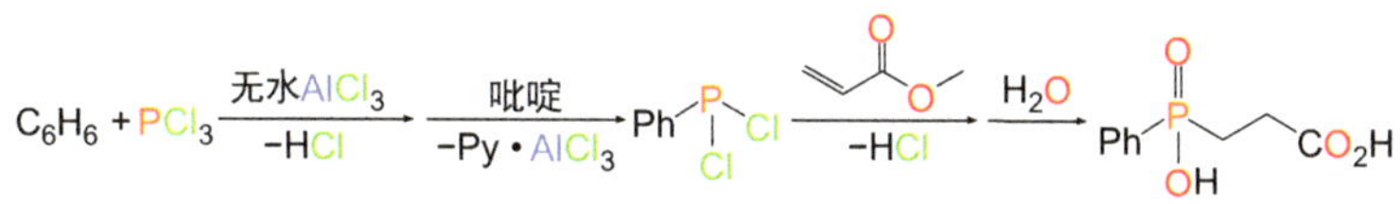

首先在无水$AlCl_3$作用下，PCl_3与苯发生亲电取代反应，可得苯基二氯化膦。再与丙烯酸酯经β-亲核加成反应，然后水解即可得2-羧基乙基苯基次膦酸。

若用亚磷酸二酯与α,β-不饱和羧酸酯反应还能得到2-烷氧酰基乙基膦酸二酯[139]，再经水解可进一步得到相应的2-羧基乙基膦酸二酯[140]。

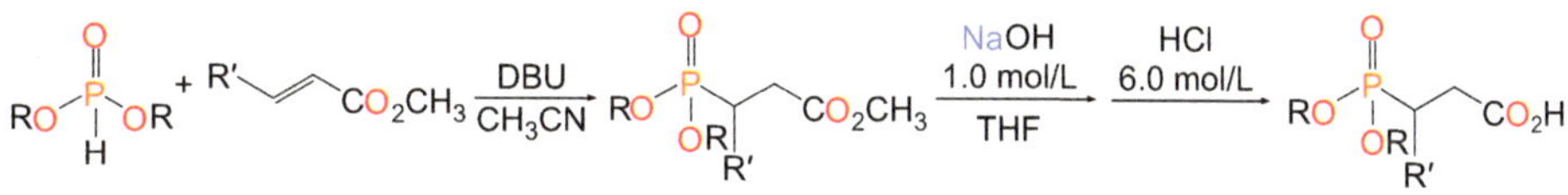

采用ω-Br取代羧酸酯与亚磷酸三酯反应，也可得到羧基烷基膦酸二酯[141]：

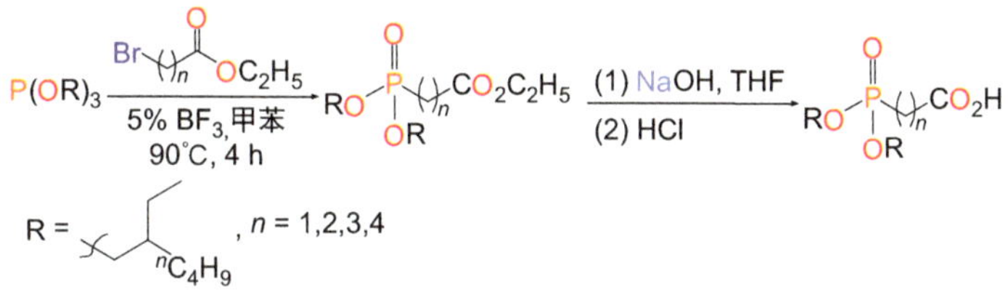

参考文献

[1] 陆熙炎. 磷型萃取剂的合成 [J]. 原子能科学技术, 1964, 5(06): 627-636.

[2] MONTCHAMP J L. Phosphinate chemistry in the 21st century: a viable alternative to the use of phosphorus trichloride in organophosphorus synthesis [J]. Accounts of Chemical Research, 2014, 47(1): 77-87.

[3] FLETT D S. Solvent extraction in hydrometallurgy: the role of organophosphorus extractants [J]. Journal of Organometallic Chemistry, 2005, 690(10): 2426-2438.

[4] 袁承业. 核燃料萃取剂的化学问题 [J]. 原子能科学技术, 1962, 4(12): 908-932, 946.

[5] 肖吉昌, 向绍基, 安华英. 一种三烷基氧化膦的连续制备装置和制备方法: CN111821932A [P]. 2020-10-27.

[6] RICKELTON W A, BOYLE R J. Solvent extraction with organophosphines: commercial & potential applications [J]. Separation Science and Technology, 1988, 23(12-13): 1227-1250.

[7] 韩磊. 三烷基氧膦的合成与萃取性能研究 [D]. 北京: 清华大学, 2006.

[8] 徐光宪, 袁承业. 稀土的溶剂萃取[M]. 北京: 科学出版社, 2010.

[9] 韩磊, 王海荣, 王建晨. 混合三烷基氧膦的合成和组分分析 [J]. 核化学与放射化学, 2006, 28(03): 169-173.

[10] GUSAROVA N K, MALYSHEVA S F, ARBUZOVA S N, et al. Synthesis of organic phosphines and phosphine oxides from elemental phosphorus and phosphine in the presence of strong bases [J]. Russian Chemical Bulletin, 1998, 47(9): 1645-1652.

[11] DAIGLE D J, VIGO T L, CHANCE L H. Synthesis of tris(*N*,*N*-dimethyl-2-carbamoylethyl)phosphine oxide [J]. Journal of Chemical & Engineering Data, 1973, 18(1): 108-108.

[12] RAUHUT M M, BERNHEIMER R, SEMSEL A M. The synthesis of tertiary phosphine oxides from elemental phosphorus [J]. The Journal of Organic Chemistry, 1963, 28(2): 478-481.

[13] ZHANG X, LIU H, HU X, et al. Ni(Ⅱ)/Zn catalyzed reductive coupling of aryl halides with diphenylphosphine oxide in water [J]. Organic Letters, 2011, 13(13): 3478-3481.

[14] KOOHGARD M, KARIMITABAR H, HOSSEINI-SARVARI M. Visible-light-mediated semi-heterogeneous black TiO_2/nickel dual catalytic C(sp^2)–P bond formation toward aryl phosphonates [J]. Dalton Transactions, 2020, 49(47): 17147-17151.

[15] LI C J, LÜ J, ZHANG Z X, et al. Copper-catalyzed C–P cross-coupling of secondary phosphines with (hetero)aromatic bromide [J]. Research on Chemical Intermediates, 2018, 44(7): 4547-4562.

[16] 李赢. 基于含四氢吡咯基团和咔唑基团的三芳基磷氧荧光温度探针合成与研究 [D]. 南京: 南京邮电大学, 2019.

[17] DUAN H, XU X, LENG K, et al. $AlCl_3$-catalyzed C-H p hosphination of benzene: a mechanistic study [J]. Applied Catalysis A: General, 2021, 611(5): 117943.

[18] LI C, WANG Q, ZHANG J Q, et al. Water determines the products: an unexpected Brønsted acid-catalyzed PO–R cleavage of P(Ⅲ) esters selectively producing P(O)–H and P(O)–R compounds [J]. Green Chemistry, 2019, 21(11): 2916-2922.

[19] RENARD P Y, VAYRON P, MIOSKOWSKI C. Trimethylsilyl halide-promoted Michaelis-Arbuzov rearrangement [J]. Organic Letters, 2003, 5(10): 1661-1664.

[20] RENARD P-Y, VAYRON P, LECLERC E, et al. Lewis acid catalyzed room-temperature Michaelis–Arbuzov rearrangement [J]. Angewandte Chemie International Edition, 2003, 42(21): 2389-2392.

[21] GRAYSON M, KEOUGH P T. Phosphonium compounds. Ⅱ. decomposition of phosphonium alkoxides to hydrocarbon, ether and phosphine oxide [J]. Journal of the American Chemical Society, 1960, 82(15): 3919-3924.

[22] ZHAO Y, FENG T, LI G, et al. Synthesis and properties of novel polyimide fibers containing phosphorus groups in the main chain [J]. RSC Advances, 2016, 6(48): 42482-42494.

[23] BAPTISTELLA L H B, ALEIXO A M. Stereocontrolled synthesis of the sex pheromone of *Nezara viridula* (L.) [J]. Liebigs Annalen der Chemie, 1994, 1994(8): 785-789.

[24] HERD O, HEßLER A, LANGHANS K P, et al. Wasserlösliche phosphane: Ⅱ. ein neuer syntheseweg für wasserlösliche sekundäre und tertiäre phosphane mit sulfonierten aromatischen resten - kristallstruktur von $P(p\text{-}C_6H_4\text{-}SO_3K)_3 \cdot KCl \cdot 0.5H_2O$ [J]. Journal of Organometallic Chemistry, 1994, 475(1): 99-111.

[25] BOURUMEAU K, GAUMONT A-C, DENIS J-M. P—H bond activation of primary phosphine-boranes: Access to α-hydroxy and α,α'-dihydroxyphosphine-borane adducts by uncatalyzed hydrophosphination of carbonyl derivatives [J]. Journal of Organometallic Chemistry, 1997, 529(1): 205-213.

[26] TSVETKOV E N, BONDARENKO N A, MALAKHOVA I G, et al. A simple synthesis and some synthetic applications of substituted phosphide and phosphinite anions [J]. Synthesis, 1986, 1986(03): 198-208.

[27] BLOOMFIELD A J, HERZON S B. Room temperature, palladium-mediated P–arylation of secondary phosphine oxides [J]. Organic Letters, 2012, 14(17): 4370-4373.

[28] 王元瑞. 磷、酰基自由基参与的烯烃双官能团化反应研究 [D]. 兰州: 兰州大学, 2021.

[29] STANKEVIČ M, PISKLAK J, WŁODARCZYK K. Aryl group – a leaving group in arylphosphine oxides [J]. Tetrahedron, 2016, 72(6): 810-824.

[30] WARNER C J A, BERRY S S, JONES S. Evaluation of bifunctional chiral phosphine oxide catalysts for the asymmetric hydrosilylation of ketimines [J]. Tetrahedron, 2019, 75(50): 130733.

[31] SASAKI M, COLLIN J, KAGAN H B. Reactions of P-Cl compounds in presence of SmI_2 [J]. Tetrahedron Letters, 1991, 32(22): 2493-2496.

[32] AUWER C D, CHARBONNEL M C, PRESSON M T, et al. XAS study of actinide solvent extraction compounds. Ⅱ: $UO_2(NO_3)_2(L)_2$ (with L=tri-isobutylphosphate, tri-*n*-butylphosphate, trimethylphosphate and triphenylphosphate) [J]. Polyhedron, 1998, 17(25): 4507-4517.

[33] ZHI H, NI S, SU X, et al. Separation and recovery of rare earth from waste nickel-metal hydride batteries by phosphate based extraction-precipitation [J]. Journal of Rare Earths, 2022, 40(6): 974-980.

[34] 李秀平, 贾晓川, 李晶. 磷酸三苯酯的应用及合成方法研究进展 [J]. 精细石油化工, 2013, 30(4): 83-86.

[35] 申冰洁. 醇钠法合成磷酸三丁酯、磷酸二异辛酯及磷酸三异辛酯的研究 [D]. 天津: 河北工业大学, 2017.

[36] 王燕, 马航, 何俊杰, 等. 磷酸三丁酯合成方法的研究进展 [J]. 磷肥与复肥, 2019, 34(04): 23-25.

[37] BURGER L L. The chemistry of tributyl phosphate: a review [R]. Richland, Wash: General Electric Company Hanford Atomic Products Operation, 1955.

[38] SEN N, SINGH K K, MUKHOPADHYAY S, et al. Continuous synthesis of tributyl phosphate in microreactor [J]. Progress in Nuclear Energy, 2020, 126: 103402.

[39] 张辉. 连续法合成磷酸三丁酯的研究 [D]. 天津: 河北工业大学, 2017.

[40] 杜翠红, 魏文珑. 磷酸三酯合成工艺的改进 [J]. 太原理工大学学报, 1998, 29(06): 58-60.

[41] 王家汉. 磷酸三酯及亚磷酸三酯的合成研究 [J]. 皮革化工, 1998, 15(05): 28-31.

[42] HUANG H, ASH J, KANG J Y. Tf_2O-promoted activating strategy of phosphate analogues: synthesis of mixed phosphates and phosphinate [J]. Organic Letters, 2018, 20(16): 4938-4941.

[43] ATHERTON F R, TODD A R. 129. Studies on phosphorylation: part Ⅲ further observations on the reaction of phosphites with polyhalogen compounds in presence of bases and its application to the phosphorylation of alcohols [J]. Journal of the Chemical Society (Resumed), 1947, 24: 674-678.

[44] MAGURA M, VOJTKO J, ZEMANOVá E, et al. Esterification kinetics of phenol with phosphoryl trichloride [J]. Collect Czech Chem Commun, 1989, 54(3): 608-615.

[45] JONES S, SELITSIANOS D. A simple and effective method for phosphoryl transfer using $TiCl_4$ catalysis [J]. Organic Letters, 2002, 4(21): 3671-3673.

[46] ANITHA T, ASHALU K C, SANDEEP M, et al. LiI/TBHP mediated oxidative cross-coupling of P(O)–H compounds with phenols and various nucleophiles: direct access to the synthesis of organophosphates [J]. European Journal of Organic Chemistry, 2019, 2019(45): 7463-7474.

[47] LI C Y CHEN T Q, HAN L B. Iron-catalyzed clean dehydrogenative coupling of alcohols with P(O)–H compounds: a new protocol for ROH phosphorylation [J]. Dalton Transactions, 2016, 45(38): 14893-14897.

[48] XIONG B, FENG X, ZHU L, et al. Direct aerobic oxidative esterification and arylation of P(O)–OH compounds with alcohols and diaryliodonium triflates [J]. Acs Catalysis, 2015, 5(2): 537-543.

[49] 刘凡. 稀土金属有机磷萃取剂的合成研究 [D]. 武汉: 湖北大学, 2014.

[50] 袁承业, 叶伟贞. 有机萃取剂的研究(Ⅴ): 甲基膦酸二异戊酯的合成 [J]. 原子能科学技术, 1963, 5(03): 179-182, 211.

[51] 胡文祥, 袁承业. 烷基膦酸二正己酯的合成及折光率研究 [J]. 中国药物化学杂志, 1994, 4(01): 51-56.

[52] ATHERTON F R, OPENSHAW H T, TODD A R. 174. Studies on phosphorylation: part Ⅱ the reaction of dialkyl phosphites with polyhalogen compounds in presence of bases. a new method for the phosphorylation of amines [J]. Journal of the Chemical Society (Resumed), 1945, 22: 660-663.

[53] 袁承业, 袁群. 有机磷化合物的研究Ⅶ: 二丁基膦酸酯的合成及其碱性水解反应 [J]. 化学学报, 1980, 38(04): 339-350.

[54] KOSOLAPOFF G M, STRUCK R F. 794. Diphosphine dioxides: part I. some representative diphosphine dioxides with a tetra-, penta-, and hexa-methylene bridge [J]. Journal of the Chemical Society (Resumed), 1959, 36: 3950-3952.

[55] KOSOLAPOFF G M, MCCULLOUGH J F. Comparison of hydrogen bonding abilities of some organic compounds of phosphorus [J]. Journal of the American Chemical Society, 1951, 73(11): 5392-5393.

[56] GERRARD W. 270. The interaction of *n*-butyl alcohol and the chlorides and oxychloride of phosphorus in the absence and in the presence of pyridine [J]. Journal of the Chemical Society (Resumed), 1940, 17: 1464-1469.

[57] 杨义燕, 王陈, 王芹珠, 等. 磷酰胺类化合物萃取醋酸 [J]. 应用化学, 1998, 15(02): 39-42.

[58] SAHA A, TIWARI N, DEB S B, et al. Selective liquid-liquid extraction of uranium by phosphoramidate-group bearing ionic liquid [J]. Chemistryselect, 2019, 4(26): 7691-7697.

[59] HE Y, ZHUO L, DENG S, et al. “Super moiety”-phosphoramidate in task-specific ionic liquids for effcient thorium separation through hybrid interaction [J]. Separation and Purification Technology, 2020, 252: 117466.

[60] XIE X, QIN Z, HE Y, et al. Significant enhanced uranyl ions extraction efficiency with phosphoramidate-functionalized ionic liquids via synergistic effect of coordination and hydrogen bond [J]. scientific reports, 2017, 7(1): 15735.

[61] 袁承业, 周国伟, 龙海燕. 有机磷化合物的研究 XIV: 合成烷基膦酸单酯衍生物的新方法 [J]. 化学学报, 1986, 44(03): 314-318.

[62] 曹美璇. 新型磷酰胺萃取剂的合成及其对稀土、钴、镍等离子的萃取分离 [D]. 秦皇岛: 燕山大学, 2016.

[63] 魏香香. 新型磷酰胺萃取剂的合成及其对锂、铈的萃取性能研究 [D]. 济南: 济南大学, 2022.

[64] 王永伟. 新型膦酰胺萃取剂的合成及其在铈、钍萃取分离中的应用 [D]. 沈阳: 辽宁大学, 2016.

[65] 邝圣庭. 不同位阻胺基膦萃取剂的合成及其对稀土的萃取 [D]. 合肥: 中国科学技术大学, 2019.

[66] 卢有彩, 张志峰, 李艳玲, 等. Extraction and recovery of cerium(Ⅳ) and thorium(Ⅳ) from sulphate medium by an α-aminophosphonate extractant [J]. Journal of Rare Earths, 2017, 35(01): 34-40.

[67] FIELDS E K. The synthesis of esters of substituted amino phosphonic acids1a [J]. Journal of the American Chemical Society, 1952, 74(6): 1528-1531.

[68] 焦崇峻, 沈宗旋, 孔黎春, 等. 杂多酸催化H_2O/THF或乙醚中三组分一锅煮合成α-胺基膦酸酯(英文) [J]. 化学研究, 2007, 65(04): 27-32.

[69] 申华, 于湛, 刘丽艳, 等. 烷基膦酸酯及衍生物的合成与应用 [J]. 辽宁大学学报(自然科学版), 2002, 29(02): 187-192.

[70] BIEL M C, KESSINGER R, SOMMER J, et al. Process for preparing an alkenylphosphonic acid derivative: US8318968B2 [P]. 2010-05-13.

[71] BOU ORM N, DKHISSI Y, DANIELE S, et al. Synthesis of 2-(arylamino)ethyl phosphonic acids via the aza-Michael addition on diethyl vinylphosphonate [J]. Tetrahedron, 2013, 69(1): 115-121.

[72] BESSEN N P, JACKSON J A, JENSEN M P, et al. Sulfur donating extractants for the separation of trivalent actinides and lanthanides [J]. Coordination Chemistry Reviews, 2020, 421: 213446.

[73] KHASKIN B A. Phosphorus-containing polysulphides (methods of synthesis and chemical properties) [J]. Russian Chemical Reviews, 1984, 53(8): 768-782.
[74] HAIDUC I, YOONG GOH L. Reactions of bis(thiophosphoryl)disulfanes and bis(thiophosphinyl)disulfanes with metal species: an alternative, convenient route to metal complex and organometallic dithiophosphates and dithiophosphinates [J]. Coordination Chemistry Reviews, 2002, 224(1): 151-170.
[75] MATLOKA K, SAH A K, SRINIVASAN P, et al. Design, synthesis and evaluation of carbamoylmethylphosphine sulfide (CMPS)-based chelates for separation of lanthanides and actinides [J]. Comptes Rendus Chimie, 2007, 10(10): 1026-1033.
[76] YAO J, WHARF R M, CHOPPIN G R. Solvent extraction of Eu(Ⅲ) and Am(Ⅲ) with thio and amide extractants [M]//NASH K L, CHOPPIN G R. Separations of f elements. Boston, MA: Springer, 1995: 31-42.
[77] 袁承业, 陆熙炎, 施莉兰, 等. 有机萃取剂的研究(Ⅰ): 二-(2-乙基己基)磷酸制备的研究 [J]. 原子能科学技术, 1962, 4(01): 1-11, 25.
[78] 沈国良, 高尚, 白云龙, 等. 磷酸二(2-乙基己基)酯的合成与应用研究 [J]. 化学工程师, 2020, 34(02): 54-58.
[79] PEPPARD D F, FERRARO J R, MASON G W. Preparation, physical properties and infra-red studies of several alkyl and aryl phosphoric acids [J]. Journal of Inorganic and Nuclear Chemistry, 1961, 16(3): 246-256.
[80] 杨英杰, 于丽颖, 成乐琴, 等. 磷酸二长链烷基酯的合成与工艺优化 [J]. 精细石油化工, 2000, 17(06): 11-14.
[81] 王景芸. 磷酸二异辛酯的合成研究 [J]. 化学与黏合, 2011, 33(04): 52-54.
[82] 张辉, 李效军. 脱水磷酰氯法合成磷酸二异辛酯 [J]. 化学试剂, 2017, 39(09): 1003-1006.
[83] 章丽娜, 肖红卫, 罗康碧. 磷酸单酯的合成和应用 [J]. 云南化工, 2006, 33(06): 87-89.
[84] 刘铃声, 武国琴, 许延辉, 等. P538(单烷基磷酸)从含少量稀土的废水中回收稀土 [J]. 稀土, 2001, 20(01): 17-19.
[85] 刘兴芝, 宋玉林, 龙海燕. P538萃取镓、铟、铊性能的研究[J]. 有色金属（冶炼部分）, 1992, 39(02): 28-29, 41.
[86] PEPPARD D F, MASON G W, ANDREJASICH C M. Applicability of certain organo phosphorus extractants to environmental and biological radioactivity surveys [J]. Journal of Inorganic and Nuclear Chemistry, 1963, 25(9): 1175-1189.
[87] 谢继发, 王国樑, 秦秀清, 等. 单环烷基磷酸(P536)的合成及制取混合氯化稀土的研究 [J]. 稀土, 1985, 6(01): 17-25.
[88] 陈飞, 于莹, 李胜兵, 等. 十六醇磷酸酯合成工艺研究 [J]. 日用化学工业, 2006, 36(05): 331-333.
[89] 强西怀, 廖银念, 刘琳琳, 等. 长链脂肪醇醚(5)磷酸酯合成新方法的研究 [J]. 日用化学工业, 2005, 35(06): 357-360.
[90] 王清成, 张欢, 杨定明, 等. 多聚磷酸法烷基磷酸酯的合成研究 [J]. 精细化工, 1998, 25(02): 48-50.
[91] NELSON A K, TOY A D F. The preparation of long-chain monoalkyl phosphates from pyrophosphoric acid and alcohols [J]. Inorganic Chemistry, 1963, 2(4): 775-777.
[92] 师亚宁, 赵永红, 张广良, 等. 十二烷基磷酸单酯的合成工艺研究 [J]. 印染助剂, 2017, 34(12): 13-16.
[93] 胡文祥, 袁承业. 烷基膦酸单酯的合成 [J]. 化学学报, 1996, 54(01): 77-83.
[94] 肖吉昌, 马恒励, 毛婷婷, 等. 一种烃基膦酸单烷基酯的合成方法: CN103073582A [P]. 2013-05-01.
[95] 袁承业, 叶伟贞, 马恒励, 等. 酸性磷(膦)酸酯的合成及其化学结构与萃取钕、钐、镱和钇的性能研究 [J]. 中国科学(B辑 化学 生物学 农学 医学 地学), 1982, 12(03): 193-203.
[96] HOFFMANN M. A Convenient synthesis of alkyl hydrogen 1-(benzyloxycarbonylamino)-alkanephosphonates [J]. Synthesis, 1986, 1986(07): 557-559.
[97] 雷梅芳, 朱长恩. 异烷基膦酸单(1-甲基)庚基酯的合成 [J]. 铀矿冶, 2009, 28(04): 203-208.
[98] FOX R B. Organophosphorus compounds: alkyldichlorophosphines [J]. Journal of the American Chemical Society, 1950, 72(9): 4147-4149.
[99] CLAY J P. A new method for the preparation of alkane phosphonyl dichlorides [J]. The Journal of Organic Chemistry, 1951, 16(6): 892-894.
[100] 叶伟贞, 许庆仁, 沈定璋. 高位阻有机磷萃取剂的研究Ⅲ: 叔丁基膦酸单烷基酯的合成及其结构与萃取镱、镥性能的关系 [J]. 应用化学, 1992, 9(05): 1-5.
[101] 叶伟贞, 许庆仁, 孙桂云, 等. 高位阻有机磷萃取剂的研究——Ⅰ.烃基膦酸单十六烷基酯的合成及其对钴(Ⅱ)、镍(Ⅱ)等金属离子的萃取性能 [J]. 应用化学, 1990, 7(04): 1-5.
[102] 肖吉昌, 杜若冰, 张燕辉, 等. 一种萃取体系、萃取方法及反萃取方法: CN103725880A [P]. 2014-04-16.
[103] 黄华林. 高纯二烷基次膦酸的合成及其稀土萃取分离性能的研究 [D]. 南宁: 广西大学, 2015.
[104] 刘澜. 二烷基次膦酸的合成及其萃取性能研究进展 [J]. 山西建筑, 2015, 41(35): 185-187.
[105] 胡文祥. 双烷基膦酸的合成和性质研究 [J]. 高等学校化学学报, 1994, 15(06): 849-853.
[106] 陈琪. 自由基加成法制备二烷基次膦酸的研究 [D]. 天津: 天津大学, 2004.
[107] 肖吉昌, 杜若冰, 王振兴, 等. 一种双烷基次膦酸类化合物或其盐的制备方法及用途: CN103694273A [P]. 2014-04-02.
[108] WILLIAMS R H, HAMILTON L A. Di-*n*-alkylphosphine oxides: Ⅰ synthesis [J]. Journal of the American Chemical Society, 1952, 74(21): 5418-5420.
[109] WILLIAMS R H, HAMILTON L A. Disubstituted phosphine oxides and disubstituted phosphinic acids: Ⅱ. the di-*n*-alkyl series1 [J]. Journal of the American Chemical Society, 1955, 77(12): 3411-3412.
[110] 肖吉昌, 杜若冰. 一种制备二烷基次膦酸或其盐的方法: CN112661789A [P]. 2021-04-16.
[111] WANG J, XU S, LI L, et al. Synthesis of organic phosphinic acids and studies on the relationship between their structure and

extraction–separation performance of heavy rare earths from HNO_3 solutions [J]. Hydrometallurgy, 2013, 137(5): 108-114.

[112] DU R B, AN H, ZHANG S, et al. Microwave-assisted synthesis of dialkylphosphinic acids and a structure-reactivity study in rare earth metal extraction [J]. RSC Advances, 2015, 5(126): 104258-104262.

[113] DU R, YU D, AN H, et al. α,β-Substituent effect of dialkylphosphinic acids on lanthanide extraction [J]. RSC Advances, 2016, 6(61): 56004-56008.

[114] 杨丽, 韩新宇, 毕成良, 等. 烷基次膦酸或其盐的合成方法的研究现状 [J]. 天津化工, 2009, 23(02): 1-3.

[115] GUOXIN T, YONGJUN Z, JINGMING X. Extraction of Am(Ⅲ) and Ln(Ⅲ) by dialkyldithiophosphinic acid with different alkyl groups [J]. Solvent Extraction and Ion Exchange, 2001, 19(6): 993-1005.

[116] 于奉先, 贾彩, 吴王锁, 等. 二烷基二硫代次膦酸的合成 [J]. 合成化学, 2008, 16(05): 558-560.

[117] MODOLO G, ODOJ R. Synergistic selective extraction of actinides(Ⅲ) over lanthanides from nitric acid using new aromatic diorganyldithiophosphinic acids and neutral organophosphorus compounds [J]. Solvent Extraction and Ion Exchange, 1999, 17(1): 33-53.

[118] 杨晓玲, 林强. 新型捕剂二烃基硫代次膦酸的合成及起泡性能 [J]. 广西化工, 1997, 26(02): 29-33.

[119] 薛红, 刘兴芝, 王淑坤, 等. 二(2-乙基己基)单硫代膦酸的合成及其对金属离子的萃取 [J]. 化学试剂, 1993, 15(03): 186, 190.

[120] XU Q, WU J, CHANG Y, et al. Extraction of Am(Ⅲ) and lanthanides(Ⅲ) with organo dithiophosphinic acids [J]. Radiochimica Acta, 2008, 96(12): 771-779.

[121] HIGGINS W A, VOGEL P W, CRAIG W G. Aromatic phosphinic acids and derivatives: Ⅰ. diphenylphosphinodithoic acid and its derivatives [J]. Journal of the American Chemical Society, 1955, 77(7): 1864-1866.

[122] 杨晓玲, 林强, 徐林坤, 等. 二烃基硫代磷酸铵的合成及起泡性能 [J]. 有色金属(选矿部分), 1999, 21(06): 15-18.

[123] 王帅, 王明月, 杨佳, 等. 有机磷选冶药剂的合成与应用 [J]. 矿产保护与利用, 2020, 40(02): 1-9.

[124] 王勇泉, 刘广义, 任恒, 等. 有机单(双)硫代磷(膦)酸类化合物的研究进展 [J]. 化工进展, 2013, 32(02): 433-440, 459.

[125] 林宜超, 何文绚, 赵飞, 等. *O,O*,-二(正丁基-2-乙基己基)二硫代磷酸的合成及其副产物的研究 [J]. 精细石油化工, 1992, 9(05): 30-35.

[126] 徐庆华. 二异丁基二硫代磷酸钠的合成研究 [J]. 山东化工, 2019, 48(22): 20-21.

[127] MILLER B. Phosphorothioates: Ⅰ. the reaction of phosphorochloridothioates with carboxylate and *t*-butoxide anions [J]. Journal of the American Chemical Society, 1960, 82(15): 3924-3928.

[128] 唐瑞仁. 双-(硫代磷酰基)亚胺的合成、结构与萃取性能研究 [D]. 长沙: 中南大学, 2001.

[129] WANG F T, NAJDZIONEK J, LENEKER K L, et al. A facile synthesis of imidotetraphenyldiphosphinic acids [J]. Synthesis and Reactivity in Inorganic and Metal-Organic Chemistry, 1978, 8(2): 119-125.

[130] CAMPBELL J, DALTON R F, QUAN P M. Process for extracting metals: US005393431A [P]. 1995-02-28.

[131] 冯银厂, 唐瑜, 甘新民, 等. 双官能团含磷萃取剂2-(二苯基氧化膦甲基)氮氧化喹啉的合成 [J]. 兰州大学学报, 1996, 32(02): 153-154.

[132] ZHAO J, SUI Y, PENG X, et al. A new diphosphonic acid extractant *N,N-n*-octylamine di(methylene phenylphosphinic acid) for extraction and separation of zirconium and hafnium in hydrochloric acid [J]. Journal of Radioanalytical and Nuclear Chemistry, 2020, 324(1): 339-348.

[133] 马立群, 姜新梅, 谭民裕, 等. 四官能团含磷萃取剂(DPPDDO)的合成及其对硝酸铀酰和硝酸钍的萃取性能 [J]. 兰州大学学报, 1996, 32(03): 163-164.

[134] 马立群, 谭民裕, 甘新民. 四官能团含磷萃取剂1,8-双二苯膦酰基-2,7-辛二酮(DPPODO)的合成 [J]. 兰州大学学报, 1997, 33(01): 135-136.

[135] 马立群, 谭民裕, 甘新民. 三官能团含磷萃取剂1,2-二苯甲酰基-乙基-二苯基氧化膦(DPDBEPO)的合成 [J]. 兰州大学学报, 1996, 32(03): 161-162.

[136] KARTHIKEYAN S, PAINE R T, RYAN R R. Model fluorogenic ligand-actinide and lanthanide coordination chemistry: formation and crystal and molecular structure of $[(i\text{-}C_3H_7O)_2P(O)CH(CH_2C_6H_4NO_2\text{-}p)C(O)N(C_2H_5)_2]UO_2(NO_3)_2$ [J]. Inorganica Chimica Acta, 1988, 144(1): 135-141.

[137] 廖伍平, 吴国龙, 张志峰, 等. 磷酰基羧酸或其盐用于分离钇的用途和方法: CN112458282A [P]. 2021-03-09.

[138] 李利芳, 曹梦, 韩长秀, 等. 几种有机次膦酸的制备原理 [J]. 天津化工, 2005, 26(04): 17-18, 21.

[139] YAO Q. Ti(*O-iso*Pr)$_4$ catalyzed hydrophosphonylation of activated alkenes by diphenyl H-phosphonate [J]. Tetrahedron Letters, 2007, 48(15): 2749-2753.

[140] WU G, ZHANG Z, LI Y, et al. Extraction and separation of yttrium from other rare earths in chloride medium by phosphorylcarboxylic acids [J]. Journal of Rare Earths, 2022, 40(6): 958-964.

[141] 王海涛, 邓必成, 邝圣庭, 等. 磷酰基羧酸分子中功能团间距对其萃取分离稀土性能的影响 [J]. 中国稀土学报, 2022, 40(06): 1056-1065.

第 9 章 含氮萃取剂合成

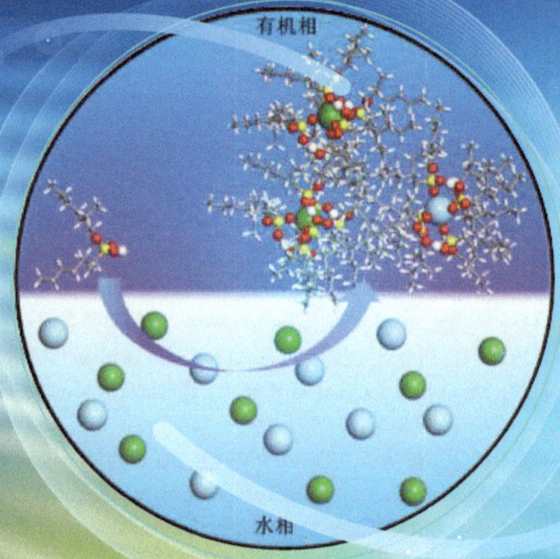

含氮萃取剂的特征是萃取剂的反应基团以氮原子为核心，通常由N、O、C、H等元素组成，包括，有机胺、季铵盐、肟、胍等。酰胺、磷（膦）酰胺、磺酰胺等也含有氮原子，但这些结构都以酰氧作为配位原子，与胺（铵）、肟性质差异大，而与羧酸、酯、磷（膦）酸酯、磺酸酯更相似，因此不将它们归为同一类。本章主要介绍胺（铵）、肟等以氮原子为反应基团核心的萃取剂的制备。

9.1 脂肪胺萃取剂的合成

脂肪胺萃取剂可以根据N原子上烷基数目进行分类，如伯（一级）、仲（二级）、叔（三级）、季（四级）就分别表示N原子上连有1、2、3、4个烷基；也可根据与N相连的碳原子结构进行分类，如仲碳伯胺、叔碳伯胺就分别表示与伯胺相连的碳原子带有2和3个支链。脂肪胺是性能优异的萃取剂，可用于稀土、乏燃料、有色金属等多种体系的萃取分离。作为应用广泛的金属萃取剂，多种胺类结构的萃取剂都被报道。表9.1所列为部分伯、仲、叔胺萃取剂。

表 9.1 一些被用于金属萃取的伯、仲、叔胺萃取剂名称和结构

类型	主要萃取剂	主要开发者
伯胺萃取剂[1-2]	Armeen-12D（C_{12}伯胺，其中混有C_4、C_{18}伯胺）、ArmeenD（C_{12}、C_{14}伯胺，含有C_8～C_{18}伯胺）、AIIH（混合伯胺） 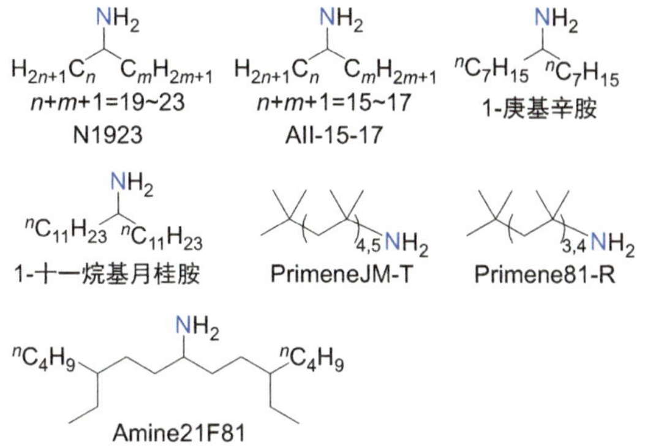 	Rohm and Haas Co. (US)、USSR、中国科学院上海有机化学研究所
仲胺萃取剂[2]	Armeen212（主要成分为二(月桂基)胺、二(1-壬基癸基)胺、*N*-(1-壬基癸基)月桂胺、*N*-(1-十一烷基月桂基)月桂胺、*N*-苄基十七胺、*N*-苄基(1-壬基癸基)胺、*N*-苄基(1-十一烷基)月桂胺 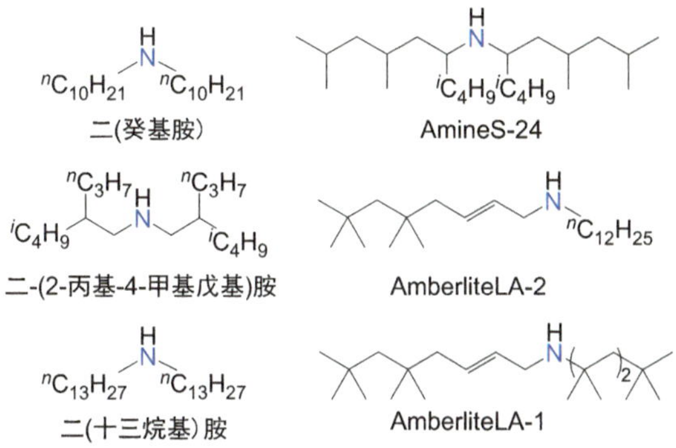 	Rohm and Haas Co. (US)、Union CarbideChem. Co. (US)、Eastman Organic Chemical (US)、Armour Chemical Division (US)、中国科学院上海有机化学研究所
叔胺萃取剂[3]	Alamine336三烷基（辛基或癸基）胺、N208（三庚胺）、N204（三辛胺）	General Mills, Inc.、中国科学院上海有机化学研究所

当分子量超过250（约十七个碳原子的胺）时，在水中溶解度大大减小，因此实际使用的胺类萃取剂分子量通常都在250～600之间。分子量的上限是受合成、溶解、容量等性质限制的，因此不能无限增加胺中的碳原子数。这些萃取剂中的很多都是石油化工产品，合成过程通常包含碳链骨架的构造与氨基基团的构造两部分。一般都是从相应的醇、酸出发，经胺化、氧化、氢化等步骤，最终得到相应的萃取剂。

胺类萃取剂种类众多、合成方法各异。就胺类化合物而言，多种有机反应都可实现N—C键的构造。但能用于萃取剂合成的N—C键构造的方法却是极其有限的，主要是卤代烃、醇的氨解，而氨基部分本身的构造主要是含氮化合物的还原、水解等。

9.1.1 卤代烃的胺化

卤代烃的氨解反应可以制备出伯、仲、叔、季等多级胺混合物，这些混合物可在常

压或减压下蒸馏得到各级胺的纯净物，即可得到适用于不同萃取体系的萃取剂[4]：

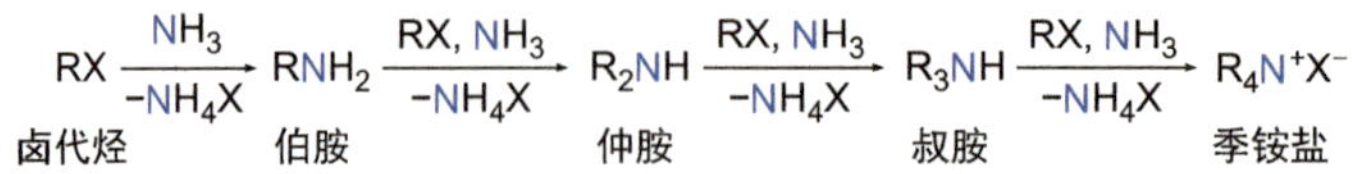

产物比例可通过反应条件、投料比、卤代烃结构进行调节。一般情况下，长碳链卤代烃（如卤代辛烷、卤代十二烷）的胺化得到伯胺和仲胺产物。反应温度、反应时间、溶剂、卤素种类等反应条件的影响规律是：高温、强碱通常可促进卤代烃的胺化。如以工业乙醇做溶剂，用溴代辛烷与液氨在160℃反应8h，产物中含75.5%的三辛胺以及3.7%的二辛胺；二辛胺与溴代辛烷在KOH存在下加热可转化为三辛胺，转化率可达78%[3]。

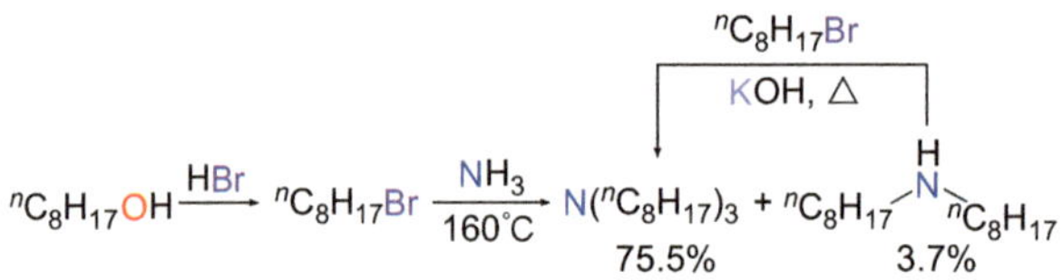

在此反应中先用HBr将$^nC_8H_{17}OH$转化为溴代烷，再与NH_3反应。

9.1.2 脂肪醇的氨解

与卤代烷的氨解类似，脂肪醇也可直接通过氨解得到相应的胺类化合物[4]。

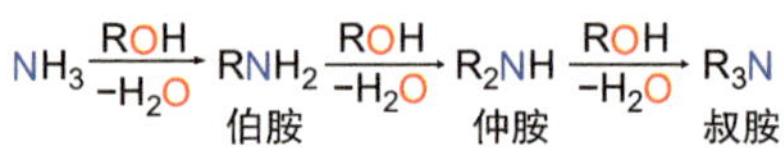

氨解反应中，醇的活性比卤代烷低，通常只能得到少量的叔胺，而无法得到季铵盐，但醇的氨解产生的H_2O、消耗的NH_3比卤代烷少。脂肪醇的胺化已用于工业化制备短碳链胺，反应可在连续高压设备中进行，产物是以伯胺、仲胺为主的多级胺混合物。若直接用仲胺与醇在高压气相下反应，则可以较高产率得到叔胺。脂肪醇胺化有多种可能的机理：有人认为是醇先脱氢为醛、酮，再进行反应；有人认为是醇先生成醚或烯烃，再与胺反应；有人认为是醇与胺（氨）在催化剂表面直接发生脱水反应；还有人认为随着反应物结构、反应条件、催化剂种类的改变，这些反应机理可能同时存在。

（1）先构建碳链再胺化

位阻越大、碳链越长的醇，胺化时越容易得到伯胺，而仲胺、叔胺产率都较低。可先用其他反应构造碳链，再用胺化反应制备出相应的伯胺萃取剂。如Amine21F81可用图9.1所示路线制备[1]。

Amine21F81是带有支链的仲碳伯胺，以2-乙基己醇、丙酮、氨为原料，先构造仲碳醇，再用醇的胺化即可获得。包括五个具体步骤：

① 铬酸酐-吡啶配合物氧化2-乙基己醇制备2-乙基己醛　先在反应器中加入无水干燥的吡啶以及干燥的CH_2Cl_2，保持温度低于20℃，加入CrO_3，搅拌形成配合物。再一

次性加入2-乙基己醇的二氯甲烷溶液，然后搅拌反应至完全。反应后用乙醚萃取、5% Na_2CO_3洗涤、5% HCl洗涤，水洗涤至中性。蒸去乙醚，收集158 ～ 162℃馏分即为2-乙基己基醛。

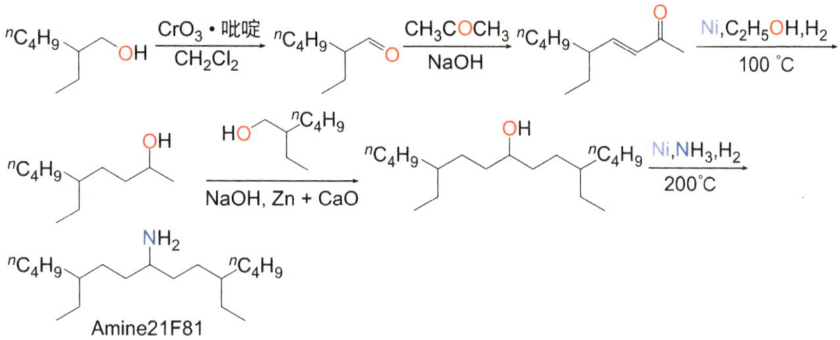

图9.1　由醇制备Amine21F81萃取剂

② 2-乙基己醛与丙酮缩合制备烯酮　先在反应器中加入丙酮和酸碱指示剂（可为0.1%麝香草酚酞乙醇溶液），加热回流下滴入2-乙基己醛和10%NaOH溶液，滴加过程中保持反应液呈碱性（指示剂显蓝色），滴加完成后继续在碱性条件下反应至完成（可补加NaOH溶液）。反应后用2mol/L 硫酸酸化至pH = 2 ～ 3，分出有机相，并用乙醚提取水相。合并后用5% $NaHCO_3$洗涤、水洗，无水Na_2SO_4干燥，蒸出乙醚后收集常压下224 ～ 228℃馏分，即为5-乙基壬-3-烯-2-酮。

③ 5-乙基壬-3-烯-2-酮氢化　在高压釜中加入5-乙基壬-3-烯-2-酮、镍催化剂、乙醇溶剂，然后充入氢气，室温下反应并随时补加氢气保持压强，再加热至100℃充分反应。冷却后滤去催化剂、蒸出乙醇、收集208 ～ 220℃馏分，即为5-乙基壬-2-醇。

④ 醇脱水缩合制备5,11-二乙基十五碳-8-醇　先在反应器中加入2-乙基己醇和研磨后的NaOH，回流后分出水相。再加入5-乙基壬-2-醇和CaO、锌粉，混合后继续反应至反应物为橙红色黏稠状液体。先用食盐水洗涤至中性，再用无水Na_2SO_4干燥，收集280 ～ 290℃馏分，即为5,11-二乙基十五碳-8-醇。

⑤ 醇的还原胺化制备Amine21F81　在反应釜中加入5,11-二乙基十五碳-8-醇和镍催化剂，抽去空气、先充入NH_3、再充入H_2，然后在200℃下反应。冷却后滤去催化剂，抽去过量的NH_3，收集110 ～ 114℃、40Pa馏分，即为Amine21F81。

从图9.1的反应可以看出，Amine21F81的制备关键在于碳链骨架的构建。制得5,11-二乙基十五碳-8-醇后，除还原胺化外，也可经氧化、肟化、还原制备。从2-乙基己醇出发，需经多步反应才能合成Amine21F81，导致产率较低，尤其是醇的脱水缩合，产率仅为24.6%。多步反应还容易导致多种副产物的引入。最终产物中Amine21F81纯度通常在80%左右。

（2）醇催化胺化制备三级胺

长碳链醇在催化氨解情况下，可直接得到以三级胺为主的产物，以正辛醇水解为例，在镍催化剂作用下，以正辛醇和NH_3按摩尔比3：1反应后可得以三正辛胺为主的产物[4]：

$$ {}^{n}C_8H_{17}OH \xrightarrow[180^{\circ}C,\ 8\ h]{NH_3,\ Ni(10\%)} \underset{0.6\ \%}{{}^{n}C_8H_{17}NH_2} + \underset{4.5\ \%}{({}^{n}C_8H_{17})_2NH} + \underset{62.5\ \%}{({}^{n}C_8H_{17})_3N} $$

反应可在高压釜中、镍催化剂存在下进行液相胺化，也可在气相加压胺化。反应产物与原料摩尔比、催化剂用量、醇的结构、反应温度等有关。辛胺与氨反应的产物中，叔胺含量达62.5%。

产物中，除各级胺和未反应的辛醇外，还有庚烷、甲烷、H_2、*N*-正辛基辛酰胺存在。这可能是由于反应过程中C—C键断裂生成庚烷和C_1化合物，后者在还原气氛下生成甲烷。正辛醇生成*N*-正辛基辛酰胺的可能过程是先氰化，再水解、氨解得酰胺，如图9.2所示。

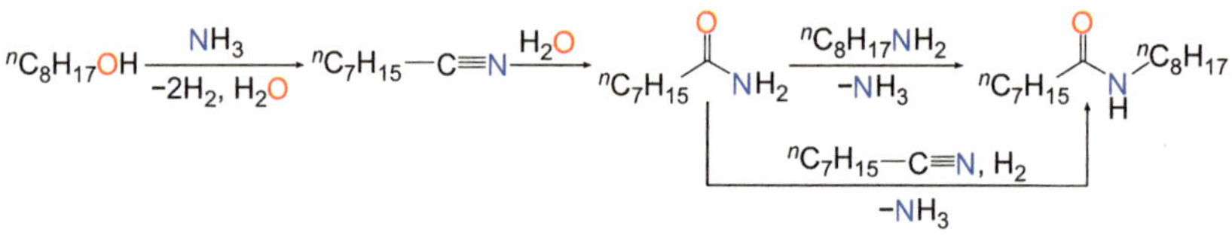

图9.2　醇经氰化、水解、氨解制备酰胺

N-正辛基辛酰胺与三正辛胺沸点相近，无法用精馏方法分离，是产物主要杂质。若直接使用预先制备的二辛胺与辛醇反应，也能高产率、高纯度地获得三辛胺。

9.1.3　腈或氰的转化

脂肪腈可通过脂肪酸及其衍生物或脂肪醇氨解脱氢制备，尤其是脂肪酸的催化氨解，因其操作简便、转化率高而得广泛应用。常用的催化剂有氧化铝、硅胶、氧化钍、磷酸钡等，而氧化铝、硅胶因其廉价、高效、寿命也较长，应用最为广泛。如正辛酸、月桂酸在400℃时硅胶催化下与过量NH_3反应生成辛腈、月桂腈的产率分别为91%、87%。脂肪腈直接氢化，可得亚胺、胺中间体，并在反应条件下发生各种转化[4]。

（1）氢化→胺化→氢化

由于脂肪腈氢化中间体的多种转化，产物通常是以伯胺与仲胺为主的伯胺、仲胺、叔胺混合物。产物中胺上烷基数目随碳链长度增加、支链化程度增加而减少；随反应温度增加而增加。如当反应温度低于150℃时，产物以伯胺为主；当温度为200～250℃时，产物以仲胺为主；当腈的碳原子数目超过12时，即使在高温下也只生成少量叔胺，转化过程如图9.3所示[4]。

从图9.3脂肪腈氢化过程的反应可以看出，反应体系中NH_3、H_2的存量对N上烷基化数目有重要影响。亚胺与伯胺反应形成仲胺，然后消耗一分子H_2，生成一分子NH_3；亚胺与仲胺反应生成叔胺，然后消耗一分子H_2，生成一分子NH_3。因此，若在反应过程中不断补充H_2、移除NH_3，则可增加仲胺、叔胺的产率。另外，用与腈烷基链相同的脂肪醇混合物在有气流循环装置的设备中进行加压氢化，在反应过程中可及时除去生成的NH_3和H_2O，也可提高产物中叔胺含量。

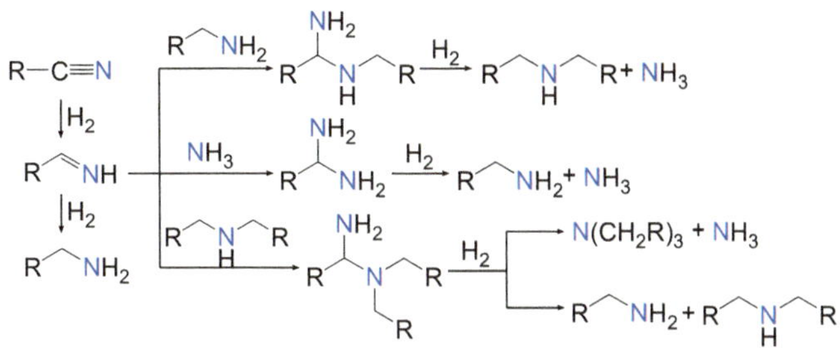

图9.3　脂肪腈氢化-胺化转化过程

另外，也可用脂肪酸氨解制备腈，再经液相氢化，可得仲胺为主的伯、仲、叔胺混合物。其中仲胺可与醇反应以较高产率得到叔胺，伯胺在氢化条件可生成仲胺。此工艺的优势在于，反应可在常压下进行，且可直接以石蜡氧化制得的廉价混合脂肪酸、脂肪醇为原料。

（2）无机氰的转化

无机氰与碳正离子反应时也可向分子中引入C—N键，经水解转化后也能获得伯胺。如Primene JM-T类似物N-116，可用烯烃和氰化氢在酸性条件下反应制备[1]，如图9.4所示。

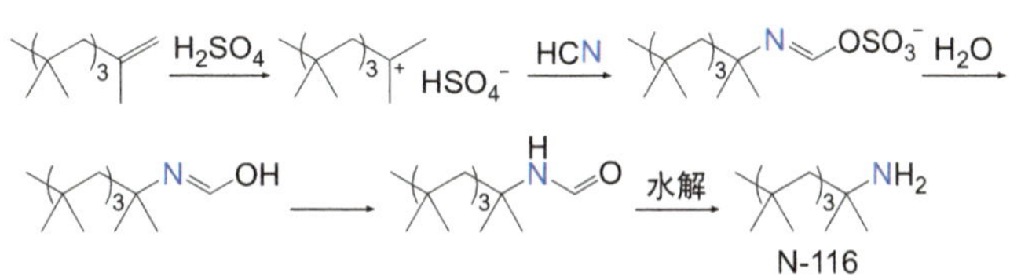

图9.4　烯烃与氰化氢反应制备胺萃取剂

图9.4所示反应的原料四聚异丁烯可直接来源于润滑油生产的副产品，容易获得。四聚异丁烯与HCN的酸性水解制备叔碳伯胺（N-116）的过程为：先在反应器中加入四聚异丁烯、NaCN、水，用冰水浴保持稳定在25℃左右滴入浓硫酸与冰醋酸混合物。滴加完成后，继续加热反应，反应物冷却至室温后，倾入冰水中，搅拌水解。用苯提取产物，并用水洗涤至中性，蒸除苯后，收集90～165℃ /53Pa馏分，可得淡黄色黏稠状液态的*N*-烷基甲酰胺。将*N*-烷基甲酰胺与8mol/L H_2SO_4混合后加热搅拌至水解完全，冷却至室温后导入冰水中。用浓NaOH溶液碱化，分去水相，并用苯提取水相，与有机相合并后、水洗至中性。蒸除苯后，收集80～135℃ /66Pa馏分，即为叔碳伯胺。在此反应中，若用乙腈代替HCN，则可得乙酰胺和相应的伯胺，但乙酰胺和目标产物伯胺的产率都较低，其原因可能是带多支链长烷基链烯烃的活性低，且乙酰胺水解困难。若改用三聚异丁烯或二聚异丁烯作为起始物质与乙腈反应，则可明显提高乙酰胺和伯胺的产率。

9.1.4 脂肪族羰基、硝基化合物的还原胺化

胺和氨都可与羰基化合物发生亲核加成反应，同一个碳原子同时连接一个羟基和一个氨基，或同时连接两个氨基的中间体。此中间体极不稳定，容易脱水或脱胺生成胺。

（1）羰基化合物与有机胺的还原胺化

伯胺、仲胺都能与醛、酮等发生加成反应，生成*α*-氨基醇；胺可进一步与*α*-氨基醇反应生成偕二胺；偕二胺可发生消除反应得到不饱和键。这些过程都是可逆的。此反应可在弱酸催化下进行，最常用的酸是乙酸。消除产物经加氢后即可得到相应的胺。如*N*-烷基六氢吡啶（叔胺）的制备，可用六氢吡啶与醛反应，先生成次甲基二胺化合物。当醛碳原子数目大于2时，则极易消除一分子六氢吡啶生成烯胺，氢化后即可得到*N*-烷基六氢吡啶[4]：

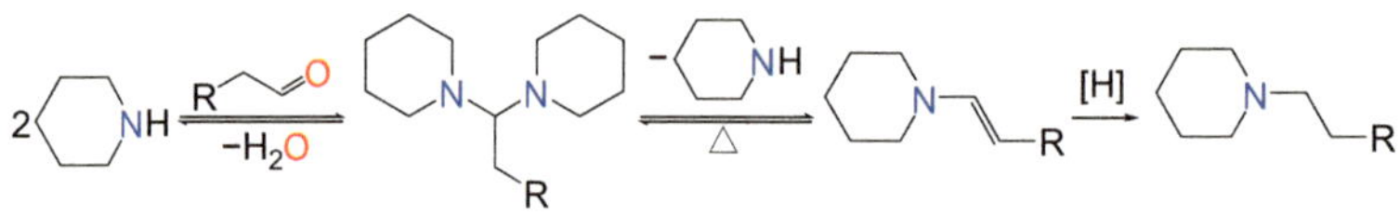

除直接使用羰基化合物的还原胺化外，脂肪族羰基化合物的还原胺化反应还可能存在于脂肪族醇氧化胺化过程中，并被用于解释醇的氨解产物。如脂肪醇与仲胺的反应过程，如图9.5所示[4]。

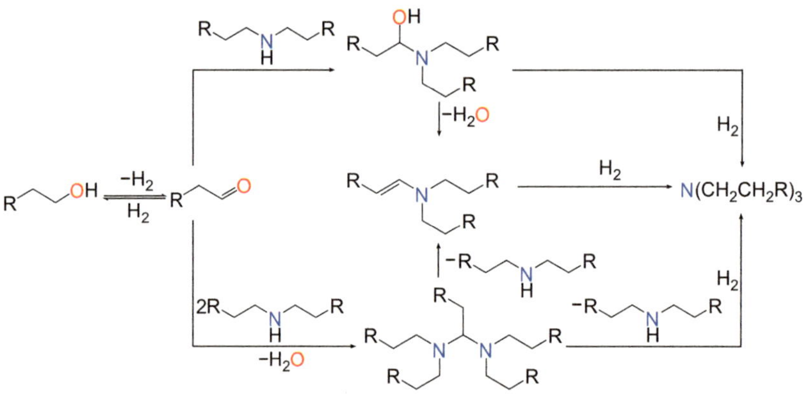

图9.5 脂肪醇与仲胺反应过程

如在镍催化剂存在下，脂肪醇先脱氢为醛，再与仲胺反应生成*α*-羟基胺或次甲基二胺中间体，两种中间体分别脱水或脱胺生成烯胺中间体，再氢化得到叔胺；*α*-羟基胺或次甲基二胺也可在H_2作用下脱水或脱仲胺而直接制得叔胺。

（2）羰基化合物与NH_3的还原胺化

与卤代烃、脂肪醇的氨解相似，羰基化合物的胺化也同时得到伯、仲、叔胺混合物。反应通常在加压下进行，产物以伯胺、仲胺为主。羰基化合物胺化及其产物之间可能的相互转化过程如图9.6所示[4]。

羰基化合物氨解产物与碳链结构和操作条件有关。如甲醛、乙醛、丙醛与NH_3发生

氨解时，可直接得到叔胺。若用长碳链羰基化合物反应，在高温、高NH_3压力、催化剂存在条件下反应较长时间，才能得到以叔胺为主的产物，但同时还得到沸点高于三烷基胺的副产物。这可能是由于还原胺化条件下，中间体发生的缩合、聚合等反应。这些副反应，可通过控制反应温度、反应时间、分批加入反应物等操作进行抑制。另外通过控制反应条件，还能得到以仲胺为主的产物。

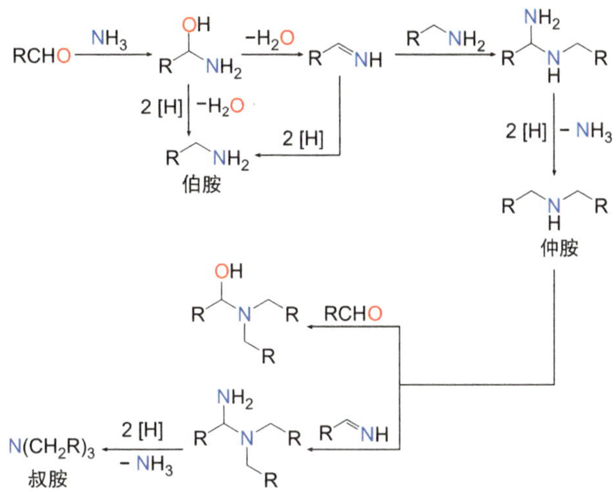

图9.6　羰基化合物氨解形成伯、仲、叔胺

（3）硝基化合物的还原

在前面的介绍中可以看到利用N亲核加成产物的氢化可以得到相应的胺。除此之外，利用硝基化合物的氢化也能获得伯胺化合物。如N-117（C_{17}仲碳伯胺）、N-125（C_{25}叔碳伯胺）的制备就可先用硝基甲烷与丁二烯加成聚合得到碳链，再氢化得到相应的伯胺，如图9.7所示[1]。

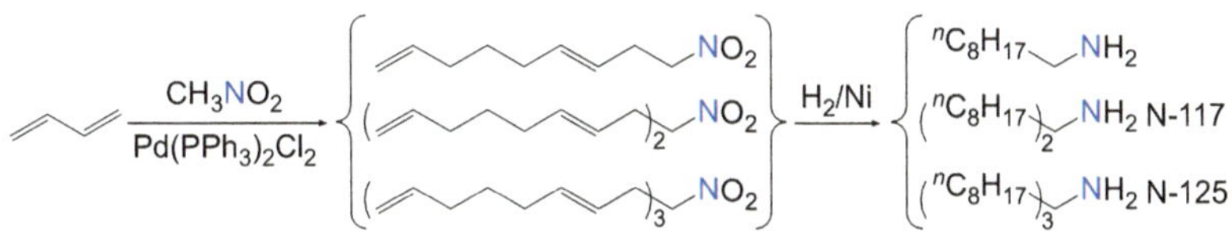

图9.7　硝基化合物制备及氢化制备伯胺

此法的优势在于原子经济性好，不足之处在于，需要消耗贵金属钯，原料丁二烯属于比较昂贵的烯烃，且产物为混合物。

9.1.5　脂肪酸热解制备脂肪胺

以脂肪酸为原料制备脂肪胺，通常是脂肪酸先经热裂解生成相应的酮，再经酮的胺化、还原即可得伯胺。羧酸的热裂解可在铁、锰等金属催化下进行。

（1）铁催化脂肪酸热解制备伯胺

酰胺直接氢化通常是C═O被还原成CH_2而得到相应的仲胺或叔胺。但酰胺的水解是

CO—N键的断裂，可得伯胺。如N1923的制备[1]：

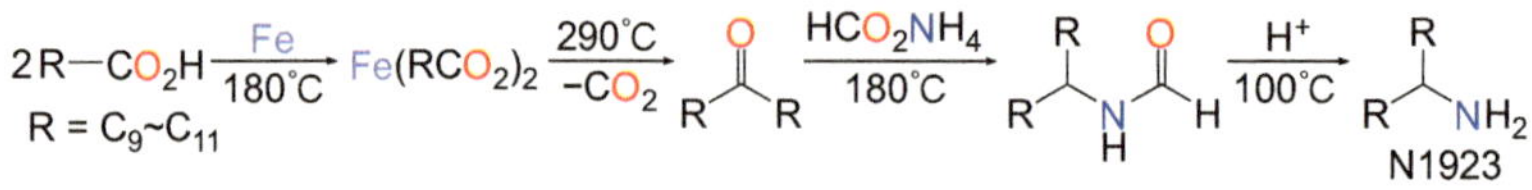

用两分子C_{10}～C_{12}混合酸在Fe催化下脱去一分子CO_2可得羰基化合物，与甲酸铵在高温下反应脱水即可得*N*-烷基甲酰胺，再经加热分解即可得N1923萃取剂。此法可分羧酸热解制备酮和酮胺化还原制备伯胺两个步骤。

第一步，亚铁盐热解制备二烷基酮。向反应器中加入铁粉、混合羧酸（113～125℃ /465Pa的馏分），然后依次在180℃、200℃、280℃下反应1、2、3小时。然后减压蒸馏蒸出酮。用$NaHCO_3$水溶液洗涤除去有机酸，再用水洗涤有机相至中性。蒸出溶剂后，减压蒸馏，收集155～162℃ /800Pa馏分，即为二烷基酮。

第二步，烷基酮胺化、还原制备伯胺（Leuckart反应）。在反应器中加入二烷基酮、甲酸铵，先在150～160℃反应1小时，再在180℃反应2小时，制备出*N*-烷基甲酰胺。减压蒸馏除去水，再用7mol/L硫酸酸化，并在100℃反应4小时。反应后缓慢加入NaOH溶液碱化至pH=12左右。用苯提取，再用水洗涤至中性，蒸出溶剂后，再收集120～140℃ /266Pa馏分，即为伯胺化合物。

此法与其他方法的一个重要区别在于：酰胺水解后，C(O)—N键断裂，N与N上烷基一起形成伯胺。

（2）氧化锰催化脂肪酸热解制备伯胺

除铁化合物外，用氧化锰做催化剂，也可实现羧酸热解得酮，再用NH_3、H_2胺化还原制备出N1923：

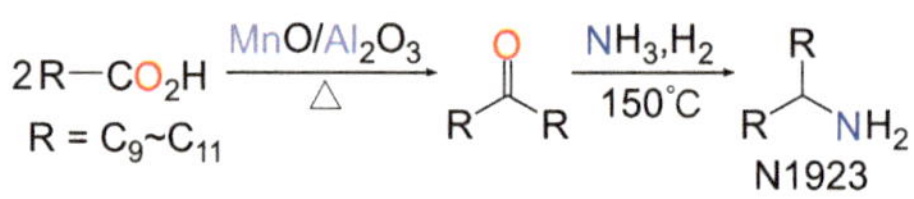

此法步骤少、产率高、操作简便，利于实现工业化。与铁催化相似，氧化锰催化脂肪酸热解制备伯胺的操作也分为热裂解制备酮和酮胺化、还原制备伯胺两步。

第一步，羧酸气相裂解制备酮。先用醋酸锰水溶液浸渍直径3～5mm氧化铝球，干燥后，于200℃、300℃、550℃分别烧灼2、2、6小时，制备出氧化铝负载的氧化锰催化剂。在不锈钢反应管中先加入氧化锰催化剂，预热至380～420℃，从反应管上端通入N_2，再缓慢滴入145～185℃ /2.66kPa馏分的羧酸，收集产物即得含游离羧酸的粗酮产品。用碱洗涤后，收集120～179℃ /133Pa馏分，即为二烷基酮。

第二步，酮胺化还原。在干冰冷却下，向高压反应釜中加入二烷基酮、液氨、镍催化剂、无水乙醇。然后充入氢气，逐渐升温至150～152℃反应，并补充H_2。反应完成后，泄压、过滤、蒸去乙醇，减压蒸馏收集105～175℃ /66Pa馏分，即为N1923[5]。

9.1.6 三级胺和季铵盐合成

前面提到的各种胺类萃取剂的合成方法，通常容易得到伯胺、仲胺，而难以得到三级胺，更难直接得到季铵盐。而三级胺和季铵盐在溶剂萃取中有广泛的应用，它们的制备是萃取剂合成的重要内容。在这里结合具体的萃取剂例子，介绍三级胺和季铵盐类萃取剂的合成。

（1）三级胺合成

除用调节反应化合物比例、提高反应温度和延长反应时间来获得高叔胺比例，还可用分离出的伯胺、仲胺进一步反应得到三级胺产物。如用混合脂肪酸制备N235萃取剂：脂肪酸与氨反应生成脂肪酸铵，脱水得酰胺，进一步脱水得腈，再与氢气反应，形成仲胺，仲胺与醇反应即可得到叔胺[5]。

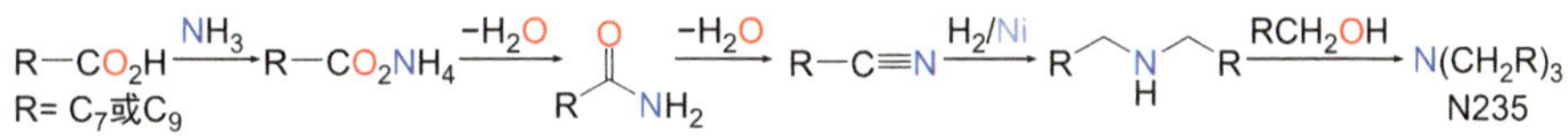

具体操作可以分为混合脂肪酸制备混合脂肪腈、混合脂肪腈氢化制备混合脂肪仲胺、混合仲胺与醇脱水制备混合三烷基胺（N235）三个步骤。

（2）季铵盐合成

季铵盐可用叔胺与卤代烷反应制备。如季铵盐萃取剂N263（$R_3N^+CH_3Cl^-$，其中R为C_8或C_{10}烷基），可由氯甲烷与N235在高压或常压下的季铵化反应制备[5]。

高压法：可在低温下，将液化的氯甲烷与N235混合后加入高压釜，再加热至100℃反应。常压反应：可在管式反应器中先加入N235，先通入氯甲烷，再升温至130℃反应。两种反应工艺产率相当，但由于常压反应需要持续通入氯甲烷，需加装回收装置。

9.2 苄胺与芳胺

带有芳基的金属试剂、醇、卤代烷的反应活性与烷基类似物都有不同，带芳基的胺的合成方法也有不同。根据芳基与N链接方式，主要包含*N*-烷基苄胺和N直接与芳基连接的芳香胺两类。

9.2.1 *N*-烷基苄胺

研究表明，由于溶解性的差异，*N*-烷基苄胺对铀的萃取率高于与之分子量相近的二烷基胺，在核燃料萃取方面有重要的潜在应用。苄胺的合成方法较多，如苄胺与2-溴

（或氯）代辛烷反应、2-氨基辛烷与苄氯（或溴）反应、苯腈氢化、苯甲醛还原胺化等。但苄氯胺化，副反应较多，产物除苄胺外还包括二苄胺和三苄胺，需纯化，其中苯腈氢化所需苯腈可经甲苯胺化氧化制备。图9.8所示为苯甲醛还原胺化制备*N*-(1-甲基庚基)苄胺[4, 6]。

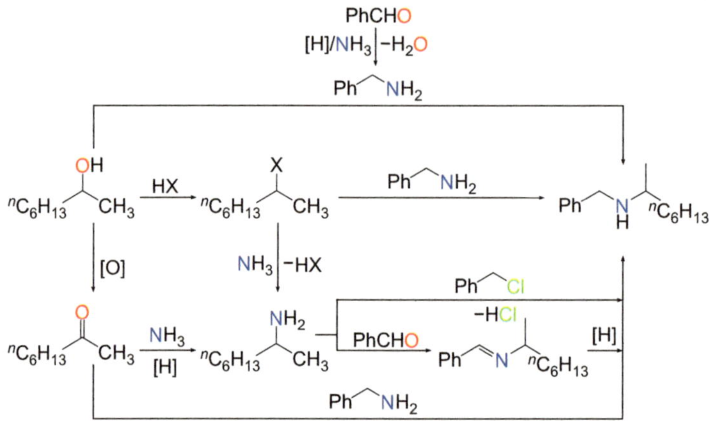

图9.8 苯甲醛与脂肪醇制备*N*-(1-甲基庚基)苄胺

这些苄胺型萃取剂合成方法的关键都是用N将苄基部分和脂肪基部分连接起来，参与反应的底物结构和类型决定了反应所需条件和途径。以苯甲醛和1-甲庚醇为原料制备*N*-(1-甲基庚基)苄胺，根据反应路线不同，需要制备苄胺、2-氯辛烷、2-溴辛烷、2-辛酮、1-甲庚胺、*N*-(1-甲基庚基)苄亚胺等中间体，然后再制备*N*-(1-甲基庚基)苄胺。

（1）苯甲醛胺化还原制备苄胺

将依次用$NaHCO_3$和水洗涤的苯甲醛与乙醇、雷尼（Raney）镍等加入高压釜中，通入液氨，在室温下搅拌反应。再通入H_2，加热到100℃反应，反应至H_2压力不降低，继续反应至完全。冷却后，滤去催化剂，先加热除去乙醇溶剂，收集183～187℃馏分，即为苄胺。

（2）由1-甲庚醇制备2-氯辛烷或2-溴辛烷

向反应器中加入无水$ZnCl_2$、浓盐酸，保持温度为10～15℃，再缓慢滴入1-甲庚醇，滴加完成后保持温度不变继续搅拌6小时。室温下放置过夜，再加热回流1小时，冷却后，分去水相，依次用水、浓硫酸、水、饱和$NaHCO_3$溶液、水洗涤。用无水Na_2SO_4干燥后收集70～75℃ /3.19kPa馏分，即得2-氯辛烷。

醇的溴化制备溴代烷可用溴-红磷、溴化氢两种方法实现。溴-红磷法操作过程为：先将红磷、1-甲庚醇加入反应瓶中，室温搅拌下滴入液溴，滴加完成后在100～110℃条件下反应完成，冷却至室温后滤去固体，用水蒸气蒸馏法蒸出产品，分去馏分水层，然后依次用浓盐酸、水、Na_2CO_3溶液、水洗涤，用无水$CaCl_2$干燥，再减压蒸馏，收集91～93℃ /3.5kPa馏分，即为2-溴辛烷。溴化氢法的操作过程为：向反应器中先加入48%氢溴酸、浓硫酸、1-甲庚醇，加热回流2小时，冷却后分去水相，并用水蒸气蒸馏，馏分处理方式与溴-红磷法相同。

（3）*N*-(1-甲基庚基)苄胺制备

利用各种中间体制备*N*-(1-甲基庚基)苄胺的方法主要有：苄胺烷基化、苄氯与1-甲基庚胺胺化、苯甲醛与1-甲基庚胺还原胺化、2-辛酮与苄胺还原胺化、*N*-(1-甲基庚基)苄亚胺氢化等五种方法。

① **苄胺烷基化**。将苄胺、2-溴辛烷的混合物置于反应器，先在室温下搅拌反应1小时，然后在100℃下反应1小时。冷却后加入无水乙醚并过滤。滤饼为苄胺氢溴酸盐，先用10% NaOH溶液碱化，再用少量乙醚提取，分去水层，用NaOH干燥，然后收集183～187℃馏分，为未反应的苄胺。滤液依次用10% NaOH溶液碱化、水洗涤、NaOH干燥。然后先常压蒸馏，回收183～187℃苄胺馏分，再减压蒸馏收集146～156℃ /800Pa馏分，即为*N*-(1-甲基庚基)苄胺。

② **苄氯与1-甲基庚胺胺化**。将苄氯和1-甲基庚胺按1∶3摩尔比加入反应器中，先在室温下搅拌1小时，再在100℃下反应6小时。冷却后用10% NaOH溶液碱化，再用水洗涤至中性，并用无水Na_2SO_4干燥。减压蒸出低沸组分，再收集145～157℃、665Pa馏分，即为*N*-(1-甲基庚基)苄胺。低沸组分在常压蒸馏回收163～166℃馏分1-甲基庚胺。在反应中，加入无水K_2CO_3增加反应体系的碱性，用苄氯、胺、K_2CO_3按1∶2∶1也能获得较好的反应结果。但两种条件下，若按苄氯和胺1∶1比例反应则*N*-(1-甲基庚基)苄胺产率显著降低。

③ **苯甲醛与1-甲基庚胺还原胺化**。先将苯甲醛、1-甲基庚胺与雷尼镍混合物加入高压釜中，通入氢气。在120℃、5MPa下反应，待氢气压强不再降低时，继续反应3小时。冷却、泄压后，滤去固体，再减压蒸馏收集140～142℃ /665Pa馏分，即为*N*-(1-甲基庚基)苄胺。

④ **2-辛酮与苄胺还原胺化**。此反应和③中苯甲醛与1-甲基庚胺还原胺化的操作相同。

⑤ ***N*-(1-甲基庚基)苄亚胺氢化**。亚胺结构稳定性差，用于氢化的亚胺制备后应立即进行氢化。先将苯甲醛、1-甲基庚胺混合物加入反应器中，在130℃下反应2小时。反应后减压蒸馏收集138～140℃ /665Pa馏分，即为亚胺$C_6H_5CH{=}NCH(CH_3)C_6H_{13}$。然后将亚胺、乙醇、雷尼镍混合物加入高压釜，在120℃、6MPa氢气压强下反应完全。冷却后滤去固体，减压蒸去溶剂，再收集142～143℃、665Pa馏分，即为*N*-(1-甲基庚基)苄胺。

9.2.2　芳香胺

芳香胺类化合物可用于贵金属铂、钯、铑等金属离子萃取，其合成方法也受到广泛关注。最简单的芳胺即苯胺，在水相中有较大溶解性。这类萃取剂合成的关键就是在芳环上引入氨基和烷基。芳香胺通常有两种合成路线，即芳环的硝化-还原和芳胺的烷基化[7,8]。下面以正辛基苯胺为例加以说明。

（1）芳环的硝化-还原

这种方法以烷基苯为原料，硝化后还原即得芳香胺。

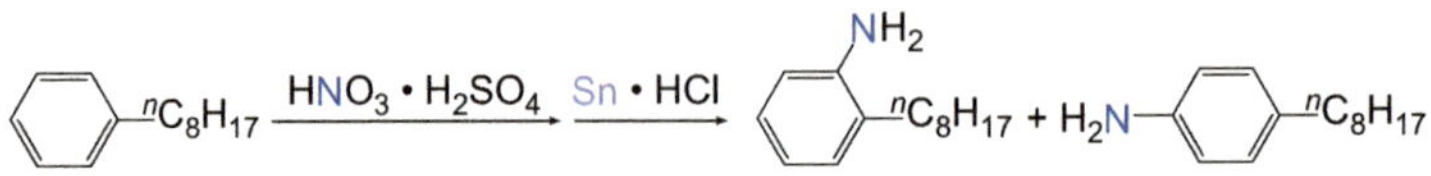

正辛基硝基苯制备过程为：保持温度在40～50℃，将正辛基苯与浓硝酸和浓硫酸混合物逐渐滴入反应器中，然后在55～60℃下继续反应40分钟。稍冷后将反应物倒入冰水中，用乙醚萃取三次，无水$MgSO_4$干燥。蒸去乙醚，得淡黄色液体即为邻、对硝基正辛基苯混合物。正辛基硝基苯还原过程为：保持体系稳定在20℃左右，向反应器中加入正辛基硝基苯、金属锡，再分次加入浓盐酸，并不断振荡。然后在100℃下反应1小时，冷却后缓慢加入37.5% NaOH溶液，再在50～60℃下碱化。冷却后用等体积水稀释、过滤，用乙醚洗涤固体物，并用乙醚萃取滤液三次，合并有机相。用无水$MgSO_4$干燥后蒸去乙醚，即得邻、对正辛基苯胺的淡黄色液体混合物。

（2）芳胺的烷基化

苯胺的烷基化反应可在$ZnCl_2$催化下用正辛醇与苯胺反应。

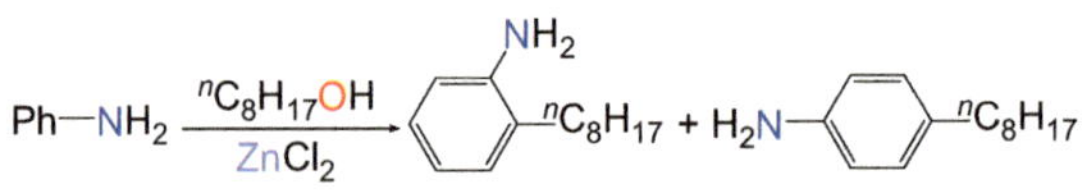

$ZnCl_2$催化正辛醇与苯胺反应的操作过程为：将新蒸的苯胺、正辛醇、无水$ZnCl_2$加入反应器中。然后在氮气保护下，加热至255℃反应21小时。冷却后，用120g/L稀硫酸处理反应液，然后将混合液倒入冰水中。调节反应液至中性，分去水相，并用乙醚萃取一次水相。合并有机相后用NaOH干燥，蒸去乙醚，即得邻、对正辛基苯胺淡黄色液体混合物[9]。

（3）邻、对正辛基苯胺的分离

由于芳环上亲核或亲电取代反应的定位效应，烷基苯的硝基化与苯胺的烷基化都是倾向于生成邻、对位产物，因此两种方法得到的产物都是邻、对正辛基苯胺混合物。烷基苯硝化-还原的邻、对位产物产率分别为21%和40%，苯胺烷基化邻、对位产物产率分别为3%和20%。邻、对正辛基苯胺在稀硫酸中的溶解度不同，可据此实现两者的分离。操作过程为：先用10%硫酸处理混合物，得到油状沉淀物，用水洗涤，搅拌后过滤。沉淀中主要是对位产物，滤液中主要是邻位产物。所得白色固体物用无水乙醇重结晶，即得对正辛基苯胺硫酸盐。用20% NaOH处理硫酸盐，搅拌2.5小时，然后加热至60℃，得到油状物，用乙醚提取三次。然后用无水$MgSO_4$干燥后，再蒸去乙醚即得对正辛基苯胺。用乙醚提取滤液，用无水$MgSO_4$干燥，蒸去乙醚即得邻正辛基苯胺。

9.3 多胺的合成

多胺（指含有多个N原子的胺）萃取剂具有与单胺（指含有1个N原子的胺）相似

的结构和萃取性能。与单胺相比，多胺类萃取剂分相性能更好，且由于具有更高的官能团密度而具有更高的饱和容量，因此受到广泛关注。根据多胺的结构特征，可将多胺分为环状多胺和非环状多胺[10, 11]。

9.3.1　烷基多胺

从反应类型角度来看，烷基多胺与单胺的合成方法相同，只是胺化的位点同时发生在分子中多个N的位置。如用二亚乙基三胺与溴代烷在碱存在下反应，即可得 *N,N,N′,N″,N″*-五烷基二亚乙基三胺[10]。

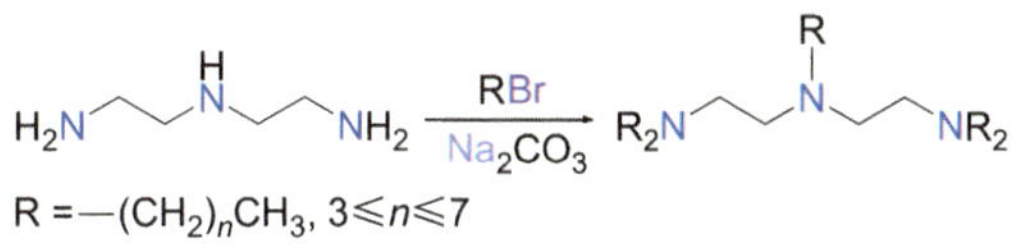

操作过程为：先在反应器中加入二亚乙基三胺、无水Na_2CO_3、无水乙醇。然后升温至75℃，再滴入溴代正烷烃。反应完成后，滤去固体物，减压蒸馏除去乙醇和未反应的溴代烷。用10% NaOH洗涤后，残留物分为上、中、下三层，其中上层为黄色油状液体。分液后，用环己烷萃取中、下层三次，并与上层合并。用10% NaOH洗涤2次、水洗涤1次，无水Na_2SO_4干燥，减压蒸去溶剂，即得五烷基二亚乙基三胺粗品。粗品可用氯仿-甲醇为流动相在硅胶色谱柱上进行纯化。

除卤代烷的胺化外，醇与多胺的胺化反应，也能制得多胺萃取剂。反应时，为了提高产率，可将醇与氯磺酸或浓硫酸反应制备成硫酸酯[12]。但由于醇及其酯的活性比溴代烷低，可能导致N—H键转化不完全。

9.3.2　环状多胺

环状多胺也称全氮冠醚，与金属离子具有较强的配位结合能力，被广泛用于医药、酶模拟、放射性标记、金属离子萃取等。其合成方法，早在20世纪60年代就有报道。环状多胺的早期合成方法有高度稀释法和模板合成法两种。高度稀释法是将反应物在惰性溶剂中保持在10^{-5}mol/L左右，在高度稀释条件下，容易发生分子内成环反应。模板合成法是利用金属离子配位作用促进成环反应。高度稀释法溶剂消耗量大、成本高、收率低、不适用于大量制备；模板合成法容易引入不易除去的杂质，且无法用于没有模板的环状多胺的制备。两种方法都难以适用于萃取剂的合成。以四氮环状多胺为例，报道较多的合成方法有二硫代乙二酰二胺法、醛胺缩合法等[13]。

（1）二硫代乙二酰二胺法

二硫代乙二酰二胺法制备四氮环状多胺的操作过程为：在乙醇溶液中，将二硫代乙二酰二胺与过量的溴乙烷反应，得到二硫代乙二酰二铵的溴盐；再与三亚乙基四胺反应形成三环双脒；最后用具有区域选择性的还原剂氢化二异丁基铝（D*i*BAlH）进行还原即可。

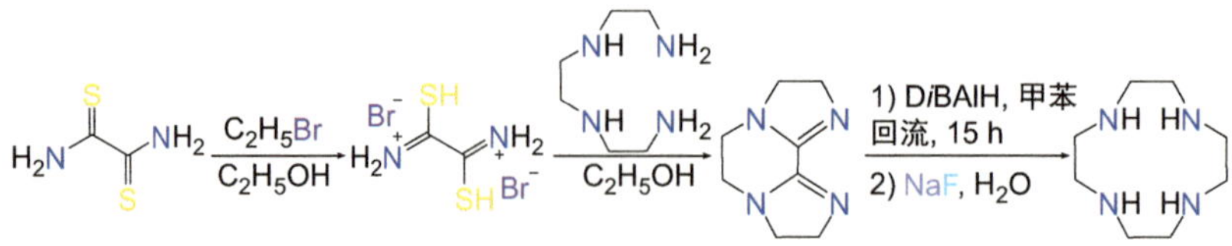

此法的优势在于，不需要使用金属模板，也不需要官能团保护，产物纯度较高，但需要用到对湿度敏感且价格较高的D*i*BAlH，适合实验室少量制备。除此之外，可用草酸二乙酯与三亚乙基四胺缩合关环，再用乙硼烷还原，制备四氮环状多胺。

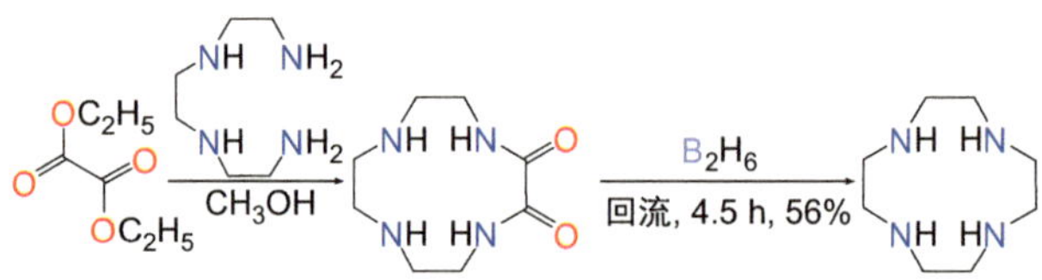

在上面反应中，若预先在三亚乙基四胺上引入取代基，则可在产物中引入相应的结构。

（2）醛胺缩合法

醛胺缩合法是用乙二醛水溶液或乙二醛与亚硫酸氢钠的加成产物和线性多胺为原料，经缩合后直接得到相应的环状多胺化合物。

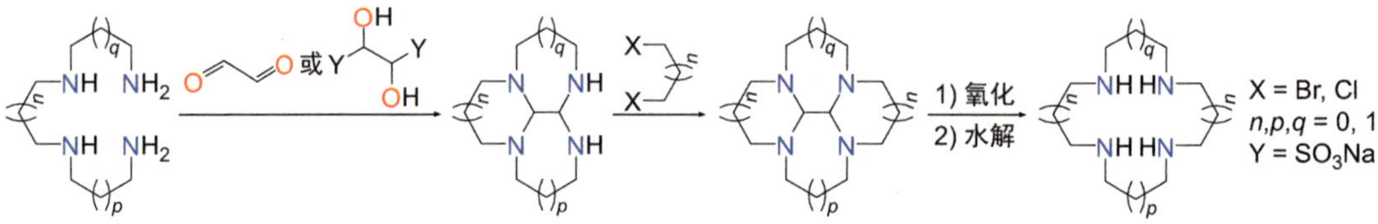

此反应首先得到一种或几种刚性中间体，再用二卤代烷扩环，然后经氧化、水解后即得环状多胺。此反应原料易得、操作简单、产率较高。不足之处在于氧化和水解都需要反应较长时间（通常20小时左右）；另外，水解需要在高压下进行。

此外，还可用乙二胺与二水合三聚乙二醛为原料进行醛胺缩合制备环状多胺：

乙二胺与二水合三聚乙二醛反应首先得到1,4,5,8-四氮杂十氢萘（双哌嗪）中间体。再与1,2-二氯乙烷在*N*,*N*-二甲基乙酰胺（DMA）中反应即可得到四环衍生物，然后经氧化、水解即可制得环状多胺。

酰胺缩醛法的原料易得、耗时少、操作简便。由于酰胺缩醛具有很高的反应活性，反应可以在温和条件下进行，生成的双哌嗪中间体也能与1,2-二氯乙烷有很高的反应活性。此反应不足之处是，对原料要求严格，最后的氧化扩环需要使用价格较贵的溴。另外，反应受温度和反应时间影响大。但与其他方法相比，醛胺缩合法比较适合环状多胺的规模化合成。

9.3.3 芳基多胺

芳基多胺的合成主要包括碳链骨架的构造和芳环上氨基引入。以4,4′-亚甲基双(2-乙基-*N*,*N*-二丁基苯胺)（MBEDBA）——一种芳香双叔胺萃取剂为代表，可用芳香胺与甲醛的缩合反应制备[14]。

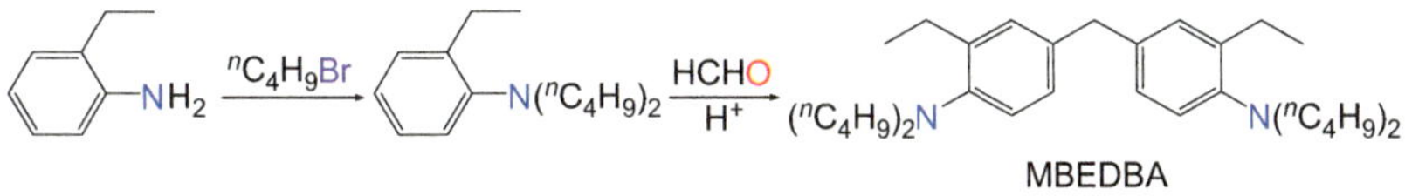

以邻乙基苯胺（以邻硝基乙苯为原料，利用Sn-HCl还原法可制备出邻乙基苯胺，详见9.2.2）为原料制备MBEDBA的步骤可以分为2-乙基-*N*,*N*-二丁基苯胺中间体制备和MBEDBA制备两个步骤。

在三乙基苄基氯化铵和50% NaOH溶液存在下，在氮气保护下，使邻乙基苯胺和1-溴正丁烷回流至反应完成。冷却后分去水相，用乙醚萃取三次水层，并与有机相合并。用无水$MgSO_4$干燥，蒸出乙醚。用等体积乙酸酐处理剩余物，用1mol/L盐酸调节pH = 1～2，此时仲胺与乙酸酐形成的*N*-乙酰基-*N*-丁基邻乙基苯胺主要分布在有机相，而质子化的叔胺主要分布在水相，可分相除去游离仲胺产物。然后用10% NaOH溶液调节水相pH = 10，分去有机相，用乙醚提取水相三次并与有机相合并。无水$MgSO_4$干燥后，蒸去乙醚，减压蒸馏收集112℃ /266.7Pa馏分，即为2-乙基-*N*,*N*-二丁基苯胺。

2-乙基-*N*,*N*-二丁基苯胺与甲醛缩合即可制备MBEDBA。将盐酸、2-乙基-*N*,*N*-二丁基苯胺加入反应器中，加热至100℃再滴入37%甲醛溶液。滴加完成后，回流反应至完全。冷却后加入10% NaOH调节pH = 9，分去水相，用乙醇洗涤有机相两次，得淡黄色黏稠液体，即为MBEDBA。

9.4 胍

胍具有Π_4^6的四中心六电子结构，被称为具有Y芳香性，取代基的影响可通过共轭结构传递：

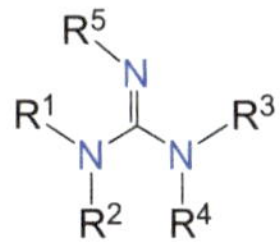

胍类化合物是重要的三氮强碱，广泛应用于农药、材料、医药等多个领域[15]。在金属溶剂萃取方面，胍类化合物具有既能在碱性（pH≈11）氰化液中选择性萃取$Au(CN)_2^-$，又能用强碱试剂（如1mol/L NaOH溶液）反萃的优良萃取性能，能用于Au与Zn、Hg、Ag、Ni、Cu、Fe的萃取分离[8, 16]。不带取代基的胍（$NH_2C(NH)NH_2$）具有水溶性，无法直接用做萃取剂。胍类萃取剂都带有能增加其油溶性、降低其水溶性的取代基。根据胍上所连基团不同，用于萃取的胍类化合物主要有烷基胍和磷酰胍两类。两者合成方法是：利用氰胺的氨解制备烷基胍；利用胍的氨基去氨解磷原子上其他化学键，制备磷酰胍。

9.4.1 烷基胍

烷基胍即N上取代基均为烷基，常用的有1,1,3,3-四(2-乙基己基)胍（LIX79）、1,3-二(1-甲基十二烷基)胍、*N,N′,N″*-三烷基胍（LIX7825）等。由于胍中N上取代基位置不同，其合成方法也各有不同[15]。

（1）短链烷基胍的合成

以四甲基胍（$(CH_3)_2NC(NH)N(CH_3)_2$）为例，通常以氰化钠、氯气、二甲胺为基本原料进行反应合成[17]。可以有三条工艺路线来实现这一反应。

第一种，先用NaCN与Cl_2反应生成CNCl，再与二甲胺或二甲胺盐酸盐在极性或非极性溶剂中反应，生成四甲基胍盐酸盐。

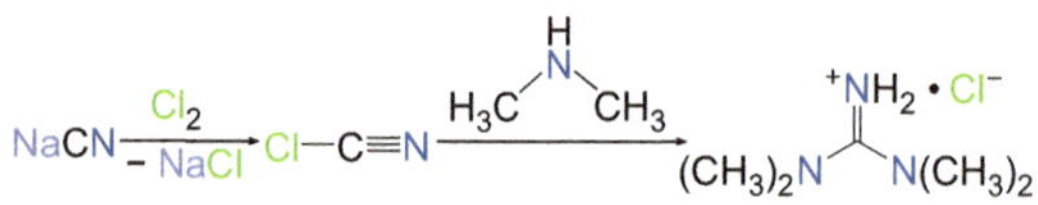

第二种，先将二甲胺水溶液与固体NaCN混合，通入Cl_2进行反应，然后用氯仿进行萃取。有机层为二甲氨基腈，水层为二甲胺盐酸盐与NaCl。将二甲氨基腈与二甲胺盐酸盐固体在硝基苯、苯乙醚等极性溶剂中反应，即可得到四甲基胍盐酸盐。

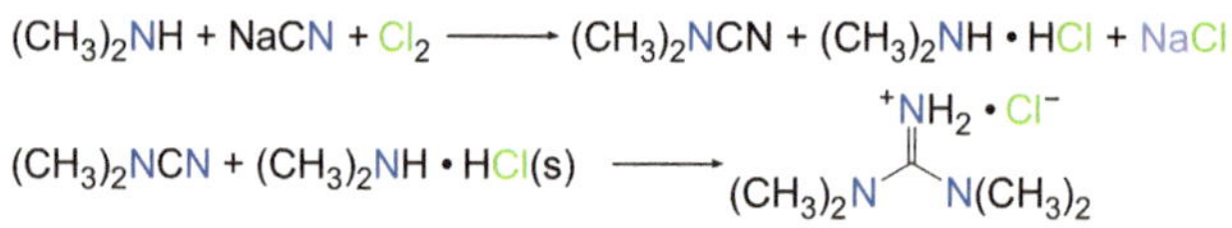

第三种，将NaCN与Cl_2在雾化器中雾化，再进入氯化塔中反应，然后经气水分离器、冷凝器分离等得到CNCl，再与二甲胺在极性或非极性溶剂中反应生成等物质的量的二甲氨基腈和二甲胺盐酸盐，然后升温缩合即可制得四甲基胍盐酸盐。

四甲基胍盐酸盐可在水溶液中与强碱（如NaOH）作用，并用有机溶剂萃取，得到纯的四甲基胍；也可直接在乙醇-乙醇钠溶液中反应得到四甲基胍。

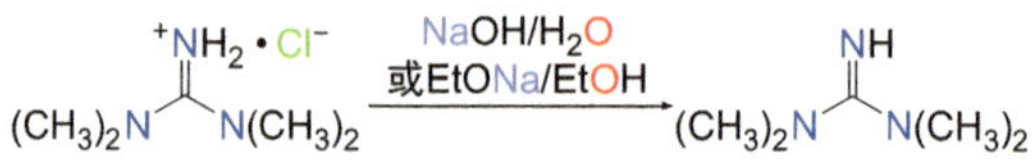

这三种工艺路线中，第二种已是工业化的方法。四甲基胍的合成方法还适用于制备N上取代基为其他短碳链的烷基胍，用于制备作为萃取剂的带有长链烷基的胍则效果较差。

（2）长链烷基胍的合成

长链烷基胍类化合物可用氰胺或硫脲为原料，与伯胺或仲胺反应制得[18]。如单正十八烷基胍可由正十八烷胺与氰胺、羧酸反应制得单十八烷基胍盐：

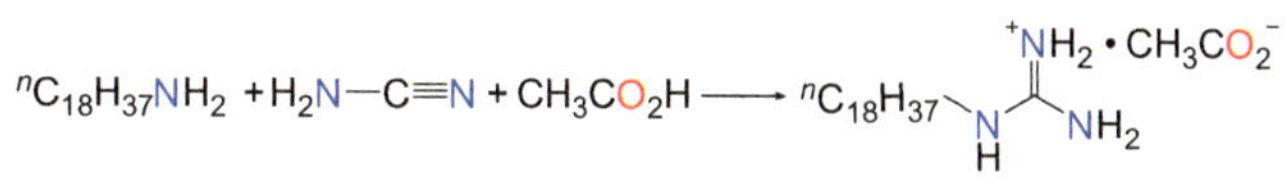

操作过程为：将正十八胺与等物质的量醋酸混合后加入反应器中，在110 ～ 125℃下滴入60%单氰胺溶液，滴加完成后继续反应20分钟即可。再用碱处理即可得到单正十八烷基胍。

用*S*-烷基异硫脲硫酸盐与烷基胺发生氨解反应，亦可得到烷基胍：

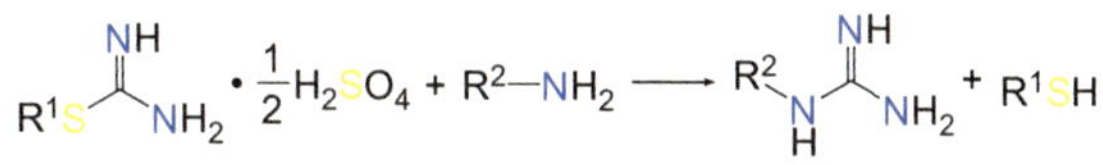

S-烷基异硫脲的氨解反应会生成恶臭有毒的硫醇，可用*O*-甲基异脲硫酸盐替代，也能得到单烷基胍。预先在*S*-烷基异硫脲的N上引入其他烷基，还能得到相应的多烷基胍。

9.4.2　磷酰胍

磷酰胍是一类具有广谱性的金属萃取剂，可通过C═N—R、P═O以及两个基团的协同作用参与多种金属离子的萃取。从磷中心来看，磷酰胍具有磷酰胺结构；而从氮端来看，磷酰胍具有胍基。以二烷氧基磷酰胍为例，其合成方法是胍的氨基作为亲核试剂，对磷中心进行氨解反应[19]，如图9.9所示。

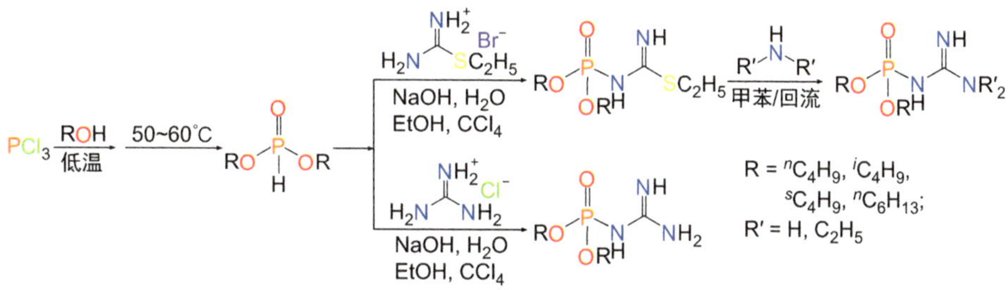

图9.9　二烷基磷酰胍的制备

以PCl_3作为起始原料，经醇解-重排得到亚磷酸二烷基酯。若用胍基盐酸盐氨解则可直接得到二烷氧基磷酰胍，若用*S*-烷基异硫脲氢溴酸盐反应，再用仲胺氨解，则得到二烷氧基磷酰烷基胍。

（1）二烷氧基亚磷酸酯的制备

先将醇加入反应器，用冰盐浴保持低温，滴入PCl_3后继续维持低温2小时，再升温至50 ～ 60℃反应4 ～ 5小时。抽出HCl至pH = 5 ～ 6，用三乙胺中和至中性，过滤后，蒸去低沸组分，再减压蒸馏收集亚磷酸二烷基酯。由于烷基不同，各种组分所需压强和温度也不同，如R为正丁基、异丁基、仲丁基、正己基的亚磷酸二酯收集条件分别为82 ～ 84℃ /263Pa、86℃ /263Pa、64 ～ 65℃ /197Pa、135 ～ 136℃ /113Pa。

（2）二烷氧基磷酰胍的制备

在冰盐浴冷却下，将盐酸胍、NaOH、水、乙醇加入反应器，搅拌至完全溶解。再缓慢滴入亚磷酸二乙酯的CCl_4溶液，然后在室温下搅拌5小时。用$CHCl_3$萃取反应液后，用无水$MgSO_4$干燥有机相，并蒸去低沸组分，即得二烷氧基磷酰胍。R为正丁基、异丁基、仲级丁基、正己基的二烷氧基磷酰胍的熔点分别为40～49℃、172～177℃、134～136℃、62.5～67.5℃。由于烷基结构和产物纯度不同，二烷氧基磷酰胍可能为白色蜡状或粉状固体。产物可用乙酸乙酯或石油醚重结晶纯化。

（3）二烷氧基磷酰烷基胍的制备

此反应需先制备*S*-烷基异硫脲氢溴酸盐，再制备二烷氧基磷酰-*S*-乙基异硫脲，最后再制备出二烷氧基磷酰烷基胍。以*S*-乙基异硫脲氢溴酸盐为例，将研细的硫脲、溴乙烷、乙醇等加入反应器中，回流搅拌至固体完全消失。蒸去乙醇和过量的溴乙烷，即可得到*S*-乙基异硫脲氢溴酸盐。用冰水浴保持体系温度为0℃，将S-乙基异硫脲氢溴酸盐、NaOH、H_2O、乙醇滴入亚磷酸二烷基酯的CCl_4溶液，在室温下继续反应6小时至完全。反应结束后，用水稀释，再用$CHCl_3$萃取三次，合并有机相，用水洗涤两次，无水$MgSO_4$干燥，蒸去溶剂即得二烷氧基磷酰-*S*-乙基异硫脲。在反应器中加入二烷氧基磷酰-*S*-乙基异硫脲、二烷基胺、甲苯，缓慢加热至回流，并在回流条件下反应24h。冷却后，蒸去甲苯和过量二烷基胺，即得二烷氧基磷酰烷基胍。

9.5 羟胺

羟胺具有较强的还原性，容易被高价金属离子氧化，因此可用作还原反萃中的反萃剂。但羟胺也具有较强的配位能力，能与很多金属离子形成稳定性较高的配合物。在实际使用过程中，羟胺通常被用作分析萃取剂，且分子中通常带有α-酰氧等基团[20]。但用作冶金萃取剂的报道较少，在此不单独介绍其合成方法。

9.6 肟

尽管从二次世界大战之后，金属溶剂萃取在核燃料和稀有金属提取方面的重要作用已经被证明，但冶金工业的革命性变化却是在羟肟型萃取剂问世并被用于从低品位矿石中提取铜之后发生的。羟肟类萃取剂通式为：

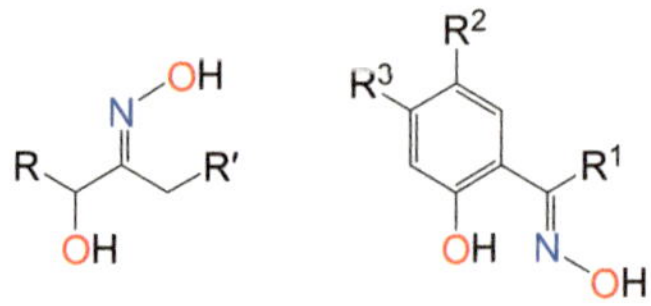

是被成功应用的金属萃取剂之一，最早是根据分析化学中水杨醛肟能与铜离子形成具有选择性、稳定性高的配合物的特征发展而来，因此目前应用的大多数羟肟萃取剂都具有水杨醛的结构单元[21]。常用的肟类萃取剂都在α或β位上含有羟基，这类萃取剂通常称为羟肟。制备肟类化合物的原羰基化合物可以是醛或酮，由此制备的肟可称为醛肟或酮肟。如表9.2中列出了几种有代表性的肟萃取剂。

表 9.2　几种肟类萃取剂

牌号或简称	名称	结构	特征	开发时间与机构
LIX63、N509	5,8-二乙基-7-羟基十二碳-6-肟	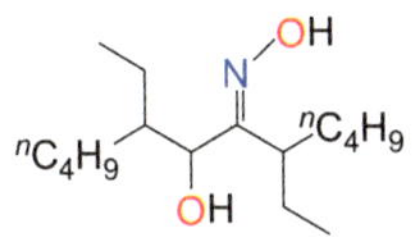	pK_a = 15.5，对Cu(Ⅱ)有一定的选择性，未被铜工业界接受	1964年美国General Mill公司合成
LIX64、03045	2-羟基-5-十二烷基二苯甲酮肟	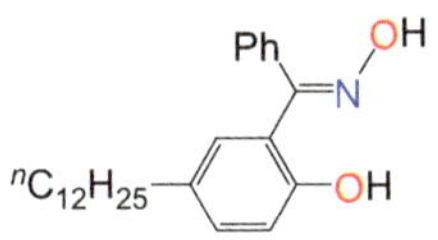	Cu(Ⅱ)/Fe(Ⅲ)分离系数达到100：1，于1968年在亚利桑那州的蓝岛矿山投产	1965年美国General Mill公司合成；Henkel；广州化学试剂厂
LIX65N	2-羟基-5-壬基二苯甲酮肟	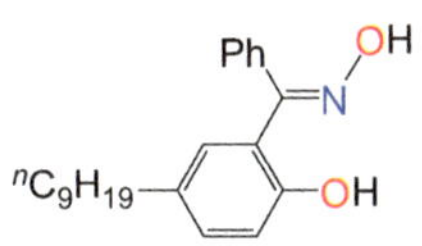	与LIX63组合形成的LIX64N，萃取Cu(Ⅱ)的分配比比LIX64更高。把LIX64的四级萃取、三级反萃减少为三级萃取、二级反萃	国内于1976年由中国科学院上海有机化学研究所合成[5]
P1、P5000、AcorgaP1	2-羟基-5-壬基苯甲醛肟	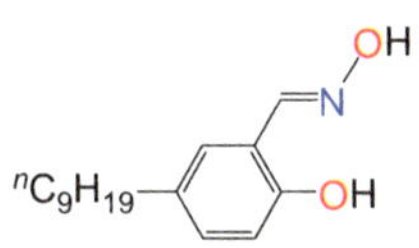	萃取能力强，反萃差，需要加入壬基酚调节	1974年英国百慕大Acorga公司公开，1979年于Inspiration联合公司投产
LIX622①		P1+十三醇	具有更强的萃取性能，实现了二级萃取、一级反萃	General Mill公司发展，1982年被工业化
LIX70	2-羟基-3-氯-5-壬基二苯甲酮肟	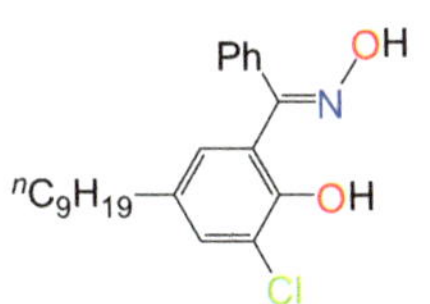	Cl的引入增加了酸性，但反萃困难，可与其他LIX系列混合得到LIX71、73、74	1971年美国General Mill公司合成
N530	2-羟基-4-仲辛氧基二苯甲酮肟	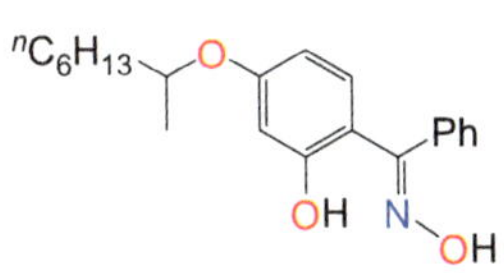	可在pH = 1 ～ 3范围内萃取铜，负载可达13 ～ 17 kg/m³，但所需反萃酸度高	1980年中国科学院上海有机化学研究所合成

① LIX6022为其类似物。

从表9.2可以看出，羟肟类萃取剂包含有两类，第一类是烷烃衍生物如LIX63，第二类是水杨醛类似物如LIX64、LIX65N等。从整个合成过程来看，肟类萃取剂的合成也可以分为通过偶联、缩合等反应构造碳链和通过羟胺与羰基反应构造肟官能团两个步骤，只是具体操作过程随着肟的结构不同而各有差异。这里以N509、N510（2-羟基-5-辛基二苯甲酮肟）、N530三个萃取剂为例介绍各类萃取剂的合成方法[5]。

9.6.1 脂肪族羟肟

5,8-二乙基-7-羟基十二碳-6-肟（N509）是早期使用的一类脂肪族羟肟萃取剂，是以工业原料2-乙基己醇为起始原料合成的。若用其他一级醇作为原料，经这些反应也能制得相应的脂肪族羟肟。反应过程如图9.10所示。

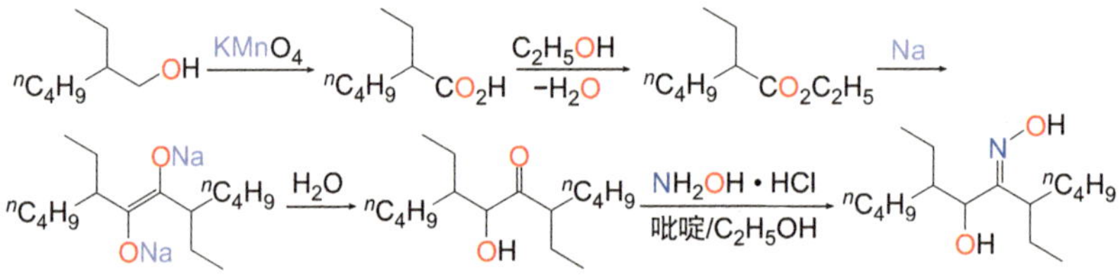

图9.10　由2-乙基己醇制备N509的路线

图9.10的反应包括2-乙基己醇氧化为2-乙基己酸、酯化、酯的偶联、羟酮肟化等四个基本步骤。

第一步，2-乙基己醇氧化制备2-乙基己酸。先在室温条件下，用碱性$KMnO_4$氧化2-乙基己醇，生成MnO_2和羧酸盐。再用过量50%硫酸和亚硫酸钠处理反应液，将不利于过滤分离的MnO_2转化为可分液分离的$MnSO_4$。利用酸化后的2-乙基己酸能与水相分相，且易溶于乙醚，而碱化后的2-乙基己醇钠盐能溶于水相的原理，反复酸化、分液/萃取、碱化操作，可得到纯度较高的2-乙基己酸。

第二步，2-乙基己酸酯化。在浓硫酸催化下，用无水乙醇与2-乙基己酸反应。为了使酯化更充分，反应一段时间后，可蒸出乙醇（会带出生成的一部分水），再次补加无水乙醇和浓硫酸。反应结束后蒸出乙醇，再用饱和Na_2CO_3溶液碱化，此时未反应的2-乙基己酸以钠盐形式溶解在水相，生成的酯析出。经萃取、干燥、蒸馏后，即可得到2-乙基己酸乙酯。

第三步，2-乙基己酸乙酯偶姻化制备5,8-二乙基-7-羟基十二碳-6-酮。用金属钠（在氮气保护下用干二甲苯制成钠砂）处理2-乙基己酸乙酯，经Claisen缩合，得到烯醇钠。用甲醇溶解未反应的钠砂，再用水水解烯醇钠，可得5,8-二乙基-7-羟基十二碳-6-酮（α-羟基酮）。经水洗、酸洗、饱和$NaHCO_3$洗涤等洗至中性，干燥蒸馏等可纯化α-羟基酮。

第四步，羟酮肟化制备肟。用盐酸羟胺处理5,8-二乙基-7-羟基十二碳-6-酮，并用吡啶中和生成的HCl，可将羰基转化为肟。再经萃取、水洗、酸化、干燥、蒸馏等即可得到5,8-二乙基-7-羟基十二碳-6-肟。

9.6.2 烷基取代的二苯甲酮肟

N510萃取剂的主要成分是2-羟基-5-辛基二苯甲酮肟，是芳香族羟肟类萃取剂，以甲苯、对正辛基苯酚为原料，可通过甲苯氯化、苯酚酰基化、酮的肟化等三步反应制得，如图 9.11 所示。

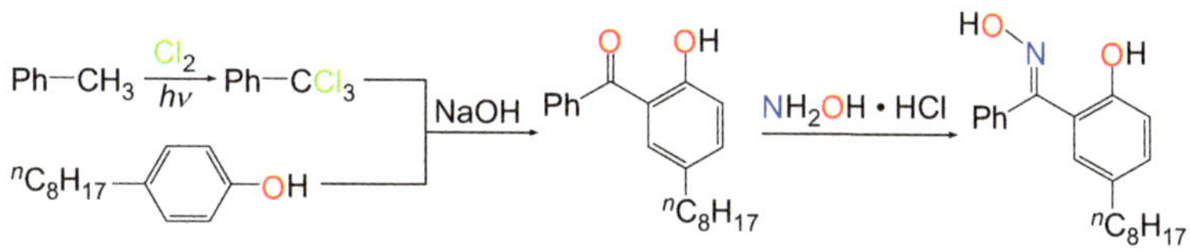

图9.11 N510制备路线

第一步，甲苯氯化制备三氯甲苯。在光照下甲苯甲基上的H很容易被Cl取代。利用紫外光照和加热回流可加速氯气与甲苯反应，同时用碱液循环淋洗吸收未反应的Cl_2和生成的HCl。甲苯的氯代是分步进行的，氯化越完全反应液密度越大，因此可以通过监测反应液的密度来判断氯化进行的程度。反应完成后用减压蒸馏，收集103 ～ 106℃ / 2.66kPa馏分，即为三氯甲苯。

第二步，对辛基苯酚酰基化制备2-羟基-5-辛基二苯甲酮。NaOH作用下，三氯甲苯可水解生成含有碳正离子的中间体，此中间体再在对辛基苯酚羟基邻位进行亲电取代的酰基化反应，得到2-羟基-5-辛基二苯甲酮。水解生成的副产物苯甲酸可用NaOH溶液洗去，蒸去溶剂后收集170 ～ 190℃ /66Pa馏分，即为2-羟基-5-辛基二苯甲酮。

第三步，酮肟化制备肟。芳基酮肟化与烷基酮相似，肟化进行的程度受反应条件影响顺序为投料比 > 温度 = 时间。酮 : 羟胺 : NaOH摩尔比为1 ：2 ：4、反应温度在75 ～ 80℃、反应6小时为N510的最佳肟化反应条件。

在肟化之前，若预先在苯酚上引入其他反应取代基，也能得到结构不同的二苯酮肟。如在碱性条件下用三氯甲苯对间苯二酚进行酰基化，再与卤代烷反应生成烷氧基取代的二苯酮肟。如N530（2-羟基-4-仲辛氧基二苯甲酮肟）可按如图 9.12 所示路线制备。

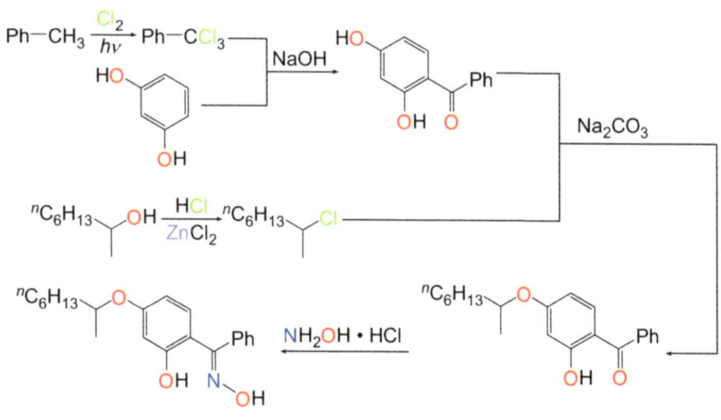

图9.12 N530制备路线

与图9.11相比，图9.12中的制备路线更复杂。调节2-氯庚烷与2,4-二羟基二苯酮的比例，可以控制酚羟基反应数目。

9.6.3 芳基-烷基酮肟

在图9.11、图9.12的酰基化反应中，若使用脂肪酸与苯酚进行反应，则可制得芳基-烷基酮肟[22]。

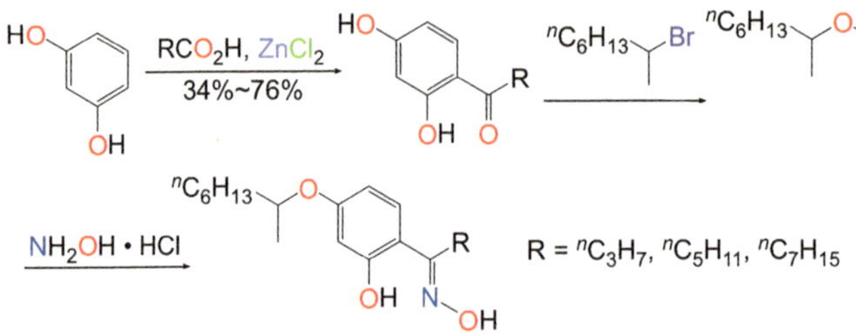

此反应用$ZnCl_2$催化羧酸对间苯二酚进行酰化反应得到芳基-烷基酮，用溴代烷（溴代烷比氯代烷活性高，可用相应的醇与氢溴酸在Lewis酸催化下溴化制得）与对位酚羟基形成烷氧基取代芳基-烷基酮，再用盐酸羟胺进行肟化即可得到芳基-烷基酮肟类萃取剂。

也可通过Frise重排制备肟所需的邻羟基芳基-烷基酮，如铜萃取剂2-羟基-5-(1,1,3,3-四甲基丁基)苯乙酮肟（LIX841）、2-羟基-5-壬基苯乙酮肟（LIX84）的制备[23, 24]。

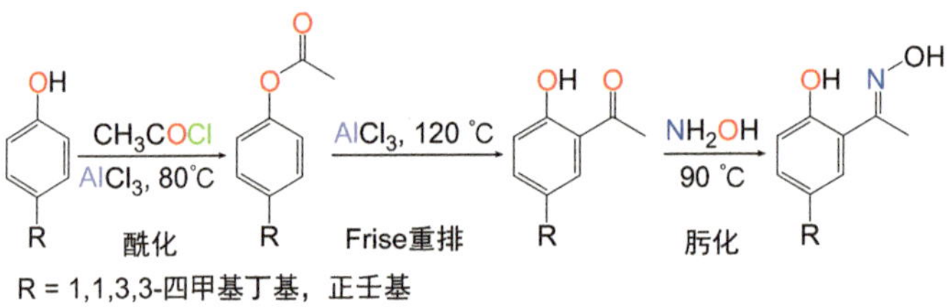

反应包括酰化、Frise重排、肟化等过程。

参考文献

[1] 中国科学院上海有机化学研究所第二研究室. 伯胺萃取剂合成方法的研究[J]. 有机化学, 1978, 4(01): 1-9.

[2] 刘长畿. 胺类萃取剂 [J]. 有机化学, 1979, 5(01): 70-89.

[3] 袁承业, 徐元燿, 周文娟, 等. 有机萃取剂的研究(Ⅷ): 三辛胺制备的研究 [J]. 原子能科学技术, 1963, 5(12): 969-983.

[4] 徐元燿. 胺型萃取剂的合成 [J]. 原子能科学技术, 1964, 5(06): 637-644.

[5] 徐光宪, 袁承业. 稀土的溶剂萃取[M]. 北京: 科学出版社, 2010.

[6] 袁承业, 徐元燿, 马恩新, 等. 有机萃取剂的研究(Ⅶ): *N*-(1-甲基庚基)苄胺的制备及其对铀的萃取性能 [J]. 原子能科学技术, 1963, 5(11): 866-878.

[7] GEDYE R N, BOZIC J, DURBANO P M, et al. The preparation of *n*-octylaniline and its application in the extraction of noble metals [J]. Talanta, 1989, 36(10): 1055-1058.

[8] 余建民. 贵金属萃取化学[M]. 第2版. 北京: 化学工业出版社, 2010.

[9] POHLANDT C. The extraction of noble metals with *n*-octylaniline [J]. Talanta, 1979, 26(3): 199-206.

[10] 周小舟, 曹佐英, 肖连生, 等. 新型三叔胺萃取剂的合成及其萃取性能 [J]. 中南大学学报(自然科学版), 2017, 48(03): 562-569.

[11] 王世华, 侯欣平, 何仕仁. 大环多胺的选择性及在金属离子分离上的应用 [J]. 化学世界, 1993, 34(04): 8-11.

[12] 曲荣君, 孙言志, 姚淑云, 等. 烷基多乙烯多胺的合成研究 [J]. 精细石油化工, 1996, 13(05): 17-19.

[13] 张秀芹. 四氮多齿大环化合物的合成及结构研究 [D]. 常州: 江苏工业学院, 2008.

[14] 孟艳秋, 赵鸣玉, 张大洋. 新型化学萃取剂芳香族双叔胺类化合物——4,4′-亚甲基-双(2-乙基-*N*,*N*-二丁基苯胺)的合成 [J].

现代化工, 1998, 18(09): 28-29, 14.
[15] 徐树英, 陈小佳, 黎吉辉, 等. 过渡金属催化合成胍类衍生物研究进展 [J]. 有机化学, 2016, 36(09): 1985-1993.
[16] KORDOSKY G A, SIERAKOSKI J M, VIRNIG M J, et al. Gold solvent extraction from typical cyanide leach solutions [J]. Hydrometallurgy, 1992, 30(1): 291-305.
[17] 赵美法. 四甲基胍合成工艺的比较 [J]. 中国氯碱, 2004, 20(04): 17-18.
[18] 颜瑞, 周迎梅, 王田田, 等. 胍基化合物的分类及制备方法 [J]. 生物化工, 2019, 5(02): 154-156.
[19] 王芹珠, 邓友节, 于文徐, 等. *O,O*-二烷基磷酰胍及衍生物的合成 [J]. 化学试剂, 1997, 19(04): 40-42.
[20] SHENDRIKAR A D. Substituted hydroxylamines as analytical reagents [J]. Talanta, 1969, 16(1): 51-63.
[21] 朱屯. 国内外羟肟萃取剂与铜萃取工业进展 [J]. 湿法冶金, 1986, 5(04): 15-20.
[22] 向才立, 胡文祥, 袁承业. 2-羟基-4-(1′-甲庚氧基)苯烷酮肟的合成 [J]. 有机化学, 1990, 16(01): 70-73.
[23] 贺燕华. 2-羟基-5-特辛基苯乙酮肟的合成、表征及其萃取性能的研究 [D]. 赣州: 江西理工大学, 2014.
[24] 王新宇. 高效萃取剂LIX841的合成及应用研究 [D]. 成都: 成都理工大学, 2010.

第 10 章 羧酸、酮、醚、醇、酚类萃取剂合成

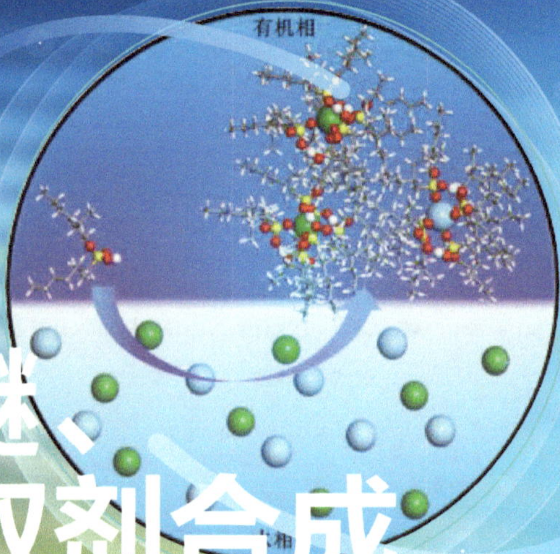

在含磷、含氮、含硫萃取剂中，萃取剂的反应基团分别是以磷、氮、硫原子为核心的各种中性或酸性基团。直接在碳原子上引入以碳原子为核心的官能团，如羧基、羰基、羟基、醚等，也能得到相应的金属萃取剂。根据其主要作用的官能团类型不同，这类萃取剂主要有羧酸、羧酸衍生物、酮、醇、醚、酚等。本章介绍这些萃取剂的常用合成方法。

10.1 羧酸萃取剂

羧酸萃取剂，即在金属萃取中以羧基（—COOH）作为反应基团的一类化合物。从分子结构来看，常用的羧酸类萃取剂都连有含多个碳原子的脂溶性基团，如具有大位阻的叔碳酸、环烷酸，以及带芳基的CA-12、CA-100等。羧酸萃取剂的合成主要包括碳链构建和羧基构建，可以利用长碳链的醇氧化得到羧酸，如图9.10所示制备肟的过程中就用高锰酸钾氧化2-乙基已醇为2-乙基已酸；也可以用修饰羧酸结构的方法增加短碳链羧酸的烷基链长度；还可以直接用烯烃、CO、H_2O在催化剂作用下得到增加一个碳的羧酸。

10.1.1 环烷酸

环烷酸是直接来源于原油的脂肪酸，也称石油酸、环酸、萘酸，其主要成分是带有五元环或六元环的混合羧酸[1]：

除用作萃取剂外，环烷酸、环烷酸盐、环酸衍生物还可用作浮选剂、乳化剂、航空煤油添加剂、胶黏剂、润滑油添加剂等[2]。由于是混合物，在不同地区出产的环烷酸，其组成和酸含量均有所差异。一般认为环烷酸主要是环戊烷衍生物，也含有少量的环己烷、稠环、不饱和键等衍生物。环戊烷上取代基可能为相同或不同烷基，也可能为氢原子，可以用 $C_nH_{2n-1}COOH$ 或 $C_nH_{2n-3}COOH$ 表达。利用原油制备环烷酸包括从原油中提取和对环烷酸粗品的精炼两步。

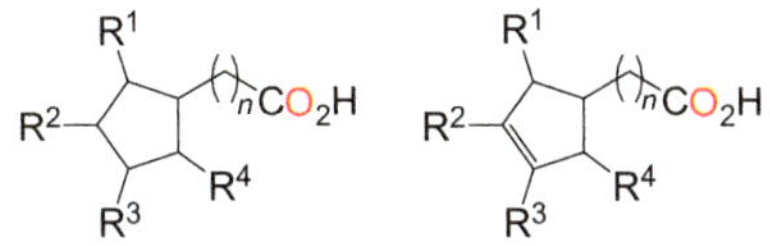

$C_nH_{2n-1}CO_2H$　　$C_nH_{2n-3}CO_2H$

（1）从原油中提取

在精馏过程中，环烷酸将进入原油直馏油品中，从这些油品中脱酸即可得到副产品环烷酸。以柴油为例，经碱渣脱油、浓硫酸酸化、分相等过程，可以在净化柴油的同时得到副产品环烷酸[3]，操作流程及化学反应如图10.1所示。

碱化反应：$RCO_2H_{(o)} + NaOH_{(s或湿固体)} \longrightarrow RCO_2Na_{(乳化)} + H_2O_{(aq)}$

酸化反应：$2RCO_2Na_{(aq)} + H_2SO_{4(浓)} \longrightarrow RCO_2H_{(o)} + Na_2SO_{4(s或湿固体)}$

图10.1　净化柴油制备环烷酸流程及其化学反应

① 碱渣脱中性油。用碱渣处理直馏柴油可使其中的酸性物质形成能与烷烃分相的盐，达到脱去中性油的目的。有机酸的钠盐（如环烷酸钠）是表面活性剂，造成直接处理的碱渣中含有较多的中性油。为了降低柴油损失和提高环烷酸纯度，需要对碱渣进行破乳处理，消除钠盐对中性油的增溶作用。通常可以采用破乳剂法、溶剂萃取法、热力学法和电化学法。

② 碱渣酸化制备环烷酸粗品。将浓硫酸（92.5% ～ 98%）滴入脱中性油的碱渣中，同时控制温度和终点pH值。酸化后的环烷酸以有机相析出，分相后用热水洗涤即可得到环烷酸粗品。这样只经碱化、酸化处理直馏油品得到的环烷酸除羧酸外还含有其他酸性化合物，如酚、硫醇等，控制终点pH和反应温度也难以有效降低这些杂质的含量。酸化分相后的水相主要是 Na_2SO_4，利用低温结晶的方法可从水相中制得 $Na_2SO_4 \cdot 10H_2O$（芒硝）产品。

碱化-酸化回收方法中关键在于碱渣的破乳和酸化时终点pH值的控制。以聚氧化乙烯-氧化丙烯醚作为破乳剂和低碳醇作为萃取剂，用破乳剂法和溶剂萃取法都能使碱渣中中性油回收率达到80%以上；为了保证环烷酸回收率，酸化终点pH值应控制在3左右。

（2）环烷酸精炼

碱化-酸化从直馏油中提取的环烷酸粗品中通常含有较多的中性油和少量的其他酸性化合物，无法直接作为萃取剂使用。由粗环烷酸脱油制备高纯环烷酸的主要方法有：萃取法、管式炉蒸馏法、沉降吸附法等。环烷酸的精炼也是基于碱化-酸化-蒸馏的方法[4]。用氢氧化钠溶液皂化环烷酸粗品，然后减压蒸馏分离粗品中的中性油、过滤分离废水；用浓硫酸处理环烷酸皂，分去含盐水层、减压蒸馏除去废水和高沸残渣，即得高纯环烷酸，如图10.2所示。

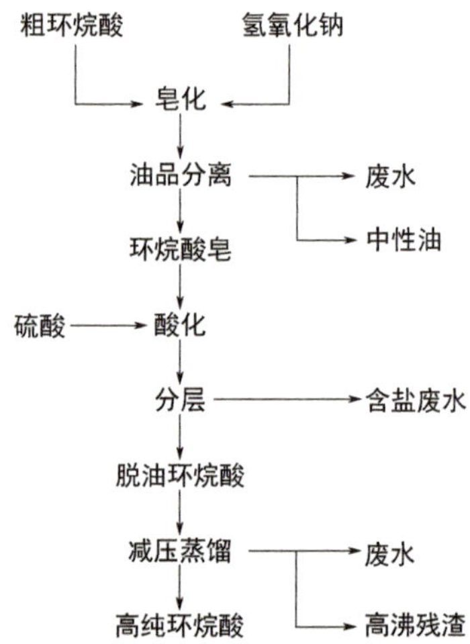

图10.2　环烷酸精炼流程

环烷酸粗品的皂化与蒸馏都在加热反应釜中进行。皂化反应能迅速完成，将NaOH与粗环烷酸加入反应釜后，即可开始升温和抽真空进行减压蒸馏。蒸出的油、水混合物经冷凝可分相分离，当蒸出的油量接近完成时即可停止蒸馏。

蒸馏后，降温至280℃，再向反应釜中加入浓硫酸进行酸化。冷却至100℃以下后会出现分相，下层的含盐废水可从釜底排除。上层通过减压蒸馏，高沸组分留在残留物中，收集到的高纯环烷酸为无色或淡黄色透明液体，含酸量高。

环烷酸的精炼过程也会产生芒硝等副产品，经皂化后蒸馏得到的中性油，酸含量可低于0.5mg KOH/g，而酸化后蒸馏的环烷酸酸含量可达到98%以上。此工艺路线的关键是控制各环节的温度和真空度。

环烷酸还可通过溶剂萃取法精炼，可采用氨水和异丙醇（体积比2:1）作为萃取剂，在室温或稍高于室温的温度下充分搅拌，静置分相后分出下层溶剂相，用盐酸酸化后，再用饱和食盐水洗涤，也可得纯化后的环烷酸[5]。

10.1.2 叔碳酸

叔碳酸也称异构酸（versatic acid）、新酸（neo-acid），其合成方法最早由德国Max Planck研究院Koch提出，荷兰Shell实验室于1962年实现其商业化生产[6]。用作金属萃取剂的叔碳酸通常为 $C_9 \sim C_{11}$ 的混合物（Versatic911），其合成方法是催化工业烯烃的羰基化，然后水解[7-8]。

$$C_nH_{2n} + CO + H_2O \xrightarrow{\text{催化剂}} C_nH_{2n+1}CO_2H$$

常用的催化剂有 $H_3PO_4 \cdot BF_3$、Cu_2O、H_2SO_4、HF、$BF_3 \cdot H_2O$ 等，其反应过程为[9-10]：

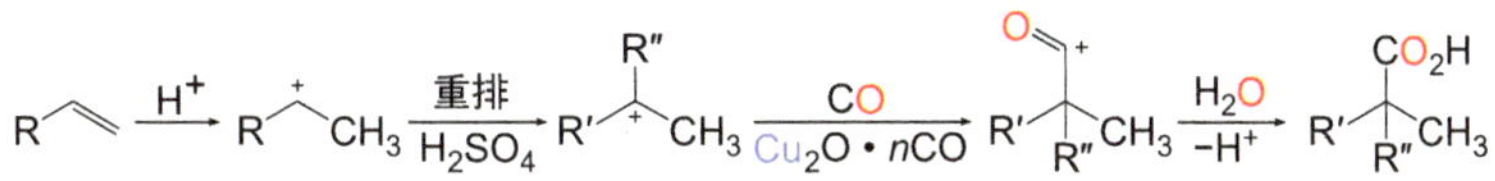

$R = R' + R'' = C_6 \sim C_8$

烯烃质子化后形成的碳正离子可发生重排形成更稳定的叔碳正离子，然后在 Cu_2O 催化下与CO反应形成酰氧正离子，再与水作用得到叔碳酸。碳正离子与CO反应中，直接提供CO的载体是 $Cu(CO)_n^+$。Cu_2O 本身几乎不吸收CO，只有在酸性介质中才能吸收CO，溶解成羰基亚铜 $Cu(CO)_n^+$（反应为：$Cu_2O + 2H^+ + 2nCO \longrightarrow 2Cu(CO)_n^+ + H_2O$）。羰基亚铜的形成及其配位CO的数目与温度、CO分压、酸浓度等有关。如常温常压下80%硫酸中 $Cu(CO)^+$ 为主，而在低温加压的浓硫酸中可生成 $Cu(CO)_n^+$。含有多个CO的羰基亚铜容易释放出CO与碳正离子形成酰氧正离子，再经水合得到叔碳酸。为了提高烯烃转化率，在反应过程中，可重复充入CO。质子化以及重排后的碳正离子，还能与烯烃发生加成，得到新的碳正离子中心，即烯烃的阳离子聚合，并生成高碳酸。这是此反应的主要副反应。控制反应温度能有效调节烯烃聚合产物。如异丁烯羰基化反应中，反应温度超过50℃时，烯烃聚合产物和高碳酸比例明显增加，当反应温度在15℃时可达到85%以上收率。

为了降低工艺成本，羰基化过程的铜催化剂可循环使用。反应结束后每次用石油醚萃取会损失2%～5%到萃余相，每次补加10%左右铜催化剂，循环10次以上仍然能达到所需收率。

10.1.3　带其他基团的羧酸萃取剂

环烷酸和叔碳酸可分别直接从直馏油中提取和利用烯烃制备，两者都已有成熟的工业生产工艺。为了改进环烷酸和叔碳酸的易乳化、饱和容量低等不足，人们还尝试设计了其他类型的羧酸萃取剂，主要是在羧酸中引入更多的取代基，如CA-12、CA-100等。这些萃取剂无法像环烷酸那样直接从直馏油中提取，也无法直接利用烯烃制备，需专门合成，因此应用不如环烷酸和叔碳酸广泛。

（1）α-取代羧酸

羧基 α-位引入取代基能同时通过立体效应和电子效应影响羧酸化合物与金属离子的结合，能在很大程度上决定羧酸能否被用作萃取剂。若引入的取代基导致羧酸化合物水溶性降低，油溶性增加，则这类羧酸可能成为金属萃取剂。如萃取剂CA-12、CA-100、*N,N*-二壬基甘氨酸（DNG）等都属于这类化合物。

① α-氨基乙酸（甘氨酸）。甘氨酸的氨基N和羧基O都能参与金属离子的配位，使其能与众多金属离子形成配合物。若在甘氨酸中引入适当大小的非极性基团，则可使其与金属离子形成的配合物倾向于溶解在有机溶剂中，即可用于金属离子萃取，如萃取剂*N,N*-二壬基甘氨酸（DNG）。此外，*N*-取代α-氨基乙酸还能用作表面活性剂和防霉剂等。*N*-取代α-氨基乙酸的合成主要有三种方法，即仲胺与卤代乙酸反应、卤代烷与甘氨酸反应以及脂肪醛与甘氨酸缩合反应[11-13]，如图10.3所示。

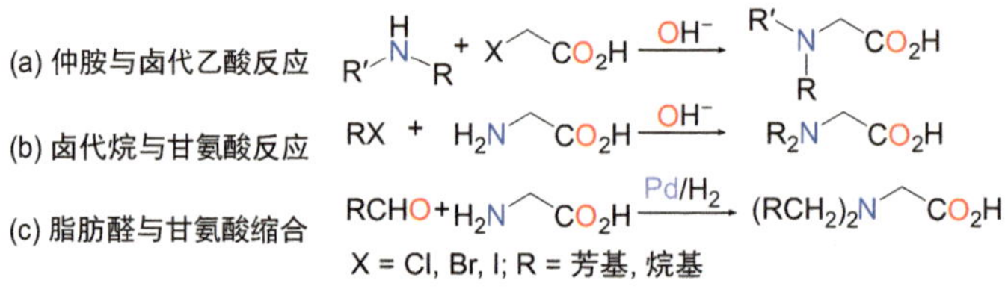

图10.3　制备*N*-取代α-氨基乙酸的三种反应

仲胺与卤代乙酸反应法：利用卤素单质与酰卤反应，再水解可制得α-卤代乙酸，用作制备*N*-取代α-氨基乙酸的原料；预先制备出仲胺，再与α-卤代乙酸反应，可在更大范围内调节分子结构。此反应容易进行，收率高，产品不经纯化可直接用于金属萃取，通常是制取*N*-取代α-氨基乙酸的首选方法。

卤代烷与甘氨酸反应：在反应时控制恰当的反应条件，可使N上只有一个H被取代。此法的不足之处是收率低，如合成*N,N*-二月桂基甘氨酸的收率仅为60%左右。

脂肪醛与甘氨酸缩合反应的原子经济性好、废液少，但需要高压设备和贵金属钯催化。

② α-烷氧基乙酸。与环烷酸和叔碳酸相比，α-烷氧基乙酸，如CA-12（仲辛基苯氧基乙酸）具有更强的酸性，萃取时不易乳化，被认为有可能替代环烷酸的新型萃取剂。α-烷氧基乙酸主要是利用α-氯乙酸和醇钠反应制备[14-15]。

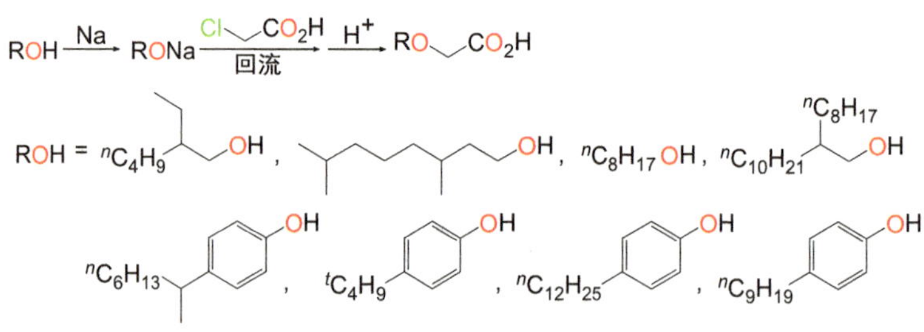

预先制备各种结构的醇（或酚），并制成相应的醇钠，在碱性条件下发生亲核取代反应，再进行酸化，即可制得相应的α-烷氧基乙酸。若用其他α-氯代羧酸进行上面的反应，也能得到相应的α-烷氧基羧酸。

③ α-位带有复杂基团的羧酸。在羧基α-位引入更复杂的基团，能在更大范围内调节羧酸的萃取性能。如双胺的引入可形成多齿配体，中间N上引入不同的取代基可调节配

位的空间位阻，酰胺N上的取代基可调节萃取剂在两相间的溶解性[16]：

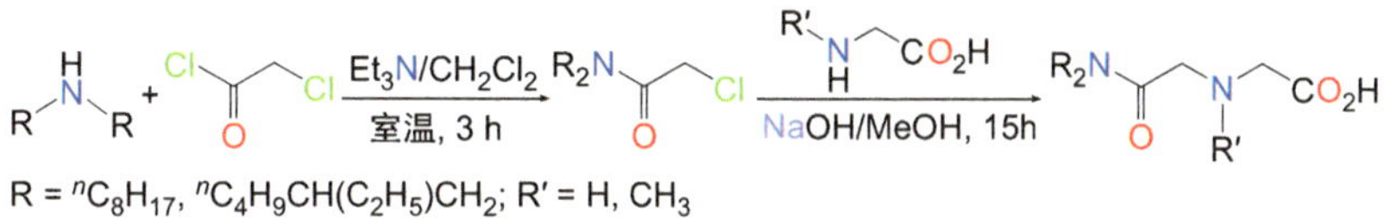

α-氯乙酰氯的酰氯具有较高的反应活性，在室温下可优先被仲胺氨解得到α-氯代乙酰胺；在回流条件下α-氯代乙酰胺能继续与α-氨基乙酸反应最终得到含有两个N的α-取代羧酸。

（2）仲碳羧酸

仲碳羧酸，也称仲碳酸，结构通式为：

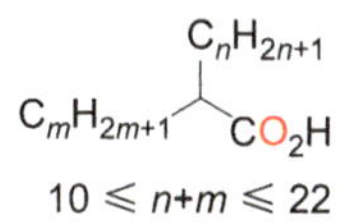

仲碳羧酸

虽然应用不如叔碳酸广泛，但仲碳羧酸的空间位阻比叔碳酸小，对钴镍的分离性能等方面优于广泛应用的叔碳酸Versatic10、Versatic911等[17]。仲碳羧酸合成的关键在于制备其前体仲碳伯醇。利用金属氧化物纳米材料作为催化剂[18]，可直接通过伯醇分子间脱水形成仲碳伯醇，再通过氧化得到仲碳羧酸，如萃取剂196的制备。

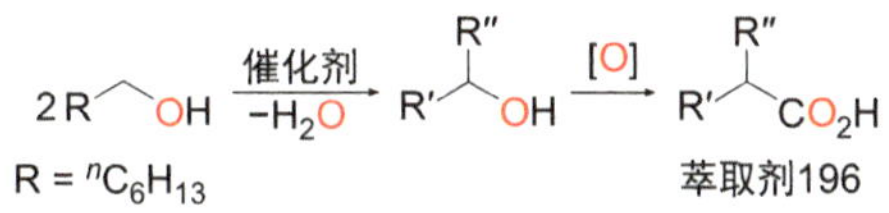

萃取剂196

选用氧化铜、氧化钡、氧化铬等金属氧化物制成纳米催化剂，通过调节材料形貌与尺寸，可控制仲碳伯醇的碳链长度，最终决定萃取剂的组成与碳链长度。

10.2 羧酸衍生物萃取剂

羧基中的羟基被其他结构，如烷氧基、酚氧基、氨基取代，得到羧酸衍生物。羧酸衍生物也是常用的金属萃取剂，其合成方法，除前端碳链构造外，通常是通过羧酸、酸酐、酰氯等醇解、氨解制备。

10.2.1 酯

酯类化合物的合成通常是先分别构造醇、羧酸（或羧酸衍生物），再通过羧酸与醇酯化、酰氯醇解、酸酐醇解、酯交换等反应制备。如利用光气（甲酰二氯）与邻二醇反应，可直接得到环酯类贵金属萃取剂[19]：

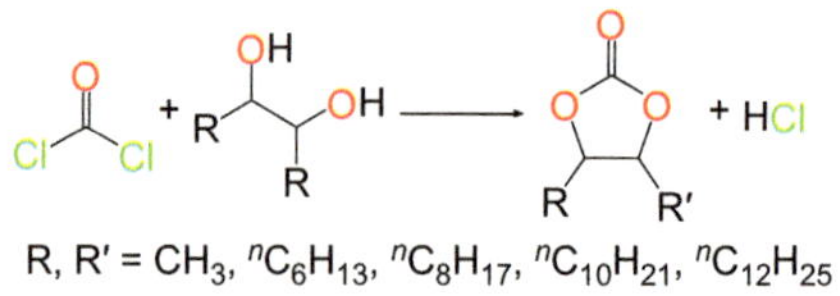

对于活性较低的羧酸或醇，可通过羧酸盐与卤代烷、用醇钠代替醇进行反应来制备相应的酯。除此之外，羧酸与烯烃、炔烃等的加成反应也可得到酯。酯类化合物的萃取能力较弱，实际应用较少，在此不再叙述其他合成方法。

10.2.2 酰胺

与酯相比，由于氮原子p轨道孤对电子与羰基π轨道形成p-π共轭，CO—N键有部分双键性质，导致酰胺的化学性质比酯更稳定；羰基氧的电子密度更大，导致酰胺在金属萃取中的应用比酯更广泛，其合成的研究也更多。酰胺类萃取剂的合成方法通常是用预先制备的胺对酸酐、酰氯、酸等进行氨解。

（1）羧酸氨解

N单取代酰胺可直接用烷基胺与羧酸合成，如Pt(Ⅳ)萃取剂*N*-正丁基-2-乙基己酰胺（B*i*OA）的合成[20-21]：

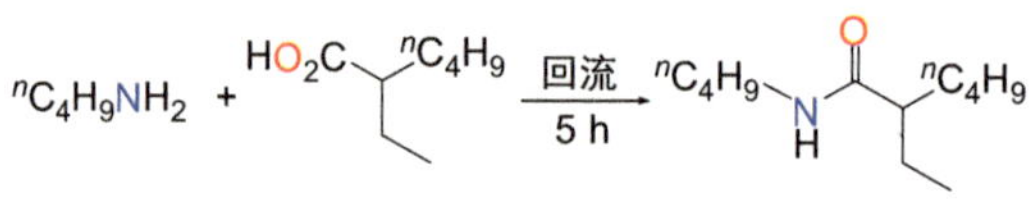

直接将正丁胺加入2-乙基己酸中，在回流条件下反应5小时，即可得到B*i*OA，产率81%。对于多胺化合物，调整羧酸与胺的比例，可使多个位点都发生氨解反应，得到带有多个酰胺基团的化合物。另外，酯的氨解也能得到相应的酰胺，如图10.4所示。

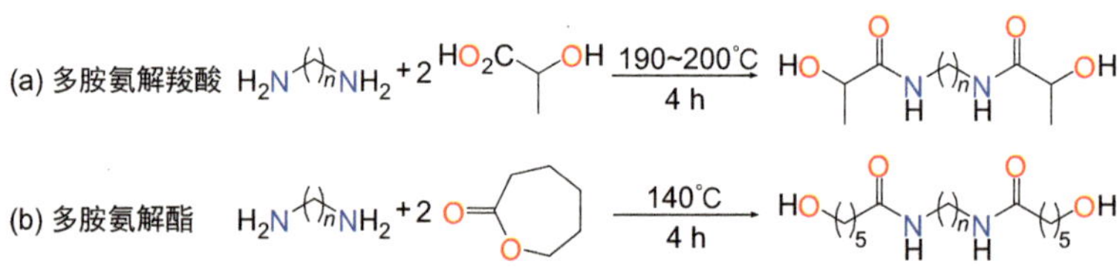

图10.4 多胺氨解羧酸和酯制备含多酰胺基团萃取剂

在中图10.4中，胺与羧酸的缩合制备酰胺，可在缩合剂作用下进行，但这不符合萃取剂合成的经济性要求，因此通常采用高温下直接脱水缩合。由于酯的活性高于羧酸，且内酯存在环张力，因此胺与酯的反应可在更低的温度下进行。

（2）酸酐氨解

与羧酸和羧酸酯相比，酸酐具有更高的活性，能与位阻更大的伯胺或仲胺发生氨解反应得到相应的酰胺。如图10.5所示*N*,*N*-二(1-甲基庚基)乙酰胺（N503）可直接用二(1-甲基庚基)胺与乙酸酐反应制备[22]。

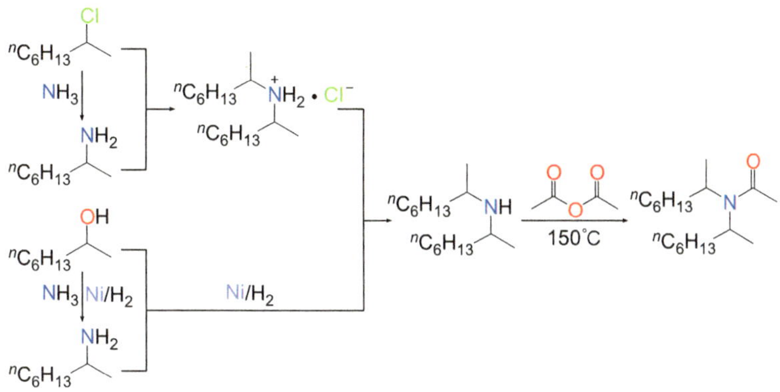

图10.5　酰胺萃取剂N503的制备

首先使用2-氯辛烷或1-甲基庚醇的氨解、氢化等反应制备出二(1-甲基庚基)胺，再在150℃下与乙酸酐反应可制得N503，产率99%。

(3) 酰氯氨解

对于长碳链羧酸和脂肪胺，其反应性较差，可通过酰氯的氨解制得相应的酰胺。如*N,N*-二辛基十二酰胺、*N,N*-二乙基十八酰胺等[23-24]。

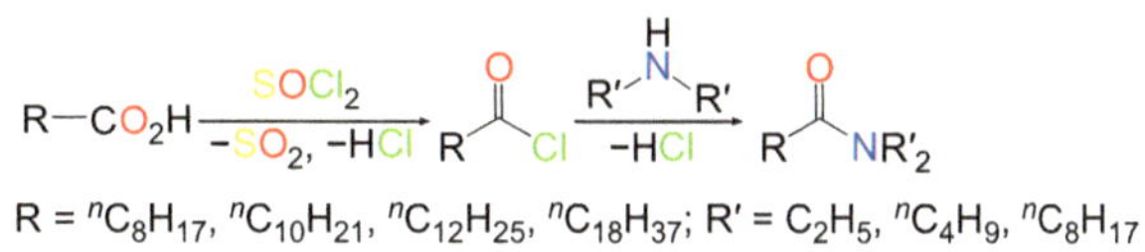

用$SOCl_2$或PCl_5等处理羧酸得到酰氯，再用预先制备的仲胺与酰氯反应得到酰胺。经碱洗、酸洗、水洗、减压蒸馏的过程纯化后纯度可达99%，产率约为60%。

10.2.3 酰胺荚醚

酰胺荚醚是近年发展起来的一类新型中性配位萃取剂，对多种金属离子都具有较强的配位能力。结构通式为：

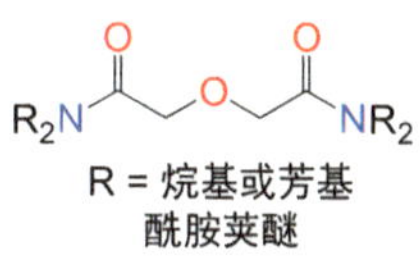

当R基团的碳原子数≥4时，其在水中溶解度小，可以作为金属萃取剂。这类结构对多种金属离子的萃取性能都有报道，包括镧系、锕系、Zr(Ⅳ)等。这些研究表明，酰胺荚醚是一类很有应用前景的萃取剂[25]。基于酰胺荚醚对多种金属离子的萃取性能，其合成方法也多有报道，但几乎都是实验室合成。合成方法可以分为：羧酸氨解法、酰氯法、混合酸酐法等。

(1) 羧酸氨解法

若反应物或产物需避免图10.4中高温，氨基与羧酸可在二环己基碳化二亚胺（DCC）

等缩合剂作用下，进行氨解。如图10.6所示利用二甘醇酐与胺直接反应即可得到酰胺荚醚[26]。

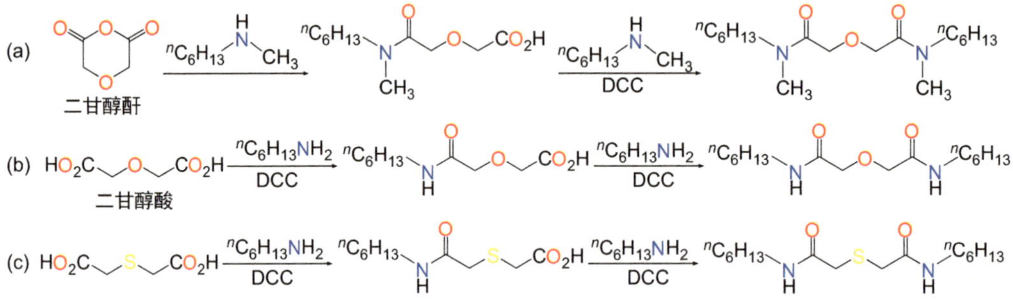

图10.6 缩合剂DCC作用下制备酰胺荚醚

用甲基己基胺氨解二甘醇酐可得到带一个酰胺的二甘醇酸中间体，羧基在DCC作用下，可继续与胺反应得到酰胺荚醚。也可以二甘醇酸、硫代二甘醇酸为反应物在DCC作用下直接氨解得到酰胺荚醚，但需多消耗一倍DCC。图10.6(b)、(c)所示的反应是分步进行的，控制原料比例可得到α-取代羧酸中间体，也可作为萃取剂（见10.1.3）。此反应可在室温下进行，反应条件温和，操作简便。但此法反应速率非常慢，需要反应一周以上才能得到目标产物，且残留物中的二环己基脲副产物难以除尽。

（2）酰氯法

酰氯活性高，直接可进行较彻底的氨解反应。用$SOCl_2$将二甘醇酸制成酰氯，再用有机胺对酰氯进行氨解。此法活性高，可合成位阻大、底物活性低的多种酰胺荚醚[25, 27]。此法既能制备长碳链酰胺荚醚萃取剂，还能合成水溶性的短碳链酰胺荚醚[28]。

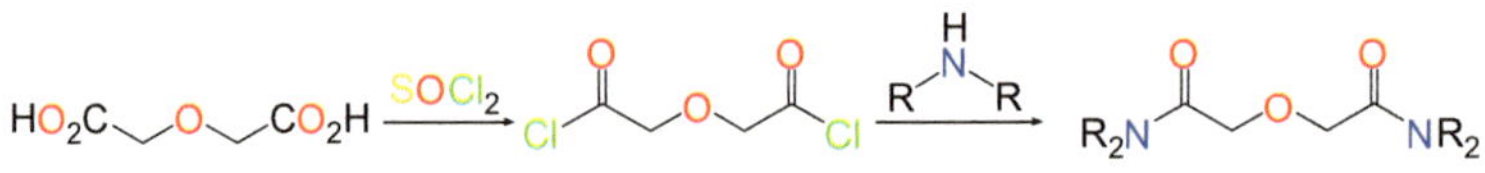

此法荚醚产率可达80%以上。缺点是制备酰氯过程需严格无水条件，且酰氯氨解过程产生大量HCl，对金属设备有严重腐蚀。在减压蒸馏纯化酰氯过程中，二甘醇酰氯容易分解，酰氯产率通常低于50%。

酸酐氨解的第二步，羧基的氨解活性低，除高温或缩合剂外（图10.4和图10.6），还可对羧基进行酰氯化之后，再进行氨解反应[29]。

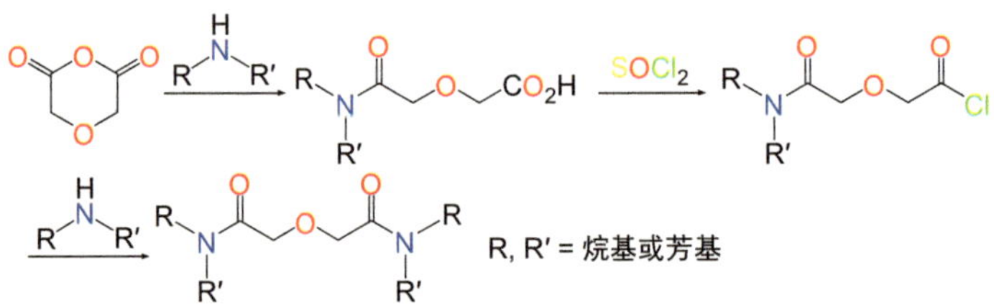

二甘醇酐氨解后用$SOCl_2$将生成的羧基酰氯化，再对酰氯氨解即可制得酰胺荚醚。

中间体羧酸和酰氯都能分离。若在第二步反应中采用不同的仲胺，可得到不对称的酰胺荚醚。此法的不足之处在于，反应涉及多个步骤，粗产物的组成复杂，需经过滤、酸洗、水洗、蒸馏、干燥、减压蒸馏等纯化步骤，纯化过程损失较大。如*N,N,N',N'*-四正丁基-3-氧杂戊二酰二胺的最终收率仅为51%，正丙基、正辛基、带支链烷基等对应的产率也都低于50%[29]。

（3）混合酸酐法

先用乙酸酐将二甘醇酸转化为活性更高的二甘醇酐，用仲胺氨解二甘醇酐，得到氧杂酰胺酸。在*N*-甲基吗啉（NMM）存在下用氯甲酸异丁酯（IBCF）处理氧杂酰胺酸，可得到氧杂酰胺酸与甲酸酯的混合酸酐中间体。该中间体稳定性差，反应活性较高，可与仲胺迅速发生氨解反应得到酰胺荚醚[25]。

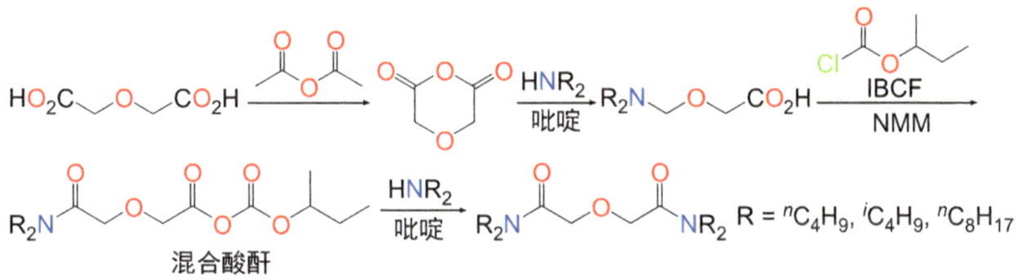

形成混合酸酐相当于对羧酸的活化，混合酸酐的稳定性差，羧酸活化时间和温度对混合酸酐的反应活性有重要影响。此法反应迅速，混合酸酐的生成、混合酸酐的氨解都可以在数分钟之内完成。另外，为避免混合酸酐的甲酸一侧发生氨解，可控制温度在−15～−10℃之间。

10.3 酮萃取剂

酮类化合物的羰基氧原子对金属离子，尤其是过渡金属离子，具有一定的配位能力，因此也被当作萃取剂。但短碳链的丙酮、甲乙酮，在水相中具有较大的溶解度，甚至与水互溶，不作为萃取剂使用。实际被应用的羰基萃取剂都带有芳基、烷基等非极性基团。羰基萃取剂的合成，就是构造羰基基团或（和）其中的非极性基团。根据分子中羰基的数目把羰基萃取剂分为单羰基、多羰基、羰基类似物等。单羰基主要是指酮，多羰基的代表结构是*β*-二酮及其类似物。羰基化合物的合成方法很多，可以用烯烃与CO、H_2在钴催化剂作用下直接高压合成，还可通过炔烃水合、醇氧化、羧酸衍生物还原、氰基还原水解等制备。

10.3.1 单羰基酮萃取剂

单羰基萃取剂包括醛、酮两类。但醛容易被氧化，用作金属萃取剂的报道较少，只有糠醛被用作精馏分离苯、正庚烷中的萃取剂。酮的稳定性高于醛，已经被大量研究的酮萃取剂主要有甲丙酮、甲戊酮、甲基异丁基酮（MIBK）、甲基己基酮、环己酮等。尤其是甲基异丁基酮，被广泛用于贵金属萃取[30]。

（1）甲基异丁基酮

MIBK是使用最广泛的单羰基萃取剂，其合成方法和工艺也被广泛报道，主要包括丙酮合成法、异丙醇合成法[31-33]。

① 丙酮三步法合成MIBK。也称多步法、缩合法。液相条件下，丙酮经液相羟醛缩合、酸/碱催化脱水、催化加氢三步制得MIBK。

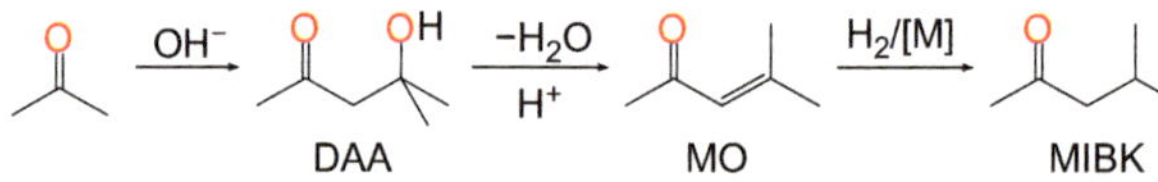

丙酮三步法是MIBK的传统方法。第一步是丙酮在碱性催化下缩合成双丙酮醇（DAA）；第二步是DAA在酸催化下脱水生成异亚丙基丙酮（MO）；第三步是MO在镍、铜、钯等金属催化剂作用下加氢生成MIBK。在第二步中DAA在96℃以上会分解成丙酮，因此在第二步中需要设置丙酮回收装置。缩合、脱水、氢化的转化率分别为90%～95%、80%～85%、95%，丙酮转化为DAA、MIBK总的转化率约为68%～76%。在20世纪70年代以前，三步法是生产MIBK的主要工艺。此法的优点在于条件温和，生产灵活性强，可根据市场需求生产双丙酮醇、异亚丙基丙酮、甲基异丁基酮、甲基异丁基醇等产品；不足之处在于产品总体收率低、流程长、设备投资大、生产成本高。

三步法的操作不仅适合于工业化大生产，也适用于实验室操作。可用$Ba(OH)_2$催化两分子丙酮缩合，利用单质碘催化脱水，用雷尼镍催化氢化[22]。

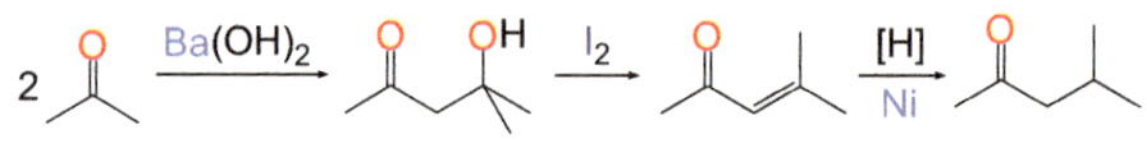

$Ba(OH)_2$催化缩合反应的反应速率较慢，回流反应54小时也仅能有57.6%的转化率，需更长反应时间才能获得较高产率；I_2催化脱水可在分馏过程中进行，将I_2加入双丙酮醇之后开始蒸馏，56～80℃馏分主要是丙酮、80～126℃馏分主要是水和异亚丙基丙酮、126～131℃是异亚丙基丙酮，产率约为71.8%；雷尼镍催化氢化这一步的收率较高。最终总体收率约为76%。

② 丙酮二步法合成MIBK。二步法是指将三步法中的缩合与脱水在一步反应中完成，也可将脱水和氢化在一步中完成，以此来简化工艺、降低投资成本。二步法的问题在于反应产物之间的分离，如缩合、脱水后产物是双丙酮醇、水、丙酮混合物，三者共存的分离效率较低。由于二步法的综合经济优势并不明显，且一步法的工艺路线随后出现，未见二步法的工业化生产。

③ 丙酮一步法合成MIBK。丙酮一步法是通过多功能催化剂使丙酮和氢气在固定床反应器中同时发生缩合、脱水、加氢反应生成MIBK。

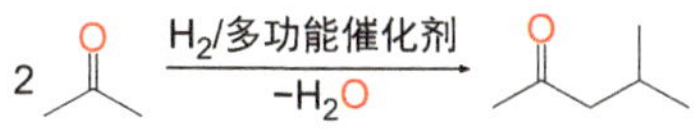

一步法是20世纪60年代以来出现的新工艺，1968年西德维巴公司建立的MIBK装置，首次实现了丙酮一步法液相工艺的工业化。此后，美国伊士曼公司、德国Taxaco公司、韩国DARI公司、中国石油化工股份有限公司抚顺石油化工研究院等都成功开发出成熟的一步法工艺。目前一步法是生产MIBK的主流工艺。一步法的关键在于多功能催化剂。根据氢化催化剂活性组分成分不同，可将催化剂分为贵金属催化剂、非贵金属催化剂、复合金属催化剂三类。利用树脂负载的双功能催化剂可在蒸馏塔中催化反应完成，该催化剂既具有催化作用，又能起到分离填料作用，这种方法也称为催化蒸馏法。

④ 异丙醇一步法。异丙醇为原料可直接催化合成MIBK，但报道较少，认为反应过程是异丙醇在催化剂表面脱氢得丙酮，丙酮与异丙醇发生分子间脱水生成MIBK。

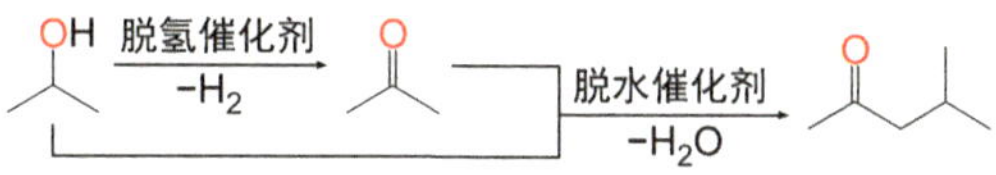

异丙醇一步法的优点是可以在常压下进行，也不需要加氢步骤，反应设备投资少。不足之处在于反应的一次性转化率低，原料与产物分离成本高，限制了这一方法的应用。

（2）2-乙基己基硫代苯乙酮合成

在萃取剂分子中引入S原子能显著增加其对很多金属离子的萃取能力，如2-乙基己基硫代苯乙酮（IOTPEK）其萃取能力明显高于一般酮化合物。图10.7所示为2-乙基己硫醇与溴代苯乙酮亲核取代制得IOTPEK[34]。

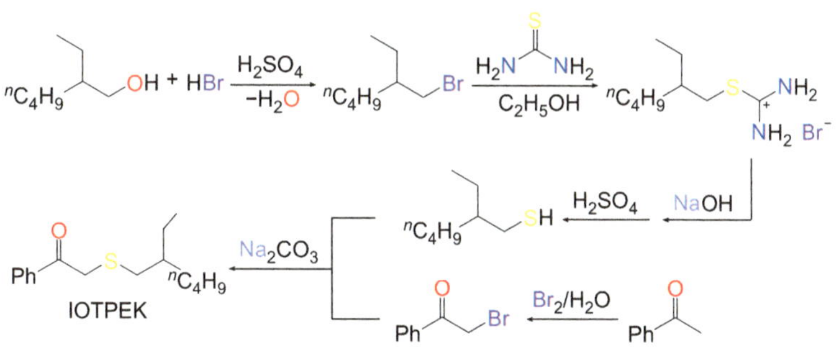

图10.7　2-乙基己基硫代苯乙酮合成方法

以2-乙基己醇为原料，与氢溴酸反应生成1-溴-2-乙基己烷，再与硫脲反应生成溴化2-乙基己基硫脲，经碱水解、酸化得到2-乙基己硫醇。用溴单质溴化苯乙酮，即可得到溴代苯乙酮。在碱性条件下溴代苯乙酮与硫醇发生亲核取代反应，即可得到烷基硫代苯乙酮，产率约为60%。

10.3.2　多羰基酮萃取剂

当分子中多个羰基（通常是两个）位置合适时，能以螯合配体形式与金属离子形成稳定性较高的配合物，其萃取能力高于单羰基结构。如*β*-二酮（即1,3-二羰基化合物）的两个羰基都与金属离子配位时，恰好形成环张力较小的六元环，有利于金属离子的萃取。应用较多的多羰基化合物萃取剂也主要是*β*-二酮及其类似物。

（1）*β*-二酮

β-二酮类化合物常用Claisen缩合制备，其原理是羰基*α*-碳上的氢原子具有较强的酸性，可以与醇钠等有机碱反应形成碳负离子，碳负离子再与其他羰基中心（酯、酰氯等）进行亲核反应，经加成-消除，得到*β*-二酮化合物。Claisen缩合制备*β*-二酮类萃取剂，一般包含两步：第一步是合成预设的两种羰基结构，第二步是两种羰基结构的缩合反应[35]，如图10.8所示。

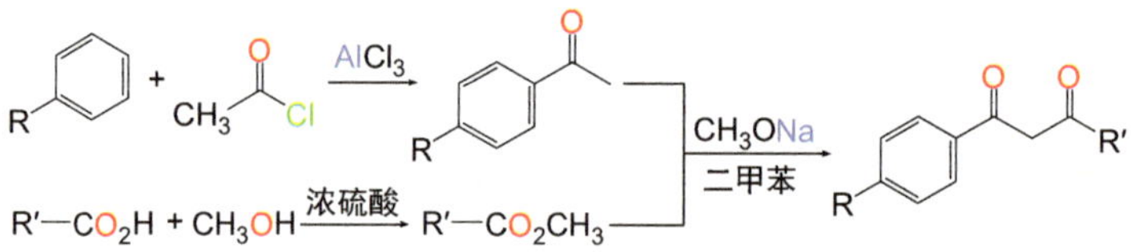

图10.8　Claisen缩合制备*β*-二酮类萃取剂

以带有长碳链的烷基苯（可用Friedel-Crafts烷基化反应制备），在Lewis酸（$AlCl_3$）催化下，与乙酰氯反应可制备对取代苯乙酮。在醇钠作用下与酯发生Claisen缩合反应即可得到*β*-二酮化合物。

在图10.8中Claisen缩合过程是羰基*α*位碳负离子与其他羰基化合物的加成-消除，发生的主要副反应是羰基化合物的自身缩合以及新生成的*β*-二酮参与缩合。为了避免羰基化合物的自身缩合，可利用羰基化合物的位阻和*α*-H酸性进行控制。如上面的对取代苯乙酮*α*-H酸性比酯羰基*α*-H更强，对取代苯乙酮形成*α*-碳负离子的可能性高于酯。而苯基具有较大位阻，碳负离子更容易与酯羰基发生反应，而进攻酮羰基却得到不稳定的*β*-羟基酮。另外，烷氧基负离子是容易离去基团。这些均能抑制副产物的形成。

β-二酮中间碳上的H也可被烷基取代，如铁与稀土的萃取剂2-十二烷基-*N,N,N′,N′*-四丁基丙二酰二胺（TBDMA）的制备[36]：

（2）*β*-二酮类似物

用类似的方法也能制备*β*-二酮类似物，即分子中包含有*β*-二酮单元，同时还含有其他官能团。如1-苯基-3-甲基-4-酰基-2-吡唑啉-5-酮与噻吩-2-基甲酰三氟丙酮（HTTA）。

① 1-苯基-3-甲基-4-酰基-2-吡唑啉-5-酮　羰基处于环上时也能发生Claisen缩合。如以1-苯基-3-甲基-2-吡唑啉-5-酮和酰氯为原料，在$Ca(OH)_2$或CaO催化作用下可发生缩合反应，得到1-苯基-3-甲基-4-酰基-2-吡唑啉-5-酮[37]。

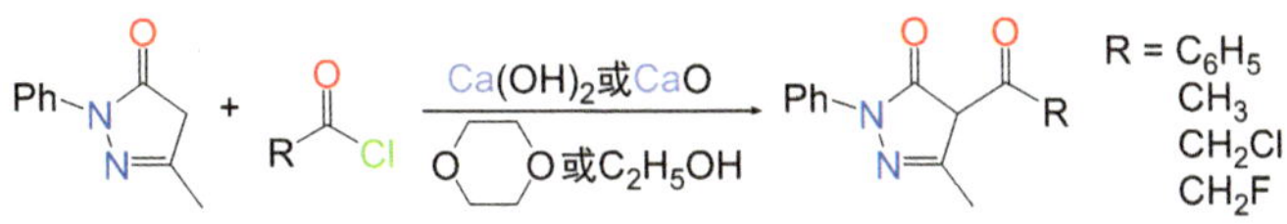

2-吡唑啉-5-酮环上亚甲基CH_2同时连有羰基和C═N，都属于吸电子基团，导致CH_2酸性较强，利用$Ca(OH)_2$或CaO足以形成碳负离子。反应条件还与酰氯的R基团有关，当R为苯基和甲基时，需要用碱性较强的$Ca(OH)_2$在较高温度（90℃左右）才能发生缩合反应。当R为氯甲基时则用碱性较弱的CaO在较低温度下即可，而当R为氟烷基时则必须在冷水浴中进行。

② HTTA　用2-乙酰噻吩与三氟乙酸乙酯进行Claisen缩合，即可得到HTTA[22]，如图10.9所示。

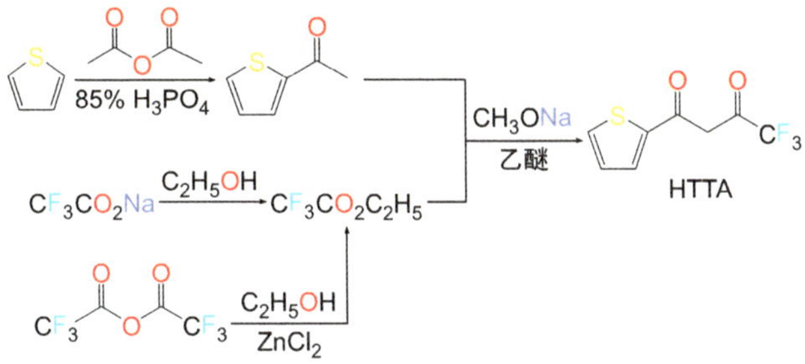

图10.9　Claisen缩合制备HTTA

在磷酸存在下，将噻吩与乙酸酐一起加热即可制得2-乙酰噻吩；在$ZnCl_2$催化下，用三氟乙酸酐与乙醇反应，或三氟乙酸钠与乙醇反应，均可制得三氟乙酸乙酯；在醇钠作用下，利用三氟乙酸乙酯与2-乙酰噻吩的缩合，即可得到HTTA。在此过程中三氟乙酸乙酯的羰基缺电子性远高于2-乙酰噻吩，可以使缩合反应高选择性地发生在三氟乙酸乙酯的羰基上。

10.4 醚、醇、酚萃取剂

醚、醇、酚类萃取剂都以—O—作为萃取剂的反应中心。单一官能团的醚、醇对金属离子的萃取性能较差，通常用作相改良剂或协萃剂，较少单独用于金属离子萃取。若与其他官能团组合，则有可能成为一种优良的萃取剂，如7-(5,5,7,7-四甲基辛-1-烯-3-基)-8-羟基喹啉（N601）。

10.4.1 醚

醚类萃取剂是最早用于金属离子萃取的化合物。如早在1842年Péligot就发现某些金属的硫氰酸盐可溶于乙醚[38]，并提出钴、镍，金、铂，铁、碱土金属都可通过乙醚萃取分离；1892年Rothe就发现乙醚可以从盐酸体系中萃取三氯化铁[39]。但直到19世纪40年代，溶剂萃取剂技术已经用于核燃料提取和稀土金属分离，醚类作为金属萃取剂的应用仍然十分有限，一个重要原因就是简单醚类对金属离子的萃取能力较差。目前被广泛应用的醚类萃取剂，多为稀贵金属萃取剂，且通常为多醚、冠醚、穴醚等分析萃取剂。

醚类化合物的合成方法众多，如醇钠和卤代烷在无水条件下反应（Williamson合成法），醇钠与磺酸酯、硫酸酯反应，醇分子间脱水，烯烃烷氧汞化-去汞法等。醇钠与卤代烷、磺酸酯、硫酸酯等的反应可用于制备位阻较大的对称或不对称醚，还可用于制备分子内醚；两个醇羟基在酸催化下脱水，可用于工业上制备四氢呋喃、1,4-二噁烷；烯烃烷氧汞化-去汞法是醇加成烯烃制醚反应，无法用于制备空间位阻较大的叔碳醚。

二乙二醇二丁醚，也称二丁基卡必醇（DBC），可用作工业溶剂和萃取剂，如金的萃取精炼[40]。工业合成方法是环氧乙烷与丁醇脱水反应。

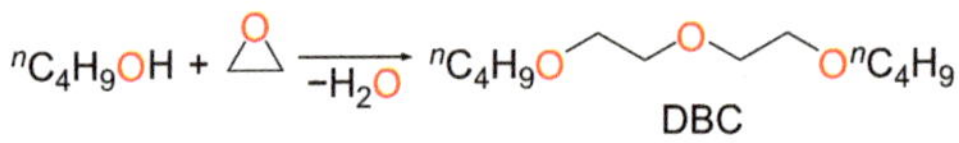

此法原料简单易得，适用于大规模工业生产，但环氧乙烷易燃易爆，反应压强大，无法在实验室操作。实验室可通过β,β'-二氯乙醚与醇钠反应制得。

① 金属钠制备醇钠。可用β,β'-二氯乙醚与丁醇钠（由金属钠和丁醇制备）反应制得，也可用二乙二醇一丁醚与钠、氯丁烷反应制得[41-42]，如图10.10所示。

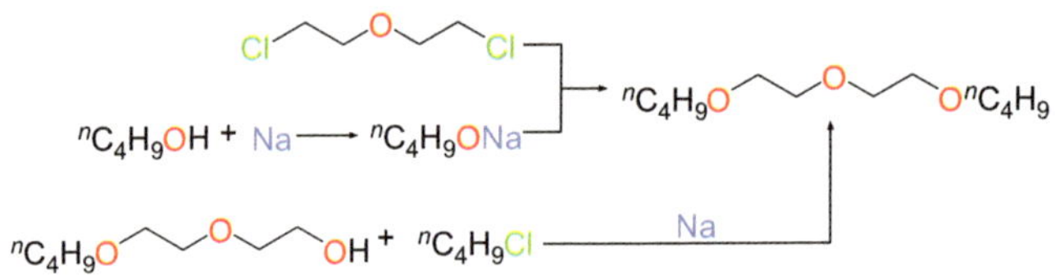

图10.10　醇钠与卤代烃反应制备醚

此法具有很好的底物适应性，改变醇、醚、卤代烷的结构，可用此法制得相应的醚类化合物。但此法使用的金属钠，易燃，需要严格无水条件操作，且醇钠与卤代烷反应放热较大，反应不易控制，副产物多，成分复杂，分离成本高。总体产率为18%～45%。

② 用烧碱替代金属钠。为了克服使用金属钠的不足，可采用NaOH替代金属钠[43-44]。

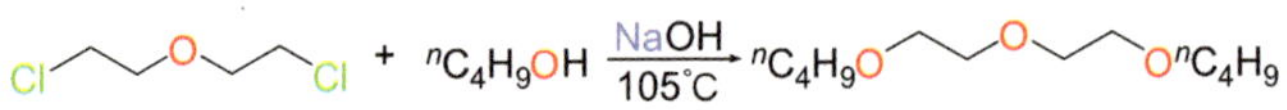

此法既能用于实验室少量制备，也是工业上的成熟方法。不需要无水操作、过程安全、原料易得、产率较高、综合生产成本低。反应时，在剧烈搅拌下把NaOH粉末加入正丁醇中使其分散均匀或溶解，再缓慢加入β,β'-二氯乙醚，继续反应至完全即可。实验室制备产率约为45%～50%，工业上产率约为45%～65%。

③ 加入相转移催化剂加速反应。由于NaOH在有机相中的溶解性差，因此烧碱法所

需时间较长，适用于工业上的连续生产。在实验室操作时为了缩短反应时间，提高反应收率，可加入季铵盐等相转移催化剂和使用活性较高的溴代烷[42, 44]，如图10.11所示。

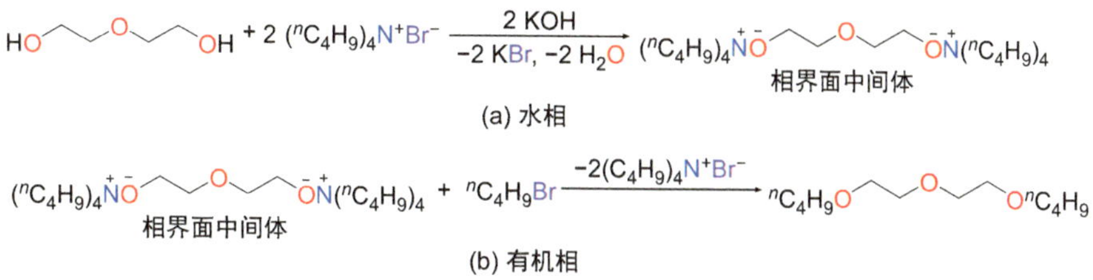

图10.11　季铵盐催化醇与溴代烷反应制备醚

加入相转移催化剂可使反应时间缩短至3 ～ 4h，且产率提高到80% ～ 90%。

10.4.2　醇

短碳链的醇或多元醇与水互溶或在水中有很好的溶解性，因此不能用作金属萃取剂，长碳链的醇可以作为萃取剂，但更多的是作为相改良剂。如仲辛醇、*β*-支链伯醇（A1416）等都被用于金属溶剂萃取。醇的萃取能力差，通常作为萃取剂的辅助官能团参与金属离子萃取。

甲醇、乙醇等短碳链醇在工业上可通过合成气、乙烯水合等方法大规模制备。长碳链的醇可通过卤代烷水解、格氏试剂法还原羰基化合物或羧酸衍生物、含羰基化合物的氢化等来制备，还可以在碱性条件下由支链脂肪醇直接缩合得到支链醇。

用于金属萃取的醇都要求有较高的油溶性和较低的水溶性，因此需要带多碳烷基链，利用两分子直链脂肪醇在碱催化下可缩合成*β*-支链伯醇。如利用C_7 ～ C_8直链脂肪醇在碱性催化剂作用下可缩合成C_{14} ～ C_{16}的*β*-支链伯醇（A1416）[22]。

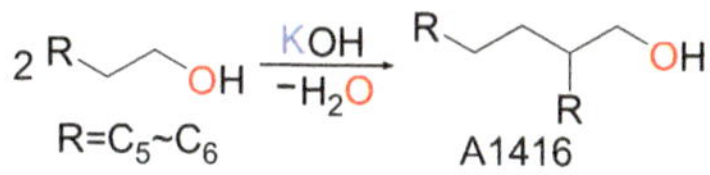

此反应还会生成少量醛，经氢化处理后也能转化为伯醇，因此反应机理可能是烯醇式碳负离子与另一分子醇的亲核取代反应。若加入少量脂肪酸锌可加速反应进行，对产物组成没有影响。除此之外，还可用金属氧化物纳米材料催化剂催化实现直链醇分子间脱水制备仲碳伯醇[18]，如仲碳羧酸萃取剂196的前体的合成（见10.1.3）。

10.4.3　酚

酚类化合物是常见的水体污染物，常作为被萃物被报道。水溶性差、油溶性好的酚也可作为金属萃取剂。如4-叔丁基-2-(*α*-甲苄基)苯酚（*t*-BAMBP）、4-甲基-2-(*α*-甲苄基)苯酚都可用于钾、铷、铯等碱金属的萃取分离[45-46]。除此之外，酚羟基还可作为辅助官能团参与金属离子萃取，如9.6节中的肟萃取剂、本节的8-羟基喹啉等。

（1）取代苯酚

取代苯酚萃取剂，可直接以苯酚为原料，经过Friedel-Crafts烷基化反应制备。如4-甲基-2-(α-甲苄基)苯酚可用苯乙烯与对甲基苯酚在$AlCl_3$催化下反应得到。

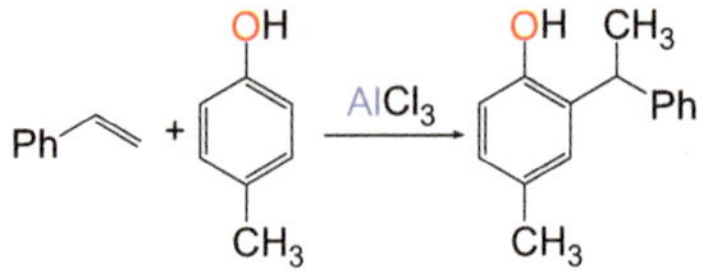

也可用醇、卤代烷等作为烷基化试剂，预先在酚和烷基化试剂上引入其他基团，即可得到不同的取代苯酚结构。酚羟基在亲电取代中是邻对位定位基，若预先在酚羟基的对位引入位阻较大的基团如（如叔丁基），则可使烷基化反应高选择性地发生在酚羟基的邻位。

（2）喹啉酚

美国Sherex公司生产的Kelex100萃取剂是N601与其异构体7-(5,5,7,7-四甲基辛-2-烯-1-基)-8-羟基喹啉的混合物，但后者双键在主链上，稳定性差容易被氧化降解。若用纯的N601，其萃取性能更稳定。以叔丁醇、丁二烯、8-羟基喹啉等为起始原料，可经多步反应制得N601[22, 47]，如图10.12所示。

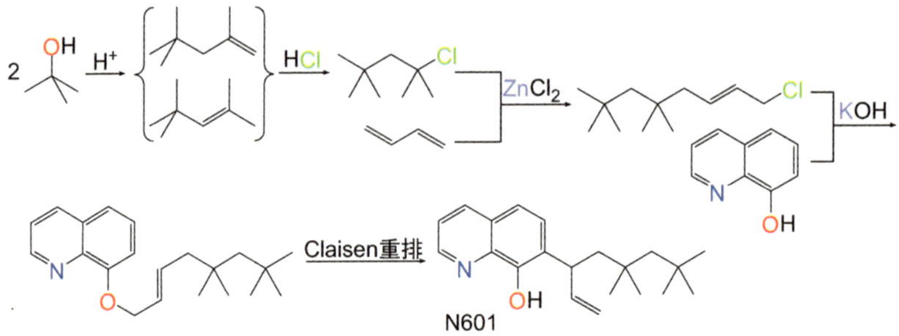

图10.12　N601萃取剂的合成

首先，在酸性条件下叔丁醇脱水二聚，并与HCl加成得到1,1,3,3-四甲基丁基氯。叔丁醇脱水-二聚可能形成两种烯烃，但两种烯烃与HCl加成时都得到相同的产物，因此这一步并不产生异构体副产物。然后，在$ZnCl_2$催化下将1,1,3,3-四甲基丁基氯与丁二烯反应制备1-氯-5,5,7,7-四甲基辛-2-烯。此中间体是制备N601的关键，可以利用丁二烯在1,1,3,3-四甲基丁基氯中有较大溶解度的特点，在室温下进行反应，以避免丁二烯的聚合，可使产率达到90%以上。最后，在碱作用下，卤代烷与酚羟基反应形成醚，经加热发生分子内Claisen重排得到N601。卤代烷与酚羟基反应的关键在于反应温度。如将KOH甲醇溶液与8-羟基喹啉的DMF溶液混合后，在35℃下滴加1-氯-5,5,7,7-四甲基辛-2-烯，再反应16小时则得到N601；若将8-羟基喹啉钠盐在甲苯中回流条件下滴加，然后再回流12小时，则得到N601异构体。

除用8-羟基喹啉这种原料外，也可通过氧化向含氮杂环中引入酚羟基，如用于锂同位素分离的带取代基的氮杂菲酚的制备[48]，见图10.13。

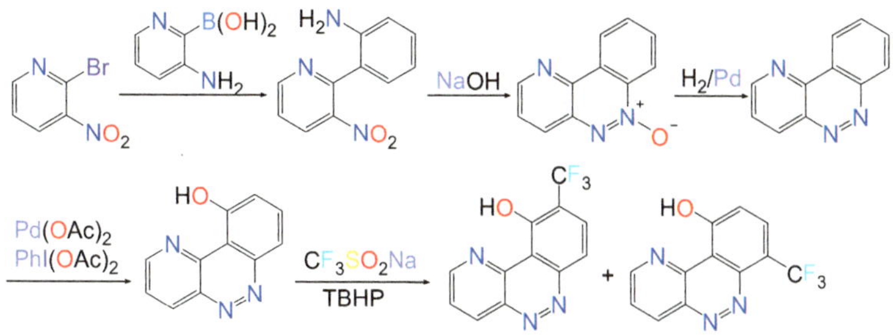

图10.13 带取代基的氮杂菲酚的制备

用卤代芳香烃与芳香硼酸偶联，再经脱水、还原，构造出氮杂菲，再用$PhI(OAc)_2$氧化可得氮杂菲酚，还可进一步引入取代基调节影响萃取性能的酸性和空间位阻。

参考文献

[1] 张秀英, 薄其兵. 稀土元素的环烷酸萃取研究进展 [J]. 稀土, 1999, 20(05): 3-5.

[2] 付玉娥, 代先超. 石油酸的国内市场分析与预测 [J]. 精细石油化工, 2009, 26(03): 79-82.

[3] 于三三, 王广宇, 易东升. 柴油碱渣脱油酸化制备环烷酸的研究 [J]. 辽宁化工, 2004, 33(05): 249-251,254.

[4] 石顺存, 张红. 高纯环烷酸的制备 [J]. 湘潭矿业学院学报, 2001, 16(03): 47-50.

[5] 王增凯. 环烷酸萃取分离钇的研究 [D]. 桂林: 广西师范大学, 2016.

[6] 北京矿冶研究院冶金室六组. 异构羧酸萃取剂介绍 [J]. 有色金属(冶炼部分), 1975, 22(01): 53-57.

[7] 张华西, 曾健, 毛震波. C_{10}叔碳酸生产工艺改进 [J]. 天然气化工(C_1化学与化工), 2013, 38(04): 47-48.

[8] 北京矿冶研究院冶金室六组. 异构酸的合成及萃取试验 [J]. 有色金属(冶炼部分), 1975, 22(04): 33-39.

[9] SOUMA Y, SANO H, IYODA J. Synthesis of *tert*-carboxylic acids from olefins and carbon monoxide by coppper(Ⅰ) carbonyl catalyst [J]. The Journal of Organic Chemistry, 1973, 38(11): 2016-2020.

[10] 张进, 石玉香, 赵慧丽. 叔碳酸合成工艺条件优化 [J]. 化学试剂, 2001, 23(05): 310-312.

[11] 曾国蓉, 吴朝元. 贵金属萃取剂DNG的合成 [J]. 西南师范学院学报(自然科学版), 1983, 8(03): 66-69.

[12] SASAKI Y, UTO M, OSHIMA T, et al. Synthesis of a carboxylic acid extractant containing an amino group and its selective extraction of In(Ⅲ) and Ga(Ⅲ) [J]. Solvent Extraction Research and Development, Japan, 2016, 23(1): 1-8.

[13] 李改枝, 杨勇, 柳月香. *N,N*-二苯基甘氨酸和*N*-正丁基甘氨酸的合成及萃取性能的研究 [J]. 内蒙古石油化工, 1999, 25(02): 15-17.

[14] WANG Y, ZHOU H, WANG Y, et al. Separation of high-purity yttrium from ion-absorbed rare earth concentrate using (2,6-dimethylheptyl) phenoxy acetic/propanoic acid [J]. Separation and Purification Technology, 2017, 184: 280-287.

[15] 叶伟贞, 许庆仁, 钱云芳, 等. 分离稀土金属的萃取剂: CN1084574A [P]. 1994-03-30.

[16] BABA Y, KUBOTA F, KAMIYA N, et al. Development of novel extractants with amino acid structure for efficient separation of nickel and cobalt from manganese ions [J]. Industrial & Engineering Chemistry Research, 2014, 53(2): 812-818.

[17] 王雪. 一种羧酸类化合物作为萃取剂的应用和金属离子萃取方法: CN113736995A [P]. 2021-12-03.

[18] 高平, 刘维民, 梁永民, 等. 格尔伯特醇的制备方法: CN102020533A [P]. 2011-04-20.

[19] 栾和林, 姚文, 武荣成. 环酯类贵金属萃取剂的研究 [J]. 有色金属, 1999, 51(02): 47-51.

[20] 李耀威, 古国榜, 庄晓磊. *N*-正丁基异辛酰胺合成及其萃取Pt(Ⅳ)的性能 [J]. 稀有金属材料与工程, 2005, 34(11): 154-158.

[21] 刘孝波, 张军华, 杨德娟, 等. 脂肪族酰胺二元醇的合成与表征 [J]. 合成化学, 1998, 6(04): 9-11.

[22] 徐光宪, 袁承业. 稀土的溶剂萃取[M]. 北京: 科学出版社, 2010.

[23] 孙国新, 李玉兰, 包伯荣, 等. 双取代长链烷基酰胺的结构与萃取性能的研究Ⅰ: .*N,N*-二烷基十二酰胺从硝酸介质中萃取铀 [J]. 核化学与放射化学, 1998, 20(02): 40-45.

[24] 姜润田, 崔玉, 张振伟, 等. 双取代长链烷基酰胺的结构与萃取性能的研究 [J]. 山东化工, 2002, 31(01): 1-3.

[25] 吴宇轩, 丁颂东, 刘宁, 等. 新法合成酰胺荚醚萃取剂 [J]. 高等学校化学学报, 2014, 35(02): 257-261.

[26] SASAKI Y, CHOPPIN R. Solvent extraction of Eu, Th, U, Np and Am with *N,N'*-dimethyl-*N,N'*-dihexyl-3-oxapentanediamide

and its analogous compounds [J]. Analytical Sciences, 1996, 12(2): 225-230.
[27] PRETSCH E, AMMANN D, OSSWALD H F, et al. Ionophore vom typ der 3-oxapentandiamide [J]. Helvetica Chimica Acta, 1980, 63(1): 191-196.
[28] 张平, 王海荣, 王建晨, 等. 水溶性氧杂酰胺类化合物的合成及表征 [J]. 有机化学, 2008, 28(2): 335-338.
[29] MOWAFY E A, ALY H F. Synthesis of some *N,N,N',N'* - tetraalkyl - 3 - oxa - pentane - 1,5 - diamide and their applications in solvent extraction [J]. Solvent Extraction and Ion Exchange, 2007, 25(2): 205-224.
[30] 张钦发, 龚竹青, 郑雅杰. 用MIBK萃取剂从含金铂钯的贵液中萃取金的研究 [J]. 矿冶工程, 2001, 21(04): 58-60.
[31] 许良, 艾抚宾, 乔凯, 等. 甲基异丁基酮市场及其合成技术进展 [J]. 当代化工, 2012, 41(08): 835-836, 858.
[32] 陆佳冬, 郑金成, 夏天昊, 等. 丙酮合成甲基异丁基酮技术研究进展 [J]. 浙江化工, 2020, 51(06): 15-20.
[33] 徐林, 黄杰军, 俞磊, 等. 丙酮缩合法合成甲基异丁基酮的研究进展 [J]. 化学通报, 2016, 79(07): 584-588.
[34] 汪炳瑞, 朱积寿, 郎书玲. 新型萃取剂IOTPEK的合成及其应用 [J]. 稀有金属, 1995, 19(01): 6-9.
[35] 林辉. *β*-二酮类萃取剂的合成及性能研究 [J]. 铀矿冶, 2001, 20(02): 108-113.
[36] 杨全宁. 丙二酰胺盐酸体系中萃取铁和稀土及动力学研究 [D]. 济南: 济南大学, 2016.
[37] 陶文田, 邹键, 胡先明, 等. 1-苯基-3-甲基-4-酰基吡唑酮(5)螯合萃取剂的合成 [J]. 化学试剂, 1980, 2(05): 48-49.
[38] PÉLIGOT E-M. Recherches sur l' uranium [J]. Annales de Chimie et de Physique, 1842, 5(3): 5.
[39] ROTHE J W. The extraction of iron (Ⅲ) from hydrochloric acidution by ethylether [J]. Chemistry News, 1892, 66: 182.
[40] 汪朝阳, 易筱筠, 王瑞香, 等. 类二丁基卡必醇新金萃取剂的合成与性能 [J]. 贵金属, 2002, 23(03): 13-17, 12.
[41] CRETCHER L H, PITTENGER W H. Syntheses with *β,β'*-dichloro-diethyl ether [J]. Journal of the American Chemical Society, 1925, 47(1): 163-166.
[42] 黄超伦, 陈子明, 鲍春和, 等. 相转移催化合成二乙二醇二丁醚 [J]. 河北化工, 1990, 13(04): 28-29.
[43] 刘谟禧, 毛建军, 钟祥, 等. 二乙二醇二丁醚的合成 [J]. 化学试剂, 1986, 8(04): 248-251.
[44] 余建民. 贵金属萃取化学[M]. 第2版. 北京: 化学工业出版社, 2010.
[45] 陈正炎, 陈富珍. *t*-BAMBP萃取铷、铯反应机理及热力学函数研究 [J]. 稀有金属, 1995, 19(05): 330-333, 351.
[46] 邓琴, 安莲英, 黄正根. 4-甲基-2-(*α*-甲苄基)酚铷钾萃取分离工艺研究 [J]. 化学工程, 2017, 45(02): 17-20.
[47] 刘长几, 舒国恩, 袁承业. 7-十二烯基-8-羟基喹啉的合成 [J]. 有机化学, 1982, 8(05): 357-358.
[48] 张伟, 徐永昌, 郑卫琴, 等. 苯并杂环类化合物及其应用: CN109706323A [P]. 2019-05-03.

第 11 章 含硫萃取剂合成

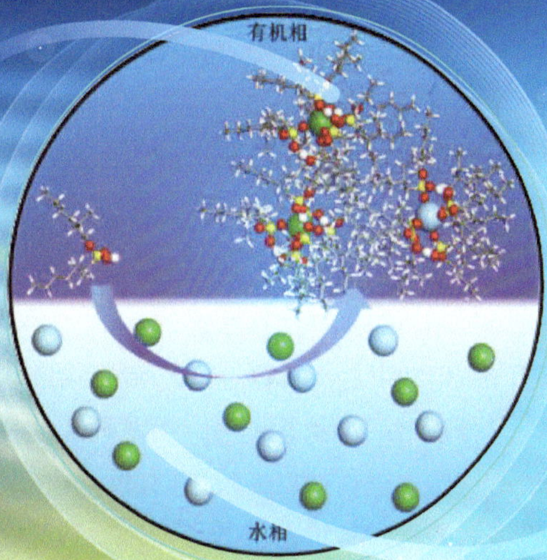

以硫原子为反应基团核心的金属萃取剂主要包括磺酸、磺酸酯、磺酰胺、砜、亚砜、硫醚、硫醇等。硫代磷（膦）系列化合物的萃取性能与相应的非硫代化合物相似，其合成方法见8.1.4.3、8.2.5。

11.1 磺酸及其衍生物

磺酸及其衍生物用作金属萃取剂的主要有磺酸、磺酸酯、磺酰胺等。磺酸是有机强酸，磺酸盐是表面活性剂，作为萃取剂的磺酸化合物并不多，主要是5,8-二壬基萘磺酸（SYNEX 1051）、二壬基萘二磺酸（H_2DNNDS）等；磺酸酯和磺酰胺多见于分析用萃取剂。

11.1.1 磺酸萃取剂

用作金属萃取剂的磺酸萃取剂通常是带有长链烷基取代基的芳基磺酸，如二壬基萘磺酸、二壬基萘二磺酸，它们的合成方法主要包含芳基烷基化和磺化两部分。以二壬基萘磺酸为例，可先以壬醇为原料对萘进行烷基化，再以二壬基萘为原料进行磺化[1-2]：

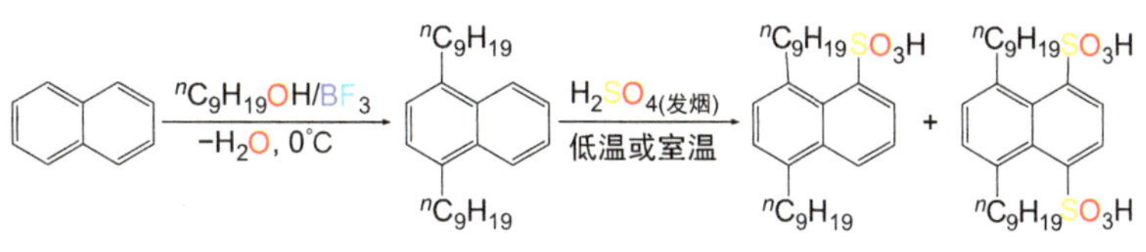

用Lewis酸催化萘的Friedel-Crafts烷基化反应。由于萘的α-位电子密度高、烷基为给电子基，导致烷基化反应发生在同一苯环上的两个α-位的可能性较大，但通常得到不同数目和不同位置烷基化的混合物，可以通过蒸馏分离出二壬基萘。烷基在不同位置的二壬基萘沸点接近，难以通过蒸馏分离，但可作为混合物用于制备出性质相近的二壬基萘磺酸或二壬基萘二磺酸，可以不分离这些位置异构体。其他萘磺酸也存在相似的现象。除醇和BF_3外，还可用其他烷基化试剂和Lewis酸催化剂，如醇、烯烃、卤代烷、$AlCl_3$、浓硫酸、浓磷酸等。烷基化数目和异构体比例可以通过选择不同活性催化剂和操作温度进行控制。如选择活性很高的BF_3，需要在低温下进行操作。若实验室没有BF_3，也可通过在浓硫酸中加热B_2O_3、CaF_2混合物进行现场制备。

分离出二壬基萘之后，用发烟硫酸在低温下或浓硫酸在加热条件下进行磺化，控制硫酸比例、操作温度、反应时间，可控制磺化数目和位置。磺化结束后，交替多次进行碱洗、酸洗，利用萘磺酸和萘二磺酸盐在有机相和水相的溶解性不同，可实现两者的分离纯化。

11.1.2 磺酸酯萃取剂

与羧酸酯、磷（膦）酸酯类似，磺酸酯也可以直接通过磺酸酯化、磺酸酯酯交换、磺酰氯醇解等方法制备。如4,6-二烷氧基苯-1,3-二磺酸二(4-烯丙基-2-甲氧基苯氧基)酯，可以用酚醇解4,6-二烷氧基苯-1,3-二磺酰氯制备[3]：

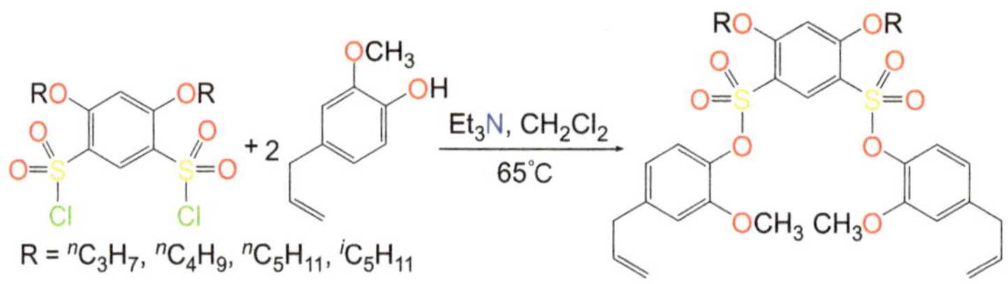

可先用卤代烷与间二苯酚反应得到间二烷氧基苯，再与硫酰氯反应得到此法的原料4,6-二烷氧基苯-1,3-二磺酰氯；也可制得间二烷氧基苯后，与氯磺酸反应，再经五氯化磷处理，得到磺酰氯。原料4-烯丙基-2-甲氧基苯酚，即天然产物丁香酚，可直接从富含丁香酚的精油经过碱化-酸化-蒸馏的提取纯化步骤获得。反应时将两倍物质的量的丁香酚的二氯甲烷溶液，加入磺酰氯的二氯甲烷溶液中，再加入三乙胺中和生成的HCl，即可完成磺酰氯的醇解。也可采用高沸点溶剂，用负压脱除HCl，再用水吸收。

由于磺酰氯活性较高，醇解制备磺酸酯可适用于多种底物，将丁香酚换成其他羟基结构可获得相应的磺酸酯。若用位置合适的二酚对二磺酰氯进行醇解，还能得到环状磺酸酯，从而利用环的尺寸增加其对金属离子的选择性[4-6]。

11.1.3 磺酰胺萃取剂

这类萃取剂对Fe(Ⅲ)、Al(Ⅲ)不萃取或萃取很少，而对Cu(Ⅱ)、Ni(Ⅱ)、Co(Ⅱ)等有很高的选择性[7-8]。与酰胺的合成类似，磺酰胺类萃取剂也可以通过磺酰氯的氨解反应制备，如芳胺与苯磺酰氯的氨解可以得到*N*-取代芳基苯磺酰胺：

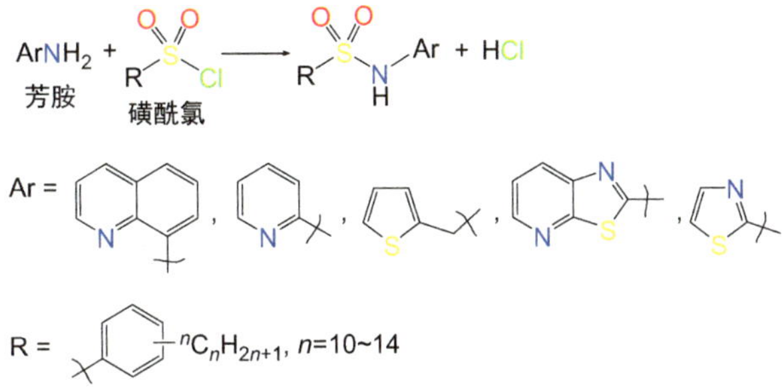

先分别制备磺酰氯和芳胺，再用芳胺对磺酰氯进行氨解，即可得到磺酰胺。苯磺酰氯可依次用Lewis酸催化卤代烷对苯进行Friedel-Crafts烷基化、用发烟硫酸进行磺化、用PCl_5或SO_2Cl_2进行酰氯化进行制备；2-氨甲基噻吩可通过Mannich反应制备；8-氨基喹啉可用喹啉先硝化再还原获得。磺酰胺对Cu(Ⅱ)有很好的配位萃取作用，制得的磺酰胺粗品可用铜盐法进行纯化。

与磺酰氯醇解可制备环状磺酸酯类似，若用位置恰当的二胺对苯二磺酰氯进行氨解也能得到环状磺酰胺。但由于胺和磺酰氯分子都含有两个官能团，还能通过氨解形成聚合磺酰胺副产物，其聚合度、环状磺酰胺比例与苯磺酰氯取代基、胺结构、操作条件等有关。

11.2 硫醇和硫醚

硫醇不仅可用作金属萃取剂，还可作为制备其他结构的前体。硫醚多用于贵金属，尤其是铂族金属的萃取。

11.2.1 硫醇

单独带有—SH的硫醇或硫酚化合物在金属溶剂萃取中的应用较少，多见于与其他基团组成的多官能团结构中，如聚[2-(对乙烯基苯甲硫基)-1,3,4-噻二唑-5-硫醇]、2-壬基硫基-1,3,4-噻二唑-5-硫醇、1,3,4-噻二唑-2,5-二硫醇[9]。

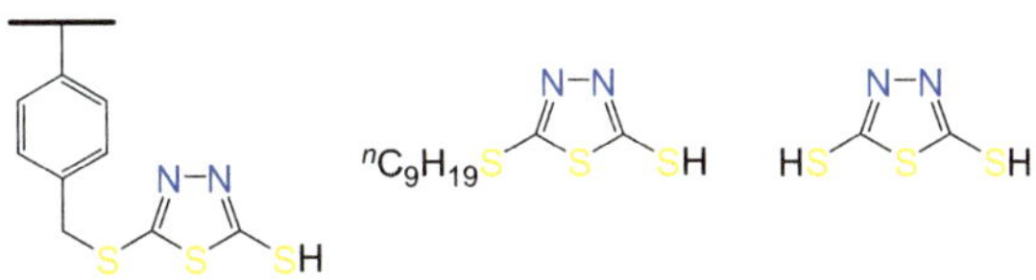

这些硫醇一般通过负二价硫原子经亲核取代法直接引入，或由高价含硫化合物经还原等方法制备。

（1）直接引入法

负二价的硫原子具有很强的亲核性，利用HS^-、H_2S等作为亲核试剂，可直接向分子中引入—SH官能团得到硫醇[10]。

① 硫氢化钠法：

先制备出所需卤代烷，在相转移催化剂作用下与NaHS反应，即可得到相应的硫醇。若用Na_2S反应，则可能得到硫醚。NaHS和卤代烷相容性差，用相转移催化剂可加速反应。此法生产硫醇的综合经济性较好，是目前很多硫醇的工业生产方法。由于NaHS在高温下容易分解生成Na_2S、H_2S，导致生成较多副产物，所以反应宜在低温下进行，同时需要H_2S吸收装置。

② 硫化氢与醇反应：

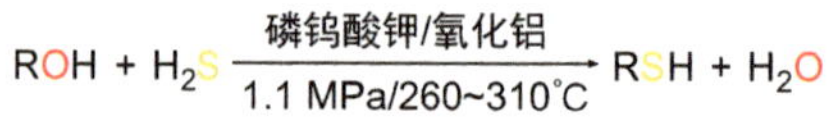

用一定浓度磷钨酸钾溶液浸渍过的活性氧化铝或直接使用氧化钨作为催化剂，在高温高压下H_2S可直接与醇反应得到硫醇。此法采用固定床反应器，可实现连续化生产，原子利用率高，但收率低，反应同时还得到烯烃、硫醚等副产物。与卤代烷相比，醇的活性低，反应需要在更高温度下进行。

③ 硫脲水解法：

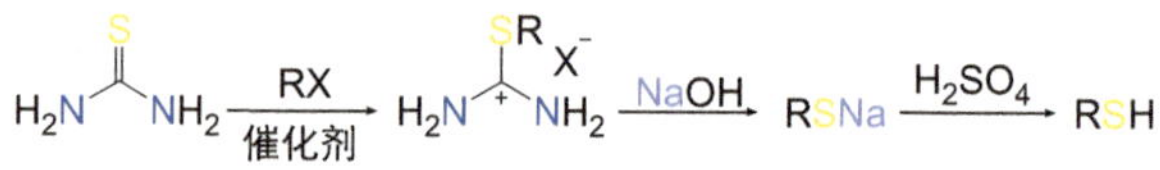

此法以卤代烃和硫脲为原料。硫脲的S具有很强的亲和性，能与卤代烃发生亲核取代反应生成S-烷基异硫脲盐，再经碱性水解、酸化即可得到硫醇。此法产率较高，副产物少，但消耗大量酸碱，并产生相应的废水，主要适用于实验少量制备复杂结构的硫醇。

④ 硫化氢加成法：

在高压催化下硫化氢可与烯烃加成，直接得到链状硫醇。反应所需条件取决于反应物结构。通常以硼烷类化合物为萃取剂，如三乙基硼烷、二辛基硼烷等。此法适用于C_4 ～ C_{10}链状硫醇制备，收率在37% ～ 82%。此法反应时，为了避免硫醇进一步与烯烃反应生成硫醚，通常使H_2S过量。除硼烷催化剂外，酸性离子交换树脂、杂多酸活化的氧化铝、磷钨酸负载的二氧化硅等也能催化H_2S与烯烃的加成反应。此法的不足之处在于：反应需要在高压下进行；H_2S气体属于有毒气体；产物中包含马氏加成和反马氏加成两种异构体。

（2）还原法制备硫醇

除用NaHS、H_2S等负二价硫原子通过亲核取代反应向分子中引入C—S键外，还可通过还原过硫化物、磺酰氯、黄原酸酯、硫代硫酸盐等高价硫化合物制备硫醇[10]。但还原法是通过复杂化合物制备简单化合物，通常在经济成本上是不划算的，少有用于金属萃取剂。

① 过硫化物还原：

$$Na_2S_2 \xrightarrow[-NaX]{RX} RS-SR \xrightarrow[-S]{NaHS} RSNa \xrightarrow[-Na^+]{H^+} RSH$$

先用卤代烃与二硫化钠反应制备过硫醚，再加入还原剂可得到硫醇钠，经酸化后即可得到硫醇。过硫化钠与卤代烃的反应可在SiO_2负载的钴、铑等催化剂作用下进行；过硫化物的还原可采用硫氢化钠、三叔丁氧基氢化铝锂等。

② 磺酰氯还原：

$$ArH + HOSO_2Cl \xrightarrow{-HCl} ArSO_3H \xrightarrow{[H]} ArSH$$

对于芳基化合物，可以方便地引入磺酰基，再经还原即可得到硫酚。但脂肪族的磺酰氯不稳定，难以用此法制备脂肪族硫醇。

③ 黄原酸酯水解：

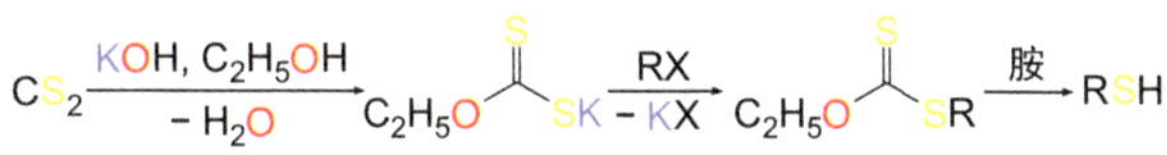

在强碱KOH介质中用醇与CS_2反应可生成黄原酸钾盐，再与卤代烃反应可生成黄原酸酯，再经氨解，即可得硫醇。

④ 硫代硫酸盐与卤代烃反应：

$$RX + S_2O_3^{2-} \longrightarrow RSSO_3 \xrightarrow[-H_2SO_4]{-H^+/H_2O} RSH$$

$S_2O_3^{2-}$四面体结构中顶点位置的硫原子具有很强的亲核性，可与卤代烃反应形成C—S键，再经酸性水解即可得到硫醇。

（3）制备硫醇的其他方法

除直接引入法、还原法外，还可通过硫氰酸酯法、二硫化物光解法、醛酮还原法、单质硫氧化法制备硫醇[10]。

① 硫氰酸酯法：

$$RX + MSCN \xrightarrow{-MX} RSCN \xrightarrow{[H]} RSH$$

式中，RX为烷基或芳基卤代烃，M为碱金属或碱土金属离子。先用硫氰酸盐与烷基或芳基卤代烃发生亲核取代反应，制备硫氰酸酯，再用氢化铝锂、硼氢化钠等常用还原剂还原，即可得到硫醇或硫酚，两步反应产率均在70%左右。

② 二硫化物光解法：

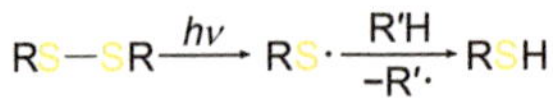

过硫化物除用于还原制备硫醇外，还可通过紫外光断开S—S键，得到S·，再与氢原子供体反应得到—SH，增加吸光效率可提高产率。

③ 醛酮还原法：

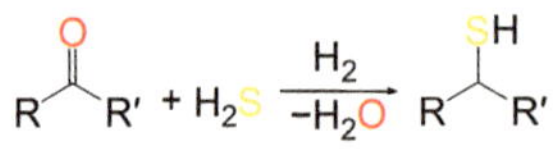

在酸性介质中，醛酮等羰基化合物与H_2S，可在钴、钼化合物催化作用下直接合成硫醇。此法的反应机理为加成消除机理，有较多的副产物生成。

④ 单质硫氧化：

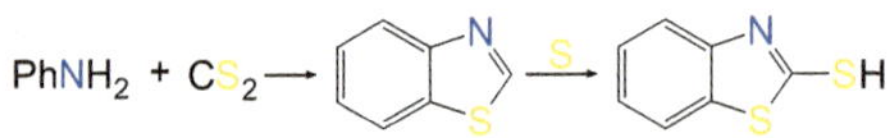

此法虽经两步进行，但反应可以通过一锅法合成。以水杨酸作为催化剂，在高温高压下，苯胺先与二硫化碳发生环化反应得到苯并噻唑，再与硫单质反应即可得到硫醇。在此反应中，从苯并噻唑到2-巯基苯并噻唑，是硫单质将C—H键氧化成C—SH键的过程[11]。

11.2.2 硫醚

用于金属萃取剂的硫醚制备方法主要有三种，即直接用S^{2-}与卤代烃反应得到对称硫醚、用硫醇与卤代烃反应得到非对称硫醚、直接从石油中分离。

（1）对称硫醚

对称硫醚的合成通常是用相应的卤代烷与硫化钠反应。图11.1所示为二正辛基硫醚（DOS）、二异戊基硫醚（S201）、二(2-乙基己基)硫醚（S219）等[12-13]的制备。

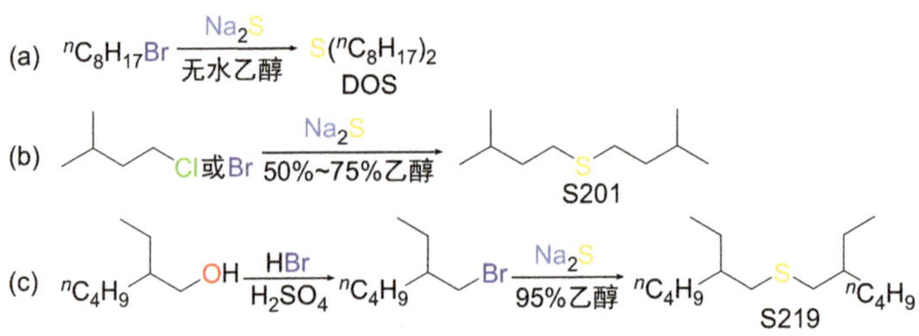

图11.1 Na_2S与卤代烷亲核反应制备对称硫醚

图11.1表明：由于不同卤代烃的溶解性不同，Na_2S与卤代烃反应所需的条件也不同。如溴代正辛烷、溴代异戊烷、溴代2-乙基己烷所采用的溶剂分别为无水乙醇、50%～75%乙醇、95%乙醇。S^{2-}与卤代烃的亲核反应是分步进行的，先与一分子卤代烃

反应形成RS^-，再与另一分子卤代烃反应得到硫醚。为了避免反应停留在RS^-中间体，水解得到硫醇副产物，这里的投料比应与制备硫醇的投料比相反，应该卤代烃过量。反应所需的卤代烃原料可通过醇与氢卤酸转化而得。

（2）非对称硫醚

非对称硫醚通常先合成一端的硫醇或硫醇钠（或钾），再与另一端的卤代烷反应。图11.2所示为二烷基硫醚、芳基烷基硫醚[14-15]的制备。

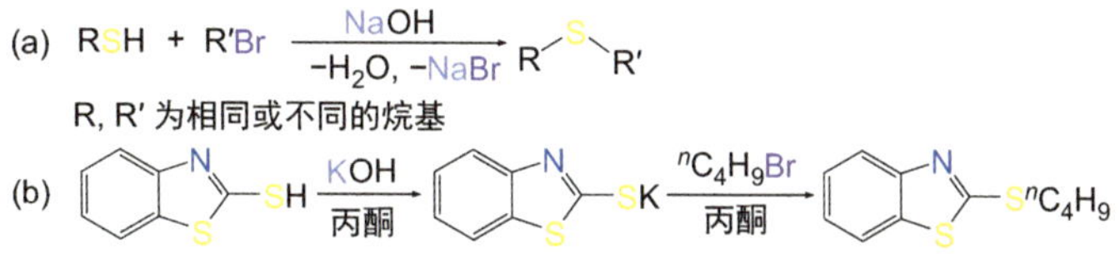

图11.2　非对称硫醚的制备

硫醇的硫原子具有亲核性，与卤代烃反应可直接得到硫醚，用碱中和生成的氢卤酸可使反应进行完全。芳香卤代烃的亲核取代比脂肪卤代烃更难，通常以硫酚与脂肪卤代烃进行反应得到芳基烷基硫醚。用类似的方法，还可以合成其他结构的硫醚[16]。

（3）直接从石油中分离

在石油或天然气凝析油中，硫以硫醇、硫醚、硫化氢、过硫醚、噻吩等形式存在，可直接分离纯化得到多种硫醚的混合物，即石油硫醚。原油中通常含有1%～8%的硫，为避免在燃烧过程中产生SO_2污染环境，都必须进行脱硫处理。石油硫醚是原油及其产品脱硫的副产物，价格低廉，适合用作金属萃取剂[13, 17]。由不同产地、不同沸程直馏油制得的硫醚含量和组成不同，但提取过程大致相同，都经过酸洗（有时也包括碱洗）、水洗、蒸馏（通常是水蒸气蒸馏）等操作步骤。以130～250℃的航空煤油为例，脱硫时先用85%硫酸洗涤，分出硫酸层；然后用2倍体积水稀释硫酸洗液，有油层析出，用水洗涤该油层至中性，得到棕黑色带有灼焦臭味的油状物；再对该油状物进行水蒸气蒸馏，即可得到淡黄色的石油硫醚。

11.3 砜和亚砜

砜和亚砜都能用于金属萃取，尤其是贵金属萃取。亚砜的硫原子与三个原子相连，硫原子和氧原子既能分别各自与金属离子配位，也能同时与金属离子配位；砜的硫原子与四个原子相连，只有氧原子能与金属离子配位。因此亚砜的萃取性能高于砜，双烷基亚砜、烷基-芳基混合亚砜、双芳基亚砜等都有报道；而仅有少量的砜萃取剂被报道，如环丁砜-氯仿体系萃取金[18]、4,4′-二氨基二苯砜固相萃取分离钯/铂等[19]。砜和亚砜的合成包括直接引入或氧化而得：直接引入是指直接向分子中引入—SO_2—或—SO—单元；氧化而得是指可将硫醚氧化为亚砜，亚砜可进一步被氧化成砜，因此亚砜的稳定性不如砜。

11.3.1 直接引入砜和亚砜

利用烯烃与二氧化硫反应或用芳基与二氯亚砜反应可直接向有机分子中引入砜和亚砜基团。

（1）二氧化硫与烯烃合成砜

二氧化硫分子中的S具有缺电子性质，可与烯烃发生亲电反应，将SO_2单元直接引入有机分子中，得到砜。如丁二烯与二氧化硫反应得到环丁烯砜，再氢化可得环丁砜[20]。

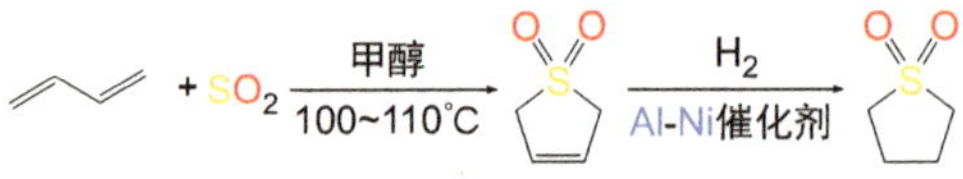

以甲醇为溶剂，在高压釜中加热丁二烯和二氧化硫混合物至100～110℃，可得到环丁烯砜，在铝-镍催化剂作用下进行氢化即可得到环丁砜。此法原料廉价易得，副反应少，中间体环丁烯砜也可通过精馏纯化，最终产品的收率和纯度都较高，是目前生产环丁砜的主要方法之一。

（2）二氯亚砜法

二氯亚砜，也可以看作是亚磺二酰氯，在Lewis酸催化下，可与芳烃发生Friedel-Crafts酰基化类似的反应，直接把亚砜基团引至芳环上。如Au(Ⅲ)萃取剂二(对取代苯基)亚砜的制备[21]：

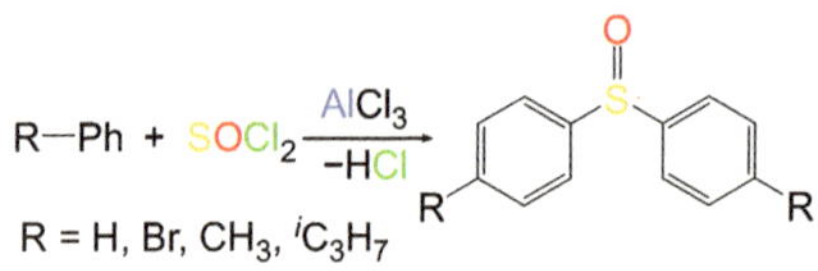

与取代苯的酰基化反应相似，已存在的取代基也会对亚磺酰化产生定位效应，溴、烷基等都属于邻对位定位基，当位阻较大时，在Lewis酸催化下可高产率地得到对位产物。每分子$SOCl_2$反应会生成两分子HCl，导致$AlCl_3$失效，可用分批加入或反应过程中补加的方法提高反应产率。

11.3.2 硫醚氧化

由于负二价硫原子具有较强的亲核性，可方便地通过各种结构的卤代烷、醇、醚等向有机分子中引入S，再经氧化得到相应的亚砜和砜。如环丁砜，也可以通过H_2S与四氢呋喃反应，得到四氢噻吩，再氧化得到环丁亚砜或环丁砜[20]。

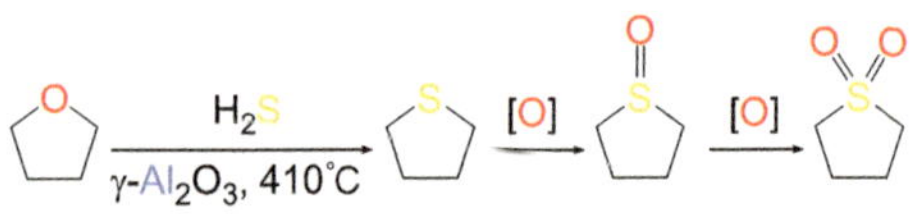

在γ-Al_2O_3催化下，四氢呋喃与H_2S反应可得到四氢噻吩。反应过程中四氢呋喃和硫化氢分压不同，所需反应温度也不同，γ-Al_2O_3的催化效果明显高于普通Al_2O_3。如用γ-Al_2O_3

催化时，在300℃下，硫化氢与四氢呋喃按摩尔比6∶1反应可得到转化率95%、纯度为99.5%的四氢噻吩；而用普通Al_2O_3催化时，在410℃下，两种反应物按摩尔比1∶1反应，得到的是纯度为96.7%的四氢噻吩。氧化四氢噻吩时可用高锰酸钾、浓硝酸、过氧化氢等，都可以高收率和高纯度获得环丁砜产品；但若要得到亚砜，则需要控制氧化剂浓度、氧化剂种类、氧化温度、氧化时间等。四氢呋喃和硫化氢都是廉价的工业原料。此法具有工艺路线短、产品纯度高、收率高、综合成本低等优点，也是生产环丁砜的主要方法。用类似的方法，还能得到不同结构的亚砜和砜。

（1）硝酸氧化

在不同浓度和温度时，硝酸具有不同的氧化性，可实现控制氧化硫醚为亚砜，也可进一步氧化为砜。图11.3所示为二异戊基亚砜（*iso*-Am_2OS）、二正戊基亚砜（Am_2OS）的制备[22]。

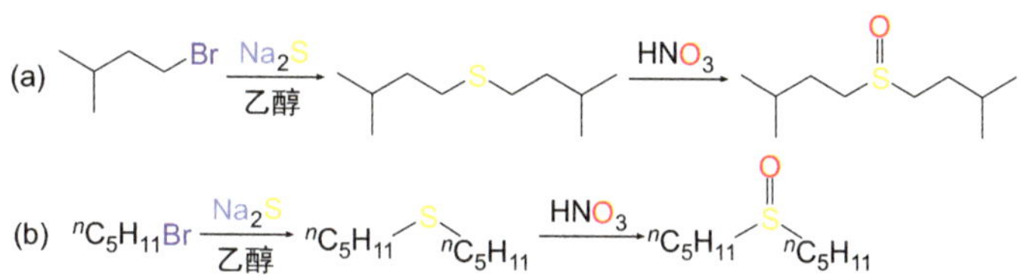

图11.3　硫醚氧化制备亚砜

首先用硫化钠与1-溴异戊烷反应可制得二异戊烷硫醚，再在低温下用硝酸氧化即可得到二异戊基亚砜，用相同的方法也能得到二正戊基亚砜以及其他烷基亚砜。

若用多官能团卤代烷与硫醇反应，则可得到含多个硫醚键的分子，每个硫醚位置都可能发生氧化，得到相应的亚砜或砜。如铂萃取剂双(十二烷基亚磺酰)乙烷（BDSE）的制备[23]：

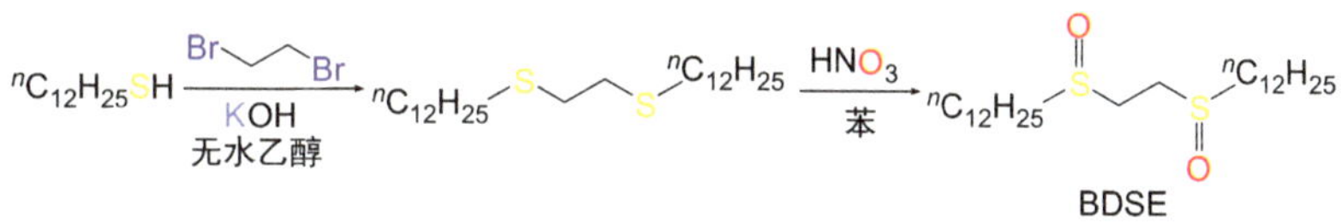

用十二烷基硫醇与1,2-二溴乙烷反应可制备双(十二烷基硫基)乙烷，再经硝酸氧化得到双(十二烷基亚磺酰)乙烷。氧化时需要控制反应温度在10～15℃，且不断强烈搅拌，避免生成的亚砜被进一步氧化成砜。分子中两个硫醚的氧化是逐个进行的，硫醚氧化为亚砜导致分子极性增加，可通过薄层色谱来监测反应进行的程度。

（2）过氧化氢氧化

在酸性和碱性介质以及不同浓度下，H_2O_2的氧化性也不相同。多种硫醚都可以被H_2O_2氧化为相应的亚砜，如二(2-乙基己基)亚砜（DIOSO）的制备[13]：

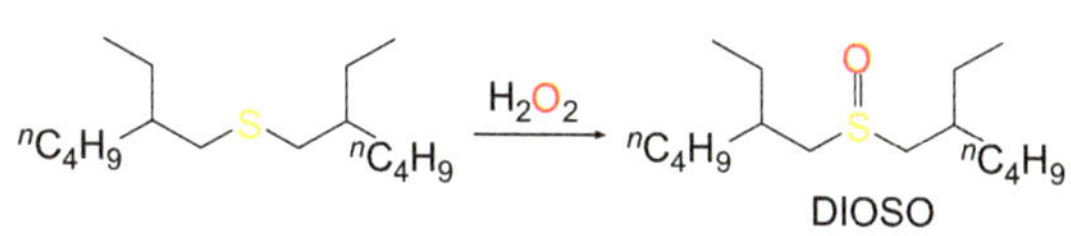

与硝酸相似，H_2O_2在常温下可将二(2-乙基己基)硫醚氧化成二(2-乙基己基)亚砜。反应属于放热反应，若反应体积较大则需要降温设备，且需要防止爆沸。用硝酸氧化和用H_2O_2氧化制备的亚砜在外观上有明显差异。硝酸氧化的产物通常溶有NO_2而略显黄色，过氧化氢氧化产物为无色透明液体。

噻吩环具有芳香性，氧化噻吩至亚砜会影响S孤对电子参与的芳香性共轭。与氧化四氢噻吩相比，氧化噻吩更难，产率更低。如用H_2O_2氧化二苯并噻吩至亚砜时，产率仅为35%[24]：

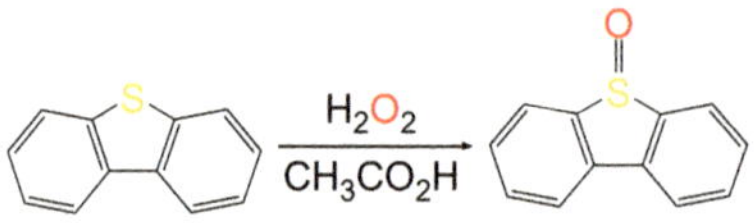

当分子中含有多个可氧化位点时，可同时氧化。如双亚砜荚醚类贵金属萃取剂可按图11.4所示制备[25]。

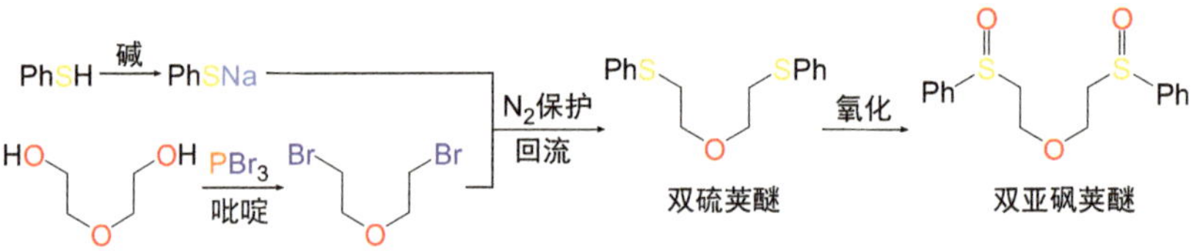

图11.4　双亚砜荚醚类萃取剂制备

在图11.4中所用的苯硫酚还可用带取代基的硫酚、长烷基硫醇等替代，制得相应的双硫荚醚和双亚砜荚醚。

（3）弱氧化剂氧化得到亚砜

硝酸、过氧化氢、高锰酸钾等常用氧化剂都具有较强的氧化性，氧化硫醚制备亚砜时，不可避免地也得到砜。若采用弱氧化剂氧化硫醚则可只得到亚砜。图11.5所示为3-氯过氧苯甲酸（*m*-CPBA）氧化苯基烷基硫醚只得到亚砜[26]。

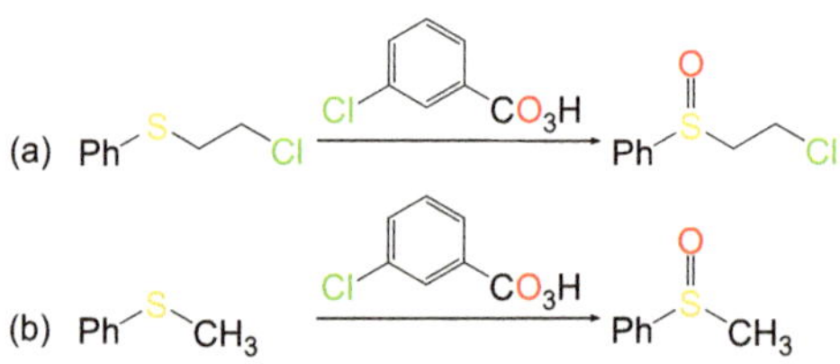

图11.5　过氧酸氧化硫醚制备亚砜

将2-氯乙基苯基硫醚或甲基苯基硫醚溶于二氯甲烷中，在0℃下滴入3-氯过氧苯甲酸，再在10℃下反应2小时。反应得到的两种亚砜收率均可达95%以上，无需进一步纯化即可用于萃取。

（4）多亚砜基团

当分子中有多个卤素原子可与S^-或硫醇反应时，也能像单硫醚那样形成多硫醚化合物，并进一步被氧化成多亚砜化合物，其反应流程相似，但反应条件随反应活性变化而有所不同[27]。

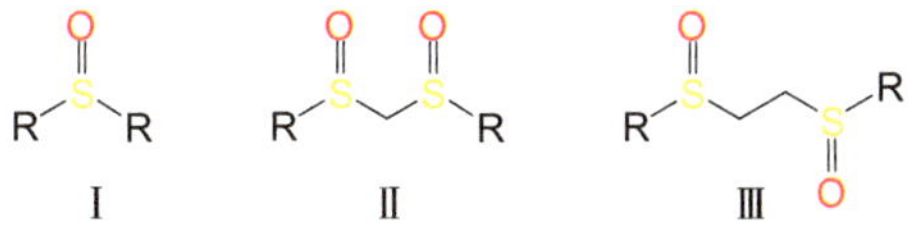

$R = {}^nC_8H_{17}, {}^nC_4H_9CH(C_2H_5)CH_2, {}^nC_6H_{13}CH(CH_3)$

Ⅰ系列，可以通过卤代烃与Na_2S反应制得硫醇，再氧化得单亚砜；Ⅱ系列，可以通过硫醇与偕二卤代烷（如二碘甲烷、二溴甲烷）制成硫醇，再氧化得间隔1个碳的双亚砜；Ⅲ系列，可以通过硫醇与1,2-二溴乙烷制成硫醚，再氧化得间隔2个碳的双亚砜[27]。其他类似的结构也可以通过这些方法制得。

11.3.3　非对称亚砜的制备

（1）分步形成S—C键

非对称亚砜的合成可先制备非对称硫醚，再氧化得到；也可先制备出对称亚砜，再向其引入相应的官能团。前者通常是先制备出硫醇，再与相应的卤代烷反应。如苄基烷基亚砜的制备路线[24]：

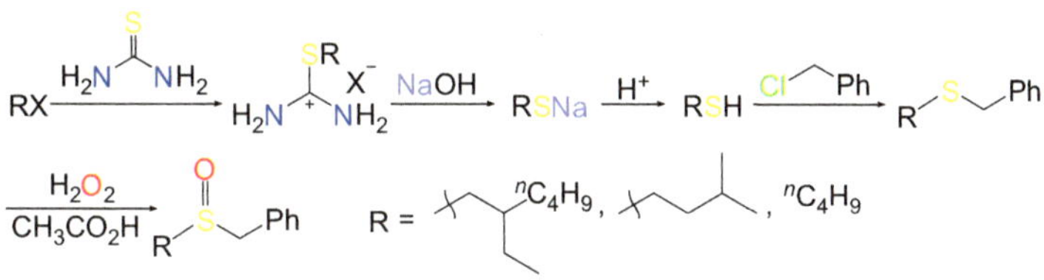

先用溴代烷与硫脲反应，经水解、酸化后可得硫醇；硫醇与苄氯反应可得苄基烷基硫醚；硫醚经氧化即可得到苄基烷基亚砜。对于不同的烷基，此法的产率略有不同，R为2-乙基己基、异戊基、正丁基时的产率分别为79%、80%、73%。先制备烷基硫醇再与苄氯反应，是由于苄氯活性高，亲核取代容易获得更高产率。

也可直接用硫醇或硫酚与卤代烃反应制备硫醚，再经氧化得到亚砜。如铂族金属萃取剂异戊基苯并噻唑亚砜的合成[28]：

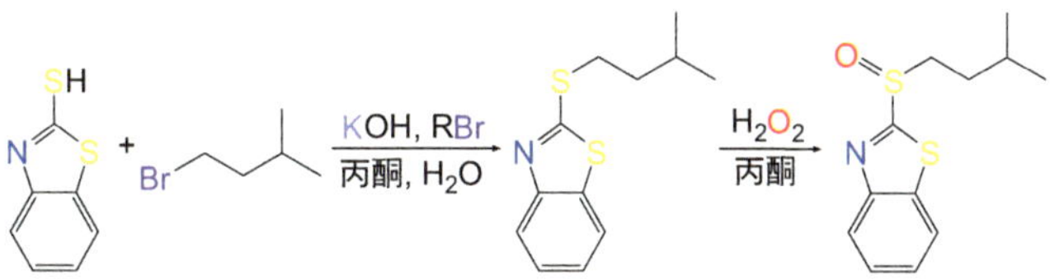

在KOH存在下的丙酮-H_2O混合溶剂中，2-巯基苯并噻唑（促进剂-M）与溴代异辛烷反应可得异戊基苯并噻唑硫醚，再用H_2O_2氧化即可得到异戊基苯并噻唑亚砜。用其他溴代烷也可得到相应的硫醚和亚砜，如贵金属萃取剂2-乙基己基苯并噻唑硫醚（ASO）和2-乙基己基苯并噻唑亚砜（MSO）[29]。类似的，用其他硫醇反应也能合成其他不对称亚砜。

图11.6所示为两种亚砜类钯萃取剂的制备[16]。

图11.6　H_2O_2氧化硫醚制备亚砜

在碱性介质中，噻二唑上的SH能与卤代烷发生亲核取代反应得到相应的硫醚，若噻二唑上有两个巯基则可都与卤代烷进行反应得到二硫醚，然后可分别氧化得相应的亚砜。如前所述，噻吩中的S参与芳香性共轭，比硫醚难氧化，在H_2O_2氧化链状硫醚时不会导致噻吩中S被氧化成亚砜或砜。

（2）活性位点不对称化

利用亚砜自身的反应也能制备不对称亚砜，如取代环丁亚砜（金萃取剂）的制备[30]。

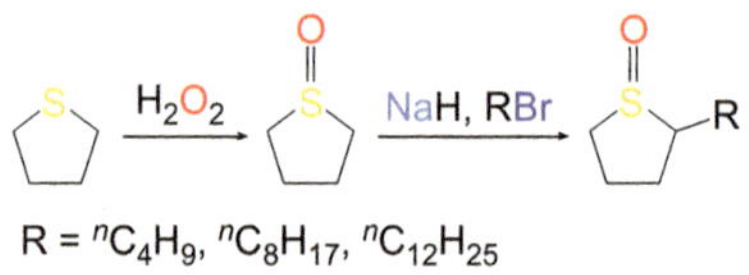

先用控制氧化的方法，用H_2O_2氧化四氢噻吩得到环丁亚砜；再在NaH作用下，形成α-碳负离子，并与卤代烃反应即可得到α-带取代基的不对称亚砜。在这里，亚砜中的S═O表现出羰基的性质，其α-H具有较强的酸性，可与H^-反应得到α-碳负离子，再与卤代烷发生亲核取代。

（3）直接氧化石油产品

除通过上述各种方法制备各种结构确定的亚砜外，还可直接将石油产品中含硫化合物氧化，再经分离得到亚砜，这样制得的亚砜也因此被称为石油亚砜。具体过程是先通过蒸馏分离出高含硫石油，然后对其进行氧化，最终得到含有亚砜、硫醚、烃等的混合物，经进一步分离后得到石油亚砜产品[13]。石油亚砜是多种亚砜的混合物，除含亚砜硫外，还含有非亚砜硫，通常用亚砜含量和亚砜硫含量作为石油亚砜的性质指标。不同产地、不同工艺得到的石油亚砜两种指标的数值也存在较大差异。

参考文献

[1] 李宇, 张桂荣, 芦晨, 等 新型防腐剂——二壬基萘磺酸钡的试制　第一部分:二壬基萘的合成 [J]. 西北大学学报(自然科学版), 1975, 5(02): 22-26.

[2] 西北大学化工系基本有机合成专业橡胶助剂研究组. 新型防腐剂——二壬基萘磺酸钡的试制　第二部分:二壬基萘磺酸钡的合成 [J]. 西北大学学报(自然科学版), 1975, 5(03): 28-30.

[3] 王文革, 张德春, 曾利群, 等. 4,6-二烷氧基-1,3-二-(4-烯丙基-2-甲氧基)苯磺酸酯的合成和对金属离子萃取性能 [J]. 应用化工, 2013, 42(07): 1227-1229, 1233.

[4] 王文革, 张德春, 胡汉祥, 等. 磺酸酯类桥联杯芳烃对金属离子的萃取性能 [J]. 化工新型材料, 2013, 41(08): 115-116.

[5] 王文革, 张德春. 几种磺酸酯桥联杯芳烃的一锅法合成及对金属离子的萃取性能 [J]. 应用化学, 2013, 30(05): 511-515.
[6] 王文革, 胡汉祥, 张德春, 等. 磺酰胺类芳香大环化合物对金属离子的萃取性能 [J]. 化工新型材料, 2013, 41(06): 96-97.
[7] 徐永华, 汤惠民. 磺酰胺类萃取剂萃取性能的初步研究 [J]. 同济大学学报(自然科学版), 1991, 19(02): 241-247.
[8] 汤惠民, 徐永华, 周宪民, 等. 几种磺酰胺类萃取剂的合成 [J]. 化学试剂, 1992, 14(03): 181+172.
[9] HUDSON M J, 范家骏. 用1,3,4-噻二唑-2-壬基巯基-5-硫醇萃取某些贱金属和贵金属 [J]. 湿法冶金, 1986, 5(01): 20-28.
[10] 崔磊明. 正辛硫醇循环清洁制备新工艺研究 [D]. 郑州: 郑州大学, 2012.
[11] 贾太轩, 张智亮, 郭尧, 等. 2-硫醇基苯骈噻唑制备及其表征 [J]. 化学世界, 2018, 59(09): 557-561.
[12] 叶率官. 二烷基硫醚类萃取剂及其在贵金属元素分析中的应用 [J]. 黄金, 1980, 1(01): 53-59.
[13] 余建民. 贵金属萃取化学[M]. 第2版. 北京: 化学工业出版社, 2010.
[14] 张邦劳. 不对称二烷基硫醚的合成及其对Au(Ⅲ),Pd(Ⅱ)的萃取性能研究 [J]. 陕西师范大学学报(自然科学版), 1997, 25(01): 71-73, 76.
[15] 陈剑波, 古国榜. 新型钯萃取剂的合成及萃取钯的研究 [J]. 有色金属(冶炼部分), 2005, 52(02): 24-27, 34.
[16] 李金飞. 新型钯萃取剂的合成及萃取钯性能和机理的研究 [D]. 昆明: 云南大学, 2016.
[17] 杨素君. 用川东石油硫醚萃取贵金属钯的研究 [J]. 重庆环境保护, 1983, 4(04): 1-4.
[18] 马尚文, 时文中. 环丁砜-氯仿从盐酸介质中萃取金(Ⅲ)的研究 [J]. 黄金, 1989, 10(01): 40-42+62.
[19] 杨新周, 杨子仙, 郝志云, 等. 4,4′-二氨基二苯砜固相萃取分离钯 [J]. 冶金分析, 2013, 33(12): 39-42.
[20] 张秀珍. 环丁砜的合成及应用 [J]. 黎明化工, 1997, 13(01): 11-13+23.
[21] 许晓文, 李玲颖, 郝韵琴, 等. 几种二芳基亚砜萃取能力的研究 [J]. 化学试剂, 1988, 10(03): 139-142.
[22] 张彦君. 二正戊基亚砜和二异戊基亚砜的试制 [J]. 精细石油化工, 1989, 6(04): 40-42.
[23] 李焕然, 许洪民, 容庆新, 等. 双(十二烷基亚磺酰)乙烷萃取铂的性能和机理的研究 [J]. 分析试验室, 1993, 12(02): 13-17.
[24] 徐志广. 亚砜的分子设计、合成和回收钯铂的应用基础研究 [D]. 广州: 华南理工大学, 2006.
[25] 吴广谱. 新型苯醚类萃取剂的设计及其氯化物体系中萃取贵金属钯性能研究 [D]. 济南: 济南大学, 2011.
[26] 刘硕磊, 王建英, 孟晓彩, 等. 亚砜类化合物的合成及其脱硫性能研究 [J]. 现代化工, 2016, 36(11): 137-140.
[27] 袁承业, 龙海燕, 马恩新, 等. 亚砜类化合物的合成及其萃取稀土的结构-性能研究 [J]. 中国科学(B辑 化学 生物学 农学 医学 地学), 1984, 14(03): 193-201.
[28] 王金银, 彭立新. 铂族金属萃取剂杂环取代基亚砜的合成 [J]. 精细化工中间体, 2005, 35(06): 49-50.
[29] 朱萍. 溶剂萃取法从贵金属废料液中分离回收贵金属的研究 [D]. 广州: 华南理工大学, 2003.
[30] 吴松平, 古国榜. 环状亚砜衍生物的合成及萃金机理的研究 [J]. 贵金属, 2002, 23(01): 11-16.

第 12 章 其他萃取剂合成

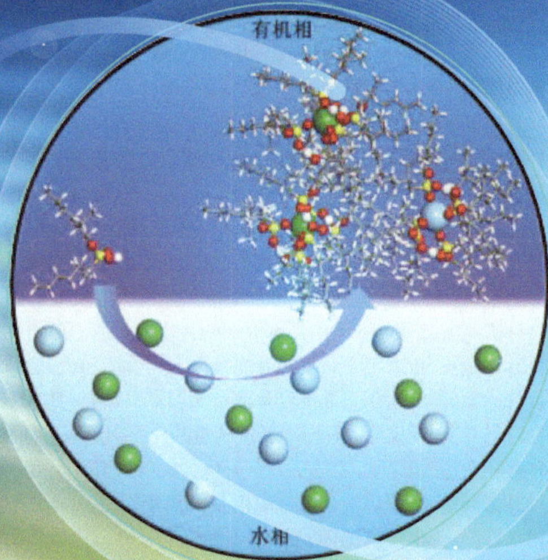

除湿法冶金中使用的金属萃取剂外，近年来还出现了很多新萃取剂，这些萃取剂在选择性、速率、容量等一些方面具有更突出的特征，也具有更复杂的结构，其制备成本高，距离被大规模应用还有很远的距离，但可以为萃取剂发展和改进提供参考方向。本章以多齿螯合配体（如冠醚、穴醚等）、离子液体（如氮离子液体、磷离子液体）为例，简要介绍这些萃取剂的合成方法。

12.1 螯合萃取剂

螯合萃取剂，即在萃取中有多个配位原子与金属离子配位形成螯合萃合物的萃取剂。在配位化学中双齿配体也属于螯合配体，但β-二酮、羟肟等双齿配体其合成方法与同类化合物相似，已在相应的章节介绍。在这里以冠醚、大环多胺、穴醚为例介绍这些螯合萃取剂结构的构造方法。

12.1.1 冠醚类

就反应类型而言，冠醚的合成方法与其他包含C—O—C单元的醚类化合物相同，只是由于反应物结构不同，通常由多个分子相连形成冠醚环[1]。用作萃取的冠醚通常有12-冠-4、15-冠-5、18-冠-6、21-冠-7、24-冠-8等以及与它们尺寸相近的并环或其他类似结构。

（1）环氧烷烃开环扩环

三、四元环化合物具有较大环张力，在Lewis酸催化下可发生开环、扩环反应得到大环化合物（图12.1）。如将环氧乙烷在苯中用$AlEt_3$或$ZnEt_2$催化聚合时，除生成主产物线性高分子聚氧乙烯外，还有大约10%的环状四聚体产物生成，即12-冠-4。改变催化剂能改变高聚物与环状低聚物的比例，如以三氟化硼·乙醚（$Et_2O^+ \cdot BF_3^-$）作为催化剂进行阳离子聚合时，得到的12-冠-4可达38%产率。

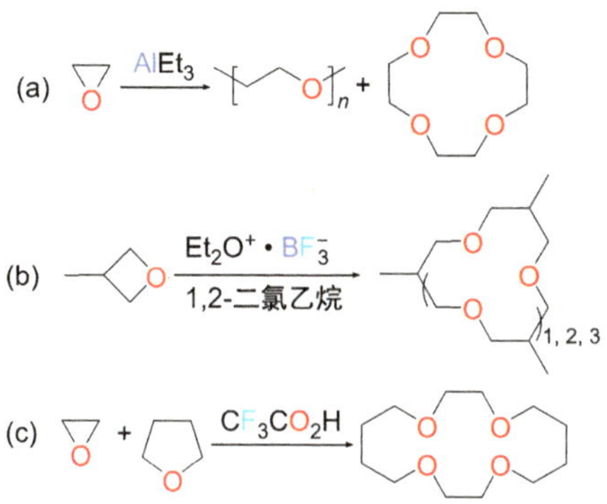

图12.1 小环环氧化合物开环制备冠醚

类似的，三氟化硼乙醚催化下也能形成聚合度为三、四、五的大环多醚。若体系中含有两种以上的环氧化合物，还能得到共聚物，如图12.1（c）所示环氧乙烷与四氢呋喃共聚可得同时包含两种单体的大环多醚。

（2）二卤代烃与二醇的反应

与10.4.1醚的制备相同，在碱性条件下醇可与卤代烃发生亲核取代反应，形成醚键，即威廉姆逊（Williamson）醚合成反应。若采用二元醇和二卤化合物反应则可能形成线性高分子聚合物或形成大环醚化合物，如图12.2所示。

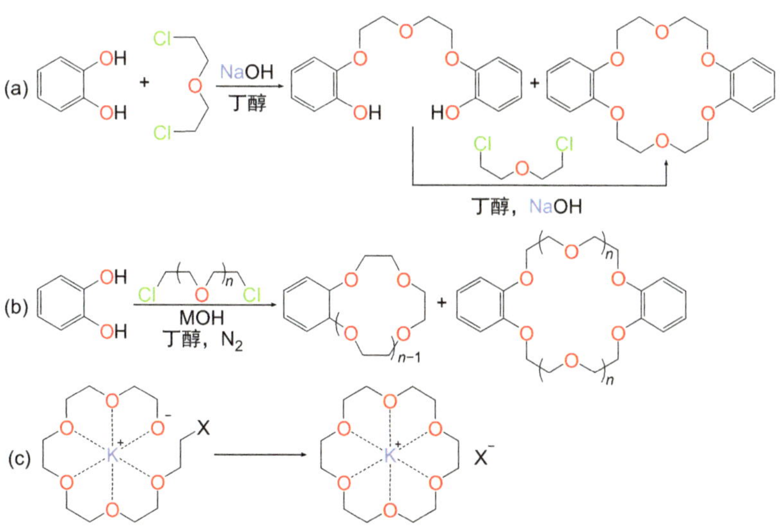

图12.2 羟基与卤代烷反应制备冠醚

二元醇和二卤化合物的反应是分步进行的，可以得到形成一个、两个C—O键的中间体，也可得到不同环尺度的大环醚化合物。二元醇和二卤化合物都存在多个反应位点，导致产物成分复杂，冠醚通常只有很低的产率。为了提高生成特定尺度大环醚化合物的比例，可向体系中加入相应的金属离子作为模板，以促进中间体关环形成大环醚化合物，如图12.2（c）。另外成环的最后一个C—O键属于分子内反应，为了提高大环醚化合物的比例，还可采用高度稀释（10^{-5}mol/L）方法。

（3）芳香冠醚

在酸性催化剂作用下，呋喃和丙酮可生成线性低聚物，还能得到环状低聚体，即杂环冠醚。

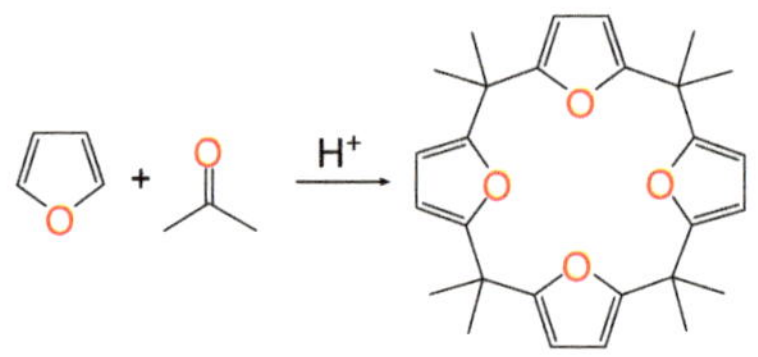

与醇氧作为亲核试剂进攻卤素碳形成C—O键不同，在此反应中呋喃的α-位碳作为亲核试剂进攻丙酮羰基碳形成C—C键，也可得到大环醚化合物。

（4）硫杂冠醚

硫醇的—SH基团具有很强的亲核性，用双硫醇与C—O、C—X等键反应也能得到硫杂冠醚。如银萃取剂苯并-4,10-二硫杂-15-冠-5-醚的制备[2]（图12.3）。

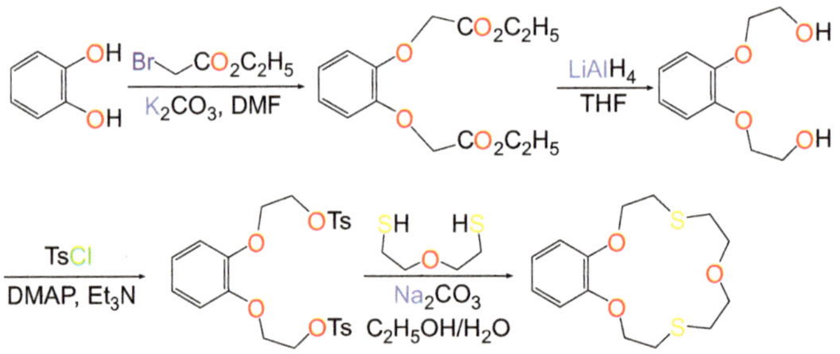

图12.3　苯并-4,10-二硫杂-15-冠-5-醚的制备

以邻二苯酚为起始原料，与两分子α-溴乙酸乙酯反应得到α-醚基乙酸乙酯；经$LiAlH_4$还原生成α-醚基乙醇；再与4-甲苯磺酰氯（TsCl）反应生成磺酸酯；最后与3-氧杂-1,5-戊二硫醇反应得到苯并-4,10-二硫杂-15-冠-5-醚。在这里用TsCl将羟基酯化，是为了形成更易离去的TsO^-；若$LiAlH_4$还原产物继续与α-溴乙酸乙酯反应，则可得到更大的冠醚；也可用其他末尾带卤素原子的醇与邻二苯酚反应，以增加冠醚尺寸。改变二硫醇的结构，也能得到其他硫杂冠醚结构。如苯并-4,13-二硫杂-18-冠-6-醚、苯并-7,10-二硫杂-18-冠-6-醚、苯并-10,19-二硫杂-30-冠-10-醚等。

12.1.2 大环多胺

大环多胺的合成与冠醚不同，常以二胺或多胺作为起始物，氨基经保护后，在碱性介质中可与活泼双功能化合物缩合成环，水解除去保护基团即可得到大环多胺。

（1）N亲核取代

胺中氮原子的孤对电子有较强的亲核能力，可与C—O、C—X、C═O等通过亲核反应形成C—N键，从而得到相应的大环多胺。如1,4,7,10-四氮杂环十二烷的制备：

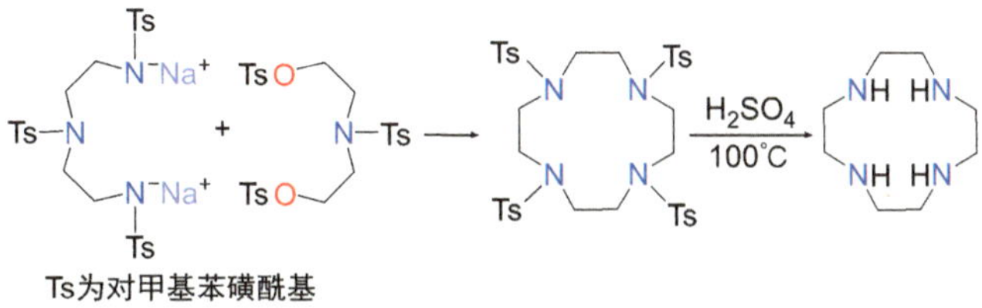

以二亚乙基三胺$NH_2CH_2CH_2NHCH_2CH_2NH_2$和3-氮杂-1,5-戊二醇$HOCH_2CH_2NHCH_2CH_2OH$为原料，可得到1,4,7,10-四氮杂环十二烷（简称[12]aneN4）。对二亚乙基三胺先进行氨基保护形成对甲苯磺酰胺，再与强碱反应形成N^-离子；用对甲苯磺酰氯处理3-氮杂-1,5-戊二醇，将羟基转化为酯。将两种处理后的底物进行反应，再经酸性水解即可得到[12]aneN4。用类似的方法，选用不同的底物可得到多种含有不同氮原子数目，不同环尺度的大环多胺，包括含有4～8个氮原子的12～32元大环多胺。

与冠醚类似，用金属离子模板法也能提高大环多胺的形成比例，如1,4,8,11-四氮杂环十四烷（简称cyclam）的制备（图12.4）。

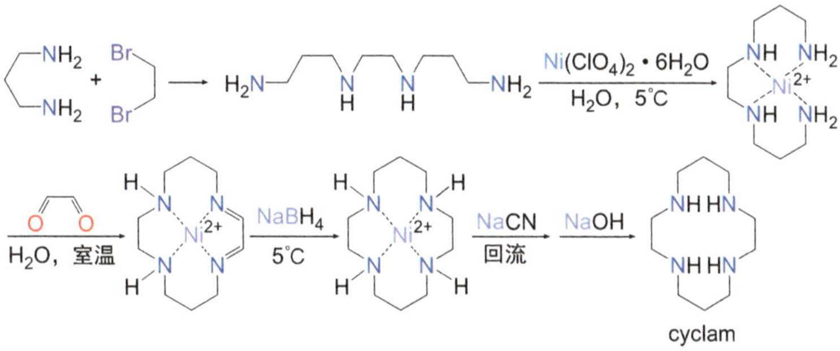

图12.4 1,4,8,11-四氮杂环十四烷的制备

先用1,3-丙二胺与1,2-二溴乙烷反应得到线性的4,7-二氮杂-1,10-癸二胺；然后在Ni^{2+}作用下，形成与环状化合物相似的特定构型；末位伯胺与乙二醛缩合形成亚胺；再用$NaBH_4$还原亚胺（也可用催化氢化还原），用强配位剂CN^-洗去中心位置的Ni^{2+}，碱化，即可得到cyclam。在此反应中，Ni^{2+}与多胺的配位作用促进了末端两个NH_2在空间上靠近，有利于后续与乙二醛的缩合反应在分子内进行，便于成环。但配位后的NH_2亲和性降低，只能与活性高的羰基反应。若选用其他尺度的金属离子也能得到与之相匹配的尺度的大环多胺，这样得到的大环多胺对相应的金属离子有较高的选择性。

（2）氨解合成

若羧酸衍生物位置合适，也可通过氨解反应得到大环多胺。如带有取代基的cyclam的制备。

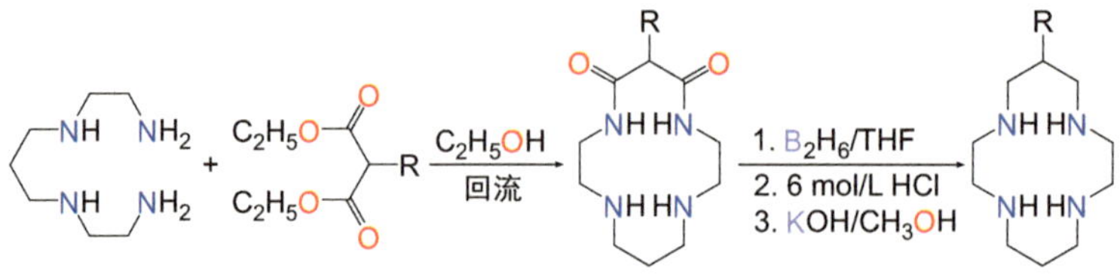

R = —H，$-CH_2C_6H_5$，$-CH_2CH_2OH$，$-CH_2CH_2CH_2CN$，$-CH_2CH{=}CH_2$

为了提高环状产物比例，此反应只能采用高度稀释法，但可以通过R引入更多的取代基类型。

12.1.3 穴醚

大环醚类、大环多胺化合物属于单环，它们的氧原子、氮原子等近乎共平面，无法实现从多个方向与金属离子配位，尤其是平面轴向上的配位。为了实现从多个方向参与金属离子配位，人们合成了以碳原子或氮原子作为桥头原子，具有穴状结构的大三环和大二环等结构的分子。这类形状的分子包含了二个或三个彼此独立的冠醚环，也被称为复环式结构，又因其形如洞穴，因此也被称为穴醚或窝穴醚。

从结构上来看，构成穴醚的两个桥头原子各需要三个键参与成同一桥链，即可得到穴醚。如最早报道的穴醚类化合物$N(CH_2CH_2O)_3B$就是1951年Brown和Fletcher通过三乙醇胺和硼酸反应得到的，类似的用三烯丙基胺与BH_3反应也能得到$N(CH_2CH_2CH_2)_3B$。这里的N和B都分别以三个键构成穴醚的桥。

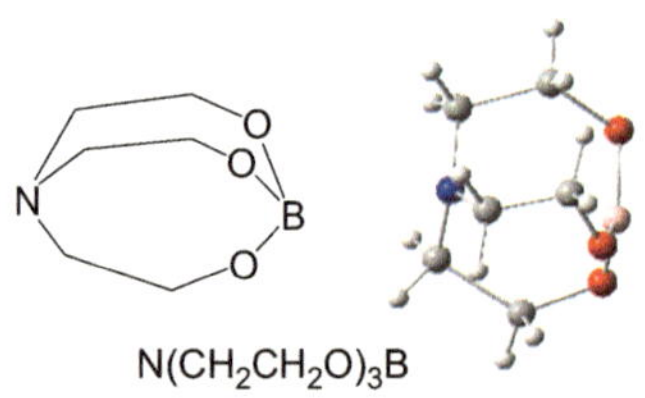

$N(CH_2CH_2O)_3B$

但这些小环穴醚类化合物在萃取中少有应用，在萃取中应用更多的是桥头碳为碳原子和氮原子的大环穴醚。

（1）桥头原子为碳原子的穴醚

碳原子可与四个原子成键，只用其中三个键即可作为穴醚桥头碳原子。通常的做法是在同一碳原子上引入三个CH_2OH基团，再通过成醚的反应连接即可得到穴醚。如两分子季戊四醇成穴醚后，其季碳原子就成为了穴醚的桥头原子[3]（图12.5）。

以季戊四醇为原料，先与苯甲醛形成缩醛，剩下两个羟基与二对甲苯磺酸3-氧代戊二酯反应得到单大环醚化合物中间体；此中间体经还原水解重新生成—CH_2OH基团，再继续与二对甲苯磺酸3-氧代戊二酯反应，即得穴醚。反应中，若将作为桥头的季戊四醇和作为桥链的二对甲苯磺酸3-氧代戊二酯换成其他类似分子，则可得到结构不同的穴醚。另外，若用间三苯酚、间三苄醇、间三苄胺等进行类似的反应形成穴醚后，其桥头不再是一个原子，而是苯环。

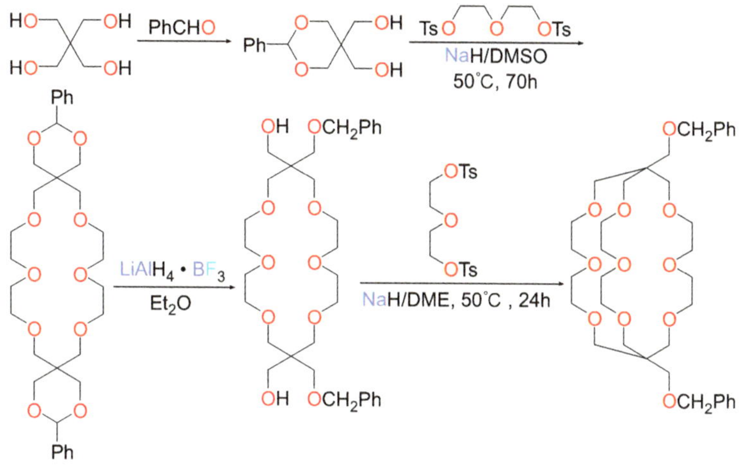

图12.5　桥头原子为碳原子的穴醚的制备

（2）桥头原子为氮原子的穴醚

在大多数有机分子中饱和氮原子与其他三个原子相连，这使氮原子恰好可以作为穴醚类化合物的桥头原子。与碳原子相比，N具有亲核性，可以先得到氮杂冠醚，再与两端带有卤素原子的链状分子反应，即可得到桥头原子为氮原子的穴醚。图12.6所示为以3,6-二氧代-1,8-辛二醇为原料，经卤化、氨解等反应制备穴醚的过程[4]。

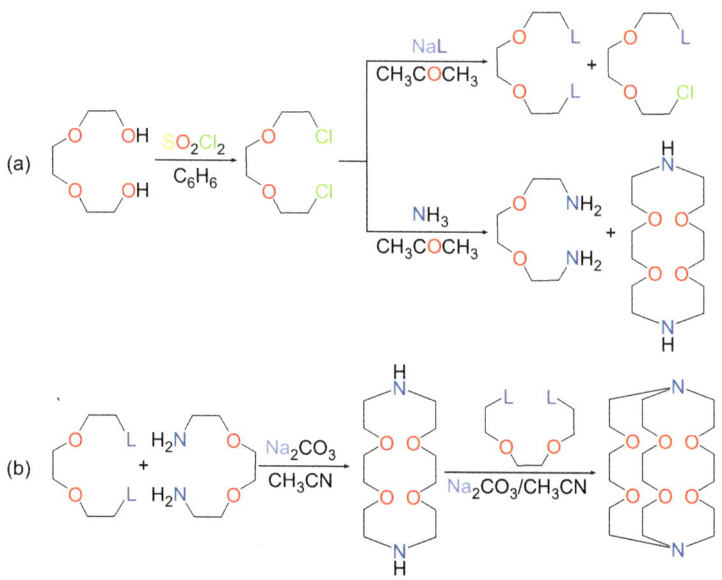

图12.6　卤代烷与胺反应制备穴醚

在SO_2Cl_2等氯化试剂作用下，3,6-二氧代-1,8-辛二醇两端的—OH转化为—Cl，即生成3,6-二氧代-1,8-二氯辛烷。氯代烷若与NaI反应可得负离子更易离去的碘代烷，若与NH_3反应则可得到伯胺和少量仲胺冠醚，相当于氯代烷的氨解。在碱性作用下，仲胺与碘代烷反应可得叔胺穴醚。与合成冠醚类似，利用适当尺度的金属离子，也能促进穴醚的关环。在此反应中伯胺与碘代烷反应时加入Na_2CO_3，除中和新生成的HI外，Na^+还能起到模板作用，促进冠醚或穴醚的关环。

从冠醚、大环多胺、穴醚等成环的促进方式来看，这些合成方法可以分为高度稀释法和模板法。高度稀释法，即用极稀浓度来抑制分子间反应形成线型高聚物，而有利于发生分子内的成环反应。这种方法在环化过程中采用的都是常规有机反应，没有金属离子的影响，也被称为直接合成法。此法适用范围广，但合成路线长，操作繁杂，需要高速搅拌设备和大量溶剂。模板法，即选用与目标大环尺度相匹配的金属离子，由于金属离子与成环各部分的配位能促进大环的关环，这有利于提高大环产物的比例。模板法具有路线短、操作简单、溶剂用量少，但平衡离子有可能会参与反应，增加反应的副产物。总之，这两种合成冠醚、大环多胺、穴醚等方法的核心都是提高成环产物的比例，同时最大程度抑制线型聚合物为主的其他副产物。

除冠醚、大环多胺、穴醚外，文献中还报道了杯芳烃、笼状物、环糊精等螯合萃取剂，但这些分子的合成非常复杂，离金属萃取的产业化应用更远。

12.2 离子液体

离子液体，全称为室温离子液体，是一种完全由阴阳离子组成的在室温下为液体的化合物。离子液体通常由有机阳离子与无机或有机阴离子构成。其有机阳离子主要有吡啶类、咪唑类、季铵类、季鏻类等四类。无机阴离子主要有PF_6^-、BF_4^-、Cl^-、Br^-、I^-、$Al_2Cl_7^-$、$AlCl_4^-$等；有机阴离子主要是$N(CF_3SO_2)_2^-$、$CF_3SO_3^-$、CH_3COO^-、CF_3COO^-等有机酸根阴离子。从组成上来看，合成离子液体的关键在于合成其阳离子部分。离子液体的阴阳离子共同决定其密度、溶解度、黏度、液程等。从反应机理来看，离子液体的合成方法可以分为直接季铵化法、复分解法、酸碱中和法等三种[5-6]。

直接季铵化法是指用叔胺、咪唑、吡啶等与含所需阴离子的试剂直接反应得到离子液体。如三氟甲基磺酸甲酯与烷基咪唑反应：

$$[RIm] + CF_3SO_3Me \longrightarrow [R,MeIm][CF_3SO_3]$$

复分解法包括叔胺、吡啶氮等先与卤代烷反应形成季铵盐，再通过阴离子交换的复分解反应得到离子液体。在复分解反应中，利用生成的无机盐和离子液体的溶解性差异，以水作为溶剂,可以促进反应进行。若季铵化过程中采用氯代烷，得到的是氯化铵，若最终所需离子液体阴离子为含氯配阴离子，则可直接向季铵盐中加入相应的盐酸盐与Cl^-形成配阴离子后即得到离子液体：

$$R_3R'NCl + AlCl_3 \longrightarrow [R_3R'N][AlCl_4]$$

这种方法也被称为复合法。

酸碱中和法用于季铵碱等反应底物，可用所需阴离子的酸进行中和，得到相应的离子液体。

12.2.1 吡啶类离子液体

吡啶类离子液体，即离子液体的阳离子中心为吡啶氮原子。可以先以吡啶N为亲核原子与卤代烷反应形成氮正离子阳离子，再通过复分解反应交换阴离子，形成所需的阴离子。如*N*-正丁基吡啶四氟硼酸盐，可用吡啶、1-氯丁烷、$NaBF_4$等为原料制备[7]：

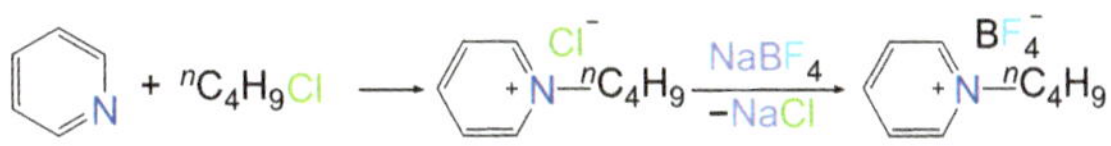

首先吡啶与卤代烷反应合成中间体——氯化*N*-正丁基吡啶盐，然后此中间体与四氟硼酸钠发生复分解反应得到目标离子液体。中间体氯化*N*-正丁基吡啶盐是固体，交换后生成的*N*-正丁基吡啶四氟硼酸盐是液体。从这里可以看出，通过调节离子液体阴离子种类，可调节离子液体的液程范围。若卤代烷中带有其他官能团，用此法也能制备带官能团吡啶类离子液体。如*N*-酯基吡啶六氟磷酸盐离子液体的制备[5]：

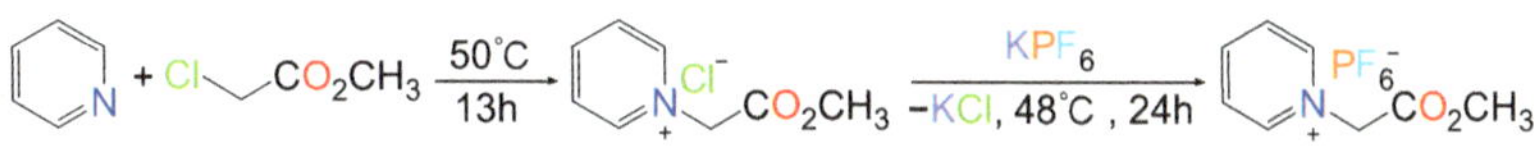

吡啶与预先制备的*α*-氯乙酸酯在加热条件下回流反应，得到阴离子为Cl^-的氯化吡啶盐中间体。再将此中间体与KPF_6进行复分解反应，即可得到*N*-酯基吡啶六氟磷酸盐离子液体。用吡啶与其他*α*-卤代羧酸酯反应，或预先在吡啶上引入其他烷基取代基，由此法也可得到相应的离子液体。反应新生成的N—C键稳定性较高，经酯基水解后可得到带有羧基的离子液体，可直接用作萃取剂溶剂。

12.2.2 咪唑类离子液体

咪唑环上具有一个叔胺氮和一个仲胺氮，咪唑类离子液体的制备通常是先将仲胺氮制备成叔胺，再用吡啶离子液体的制备方法，即可得到咪唑类离子液体[8]，如图12.7所示。

强碱NaOEt可与咪唑仲胺NH反应形成N^-，再与卤代烷RX发生氨解得到1-烷基咪唑中间体。此中间体继续与卤代烷反应形成卤化咪唑鎓盐，再与所需阴离子盐进行复分解反应即得到咪唑类液体。卤化咪唑鎓盐的复分解反应有两种方式：第一种是图12.7（a）中根据生成的无机盐易溶于水，利用两相分离的方法促进复分解反应；第二种是图12.7

(b)中利用Ag^+与卤素原子形成稳定很高的沉淀促进复分解反应进行。

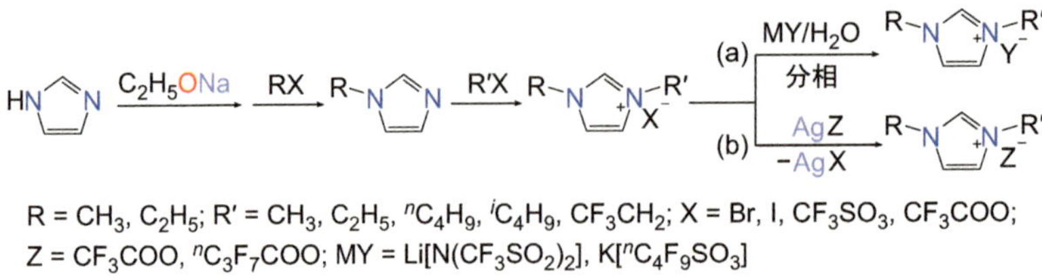

图12.7　阴离子交换法制备咪唑类离子液体

微波可以促进叔胺N与卤代烷形成N正离子。如卤代烷与1-甲基咪唑制备氯化1-甲基-3-正丁基咪唑鎓时，在微波辅助下反应1小时内即可完成[图12.8(a)]。在微波作用下还可实现一锅法完成咪唑类离子液体的合成，如图12.8所示的用1-甲基咪唑、1-溴正丁烷、六氟磷酸钾制备1-甲基-3-丁基咪唑鎓六氟磷酸盐也可迅速完成反应。对于不同的平衡离子、烷基结构，可在不同功率微波辅助下促进反应的进行。

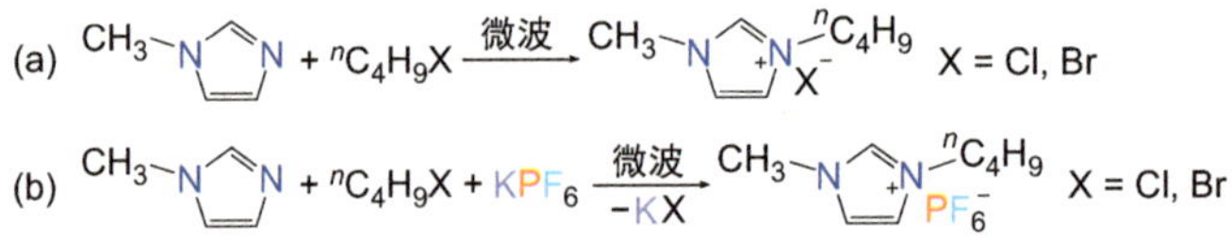

图12.8　微波促进咪唑类离子液体的形成

咪唑类离子液体也可进一步反应。如用硫单质处理离子液体，向咪唑鎓阳离子2位引入硫酮，可得铂族金属萃取剂1-甲基-3-辛基咪唑-2-硫酮(OMImT)的制备[9]。

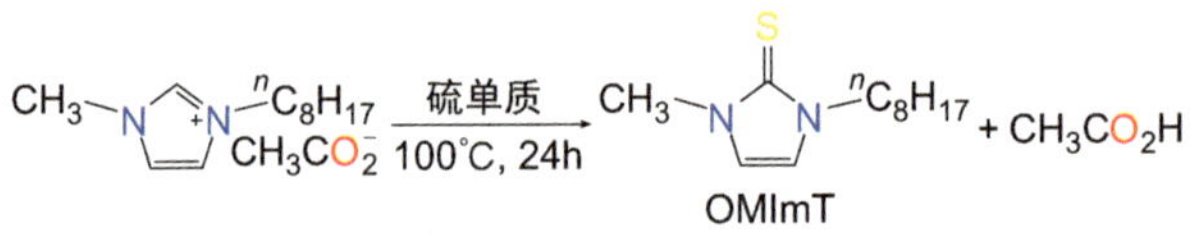

若用双卤代烃与1-烷基咪唑反应，还可得到双咪唑离子液体。如金萃取剂1,6-二(1-丁基苯并咪唑-3-基)己烷二[双(三氟甲磺酰)亚胺]盐的制备[10](图12.9)。

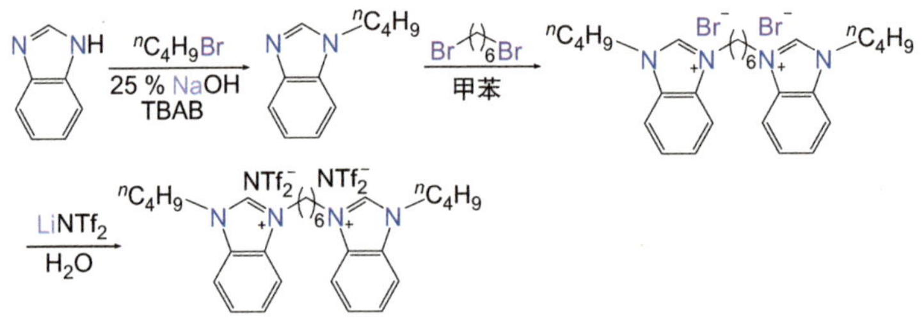

图12.9　1,6-二(1-丁基苯并咪唑-3-基)己烷二[双(三氟甲磺酰)亚胺]盐的制备

先通过控制反应条件，在四丁基溴化铵(TBAB)作用下，苯并咪唑的一个N被烷基化，再用双溴代烷连接两个苯并咪唑，然后将NTf_2^-($(CF_3SO_2)_2N^-$)与Br^-交换，可得到最终的离子液体。

12.2.3　季铵类离子液体

有机胺与酸反应可形成铵盐，N^+—H键在碱性条件下发生解离，重新形成有机胺。但N^+—C键在酸、碱条件下都是稳定的，若与恰当的阴离子结合则可形成季铵离子液体。可用叔胺与卤代烷反应形成季铵盐，再进行复分解反应，得到离子液体[6]：

$$R_3N + R'X \longrightarrow R_3R'NX \xrightarrow[-LiX]{LiN(CF_3SO_2)_2} [R_3R'N][N(CF_3SO_2)_2]$$

除叔胺外，也可直接从季铵盐（如萃取剂N263）出发进行复分解反应得到季铵离子液体，但季铵盐通常也是通过叔胺与卤代烃反应制备。除采用叔胺、季铵盐作为原料外，还可采用季铵碱直接与有机酸通过中和反应制备季铵离子液体[11-12]：

$$R_3R'NOH + R''SO_3H \longrightarrow [R_3R'N][R''SO_3] + H_2O$$

此法反应简单，利用真空抽去生成的H_2O可促进中和反应进行完全。此法的不足之处在于季铵碱原料不易制备。水溶性短碳链季铵碱可通过相应的氯化铵电解制备，如电解氯化四乙基铵制备氢氧化四乙基铵。但长碳链氯化铵水溶性差，其季铵碱难以大规模制备，限制了此法的应用。

12.2.4　季鏻类离子液体

与季铵类离子液体类似，季鏻类离子液体也可通过复分解反应制备。如苄基(三苯基)鏻双(三氟甲磺酰)亚胺盐的制备[13]：

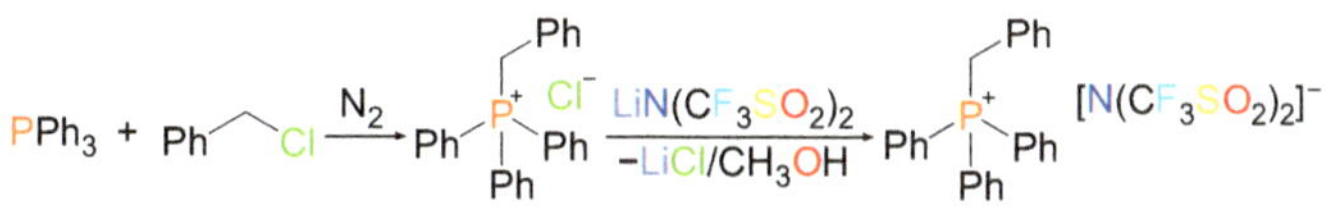

以三苯基膦、苄氯、双(三氟甲磺酰)亚胺锂为原料。首先，氮气保护下三苯基膦与苄氯反应可以接近100%的收率得到氯化苄基三苯基鏻中间体；然后此中间体再与双(三氟甲磺酰)亚胺锂进行复分解反应，反应后用水洗去LiCl即得离子液体。此反应利用了三苯基膦的亲核性，与正电中心的C形成P^+—C键。用此方法还可向正离子中心引入其他反应基团。如图12.10所示用三苯基膦或三烷基膦对磺内酯进行开环反应，可制备出内盐，再经酸化可得末端带有磺酸官能团的离子液体[14]。

首先，三苯基膦或三烷基膦与磺酸内酯亲核反应开环，三烷基膦亲核性较高所需温度稍低，形成内盐。然后，内盐的磺酸根可与其他更强的有机酸或无机酸进行复分解反应得到阴阳离子分离的离子液体。

三烷基膦还可直接与带其他官能团的卤代烃反应得到带相应的离子液体，如末位带酰胺的离子液体可通过带酰胺的氯代烷与三烷基膦反应得到[15]：

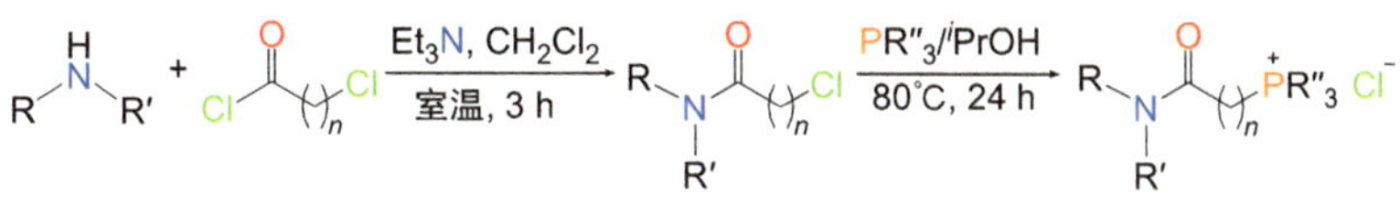

R, R′ = H, 二乙基己基；R″ = $^nC_4H_9$, $^nC_6H_{13}$, $^nC_8H_{17}$；n = 1, 2, 3

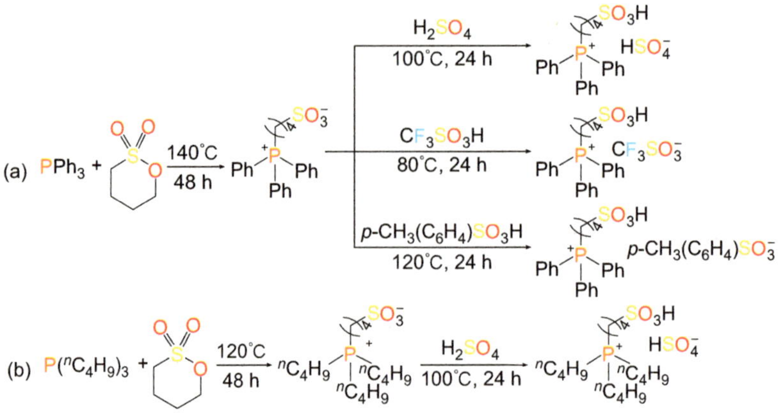

图12.10　用季鏻盐内盐制备离子液体

首先，在室温下胺可选择性对酰氯氨解而不与氯代烷基反应，得到带有酰胺官能团的氯代烷中间体。然后，在加热条件下用三烷基膦与此中间体反应可得鏻盐，再与所需的阴离子化合物进行复分解反应即可得到相应的带酰胺官能团离子液体。

离子液体挥发度低、与众多溶剂互溶，其纯化复杂且困难，因此在制备离子液体时应尽可能选用能直接得到纯度较高的离子液体的方法。

参考文献

[1] 吴成泰. 冠醚化学[M]. 北京: 科学出版社, 1992.

[2] 程衔锟, 熊延杭, 侯雪, 等. 硫杂冠醚对Ag(Ⅰ)和Tl(Ⅰ)的萃取 [J]. 过程工程学报, 2021, 21(02): 144-152.

[3] COXON A C, STODDART J F. Synthesis of macrobicyclic polyethers with carbon bridgeheads [J]. Journal of the Chemical Society, Chemical Communications, 1974, 3(14): 537-537.

[4] 励跃, 郑济源, 马文蔼, 等. 穴醚的合成 [J]. 化学世界, 1985, 26(12): 7-9.

[5] 崔洪萌. 含酯基吡啶类离子液体的设计合成、性质及应用研究 [D]. 西安: 西安工程大学, 2017.

[6] 王军, 葛虹, 吴国斌, 等. 绿色高效溶剂——离子液体 [J]. 精细与专用化学品, 2005, 13(21): 10-14, 28.

[7] 彭全明, 王磊, 于娜, 等. *N*-正丁基吡啶四氟硼酸盐离子液体的合成 [J]. 上海应用技术学院学报(自然科学版), 2014, 14(01): 20-23.

[8] BONHôTE P, DIAS A-P, PAPAGEORGIOU N, et al. hydrophobic, highly conductive ambient-temperature molten salts [J]. Inorganic Chemistry, 1996, 35(5): 1168-1178.

[9] 王琦. 咪唑硫酮萃取铂及量子化学在铂族金属萃取中的应用 [D]. 济南: 山东大学, 2021.

[10] 吕苹. 含氮、磷类离子液体从盐酸介质中萃取分离金(Ⅲ)的研究 [D]. 济南: 山东大学, 2022.

[11] POOLE S K, SHETTY P H, POOLE C F. Chromatographic and spectroscopic studies of the solvent properties of a new series of room-temperature liquid tetraalkylammonium sulfonates [J]. Analytica Chimica Acta, 1989, 218: 241-264.

[12] POOLE C F, KERSTEN B R, HO S S J, et al. Organic salts, liquid at room temperature, as mobile phases in liquid chromatography [J]. Journal of Chromatography A, 1986, 352: 407-425.

[13] 苏慧双. 季鏻盐离子液体的合成及其对镁合金缓蚀性能的研究 [D]. 开封: 河南大学, 2020.

[14] 章嫣然, 马磊, 卢春山, 等. 对氨基苯酚合成用酸性季鏻盐离子液体催化剂的制备及性能 [J]. 化工生产与技术, 2011, 18(03): 35-38, 71.

[15] YOSHIDA W, GOTO M. Amide-functionalised phosphonium-based ionic liquids as ligands for rhodium(Ⅲ) extraction [J]. RSC Advances, 2021, 11(16): 9386-9394.

附录

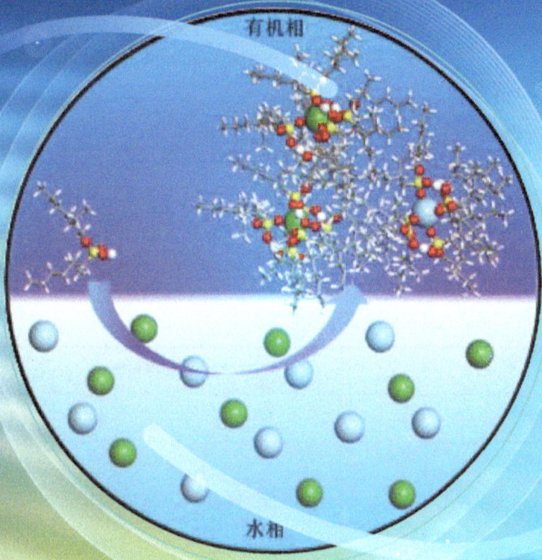

附录1 湿法冶金中常用萃取剂及其制备方法

附录1-1 酸性含磷萃取剂

酸性含磷（acidic phosphorus-containing，AP）萃取剂，是常见的金属萃取剂，从结构上来看，可以分为磷酸单酯、磷酸二酯、烷基膦酸、烷基膦酸单酯、二烷基次膦酸等五类[1]：

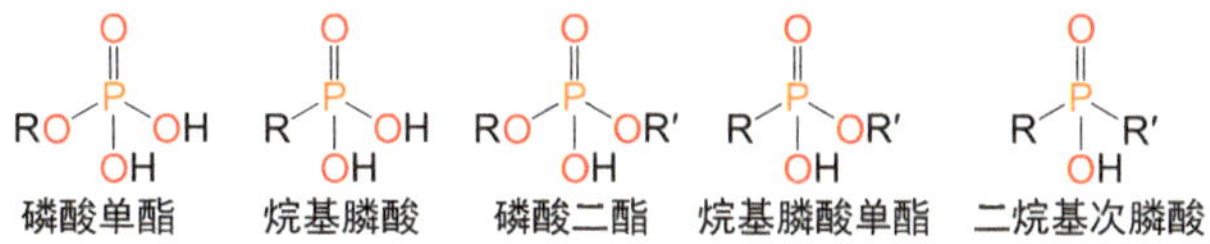

其中，磷酸单酯、烷基膦酸属于二元酸；磷酸二酯、烷基膦酸单酯、二烷基次膦酸属于一元酸。除此之外，还有各种硫代化合物以及其他酸性含磷化合物、带氨基的酸性磷（膦）化合物。在非极性溶剂中，一元酸萃取剂一般以二聚体形式存在，相应的萃取反应可表示为：

$$M^{n+}_{(aq)} + nH_2A_{2(o)} \longrightarrow M(HA_2)_{n(o)} + nH^+_{(aq)}$$

式中，n表示金属离子价态；H_2A_2表示萃取剂HA的二聚体形式，萃取按质子交换机理进行。在实际使用过程中，为了提高萃取能力，通常使用皂化形式的萃取剂进行萃取。

制备方法

磷酸二酯的合成方法主要有五氧化二磷法、三氯化磷法、三氯氧磷法；单烷基膦酸单酯的合成方法主要有双酯水解法、二元酸酯化法、亚磷酸酯氧化法、磷酰氯醇解法；二烷基次膦酸的合成方法主要有格氏试剂法、自由基加成法。硫代酸性含磷化合物的合成可以通过硫单质氧化法、五硫化二磷法等。酰氯醇解、酯化、酯水解、格氏试剂法等反应都是分步进行的，可以通过控制反应条件使主要得到中间体产物，这些反应的交替进行可制备出多种结构的酸性含磷萃取剂。

代表结构及其应用

序号	结构	名称、CAS号、应用及参考文献
	（1）磷酸单酯	
AP 1	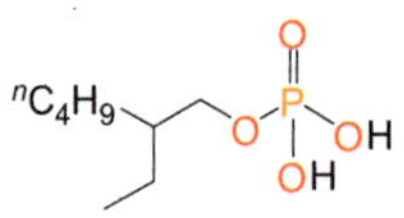	磷酸单(2-乙基己基)酯；mono(2-ethylhexyl) phosphate。1070-03-7。钴、镍分离，稀土萃取[1-2]
AP 2	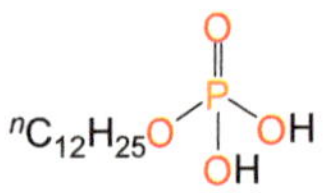	磷酸单十二烷基酯；P501；dodecyl phosphate。2627-35-2。钴、镍分离，萃取锌、铍、铟、稀土等多种金属，TOPO萃取铀的动力学协萃剂[2]
AP 3	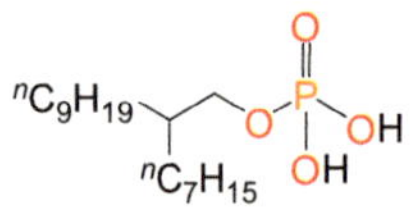	磷酸单(2-庚基十一烷基)酯；mono(2-heptylundecyl) phosphate。71149-11-6。重稀土分离[1]
AP 4	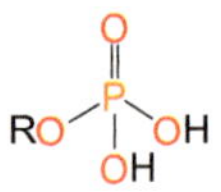 R为C_{12}~C_{18}混合烷基	P538；C_{12}～C_{18}混合烷基磷酸单酯；稀土萃取分离，铜、锰萃取[3-4]
AP 5	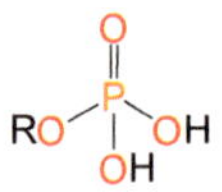 R为环烷基	P536；环烷基磷酸单酯；稀土萃取分离，稀土和钍的分离[5]
	（2）烷基膦酸	
AP 6	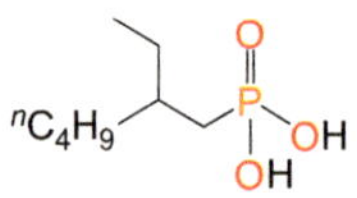	2-乙基己基膦酸；2-ethylhexylphosphonic acid。14660-16-3。稀土分离[1]
AP 7	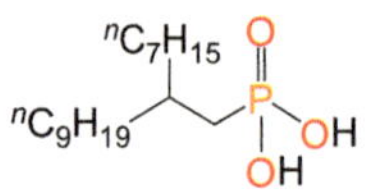	2-庚基十一烷基膦酸；2-heptylundecylphosphonic acid。82102-65-6。重稀土分离[1,6]
AP 8	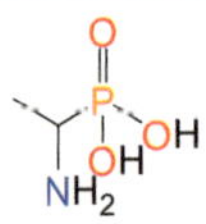	(1-氨基乙基)膦酸；(1-aminoethyl)phosphonic acid。6323-97-3[7]
AP 9	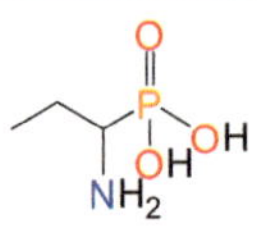	(1-氨基丙基)膦酸；(1-aminopropyl)phosphonic acid。14047-23-5[7]

续表

序号	结构	名称、CAS号、应用及参考文献
AP 10	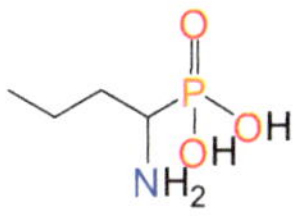	(1-氨基丁基)膦酸；(1-aminobutyl)phosphonic acid。13138-36-8[7]
AP 11	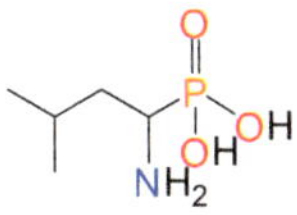	(1-氨基-3-甲基丁基)膦酸；(1-amino-3-methylbutyl)phosphonic acid。20459-60-3[7]
AP 12	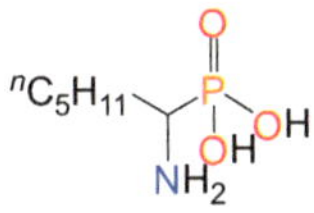	(1-氨基己基)膦酸；(1-aminohexyl)phosphonic acid。63207-60-3[7]
AP 13	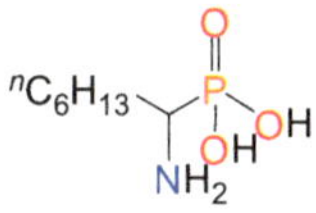	(1-氨基庚基)膦酸；(1-aminoheptyl)phosphonic acid。35045-86-4[7]
AP 14	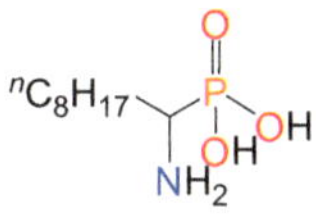	(1-氨基壬基)膦酸；(1-aminononyl)phosphonic acid。99109-13-4[7]
AP 15	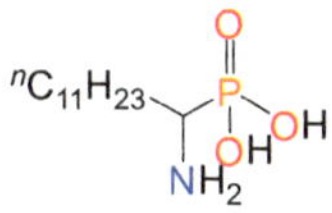	(1-氨基月桂基)膦酸；(1-aminododecyl)phosphonic acid。99109-14-5[7]
AP 16	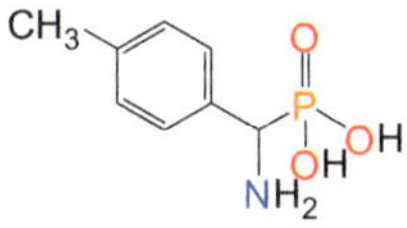	(氨基(4-甲基苯基)甲基)膦酸；(amino(*p*-tolyl)methyl)phosphonic acid。55790-19-7[7]
AP 17	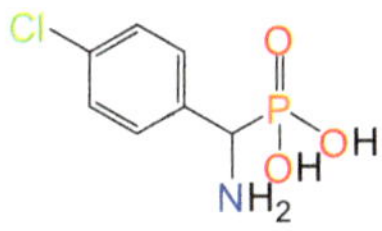	(氨基(4-氯苯基)甲基)膦酸；(amino(4-chlorophenyl)methyl)phosphonic acid。16656-60-3[7]
AP 18	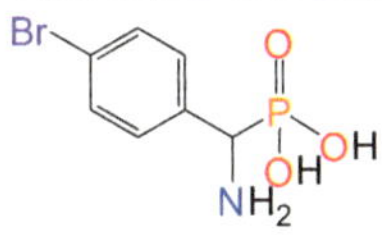	(氨基(4-溴苯基)甲基)膦酸；(amino(4-bromophenyl)methyl)phosphonic acid。55790-20-0[7]
AP 19	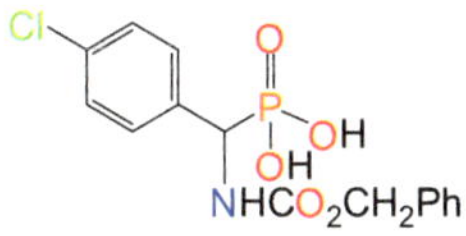	苯甲氧基甲酰基氨基(4-氯苯基)甲基膦酸；(benzyloxycarbonyl)amino-(4-chlorophenyl)methylphosphonic acid。99109-17-8[7]
AP 20	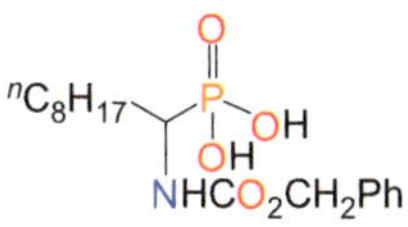	1-(苯甲氧基甲酰基氨基)壬基膦酸；1-(benzyloxycarbonyamino)nonylphosphonic acid。99109-18-9[7]
AP 21	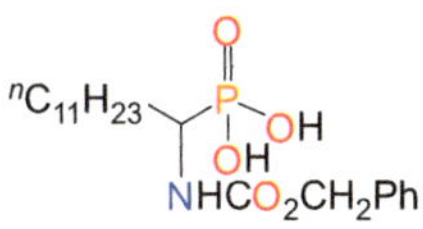	1-(苯甲氧基甲酰基氨基)月桂基膦酸；1- (benzyloxycarbonylamino)dodecylphosphonic acid。99109-19-0[7]

续表

序号	结构	名称、CAS号、应用及参考文献
（3）磷酸二酯		
AP 22	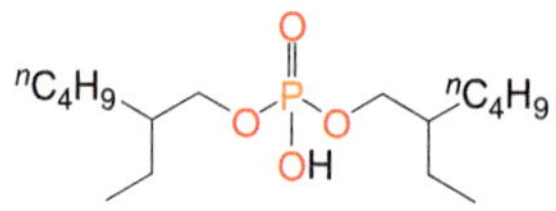	P204；DEHPA；D2EHPA；EHPA；Baysolvex DEDP；磷酸二(2-乙基己基)酯；bis(2-ethylhexyl) phosphate。298-07-7。用于湿法冶金中的多种金属萃取，包括稀土、钴镍、核燃料[1, 8-13]
AP 23	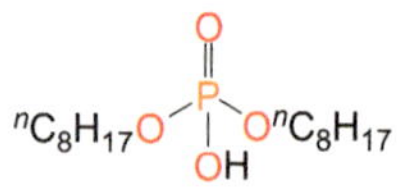	磷酸二辛酯；dioctyl phosphate。3115-39-7。钴、镍萃取分离[14]
AP 24	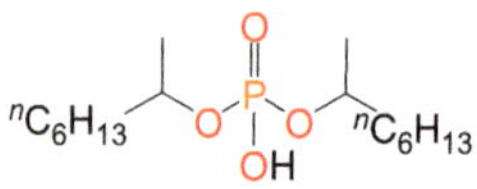	磷酸二(1-甲基庚基)酯；P215；Bis(1-methylheptyl) phosphate。77076-28-9。稀土分离，铟、锡分离[1, 15]
AP 25	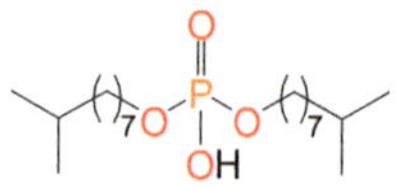	磷酸二(8-甲基壬基)酯；di-(8-methylnonyl) phosphate。67953-31-5。超铀元素萃取[16]
AP 26	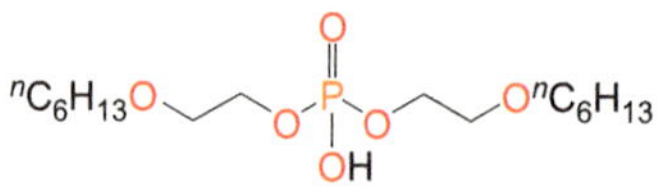	磷酸二(2-己氧基乙基)酯；di-(2-hexoxyethyl) phosphate。3538-36-1。超铀元素萃取[16]
AP 27	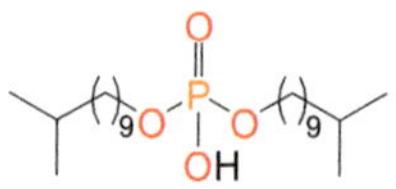	磷酸二(10-甲基十一烷基)酯；di-(10-methylundecyl) phosphate。锕系元素萃取[17]
（4）烷基膦酸单酯		
AP 28	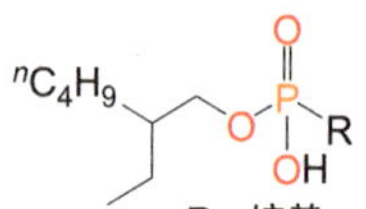 R= 烷基	P5708；烷基膦酸单2-乙基己酯；2-ethylhexyl alkylphosphonate。铟萃取[18]
AP 29	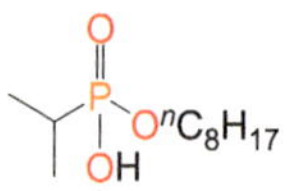	异丙基膦酸单正辛酯；octyl isopropylphosphonate。108506-63-4。稀土分离[19]
AP 30	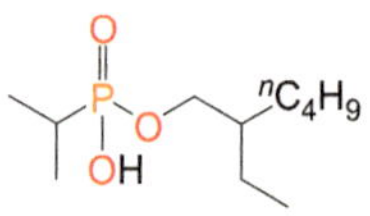	异丙基膦酸单2-乙基己酯；2-ethylhexyl isopropylphosphonate。108506-64-5。稀土分离[19]
AP 31	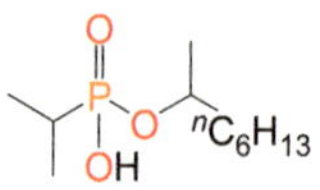	异丙基膦酸单1-甲基庚酯；1-methylheptyl isopropylphosphonate。108506-65-6。稀土分离[19]
AP 32	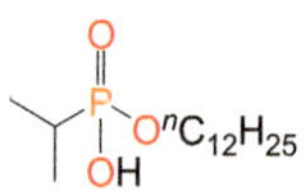	异丙基膦酸单月桂酯；dodecyl isopropylphosphonate。108506-58-7。稀土分离[19]
AP 33	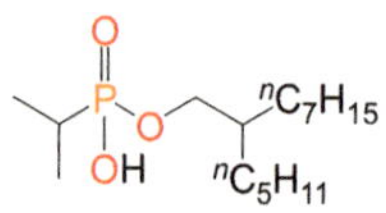	异丙基膦酸单2-戊基壬酯；2-pentylnonyl isopropylphosphonate。108506-62-3。稀土分离[19]

续表

序号	结构	名称、CAS号、应用及参考文献
AP 34	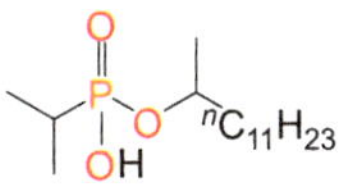	异丙基膦酸单1-甲基月桂酯；1-methyldodecyl isopropylphosphonate。108506-59-8。稀土分离[19]
AP 35	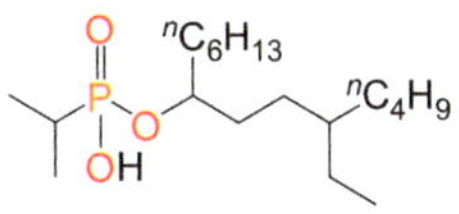	PT-2；异丙基膦酸单(4-乙基-1-己基)辛酯；4-ethyl-1-hexyloctyl isopropylphosphonate。130816-17-0。稀土分离，萃取能力优于TBP；反萃酸度低于P204、P507，黏度较大[11]
AP 36	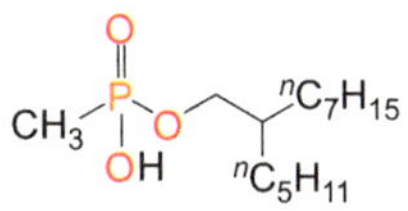	甲基膦酸单2-戊基壬酯；2-pentylnonyl methylphosphonate。108506-66-7。钴、镍萃取分离[14]
AP 37	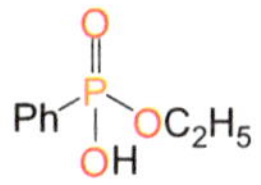	苯基膦酸单乙酯；ethyl phenylphosphonate。4546-19-4。萃取铀[20-21]
AP 38	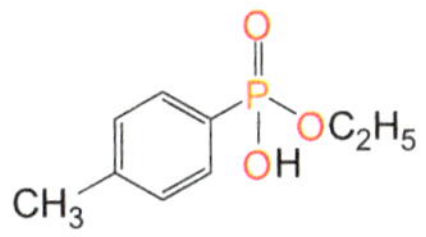	4-甲基苯基膦酸单乙酯；ethyl 4-methylphenylphosphonate。85501-39-9。萃取铀[20-21]
AP 39	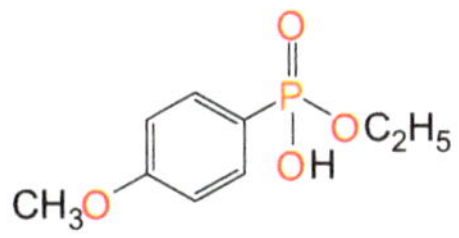	4-甲氧基苯基膦酸单乙酯；ethyl (4-methyloxyphenyl) phosphonate。63818-65-5。萃取铀[20-21]
AP 40	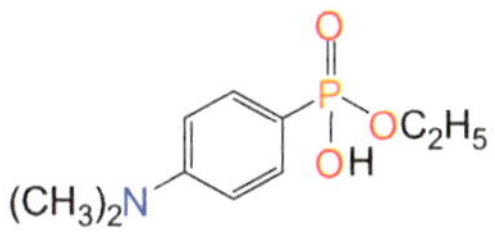	4-二甲氨基苯基膦酸单乙酯；ethyl (4-(dimethylamino)phenyl)phosphonate。85501-42-4。萃取铀[20-21]
AP 41	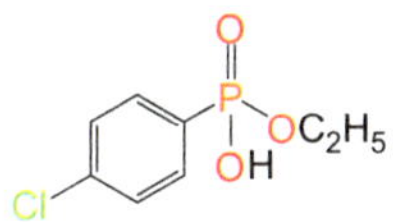	4-氯苯基膦酸单乙酯；ethyl (4-chlorophenyl) phosphonate。85501-44-6。萃取铀[20-21]
AP 42	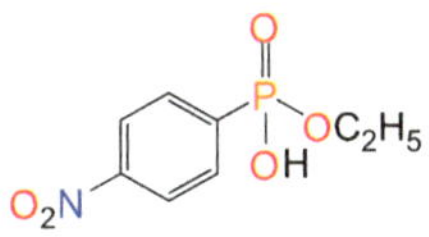	4-硝基苯基膦酸单乙酯；ethyl (4-nitrophenyl) phosphonate。85501-46-8。萃取铀[20-21]
AP 43	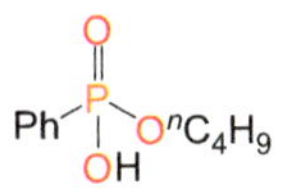	苯基膦酸单丁酯；butyl phenylphosphonate。4098-90-2。萃取铀[20-21]
AP 44	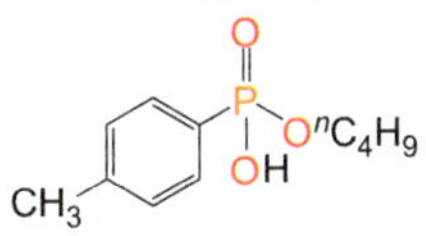	4-甲基苯基膦酸单丁酯；butyl 4-methylphenylphosphonate。85501-40-2。萃取铀[20-21]
AP 45	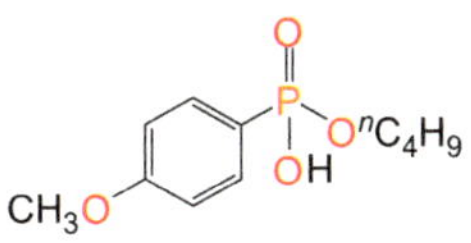	4-甲氧基苯基膦酸单丁酯；butyl (4-methyloxyphenyl) phosphonate。85501-41-3。萃取铀[20-21]

续表

序号	结构	名称、CAS号、应用及参考文献
AP 46	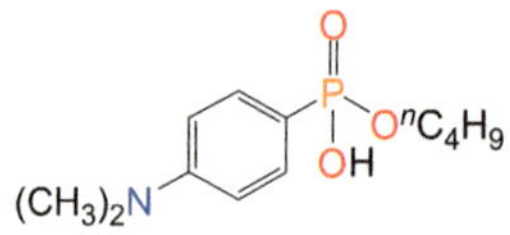	4-二甲氨基苯基膦酸单丁酯；butyl (4-(dimethylamino)phenyl)phosphonate。85501-43-5。萃取铀[20-21]
AP 47	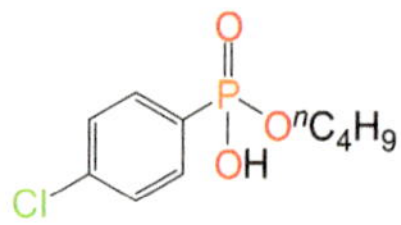	4-氯苯基膦酸单丁酯；butyl (4-chlorophenyl) phosphonate。85501-45-7。萃取铀[20-21]
AP 48	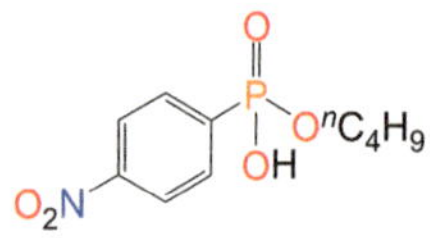	4-硝基苯基膦酸单丁酯；butyl (4-nitrophenyl) phosphonate。85501-47-9。萃取铀[20-21]
AP 49	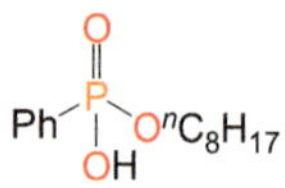	苯基膦酸单辛酯；octyl phenylphosphonate。13244-67-2。稀土分离[22]
AP 50	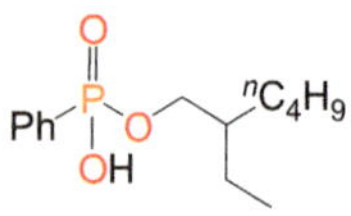	苯基膦酸单2-乙基己酯；2-ethylhexyl phenylphosphonate。1518-07-6。稀土分离[1, 22]
AP 51	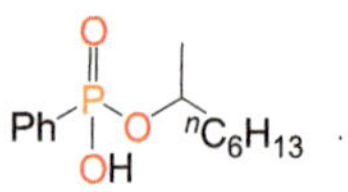	苯基膦酸单1-甲基庚酯；1-methylheptyl phenylphosphonate。34005-34-0。稀土分离[22]
AP 52	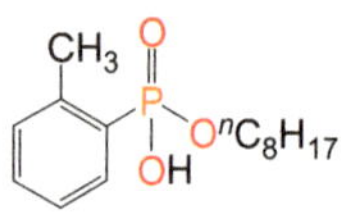	2-甲基苯基膦酸单辛酯；octyl 2-methylphenylphosphonate。82744-35-2。稀土分离[22]
AP 53	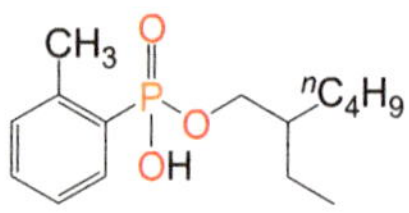	2-甲基苯基膦酸单2-乙基己酯；2-ethylhexyl 2-methylphenylphosphonate。84613-64-9。稀土分离[22]
AP 54	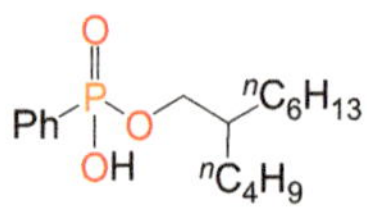	MBOPP；苯基膦酸单2-丁基辛酯；2-butyloctyl phenylphosphonate。141024-65-9。稀土萃取[23]
AP 55	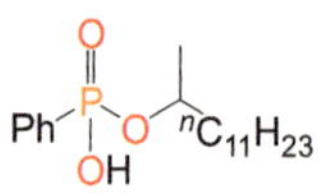	MMDPP；苯基膦酸单1-甲基月桂酯；1-methyldodecyl phenylphosphonate。141024-66-0。稀土萃取[23]
AP 56	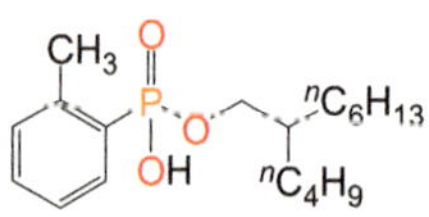	MBOMPP；2-甲基苯基膦酸单2-丁基辛酯；2-butyloctyl 2-methylphenylphosphonate。140938-71-2。稀土萃取[23]
AP 57	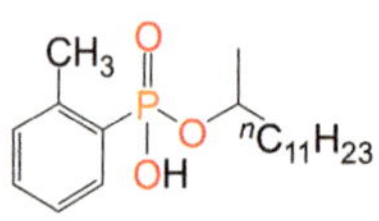	MMDMPP；2-甲基苯基膦酸单1-甲基月桂酯；1-methyldodecyl 2-methylphenylphosphonate。稀土萃取[23]

续表

序号	结构	名称、CAS号、应用及参考文献
AP 58	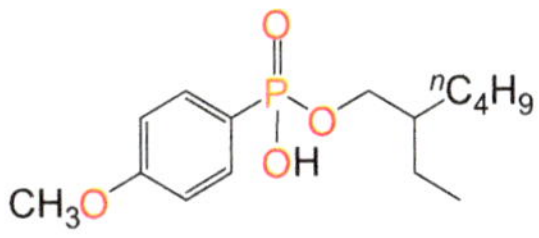	4-甲氧基苯基膦酸单2-乙基己酯；2-ethylhexyl 4-methyloxyphenylphosphonate。钴、镍萃取分离[14]
AP 59	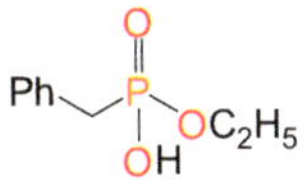	苄基膦酸单乙酯；ethyl benzylphosphonate。18933-98-7[20]
AP 60	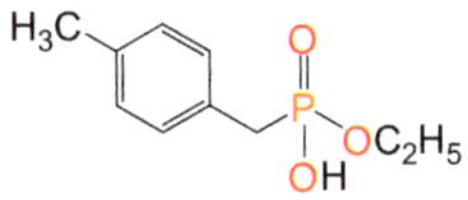	4-甲基苄基膦酸单乙酯；ethyl (4-methylbenzyl) phosphonate。85501-49-1[20]
AP 61	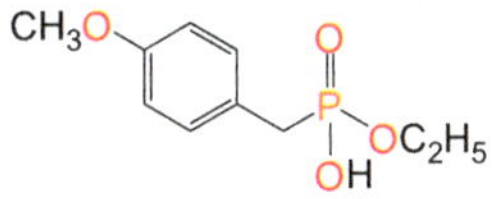	4-甲氧基苄基膦酸单乙酯；ethyl (4-methyloxybenzyl) phosphonate。85501-51-5[20]
AP 62	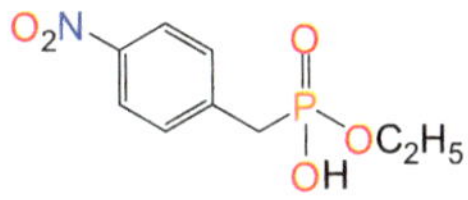	4-硝基苄基膦酸单乙酯；ethyl (4-nitrobenzyl) phosphonate。72448-73-8[20]
AP 63	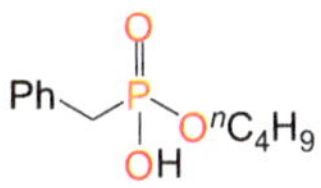	苄基膦酸单丁酯；butyl benzylphosphonate。85501-48-0[20]
AP 64	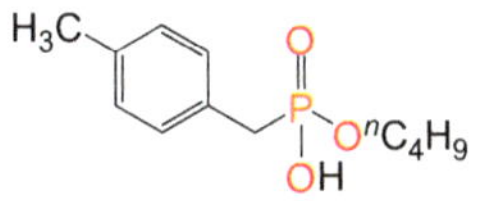	4-甲基苄基膦酸单丁酯；butyl (4-methylbenzyl) phosphonate。85501-50-4[20]
AP 65	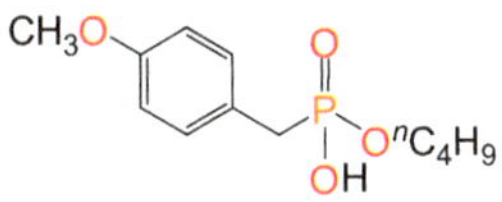	4-甲氧基苄基膦酸单丁酯；4-butyl (4-methyloxy-benzyl)phosphonate。85501-52-6[20]
AP 66	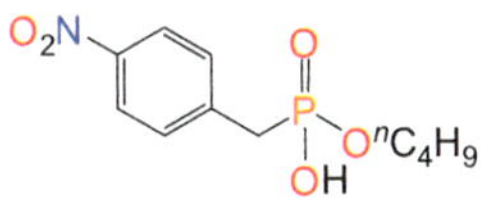	4-硝基苄基膦酸单丁酯；butyl (4-nitrobenzyl) phosphonate。72448-72-7[20]
AP 67	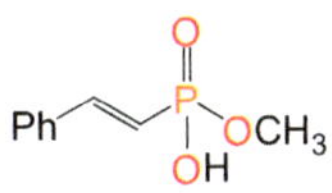	SPE101；苯乙烯基膦酸单甲酯；methyl styryl-phosphonate。90485-07-7。镧萃取[11, 24]
AP 68	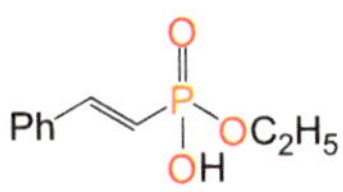	SPE102；苯乙烯基膦酸单乙酯；ethyl styryl-phosphonate。5849-49-0。镧萃取[11, 24]
AP 69	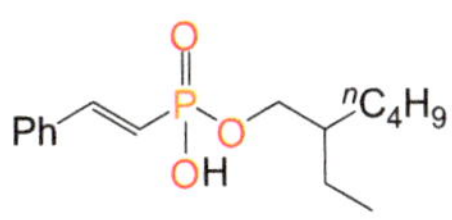	SPE108；苯乙烯基膦酸单2-乙基己酯；2-ethylhexyl styrylphosphonate。110219-96-0。稀土萃取；萃取能力和容量高于P204、P507，萃取La(Ⅲ)时受盐析剂$(NH_4)_2SO_4$影响小；钴、镍分离[11, 24]

续表

序号	结构	名称、CAS号、应用及参考文献
AP 70	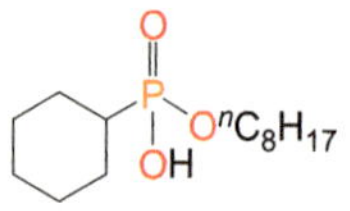	环己基膦酸单辛酯；octyl cyclohexylphosphonate。82744-34-1。稀土分离[22]
AP 71	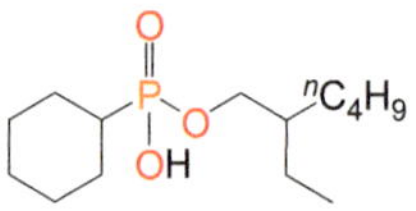	环己基膦酸单2-乙基己酯；2-ethylhexyl cyclohexylphosphonate。1024-42-6。稀土分离[1, 22]
AP 72	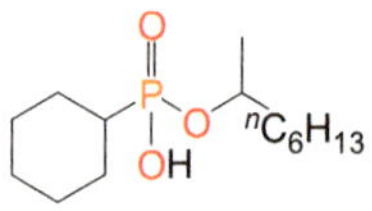	环己基膦酸单1-甲基庚酯；1-methylheptyl cyclohexylphosphonate。82744-33-0。稀土分离[22]
AP 73	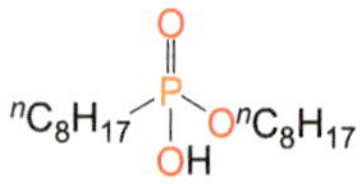	辛基膦酸单辛酯；octyl octylphosphonate。32357-80-5。稀土分离[25]
AP 74	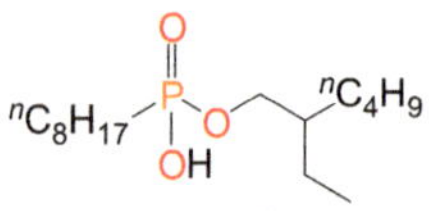	辛基膦酸单2-乙基己酯；2-ethylhexyl octylphosphonate。93920-07-1。稀土分离、Am(Ⅲ)与镧系金属分离[25-26]
AP 75	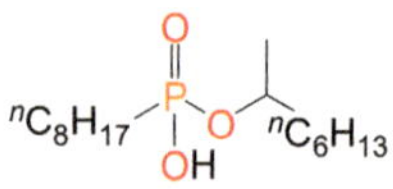	辛基膦酸单1-甲基庚酯；1-methylheptyl octylphosphonate。99790-78-0。稀土分离[25]
AP 76	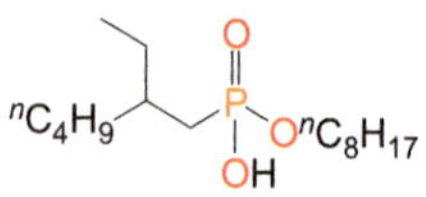	2-乙基己基膦酸单辛酯；octyl 2-ethylhexylphosphonate；82102-63-4。稀土分离[25]
AP 77	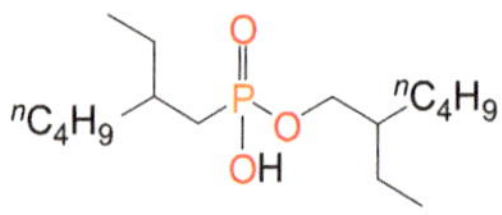	P507；PC-88；EHEHPA；Ionquest 801；2-乙基己基膦酸单2-乙基己酯；2-ethylhexyl 2-ethylhexylphosphonate。14802-03-0。稀土、钴/镍等多种金属的分离、纯化[1, 25]
AP 78	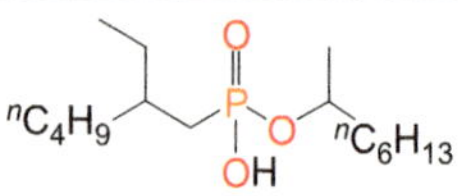	2-乙基己基膦酸单1-甲基庚酯；1-methylheptyl 2-ethylhexylphosphonate。99790-79-1。稀土分离[25]
AP 79	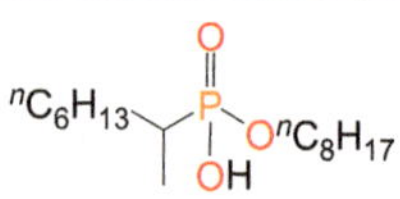	1-甲基庚基膦酸单辛酯；octyl 1-methylheptylphosphonate。99790-80-4。稀土分离[25]
AP 80	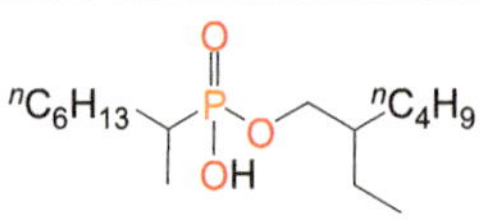	1-甲基庚基膦酸单2-乙基己酯；2-ethylhexyl 1-methylheptylphosphonate。99790-81-5。稀土分离[25]
AP 81	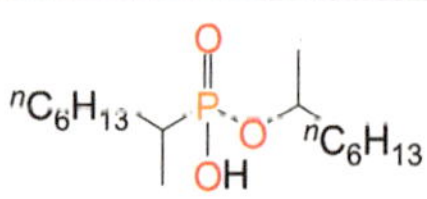	1-甲基庚基膦酸单1-甲基庚酯；1-methylheptyl 1-methylheptylphosphonate。99790-82-6。稀土分离[25]
AP 82	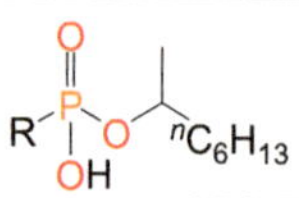 R= C_6、C_7混合异构烷基	P5709；5709；异烷基膦酸单1-甲基庚酯；1-methylheptyl isoalkyl phosphonate。铁铟分离、钴镍分离[18, 27]

续表

序号	结构	名称、CAS号、应用及参考文献
AP 83	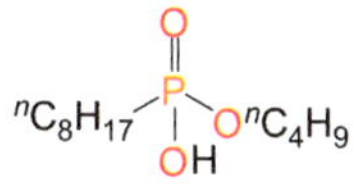	辛基膦酸单丁酯；butyl octylphosphonate。65683-59-2。钴、镍分离，优先萃取钴[28-29]
AP 84	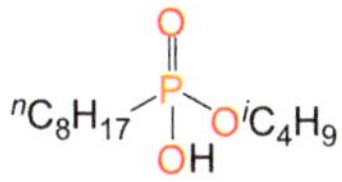	辛基膦酸单异丁酯；isobutyl octylphosphonate。108506-48-5。钴、镍分离，优先萃取钴[28-29]
AP 85	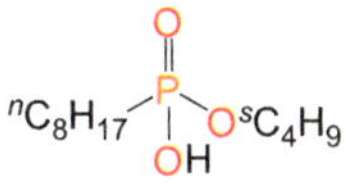	辛基膦酸单仲丁酯；sec-butyl octylphosphonate。108506-49-6。钴、镍分离，优先萃取钴[28-29]
AP 86	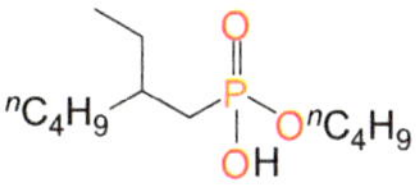	2-乙基己基膦酸单丁酯；butyl 2-ethylhexyl-phosphonate。108506-50-9。钴、镍分离，优先萃取钴[28-29]
AP 87	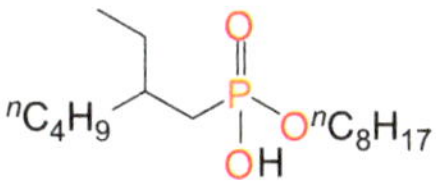	EHODPI；2-乙基己基膦酸单辛酯；octyl 2-ethylhexylphosphonate。82102-63-4。Am(Ⅲ)与镧系金属分离[23]
AP 88	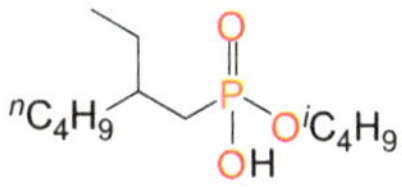	2-乙基己基膦酸单异丁酯；isobutyl 2-ethylhexylphosphonate。108506-51-0。钴、镍分离，优先萃取钴[28-29]
AP 89	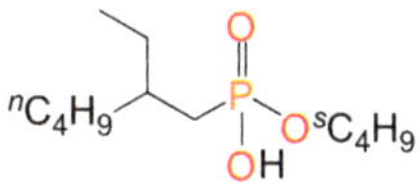	2-乙基己基膦酸单仲丁酯；sec-butyl 2-ethylhexylphosphonate。108506-52-1。钴、镍分离，优先萃取钴[28-29]
AP 90	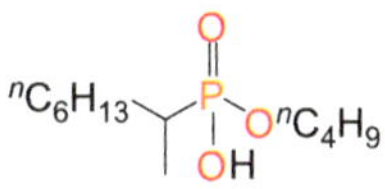	1-甲基庚基膦酸单丁酯；butyl 1-methylheptylphosphonate。108506-53-2。钴、镍分离，优先萃取钴[28-29]
AP 91	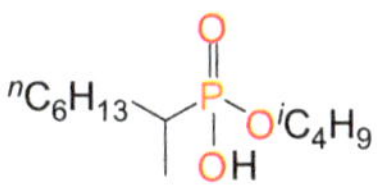	1-甲基庚基膦酸单异丁酯；isobutyl 1-methylheptylphosphonate。108506-54-3。钴、镍分离，优先萃取钴[28-29]
AP 92	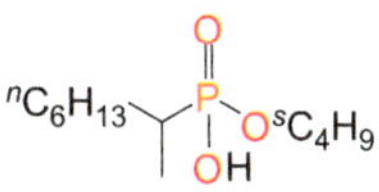	1-甲基庚基膦酸单仲丁酯；sec-butyl 1-methylheptylphosphonate。108506-55-4。钴、镍分离，优先萃取钴[28-29]
AP 93	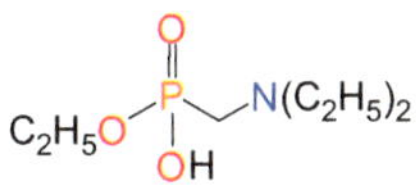	(*N*,*N*-二乙基氨基)甲基膦酸单乙酯；ethyl (*N*,*N*-diethylamino)methylphosphonate。1000-18-6[30]
AP 94	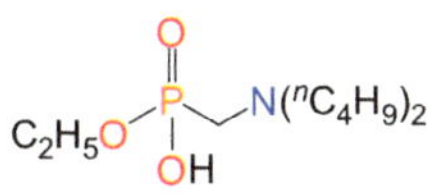	(*N*,*N*-二丁基氨基)甲基膦酸单乙酯；ethyl (*N*,*N*-dibutylamino)methylphosphonate。997-82-0[30]
AP 95	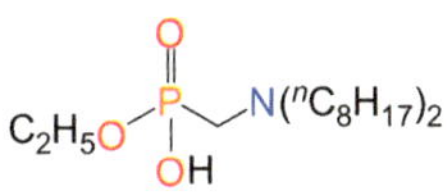	(*N*,*N*-二辛基氨基)甲基膦酸单乙酯；ethyl (dioctylamino)methylphosphonate。1116-36-5[30]

续表

序号	结构	名称、CAS号、应用及参考文献
AP 96	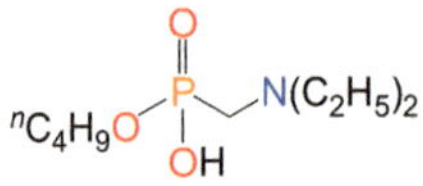	(*N*,*N*-二乙基氨基)甲基膦酸单丁酯；butyl (*N*,*N*-diethylamino)methylphosphonate。1000-97-1[30]
AP 97	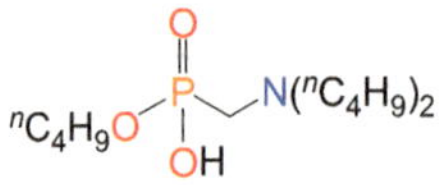	(*N*,*N*-二丁基氨基)甲基膦酸单丁酯；butyl (*N*,*N*-dibutylamino)methylphosphonate。1436866-03-3[30]
AP 98	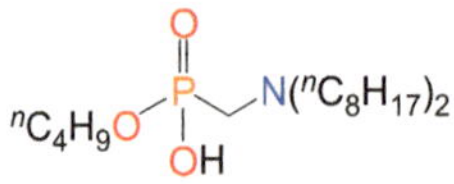	(*N*,*N*-二辛基氨基)甲基膦酸单丁酯；butyl (*N*,*N*-dioctylamino)methylphosphonate。997-85-3[30]
AP 99	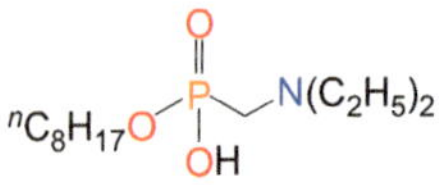	(*N*,*N*-二乙基氨基)甲基膦酸单辛酯；octyl (*N*,*N*-diethylamino)methylphosphonate。997-93-3[30]
AP 100	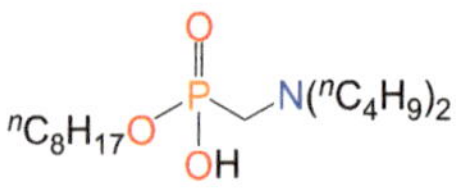	(*N*,*N*-二丁基氨基)甲基膦酸单辛酯；octyl (*N*,*N*-dibutylamino)methylphosphonate。997-90-0[30]
AP 101	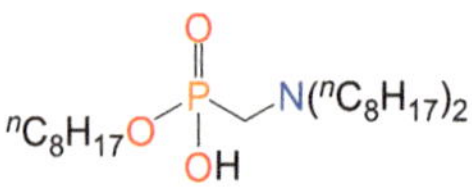	(*N*,*N*-二辛基氨基)甲基膦酸单辛酯；octyl (dioctylamino)methylphosphonate。1116-35-4[30]
AP 102	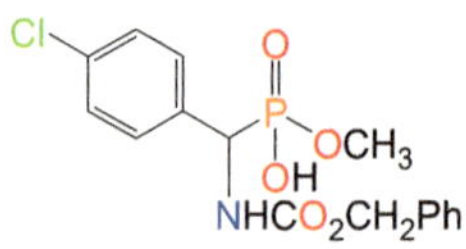	苯甲氧基甲酰基氨基(4-氯苯基)甲基膦酸单甲酯；methyl 1-benzyloxycarbonylamino-1-(4-chlorophenyl) methylphosphonate。99109-20-3[7]
AP 103	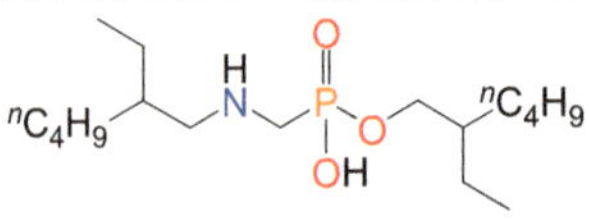	HEHAMP；2-乙基己基氨基甲基膦酸单2-乙基己酯；2-ethylhexyl (2-ethylhexylamino)methylphosphonate。2369043-82-1。稀土与钍的分离[11]
AP 104	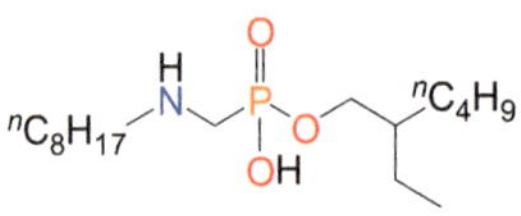	HEHHAP；辛基氨基甲基膦酸单2-乙基己酯；2-ethylhexyl (octylaminomethyl)phosphonate。3025900-82-4。稀土与钍的分离[11, 31]
AP 105	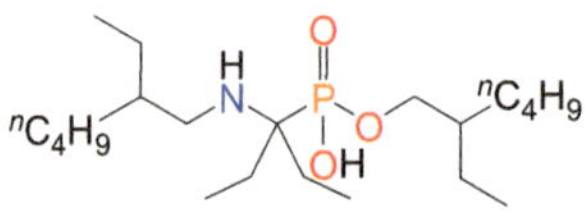	HEHAPP；1-乙基-1-(2-乙基己基氨基)丙基膦酸单2-乙基己酯；2-ethylhexyl 1-ethyl-1-(2-ethylhexylamino) propylphosphonate。稀土与钍的分离[11]
AP 106	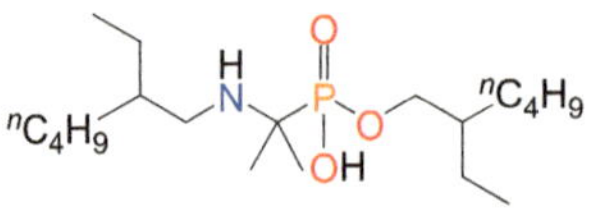	HEHAMEP；1-甲基-1-(2-乙基己基氨基)乙基膦酸单2-乙基己酯；2-ethylhexyl 1-methyl-1-(2-ethylhexylamino)ethylphosphonate。稀土与钍的分离[11]
（5）二烷基次膦酸		
AP 107	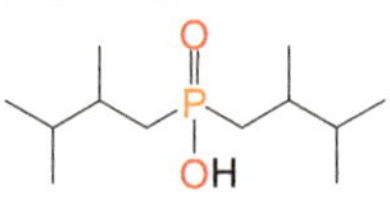	HYY-2；二(2,3-二甲基丁基)次膦酸；di-(2,3-dimethylbutyl)phosphinic acid。1583248-07-0。重稀土分离[32]
AP 108	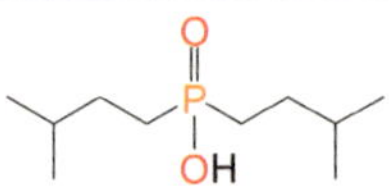	HYY-7；二(3-甲基丁基)次膦酸；di-(3-methylbutyl) phosphinic acid。51513-03-2。重稀土分离[32]

续表

序号	结构	名称、CAS号、应用及参考文献
AP 109	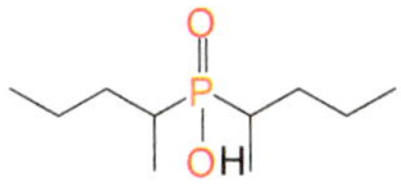	HYY-8；二(1-甲基丁基)次膦酸；di-(1-methylbutyl) phosphinic acid。36839-57-3。重稀土分离[32]
AP 110	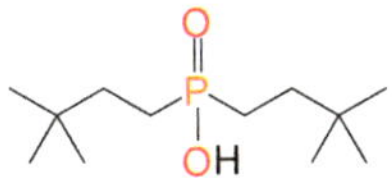	HYY-3；二(3,3-二甲基丁基)次膦酸；di-(3,3-dimethylbutyl)phosphinic acid。67206-80-8。重稀土分离[32]
AP 111	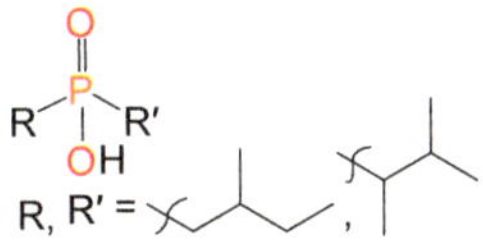	HYY-4；各种二戊基次膦酸混合物；mixture of dipentylphosphinic acid。重稀土分离[32]
AP 112	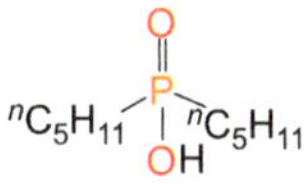	HYY-5；二正戊基次膦酸；dipentylphosphinic acid。24935-94-2。重稀土分离[32]
AP 113	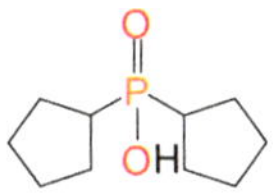	HYY-10；二环戊基次膦酸；dicyclopentylphosphinic acid。134648-53-6重稀土分离[32]
AP 114	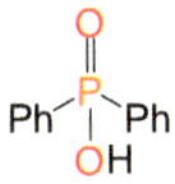	HYY-12；二苯基次膦酸；diphenylphosphinic acid。1707-03-5。重稀土分离[32]
AP 115	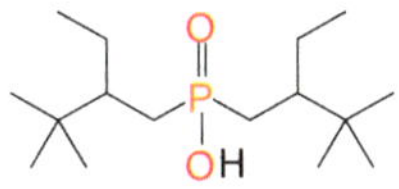	P247；二(2-叔丁基丁基)次膦酸；di-(2-tertbutyl-butyl)phosphinic acid。稀土分离[33]
AP 116	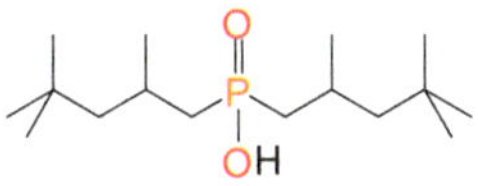	Cyanex272；C272；P272；HYY-1；二(2,4,4-三甲基戊基)次膦酸；di-(2,4,4-trimethylpentyl)phosphinic acid。83411-71-6。重稀土分离，反萃酸度低于P507；镍钴分离[32-33]
AP 117	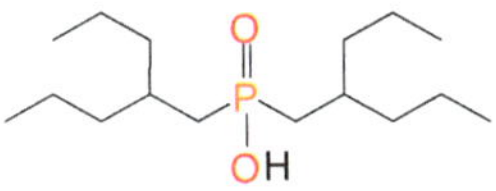	P236；二(2-丙基戊基)次膦酸；di-(2-propylpentyl) phosphinic acid。稀土分离[33]
AP 118	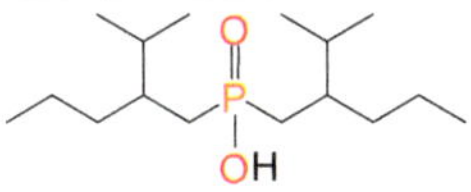	P2361；二(2-异丙基戊基)次膦酸；di-(2-iso-propylpentyl)phosphinic acid。稀土分离[33]
AP 119	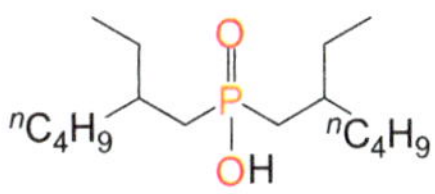	P227；P229；PIA-8；HDEHP；二(2-乙基己基)次膦酸；di-(2-ethylhexyl)phosphinic acid。13525-99-0。稀土分离，镍钴分离。萃取重稀土时所需反萃酸度比P204、P507低，且相邻元素间分离系数高于P204、P507，钴镍分离系数高于P204、P507、Cyanex272[1, 33-36]
AP 120	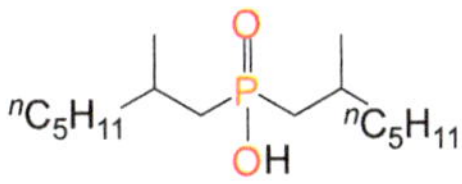	P218；二(2-甲基庚基)次膦酸；di-(2-methylheptyl) phosphinic acid。稀土分离[33-34]
AP 121	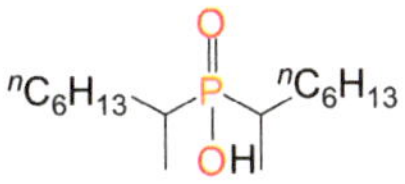	P118；二(1-甲基庚基)次膦酸；di-(1-methylheptyl) phosphinic acid。105596-33-6。稀土分离[34]

续表

序号	结构	名称、CAS号、应用及参考文献
AP 122	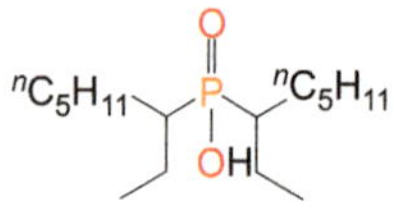	P127；二(1-乙基己基)次膦酸；di-(1-ethylhexyl) phosphinic acid。13362-41-9。稀土分离[34]
AP 123	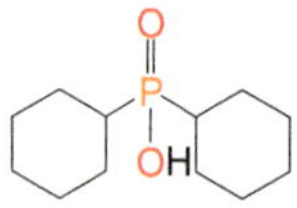	P1c6；HYY-11；二环己基次膦酸；dicyclohexylphosphinic acid。832-39-3稀土分离[32, 34]
AP 124	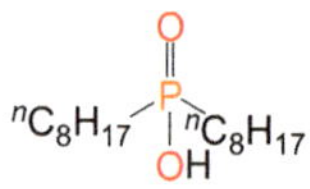	P208；HYY-9；H[DOP]；二正辛基次膦酸；di-octylphosphinic acid。683-19-2。稀土分离[1, 32, 35]
AP 125	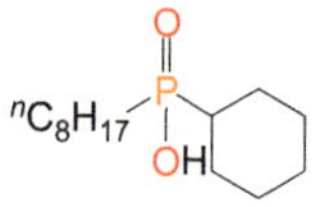	INET-2；正辛基(环己基)次膦酸；cyclohexyl-octylphosphinic acid。1621681-68-2。重稀土分离[37]
AP 126	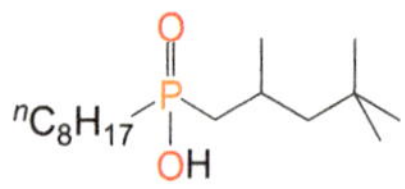	INET-1；2,4,4-三甲基戊基(辛基)次膦酸；2,4,4-tri-methylpentyl-octylphosphinic acid。1621681-67-1。重稀土分离[37]
AP 127	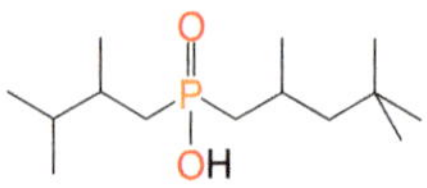	INET-3；2,3-二甲基丁基(2,4,4-三甲基戊基)次膦酸；2,3-dimethylbutyl-2,4,4-trimethylpentylphosphinic acid。1621681-69-3。对重稀土的饱和容量是Cyanex272的两倍，是P507的1/3，反萃容易[11, 37]
AP 128	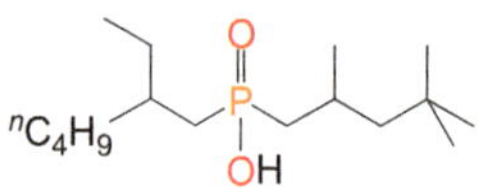	USTB-1；2-乙基己基(2,4,4-三甲基戊基)次膦酸；2-ethylhexyl-2,4,4-trimethylpentylphosphinic acid。960076-58-8。对Ho(Ⅲ)～Lu(Ⅲ)的相邻元素间的分离系数在2.21以上，高于Cyanex272分离重稀土[11]
AP 129	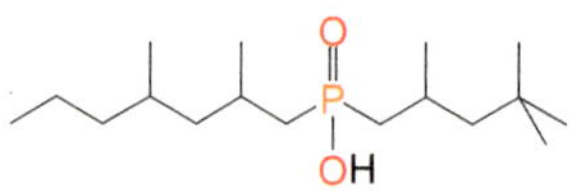	USTB-2；2,4-二甲基庚基(2,4,4-三甲基戊基)次膦酸；2,4-dimethylheptyl-2,4,4-trimethylpentylphosphinic acid。2256069-32-4。对稀土的分离系数高于Cyanex272[11]
AP 130	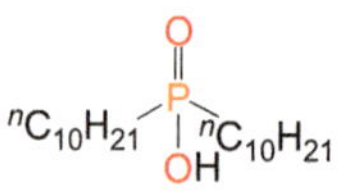	HYY-6；二正癸基次膦酸；didecanylphosphinic acid。7507-08-6。稀土分离[32]
（6）硫代酸性磷（膦）萃取剂		
AP 131	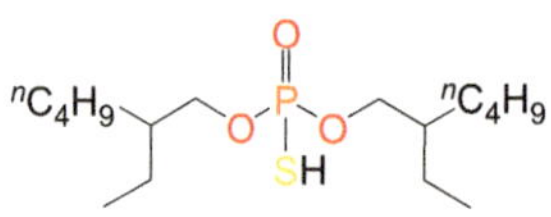	Hoe F 3787；EH-(Ⅳ)；单硫代磷酸二(2-乙基己基)酯；di-(2-ethylhexyl) monothiophosphate。17618-27-8。铟与稀土分离[26]
AP 132	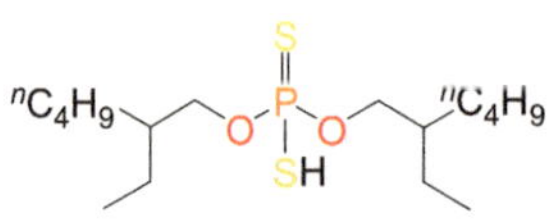	EH-(Ⅱ)；双硫代磷酸二(2-乙基己基)酯；di-(2-ethylhexyl) dithiophosphate。5810-88-8。铟与稀土分离[26, 38-39]
AP 133	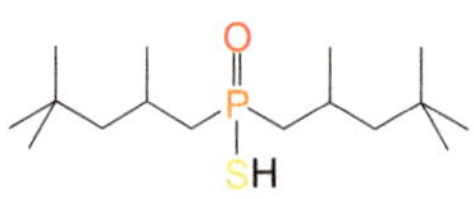	Cyanex302；C302；二(2,4,4-三甲基戊基)单硫代次膦酸；di-(2,4,4-trimethylpentyl)monothiophosphinic acid。132767-86-3。镧系、锕系分离[40-41]

续表

序号	结构	名称、CAS号、应用及参考文献
AP 134	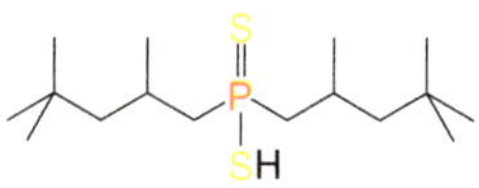	Cyanex301；C301；二(2,4,4-三甲基戊基)双硫代次膦酸；di-(2,4,4-trimethylpentyl)dithiophosphinic acid。107667-02-7。镧系、锕系分离[40-41]
AP 135	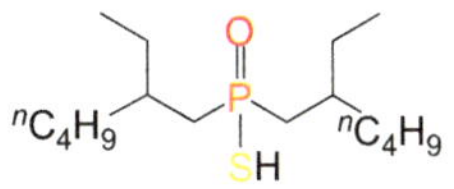	EH-(Ⅲ)；二(2-乙基己基)单硫代次膦酸；di-(2-ethylhexyl)monothiophosphinic acid。153888-95-0。镅与稀土分离[26]
AP 136	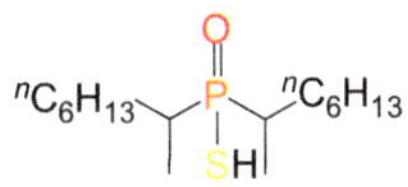	DEHDPI；二(1-甲基庚基)单硫代次膦酸；di-(1-methylheptyl)monothiophosphinic acid。Am(Ⅲ)与镧系金属分离[26]
AP 137	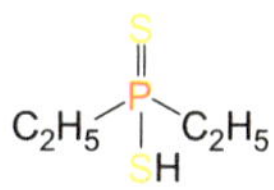	二乙基双硫代次膦酸；diethyldithiophosphinic acid。866-54-6。镧系、锕系分离[42]
AP 138	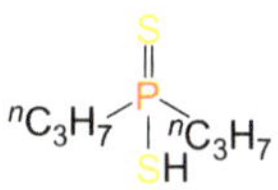	二正丙基双硫代次膦酸；dipropyldithiophosphinic acid。22689-71-0。镧系、锕系分离[42]
AP 139	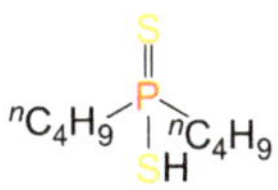	二正丁基双硫代次膦酸；dibutyldithiophosphinic acid。32435-35-1。镧系、锕系分离[42]
AP 140	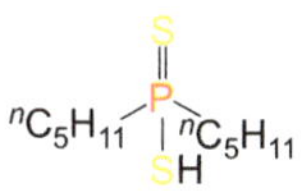	二正戊基双硫代次膦酸；dipentyldithiophosphoric acid。754139-08-7。镧系、锕系分离[42]
AP 141	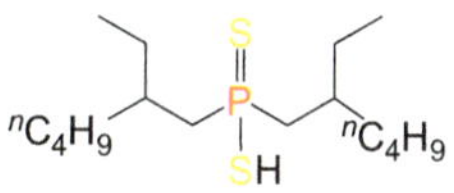	BA-(Ⅰ)；二(2-乙基己基)双硫代次膦酸；di-(2-ethylhexyl)dithiophosphinic acid。141098-59-1。镅与稀土分离[26, 43]
AP 142	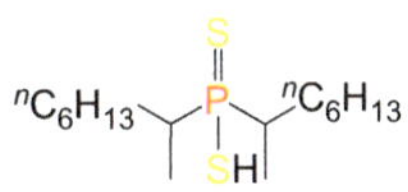	BA-(Ⅱ)；二(1-甲基庚基)双硫代次膦酸；di-(1-methylheptyl)dithiophosphinic acid。397868-90-5。镅与稀土分离[26]
AP 143	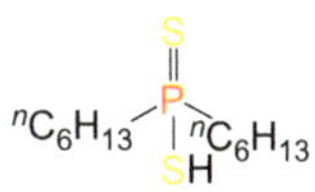	SA-(Ⅰ)；二正己基双硫代次膦酸；dihexyldithiophosphinic acid。59651-82-0。镅与稀土分离[26, 39, 43]
AP 144	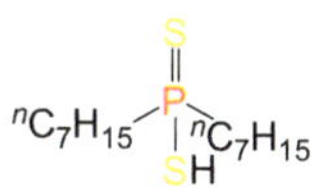	SA-(Ⅱ)；DHPDTPI；二正庚基双硫代次膦酸；diheptyldithiophosphinic acid。397868-91-6。镅与稀土分离[26, 39, 43]
AP 145	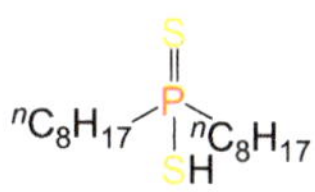	SA-(Ⅲ)；DODTPI；二正辛基双硫代次膦酸；dioctyldithiophosphinic acid。45233-25-8。镅与稀土分离[26, 39, 43]
AP 146	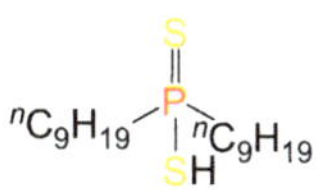	SA-(Ⅳ)；DNDTPI；二正壬基双硫代次膦酸；dinonyldithiophosphinic acid。748737-29-3。镅与稀土分离[26, 39, 43]

续表

序号	结构	名称、CAS号、应用及参考文献
AP 147	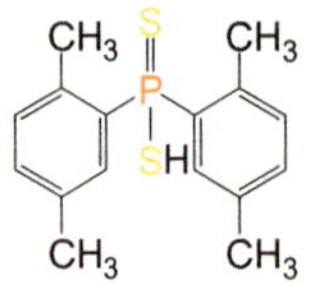	Ar-(Ⅰ)；二(2,5-二甲基苯基)双硫代次膦酸；di-(2,5-dimethylphenyl)dithiophosphinic acid。1145787-40-1。镅与稀土分离[26,44-45]
AP 148	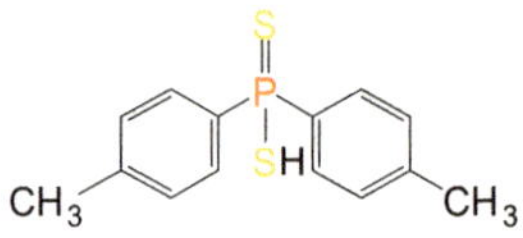	Ar-(Ⅱ)；二(4-甲基苯基)双硫代次膦酸；di-(4-methylphenyl)dithiophosphinic acid。35353-99-2。镅与稀土分离[26,44]
AP 149	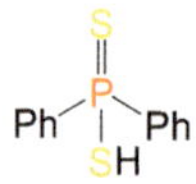	Ar-(Ⅲ)；二苯基双硫代次膦酸；diphenyldithiophosphinic acid。1015-38-9。镅与稀土分离[26,44]
AP 150	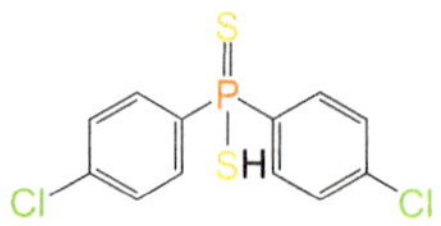	Ar-(Ⅳ)；二(4-氯苯基)双硫代次膦酸；di-(4-chlorophenyl)dithiophosphinic acid。41144-07-4。镅与稀土分离[26,44]
AP 151	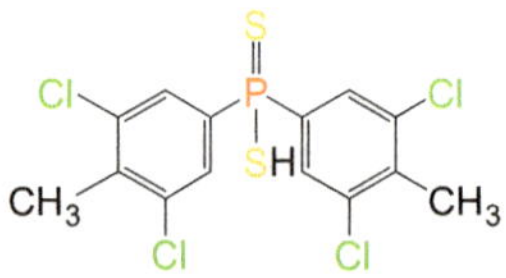	Ar-(Ⅴ)；二(4-甲基-3,5-二氯苯基)双硫代次膦酸；di-(3,5-dichloro-4-methylphenyl)dithiophosphinic acid。1145787-41-2。镅与稀土分离[26,44]
AP 152	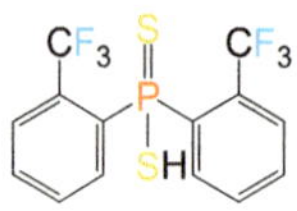	二(2-三氟甲基苯基)双硫代次膦酸；di-(2-trifluoromethylphenyl)dithiophosphinic acid。930765-00-7。镅与稀土分离[46-47]
AP 153	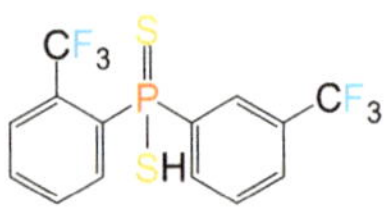	2-三氟甲基苯基(3-三氟甲基苯基)双硫代次膦酸；2-trifluoromethylphenyl-3-trifluoromethylphenyldithiophosphinic acid。1013405-90-7。锕系元素萃取[47]
AP 154	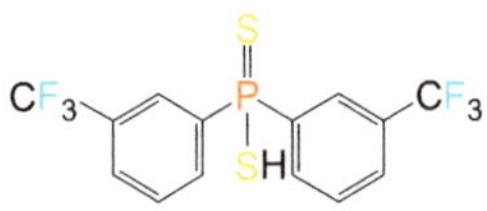	二(3-三氟甲基苯基)双硫代次膦酸；di-(3-trifluoromethylphenyl)dithiophosphinic acid。1013405-91-8。锕系元素萃取[47]
AP 155	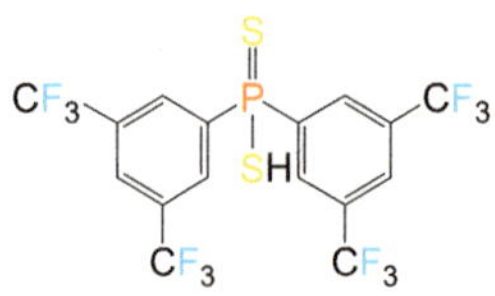	二(3,5-二(三氟甲基)苯基)双硫代次膦酸；di-(3,5-di(trifluoromethyl)phenyl)dithiophosphinic acid。930764-99-1。锕系元素萃取[46]
AP 156	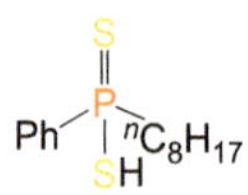	OP-(Ⅰ)；苯基(正辛基)双硫代次膦酸；phenyloctyldithiophosphinic acid。1145787-39-8。镅与稀土分离[26]

附录1-2 中性含磷萃取剂

根据磷原子上P—C键和P—O键数目，可以将中性含磷（neutral phosphorus-containing，NP）萃取剂分为三烷基氧膦、二烷基次膦酸单酯、单烷基膦酸二酯、磷酸三酯等四类：

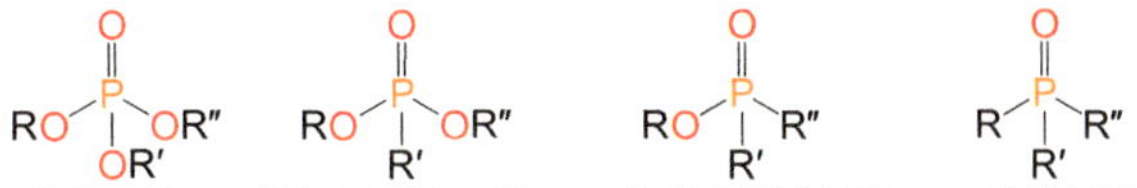

磷酸三酯　单烷基膦酸二酯　二烷基次膦酸单酯　三烷基氧膦

除此之外，还存在硫代中性磷（膦）化合物、磷酰胺、多官能团中性磷（膦）等。中性含磷萃取剂单独作为萃取剂时，通常是将平衡离子同时萃取到有机相，如从硝酸体系中萃取稀土的萃取反应可以表示为：

$$Ln^{3+}_{(aq)} + 3NO_3^-{}_{(aq)} + xL_{(o)} \longrightarrow Ln(NO_3)_3(L)_{x(o)}$$

式中，L表示中性磷（膦）萃取剂。对于不同的结构和金属离子，x值通常在2～4之间[48]。

制备方法

根据目标产物结构、烷基结构、最经济原料等因素，这些化合物的制备方法通常有七种。①醇与三氯氧膦在吡啶存在下反应，多用于制备直链烷基的磷酸三酯，直链烷基的醇位阻小，可直接与三氯氧磷反应；② 醇钠与三氯氧膦反应，适用于制备烷基位阻较大的磷酸三酯；③亚磷（膦）酸酯重排，先用醇与三氯化磷反应得到亚磷酸三酯，再与卤代烃反应，可用于制备直链的烷基膦酸二酯；④亚磷酸二酯法，醇与三氯化磷在四氯化碳溶液中反应制得亚磷酸二酯，用钠处理亚磷酸二酯后再与卤代烃反应，可用于制备高位阻的烷基膦酸二酯；⑤二烷基次膦酸酯化，先用其他方法制备出二烷基次膦酸，再用醇钠对二烷基次膦酸进行酯化，可用于制备高位阻的二烷基次膦酸单酯；⑥磷酸单酯二酰氯的烷基化，在控制条件下让醇与三氯氧膦反应得到磷酸单酯二酰氯，再用格氏试剂与磷酸单酯二酰氯反应，可用于制备二烷基次膦酸单酯；⑦三氯氧膦的烷基化，用格氏试剂直接与三氯氧磷反应，可用于制备低位阻的三烷基氧膦[49-50]。

代表结构及其应用

序号	结构	名称、CAS号、应用及参考文献
（1）磷酸三酯		
NP 1	$O{=}P(O^nC_4H_9)_3$	TBP；磷酸三丁酯；tributyl phosphate。126-73-8。耐酸、耐碱、耐氧化、耐辐射；铀萃取剂；核燃料萃取剂；从硝酸溶液中萃取核燃料；稀土分离，以及其他多种金属的萃取分离[50-52]
NP 2	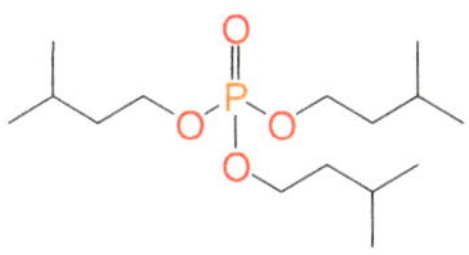	T*i*AP；磷酸三异戊酯；triisoamyl phosphate。919-62-0。乏燃料后处理，耐辐射，水溶性低于TBP[53]
NP 3	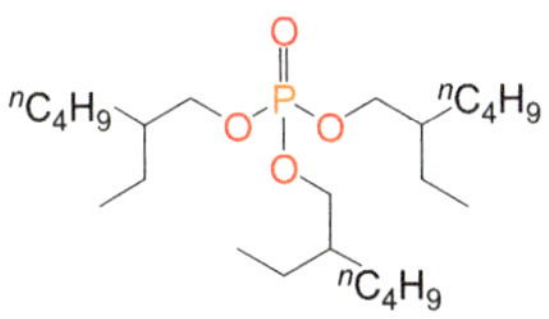	P503；磷酸三(2-乙基己基)酯；tri(2-ethylhexyl) phosphate。78-42-2。轻中稀土分离，性能优于P350[11]
NP 4	$O{=}P(O^nC_7H_{15})_3$	THP；磷酸三庚酯；triheptyl phosphate。4621-50-5。铀萃取，萃取能力高于TBP[50]

续表

序号	结构	名称、CAS号、应用及参考文献
NP 5	$O{=}P(O^{n}C_8H_{17})_3$	TOP；磷酸三辛酯；trioctyl phosphate。1806-54-8。镧系、锕系元素萃取[54]
NP 6	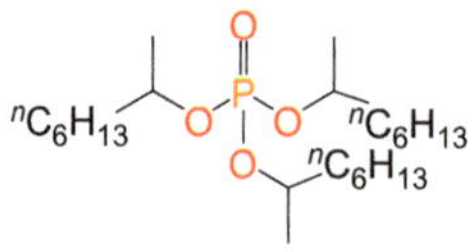	磷酸三(1-甲基庚基)酯；tri(1-methylheptyl) phosphate。111433-61-5。铀萃取，萃取能力高于TBP[50]
（2）膦酸二酯		
NP 7	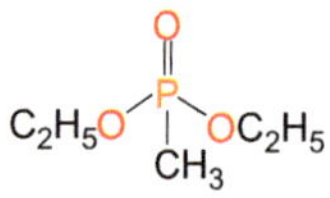	甲基膦酸二乙酯；diethyl methylphosphonate。683-08-9。铀、钍分离[55]
NP 8	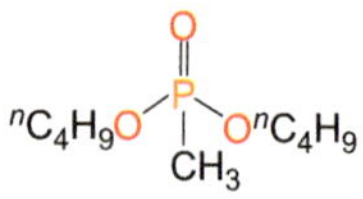	甲基膦酸二丁酯；dibutyl methylphosphonate。2404-73-1。铀、钍分离[55]
NP 9	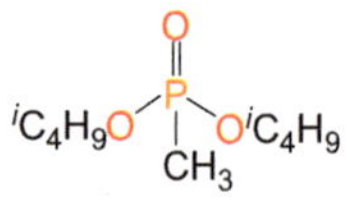	甲基膦酸二异丁酯；di-isobutyl methylphosphonate。7242-56-0。铀、钍分离[55]
NP 10	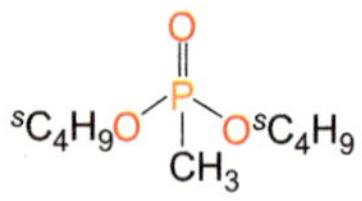	甲基膦酸二仲丁酯；di-*sec*-butyl methylphosphonate。105368-31-8。铀、钍分离[55]
NP 11	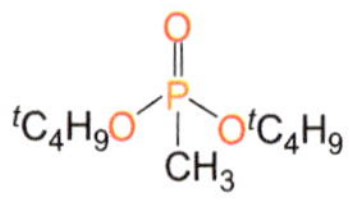	甲基膦酸二叔丁酯；di-*tert*-butyl methylphosphonate。17123-05-6。铀、钍分离[55]
NP 12	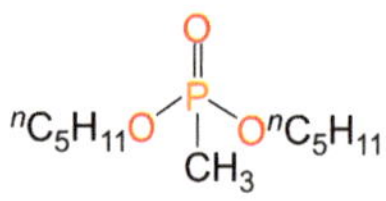	甲基膦酸二戊酯；dipentyl methylphosphonate。1000-36-8。铀、钍分离[55]
NP 13	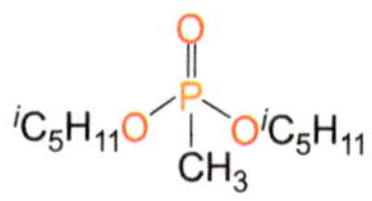	DAMP；甲基膦酸二异戊酯；di-isopentyl methylphosphonate。2452-70-2。对铀的萃取性能优于TBP[56]
NP 14	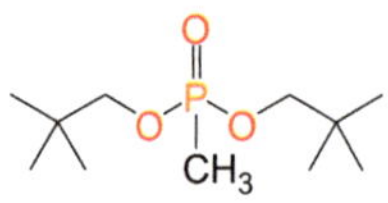	甲基膦酸二(2,2-二甲基丙基)酯；di-(2,2-dimethylpropyl) methylphosphonate。53803-21-7。铀、钍分离[55]
NP 15	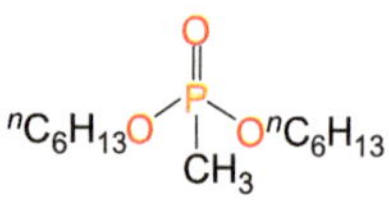	甲基膦酸二己酯；dihexyl methylphosphonate。77304-63-3。铀、钍分离[55]
NP 16	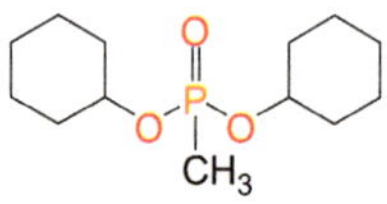	甲基膦酸二环己酯；dicyclohexyl methylphosphonate。7040-53-1。铀、钍分离[55]

续表

序号	结构	名称、CAS号、应用及参考文献
NP 17	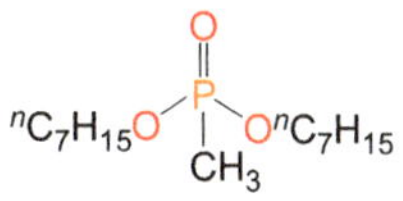	甲基膦酸二庚酯；diheptyl methylphosphonate。77304-64-4。铀、钍分离[55]
NP 18	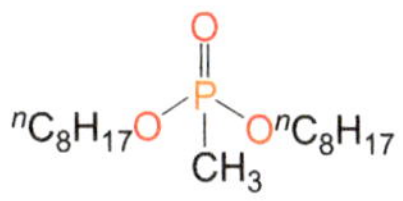	甲基膦酸二辛酯；dioctyl methylphosphonate。1832-68-4。铀、钍分离[55]
NP 19	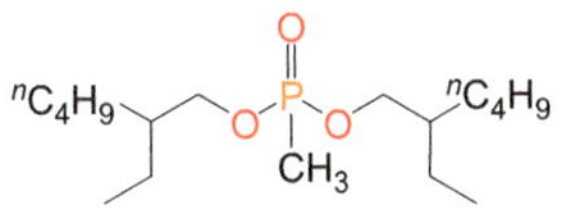	甲基膦酸二(2-乙基己基)酯；di-(2-ethylhexyl) methylphosphonate。60556-68-5。铀、钍分离[55]
NP 20	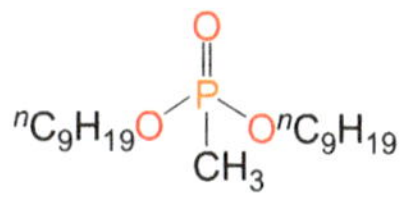	甲基膦酸二壬酯；dinonyl methylphosphonate。95428-88-9。铀、钍分离[55]
NP 21	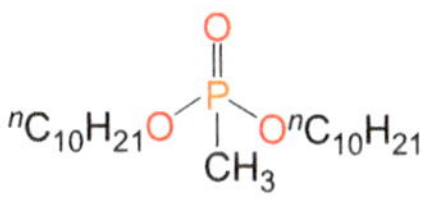	甲基膦酸二癸酯；didecanyl methylphosphonate。59651-63-7。铀、钍分离[55]
NP 22	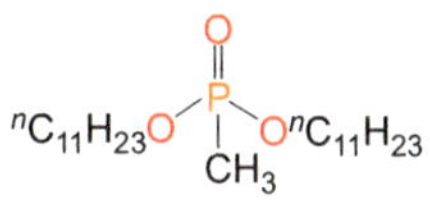	甲基膦酸二(十一烷基)酯；diundecyl methylphosphonate。铀、钍分离[55]
NP 23	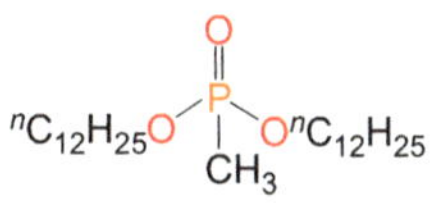	甲基膦酸二(十二烷基)酯；didodecyl methylphosphonate。95868-81-8。铀、钍分离[55]
NP 24	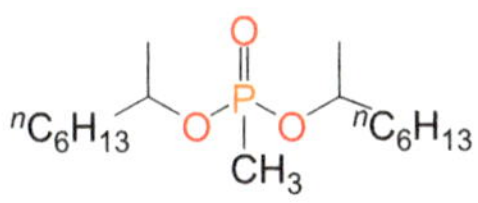	P350；DMHMP；DSOMP；甲基膦酸二(1-甲基庚基)酯；di-(1-methylheptyl) methylphosphonate。76341-63-4。铀萃取[50]
NP 25	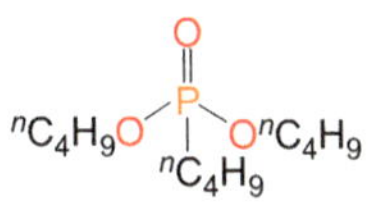	P205；DBBP；5202；丁基膦酸二丁酯；dibutyl butylphosphonate。78-46-6。铀萃取[50]
NP 26	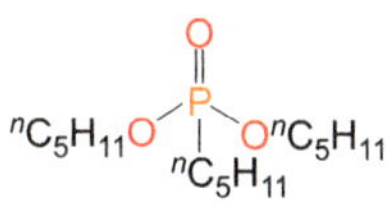	戊基膦酸二戊酯；dipentyl pentylphosphonate。6418-56-0。铀萃取[50]
NP 27	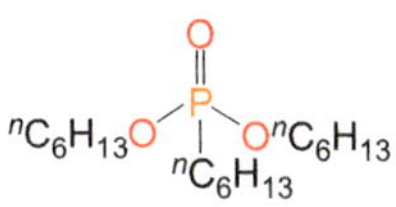	己基膦酸二己酯；dihexyl hexylphosphonate。6418-57-1。铀萃取[50]
NP 28	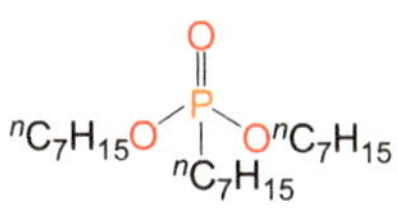	DHHP；庚基膦酸二庚酯；diheptyl heptylphosphonate。14657-66-0。铀萃取[50]

续表

序号	结构	名称、CAS号、应用及参考文献
NP 29		DEHEHP；2-乙基己基膦酸二(2-乙基己基)酯；di-(2-ethylhexyl) 2-ethylhexylphosphonate。126-63-6。铀萃取[50]
NP 30	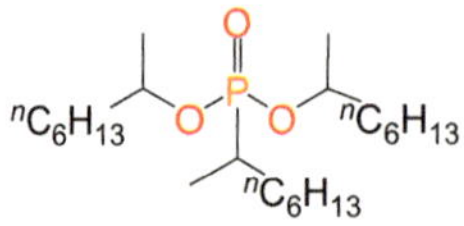	1-甲基庚基膦酸二(1-甲基庚基)酯；di-(1-methylheptyl) 1-methylheptylphosphonate。铀萃取[50]
NP 31	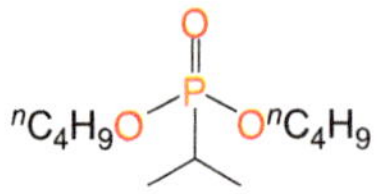	DNBPP；异丙基膦酸二丁酯；dibutyl isopropylphosphonate。919-21-1。镧系金属萃取，对中稀土萃取能力强于轻、重稀土[52]
NP 32	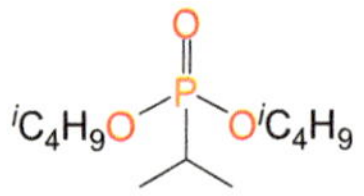	DIBPP；异丙基膦酸二异丁酯；di-isobutyl isopropylphosphonate。83218-20-6。镧系金属萃取，对中稀土萃取能力强于轻、重稀土[52]
NP 33	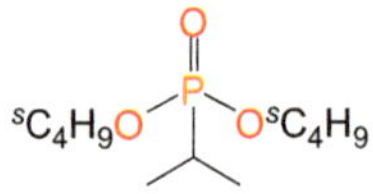	DSBPP；异丙基膦酸二仲丁酯；di-*sec*-butyl isopropylphosphonate。83218-19-3。镧系金属萃取，对中稀土萃取能力强于轻、重稀土[52]
NP 34	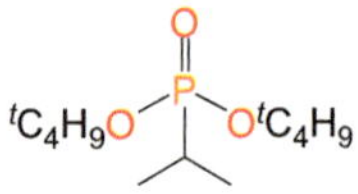	DTBPP；异丙基膦酸二叔丁酯；di-*tert*-butyl isopropylphosphonate。83218-18-2。镧系金属萃取，对中稀土萃取能力强于轻、重稀土[52]
NP 35	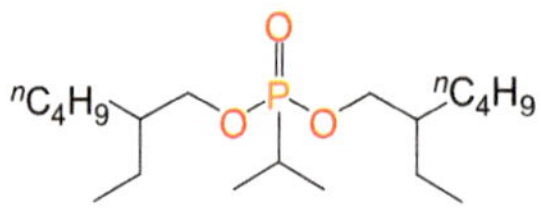	P277、DIOPP；异丙基膦酸二(2-乙基己基)酯 di-(2-ethylhexyl) isopropylphosphonate。83176-30-1。在1～3 mol/L硝酸浓度中对铀、钍分离效果比P350更好；低酸度时对中稀土萃取能力强于轻、重稀土[48]
NP 36	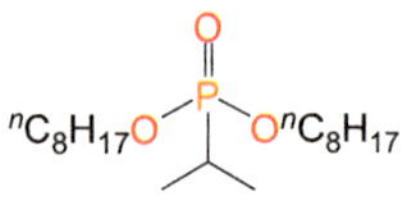	DNOPP；异丙基膦酸二正辛酯；dioctyl isopropylphosphonate。83218-22-8。镧系金属萃取，对中稀土萃取能力强于轻、重稀土[52]
NP 37	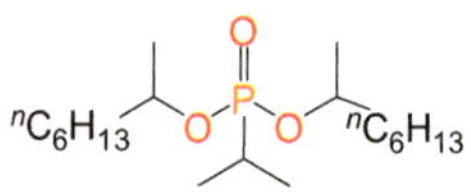	DSOPP；异丙基膦酸二（1-甲基庚基）酯；di-(1-methylheptyl) isopropylphosphonate。83218-21-7。镧系金属萃取，对中稀土萃取能力强于轻、重稀土[52]
NP 38	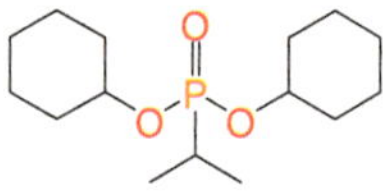	DCHPP；异丙基膦酸二环己酯；dicyclohexyl isopropylphosphonate。83218-17-1。镧系金属萃取，对中稀土萃取能力强于轻、重稀土[52]
NP 39	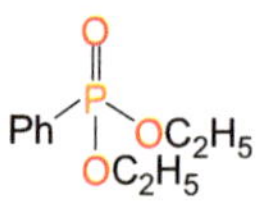	苯基膦酸二乙酯；diethyl phenylphosphonate。1754-49-0。铀萃取[51, 57-58]
NP 40	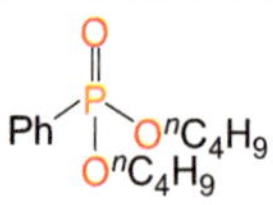	苯基膦酸二丁酯；dibutyl phenylphosphonate。1024-34-6。铀萃取[51, 57-58]
NP 41	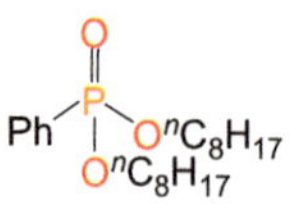	苯基膦酸二辛酯；dioctyl phenylphosphonate。1754-47-8。铀萃取[51, 57-58]

续表

序号	结构	名称、CAS号、应用及参考文献
NP 42	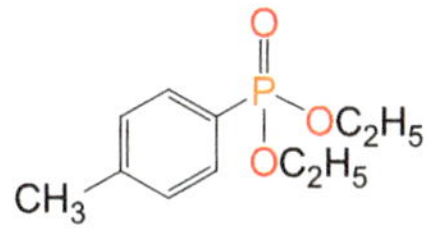	4-甲基苯基膦酸二乙酯；diethyl 4-methylphenyl-phosphonate。1754-46-7。铀萃取[51, 57-58]
NP 43	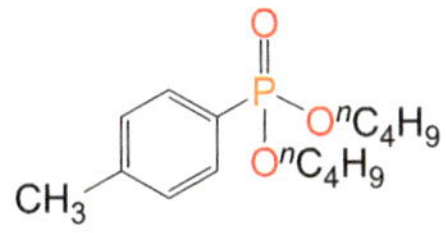	4-甲基苯基膦酸二丁酯；dibutyl 4-methylphenyl-phosphonate。1028-10-0。铀萃取[51, 57-58]
NP 44	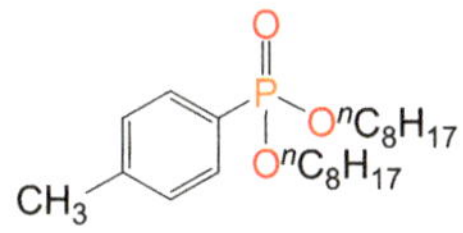	4-甲基苯基膦酸二辛酯；dioctyl 4-methylphenyl-phosphonate。1754-44-5。铀萃取[51, 57-58]
NP 45	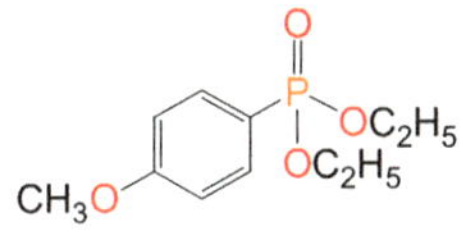	4-甲氧基苯基膦酸二乙酯；diethyl (4-methoxyphenyl) phosphonate。3762-33-2。铀萃取[51, 57-58]
NP 46	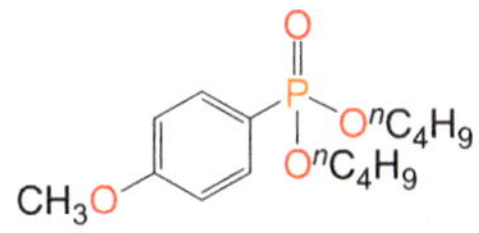	4-甲氧基苯基膦酸二丁酯；dibutyl (4-methoxyphenyl) phosphonate。3762-32-1。铀萃取[51, 57-58]
NP 47	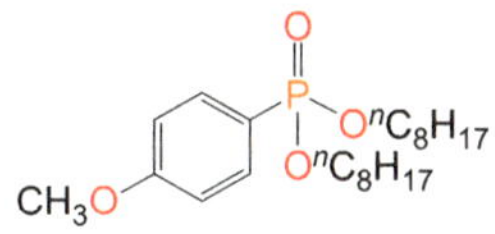	4-甲氧基苯基膦酸二辛酯；dioctyl (4-methoxyphenyl) phosphonate。3762-31-0。铀萃取[51, 57-58]
NP 48	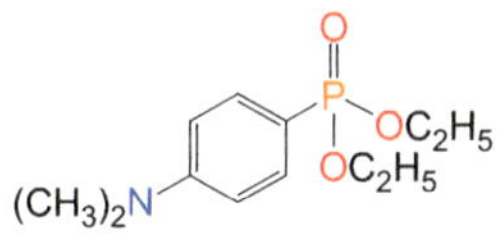	4-二甲基氨基苯基膦酸二乙酯；diethyl (4-(dimethyl-amino)phenyl)phosphonate。1754-43-4。铀萃取[51, 57-58]
NP 49	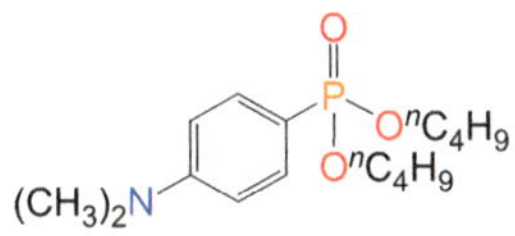	4-二甲基氨基苯基膦酸二丁酯；dibutyl (4-(dimethyl-amino)phenyl)phosphonate。3762-30-9。铀萃取[51, 57-58]
NP 50	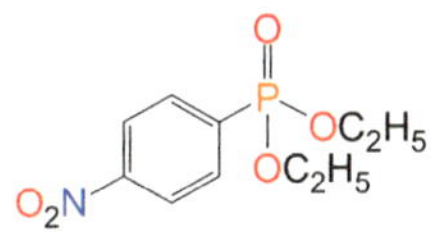	4-硝基苯基膦酸二乙酯；diethyl (4-nitrophenyl) phosphonate。1754-42-3。铀萃取[51, 57-58]
NP 51	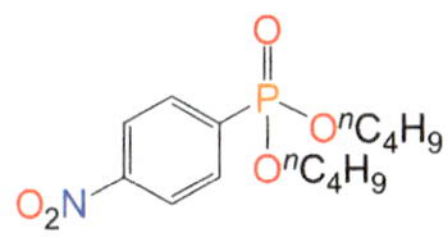	4-硝基苯基膦酸二丁酯；dibutyl (4-nitrophenyl) phosphonate。1754-41-2。铀萃取[51, 57-58]
NP 52	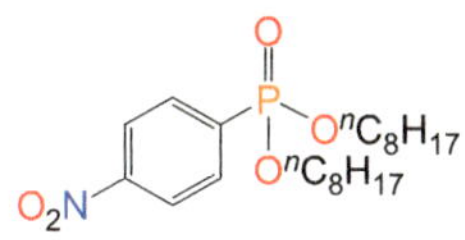	4-硝基苯基膦酸二辛酯；dioctyl (4-nitrophenyl) phosphonate。3762-29-6。铀萃取[51, 57-58]

续表

序号	结构	名称、CAS号、应用及参考文献
NP 53	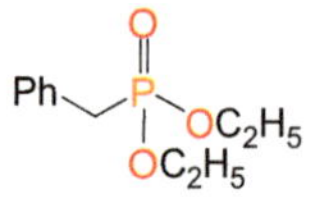	苄基膦酸二乙酯；diethyl benzylphosphonate。1080-32-6。铀萃取[51, 57-58]
NP 54	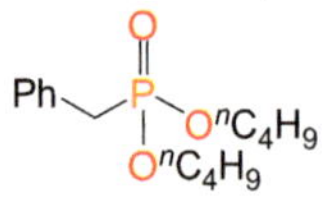	苄基膦酸二丁酯；dibutyl benzylphosphonate。3762-27-4。铀萃取[51, 57-58]
NP 55	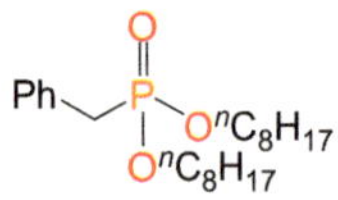	苄基膦酸二辛酯；dioctyl benzylphosphonate。3762-26-3。铀萃取[51, 57-58]
NP 56	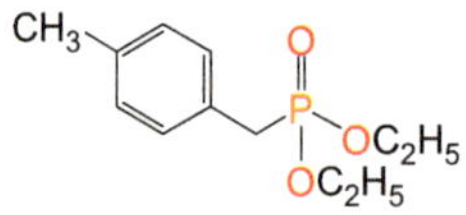	4-甲基苄基膦酸二乙酯；diethyl 4-methylbenzylphosphonate。3762-25-2。铀萃取[51, 57-58]
NP 57	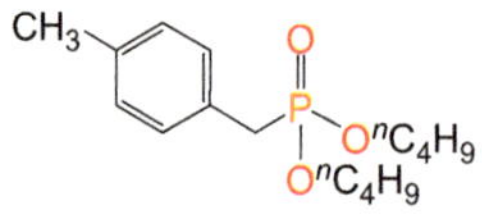	4-甲基苄基膦酸二丁酯；dibutyl 4-methylbenzylphosphonate。3757-93-5。铀萃取[51, 57-58]
NP 58	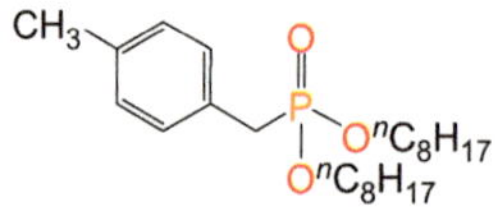	4-甲基苄基膦酸二辛酯；dioctyl 4-methylbenzylphosphonate。1754-40-1。铀萃取[51, 57-58]
NP 59	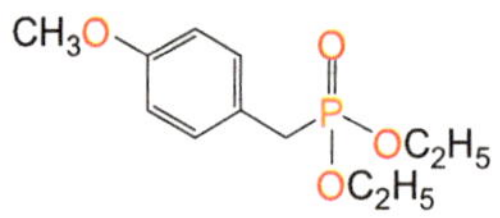	4-甲氧基苄基膦酸二乙酯；diethyl 4-methyloxybenzylphosphonate。1145-93-3。铀萃取[51, 57-58]
NP 60	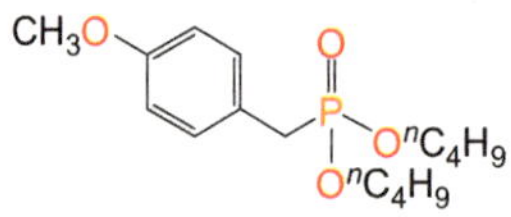	4-甲氧基苄基膦酸二丁酯；dibutyl 4-methyloxybenzylphosphonate。3900-20-7。铀萃取[51, 57-58]
NP 61	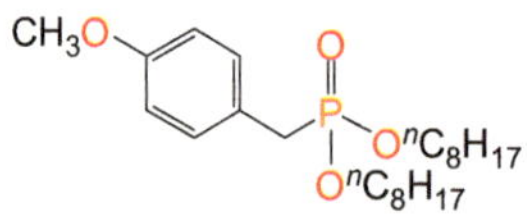	4-甲氧基苄基膦酸二辛酯；dioctyl 4-methyloxybenzylphosphonate。3865-19-8。铀萃取[51, 57-58]
NP 62	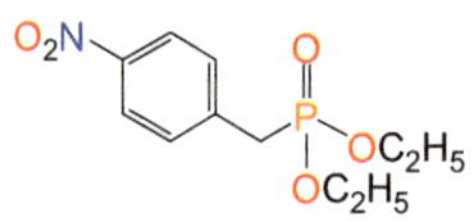	4-硝基苄基膦酸二乙酯；diethyl 4-nitrobenzylphosphonate。2609-49-6。铀萃取[51, 57-58]
NP 63	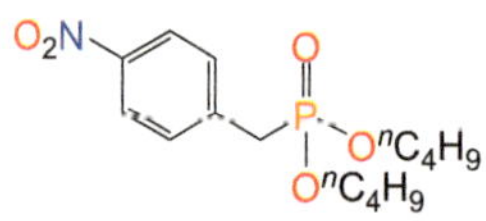	4-硝基苄基膦酸二丁酯；dibutyl 4-nitrobenzylphosphonate。3900-19-4。铀萃取[51, 57-58]
NP 64	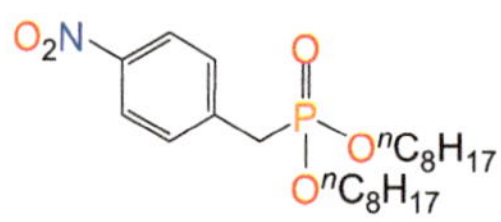	4-硝基苄基膦酸二辛酯；dioctyl 4-nitrobenzylphosphonate。3955-75-7。铀萃取[51, 57-58]

续表

序号	结构	名称、CAS号、应用及参考文献
（3）次膦酸酯		
NP 65	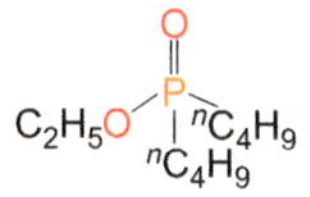	二丁基次膦酸乙酯；ethyl dibutylphosphinate。7100-92-7。铀萃取[59]
NP 66	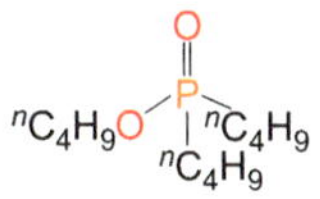	BDBP；二丁基次膦酸丁酯。butyl dibutylphosphinate。2950-47-2。铀萃取[50, 59]
NP 67	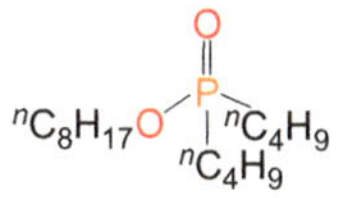	二丁基次膦酸辛酯；octyl dibutylphosphinate。35794-30-0。铀萃取[59]
NP 68	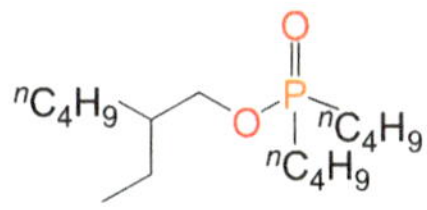	二丁基次膦酸2-乙基己酯；2-ethylhexyl dibutylphosphinate。76274-89-0。铀萃取[59]
NP 69	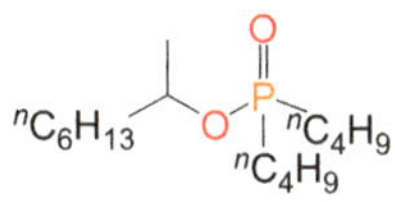	二丁基次膦酸1-甲基庚酯；1-methylheptyl dibutylphosphinate。76274-90-3。铀萃取[59]
NP 70	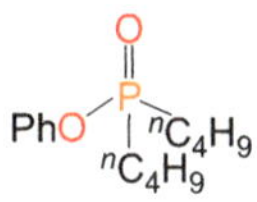	二丁基次膦酸苯酯；phenyl dibutylphosphinate。13507-04-5。铀萃取[59]
NP 71	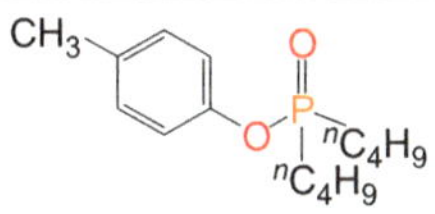	二丁基次膦酸4-甲基苯酯；4-methylphenyl dibutylphosphinate。76274-91-4。铀萃取[59]
NP 72	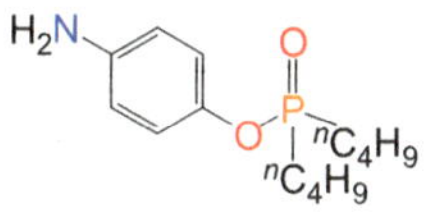	二丁基次膦酸4-氨基苯酯；4-aminophenyl dibutylphosphinate。76274-92-5。铀萃取[59]
NP 73	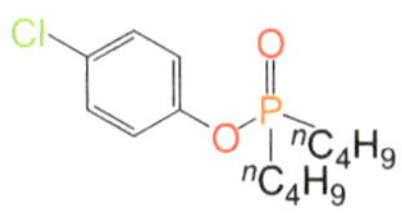	二丁基次膦酸4-氯苯酯；4-chlorophenyl dibutylphosphinate。76274-93-6。铀萃取[59]
NP 74	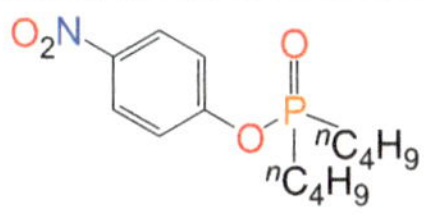	二丁基次膦酸4-硝基苯酯；4-nitrophenyl dibutylphosphinate。1224-64-2。铀萃取[59]
NP 75	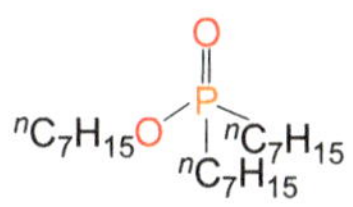	HDHP；二庚基次膦酸庚酯；heptyl diheptylphosphinate。3058-19-3。铀萃取[50, 59]
NP 76	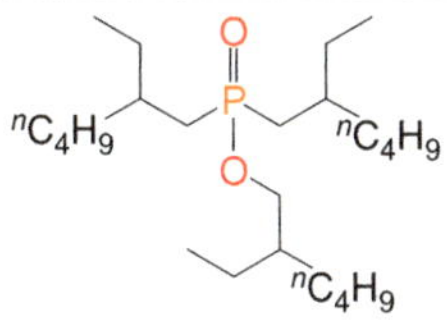	二(2-乙基己基)次膦酸2-乙基己酯；2-ethylhexyl di-(2-ethylhexyl)phosphinate。36333-32-1。铀萃取[50, 59]

续表

序号	结构	名称、CAS号、应用及参考文献
	（4）三烷基氧膦	
NP 77	$O{=}P(^{n}C_4H_9)_3$	TBPO；三丁基氧化膦；tributylphosphine oxide。814-29-9。铀萃取、镧系金属萃取[50, 60]
NP 78	$O{=}P(^{n}C_7H_{15})_3$	THPO；三庚基氧化膦；triheptylphosphine oxide。17262-51-0。铀萃取[50]
NP 79	$O{=}P(^{n}C_8H_{17})_3$	TOPO；P201；Cyanex921；三辛基氧化膦；tri-octylphosphine oxide。78-50-2。铀萃取、镧系金属萃取[50, 60]
NP 80	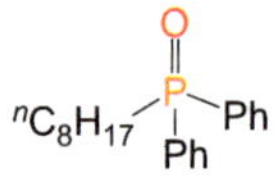	ODP；辛基(二苯基)氧化膦；octyl-diphenylphosphine oxide。29701-85-7。萃取Th[61]
NP 81	$R_2R'P{=}O$、$RR'_2P{=}O$、$R_3P{=}O$、$R'_3P{=}O$，其中，R=己基、R′=辛基	P113；Cyanex923；三烷基氧膦；trialkylphosphine oxide。稀土萃取，铈、钍分离[62-69]
NP 82	$R'_3P{=}O$和$R'_2RP{=}O$占比8%和85%的混合物，其中R=庚基，R′=2,4,4-三甲基戊基	Cyanex925。从硝酸体系萃取分离稀土时，形成$RE(NO_3)_3 \cdot 2L$型萃合物，Y(Ⅲ)的萃取顺序位于Gd(Ⅲ)、Tb(Ⅲ)之间[65]
	（5）其他中性磷（膦）	
NP 83	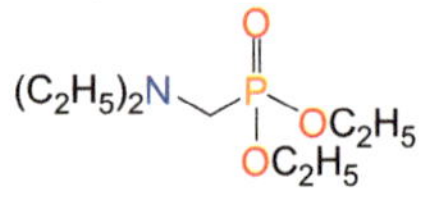	*N,N*-二乙基氨基甲基膦酸二乙酯；diethyl *N,N*-diethyl-aminomethylphosphonate。995-14-2[30]
NP 84	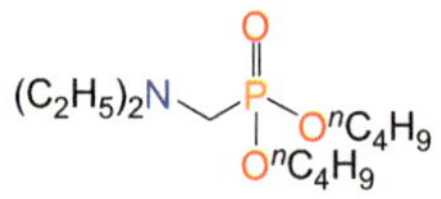	*N,N*-二乙基氨基甲基膦酸二丁酯；dibutyl *N,N*-diethyl-aminomethylphosphonate。995-15-3[30]
NP 85	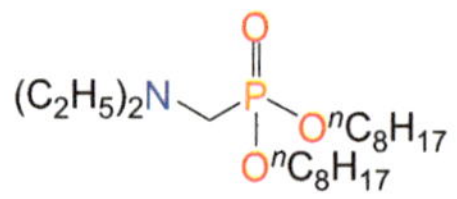	*N,N*-二乙基氨基甲基膦酸二辛酯；dioctyl *N,N*-diethyl-aminomethylphosphonate。1112-87-4[30]
NP 86	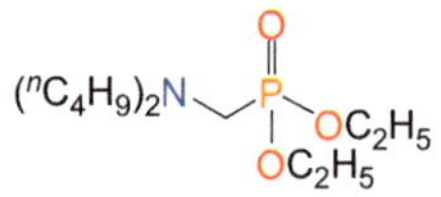	*N,N*-二丁基氨基甲基膦酸二乙酯；diethyl *N,N*-dibutyl-aminomethylphosphonate。1000-16-4[30]
NP 87	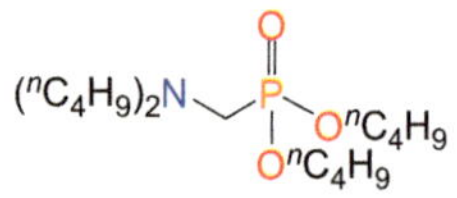	*N,N*-二丁基氨基甲基膦酸二丁酯；dibutyl *N,N*-dibutyl-aminomethylphosphonate。1000-13-1[30]
NP 88	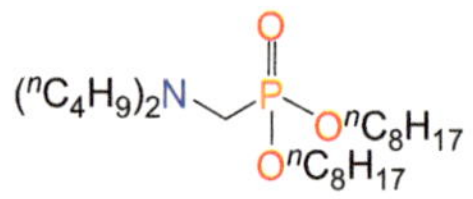	*N,N*-二丁基氨基甲基膦酸二辛酯；dioctyl *N,N*-dibutyl-aminomethylphosphonate。1000-15-3[30]
NP 89	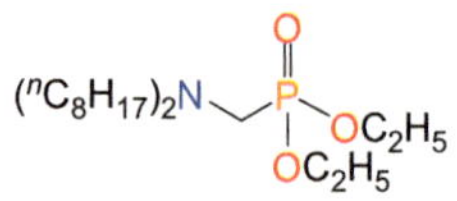	*N,N*-二辛基氨甲基膦酸二乙酯；diethyl *N,N*-dioctyl-aminomethylphosphonate。3272-84-2[30]
NP 90	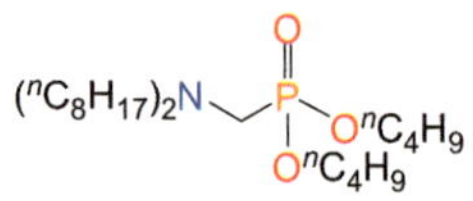	*N,N*-二辛基氨甲基膦酸二丁酯；dibutyl *N,N*-dioctyl-aminomethylphosphonate。1112-86-3[30]

续表

序号	结构	名称、CAS号、应用及参考文献
NP 91	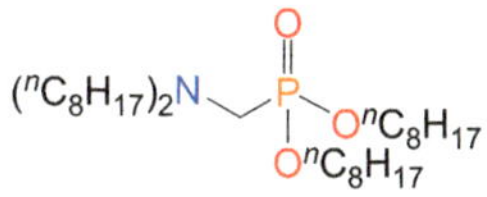	*N*,*N*-二辛基氨基甲基膦酸二辛酯；dioctyl *N*,*N*-dioctylaminomethylphosphonate。1000-14-2[30]
NP 92	$O=P[N(^iC_4H_9)_2]_3$	P3N，六异丁基磷酰三胺；hexaisobutyl phosphoryl triamide。58185-68-5。萃取分离钍、稀土[66]
NP 93	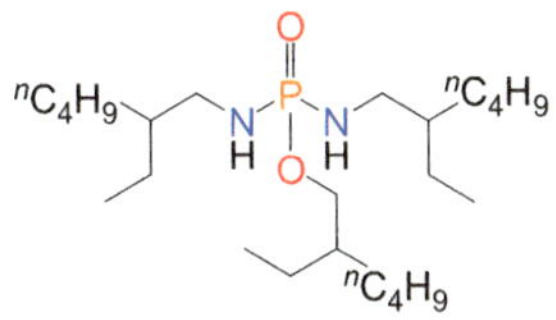	2-乙基己氧基-*N*,*N'*-二(2-乙基己基)磷酰二胺；2-ethylhexoxy-*N*, *N'*- di (2-ethylhexyl) phosphoryl diamide。稀土分离，铈、钍分离[11, 66]
NP 94	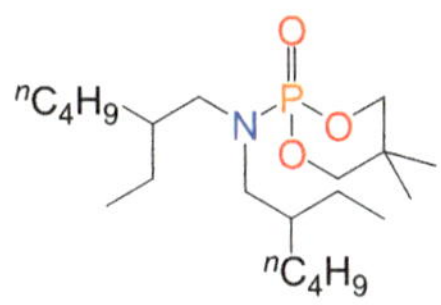	BONPN；5,5-二甲基-2-(双(2-乙基己基)氨基)-1,3,2-二氧磷杂环己烷-2-氧化物；2-(bis(2-ethylhexyl)amino)-5,5-dimethyl-1,3,2-dioxaphosphinane 2-oxide。萃取锂、铈[67]
NP 95	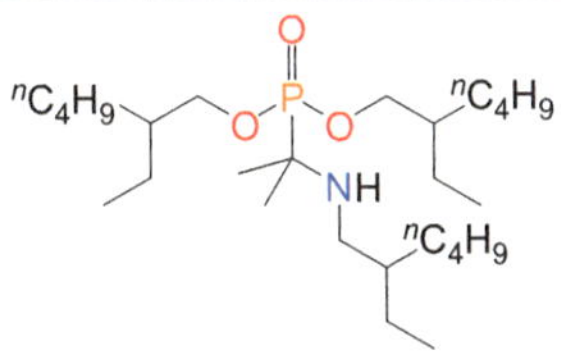	P2N10；1-甲基-1-(2-乙基己基氨基)-乙基膦酸二(2-乙基己基)酯；di(2-ethylhexyl) 1-(2-ethylhexylamino-1-methylethylphosphonate。2093389-10-5。萃取分离钍、稀土[66]
NP 96	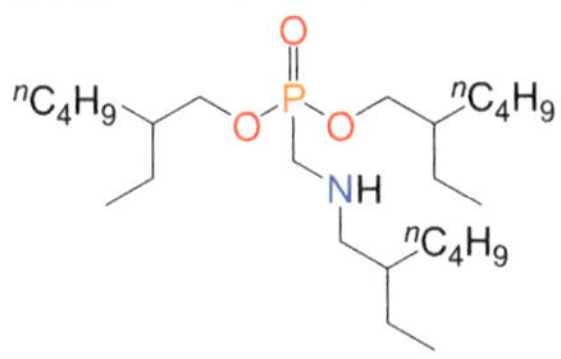	Cextrant230；2-乙基己基氨基甲基膦酸二(2-乙基己基)酯；di-(2-ethylhexyl) 2-ethylhexylaminomethylphosphonate。1946799-91-2。稀土分离，铈、钍分离[11]
NP 97	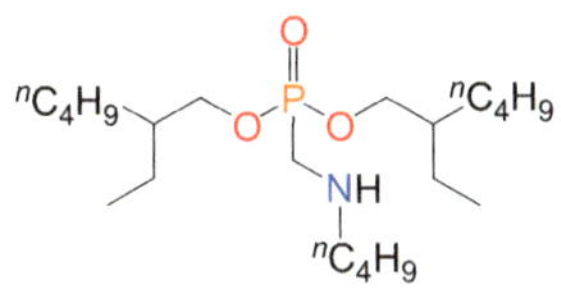	丁基氨基甲基膦酸二(2-乙基己基)酯；di-(2-ethylhexyl) butylaminomethylphosphonate。1946799-90-1。稀土分离，铈、钍分离[11, 31]
NP 98	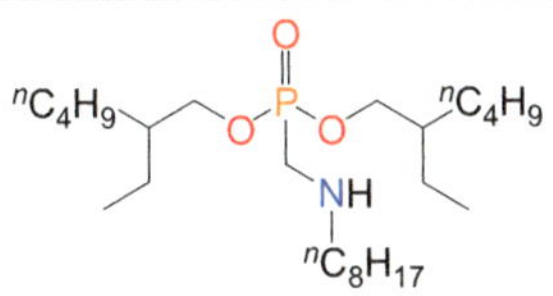	辛基氨基甲基膦酸二(2-乙基己基)酯；di-(2-ethylhexyl) octylaminomethylphosphonate。3025900-83-5。稀土分离，铈、钍分离[11]
NP 99	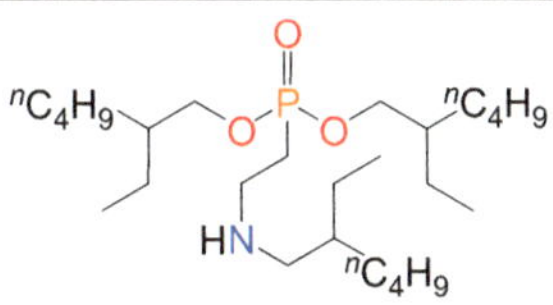	2-((2-乙基己基)氨基)乙基膦酸二(2-乙基己基)酯；bis(2-ethylhexyl) 2-((2-ethylhexyl)amino)ethylphosphonate。201658-55-1。稀土分离，铈、钍分离[11]
NP 100	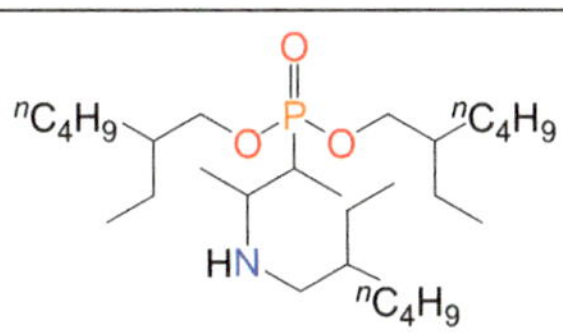	1-甲基-2-((2-乙基己基)氨基)丙基膦酸二(2-乙基己基)酯；bis(2-ethylhexyl) 2-((2-ethylhexyl)amino)-1-methylpropylphosphonate。稀土分离，铈、钍分离[11]

续表

序号	结构	名称、CAS号、应用及参考文献
NP 101	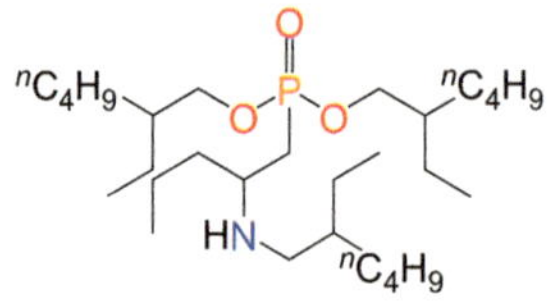	2-((2-乙基己基)氨基)戊基膦酸二(2-乙基己基)酯；bis(2-ethylhexyl) 2-((2-ethylhexyl)amino)pentyl-phosphonate。稀土分离，铈、钍分离[11]
NP 102	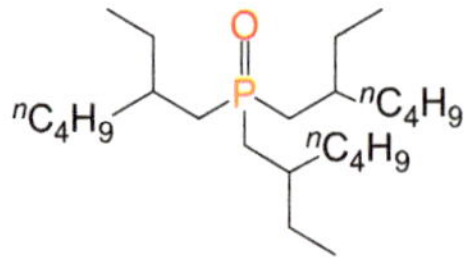	三(2-乙基己基)氧化膦；tris(2-ethylhexyl)phosphine oxide。2785-32-2。铀萃取[50]
NP 103	$O{=}PPh_3$	TPPO；三苯基氧化膦；triphenylphosphine oxide。791-28-6。稀土分离[60, 68]
NP 104	$CH_2[O{=}P(\mathit{cyclo}\text{-}C_6H_{11})_2]_2$	二(二环己基次膦酰基)甲烷；di (dicyclohexyl-phosphinoyl) methane。16523-52-7。锕系元素萃取，铈萃取[69-70]
NP 105	$CH_2[O{=}P(O^nC_4H_9)_2]_2$	亚甲基二膦酸四丁酯；tetrabutyl methylenebis (phosphonate)。6997-56-4。锕系元素萃取，铈萃取[69-70]
NP 106	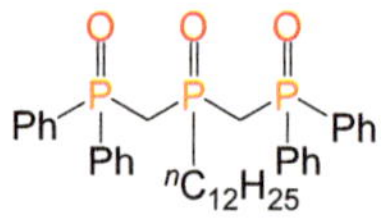	TPO；双[(二苯基次膦酰)甲基](十二烷基)氧化膦；bis[(diphenylphosphinoyl)methyl]dodecylphosphine oxide。18788-41-5。稀土萃取[71]
NP 107	$S{=}P(^iC_4H_9)_3$	Cyanex471；Cyanex471X；硫化三异丁基膦；triiso-butylphosphine sulfide。3982-87-4。分离银、铜，分离钯、铂，萃取金[72-73]
NP 108	$O{=}AsPh_3$	氧化三苯基胂；triphenylarsine oxide。1153-05-5。金萃取剂[74]
NP 109	$O{=}N(^nC_8H_{17})_3$	氧化三辛基胺；trioctylamine oxide。13103-04-3。金萃取剂[74]
NP 110	$O[O{=}P(OR)_2]_2$	焦磷酸酯；pyrophosphate ester。用于萃取铀，结构复杂且不稳定[75-76]
NP 111	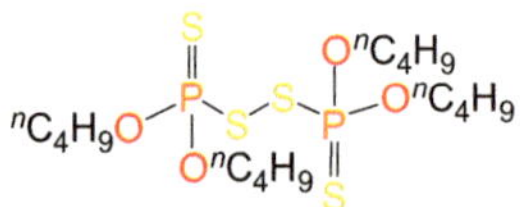	二(二丁氧基硫代磷酰)二硫醚；di-(dibutyloxythio-phosphoryl) disulfide。26073-71-2。多种金属离子萃取[77-78]
NP 112	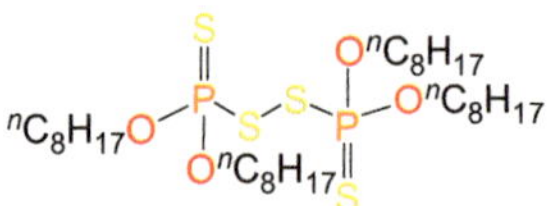	二(二辛氧基硫代磷酰)二硫醚；di-(dioctyloxythio-phosphoryl) disulfide。7539-13-1。多种金属离子萃取[77-78]
NP 113	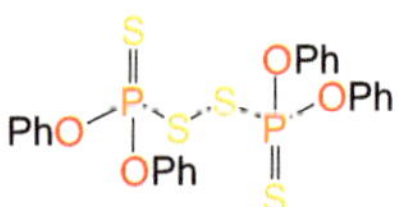	二(二苯氧基硫代磷酰)二硫醚；di-(diphenyloxythio-phosphoryl) disulfide。36383-22-9。多种金属离子萃取[77-78]
NP 114	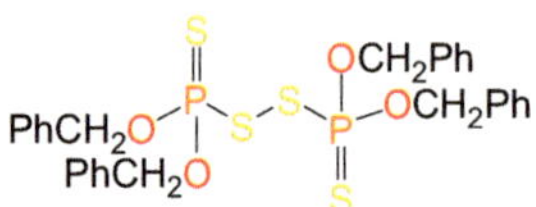	二(二苄氧基硫代磷酰)二硫醚；di-(dibenzyloxythio-phosphoryl) disulfide。7575-26-0。多种金属离子萃取[77-78]

续表

序号	结构	名称、CAS号、应用及参考文献
NP 115	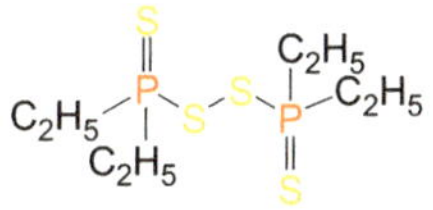	二(二乙基硫代次膦酰)二硫醚；di-(diethylthiophosphinoyl) disulfide。24057-20-3。多种金属离子萃取[77-78]
NP 116	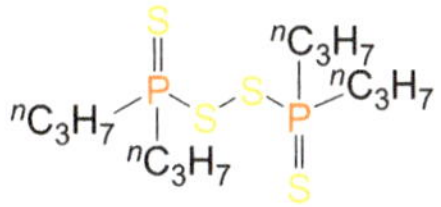	二(二丙基硫代次膦酰)二硫醚；di-(dipropylthiophosphinoyl) disulfide。40292-59-9。多种金属离子萃取[77-78]
NP 117	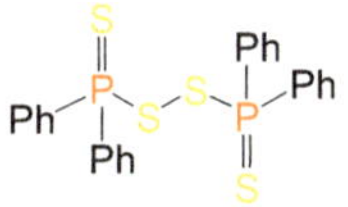	二(二苯基硫代次膦酰)二硫醚；di-(diphenylthiophosphinoyl) disulfide。6079-77-2。多种金属离子萃取[77-78]
NP 118	$NH[S{=}P(OR)_2]_2$ R = $^{n}C_3H_7$, $^{n}C_4H_9$, $^{i}C_4H_9$, $^{t}C_4H_9$, $^{n}C_5H_{11}$, $^{s}C_5H_{11}$, $^{i}C_5H_{11}$, $^{n}C_6H_{13}$, $^{s}C_6H_{13}$, $^{n}C_7H_{15}$, $^{s}C_7H_{15}$, $^{n}C_8H_{17}$, $^{i}C_8H_{17}$, $^{n}C_9H_{19}$, $PhCH_2$, 4-$CH_3C_6H_4$, 4-$CH_3OC_6H_4$, 4-$NO_2C_6H_4$, 4-$^{t}C_4H_9C_6H_4$, 4-BrC_6H_4, 3-$CH_3C_6H_4$, 2,3-$(CH_3)_2C_6H_3$, 2-$CH_3C_6H_4$, 4-ClC_6H_4	双(二取代硫代磷酰)亚胺；bis(disubstituted thiophosphoryl)imine。多种过渡金属萃取[79]

附录1-3　羧酸及其衍生物萃取剂

羧酸及其衍生物（carboxylic acid and its derivatives，CA-D）萃取剂，包括羧酸、羧酸酯、酰胺、酰胺荚醚：

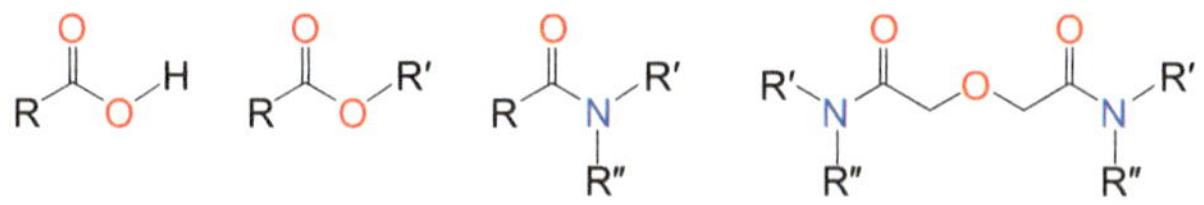

R = 烷基或芳基

羧酸　　羧酸酯　　酰胺　　酰胺荚醚

羧酸萃取剂一般以二聚体形式存在，相应的萃取反应可表示为：

$$M^{n+}{}_{(aq)} + nH_2A_{2(o)} \longrightarrow M(HA_2)_{n(o)} + nH^{+}{}_{(aq)}$$

羧酸酯、酰胺属于中性萃取剂，萃取时将平衡离子一起萃取到有机相，萃取反应可以表示为：

$$M^{n+}{}_{(aq)} + nNO_3^{-}{}_{(aq)} + xL_{(o)} \longrightarrow M(NO_3)_n(L)_{x(o)}$$

式中，L表示中性萃取剂。对于不同的结构，x值通常在2～4之间[48]。酰胺荚醚可通过二苷酸或其酰氯或酸酐的氨解制备。

制备方法

羧酸萃取剂的制备可直接从石油原料或天然材料中提取，也可通过修饰短碳链羧酸改变分子结构，还可通过氧化醇得到相应的羧酸。羧酸酯和酰胺可以分别通过羧酸、酸酐、酰氯等的醇解和氨解制备。

代表结构及其应用

序号	结构	名称、CAS号、应用及参考文献
	（1）羧酸	
CA-D 1	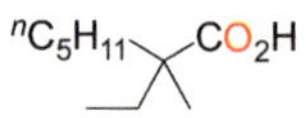	Versatic10；2-甲基-2-乙基庚酸；2-ethyl-2-methylheptanoic acid。31080-38-3。过渡金属分离[10, 80]
CA-D 2	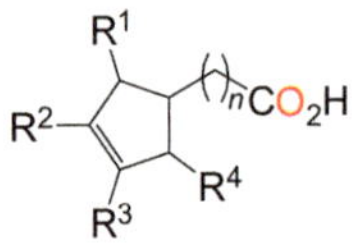	NA；环烷酸；naphthenic acids。1338-24-5。钇和镧系金属分离，过渡金属分离[81]
CA-D 3	$^{n}C_5H_{11}—CO_2H$	己酸；hexanoic acid。142-62-1。稀土萃取[82]
CA-D 4	$^{n}C_7H_{15}—CO_2H$	辛酸；octanoic acid。124-07-2。稀土萃取[82]
CA-D 5	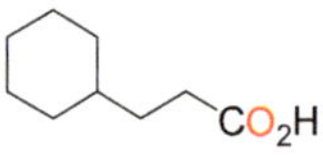	3-环己基丙酸；3-cyclohexylpropanoic acid。701-97-3。稀土萃取[82]
CA-D 6	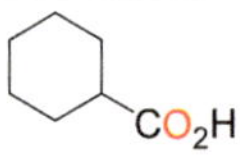	环己基甲酸；cyclohexanecarboxylic acid。98-89-5。稀土萃取[82]
CA-D 7	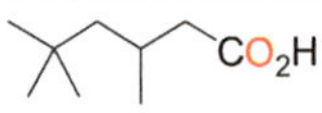	3,5,5-三甲基己酸；3,5,5-trimethylhexanoic acid。3302-10-1。稀土萃取[82]
CA-D 8	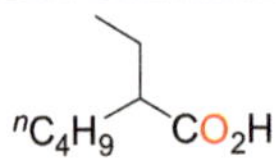	2-乙基己酸；2-ethylhexanoic acid。149-57-5。稀土萃取[82]
CA-D 9	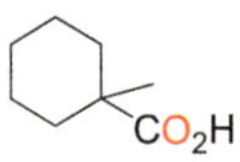	1-甲基环己基-1-甲酸；1-methylcyclohexane-carboxylic acid。1123-25-7。稀土萃取[82]
CA-D 10	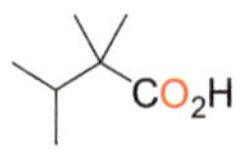	2,2,3-三甲基丁酸；2,2,3-trimethylbutanoic acid。49714-52-5。稀土萃取[82]
CA-D 11	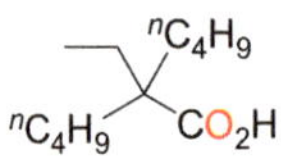	2-乙基-2-丁基己酸；2-butyl-2-ethylhexanoic acid。32970-62-0。稀土萃取[82]
CA-D 12	C_7～C_9羧酸	C_7～C_9羧酸；C_7～C_9 carboxylic acid。钇和镧系金属分离，过渡金属分离[81]
CA-D 13	癸酸、十六酸	癸酸、十六酸。长链脂肪酸；aliphatic long chain acid。铍萃取、稀土萃取、过渡金属萃取[78]
CA-D 14	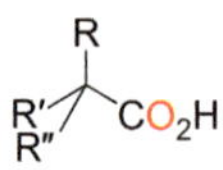	V911；Versatic911；C_9～C_{11}叔碳羧酸；C_9～C_{11} tertiary carbon carboxylic acid。71700-95-3。钇和镧系金属分离，过渡金属分离[81]
CA-D 15	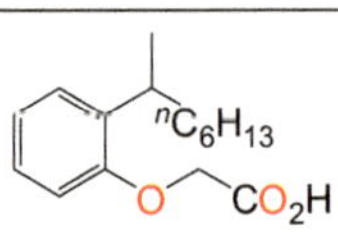	CA-12；2-仲辛基苯氧基乙酸；2-*sec*-octylphenoxy acetic acid。874519-72-9。钇和镧系金属分离[11, 83]
CA-D 16	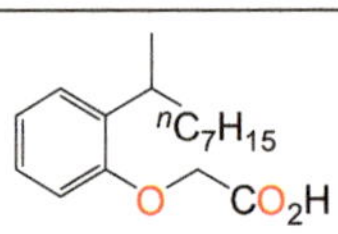	CA-100；2-仲任基苯氧基乙酸；2-*sec*-nonylphenoxy acetic acid。433734-42-0。钇和镧系金属分离、过渡金属萃取分离[84-85]

续表

序号	结构	名称、CAS号、应用及参考文献
CA-D 17	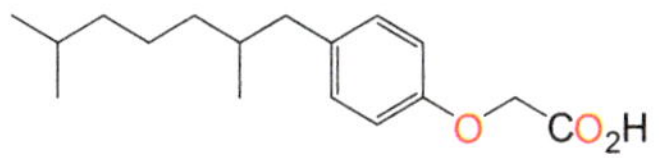	MPOAA；POAA；2-(4-(2,6-二甲基庚基)苯氧基)乙酸；2-(4-(2,6-dimethylheptyl)phenoxy)acetic acid。2111193-95-2。钇和镧系金属分离[11,86]
CA-D 18	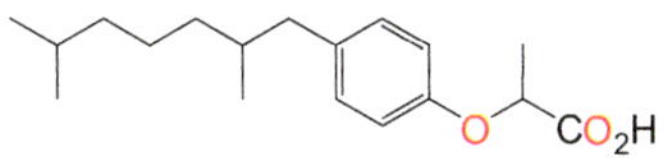	MPOPA；POPA；2-(4-(2,6-二甲基庚基)苯氧基)丙酸；2-(4-(2,6-dimethylheptyl)phenoxy)propanoic acid。2111193-98-5。钇和镧系金属分离[11]
CA-D 19	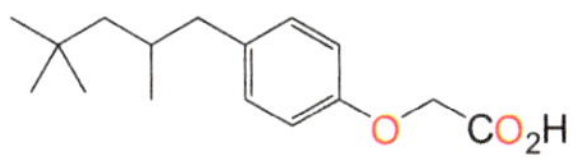	OPOAA；2-(4-(2,4,4-三甲基戊基)苯氧基)乙酸；2-(4-(2,4,4-trimethylpentyl)phenoxy)acetic acid。钇和镧系金属分离[11]
CA-D 20	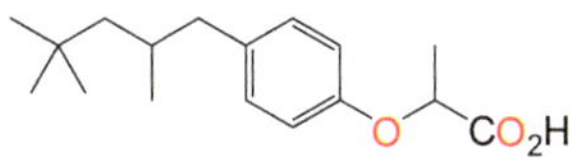	OPOPA；2-(4-(2,4,4-三甲基戊基)苯氧基)丙酸；2-(4-(2,4,4-trimethylpentyl)phenoxy)propanoic acid。钇和镧系金属分离[11]
CA-D 21	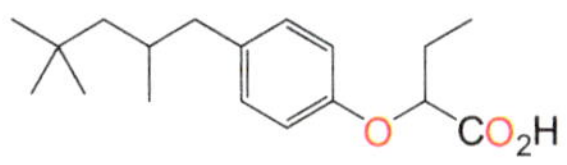	OPOBA；2-(4-(2,4,4-三甲基戊基)苯氧基)丁酸；2-(4-(2,4,4-trimethylpentyl)phenoxy)butanoic acid。钇和镧系金属分离[11]
CA-D 22	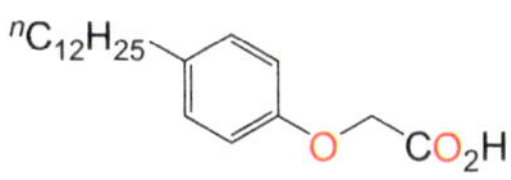	DPOAA；2-(4-十二烷基苯氧基)乙酸；2-(4-dodecylphenoxy)acetic acid。20803-59-2。钇和镧系金属分离[11]
CA-D 23	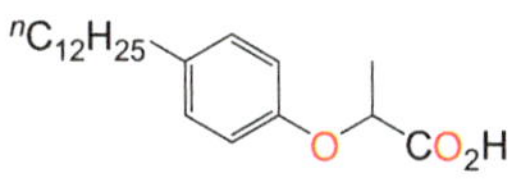	DPOPA；2-(4-十二烷基苯氧基)丙酸；2-(4-(dodecylpentyl)phenoxy)propanoic acid。钇和镧系金属分离[11]
CA-D 24	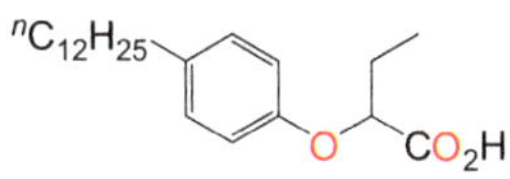	DPOBA；2-(4-十二烷基苯氧基)丁酸；2-(4-(dodecylpentyl)phenoxy)butanoic acid。钇和镧系金属分离[11]
CA-D 25	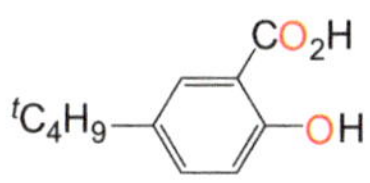	5-叔丁基-2-羟基苯甲酸；5-(*tert*-butyl)-2-hydroxybenzoic acid。16094-31-8。过渡金属萃取[87]
CA-D 26	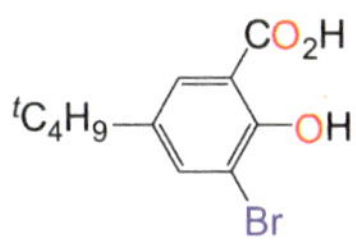	5-叔丁基-3-溴-2-羟基苯甲酸；3-bromo-5-(*tert*-butyl)-2-hydroxybenzoic acid。73469-64-4。过渡金属萃取[87]
CA-D 27	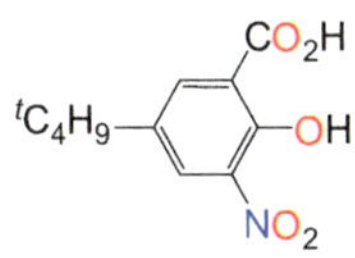	5-叔丁基-3-硝基-2-羟基苯甲酸；5-(*tert*-butyl)-2-hydroxy-3-nitrobenzoic acid。59672-96-7。过渡金属萃取[87]
CA-D 28	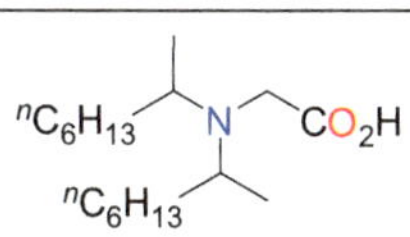	*N,N*-二仲辛基氨基乙酸；*N,N*-di-*sec*-octylaminoacetic acid。100365-69-3。金、钯、铂萃取[88-90]
CA-D 29	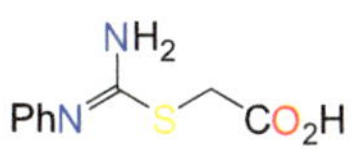	PTHA；苯异硫脲基乙酸；phenylthiohydantoic acid。102-15-8。萃取分离钯，几乎不萃取Al(Ⅲ)、Cu(Ⅱ)、Fe(Ⅲ)、Co(Ⅱ)等贱金属离子[91]
CA-D 30	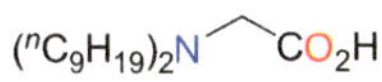	DNG；*N,N*-二壬基甘氨酸；*N,N*-dinonylglycine。102116-00-7。贵金属萃取剂[92]

续表

序号	结构	名称、CAS号、应用及参考文献
CA-D 31	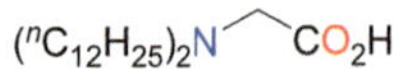	*N*,*N*-二(十二烷基)甘氨酸；*N*,*N*-didodecylglycine。65527-68-6。贵金属分离萃取剂[92]
CA-D 32		二甘醇酸；diglycolic acid。110-99-6。镧系、锕系离子分离[93]
CA-D 33	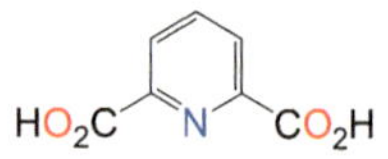	吡啶-2,6-二甲酸；pyridine-2,6-dicarboxylic acid。499-83-2。镧系、锕系离子分离[93]
CA-D 34	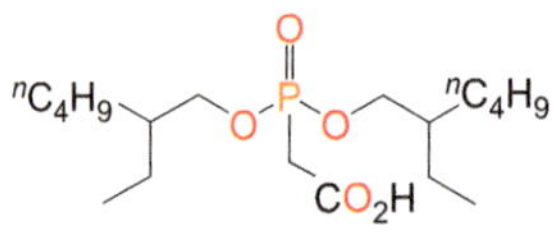	2-(双(2-乙基己基氧基)磷酰基)乙酸；2-((bis(2-ethylhexyloxy))phosphoryl)ethanoic acid。2619388-72-4。氯化体系稀土分离[94]
CA-D 35	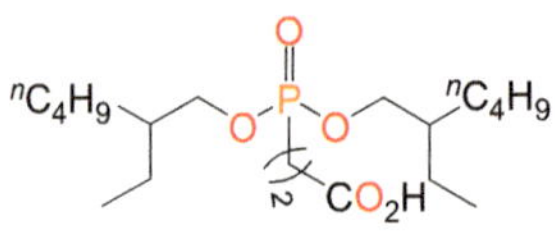	PPA；3-(双(2-乙基己基氧基)磷酰基)丙酸；3-((bis(2-ethylhexyloxy))phosphoryl)propanoic acid。2619388-70-2。氯化体系中分离钇与其他稀土离子、氯化体系稀土分离[86, 94-95]
CA-D 36	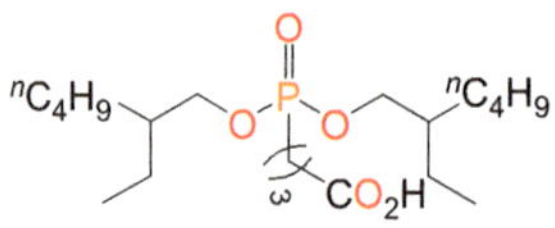	4-(双(2-乙基己基氧基)磷酰基)丁酸；4-((bis(2-ethylhexyloxy))phosphoryl)butanoic acid。氯化体系稀土分离[94]
CA-D 37	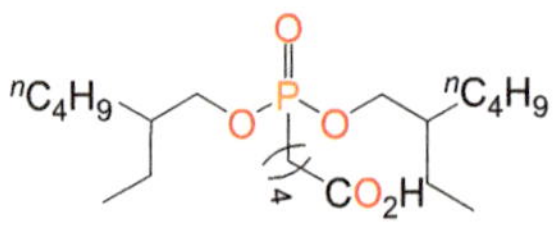	5-(双(2-乙基己基氧基)磷酰基)戊酸；5-((bis(2-ethylhexyloxy))phosphoryl)pentanoic acid。2619388-74-6。氯化体系稀土分离[94]
CA-D 38	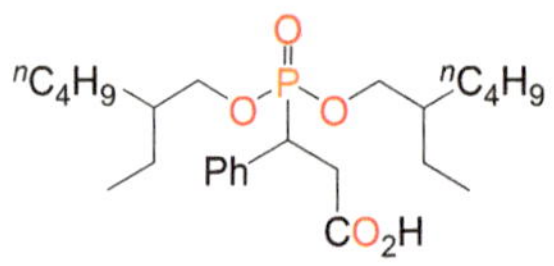	PPPA；3-(双(2-乙基己基氧基)磷酰基)-3-苯基丙酸；3-((bis(2-ethylhexyloxy))phosphoryl)-3-phenylpropanoic acid。2619388-73-5。氯化体系中分离钇与其他稀土离子[86, 95]
CA-D 39	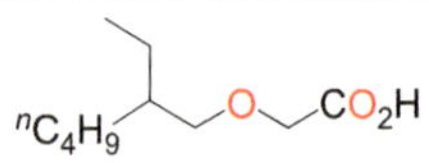	2-((2-乙基己基)氧基)乙酸；2-((2-ethylhexyl)oxy)acetic acid。79962-88-2。稀土分离、钇与稀土分离[83, 96]
CA-D 40	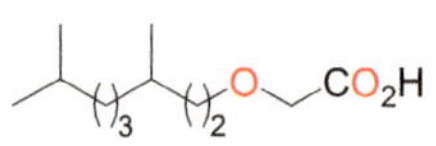	2-((3,7-二甲基辛基)氧基)乙酸；2-((3,7-dimethyloctyl)oxy)acetic acid。164917-08-2。稀土分离、钇与稀土分离[83, 96]
CA-D 41	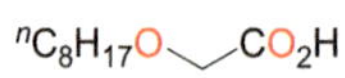	2-辛氧基乙酸；2-(octyloxy)acetic acid。63632-58-6。稀土分离、钇与稀土分离[83, 96]
CA-D 42	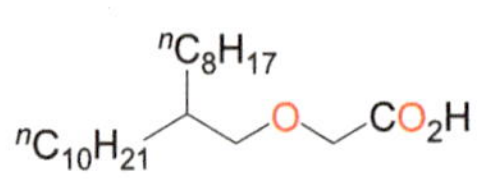	2-((2-辛基月桂基)氧基)乙酸；2-((2-octyldodecyl)oxy)acetic acid。164917-09-3。稀土分离、钇与稀土分离[83, 96]
CA-D 43	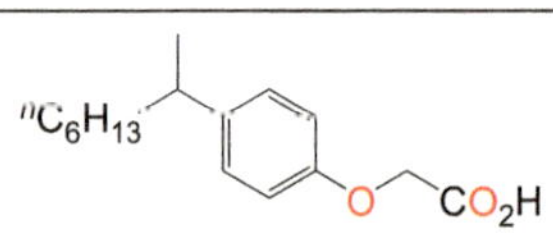	2-((4-仲辛基苯基)氧基)乙酸；2-((4-*sec*-octylphenyl)oxy)acetic acid。稀土分离、钇与稀土分离[83, 96]
CA-D 44	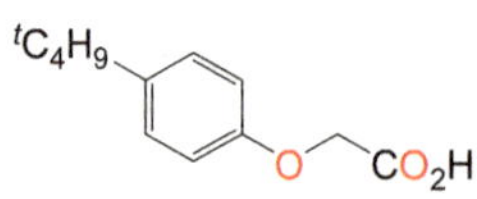	2-((4-叔丁基苯基)氧基)乙酸；2-((4-*tert*-butylphenyl)oxy)acetic acid。1798-04-5。稀土分离、钇与稀土分离[83, 96]

续表

序号	结构	名称、CAS号、应用及参考文献
CA-D 45	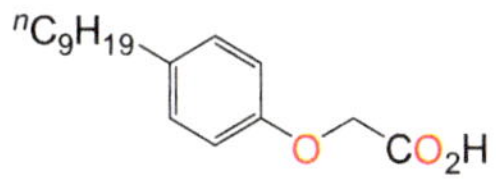	2-((4-壬基苯基)氧基)乙酸；2-((4-nonylphenyl)oxy)acetic acid。3115-49-9。稀土分离、钇与稀土分离[83, 96]
CA-D 46	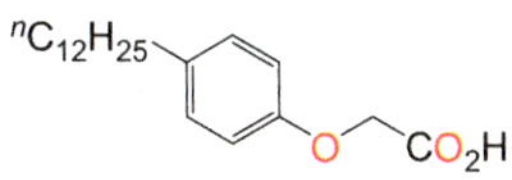	2-((4-月桂基苯基)氧基)乙酸；2-((4-dodecylphenyl)oxy)acetic acid。20803-59-2。稀土分离、钇与稀土分离[83, 96]
(2) 羧酸酯		
CA-D 47	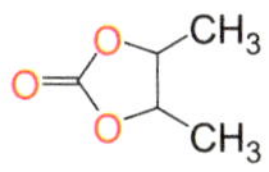	4,5-二甲基-1,3-二氧杂环戊烷-2-酮；4,5-dimethyl-1,3-dioxolan-2-one。4437-70-1。选择性萃取金[97]
CA-D 48	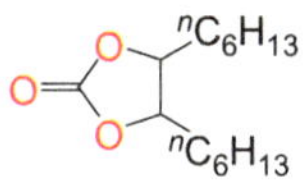	4,5-二己基-1,3-二氧杂环戊烷-2-酮；4,5-dihexyl-1,3-dioxolan-2-one。选择性萃取金[97]
CA-D 49	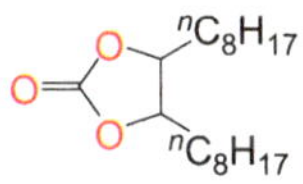	4,5-二辛基-1,3-二氧杂环戊烷-2-酮；4,5-dioctyl-1,3-dioxolan-2-one。596807-28-2。选择性萃取金[97]
CA-D 50	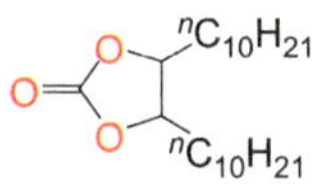	4,5-二癸基-1,3-二氧杂环戊烷-2-酮；4,5-didecanyl-1,3-dioxolan-2-one。选择性萃取金[97]
CA-D 51	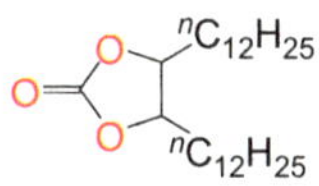	4,5-二月桂基-1,3-二氧杂环戊烷-2-酮；4,5-didodecyl-1,3-dioxolan-2-one。选择性萃取金[97]
CA-D 52	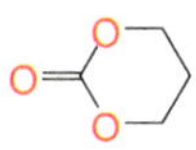	1,3-二噁烷-2-酮；1,3-dioxan-2-one。2453-03-4。选择性萃取金[97]
(3) 酰胺		
CA-D 53	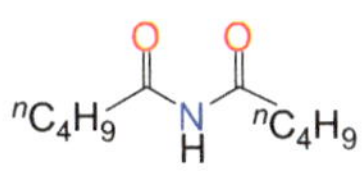	DBI；二戊酰亚胺；dipentanoylamine。33655-40-2。镥萃取[98]
CA-D 54	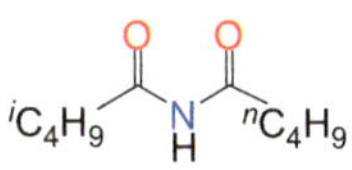	BIBI；异戊酰(戊酰)亚胺；isopentanoyl(pentanoyl)amine。镥萃取[98]
CA-D 55	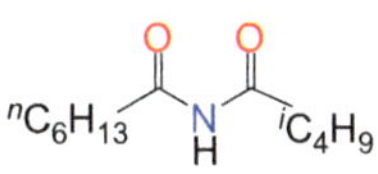	HIBI；异戊酰(庚酰)亚胺；isopentanoyl(heptanoyl)amine。镥萃取[98]
CA-D 56	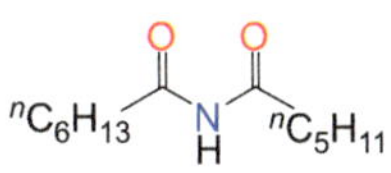	HAI；己酰(庚酰)亚胺；hexanoyl(heptanoyl)amine。92031-07-7。镥萃取[98]
CA-D 57	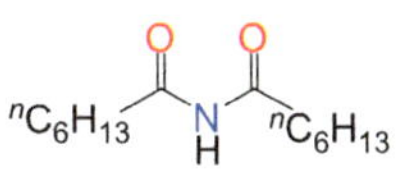	DHI；二庚酰亚胺；diheptanoylamine。镥萃取[98]

续表

序号	结构	名称、CAS号、应用及参考文献
CA-D 58	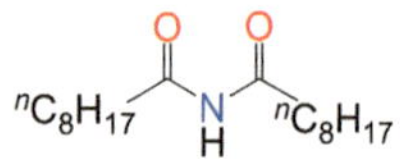	DOI；二壬酰亚胺；dinonanoylamine。1081826-50-7。镥萃取[98]
CA-D 59	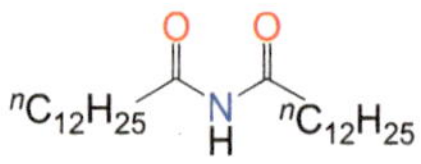	DDI；二(十三酰)亚胺；ditridecanoylamine。镥萃取[98]
CA-D 60	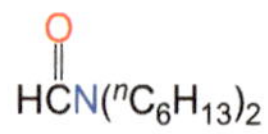	*N,N*-二己基甲酰胺；*N,N*-dihexylformamide。14287-94-6。锕系元素萃取[99]
CA-D 61	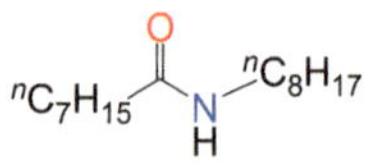	*N*-辛基辛酰胺；*N*-octyloctamine。92866-69-8[100]
CA-D 62	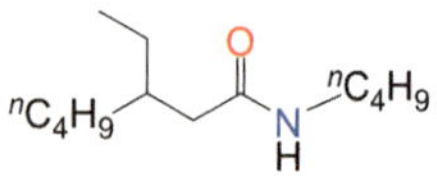	B*i*OA；*N*-正丁基-2-乙基己酰胺；*N*-butyl-2-ethylhexanamide。7472-55-1。铂萃取[101]
CA-D 63	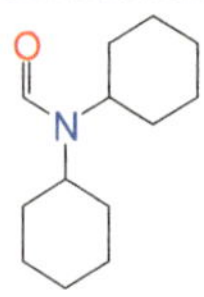	*N,N*-二环己基甲酰胺；*N,N*-dicyclohexylformamide。22699-63-4。锕系元素萃取[99]
CA-D 64	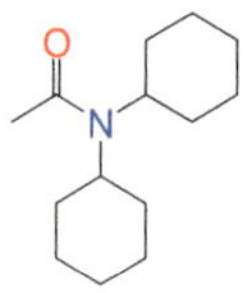	*N,N*-二环己基乙酰胺；*N,N*-dicyclohexylacetamide。1563-91-3。锕系元素萃取[99]
CA-D 65	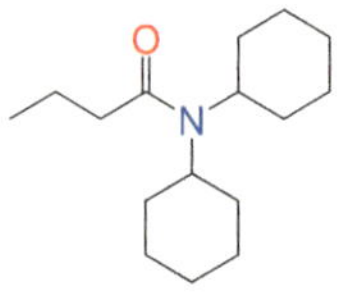	*N,N*-二环己基丁酰胺；*N,N*-dicyclohexylbutyramide。20857-76-5。锕系元素萃取[99]
CA-D 66	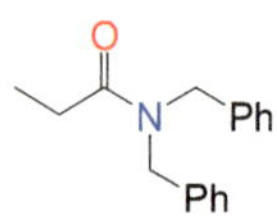	*N,N*-二苄基丙酰胺；*N,N*-dibenzylpropionamide。35929-26-1。锕系元素萃取[99]
CA-D 67	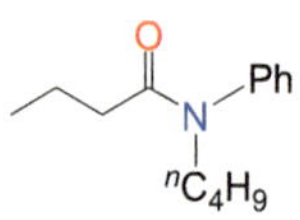	*N*-丁基-*N*-苯基丁酰胺；*N*-butyl-*N*-phenylbutyramide。6289-67-4。锕系元素萃取[99]
CA-D 68	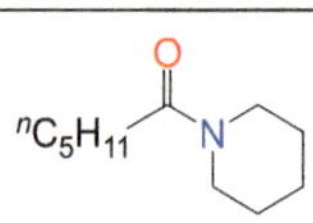	1-己酰基哌啶；1-hexanoylpiperidine。15770-38-4。锕系元素萃取[99]
CA-D 69	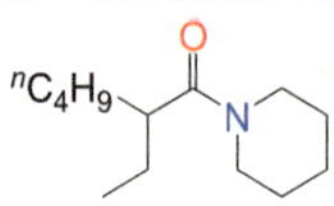	1-(2-乙基己酰基)哌啶；1-(2-ethyl hexanoyl) piperidine。4781-74-2。锕系元素萃取[99]
CA-D 70	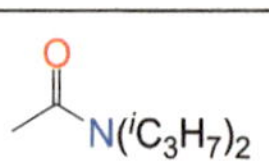	D*i*PAA；*N,N*-二异丙基乙酰胺；*N,N*-diisopropylacetamide。759-22-8。锕系元素萃取[102]

续表

序号	结构	名称、CAS号、应用及参考文献
CA-D 71	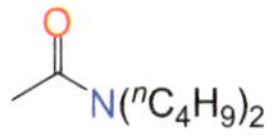	DBAA；*N,N*-二丁基乙酰胺；*N,N*-dibutylacetamide。1563-90-2。锕系元素萃取[102]
CA-D 72	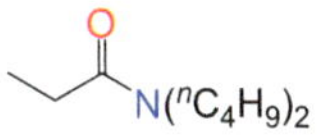	*N,N*-二丁基丙酰胺；*N,N*-dibutylpropionamide。1187-33-3。锕系元素萃取[99]
CA-D 73	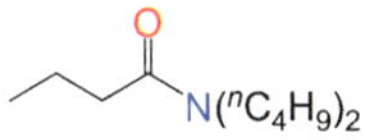	DBBA；*N,N*-二丁基丁酰胺；*N,N*-dibutylbutyramide。14287-95-7。锕系元素萃取[99, 102]
CA-D 74	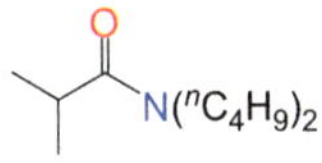	DBiBA；*N,N*-二丁基异丁酰胺；*N,N*-dibutylisobutyramide。14313-82-7。锕系元素萃取[99, 102]
CA-D 75	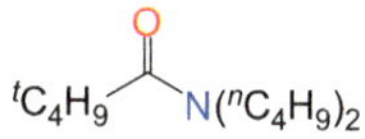	DBPVA；*N,N*-二丁基新戊酰胺；*N,N*-dibutylpivalamide。100529-50-8。锕系元素萃取[99, 102]
CA-D 76	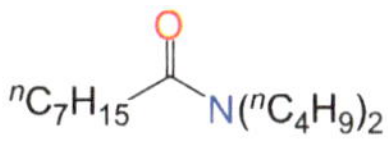	DBOA；*N,N*-二丁基辛酰胺；*N,N*-dibutyloctanamide。57303-23-8。锕系元素萃取[99]
CA-D 77	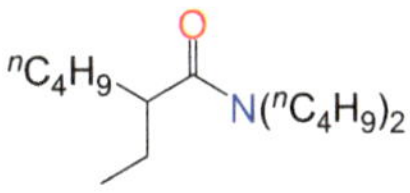	DB2EHA；*N,N*-二丁基-2-乙基己酰胺；*N,N*-dibutyl-2-ethylhexanamide。5831-86-7。锕系元素萃取[99, 102]
CA-D 78	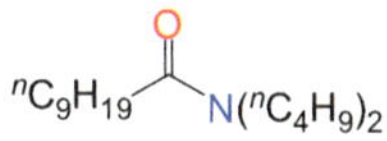	DBDEA；*N,N*-二丁基癸酰胺；*N,N*-dibutyldecanamide。57303-25-0。铀萃取[103]
CA-D 79	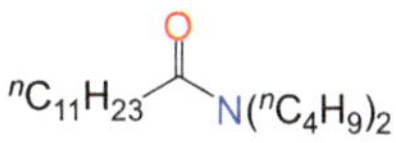	DBDOA；DBDA；*N,N*-二丁基月桂酰胺；*N,N*-dibutyldodecanamide。5343-44-2。锕系元素萃取[102, 104]
CA-D 80	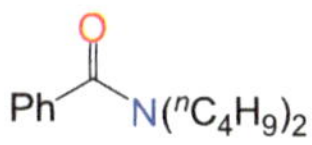	*N,N*-二丁基苯甲酰胺；*N,N*-dibutylbenzamide。25033-65-2。铀萃取[99]
CA-D 81	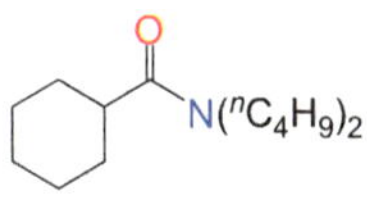	*N,N*-二丁基环己甲酰胺；*N,N*-dibutylcyclohexanecarboxamide。5831-91-4。铀萃取[99]
CA-D 82	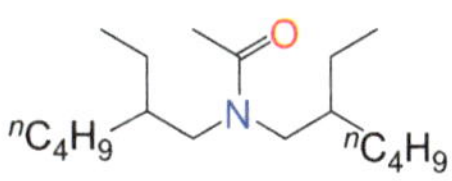	D2EHAA；N523；*N,N*-二(2-乙基己基)乙酰胺；*N,N*-di-(2-ethylhexyl)acetamide。102769-39-1。锕系元素萃取[102]
CA-D 83	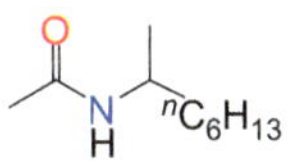	MOAA；*N*-仲辛基乙酰胺；*N*-1-methylheptylacetamide。67282-69-3。对铌、钽分离系数高于DOAA[105]
CA-D 84	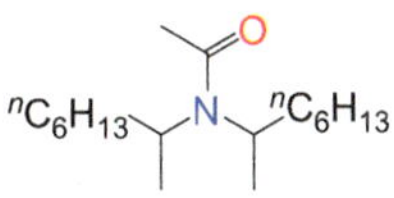	A101；N503；DOAA；*N,N*-二仲辛基乙酰胺；*N,N*-di(1-methylheptyl)acetamide。77934-47-5。铌、钽、铁萃取[105-108]
CA-D 85	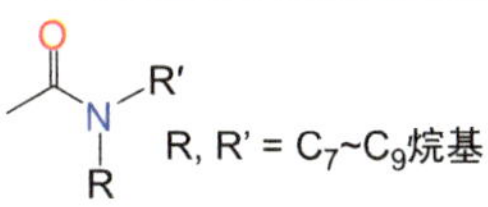	*N,N*-二混合烷基乙酰胺(R、R′为C_7～C_9烷基)。铌、钽分离，处理含酚废水[2]

续表

序号	结构	名称、CAS号、应用及参考文献
CA-D 86	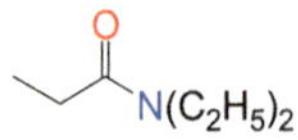	DEPA；*N,N*-二乙基丙酰胺；*N,N*-diethylpropionamide。1114-51-8。锕系元素萃取[102]
CA-D 87	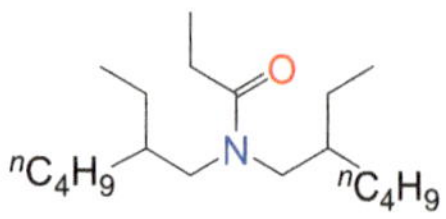	*N,N*-二(2-乙基己基)丙酰胺；*N,N*-di-(2-ethylhexyl)propionamide。111118-48-0。锕系元素萃取[102]
CA-D 88	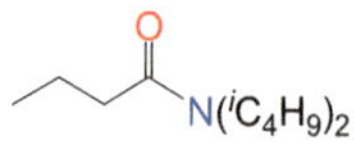	D*i*BBA；*N,N*-二异丁基丁酰胺；*N,N*-diisobutylbutanamide。28522-31-8。锕系元素萃取[99-102]
CA-D 89	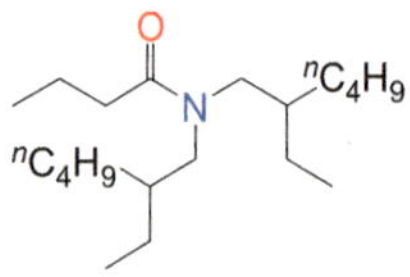	D2EHBA；*N,N*-二(2-乙基己基)丁酰胺；*N,N*-di-(2-ethylhexyl)butanamide。112724-94-4。锕系元素萃取[102]
CA-D 90	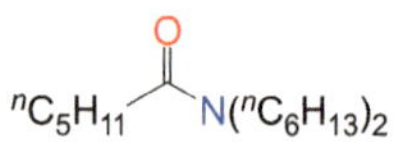	DHHA；*N,N*-二己基己酰胺；*N,N*-dihexylhexanamide。146985-21-9。锕系元素萃取[102]
CA-D 91	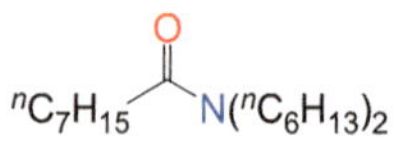	DHOA；*N,N*-二己基辛酰胺；*N,N*-dihexyloctanamide。75397-93-2。锕系元素萃取[102, 109]
CA-D 92	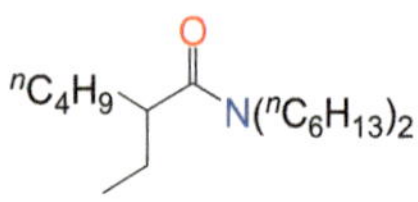	DH2EHA；*N,N*-二己基-2-乙基己酰胺；*N,N*-dihexyl-(2-ethyl)hexanamide。146985-22-0。锕系元素萃取[102]
CA-D 93	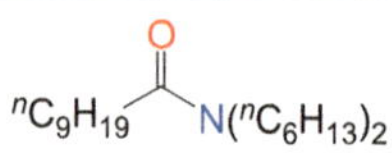	DHDA；*N,N*-二己基癸酰胺；*N,N*-dihexyldecanamide。169785-08-4。锕系元素萃取[102]
CA-D 94	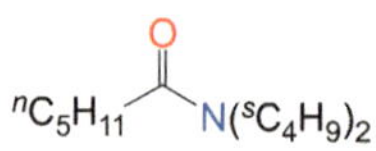	D*s*BHA；*N,N*-二(1-甲基丙基)己酰胺；*N,N*-di-(1-methylpropyl)hexamide。100887-36-3。锕系元素萃取[99, 102]
CA-D 95	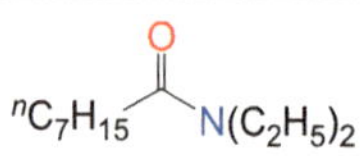	DEOA；*N,N*-二乙基辛酰胺；*N,N*-diethyloctanamide。996-97-4。铀萃取[103]
CA-D 96	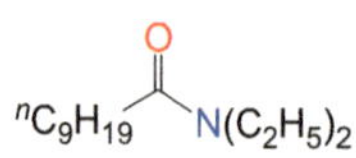	DEDEA；*N,N*-二乙基癸酰胺；*N,N*-diethyldecanamide。2602-61-1。铀萃取[99, 103]
CA-D 97	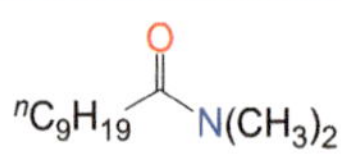	*N,N*-二甲基癸酰胺；*N,N*-dimethyldecanamide。14433-76-2。锕系元素萃取[99]
CA-D 98	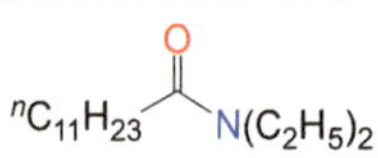	DEDOA；DEDA；*N,N*-二乙基月桂酰胺；*N,N*-diethyldodecanamide。3352-87-2。锕系元素萃取[102, 104]
CA-D 99	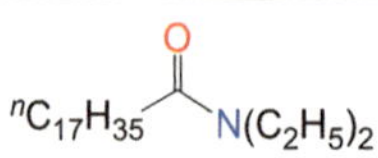	DEODA；*N,N*-二乙基十八酰胺；*N,N*-diethyloctadecanamide。7446-68-6。铀萃取[103]
CA-D 100	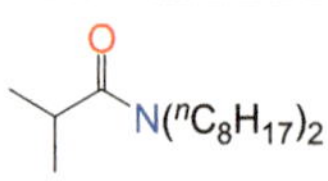	DO*i*BA；*N,N*-二辛基异丁酰胺；*N,N*-dioctylisobutanamide。177158-16-6。锕系元素萃取[102]

续表

序号	结构	名称、CAS号、应用及参考文献
CA-D 101	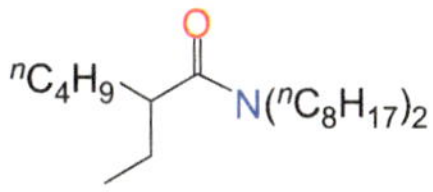	DO2EHA；*N,N*-二辛基-2-乙基己酰胺；*N,N*-dioctyl-(2-ethyl)hexanamide。2321942-24-7。锕系元素萃取[102]
CA-D 102	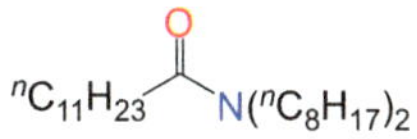	DODBA；DODA；*N,N*-二辛基月桂酰胺；*N,N*-dioctyldodecanamide。151922-01-9。铀萃取[103-104]
CA-D 103	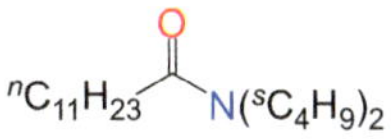	D*s*BDOA；*N,N*-二(1-甲基丙基)月桂酰胺；*N,N*-di-(1-methylpropyl)dodecanamide。106119-95-3。锕系元素萃取[102]
CA-D 104	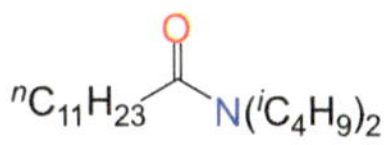	DiBDOA；*N,N*-二异丁基月桂酰胺；*N,N*-diisobutyldodecanamide。85879-62-5。锕系元素萃取[102]
CA-D 105	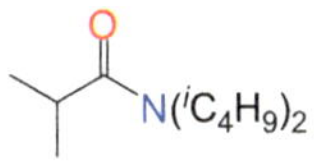	D*i*B*i*BA；*N,N*-二异丁基异丁酰胺；*N,N*-diisobutylisobutanamide。24928-49-2。锕系元素萃取[99, 102]
CA-D 106	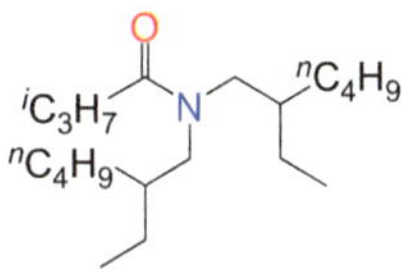	D2EH*i*BA；*N,N*-二(2-乙基己基)异丁酰胺；*N,N*-di-(2-ethylhexyl)-isobutanamide。112724-95-5。锕系元素萃取[102]
CA-D 107	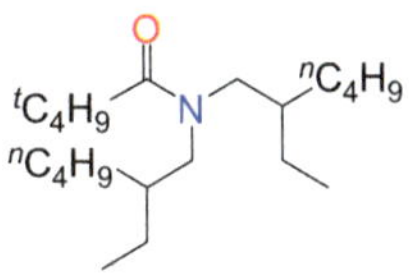	D2EHPVA；*N,N*-二(2-乙基己基)新戊酰胺；*N,N*-di-(2-ethylhexyl)pivalamide。215394-03-9。锕系元素萃取[102]
CA-D 108	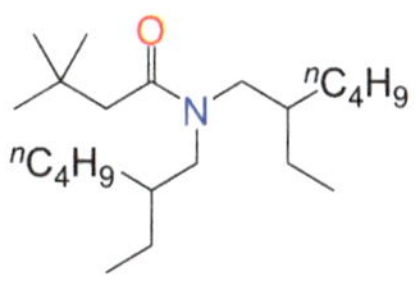	D2EH3DMBA；*N,N*-二(2-乙基己基)-3,3-二甲基丁酰胺；*N,N*-di-(2-ethylhexyl)-3,3-dimethylbutanamide。112724-93-3。锕系元素萃取[102]
CA-D 109	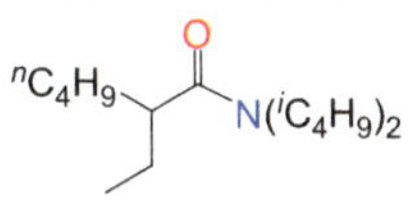	DiB2EHA；*N,N*-二异丁基-2-乙基己酰胺；*N,N*-di-isobutyl-(2-ethyl)hexanamide。79868-47-6。锕系元素萃取[102]
CA-D 110	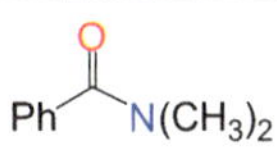	DMBzA；*N,N*-二甲基苯甲酰胺；*N,N*-dimethylbenzamide。611-74-5。锕系元素萃取[102]
CA-D 111	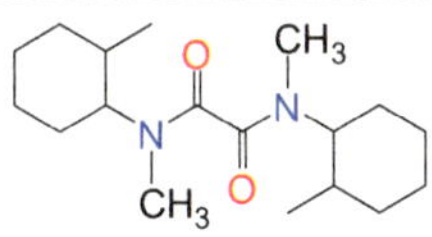	*N,N'*-二甲基-*N,N'*-二(2-甲基环己基)草酰二胺；*N,N'*-dimethyl-*N*[1],*N'*-di(2-methylcyclohexyl)oxalamide。锕系元素萃取[70, 110]
CA-D 112	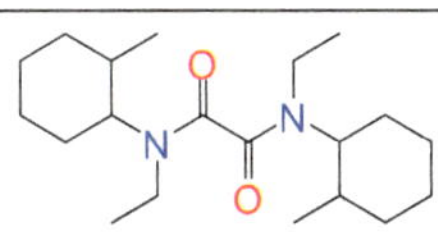	*N,N'*-二乙基-*N,N'*-二(2-甲基环己基)草酰二胺；*N,N'*-diethyl-*N,N'*-di(2-methylcyclohexyl)oxalamide。锕系元素萃取[70, 110]
CA-D 113	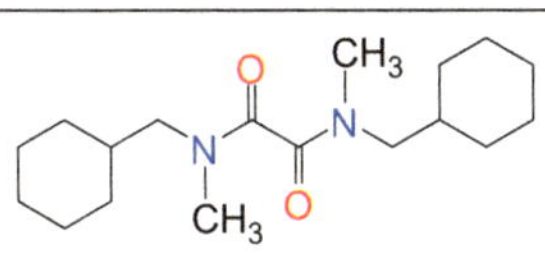	*N,N'*-二甲基-*N,N'*-二(环己基甲基)草酰二胺；*N,N'*-dimethyl-*N,N'*-di(cyclohexylmethyl)oxalamide。锕系元素萃取[70, 110]

续表

序号	结构	名称、CAS号、应用及参考文献
CA-D 114	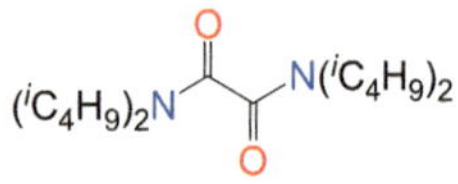	*N*, *N*,*N'*,*N'*-四异丁基草酰二胺；*N*, *N*,*N'*,*N'*-tetraisobutyl-oxalamide。14287-97-9。锕系元素萃取[70, 110]
CA-D 115	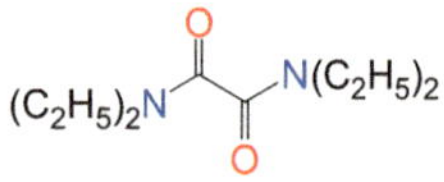	*N*, *N*,*N'*,*N'*-四乙基草酰二胺；*N*, *N*,*N'*,*N'*-tetraethyl-oxalamide。14288-05-2。锕系元素萃取[70, 110]
CA-D 116	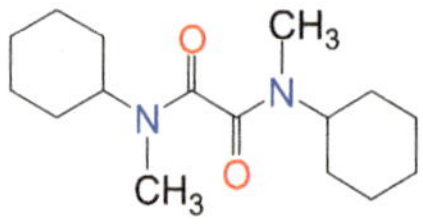	*N*,*N'*-二甲基-*N*,*N'*-二环己基草酰二胺；*N*,*N'*-diethyl-*N*,*N'*-dicyclohexyloxalamide。1796516-65-8。锕系元素萃取[70, 110]
CA-D 117	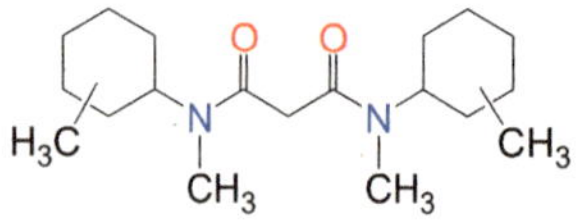	*N*,*N'*-二甲基-*N*,*N'*-二(甲基环己基)丙二酰二胺；*N*,*N'*-dimethyl-*N*,*N'*-di(methylcyclohexyl)malonamide。锕系元素萃取[70, 110]
CA-D 118	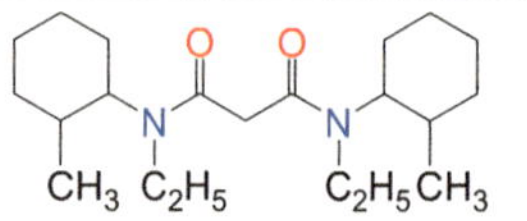	*N*,*N'*-二乙基-*N*,*N'*-二(2-甲基环已基)丙二酰二胺；*N*,*N'*-diethyl-*N*,*N'*-di-(2-ethylcyclohexyl)malonamide。锕系元素萃取[70, 110]
CA-D 119	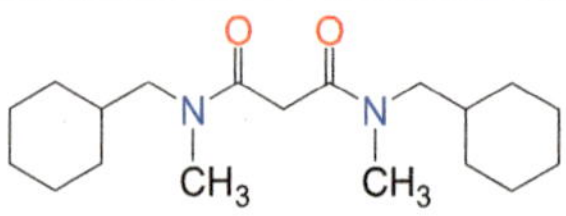	*N*,*N'*-二甲基-*N*,*N'*-二(环已基甲基)丙二酰二胺；*N*,*N'*-dimethyl-*N*,*N'*-di-(cyclohexylmethyl)malonamide。锕系元素萃取[70, 110]
CA-D 120	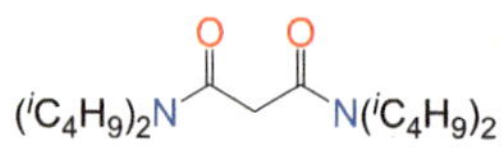	*N*, *N*,*N'*,*N'*-四异丁基丙二酰二胺；*N*,*N*,*N'*,*N'*-tetraisobutylmalonamide。14287-99-1。锕系元素萃取[70, 110]
CA-D 121	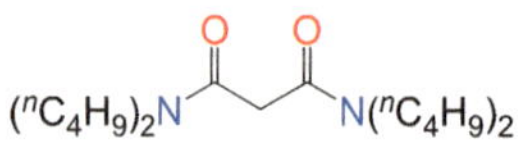	TBMA；*N*, *N*,*N'*,*N'*-四丁基丙二酰二胺；*N*,*N*,*N'*,*N'*-tetrabutylmalonamide。14287-98-0。铁与稀土萃取[111]
CA-D 122	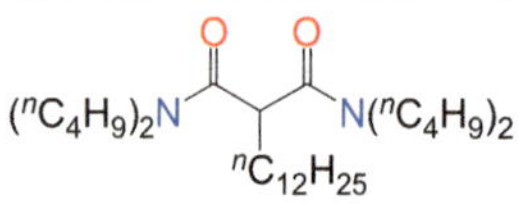	TBDMA；*N*, *N*,*N'*,*N'*-四丁基-2-十二烷基丙二酰二胺；*N*,*N*,*N'*,*N'*-tetrabutyl-2-dodecyl malonamide。2222924-35-6。铁与稀土萃取[111]
CA-D 123	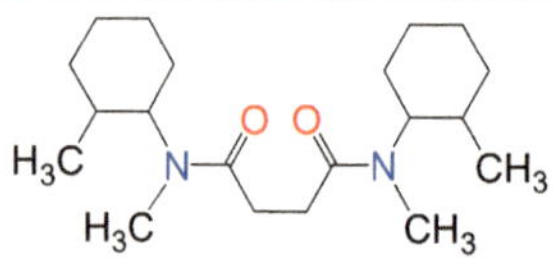	*N*,*N'*-二甲基-*N*,*N'*-二(2-甲基环已基)丁二酰二胺；*N*,*N'*-dimethyl-*N*,*N'*-di(2-methylcyclohexyl)butanediamide。锕系元素萃取[70, 110]
CA-D 124	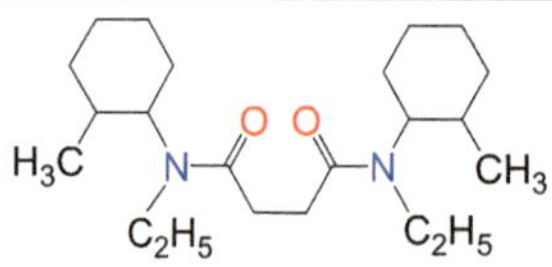	*N*,*N'*-二乙基-*N*,*N'*-二(2-甲基环已基)丁二酰二胺；*N*,*N'*-diethyl-*N*,*N'*-di(2-methylcyclohexyl)butanediamide。锕系元素萃取[70, 110]
CA-D 125	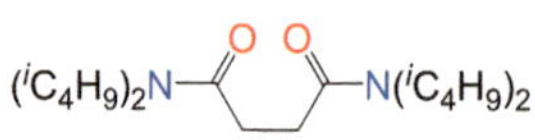	*N*,*N*,*N'*,*N'*-四异丁基丁二酰二胺；*N*,*N*,*N'*,*N'*-tetraisobutylbutanediamide。14288-01-8。锕系元素萃取[70, 110]
CA-D 126	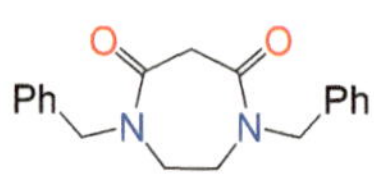	1,4-二苄基-1,4-二氮杂环庚烷-5,7-二酮；1,4-dibenzyl-1,4-diazacycloheptane-5,7-dione。14288-16-5。锕系元素萃取[110]

续表

序号	结构	名称、CAS号、应用及参考文献
CA-D 127	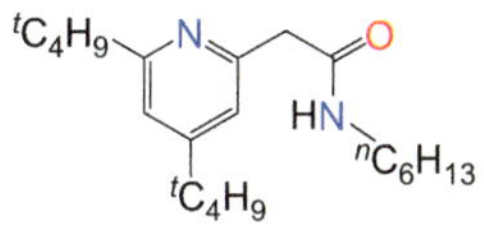	*N*-己基-2-(4,6-二叔丁基吡啶-2-基)乙酰胺；2-(4,6-di-*tert*-butylpyridin-2-yl)-*N*-hexylacetamide。1128106-25-1。氯化体系分离锌、钴[112]
CA-D 128		*N,N'*-二己基-2-(4,6-二叔丁基吡啶-2-基)丙二酰二胺；2-(4,6-di-*tert*-butylpyridin-2-yl)-*N,N'*-dihexylmalonamide。1392299-92-1。氯化体系分离锌、钴[112]
CA-D 129	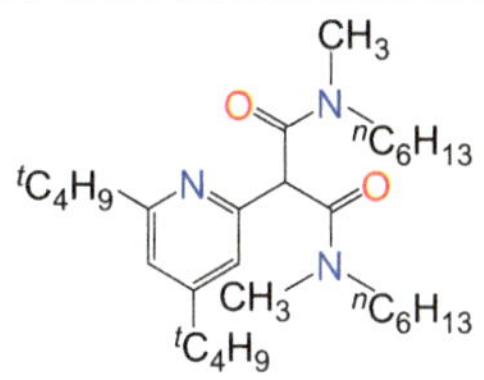	*N,N'*-二甲基-*N,N'*-二己基-2-(4,6-二叔丁基吡啶-2-基)-丙二酰二胺；2-(4,6-di-*tert*-butylpyridin-2-yl)-*N,N'*-dihexyl-*N,N'*-dimethylmalonamide。1392299-94-3。氯化体系分离锌、钴[112]
CA-D 130	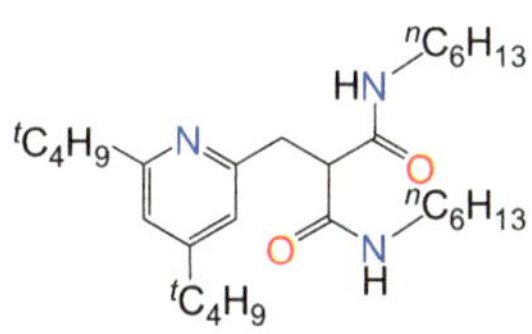	*N,N'*-二己基-2-((4,6-二叔丁基吡啶-2-基)甲基)丙二酰二胺；2-((4,6-di-*tert*-butylpyridin-2-yl)methyl)-*N,N'*-dihexylmalonamide。1128106-27-3。氯化体系分离锌、钴[112]
CA-D 131	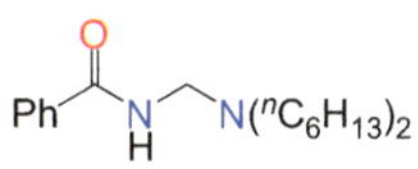	NHPhN；*N*-((*N,N*-二己基氨基)甲基)苯甲酰胺；*N*-((*N,N*-dihexylamino)methyl)benzamide。1414376-26-3。氯化体系萃取锌[113]
CA-D 132	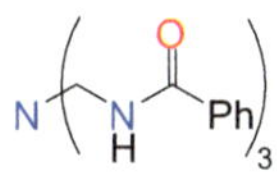	三(苯甲酰胺基甲基)胺；tri(benzoylaminomethyl) amine。51912-07-3。氯化体系萃取锌[113]
CA-D 133	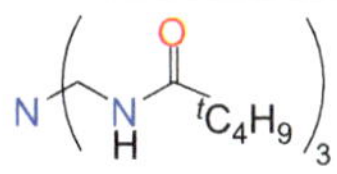	三(2,2-二甲基丙酰胺基甲基)胺；tri(2,2-dimethylpropionylaminomethyl) amine。1414376-24-1。氯化体系萃取锌[113]
CA-D 134	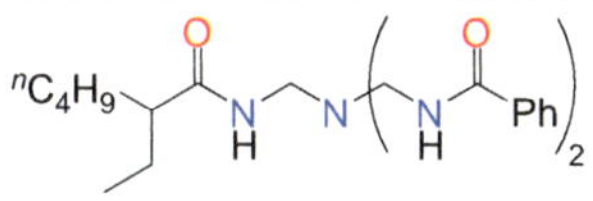	*N*-(2-乙基己酰基)-*N',N'*-二(苯甲酰基氨基甲基)二氨基甲烷；*N*-(2-ethylhexanoyl)-*N',N'*-di(benzoylaminomethyl)diaminomethane。氯化体系萃取锌[113]
CA-D 135	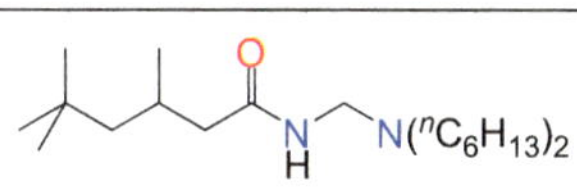	*N*-((二己基氨基)甲基)-3,5,5-三甲基己酰胺；*N*-((dihexylamino)methyl)-3,5,5-trimethylhexanamide。1414376-27-4。氯化体系萃取锌[113]
CA-D 136	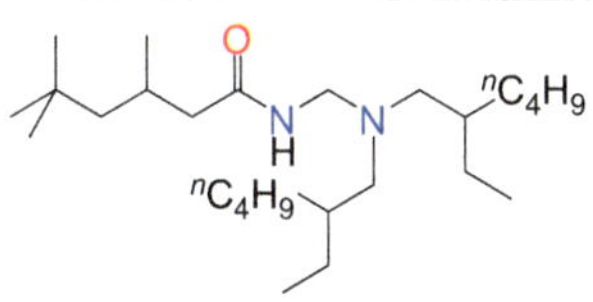	*N*-((二(2-乙基己基)氨基)甲基)-3,5,5-三甲基己酰胺；*N*-((bis(2-ethylhexyl)amino)methyl)-3,5,5-trimethylhexanamide。1414376-28-5。氯化体系萃取锌[113]
CA-D 137	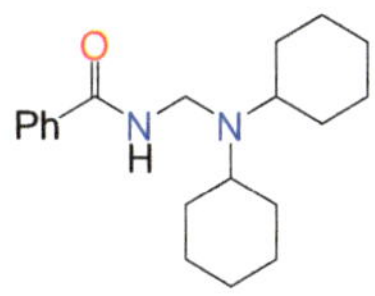	*N*-((二环己基氨基)甲基)苯甲酰胺；*N*-((dicyclohexylamino)methyl)benzamide。1414376-29-6。氯化体系萃取锌[113]

续表

序号	结构	名称、CAS号、应用及参考文献
CA-D 138	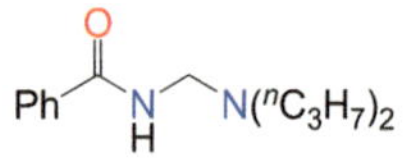	*N*-((二丙基氨基)甲基)苯甲酰胺；*N*-((dipropylamino)methyl)benzamide。1414376-30-9。氯化体系萃取锌[113]
CA-D 139	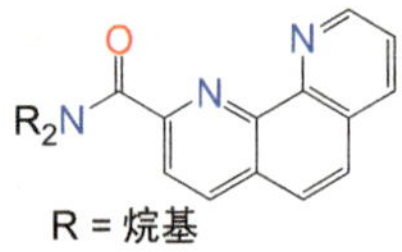	*N*,*N*-二烷基(1,10-菲咯啉-2-基)甲酰胺；*N*,*N*-dialkyl(1,10-phenanthroline-2-yl) formamide。 锕、 镅分离[114]
CA-D 140	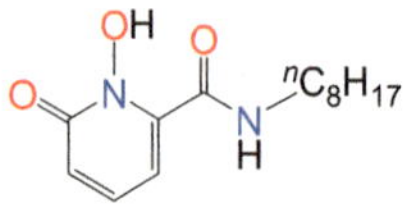	Octyl-HOPO；1-羟基-6-(辛基氨基甲酰基)吡啶-2(1*H*)-酮；1-hydroxy-6(octylaminoformyl) pyridin-2(1*H*)- one。197367-11-6。对镧系金属的萃取能力比P204强[9]
CA-D 141	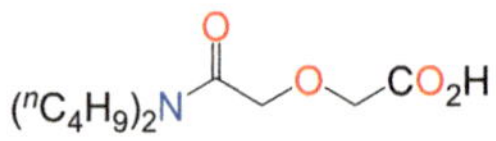	2-(2-(*N*,*N*-二丁氨基)-2-氧代乙氧基)乙酸；2-(2-(*N*,*N*-dibutylamino)-2-oxoethoxy)acetic acid。136557-57-8。轻稀土离子萃取[115]
CA-D 142	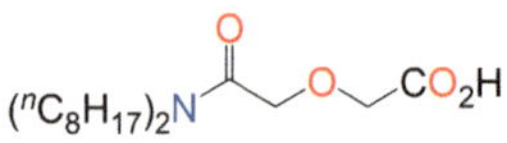	DODGAA；2-(2-(*N*,*N*-二辛氨基)-2-氧代乙氧基)乙 酸；2-(2-(*N*,*N*-dioctylamino)-2-oxoethoxy)acetic acid。135447-09-5。轻稀土离子萃取[10, 116-117]
CA-D 143	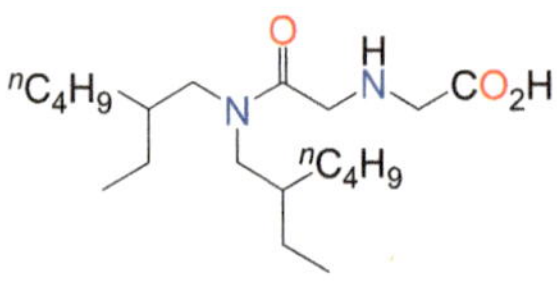	D2EHAG；*N*-(*N*,*N*-二(2-乙基己基)氨基羰基甲基)甘氨酸；*N*-(*N*,*N*-di(2-ethylhexyl)aminocarbonylmethyl)glycine。1434076-12-6。过渡金属分离[10, 118]
CA-D 144	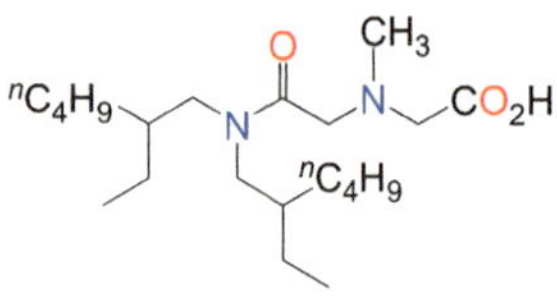	D2EHAS；*N*-(*N*,*N*-二(2-乙基己基)氨基羰基甲基)肌氨酸；*N*-(*N*,*N*-di(2-ethylhexyl)aminocarbonylmethyl)sarcosine。1434076-13-7。过渡金属分离[10, 118]
	（4）酰胺荚醚及其类似物	
CA-D 145	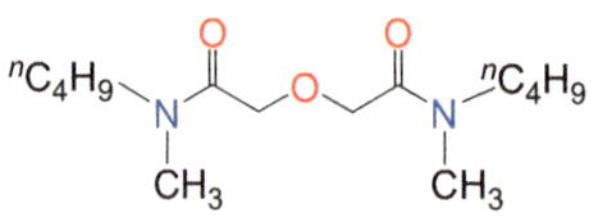	2,2′-氧基双(*N*-甲基-*N*-丁基乙酰胺)；2,2′-oxybis(*N*-butyl-*N*-methylacetamide)。1306778-19-7。Am(Ⅲ)、Eu(Ⅲ)分离[119]
CA-D 146	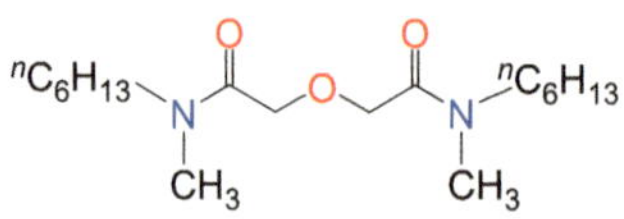	DMDHGA；2,2′-氧基双(*N*-甲基-*N*-己基乙酰胺)；2,2′-oxybis(*N*-hexyl-*N*-methylacetamide)。173384-01-5。铕萃取，锕系金属萃取[17, 120-121]
CA-D 147	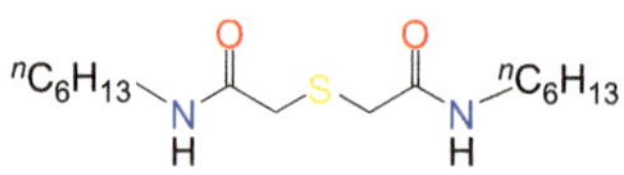	DHTPDA；2,2′-硫基双(*N*-己基乙酰胺)；2,2′-thiobis(*N*-hexylacetamide)。108199-30-0。 铕萃取，锕系金属萃取[120]
CA-D 148	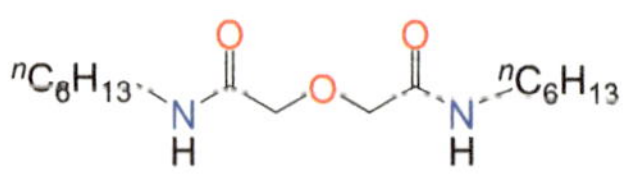	DHOPDA；2,2′-氧基双(*N*-己基乙酰胺)；2,2′-oxybis(*N*-hexylacetamide)。32775-02-3。铕萃取，锕系金属萃取[120]
CA-D 149	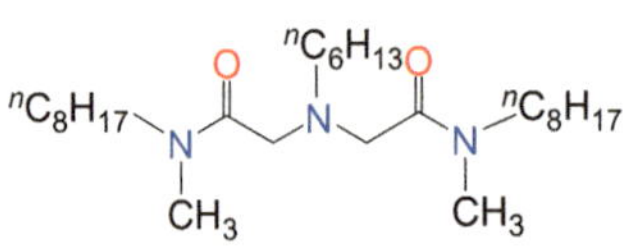	HBMOEAA；2,2′-(己基亚氨基)双(*N*-甲基-*N*-辛基乙酰胺)；2,2′-(hexylamino)bis(*N*-methyl-*N*-octylacetamide)。1094007-33-6。选择性萃取金属Rh(Ⅲ)[122]

续表

序号	结构	名称、CAS号、应用及参考文献
CA-D 150	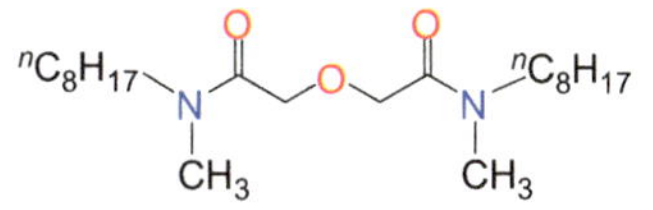	MODGA；DMDOGA；2,2′-氧基双(*N*-甲基-*N*-辛基乙酰胺)；2,2′-oxybis(*N*-methyl-*N*-octylacetamide)。218783-27-8。选择性萃取金属Rh(Ⅲ)、铀与稀土萃取[121-122]
CA-D 151	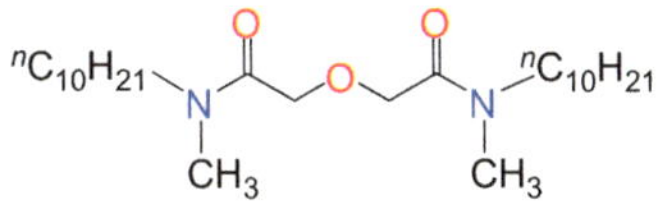	MDDGA；2,2′-氧基双(*N*-甲基-*N*-癸基乙酰胺)；2,2′-oxybis(*N*-decanyl-*N* -methylacetamide)。1459721-26-6。贵金属萃取剂[123]
CA-D 152	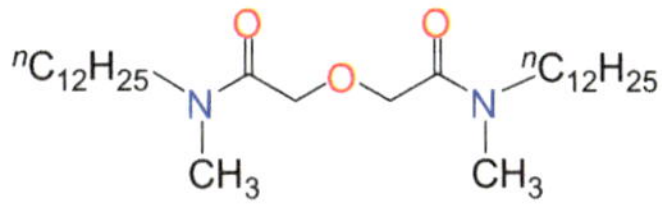	DMDLGA；2,2′-氧基双(*N*-甲基-*N*-月桂基乙酰胺)；2,2′-oxybis(*N*-dodecyl-*N*-methylacetamide)。753010-20-7。铀与稀土萃取[121]
CA-D 153	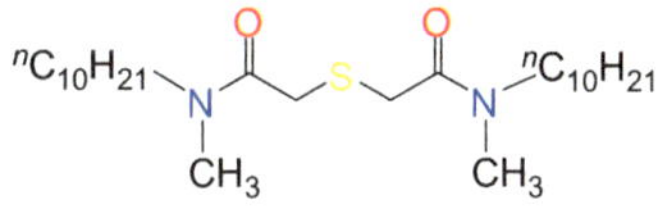	MDTDGA；2,2′-硫基双(*N*-甲基-*N*-癸基乙酰胺)；2,2′-thiobis(*N*-decanyl-*N*-methylacetamide)。1884297-39-5。贵金属萃取剂[123]
CA-D 154	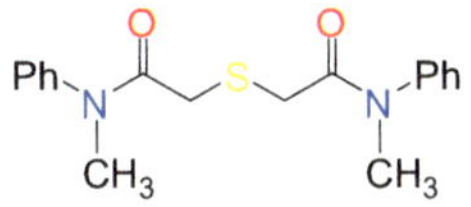	DMDPhTDGA；2,2′-硫基双(*N*-甲基-*N*-苯基乙酰胺)；2,2′-thiobis(*N*-methyl-*N*-phenylacetamide)。34866-69-8。贵金属萃取剂[123]
CA-D 155	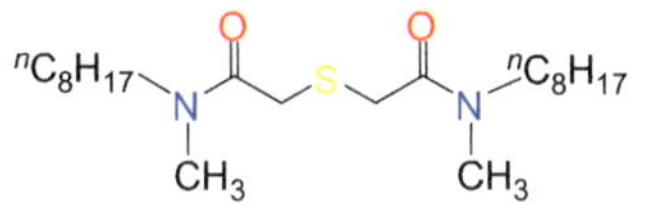	MOTDGA；2,2′-硫基双(*N*-甲基-*N*-辛基乙酰胺)；2,2′-thiobis(*N*-methyl *N*-octyl-acetamide)。786688-76-4。选择性萃取金属Rh(Ⅲ)[122]
CA-D 156	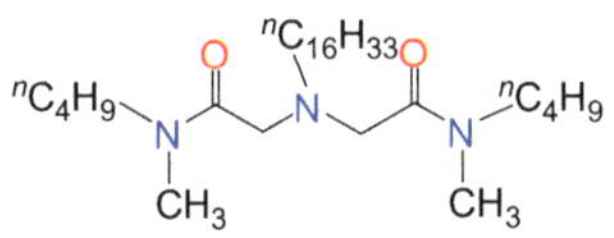	DMDBTDMA；2,2′-(十六烷基亚氨基)双(*N*-甲基-*N*-丁基乙酰胺)；2,2′-(hexadecylamino)bis(*N*-butyl-*N*-methylacetamide)。锕系和镧系金属萃取[124]
CA-D 157	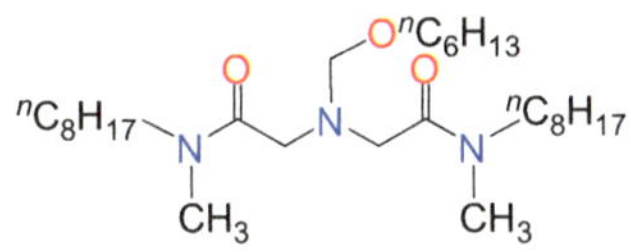	DMDOHEMA；2,2′-(己氧基甲基亚氨基)双(*N*-甲基-*N*-辛基乙酰胺)；2,2′-(hexoxymethylamino) bis(*N*-methyl-*N*-octylacetamide)。锕系和镧系金属萃取[124]
CA-D 158	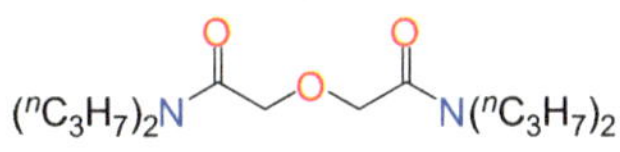	TPOPDA；2,2′-氧基双(*N*,*N*-二丙基乙酰胺)；2,2′-oxybis(*N*,*N*-dipropylacetamide)。70277-09-7。膜萃取分离Ca(Ⅱ)、Mg(Ⅱ)[17, 125-126]
CA-D 159	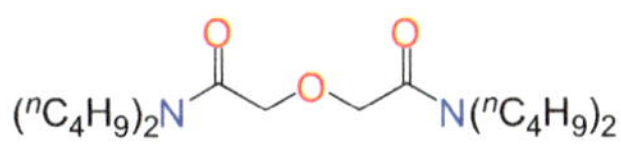	TBOPDA；2,2′-氧基双(*N*,*N*-二丁基乙酰胺)；2,2′-oxybis(*N*,*N*-dibutylacetamide)。82846-38-6。锕系和镧系金属萃取[114, 119, 126]
CA-D 160	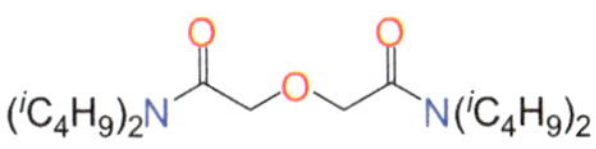	TiBOPDA；2,2′-氧基双(*N*,*N*-二异丁基乙酰胺)；2,2′-oxybis(*N*,*N*-di-isobutylacetamide)。241491-24-7。Am(Ⅲ)、Eu(Ⅲ)分离[119]
CA-D 161	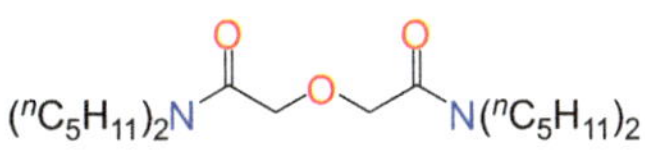	TAOPDA；2,2′-氧基双(*N*,*N*-二戊基乙酰胺)；2,2′-oxybis(*N*,*N*-dipentylacetamide)。1200590-79-9。锕系和镧系金属萃取[126]
CA-D 162	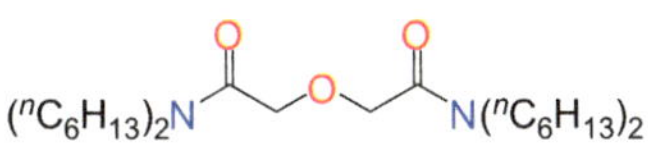	THOPDA；THDGA；2,2′-氧基双(*N*,*N*-二己基乙酰胺)；2,2′-oxybis(*N*,*N*-dihexylacetamide)。342794-44-9。锕系和镧系金属萃取[114, 126]

续表

序号	结构	名称、CAS号、应用及参考文献
CA-D 163	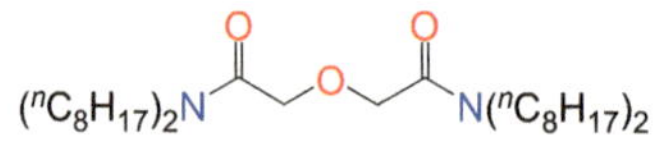	TODGA；2,2′-氧基双(*N*,*N*-二辛基乙酰胺)；2,2′-oxybis(*N*,*N*-dioctylacetamide)。342794-43-8。锕系和镧系金属萃取[114, 126-129]
CA-D 164	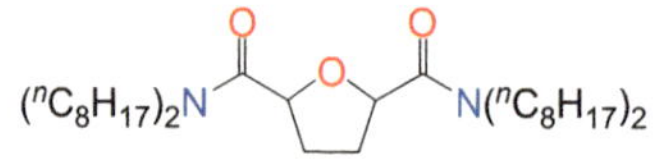	*N*,*N*,*N*′,*N*′-四辛基四氢呋喃-2,5-二甲酰二胺；*N*,*N*,*N*′,*N*′-tetraoctyl tetrahydrofuran-2,5-diformamide。1332306-04-3。锔、镅分离[128]
CA-D 165	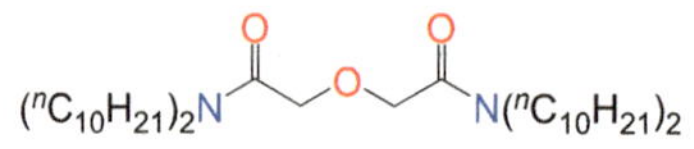	TDOPDA；TDDGA；2,2′-氧基双(*N*,*N*-二癸基乙酰胺)；2,2′-oxybis(*N*,*N*-didecanylacetamide)。199805-27-1。锕系和镧系金属萃取[17, 114, 126]
CA-D 166	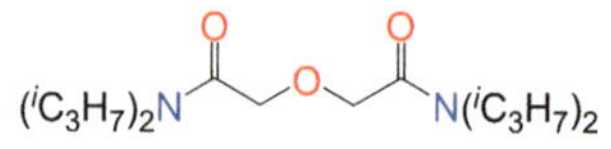	2,2′-氧基双(*N*,*N*-二异丙基乙酰胺)；2,2′-oxybis(*N*,*N*-di-isopropylacetamide)。74267-25-7。碱金属和碱土金属萃取[125]
CA-D 167	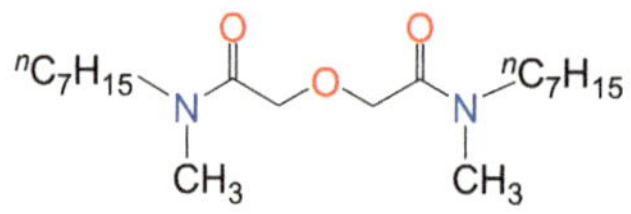	2,2′-氧基双(*N*-甲基-*N*-庚基乙酰胺)；2,2′-oxybis(*N*-heptyl-*N*-methylacetamide)。74267-26-8。碱金属和碱土金属萃取[125]
CA-D 168	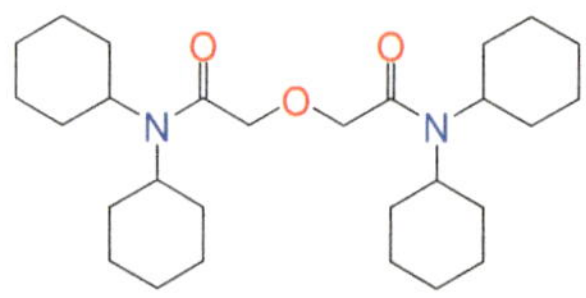	2,2′-氧基双(*N*,*N*-二环己基乙酰胺)；2,2′-oxybis(*N*,*N*-di-cyclohexylacetamide)。74267-27-9。碱金属和碱土金属萃取[125]
CA-D 169	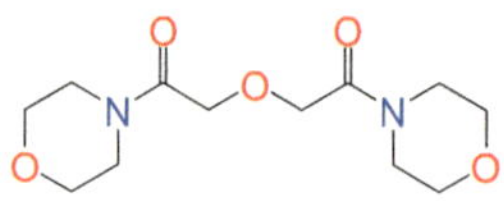	1,5-二(吗啉-4-基)-3-氧杂戊-1,5-二酮；1,5-di(morpholin-4-yl)-3-oxapentane-1,5-dione。74267-28-0。碱金属和碱土金属萃取[125]
CA-D 170	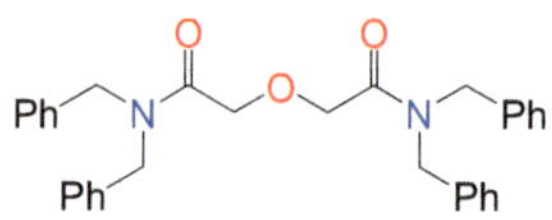	2,2′-氧基双(*N*,*N*-二苄基乙酰胺)；2,2′-oxybis(*N*,*N*-dibenzylacetamide)。74267-29-1。碱金属和碱土金属萃取[125]
CA-D 171	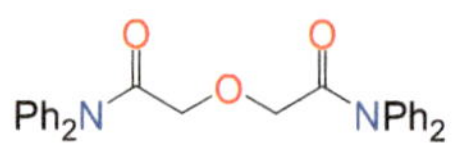	2,2′-氧基双(*N*,*N*-二苯基乙酰胺)；2,2′-oxybis(*N*,*N*-diphenylacetamide)。74267-30-4。碱金属和碱土金属萃取[125]
CA-D 172	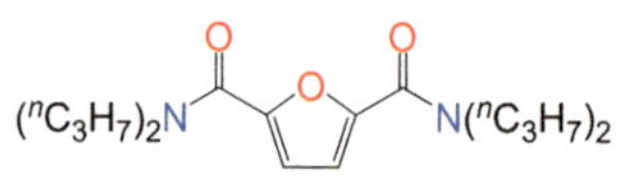	*N*,*N*,*N*′,*N*′-四丙基呋喃-2,5-二甲酰二胺；*N*,*N*,*N*′,*N*′-tetrapropyl furan-2,5-diformamide。74267-31-5。碱金属和碱土金属萃取[125]
CA-D 173	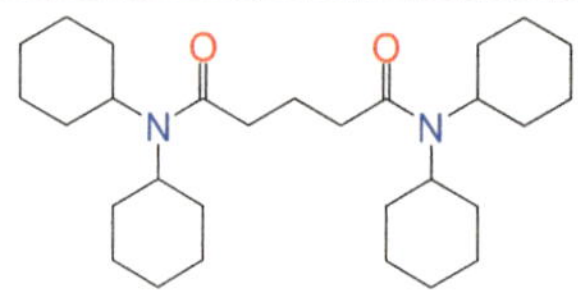	*N*,*N*,*N*′,*N*′-四环己基戊二酰二胺；*N*,*N*,*N*′,*N*′-tetracyclohexylpentanediamide。74267-32-6。碱金属和碱土金属萃取[125]
CA-D 174	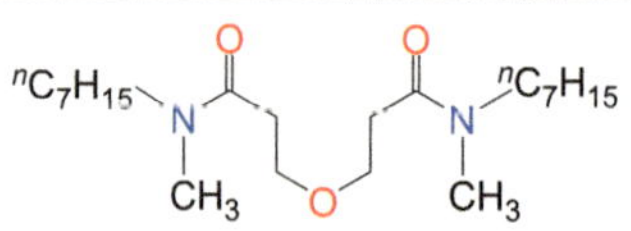	3,3′-氧基双(*N*-甲-*N*-庚基丙酰胺)；3,3′-oxydi(*N*-heptyl-*N*-methylpropionamide)。74267-33-7。碱金属和碱土金属萃取[125]
CA-D 175	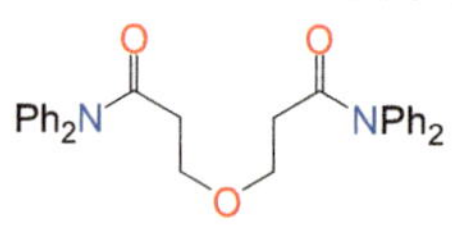	3,3′-氧基双(*N*,*N*-二苯基丙酰胺)；3,3′-oxydi(*N*,*N*-diphenylpropionamide)。74267-34-8。碱金属和碱土金属萃取[125]

续表

序号	结构	名称、CAS号、应用及参考文献
CA-D 176	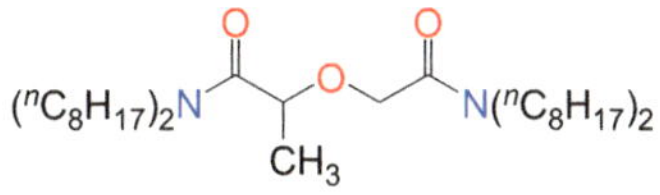	Me-TODGA；2-甲基-1,5-二(二辛基氨基)-3-氧杂戊-1,5-二酮；1,5-di(dioctylamino)-2-methyl-3-oxa-pentane-1,5-dione。1332305-98-2。锕、镧分离[128, 130]
CA-D 177	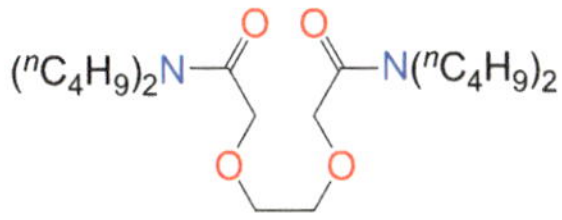	TBDOODA；1,8-二(二丁基氨基)-3,6-二氧杂辛-1,8-二酮；1,8-di(dibutylamino)-3,6-dioxaoctane-1,8-dione。70277-15-5。Am(Ⅲ)、Eu(Ⅲ)分离[119]
CA-D 178	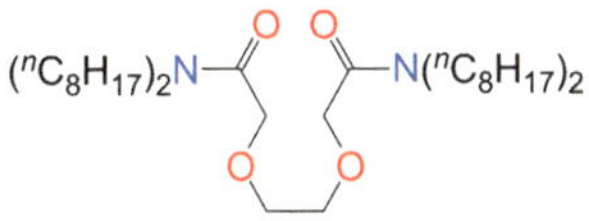	DOODA；1,8-二(二辛基氨基)-3,6-二氧杂辛-1,8-二酮；1,8-di(dioctylamino)-3,6-dioxaoctane-1,8-dione。67615-89-8。多种金属萃取[127]
CA-D 179	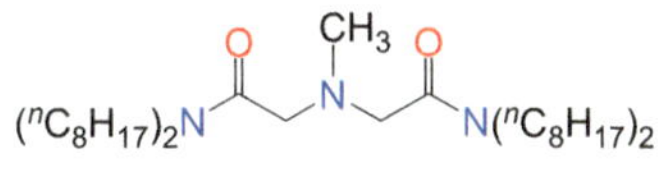	MIDOA；2,2′-(甲基亚氨基)双(*N*,*N*-二辛基乙酰胺)；2,2′-(methylamino)bis(*N*,*N*-dioctylacetamide)。1000668-90-5。多种金属萃取[127-128]
CA-D 180	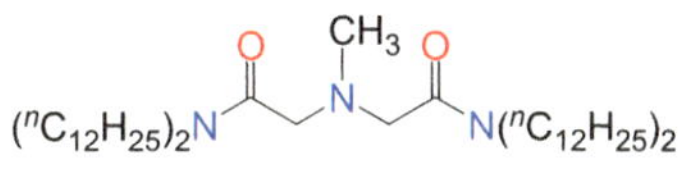	MIDDA；2,2′-(甲基亚氨基)双(*N*,*N*-二月桂基乙酰胺)；2,2′-(methylamino)bis(*N*,*N*-didodecylacetamide)。1365267-00-0。锕、镧分离[114, 128]
CA-D 181	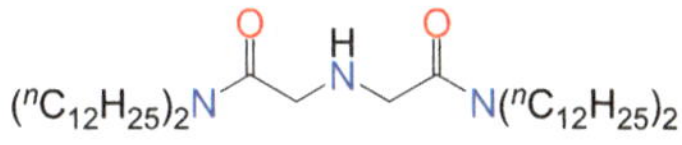	IDDA；2,2′-氨基双(*N*,*N*-二月桂基乙酰胺)；2,2′-aminobis(*N*,*N*-didodecylacetamide)。1365266-82-5。锕、镧分离[114, 128]
CA-D 182	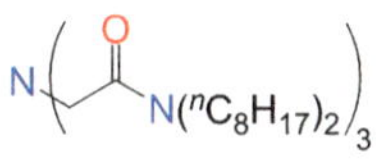	NTAamide；*N*,*N*,*N*′,*N*′,*N*″,*N*″-六辛基次氮基三(乙酰胺)；*N*,*N*,*N*′,*N*′,*N*″,*N*″-hexaoctyl-nitrilotriacetamide。1458063-79-0。锕、镧分离[127-128]
CA-D 183	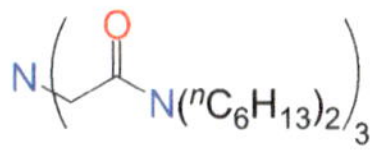	*N*,*N*,*N*′,*N*′,*N*″,*N*″-六己基次氮基三(乙酰胺)；*N*,*N*,*N*′,*N*′,*N*″,*N*″-hexahexyl-nitrilotriacetamide。1612761-09-7。锕、镧分离[127-128]
CA-D 184	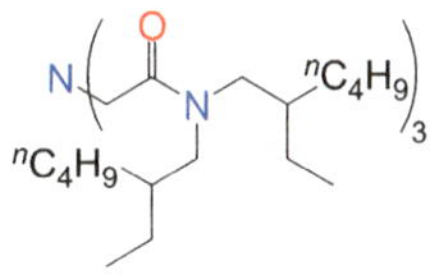	*N*,*N*,*N*′,*N*′,*N*″,*N*″-六(2-乙基己基)次氮基三(乙酰胺)；*N*,*N*,*N*′,*N*′,*N*″,*N*″-hexa(2-ethylhexyl)-nitrilotriacetamide。2251786-76-0。锕、镧分离[114]
CA-D 185	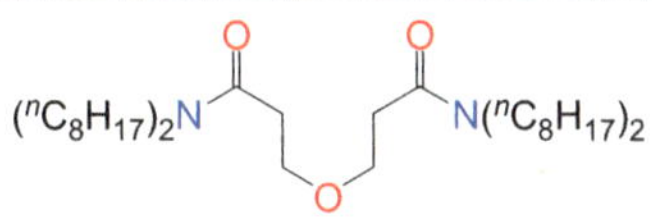	3,3′-氧基双(*N*,*N*-二辛基丙酰胺)；3,3′-oxybis(*N*,*N*-dioctylpropionamide)。419568-21-1。锕、镧分离[114, 128]
CA-D 186	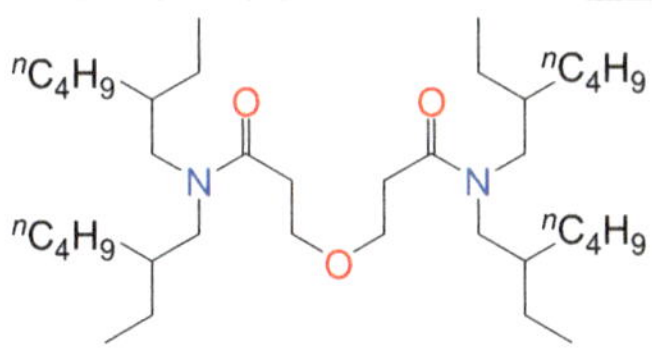	3,3′-氧基双(*N*,*N*-二(2-乙基己基)丙酰胺)；3,3′-oxybis(*N*,*N*-di-(2-ethylhexyl)propionamide)。1332305-90-4。锕、镧分离[114]
CA-D 187	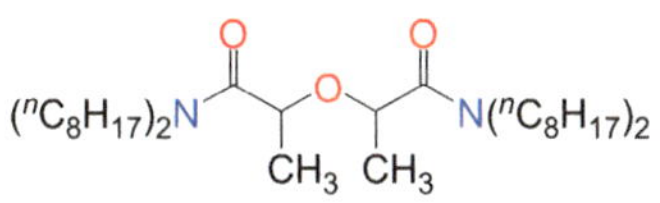	2,2′-甲基-2,2′-氧基双(*N*,*N*-二辛基丙酰胺)；2,2′-methyl-2,2′-oxybis(*N*,*N*-dioctylpropionamide)。1332306-00-9。锕、镧分离[128]
CA-D 188	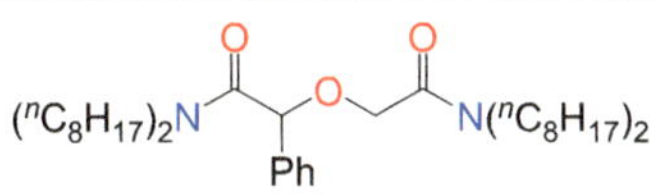	2-苯基-1,5-二(二辛基氨基)-3-氧杂戊-1,5-二酮；1,5-di(dioctylamino)-2-phenyl-3-oxapentane-1,5-dione。1332306-01-0。锕、镧分离[128]

续表

序号	结构	名称、CAS号、应用及参考文献
CA-D 189	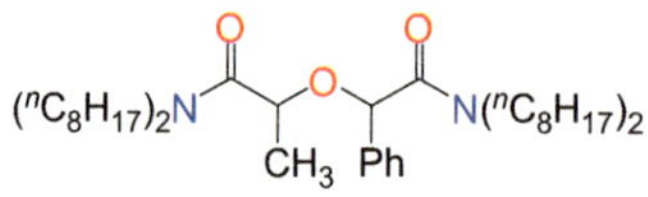	2-甲基-4-苯基-1,5-二(二辛基氨基)-3-氧杂戊-1,5-二酮；1,5-di(dioctylamino)-2-methyl-4-phenyl-3-oxapentane-1,5-dione。1332306-02-1。铈、镅分离[128]
CA-D 190	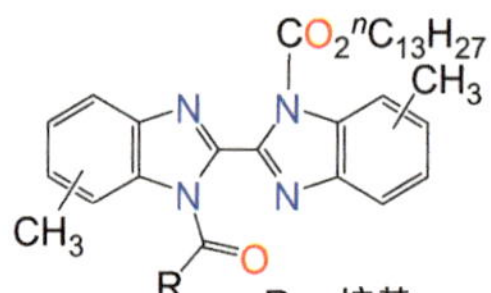	AcorgaZNX50。锌萃取[72]
CA-D 191	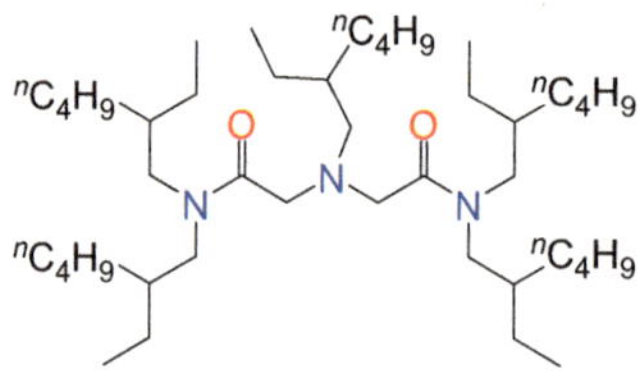	EHBAA；2,2′-(2-乙基己基亚氨基)双(*N*,*N*-二(2-乙基己基)乙酰胺)；2,2′-(2-ethylhexylamino) bis(*N*,*N*-di(2-ethylhexyl)acetamide)。2089211-17-4。Pt(Ⅳ)、Fe(Ⅲ)混合氯化体系中选择性萃取Pt(Ⅳ)[131]
CA-D 192	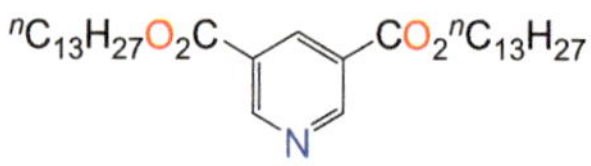	Mextral CLX-50；吡啶-3,5-二甲酸二(十三烷基)酯；ditridecyl pyridine-3,5-dicarboxylate；1895049-26-9。可从含有Fe(Ⅲ)、Co(Ⅱ)、Ni(Ⅱ)等多种金属离子中选择性萃取Cu(Ⅱ)
CA-D 193	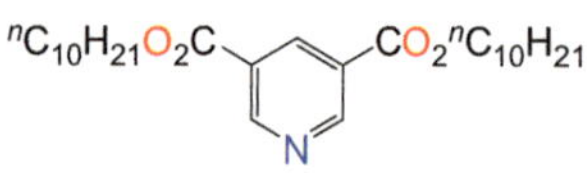	AcorgaCLX50；吡啶-3,5-二甲酸二癸酯；didecanyl pyridine-3,5-dicarboxylate。172542-23-3。铜萃取[72]
CA-D 194	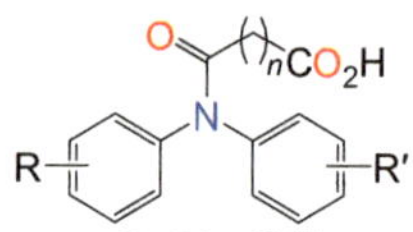	氨基氧代羧酸类萃取剂。用于分离钇与镧系元素，分离系数高于环烷酸[132]

附录1-4 酮类萃取剂

醛的稳定性差，金属萃取中的羰基化合物萃取剂都是酮类（ketones，KE）萃取剂。根据分子中羰基数目可以分为单酮和多酮：

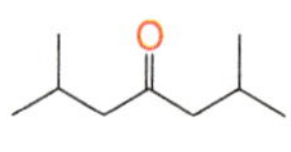

单酮萃取剂

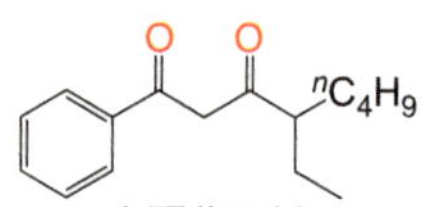

多酮萃取剂

单酮萃取剂的品种数低于多酮萃取剂。多酮萃取剂中以*β*-二酮类为主。单酮萃取剂属于中性萃取剂，萃取金属离子时将平衡离子一起萃取到有机相，如MIBK（甲基异丁基酮）从HF介质中萃取Nb(Ⅴ)时的机理为：

$$H_2NbF_{7(aq)} + nMIBK_{(o)} \longrightarrow H_2NbF_7 \cdot nMIBK_{(o)}$$

β-二酮类属于二齿酸性萃取剂，通常以质子交换机理萃取金属离子，可以表示为：

$$M^{n+}_{(aq)} + nHA_{(o)} \longrightarrow MA_{n(o)} + nH^{+}_{(aq)}$$。

制备方法

单酮的制备可以丙酮为原料，经缩合-氢化制备；也可通过向羰基α-位引入其他官能团的方式制备。β-二酮类化合物常用Claisen缩合制备。

代表结构及其应用

序号	结构	名称、CAS号、应用及参考文献
	（1）单酮类萃取剂	
KE 1	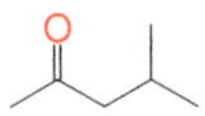	MIBK；甲基异丁基酮；4-甲基戊-2-酮；methyl isobutyl ketone；4-methylpentan-2-one。108-10-1。以硝酸盐为盐析剂分离铀、钚、锆、铪、钽、铌[133]，其他多种金属离子萃取[134]
KE 2	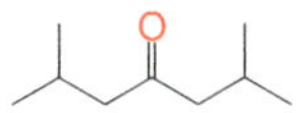	DIBK；二异丁酮；2,6-二甲基庚-4-酮；2,6-dimethylheptan-4-one。108-83-8。金、锂萃取[72]
KE 3	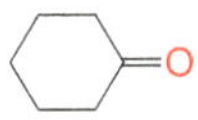	环己酮；cyclohexanone。108-94-1。以硝酸盐为盐析剂分离铀、钚、锆、铪、钽、铌[133]。
KE 4	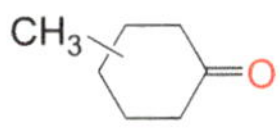	甲基环己酮；methylcyclohexanone。1331-22-2。以硝酸盐为盐析剂分离铀、钚、锆、铪、钽、铌[133]。
KE 5	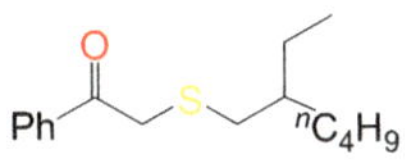	IOTPEK；1-苯基-2-(2-乙基己基硫基)乙酮；2-乙基己基硫基甲基(苯基)酮；2-ethylhexylthiomethyl phenyl ketone。从Ni(Ⅱ)、Fe(Ⅲ)、Cu(Ⅱ)、Zn(Ⅱ)等贱金属混合液中高选择性萃取Au(Ⅲ)[135]
KE 6	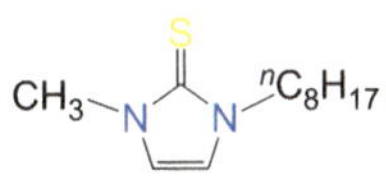	OMIMT；1-辛基-3-甲基-4-咪唑啉-2-硫酮；1-octyl-3-methyl-4- imidazoline-2-thione。135011-46-0。铂族金属萃取[136]
	（2）多酮类萃取剂	
KE 7	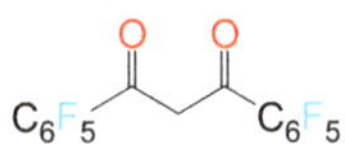	BPFBM；二(五氟苯甲酰)甲烷；bis(pentafluorobenzoyl)methane。23074-29-5。多种金属萃取[137]
KE 8	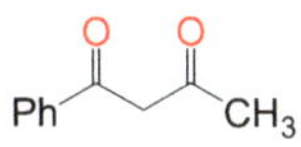	BZAC；苯甲酰丙酮；benzoylacetone。93-91-4。萃取铜[137-138]
KE 9	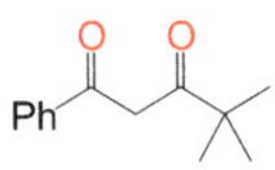	BZPIV；4,4-二甲基-1-苯基戊-1,3-二酮；4,4-dimethyl-1-phenylpentane-1,3-dione。13988-67-5。多种金属萃取[137]
KE 10	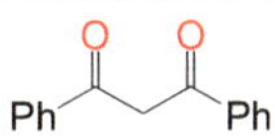	DBM；二苯甲酰甲烷；dibenzoylmethane。120-46-7。锂萃取[137, 139]
KE 11	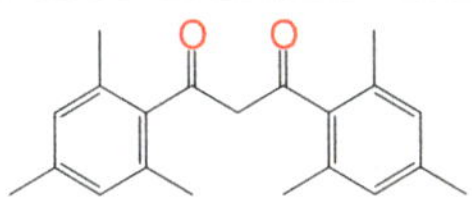	DMM；1,3-二(2,4,6-三甲基苯基)丙-1,3-二酮；1,3-bis(2,4,6-trimethylphenyl) propane-1,3-dione。6477-29-8。多种金属萃取[137]
KE 12	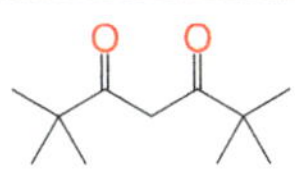	DPM；2,2,6,6-四甲基庚-3,5-二酮；2,2,6,6-tetramethylheptane-3,5-dione。1118-71-4。多种金属萃取[137]
KE 13	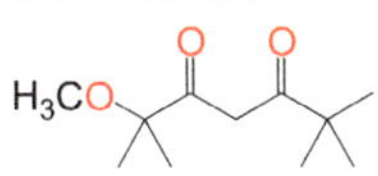	DPM-OMe；2-甲氧基-2,6,6-三甲基庚-3,5-二酮；2-methoxy-2,6,6-trimethylheptane-3,5-dione。138201-84-0。多种金属萃取[137]

续表

序号	结构	名称、CAS号、应用及参考文献
KE 14	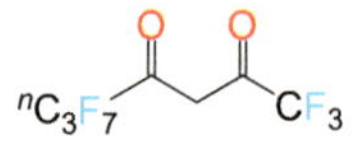	FOD；1,1,1,5,5,6,6,7,7,7-十氟庚-2,4-二酮；1,1,1,5,5,6,6,7,7,7-decafluoroheptane-2,4-dione。20583-66-8。多种金属萃取[137]
KE 15	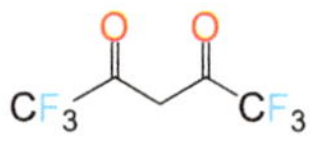	HFAC；1,1,1,5,5,5-六氟乙酰丙酮；hexafluoroacetylacetone。1522-22-1。多种金属萃取[137]
KE 16	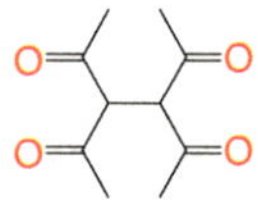	TAE；3,4-二乙酰基己-2,5-二酮；3,4-diacetylhexane-2,5-dione。5027-32-7。多种金属萃取[137]
KE 17	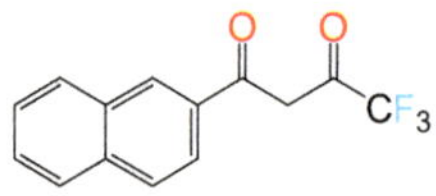	NTFA；4,4,4-三氟-1-(萘-2-基)丁-1,3-二酮；4,4,4-trifluoro-1-(naphthalen-2-yl) butane-1,3-dione。893-33-4。多种金属萃取[137]
KE 18	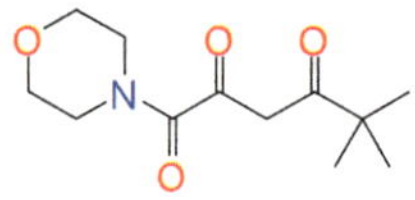	MODP；5,5-二甲基-1-(吗啉-4-基)己-1,2,4-三酮；5,5-dimethyl-1-(morpholin-4-yl) hexane-1,2,4-trione。128277-54-3。多种金属萃取[137]
KE 19	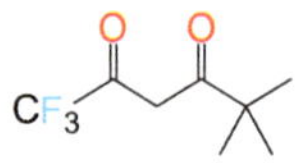	PTFA；1,1,1-三氟-5,5-二甲基己-2,4-二酮；1,1,1-trifluoro-5,5-dimethylhexane-2,4-dione。22767-90-4。多种金属萃取[137]
KE 20	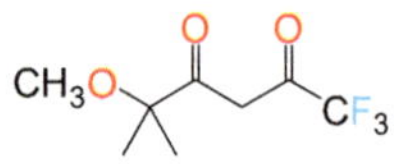	PTFA-OMe；1,1,1-三氟-5-甲基-5-甲氧基己-2,4-二酮；1,1,1-trifluoro -5-methyl-5-methoxyhexane-2,4-dione。146195-65-5。多种金属萃取[137]
KE 21	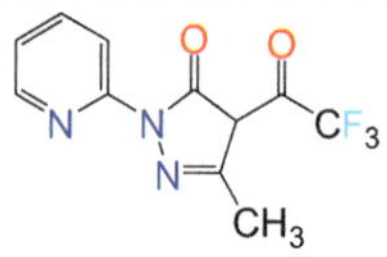	PTFPYZO；3-甲基-1-(吡啶-2-基)-4-(三氟乙酰基)-2-吡唑啉-5-酮；3-methyl-1-(pyridin-2-yl)-4-(trifluoroacetyl)-2-pyrazoline-5-one。732283-66-8。多种金属萃取[137]
KE 22	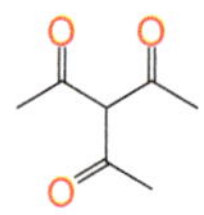	TAM；3-乙酰基戊-2,4-二酮；3-acetylpentane-2,4-dione。815-68-9。多种金属萃取[137]
KE 23	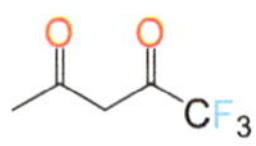	TFAC；1,1,1-三氟戊-2,4-二酮；1,1,1-trifluoropentane-2,4-dione。367-57-7。多种金属萃取[137]
KE 24	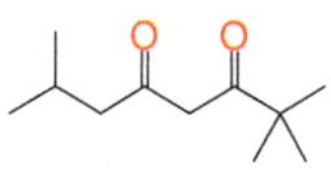	TOD；2,2,7-三甲基辛-3,5-二酮；2,2,7-trimethyloctane-3,5-dione。69725-37-7。多种金属萃取[137]
KE 25	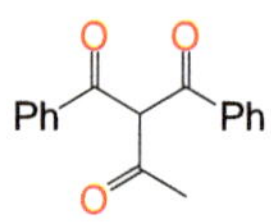	1-苯基-2-苯甲酰基丁-1,3-二酮；2-benzoyl-1-phenylbutane-1,3-dione。19221-93-3。多种过渡金属萃取[140]
KE 26	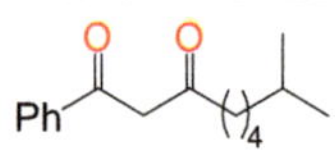	8-甲基-1-苯基壬-1,3-二酮；8-methyl-1-phenylnonane-1,3-dione。155602-82-7。多种金属萃取[72]
KE 27	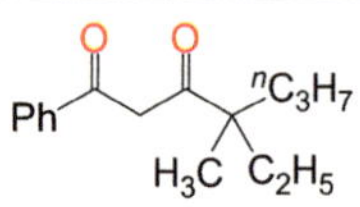	XI-N54；4-甲基-4-乙基-1-苯基庚-1,3-二酮；4-ethyl-4-methyl-1-phenylheptane-1,3-dione。444716-94-3。多种金属萃取[72]

续表

序号	结构	名称、CAS号、应用及参考文献
KE 28	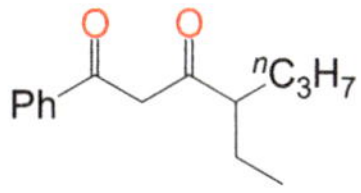	XI-55；4-乙基-1-苯基庚-1,3-二酮；4-ethyl-1-phenylheptane-1,3-dione。多种金属萃取[72]
KE 29	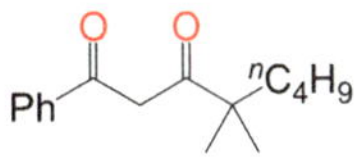	XI-57；4,4-二甲基-1-苯基辛-1,3-二酮；4,4-dimethyl-1-phenyloctane-1,3-dione。多种金属萃取[72]
KE 30	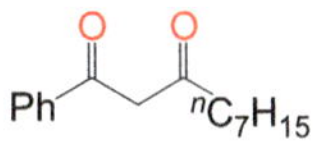	1-苯基癸-1,3-二酮；1-phenyldecane-1,3-dione。为Mextral54-100有效成分的一种。68892-13-7。萃取铜[141-142]
KE 31	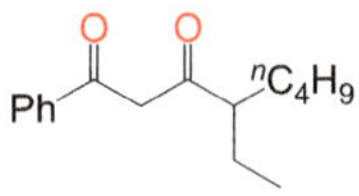	4-乙基-1-苯基辛-1,3-二酮；4-ethyl-1-phenyloctane-1,3-dione。112405-99-9。多种金属萃取[72]
KE 32	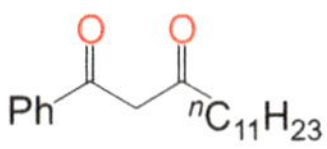	1-苯基十四烷-1,3-二酮；1-phenyltetradecane-1,3-dione。55846-69-0。萃取铜[138]
KE 33	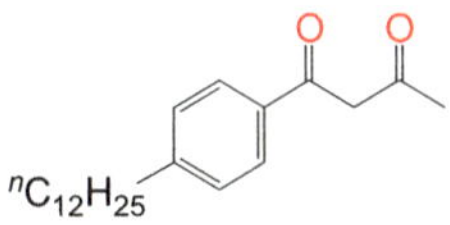	LIX54；1-(4-十二烷基)苯基丁-1,3-二酮；1-(4-dodecylphenyl)butane-1,3-dione。59863-27-3。萃取铜、锌，萃取铜饱和容量可达100 g/L[138, 143]
KE 34	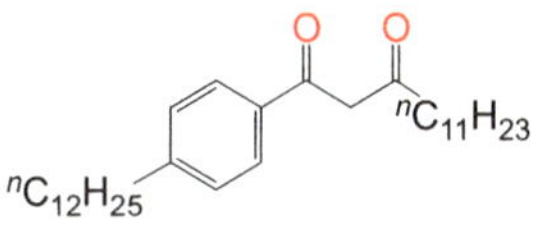	1-(4-十二烷基)苯基十四烷-1,3-二酮；1-(4-dodecylphenyl) tetradecane-1,3-dione。407609-88-5。萃取铜[138]
KE 35	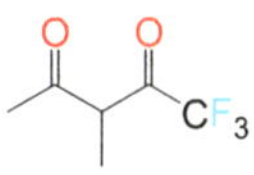	1,1,1-三氟-3-甲基戊-2,4-二酮；1,1,1-trifluoro-3-methylpentane-2,4-dione。360-82-7。碱金属萃取[144]
KE 36	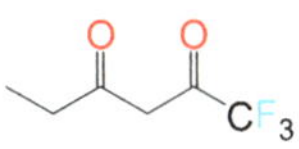	1,1,1-三氟己-2,4-二酮；1,1,1-trifluorohexane-2,4-dione。400-54-4。碱金属萃取[144]
KE 37	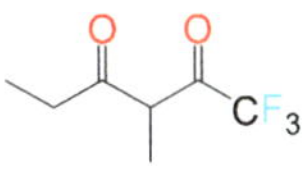	1,1,1-三氟-3-甲基己-2,4-二酮；1,1,1-trifluoro-3-methylhexane-2,4-dione。392-48-3。碱金属萃取[144]
KE 38	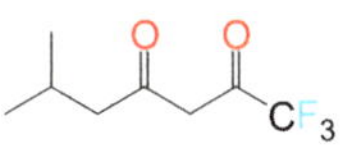	1,1,1-三氟-6-甲基庚-2,4-二酮；1,1,1-trifluoro-6-methylheptane-2,4-dione。461-92-7。碱金属萃取[144]
KE 39	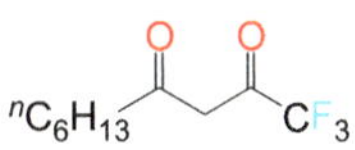	1,1,1-三氟癸-2,4-二酮；1,1,1-trifluorodecane-2,4-dione。332-82-1。碱金属萃取[144]
KE 40	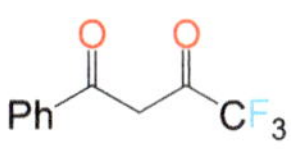	苯甲酰三氟丙酮；benzoyltrifluoroacetone。326-06-7。碱金属萃取[137, 144-145]
KE 41	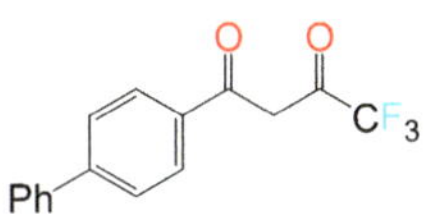	(4-苯基苯甲酰)三氟丙酮；(4-phenylbenzoyl) trifluoroacetone。581-83-9。碱金属萃取[144]

续表

序号	结构	名称、CAS号、应用及参考文献
KE 42	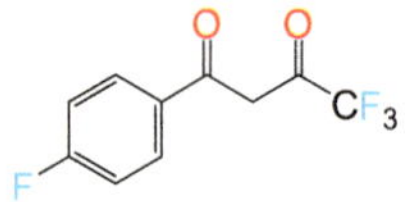	(4-氟苯甲酰)三氟丙酮；(4-fluorobenzoyl) trifluoroacetone。582-65-0。碱金属萃取[144]
KE 43	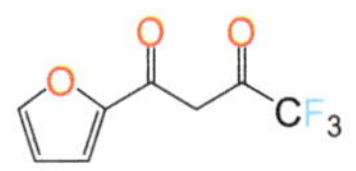	1-(呋喃-2-基)-4,4,4-三氟丁-1,3-二酮；1-(furan-2-yl)- 4,4,4-trifluorobutane-1,3-dione 326-90-9。碱金属萃取[144]
KE 44	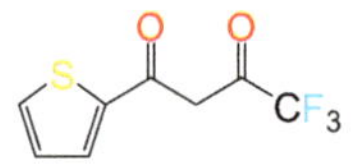	HTTA；TTEA；1-(噻吩-2-基)-4,4,4-三氟丁-1,3-二酮；1-(thiophene-2-yl)- 4,4,4-trifluorobutane-1,3-dione。326-91-0。多种金属萃取[120, 137, 144]
KE 45	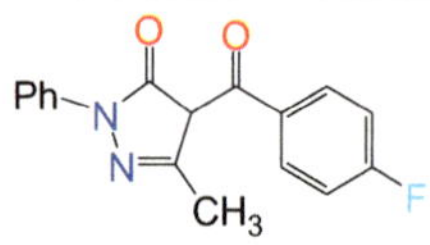	3-甲基-1-苯基-4-(4-氟苯甲酰基)-2-吡唑啉-5-酮；3-methyl-1-phenyl-4-(4-fluorobenzoyl)-2-pyrazoline-5-one。129228-84-8。镧系金属萃取[60]
KE 46	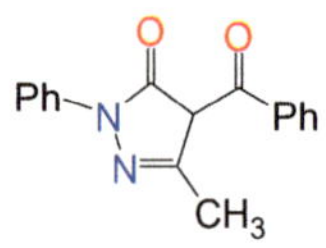	HPMBP；3-甲基-1-苯基-4-苯甲酰基-2-吡唑啉-5-酮；3-methyl-1-phenyl-4-benzoyl-2-pyrazoline-5-one。4551-69-3。与P507协同萃取分离稀土、锂萃取，萃取锌[139, 146-148]
KE 47	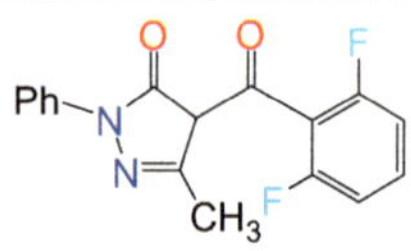	3-甲基-1-苯基-4-(2,6-二氟苯甲酰基)-2-吡唑啉-5-酮；3-methyl-1-phenyl-4-(2,6-difluorobenzoyl)-2-pyrazoline-5-one。132915-90-3。与三辛基氧化膦协同萃取分离钪、镧系[147]
KE 48	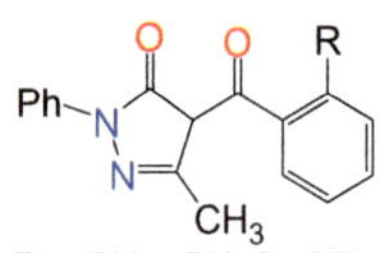 R = CH_3, CH_3O, CF_3, F, Cl, Br	3-甲基-1-苯基-4-(2-取代苯甲酰基)-2-吡唑啉-5-酮；3-methyl-1-phenyl-4-(2-substitutedbenzoyl)-2-pyrazoline-5-one。与三辛基氧化膦协同萃取分离钪、镧系[147]
KE 49	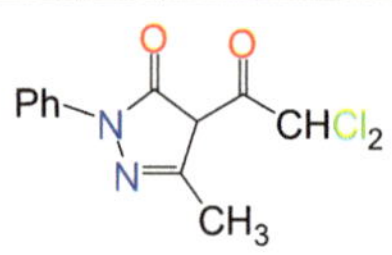	PMDCP；3-甲基-1-苯基-4-二氯乙酰基-2-吡唑啉-5-酮；3-methyl-1-phenyl-4-dichloroacetyl-2-pyrazoline-5-one。125093-08-5。萃取锌[148]
KE 50	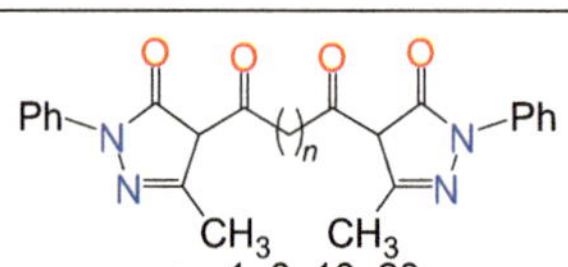 n = 1~8, 10, 20	1,ω-双(3-甲基-1-苯基-2-吡唑啉-5-酮-4-基)烷烃-1,ω-二酮；1,ω-bis(3-methyl-1-phenyl-2-pyrazoline-5-one-4-yl)alkane-1,ω-dione。铜萃取剂[149]
KE 51	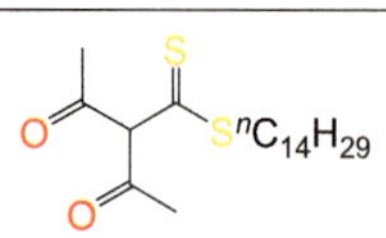	2-乙酰基-3-氧代二硫代丁酸十四烷基酯；tetradecyl 2-acetyl-3-oxodithiobutyrate。1256155-53-9。从氨性环境中快速、高效萃取锌[150]
KE 52	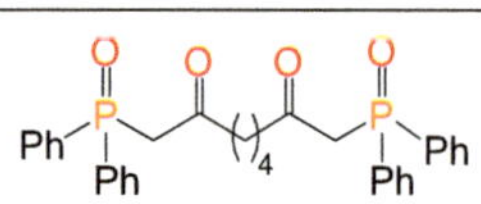	DPPODO；1,8-双(二苯基次膦酰基)辛-2,7-二酮；1,8-bis(diphenylphosphinoyl)octane-2,7-dione。铀、钍与镧系金属分离[151]
KE 53	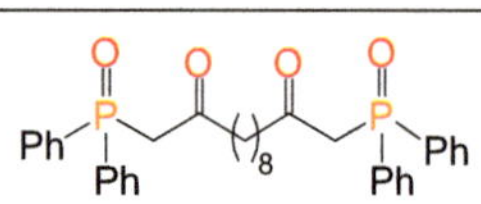	DPPDDO；1,12-双(二苯基次膦酰基)十二碳-2,11-二酮；1,12-bis(diphenylphosphinoyl)dodecane-2,11-dione。铀、钍萃取[152]

附录1-5 醇（包括酚）、醚萃取剂

醇（酚）、醚官能团对金属离子的萃取能力较差，只以它们作为反应基团的萃取剂不多，更多的是出现在多官能团萃取剂中，如：

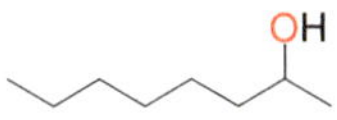

长碳链醇

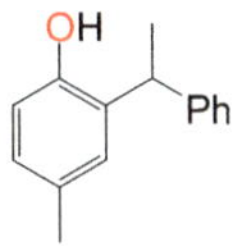

取代苯酚

多醚

醇（酚）、醚（alcohol and ether，AE）萃取剂都是中性萃取剂，萃取时将平衡离子一起萃取到有机相：

$$M^{n+}_{(aq)} + nA^{-}_{(aq)} + xL_{(o)} \longrightarrow MA_n \cdot xL_{(o)}$$

酚可作为酸性萃取剂按质子交换机理萃取金属离子：

$$M^{n+}_{(aq)} + nHA_{(o)} \longrightarrow MA_{n(o)} + nH^{+}_{(aq)}$$

制备方法

长碳链醇可由短碳链醇制备，或由羰基化合物氢化得到；醚可由醇制备，也可用醇钠等制备；取代苯酚可由直接向芳环上引入取代基的方法制备。

代表结构及其应用

序号	结构	名称、CAS号、应用及参考文献
（1）长碳链醇		
AE 1	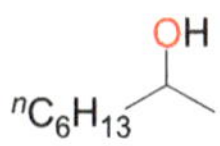	辛-2-醇；octan-2-ol。123-96-6。铁、锗萃取，添加剂[153]
AE 2	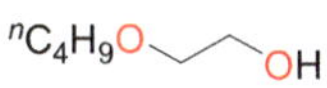	乙二醇一丁醚；2-butoxyethanol。111-76-2。以 $Al(NO_3)_3$ 为盐析剂纯化铀[133]
AE 3	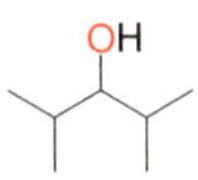	2,4-二甲基戊-3-醇；2,4-dimethylpentan-3-ol。600-36-2。以 $Al(NO_3)_3$ 为盐析剂纯化铀[133]
AE 4	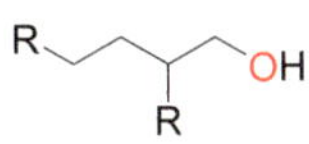	A1416；*β*-支链伯醇；*β*-branched primary alcohol。碱金属萃取[154]
（2）醚		
AE 5	$O(C_2H_5)_2$	乙醚；diethyl ether。60-29-7。以 $Ca(NO_3)_2$、$Mg(NO_3)_2$ 为盐析剂从富矿中分离铀，及铀的纯化；以硝酸或硝酸盐为盐析剂分离铀、钚[133]
AE 6	$O(^{i}C_3H_7)_2$	二异丙醚；diisopropyl ether。108-20-3。以 $Ca(NO_3)_2$、$Mg(NO_3)_2$ 为盐析剂从富矿中分离铀，及铀的纯化；以硝酸或硝酸盐为盐析剂分离铀、钚[133]
AE 7	$O(^{n}C_4H_9)_2$	二丁醚；dibutyl ether。142-96-1。以 $Ca(NO_3)_2$、$Mg(NO_3)_2$ 为盐析剂从富矿中分离铀，及铀的纯化；以硝酸或硝酸盐为盐析剂分离铀、钚[133]

续表

序号	结构	名称、CAS号、应用及参考文献
AE 8	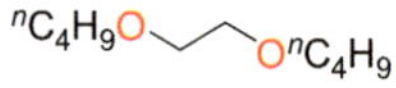	乙二醇二丁醚；ethylene glycol dibutyl ether。112-48-1。以$Ca(NO_3)_2$、$Mg(NO_3)_2$为盐析剂从富矿中分离铀，及铀的纯化；以硝酸或硝酸盐为盐析剂分离铀、钚[133]
AE 9		DBC；二乙二醇二丁醚；二甘醇二丁醚；diethylene glycol dibutyl ether。112-73-2。以$Ca(NO_3)_2$、$Mg(NO_3)_2$为盐析剂从富矿中分离铀，及铀的纯化；以硝酸或硝酸盐为盐析剂分离铀、钚，萃取铂族金属添加剂[72, 133]
AE 10	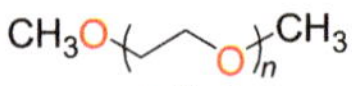 n = 1, 2, 3, 4	聚乙二醇二甲醚；polyethylene glycol dimethyl ether。锂同位素分离[155]
AE 11	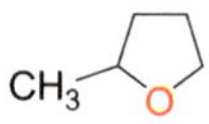	2-甲基四氢呋喃；2-methyltetrahydrofuran。96-47-9。以$Ca(NO_3)_2$、$Mg(NO_3)_2$为盐析剂从富矿中分离铀，及铀的纯化；以硝酸或硝酸盐为盐析剂分离铀、钚[133]
AE 12	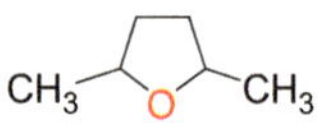	2,5-二甲基四氢呋喃；2,5-dimethyltetrahydrofuran。1003-38-9。以$Ca(NO_3)_2$、$Mg(NO_3)_2$为盐析剂从富矿中分离铀，及铀的纯化；以硝酸或硝酸盐为盐析剂分离铀、钚[133]
AE 13	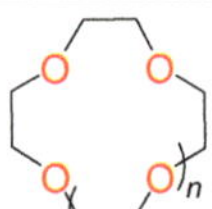 n = 1~9	冠醚；crown ethers。碱金属萃取[156]
AE 14	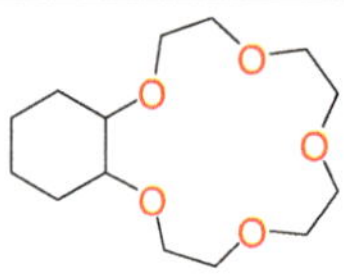	C15C5；环己烷并-15-冠-5；cyclohexano15-crown-5。17454-48-7。碱金属萃取[156]
AE 15	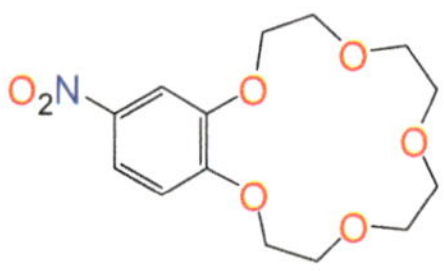	3-硝基苯并15-冠-5；3-nitrobenzo-15-crown-5。60835-69-0。锂同位素分离[157]
AE 16	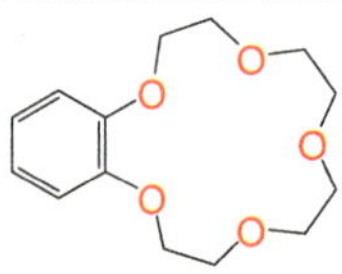	苯并15-冠-5；benzo-15-crown-5。14098-44-3。锂同位素分离[158]
AE 17	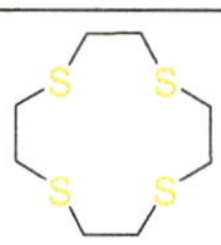	1,4,7,10-四硫代环十二烷；1,4,7,10-tetrathiocyclododecane。25423-56-7。Ag(I)、Tl(I)萃取[159]
AE 18	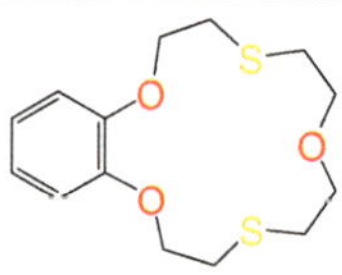	4,10-二硫杂苯并15-冠醚-5；4,10-dithiabenzo-15-crown-5。132310-03-3。Ag(I)、Tl(I)萃取[159]
AE 19	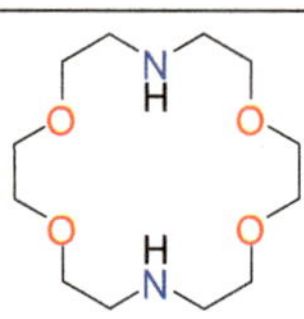	DA18C6；1,10-二氮杂-18冠-6；1,10-diaza-18-crown-6。23978-55-4。根据尺寸选择金属离子，锂同位素分离[148, 160]

续表

序号	结构	名称、CAS号、应用及参考文献
（3）取代苯酚		
AE 20	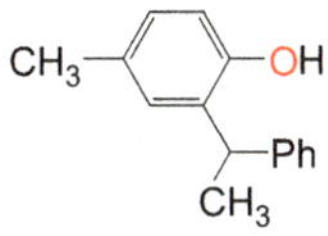	4-甲基-2-(1-苯基乙基)苯酚；4-methyl-2-(1-phenylethyl)phenol。1817-67-0。碱金属的萃取分离[161-162]
AE 21	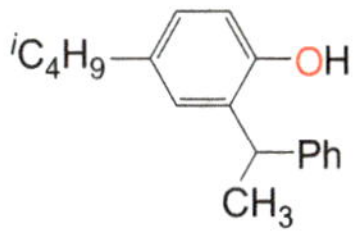	4-异丁基-2-(1-苯基乙基)酚；4-isobutyl-2-(1-phenylethyl)phenol。^{137}Cs萃取剂[133]
AE 22	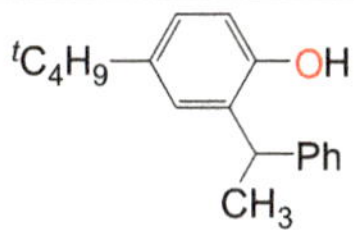	*t*-BAMBP；4-叔丁基-2-(1-苯基乙基)苯酚；4-(*tert*-butyl)-2-(1-phenylethyl)phenol。1806-32-2。碱金属的萃取分离[161-162]
AE 23	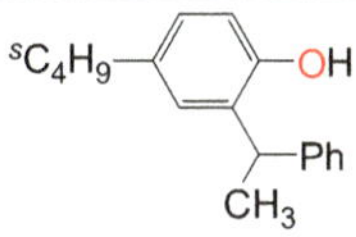	BAMBP；4-仲丁基-2-(1-苯基乙基)苯酚；4-*sec*-butyl-2-(1-phenylethyl)phenol。2622-83-5。碱金属萃取[163]
AE 24	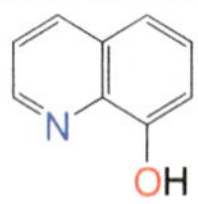	HQ；HOx；8-羟基喹啉；8-hydroxyquinoline。148-24-3。以氯仿为稀释剂从氰化体系中共萃Fe^{3+}、UO_2^{2+}[76]
AE 25	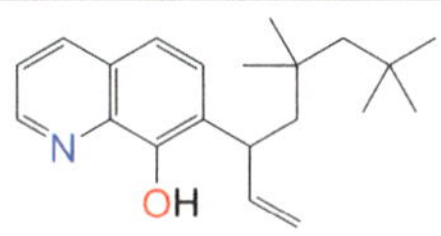	N601；Kelex100主要成分；7-(5,5,7,7-四甲基辛-1-烯-3-基)-8-羟基喹啉；7-(5,5,7,7-tetramethyloct-1-en-3-yl)quinolin-8-ol。29171-27-5。多种金属萃取[154, 164]
AE 26	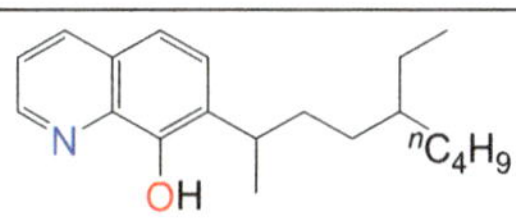	BNO；7-(1-甲基-4-乙基辛基)-8-羟基喹啉；binaphthol；7-(4-ethyl-1-methyloctyl)-8-hydroxyquinoline。73545-11-6。锂同位素分离[155]
AE 27	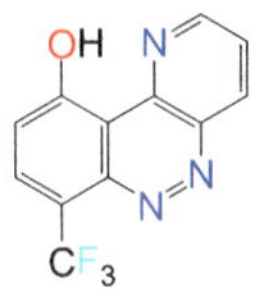	7-(三氟甲基)吡啶并[3,2-*c*]曾嗪-10-醇；7-(trifluoromethyl)pyrido[3,2-*c*]cinnolin-10-ol。2404577-77-9。锂同位素分离[165]
AE 28	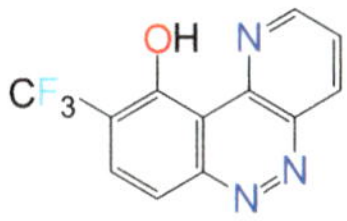	9-(三氟甲基)吡啶并[3,2-*c*]曾嗪-10-醇；9-(trifluoromethyl)pyrido[3,2-*c*]cinnolin-10-ol。2404577-78-0。锂同位素分离[165]
AE 29	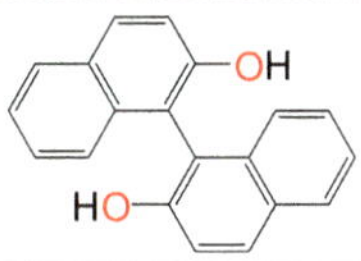	BINOL；1,1′-联二萘-2,2′-二酚；1,1′-binaphthalene-2,2′-diol。602-09-5。锂同位素分离[155]
AE 30	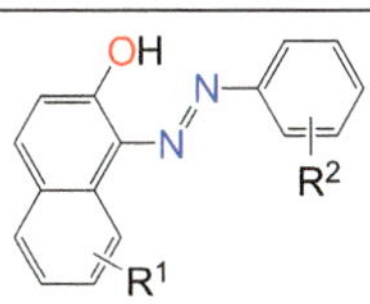 R^1, R^2= 含氟取代基	(取代2-羟基萘-1-基)(取代苯基)二氮烯。含氟芳香亚胺类，锂同位素分离[166]

续表

序号	结构	名称、CAS号、应用及参考文献
AE 31	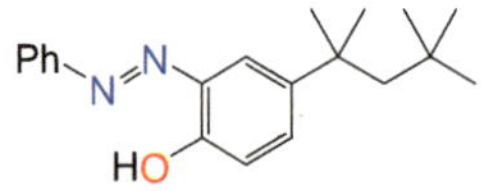	4-(1,1,3,3-四甲基丁基)-2-(苯基二氮烯基)苯酚；2-(phenyldiazenyl)-4-(1,1,3,3-tetramethylbutyl)phenol。铜萃取[167]
AE 32	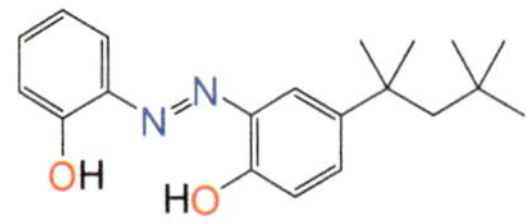	2-((2-羟基苯基)二氮烯基)-4-(1,1,3,3-四甲基丁基)苯酚；2-((2-hydroxyphenyl)diazenyl)-4-(1,1,3,3-tetramethyl-butyl)phenol。铜萃取[167]
AE 33	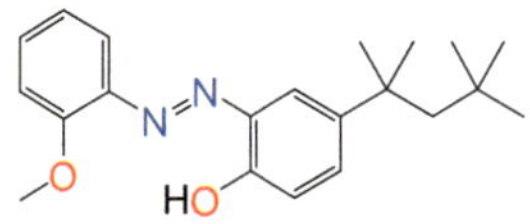	2-((2-羟基苯基)二氮烯基)-4-(1,1,3,3-四甲基丁基)苯酚；2-((2-methoxyphenyl)diazenyl)-4-(1,1,3,3-tetramethylbutyl)phenol。铜萃取[167]
AE 34	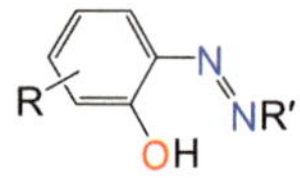	取代2-二氮烯基苯酚；substituted 2-diazenylphenol。碱金属萃取分离[168]
AE 35	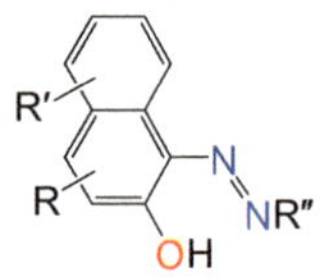	取代1-二氮烯基萘-2-酚；substituted 1-diazenyl naphthalen-2-ol。碱金属萃取分离[168]
AE 36	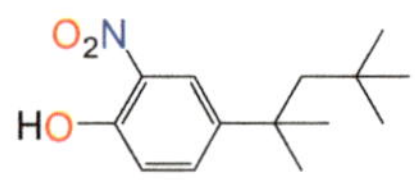	NTP；4-(1,1,3,3-四甲基丁基)-2-硝基苯酚；2-nitro-4-(1,1,3,3-tetramethylbutyl)phenol。46912-02-1。铜萃取[167]
AE 37	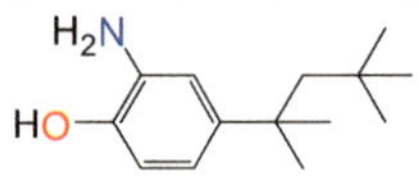	ATP；4-(1,1,3,3-四甲基丁基)-2-氨基苯酚；2-amino-4-(1,1,3,3-tetramethylbutyl)phenol。6073-20-7。铜萃取[167]
AE 38	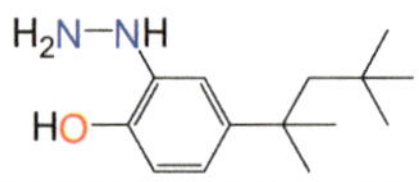	HTHB；4-(1,1,3,3-四甲基丁基)-2-肼基苯酚；2-hydrazineyl-4-(1,1,3,3-tetramethylbutyl)phenol。铜萃取[167]
AE 39	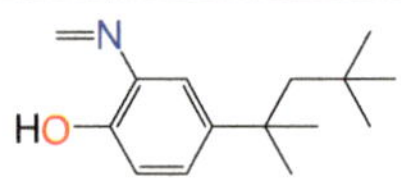	NFATP；4-(1,1,3,3-四甲基丁基)-2-甲亚基氨基苯酚；2-(methylideneamino)-4-(1,1,3,3-tetramethylbutyl)phenol。铜萃取[167]
AE 40	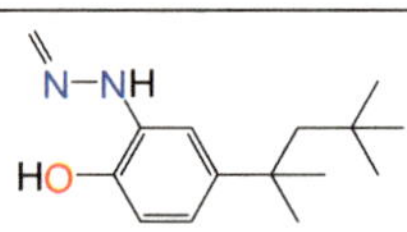	NFHTHB；4-(1,1,3,3-四甲基丁基)-2-(2-甲亚基肼基)苯酚；2-(2-methylidenehydrazineyl)-4-(1,1,3,3-tetramethylbutyl)phenol。铜萃取[167]

附录1-6　胺（包括铵）萃取剂

胺（包括铵）(Amine nitrogen，AN）萃取剂可以根据N原子上烷基数目进行分类，如伯（一级）、仲（二级）、叔（三级）胺和季（四级）铵就分别表示N原子上连有1、2、3、4个烷基：

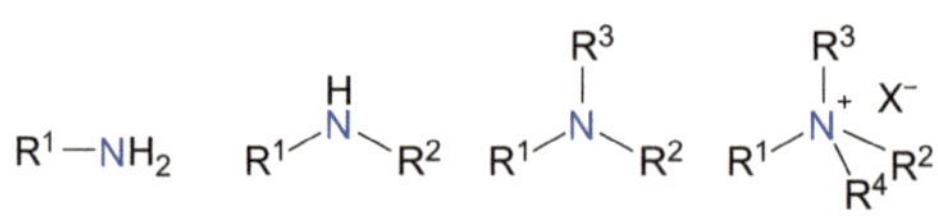

伯胺　　仲胺　　叔胺　　季铵盐

还可以根据与N相连的碳原子结构进一步分类，如仲碳伯胺、叔碳伯胺就分别表示与伯胺相连的碳原子带有2和3个支链。除单个氮原子的胺外，还存在多胺、环状多胺等。胺类萃取剂萃取金属离子时，通常是先质子化形成铵盐，再与金属离子以离子对机理进行萃取。如钨、钼的含氧酸根离子与共存的磷、砷等形成杂多酸，并以杂多酸根的形式被胺类萃取剂萃取，萃取反应为[169]：

$$3R_3N_{(o)} + 3HCl_{(aq)} + (MoO_3)_{12} \cdot PO_4{}^{3-}{}_{(aq)} \longrightarrow (R_3NH)_3 \cdot (MoO_3)_{12} \cdot PO_{4(o)} + 3Cl^-{}_{(aq)}$$

制备方法

胺的制备方法很多，用于胺类萃取剂合成主要是卤代烃、醇的氨解，以及含氮化合物的还原、水解等。

代表结构及其应用

序号	结构	名称、CAS号、应用及参考文献
（1）脂肪胺		
AN 1	C_{18} ~ C_{22}叔烷基胺	C_{18} ~ C_{22}叔烷基胺。69225-84-9。多种金属萃取[72, 170]
AN 2	C_{12} ~ C_{14}叔烷基伯胺	C_{12} ~ C_{14}叔烷基伯胺。68955-53-3。多种金属萃取[72, 170]
AN 3	混合伯胺	AIIH；混合伯胺。多种金属萃取[170]
AN 4	C_{12}伯胺为主，混有C_4、C_{18}伯胺	Armeen-12D；C_{12}伯胺为主，混有C_4、C_{18}伯胺。多种金属萃取剂[170]
AN 5	C_{12}、C_{14}伯胺为主，混有C_8 ~ C_{18}伯胺	ArmeencD；C_{12}、C_{14}伯胺为主，混有C_8 ~ C_{18}伯胺。多种金属萃取剂[170]
AN 6	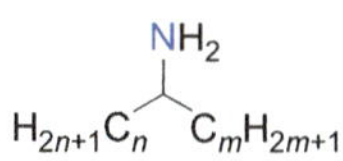 $n+m+1=15\sim17$	AII-15-17；C_{15} ~ C_{17}仲碳伯胺。多种金属萃取剂[170]
AN 7	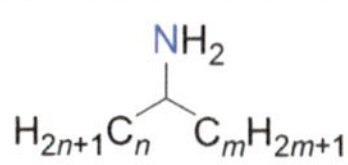 $n+m+1=19\sim23$	N1923；C_{19} ~ C_{23}仲碳伯胺；C_{19} ~ C_{23}secondary carbon primary amine。109-04-5。稀土萃取，多种金属萃取[171-173]
AN 8	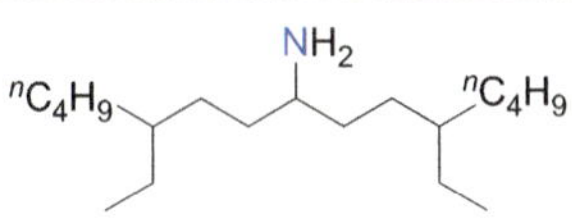	Amine21F81；5,11-二乙基十五碳-8-基胺；5,11-diethylpentadecan-8-ylamine。29766-48-1。萃取钍、稀土[2]
AN 9	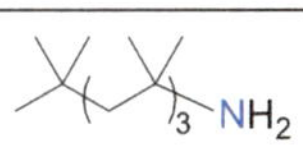	N-116；1,1,3,3,5,5-7,7-八甲基辛胺；1,1,3,3,5,5,7,7-octamethyloctylamine。多种金属萃取[171]
AN 10	$H_2N—C(^nC_8H_{17})_3$	N-125；1,1-二辛基壬胺；1,1-dioctylnonylamine。29560-04-1。多种金属萃取[171]
AN 11	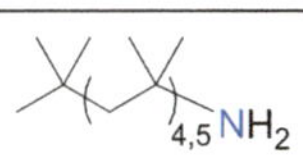	PrimeneJM-T；支链叔碳伯胺；branched tertiary carbon primary amine。68955-54-4。多种金属萃取剂[170]
AN 12	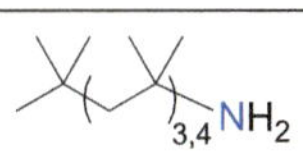	Primene81-R；支链叔碳伯胺；branched tertiary carbon primary amine。69225-82-7。多种金属萃取剂[170]
AN 13	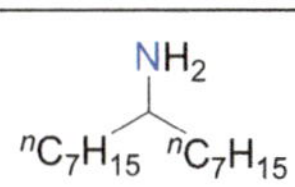	1-庚基辛胺；1-heptyloctylamine。18618-64-9。多种金属萃取剂[170]

续表

序号	结构	名称、CAS号、应用及参考文献
AN 14	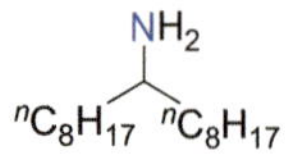	N8918；N-117；1-辛基壬胺；1-octylnonylamine。3241-20-1。多种金属萃取[171, 174]
AN 15	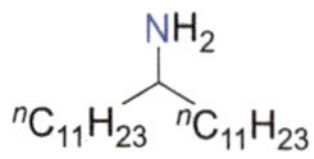	1-十一烷基月桂胺；1-undecyldodecylamine。22513-17-3。多种金属萃取剂[170]
AN 16	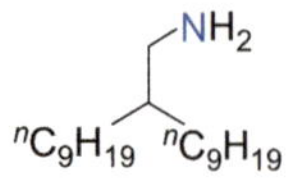	2-壬基十一胺；2-nonyl-1-undecylamine。20729-48-0。多种金属萃取剂[170]
AN 17	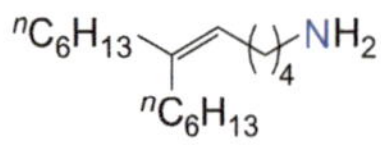	6-己基十二碳-5-烯-1-胺；6-hexyldodecan-5-ene-1-amine。20729-47-9。多种金属萃取剂[170]
AN 18	$H_2N—CR^1R^2R^3$ $R_1+R^2+R^3=C_{12}, C_{20}, C_{22}$	三烷基叔碳伯胺；trialkyl tertcarbon primary amine。多种金属萃取剂[170]
AN 19	$H_2N—C(^nC_6H_{13})_3$	1,1-二己基庚胺；1,1-dihexylheptylamine。19507-56-3。多种金属萃取剂[170]
AN 20	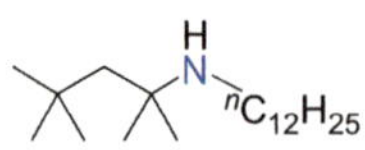	*N*-(1,1,3,3-四甲基丁基)十二胺；*N*-(1,1,3,3-tetramethylbutyl)dodecylamine。20729-54-8。多种金属萃取剂[170]
AN 21	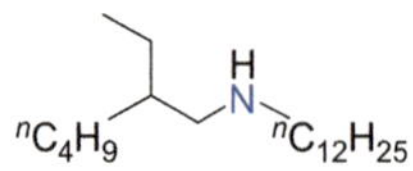	*N*-(2-乙基己基)十二胺；*N*-(2-ethylhexyl)dodecylamine。19507-62-1。多种金属萃取剂[170]
AN 22	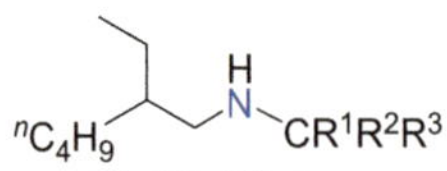 $R^1+R^2+R^3=C_{13}$	*N*-叔碳烷基-2-乙基己胺；*N*-(tertiary alkyl)-2-ethylhexylamine。多种金属萃取剂[170]
AN 23	$^nC_{18}H_{37}—N(CH_3)_2$	*N*,*N*-二甲基十八胺；*N*,*N*-dimethyloctadecylamine。124-28-7。多种金属萃取剂[170]
AN 24	$CH_3—N(^nC_8H_{17})_2$	*N*-甲基-*N*-辛基辛胺；*N*-methyl-*N*-octyloctylamine。4455-26-9。多种金属萃取剂[170]
AN 25	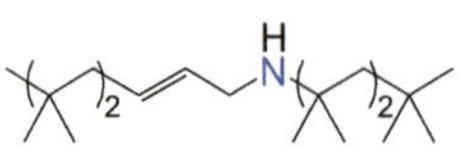	AmberliteLA-1；Amine9D-178;5,5,7,7-四甲基-*N*-(2,4,4,6,6-五甲基庚-2-基)辛-2-烯-1-胺；5,5,7,7-tetramethyl-*N*-(2,4,4,6,6-pentamethylheptan-2-yl)octan-2-ene-1-amine。95805-12-2。多种金属萃取剂[170]
AN 26	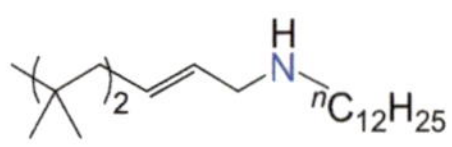	AmberliteLA-2。*N*-(5,5,7,7-四甲基辛-2-烯-1-基)十二胺；*N*-(5,5,7,7-tetramethyloctan-2-ene-1-yl)dodecylamine。多种金属萃取剂[170]
AN 27	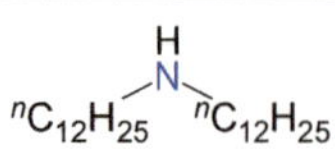 主要成分	Armeen212；二(十二烷基)胺；di(dodecyl)amine。3007-31-6。多种金属萃取剂[170]
AN 28	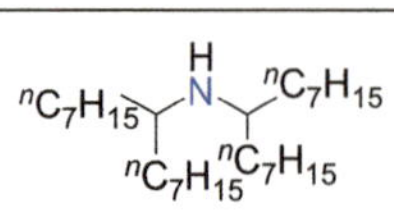	二(1-庚基辛基)胺；di(1-heptyloctyl)amine。多种金属萃取剂[170]

续表

序号	结构	名称、CAS号、应用及参考文献
AN 29	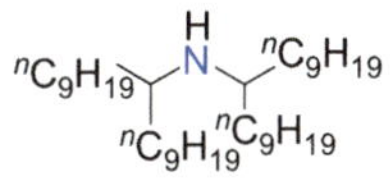	二(1-壬基癸基)胺；di(1-nonyldecanyl)amine。多种金属萃取剂[170]
AN 30	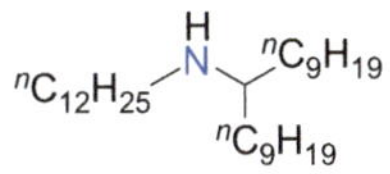	*N*-(1-壬基癸基)月桂胺；*N*-(1-nonyldecanyl)dodecylamine。多种金属萃取剂[170]
AN 31	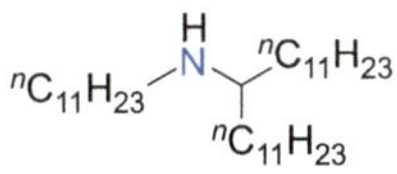	1,*N*-二(十一烷基)月桂胺；1,*N*-di(undecyl)dodecylamine。多种金属萃取剂[170]
AN 32	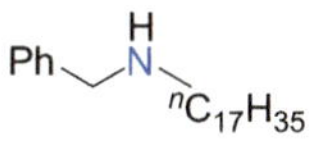	*N*-苄基十七胺；*N*-benzylheptadecylamine。多种金属萃取剂[170]
AN 33	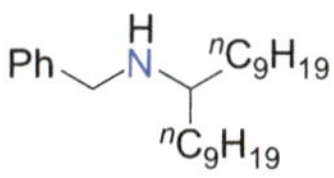	*N*-苄基-1-壬基癸胺；*N*-benzyl-1-nonyldecanylamine。多种金属萃取剂[170]
AN 34	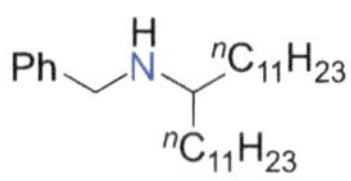	*N*-苄基-1-十一烷基月桂胺；*N*-benzyl-1-undecyldodecylamine。多种金属萃取剂[170]
AN 35	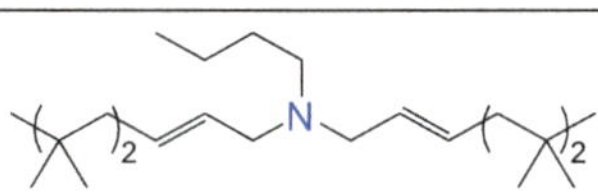	AmberliteXE-204；(丁基)二(5,5,7,7-四甲基辛-2-烯-1-基)胺；(butyl)di(5,5,7,7-tetramethyloctan-2-ene-1-yl) amine。86374-89-2。多种金属萃取剂[170]
AN 36	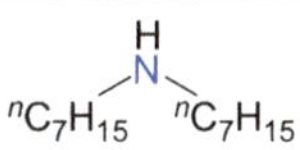	二正庚基胺；diheptylamine。2470-68-0。铀萃取[176]
AN 37	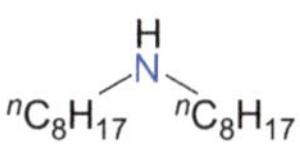	Adogen283；二正辛基胺；dioctylamine。1120-48-5。多种金属萃取[72, 170]
AN 38	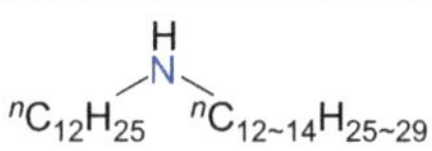	C_{24}～C_{26}混合仲胺；C_{24}～C_{26} mixture secondary amine。多种金属萃取[72, 170]
AN 39	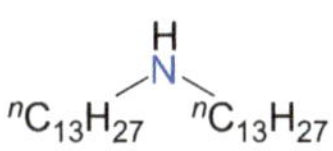	HOE2652；二(十三烷基)胺；ditridecylamine。5910-75-8。多种金属萃取[72, 170]
AN 40	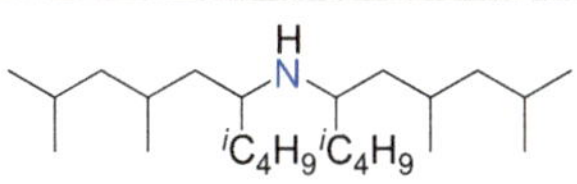	AmineS-24；二(3,5-二甲基-1-异丁基己基)胺；di(1-isobutyl-3,5-dimethylhexyl) amine。2757-29-1。多种金属萃取剂、铀、钍、钼萃取[2, 170]
AN 41	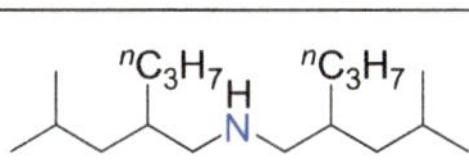	二(4-甲基-2-丙基戊基)胺；di-(4-methyl-2-propylpentyl)amine。1432795-78-2。多种金属萃取剂[170]
AN 42	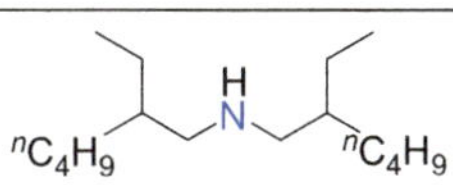	二(2-乙基己基)胺；di-(2-ethylhexyl)amine。106-20-7。多种金属萃取[72, 170]
AN 43	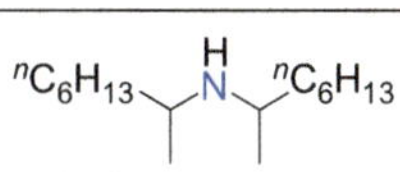	DHA；二(1-甲基庚基)胺；di-(1-methylheptyl)amine。5412-92-0。多种金属萃取[72, 170]
AN 44	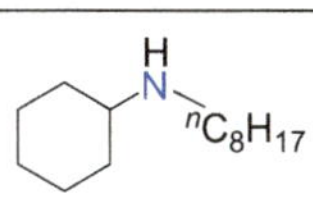	*N*-辛基环己胺；*N*-octylcyclohexylamine。22643-14-7。铅萃取[177]

续表

序号	结构	名称、CAS号、应用及参考文献
AN 45	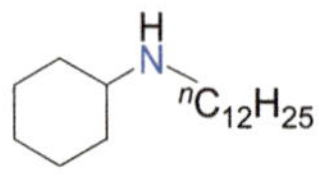	*N*-十二烷基环己胺；*N*-dodecyl-cyclohexylamine。6490-87-5。铀萃取[178]
AN 46	$N(^nC_6H_{13})_3$	三己基胺；trihexylamine。102-86-3。多种金属萃取剂[170]
AN 47	$^nC_{18}H_{37}-N(^iC_4H_9)_2$	*N*,*N*-二异丁基十八烷基胺；*N*,*N*-di-isobutyloctadecylamine。多种金属萃取剂[170]
AN 48	$N(^nC_7H_{15})_3$	N208；三正庚胺；triheptylamine。2411-36-1。铀萃取[176]
AN 49	$N(^nC_8H_{17})_3$	N204；TOA；Alamine300；三正辛胺；trioctylamine。1116-76-3。多种金属萃取[122, 131, 176, 179]
AN 50	三辛胺异构体混合物	A308；Alamine308。三辛胺异构体混合物。多种金属萃取[72, 170]
AN 51	$N(^nC_{12}H_{25})_3$	A304；Alamine304；三月桂胺；tridodecylamine。102-87-4。多种金属萃取[72]
AN 52	三癸胺异构体混合物	Alamine310；三癸胺异构体混合物。多种金属萃取[72]
AN 53	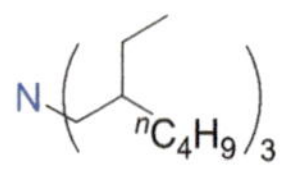	TEHA；三(2-乙基己基)胺；tri(2-ethylhexyl)amine。1860-26-0。多种金属萃取[72]
AN 54	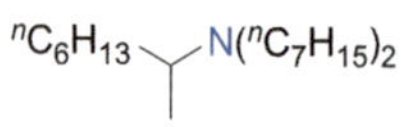	THA；*N*,*N*-二庚基-1-甲基庚胺；*N*,*N*-diheptyl-1-methylheptylamine。铀萃取[176]
AN 55	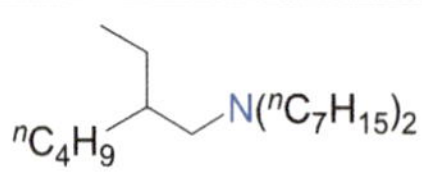	*N*-(2-乙基己基)-*N*-庚基庚胺；*N*-(2-ethylhexyl)-*N*-heptylheptylamine。172167-15-6。铀萃取[176]
AN 56	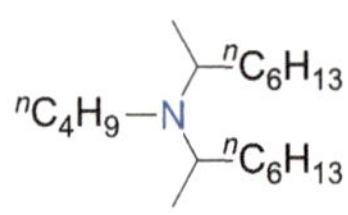	*N*-丁基-*N*-(1-甲基庚基)-1-甲基庚胺；*N*-butyl-*N*-(1-methylheptyl)-1-methylheptylamine。铀萃取[176]
AN 57	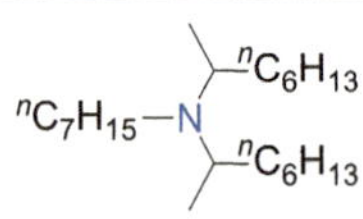	*N*-庚基-*N*-(1-甲基庚基)-1-甲基庚胺；*N*-heptyl-*N*-(1-methylheptyl)-1-methylheptylamine。铀萃取[176]
AN 58	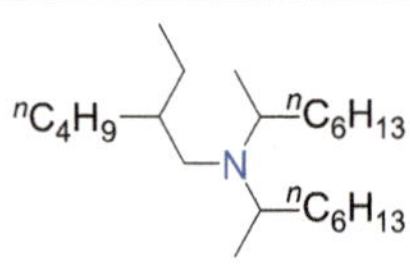	*N*-(2-乙基己基)-*N*-(1-甲基庚基)-1-甲基庚胺；*N*-(2-ethylhexyl)-*N*-(1-methylheptyl)-1-methylheptylamine。131086-99-2。铀萃取[176]
AN 59	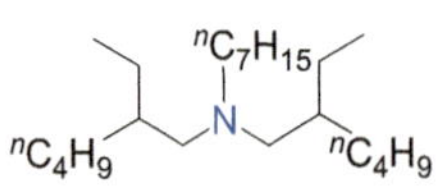	*N*,*N*-二(2-乙基己基)庚胺；*N*,*N*-bis(2-ethylhexyl)heptylamine。铀萃取[176]
AN 60	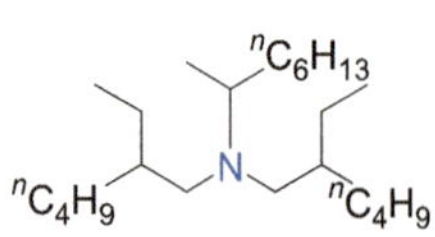	*N*,*N*-二(2-乙基己基)-1-甲基庚胺；*N*,*N*-bis(2-ethylhexyl)-1-methylheptylamine。铀萃取[176]

续表

序号	结构	名称、CAS号、应用及参考文献
AN 61	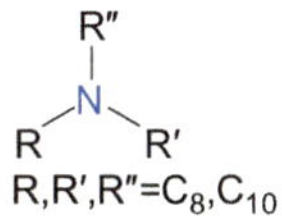	N235；Alamine336；三烷基（C_8或C_{10}）胺。68814-95-9。多种金属萃取[180]
AN 62	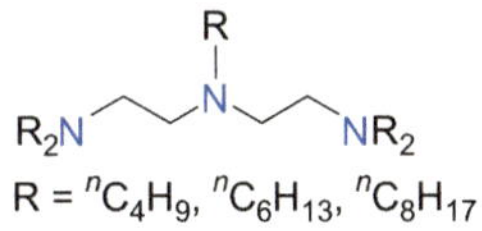	五烷基二亚乙基三胺；pentaalkyldiethylenetriamine。钼萃取[181]
AN 63	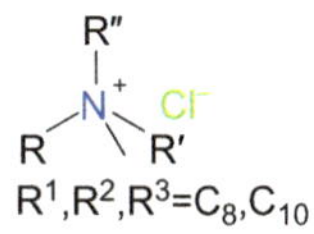	N263；A336；Aliquat336；三烷基（C_8或C_{10}）甲基氯化铵；trialkyl(C_8orC_{10})methylammonium chlorides。63393-96-4。多种金属萃取，砷萃取[72, 182-183]
（2）苄胺与芳胺		
AN 64	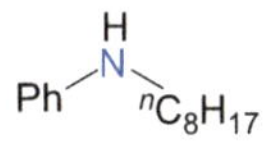	*N*-辛基苯胺；*N*-octylaniline。3007-71-4。铅萃取[177]
AN 65	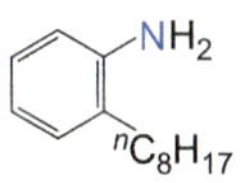	2-辛基苯胺；2-octylaniline。37413-50-6。贵金属萃取[175]
AN 66	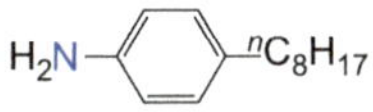	4-辛基苯胺；4-octylaniline。16245-79-7。贵金属萃取[175]
AN 67	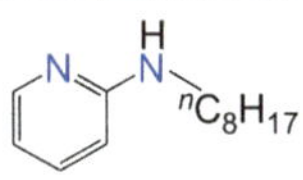	2-(辛基氨基)吡啶；2-(octylamino)pyridine。34366-90-0。铅萃取[177]
AN 68	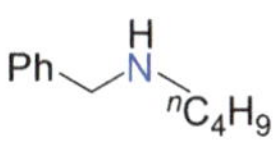	*N*-丁基苄胺；*N*-butylbenzylamine。2403-22-7。铀萃取[176]
AN 69	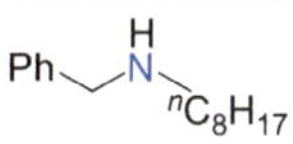	*N*-辛基苄胺；*N*-octylbenzylamine。1667-16-9。铀萃取[176]
AN 70	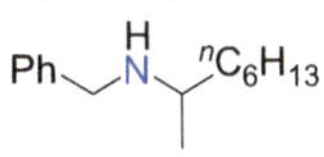	*N*-(1-甲基庚基)苄胺；*N*-(1-methylheptyl)benzylamine。149243-90-3。铀萃取[176, 178]
AN 71	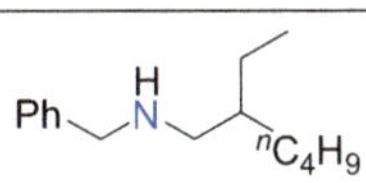	*N*-(2-乙基己基)苄胺；*N*-(2-ethylhexyl)benzylamine。22643-24-9。铀萃取[176, 178]
AN 72	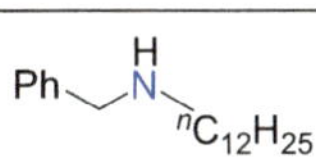	*N*-(十二烷基苄胺)；*N*-(dodecyl)benzylamine。1687-68-9。铀萃取[176]
AN 73	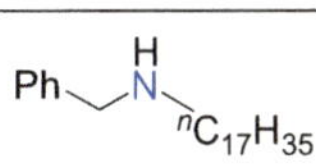	*N*-(十七烷基)苄胺；*N*-(heptadecyl)benzylamine。5910-76-9。多种金属萃取剂[170]
AN 74	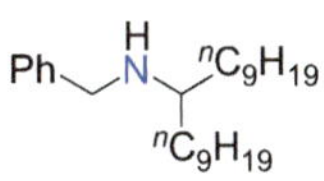	*N*-(1-壬基癸基)苄胺；*N*-(1-nonyldecanyl)benzylamine。3241-25-6。多种金属萃取剂[170]
AN 75	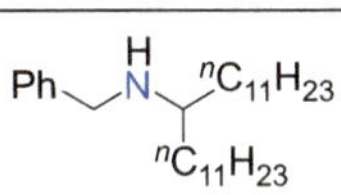	*N*-(1-十一烷基十二烷基)苄胺；*N*-(1-undecyldodecyl)benzylamine。71550-31-7。多种金属萃取剂[170]

续表

序号	结构	名称、CAS号、应用及参考文献
AN 76	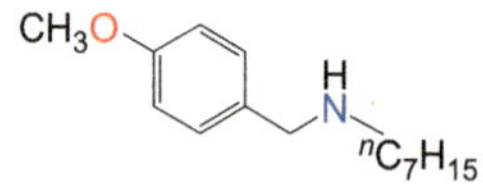	*N*-庚基-4-甲氧基苄胺；*N*-heptyl-4-methoxybenzylamine。356537-06-9。铀萃取[176]
AN 77	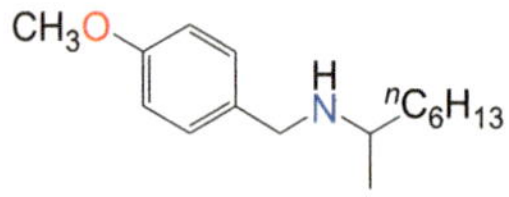	*N*-(1-甲基庚基)-4-甲氧基苄胺；*N*-(1-methylheptyl)-4-methoxybenzylamine。1039969-60-2。铀萃取[176]
AN 78	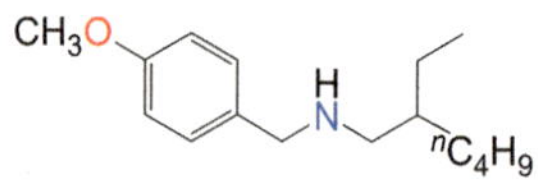	*N*-(2-乙基己基)-4-甲氧基苄胺；*N*-(2-ethylhexyl)-4-methoxybenzylamine。908819-97-6。铀萃取[176]
AN 79	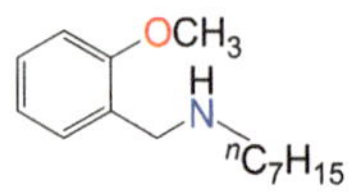	*N*-庚基-2-甲氧基苄胺；*N*-heptyl-2-methoxybenzylamine。869948-28-7。铀萃取[176]
AN 80	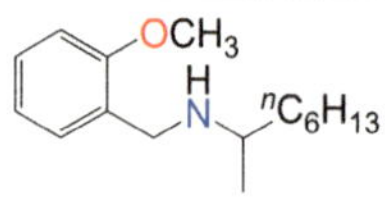	*N*-(1-甲基庚基)-2-甲氧基苄胺；*N*-(1-methylheptyl)-2-methoxybenzylamine。1040060-49-8。铀萃取[176]
AN 81	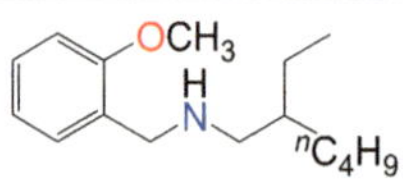	*N*-(2-乙基己基)-2-甲氧基苄胺；*N*-(2-ethylhexyl)-2-methoxybenzylamine。1036441-73-2。铀萃取[176]
AN 82	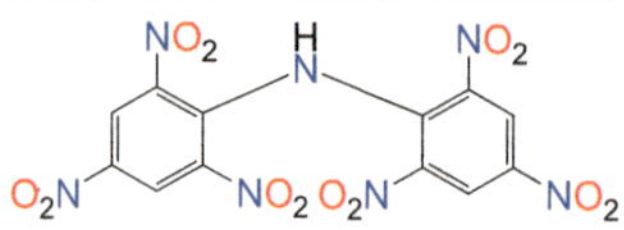	二(2,4,6-三硝基苯基)胺；bis(2,4,6-trinitrophenyl)amine。131-73-7。^{99}Tc萃取、^{137}Cs萃取剂[133]
AN 83	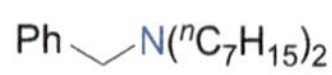	*N*,*N*-二庚基苄胺；*N*,*N*-diheptylbenzylamine。71316-25-1。铀萃取[176]
AN 84	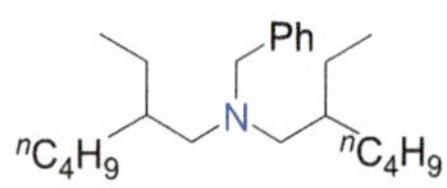	*N*,*N*-二(2-乙基己基)苄胺；*N*,*N*-di(2-ethylhexyl)benzylamine。4838-45-3。铀萃取[176]
（3）胍类萃取剂		
AN 85	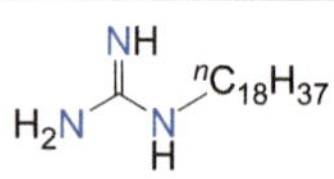	十八烷基胍；1-octadecylguanidine。15723-82-7[184]
AN 86	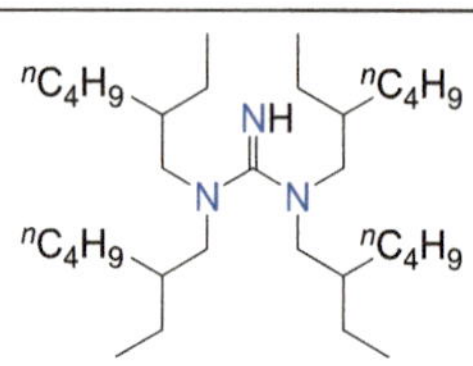	LIX79；1,1,3,3-四(2-乙基己基)胍；1,1,3,3-tetra(2-ethylhexyl)guanidine。贵金属萃取[185]
AN 87	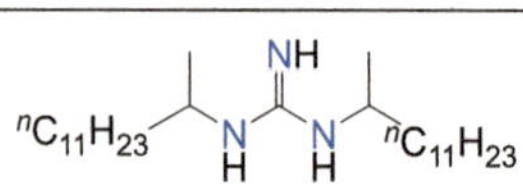	1,3-二(1-甲基十二烷基)胍；1,3-di(1-methyldodecyl)guanidine。贵金属萃取[185]
AN 88	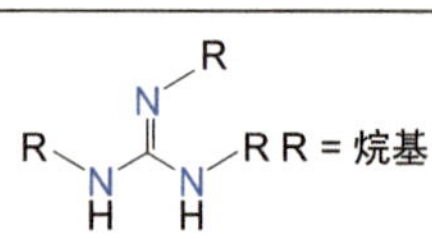	LIX7825；三烷基胍；trialkylguanidine。贵金属萃取[185]

续表

序号	结构	名称、CAS号、应用及参考文献
AN 89	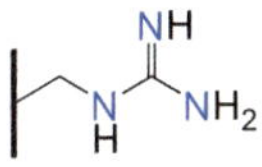	胍基树脂；guanidine resin。Au(I)萃取剂[186]
AN 90	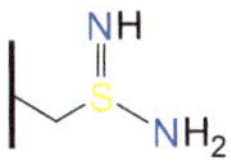	硫脲树脂；thiourea resin。Au(I)萃取剂[186]

附录1-7　肟类萃取剂

肟类（oxime nitrogen，ON）萃取剂的α或β位上含有羟基，这类萃取剂通常称为羟肟：

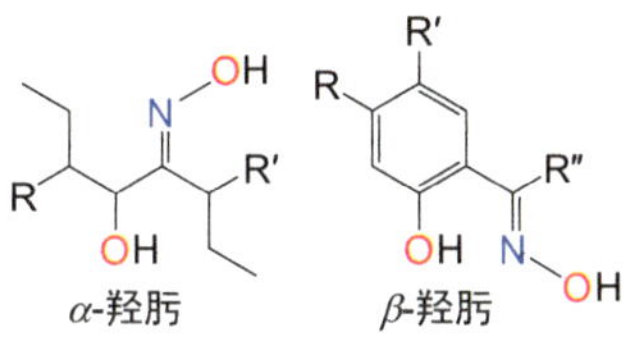

α-羟肟　　β-羟肟

萃取金属离子时，α或β-羟基肟可发生质子解离，因此常用作酸性萃取剂萃取。萃取机理为：

$$M^{n+}{}_{(aq)} + nHA_{(o)} \longrightarrow MA_{n(o)} + nH^{+}{}_{(aq)}$$

制备方法

肟类化合物的合成，通常是先制备羰基化合物，再用羟胺与羰基化合物反应，即可得到相应的肟化合物。

代表结构及其应用

序号	结构	名称、CAS号、应用及参考文献
	（1）脂肪肟	
ON 1	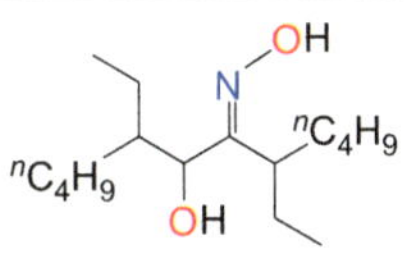	LIX63；N509；5,8-二乙基-7-羟基十二碳-6-肟；5,8-diethyl-7-hydroxydodecan-6-oxime。6873-77-4。铜萃取[72, 187]
	（2）芳基肟	
ON 2	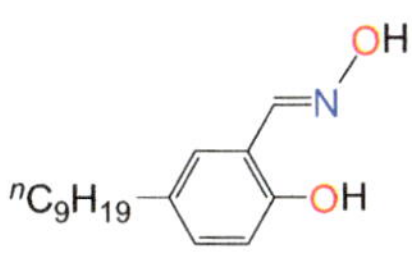	AcorgaP1；P1；P5000；AcorgaP50。5-壬基水杨醛肟；5-nonylsalicylaldoxime。50849-47-3。铜萃取[72]
ON 3	AcorgaP1+壬基酚	AcorgaP5100（AcorgaP1∶壬基酚=1∶1）；AcorgaP5200（AcorgaP1∶壬基酚=1∶2）；AcorgaP5300（AcorgaP1∶壬基酚=1∶3）。铜萃取[188]
ON 4	AcorgaP1+十三醇	AcorgaPT5050（AcorgaP1+十三醇）。铜萃取[188]

续表

序号	结构	名称、CAS号、应用及参考文献
ON 5	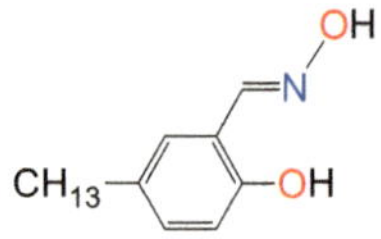	5-甲基-2-羟基苯甲醛肟；2-hydroxy-5-methyl-benzaldehyde oxime。1726-86-9。铜萃取[190]
ON 6	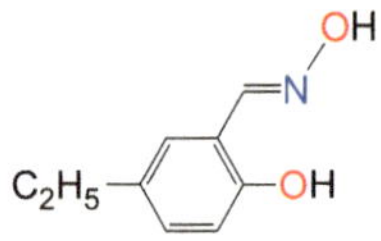	5-乙基-2-羟基苯甲醛肟；2-hydroxy-5-ethyl-benzaldehyde oxime。73344-31-7。铜萃取[190]
ON 7	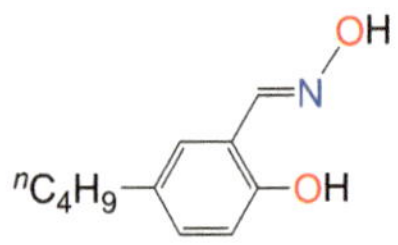	5-丁基-2-羟基苯甲醛肟；2-hydroxy-5-butyl-benzaldehyde oxime。76842-58-5。铜萃取[190]
ON 8	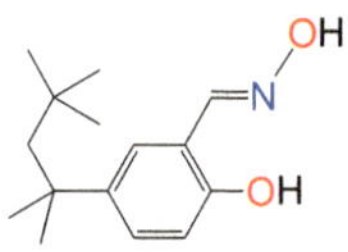	5-(1,1,3,3-四甲基丁基)-2-羟基苯甲醛肟；2-hydroxy-5-(1,1,3,3-tetramethylbutyl)benzaldehyde oxime。75539-50-3。铜萃取[190]
ON 9	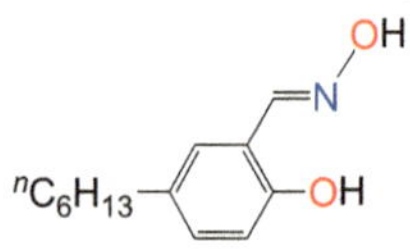	5-己基-2-羟基苯甲醛肟；2-hydroxy-5-hexylbenzaldehyde oxime。77635-30-4。铜萃取[190]
ON 10	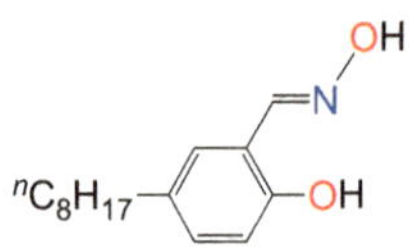	5-辛基-2-羟基苯甲醛肟；2-hydroxy-5-octyl-benzaldehyde oxime。74604-12-9。铜萃取[190]
ON 11	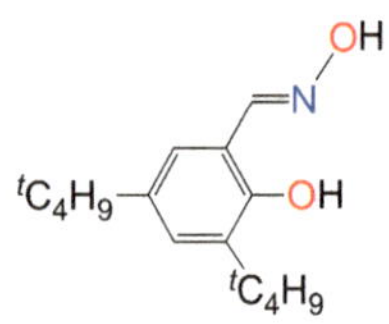	3,5-二叔丁基-2-羟基苯甲醛肟；2-hydroxy-3,5-di-*tert*-butylbenzaldehyde oxime。72357-43-8。铜萃取[190]
ON 12	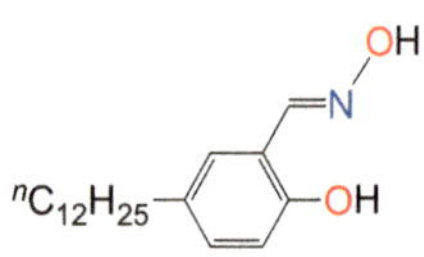	LIX860；5-月桂基水杨醛肟；5-dodecylsalicylaldoxime。77635-32-6。铜、钴、镍萃取[189, 191]
ON 13	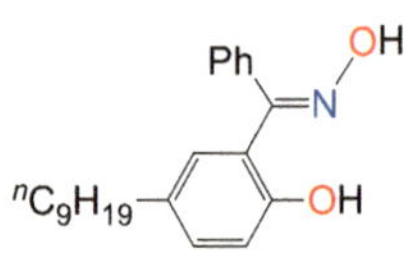	LIX65N；2-羟基-5-壬基二苯甲酮肟；2-hydroxy-5-nonylbenzophenone oxime。37339-32-5。铜萃取[188]
ON 14	LIX63+LIX65N	LIX64N（LIX63+LIX65N）。铜萃取[188-189]
ON 15	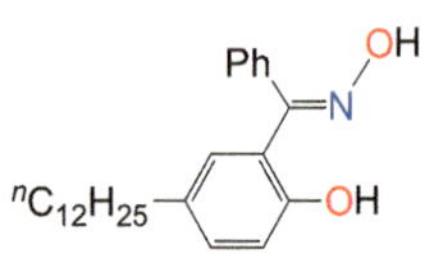	LIX64；03045；2-羟基-5-十二烷基二苯甲酮肟；2-hydroxy-5-dodecylbenzophenone oxime。15455-11-5。铜萃取[188-189]

续表

序号	结构	名称、CAS号、应用及参考文献
ON 16	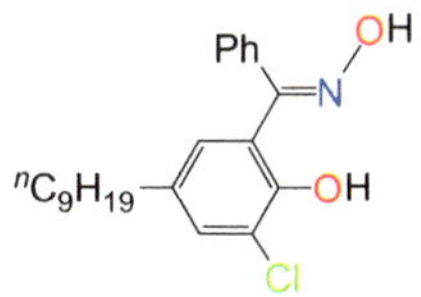	LIX70；2-羟基-3-氯-5-壬基二苯甲酮肟；2-hydroxy-3-chloro-5-nonylbenzophenone oxime。59492-67-0。铜萃取[188-189]
ON 17	LIX70+LIX65N	LIX71（LIX70+LIX65N）。铜、钴、镍萃取[189]
ON 18	LIX70+LIX65N+LIX63	LIX73（LIX70+LIX65N+LIX63）。铜、钴、镍萃取[189]
ON 19	LIX860+十三醇	LIC622、6022。即LIX860+十三醇。铜、钴、镍萃取[189]
ON 20	LIX860+LIX64N	LIX864（LIX860+LIX64N）。铜、钴、镍萃取[189]
ON 21	LIX860+LIX65N	LIX865（LIX860+LIX65N）。铜、钴、镍萃取[189]
ON 22	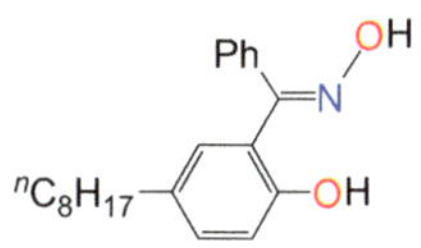	N510；5-辛基-2-羟基二苯甲酮肟；2-hydroxy-5-octylbenzophenone oxime。55860-27-0。铜萃取[192]
ON 23	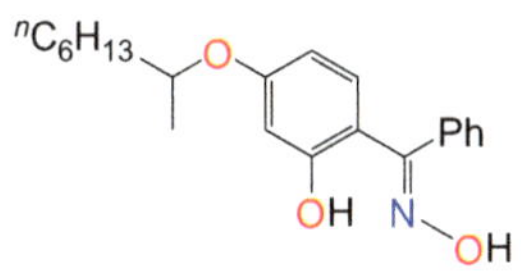	N530；2-羟基-4-(1-甲基庚氧基)二苯甲酮肟；2-hydroxy-4-((1-methylheptyl)oxy) benzophenone oxime。90176-66-2。铜萃取[192-193]
ON 24	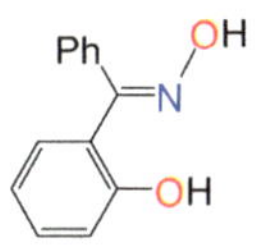	2-羟基二苯甲酮肟；2-hydroxybenzophenone oxime。26094-08-6。铜萃取[194]
ON 25	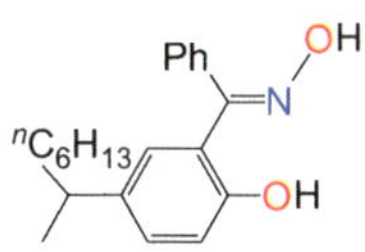	5-(1-甲基庚基)-2-羟基二苯甲酮肟；2-hydroxy-5-(1-methylheptyl)phenyl) benzophenone oxime。86836-42-2。铜萃取[194]
ON 26	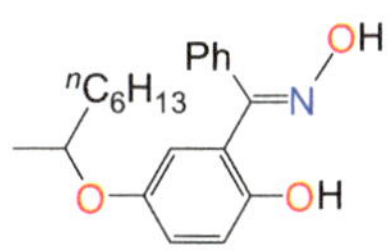	5-(1-甲基庚氧基) -2-羟基二苯甲酮肟；2-hydroxy-5-(1-methylheptyloxy) benzophenone oxime。90176-66-2。铜萃取[194]
ON 27	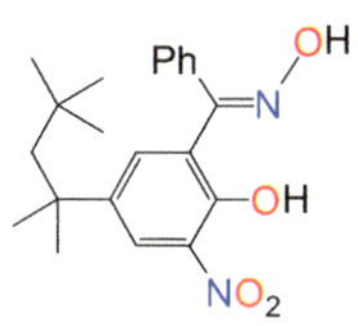	5-(1,1,3,3-四甲基丁基)-2-羟基-3-硝基二苯甲酮肟；2-hydroxy-5-(1,1,3,3-tetramethylbutyl)-3-nitrophenyl-benzophenone oxime。94899-61-3。铜萃取[194]
ON 28	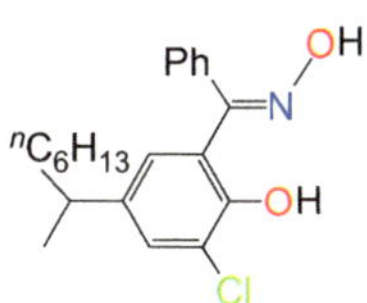	5-(1-甲基庚基)-2-羟基-3-氯二苯甲酮肟；3-chloro-2-hydroxy-5-(1-methylheptyl) benzophenone oxime。铜萃取[194]

续表

序号	结构	名称、CAS号、应用及参考文献
ON 29	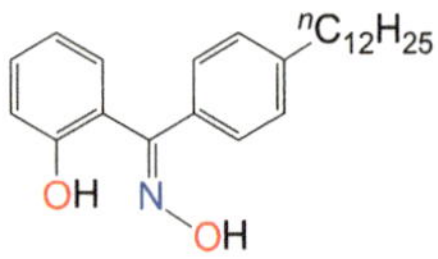	2-羟基-4′-月桂基二苯甲酮肟；2-hydroxy-4′-dodecylbenzophenone oxime。127414-20-4。铜萃取[194]
ON 30	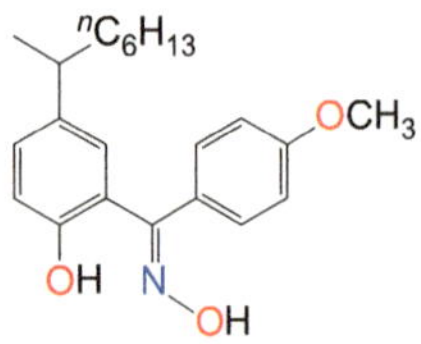	2-羟基-5-(1-甲基庚基)-4′-甲氧基-二苯甲酮肟；2-hydroxy-5-(1-methylheptyl-4′-methoxybenzophenone oxime。铜萃取[194]
ON 31	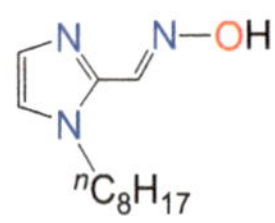	OIMOX；1-辛基咪唑-2-甲醛肟；1-octyl-1*H*-imidazole-2-carboxaldehyde oxime。1480311-24-7。铜萃取剂[196]
ON 32	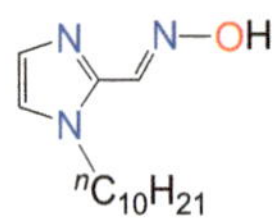	DIMOX；1-癸基咪唑-2-甲醛肟；1-decanyl-1*H*-imidazole-2-carboxaldehyde oxime。1480311-28-1。铜萃取剂[196]
（3）芳基-烷基肟		
ON 33	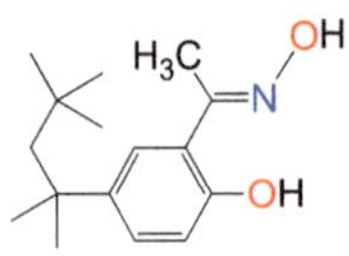	AcorgaK2000；LIX841；HNAO；2-羟基-5-(1,1,3,3-四甲基丁基)苯乙酮肟；2-hydroxy-5-(1,1,3,3-tetramethylbutyl)acetophenone oxime。72782-47-9。铜萃取[72, 197-199]
ON 34	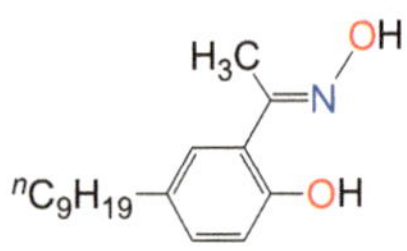	LIX84；SME529；2-羟基-5-壬基苯乙酮肟；2-hydroxy-5-nonylacetophenone oxime。59344-62-6。铜萃取[72, 197-198]
ON 35	LIX84+Acorga P1	Mextral984H。主要成分为LIX84和AcorgaP1。铜萃取[200-201]
ON 36	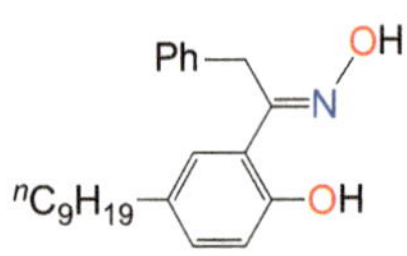	Acorga17；2-苯基-1-(2-羟基-5-壬基苯基)乙酮肟；2-phenyl-1-(2-hydroxy-5-nonylphenyl)ethanone oxime。52122-75-5。铜萃取[188]
ON 37	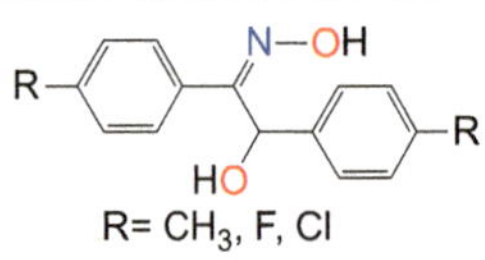	DPHEO；2-羟基-1,2-二(4-取代苯基)乙酮肟；2-hydroxy-1,2-bis(4- substituted phenyl) acetone oxime。铜萃取[195]
ON 38	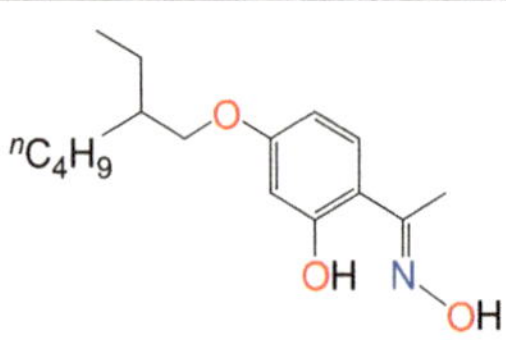	2-羟基-4-(2-乙基己氧基)苯乙酮肟；2-hydroxy-4-(2-ethylhexyloxy)acetophenone oxime。铜萃取[194]

续表

序号	结构	名称、CAS号、应用及参考文献
ON 39	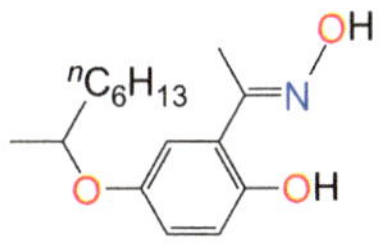	2-羟基-5-(1-甲基庚氧基)苯乙酮肟；2-hydroxy-5-(1-methylheptyloxy)acetophenone oxime。铜萃取[194]
ON 40	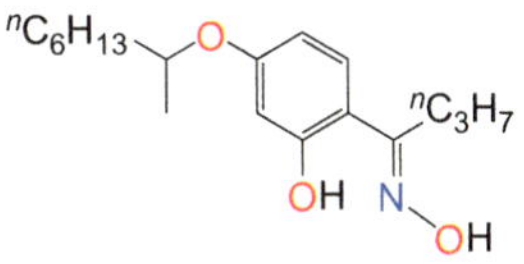	2-羟基-4-(1-甲基庚氧基)苯丁酮肟；2-hydroxy-4-(1-methylheptyloxy)phenylbutanone oxime。127818-41-1。铜萃取[194]
ON 41	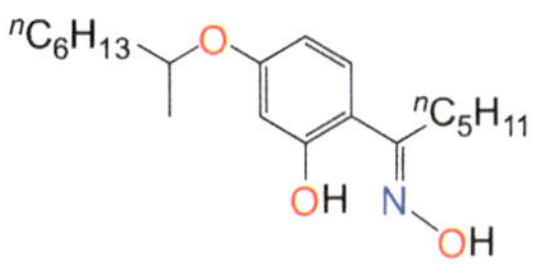	2-羟基-4-(1-甲基庚氧基)苯己酮肟；2-hydroxy-4-(1-methylheptyloxy)phenylhexanone oxime。127789-33-7。铜萃取[194]
ON 42	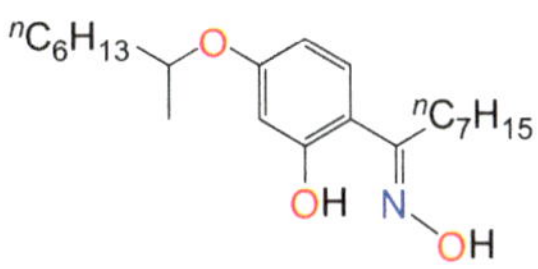	2-羟基-4-(1-甲基庚氧基)苯辛酮肟；2-hydroxy-4-(1-methylheptyloxy)phenyloctanone oxime。127789-34-8。铜萃取[194]
ON 43	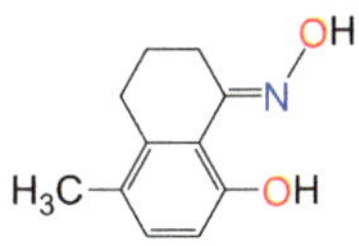	8-羟基-5-甲基-3,4-二氢萘-1(2*H*)-酮肟；8-hydroxy-5-methyl-3,4-dihydronaphthalen-1(2*H*)-one oxime。铜萃取[202]

附录1-8 磺酸及其衍生物萃取剂

磺酸及其衍生物（sulfonic acid and derivative，SA-D）用作金属萃取剂的主要有磺酸、磺酸酯、磺酰胺等：

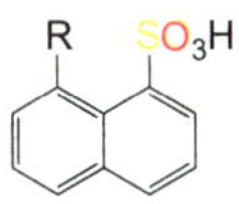

磺酸

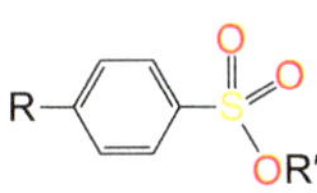

磺酸酯

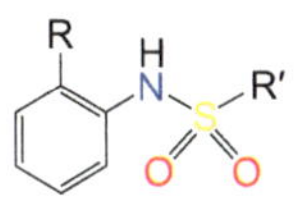

磺酰胺

磺酸和N上带有质子的磺酰胺属于酸性萃取剂，按质子交换机理萃取：

$$M^{n+}{}_{(aq)} + nHA_{(o)} \longrightarrow MA_{n(o)} + nH^{+}{}_{(aq)}$$

磺酸酯和N上不带有质子的磺酰胺属于中性萃取剂，将平衡离子一起萃取到有机相：

$$M^{n+}{}_{(aq)} + nA^{-}{}_{(aq)} + xL_{(o)} \longrightarrow MA_{n} \cdot xL_{(o)}$$

制备方法

芳香化合物的磺化可制备磺酸，磺酰氯的醇解可得磺酸酯，磺酰氯的氨解可得磺酰胺。

代表结构及其应用

序号	结构	名称、CAS号、应用及参考文献
（1）磺酸		
SA-D 1	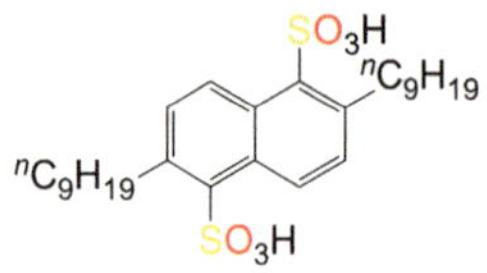	H_2DNNDS；2,6-二壬基萘-1,5-二磺酸；2,6-dinonylnaphthalene-1,5-disulfonic acid。1053656-75-9。与氮杂环一起选择性萃取钴、镍[203]
SA-D 2	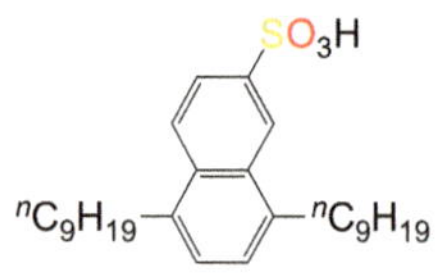	DNNSA；5,8-二壬基萘-2-磺酸；5,8-dinonylnaphthalene-2-sulfonic acid。149537-98-4。与氮杂环一起选择性萃取钴、镍[2]
SA-D 3	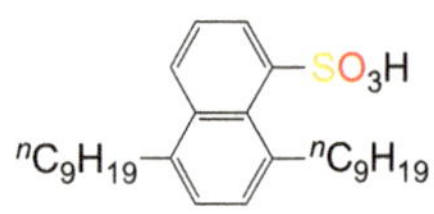	SYNEX 1051；5,8-二壬基萘-1-磺酸；5,8-dinonylnaphthalene-1-sulfonic acid。1228363-79-8。与氮杂环一起选择性萃取钴、镍[204-205]
SA-D 4	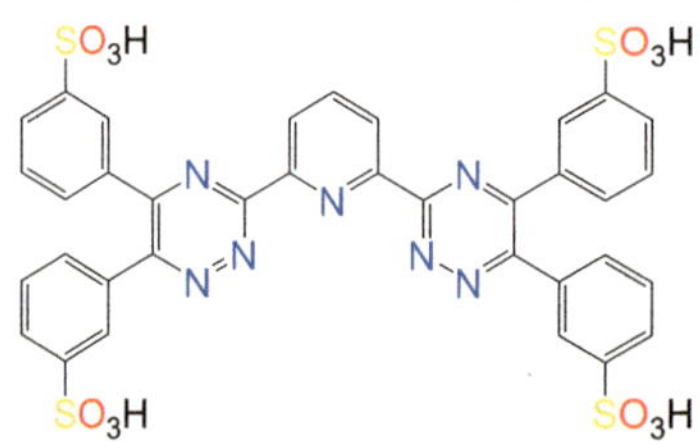	2,6-二(5,6-二(苯-1-磺酸-3-基)-1,2,4-三嗪-3-基)吡啶；2,6-bis(5,6-di(benzene-1-sulfonic acid-3-yl)-1,2,4-triazine-3-yl)pyridin。2003202-11-5。Am(Ⅲ)/Cm(Ⅲ)分离、稀土分离[206]
SA-D 5	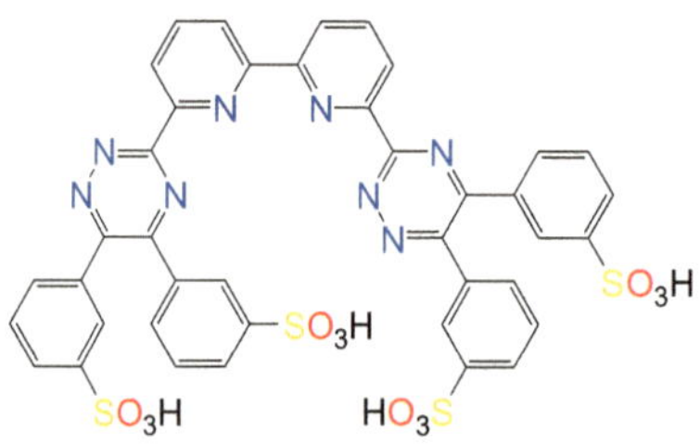	6,6′-二(5,6-二(苯-1-磺酸-3-基)-1,2,4-三嗪-3-基)-2,2′-联吡啶；6,6′-bis(5,6-di(benzene-1-sulfonic acid-3-yl)-1,2,4-triazine-3-yl)-2,2′-bipyridine。1809892-54-3。Am(Ⅲ)/Cm(Ⅲ)分离、稀土分离[206]
SA-D 6	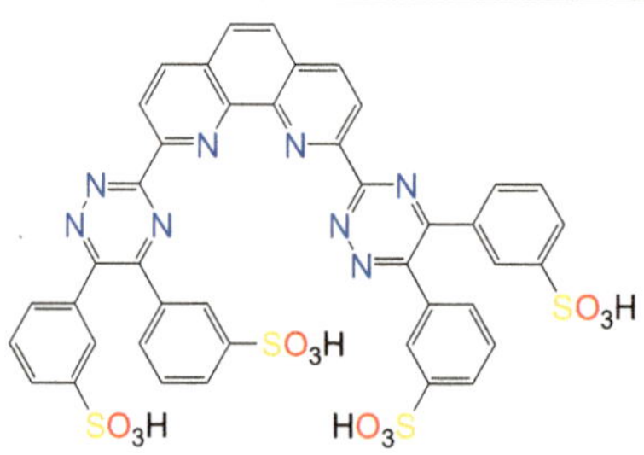	2,9-二(5,6-二(苯-1-磺酸-3-基)-1,2,4-三嗪-3-基)-1,10-菲咯啉；2,9- bis(5,6-di(benzene-1-sulfonic acid-3-yl)-1,2,4-triazine-3-yl)-1,10-phenanthroline。2103195-53-3。Am(Ⅲ)/Cm(Ⅲ)分离、稀土分离[206]
（2）磺酸酯		
SA-D 7	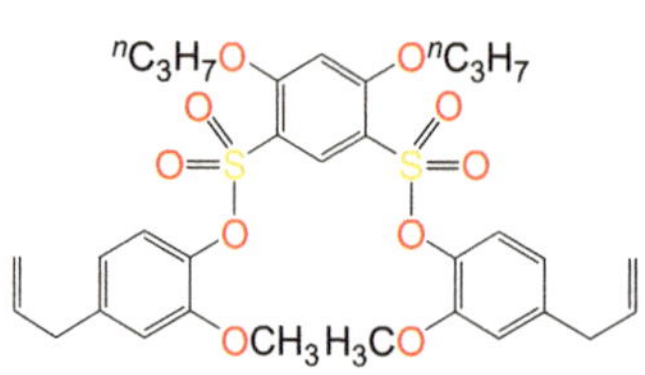	4,6-二丙氧基苯-1,3-二磺酸二(4-烯丙基-2-甲氧基苯基)酯；bis(4-allyl-2-methoxyphenyl) 4,6-dipropyloxybenzene-1,3-disulfonate。2165357-28-6。从Zn(Ⅱ)、Cu(Ⅱ)、Pb(Ⅱ)、Cr(Ⅲ)、Ca(Ⅱ)等多种离子中选择性萃取Ca(Ⅱ)[207]

续表

序号	结构	名称、CAS号、应用及参考文献
SA-D 8	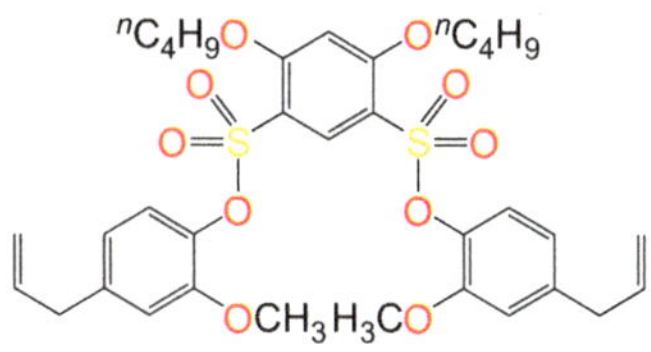	4,6-二丁氧基苯-1,3-二磺酸二(4-烯丙基-2-甲氧基苯基)酯；bis(4-allyl-2-methoxyphenyl) 4,6-dibutyloxybenzene-1,3-disulfonate。1998156-99-2。从Zn(Ⅱ)、Cu(Ⅱ)、Pb(Ⅱ)、Cr(Ⅲ)、Ca(Ⅱ)等多种离子中选择性萃取Ca(Ⅱ)[207]
SA-D 9	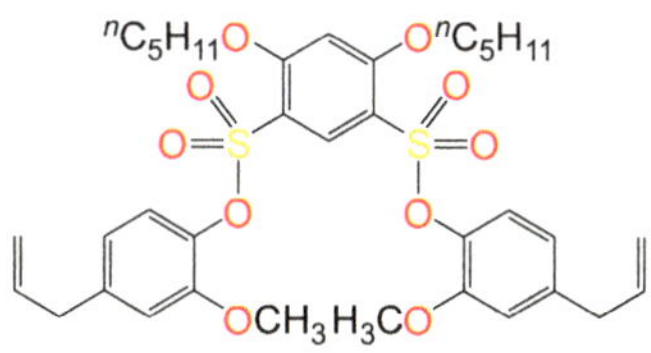	4,6-二戊氧基苯-1,3-二磺酸二(4-烯丙基-2-甲氧基苯 基)酯；bis(4-allyl-2-methoxyphenyl) 4,6-dipentyloxybenzene-1,3-disulfonate。2637485-24-4。从Zn(Ⅱ)、Cu(Ⅱ)、Pb(Ⅱ)、Cr(Ⅲ)、Ca(Ⅱ)等多种离子中选择性萃取Ca(Ⅱ)[207]
SA-D 10	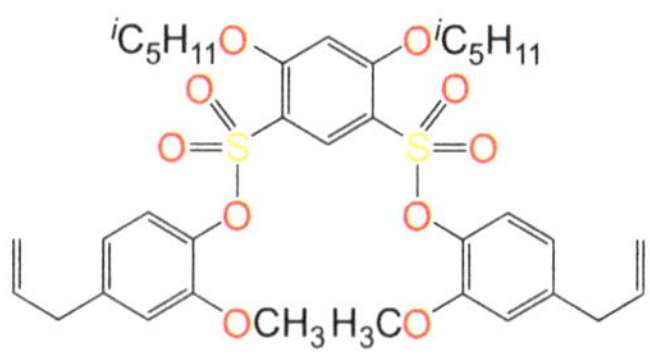	4,6-二异戊氧基苯-1,3-二磺酸二(4-烯丙基-2-甲氧基苯基)酯；bis(4-allyl-2-methoxyphenyl) 4,6-diisopentyloxybenzene-1,3-disulfonate。2637485-26-6。从Zn(Ⅱ)、Cu(Ⅱ)、Pb(Ⅱ)、Cr(Ⅲ)、Ca(Ⅱ)等多种离子中选择性萃取Ca(Ⅱ)[207]
	（3）磺酰胺	
SA-D 11	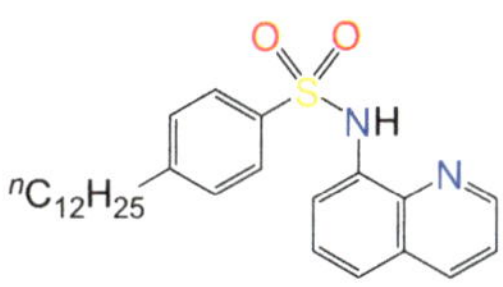	4-月桂基-*N*-(喹啉-8-基)苯磺酰胺；4-dodecyl-*N*-(quinolin-8-yl)benzenesulphonamide。86408-27-7。可从水相中萃取微量的铜、镍等元素。对Fe(Ⅲ)、Al(Ⅲ)不萃取或萃取很少，而对Cu(Ⅱ)、Ni(Ⅱ)、Co(Ⅱ)等有很高的选择性[208-212]
SA-D 12	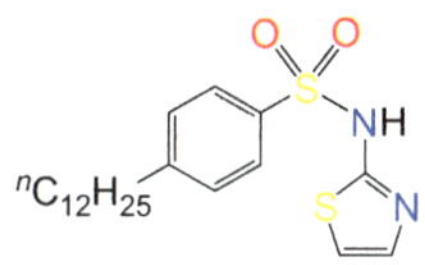	4-月桂基-*N*-(噻唑-2-基)苯磺酰胺；4-dodecyl-*N*-(2-thiazol-2-yl)benzenesulfonamide。萃取分离锌、镉，回收铅；对Fe(Ⅲ)、Al(Ⅲ)不萃取或萃取很少，而对Cu(Ⅱ)、Ni(Ⅱ)、Co(Ⅱ)等有很高的选择性[208-209, 213-214]
SA-D 13	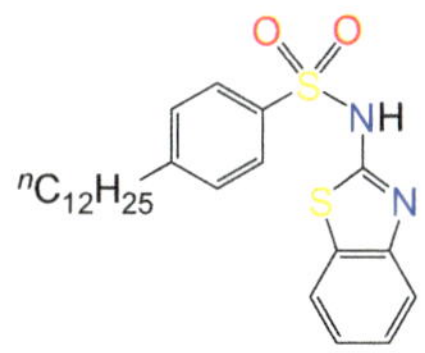	4-月桂基-*N*-(苯并噻唑-2-基)苯磺酰胺；4-dodecyl-*N*-(benzothiazol-2-yl)benzenesulfonamide。萃取分离锌、镉，回收铅；对Fe(Ⅲ)、Al(Ⅲ)不萃取或萃取很少，而对Cu(Ⅱ)、Ni(Ⅱ)、Co(Ⅱ)等有很高的选择性[208-209, 213-214]
SA-D 14	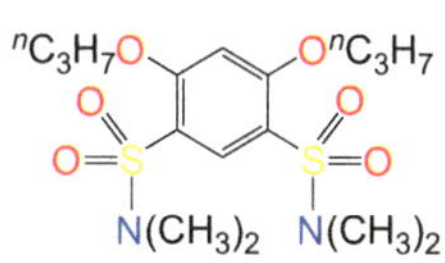	*N,N,N',N'*-四甲基-4,6-二丙氧基苯-1,3-二磺酰胺；*N,N,N',N'*-tetramethyl-4,6-dipropoxybenzene-1,3-disulfonamide。1469992-54-8。从Zn(Ⅱ)、Cu(Ⅱ)、Pb(Ⅱ)、Cr(Ⅲ)、Ca(Ⅱ)等多种离子中选择性萃取Ca(Ⅱ)[215]
SA-D 15	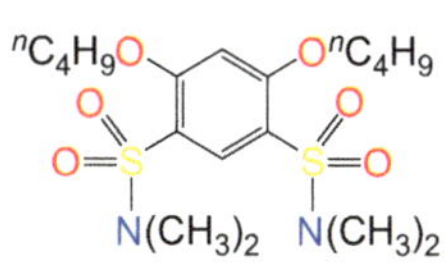	*N,N,N',N'*-四甲基-4,6-二丁氧基苯-1,3-二磺酰胺；*N,N,N',N'*-tetramethyl-4,6-dibutoxybenzene-1,3-disulfonamide。1469992-55-9。从Zn(Ⅱ)、Cu(Ⅱ)、Pb(Ⅱ)、Cr(Ⅲ)、Ca(Ⅱ)等多种离子中选择性萃取Ca(Ⅱ)[215]

续表

序号	结构	名称、CAS号、应用及参考文献
SA-D 16		*N,N,N′,N′*-四甲基-4,6-二戊氧基苯-1,3-二磺酰胺；*N,N,N′,N′*-tetramethyl-4,6-dipentoxybenzene-1,3-disulfonamide。1469992-56-0。从Zn(Ⅱ)、Cu(Ⅱ)、Pb(Ⅱ)、Cr(Ⅲ)、Ca(Ⅱ)等多种离子中选择性萃取Ca(Ⅱ)[215]
SA-D 17		*N,N,N′,N′*-四甲基-4,6-二异戊氧基苯-1,3-二磺酰胺；*N,N,N′,N′*-tetramethyl-4,6-diisopentoxybenzene-1,3-disulfonamide。1356967-08-2。选择性萃取钙，除此之外，环状磺酰胺也能具有相似性能[216-218]

附录1-9　硫醇、硫醚、亚砜、砜萃取剂

硫醇、硫醚、亚砜、砜（thiol, thioether, sulfoxide and sulfone）萃取剂中，硫醇的稳定性差，很少用作金属萃取剂；砜的萃取能力差，实际使用范围也较小；硫醚与亚砜常用于贵金属与贱金属分离，以及贵金属之间的分离。

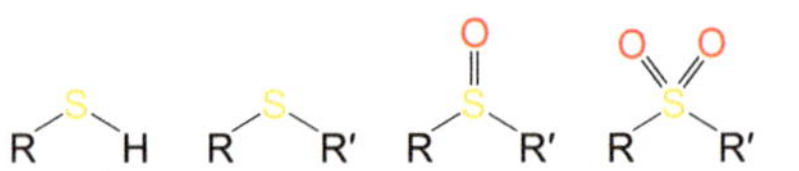

硫醇　硫醚　亚砜　砜

这四种萃取剂都可作为中性萃取剂，直接与金属离子配位，萃取机理可以表示为：

$$M^{n+}{}_{(aq)} + nA^{-}{}_{(aq)} + xL_{(o)} \longrightarrow MA_n \cdot xL_{(o)}$$

制备方法

硫醇可通过H_2S、NaHS与卤代烃、醇反应制备，也可通过含硫化合物氢化制备，还可通过硫脲水解、H_2S与烯烃加成等反应制备；硫醚可通过H_2S、Na_2S与两分子卤代烃反应制备，也可通过硫醇与卤代烃反应制备，还可直接从石油中提取；砜和亚砜通常都是通过相应的硫醚氧化而得。

代表结构及其应用

序号	结构	名称、CAS号、应用及参考文献
	（1）硫醇、硫酚	
TTSS 1	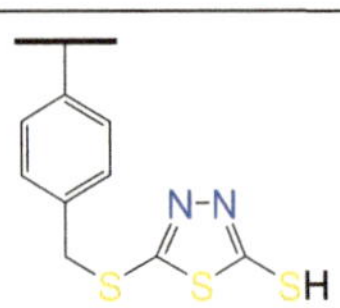	PVTT；聚[2-((4-乙烯基苯基)甲硫基)-1,3,4-噻二唑-5-硫醇]；poly [2-((4-vinylphenyl)methylthio)-1,3,4- thiadiazole-5-thiol]。选择性萃取铑、铂、金、银等贵金属[219]
TTSS 2	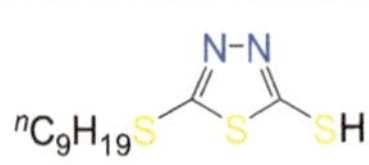	TNSTH；2-壬硫基-1,3,4-噻二唑-5-硫醇；2-nonylthiol-1,3,4-thiadiazole-5-thiol。92506-21-3。选择性萃取铑、铂、金、银等贵金属[219]
TTSS 3	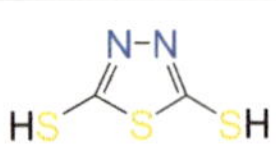	TDT；1,3,4-噻二唑-2,5-二硫醇；1,3,4-thiadiazole-2,5-dithiol。1072-71-5。选择性萃取铑、铂、金、银等贵金属[219]

续表

序号	结构	名称、CAS号、应用及参考文献
TTSS 4	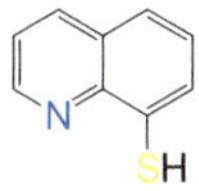	8-巯基喹啉；8- mercaptoquinoline。491-33-8[76]
		（2）硫醚
TTSS 5	混合烷基硫醚	PS；PS501；石油硫醚；petroleum sulfide。稀贵金属萃取[220]
TTSS 6	$S(^{n}C_4H_9)_2$	二丁基硫醚；dibutyl sulfide。544-40-1。稀贵金属萃取[221]
TTSS 7	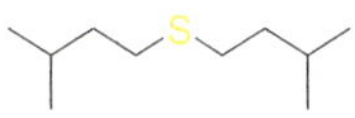	DIAS；S201；二异戊基硫醚；二(3-甲基丁基)硫醚；diisoamyl sulfide；di-(3-methylbutyl) sulfide。544-02-5。稀贵金属萃取[222]
TTSS 8	$S(^{n}C_5H_{11})_2$	DNAS；二戊基硫醚；dipentyl sulfide。872-10-6。稀贵金属萃取[222]
TTSS 9	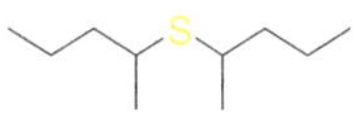	DSAS；二仲戊基硫醚；二(1-甲基丁基)硫醚；di(*sec*-amyl) sulfide;di(1-methylbutyl) sulfide。40709-95-3。稀贵金属萃取[222]
TTSS 10	$S(^{n}C_6H_{13})_2$	DHS；二己基硫醚；dihexyl sulfide。6294-31-1。金、钯萃取[223]
TTSS 11	$S(^{n}C_8H_{17})_2$	DNOS；DOS；二辛基硫醚；dioctyl sulfide。2690-08-6。稀贵金属萃取[222]
TTSS 12	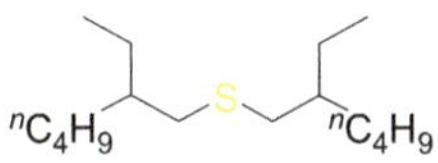	DIOS；DEHS；S219；二(2-乙基己基)硫醚；di(2-ethylhexyl) sulfide。16679-04-2。稀贵金属萃取[222]
TTSS 13	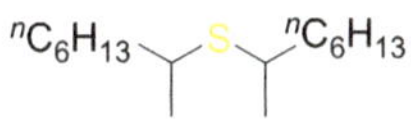	DSOS；二(1-甲基庚基)硫醚；di(1-methylheptyl) sulfide。3001-67-0。稀贵金属萃取[222]
TTSS 14	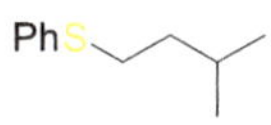	PIAS；苯基(3-甲基丁基)硫醚；3-methylbutyl phenyl sulfide。13910-11-7。稀贵金属萃取[222]
TTSS 15	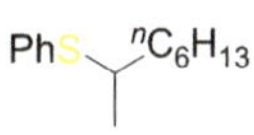	PSOS；苯基(1-甲基庚基)硫醚；1-methylheptyl phenyl sulfide。13921-16-9。稀贵金属萃取[222]
TTSS 16	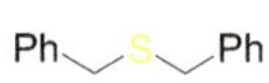	DBZS；二苄基硫醚；dibenzyl sulfide。538-74-9。稀贵金属萃取[222]
TTSS 17	Ph_2S	DPHS；二苯基硫醚；diphenyl sulfide。139-66-2。稀贵金属萃取[222]
TTSS 18	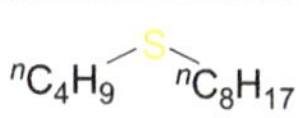	BOS；丁基(辛基)硫醚；butyl octyl sulfide。16900-07-5。金、钯萃取[223]
TTSS 19	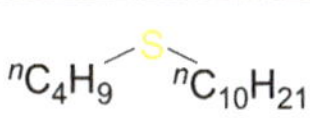	BDS；丁基(癸基)硫醚；butyl decanyl sulfide。19313-57-6。金、钯萃取[223]
TTSS 20	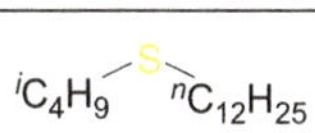	MPDS；异丁基(月桂基)硫醚；isobutyl dodecyl sulfide。金、钯萃取[223]
TTSS 21	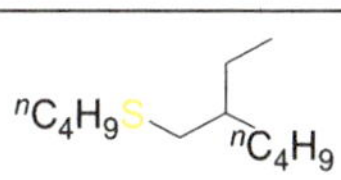	BEHS；丁基(2-乙基己基)硫醚；butyl 2-ethylhexyl sulfide。147795-02-6。金、钯萃取[223]
TTSS 22	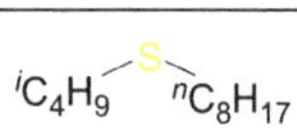	MPOS；异丁基(辛基)硫醚；isobutyl octyl sulfide。56803-99-7。金、钯萃取[223]

续表

序号	结构	名称、CAS号、应用及参考文献
TTSS 23	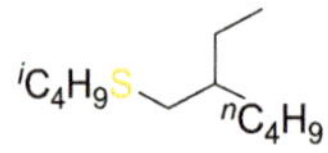	MPEHS；异丁基(2-乙基己基)硫醚；isobutyl 2-ethylhexyl sulfide。190443-26-6。金、钯萃取[223]
TTSS 24	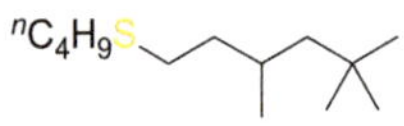	BTMHS；丁基(3,5,5-三甲基己基)硫醚；butyl 3,5,5-trimethylhexyl sulfide。金、钯萃取[223]
TTSS 25	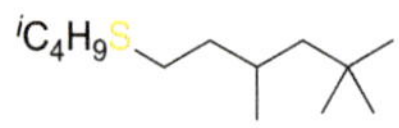	MPTMHS；异丁基(3,5,5-三甲基己基)硫醚；isobutyl 3,5,5-trimethylhexyl sulfide。147795-03-7。金、钯萃取[223]
TTSS 26	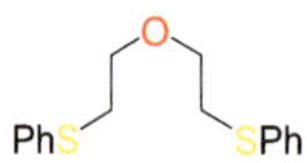	DTPEE；二(2-(苯基硫基)乙基)醚；di(2-(phenylthiol)ethyl) ether。30983-00-7。贵金属萃取剂[224]
TTSS 27	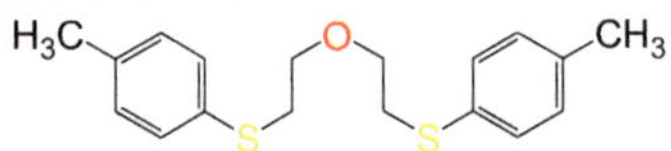	DMTPEE；二-(2-(4-甲基苯基硫基)乙基)醚；di(2-(4-methylphenylthiol) ethyl)ether。33931-19-0。贵金属萃取剂[224]
TTSS 28	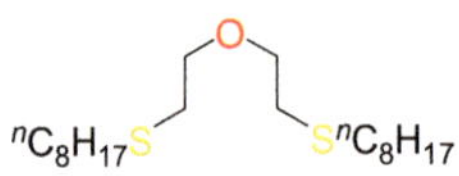	DOSEE；二(2-辛基硫基)乙基醚；di(octylthiol)ethyl ether。855389-35-4。贵金属萃取剂[224]
TTSS 29	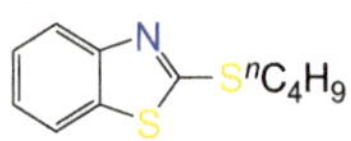	2-(丁基硫基)苯并噻唑；2-(butylthio)benzothiazole。2314-17-2。贵金属萃取[185]
TTSS 30	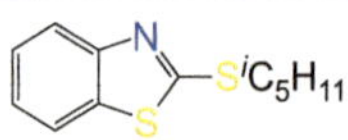	2-(异戊基硫基)苯并噻唑；2-(isopentylthio)benzothiazole。27410-46-4。贵金属萃取[225]
TTSS 31	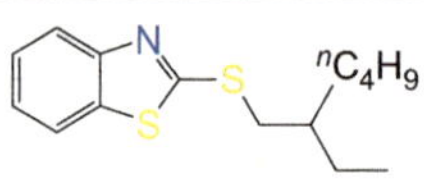	ASO；2-(2-乙基己基硫基)苯并噻唑；2-(2-ethylhexylthio) benzothiazole。1369663-93-3。贵金属萃取[226]
TTSS 32	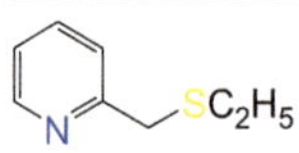	ETMP；2-((乙基硫基)甲基)吡啶；2-((ethylthio)methyl)pyridine。35250-74-9。过渡金属萃取[227]
TTSS 33	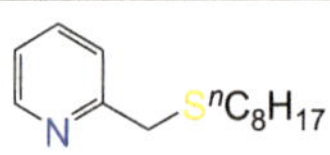	OTMP；2-((辛基硫基)甲基)吡啶；2-((octylthio)methyl)pyridine。342795-40-8。过渡金属萃取[227]
TTSS 34	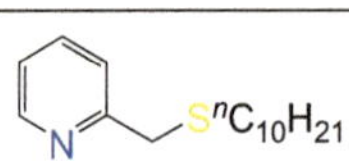	2-((癸基硫基)甲基)吡啶；2-((decanylthio)methyl)pyridine。887081-12-1。过渡金属萃取[227]
（3）亚砜		
TTSS 35	石油亚砜	PSO；石油亚砜；petroleum sulfoxide。贵金属萃取[228]
TTSS 36	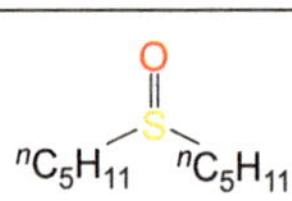	Am_2OS；二戊基亚砜；dipentyl sulfoxide。1986-90-9。铀萃取，贵金属萃取[229-230]
TTSS 37	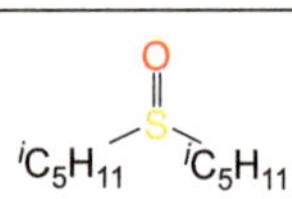	*iso*-Am_2OS；二异戊基亚砜；diisopentyl sulfoxide。7726-23-0。稀土萃取，金萃取，贵金属萃取[230-232]
TTSS 38	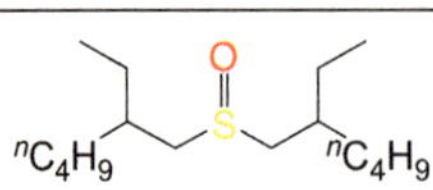	DEHSO；DIOSO；二(2-乙基己基)亚砜；di-(2-ethylhexyl) sulfoxide。82374-34-3。稀土萃取，金萃取[231-232]

续表

序号	结构	名称、CAS号、应用及参考文献
TTSS 39	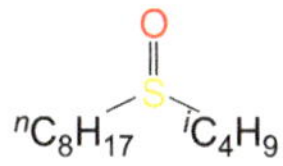	异丁基(辛基)亚砜；isobutyl octyl sulfoxide。154286-15-4。稀土萃取，金萃取[231-232]
TTSS 40	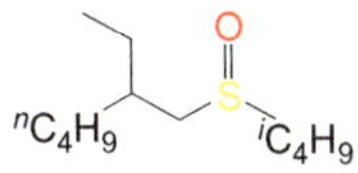	异丁基(2-乙基己基)亚砜；isobutyl 2-ethylhexyl sulfoxide。154286-16-5。稀土萃取，金萃取[231-232]
TTSS 41	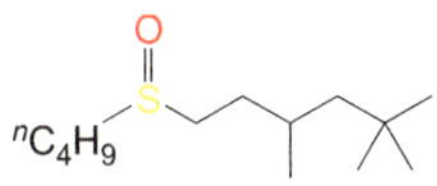	丁基(3,5,5-三甲基己基)亚砜；butyl 3,5,5-trimethylhexyl sulfoxide。154286-17-6。稀土萃取，金萃取[231-232]
TTSS 42	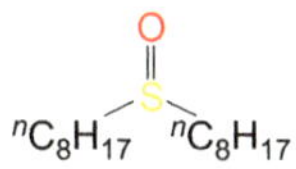	DOSO；二辛基亚砜；dioctyl sulfoxide。1986-89-6。稀土萃取，金萃取[74, 229, 232]
TTSS 43	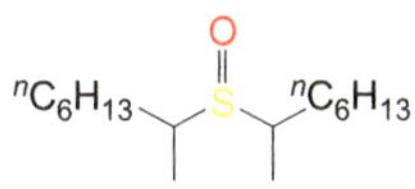	二(1-甲基庚基)亚砜；di-(1-methylheptyl) sulfoxide。93314-40-0。稀土萃取，金萃取[231-232]
TTSS 44	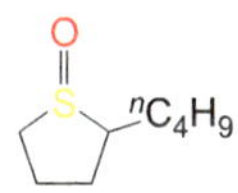	BTMSO；2-丁基环丁亚砜；2-butylbutane-1,4-diyl sulfoxide。90200-96-7。贵金属萃取[233-234]
TTSS 45	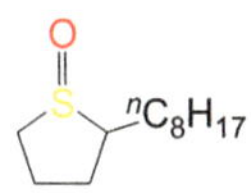	OTMSO；2-辛基环丁亚砜；2-octylbutane-1,4-diyl sulfoxide。129623-67-2。贵金属萃取[233-234]
TTSS 46	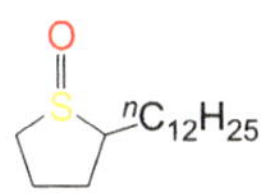	DTMSO；2-月桂基环丁亚砜；2-dodecylbutane-1,4-diyl sulfoxide。129623-68-3。贵金属萃取[233-234]
TTSS 47	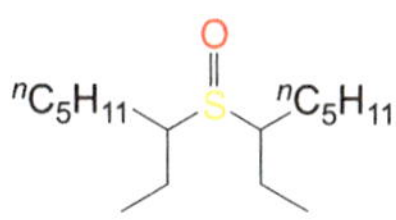	二(1-乙基己基)亚砜；di(1-ethylhexyl) sulfoxide。160009-08-5。萃取稀土[235]
TTSS 48	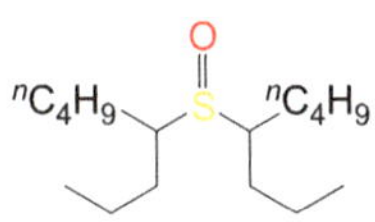	二(1-丙基戊基)亚砜；di(1-propylpentyl) sulfoxide。萃取稀土[235]
TTSS 49	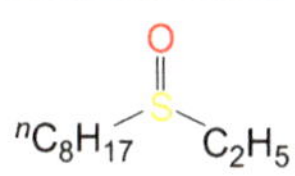	乙基(辛基)亚砜；ethyl octyl sulfoxide。13126-09-5。萃取稀土[235]
TTSS 50	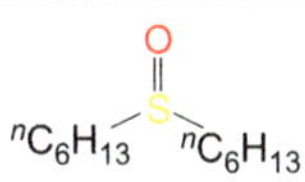	二己基亚砜；dihexyl sulfoxide。2180-20-3。萃取稀土[235]
TTSS 51	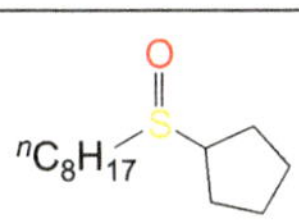	环戊基(辛基)亚砜；cyclopentyl octyl sulfoxide。180844-20-6。萃取稀土[235]
TTSS 52	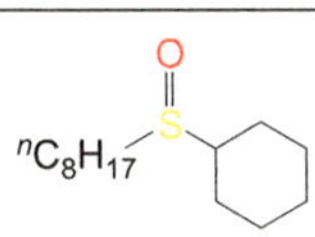	环己基(辛基)亚砜；cyclohexyl octyl sulfoxide。180844-21-7。萃取稀土[235]

续表

序号	结构	名称、CAS号、应用及参考文献
TTSS 53	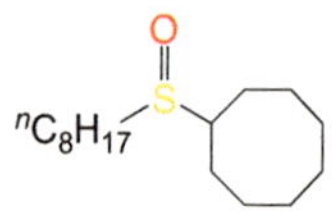	环辛基(辛基)亚砜；cyclooctyl octyl sulfoxide。180844-22-8。萃取稀土[235]
TTSS 54	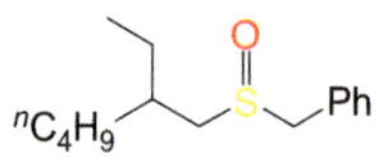	BSO；苄基(2-乙基己基)亚砜；2-ethylhexylbenzyl sulfoxide。891837-45-9。分离钯、铂[236]
TTSS 55	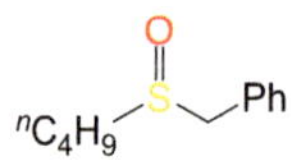	丁基(苄基)亚砜；butyl benzyl sulfoxide。2168-98-1。分离钯、铂[236]
TTSS 56	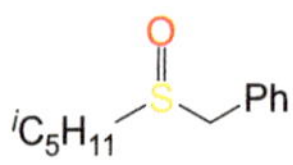	异戊基(苄基)亚砜；isopentyl benzyl sulfoxide。887472-28-8。分离钯、铂[236]
TTSS 57	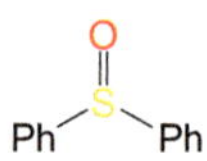	DPSO；二苯基亚砜；diphenyl sulfoxide。945-51-7。金萃取、铈萃取[74, 229, 237]
TTSS 58	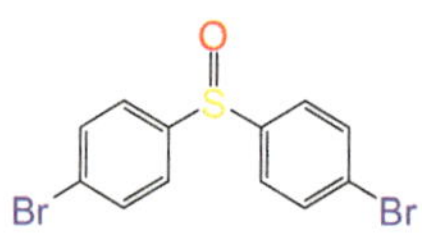	PBSO；二(4-溴苯基)亚砜；di(4-bromophenyl) sulfoxide。1774-37-4。金萃取[237]
TTSS 59	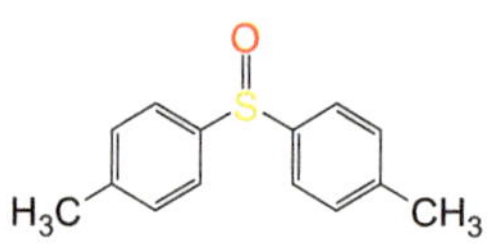	PTSO；二(4-甲基苯基)亚砜；di(4-methylphenyl) sulfoxide。1774-35-2。金萃取[237]
TTSS 60	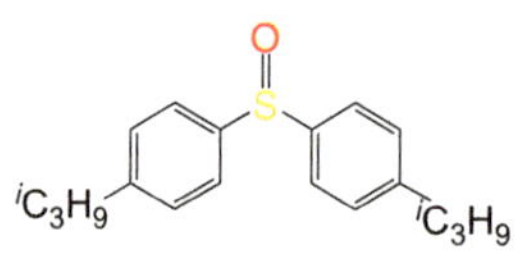	PIPSO；二(4-异丙基苯基)亚砜；di(4-isopropylphenyl) sulfoxide。118021-43-5。金萃取[237]
TTSS 61	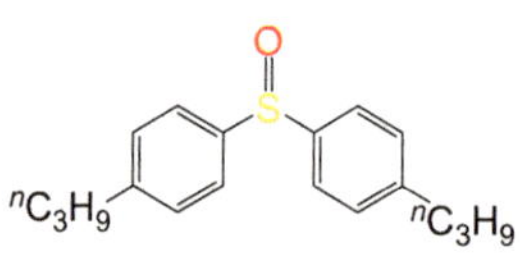	二(4-丙基苯基)亚砜；di(4-propylphenyl) sulfide。金萃取[237]
TTSS 62	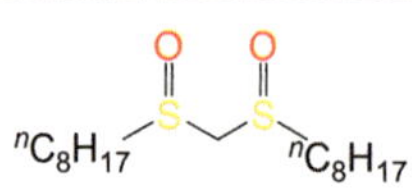	BOSE；双(辛基亚磺酰基)甲烷；bis(octylsulphinyl) methane。26771-75-5。稀土萃取[232]
TTSS 63	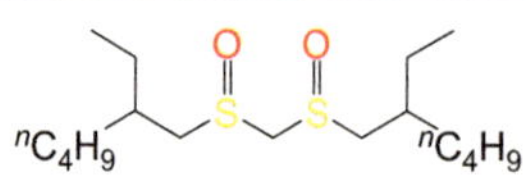	DEHSOM；双(2-乙基己基亚磺酰基)甲烷；bis(2-ethylhexylsulphinyl) methane。稀土萃取[232]
TTSS 64	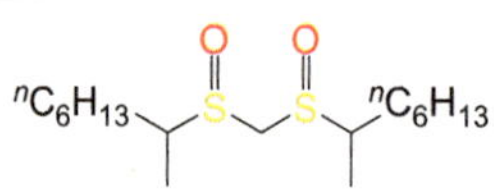	双(1-甲基庚基亚磺酰基)甲烷；bis(1-methylheptylsulphinyl) methane。稀土萃取[232]
TTSS 65	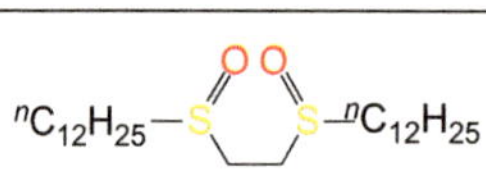	BDSE；双(月桂基亚磺酰基)乙烷；bis(dodecylsulphinyl) ethane。154739-05-6。稀土萃取[232, 238]

续表

序号	结构	名称、CAS号、应用及参考文献
TTSS 66	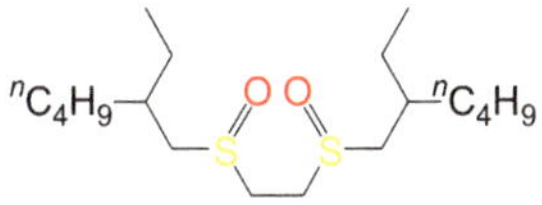	双(2-乙基己基亚磺酰基)乙烷；bis(2-ethylhexylsulphinyl) ethane。稀土萃取[232]
TTSS 67	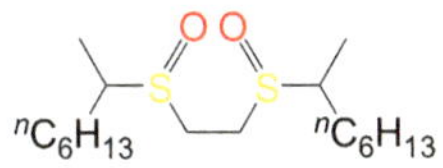	DMHSOE；双(1-甲基庚基亚磺酰基)乙烷；bis(1-methyl-heptylsulphinyl) ethane。208943-10-6。稀土萃取[232]
TTSS 68	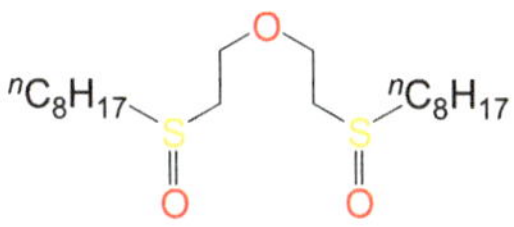	2,2′-(二辛基亚磺酰基)乙醚；2,2′-di(octylsulphinyl) diethyl ether。1379459-42-3。贵金属萃取剂，分离钯铂[239]
TTSS 69	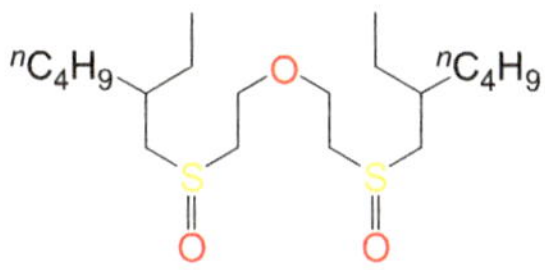	2,2′-二(2-乙基己基亚磺酰基)乙醚；2,2′-di(2-ethylhexylsulphinyl) diethyl ether。贵金属萃取剂，分离钯铂[239]
TTSS 70	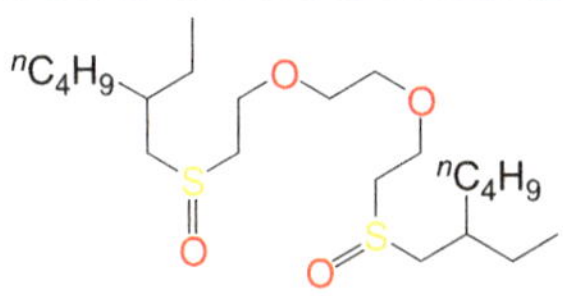	乙二醇二(2-乙基己基亚磺酰基乙基)醚；ethylene glycol di(2-ethylhexylsulphinylethyl) ether。贵金属萃取剂，分离钯铂[239]
TTSS 71	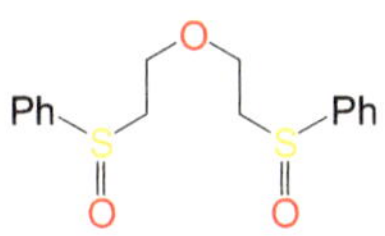	DPSEE；2,2′-二(苯亚磺酰基)乙醚。2,2′-di(phenylsulphinyl) diethyl ether。贵金属萃取剂[224]
TTSS 72	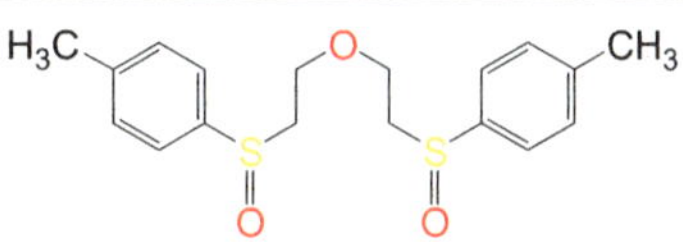	DMPSEE；2,2′-二(4-甲基苯基亚磺酰基)乙醚。2,2′-di(4-methylphenylsulphinyl) diethyl ether。贵金属萃取剂[224]
TTSS 73	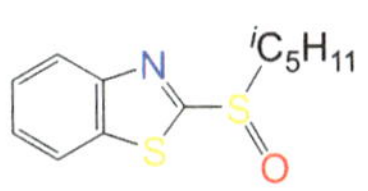	ABSO；2-(异戊基亚磺酰基)苯并噻唑；2-(isopentylsulphinyl) benzothiazole。883857-01-0。铂族金属萃取[225]
TTSS 74	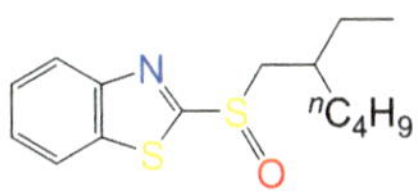	MSO；2-(2-乙基己基亚磺酰基)苯并噻唑；2-(2-ethylhexyl-sulphinyl)benzothiazole。贵金属萃取[226]
TTSS 75	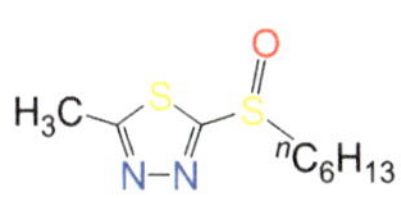	HSMT；2-甲基-5-(己基亚磺酰基)-1,3,4-噻二唑；2-methyl-5-(hexylsulphinyl)-1,3,4-thiadiazole。钯萃取[240]
TTSS 76	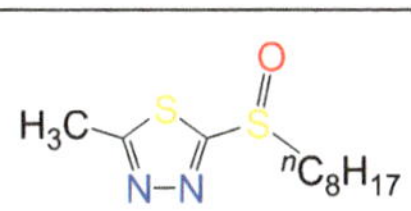	MOST；2-甲基-5-(辛基亚磺酰基)-1,3,4-噻二唑；2-methyl-5-(octylsulphinyl)-1,3,4-thiadiazole。钯萃取[240]
TTSS 77	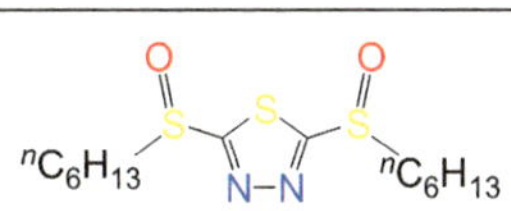	BHXST；2,5-二(己基亚磺酰基)-1,3,4-噻二唑；2,5-bis(hexyl-sulphinyl)-1,3,4-thiadiazole。钯萃取[240]

续表

序号	结构	名称、CAS号、应用及参考文献
TTSS 78	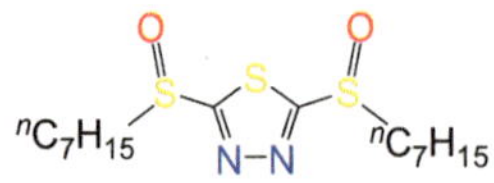	BHPST；2,5-二(庚基亚磺酰基)-1,3,4-噻二唑；2,5-bis(heptyl sulphinyl)-1,3,4-thiadiazole。钯萃取[240]
TTSS 79	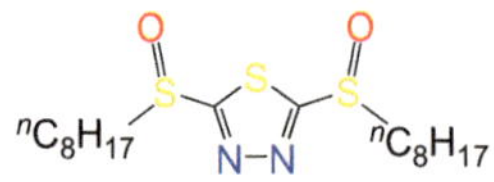	BOST；2,5-二(辛基亚磺酰基)-1,3,4-噻二唑；2,5-bis(octyl-sulphinyl)-1,3,4-thiadiazole。钯萃取[240]
（4）砜		
TTSS 80	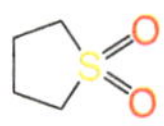	环丁砜；sulfolane。126-33-0。金萃取[241]

附录1-10　多官能团萃取剂

多官能团（multiple function group，MF）萃取剂分子中含有多个能独立参与金属离子萃取的一类分子。这类化合物具有水溶性强、熔点高、配位作用强等特征。在萃取冶金中应用较少，更多地被用于分析化学。

制备方法

多官能团萃取剂可根据各种官能团的兼容性逐个合成。

代表结构及其应用

序号	结构	名称、CAS号、应用及参考文献
MF 1	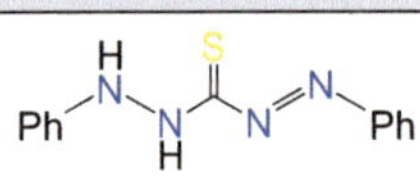	双硫腙；打萨宗；铅试剂；dithizone。60-10-6。过渡金属萃取[2]
MF 2	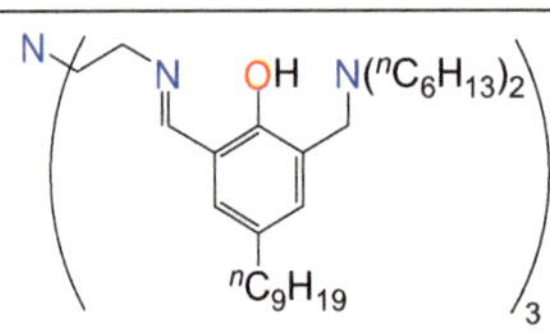	HNT；三(2-((5-辛基-3-(*N,N*-二己基氨基甲基)-2-羟基苯基)甲亚基氨基)乙基)胺；tri(2-((5-octyl-3-(*N,N*-dihexylaminomethyl)-2-hydroxyphenyl)methylideneamino) ethyl) amine。铜、镍、锌萃取[72, 242]
MF 3	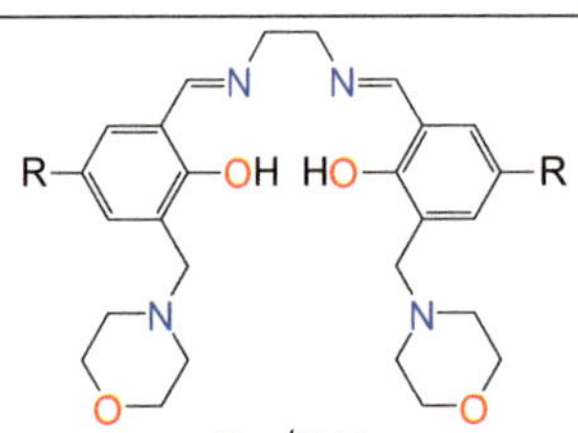 R = $^{t}C_4H_9$	*N,N'*-双((5-叔丁基-2-羟基-3-(吗啉-4-基甲基)苯基)甲亚基)乙二胺；*N,N'*-bis((5-*tert*-butyl-2-hydroxyl-3-(morpholin-4-ylmethyl)phenyl)methylidene)ethylenediamine。252735-70-9。铜、镍、锌萃取[242]
MF 4	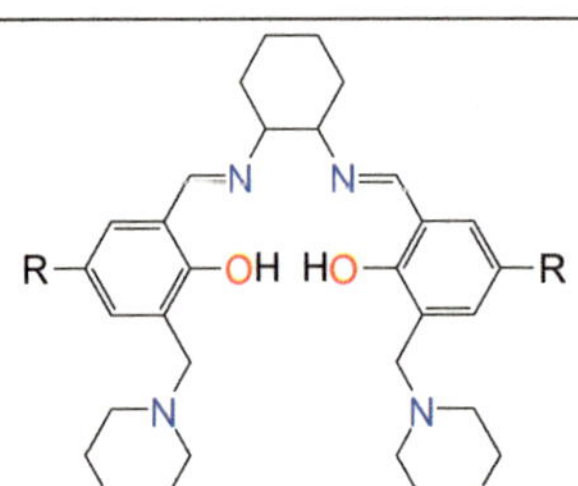 R = $^{t}C_4H_9$	*N,N'*-双((5-叔丁基-2-羟基-3-(吗啉-4-基甲基)苯基)甲亚基)环己-1,2-二胺；*N,N'*-bis((5-*tert*-butyl-2-hydroxyl-3-(morpholin-4-ylmethyl)phenyl)methylidene) cyclohexane-1,2-diamine。323193-85-7。铜、镍、锌萃取[242]

续表

序号	结构	名称、CAS号、应用及参考文献
MF 5	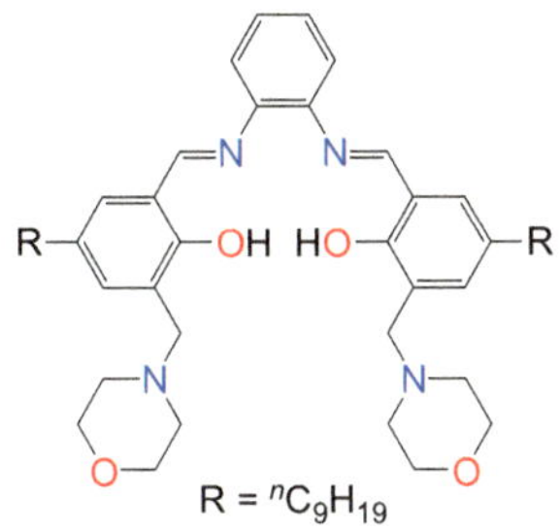	*N,N'*-双((5-壬基-2-羟基-3-(吗啉-4-基甲基)苯基)甲亚基)邻苯二胺；*N,N'*-bis((5-nonyl-2-hydroxyl-3-(morpholin-4-ylmethyl)phenyl)methylidene)*o*-phenylenediamine。297177-24-3。铜、镍、锌萃取[242]
MF 6	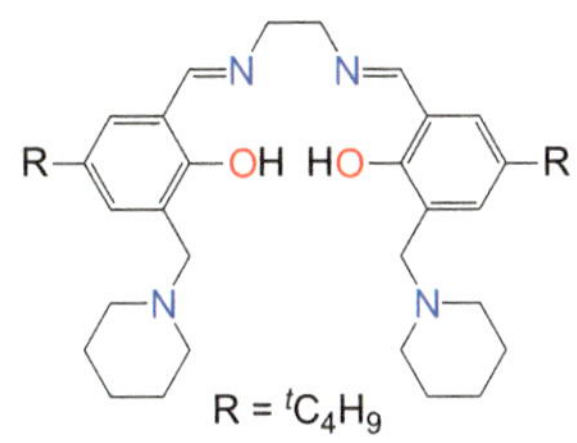	*N,N'*-双((5-叔丁基-2-羟基-3-(哌啶-1-基甲基)苯基)甲亚基)乙二胺；*N,N'*-bis((5-*tert*-butyl-2-hydroxyl-3-(piperidin-1-ylmethyl)phenyl)methylidene)ethylenediamine。524679-18-3。铜、镍、锌萃取[242]
MF 7	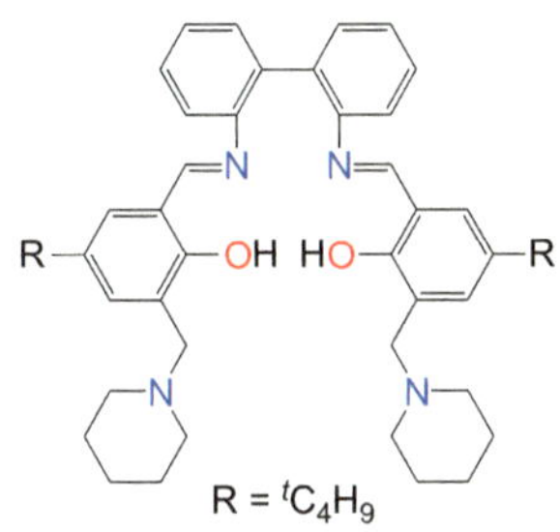	*N,N'*-双((5-叔丁基-2-羟基-3-(哌啶-1-基甲基)苯基)甲亚基)联苯-2,2'-二胺；*N,N'*-bis((5-*tert*-butyl-2-hydroxyl-3-(piperidin-1-ylmethyl)phenyl)methylidene)biphenyl-2,2'-diamine。524679-19-4。铜、镍、锌萃取[242]
MF 8	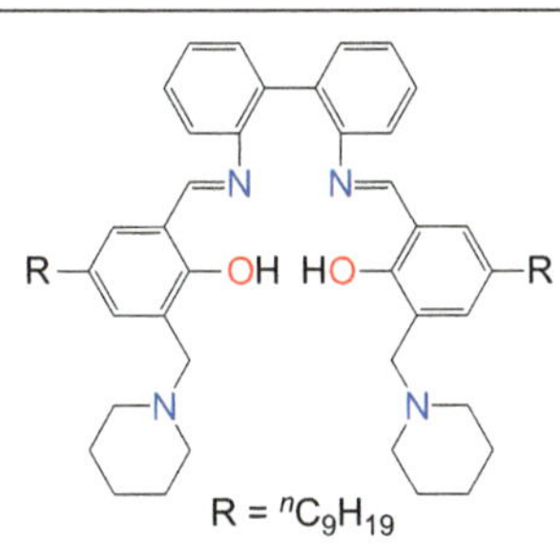	*N,N'*-双((5-壬基-2-羟基-3-(哌啶-1-基甲基)苯基)甲亚基)联苯-2,2'-二胺；*N,N'*-bis((5-nonyl-2-hydroxyl-3-(piperidin-1-ylmethyl)phenyl)methylidene)biphenyl-2,2'-diamine。铜、镍、锌萃取[242]
MF 9	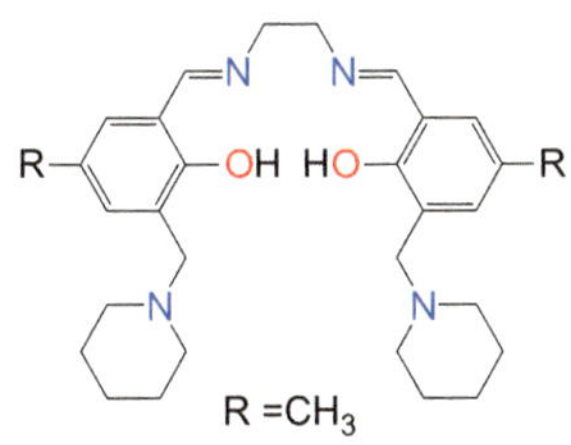	*N,N'*-双((5-甲基-2-羟基-3-(吗啉-4-基甲基)苯基)甲亚基)乙二胺；*N,N'*-bis((5-methyl-2-hydroxyl-3-(morpholin-4-ylmethyl)phenyl)methylidene)ethylenediamine。402498-63-9。铜、镍、锌萃取[242]
MF 10	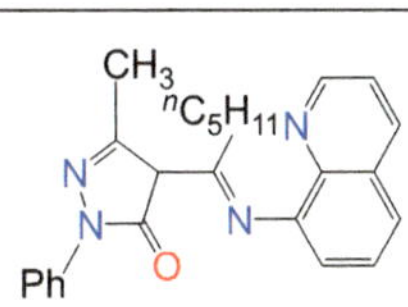	3-甲基-1-苯基-4-(1-(喹啉-8-基氨亚基)己基)-2-吡唑啉-5-酮；3-methyl-1-phenyl-4-(1-(quinolin-8-ylimino)hexyl)-2-pyrazoline-5-one。1878205-20-9。镍萃取[243]

续表

序号	结构	名称、CAS号、应用及参考文献
MF 11	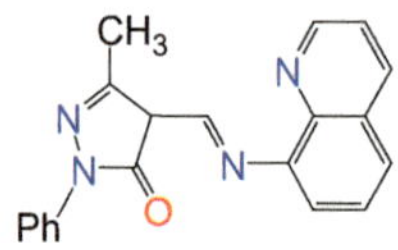	3-甲基-1-苯基-4-((喹啉-8-基氨亚基)甲基)-2-吡唑啉-5-酮；3-methyl-1-phenyl-4-((quinolin-8-ylimino)methyl)-2-pyrazoline-5-one。358283-55-3。镍萃取[243]
MF 12	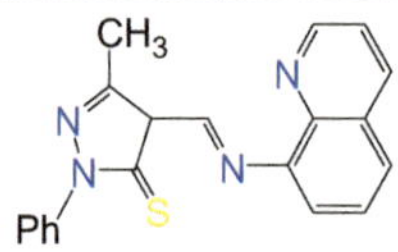	3-甲基-1-苯基-4-((喹啉-8-基氨亚基)甲基)-2-吡唑啉-5-硫酮；3-methyl-1-phenyl-4-((quinolin-8-ylimino)methyl)-2-pyrazoline-5-thione。1878205-23-2。镍萃取[243]
MF 13	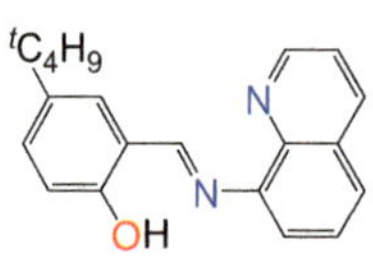	4-叔丁基-2-((喹啉-8-基氨亚基)甲基)苯酚；4-*tert*-butyl-2-((quinolin-8-ylimino)methyl)phenol。1637662-61-3。镍萃取[243]
MF 14	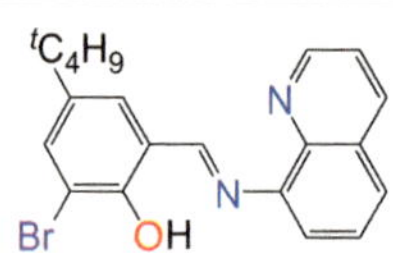	2-溴-4-叔丁基-6-((喹啉-8-基氨亚基)甲基)苯酚；2-bromo-4-*tert*-butyl-6-((quinolin-8-ylimino)methyl)phenol。1878204-85-3。镍萃取[243]
MF 15	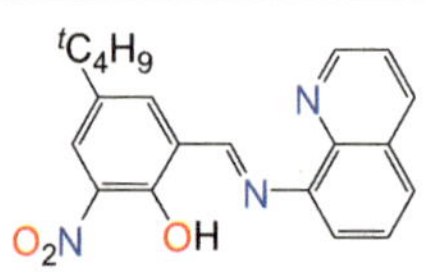	4-叔丁基-2-硝基-6-((喹啉-8-基氨亚基)甲基)苯酚；4-*tert*-butyl-2-nitro-6-((quinolin-8-ylimino)methyl)phenol。1878204-87-5。镍萃取[243]
MF 16	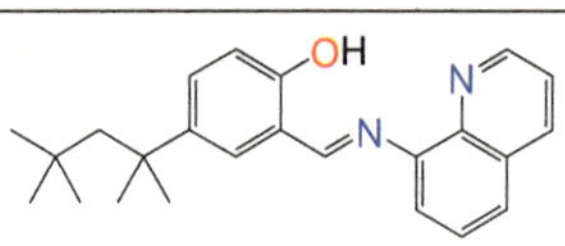	4-(1,1,3,3-四甲基丁基)-2-((喹啉-8-基氨亚基)甲基)苯酚；4-(1,1,3,3-tetramethylbutyl)-2-((quinolin-8-ylimino)methyl)-phenol。1878204-89-7。镍萃取[243]
MF 17		2-硝基-4-(1,1,3,3-四甲基丁基)-6-((喹啉-8-基氨亚基)甲基)苯酚；2-nitro-4-(1,1,3,3-tetramethylbutyl)-6-((quinolin-8-ylimino)methyl)phenol。1878204-91-1。镍萃取[243]
MF 18	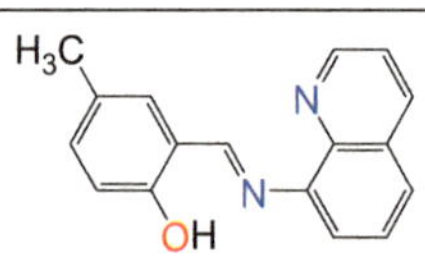	4-甲基-2-((喹啉-8-基氨亚基)甲基)苯酚；4-methyl-2-((quinolin-8-ylimino)methyl)phenol。1466540-94-2。镍萃取[243]
MF 19	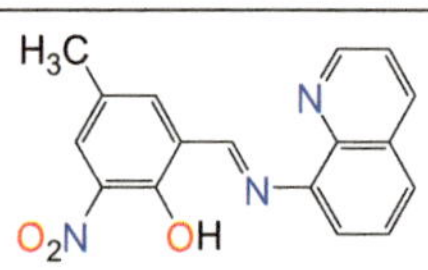	4-甲基-2-硝基-6-((喹啉-8-基氨亚基)甲基)苯酚；4-methyl-2-nitro-6-((quinolin-8-ylimino)methyl)phenol。349609-60-5。镍萃取[243]
MF 20	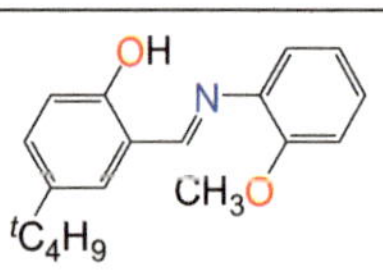	4-叔丁基-2-(((2-甲氧基苯基)氨亚基)甲基)苯酚；4-*tert*-butyl-2-(((2-methoxyphenyl)imino)methyl)phenol。1878204-97-7。镍萃取[243]
MF 21	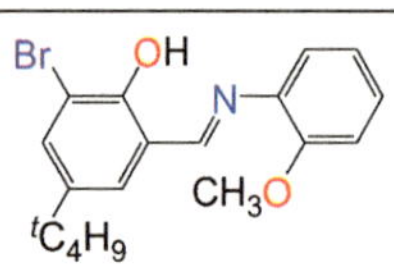	4-叔丁基-2-溴-6-(((2-甲氧基苯基)氨亚基)甲基)苯酚；4-*tert*-butyl-2-bromo-6-(((2-methoxyphenyl)imino)methyl)phenol。1878204-99-9。镍萃取[243]

续表

序号	结构	名称、CAS号、应用及参考文献
MF 22	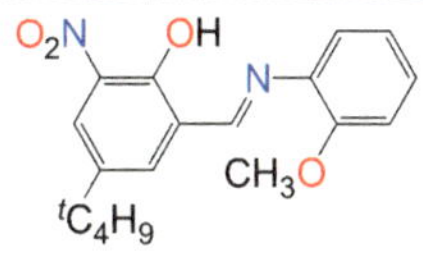	4-叔丁基-2-(((2-甲氧基苯基)氨亚基)甲基)-6-硝基苯酚；4-*tert*-butyl-2-(((2-methoxyphenyl)imino)methyl)-6-nitrophenol。1878205-01-6。镍萃取[243]
MF 23	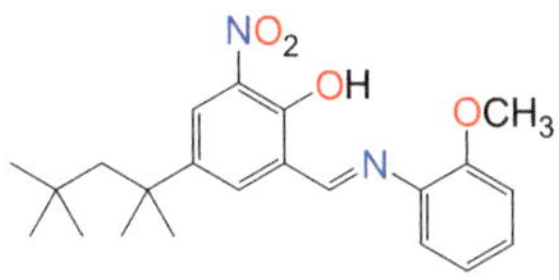	4-(1,1,3,3-四甲基丁基)-2-(((2-甲氧基苯基)氨亚基)甲基)-6-硝基苯酚；4-(1,1,3,3-tetramethylbutyl)-2-(((2-methoxyphenyl)imino)methyl)-6-nitrophenol。1878205-03-8。镍萃取[243]
MF 24	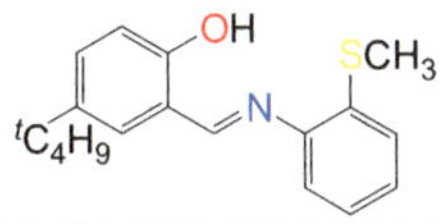	4-叔丁基-2-(((2-(甲硫基)苯基)氨亚基)甲基)苯酚；4-*tert*-butyl-2-(((2-(methylthio)phenyl)imino)methyl)phenol。1878205-05-0。镍萃取[243]
MF 25	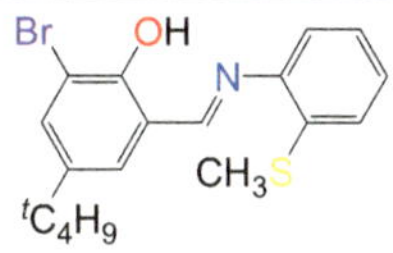	4-叔丁基-2-溴-6-(((2-(甲硫基)苯基)氨亚基)甲基)苯酚；2-bromo-4-*tert*-butyl-6-(((2-(methylthio)phenyl)imino)methyl)phenol。1878205-07-2。镍萃取[243]
MF 26	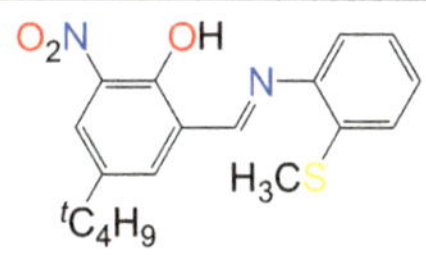	4-叔丁基-2-(((2-(甲硫基)苯基)氨亚基)甲基)-6-硝基苯酚；4-*tert*-butyl-2-(((2-(methylthio)phenyl)imino)methyl)-6-nitrophenol。1878205-09-4。镍萃取[243]
MF 27	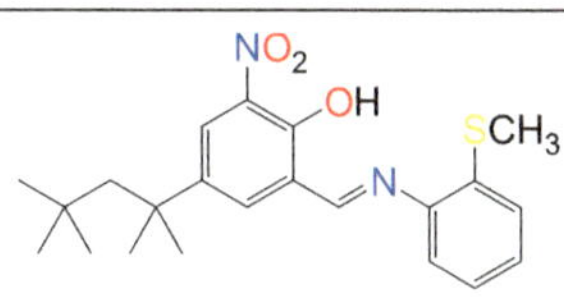	4-(1,1,3,3-四甲基丁基)-2-(((2-(甲硫基)苯基)氨亚基)甲基)-6-硝基苯酚；4-(1,1,3,3-tetramethylbutyl)-2-(((2-(methylthio)phenyl)imino)methyl)-6-nitrophenol。1878205-11-8。镍萃取[243]
MF 28	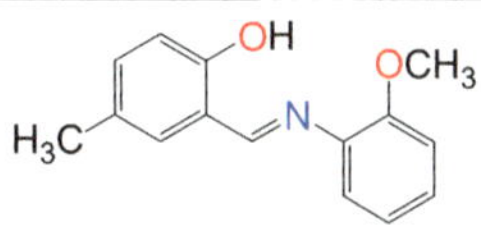	4-甲基-2-(((2-甲氧基苯基)氨亚基)甲基)苯酚；2-(((2-methoxyphenyl)imino)methyl)-4-methylphenol。22538-79-0。镍萃取[243]
MF 29	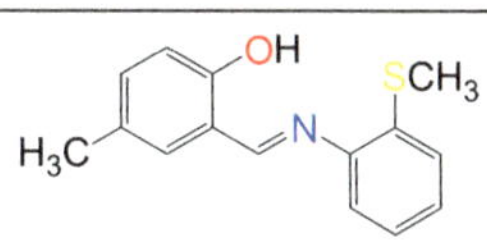	4-甲基-2-(((2-(甲硫基)苯基)氨亚基)甲基)苯酚；4-methyl-2-(((2-(methylthio)phenyl)imino)methyl)phenol。2102679-12-7。镍萃取[243]
MF 30	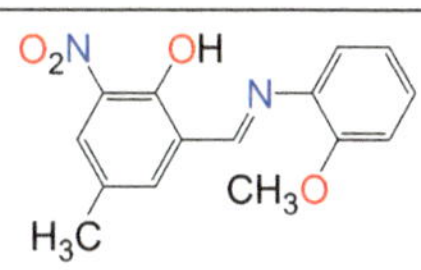	4-甲基-2-(((2-甲氧基苯基)氨亚基)甲基)-6-硝基苯酚；2-(((2-methoxyphenyl)imino)methyl)-4-methyl-6-nitrophenol。1878205-16-3。镍萃取[243]
MF 31	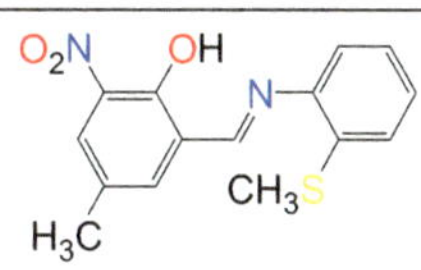	4-甲基-2-(((2-(甲硫基)苯基)氨亚基)甲基)-6-硝基苯酚；4-methyl-2-(((2-(methylthio)phenyl)imino)methyl)-6-nitrophenol。1878205-18-5。镍萃取[243]
MF 32	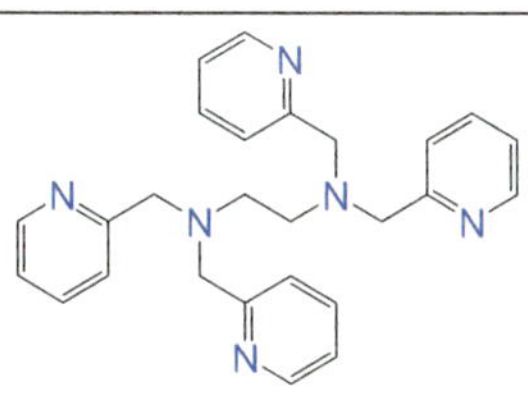	TPEN；*N,N,N′,N′*-四(吡啶-2-基甲基)乙二胺；*N,N,N′,N′*-tetra(pyridin-2-ylmethyl)ethylenediamine。16858-02-9。对轻稀土的萃取能力高于重稀土[116]

续表

序号	结构	名称、CAS号、应用及参考文献
MF 33	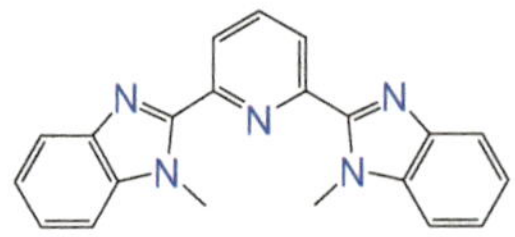	BMBIP；2,2′-(吡啶-2,6-二基)双(1-甲基-1*H*-苯并咪唑)；2,2′-(pyridin-2,6-diyl)bis(1-methyl-1*H*-benzimidazole)。112362-30-8。镧系和锕系离子分离[244]
MF 34	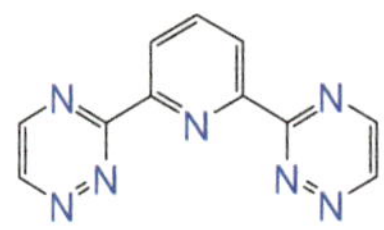	3,3′-(吡啶-2,6-二基)双(1,2,4-三嗪)；3,3′-(pyridin-2,6-diyl)bis(1,2,4-triazine)。220525-55-3。镧系和锕系离子分离[244]
MF 35	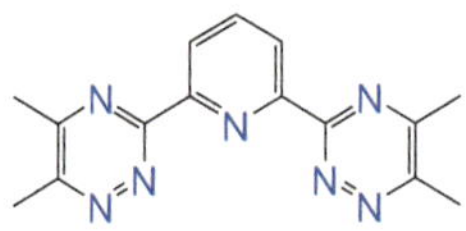	DMTP；3,3′-(吡啶-2,6-二基)双(5,6-二甲基-1,2,4-三嗪)；3,3′-(pyridin-2,6-diyl)bis(5,6-dimethyl-1,2,4-triazine)。35171-27-8。镧系和锕系离子分离[244]
MF 36	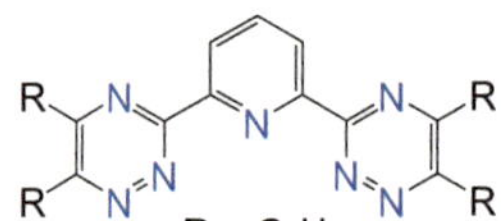 R = C_2H_5	DETP；3,3′-(吡啶-2,6-二基)双(5,6-二乙基-1,2,4-三嗪)；3,3′-(pyridin-2,6-diyl)bis(5,6-diethyl-1,2,4-triazine)。215917-62-7。镧系和锕系离子分离[114, 244]
MF 37	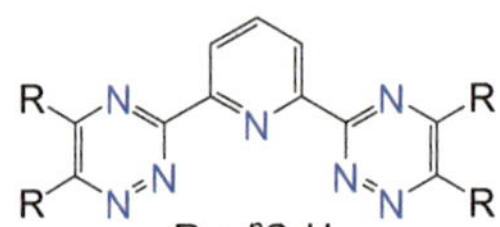 R = $^nC_3H_7$	DPTP；DnPTP；3,3′-(吡啶-2,6-二基)双(5,6-二丙基-1,2,4-三嗪)；3,3′-(pyridin-2,6-diyl)bis(5,6-dipropyl-1,2,4-triazine)。215917-67-2。镧系和锕系离子分离[244]
MF 38	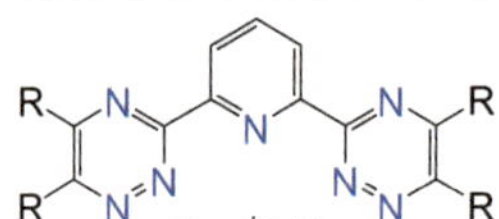 R = $^iC_3H_7$	D*i*PTP；3,3′-(吡啶-2,6-二基)双(5,6-二异丙基-1,2,4-三嗪)；3,3′-(pyridin-2,6-diyl)bis(5,6-di-isopropyl-1,2,4-triazine)。245730-61-4。镧系和锕系离子分离[244]
MF 39	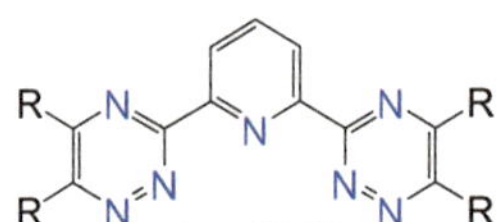 R = $^nC_4H_9$	DBTP；3,3′-(吡啶-2,6-二基)双(5,6-二丁基-1,2,4-三嗪)；3,3′-(pyridin-2,6-diyl)bis(5,6-di-butyl-1,2,4-triazine)。215917-63-8。镧系和锕系离子分离[244]
MF 40	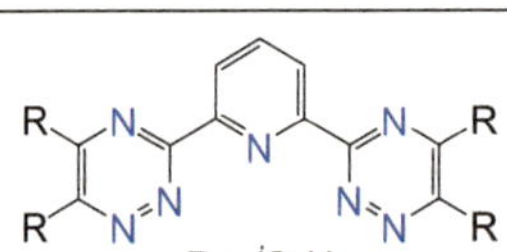 R = $^iC_4H_9$	D*i*BTP；3,3′-(吡啶-2,6-二基)双(5,6-二异丁基-1,2,4-三嗪)；3,3′-(pyridin-2,6-diyl)bis(5,6-di-isobutyl-1,2,4-triazine)。215917-64-9。镧系和锕系离子分离[244]
MF 41	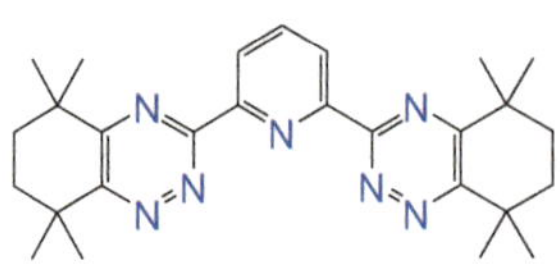	$CyMe_4$–BTP；3,3′-(吡啶-2,6-二基)双(5,5,8,8-四甲基-5,6,7,8-四氢苯并[*e*](1,2,4-三嗪))；3,3′-(pyridin-2,6-diyl)bis(5,5,8,8-tetramethyl-5,6,7,8-tetrahydrobenzo[*e*](1,2,4-triazine))。910128-67-5。Am(Ⅲ)/Cm(Ⅲ)分离、稀土分离[206]
MF 42	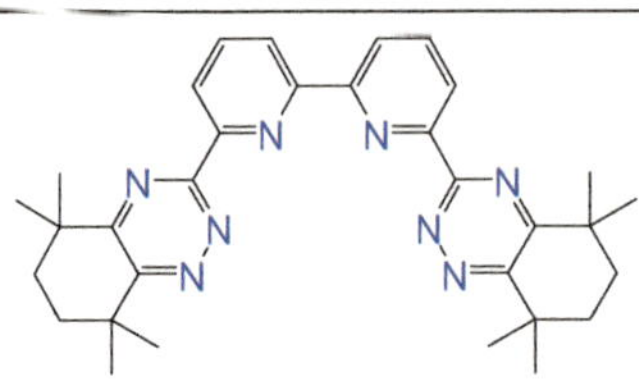	$CyMe_4$–BTBP；3,3′-((2,2′-联吡啶)-6,6′-二基)双(5,5,8,8-四甲基-5,6,7,8-四氢苯并[*e*](1,2,4-三嗪))；3,3′-((2,2′-bipyridine)-6,6′-diyl)bis(5,5,8,8-tetramethyl-5,6,7,8-tetrahydrobenzo[*e*](1,2,4-triazine))。886970-80-5。Am(Ⅲ)/Cm(Ⅲ)分离、稀土分离[206]

续表

序号	结构	名称、CAS号、应用及参考文献
MF 43	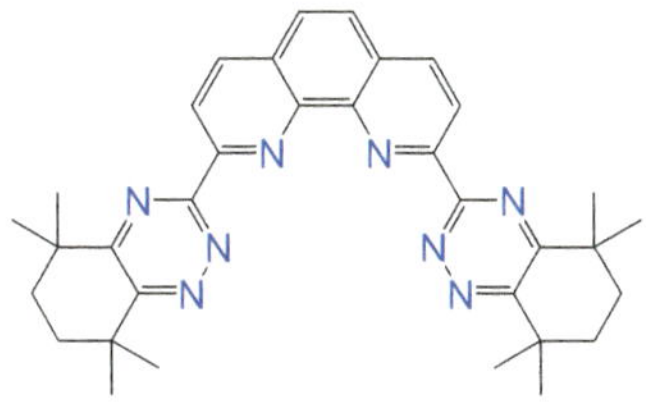	CyMe$_4$–BTPhen；2,9-双(5,5,8,8-四甲基-5,6,7,8-四氢苯并[*e*](1,2,4-三嗪)-3-基)-1,10-菲咯啉；2,9-bis(5,5,8,8-tetramethyl-5,6,7,8-tetrahydrobenzo[*e*](1,2,4-triazin)-3-yl)-1,10-phenanthroline。1276186-76-5。Am(Ⅲ)/Cm(Ⅲ)分离、稀土分离[206]
MF 44	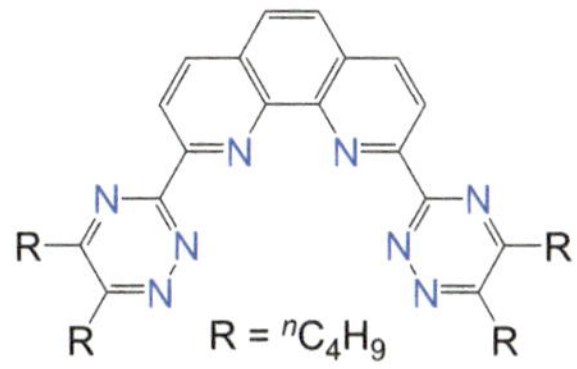	C$_4$-BTPhen；2,9-双(5,6-二丁基-1,2,4-三嗪-3-基)-1,10-菲咯啉；2,9-bis(5,6-dibutyl-1,2,4-triazin-3-yl)-1,10-phenanthroline。1462466-58-5。Am(Ⅲ)/Cm(Ⅲ)分离、稀土分离[206]
MF 45	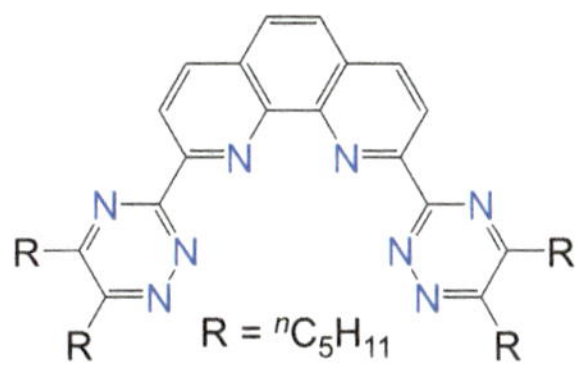	C$_5$-BTPhen；2,9-双(5,6-二戊基-1,2,4-三嗪-3-基)-1,10-菲咯啉；2,9-bis(5,6-dipentyl-1,2,4-triazin-3-yl)-1,10-phenanthroline。1455163-74-2。Am(Ⅲ)/Cm(Ⅲ)分离、稀土分离[206]
MF 46	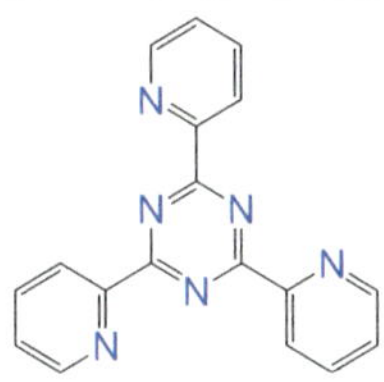	TPTZ；2,4,6-三(吡啶-2-基)-1,3,5-三嗪；2,4,6-tri(pyridin-2-yl)-1,3,5-triazine。3682-35-7。Am(Ⅲ)/Cm(Ⅲ)分离[244]
MF 47	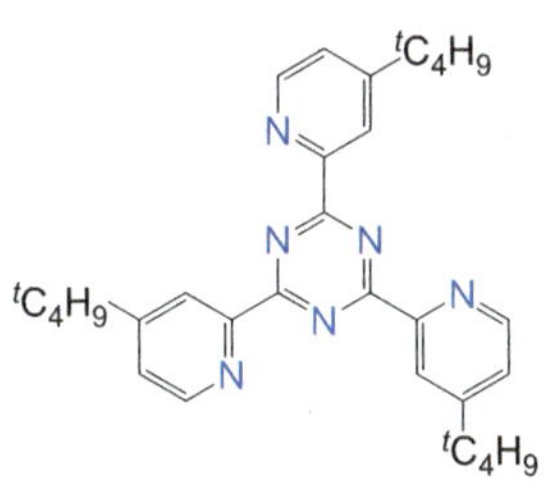	2,4,6-三(4-叔丁基吡啶-2-基)-1,3,5三嗪；2,4,6-tri(4-*tert*-butylpyridin-2-yl)-1,3,5-triazine。180334-44-5。Am(Ⅲ)/Cm(Ⅲ)分离[244]
MF 48	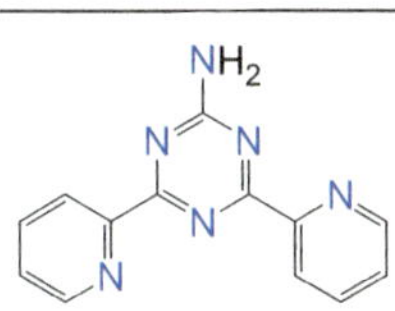	ADPTZ；4,6-二(吡啶-2-基)-1,3,5-三嗪-2-胺；4,6-di(pyridin-2-yl)-1,3,5-triazin-2-amine。75239-97-3。镧系、锕系金属离子分离[93]
MF 49	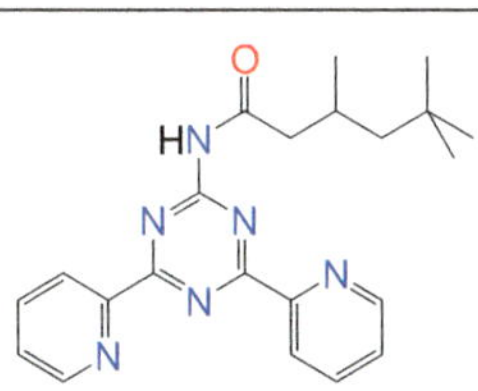	TMHADPTZ；*N*-(3,5,5-三甲基己酰基)-4,6-二(吡啶-2-基)-1,3,5-三嗪-2-胺；*N*-(3,5,5- trimethylhexanoyl)-4,6-di(pyridin-2-yl)-1,3,5-triazin-2-amine。410090-65-2。镧系、锕系金属离子分离[93]
MF 50	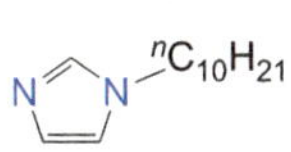	Dimz；1-癸基咪唑；1-decanylimidazole。33529-02-1。过渡金属萃取[245]

续表

序号	结构	名称、CAS号、应用及参考文献
MF 51	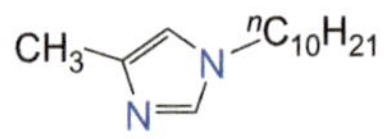	4MeDimz；4-甲基-1-癸基咪唑；1-decanyl-4-methylimidazole。207726-37-2。过渡金属萃取[245]
MF 52	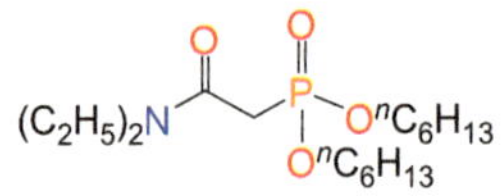	*N,N*-二乙基氨基甲酰基甲基膦酸二己酯；dihexyl *N,N*-diethylcarbamoylmethylphosphonate。7369-66-6。铀、钍分离，萃取铀的能力比钍强[70, 109, 246]
MF 53	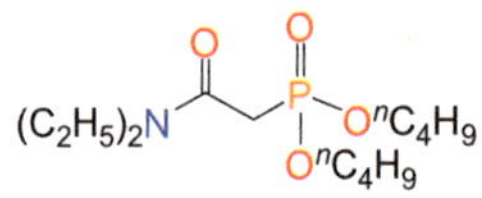	*N,N*-二乙基氨基甲酰基甲基膦酸二丁酯；dibutyl *N,N*-diethylcarbamylmethylphosphonate。7439-68-1。钪、镉、镁萃取[70]
MF 54	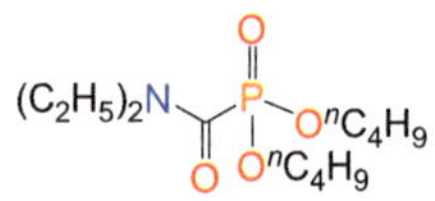	*N,N*-二乙基氨基甲酰基膦酸二丁酯；dibutyl *N,N*-diethylcarbamoylphosphonate。7439-69-2。钪、镉、镁萃取[70]
MF 55	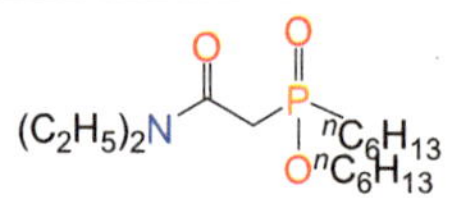	HHDECMP；己基(*N,N*-二乙基氨基甲酰基甲基)次膦酸己酯；hexyl hexyl(*N,N*-diethylcarbamoylmethyl) phosphinate。83242-93-7。镅萃取[245]
MF 56	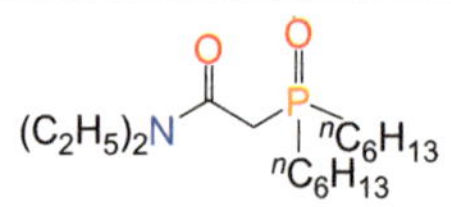	DHDECMPO；二己基(*N,N*-二乙基氨基甲酰基甲基)氧膦；dihexyl(*N,N*-diethylcarbamoylmethyl)phosphine oxide。81232-69-1。镅萃取[246]
MF 57	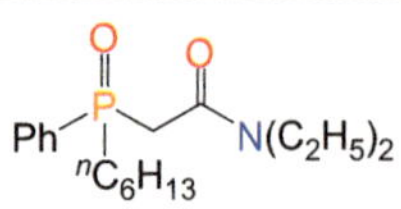	HΦDECMPO；己基(苯基)(*N,N*-二乙基氨基甲酰基甲基)氧膦；hexyl(phenyl)(*N,N*-diethylcarbamoylmethyl) phosphine oxide。91024-93-0。镅萃取[49, 246]
MF 58	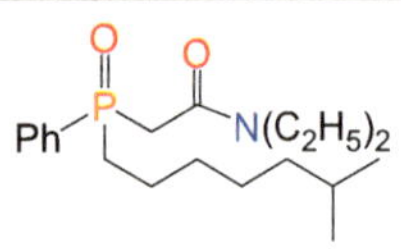	6-MHΦDECMPO；6-甲基庚基(苯基)(*N,N*-二乙基氨基甲酰基甲基)氧膦；6-methylheptyl(phenyl)(*N,N*-diethylcarbamoylmethyl)phosphine oxide。83242-94-8。镅萃取[246]
MF 59	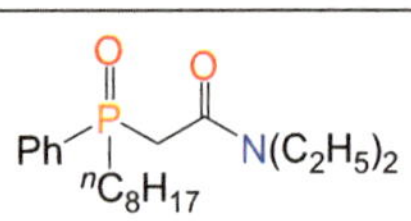	OΦDECMPO；辛基(苯基)(*N,N*-二乙基氨基甲酰基甲基)氧膦；octyl(phenyl)(*N,N*-diethylcarbamoylmethyl) phosphine oxide。83242-95-9。铀、钍、镅萃取[109, 246, 247]
MF 60	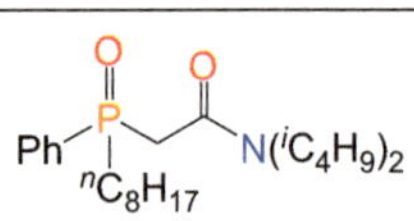	CMPO；OΦD(*i*B)CMPO；辛基(苯基)(*N,N*-二异丁基氨基甲酰基甲基)氧膦；octyl(phenyl)(*N,N*-diisobutylcarbamoylmethyl)phosphine oxide。镧系元素萃取[248]
MF 61	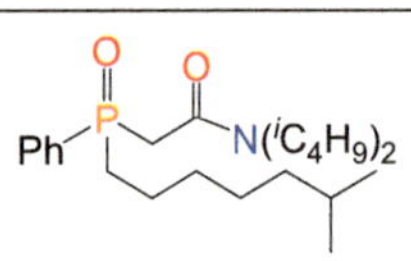	6-MHΦD(*i*B)CMPO；6-甲基庚基(苯基)(*N,N*-二异丁基氨基甲酰基甲基)氧膦；6-methylheptyl(phenyl)(*N,N*-diisobutylcarbamoylmethyl)phosphine oxide。83242-96-0。镅萃取[246]
MF 62	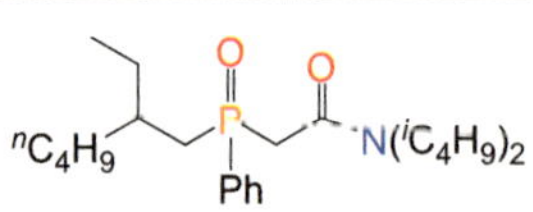	2-EHΦD(*i*B)CMPO；2-乙基己基(苯基)(*N,N*-二异丁基氨基甲酰基甲基)氧膦；2-ethylhexyl(phenyl)(*N,N*-diisobutylcarbamoylmethyl)phosphine oxide。83242-97-1。镅萃取[246]
MF 63	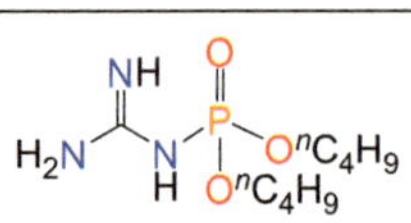	胍基膦酸二丁酯；dibutyl guanidinophosphonate。6986-87-4。铁、钐、锌萃取[249]

续表

序号	结构	名称、CAS号、应用及参考文献
MF 64	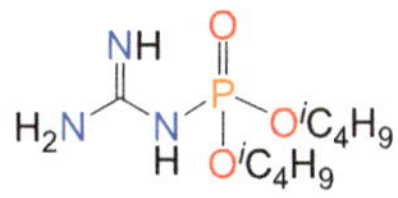	胍基膦酸二异丁酯；diisobutyl guanidinophosphonate。98948-70-0。铁、钐、锌萃取[249]
MF 65	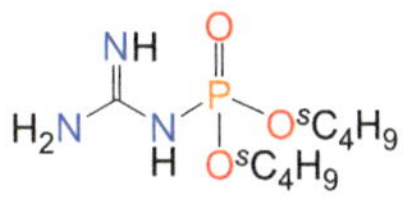	胍基膦酸二仲丁酯；di-*sec*-butyl guanidinophosphonate。198781-43-0。铁、钐、锌萃取[249]
MF 66	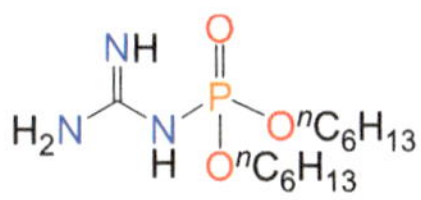	胍基膦酸二己酯；dihexyl guanidinophosphonate。198781-44-1。铁、钐、锌萃取[249]
MF 67	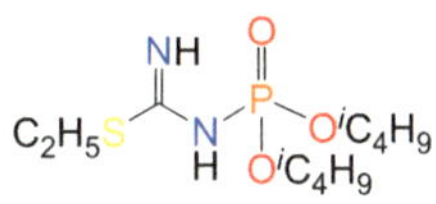	2-乙基-3-(二异丁氧基磷酰基)异硫脲；2-ethyl-3-(di-isobutoxyphosphoryl)isothiourea。149589-35-5。铁、钐、锌萃取[249]
MF 68	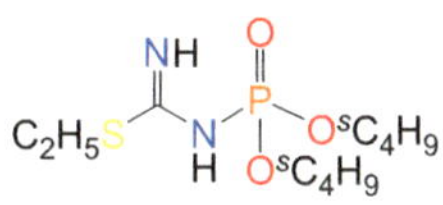	2-乙基-3-(二仲丁氧基磷酰基)异硫脲；2-ethyl-3-(di-*sec*-butoxyphosphoryl)isothiourea。198781-45-2。铁、钐、锌萃取[249]
MF 69	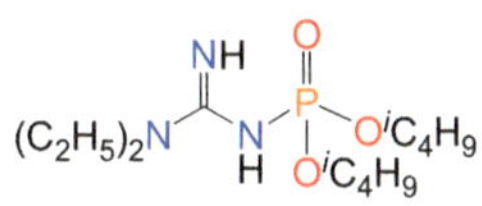	(3,3-二乙基胍基)膦酸二异丁酯；diisobutyl (3,3-diethylguanidino)phosphonate。198781-46-3。铁、钐、锌萃取[249]
MF 70	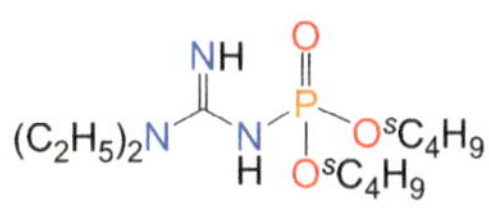	(3,3-二乙基胍基)膦酸二仲丁酯；disecbutyl (3,3-diethylguanidino)phosphonate。198781-47-4。铁、钐、锌萃取[249]
MF 71	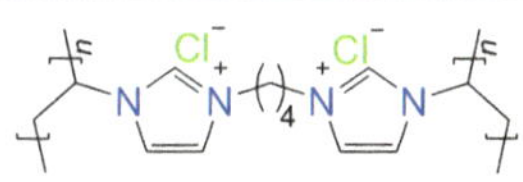	poly(*N*-Vim)；聚(二氯化1,4-二[1-乙烯基咪唑-3-基]丁烷)；poly(1,4-di[1-vinylimidazol-3-yl]butane dichloride)。砷萃取[250]
MF 72		poly(4-Py)；聚(二氯化1,4-二[4-乙烯基吡啶-1-基]丁烷)；poly(1,4-di[4-vinylpyridin-1-yl]butane dichloride)。砷萃取[250]
MF 73	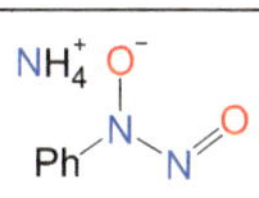	铜铁试剂；cupferron。135-20-6。中金属分析萃取剂、指示剂、萃取剂[76]。
MF 74	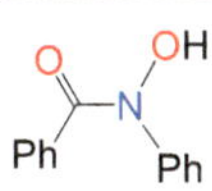	*N*-苯甲酰基苯基羟胺；*N*-benzoylphenylhydroxylamine。304-88-1。多种金属萃取[251]
MF 75	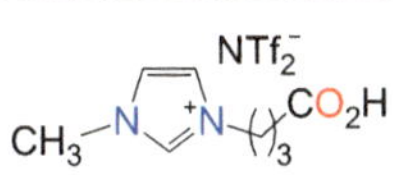	1-甲基-3-羧基丙基咪唑鎓双(三氟甲磺酰)亚胺盐；1-methyl-3-carboxypropyl-imidazolium bis-(trifluoromethylsulfonyl)imide。854102-70-8。轻稀土萃取[252-253]
MF 76	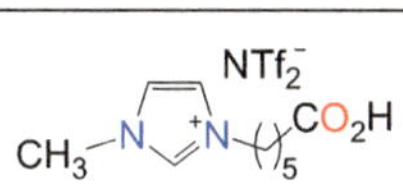	1-甲基-3-羧基戊基咪唑鎓双(三氟甲磺酰)亚胺盐；1-methyl-3-carboxypentyl-imidazolium bis-(trifluoromethylsulfonyl)imide。2094516-63-7。轻稀土萃取[252-253]

续表

序号	结构	名称、CAS号、应用及参考文献
MF 77	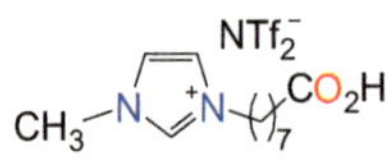	1-甲基-3-羧基庚基咪唑鎓双(三氟甲磺酰)亚胺盐；1-methyl-3-carboxyheptyl-imidazolium bis-(trifluoromethylsulfonyl)imide。2094516-64-8。轻稀土萃取[252-253]
MF 78	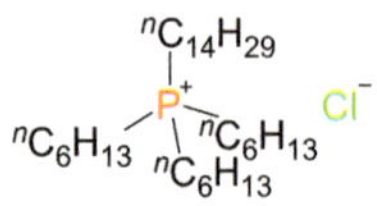	Cyphos IL 101；三己基(十四烷基)氯化鏻；trihexyl (tetradecyl)phosphonium chloride。258864-54-9。萃取分离Co(Ⅱ)、Ni(Ⅱ)[254]
MF 79	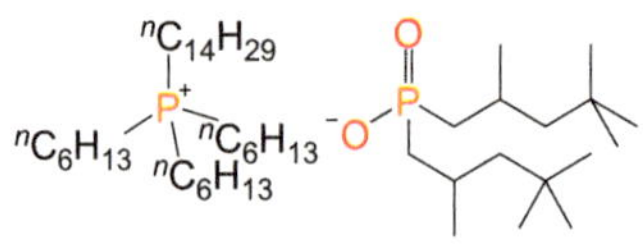	Cyphos IL 104；三己基(十四烷基)鏻二(2,4,4-三甲基戊基)次膦酸盐；trihexyl(tetradecyl)phosphonium bis(2,4,4-trimethylpentyl)phosphinate。465527-59-7。萃取分离Co(Ⅱ)、Ni(Ⅱ)[254]
MF 80	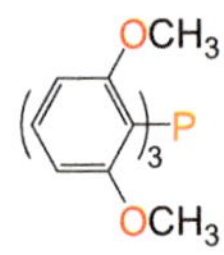	三(2,6-二甲氧基苯基)膦；tri(2,6-dimethoxyphenyl) phosphine。85417-41-0。实现Au(Ⅱ)与贱金属的分离[255]
MF 81	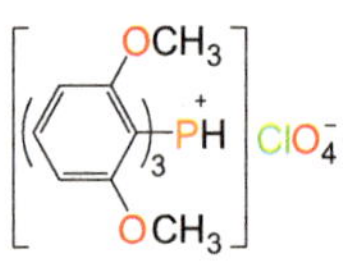	三(2,6-二甲氧基苯基)鏻高氯酸盐；tri(2,6-dimethoxyphenyl) phosphonium perchlorate。91608-20-7。实现Au(Ⅱ)与贱金属的分离[255]
MF 82	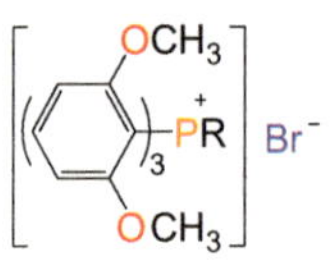 R = 苄基, $^{n}C_{12}H_{25}$, $^{n}C_{18}H_{37}$	溴化三(2,6-二甲氧基苯基)烃基鏻；tri(2,6-dimethoxyphenyl)alkylphosphonium bromide。实现Au(Ⅱ)与贱金属的分离[255]
MF 83	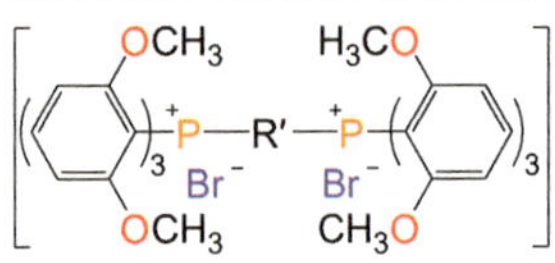 R′ = *p*-$CH_2C_6H_4CH_2$, $(CH_2)_3$, $(CH_2)_{10}$	亚烃基双(三(2,6-二甲氧基苯基)鏻)二溴化物；alkylenebis(tri(2,6-dimethoxyphenyl)phosphonium) dibromide。实现Au(Ⅱ)与贱金属的分离[255]
MF 84	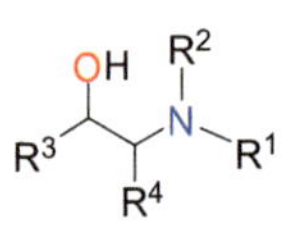 R^1, R^2：C_8~C_{22}烷基；R^3：C_5~C_{22}烷基；R^4：H或C_1~C_5烷基	*β*-羟基胺类萃取剂；*β*-hydroxylamine extractant。钼萃取[170]
MF 85	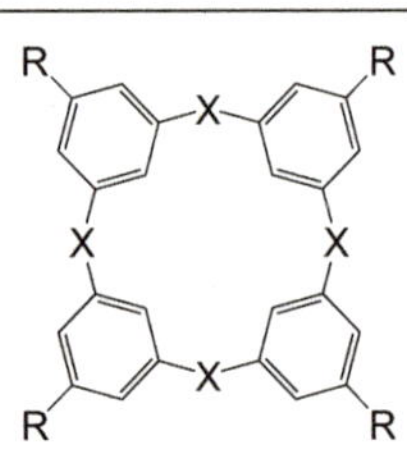 R = $^{t}C_4H_9$, $^{t}C_8H_{17}$ X = CH_2, S, SO, SO_2	杯[4]芳烃；calix[4]arenes。萃取多种不同价态、半径、软硬度的金属离子[256-257]

续表

序号	结构	名称、CAS号、应用及参考文献
MF 86	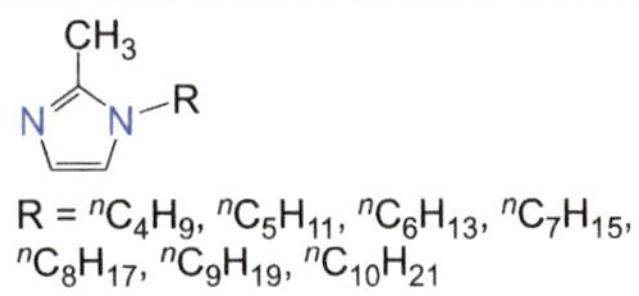	2-甲基-1-烷基咪唑；1-alkyl-2-methylimidazole。过渡金属萃取[245, 258]
MF 87	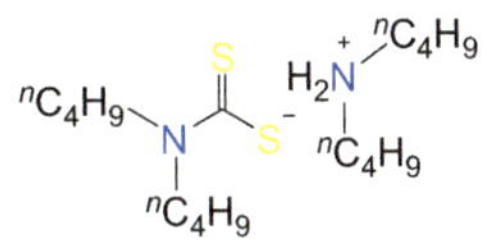	二丁基铵*N,N*-二丁基二硫代氨基甲酸盐；dibutylammonium *N,N*-dibutyldithiocarbamate。2391-80-2。铕、镅分离，优先萃取镅[259]
MF 88	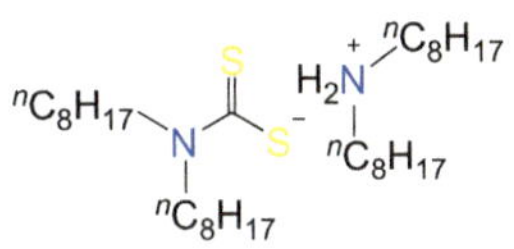	二辛基铵*N,N*-二辛基二硫代氨基甲酸盐；dioctylammonium *N,N*-dioctyldithiocarbamate。62796-31-0。铕、镅分离，优先萃取镅[259]
MF 89	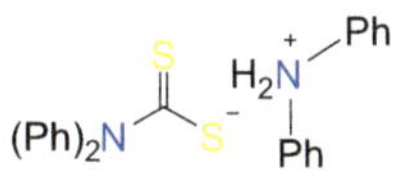	二苯基铵*N,N*-二苯基二硫代氨基甲酸盐；dipentylammonium *N,N*-dipentyldithiocarbamate。71902-20-0。铕、镅分离，优先萃取镅[259]
MF 90	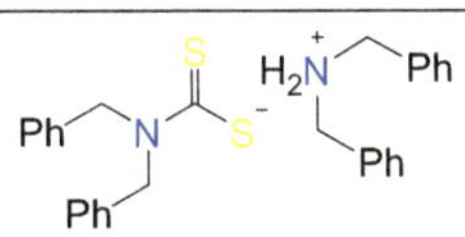	二苄基铵*N,N*-二苄基二硫代氨基甲酸盐；dibenzylammonium *N,N*-dibenzyldithiocarbamate。66216-84-0。铕、镅分离，优先萃取镅[259]
MF 91	[R_4N][A] [R_4N]：[N_{66614}]、[N_{4444}]、[N_{6666}]、[N_{1888}]、[N_{8888}]、[C_6mim]、[C_6mpyr]、[MTOA]、[Bmim]、[Omim]、[BMPSM]、[HMPSM]、[OMPSM]、[Hbim]、[Obim]、[EOpip]、[EBpip]、[$C_6(N_{112}OH)$]、[Ach]、[Suc]、[DDTC]、[C_6bet]、[OMImT]等 [A]：[P507]、[P204]、[Cyanex272]、[CA-12]、[CA-100]、[NTf_2]、[PF_6]、[BF_4]、[BETI]、[NfO]等	双功能离子液体萃取剂；bifunctional ionic liqud extractant。阳离子（[R_4N]）和阴离子（[A]）都能独立参与萃取[71, 136, 260-264]

附录2 萃取中的概念辨析

金属溶剂萃取在其发展的过程中不断融合了各个学科、各个地区、各个领域的发展成果。而一些描述同一对象的不同概念仍然被沿用，这给论文撰写、文献查阅、信息交流都带来不便，甚至混淆。在这里列出溶剂萃取中易混淆的术语和化合物的名称，以便查阅。

附录2-1 溶剂萃取中易混淆的术语

（1）分配平衡常数

同一分子在两相间的分配平衡常数（partition equilibrium constant），也称能斯特配分常数（Nernst partition constant）、分配系数（partition coefficient），容易混淆，最好摒弃

不用。螯合萃取剂HA的分配平衡常数建议用λ表示，萃合物MA_n的分配平衡常数用Λ表示，即

$$\lambda_{HA}=\frac{[HA]_{(o)}}{[HA]_{(aq)}}$$

$$\Lambda_{M}=\frac{[MA_n]_{(o)}}{[MA_n]_{(aq)}}$$

式中，$[\ ]_{(o)}$表示有机相浓度；$[\ ]_{(aq)}$表示水相浓度。

分配平衡常数是根据Nernst分配定律提出的物理量。Nernst分配定律是：能斯特分配定律是指在一定的温度和压力条件下，元素在共存相间的分配达到平衡时，其活度比是一常数。应用于萃取过程，则在一定的温度和压力条件下，溶质在共存相间的分配达到平衡时，如果该溶质在两相中存在的形态相同，其在有机相中与水相中的活度比是一常数。实验表明：分配定律只适用稀溶液；当被萃取物的浓度较大时，两相中平衡浓度的比值不为常数，随浓度的改变而变化。

（2）分配比

有机相中被萃取金属离子的总浓度与水相中金属离子总浓度的比值。分配比（distrihutio ratio）也有称为分配系数(distribution coefficient)的，因为易与分配平衡常数混淆，且在意义确切、简明方面都不如“分配比”，因此建议使用“分配比”，而不用“分配系数”。分配比的符号建议用D：

$$D_M=\frac{c_{M(o)}}{c_{M(aq)}}=\frac{\sum_i c_{M_i(o)}}{\sum_j c_{M_j(aq)}}$$

式中，$c_{M(o)}$、$c_{M(aq)}$分别表示金属离子M在有机相和水相各种存在形式的总浓度。“各种存在形式”指水相中的不同水解程度、不同酸根配合物，以及有机相中不同比例萃合物形式等。分配平衡常数是针对同一形态分子或离子。而在萃取平衡中，常常不能直接应用Nernst分配定律，这是因为溶质在水相和有机相中可以有多种形式存在。

例如，氯仿从$HgCl_2$和KCl混合溶液中萃取$HgCl_2$体系$HgCl_2/H_2O\text{-}KCl/CHCl_3$，被萃物是中性$HgCl_2$分子。$HgCl_2$在两相间的分配平衡常数$\Lambda_{HgCl_2}$为：

$$\Lambda_{HgCl_2}=\frac{[HgCl_2]_{(o)}}{[HgCl_2]_{(aq)}}$$

而Hg的分配比D_{Hg}为：

$$D_{Hg}=\frac{c_{Hg(o)}}{c_{Hg(aq)}}$$

有机相中只存在$HgCl_2$一种分子，即：

$$c_{Hg(o)} = [HgCl_2]_{(o)}$$

但水相中却存在Hg^{2+}、$HgCl^+$、$HgCl_2$、$HgCl_3^-$、$HgCl_4^{2-}$等各级配合离子，即：

$$c_{Hg(aq)} = \sum_{j=0}^{4} [HgCl_j]_{(o)}^{2-j}$$

显然，实验中容易测量的是$c_{Hg(aq)}$而得到分配比D_{Hg}，但难以测量$[HgCl_2]_{(aq)}$而无法直接得到分配平衡常数Λ_{HgCl_2}。类似的现象在金属溶剂萃取中经常遇到，因此推荐用分配比，而不是分配平衡常数。

（3）萃合常数

萃取过程的化学反应的平衡常数称为萃合常数（extraction constant），通常表示为K或K_{ex}。萃合常数的表达式中包含有机相和水相的浓度，是两相反应的平衡常数。例如：

$$Th^{4+}{}_{(aq)} + 4HTTA_{(o)} \longrightarrow Th(TTA)_{4(o)} + 4H^+{}_{(aq)}$$

式中，TTA表示HTTA失去一个H^+后形成的阴离子。

$$K_{ex} = \frac{[Th(TTA)_4]_{(o)} [H^+]_{(aq)}^4}{[Th^{4+}]_{(aq)} [HTTA]_{(o)}^4}$$

式中，$[\,]_{(o)}$表示有机相浓度；$[\,]_{(aq)}$表示水相浓度。严格地讲，应该用活度计算K_{ex}：

物质的活度=浓度 × 活度系数

理想溶液的活度系数等于1，稀溶液的活度系数接近1，浓溶液的活度系数需要单独测量。

（4）分离系数

分离系数（separation factor或separation coefficient）指两种待分离的元素在同样条件下的分配比的比值，可以指示萃取剂对A、B两种金属离子的分离能力，建议用符号β表示：

$$\beta_{A/B} = \frac{D_A}{D_B}$$

（5）相比

相比（phase ratio）指有机相体积V_o与水相体积V_{aq}之比值。萃取工艺中有机相流量与水相流量之比称为流比。相比或流比建议用符号R表示。

（6）半萃取pH

半萃取pH常用$pH_{0.5}$、pH_{50}、$pH_{1/2}$等符号表示，顾名思义，是指萃取率为50%时的pH。一些文献中提到的“半萃取pH是指分配比等于1的pH”，只适用于相比等于1的情况。

（7）性质与性能

性质（property）是指事物本身所具有的、区别于其他事物的特征。如萃取剂的性质包括分子量、极性、在水中溶解性、酸碱性等。性能（function）是指物品在过程中发挥的作用以及其程度。对于萃取剂，需要针对具体的体系比较其性能才有意义。萃取剂的性能包括针对某一萃取体系时的萃取率、分离系数、萃取速率、饱和容量等。性质与性能是从不同角度描述，不存在相互包含的关系。一种性能的实现往往受多种性质影响，一种性质也可以影响多种性能。如萃取率受萃取剂酸碱性、溶解性的影响；而溶解性则可同时影响萃取率、饱和容量。

附录2-2　磷、氮萃取剂相关化合物命名

（1）磷化合物命名

含磷化合物在湿法冶金中有广泛应用，包括浮选剂、发泡剂、萃取剂等。含磷化合物种类繁多，名称各异。在历史上，磷化合物命名方法的规范促进了化合物命名规则的完善。

有机磷是指含磷有机化合物，其中包含磷酸衍生物、膦类（含有C—P键或N—P键）、鏻类（$R_n(H_{4-n})P^+$）。

磷【二声lín】①表示磷元素。一般用于含有磷元素的物质名称中，如磷肥、磷光、磷火、磷酸、磷脂。② 表示单质磷，如白磷（黄磷）、红磷（赤磷）、黑磷。

膦【四声lìn】①气态磷化氢（PH_3，phosphine）称作膦，液态磷化氢（P_2H_4）称作联膦。②磷化氢分子（PH_3）里的氢原子部分或全部被烃基或氨基取代后所形成的有机磷化合物的统称，根据取代基数目分为一级膦(伯膦)、二级膦(仲膦)、三级膦(叔膦)。

鏻【二声lín】①磷化氢（膦）质子化形成的正离子PH_4^+称为鏻（由于化学性质类似于金属离子，故命名为“鏻”），又称为磷鎓离子。“鎓离子”指一些元素（主要是ⅤA～ⅥA族）的单核氢化物被质子化得到的阳离子，以及由其他基团取代氢原子形成的衍生阳离子。非金属元素氧、溴、硫、氮、磷、砷等都可以生成鎓离子。② 指PH_4^+中的H被烃基或氨基取代后形成的基团，四取代物R_4P^+称为“季鏻”。鏻化合物主要以盐形式和有机衍生物形式存在。R_4P^+与负离子形成的盐称为“季鏻盐”，通式为R_4PX (R=氢、烃基、杂环、氨基等，X=羟基、卤素、酸根等)。

磷酸是五价磷的含氧酸，为三元酸，其羟基中的H部分或全部被烃基取代即为磷酸酯，分为磷酸单酯、二酯和三酯。如P204为两个2-乙基己基取代磷酸中的两个氢形成的化合物，命名为磷酸二(2-乙基己基)酯。

磷酸分子中的1或2个羟基被烃基（或H，或氨基）取代后的衍生物称为膦酸和次膦酸。相应地，其分子中羟基的H部分或全部被烃基取代即为膦酸酯或次膦酸酯，如P507即为膦酸单酯。是否含有C—P键（或H—P键、N—P键）是判断是否使用“膦”字的最直观、有效的方法。

磷酸中的3个羟基全部被烃基取代后的化合物命名为“氧膦”或“氧化膦”，如Cyanex923即为三烷基氧膦。

一些具有代表性的含磷化合物的名称列在表附2-2-1中，可供参考。

表附 2-2-1　含磷化合物代表名称

类别	结构举例	中文名	英文名
三键	PH_3	膦、磷化氢	phosphine
	CH_3PH_2	甲基膦	methylphosphine
	$(CH_3)_2PH$	二甲基膦	dimethylphosphine
	$(CH_3)_3P$	三甲基膦	trimethylphosphine
	$P(OH)_3$	亚磷酸	phosphorous acid
	$P(OC_2H_5)_3$	亚磷酸三乙酯	triethyl phosphite
四键	$(C_2H_5)_4P^+Cl^-$	氯化四乙基鏻	tetraethylphosphonium chloride
五键	PH_5	膦烷或正膦	phosphorane
	Ph_5P	五苯基膦烷	pentaphenyl phosphorane
酸性磷（膦）	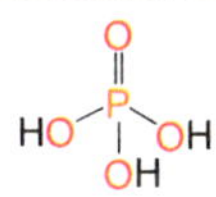	磷酸	phosphoric acid
	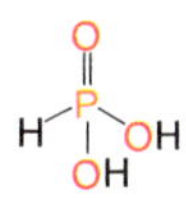	膦酸	phosphonic acid
	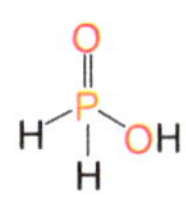	次膦酸（一元酸）	phosphinic acid
	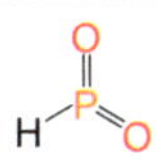	偏磷酸	metaphosphoric acid
	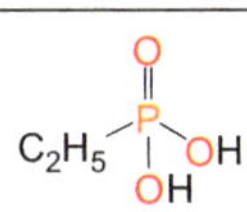	乙基膦酸	ethylphosphonic acid
	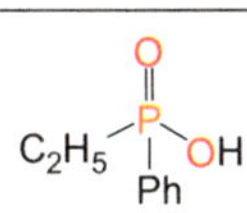	乙基(苯基)次膦酸	ethylphenylphosphinic acid
中性磷（膦）	$P(O^nC_4H_9)_3$	亚磷酸三丁酯	tributyl phosphite
	$O{=}P(OC_2H_5)_3$	磷酸三乙酯	triethyl phosphate
	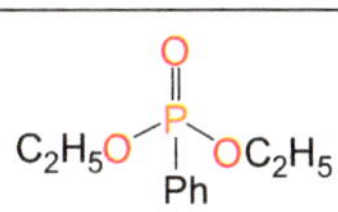	苯基膦酸二乙酯	diethyl phenylphosphonate
	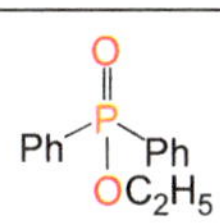	二苯基次膦酸乙酯	ethyl diphenylphosphinate
	$O{=}P(C_2H_5)_3$	三乙基氧膦	triethylphosphine oxide

（2）氮化合物命名

氨【一声ān】氮和氢的化合物，NH_3；以N为连接原子的取代基，氨基、甲氨基。

胺【四声àn】氨分子中的氢原子部分或全部被烃基或其他有机基团取代后的产物称为胺。被烃基取代的化合物，根据取代基的数目分为伯胺、仲胺和叔胺。

铵【三声ǎn】，①氨分子与一个氢离子配位结合就形成铵根离子NH_4^+（由于化学性质类似于金属离子，故命名为"铵"）。② 指铵根离子（NH_4^+）的氢原子部分或全部被其他原子或基团（由R表示）取代形成的带正电的阳离子（RNH_3^+、$R_2NH_2^+$、R_3NH^+、NR_4^+）。同样，铵化合物也通常以盐形式（即铵盐）和有机衍生物形式存在。其中的NR_4^+称为"季铵"，其与负离子形成的化合物称为"季铵盐"，通式为R_4NX（R=氢、烃基、杂环、氨基等，X=羟基、卤素、酸根等）。

胺可以和大多数酸反应生成铵盐，也可以命名为"某胺某盐"，某些化合物首选"某胺某盐"的名称，见表附2-2-2。

表附 2-2-2　两种铵盐的名称

可能的化学形式	$CH_3NH_2 \cdot HCl$ $CH_3NH_3^+Cl^-$	$CH_3CH_2NH_2 \cdot CH_3COOH$ $CH_3CH_2NH_3^+CH_3COO^-$
推荐表述	甲胺盐酸盐 methylamine hydrochloride	乙胺醋酸盐 ethylamine acetate
不推荐表述	甲基氯化铵 methylammonium chloride	乙基醋酸铵 ethylammonium acetate

参考文献

[1] 袁承业, 叶伟贞, 马恒励, 等. 酸性磷(膦)酸酯的合成及其化学结构与萃取钕、钐、镱和钇的性能研究 [J]. 中国科学(B辑 化学 生物学 农学 医学 地学), 1982, 12(03): 193-203.

[2] 马荣骏. 萃取冶金[M]. 北京: 冶金工业出版社, 2009.

[3] 刘铃声, 武国琴, 许延辉, 等. P538(单烷基磷酸)从含少量稀土的废水中回收稀土[J]. 稀土, 2001, 20(01): 17-19.

[4] 赵经贵, 王铭琦, 陈耐生. 盐酸介质中单烷基磷酸(P538)萃取Cu^{2+}、Mn^{2+}的研究[J]. 黑龙江大学自然科学学报, 1993, 10(01): 94-96.

[5] 谢继发, 王国樑, 秦秀清, 等. 单环烷基磷酸(P536)的合成及制取混合氯化稀土的研究[J]. 稀土, 1985, 6(01): 17-25.

[6] 袁承业. 稀土萃取分离中有机配位体的结构空间效应 [J]. 中国稀土学报, 1983, 1(01): 13-24.

[7] 袁承业, 漆又毛, 向才立. 有机磷化合物的研究Ⅻ. *α*-氨基烃基膦酸的合成 [J]. 化学学报, 1985, 43(03): 243-249.

[8] 袁承业, 陆熙炎, 施莉兰, 等. 有机萃取剂的研究(Ⅰ)：二-(2-乙基己基)磷酸制备的研究 [J]. 原子能科学技术, 1962, 4(01): 1-11,25.

[9] WILLIAMS N J, DO-THANH C-L, STANKOVICH J J, et al. Extraction of lanthanides using 1-hydroxy-6-*N*-octylcarboxamido-2(1*H*)-pyridinone as an extractant via competitive ligand complexations between aqueous and organic phases [J]. RSC Advances, 2015, 5(129): 107054-107057.

[10] BABA Y, KUBOTA F, KAMIYA N, et al. Development of novel extractants with amino acid structure for efficient separation of nickel and cobalt from manganese ions [J]. Industrial & Engineering Chemistry Research, 2014, 53(2): 812-818.

[11] 李艳玲, 廖伍平. 稀土萃取剂研究进展 [J]. 中国科学:化学, 2020, 50(11): 1473-1485.

[12] PEPPARD D F, MASON G W, DRISCOLL W J, et al. Acidic esters of orthophosphoric acid as selective extractants for metallic cations—tracer studies [J]. Journal of Inorganic and Nuclear Chemistry, 1958, 7(3): 276-285.

[13] 周志全, 赵凤岐, 舒祖骏, 等. 高浓度硫酸体系中铀与铁的HDEHP萃取分离 [J]. 湿法冶金, 2018, 37(06): 468-473.

[14] 袁承业, 袁身刚, 胡水生. 一元烷基磷(膦)酸酯萃取钴、镍反应中取代基空间效应的经验参数 [J]. 化学学报, 1987, 45(07): 625-630.

[15] 向才立, 蔡起秀, 陈星, 等. 二-(1-甲基庚基)磷酸的制备及其萃取铟、锡的性能 [J]. 稀有金属, 1980, 4(05): 1-10.

[16] PHILIP HORWITZ E, KALINA D C, DIAMOND H, et al. The truex process - a process for the extraction of the tkansuranic elements erom nitric ac in wastes utilizing modified purex solvent [J]. Solvent Extraction and Ion Exchange, 1985, 3(1-2): 75-109.

[17] ANSARI S A, PATHAK P, MOHAPATRA P K, et al. Chemistry of diglycolamides: promising extractants for actinide partitioning [J]. Chemical Reviews, 2012, 112(3): 1751-1772.

[18] 刘祥萱, 杨文斌, 杨绪杰, 等. 酸性含磷萃取剂萃铟机理及性能规律研究 [J]. 有色金属(冶炼部分), 1998, 45(04): 33-36.

[19] 袁承业, 严金英, 冯涵真, 等. 异丙基膦酸单烷基酯萃取稀土的化学 [J]. 中国科学(B辑 化学 生物学 农学 医学 地学), 1986, 16(11): 1150-1158.

[20] 袁承业, 叶伟贞, 王勤禄. 有机磷化合物的研究Ⅵ： 对位取代苯基及苯甲基膦酸单酯 [J]. 化学学报, 1981, 39(S1): 230-240.

[21] 袁承业, 盛志初, 叶伟贞. 有机萃取剂的研究(ⅩⅥ)： 对-取代苯基及苯甲基膦酸单丁酯的化学结构与萃取性能的关系 [J]. 原子能科学技术, 1965, 6(10): 870-875.

[22] 袁承业, 陆熙炎, 马恒励, 等. 烃基膦酸单辛酯的合成及其萃取稀土的结构-性能研究 [J]. 化学学报, 1981, 39(Z1): 881-895.

[23] 沈定璋, 严金英, 袁承业. 苯基及邻位取代苯基膦酸单烷基酯的合成及其萃取稀土的性能 [J]. 中国稀土学报, 1990, 8(04): 293-296.

[24] HUANG K, JIA Y, WANG S, et al. A novel method for synthesis of styryl phosphonate monoester and its application in La(Ⅲ) extraction [J]. Journal of Rare Earths, 2020, 38(6): 649-656.

[25] 袁承业, 龙海燕, 马恩新, 等. 辛基膦酸单辛酯的合成及其萃取镧系元素的结构-性能研究 [J]. 中国稀土学报, 1985, 3(03): 13-19.

[26] XU Q, WU J, CHANG Y, et al. Extraction of Am(Ⅲ) and lanthanides(Ⅲ) with organo dithiophosphinic acids [J]. Radiochimica Acta, 2008, 96(12): 771-779.

[27] 雷梅芳, 朱长恩. 异烷基膦酸单(1-甲基)庚基酯的合成 [J]. 铀矿冶, 2009, 28(04): 203-208.

[28] 袁承业, 胡水生. 有机磷化合物的研究XXⅣ：辛基膦酸单丁酯的合成 [J]. 化学学报, 1988, 46(03): 290-293.

[29] 袁承业, 许庆仁, 胡水生, 等. 辛基膦酸单丁酯萃取钴(Ⅱ)、镍(Ⅱ)的结构-性能关系 [J]. 应用化学, 1988, 5(01): 67-70.

[30] 徐元耀, 蒋锡琪, 袁承业. 有机磷化合物的研究Ⅲ： *N*,*N*-双取代氨甲基膦酸酯及其衍生物 [J]. 化学学报, 1964, 30(06): 526-532,538.

[31] 魏海琴. DEHHAMP及其衍生物的合成与在稀土和钍萃取分离中的应用研究[D]. 合肥: 中国科学技术大学, 2019.

[32] WANG J, XU S, LI L, et al. Synthesis of organic phosphinic acids and studies on the relationship between their structure and extraction–separation performance of heavy rare earths from HNO_3 solutions [J]. Hydrometallurgy, 2013, 137(5): 108-114.

[33] DU R-B, AN H, ZHANG S, et al. Microwave-assisted synthesis of dialkylphosphinic acids and a structure-reactivity study in rare earth metal extraction [J]. RSC Advances, 2015, 5(126): 104258-104262.

[34] DU R, YU D, AN H, et al. α, β-Substituent effect of dialkylphosphinic acids on lanthanide extraction [J]. RSC Advances, 2016, 6(61): 56004-56008.

[35] PEPPARD D F, MASON G W, LEWEY S. A tetrad effect in the liquid-liquid extraction ordering of lanthanides(Ⅲ) [J]. Journal of Inorganic and Nuclear Chemistry, 1969, 31(7): 2271-2272.

[36] 薛理珍, 李德谦. 二(2-乙基己基)膦酸从盐酸介质中萃取钪(Ⅲ)、钇(Ⅲ)、镧系离子(Ⅲ)和铁(Ⅲ) [J]. 应用化学, 1992, 9(04): 21-25.

[37] WANG J, CHEN G, XU S, et al. Synthesis of novel nonsymmetric dialkylphosphinic acid extractants and studies on their extraction–separation performance for heavy rare earths [J]. Hydrometallurgy, 2015, 154: 129-136.

[38] XU Q, WU J, ZHANG L, et al. Extraction of Am(Ⅲ) and Eu(Ⅲ) with dialkyldi (or mono) thiophosphinic (or phosphoric) acids [J]. Journal of Radioanalytical and Nuclear Chemistry, 2007, 273(1): 235-245.

[39] BESSEN N P, JACKSON J A, JENSEN M P, et al. Sulfur donating extractants for the separation of trivalent actinides and lanthanides [J]. Coordination Chemistry Reviews, 2020, 421: 213446.

[40] JENSEN M P, BOND A H. Influence of aggregation on the extraction of trivalent lanthanide and actinide cations by purified Cyanex 272, Cyanex 301, and Cyanex 302 [J]. Radiochimica Acta, 2002, 90(4): 205-209.

[41] JENSEN M P, BOND A H. Comparison of covalency in the complexes of trivalent actinide and lanthanide cations [J]. Journal of the American Chemical Society, 2002, 124(33): 9870-9877.

[42] 于奉先, 贾彩, 吴王锁, 等. 二烷基二硫代次膦酸的合成 [J]. 合成化学, 2008, 16(05): 558-560.

[43] GUOXIN T, YONGJUN Z, JINGMING X. Extraction of Am(Ⅲ) and Ln(Ⅲ) by dialkyldithiophosphinic acid with different alkyl groups [J]. Solvent Extraction and Ion Exchange, 2001, 19(6): 993-1005.

[44] MODOLO G, ODOJ R. Synergistic selective extraction of actinides(Ⅲ) over lanthanides from nitric acid using new aromatic diorganyldithiophosphinic acids and neutral organophosphorus compounds [J]. Solvent Extraction and Ion Exchange, 1999, 17(1): 33-53.

[45] HIGGINS W A, VOGEL P W, CRAIG W G. Aromatic phosphinic acids and derivatives I: diphenylphosphinodithoic acid and its

derivatives [J]. Journal of the American Chemical Society, 1955, 77(7): 1864-1866.

[46] KLAEHN J R, PETERMAN D R, HARRUP M K, et al. Synthesis of symmetric dithiophosphinic acids for "minor actinide" extraction [J]. Inorganica Chimica Acta, 2008, 361(8): 2522-2532.

[47] PETERMAN D R, GREENHALGH M R, TILLOTSON R D, et al. Selective extraction of minor actinides from acidic media using symmetric and asymmetric dithiophosphinic acids [J]. Separation Science and Technology, 2010, 45(12-13): 1711-1717.

[48] 马恩新, 王三益, 吴甫炳, 等. 异丙基膦酸二(2-乙基己基)酯对镧系元素的萃取 [J]. 化学学报, 1982, 40(10): 865-870.

[49] KOSOLAPOFF G M. A new synthesis of phosphinic acids [J]. Journal of the American Chemical Society, 1950, 72(9): 4292-4293.

[50] 袁承业, 施莉兰, 陆熙炎, 等. 有机萃取剂的研究(Ⅳ)：某些中性磷型萃取剂的化学结构及其对铀氧离子萃取性能的关系 [J]. 原子能科学技术, 1963, 5(01): 27-39.

[51] 袁承业, 施莉兰, 叶伟贞, 等. 有机萃取剂的研究(Ⅸ)：对-取代苯基及苯甲基膦酸酯的化学结构与萃取性能的关系 [J]. 原子能科学技术, 1964, 6(06): 668-676.

[52] 袁承业, 叶伟贞, 马恩新, 等. 异丙基膦酸二烷基酯萃取稀土元素的结构和性能研究 [J]. 中国科学(B辑 化学 生物学 农学 医学 地学), 1982, 12(07): 597-606.

[53] 孙嘉阳, 李辉波. 磷酸三异戊酯萃取剂的研究进展 [J]. 广东化工, 2023, 50(09): 99-101,145.

[54] CVJETIĆANIN N. Synergism in the reversed-phase partition chromatography of americium, cerium and lanthanum [J]. Journal of Chromatography A, 1968, 34: 520-525.

[55] 袁承业, 张荣余, 谢继发, 等. 有机萃取剂的研究(Ⅺ)：甲基膦酸二烷基酯的化学结构与对铀、钍萃取性能的关系 [J]. 原子能科学技术, 1964, 6(06): 677-685.

[56] 袁承业, 叶伟贞. 有机萃取剂的研究(V)： 甲基膦酸二异戊酯的合成 [J]. 原子能科学技术, 1963, 5(03): 179-182,211.

[57] 袁承业, 叶伟贞, 葛明娟, 等. 对-取代苯基及苯甲基膦酸酯 [J]. 科学通报, 1964, 15(04): 337-340.

[58] 袁承业, 叶伟贞, 葛明娟, 等. 有机磷化合物的研究Ⅰ：对位取代苯基及苯甲基膦酸酯 [J]. 化学学报, 1964, 30(05): 458-471,476-477.

[59] 袁承业, 袁群. 有机磷化合物的研究Ⅶ.二丁基膦酸酯的合成及其碱性水解反应 [J]. 化学学报, 1980, 38(04): 339-350.

[60] PETROVA M A, KURTEVA V B, LUBENOV L A. Synergistic effect in the solvent extraction and separation of lanthanoids by 4-(4-fluorobenzoyl)-3-methyl-1-phenyl-pyrazol-5-one in the presence of monofunctional neutral organophosphorus extractants [J]. Industrial & Engineering Chemistry Research, 2011, 50(21): 12170-12176.

[61] ZHOU H, DONG Y, WANG Y, et al. Recovery of Th(Ⅳ) from leaching solutions of rare earth residues using a synergistic solvent extraction system consisting of Cyanex 572 and *n*-octyl diphenyl phosphate (ODP) [J]. Hydrometallurgy, 2019, 183: 186-192.

[62] LIU M, ZOU D, YU D, et al. Synthesis of new extractant P113 for cerium(Ⅳ) extraction and higher separation over thorium from bastnaesite [J]. Separation and Purification Technology, 2023, 317: 123909.

[63] 段太成, 李红飞, 康建珍, 等. 萃取剂Cyanex923在高纯铈及其氧化物非铈稀土杂质分析中的应用 [Z]. 第十届全国稀土元素分析化学学术报告会.南昌，2003: 3

[64] 肖吉昌, 向绍基, 安华英. 一种三烷基氧化膦的连续制备装置和制备方法: CN111821932A [P]. 2020-10-27.

[65] LI W, WANG X, ZHANG H, et al. Solvent extraction of lanthanides and yttrium from nitrate medium with Cyanex 925 in heptane [J]. Journal of Chemical Technology & Biotechnology, 2007, 82(4): 376-381.

[66] 曹美璇. 新型磷酰胺萃取剂的合成及其对稀土、钴、镍等离子的萃取分离[D].秦皇岛:燕山大学, 2016.

[67] 魏香香. 新型磷酰胺萃取剂的合成及其对锂、铈的萃取性能研究[D].济南:济南大学, 2022.

[68] 龚钰秋, 夏世华, 杨健. 三苯基膦氧化物萃取金(Ⅲ)及其机理[J]. 杭州大学学报(自然科学版), 1985, 12(03): 363-369.

[69] RICHARD J J, BURKE K E, O'LAUGHLIN J W, et al. gem-Bis-(disubstituted-phosphinyl)-alkanes Ⅰ:synthesis and properties of bis-(di-*n*-hexylphosphinyl)-methane and related compounds [J]. Journal of the American Chemical Society, 1961, 83(7): 1722-1726.

[70] SIDDALL T H. Bidentate organophosphorus compounds as extractants—Ⅰ: extraction of cerium, promethium, and americium nitrates [J]. Journal of Inorganic and Nuclear Chemistry, 1963, 25(7): 883-892.

[71] TURGIS R, ARRACHART G, DUBOIS V, et al. Performances and mechanistic investigations of a triphosphine trioxide/ionic liquid system for rare earth extraction [J]. Dalton Transactions, 2016, 45(3): 1259-1268.

[72] WILSON A M, BAILEY P J, TASKER P A, et al. Solvent extraction: the coordination chemistry behind extractive metallurgy [J]. Chemical Society Reviews, 2014, 43(1): 123-134.

[73] MARTíNEZ S, NAVARRO P, SASTRE A M, et al. The solvent extraction system Au(Ⅲ)-HCl-Cyanex 471X [J]. Hydrometallurgy, 1996, 43(1): 1-12.

[74] 龚钰秋, 夏世华. 一个选择金(Ⅲ)萃取剂的参考方程[J]. 黄金, 1989, 10(10): 45-47.

[75] 陆熙炎. 磷型萃取剂的合成[J]. 原子能科学技术, 1964, 5(06): 627-636.

[76] 徐光宪. 核燃料萃取化学研究的展望和关于萃取体系分类法的建议[J]. 原子能科学技术, 1962, 3(06): 412-424.

[77] HAIDUC I, SOWERBY D B, LU S F. Stereochemical aspects of phosphor-1,1-dithiolato metal complexes (dithiophosphates,

dithiophosphinates): coordination patterns, molecular structures and supramolecular associations—Ⅰ[J]. Polyhedron, 1995, 14(23): 3389-3472.

[78] HAIDUC I, YOONG GOH L. Reactions of bis(thiophosphoryl)disulfanes and bis(thiophosphinyl)disulfanes with metal species: an alternative, convenient route to metal complex and organometallic dithiophosphates and dithiophosphinates [J]. Coordination Chemistry Reviews, 2002, 224(1): 151-170.

[79] 唐瑞仁. 双-(硫代磷酰基)亚胺的合成、结构与萃取性能研究[D]. 长沙:中南大学, 2001.

[80] 北京矿冶研究院冶金室六组. 异构羧酸萃取剂介绍 [J]. 有色金属(冶炼部分), 1975, 22(01): 53-57.

[81] MILLER F. Carboxylic acids as metal extractants [J]. Talanta, 1974, 21(7): 685-703.

[82] PREEZ A C D, S PRESTON J. The solvent extraction of rare-earth metals by carboxylic acids [J]. Solvent Extraction and Ion Exchange, 1992, 10(2): 207-230.

[83] 叶伟贞, 许庆仁, 钱云芳, 等. 分离稀土金属的萃取剂: CN1084574A [P]. 1994-03-30.

[84] SUN X, WANG Y, LI D. Selective separation of yttrium by CA-100 in the presence of a complexing agent [J]. Journal of Alloys and Compounds, 2006, 408-412: 999-1002.

[85] 王弋戈, 李德谦, 金幕军, 等. 仲壬基苯氧基乙酸萃取金属离子 [J]. 应用化学, 2002, 19(05): 425-427.

[86] WU G, ZHANG Z, LI Y, et al. Extraction and separation of yttrium from other rare earths in chloride medium by phosphorylcarboxylic acids [J]. Journal of Rare Earths, 2022, 40(6): 958-964.

[87] PRESTON J S, DU PREEZ A C. The solvent extraction of nickel from acidic solutions using synergistic mixtures containing pyridinecarboxylate esters. part 2: systems based on alkylsalicylic acids [J]. Journal of Chemical Technology & Biotechnology, 1996, 66(3): 293-299.

[88] 章健民, 章爱铀, 何振宇, 等. *N,N*-二仲辛基氨基乙酸萃取金(Ⅲ) [J]. 有色金属(冶炼部分), 1984, 31(06): 26-30.

[89] 章健民, 章爱铀, 何振宇, 等. *N,N*-二仲辛基氨基乙酸萃取Pt(Ⅱ)和Pd(Ⅱ) [J]. 金属学报, 1985, 21(05): 85-91.

[90] JIANMIN Z, AIYOU Z, ZHENYU H, et al. Extraction of Au(Ⅲ) with *N,N*-disecondaryoctylglycine [J]. Science Bulletin, 1987, 32(13): 892-897.

[91] 栾天罡, 李焕然, 吴京洪, 等. 苯异硫脲基乙酸萃取钯的性能和机理的研究 [J]. 中山大学学报(自然科学版), 2002, 41(02): 57-59,63.

[92] 曾国蓉, 吴朝元. 贵金属萃取剂DNG的合成 [J]. 西南师范学院学报(自然科学版), 1983, 8(03): 66-69.

[93] MIGUIRDITCHIAN M, GUILLANEUX D, GUILLAUMONT D, et al. Thermodynamic study of the complexation of trivalent actinide and lanthanide cations by ADPTZ, a tridentate N-donor ligand [J]. Inorganic Chemistry, 2005, 44(5): 1404-1412.

[94] 王海涛, 邓必成, 邝圣庭, 等. 磷酰基羧酸分子中功能团间距对其萃取分离稀土性能的影响 [J]. 中国稀土学报, 2022, 40(06): 1056-1065.

[95] 廖伍平, 吴国龙, 张志峰, 等. 磷酰基羧酸或其盐用于分离钇的用途和方法: CN112458282A [P]. 2021-03-09.

[96] WANG Y, ZHOU H, WANG Y, et al. Separation of high-purity yttrium from ion-absorbed rare earth concentrate using (2,6-dimethylheptyl) phenoxy acetic/propanoic acid [J]. Separation and Purification Technology, 2017, 184: 280-287.

[97] 栾和林, 姚文, 武荣成. 环酯类贵金属萃取剂的研究 [J]. 有色金属, 1999, 51(02): 47-51.

[98] 刘峙嵘, 周利民, 李传茂, 等. 不同烷基酰亚胺的合成及对镥的萃取 [J]. 稀有金属, 2006, 30(03): 353-357.

[99] SIDDALL T H. Effects of structure of *N,N*-disubstituted amides on their extraction of actinide and zirconium nitrates and of nitric acid Ⅰ[J]. The Journal of Physical Chemistry, 1960, 64(12): 1863-1866.

[100] 徐元耀. 胺型萃取剂的合成 [J]. 原子能科学技术, 1964, 5(06): 637-644.

[101] 李耀威, 古国榜, 庄晓磊. *N*-正丁基异辛酰胺合成及其萃取Pt(Ⅳ)的性能 [J]. 稀有金属材料与工程, 2005, 34(11): 154-158.

[102] MCCANN K, DRADER J A, BRALEY J C. Comparing branched versus straight-chained monoamide extractants for actinide recovery [J]. Separation & Purification Reviews, 2018, 47(1): 49-65.

[103] 姜润田, 崔玉, 张振伟, 等. 双取代长链烷基酰胺的结构与萃取性能的研究 [J]. 山东化工, 2002, 31(01): 1-3.

[104] 孙国新, 李玉兰, 包伯荣, 等. 双取代长链烷基酰胺的结构与萃取性能的研究Ⅰ：*N,N*-二烷基十二酰胺从硝酸介质中萃取铀 [J]. 核化学与放射化学, 1998, 20(02): 40-45.

[105] 李树森, 袁承业. *N*-取代酰胺萃取铌、钽的机理 [J]. 化学学报, 1975, 33(01): 11-22.

[106] 涂通源, 王肇卿, 盛志初, 等. 酰胺型萃取剂N-503的合成 [J]. 有机化学, 1982, 8(03): 185-189.

[107] 焦化专业化工厂. 连续逆流气相法生产N-503 *N,N*-二(1-甲基庚基)乙酰胺 [J]. 武汉钢铁学院学报, 1977, 3(02): 56-58.

[108] 马恩新, 严小敏, 王三益, 等. *N,N*-二(1-甲基庚基)乙酰胺在盐酸介质中对铁(Ⅲ)的萃取平衡及其配合物的研究 [J]. 应用化学, 1986, 3(06): 36-39.

[109] HORWITZ E P, KALINA D G, MUSCATELLO A C. The extraction of Th(Ⅳ) and U(Ⅵ) by dihexyl-*N,N*-diethylcarbamoylmethylphosphonate from aqueous nitrate media [J]. Separation Science and Technology, 1981, 16(4): 403-416.

[110] SIDDALL T H, GOOD M L. Proton magnetic resonance studies and extraction properties of some simple diamides [J]. Journal of Inorganic and Nuclear Chemistry, 1967, 29(1): 149-158.

[111] 杨全宁. 丙二酰胺盐酸体系中萃取铁和稀土及动力学研究[D]. 济南:济南大学, 2016.

[112] ELLIS R J, CHARTRES J, HENDERSON D K, et al. Design and function of pre-organised outer-sphere amidopyridyl extractants for zinc(Ⅱ) and cobalt(Ⅱ) chlorometallates: the role of C–H hydrogen bonds [J]. Chemistry – A European Journal, 2012, 18(25): 7715-7728.
[113] TURKINGTON J R, COCALIA V, KENDALL K, et al. Outer-sphere coordination chemistry: amido-ammonium ligands as highly selective tetrachloridozinc(Ⅱ)ate extractants [J]. Inorganic Chemistry, 2012, 51(23): 12805-12819.
[114] 曹石巍. 酰胺类配体萃取分离镅和锔离子的实验及理论研究[D]. 兰州:中国科学院大学(中国科学院近代物理研究所), 2017.
[115] SAFARBALI R, YAFTIAN M R, ZAMANI A. Solvent extraction-separation of La(Ⅲ), Eu(Ⅲ) and Er(Ⅲ) ions from aqueous chloride medium using carbamoyl-carboxylic acid extractants [J]. Journal of Rare Earths, 2016, 34(1): 91-98.
[116] SHIMOJO K, NAGANAWA H, NORO J, et al. Extraction behavior and separation of lanthanides with a diglycol amic acid derivative and a nitrogen-donor ligand [J]. Analytical Sciences, 2007, 23(12): 1427-1430.
[117] NAGANAWA H, SHIMOJO K, MITAMURA H, et al. A new "green" extractant of the diglycol amic acid type for lanthanides [J]. Solvent Extraction Research and Development, Japan ,2007, 14: 151-159.
[118] BABA Y, FUKAMI A, KUBOTA F, et al. Selective extraction of scandium from yttrium and lanthanides with amic acid-type extractant containing alkylamide and glycine moieties [J]. RSC Advances, 2014, 4(92): 50726-50730.
[119] 叶国安, 何建玉, 姜永青. 酰胺荚醚对Am(Ⅲ)和Eu(Ⅲ)的萃取行为研究Ⅰ：萃取机理研究 [J]. 核化学与放射化学, 2000, 23(02): 65-72.
[120] SASAKI Y, CHOPPIN G R. Extraction behaviors of Eu, Th, U and Am with diamides+thenoyltrifluoroacetone [J]. Journal of Radioanalytical and Nuclear Chemistry, 1996, 207(2): 383-394.
[121] 丁颂东, 陈文浚, 肖成建, 等. 不对称荚醚萃取铀(Ⅵ)和稀土(Ⅲ)的研究 [J]. 核化学与放射化学, 2003, 25(03): 188-192.
[122] NARITA H, MORISAKU K, TANAKA M. The first effective extractant for trivalent rhodium in hydrochloric acid solution [J]. Chemical Communications, 2008, 44(45): 5921-5923.
[123] 陈胜. 新型萃取剂萃取电子垃圾中贵金属的技术研究[D]. 南京:东南大学, 2016.
[124] ANSARI S A, MOHAPATRA P K. A review on solid phase extraction of actinides and lanthanides with amide based extractants [J]. Journal of Chromatography A, 2017, 1499: 1-20.
[125] PRETSCH E, AMMANN D, OSSWALD H F, et al. Ionophore vom typ der 3-oxapentandiamide [J]. Helvetica Chimica Acta, 1980, 63(1): 191-196.
[126] SASAKI Y, SUGO Y, SUZUKI S, et al. The novel extractants, diglycolamides, for the extraction of lanthanides and actinides in HNO_3–*n*-dodecane system [J]. Solvent Extraction and Ion Exchange, 2001, 19(1): 91-103.
[127] SASAKI Y, TSUBATA Y, KITATSUJI Y, et al. Extraction behavior of metal ions by TODGA, DOODA, MIDOA, and NTAamide extractants from HNO_3 to *n*-dodecane [J]. Solvent Extraction and Ion Exchange, 2013, 31(4): 401-415.
[128] IQBAL M, HUSKENS J, VERBOOM W, et al. Synthesis and Am/Eu extraction of novel TODGA derivatives [J]. Supramolecular Chemistry, 2010, 22(11-12): 827-837.
[129] 刘栎锟, 吕洪彬, 张虎, 等. 酰胺荚醚类萃取剂用于高放废液分离研究进展 [J]. 原子能科学技术, 2020, 54(S1): 96-105.
[130] HUBSCHER-BRUDER V, MOGILIREDDY V, MICHEL S, et al. Behaviour of the extractant Me-TODGA upon gamma irradiation: quantification of degradation compounds and individual influences on complexation and extraction [J]. New Journal of Chemistry, 2017, 41(22): 13700-13711.
[131] MAEDA M, NARITA H, TOKORO C, et al. Selective extraction of Pt(Ⅳ) over Fe(Ⅲ) from HCl with an amide-containing tertiary amine compound [J]. Separation and Purification Technology, 2017, 177: 176-181.
[132] 王艳良, 吴玉远, 肖文涛, 等. 一种二苯氨基氧代羧酸萃取剂、其制备方法及应用: CN112760481A [P]. 2021-05-07.
[133] 袁承业. 核燃料萃取剂的化学问题 [J]. 原子能科学技术, 1962, 4(12): 908-932,946.
[134] DA SILVA J F, MARTINS W. Extraction of Fe(Ⅲ), Cu(Ⅱ), Co(Ⅱ), Ni(Ⅱ) and Pb(Ⅱ) with thenoyltrifluoroacetone using the ternary solvent system water/ethanol/methylisobutylketone [J]. Talanta, 1992, 39(10): 1307-1312.
[135] 汪炳瑞, 朱积寿, 郎书玲. 新型萃取剂IOTPEK的合成及其应用 [J]. 稀有金属, 1995, 19(01): 6-9.
[136] 王琦. 咪唑硫酮萃取铂及量子化学在铂族金属萃取中的应用[D]. 济南: 山东大学, 2021.
[137] CROSSMAN A S, MARSHAK M P. β-Diketones: coordination and application [M].// Reference module in chemistry, molecular sciences and chemical engineering. Elsevier，2021.
[138] 林辉. *β*-二酮类萃取剂的合成及性能研究 [J]. 铀矿冶, 2001, 20(02): 108-113.
[139] LI Z, BINNEMANS K. Selective removal of magnesium from lithium-rich brine for lithium purification by synergic solvent extraction using *β*-diketones and Cyanex 923 [J]. AIChE Journal, 2020, 66(7): e16246.
[140] STARý J, HLADKý E. Systematic study of the solvent extraction of metal *β*-diketonates [J]. Analytica Chimica Acta, 1963, 28: 227-235.
[141] 朱如龙, 李兴彬, 魏昶, 等. 采用Mextral54-100从Zn(Ⅱ)-NH_4Cl-NH_3配合物溶液中萃取锌 [J]. 中国有色金属学报, 2015, 25(04): 1056-1062.

[142] 唐福利. 从氨-硫酸铵溶液中协同萃取分离锌的应用基础研究[D]. 昆明:昆明理工大学, 2016.
[143] 雷吟春, 刘云派, 朱传华. 工业用铜萃取剂研制的新进展 [J]. 湖南有色金属, 2008, 24(02): 41-45,77.
[144] REID J C, CALVIN M. Some new β-diketones containing the trifluoromethyl group [J]. Journal of the American Chemical Society, 1950, 72(7): 2948-2952.
[145] 张伟, 郑卫琴, 张丽君, 等. 一种萃取锂离子的萃取体系及其应用: CN114317960B [P]. 2023-08-11.
[146] 伊敏, 王文清, 刘念红, 等. 镧系元素三元协萃规律研究——AAC类(P507-PMBP-TOA)协萃Eu^{3+}和Tb^{3+}机理 [J]. 中国稀土学报, 1987, 5(02): 1-8.
[147] MUKAI H, UMETANI S, MATSUI M. Steric effect of ortho substituents of 1 - phenyl - 3 - methyl - 4 - aroylpyrazol - 5 - ones on the synergic extraction of scandium and lanthanum with tri - *n* - octylphosphine oxide [J]. Solvent Extraction and Ion Exchange, 2003, 21(1): 73-90.
[148] 张安运, 韩维和, 杨辉祥, 等. A及AB类萃取体系中稀释剂效应的研究 [J]. 陕西师范大学学报(自然科学版), 1997, 25(04): 58-60,68.
[149] MIYAZAKI S, MUKAI H, UMETANI S, et al. Steric effects of polymethylene chain length on the liquid-liquid extraction of copper(Ⅱ) with bis(4-acylpyrazol-5-one) derivatives [J]. Inorganic Chemistry, 1989, 28(15): 3014-3017.
[150] 何静, 黄玲, 陈永明, 等. 新型萃取剂YORS萃取Zn(Ⅱ)-NH_3配合物体系中的锌 [J]. 中国有色金属学报, 2011, 21(03): 687-693.
[151] 马立群, 谭民裕, 甘新民. 四官能团含磷萃取剂1,8-双二苯膦酰基-2,7-辛二酮(DPPODO)的合成 [J]. 兰州大学学报, 1997, 33(01): 135-136.
[152] 马立群, 姜新梅, 谭民裕, 等. 四官能团含磷萃取剂(DPPDDO)的合成及其对硝酸铀酰和硝酸钍的萃取性能 [J]. 兰州大学学报, 1996, 32(03): 163-164.
[153] 王安亭, 潘吉平. 用仲辛醇萃取锗的研究 [J]. 中国测试技术, 2007, 33(01): 82-83,121.
[154] 徐光宪, 袁承业. 稀土的溶剂萃取[M]. 北京: 科学出版社, 2010.
[155] 周文. 锂同位素萃取分离新体系的研究[D]. 无锡: 江南大学, 2014.
[156] INOUE Y, LIU Y, TONG L-H, et al. Complexation thermodynamics of crown ethers. part 3. 12-crown-4 to 36-crown-12: from rigid to flexible ligand [J]. Journal of the Chemical Society, Perkin Transactions 2, 1993, 22(10): 1947-1950.
[157] 王苏, 贾永忠, 王兴权, 等. 4-硝基苯并-15-冠醚-5液液萃取分离锂同位素 [J]. 盐湖研究, 2019, 27(03): 62-67.
[158] 刘飞. 苯并-15-冠-5系列衍生物的合成及萃取分离锂同位素研究[D]. 北京: 中国石油大学, 2017.
[159] 程衔锟, 熊延杭, 侯雪, 等. 硫杂冠醚对Ag(Ⅰ)和Tl(Ⅰ)的萃取 [J]. 过程工程学报, 2021, 21(02): 144-152.
[160] BOND A H, DIETZ M L, CHIARIZIA R. Incorporating size selectivity into synergistic solvent extraction: a review of crown ether-containing systems [J]. Industrial & Engineering Chemistry Research, 2000, 39(10): 3442-3464.
[161] 陈正炎, 陈富珍. *t*-BAMBP萃取铷、铯反应机理及热力学函数研究 [J]. 稀有金属, 1995, 19(05): 330-333,351.
[162] 邓琴, 安莲英, 黄正根. 4-甲基-2-(α-甲苄基)酚铷钾萃取分离工艺研究 [J]. 化学工程, 2017, 45(02): 17-20.
[163] EGAN B Z, ZINGARO R A, BENJAMIN B M. Extraction of alkali metals by 4-sec-butyl-2-(α-methylbenzyl)phenol (BAMBP) [J]. Inorganic Chemistry, 1965, 4(7): 1055-1061.
[164] 刘长儿, 舒国恩, 袁承业. 7-十二烯基-8-羟基喹啉的合成 [J]. 有机化学, 1982, 8(05): 357-358.
[165] 张伟, 徐永昌, 郑卫琴, 等. 苯并杂环类化合物及其应用: CN109706323A [P]. 2019-05-03.
[166] 胡金波, 张伟, 郑卫琴, 等. 一种含氟萃取剂及其应用: CN104140379A [P]. 2014-11-12.
[167] 雷吟春. 工业铜萃取剂分子设计、合成及其萃取性能研究[D].赣州: 江西理工大学, 2009.
[168] 张伟, 郑卫琴, 徐永昌, 等. 一种从含锂废液中回收锂的方法: CN108103317B [P]. 2020-05-12.
[169] 李青刚, 廖宇龙, 张启修, 等. 白钨矿酸性化学选矿浸出液的钨钼萃取研究[J]. 稀有金属与硬质合金, 2011, 39(03): 1-5,43.
[170] 刘长畿. 胺类萃取剂[J].有机化学, 1979, 5(01): 70-89.
[171] 第二研究室. 伯胺萃取剂合成方法的研究(工作报告) [J].有机化学, 1978, 4(01): 1-9.
[172] 赵由才, 于淑秋, 陈家镛. N1923-TBP从Na_2MoO_4溶液中同时萃取分离磷和砷[J].稀有金属, 1991, 15(04): 241-245.
[173] 童长仁, 武金朋, 李俊朝, 等. TBP与N1923协同萃取铜电解液中的砷锑铋[J].有色金属(冶炼部分), 2012, 59(05): 17-20.
[174] 马恒励, 谢继发, 秦秀清, 等. 1-辛基壬胺从硫酸溶液中萃取铁(Ⅲ)的性能和机理[J].应用化学, 1988, 5(02): 18-22.
[175] GEDYE R N, BOZIC J, DURBANO P M, et al. The preparation of *n*-octylaniline and its application in the extraction of noble metals [J]. Talanta, 1989, 36(10): 1055-1058.
[176] 袁承业, 徐元耀, 盛志初. 有机萃取剂的研究(Ⅱ) 某些胺型萃取剂的化学结构及其对铀氧离子萃取 [J]. 原子能科学技术, 1962, 4(09): 651-656,669.
[177] KOKARE A, SURYAVANSHI V, ZANJE S, et al. Liquid–liquid extraction and separation of lead(Ⅱ) by using *N-n*-octylcyclohexylamine as an extractant: analysis of real samples [J]. Analytical Methods, 2016, 8(32): 6158-6167.
[178] 袁承业, 徐元耀, 马恩新, 等. 有机萃取剂的研究Ⅶ：*N*-(1-甲基庚基)苄胺的制备及其对铀的萃取性能 [J]. 原子能科学技术, 1963, 5(11): 866-878.
[179] 袁承业, 徐元耀, 周文娟, 等. 有机萃取剂的研究(Ⅷ)：三辛胺制备的研究 [J]. 原子能科学技术, 1963, 5(12): 969-983.

[180] 袁承业, 盛志初, 常广训, 等. 有机萃取剂的研究(XⅣ) N-235对硫酸铀酰的萃取性能 [J]. 原子能科学技术, 1965, 6(02): 121-132.
[181] 周小舟, 曹佐英, 肖连生, 等. 新型三叔胺萃取剂的合成及其萃取性能 [J]. 中南大学学报(自然科学版), 2017, 48(03): 562-569.
[182] 袁承业, 邬震中, 陈耀焕, 等. 季铵型萃取剂N263的合成研究 [J]. 化学试剂, 1984, 6(01): 1-7.
[183] 黄林青. 改性季铵盐从碱性溶液中萃取砷的工艺研究[D]. 赣州: 江西理工大学, 2020.
[184] 颜瑞, 周迎梅, 王田田, 等. 胍基化合物的分类及制备方法 [J]. 生物化工, 2019, 5(02): 154-156.
[185] 余建民. 贵金属萃取化学[M]. 第2版.北京: 化学工业出版社, 2010.
[186] 赵中伟, 李洪桂, 霍广生, 等. 电子等排原理及利用其设计分离试剂的可行性 [J]. 中南工业大学学报(自然科学版), 2002, 33(06): 584-587.
[187] SWANSON R R. Liquid-liquid recovery of copper values using alpha-hydroxy oximes:US3224873 [P]. 1963-02-25.
[188] 朱屯. 国内外羟肟萃取剂与铜萃取工业进展 [J]. 湿法冶金, 1986, 5(04): 15-20.
[189] COX M, 范家骏. 铜、钴和镍的新型萃取剂 [J]. 湿法冶金, 1989, 8(01): 48-54.
[190] SZYMANOWSKI J, STEPNIAK-BINIAKIEWICZ D, PROCHASKA K, et al. The hydrophile-lipophile balance of hydroximes, their adsorption and the rate of sopper extraction [Z]. International Solvent Extraction Committee. München, Germany,1986: 35
[191] 曾添贤, 黄锦汪, 计亮年. 羟肟类萃取剂——渗透剂T萃铜动力学研究[J].中山大学学报(自然科学版), 1982, 21(03): 60-65.
[192] 陈星, 许庆仁, 袁承业. 2-羟基-4(5)-取代二苯甲酮肟萃取铜的机理[J].化学学报, 1984, 42(03): 271-276.
[193] 向才立, 胡文祥, 袁承业. 2-羟基-4-(1'-甲庚氧基)苯烷酮肟的合成[J].有机化学, 1990, 16(01): 70-73.
[194] 袁承业, 向才立, 李树森, 等. 芳香族羟肟的合成及其萃取铜的结构-性能研究[J].化学学报, 1989, 47(10): 990-995.
[195] 于林华. 新型羟肟类萃取剂的分子设计合成与性能研究[D].南宁:广西大学, 2014.
[196] OKEWOLE A I, WALMSLEY R S, VALTANCOLI B, et al. Separation of copper(Ⅱ) from base metals in an acidic synthetic sulfate leach solution using a novel 1-octylimidazole-2-aldoxime extractant [J]. Solvent Extraction and Ion Exchange, 2013, 31(1): 61-78.
[197] 刘晓荣, 申君辉, 刘妍君, 等. 羟肟萃取剂LIX984N酸解和铜萃取分相性能[J].中国有色金属学报, 2017, 27(04): 818-824.
[198] 王新宇. 高效萃取剂LIX841的合成及应用研究[D].成都: 成都理工大学, 2010.
[199] 贺燕华. 2-羟基-5-特辛基苯乙酮肟的合成、表征及其萃取性能的研究[D].赣州: 江西理工大学, 2014.
[200] 邱胤轩. Versatic10/Mextra1984H萃取分离废水中的铜镍钴锌镉的研究[D].北京: 北京有色金属研究总院, 2014.
[201] 李西辉. LIX84-I从氨性溶液中提纯铜的研究[J].广州化工, 2010, 38(01): 81-84.
[202] 冯成. 萃取剂2-羟基-5-壬基苯乙酮肟的合成研究及其类似物的设计与合成[D]. 天津: 河北工业大学, 2007.
[203] HU F, HU H, LUO Y, et al. The separation of Ni(Ⅱ) over base metal ions in acidic polymetallic medium: synergistic extraction and structural evidence [J]. Hydrometallurgy, 2018, 181: 240-247.
[204] 李宇, 张桂荣, 芦晨, 等. 新型防腐剂——二壬基萘磺酸钡的试制 第一部分:二壬基萘的合成 [J]. 西北大学学报(自然科学版), 1975, 5(02): 22-26.
[205] 西北大学化工系基本有机合成专业橡胶助剂研究组. 新型防腐剂——二壬基萘磺酸钡的试制 第二部分:二壬基萘磺酸钡的合成 [J]. 西北大学学报(自然科学版), 1975, 5(03): 28-30.
[206] LEWIS F W, HARWOOD L M, HUDSON M J, et al. Separation of the minor actinides americium(Ⅲ) and curium(Ⅲ) by hydrophobic and hydrophilic BTPhen ligands: exploiting differences in their rates of extraction and effective separations at equilibrium [J]. Solvent Extraction and Ion Exchange, 2018, 36(2): 115-135.
[207] 王文革, 张德春, 曾利群, 等. 4,6-二烷氧基-1,3-二-(4-烯丙基-2-甲氧基)苯磺酸酯的合成和对金属离子萃取性能 [J]. 应用化工, 2013, 42(07): 1227-1229,1233.
[208] 徐永华, 汤惠民. 磺酰胺类萃取剂萃取性能的初步研究[J].同济大学学报(自然科学版), 1991, 19(02): 241-247.
[209] 汤惠民, 徐永华, 周宪民, 等. 几种磺酰胺类萃取剂的合成 [J]. 化学试剂, 1992, 14(03): 181,172.
[210] 杨勇, 姚薇, 李玉春, 等. 新型磺酰胺萃取剂对镍离子的萃取性能[J].同济大学学报(自然科学版), 2001, 29(11): 1383-1386.
[211] 杨勇, 刘红阳, 姚薇, 等. 二(十二烷基苯磺酰胺喹啉)合铜(Ⅱ)的制备及表征 [J]. 同济大学学报(自然科学版), 2005, 33(10): 131-133.
[212] 陈家镛. 湿法冶金手册[M]. 第2版. 北京: 化学工业出版社, 2005.
[213] 杨勇, 陈秉倪, 陈龙梅, 等. 磺酰胺类萃取剂对锌、镉的萃取性能[J].同济大学学报(自然科学版), 1997, 25(01): 61-65.
[214] 陈秉, 杨勇, 姚薇, 等. 磺酰胺萃取回收水中的铅[J].广东微量元素科学, 2001, 8(09): 67-70.
[215] 王文革, 张德春, 谢和平, 等. 4,6-二烷氧基-1,3-二磺酰二甲基胺基苯的合成及其对金属离子的萃取性能 [J]. 应用化学, 2013, 30(04): 427-430.
[216] 王文革, 胡汉祥, 张德春, 等. 磺酰胺类芳香大环化合物对金属离子的萃取性能 [J]. 化工新型材料, 2013, 41(06): 96-97.
[217] 王文革, 张德春, 袁杏. 4,6-二异戊氧基-1,3-二磺酰二甲基胺的一锅合成[J].天津化工, 2011, 25(05): 27-28,31.
[218] 王文革, 张德春, 张春燕, 等. 芳香寡聚磺酰胺大环化合物的合成 [J]. 科学通报, 2013, 58(Z1): 438-443.
[219] M.J.HUDSON, 范家骏. 用1,3,4-噻二唑-2-壬基巯基-5-硫醇萃取某些贱金属和贵金属 [J]. 湿法冶金, 1986, 5(01): 20-28.

[220] 梁世懿, 金寄春, 蒯乃功, 等. 石油硫醚的提取及应用 [J]. 上海化工, 1985, 10(03): 26-29.
[221] 潘路, 古国榜, 王凤武, 等. 二丁基硫醚的合成及其萃取分离钯、铂的研究 [J]. 无机化学学报, 2008, 24(04): 520-526.
[222] 马恒励, 袁承业, 周莉影, 等. 二烃基硫醚的化学结构和对金钯的萃取 [J]. 贵金属, 1989, 10(02): 1-8.
[223] 张邦劳. 不对称二烷基硫醚的合成及其对Au(Ⅲ),Pd(Ⅱ)的萃取性能研究 [J]. 陕西师范大学学报(自然科学版), 1997, 25(01): 71-73,76.
[224] 吴广谱. 新型荚醚类萃取剂的设计及其氯化物体系中萃取贵金属钯性能研究[D]. 济南: 济南大学, 2011.
[225] 王金银, 彭立新. 铂族金属萃取剂杂环取代基亚砜的合成 [J]. 精细化工中间体, 2005, 35(06): 49-50.
[226] 朱萍. 溶剂萃取法从贵金属废料液中分离回收贵金属的研究[D]. 广州: 华南理工大学, 2003.
[227] DU PREEZ J G H, POSTMA J, RAVINDRAN S, et al. Nitrogen reagents in metal ion separation. part 6:2-(r-octylthiomethyl) pyridine as extractant for later 3d transition metal ions [J]. Solvent Extraction and Ion Exchange, 1997, 15(1): 79-96.
[228] 徐旭辉. 含亚砜基金属萃取剂的合成与性能研究[D]. 广州: 华南理工大学, 2017.
[229] REDDY A S, REDDY L K. Solvent extraction of cerium(Ⅲ) from ammonium thiocyanate solutions by sulphoxides and their solutions [J]. Journal of Inorganic and Nuclear Chemistry, 1977, 39(9): 1683-1687.
[230] 张彦君. 二正戊基亚砜和二异戊基亚砜的试制 [J]. 精细石油化工, 1989, 6(04): 40-42.
[231] 马恒励, 金品利, 李昌群, 等. 二烷基亚砜—胺二元系从氰化物溶液中萃取金 [J]. 贵金属, 1992, 13(04): 8-14.
[232] 袁承业, 龙海燕, 马恩新, 等. 亚砜类化合物的合成及其萃取稀土的结构-性能研究 [J]. 中国科学(B辑 化学 生物学 农学 医学 地学), 1984, 14(03): 193-201.
[233] 吴松平, 古国榜. 环状亚砜衍生物的合成及萃金机理的研究 [J]. 贵金属, 2002, 23(01): 11-16.
[234] 吴松平. 溶剂萃取法从二次资源中回收贵金属金、钯、铂的研究[D]. 广州: 华南理工大学, 2002.
[235] PRESTON J S, DU PREEZ A C. Solvent extraction of trivalent lanthanides and yttrium from nitrate media by dialkyl sulphoxides [J]. Solvent Extraction and Ion Exchange, 2001, 19(4): 581-595.
[236] 徐志广. 亚砜的分子设计、合成和回收钯铂的应用基础研究[D]. 广州: 华南理工大学, 2006.
[237] 许晓文, 李玲颖, 郝韵琴, 等. 几种二芳基亚砜萃取能力的研究 [J]. 化学试剂, 1988, 10(03): 139-142.
[238] 李焕然, 许洪民, 容庆新, 等. 双(十二烷基亚磺酰)乙烷萃取铂的性能和机理的研究 [J]. 分析试验室, 1993, 12(02): 13-17.
[239] 陈莉莉. 新型萃取剂的合成、表征及其对重金属萃取性能研究[D]. 南昌: 南昌大学, 2011.
[240] 李金飞. 新型钯萃取剂的合成及萃取钯性能和机理的研究[D]. 昆明: 云南大学, 2016.
[241] 张秀珍. 环丁砜的合成及应用 [J]. 黎明化工, 1997, 13(01): 11-13,23.
[242] COXALL R A, LINDOY L F, MILLER H A, et al. Solvent extraction of metal sulfates by zwitterionic forms of ditopic ligands [J]. Dalton Transactions, 2003, 32(1): 55-64.
[243] ROEBUCK J W, TURKINGTON J R, ROGERS D M, et al. Preorganized tridentate analogues of mixed hydroxyoxime/ carboxylate nickel extractants [J]. Dalton Transactions, 2016, 45(9): 3734-3742.
[244] KOLARIK Z. Complexation and separation of lanthanides(Ⅲ) and actinides(Ⅲ) by heterocyclic N-donors in solutions [J]. Chemical Reviews, 2008, 108(10): 4208-4252.
[245] PREEZ J G H D, MATTHEüS C, SUMTER N, et al. Nitrogen reagents in metal ion separation. partⅨ: extraction of cobalt and nickel using imidazole derivatives [J]. Solvent Extraction and Ion Exchange, 1998, 16(4): 1033-1046.
[246] HORWITZ E P, KALINA D G, KAPLAN L, et al. Selected alkyl(phenyl)-*N,N*-dialkylcarbamoylmethylphosphine oxides as extractants for Am(Ⅲ) from nitric acid media [J]. Separation Science and Technology, 1982, 17(10): 1261-1279.
[247] SCHULZ W W, HORWITZ E P. The truex process and the management of liquid tru uwaste [J]. Separation Science and Technology, 1988, 23(12-13): 1191-1210.
[248] NAKASHIMA K, KUBOTA F, MARUYAMA T, et al. Ionic liquids as a novel solvent for lanthanide extraction [J]. Analytical Sciences, 2003, 19(8): 1097-1098.
[249] 王芹珠, 邓友节, 于文徐, 等. *O,O*-二烷基磷酰胍及衍生物的合成 [J]. 化学试剂, 1997, 19(04): 40-42.
[250] DAUTOO U K, SHANDIL Y, RANOTE S, et al. New crosslinked poly(ionic liquids) networks as As(Ⅴ) extractants [J]. Journal of Environmental Chemical Engineering, 2019, 7(4): 103154.
[251] SHENDRIKAR A D. Substituted hydroxylamines as analytical reagents [J]. Talanta, 1969, 16(1): 51-63.
[252] CHEN Y, WANG H, PEI Y, et al. pH-Controlled selective separation of neodymium (Ⅲ) and samarium (Ⅲ) from transition metals with carboxyl-functionalized ionic liquids [J]. ACS Sustainable Chemistry & Engineering, 2015, 3(12): 3167-3174.
[253] CHEN Y, WANG H, WANG J. Effects of alkyl chain length and solvents on thermodynamic dissociation constants of the ionic liquids with one carboxyl group in the alkyl chain of imidazolium cations [J]. The Journal of Physical Chemistry B, 2014, 118(17): 4630-4635.
[254] RYBKA P, REGEL-ROSOCKA M. Nickel(Ⅱ) and cobalt(Ⅱ) extraction from chloride solutions with quaternary phosphonium salts [J]. Separation Science and Technology, 2012, 47(9): 1296-1302.
[255] YAMASHOJI Y, MATSUSHITA T, KAWAGUCHI T, et al. Liquid-liquid extraction of metal ions with tris (2,6-dimethoxyphenyl) phosphine and its quaternary phosphonium salts [J]. Analytica Chimica Acta, 1990, 231: 107-113.

[256] MOROHASHI N, IKI N, SUGAWARA A, et al. Selective oxidation of thiacalix[4]arenes to the sulfinyl and sulfonyl counterparts and their complexation abilities toward metal ions as studied by solvent extraction [J]. Tetrahedron, 2001, 57(26): 5557-5563.
[257] 孙玉丽, 尚庆坤, 王小飞, 等. 磺酰基桥连杯[4]芳烃萃取分离钍与稀土 [J]. 中国稀土学报, 2013, 31(05): 582-587.
[258] RADZYMINSKA-LENARCIK E. The influence of steric effect, alkyl chain length, and donor number of solvents on the extraction of copper(Ⅱ) complexes with 1-alkyl-4-methylimidazoles [J]. Solvent Extraction and Ion Exchange, 2010, 28(5): 636-652.
[259] MIYASHITA S, SATOH I, YANAGA M, et al. Separation of Am(Ⅲ) from Eu(Ⅲ) by extraction based on in situ extractant formation of dithiocarbamate derivatives [J]. Progress in Nuclear Energy, 2008, 50(2): 499-503.
[260] 曹飞, 王威, 魏德洲. 季铵盐类离子液体在金属萃取分离中的研究进展[J].矿产保护与利用, 2020, 40(05): 90-95.
[261] 刘梦莹, 车佳宁, 吴蔚闳, 等. 功能性离子液体萃取水溶液中Cu^{2+}：实验与理论[J].化学学报, 2015, 73(02): 116-125.
[262] 吕苹. 含氮、磷类离子液体从盐酸介质中萃取分离金(Ⅲ)的研究[D].济南: 山东大学, 2022.
[263] 王敏. 含氮离子液体萃取酸性介质中Au(Ⅲ)、Pt(Ⅳ)的研究[D].济南: 山东大学, 2021.
[264] 闫妍. 含硫、氮功能化离子液体在铂族金属萃取分离中的应用[D].济南: 山东大学, 2018.